최신 기출 유형 **100%** 반영

2025

컴퓨터응용선반
밀링기능사 필기
5개년 과년도
1800제

SI 단위 적용

정연택 저

기출문제
CBT 형식
반영

핵심 요약 + 모의고사

CBT 온라인 실전 모의고사 15회 무료제공

정확한 답과 명쾌한 해설

과목별 핵심 요약 수록

질의응답 사이트 운영
http://www.kkwbooks.com
(도서출판 건기원)

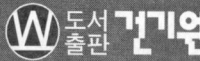

컴퓨터응용선반·밀링기능사
합격을 향한 모의고사 무료 사용법

STEP 1 | 컴퓨터응용선반·밀링기능사 교재 인증

① QR 코드로 [컴퓨터응용선반밀링] 빠른 이동
② [글쓰기] 클릭
③ 양식에 맞춰 글 작성

STEP 2 | CBT 온라인 실전 모의고사 이용법

① 미디어몬에서 가입한 이메일 주소로 쿠폰 전달
② 쿠폰 확인 후 CBT 온라인 실전 모의고사 무료 구매
　※ CBT 온라인 실전 모의고사 이용 시 **로그인 및 PC 사용 권장**

STEP 3 | 미디어몬 쿠폰 사용법

① 미디어몬 CBT 온라인 실전 모의고사 쿠폰 사용법

미디어몬
CBT 온라인 실전 모의고사 응시방법

인터넷 주소창에 https://mediamon.co.kr/을 입력하여 미디어몬 홈페이지에 접속

❶ 홈페이지 우측 상단에 있는 **[회원가입]** 또는 **[로그인]**을 클릭하여 네이버 로그인

❷ 우측 상단에 있는 **[온라인모의고사]**를 클릭

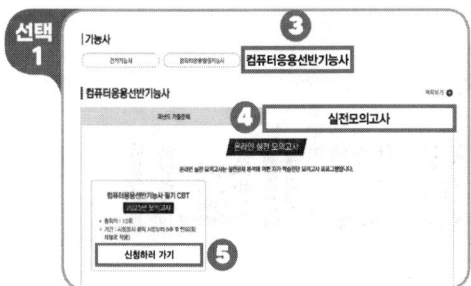

❸ [기능사] - [컴퓨터응용선반기능사] 선택 후

❹ [실전모의고사] 탭 클릭

❺ 컴퓨터응용선반기능사
[2025년 모의고사] - [신청하러 가기] 클릭

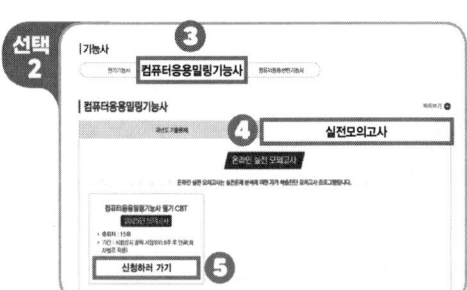

❸ [기능사] - [컴퓨터응용밀링기능사] 선택 후

❹ [실전모의고사] 탭 클릭

❺ 컴퓨터응용밀링기능사
[2025년 모의고사] - [신청하러 가기] 클릭

❻ [전체선택] 클릭

❼ [주문하기] 클릭

❽ [상품결제정보] 창의
→ 할인 쿠폰 사용에서
[이메일로 받은 쿠폰번호 12자리]
쿠폰번호 입력 후
→ 쿠폰확인 클릭 → [사용 가능한 쿠폰입니다]
안내 확인 후 [결제] 클릭

❾ [마이페이지]로 접속하여 원하는
회차에 [응시하기] 클릭

컴퓨터응용선반·밀링기능사

 교재 인증[등업] 방법

등업 바로가기

01 미디어몬 공식 카페에 가입
(https://cafe.naver.com/edumediamon)
02 아래 공란에 닉네임 기입 후 **사진 촬영**
03 게시판 목록 중 **[컴퓨터응용선반밀링]**에 게시

카페 닉네임

카페 닉네임을 꼭 기입해 주세요.
- 중고도서 지운 흔적 등 중복기입(인증) 불가
- 볼펜, 네임펜 등 지워지지 않는 펜으로 크게 기입

주의 사항

✓ 교재 인증 시 2025 컴퓨터응용선반·밀링기능사 모의고사 15회 무료제공
✓ 카페 닉네임 변경 시 등급 변경에 대한 불이익을 받을 수 있습니다.
✓ 카페 내 공지사항은 반드시 필독해 주세요!

PREFACE | 이 책의 머리말 |

　컴퓨터 산업의 발달로 CAD(Computer Aided Design)/CAM(Computer Aided Manufacturing)의 응용 범위가 더욱 확대되어 CAE(Computer Aided Engineering) 등으로 발전하고 있으며, 기계 분야의 주요 부분을 차지하였다.

　본서는 수년간의 실무 경험과 강의 경험을 통해 열악한 환경과 모자라는 시간 속에서 컴퓨터응용선반 · 밀링기능사를 준비하는 수험생들에게 단기간에 가장 효율적인 학습이 되도록 구성하였고, 수험자가 반드시 알아야 할 중요한 내용을 요약 정리하여 컴퓨터응용선반 · 밀링기능사 자격시험에 대비할 수 있도록 최선을 다하였다.

[본 교재의 특징]
- 최신 출제 기준에 의해 새롭게 핵심 내용으로 구성하였다.
- 수험자가 단기간에 완성할 수 있도록 한국산업인력공단의 출제 기준안에 의하여 과목별로 체계적인 단원 분류 및 요약 · 정리하였다.
- 국제적으로 일반화된 SI 단위를 적용하였다.
- 최근 과년도 출제 문제를 수록하여 학습에 도움을 주고자 하였다.

　본 교재를 충분히 공부하여 컴퓨터응용선반 · 밀링기능사 자격시험에 합격하시기를 기원하며 차후 변경되는 출제 경향 및 과년도 문제 등을 수록하여 계속 보완할 예정이다.
　끝으로 본서를 출간하면서 도움을 주시고 지도하여 주신 모든 선 · 후배들께 감사를 드리며, 도서출판 건기원 직원 여러분에게 진심으로 감사를 드린다.

저자 올림

출제기준(필기)

직무분야	기계	중직무분야	기계제작	자격종목	컴퓨터응용선반기능사	적용기간	2022.1.1. ~ 2026.12.31.
○ **직무내용** : 부품을 가공하기 위하여 가공 도면을 해독하고 작업계획을 수립하며 적합한 공구를 선택하여 내·외경, 홈, 테이퍼, 나사 등을 선반과 CNC선반을 운용하여 가공하고, 공작물의 측정 및 수정작업 등을 하는 직무 수행							
필기검정방법	객관식		문제수	60		시험시간	1시간

필기과목명	주요항목	세부항목	세세항목	
도면해독, 측정 및 선반가공	1. 기계제도	1. 도면 파악	1. KS, ISO 표준	2. 공작물 재질
			3. 도면의 구성요소	4. 가공기호
			5. 체결용 기계요소	6. 운동용 기계요소
			7. 제어용 기계요소	
		2. 제도 통칙 등	1. 일반사항	2. 투상법 및 도형 표시법
			3. 치수 기입	4. 누적치수 계산
			5. 치수공차	6. 기하공차
			7. 끼워맞춤	8. 표면거칠기
			9. 기타 제도 통칙에 관한 사항	
		3. 기계요소	1. 기계설계기초	2. 재료의 강도와 변형
			3. 결합용 요소	4. 전달용 기계요소
			5. 제어용 기계요소	
		4. 도면해독	1. 투상도면해독	2. 기계가공도면
			3. 비절삭가공도면	4. 기계조립도면
			5. 재료기호 및 중량산출	
	2. 측정	1. 작업계획 파악	1. 기본측정기 종류	2. 기본측정기 사용법
			3. 도면에 따른 측정방법	
		2. 측정기 선정	1. 측정기 선정	2. 측정기 보조기구
		3. 기본측정기 사용	1. 기본측정기 사용법	2. 기본측정기 0점 조정
			3. 교정성적서 확인	4. 측정 오차
			5. 측정기 유지관리	
		4. 측정 개요 및 기타 측정 등	1. 측정 기초	2. 측정단위 및 오차
			3. 길이측정	4. 각도측정
			5. 표면거칠기 및 윤곽측정	6. 나사 및 기어측정
			7. 3차원 측정기	
	3. 선반가공	1. 선반의 개요 및 구조	1. 선반가공의 종류	
			2. 선반의 분류 및 크기 표시방법	
			3. 선반의 주요부분 및 각부 명칭 등	
		2. 선반용 절삭공구, 부속품 및 부속장치	1. 바이트와 칩 브레이커	2. 가공면의 표면거칠기 등
			3. 부속품 및 부속장치	
		3. 선반가공	1. 선반의 절삭조건	2. 원통가공
			3. 단면가공	4. 홈가공
			5. 내경가공	6. 널링가공 및 테이퍼가공
			7. 편심 및 나사가공	8. 가공시간 및 기타가공

필기과목명	주요항목	세부항목	세세항목	
	4. CNC선반	1. CNC선반 조작 준비	1. CNC선반 구조 2. CNC선반 안전운전 준수사항 3. CNC선반 조작기 주요 경보메시지 4. CNC선반 공작물 고정방법	
		2. CNC선반 조작	1. CNC선반 조작방법 3. 공구 보정	2. 좌표계 설정
		3. CNC선반 가공 프로그램 준비	1. CNC선반 가공 프로그램 개요	
		4. CNC선반 가공 프로그램 작성	1. CNC선반 수동 프로그램 작성 2. 원점 및 좌표계 설정 3. 나사가공, 기타가공 프로그램 4. 단일형, 복합형 고정 사이클	
		5. CNC선반 프로그램 확인	1. CNC선반 수동 프로그램 수정 2. CNC선반 컨트롤러 입력 · 가공 3. CNC선반 공구경로 이상 유무 확인	
	5. 기타기계가공	1. 공작기계일반	1. 기계공작과 공작기계 3. 절삭공구 및 공구수명	2. 칩의 생성과 구성인선 4. 절삭온도 및 절삭유제
		2. 연삭기	1. 연삭기의 개요 및 구조 3. 연삭숫돌의 구성요소 5. 연삭조건 및 연삭가공	2. 연삭기의 종류 4. 연삭숫돌의 모양과 표시 6. 연삭숫돌의 수정과 검사
		3. 기타 기계가공	1. 드릴링 머신 3. 기어가공기 5. 고속가공기	2. 보링머신 4. 브로칭 머신 6. 셰이퍼 및 플레이너 등
		4. 정밀 입자 가공 및 특수가공	1. 래핑 3. 수퍼피니싱 5. 레이저 가공 7. 화학적 가공 등	2. 호닝 4. 방전가공 6. 초음파 가공
		5. 손다듬질 가공	1. 줄작업 3. 드릴, 탭, 다이스 작업 등	2. 리머작업
		6. 기계 재료	1. 철강재료 3. 비금속재료 5. 일반 열처리	2. 비철금속재료 4. 신소재
	6. 안전규정준수	1. 안전수칙 확인	1. 가공 작업 안전 수칙	2. 수공구 취급 안전 수칙
		2. 안전수칙 준수	1. 안전보호장구	2. 기계가공시 안전사항
		3. 공구 · 장비 정리	1. 공구 이상유무 확인	2. 장비 이상유무 확인
		4. 작업장 정리	1. 작업장 정리 방법	
		5. 장비 일상점검	1. 일상점검 3. 윤활제	2. 점검 주기
		6. 작업일지 작성	1. 작업일지 이해	

출제기준(필기)

직무 분야	기계	중직무 분야	기계제작	자격 종목	컴퓨터응용밀링기능사	적용 기간	2022.1.1. ~ 2026.12.31.
○ **직무내용**: 부품을 가공하기 위하여 가공 도면을 해독하고 작업계획을 수립하며 적합한 공구를 선택하여 평면, 윤곽, 홈, 구멍 등을 밀링과 머시닝센터를 운용하여 가공하고, 공작물의 측정 및 수정작업 등을 하는 직무 수행							
필기검정방법	객관식		문제수	60		시험시간	1시간

필기과목명	주요항목	세부항목	세세항목	
도면해독, 측정 및 선반가공	1. 기계제도	1. 도면 파악	1. KS, ISO 표준 3. 도면의 구성요소 5. 체결용 기계요소 7. 제어용 기계요소	2. 공작물 재질 4. 가공기호 6. 운동용 기계요소
		2. 제도 통칙 등	1. 일반사항 3. 치수 기입 5. 치수공차 7. 끼워맞춤 9. 기타 제도 통칙에 관한 사항	2. 투상법 및 도형 표시법 4. 누적치수 계산 6. 기하공차 8. 표면거칠기
		3. 기계요소	1. 기계설계기초 3. 결합용 요소 5. 제어용 기계요소	2. 재료의 강도와 변형 4. 전달용 기계요소
		4. 도면해독	1. 투상도면해독 3. 비절삭가공도면 5. 재료기호 및 중량산출	2. 기계가공도면 4. 기계조립도면
	2. 측정	1. 작업계획 파악	1. 기본측정기 종류 3. 도면에 따른 측정방법	2. 기본측정기 사용법
		2. 측정기 선정	1. 측정기 선정	2. 측정기 보조기구
		3. 기본측정기 사용	1. 기본측정기 사용법 3. 교정성적서 확인 5. 측정기 유지관리	2. 기본측정기 0점 조정 4. 측정 오차
		4. 측정 개요 및 기타 측정 등	1. 측정 기초 3. 길이측정 5. 표면거칠기 및 윤곽측정 7. 3차원 측정기	2. 측정단위 및 오차 4. 각도측정 6. 나사 및 기어측정
	3. 밀링가공	1. 밀링의 종류 및 부속품	1. 밀링의 종류 및 구조	2. 부속품 및 부속장치
		2. 밀링 절삭 공구 및 절삭이론	1. 밀링 커터의 분류와 공구각	2. 밀링 절삭이론
		3. 밀링 절삭가공	1. 상향절삭 및 하향 절삭 3. 분할법	2. 표면거칠기 4. 밀링에 의한 가공방법
	4. CNC밀링 (머시닝센터)	1. CNC밀링(머시닝센터) 조작 준비	1. CNC밀링 구조 2. CNC밀링 안전운전 준수사항 3. CNC밀링 조작기 주요 경보메시지 4. CNC밀링 부속품 5. CNC밀링 공작물 고정방법	

필기과목명	주요항목	세부항목	세세항목	
		2. CNC밀링(머시닝센터) 조작	1. CNC밀링 조작방법	2. 좌표계 설정
			3. 공구 보정	
		3. CNC밀링(머시닝센터) 가공 프로그램 작성 준비	1. CNC밀링 가공프로그램 개요	
		4. CNC밀링(머시닝센터) 가공 프로그램 작성	1. CNC밀링 수동 프로그램 작성	
			2. 머시닝센터 프로그램	
		5. CNC밀링(머시닝센터) 가공 프로그램 확인	1. CNC밀링 수동 프로그램 수정	
			2. CNC밀링 조작기 입력·가공	
			3. CNC밀링 공구경로 이상 유무 확인	
		6. CNC밀링(머시닝센터)가공 CAM 프로그램 작성 준비	1. CNC밀링 가공 CAM 프로그램 개요	
		7. CNC밀링(머시닝센터) 가공 CAM 프로그램 작성	1. CNC밀링 가공 CAM 프로그램 작성	
		8. CNC밀링(머시닝센터) 가공 CAM 프로그램 확인	1. CNC밀링 가공 CAM 프로그램 수정	
	5. 기타기계가공	1. 공작기계일반	1. 기계공작과 공작기계	2. 칩의 생성과 구성인선
			3. 절삭공구 및 공구수명	4. 절삭온도 및 절삭유제
		2. 연삭기	1. 연삭기의 개요 및 구조	2. 연삭기의 종류
			3. 연삭숫돌의 구성요소	4. 연삭숫돌의 모양과 표시
			5. 연삭조건 및 연삭가공	6. 연삭숫돌의 수정과 검사
		3. 기타 기계가공	1. 드릴링 머신	2. 보링머신
			3. 기어가공기	4. 브로칭 머신
			5. 고속가공기	6. 셰이퍼 및 플레이너 등
		4. 정밀 입자 가공 및 특수가공	1. 래핑	2. 호닝
			3. 수퍼피니싱	4. 방전가공
			5. 레이저 가공	6. 초음파 가공
			7. 화확적 가공 등	
		5. 손다듬질 가공	1. 줄작업	2. 리머작업
			3. 드릴, 탭, 다이스 작업 등	
		6. 기계 재료	1. 철강재료	2. 비철금속재료
			3. 비금속재료	4. 신소재
			5. 일반 열처리	
	6. 안전규정준수	1. 안전수칙 확인	1. 가공 작업 안전 수칙	2. 수공구 취급 안전 수칙
		2. 안전수칙 준수	1. 안전보호장구	2. 기계가공시 안전사항
		3. 공구·장비 정리	1. 공구 이상유무 확인	2. 장비 이상유무 확인
		4. 작업장 정리	1. 작업장 정리 방법	
		5. 장비 일상점검	1. 일상점검	2. 점검 주기
			3. 윤활제	
		6. 작업일지 작성	1. 작업일지 이해	

CONTENTS | 이 책의 차례 |

핵심 요약

CHAPTER 1 기계제도 (공통)

01. 기계제도 기본 ·················· 18
02. 투상법 및 도형 표시 방법 ············ 23
03. 치수기입법 ····················· 29
04. 표면 거칠기 표시 및 치수 공차 ······ 36
05. 기계요소제도 ··················· 47
06. 기계설계의 기초 ················ 57
07. 결합용 기계요소 ················ 63
08. 축계 기계요소 ·················· 72
09. 전동용 기계요소 ················ 78
10. 제어용 기계요소 ················ 86

CHAPTER 2 측정 (공통)

01. 작업계획 파악 ·················· 90
02. 측정기 선정 ··················· 92
03. 기본측정기 사용법 ·············· 98
04. 측정의 개요 및 기타 측정 ········· 100

CHAPTER 3 선반 가공

01. 선반의 크기 표시 ··············· 123
02. 선반의 종류 ··················· 123
03. 선반의 구조 ··················· 124
04. 선반의 부속장치 ················ 126
05. 선반작업 ····················· 128

CHAPTER 4 CNC 선반

01. CNC 선반 조작 준비 ············ 130
02. CNC 선반 조작 ················ 136
03. CNC 선반 프로그래밍 ··········· 143
04. CNC 선반 프로그램 작성 ········· 157

CHAPTER 5 밀링 가공

01. 밀링머신의 가공 분야 ············ 164
02. 밀링머신의 크기 표시 ············ 164
03. 밀링머신의 종류 ················ 165
04. 밀링머신의 구조 ················ 166
05. 밀링머신의 부속장치 ············ 167
06. 밀링머신의 절삭 공구 ············ 168
07. 밀링 절삭 이론 ················· 169
08. 상향 절삭과 하향 절삭 ··········· 170
09. 분할 작업(법) ·················· 170

CHAPTER 6 CNC 밀링(머시닝센터)

01. 머시닝센터 조작 준비 ·················· 172
02. 머시닝센터 조작 ························· 178
03. 머시닝센터 프로그래밍 ··············· 181
04. 머시닝센터 프로그래밍 작성 ········ 194

CHAPTER 7 기타 기계 가공 공통

01. 공작기계일반 ···························· 201
02. 연삭기 ····································· 212
03. 기타 기계가공 ·························· 218
04. 기어 가공기 ····························· 223
05. 정밀입자가공 및 특수가공 ········· 225
06. 손 다듬질 가공 ························ 231
07. 기계 재료 ································ 234

CHAPTER 8 안전 규정 준수 공통

01. 안전 수칙 확인 ························ 272
02. 안전 수칙 준수 ························ 277

5개년 과년도 1800제 CBT 모의고사

week ①
01회 컴퓨터응용선반기능사 ················ 286
02회 컴퓨터응용선반기능사 ················ 302
03회 컴퓨터응용선반기능사 ················ 318
04회 컴퓨터응용밀링기능사 ················ 334
05회 컴퓨터응용밀링기능사 ················ 350
06회 컴퓨터응용밀링기능사 ················ 366

week ②
01회 컴퓨터응용선반기능사 ················ 382
02회 컴퓨터응용선반기능사 ················ 398
03회 컴퓨터응용선반기능사 ················ 415
04회 컴퓨터응용밀링기능사 ················ 432
05회 컴퓨터응용밀링기능사 ················ 448
06회 컴퓨터응용밀링기능사 ················ 464

CONTENTS | 이 책의 차례 |

1800제
CBT 모의고사

week ③
01회 컴퓨터응용선반기능사 ·········· 482
02회 컴퓨터응용선반기능사 ·········· 498
03회 컴퓨터응용선반기능사 ·········· 516
04회 컴퓨터응용밀링기능사 ·········· 533
05회 컴퓨터응용밀링기능사 ·········· 549
06회 컴퓨터응용밀링기능사 ·········· 567

week ④
01회 컴퓨터응용선반기능사 ·········· 584
02회 컴퓨터응용선반기능사 ·········· 598
03회 컴퓨터응용선반기능사 ·········· 616
04회 컴퓨터응용밀링기능사 ·········· 632
05회 컴퓨터응용밀링기능사 ·········· 647
06회 컴퓨터응용밀링기능사 ·········· 665

week ⑤
01회 컴퓨터응용선반기능사 ·········· 682
02회 컴퓨터응용선반기능사 ·········· 700
03회 컴퓨터응용선반기능사 ·········· 716
04회 컴퓨터응용밀링기능사 ·········· 731
05회 컴퓨터응용밀링기능사 ·········· 748
06회 컴퓨터응용밀링기능사 ·········· 764

7주 완성 학습플래너

다음의 플랜은 가장 이상적인 것이므로 참고하여 개인의 입장과 일정에 맞춰 준비하시기 바랍니다.

Step 1
핵심요약
1주 소요
- 1주 동안 핵심요약을 정독하면서 중요사항은 외우고, 이해할 건 이해하고 넘어 가세요.
- 핵심요약과 관련된 기출문제가 나오면 핵심요약을 보면서 기출문제를 풀어 보세요.

Step 2
기출문제
5주 소요
- 1주에 6회, 총 30회의 기출문제가 수록되어 있습니다.
- 실제 시험을 치르는 것처럼 기출문제를 풀어 보세요.
- 틀린 문제는 꼭 체크한 후 나중에 다시 풀어보세요.

Step 3
정리
1주 소요
- 핵심요약을 전체적으로 복습합니다.
- 기출문제에서 체크해 두었던 틀린 문제만 다시 풀어보세요.

CBT 필기시험 미리보기

http://www.q-net.or.kr

처음 방문하셨나요?
큐넷 서비스를 미리 체험해보고
사이트를 쉽고 빠르게 이용할 수 있는
이용 안내, 큐넷 길라잡이를 제공

- 큐넷 체험하기
- CBT 체험하기
- 이용안내 바로가기
- 큐넷길라잡이 보기
- 동영상 실기시험 체험하기
- 전문자격시험체험학습관 바로 가기

 이용방법: 큐넷에 **접속**한 후, 메인 화면 하단의 **〈CBT 체험하기〉 버튼**을 클릭한다.

효율적으로 정답을 선택합시다!
(정답을 모르는 문제는 이렇게 골라보면 어떨까요?)

1. 우선 본인이 공부를 하고 50% 정답을 맞힐 수 있는 능력을 갖도록 해야 합니다.
2. 과목별 과락은 넘고 평균 60점이 안 되는 분을 위해 적용하는 것입니다.
3. 확실히 아는 문제의 답만 답안지에 표시합니다.
4. 확실히 정답을 모르는 문제 중 정답이 아닌 지문 2개를 선택합니다.
   (예) ① ② ~~③~~ ~~④~~
5. 다시 모르는 문제의 지문 2개를 연구하여 선택합니다. 이때 확신이 없으면 정답으로 선택해서는 안 됩니다(절대 추측은 금물입니다).
6. 답안지에 확실히 정답을 표시한 문제 10개의 정답 분포를 나열합니다.
   (예) ① ② ③ ④
        3 0 2 5
7. 나머지 정답을 모르는 문제 10개를 나열해 봅니다.

   1번 ① ② ~~③~~ ~~④~~   14번 ~~①~~ ~~②~~ ③ ④
   ⋮   ⋮
   5번 ① ~~②~~ ~~③~~ ④   15번 ① ② ~~③~~ ~~④~~
   ⋮   ⋮
   7번 ~~①~~ ② ③ ~~④~~   17번 ~~①~~ ② ~~③~~ ④
   ⋮   ⋮
   10번 ~~①~~ ~~②~~ ③ ④   19번 ① ~~②~~ ~~③~~ ④
   ⋮   ⋮
   12번 ① ~~②~~ ③ ~~④~~   20번 ~~①~~ ② ~~③~~ ④

8. 위와 같이 정답을 모르는 문제들 중에 2개 지문이 정답이 아닌 것을 사전에 알 정도로 공부가 되어 있어야 합니다.
9. 이제 정답을 모르는 문제의 답을 확실한 정답 분포와 비교하여 선택해 봅니다.
   1번 ②, 5번 ①, 7번 ②, 10번 ③, 12번 ③, 14번 ③, 15번 ②, 17번 ②, 19번 ①, 20번 ②
10. 공부를 하시고 이 방법으로 적용하여야 합니다.

효율적으로 공부하여 합격합시다!

1. 특정 과목을 선택하여 문제를 처음부터 끝까지 그 과목만 우선 마무리 진행합니다.

2. 해설의 풀이 과정을 이해하고 관련된 공식을 암기하도록 합니다.

3. 해설이나 보충 내용은 아주 중요한 부분이므로 절대 소홀히 보시면 안 되겠습니다(보충 내용은 시험에 많이 출제된 내용으로 편성되었습니다).

4. 문제를 접하면서 어려운 부분이나 핵심이 되는 내용은 별도의 노트를 준비하여 요약을 간단히 합니다.

5. 또한, 다른 특정 과목을 선택하여 위 방법으로 진행하면서 앞에 공부했던 과목을 같이 병행해 나아가는데, 이때 어려운 부분이나 관련된 핵심의 공식을 점검합니다.

6. 위와 같은 방법으로 반복하여 3회 정도 하면 합격을 하실 수 있습니다.

7. 시험 보기 일주일 전에는 과목별로 노트에 요약된 내용을 총점검하면서 오전, 오후로 나누어 과목별 문제를 가볍고 빠르게 점검합니다.

컴퓨터응용선반·밀링기능사

핵심요약

- CHAPTER 1. 기계제도 공통
- CHAPTER 2. 측정 공통
- CHAPTER 3. 선반 가공
- CHAPTER 4. CNC 선반
- CHAPTER 5. 밀링 가공
- CHAPTER 6. CNC 밀링(머시닝센터)
- CHAPTER 7. 기타 기계 가공 공통
- CHAPTER 8. 안전 규정 준수 공통

CHAPTER 1 기계제도

01 기계제도 기본

1 제도의 통칙

1) 제도의 개요

어떤 필요한 물체를 제작하고자 할 때 그 모양이나 크기를 일정한 규격에 따라 점, 선, 문자, 기호 등을 사용하여 사용 목적에 알맞은 모양, 기능, 구조, 크기 및 공작 방법 등을 합리적으로 설계하여 제품의 치수, 다듬질의 정도, 재료, 공정 등을 제도법에 의해 도면에 작성하는 것이다.

2) 제도 규격

우리나라에서는 1966년 KS A0005로 제도 통칙을 제정하고 1969년에 국제표준규격(ISO)과 일치되게 개정하였다(기계제도통칙 : KSB 0001).

제도를 규격화하면 도면이 정확, 간단하고 제품상호 호환성이 유지되며 품질의 향상, 제품생산의 능률화, 제품원가 절감 등의 경제적, 기술적인 여러 가지 이익을 가져온다.

〈표 1-1〉 각국의 산업 규격

국가 및 기구	규격기호	제정년도
영국	BS(British Standards)	1901
독일	DIN(Deutsche Industrie Normen)	1917
미국	ANSI(American National Standards Institute)	1918
스위스	SNV(Schweitzerish Normen des Vereinigung)	1918
프랑스	NF(Norme Francaise)	1918
일본	JIS(Japanese Industrial Standards)	1952
한국	KS(Korean Industrial Standards)	1961
국제표준화기구	ISO(International Organization for Standardization)	1947

〈표 1-2〉 KS의 분류기호

분류기호	KS A	KS B	KS C	KS D	KS E	KS F	KS G	KS H	KS K
부문	기본	기계	전기	금속	광산	토건	일용품	식료품	섬유

3) 도면의 크기와 척도

(1) 도면의 크기

① 도면 정리나 보존상 편리를 위해 일정한 크기로 한다.
② 한국 공업 규격(KS A 0005)에 따라 "A열"의 것을 사용한다.

③ 제도 용지의 세로와 가로의 길이 비는 $1 : \sqrt{2}$ 이고, A0의 넓이는 약 $1m^2$이다.
④ 큰 도면을 접을 때에는 A4의 크기로 접는 것을 원칙으로 한다.

〈표 1-3〉 도면의 크기 및 윤곽치수

크기의 호칭		A0	A1	A2	A3	A4
윤곽선 (최소)	a×b	841×1189	594×841	420×594	297×420	210×297
	c(최소)	20	20	10	10	10
	d (최소) 철하지 않을 때	20	20	10	10	10
	철할 때	25	25	25	25	25

(2) 윤곽선, 표제란, 부품란

① **윤곽선(테두리선)** : 도면의 윤곽에 사용하는 윤곽선의 굵기는 0.5mm 이상 실선으로 하며 도면의 훼손을 방지하고 안정성을 주기 위하여 사용된다.
② **중심 마크(centering mark)** : 중심 마크는 도면을 마이크로 필름에 촬영하거나 복사할 때의 편의를 위하여 마련한다. 윤곽선 중앙으로부터 용지의 가장자리에 이르는 굵기 0.5mm의 수직의 직선으로, 허용치는 0.5mm로 한다.
③ **재단 마크** : 복사한 도면의 재단하는 경우 편의를 위하여 원도에 재단 마크를 그린다.
④ **표제란** : 도면의 오른쪽 아래에 잡는 것이 보통이지만 부득이한 경우 왼쪽 윗부분이나 오른쪽 잇부분에 둔다. 도면번호, 도명, 척도 및 투상법, 소속, 도면 작성 년 월 일, 제도자 이름 등을 기입한다.
⑤ **부품란** : 품번, 재질, 수량, 무게, 공정 등을 기입하여 도면의 오른쪽 위의 부분에 두고 도면의 오른쪽 아래일 경우에는 표제란 위에 둔다.

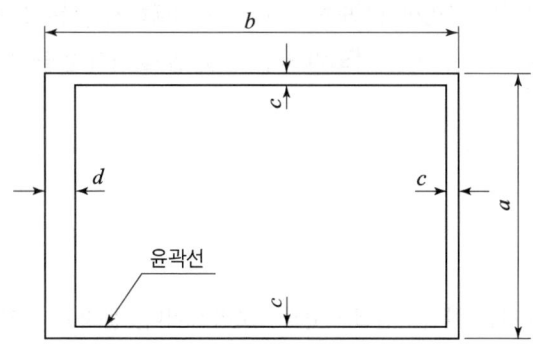

제도용지의 세로와 가로의 비 $1 : \sqrt{2}$
[그림 1-1] 도면의 구역

(3) 척도

도면에 사용하는 척도는 다음에 따른다.
① **축척** : 실물을 축소해서 그린 도면

② 현척(실척) : 실물과 같은 크기로 그린 도면
③ 배척 : 실물을 확대해서 그린 도면

〈표 1-4〉 축척, 현척, 배척의 값

척도의 종류	란	값
축척	1	1:2 1:5 1:10 1:20 1:50 1:100 1:200
	2	1:$\sqrt{2}$ 1:2.5 1:2$\sqrt{2}$ 1:3 1:4 1:5$\sqrt{2}$ 1:25 1:250
현척		1:1
배척	1	2:1 5:1 10:1 20:1 50:1
	2	$\sqrt{2}$:1 2.5:$\sqrt{2}$:1 100:1

[비고] 1란의 척도를 우선으로 사용한다.

④ NS(Non Scale) : 비례척이 아닌 임의의 척도(예 : 100)
척도는 A : B로 표시한다.
여기에서 ┌ A : 그린 도형에서의 대응하는 길이
　　　　　└ B : 대상물의 실제 길이

보기　① 축척의 경우 1 : 2, 1 : 2$\sqrt{2}$, 1 : 10
　　　　② 현척의 경우 1 : 1
　　　　③ 배척의 경우 5 : 1

⑤ 척도의 기입 방법
척도는 도면의 표제란에 기입한다. 같은 도면에 다른 척도를 사용할 때는 필요에 따라 그 그림 부근에도 기입한다. 도형이 치수에 비례하지 않는 경우에는 그 취지를 적당한 곳에 명기한다. 또한, 이들 척도의 표는 잘못 볼 염려가 없을 경우에는 기입하지 않아도 좋다.

2 문자와 선

1) 문자

제도에 사용되는 문자는 한자·한글·숫자·로마자이다. 문자는 정확히 읽을 수 있도록 분명하고 균일하게 써야 하며, 글자체는 고딕체로 하여 수직 또는 15° 경사로 씀을 원칙으로 한다. 도면에서는 도형의 크기나 척도의 정도에 따라 문자의 크기를 달리한다. 문자의 크기는 문자의 높이로 나타내고, 문장은 왼편에서 가로쓰기를 원칙으로 한다.

(1) 한글

한글의 글자체는 활자체로 하여 수직으로 쓴다. 크기는 7종의 호칭 중 2.24, 3.15, 4.5, 6.3, 9mm의 5종으로 한다. 특히 필요한 경우에는 다른 치수를 사용할 수 있다.

(2) 숫자와 로마자

숫자는 아라비아 숫자를 사용하고, 숫자의 크기는 7종의 호칭 중 2.24, 3.15, 4.5, 6.3mm 및 9mm의 5종으로 한다. 다만, 특히 필요할 경우에는 이에 따르지 않아도 좋다. 로마자는 주로 대문자를 사용하고 특별히 필요한 경우에는 소문자를 사용한다. 로마자의 크기는 호칭 2.24, 3.15, 4.5, 6.3, 9, 12.5mm 및 18mm의 7종으로 한다. 숫자와 로마자의 글자체는 원칙적으로 수직에 대하여 오른쪽으로 15° 경사진 J형 사체, B형 사체 또는 B형 입체 중 어느 것을 사용하여도 좋으나 혼용해서는 안 된다.

2) 선

(1) 선의 종류와 용도

① 모양에 따라 분류한 선

㉠ 실선 (────────) : 연속된 선

㉡ 파선 (-------------) : 짧은 선을 약간의 간격으로 나열한 선

㉢ 1점 쇄선(─·─·─·─) : 긴 선과 짧은 선 1개를 서로 규칙적으로 나열한 선

㉣ 2점 쇄선(─··─··─) : 긴 선과 짧은 선 2개를 서로 규칙적으로 나열한 선

② 굵기에 따라 분류한 선

선의 굵기의 기준은 0.18mm, 0.25mm, 0.35mm, 0.5mm, 0.7mm 및 1mm 로 한다.

㉠ 가는 선 : 굵기가 0.18~0.5mm인 선

㉡ 굵은 선 : 굵기가 0.35~1mm인 선(가는 선 굵기의 2배)

㉢ 아주 굵은 선 : 굵기가 0.7~1mm인 선(굵은 선 굵기의 2배)

※ 선 굵기의 비율은 1(가는 선) : 2(굵은 선) : 4(아주 굵은 선)

③ 선의 용도에 따라 분류한 선

〈표 1-5〉와 같이 사용한다. 또 이 표에 의하지 않는 선을 사용할 때에는 그 선의 용도를 도면 안에 주기 한다.

〈표 1-5〉 선의 종류에 의한 사용방법 KS B 0001

용도에 의한 명칭	선의 종류		선의 용도
외형선	굵은 실선	────────	대상물의 보이는 부분의 형상을 표시
치수선	가는 실선		치수를 기입하기 위하여 사용
치수 보조선			치수를 기입하기 위하여 도형으로부터 끌어내는 데 사용
지시선			기술, 기호 등을 표시하기 위하여 끌어내는 데 사용
회전 단면선			도형 내에 그 부분의 끊은 곳을 90° 회전하여 표시
중심선			도형의 중심선을 간략하게 표시
수준면선(주1)			수면, 유면 등의 위치를 표시
숨은선	가는 파선 또는 굵은 파선	-------------	대상물의 보이지 않는 부분의 형상을 표시

용도에 의한 명칭	선의 종류		선의 용도
중심선	가는 1점 쇄선	—·—·—	• 도형의 중심을 표시 • 중심 이동한 중심 궤적을 표시
기준선			위치 결정의 근거가 된다는 것을 명시할 때 사용
피치선			되풀이하는 도형의 피치를 취하는 기준을 표시
특수 지정선	굵은 1점 쇄선	—·—·—	특수한 가공을 하는 부분 등 특별한 요구사항을 적용할 수 있는 범위를 표시하는 데 사용
가상선[주2]	가는 2점 쇄선	—··—··—	• 인접부분을 참고로 표시 • 공구, 지그(jig)의 위치를 참고로 표시 • 가동부분을 이동 중의 특정한 위치 또는 이동 한계의 위치를 표시 • 가공 전 또는 가공 후의 형상을 표시 • 되풀이 하는 것을 표시 • 도시된 단면의 앞쪽에 있는 부분을 표시
무게 중심선			단면의 중심을 연결한 선을 표시
파단선	불규칙한 파형의 가는 실선 또는 지그재그선	∿∿	대형물의 일부를 파단한 경계 또는 일부를 떼어낸 경계를 표시
절단선	가는 1점 쇄선으로 끝부분 및 방향이 변하는 부분을 굵게 한 것[주3]	⌐⌐	단면도를 그리는 경우 그 절단위치를 대응하는 도면에 표시하는 데 사용
해칭	가는 실선으로 규칙적으로 줄을 늘어놓은 것	/////	도형의 한정된 특정 부분을 다른 부분과 구별하는 데 사용
특수한 용도의 선	가는 실선	———	• 외형선 및 은선의 연장을 표시 • 평면이란 것을 표시 • 위치를 명시하는 데 사용
	아주 굵은 실선	━━━	얇은 부분의 단면도시를 명시하는 데 사용

[주] 1) ISO 128(Technical drawing–General principles of presentation)에는 규정되어 있지 않다.
  2) 가상선은 투상법상에서는 도형에 나타나지 않으나, 편의상 필요한 모양을 나타내는 데 사용한다. 또 기능상·공작상의 이해를 돕기 위하여 도형을 보조적으로 나타내기 위하여도 사용된다.
  3) 다른 용도와 혼용할 염려가 없을 때에는 끝부분 및 방향이 변하는 부분을 굵게 할 필요는 없다.

[비고] 가는 선, 굵은 선 및 아주 굵은 선의 굵기의 비율은 1 : 2 : 4로 한다.

(2) 겹치는 선의 우선순위

도면에서 2종류 이상의 선이 같은 장소에 중복될 경우에는 다음에 순위에 따라 우선되는 종류의 선부터 그린다.
① 외형선 ② 숨은선 ③ 절단선 ④ 중심선 ⑤ 무게중심선 ⑥ 치수 보조선

(3) 선 긋는 방법 중 중심선을 기입하는 방법

도형에 중심이 있을 때에는 반드시 중심선(0.1~0.25mm)을 기입하는 것이 바람직하다.

02 투상법 및 도형 표시 방법

1 투상법

1) 정투상법
물체를 네모진 유리상자 안에 넣고 바깥쪽에서 들여다보면 물체를 유리판에 투상하여 보고 있는 것 같다. 투상선이 투상면에 대하여 수직으로 되어있는 것, 즉 시점이 물체로부터 무한대의 거리에 있는 것으로 생각한 투상법이다.

2) 제3각법
① 물체를 투상면의 뒤쪽에 놓고 투상(투상면을 물체의 앞에 둠)
② 눈 → 투상면 → 물체

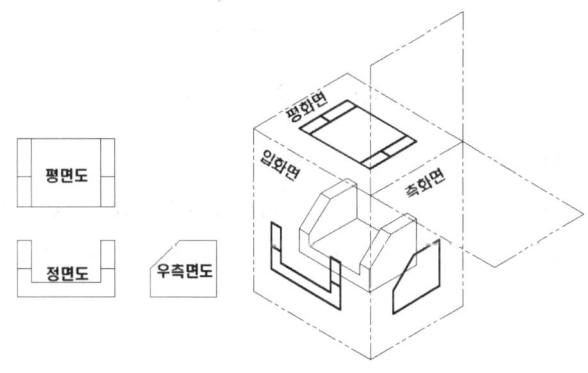

[그림 1-2] 3각법

3) 제1각법
① 물체를 투상면의 앞쪽에 놓고 투상(투사면을 물체의 뒤에 둠)
② 눈 → 물체 → 투상면

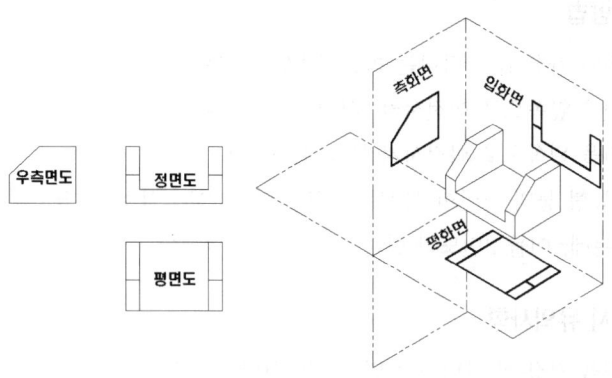

[그림 1-3] 1각법

4) 3면도

① 정면도 : 물체를 정면에서 투상하여 그린 그림
② 평면도 : 물체를 위에서 투상하여 그린 그림
③ 우측면도 : 물체를 오른쪽 옆에서 투상하여 그린 그림

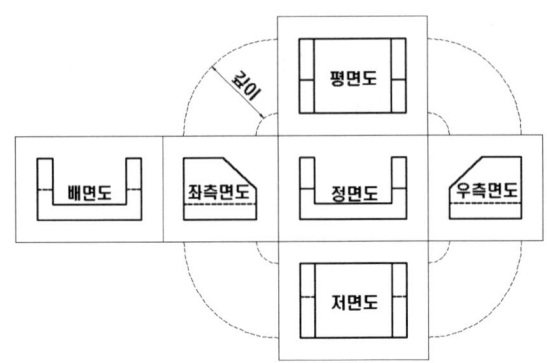

[그림 1-4] 투상도 배치

5) 제도에 사용하는 투상법

기계제도에서의 투상법은 제3각법에 따른 것을 원칙으로 한다. 제1각법을 따를 경우 그림과 같은 투상법의 기호를 표제란 또는 그 근처에 표시한다. 한 도면 안에서는 혼용하지 않는 것이 좋다.

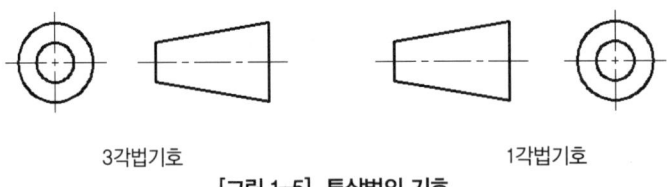

3각법기호   1각법기호

[그림 1-5] 투상법의 기호

6) 도형의 표시 방법

① 물체의 특징이 가장 잘 나타나는 쪽을 정면도로 잡는다.
② 물체의 정면을 앞쪽으로 회전시켜 평면도로 잡는다.
③ 물체의 정면을 왼쪽으로 회전시켜 우측면도로 잡는다.
④ 평면형, 원통형 등의 간단한 물체는 정면도와 평면도, 또는 정면도와 우측면도만으로도 나타낼 수 있는데, 이를 2면도라 한다.

7) 정면도 선택 시 유의사항

① 물체의 특징을 가장 잘 나타내는 면을 선택한다.
② 관련 투상도(평면도, 측면도)에는 가급적 은선을 사용하지 않는다.

③ 물체는 자연스러운 위치로 안정감을 가질 수 있도록 한다.
④ 물체의 주요면은 수직, 수평이 되게 한다.
⑤ 물체는 가공 공정 순서와 같은 방향으로 선택한다.
⑥ 기어, 베어링과 같은 물체는 축과 직각방향에서 본 것을 정면도로 선택한다.

2 도형의 표시 방법

1) 투상도의 선택 방법

① 주 투상도에는 대상물의 모양·기능을 가장 명확하게 나타내는 면을 정면도로 선택한다.
　㉠ 조립도 등 주로 기능을 표시하는 도면에서는 대상물을 사용하는 상태
　㉡ 부품도 등 공작기계로 가공하는 물체는 가공자가 도면을 보면서 가공하기 편리하도록 가공량이 가장 많은 공정을 가공할 때와 같은 방향으로 정면도를 선택하여 투상한다(지름이 큰 쪽이 왼쪽을 향하게 표시).
　㉢ 특별한 이유가 없는 경우, 대상물이 가로 길이로 놓은 상태로 표시한다.
② 주 투상도를 보충하는 다른 투상도는 되도록 적게 하고 주 투상도(정면도)만으로 나타낼 수 있는 것에 대해서는 다른 투상는 그리지 않는다. 주 투상도만으로 모양이나 치수를 도시할 수 없을 때 평면도나 측면도 등으로 보충하고 필요한 경우 보조 투상도로 표시한다.

(1) 보조 투상도

물체의 경사면을 실형으로 그려서 바꾸기 할 필요가 있을 경우에는 그 경사면과 위치에 필요부분만을 보조 투상도로 표시한다. ISO에서는 보조 투상도를 그릴 때에는 반드시 투상 방향을 기입하지만, KS에서는 그럴 필요는 없다.

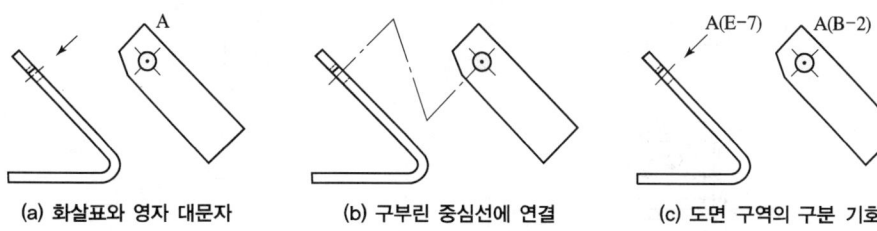

(a) 화살표와 영자 대문자　　(b) 구부린 중심선에 연결　　(c) 도면 구역의 구분 기호

[그림 1-6] 보조 투상도

(2) 회전 투상도

투상면이 어느 각도를 가지고 있기 때문에 그 물체의 실제 모형을 표시하지 못할 때에는 그 부분을 회전해서 물체의 실제 모형을 도시할 수 있다.

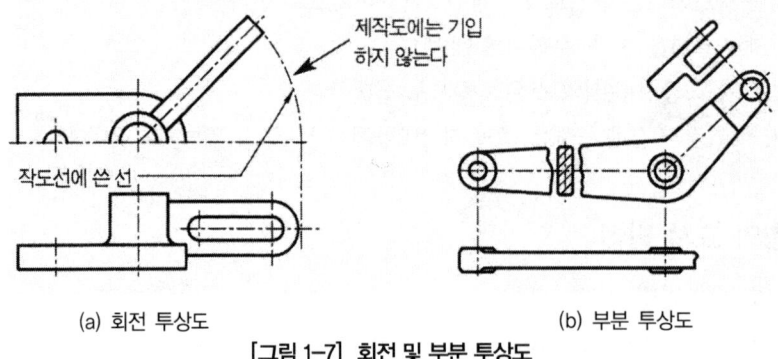

(a) 회전 투상도　　　　　　　　(b) 부분 투상도

[그림 1-7] 회전 및 부분 투상도

(3) 부분 투상도

그림의 일부를 도시하는 것으로 충분한 경우에는 필요한 부분만 투상도로서 나타낸다. 이러한 경우 생략한 부분과 경계를 파단선으로 나타낸다. 명확한 경우에는 파단선을 생략한다.

(4) 국부 투상도

물체의 구멍이나 홈 등의 한 국부만의 모양을 도시하는 것으로 충분한 경우에는 필요한 부분을 국부 투상도로 나타낸다. 투상관계를 나타내기 위해서는 원칙적으로 주된 그림에 중심선, 기준선, 치수 보조선 등을 연결한다. 스퍼 기어(spur gear)를 제도할 때에는 키 홈 하나를 나타내기 위하여 좌측면도를 모두 그리지 않고 국부 투상도로 나타낸다.

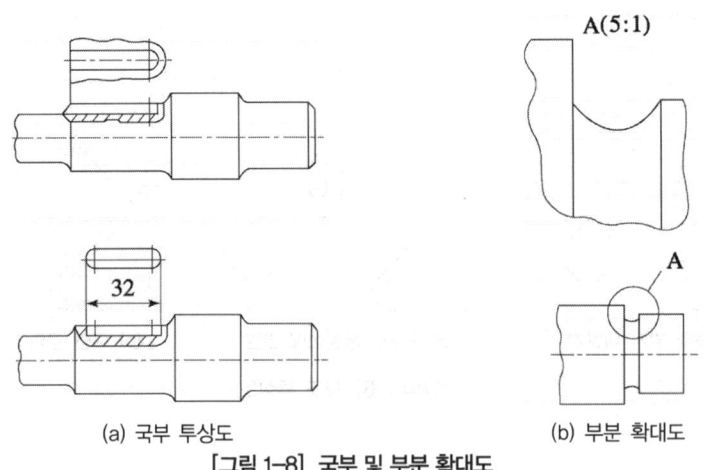

(a) 국부 투상도　　　　　　　　(b) 부분 확대도

[그림 1-8] 국부 및 부분 확대도

(5) 부분 확대도

부분 확대도(partial magnifying view)는 도형의 일부분이 너무 작아서 알아보기 어렵거나 치수 기입을 하기 곤란한 경우에 그 부분만을 확대해서 그리는 것이다.

(6) 요점 투상도

보조적인 투상도에 보이는 부분을 모두 표시하면 도면이 복잡해져서 오히려 알아보기가 어려운 경우에는 요점 부분만 투상도로 표시한다.

2) 단면도 표시 방법

물체 내부의 보이지 않는 부분은 숨은선으로 표시하여도 좋으나, 구조가 복잡한 경우와 조립도 등에서는 많은 숨은선으로 인하여 오히려 도면의 이해가 어려워진다. 이와 같은 경우, 필요한 부분을 절단한 것으로 가상하여 그 단면 모양을 외형선으로 표시하면 물체의 형상을 뚜렷이 나타낼 수 있는데, 이렇게 그려진 도면을 단면도라 한다.

① 단면은 원칙적으로 기본 중심선에서 절단한 면으로 나타낸다. 이 경우에 절단선은 기입하지 않는다.
② 기본 중심선이 아닌 곳에서 절단한 면으로 나타낼 수 있으며, 반드시 절단선에 의하여 절단된 위치를 표시해야 한다.
③ 절단선의 양 끝부분에는 투상 방향을 표시하는 화살표를 붙이고, 절단한 곳을 영문자의 대문자로 표시한다.
④ 표시 문자는 단면도의 방향과 관계없이 모두 위쪽으로 하고, 단면도의 위쪽 또는 아래쪽의 어느 한쪽으로 통일하여 단면부임을 기입한다.

3) 단면도의 해칭 방법

단면임을 나타내기 위하여 단면 부분에 해칭(hatching) 또는 스머징(smudging)을 한다.
① 해칭선은 주된 중심선에 대하여 45°로 경사지게 가는 실선으로 등간격으로 긋는 것이 좋다.
② 인접한 단면의 해칭은 선의 방향 또는 각도를 변경하거나 해칭 간격을 달리하여 구분한다.
③ 해칭선의 간격은 가는 실선으로 2~3mm의 간격이 적당하나 절단자리의 크기에 따라 간격은 조절할 수 있다.
④ 경사진 단면의 해칭선은 경사진 면에 수평이나 수직으로 그리지 않고 기본 중심선에 대하여 45° 경사진 각도로 그린다.

4) 단면도의 종류

(1) 온 단면도(전단면도 : full section view)

물체의 기본적인 모양을 가장 잘 나타낼 수 있도록 물체의 중심에서 반으로 절단하여 나타낸 것을 온단면도 혹은 전단면도라 한다.

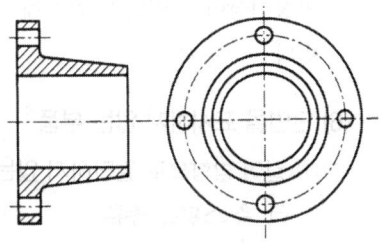

[그림 1-9] 온단면도

(2) 한쪽 단면도(반단면도)

상하 또는 좌우 대칭형의 물체는 기본 중심선을 경계로 1/2은 외형도로, 나머지 1/2은 단면도로 동시에 나타낸다. 대칭 중심선의 우측 또는 위쪽을 단면으로 한다.

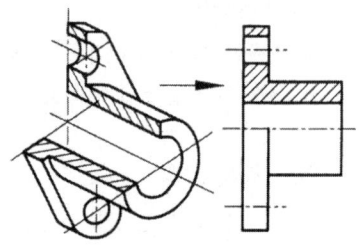

[그림 1-10] 한쪽 단면도

(3) 부분 단면도

외형도에서 필요로 하는 일부분만을 부분 단면도로 도시할 수 있다. 파단선(가는실선)으로 단면의 경계를 표시하고 프리핸드로 외형선의 1/2 굵기로 그린다.

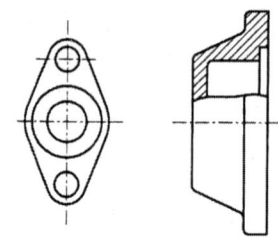

[그림 1-11] 부분 단면도

(4) 회전 도시 단면도

핸들이나 바퀴 등의 암이나 리브, 훅, 축, 구조물의 부재 등의 절단면은 90° 회전하여 도시하거나 절단할 곳의 전후를 끊어서 그 사이에 그린다.

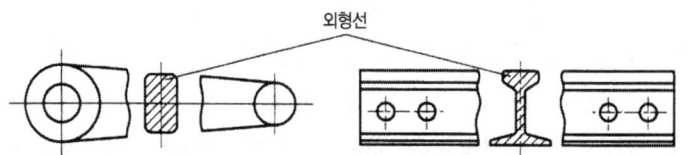

[그림 1-12] 회전 도시 단면도

(5) 회전 단면도

단면의 모양이 여러 개로 표시되어 도면 내에 회전 단면을 그릴 여유가 없는 경우에 절단선과 연장선상이나 임의의 위치에 단면을 빼내어 그린다.

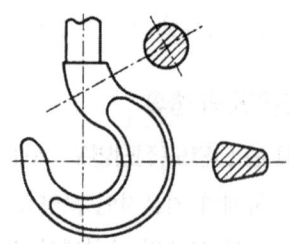

[그림 1-13] 회전 단면도

(6) 단면을 표시하지 않는 부품

① 길이 방향으로 절단하지 않는 부품
  ㉠ 축 스핀들 종류
  ㉡ 볼트, 너트, 와셔 종류
  ㉢ 작은 나사 및 세트 스쿠루 종류

ⓔ 키, 핀, 코터, 리벳의 종류
　② 세로 방향으로 절단하지 않는 부품 : 리브, 바퀴의 암, 기어의 이, 핸들 등
　③ 얇은 부분 : 리브, 웨브
　④ 베어링의 볼, 롤러 등

(7) 얇은 부분의 단면도
패킹, 박판, 형강 등에서 절단 자리의 두께가 얇은 경우
① 절단 자리는 검게 칠한다.
② 실제의 치수와 관계없이 1개의 굵은 실선으로 표시하고, 이글의 절단 자리가 인접하고 있는 틈새 0.7 이상 둔다.

03 치수기입법

1 치수기입법 기본사항

제품을 가공하고 조립하는 제작자는 도면에 표시된 치수대로 제품을 제작하게 된다. 따라서 도면에 기입한 치수는 정확하게 정의해야 하며 알기 쉽고 간단명료해야 한다.

1) 치수의 단위
① 길이 : 단위에는 mm를 사용하나 단위 기호 mm는 기입하지 않는다.
② 각도 : 각도의 단위는 도(°)를 사용하며 필요에 따라 분('), 초(")의 단위도 함께 사용한다.
　（예 : 90°, 22.5°, 3'21", 0°15', 6°21'5"）
③ 치수정밀도가 높을 때는 소숫점 2자리 또는 3자리까지 표시한다.
　（예 : 30mm ⇨ 30.000mm）

2) 치수의 표시 방법
① 치수선 : 치수를 기입하며 치수선은 0.25mm 이하의 가는 실선을 치수 보조선과 직각으로 그어 외형선과 구별하고 양 끝에는 화살표를 붙인다.
② 치수 보조선 : 지시하는 치수선의 끝에 해당하는 도형상의 점 또는 선의 중심을 지나 치수선에 직각으로 긋고, 치수선 위치에서 2~3mm 정도 넘도록 연장한다.

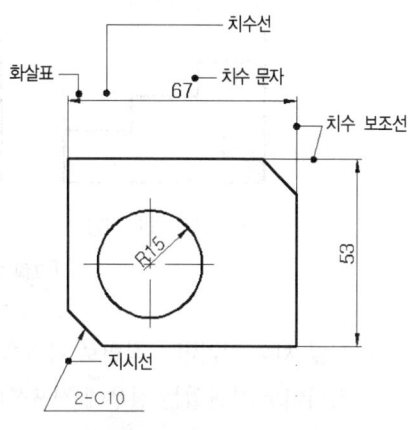

[그림 1-14] 치수선의 용도

③ 화살표
　㉠ 화살표의 크기는 길이와 나비의 비율이 약 3 : 1이 되게 한다.
　㉡ 선의 굵기와 조화를 이루게 하며 길이는 보통 2.5~3mm로 한다.
　㉢ 화살의 각도는 선의 각도와 조화되게 그려야 한다.
　㉣ 한 도면에서는 될 수 있는 대로 화살표의 크기를 같게 한다.
　㉤ 여유 공간이 없을 경우에는 점을 찍거나 빗금으로 나타내기도 한다.

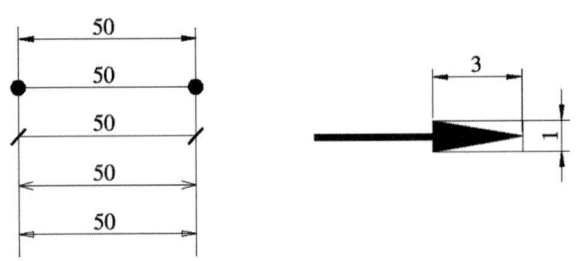

[그림 1-15] 화살표와 화살표의 종류

④ 지시선
구멍의 치수 및 가공법, 품번 및 기하공차 등을 기입할 때 사용하며 수평선에 대하여 60°의 직선으로 긋고, 지시되는 쪽에 화살표를 달며, 반대쪽 끝을 수평으로 꺾은 다음, 그 위에 지시 사항이나 치수를 기입한다. 원에 쓰일 때에는 중심을 향하여 60°의 직선을 긋고 화살표는 원주에 닿도록 한다.

3) 치수의 배치

치수를 기입할 때에는 치수선을 중단하지 않고, 수평 방향의 치수선에는 위쪽으로, 수직 방향의 치수선에는 왼쪽으로 향하게 기입한다.

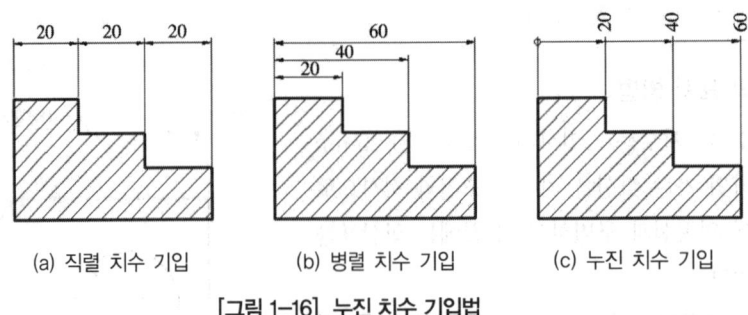

[그림 1-16] 누진 치수 기입법

① 직렬 치수 기입법 : 직렬로 나란히 연결된 개개의 치수에 주어지는 치수 공차가 차례로 누적되어도 상관없는 경우에 적용한다.
② 병렬 치수 기입법 : 한곳을 중심으로 치수를 기입하는 방법으로, 개개의 치수 공차는 다른

치수의 공차에는 영향을 주지 않는다. 기준이 되는 치수 보조선의 위치는 기능, 가공 등의 조건을 고려하여 적절히 선택하는 것이 좋다.

③ 누진 치수 기입법 : 치수 공차에 대해서는 병렬 치수 기입법과 같은 의미를 가지며 하나의 연속된 치수선으로 간단히 표시할 수 있다. 치수의 기준이 되는 위치는 기호(0 zero)로 표시하고, 치수선의 다른 끝은 화살표를 그린다.

4) 치수 기입의 원칙

① 부품의 기능상 또는 제작, 조립 등에 있어서 꼭 필요하다고 생각되는 치수만 명확하게 기입한다.
② 치수는 되도록 계산해서 구할 필요가 없도록 기입한다.
③ 중복 치수는 피한다.
④ 가능하면 정면도에 집중하여 기입한다.
⑤ 반드시 전체길이, 전체높이, 전체 폭에 관한 치수는 기입하여야 한다.
⑥ 필요에 따라 기준으로 하는 점과 선 또는 가공면을 기준으로 기입한다.
⑦ 관련된 치수는 가능하면 모아서 보기 쉽게 기입한다.
⑧ 참고 치수에 대해서는 치수 문자에 괄호를 붙인다.

5) 치수 보조 기호와 여러 가지 치수 기입

치수를 나타내는 수치에 부가하여 그 치수의 의미를 명확히 하기 위하여 사용하는 기호를 의미한다.

〈표 1-6〉 치수 보조 기호

구분	기호	사용 예
지름	ϕ	$\phi 60$
반지름	R	R20
구의 지름	$S\phi$	$S\phi 40$
구의 반지름	SR	SR30
정사각형의 변	□	□12
관의 두께	t	t5
45°의 모따기	C	C3
원호의 길이	⌒	$\overset{\frown}{40}$
참고 치수	( )	(50)
이론적으로 정확한 치수	▭	40

① 지름의 치수 기입
　㉠ 치수를 기입할 곳이 원형일 경우 지름기호를 이용하여 치수 기입한다.
　㉡ 치수 문자 앞에 지름을 뜻하는 "ϕ"를 붙여 사용한다. 이때 우측면의 투상을 생략해도 된다.

② 반지름의 치수 기입
　㉠ 반지름의 치수 기입을 할 때에는 치수 문자 앞에 반지름(R)을 붙인다.
　㉡ 큰 원호의 경우 Z자형으로 구부려 치수를 기입한다.

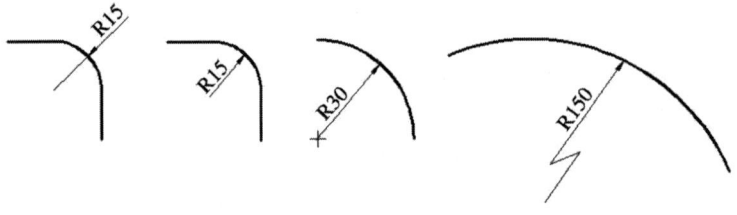

[그림 1-17] 반지름의 치수 기입

③ 현, 원호의 치수 기입
　㉠ 현의 길이 표시 방법 : 현에 직각하는 치수 보조선을 긋고 현에 평행한 치수선을 사용하여 나타낸다.
　㉡ 호의 길이 표시 방법 : 치수 보조선을 긋고, 그 원호와 같은 중심의 원호를 치수선으로 하고, 치수 수치의 위에 원호를 표시하는 기호(⌒)를 붙인다.

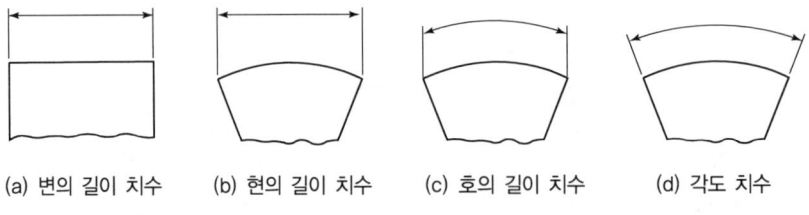

(a) 변의 길이 치수　　(b) 현의 길이 치수　　(c) 호의 길이 치수　　(d) 각도 치수

[그림 1-18] 호의 치수 기입

④ 각도 기입 방법 : 각도를 기입하는 치수선은 그 각을 구성하는 두 변 또는 연장선 사이에 원호로 나타낸다.
⑤ 사각 평면의 표시 방법 : 평면을 둥근 면과 구별하기 위해 도면에 가는 실선의 대각선 표시를 하기도 한다.

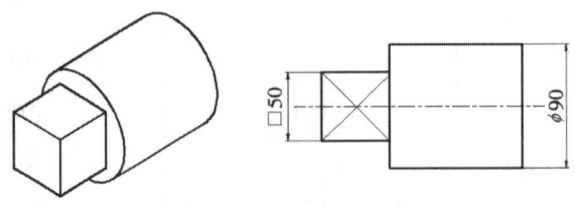

[그림 1-19] 사각 평면의 치수 기입

⑥ 구의 지름과 구의 반지름 : 구(Sphere)의 지름 또는 반지름을 나타내는 치수를 기입할 때 치수 문자 앞에 S∅ 또는 SR을 붙여 사용한다.

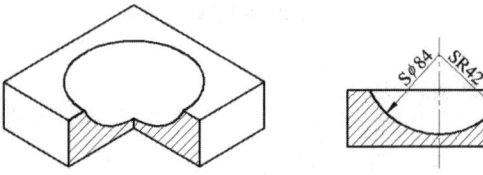

[그림 1-20] 구의 치수 기입

2 재료표시법

1) 재료 기호의 구성

한국공업규격(KS)의 금속부문(D)에서의 재료 기호는 종류별로 화학성분, 기계적 성질 및 용도에 따라 지정된다. 보통 3부분으로 구성되어 나타내지만, 필요에 따라 4부분으로 나타낼 수도 있다.

① 처음 부분 : 재질을 표시하는 기호로서 영어의 머리문자 또는 원소기호를 사용한다.
② 두 번째 부분 : 규격명 또는 제품명을 표시하는 기호로서 영어 또는 로마 글자의 머리 자를 쓰고 판, 관, 봉, 선, 주조품, 단조품 등의 제품을 모양별 종류나 용도를 표시한다.
③ 세 번째 부분 : 재료의 종류를 나타내는 기호로서 재료의 최저 인장 강도 또는 재료의 종별 번호를 나타내는 숫자가 사용된다.
④ 끝 부분 : 필요에 따라서 재료 기호 끝 부분에 재료의 경(硬), 연(軟), 열처리 상황, 제조법 등을 첨가하여 나타낼 수도 있다.

> **보기**
>
>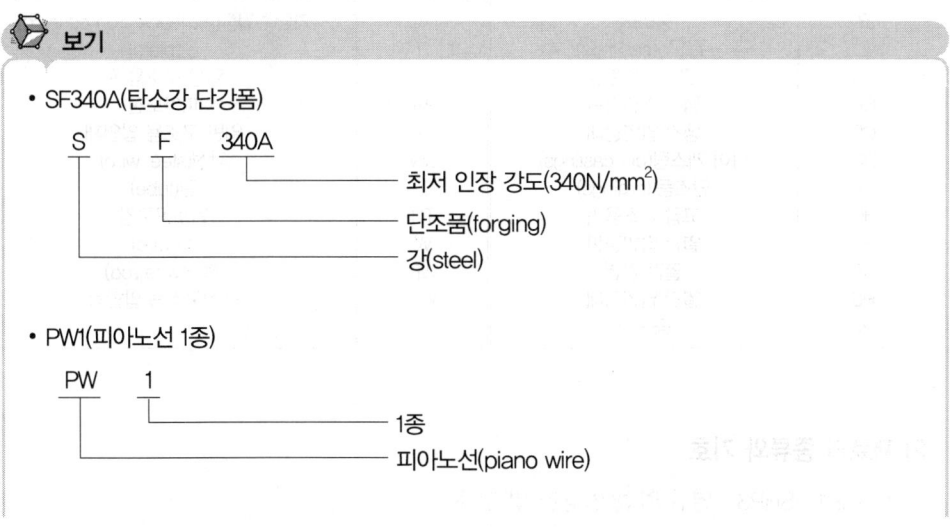

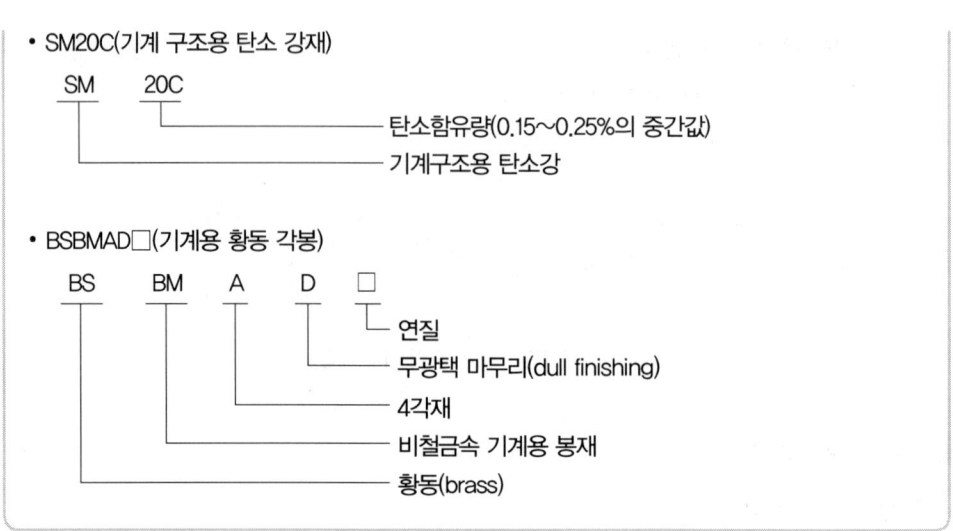

〈표 1-7〉 처음 부분의 기호

기호	재질명	영문	기호	재질명	영문
Al	알루미늄	aluminium	HBs	고강도 황동	high strength brass
AlB	알루미늄 청동	aluminium bronze	HMn	고망간	high manganese
B	청동	bronze	PB	인 청동	phosphor bronze
Bs	황동	brass	S	강	steel
C	구리	copper	ST	스테인리스강	stainless steel
Cr	크롬	chromium	WM	화이트 메탈	white metal

〈표 1-8〉 중간 부분의 기호

기호	재질명	기호	재질명
B	봉(bar)	MC	가단주철품(malleable iron cashing)
C	주조품(castings)	P	판(plate)
CD	구상 흑연주철	PS	일반 구조용 관
CP	냉간 압연강판	PW	피아노선
CS	냉간 압연강대	S	일반 구조용 압연재
DC	다이 캐스팅(die castings)	SW	강선(steel wire)
F	단조품(forgings)	T	관(tube)
HG	고압 가스용기	TC	탄소공구강
HP	열간 압연강판	W	선(wire)
HR	열간 압연	WR	선재(wire rod)
HS	열간 압연강대	WS	용접구조용 압연강
K	공구강		

2) 재료의 종류와 기호

① SHP1~SHP3 : 열간 압연 연강판 및 강대
② SS330, SS400, SS490, SS540 : 일반구조용 압연강판

③ SCP1~SCP3 : 냉간 압연강판 및 강대
④ SM400A~SM570 : 용접구조용 압연강재
⑤ PW1~PW3 : 피아노선
⑥ SPS1~SPS9 : 스프링 강재
⑦ SCr415~SCr420 : 크롬 강재
⑧ SNC415, SNC815 : 니켈 크롬 강재
⑨ SF340A~SF640B : 탄소강 단강품
⑩ STC1~STC7 : 탄소공구강재
⑪ SM10C~SM58C, SM9CK, SM15CK, SM20CK : 기계구조용 탄소강재
⑫ SC360~SC480 : 탄소 주강품
⑬ GC100~GC350 : 회주철품
⑭ GCD370~GCD800 : 구상흑연 주철품
⑮ BMC270~BMC360 : 흑심 가단 주철품
⑯ WMC330~WMC540 : 백심가단 주철품
⑰ C5191B : 인청동
⑱ BC1~BC7 : 청동주물
⑲ ALDC1~ALDC8 : 알루미늄 합금 다이캐스팅

3) 기계재료의 열처리 표시

부품 전체에 열처리를 할 때에는 부품란에 재질과 함께 열처리 방법을 표시하거나 주기란에 기입한다. 부품의 면 일부분에 열처리를 할 때에는 아래 그림과 같이 범위를 외형선에 평행하게 약간 떼어서 굵은 1점 쇄선을 긋고 열처리 방법을 기입한다.

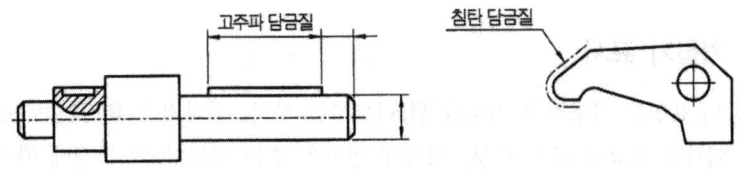

[그림 1-21] 기계열처리의 표시 방법

4) 재료의 중량 계산

설계 완료된 기계에 대하여 중량 계산을 할 필요가 있다. 첫째는 기계의 정미중량을 알아보기 위한 것이고, 둘째로는 기계부품 또는 재료에 대하여 원가 계산을 하기 위한 것이다. 정미중량을 위해 중량 계산을 할 경우에는 도면에 그려진 치수에 의하여 정확한 계산을 하고 원가 계산을 위한 중량 계산을 할 경우에는 부품란에 기재되는 소재 치수에 의하여 중량 계산을 한다.

① 제품의 중량(W) = 체적(단면적 × 두께 또는 길이) × 비중량(γ)

② $W = 1000\,VS = \dfrac{V[\text{cm}^3]S}{1000} = \dfrac{V[\text{mm}^3]S}{1000000}\,[\text{kgf}]$

③ 무게(중량) $= \dfrac{\text{체적}[\text{cm}^3] \times \text{비중}}{1000} = \dfrac{\text{체적}[\text{mm}^3] \times \text{비중}}{1000000}\,[\text{kgf}]$

④ 비중량$(\gamma) = \dfrac{\text{무게}(W)}{\text{체적}(V)}$

  $W = V\gamma$ [물의 비중량(4℃) 1000kgf/m³]

  $\gamma = 1000S$(비중)

  (비중 : 철 7.8, 구리 8.9, 알루미늄 2.7)

⑤ 체적(부피)

  ㉠ 사각형 = 가로×세로×길이 + 가공여유량

  ㉡ 삼각형 = (밑변×높이)÷2×길이 + 가공여유량

  ㉢ 원형 = $\dfrac{\pi}{4}d^2 \times$ 길이 + 가공여유량

  ㉣ 중공원통 = $\dfrac{\pi}{4}(D^2 - d^2) \times$ 길이 + 가공여유량

  ㉤ 직원뿔형 = $\dfrac{1}{3}\pi h(R^2 + Rr + r^2)$

  ㉥ 6각기둥 : $2.6S^2$(폭)

  ㉦ 구의 부피$(V) = \dfrac{4}{3}\pi r^3 = 0.866hl$

04 표면 거칠기 표시 및 치수 공차

1 표면 거칠기 표시

기계 부품의 표면은 기구적인 기능을 필요로 하는 부분, 접착력을 요하는 부분, 내식성을 요하는 부분, 외관을 필요로 하는 부분, 성능에 영향을 주는 부분 등의 목적에 따라 다듬질 면의 거칠기 정도가 구분되어야 하고, 이 내용은 도면에 정확히 구별하여 표시해야 한다.

1) 표면 거칠기

공작물의 표면에 생긴 작은 구간에서의 요철을 표면 거칠기(surface roughness)라 한다. 또한, 표면 거칠기보다 큰 간격으로 반복되는 기복의 상태를 파상도라 하며, 이는 공작기계나 바이트의 변형, 진동 등에 의하여 발생한다. KS에서는 표면 거칠기의 측정 방법으로 최대 높이(Ry), 10점 평균 거칠기(Rz : ten point height), 산술 평균 거칠기(Ra)의 3가지 방법을 규정하고 있다.

〈표 1-9〉 가공 방법의 약호

가공 방법	약호 I	약호 II	가공 방법	약호 I	약호 II
선반 가공	L	선반	호우닝 가공	GH	호우닝
드릴 가공	D	드릴	액체호우닝 다듬질	SPL	액체호우닝
보링 머신 가공	B	보링	배럴연마 가공	SPBR	배럴
밀링 가공	M	밀링	버프 다듬질	FB	버프
플레이닝 가공	P	평삭	브러스트 다듬질	SB	브러스트
세이핑 가공	SH	형삭	래핑 다듬질	FL	래핑
브로치 가공	BR	브로칭	줄 다듬질	FF	줄
리머 가공	FR	리머	스크레이퍼 다듬질	FS	스크레이퍼
연삭 가공	G	연삭	페이퍼 다듬질	FCA	페이퍼
벨트샌드 가공	GB	포연	주조	C	주조

(1) 대상 면을 지시하는 기호

표면의 결을 도시할 때에 대상 면을 지시하는 기호는 60°로 벌린, 길이가 다른 절선으로 하는 면의 지시 기호를 사용하며, 지시하는 대상 면을 나타내는 선의 바깥쪽에 붙여서 쓴다.

① 절삭 등 제거 가공의 필요 여부를 문제 삼지 않는 경우에는 [그림 1-22 (a)]와 같이 면에 지시 기호를 붙여서 사용한다.
② 제거 가공을 필요로 한다는 것을 지시할 때는 면의 지시 기호의 짧은 쪽의 다리 끝에 가로선을 부가한다[그림 1-22 (b)].
③ 제거 가공을 해서는 안 된다는 것을 지시할 때는 면의 지시 기호에 내접하는 원을 부가한다[그림 1-22 (c)].

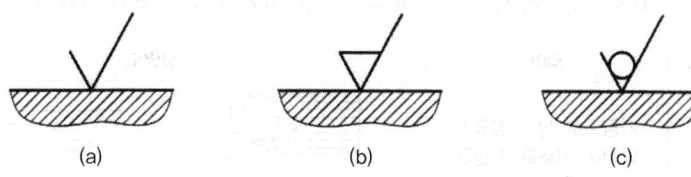

[그림 1-22] 표면에 대한 지시 기호

(2) 표면 거칠기 값의 지시

산술 평균 거칠기(R_a)로 지시하는 경우, 표면 거칠기는 KS B 0161에 규정하는 산술 평균 거칠기의 표준 수열 중에서 선택하여 지시하는데, 이 경우 첨자 'a'는 기입하지 않는다. 다만, 필요가 있어서 표준 수열에 따를 수 없는 경우, 허용할 수 있는 최댓값을 '$R_a \leq 10$' 등과 같이 지시한다. 그리고 표면 거칠기의 지시 값 기입 위치는 다음 중 어느 하나에 따른다.

① 표면 거칠기의 최댓값을 지시하는 경우에는 [그림 1-23 (a)]와 같이 기입한다.

② 표면 거칠기 값을 어느 구간으로 지시하는 경우에는 상한값을 위로, 하한값을 아래로 나란히 기입한다[그림 1-23 (b)].
③ 표면 거칠기의 지시 값에 대한 컷오프 값을 지시할 필요가 있을 때에는 아래 표에서 선택하여 면의 지시 기호의 긴 쪽 다리에 붙인 가로선 아래에 표면 거칠기의 지시 값에 대응시켜 기입한다[그림 1-23 (c)].
④ 최대 높이(R_{max}) 또는 10점 평균 거칠기(R_a)로써 지시하는 경우는 면의 지시 기호의 긴쪽 다리에 가로선을 붙여, 그 아래쪽에 약호와 함께 기입한다[그림 1-23 (d)].

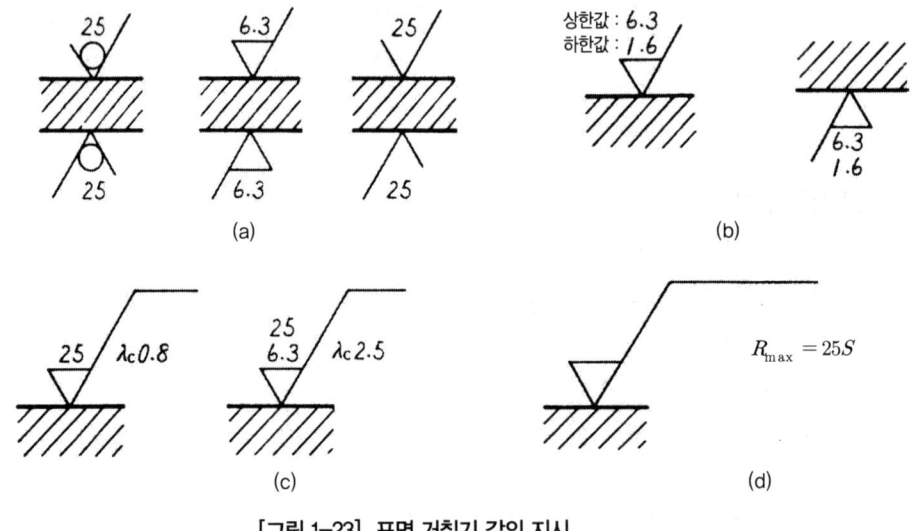

[그림 1-23] 표면 거칠기 값의 지시

⑤ 줄무늬 방향을 지시할 때에는 표에 규정하는 기호를 면의 지시 기호의 오른쪽에 부기한다.

기호	의미	설명도	
=	가공으로 생긴 앞줄의 방향이 기호를 기입한 그림의 투영면에 평행		커터의 줄무늬 방향
⊥	가공으로 생긴 앞줄의 방향이 기호를 기입한 그림의 투영면에 수직		커터의 줄무늬 방향
X	가공으로 생긴 선이 두 방향으로 교차		커터의 줄무늬 방향

기호	의미	설명도
M	가공으로 생긴 선이 다 방면으로 교차 또는 무 방향	▽M
C	가공으로 생긴 선이 거의 동심원	▽C
R	가공으로 생긴 선이 거의 방사상(레이디얼형)	▽R

⑥ 면의 지시 기호에 대한 각 지시 사항의 기입 위치는 [그림 1-24]와 같다.

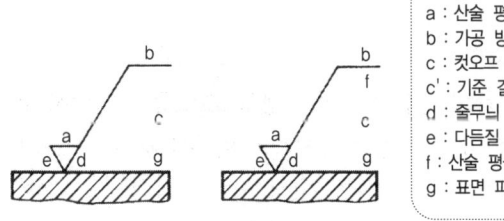

a : 산술 평균 거칠기 값
b : 가공 방법
c : 컷오프 값
c' : 기준 길이
d : 줄무늬 방향 기호
e : 다듬질 여유 기입
f : 산술 평균 거칠기 이외의 표면 거칠기 값
g : 표면 파상도

[그림 1-24] 면의 지시 기호

(3) 다듬질 기호

KS B 0617에 의하면, 면의 지시 기호 대신 다듬질 기호를 사용할 수도 있다고 규정하고 있다. 그러나 이 방법은 ISO 1302 규격에는 꼭 맞지 않으므로, 되도록 빠른 기간에 면의 지시 기호로 바꾸어 사용하는 것이 좋다.

① **다듬질 기호** : 다듬질 기호를 사용하여 표면 거칠기를 지시할 때에는 삼각 기호(▽)의 수와 파형 기호(～)로 표시한다. 〈표 1-10〉은 다듬질 기호에 대한 표면 거칠기의 기호 및 가공 방법, 특별히 지정하는 경우 이외에는 이 중 하나를 선택해서 사용한다.

② **다듬질 기호 기입** : 다듬질 기호를 사용하여 면의 결을 지시할 때에는, 삼각 기호에 표면 거칠기의 표준값, 컷오프 값, 기준 길이, 가공 방법, 줄무늬 방향의 기호 및 다듬질 여유값을 부기할 수 있다. 이때, 산술 평균 거칠기는 a, 최고 높이는 s, 10점 평균 거칠 기는 z의 기호를 표면 거칠기의 표준값 다음에 기입한다.

〈표 1-10〉 표면 거칠기의 기호 및 가공 방법(단위 : μm)

명칭	기호	거칠기 정도(Ra)	적용
-	∇	-	절삭 가공 등 가공을 하지 않은 표면 주물의 표면
거친다듬질	W∇	약 25~100μm	일반 절삭 가공만하고 끼워맞춤이 없는 표면(드릴 구멍, 선삭 가공부 등)
중간다듬질	X∇	약 6.3~25μm	끼워맞춤만 있고 상대운동은 없는 표면 커버와 몸체의 끼워맞춤부, 키홈, 축과 회전체의 결합부 등
상급다듬질	Y∇	약 0.8~6.3μm	끼워맞춤이 있고 상대운동이 있는 표면 베어링, 씰 등 정밀 축 기계요소 등이 끼워지는 표면, 정밀 가공이 요구되는 표면(연삭 가공)
정밀다듬질	Z∇	약 0.1~0.8μm	대단히 매끄러운 표면을 의미함 게이지류, 피스톤, 실린더 표면 등(호닝 등 정밀입자 가공)

2 치수 공차

1) 치수 공차 일반 사항

설계 도면을 작성할 때에는 그 부품의 생산 방법이나 생산 공정 등을 신중히 고려하여 필요한 내용을 빠짐없이 기입하도록 해야 하며, 호환성을 유지하기 위하여 부품의 조립과 기능 및 용도에 필요한 가공 정밀도를 제시해야 한다.

2) 치수 공차의 용어

① 구멍 : 주로 원통형 부분의 내측 부분
② 축 : 주로 원통형 부분의 외측 부분
③ 실 치수 : 두 점 사이의 거리를 실제로 측정한 치수
④ 허용한계 치수 : 실 치수가 그 사이에 들어가도록 정한 대·소의 허용치수이며, 최대허용치수(30.2)와 최소허용치수(29.9)가 있다.(예 : $30^{+0.2}_{-0.1}$)
⑤ 기준 치수 : 치수 허용한계의 기준이 되는 치수
⑥ 기준선 : 허용 한계치수 또는 끼워맞춤을 도시할 때 치수허용차의 기준이 되는 선으로, 치수 허용차가 0인 직선으로 기준 치수를 나타낼 때에 사용한다.
⑦ 치수허용차 : 허용한계치수에서 그 기준 치수를 뺀 값으로 위 치수허용차와 아래 치수허용차가 있다.
⑧ 치수 공차 : 최대허용 한계치수와 최소허용 한계치수의 차이다. 또는 위 치수허용차와 아래 치수허용차의 차를 의미하기도 하며 공차라고도 한다.

$30^{+0.05}_{-0.02}$ 에서 최대허용치수와 최소허용치수는?

 ① 최대허용치수=기준 치수+위 치수허용차=30+0.05=30.05mm
② 최소허용치수=기준 치수+아래 치수허용차=30+(−0.02)=29.98mm
③ 치수 공차=최대허용치수−최소허용치수=30.05−29.98=0.07mm

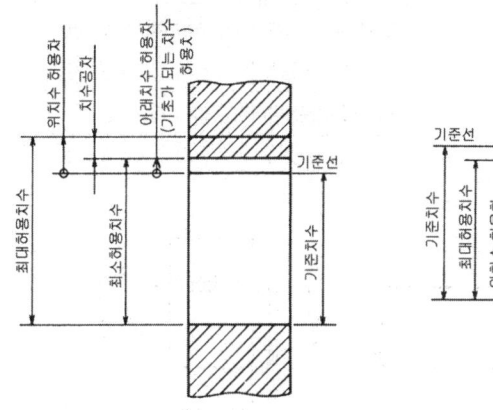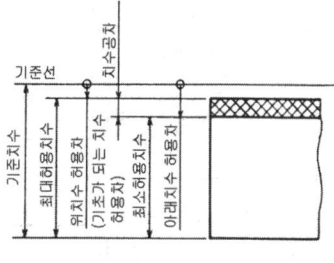

[그림 1-25] 치수 공차의 용어

3) 기본 공차

① IT 기본 공차 : 치수 공차와 끼워맞춤에 있어서 정해진 모든 치수 공차를 의미하는 것으로 국제 표준화 기구(ISO) 공차 방식에 따라 분류하며 IT 01부터 IT 18까지 20등급으로 구분하여 KS B 0401에 규정하고 있다. IT 01과 IT 0에 대한 값은 사용 빈도가 적으므로 별도로 정하고 있다.

② IT 공차의 수치 : 기준 치수가 500 이하인 경우와 500을 초과하여 3150까지 공차 등급 IT 1부터 IT 18에 대한 기본공차의 수치를 나타낸다.

〈표 1-11〉 기본 공차의 적용

용도	게이지 제작 공차	끼워맞춤 공차	끼워맞춤 이외 공차
구 멍	IT 1 ~ IT 5	IT 6 ~ IT 10	IT 11 ~ IT 18
축	IT 1 ~ IT 4	IT 5 ~ IT 9	IT 10 ~ IT 18

3 끼워맞춤

기계 부품을 조립할 때 구멍과 축이 미끄럼 운동이나 회전 운동이 이루어질 수 있는 경우와 상호 운동 없이 동력을 전달해야 되는 경우가 있다. 이와 같이, 구멍과 축이 조립되는 관계를 끼워맞춤이라 하고, 구멍의 지름이 축의 지름보다 큰 경우 두 지름의 차를 틈새, 축의 지름이 구멍의 지름보다 큰 경우 두 지름의 차를 죔쇠라 한다.

〈표 1-12〉 틈새와 죔새

구분	용어	해설
틈새	최소 틈새	구멍의 최소허용치수 − 축의 최대허용치수
	최대 틈새	구멍의 최대허용치수 − 축의 최소허용치수
죔새	최소 죔새	축의 최소허용치수 − 구멍의 최대허용치수
	최대 죔새	축의 최대허용치수 − 구멍의 최소허용치수

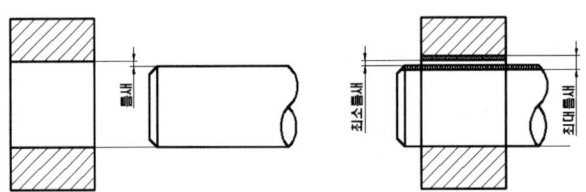

[그림 1-26] 축의 지름이 구멍의 지름보다 작은 경우

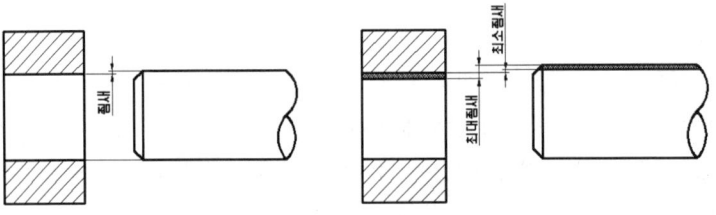

[그림 1-27] 축의 지름이 구멍의 지름보다 큰 경우

1) 끼워맞춤의 종류

끼워맞춤 부분을 가공할 때 부품 소재의 상태나 가공의 난이 정도에 따라 구멍을 기준으로 할 것인지 또는 축 기준으로 할 것인지에 따라 구멍 기준식과 축 기준식으로 나눈다.

① 구멍 기준식 끼워맞춤 : 아래 치수허용차가 0인 H 기호 구멍을 기준 구멍으로 하고, 이에 적당한 축을 선정하여 필요한 죔쇠나 틈새를 얻는 끼워맞춤으로 H6~H10의 다섯 가지 구멍을 기준 구멍으로 사용한다.

② 축 기준식 끼워맞춤 : 위 치수허용차가 0인 h 기호 축을 기준으로 하고, 이에 적당한 구멍을 선정하여 필요한 죔쇠나 틈새를 얻는 끼워맞춤으로 h5-h9의 5가지 축을 기준으로 사용한다.

〈표 1-13〉 구멍과 축의 기호 및 상호관계

구멍 기호	⇐ 지름이 커짐		지름이 작아짐 ⇒
	최소허용치수와 기준 치수 일치		
	A B C D E F G	H	Js K M N P R S T U X
축 기호	⇐ 지름이 작아짐		지름이 커짐 ⇒
	최대허용치수와 기준 치수 일치		
	a b c d e f g	h	js k m n p r s t u x

〈표 1-14〉 상용하는 구멍 기준 끼워맞춤

기준축	구멍 공차역 클래스															
	헐거운 끼워맞춤						중간 끼워맞춤			억지 끼워맞춤						
H6					g5	h5	js5	k5	m5							
				f6	g6	h6	js6	k6	m6	n6	p6					
H7				f6	g6	h6	js6	k6	m6	n6	p6	r6	s6	t6	u6	x6
			e7	f7		h7	js7									
H8				f7		h7										
			e8	f8		h8										
		d9	e9													
H9		d8	e8			h8										
	c9	d9	e9			h9										
H10	b9	c9	d9													

〈표 1-15〉 상용하는 축 기준 끼워맞춤

기준축	구멍 공차역 클래스															
	헐거운 끼워맞춤						중간 끼워맞춤			억지 끼워맞춤						
h5						H6	JS6	K6	M6	N6	P6					
				F6	G6	H6	JS6	K6	M6	N6	P6					
h6				F7	G7	H7	H7	K7	M7	N7	P7	R7	S7	T7	U7	X7
			E7	F7												
				F8		H8										
h7		D8	E8	F8		H8										
		D9	E9			H9										
		D8	E8			H8										
h8		C9	D9	E9		H9										
h9	B10	C10	D10													

2) 끼워맞춤 상태에 따른 분류

① **헐거운 끼워맞춤** : 구멍의 최소 치수가 축의 최대 치수보다 큰 경우이며, 항상 틈새가 생기는 끼워맞춤으로 미끄럼 운동이나 회전 운동이 필요한 기계 부품 조립에 적용한다.

예제	구멍	축
최대허용치수	A = 50.025mm	a = 49.975mm
최소허용치수	B = 50.000mm	b = 49.950mm
최대 틈새	A − b = 0.075mm	
최소 틈새	B − a = 0.025mm	

② **억지 끼워맞춤** : 구멍의 최대 치수가 축의 최소 치수보다 작은 경우이며, 항상 죔쇠가 생기는 끼워맞춤으로 동력 전달을 하기 위한 기계 조립이나 분해 조립이 불필요한 영구 조립 부품에 적용한다.

예제	구멍	축
최대허용치수	A = 50.025mm	a = 50.050mm
최소허용치수	B = 50.000mm	b = 50.034mm
최대 죔새	a − B = 0.050mm	
최소 죔새	b − A = 0.009mm	

③ **중간 끼워맞춤** : 중간 끼워맞춤은 축, 구멍의 치수에 따라 틈새 또는 죔쇠가 생기는 끼워맞춤으로, 헐거운 끼워맞춤이나 억지 끼워맞춤으로 얻을 수 없는 더욱 작은 틈새나 죔쇠를 얻는 데 적용하며, 베어링 조립은 중간 끼워맞춤의 대표적인 보기이다.

예제	구멍	축
최대허용치수	A = 50.025mm	a = 50.011mm
최소허용치수	B = 50.000mm	b = 49.995mm
최대 죔새	a − B = 0.011mm	
최대 틈새	A − b = 0.030mm	

구멍	축	상호관계
ϕ60H7	ϕ60g6	구멍 기준식 헐거운 끼워맞춤
ϕ40H7	ϕ40p7	구멍식 억지 끼워맞춤
ϕ30G6	ϕ30h7	축 기준식 헐거운 끼워맞춤
ϕ50P6	ϕ50h7	축 기준식 억지 끼워맞춤

4 기하 공차

기하 공차는 기계 부품의 치수 공차에 형상 및 위치 공차를 주어 제품을 정밀하고 효율적으로 생산하여 경제성이 있도록 하는 데 있다. 기하 공차 표시법에서는 도면에 말을 쓰지 않고 숫자, 문자 및 기호를 사용해야하며, 기호의 사용법은 국제적으로 통일되어 있으며, KS B 0608에서 규정되어 있다.

1) 기하 공차의 종류와 그 기호

적용하는 형체	구분	기호	공차의 종류	
단독 형체	모양 공차	—	진직도 공차	
		▱	평면도 공차	
		○	진원도 공차	
		⌀	원통도 공차	
단독 형체 또는 관련 형체		⌒	선의 윤곽도 공차	
		⌓	면의 윤곽도 공차	
관련 형체	자세 공차	∥	평행노 공차	최대실체공차 적용 (MMC)
		⊥	직각도 공차	
		∠	경사도 공차	
	위치 공차	⊕	위치도 공차	최대실체공차 적용 (MMC)
		◎	동축도 공차 또는 동심도 공차	
		═	대칭도 공차	
	흔들림 공차	↗	원주 흔들림 공차	
		↗↗	온 흔들림 공차	

2) 기하 공차의 부가기호

표시하는 내용		기 호
공차붙이 형체	직접 표시하는 경우	
	문자기호에 의하여 표시하는 경우	
데이텀	직접 표시하는 경우	
	문자기호에 의하여 표시하는 경우	
데이텀 표적(target) 기입틀		Ø2/A1
이론적으로 정확한 치수	직각 테두리로 표시	50
돌출 공차역	돌출된 부분까지 포함하는 공차 표시	P
최대 실체 공차 방식	최대질량의 실체를 갖는 조건	M
형체 치수 무관계	규제 기호로 표시되지 않음	S

3) 기하 공차의 기입방법

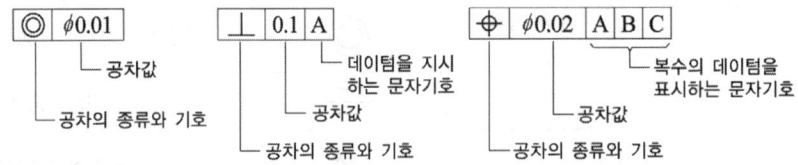

05 기계요소제도

1 체결용 기계요소

1) 나사

(1) 나사의 표시 방법

나사의 표시 방법은 나사의 호칭, 나사의 등급, 나사산의 감긴 방향 및 나사산 줄의 수에 대하여 다음과 같이 나타낸다.

| 나사산의 감긴 방향 | 나사산의 줄 수 | 나사의 호칭 | 나사의 등급 |

(2) 나사의 호칭법

① 미터 나사의 호칭법

| 나사의 종류를 표시하는 기호 | 나사의 호칭 지름을 표시하는 숫자 | × | 피치 |

[예] M 50×2

② 유니파이 나사의 호칭법

| 나사의 지름을 표시하는 숫자 | 산의 수 | 나사 종류를 표시하는 기호 |

[예] 3/8-16 UNC

③ 인치 나사의 호칭법

| 나사의 종류를 표시하는 기호 | 나사의 호칭 지름을 표시하는 숫자 | 산 | 산의 수 |

[예] SM 1/4 산 40

〈표 1-16〉 나사의 종류 기호 및 호칭 방법(KS B 0200)

구분		나사의 종류	나사의 종류 기호	나사의 호칭에 대한 표시법	관련 규격
일반용	ISO 규격에 있는 것	미터 보통 나사	M	M8	KS B 0201
		미터 가는 나사		M8×1	KS B 0204
		미니추어 나사	S	S 05	KS B 0228
		유니파이 보통 나사	UNC	3/8-16 UNC	KS B 0203
		유니파이 가는 나사	UNF	No. 8-36 UNF	KS B 0206
		미터 사다리꼴 나사	Tr	Tr 10×2	KS B 0229
		관용 테이퍼 나사 · 테이퍼 수나사	R	R 3/4	KS B 0222
		관용 테이퍼 나사 · 테이퍼 암나사	Rc	Rc 3/4	
		관용 테이퍼 나사 · 평행 암나사	Rp	Rp 3/4	
		관용 평행 나사	G	G 1/2	KS B 0221
	ISO 규격에 없는 것	30° 사다리꼴 나사	TM	TM 18	KS B 0227
		29° 사다리꼴 나사	TW	TM 20	KS B 0226
		관용 테이퍼 나사 · 테이퍼 나사	PT	PT 7	KS B 0222
		관용 테이퍼 나사 · 평행 암나사	PS	PS 7	
		관용 평행 나사	PF	PF 7	KS B 0221

(3) 나사산의 감김 방향 및 나사산의 줄 수

① 나사산의 감김 방향 : 나사산의 감김 방향은 왼나사일 때에는 '좌'자로 표시하고, 오른나사일 때에는 표시하지 않는다. 또한, '좌' 대신에 'L'을 사용할 수도 있다.

② 나사산의 줄 수 : 나사산의 줄 수는 여러 줄 나사의 경우에는 '2줄', '3줄' 등과 같이 표시하고, 한 줄 나사인 경우에는 표시하지 않는다. 또한, '줄' 대신에 'N'도 사용할 수도 있다.

〈표 1-17〉 나사표기 방법의 예

구분	감긴 방향	줄 수	호칭	등급	설명
좌2줄 M 60×2-6H	좌	2줄	M60×2	6H	2줄 왼나사 미터 가는 나사 지름이 60mm이고 피치가 2mm인 공차 6H인 암나사
좌 M20-6H/6g	좌	1줄	M20	6H/6g	1줄 왼나사 나사로 미터 나사 지름이 20mm인 암나사 6H와 수나사 6g의 조합
No.4-40 UNC-2A	우	1줄	4-40UNC	2A	1줄 오른나사 유니 파이 보통나사 A급(피치 25.4/40=0.6350mm)

(4) 나사의 도시법

① 수나사의 도시 방법

나사의 각부	선의 종류	나사부의 그림	비고
수나사의 바깥지름	굵은 실선	굵은 실선	
수나사의 골	가는 실선	가는 실선	
완전 나사부와 불완전 나사부의 경계선	굵은 실선	완전 나사부 / 불완전 나사부 / 나사부의 경계선	
불완전 나사부의 끝 밑선	가는 실선	불완전 나사부의 골밑선	축선에 대하여 30° 경사
측면도시에서 골 지름	가는 실선 (3/4 원)		

② 암나사 도시 방법

나사의 각부	선의 종류	나사부의 그림	비고
암나사의 안지름	굵은 실선	굵은 실선	
암나사의 골	가는 실선	가는 실선	
가려서 보이지 않는 나사부	파선		
측면도시에서 골지름	가는 실선 (3/4 원)		

2) 키(key)

(1) 키의 기능

키는 보통 사각형 혹은 원형 단면을 가진 작은 금속 막대로서, 풀리, 기어 등과 같은 회전체를 축에 고정하여 축과 회전체 사이의 미끄럼을 방지 하고, 회전력을 전달하는 결합용 기계요소이다.

(2) 키의 호칭법

규격번호	종류 및 호칭 치수	길이	끝 모양의 특별 지정	재 료
KS B 1311	평행 키 10×8	25	양 끝 둥글	SM 45 C

3) 핀의 호칭 방법

핀의 종류	그림	호칭 지름	호칭 방법
평행 핀		핀의 지름	규격 번호 또는 명칭, 종류, 형식, 호칭, 지름×길이, 재료
테이퍼 핀	테이퍼 1/50	작은 쪽의 지름	명칭, 등급 $d \times l$, 재료

핀의 종류	그림	호칭 지름	호칭 방법
슬롯 테이퍼 핀	(테이퍼 1/50)	갈라진 부분의 지름	명칭, $d \times l$, 재료, 지정 사항
분할 핀 (스플릿 핀)		핀 구멍의 치수	규격 번호 또는 명칭, 호칭, 지름 ×길이, 재료

① 종류는 끼워맞춤 기호에 따른 m6, h7의 두 종류이다.
② 형식은 끝면의 모양이 납작한 것이 A, 둥근 것이 B이다.
③ 등급은 테이퍼의 정밀도 및 다듬질 정도에 따라 1급, 2급의 두 종류가 있다.

4) 리벳 이음의 도시법

① 리벳을 크게 도시할 필요가 없을 때에는 리벳 구멍을 약도로 도시한다.
② 리벳의 체결 위치만 표시할 경우에는 중심선만을 그린다.
③ 같은 간격으로 연속하는 같은 종류의 구명표시 방법은 간단히 기입한다.
④ 여러 장의 얇은 판의 단면 도시에서 각 판의 파단선은 서로 어긋나게 긋는다.
⑤ 리벳은 길이 방향으로 절단하여 도시하지 않는다.

2 축용 기계요소

1) 축(Shaft)이음

축은 단면의 모양은 원형이며 보통 2개 이상의 베어링으로 지지되어 있는 것으로 동력을 직접적으로 전달하는 회전 막대로서 기계에서 가장 중요한 요소 중의 하나이다.

- 축 도시 방법
  ① 축은 길이 방향으로 단면도시를 하지 않는다. 단, 부분단면은 허용한다.
  ② 긴축은 중간을 파단하여 짧게 그릴 수 있으며 실제 치수를 기입한다.
  ③ 축 끝에는 모따기 및 라운딩을 할 수 있다.
  ④ 축에 있는 널링(knurling)의 도시는 빗줄인 경우는 축선에 대하여 30°로 엇갈리게 그린다.

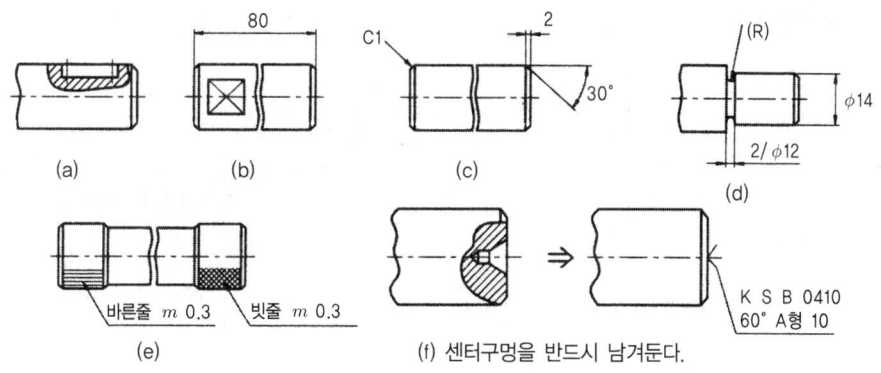

[그림 1-28] 축의 도시 방법

2) 베어링

회전짝을 이루는 두 요소가 직접 접촉하면 마찰에 의해서 소음과 열이 발생하고 마멸이 촉진된다. 회전축과 축을 지지하는 요소 사이의 마찰을 줄이고 원활한 상대 운동을 유지하기 위해서 설치하는 축용 기계요소를 베어링이라 한다.

(1) 구름 베어링의 호칭법

① 베어링 계열기호 : 베어링 형식과 치수계열을 나타낸다.

   ㉠ 형식(첫 번째 숫자)

       1 …… 복식 자동 조심형

       2, 3 …… 복식 자동 조심형(큰 나비)

       6 …… 단식 홈형

       7 …… 단식 앵귤러 볼형

       N …… 원통 롤러형

   ㉡ 치수계열(두 번째 숫자) : 폭과 높이 계열과 지름 계열을 조합한 것으로 같은 베어링의 안지름에 대한 폭과 바깥지름과의 계열을 나타낸다.

   ㉢ 안지름 번호(세 번째, 네 번째 숫자) : 안지름 번호 1~9까지는 안지름 번호와 안지름이 같고 안지름 번호가 안지름 20mm 이상 480mm 미만에서는 안지름을 5로 나눈 수가 안지름 번호이다.

      00 : 안지름 10mm, 01 : 안지름 12mm, 02 : 안지름 15mm, 03 : 안지름 17mm

② 호칭번호의 표시

   ㉠ 6008C2P6

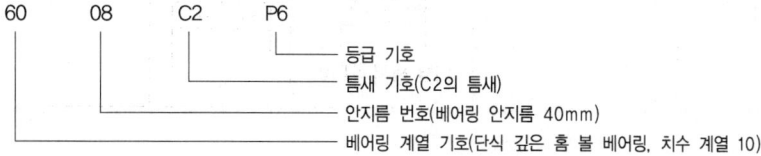

ⓛ 6312ZNR

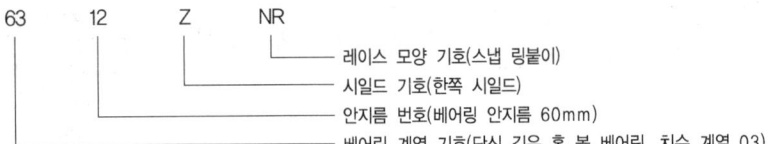

ⓒ NA4916V

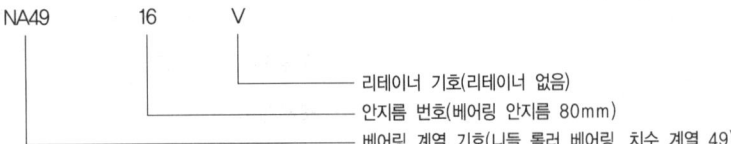

ⓔ 2320K

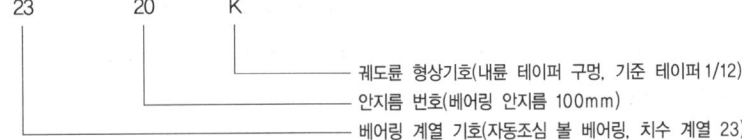

3) 구름 베어링의 제도(KS 규격 B0004-2)

(1) 볼 베어링과 롤러 베어링의 간략 도시 방법

간략 도면	볼 베어링	롤러 베어링	간략 도면	볼 베어링	롤러 베어링
	깊은홈 볼 베어링	원통 롤러 베어링		복열 깊은홈 볼 베어링	복열 원통 롤러 베어링
	복열 자동조심 볼 베어링			앵귤러 콘택트 볼 베어링	테이퍼 롤러 베어링
	복열 앵귤러 콘택트 볼 베어링			복열 앵귤러 콘택트 볼 베어링 (분리형)	
		니들 롤러 베어링			복열 니들 롤러 베어링

(2) 스러스트 베어링의 간략 도시 방법

간략 도면	볼 베어링	롤러 베어링
	스러스트 볼 베어링	스러스트 롤러 베어링 스러스트 니들 베어링(케이지)
	복열 스러스트 볼 베어링	
	앵귤러 콘택트 스러스트 볼 베어링	
		자동조심 스러스 롤러 베어링

3 전동용 기계요소

1) 기어

(1) 이의 크기

이의 크기를 나타내는 방법으로는 원주 피치, 지름 피치 및 모듈의 세 가지 방법으로 표시하며 KS 규격에서는 모듈만 제시하고 있다.

기어는 피치원의 둘레에 따라 같은 간격으로 절삭되어 있다. 원둘레 및 피치가 같지 않으면 맞물릴 수 없다. KS 규격에서는 모듈을 0.1~25mm까지로 규정하고 있으며 모듈 값이 클수록 이의 크기가 크다.

① 원주 피치(Circle pitch) : 피치원 둘레 위에서 서로 인접한 이와 이사이의 원호의 길이로 원둘레를 길이로 나눈 값을 의미한다.

$$p = \frac{\pi D}{Z}[\text{mm}] \quad \text{or} \quad p = \pi m$$

여기서, p : 원주 피치
D : 피치원의 지름(mm)
Z : 잇수

② 모듈(Modoule) : 이 한 개에 해당하는 피치원 지름의 길이로서 m으로 표시하며 피치원의 지름을 잇수로 나눈 값으로 미터식기어의 크기를 나타낸다.

$$m = \frac{d}{z} = \frac{\text{피치원의 지름}}{\text{잇수}}$$

③ **지름 피치(Diametral pitch)** : 피치원의 지름 1inch에 해당하는 잇수이며 잇수를 인치로 나타낸 피치원의 지름으로 나눈 값이다.

$$p = \frac{잇수}{피치원 \; 지름} = \frac{z}{D}(\text{inch}) = \pi m (\text{mm}) = \frac{25.4z}{D}$$

(2) 기어의 제도

기어의 제도는 KS B 0002에 따르고, 도면에 포함되는 일반 사항은 KS B 0001에 따른다. 기어의 종류에는 여러 가지가 있으나, KS B 0002에서는 스퍼 기어, 헬리컬 기어, 더블 헬리컬 기어, 스크루 기어, 베벨 기어, 스파이럴 기어, 하이포이드 기어, 웜 및 웜 기어와 같은 8종류에 대하여 규정하고 있다.

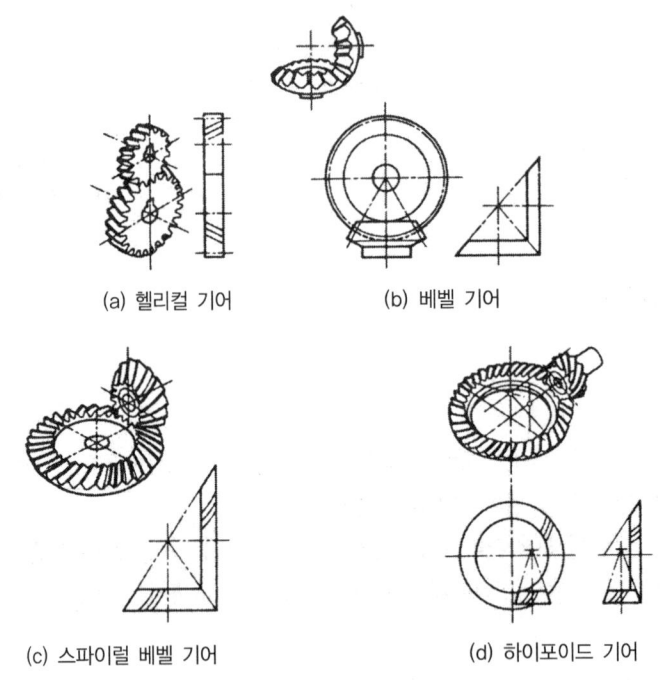

(a) 헬리컬 기어   (b) 베벨 기어

(c) 스파이럴 베벨 기어   (d) 하이포이드 기어

[그림 1-29] 기어의 종류

- **스퍼 기어의 도시법**

  기어의 도시법은 치형을 생략하고 약도법을 사용하여 다음 같이 나타낸다.

  ㉠ 정면도는 같은 축에서 직각인 방향에서 본 그림으로 한다.

  ㉡ 이끝원은 굵은 실선으로 그린다.

  ㉢ 피치원은 가는 1점 쇄선으로 그린다.

  ㉣ 이뿌리원은 가는 실선으로 그린다. 단, 축에 직각 방향으로 단면 투상할 경우에는 굵은 실선으로 그린다.

  ㉤ 표준 압력 각은 $a = 20°$, 치형은 인벌류트 치형으로 한다.

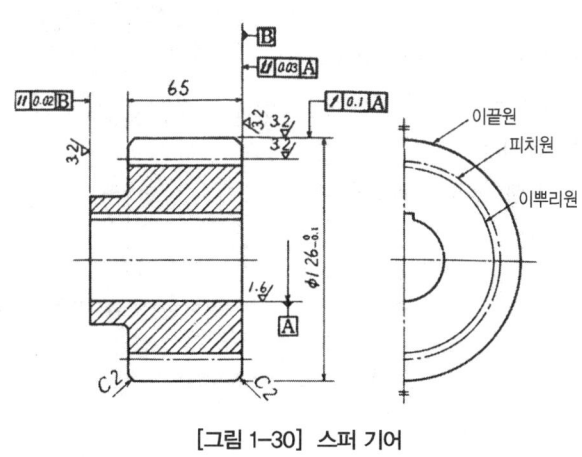

[예] 스퍼 기어의 요목표

스퍼 기어 요목표		
기어 치형		표준
공구	치형	보통이
	모듈	3
	압력각	20°
잇 수		40
피치원 지름		PCD φ120
전체 이높이		4.5
다듬질 방법		호브 절삭
정밀도		KS B1405, 5급

[그림 1-30] 스퍼 기어

2) 벨트 풀리

(1) 평벨트 풀리

2개의 축에 벨트 풀리를 고정하고 여기에 평벨트를 걸어 벨트와 풀리와의 마찰력을 이용하여 동력을 전달할 때 쓰인다.

평벨트의 재질은 가죽이나 고무, 강철등이 쓰이며 풀리의 구조에 따라 일체형과 분활형이 있다.

(2) 평벨트 풀리의 호칭법

명 칭	종 류	호칭 지름×호칭 나비	재 질
평벨트풀리	일체형	120×20	주 철

(3) 평벨트 풀리의 도시법

① 벨트 풀리는 축 직각 방향의 투상을 정면도로 한다.
② 모양이 대칭형인 벨트 풀리는 그 일부분만을 도시한다.
③ 암과 같은 방사형의 것은 수직 중심선 또는 수평 중심선까지 회전하여 투상한다.
④ 암은 길이 방향으로 절단하지 않으며 단면형은 도형의 밖이나 도형 속에 표시한다.
⑤ 테이퍼 부분의 치수는 치수 보조선을 빗금 방향(수평 60° 또는 30°)으로 긋는다.

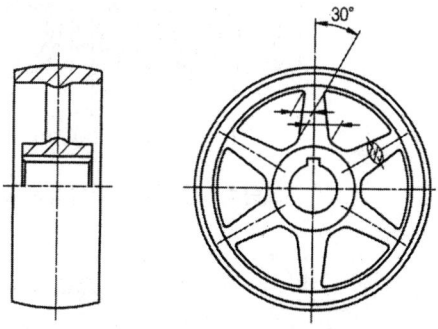

[그림 1-31] 평벨트의 풀리의 도시

3) V벨트 풀리

V벨트는 사다리꼴의 단면을 갖는 고리 모양의 벨트이며, V벨트 풀리는 V형의 홈을 만들어 쐐기 작용에 의하여 마찰력을 증대시킨 벨트 풀리이다. V벨트 풀리에는 V벨트의 형별에 따라 M형, A형, B형, C형, D형, E형 등과 같은 6종류가 있다.

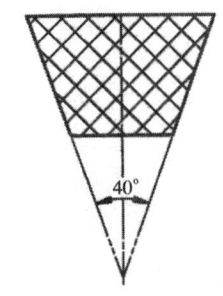

[그림 1-32] V벨트 풀리의 단면

(1) V벨트 풀리의 호칭 방법

규격번호 또는 명칭	호칭 지름	종 류	보스의 위치 구별
KS B 1403	250	A1	Ⅲ

(2) V벨트 풀리의 도시 방법

① V벨트 풀리의 홈 수는 규정이 없으나 M형은 한 줄 걸기를 원칙으로 한다.
② V벨트 풀리는 림이 V자형으로 되어 있으므로 호칭 지름(D)은 V벨트를 걸었을 때 V단면의 중앙을 지나는 가상원의 지름으로 나타낸다.

4 제어용 기계요소

1) 스프링의 도시법

스프링의 제도는 KS B 0005에 규정되어 있으며, 일반적으로 간략도로 도시하고, 필요한 사항은 항목표에 기입한다. 항목표의 내용은 필요에 따라 일부를 생략하거나 추가할 수 있다.

(1) 코일 스프링의 제도

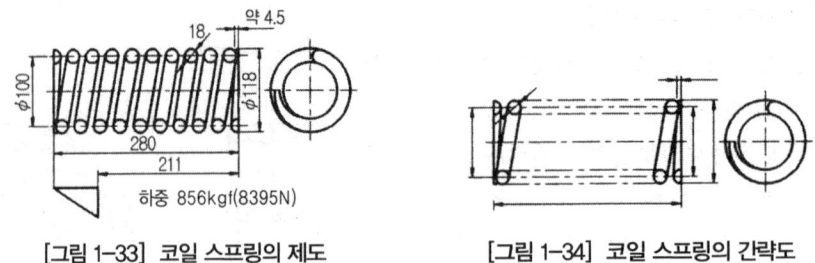

[그림 1-33] 코일 스프링의 제도   [그림 1-34] 코일 스프링의 간략도

① 스프링은 원칙적으로 하중이 걸리지 않은 상태로 그린다. 만약, 하중이 걸린 상태인 경우에는 선도 또는 그때의 치수와 하중을 기입한다.
② 하중과 높이(또는 길이)또는 처짐과의 관계를 표시할 필요가 있을 때에는 선도로 표시한다. 선도는 사용상 지장이 없는 한 직선으로 표시하고, 그 굵기는 스프링을 표시하는 선과 같게 한다.

③ 특별한 단서가 없는 한 모두 오른쪽 감기로 도시하고, 왼쪽 감기로 도시할 때에는 '감긴 방향 왼쪽'이라고 한다.
④ 그림 안에 기입하기 힘든 사항은 일괄하여 항목표에 표시한다.
⑤ 코일 부분의 투상은 나선이 되고, 시트에 근접한 부분의 피치 및 각도가 연속적으로 변하는 것은 직선으로 표시한다.
⑥ 코일 부분의 중간 부분을 생략할 때에는 생략한 부분을 가는 1점 쇄선으로 표시하거나, 또는 가는 2점 쇄선으로 표시해도 좋다.
⑦ 스프링의 종류와 모양만을 도시할 때에는 재료의 중심선만을 굵은 실선으로 그린다.

06 기계설계의 기초

1 기계요소의 종류

① 체결용 기계요소 : 나사, 키, 핀, 코터, 리벳, 용접 수축확대 및 테이퍼이음
② 축계 기계요소 : 축, 축이음 및 베어링
③ 완충 및 제동용 기계요소 : 브레이크, 스프링 및 플라이휠 등
④ 전동용 기계요소 : 벨트, 로프, 체인, 링크 마찰차 및 캠 기어 등
⑤ 관용 기계요소 : 압력용기, 파이프, 파이프이음, 밸브와 콕 등

2 기계설계에 사용되는 SI 단위

1) 힘(force)

① 1[N] : 질량 1kg의 물체에 $1m/s^2$의 가속도를 주는 힘을 뉴턴(newton : N)이라고 한다. SI 단위에서 kg는 질량의 단위이고, 중량 또는 힘의 단위는 아니다. 힘은 뉴턴의 제2법칙에 의하여 힘=질량×가속도이다.

$$1[N](뉴턴) = 1[kg] \times 1[m/s^2] = 1[kg \cdot m/s^2]$$
$$1[kN](킬로뉴턴) = 10^3[N] = 101.9716[kgf] ≒ 102[kgf]$$
$$1[MN](메가뉴턴) = 10^6[N] ≒ 102 \times 10^3[kgf] ≒ 1.02 \times 10^5[kgf]$$

② 1[kgf] : 중력 단위의 힘의 단위로서 질량 1kg의 물체에 작용하는 중력, 즉 질량 1kg의 물체 무게를 의미한다. SI단위와 중력 단위의 관계는 다음과 같다.

$$1[kgf](킬로그램힘) = 9.80665[kg \cdot m/s^2] = 9.80665[N] ≒ 9.81[N]$$

2) 압력 또는 응력(pressure or stress)

압력과 응력은 단위면적당 작용하는 힘을 나타내며 단위가 같다. 힘을 받는 면이 유체일 때에는 압력이라 하고, 힘을 받는 면이 고체일 때에는 응력이라 한다.

[식] 응력=힘/면적으로부터 다음의 관계식을 얻는다.

$$1[Pa](Pascal, 파스칼) = 1[N/m^2]$$
$$1[kgf/cm^2] = 9.80665[N/m^2] = 0.0980665[N/mm^2] ≒ 9.8 \times 10^4[N/m^2]$$
$$= 9.8 \times 10^4[Pa] = 0.098[MPa]$$

SI에서는 응력의 단위는 [Pa] 또는 [N/m^2]의 어느 것으로 표시해도 좋으나 보통의 경우 응력 및 탄성계수는 각각 [MPa] 및 [GPa]로 표시하는 것이 바람직하다.

3) 일 또는 모멘트

일이란 힘이 작용하여 움직인 거리이며, 힘과 거리의 곱으로 나타내고, 모멘트의 단위와 같다.

$$1[J](Joule, 주울) = 1[N \cdot m]$$
$$1[kgf \cdot m] = 9.80665[N \cdot m] ≒ 9.8[J]$$

4) 각속도 및 원주 속도

① 각속도 ω[rad/s]와 회전수 n[rpm]은 다음의 관계가 있다.

$$\omega[rad/s] = \frac{2\pi n[rpm]}{60}$$

② 원주 속도는 단위 시간당 움직인 변위이다. 원운동을 하는 물체의 원주 속도는 반지름과 각속도의 곱으로 주어지며, 관계식이 자주 쓰인다.

$$v[m/s] = r[m] \cdot \omega[rad/s] = \frac{D[mm]}{2 \times 1000} \cdot \frac{2\pi n[rpm]}{60}$$

5) 일률(공률) 또는 동력(power)

일률이란 단위시간당 한 일의 양을 말한다.

$$1[w](watt) = 1[J/s] = 1[N \cdot m/s] = 1[Amp \cdot Volt] \text{ 또는 } 1[W] = 0.102[kgf \cdot m/s]$$

위 식에서 동력을 [kW] 단위로 나타내며 다음과 같다.

$$1[kW] = 102[kgf \cdot m/s]$$

또한, 동력의 단위로 [PS](마력)는 다음과 같이 정의하다. 여기서, 쓰이는 마력은 프랑스에서 쓰이는 것을 의미하며, 영국에서 쓰이는 마력[HP]과 구분하여 표기하기로 한다.

프랑스 마력 $1[PS] = 75[kgf \cdot m/s] = 75 \times 9.80665 ≒ 735.5[W]$
영국 마력 $1[HP] = 550[ft \cdot lb/s] = 746[W]$

① 동력을 힘×속도로 표시할 때 쓰는 식

와트(W)의 정의로부터 다음 식을 얻을 수 있다.

$$H[\text{kW}] = \frac{P[\text{N}] \cdot v[\text{m/s}]}{1000} = \frac{(9.81 \times P[\text{kgf}]) \cdot v[\text{m/s}]}{1000} \fallingdotseq \frac{P[\text{kgf}] \cdot v[\text{m/s}]}{102}$$

② 동력을 토크×각속도로 표시할 때 쓰이는 식

속도는 $v = \omega \times r$ 로 표시되므로 다음의 관계가 성립한다.

$$P \cdot v = P \cdot (r \cdot \omega) = T \cdot \omega$$

$$H[\text{kW}] = \frac{P[\text{N}] \cdot w[\text{rad/s}]}{1000} = \frac{T[\text{N} \cdot \text{m}] \cdot \left(\frac{2\pi}{60} N[\text{rpm}]\right)}{1000} \fallingdotseq \frac{T[\text{N} \cdot \text{m}] \cdot N[\text{rpm}]}{9550}$$

3 하중

물체의 상태나 모양의 변화를 일으키는 외부에서 가해진 힘이다.

1) 힘의 작용 상태에 따른 하중

① 인장하중(tensile load) : 재료를 잡아당겨 늘어나게 하려는 하중

② 압축하중(compressive load) : 재료를 누르는 하중

③ 전단하중(shearing load) : 재료를 자르려는 것과 같은 하중

④ 휨(굽힘)하중(bending load) : 재료를 구부려서 휘게 하려는 형태의 하중

⑤ 비틀림하중(torsional load) : 재료를 비틀어지도록 하는 형태의 하중

⑥ 좌굴하중(buckling load) : 재료가 좌굴을 일으키기 시작한 한계의 압력

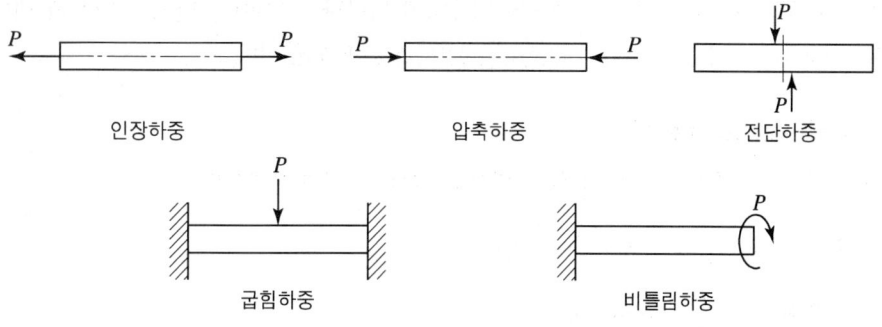

[그림 1-35] 하중의 종류

2) 하중이 걸리는 속도에 의한 분류

① 정하중 : 일정한 크기의 힘이 가해진 상태에서 정지하고 있는 하중 또는 일정한 속도로 매우 느리게 가해지는 하중

② 동하중 : 하중이 가해지는 속도가 빠르고 시간에 따라 크기와 방향이 바뀌거나 작용하는 점이 변하는 하중. 반복하중, 교번하중, 충격하중, 이동하중 등
  ㉠ 반복하중 : 방향이 변하지 않고 계속하여 반복 작용하는 하중으로 진폭은 일정, 주기는 규칙적인 하중으로 차축을 지지하는 압축 스프링에 작용하는 것과 같은 하중
  ㉡ 교번하중 : 하중의 크기와 방향이 충격 없이 주기적으로 변화하는 하중으로, 피스톤 로드와 같이 인장과 압축을 교대로 반복하는 하중
  ㉢ 충격하중 : 비교적 단시간에 충격적으로 작용하는 하중으로, 못을 박을 때와 같이 순간적으로 작용하는 하중
  ㉣ 이동하중 : 물체 위를 이동하며 작용하는 하중

3) 힘의 분포 상태에 따른 하중
① 집중하중 : 재료의 한 점에 집중하여 작용하는 하중
② 분포하중 : 재료의 어느 범위 내에 분포되어 작용하는 하중으로 분포 상태에 따라 균일 분포 하중과 불균일 분포 하중이 있다.

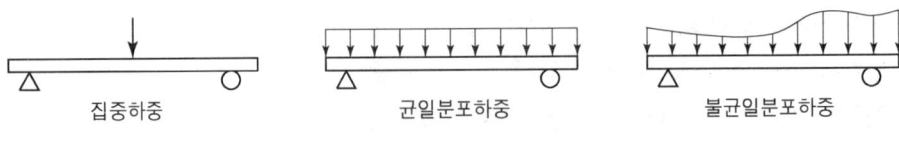

[그림 1-36] 분포하중의 종류

4 응력(stress)

물체에 하중 작용 시 내부에서 하중에 대응하여 나타나는 저항력, 단위 단면적에 대한 힘의 크기로 나타낸다. 단위는 N/mm^2, MN/m^2, MPa 또는 N/cm^2이다.

1) 수직응력(normal stress)
재료에 작용하는 응력이 단면에 직각방향으로 작용할 때의 응력이다.

① 인장응력 $\sigma_t = \dfrac{P}{A}[N/cm^2,\ N/mm^2]$

② 압축응력 $\sigma_c = \dfrac{P}{A}[N/cm^2,\ N/mm^2]$

2) 전단응력 또는 접선응력(shearing stress)
재료의 단면에 평행하게 재료를 전단하려고 하는 방향으로 작용하는 외력을 전단하중이라고 하며, 이에 대하여 응력이 평행하게 발생하는 것을 전단응력이라 한다.

$$\text{전단응력}\ \ \tau = \dfrac{P}{A}[N/cm^2,\ N/mm^2]$$

5 변형률(strain)

재료에 하중을 가하면 그 내부에서는 응력이 발생함과 동시에 변형을 일으킨다. 이때 변형량을 원래의 길이로 나눈 것을 변형률이라 한다.

① 세로변형률 $\varepsilon = \dfrac{l'-l}{l} = \dfrac{\lambda}{l}$

② 가로변형률 $\varepsilon' = \dfrac{d'-d}{d} = \dfrac{\delta}{d}$

③ 전단변형률 $\gamma = \dfrac{\lambda_s}{l} = \tan\phi \fallingdotseq \phi[\text{rad}]$

6 훅의 법칙과 푸와송의 비

1) 훅의 법칙(Hooke's Law)

① 세로 탄성률

$$E = \dfrac{\sigma}{\varepsilon}[\text{N/cm}^2] \text{ 또는 } \sigma = E\varepsilon \quad \text{강의 영률}(E)\text{는 } 2.1 \times 10^6[\text{N/cm}^2]\text{이다.}$$

$\sigma = \dfrac{P}{A}$, $\varepsilon = \dfrac{\lambda}{l}$ 이므로 $E = \dfrac{\sigma}{\varepsilon} = \dfrac{Pl}{A\lambda}[\text{N/cm}^2]$

② 가로 탄성률

$\tau = \dfrac{P}{A}$, $\gamma = \dfrac{\lambda_s}{l} = \psi$ 이므로 $G = \dfrac{\tau}{\gamma} = \dfrac{Pl}{A\lambda_s} = \dfrac{P}{A\psi}$, $\lambda_s = \dfrac{Pl}{AG} = \dfrac{\tau l}{G}$

2) 푸와송의 비

$$\dfrac{1}{m} = \dfrac{\text{가로변형률}}{\text{세로변형률}} = \dfrac{\varepsilon'}{\varepsilon} = \dfrac{\delta\,l}{\lambda\,d}$$

여기서, $\dfrac{1}{m}$의 역수 m은 푸와송의 수(Poisson's number)라 한다.

3) 훅(Hooke) 법칙

$$\sigma = E\varepsilon = \dfrac{W}{A} = E\dfrac{\lambda}{l} \qquad \therefore \lambda = \dfrac{Wl}{AE}[\text{cm}]$$

7 허용응력과 안전율

1) 설계응력

$$\text{설계응력}(\sigma_d) \leq \text{허용응력}(\sigma_a) = \dfrac{\text{기준강도}(\sigma)}{\text{안전율}(S)}$$

2) 사용응력과 허용응력

① 사용응력(working stress, σ_w) : 기계나 구조물에 일상적으로 가해지는 하중에 의하여 생기는 응력
② 허용응력(allowable stress, σ_a) : 사용응력에 대하여 안전성을 생각하여 재료에 허용되는 최대 응력

$$\text{사용응력}(\sigma_w) \leq \text{허용응력}(\sigma_a)$$

3) 안전율(safety factor)

재료의 허용응력은 탄성한도를 기준으로 정하지만 탄성한도의 범위를 쉽게 구하기가 어려우므로, 쉽게 구할 수 있는 극한강도를 기준으로 하여 결정한다. 극한강도를 허용응력으로 나눈 값을 안전율이라 한다. 안전율은 1.5~15 정도의 값을 선택한다.

$$\text{안전율} = \frac{\text{극한강도}}{\text{허용응력}} = \frac{\text{인장 또는 기준강도}}{\text{허용응력}} = \frac{\text{파괴강도}}{\text{허용응력}}$$

극한강도(σ_u) > 허용응력(σ_a) ≧ 사용응력(σ_w)가 되고 S는 항상 1보다 큰 값이 된다.

4) 응력집중

$$\alpha_K = \frac{\sigma_{\max}}{\sigma_n}, \quad \alpha_K = \frac{\tau_{\max}}{\tau_n}$$

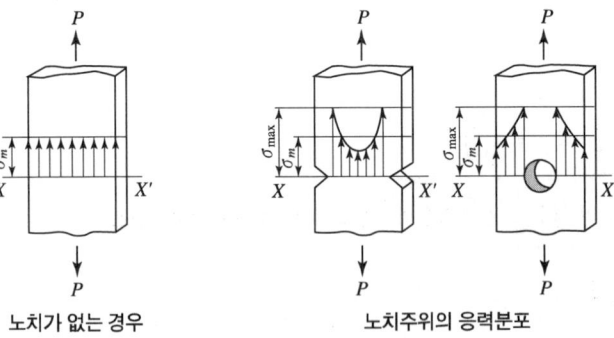

[그림 1-37] 응력집중

5) 열응력(thermal stress)

$$\sigma = E\varepsilon = E\frac{\lambda}{l}$$

$$\therefore \sigma = E\alpha \Delta t = E\alpha(t_2 - t_1)$$

07 결합용 기계요소

1 나사

1) 나사의 명칭

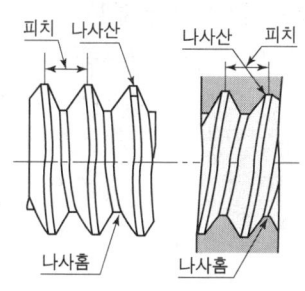

[그림 1-38] 나사

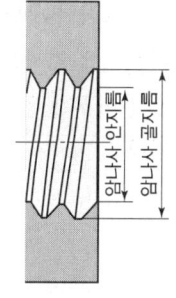

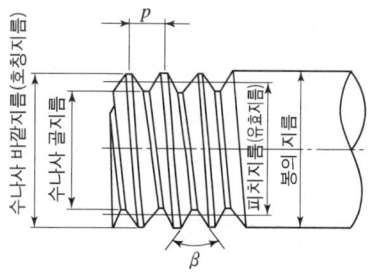

[그림 1-39] 나사의 명칭

① **바깥지름** : 수나사의 산봉우리에 접하는 가상적인 원통 또는 원뿔의 지름. 수나사의 크기는 바깥지름으로 나타내고 암나사는 이것에 끼워지는 수나사의 바깥지름으로 나타낸다.
② **골지름** : 수나사의 골 밑에 접하는 가상적인 원통 또는 원뿔의 지름. 수나사는 최소, 암나사는 최대지름이다
③ **유효지름(피치지름)** : 나사 홈의 너비가 나사산의 너비와 같은 가상적인 원통 또는 원뿔의 지름이다. $d_2 = \dfrac{d+d_1}{2}$
④ **나사각** : 나사의 축선을 포함한 단면형에 있어서 측정한 인접된 2개의 플랭크가 이루는 각
⑤ **산 높이** : 골 밑에서 산의 끝까지를 축선에 직각으로 측정한 거리
⑥ **호칭 지름** : 나사의 치수를 대표하는 지름으로, 수나사의 바깥지름에 대한 기준 치수가 사용
⑦ **산수** : 인치나사에서 1인치를 피치로 나눈 값
⑧ **피치(pitch)** : 나사의 축선을 포함하는 단면에서 서로 이웃한 나사산에 대응하는 2점 사이의 축선 방향의 거리이다.
⑨ **리드(lead)** : 나사산이 원통을 한 바퀴 회전하여 축 방향으로 나아가는 거리

> **리드와 피치 사이의 관계**
>
> $l = np$ 여기서, l : 리드(mm), n : 줄 수, p : 피치(mm)

⑩ **리드각** : 직각삼각형에 감은 종이의 경사각 α로서 나사의 골지름, 유효지름, 바깥지름에서 각각 다르고 골지름이 가장 크다. $\alpha = \tan^{-1}\dfrac{l}{\pi d}$

⑪ 비틀림각(β) : 나사의 나사곡선과 그 위의 한 점을 통과하는 나사의 축에 평행한 직선과의 맺는 각 $\alpha + \gamma = 90°$

⑫ 나사의 유효 단면적 : 나사의 유효지름과 수나사의 골지름 간의 평균값을 지름으로 하는 원통의 단면적 $A = \dfrac{\pi}{4} \dfrac{(유효지름 + 수나사\ 골지름)^2}{2}$

⑬ 완전 나사부 : 산끝과 골 밑이 양쪽 모두 같이 산 모양을 가진 나사 부분

⑭ 불완전 나사부 : 나사공구 모떼기부 또는 나사산이 완전히 만들어지지 않는 부분

⑮ 유효 나사부 : 산끝과 골 밑이 규정 나사산에 가까운 모양을 갖는 나사부로부터 나사의 한 끝에 있어서 면을 잘라내는 것 때문에 산마루가 완전하지 않은 부분이 있을 때는 허용오차 범위 내에서 유효 나사부라고 볼 수 있다.

2) 나사의 종류와 용도

(1) 체결용 나사

기계부품의 접합 또는 위치의 조정에 사용되는 나사로 삼각나사가 주로 사용. 나사산의 단면이 정삼각형에 가까운 나사

① 미터나사 : KS와 ISO 규격나사로 기호는 M, 호칭 치수는 수나사의 바깥지름과 피치를 mm로 나타내며 나사산의 각도는 60° 용도는 기계 부품의 접합 또는 위치 조정 등에 사용되며, 체결용 나사로서 가장 많이 사용

② 유니파이나사 : ABC나사라고도 하며, 인치계 나사로서 기호 U로 나타내고 호칭 치수는 수나사의 바깥지름을 인치로 나타낸 값과 1인치(25.4mm) 나사산의 각도는 60°이며, 유니파이 보통나사와 항공기용 작은 나사에 사용되는 유니파이 가는 나사가 있다.

③ 휘트워드나사 : 나사산의 각도가 55°이며, W기호로 나타낸다.

④ ISO나사 : 국제 표준화 기구에 의하여 제정된 나사로 미터나사와 유니파이나사와 같다.

⑤ 관용나사 : 파이프 연결 시 사용하는 나사로서 누설을 방지하고 기밀을 유지하는 데 사용되고 관용 테이퍼 나사(기밀용)와 관용 평행 나사가 있다. 나사산의 각도는 55°이고, 크기는 인치당 산수

(2) 운동용 나사

① 사각나사(square screw thread) : 용도는 축 방향에 큰 하중을 받아 운동 전달에 적합

② 사다리꼴나사(trapezoidal screw thread) : 애크미 나사라고도 하고, 나사산의 각도는 미터계(TM)에서는 30°, 인치계(TW)에서는 29°이다. 용도는 스러스트(thrust)를 전달시키는 운동용 나사

③ 톱니나사(buttress screw thread) : 용도는 한쪽방향으로 집중하중이 작용하여 압착기 · 바이스 · 나사 잭 등과 같이 압력의 방향이 항상 일정할 때 사용

④ 너클나사(둥근나사 : round thread) : 나사산의 각은 30°로 용도는 급격한 충격을 받는 부분, 전구, 먼지와 모래 등이 많이 끼는 경우와 오염된 액체의 밸브 또는 호스 이음나사 등에 사용

⑤ 볼나사(ball screw)
  ㉠ 장점
    ⓐ 나사의 효율이 좋다(약 90% 이상).
    ⓑ 백래시를 작게 할 수 있다.
    ⓒ 윤활에 그다지 주의하지 않아도 좋다.
    ⓓ 먼지에 의한 마모가 적다.
    ⓔ 높은 정밀도를 오래 유지할 수가 있다.
  ㉡ 단점
    ⓐ 자동체결이 곤란하다.
    ⓑ 가격이 비싸다.
    ⓒ 피치를 그다지 작게 할 수 없다.
    ⓓ 너트의 크기가 크게 된다.
    ⓔ 고속으로 회전하면 소음이 발생한다.
  ㉢ 실용범례 : 자동차의 스티어링부, 공작 기계의 이송나사, 항공기의 이송나사

3) 나사의 효율

$$\eta = \frac{Qp}{2\pi T} = \frac{\tan\lambda}{\tan(\lambda+\rho)} = \frac{\tan\lambda(1-\tan\lambda\tan\rho)}{\tan\lambda+\tan\rho}$$

4) 볼트의 지름 계산

① 축 방향에 정하중을 받는 경우(아이 볼트, 훅 볼트, 턴 버클)

$$\therefore d = \sqrt{\frac{2W}{\sigma_a}}$$

② 축 방향에 하중을 받고 동시에 비틀림을 받는 경우(죔용 나사, 마찰 프레스)

$$\therefore d = \sqrt{\frac{8W}{3\sigma_a}}$$

③ 축에 직각으로 전단하중을 받는 경우

$$\therefore d = \sqrt{\frac{4W}{\pi\tau}}$$

5) 볼트와 너트

볼트와 너트는 다듬질 정도에 따라 상, 중, 흑피로 나누어지고 나사는 정밀도에 따라 1급, 2급, 3급으로 나뉜다.

(1) 일반 볼트

볼트의 머리와 너트가 육각형으로 된 것으로 KS B 1002에 규격화 되어 있고 주로 체결용으로 사용된다.

① 관통 볼트 : 체결하려는 2개의 부분에 구멍을 뚫고, 여기에 볼트를 관통시킨 다음 너트를 죈다.
② 탭 볼트 : 체결하려는 부분이 두꺼워서 관통 구멍을 뚫을 수 없을 때, 또 긴 구멍을 뚫었더라도 구멍이 너무 길어 관통볼트의 머리가 숨겨져서 죄기 곤란할 때 너트를 사용하지 않고, 체결하는 상대 쪽에 암나사를 내고 머리붙이 볼트를 나사 박음 하여 체결하는 볼트
③ 스터드 볼트 : 막대의 양끝에 나사를 깎은 머리 없는 볼트로서 한 끝을 본체에 튼튼하게 박고 다른 끝에는 너트를 끼워서 죈다.
④ 양 너트 볼트 : 머리부분이 길어서 사용할 수 없을 때, 양 끝 모두 바깥에서 너트로 죄는 볼트

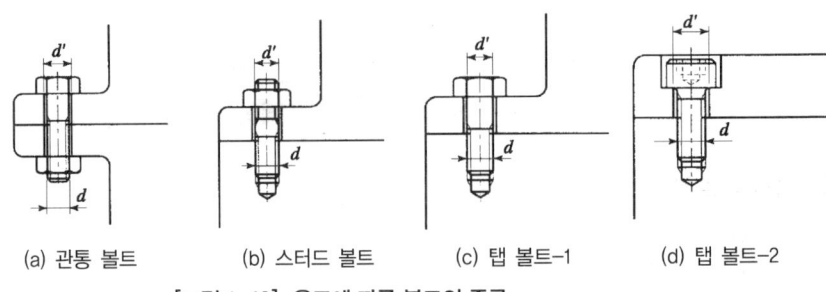

(a) 관통 볼트 (b) 스터드 볼트 (c) 탭 볼트-1 (d) 탭 볼트-2

[그림 1-40] 용도에 따른 볼트의 종류

(2) 특수 볼트

① 기초 볼트 : 기계 등을 콘크리트 바닥에 설치하는 데 쓰인다.
② 스테이 볼트 : 부품을 일정한 간격으로 유지하고, 구조자체를 보강하는 데 사용한다.
③ T홈 볼트 : 공작기계의 테이블 T홈에 볼트의 머리 부분을 끼워서 적당한 위치에 공작물과 기계 바이스를 고정할 때 사용한다.
④ 아이 볼트 : 무거운 기계와 전동기 등을 들어 올릴 때 로프, 체인 또는 훅을 거는 데 사용한다.
⑤ 둥근머리 사각 목 볼트 : 머리 부분의 사각 부분을 사각 구멍에 끼워서 죌 때 헛돌지 않도록 한 것. 목재 구조물 등에 쓰인다.
⑥ 리머 볼트 : 리머로 다듬질한 구멍에 꼭 끼워 미끄럼을 방지하는 볼트이다.
⑦ 충격 볼트 : 생크 부분이 단면적을 작게 하여 늘어나기 쉽게 한 볼트로 충격적인 인장력이 작용하는 경우에 사용한다.
⑧ 나비 볼트 : 손으로 돌려 죌 수 있는 모양

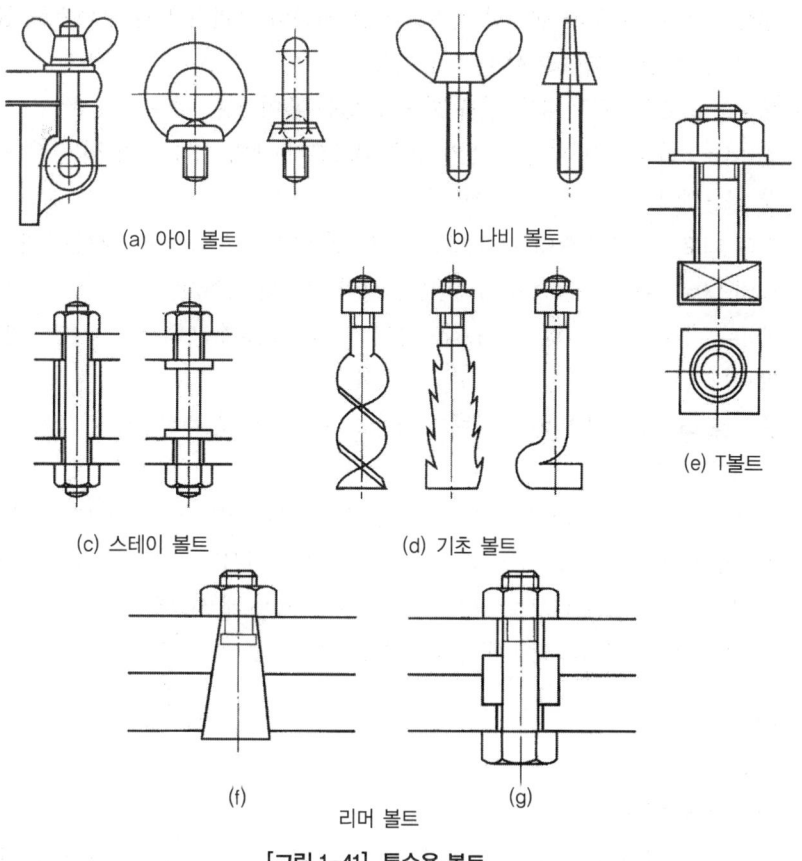

[그림 1-41] 특수용 볼트

(3) 여러 가지 나사

① **작은 나사** : 지름이 8mm 이하의 작은 나사로 힘을 많이 받지 않는 작은 부품과 얇은 판자 등을 붙이는 데 사용된다.

② **멈춤 나사** : 보스와 축을 고정시키고 축에 끼워 맞춰진 기어와 풀리의 설치 위치의 조정 및 키의 대용으로 사용된다.

③ **나사못과 태핑 나사**

　㉠ 나사못 : 목재에 나사를 돌려 박는데 적합한 나사산으로 되어 있으며, 나사의 끝이 드릴과 탭의 역할을 한다.

　㉡ 태핑 나사 : 끝을 침탄 담금질하여 단단하게 한 작은 나사의 일종으로서 얇은 판이나 무른 재료에 암나사를 내면서 체결하는 데 사용한다.

(4) 너트의 종류

① **사각 너트** : 겉모양이 사각인 너트로서 주로 목재에 쓰이며, 기계에도 가끔 쓰인다.

② **원형 너트** : 자리가 좁아 보통의 육각너트를 쓸 수 없을 경우 또는 너트의 높이를 작게 할 경우에 사용한다.

③ 플런지 너트 : 육각의 대각선 거리보다 큰 지름의 플런지가 달린 너트로 접촉면이 거칠거나, 큰 면압을 피하려 할 때 사용한다.
④ 홈붙이 너트 : 위쪽에 분할 핀을 끼울 수 있는 홈이 있는 너트
⑤ 캡 너트 : 나사 구멍이 뚫려 있지 않은 너트로 유체의 흐름 방지 및 부식 방지의 목적으로 사용한다.
⑥ 아이 너트 : 머리에 링이 달린 너트로 아이볼트와 같은 목적으로 사용된다.
⑦ 나비 너트 : 손으로 돌려서 죌 수 있는 모양으로 된 것이다.
⑧ T너트 : T자 모양의 것으로 공작기계의 테이블 T홈에 끼워서 공작물을 설치하는 데 사용한다.
⑨ 슬리브 너트 : 머리 밑에 슬리브가 있는 너트로 수나사 중심선의 편심을 방지하는 데 사용한다.
⑩ 플레이트 너트 : 암나사를 깎을 수 없는 얇은 판에 리벳으로 설치하여 사용하는 너트
⑪ 턴 버클 : 양끝에 오른나사 및 왼나사가 깎여 있어서, 이를 오른쪽으로 돌리면 양끝의 수나사가 안으로 끌리므로, 막대와 로프 등을 죄는 데 사용한다.
⑫ SPAC 너트 : 너트를 판에 때려 박아 사용한다.

(5) 와셔
① 종류
  ㉠ 기계용 : 둥근평 와셔
  ㉡ 너트 풀림 방지용 : 스프링 와셔, 이붙이 와셔, 혀붙이 와셔, 클로오 와셔 등
② 와셔의 용도
  ㉠ 볼트의 구멍이 볼트의 지름보다 너무 클 때
  ㉡ 표면이 거칠 때
  ㉢ 접촉면이 기울어져 있을 때
  ㉣ 목재나 고무와 같이 압축에 약하여 너트가 내려앉는 것을 막을 필요가 있을 때

(6) 나사의 풀림 방지법
나사는 진동과 순간적인 충격을 받으면 접촉압력이 감소하여 마찰력이 거의 없어지는 수가 있다.
① 와셔를 사용하는 방법 : 스프링 와셔, 이붙이 와셔 등의 특수 와셔를 사용하여 너트가 잘 풀리지 않게 한다.
② 로크 너트를 사용하는 방법 : 2개의 너트를 사용하여 너트 사이를 서로 미는 상태로 항상 하중이 작용하고 있는 상태를 유지하는 것이다. 보통 하중을 위쪽의 너트가 받으므로 아래의 너트는 보통보다 낮게 만들어 사용한다.
③ 자동죔 너트에 의한 방법 : 되돌아가는 것을 방지하는 특수한 모양의 너트
④ 분할핀, 작은 나사, 멈춤 나사에 의한 방법 : 너트와 볼트에 핀이나 나사를 박아 풀러지

지 않도록 하는 방법으로 나사를 박을 경우에 재사용이 어렵다.

⑤ **철사에 의한 방법** : 핀 대신에 철사를 감아서 풀어지지 않도록 하는 방법

⑥ **플라스틱 플러그에 의한 방법** : 나사면에 플라스틱이 들어간 너트를 사용하면 나사면에 마찰계수가 크게 되어 풀림이 방지된다.

2 키, 핀, 코터

1) 키(key)

(1) 키의 종류

① **묻힘 키**(sunk key) : 축과 보스 양쪽에 모두 키 홈을 파서 비틀림 모멘트를 전달하는 키로서 가장 많이 사용된다.

② **반달 키**(woddruff key) : 반월상의 키로서 축의 홈이 깊게 되어 축의 강도가 약하게 되기는 하나 축과 키 홈의 가공이 쉽고, 키가 자동적으로 축과 보스 사이에 자리를 잡을 수 있어 자동차, 공작기계 등의 60mm 이하의 작은 축이나 테이퍼 축에 사용한다.

③ **접선 키**(tangential key) : 접선 방향에 설치하는 키로서 1/100의 기울기를 가진 2개의 키를 한 쌍으로 하여 사용한다. 회전방향이 양방향일 경우 중심각이 120° 되는 위치에 2조 설치한다. 아주 큰 회전력의 경우에 사용한다.

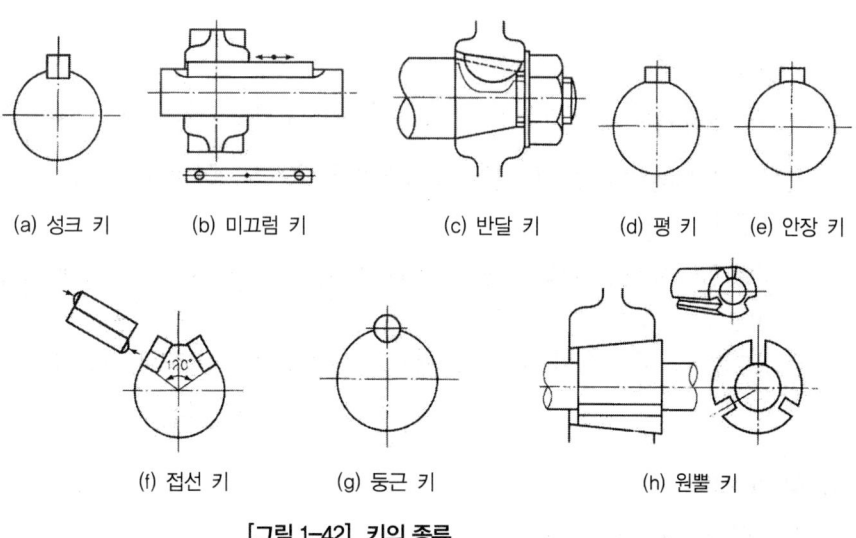

(a) 성크 키 (b) 미끄럼 키 (c) 반달 키 (d) 평 키 (e) 안장 키

(f) 접선 키 (g) 둥근 키 (h) 원뿔 키

[그림 1-42] 키의 종류

④ **원뿔 키**(cone key) : 축과 보스에 키를 파지 않고 보스 구멍을 테이퍼 구멍으로 하여 속이 빈 원뿔을 끼워 마찰력만으로 밀착시키는 키로서, 바퀴가 편심되지 않고 축의 어느 위치에나 설치가 가능하다.

⑤ **미끄럼 키**(sliding key) : 안내 키, 페더 키(feather key)라고도 하며 보스와 축이 상대적으로 축 방향으로만 이동이 가능한 키로서 키를 작은 나사로 고정한다.

⑥ 스플라인 키(spline key) : 축의 원주에 수많은 키를 깎은 것으로 큰 토크를 전달시키고, 내구력이 크며 축과 보스의 중심축을 정확하게 맞출 수 있고 축 방향으로 이동도 가능하다.

⑦ 세레이션(serration) : 축과 보스의 상대 각 위치를 되도록 가늘게 조절해서 고정하려 할 때 사용되며, 같은 지름의 스플라인축보다 큰 회전력을 전달하며 자동차의 핸들 등에 사용

⑧ 안장 키(saddle key) : 축에는 홈을 파지 않고 축과 키 사이의 마찰력으로 회전력을 전달. 축의 강도를 감소시키지 않고 고정할 수 있으나, 큰 동력을 전달시킬 수 없으므로 경하중 소직경에 사용

⑨ 평 키(flat key) : 축을 키의 폭만큼 납작하게 깎아서 보스의 키 홈과의 사이에 밀어 넣는다. 1/100의 기울기를 붙이기도 하고 새들키보다 약간 큰 힘을 전달시킬 수 있다.

⑩ 둥근 키(round key) : 핀 키라고도 하며, 핸들과 같이 작은 것의 고정에 사용되고 단면은 원형이고 하중이 작을 때만 사용된다.

(2) 키의 강도

① 전단응력 : $\tau = \dfrac{2T}{lbd}$

② 압축응력 : $\sigma_c = \dfrac{4T}{hld}$

2) 핀(pin)의 종류

① 평행 핀(dowel pin) : 기계 부품을 조립할 경우나 안내 위치를 결정할 때 사용된다.

② 테이퍼 핀(taper pin) : $T = \dfrac{1}{50}$, 호칭 지름은 작은 축 지름으로 주축을 보스에 고정할 때 사용된다.

③ 분할 핀(split pin) : 너트의 풀림 방지나 바퀴가 축에서 빠지는 것을 방지하기 위하여 사용한다.

④ 스프링 핀 : 탄성을 이용하여 물체를 고정시키는 데 사용되며, 해머로 때려 박을 수 있는 핀이다.

3) 코터(cotter)

(1) 코터의 기울기

① 반영구적인 곳 : 1/20~1/40

② 자주 분해할 때 : 1/15~1/10(핀 사용), 1/10~1/5(너트 사용)

(2) 코터 이음의 자립조건은 마찰각 ρ, 구배(경사각)를 α라 할 때

① 한쪽 기울기인 경우 : $\alpha \leq 2\rho$

② 양쪽 기울기인 경우 : $\alpha \leq \rho$

3 리벳 이음의 종류

리벳은 강판 또는 형강을 영구적으로 접합하는 데 사용하는 체결 기계요소이다.

1) 리벳 이음의 특징
① 용접 이음과는 달리 초기 응력에 의한 잔류 변형이 생기지 않으므로, 취약 파괴가 일어나지 않는다.
② 구조물 등에서 현장 조립할 때에는 용접 이음보다 쉽다.
③ 경합금과 같이 용접이 곤란한 재료에는 신뢰성이 있다.

2) 사용 목적에 의한 리벳의 분류
① 보일러용 리벳 : 강도와 기밀을 필요로 하는 리벳 이음으로 보일러, 고압탱크 등에 사용
② 저압용(용기용·기밀용) 리벳 : 강도보다는 수밀을 필요로 하는 리벳으로 저압탱크 등에 사용
③ 구조용 리벳 : 주로 강도를 목적으로 하는 리벳 이음. 차량, 철교, 구조물 등에 사용

3) 리베팅(riveting)
① 리벳 구멍은 리벳의 지름보다 1~1.5mm 크게 뚫는다. 20mm까지는 펀칭으로 구멍을 뚫지만, 중요한 이음과 연성이 없는 강판에는 알맞지 않으므로 드릴링 또는 리밍한다.
② 25mm 이하는 수작업, 그 이상은 압축공기 또는 수압 등의 기계력을 이용한 리베팅 머신을 사용한다.
③ 8mm 이하는 냉간작업, 10mm 이상은 열간작업을 한다.

4) 코킹(caulking)과 풀러링(fullering)

(1) 코킹(caulking)
고압탱크, 보일러와 같이 기밀을 필요로 할 때는 리베팅이 끝난 후 리벳 머리의 주위와 강판의 가장자리를 정(chisel)으로 때려 그 부분을 밀착시켜서 틈을 없애는 작업이다. 강판의 가장자리는 75~80° 기울어지게 절단한다.
강판의 두께 5mm 이하의 얇은 강판에는 효과가 없으므로 강판 사이에 안료를 묻힌 베, 기름종이 등의 패킹재료를 끼워 리베팅하고 고온에는 석면을 사용한다.

(2) 풀러링(fullering)
코킹과 같은 목적의 작업으로 판재의 끝 부를 때리는 작업이다. 아래쪽의 강판에 때린 자국이 나지 않도록 주의한다. 기밀을 완전하게 하기 위하여 강판과 같은 너비의 끌과 같은 풀러링 공구로 때려 붙이는 작업이다.

08 축계 기계요소

1 축(shaft)

1) 축의 분류

(1) 작용 하중에 따른 분류

① 전동축(동력축) : 비틀림과 휨을 동시에 받으며, 동력 전달이 주목적으로 주로 공장의 동력 전달 축으로 사용되며 주축, 선축, 중간축으로 구성된다.

② 차축(axel) : 하중을 받치는 축으로 굽힘 모멘트를 받으며 철도 차량, 자동차 등의 바퀴가 연결된 축이다.

③ 스핀들(spindle) : 지름에 비하여 비교적 짧은 축으로 비틀림과 휨이 동시에 작용하나 주로 비틀림을 받는 축으로 치수가 정밀하며 변형량이 적고 길이가 짧은 회전축으로 공작기계의 주축으로 사용된다.

(2) 외형에 따른 분류

① 직선 축(straight shaft) : 일직선으로 곧은 원통형의 축이며, 일반적인 동력 전달용으로 사용된다.

② 테이퍼 축(taper shaft) : 원뿔형의 축으로 연삭기, 밀링머신, 드릴링 머신 등의 주축에 사용된다.

③ 크랭크 축(crank shaft) : 몇 개의 축 중심을 서로 어긋나게 한 것으로, 왕복 운동기관 등의 직선운동과 회전운동을 서로 변환시키는 데 사용하며 곡선축이라고도 하며 내연 기관에 많이 사용된다. 일체식과 조립식이 있다(내연기관, 압축기에 사용).

④ 플렉시블 축(flexible shaft) : 강선을 2중, 3중으로 감은 나사 모양의 축으로 축 방향이 수시로 변하는 작은 동력 전달 축으로 공간상의 제한으로 일직선 형태의 축을 사용할 수 없을 때 사용된다. 비틀림 강도는 크나 굽힘 강도는 작다.

(3) 단면 모양에 따른 분류

① 원형 축(round shaft) : 단면 모양이 원형으로 속이 찬축과 속이 빈축이 있다. 일반적으로 속이 찬축이 많이 사용된다.

② 각축(square shaft, hexagonal shaft) : 특수한 목적에 사용하기 위하여 축의 단면 모양을 사각형 또는 육각형으로 만든 축으로 믹서나 진동체 축 등에 많이 사용된다.

2) 축의 강도

(1) 축 설계상 고려 사항

① 강도(strength)

② 응력집중(stress concentration)

③ 강성도(stiffness)
④ 변형
⑤ 진동(vibration)
⑥ 부식(corrosion)
⑦ 열응력(thermal stress)
⑧ 열팽창(thermal expansion)

3) 강도에 의한 축의 설계

(1) 차축과 같이 굽힘 모멘트(M)만을 받는 축

① 실제 축(중실 축)의 경우

$$M = \sigma_b \times Z = \sigma_b \times \frac{\pi d^3}{32} \qquad \therefore d = \sqrt[3]{\frac{32M}{\pi \sigma_b}} = \sqrt[3]{\frac{10.2M}{\sigma_b}}$$

(2) 비틀림 모멘트(T)만을 받을 때

① 실제 축(중실 축)의 경우

$$T = \tau_a \times Z_P = \tau_a \times \frac{\pi d^3}{16} \qquad \therefore d = \sqrt[3]{\frac{16T}{\pi \tau_a}} = \sqrt[3]{\frac{5.1T}{\tau_a}}$$

② 전달 동력으로 축 지름을 구할 경우

$$T = 7024 \times 10^3 \frac{H}{N} [\text{N} \cdot \text{mm}][\text{PS}]$$

$$T = 9549 \times 10^3 \frac{H}{N} [\text{N} \cdot \text{mm}][\text{kW}]$$

(3) 굽힘 모멘트와 비틀림 모멘트를 동시에 받는 축

① 연성재료의 경우

㉠ 실제 축 $d = \sqrt[3]{\dfrac{16 T_e}{\pi \tau_a}} \qquad \therefore d = \sqrt[3]{\dfrac{5.1 T_e}{\tau_a}}$

㉡ 상당 비틀림 모멘트 $T_e = \sqrt{M^2 + T^2}$

② 취성재료의 경우

㉠ 실제 축 $d = \sqrt[3]{\dfrac{32 M_e}{\pi \sigma_a}} \qquad \therefore d = \sqrt[3]{\dfrac{10.2 M_e}{\sigma_b}}$

㉡ 상당 굽힘 모멘트 $T_e = \dfrac{1}{2}(M + \sqrt{M^2 + T^2})$

2 축이음(shaft joint)

1) 커플링의 종류

(1) 고정 커플링
일직선상에 있는 두 축을 연결한 것으로, 볼트 또는 키를 사용하여 접합하고 양축사이의 상호이동이 전혀 허용되지 않는 구조. 원통 커플링과 플랜지 커플링이 있다.
① 원통 커플링 : 머프 커플링, 마찰 원통 커플링, 셀러 커플링, 클램프 커플링
② 플랜지 커플링 : 단조 플랜지 커플링, 조립식 플랜지 커플링, 세레이션 커플링

(2) 플랙시블 커플링
원칙적으로 동일선상에 있는 두 축의 연결에 사용하나, 양 축간 약간의 상호 이동을 허용. 온도의 변화에 따른 축의 신축 또는 탄성 변형 등에 의한 축심의 불일치를 완화하여 원활히 운전할 수 있는 커플링이다. 기어 형 축이음, 체인 축이음, 그리드형 축이음, 고무 축이음 등이 있다.

(3) 올덤 커플링
두 축이 평행하고 축의 중심선이 약간 어긋났을 때 각 속도의 변동 없이 토크를 전달하는데 사용하는 축이음이다.

(4) 유니버설 커플링(자재이음)
두 축의 축선이 어느 각도로 교차되고, 그 사이의 각도가 운전 중 다소 변하여도 자유로이 운동을 전달할 수 있도록 구조가 되어 있는 커플링이다.

(5) 커플링의 분류
① 두 축이 동일선상에 있는 경우 : 고정 커플링(fixed coupling)
② 두 축이 정확한 일직선상에 있지 않을 때 : 플렉시블 커플링(flexible coupling)
③ 두 축이 평행하는 경우 : 올덤 커플링(oldham's coupling)
④ 두 축이 교차하는 경우 : 유니버설 조인트(universal joint)

2) 클러치
운전 중 또는 정지 중에 간단한 조작으로 동력을 전달할 수 있는 형식. 두 축은 일직선상에 있는 경우가 많다. 다음 4가지로 구분된다.

(1) 맞물림 클러치
클러치 중 가장 간단한 구조로 플랜지에 서로 물릴 수 있는 돌기 모양의 턱이 있어 서로 맞물려 동력을 단속

(2) 마찰클러치
각축에 붙어 있는 부분의 면을 밀어붙여 접촉시키며, 그 사이의 마찰을 이용하여 연결하는 클러치로 원판 마찰클러치와 원추 마찰클러치가 있다.

(3) 일방향 클러치
구동축이 종동축보다 속도가 늦어졌을 때 종동축이 자유로 공전할 수 있도록 한 것으로 일방향에만 동력을 전달시키고, 역방향에는 전달시키지 못하는 클러치가 있다.

(4) 원심클러치
입력축의 회전에 의한 원심력에 의하여 클러치의 결합이 이루어지는 것으로 원동축이 시동되어 점차 회전 속도가 상승하면 클러치가 연결된다.

(5) 전자클러치
전자력을 이용하여 마찰력을 발생시키는 클러치가 있다.

(6) 유체클러치
펌프 축을 원동기에 결합하고 터빈 축은 부하를 받는 쪽에 결합하여 동력을 전달하는 클러치가 있다.

3) 고정 커플링
(1) 원통 커플링
가장 간단한 구조로 원통 속에 두 축을 끼워 넣고 일직선이 될 수 있도록 키, 볼트로 결합시켜 키의 전단력이나 마찰력으로 전동하는 이음이다.

① **머프 커플링** : 주철제의 원통 속에서 두 축을 맞대어 맞추고 키로 고정한 것으로, 축 지름과 하중이 아주 작을 경우에 사용. 인장력이 작용하는 축이음에는 부적합하다. 작업상 안전을 위하여 안전 커버를 씌워 사용한다.

② **마찰 원통 커플링** : 바깥 둘레가 원뿔형으로 된 주철제 분할통으로 두 축의 연결단에 덮어씌우고, 이것을 연강제의 링으로 양 끝에서 끼워 맞춰 체결한다. 분할통은 중앙에서 양 끝으로 1/20~1/30의 테이퍼이고, 큰 토크 전달에는 적당하지 않으나, 설치 및 분해가 쉽고 긴 전동축의 연결에 편리. 150mm 이하의 축과 진동이 없는 경우에 사용한다.

③ **반중첩 커플링** : 주철제 원통 속에 전달축보다 약간 크게 한 축 단면에 기울기를 주어 중첩시킨 후 공통의 키로서 고정한 커플링이며, 축방향으로 인장력이 작용하는 기계의 축 이음에 사용된다.

④ **분할 원통 커플링(클램프 커플링)** : 2개의 반원통, 즉 클램프를 보통 6개의 볼트로 두 줄로 나누어 체결하고(소형축의 경우 4개, 대형축의 경우 6~8개) 테이퍼가 없는 키를 박은 것으로 축 지름 200mm까지 사용한다.

⑤ **셀러 커플링** : 머프 커플링을 셀러가 개량한 것으로 주철제 원통은 내면이 원추면으로 되어있다. 여기에 두 축을 끼우고, 바깥면이 원추면으로 되어있는 원추 통을 양쪽에서

끼워 넣은 다음 3개의 볼트로 죄어 축을 고정시키는 커플링이다. 이것은 연결할 두 축의 지름이 다소 달라도 두 축이 자연히 동일선 상에 있게 된다.

(2) 플런지 커플링

주철 또는 주강제의 플런지를 축에 억지 끼워맞춤을 하거나 키로 결합시킨 후 두 플런지를 볼트로 체결한 것. 플런지의 중앙부는 요철을 만들어 두 축의 중심을 일치시키고, 큰 축과 고속도인 정밀 회전축에 적당하고, 공장 전동축 또는 일반 기계의 커플링으로 가장 널리 사용된다.

4) 플렉시블 커플링

두 축의 중심선을 완전히 일치시키기 어려운 때, 또 내연 기관과 같이 전달 토크의 변동이 많은 원동기에서 다른 기계로 동력을 전달하는 경우 및 고속 회전으로 진동을 일으키는 경우에 사용된다.

(1) 기어 커플링

두 축의 양 끝에 한 쌍의 외접 기어를 각각 키 박음하여 결합. 외치와 내치 사이의 틈새가 축의 편심을 어느 정도 흡수 할 수 있으며, 고속 및 큰 토크에도 견딜 수 있다. 원심펌프, 컨베이어, 교반기, 발전기, 송풍기, 믹서, 유압 펌프, 압축기, 크레인, 기중기 등

(2) 체인 커플링

두 축의 끝에 스프로킷 휠을 키 박음하여 장착하고, 2줄 체인을 사용하여 두 축에 끼워져 있는 스프로킷 휠을 이은 것. 회전속도가 중간속도이고 일정한 하중이 작용하는 기계에 장착된다. 주로 교반기 컨베이어, 펌프, 기중기 등에 사용

(3) 그리드 커플링

두 축의 끝 부분에 축 방향으로 홈이 파져 있는 한 쌍의 원통(허브)을 키 박음 하여 각각 고정. 양 축의 축 방향 홈이 일직선이 되도록 조정한 후 S자 모양의 금속격자(그리드)를 홈 속으로 집어넣어 연결시킨다.

(4) 올덤 커플링

두 축이 평행하며, 그 거리가 비교적 짧고 축선의 위치가 어긋나 있으나 각속도의 변화 없이 회전력을 전달시키려 할 때 사용하고, 밸런스와 마찰의 난점이 있고 편심량이 큰 회전 전달이나 고속의 경우에는 적합치 않다.

5) 유니버설 조인트(훅 조인트)

① 두 축이 동일 평면 내에 있고 그 중심선이 α 각도($\alpha \leq 30°$)로 교차하는 경우의 전동 장치
② 교각 α는 30도 이하에서 사용하고 특히 5도 이하가 바람직하며, 45도 이상은 사용이 불가능하다.

③ 두 축단의 요크 사이에 십자형 핀을 넣어서 연결한다.
④ 자동차, 공작기계, 압연롤러, 전달기구 등에 많이 사용
⑤ 요크와 십자형 핀 사이에는 니들 베어링 또는 부시를 넣어서 그리스로 윤활 하는 것이 보통이다.

3 베어링(bearing)

1) 작용하중의 방향에 따른 분류
① 레이디얼 베어링(radial bearing) : 레이디얼 하중, 즉 축에 직각 방향의 하중을 지지할 때 사용. 미끄럼 베어링에선 저널 베어링이라고도 한다.
② 스러스트 베어링(thrust bearing) : 스러스트 하중, 즉 축단이나 축의 중간에 단을 만들어 축 방향의 하중을 받을 때 사용. 피벗 베어링, 칼라 스러스트 베어링
③ 테이퍼 베어링(taper bearing) : 레이디얼 하중과 스러스트 하중이 동시에 작용하는 하중을 지지

2) 미끄럼 베어링과 구름 베어링의 비교

구분	미끄럼 베어링	구름 베어링
크기	지름은 작으나 폭이 크게 된다.	폭은 작으나 지름이 크게 된다.
구조	일반적으로 간단하다.	전동체가 있어서 복잡하다.
충격흡수	유막에 의한 감쇠력이 우수하다.	감쇠력이 작아 충격 흡수력이 작다.
고속회전	저항은 일반적으로 크게 되나 고속회전에 유리하다.	윤활유가 비산하고, 전동체가 있어 고속회전에 불리하다.
저속회전	유막 구성력이 낮아 불리하다.	유막의 구성력이 불충분하더라도 유리하다.
소음	특별한 고속 이외는 정숙하다.	일반적으로 소음이 크다.
하중	추력하중은 받기 힘들다.	추력하중을 용이하게 받는다.
기동토크	유막형성이 늦은 경우 크다.	작다.
베어링 강성	정압 베어링에서는 축심의 변동 가능성이 있다.	축심의 변동은 적다.
규격화	자체 제작하는 경우가 많다.	표준형 양산품으로 호환성이 높다.

3) 구름 베어링의 장 · 단점
① 동력이 절약되고, 가동저항이 크다. 슬라이딩베어링의 10~50% 정도로 한다.
② 윤활유가 절약되고, 윤활유에 의한 기계의 오손이 적다.
③ 신뢰성이 있고, 유지비가 감소된다.
④ 기계의 정밀도를 장시간 유지할 수 있고 고속회전 할 수 있다.
⑤ 베어링교환과 선택이 쉽고 베어링 길이를 단축 할 수 있다.
⑥ 가격이 비교적 비싸고 외경이 크게 된다.
⑦ 소음이 생기고 충격에 약하다.
⑧ 제작, 설치와 조립이 어렵고, 부분적 수리가 불가능하다.

4) 구름 베어링의 설계

① 수명 계산식

㉠ 수명회전수 : L_n

$$L_n = \left(\frac{C}{P}\right)^r \times (10^6 \text{ 회전})$$

$$\begin{cases} r = 3 : \text{Ball} \\ r = \dfrac{10}{3} : \text{Roller} \end{cases}$$

㉡ 수명시간 : L_k

$$L_k = 500 \left(f_n \frac{C}{P}\right)^r = 500 f_h^r$$

② 구름 베어링의 호칭법

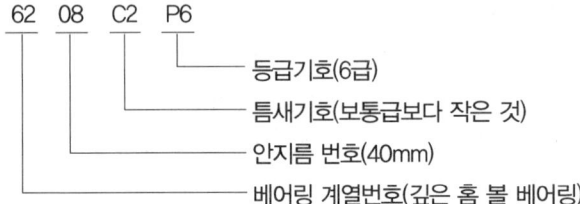

```
62   08   C2   P6
                └── 등급기호(6급)
           └────── 틈새기호(보통급보다 작은 것)
      └─────────── 안지름 번호(40mm)
 └──────────────── 베어링 계열번호(깊은 홈 볼 베어링)
```

③ 안지름 번호(내륜 안지름)

00 : 10mm

01 : 12mm

02 : 15mm

03 : 17mm

04×5＝20mm～495mm까지

5) 베어링의 재료

① 녹아 붙지 않을 것(내융착성)

② 길들임이 좋은 것(친숙성)

③ 부식에 강할 것(내식성)

④ 피로강도가 클 것(내피로성)

09 전동용 기계요소

1 마찰차

1) 마찰차의 응용 범위

① 전달하여야 할 힘이 크지 않고 속도비를 중요시 하지 않을 때

② 회전속도가 커서 보통의 기어를 사용할 수 없는 경우

③ 양축 사이를 빈번히 단속할 필요가 있을 때
④ 무단 변속을 시키는 경우와 안전장치의 역할이 필요한 경우

2) 마찰차의 특성

① 접촉하고 있는 표면은 구름접촉이므로 접촉선상의 한 점에 있어서 양쪽의 표면속도는 항상 같다.
② 약간의 미끄럼이 생기므로 확실한 전동과 강력한 동력의 전달은 곤란하다.
③ 전동의 단속이 무리 없이 행해진다.
④ 무단 변속하기 쉬운 구조로 할 수 있다.
⑤ 운전이 정숙하며, 효율은 그다지 좋지 못하다.
⑥ 과부하의 경우 미끄럼에 의한 다른 부분의 손상을 막을 수 있다.

3) 마찰차의 실용적인 면에서 구별

① 원통 마찰차 : 두 축이 평행하고 바퀴는 원통형이다.
② 홈 마찰차 : 두 축이 평행하다.
③ 원추 마찰차 : 두 축이 어느 각도로서 서로 만나고 있으며 바퀴는 원뿔형이다.
④ 무단변속 마찰차

3 기어

1) 기어의 특징

① 전동이 확실하고, 큰 동력을 일정한 속도비로 전달할 수 있다.
② 축압력이 작으며, 사용 범위가 넓다.
③ 회전비가 정확하고, 전동 효율이 좋고 감속비가 크다.
④ 충격음을 흡수하는 성질이 약하고, 소음과 진동이 발생한다.

(1) 기어의 종류

① 두 축이 서로 평행한 경우
  ㉠ 스퍼 기어(spur gear)
  ㉡ 랙(rack)과 피니언(pinon)
  ㉢ 내접 기어(internal gear)
  ㉣ 헬리컬 기어(helical gear)
  ㉤ 헬리컬 랙(helical rack)
  ㉥ 더블 헬리컬 기어
② 두 축이 만나는 경우
  ㉠ 직선 베벨 기어(straight bevel gear)
  ㉡ 스파이럴 베벨 기어(spiral bevel gear)

© 마이터 기어(miter gear)
② 제롤 베벨 기어(zerol bevel gear)
⑩ 크라운 기어(crown gear)
⑭ 스크류 베벨 기어(skew bevel gear)
③ 두 축이 평행하지도 만나지도 않는 경우(엇갈림 축 기어)
㉠ 웜 기어(worm gear)
㉡ 하이포이드 기어(hypoid gear)
㉢ 나사 기어(screw gear)
㉣ 스큐 기어(skew gear)

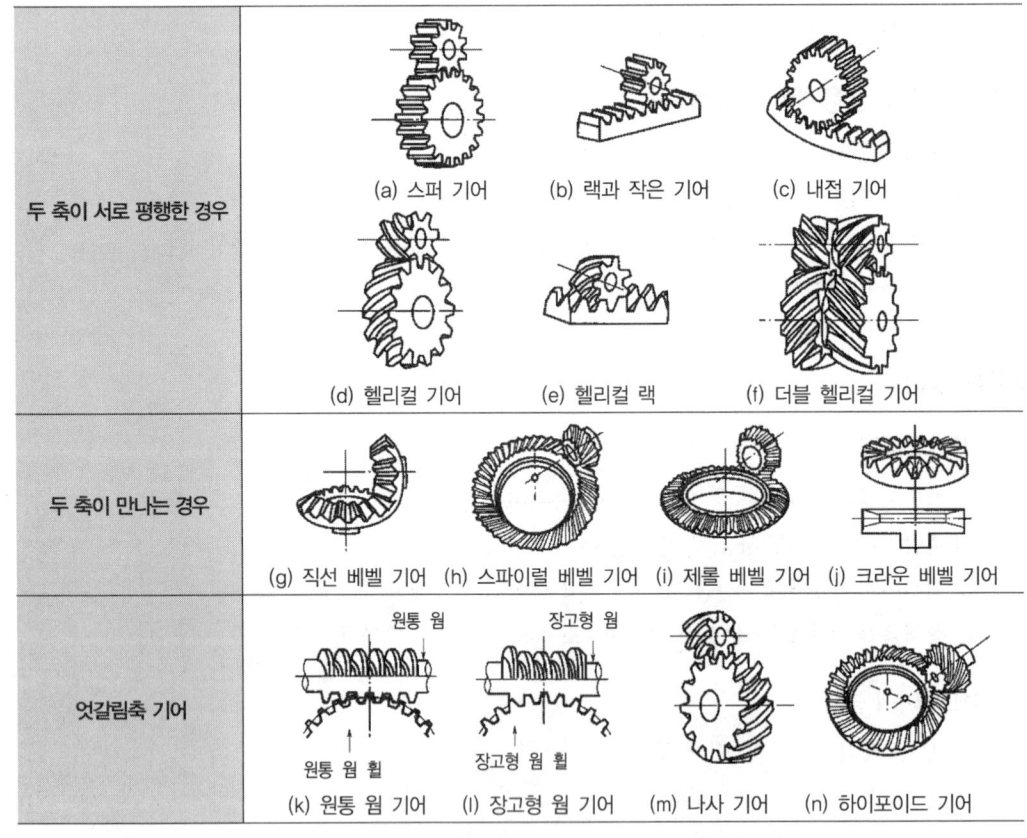

[그림 1-43] 기어의 종류

(2) 이의 크기

① 원주피치 : $p = \dfrac{\pi D}{Z} = \pi m$

② 모듈 : $m = \dfrac{p}{\pi} = \dfrac{D}{Z}$

③ 지름 피치(P_d 또는 $D \cdot P$) : $P_d = \dfrac{\pi}{P} = \dfrac{Z}{D} = \dfrac{1}{m}$ [inch], $P_d = \dfrac{25.4}{m}$ [mm]

(3) 치형 곡선
① 인벌류트 곡선
  ㉠ 교환성이 우수하다(원주피치 또는 모듈, 압력각이 같아야 한다).
  ㉡ 치형의 제작가공이 용이하다.
  ㉢ 이뿌리 부분이 튼튼하여 전동용으로 사용된다.
  ㉣ 물림에 있어 축간 거리가 다소 변해도 속도비에 영향이 없어 널리 사용되고 있다.
② 사이클로이드 곡선
  ㉠ 접촉점에서 미끄럼이 적으므로 마모가 적고 소음이 적으며 효율이 높다.
  ㉡ 공작이 어렵고 호환성이 적다.
  ㉢ 정밀 측정기구 시계, 계기류에 사용되고 속도비가 정확하다.
  ㉣ 피치점이 완전히 일치하지 않으면 물림이 잘되지 않는다.

(4) 표준 기어와 전위 기어
① 표준 스퍼 기어의 계산식
  ㉠ 회전비 : $i = \dfrac{N_B}{N_A} = \dfrac{D_A}{D_B} = \dfrac{Z_A}{Z_B}$
  ㉡ 기초원 지름 : $D_g = Zm\cos\alpha = D\cos\alpha$
  ㉢ 바깥지름 : $D_0 = m(Z+2)$
  ㉣ 중심거리 : $C = \dfrac{D_A \pm D_B}{2} = \dfrac{m(Z_A \pm Z_B)}{2}$

② 전위 기어
  ㉠ 전위 기어의 사용 목적
    ⓐ 중심거리를 자유로 변화시키려고 할 때
    ⓑ 언더컷을 방지하고 싶을 때
    ⓒ 이의 강도를 증대하려고 할 때
  ㉡ 전위 기어의 장점
    ⓐ 모듈에 비하여 강한 이가 얻어진다.
    ⓑ 최소 이수를 극히 적게 할 수 있다.
    ⓒ 물림률을 증대시킨다.
    ⓓ 주어진 중심거리의 기어의 설계가 용이하다.
    ⓔ 공구의 종류가 적어도 되고, 각종의 기어에 응용된다.
  ㉢ 전위 기어의 단점
    ⓐ 계산이 복잡하게 된다.
    ⓑ 교환성이 없게 된다.
    ⓒ 베어링압력을 증대시킨다.

③ 언더컷 방지의 전위계수 : $x = 1 - \dfrac{Z}{2}\sin^2\alpha$

④ 치형의 간섭 및 언더컷
　㉠ 이의 간섭 : 서로 맞물린 래크와 피니언에서 큰 기어의 이끝이 피니언의 이뿌리에 닿아서 회전할 수 없게 되는 현상
　㉡ 이의 언더컷 : 치의 절하라고도 하며 잇수가 적은 기어를 래크 공구나 피니언 공구로 절삭하면 이뿌리가 파여지게 되는 현상
　　• 언더컷이 일어나지 않는 잇수 $Z \geq \dfrac{2}{\sin^2\alpha}$

2) 헬리컬 기어

(1) 헬리컬 기어의 특징
① 운전이 원활 정연하여 진동소음이 적고 고속운전, 대 동력에 적합하다.
② 평 기어보다 물림길이가 길고 물림상태가 좋아 치의 강도 면에서 유리하다.
③ 큰 회전비를 얻어 지고 1/10~1/15 또는 그 이상의 것도 얻어진다.
④ 전동효율이 좋아 98~99%까지 얻을 수 있고 아주 큰 동력, 고속 전동에는 추력이 없는 더블 헬리컬 기어를 사용한다.
⑤ 축 방향으로 트러스트가 생기고 가공, 조립상의 오차로 잇 면의 접촉이 나쁘다.

(2) 헬리컬 기어의 설계
① 모듈 : $m_s = \dfrac{m}{\cos\beta}$　　여기서, 이 직각 모듈 $m_n = m$으로 한다.

② 압력각 : $\tan\alpha_s = \dfrac{\tan\alpha}{\cos\beta}$

③ 피치원 지름 : $D_s = Zm_s = Z\dfrac{m}{\cos\beta} = \dfrac{Zm}{\cos\beta} = \dfrac{D}{\cos\beta}$

④ 바깥지름 : $D_0 = D_s + 2m = Zm_s + 2m = \left(\dfrac{Z}{\cos\beta} + 2\right)m$

⑤ 중심거리 : $C = \dfrac{D_{s1} + D_{s2}}{2} = \dfrac{Z_1 m_s + Z_2 m_s}{2} = \dfrac{(Z_1 + Z_2)m}{2\cos\beta}$

3) 베벨 기어

(1) 베벨 기어 속도비
$i = \dfrac{N_2}{N_1} = \dfrac{D_1}{D_2} = \dfrac{Z_1}{Z_2} = \dfrac{\omega_2}{\omega_1} = \dfrac{\sin\gamma_1}{\sin\gamma_2}$

(2) 베벨 기어의 상당 스퍼 기어
$L = \dfrac{D}{2\sin\gamma}$

(3) 상당 스퍼 기어의 잇수

$$Z_e = \frac{2\pi R_e}{P} = \frac{Z}{\cos \gamma}$$

4 벨트

1) 벨트 전동

양축에 고정한 벨트 풀리에 벨트를 걸어서 마찰력에 의하여 동력과 운동을 전달하는 장치이며, 축간 거리가 10m 이하이고 속도비는 1 : 10 정도, 속도는 10~30m/s이다. 벨트의 전동 효율은 96~98%이며, 충격하중에 대한 안전장치의 역할을 하므로 원활한 전동이 가능하며 특징은 다음과 같다.

① 정확한 속도비를 얻을 수 있다.
② 충격하중을 흡수하며 진동을 감소시킨다.
③ 미끄러짐으로 인한 무리한 전동을 방지하여 안전장치 역할을 한다.
④ 구조가 간단하고 제작비가 저렴하다.

(1) 평벨트 종류

가죽, 직물, 강판 등으로 만든 띠 모양의 벨트를 두 축에 각각 부착한 벨트 풀리에 감아 걸어 그 접촉면의 마찰력에 의하여 동력을 전달하는 것으로 마찰력을 이용하고 있으므로 어느 정도의 미끄럼은 피할 수 없다. 따라서 기어전동과 같이 정확한 회전비는 얻을 수 없다.

① **가죽벨트** : 소가죽을 탄닝, 크롬 처리하여 탄성을 준 것으로 마찰계수가 크며, 방열성도 좋다.
② **섬유벨트** : 무명, 삼, 합성섬유의 직물로 만들며 길이와 너비에 제한이 없다. 습기에 약하지만 가죽보다 가격이 저렴하여 많이 사용하고 있다.
③ **고무벨트** : 직물벨트에 고무를 입혀서 만든 것으로 유연하고 풀리에 잘 밀착하므로 미끄럼이 적고 비교적 수명이 길다. 습기에는 강하나 열, 기름 등에는 약하다. 인장강도가 크다.
④ **강철벨트** : 강도가 제일 크나 벨트 풀리의 외주의 모양과 두 축의 평행도가 일치해야 한다. 수명이 길고 신장률이 작으므로 고정밀도의 회전각 전달용 등으로 사용된다.
⑤ **풀리벨트** : 나일론 시트의 양쪽 면에 나일론 천을 붙이고, 그 위에 특수 합성고무를 첨부한 것.
⑥ **타이밍벨트** : 미끄럼 방지를 위하여 접촉면에 치형을 붙여 맞물림에 의하여 전동하도록 조합한 새로운 치붙임 동기 벨트이다. 특징은 슬립과 크리프가 거의 없고, 속도 변화가 아주 적다. 그리고 굽힘 저항이 작으므로 작은 지름을 사용할 수 있고 저속 및 고속에서 원활한 운전이 가능하다.

(2) 벨트 거는 법

① 벨트를 풀리에 거는 방법에는 바로걸기 방법(평행 걸기 : open belting)과 엇걸기 방법(십자 걸기 : cross belting)이 있다.
② 바로걸기 방법에서는 원동차와 종동차의 회전방향이 같으며, 엇걸기 방법에서는 회전방향이 반대이다.
③ 벨트가 원동차에 들어가는 쪽을 인장 측이라 하고, 원동차로부터 풀려나오는 쪽을 이완 측이라 한다.

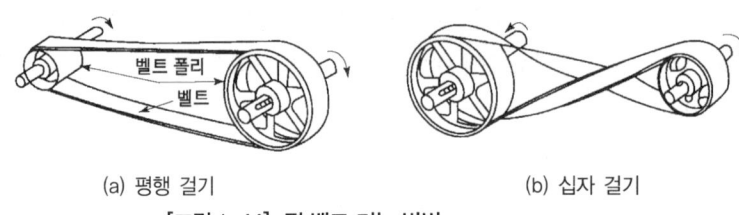

(a) 평행 걸기   (b) 십자 걸기

[그림 1-44] 평 벨트 거는 방법

(3) 벨트에 장력을 가하는 방법

양 벨트 풀리의 지름 차이가 아주 크거나 축간거리가 짧을 때는 접촉각이 작으므로 미끄럼이 증대한다. 만일 축간거리가 아주 길고, 고속회전일 때는 플래핑(flapping) 현상이 생긴다. 이러한 현상을 없애고, 일정한 장력을 유지시켜 주기 위한 방법은 다음과 같다.
① 자중에 의한 방법
② 탄성 변형에 의한 방법
③ 스냅 풀리로서 벨트를 잡아당기는 방법
④ 보조 풀리로서 벨트를 밀어 붙이는 방법
⑤ 가요(可撓) 전동기계 이용하는 방법

2) V벨트 전동

① 고속운전이 가능하며 속도비가 크다($i = 7 \sim 10$).
② 짧은 거리의 운전이 가능, 2~5m까지 전동 가능하다.
③ 미끄럼이 적고 능률이 높다. 효율은 보통 90~95% 정도이다.
④ 운전이 원활하고 정숙하며, 충격이 아주 작다.
⑤ 이음이 없어 전체가 균일한 강도를 갖으나 끊어졌을 때 접합이 불가능하다.
⑥ V벨트 단면의 형상은 M, A, B, C, D, E형의 6종류가 있으며 M에서 E쪽으로 가면 단면이 커진다.
⑦ V벨트의 길이는 사다리꼴 단면의 중앙을 통과하는 원둘레의 길이를 유효길이라 부른다.

$$호칭번호 = \frac{벨트의\ 유효둘레}{25.4}$$

[예] A30 : 단면은 A형이고 유효둘레는 30인치

(1) V벨트의 전달동력

① 마찰계수 : $\mu' = \dfrac{\mu}{\sin\alpha + \mu\cos\alpha}$

여기서, μ : 마찰계수
μ' : 유효마찰계수(수정, 등가마찰계수)

즉, V벨트 전동장치에서는 전달마력이 평벨트의 경우보다 증가한다.

3) 로프 전동

(1) 장점

① 대동력 전동에는 평벨트 및 V벨트보다 유리하고 속비는 보통 1:1~1:2이고, 큰 경우는 1:5 정도이다.
② 장거리 전동이 가능하다(와이어로프 50~100m, 섬유질 10~30m).
③ 1개의 원동 풀리에서 여러 종동 풀리에 분배하여 전동을 할 수 있다.
④ 벨트에 비해 미끄럼이 적으며, 고속운전이 가능하다.
⑤ 전동 경로가 직선이 아니어도 사용이 가능하다.

(2) 단점

① 장치가 복잡하고 착탈이 어렵다.
② 조정이 곤란하고 절단되었을 경우 수리가 곤란하다.
③ 미끄럼이 적으나 전동이 불확실하다.

4) 체인 전동

(1) 체인 전동의 특징

① 미끄럼 없이 일정한 속도비를 얻을 수 있다.
② 초장력이 필요 없으므로 베어링의 마찰손실이 작다.
③ 접촉각이 90° 이상이면 전동가능하다.
④ 내열, 내유, 내수성이 크며, 유지 및 수리가 쉽다.
⑤ 큰동력 전달 효율이 95% 이상이다.
⑥ 체인의 탄성으로 어느 정도 충격하중을 흡수한다.
⑦ 진동, 소음이 생기기 쉽다.
⑧ 고속회전에 부적당하고 저속, 대마력에 적당하며, 윤활이 필요하다.

10 제어용 기계요소

1 브레이크

1) 브레이크의 분류
① 작동 부분의 구조에 따라 : 블록 브레이크, 밴드 브레이크, 디스크 브레이크, 축압 브레이크, 자동 브레이크
② 작동력의 전달 방법에 따라 : 공기 브레이크, 유압 브레이크, 전자 브레이크, 기계 브레이크
③ 제동목적에 따라 : 유체 브레이크, 전기 브레이크

2 스프링(spring)

스프링은 탄성체로 만들며, 힘을 가하면 변형되어서 에너지를 저장하고, 반대로 힘을 제거하면 에너지를 얻어 충격을 흡수 완화하거나 작용하는 힘의 크기를 측정하는 데 사용한다.

철강재 스프링의 재료가 갖추어야 할 조건은 다음과 같다.
① 가공하기 쉬운 재료이어야 한다.
② 높은 응력에 견딜 수 있고, 영구변형이 없어야 한다.
③ 피로강도와 파괴인성치가 높아야 한다.
④ 열처리가 쉬어야 한다.
⑤ 표면상태가 양호해야 한다.
⑥ 부식에 강해야 한다.

1) 스프링의 용도
① 완충용(충격 에너지 흡수, 방진, 진동 및 충격완화) : 차량용 현가장치, 승강기 완충 스프링, 방진스프링
② 에너지 축적 이용 : 계기용 스프링, 시계의 태엽, 완구용 스프링, 축음기, 총포의 격심용 스프링
③ 측정 및 조정용 : 힘의 변형 원리를 이용하여 압축력(또는 인장력)에 의한 변형 길이로 힘을 측정한다. 저울 등이 이에 해당한다.
④ 복원력의 이용 : 안전밸브, 조속기, 스프링 와셔

2) 스프링의 종류

(1) 모양에 따른 스프링의 종류
① 코일 스프링(coil spring) : 인장용과 압축용이 있고, 제작비가 저렴하며 기능이 확실 유효하여 경량소형으로 제조할 수 있다.

② 겹판 스프링(leaf spring) : 너비가 좁고 얇은 긴 보로서 하중을 지지한다. 여러 장 겹쳐서 사용하는 것을 겹판 스프링이라 한다. 자동차의 현가장치로 널리 사용한다.
③ 태엽 스프링(spiral spring) : 시계나 계기류의 등의 변형 에너지를 저장하여 동력용으로 사용한다.
④ 토션 바 스프링 : 원형 봉에 비틀림 모멘트를 가하면 비틀림 변형이 생기는 원리로 소형 승용차의 현가용에 사용된다.
⑤ 벌류트 스프링 : 태엽 스프링을 축방향으로 감아올려 사용하는 것으로 압축용으로 사용한다. 오토바이 차체 완충용으로 사용된다.
⑥ 접시 스프링(disk spring) : 원판 스프링이라고도 한다. 중앙에 구멍이 있고 원추형이다. 프레스의 완충장치, 공작기계에 사용한다.
⑦ 와이어 스프링 : 탄성의 강한 선형재료로 여러 가지 모양으로 만들어 탄성에 의한 복원력을 이용한 스프링이다.
⑧ 와셔 스프링 : 볼트, 너트의 중간재 사이에 사용하여 충격을 흡수하는 역할을 한다.

(2) 재료에 의한 분류
① 금속 스프링 : 강철, 인청동, 황동 등
② 비금속 스프링 : 고무, 나무, 합성수지 등
③ 유체 스프링 : 공기, 물, 기름 등

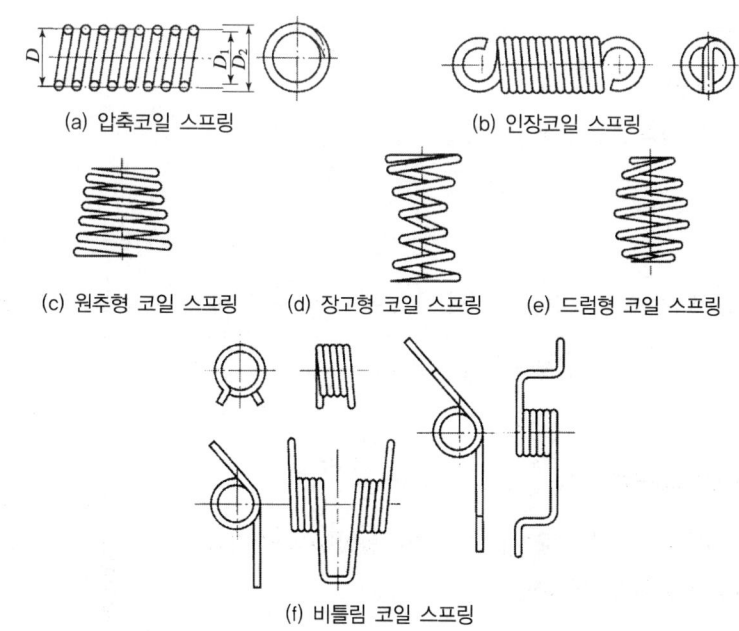

(a) 압축코일 스프링   (b) 인장코일 스프링

(c) 원추형 코일 스프링   (d) 장고형 코일 스프링   (e) 드럼형 코일 스프링

(f) 비틀림 코일 스프링

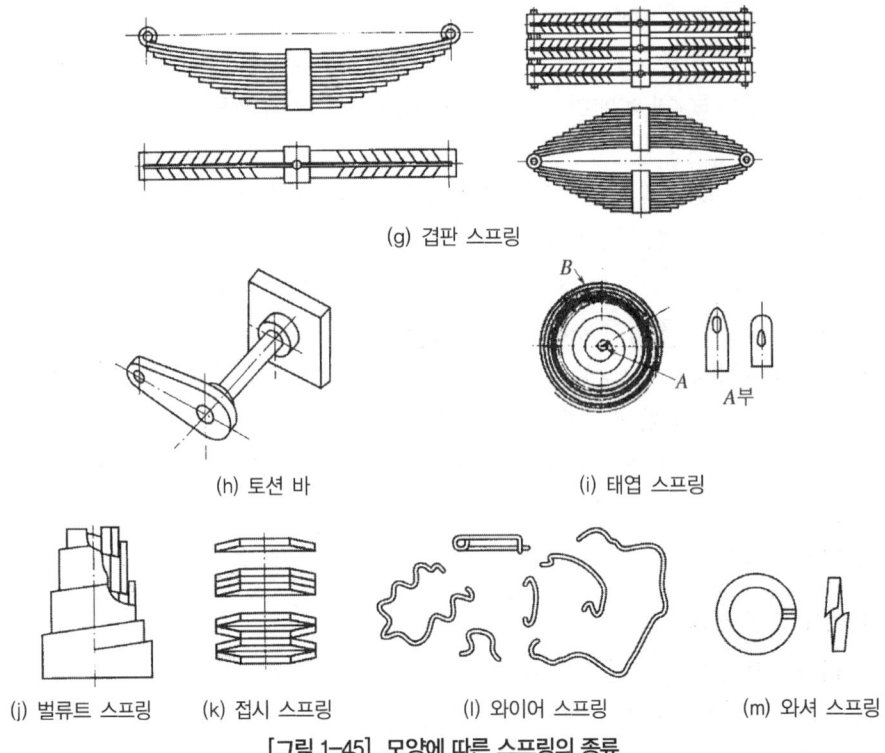

(g) 겹판 스프링

(h) 토션 바   (i) 태엽 스프링

(j) 벌류트 스프링   (k) 접시 스프링   (l) 와이어 스프링   (m) 와셔 스프링

[그림 1-45] 모양에 따른 스프링의 종류

3) 스프링의 설계

(1) 스프링의 특성

① 스프링의 지수 : 코일의 평균지름과 소선지름과의 비

$$\therefore C = \frac{D}{d}$$

여기서, D : 코일의 평균지름, d : 소선지름

② 스프링의 상수 : 스프링의 세기를 나타내며 상수를 크게 하면 잘 늘어나지 않는다.

$$\therefore K = \frac{W}{\delta}[\text{kgf/mm}]$$

여기서, K : 비례정수 또는 스프링 상수

③ 탄성 저장에너지 : $U = \frac{1}{2}W\delta = \frac{1}{2}K\delta^2$

④ 자유 높이 : 코일의 평균지름 D와 자유높이 H와의 비를 스프링의 종횡비 r라 하면

$$r = \frac{H}{D}$$

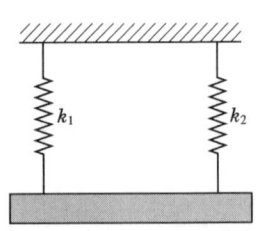

[그림 1-46] 병렬연결

(2) 스프링의 조합

① 병렬연결 : $K = K_1 + K_2 + \cdots$

② 직렬연결 : $\dfrac{1}{K} = \dfrac{1}{K_1} + \dfrac{1}{K_2} + \cdots$

(3) 코일 스프링

① 코일 스프링의 구조

② 스프링 지수 : $C = \dfrac{D}{d} = \dfrac{R}{r}$

[그림 1-47] 직렬연결

③ 스프링에 발생되는 전단응력 : $\tau_{\max} = \dfrac{8KDW}{\pi d^3}$

K : 왈(kwale)의 응력 수정계수 : $\left(K = \dfrac{4c-1}{4c-4} + \dfrac{0.615}{c} \right)$

④ 스프링의 처짐 : $\delta = \dfrac{8nD^3W}{Gd^4}$ $K = \dfrac{W}{\delta}$ 이므로 $K = \dfrac{Gd^4}{8nD^3}$ 이다.

⑤ 초기장력 : $\tau_0 = \dfrac{8DW_0}{\pi d^3}$, ∴ $W_0 = \dfrac{\pi d^3 \tau_0}{8D}$ [kg]

⑥ 스프링의 길이 : $l = \pi DN = \pi 2RN$

⑦ 서징(surging) : 스프링에 작용하는 진동수가 스프링의 고유 진동수와 같거나, 또는 공진을 하여 국부적으로 큰 응력이 생기는 현상

CHAPTER 2 측정

01 작업계획 파악

1 기본측정기의 종류

1) 도기(standard)

일정한 길이 또는 각도를 눈금 또는 면으로 나타낸 것으로 표준자, 금속자 등과 같이 선과 선의 간격을 길이로 나타낸 것을 선도기(line standard), 블록 게이지, 한계 게이지 등과 같이 양끝면의 간격을 길이로 나타낸 것을 단도기(end standard)라 한다.

① 선도기(line standard) : 눈금 간격의 길이를 구체화한 것으로, 줄자, 강철 자, 눈금자 등이 여기에 속한다.

② 단도기(end standard) : 양 단면의 간격으로 길이를 구체화한 것으로, 게이지 블록(gauge blcok), 갭 게이지(gap gauge 또는 snap gauge), 플러그 게이지(plug gauge), 직각자 등이 여기에 속한다.

2) 지시 측정기

측정량에 따라 표점이 눈금에 따라 이동하는 측정기기로, 버니어 캘리퍼스, 마이크로미터, 높이 게이지, 테스트 인디케이터, 지침 측미기 등이 여기에 속한다.

3) 시준기

기계적인 접촉이 없이 광학적인 방법을 이용하여 길이를 측정하는 기기로, 투영기, 공구현미경, 오토콜리미터 등이 여기에 속한다.

4) 게이지(gauge)

측정을 위한 측정량이 정해진 측정기이다. 움직이는 부분을 갖지 않는 것으로, R 게이지(radius gauge), 틈새 게이지, 나사 게이지, 피치 게이지(pitch gauge), 와이어 게이지(wire gauge), 게이지 블록(gauge block), 링 게이지(ring gauge) 등이 여기에 속한다.

5) 인디 케이터(indicator)

일정량의 조정 또는 지시에 사용하는 것이다.

2 측정기 선택 시 고려사항

1) 측정 대상의 특성
① 측정 제품의 수량이 많을 때는 비교측정, 수량이 적으면 비접촉 측정이 더 적합하다.
② 일정 치수의 외경을 측정할 때는 벤치 마이크로미터와 같은 비교측정기의 역할을 할 수 있는 측정기를 선택한다.
③ 측정 제품의 수량은 특히 다량의 측정 제품을 연속으로 측정할 때는 측정의 자동화를 고려해야 하며, 복잡한 형상 제품의 연속 측정에는 3차원 측정기가 효율적이다.
④ 측정 제품의 성질은 부드러운 재질일 때 측정 압력으로 변형이 발생할 수 있으므로, 비접촉 측정기를 선정하는 게 적합하다.

2) 측정 환경
측정 장소의 온도, 습도, 진동, 소음 등을 고려한다. 특히, 온도의 열팽창에 의한 오차가 발생할 수 있으므로 주의해야 한다.

3) 측정 정도
일반적으로 측정기를 선정할 때 제품의 편측 허용차의 1/10의 최소 눈금자 크기를 가진 측정기를 선정한다.

4) 측정 방법
① 측정 방법은 편의법, 영위법, 치환법, 보상법 등으로 분류되며, 길이 측정에는 일반적으로 편위법과 영위법이 사용되고, 비교측정은 영위법, 보상법, 치환법 등이 복합되어 사용된다.
② 영위법이 일반적으로 널리 사용된다.

5) 측정 능률
① 측정 능률을 높이기 위해 측정의 자동화가 요구된다.
② 개인 오차와 측정시간을 줄이기 위해 눈금 읽기의 자동화가 필요하며, 측정값의 자동 통계 처리가 필요하다.

6) 경제성
① 측정의 경제성과 직접 관련이 있는 것은 측정기의 가격, 유지비, 측정에 소요되는 부대비용이 있다.
② 고가의 측정기는 측정 목적에 따라 유지비, 수리비 및 측정에 드는 비용 등을 고려해야 한다.

3 측정기 선정 시 주의사항

① 제품 공차 : 제품 공차의 1/10보다 높은 정도의 측정기를 선정한다.

② 제품의 수량 : 수량이 많은 경우 비교측정 및 한계 게이지로 측정하는 방법을 선정한다.
③ 측정 대상물의 재질 : 측정물이 금속이 아니고 고무, 종이, 합성수지 등과 같이 연질일 때 측정 압력으로 변형이 발생할 수 있으므로, 비접촉식 측정기를 선정한다.
④ 측정기 성능 : 측정범위, 정밀도, 감도, 내구성 등을 고려하여 선정한다.
⑤ 측정 방법 : 측정 제품의 수량 등을 고려하여 원격 측정, 자동 측정, 기록 등의 방법을 선정한다.

4 제품의 형상과 측정 범위에 따른 측정기를 선정

측정 요소의 형상과 측정 범위에 따라 적용할 수 있는 측정기는 다음을 고려하여 선정한다.
① 측정 제품의 형상 : 제품의 형상에 따라 측정 범위는 길이, 위치, 자세, 형상 및 흔들리면 등이 있으므로 이에 따른 적절한 측정 방법과 측정기를 선정한다.
② 측정 대상 제품의 품질 등급 또는 중요도
③ 측정 대상 제품의 수량
④ 경제성 : 절삭 가공 제품에서 측정 수량이 적으면 손쉽게 다양한 기하 공차를 포함한 측정이 가능한 3차원 측정기를 활용한다. 복잡하지 않은 제품은 2차원 측정기를 활용한다. 그러나 수량이 대량이면 게이지에 의한 비교측정 방법이 훨씬 경제적이고 효과적이므로, 제품의 측정범위와 공차에 알맞은 게이지를 선정한다.

02 측정기 선정

1 측정 방법

1) 직접 측정

직접 측정은 측정기를 직접 제품에 접촉 또는 비접촉을 하는 방식으로 이루어지며, 직접 눈금을 읽음으로 측정값을 얻는 방법이다. 절대 측정이라고도 한다. 다음은 직접 측정을 이용한 몇 가지 예이다.
① 자를 이용한 길이 측정
② 버니어 캘리퍼스를 이용한 길이 측정
③ 마이크로미터를 이용한 길이 측정
④ 베벨 각도기를 이용한 각도 측정

직접 측정의 장단점은 다음과 같다.
① 측정 범위가 다른 방법에 비하여 넓다.
② 직접 피측정물의 실제 치수를 읽을 수 있다.

③ 수량이 적고 종류가 많은 측정에 유리하다.
④ 눈금 읽음의 시차가 생기기 쉽고 측정시간이 많이 걸린다.
⑤ 정밀하게 측정하기 위해서는 숙련과 경험이 필요하다.

2) 간접 측정

측정물의 모양이 기하학적으로 복잡한 경우 측정 부위의 치수를 기하학적이나 수학적인 관계에서 얻을 수 있는 측정 방법으로 투영기에 의한 형상 측정, 삼침을 이용한 나사의 유효지름 측정, 사인 바와 인디케이터에 의한 각도 측정, 롤러와 게이지 블록에 의한 테이퍼 측정 등이 있다.

3) 비교 측정

기준이 되는 일정한 치수와 피측정물을 비교하여 그 측정치의 차이를 읽는 방법이다. 비교측정기기에는 테스트 인디케이터, 다이얼 게이지, 실린더 게이지 등이 있다.

비교 측정의 장단점은 다음과 같다.
① 높은 정밀도의 측정을 비교적 쉽게 할 수 있다.
② 치수가 고르지 못한 것을 계산하지 않고 알 수 있다.
③ 길이, 각종 모양, 공작기계의 정밀도 검사 등 사용범위가 넓다.
④ 먼 곳에서 측정할 수 있고, 자동화에 도움을 줄 수 있다.
⑤ 히스테리시스(백래시) 오차가 적다.
⑥ 범위를 전기량으로 바꾸어서 측정할 수 있다.
⑦ 나이프에지를 이용 1,000배 정도 확대 측정이 가능하다.
⑧ 측정 범위가 좁고, 직접 제품의 치수를 읽을 수 없다.
⑨ 기준 치수인 표준 게이지가 필요하다.

4) 절대 측정(absolute measurement)

정의에 따라서 결정된 양을 실현하고, 그것을 사용하여 실시하는 측정이다. U자관 압력계-수은주 높이, 밀도, 중력가속도를 측정해서 종합적으로 압력의 측정값을 결정하는 것을 말한다.

2 측정기 보조 기구

측정에서 측정 오차를 줄이는 방법의 하나는 보조 기구를 적절히 사용하는 것이다. 어떤 측정 요소에서는 하나의 측정기기가 단독으로 사용할 수 없고, 둘 또는 그 이상의 조합으로 사용되므로, 제품의 형상과 측정 범위의 관련 요소를 확인한다.

1) 마이크로미터 고정 장치

마이크로미터 스탠드를 이용한 마이크로미터 고정 장치로 핀이나 작은 측정물을 측정하는 데 사용한다. 실린더 게이지(보어 게이지)의 영점을 맞추거나 확인 시, 마이크로미터의 평면도와 평행도를 교정할 때 사용한다.

[그림 2-1] 스탠드를 활용한 마이크로미터 고정

2) 다이얼 게이지 고정 장치

다이얼 게이지 고정 장치에는 다이얼 게이지 스탠드, 마그네틱 스탠드, 하이트 게이지 등이 측정 목적에 따라 다양하게 사용한다. 하이트 게이지는 정반을 함께 사용한다.

(1) 다이얼 게이지 스탠드

제품이 크기가 비교적 작고, 수량이 많은 제품의 높이, 단차, 폭, 길이 등을 비교 측정 방법으로 측정하는데, 정반 없이 단독으로 설치하여 사용할 수 있을 때는 다이얼 게이지 스탠드를 선정한다.

(2) 마그네틱 스탠드를 선정

절삭 가공 제품을 세팅하거나, 사인센터를 이용한 흔들림 및 동심도 등을 측정할 때는 마그네틱 스탠드를 선정하여 장비의 베드 면에 직접 부착하여 공작물의 흔들림 등을 측정한다.

[그림 2-2] 다이얼 게이지 고정 장치

[그림 2-3] 마그네틱 스탠드 사용

(3) 하이트 게이지를 선정

정반 위에서 평면도 측정, 높이 측정 등을 측정할 때는 하이트 게이지에 테스트 인디케이터를 부착한 하이트 게이지를 선정한다.

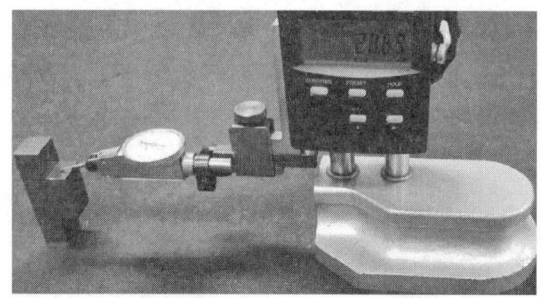

[그림 2-4] 하이트 게이지 사용

(4) 게이지 블록 고정 장치

게이지 블록은 일정한 단위로 명목 값이 주어진 도기로서, 필요한 측정량에 대하여 두 개 이상의 조합으로 원하는 수치를 구현한다.

[그림 2-5] 게이지 블록

3) 게이지 블록 부속품

게이지 블록은 부속품을 사용함으로써 용도를 확대하여 사용할 수 있다.

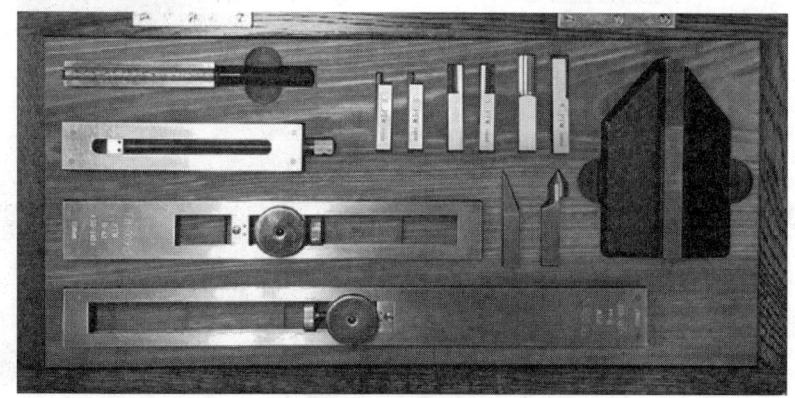

[그림 2-6] 게이지 블록 부속품

(1) 둥근형 조(jaw)와 평행 조(jaw)

형상은 [그림 2-7 (a)]와 같고 조(jaw)는 두 개가 한 세트로 구성되어 있으며, 내측 및 외측을 측정할 때 [그림 2-7 (b)]와 같이 홀더에 끼워 사용한다.

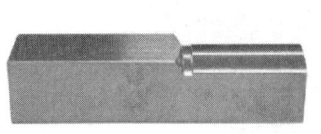
(a) 조의 형상

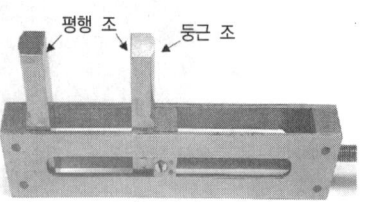
(b) 조와 홀더 결합

[그림 2-7] 둥근형과 평행 조(jaw)의 홀더 결합

(2) 스크라이버 포인트(scriber point)

베이스 블록과 함께 홀더에 끼워 정밀 금 긋기 작업을 할 때 사용한다.

[그림 2-8] 스크라이버 포인트

(3) 홀더(holder)

게이지 블록을 끼워 내측 및 외측을 측정하거나, 실린더 게이지, 버니어 캘리퍼스, 마이크로미터를 교정할 때 사용하며, 기타 부속품과 함께 쓰인다.

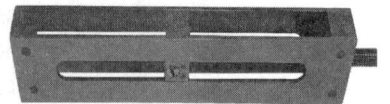

[그림 2-9] 게이지 블록 홀더

(4) 센터 포인트(center point)

원을 그릴 때 중심을 지지하며, 끝이 60°로 되어있어 나사산을 검사할 때 사용할 수 있다.

(a) 센터 포인트

(b) 베이스 블록과 조합한 사용

[그림 2-10] 센터 포인트와 베이스 블록과 조합한 사용

(5) 베이스 블록(base block)

금 긋기 작업이나 높이를 측정할 때 홀더와 센터 포인트, 스크라이버 포인트 등과 함께 사용한다.

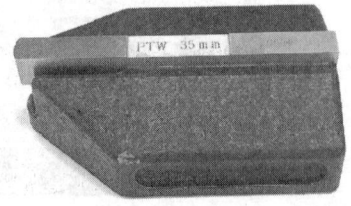

[그림 2-11] 베이스 블록

(6) 삼각 스트레이트 에지(triangle straight edge)

측정하려는 면에 대고 반대쪽에서 새어 나오는 빛으로 틈새를 판단하여 면의 진직도와 평면도를 검사하는 데 사용한다.

[그림 2-12] 삼각 스트레이트 에지

4) V-블록과 고정 장치

V-블록은 측정 보조 도구로서, 다양한 형태와 부가적인 도구들을 사용할 수 있는 구조로 되어 있다. 측정 제품 형상의 특성을 고려하여 원형 제품의 고정이나 원주 흔들림 등과 같이 비교적 간단한 측정이나 고정할 때 선정한다.

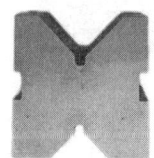

[그림 2-13] V-블록

5) 표면 거칠기 고정 장치

절삭 가공 표면이 도면에서 요구되는 거칠기를 만족하도록 가공되었는지 판단하려면 표면 거칠기 측정기를 사용한다. 이를 사용하려면 표면 거칠기 촉침이 제품에 접근할 때 부드럽게 접촉될 수 있도록 미세 조정 핸들 등이 부착된 하이트 게이지 또는 전용 거치대를 측정 보조 도구로 선정하여 사용한다.

[그림 2-14] 하이트 게이지 전용 거치대를 측정 보조 도구

6) 형상 측정기의 제품 고정 장치

절삭 가공에 의한 선의 윤곽도, 면의 윤곽도 등이 도면에서 요구되는 정도를 만족하도록 가공되었는지를 판단하려면 형상 측정기를 사용한다. 형상 측정 촉침을 제품의 다른 부분과 접촉되지 않게 고정하려면 미세 이송 및 각도를 조정할 수 있는 정밀 바이스를 측정 보조 도구로 선정하여 사용한다.

[그림 2-15] 형상 측정기의 제품 고정 장치

03 기본측정기 사용법

1 측정물의 설치 시 고려사항

1) 치환법

측정에 있어서 측정값의 신뢰도는 측정할 때 발생할 수 있는 측정 오차 발생 가능성을 최소화할 필요가 있다. 특히, 길이 측정의 경우 치환법을 사용하면 측정 오차를 피하는 방법이 된다. 치환법이란, 예를 들면 게이지 블록 등의 표준 게이지로 측정기와 피측정물의 위치, 고정 방법 등을 정한 후, 표준 게이지를 피측정물로 치환하는 방법이다.

다이얼 게이지를 이용하여 길이의 측정을 할 때, 게이지 블록을 올려놓고 측정한 다음 피측정물을 바꾸어 넣었을 때의 1지시의 차 $h_2 - h_1$ 을 읽고 사용한 게이지 블록의 높이 H_0을 알면 다음식에 의해서 피측정물의 높이를 구할 수 있다.

$$H = H_0 + (h_2 - h_1)$$

이와 같이, 지시량과 미리 알고 있는 양으로부터 측정량을 아는 방법을 치환법(置換法)이라한다.

2) 편위법

측정하려고 하는 양의 작용 때문에 계측기의 지침에 편위를 일으켜 이 편위를 눈금과 비교함으로써 측정을 행하는 방식이다. 편위법은 정밀도를 높이기에는 곤란하지만, 조작이 간단하므로 널리 쓰이고 있다. 비교 측정치를 얻는 것으로 다이얼 게이지, 가동 코일식 전압계, 전류계 등 일반계측기는 대부분이 모두 이와 같은 방식이다.

3) 영위법

기준량을 준비하여 측정량에 평행 시켜 계측기의 지시가 0 위치를 나타낼 때의 크기로부터 측정량의 크기를 간접으로 아는 방식이다.

[예] 마이크로미터, 히스톤 브리지, 전위차계 등

[특징] 0 위치로부터 불 평형을 검출하여 기준량에 피드백시켜 평행이 되도록 기준량의 크기를 조정하는 것

4) 보상법

천칭을 이용하여 물체의 질량 M을 측정할 때 분동과 물체의 불 평형의 정도 m을 바늘이 가리키는 눈금을 읽어도 물체의 질량을 알 수 있다. 이와 같이 측정량과 크기가 거의 같은 미리 알고 있는 양의 분동을 준비하여, 분동과 측정량의 차이로부터 알아내는 방법을 보상법(補償法)이라 한다. 보상법은 영위법과 편위법을 혼용한 방식으로 볼 수 있으며 치환법에 따른 길이의 측정도 원리적으로는 보상법 같은 경우가 많다. 영위법과 편위법의 혼합방식이다.

2 아베의 원리(Abbe's principle)

"표준자와 피측정물은 같은 축선 상에 있어야 한다."라는 원리이다. 이것을 컴퍼레이터의 원리라고도 하며, 예를 들어 [그림 2-16]에서 (a) 외측 마이크로미터는 눈금자가 측정접촉자의 변위 선상에 있고, (b) 버니어 캘리퍼스는 눈금자가 측정접촉자와 어떤 거리만큼 떨어진 평행선상에 있으므로 같은 기울어짐에 대하여 생기는 오차는 외측 마이크로미터가 극히 작다. 그러므로 외측 마이크로미터를 아베의 원리에 만족하는 구조라 하며, 정도가 높은 측정기에서는 이러한 구조가 기본이다.

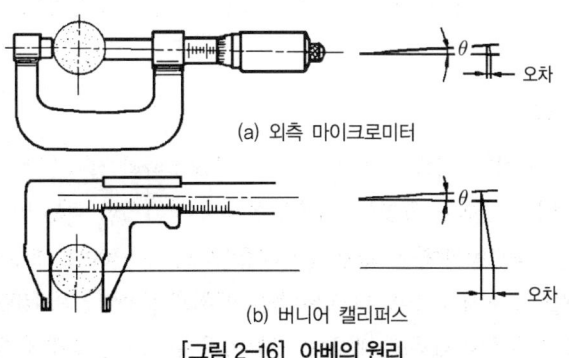

(a) 외측 마이크로미터

(b) 버니어 캘리퍼스

[그림 2-16] 아베의 원리

3 후크의 법칙

어떤 길이와 단면을 갖는 물체에 하중을 가한 경우, 탄성한계 내에서 변형을 일으키는 변위량에 대한 법칙이다. 따라서 측정 시에는 측정 오차를 줄이기 위해 이러한 법칙을 이해하고, 측정력에 대해 주의해야 한다.

4 온도 차에 의한 길이 변화

모든 물체는 온도에 따라 고유의 팽창계수만큼 변화한다. 그래프는 맨손으로 프레임을 잡을 때 손에서 전달된 체열에 의해 마이크로미터 프레임이 팽창되어 심각한 측정 오차가 발생할 수 있다는 것을 보여 주고 있다. 이를 방지하려면 측정하는 동안 손으로 마이크로미터를 잡을 때 접촉 시간을 최소화하고, 방열 커버를 부착하거나 장갑을 착용한다.

04 측정의 개요 및 기타 측정

1 측정 기초

1) 정밀측정의 의의

절삭 가공된 부품 또는 기계요소는 일정한 크기의 양을 가진 측정물의 형상과 치수를 검사하는 것으로, 도면에서 요구한 조건으로 형상, 치수, 표면 상태 등이 일치하도록 제작되었는지를 판단하는 중요한 역할을 하며, 측정기의 부품 측정 방법, 올바른 사용법 등 실무적인 지식을 습득하고 신뢰도를 높여 측정 오차를 최소화할 수 있는 것을 말한다.

(1) 측정의 목적
① 동일 부품은 다른 제작자, 다른 시점에 제작된 것이라도 호환성을 갖게 한다.
② 성능과 품질의 우수성이 확보되어 제품 수명을 길게 한다.
③ 국제 표준 규격화와 호환성으로 수출을 할 수 있다.
④ 우수한 공작기계, 치구 및 공구, 적절한 측정기 및 측정 방법이 필요하며, 단위 통일이 필요하다.

(2) 측정 대상물의 특성
① 제품의 형상 : 측정할 제품의 형상과 크기, 재질에 따라 접촉식 측정기 또는 비접촉 측정기를 이용하여 측정한다. 동일한 제품을 반복하여 측정할 때는 비교측정이 더 적절하다.
② 제품의 수량 : 측정할 제품이 소량인지 다량인지를 판단하여 연속적으로 측정할 때는 측정의 효율성을 고려해야 하며, 복잡한 형상 제품의 측정에는 3차원 측정기가 효과적이다.
③ 제품의 재질 : 측정할 제품의 재질이 거칠거나 부드러운 경우가 있는데, 부드러울 때는

측정력에 의한 변형이 크게 발생하므로 비접촉 측정기를 사용하는 게 더 적합하다.
④ 측정기의 성능 : 일정한 치수의 바깥지름을 측정할 때는 벤치 마이크로미터 또는 한계 측정기의 역할을 할 수 있는 측정기를 사용하는 게 더 적합하다.

2) 측정 환경의 조성

정밀측정기를 설치하는 환경은 측정값의 신뢰성에 큰 영향을 미치게 되는데, 측정기의 성능을 충분히 발휘하려면 측정 실내의 온도, 습도, 조명 등을 관리해야 한다.

① 표준 온도 : 20℃±2℃

온도 변화에 따른 열팽창계수만큼 측정 대상품의 정밀도 편차가 발생하게 된다.

② 습도 : 60±5%

습도가 높으면 부식이나 녹 발생이 쉽고, 장비의 오작동으로 고장 발생률이 높으며, 부품의 노후화로 장비의 내구성이 떨어지므로 수명이 단축된다. 공기 중에 습기가 많으면 가습기를 설치해서 사용하는 것이 좋다.

③ 진동 : 50Hz 이하

측정 장비 설치는 진동이 있는 장소와 격리되어야 하며, 측정기가 충격을 받지 않도록 유지 관리되어야 한다.

2 단위 종류 및 오차

1) 단위의 정의

측정 시 사용되는 일정한 크기의 양, 즉 비교측정에 있어서 기초가 되는 일정한 양

(1) 단위의 필요(충족)조건

① 확실한 기준이 되는 크기를 가지고 있어야 함
② 어떠한 여건하에서도 크기의 변화가 있어서는 안 됨
③ 누구나 사용하기 편리하고 기억이 쉬워야 함
④ 국제적으로 통용이 되어야 함

(2) 일반적으로 사용되고 있는 단위계(SI 기본단위)

① 미터법 : 1m는 10dm(데시미터), 10^2cm, 10^3mm, $10^6 \mu m$, $10^9 \mu m$
② 인치법 : 1inch는 25.4mm
③ 야드파운드법 : 1야드(국제)=0.9144m

(3) 단위의 크기

① 1m의 정의 : 1983년 제17차 세계도량형 총회(CGPM)
② 1m=빛이 진공 중에서 299,792,458분의 1초 동안 진행된 경로의 길이이다.

〈표 2-1〉 길이의 단위(SI 단위)

배수	접두어	기호	약수	접두어	기호
10^{18}	엑사(exa)	E	10^{-1}	데시(deci)	d
10^{15}	페타(peta)	P	10^{-2}	센티(centi)	c
10^{12}	테라(tera)	T	10^{-3}	밀리(milli)	m
10^{9}	기가(giga)	G	10^{-6}	마이크로(micro)	μ
10^{6}	메가(mega)	M	10^{-9}	나노(nano)	n
10^{3}	킬로(kilo)	K	10^{-12}	피코(pico)	p
10^{2}	헥토(hecto)	h	10^{-15}	펨토(femto)	f
10^{1}	데카(deca)	da	10^{-18}	아토(atto)	a

(4) 각도 : 도(°), 라디안(rad)

① 1도(degree) : 원주를 360등분한 호의 중심에 대한 평면의 각도를 말함

② 라디안(radian) : 원의 반지름과 같은 길이와 같은 호의 중심에 대한 각도
$1\text{rad} = (r/2\pi r) \times 360 = 180/\pi = 57.29577951°$
보조 단위로는 1mm rad=1/1,000red 1ured=1/1,000,000red이다.

2) 측정 오차

(1) 오차와 보정 값

측정할 때 제품은 절삭 가공으로 결정된 값을 가지는데, 이 값을 참값이라고 한다. 측정값은 환경 조건, 측정기기의 오차 등 여러 가지 이유로 참값을 구현하는 것은 현실적으로 불가능에 가깝다고 보는 것이 좋다. 측정값과 참값과의 차를 오차(error)라고 하고, 보정 값은 오차의 역수가 되는 것으로 다음과 같이 나타낸다.

① 오차=측정값 – 참값

② 보정 값=참값 – 측정값

③ 오차율=$\dfrac{\text{오차}}{\text{참값}} \times 100(\%)$

(2) 오차의 원인

① 측정기에 의한 오차 : 지시의 흐트러짐(흔들림 오차, 되돌림 오차, 반복 오차), 지시 오차, 직선성과 같은 측정기 고유의 요인으로 발생하는 오차이다.

② 사람에 의한 오차 : 측정 시 측정자의 자세에 의한 눈금 읽음, 측정 결과의 기록 오류와 같이 사람의 습관, 심리적인 요인 등으로 발생하는 오차이다.

③ 환경에 의한 오차 : 측정 장소 주변 환경(온도, 먼지, 진동 등), 측정기의 측정 압력, 측정기나 소재의 탄성 변형, 측정 방법 등으로 발생하는 오차이다.

④ 복잡한 요소가 중복된 오차 : 여러 가지 원인(온도, 기압, 습도, 지동, 측정하는 사람의 심리적 요소 등)이 서로 독립적으로 불규칙하게 작용하여 발생하는 오차로, 원인을 규명하기 어려운 오차이다.

(3) 오차의 종류

① 개인오차 : 측정 시 눈금을 읽을 때 측정자의 습관으로 발생하는 오차로, 측정자에 따라서 한 눈금 사이를 읽을 때 실제보다 크게 또는 작게 읽는 경우이다. 이러한 오차는 반복 숙련으로 최소화할 수 있다.

② 기기 오차 : 측정기의 구조상에서 일어나는 오차로서 아무리 정밀하게 제작한 기기라도 다소의 오차는 발생한다. 측정기의 구조상의 오차가 발생하거나, 측정기 0점 조정 및 교정의 잘못으로 인하여 발생하는 오차로서, 정확하게 교정하여 사용함으로써 오차를 줄일 수 있다.

  ㉠ 소중히 취급하며 가장 좋은 상태를 유지한다.
  ㉡ 정도 파악 및 치수 정도에 적합한 측정기를 선택한다.
  ㉢ 반복 측정 시 산포 값은 최대와 최소의 평균값을 오차로 한 보정을 하여 준다.
  ㉣ 보정 값=측정값 - 기차

③ 환경 오차 : 실내 온도나 채광의 변화가 영향을 주어 일어나는 오차이다. 따라서 실내 온도나 조명법을 충분히 고려하여 이들 조건을 항상 일정하게 하여 측정치에 대한 영향을 피하도록 하여야 한다.

④ 우연오차 : 잘못을 없애고, 계통적 오차를 보정하여도 여전히 측정값에는 산포가 따르는 것이 보통이다. 이것은 복잡한 요소가 중복된 것으로, 보정할 수 없는 것이 보통이나, 우연오차는 측성 횟수가 매우 많아지면 다음과 같은 특성이 나타난다.

  ㉠ 작은 오차는 큰 오차보다 많이 나온다.
  ㉡ 같은 크기의 음(-), 양(+)의 오차는 같은 횟수로 나온다.
  ㉢ 매우 큰 오차는 나오지 않는다.

(4) 변형에 의한 오차 요인

가늘고 긴 모양의 피측정물을 정반 위에 놓으면 접촉하는 면의 형상 오차 때문에 불규칙한 변형이 생기므로, 보통 2점에서 지지한다. 이때 긴 물체는 자중 때문에 휨이 생기고 정확한 치수 측정이 불가능하다. 따라서, 각 지점의 지지 위치에 따라 모양이 각각 달라지므로, 사용 목적에 따라 가장 적합한 것을 선택하여야 한다.

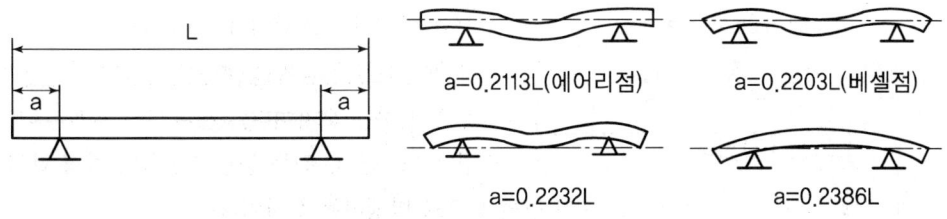

[그림 2-17] 지지점과 처짐

① (a=0.2113L) 에어리점(airy point)

눈금이 중립면에 없는 경우 및 게이지 블록과 단도기를 수평으로 지지할 때 사용되는 방법으로서, 처음 평행한 2개의 단면이 지지 때문에 굽힘이 발생한 후에도 양단 면이 평행을 유지할 수 있는 지지 방법으로서 길이의 오차도 최소화할 수 있다.

② (a=0.2203L) 베셀점(bessel point)

중립면에 눈금을 만든 표준자를 지지할 때 사용되는 방법이며, 눈금 면의 직선거리와의 차이를 최소화하는 데 사용되는 방법으로 중립축 또는 중립면의 변위를 최소화할 수 있다.

③ a=0.2232L

전장에 걸쳐 변형이 가장 작으며, 양단과 중앙의 처짐이 동일하게 된다.

④ a=0.2386L

지지점 사이 즉 중앙부의 처짐을 최소화(0점)할 수 있으므로 중앙부의 직선 유지가 필요한 경우에 사용된다.

3 길이 측정

1) 버니어 캘리퍼스

버니어 캘리퍼스는 자와 캘리퍼스를 조합한 것으로, 공작물의 바깥지름, 안지름, 깊이, 단차 등을 측정하는 데 사용한다. 측정 정도는 일반적으로 0.02mm~0.05mm까지 측정할 수 있으며, 디지털이나 다이얼 타입은 0.01mm까지도 측정할 수 있다. 측정 조(jaw)와 어미자, 아들자의 눈금에 의해 치수를 측정한다. 호칭 치수는 측정이 가능한 최대 길이로 나타낸다.

(1) 버니어 캘리퍼스의 종류

KS에는 M1형, M2형, CB형, CM형 네 종류를 규정하고, 그 외 다이얼 캘리퍼스, 깊이 게이지, 이 두께 버니어 캘리퍼스 등이 있다.

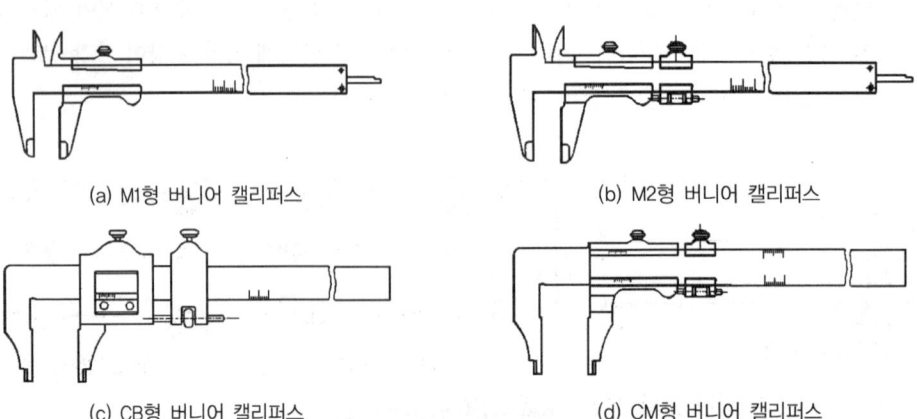

(a) M1형 버니어 캘리퍼스   (b) M2형 버니어 캘리퍼스
(c) CB형 버니어 캘리퍼스   (d) CM형 버니어 캘리퍼스

[그림 2-18] 버니어 캘리퍼스 종류

① M형 버니어 캘리퍼스 : 일반적으로 가장 많이 사용되며, 슬라이더가 홈형으로 외측용 턱 및 주둥이가 있다. 호칭 치수 300mm 이하의 것에는 깊이 측정용 깊이자(depth bar)가 부착되어 있다.

② CB형 버니어 캘리퍼스 : 버니어가 상자형으로 되어있고, 턱의 내측과 외측의 양쪽이 측정면으로 되어 있다. 깊이를 재는 깊이자는 없다. M2형과 마찬가지로 미소 이동 이송 장치가 있다.

③ CM형 버니어 캘리퍼스 : 슬라이더가 홈형으로 턱의 선단으로 내측 측정도 가능하며, 미세 이동 장치로 치수를 조정할 수 있다. 최소 읽음 값은 0.02mm이고, 호칭 치수는 M1형과 비슷하다.

(2) 버니어 캘리퍼스(vernier calipers)의 길이 측정

외경, 내경, 깊이, 단차 및 길이를 측정하는 것으로 미터식에서는 1/20mm, 1/50mm까지 읽을 수 있다. 종류로는 미동장치가 없는 M1형(0.05mm) 및 미동장치가 있는 M2형(1/20mm까지 측정)과 CB형 및 CM형(1/20mm까지 측정) 4가지가 있다.

$$C = S - \left(\frac{n-1}{n}\right) = \frac{S}{n}$$

〈표 2-2〉 버니어 캘리퍼스의 눈금

어미자의 최소 눈금(mm)	아들자의 눈금 기입 방법	최소 측정값(mm)
0.5	12mm를 25등분	0.02
	24.5mm를 25등분	
1	49mm를 50등분	
	19mm를 20등분	0.05
	39mm를 20등분	

아들자의 네 번째 눈금 선이 어미자 눈금과 일치하므로 어미자 23mm 눈금 선에서 아들자 0선까지의 치수 0.05×4=0.2mm가 되며, 최종 길이 읽음값은 23+0.2=23.2mm가 된다.

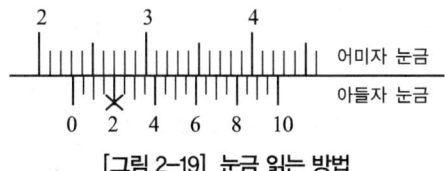

[그림 2-19] 눈금 읽는 방법

2) 마이크로미터

마이크로미터의 원리는 나사를 이용한 것으로, 수나사가 암나사 속에서 1회전 할 때 나사축의 진행 거리는 나사의 1피치만큼 이동한다. 크기의 간격은 25mm로 되어있어 측정물의 크기에 따라 적합한 마이크로미터를 선정한다.

(1) 마이크로미터의 종류

마이크로미터에는 외측 마이크로미터 이외에 내측마이크로미터, 나사 마이크로미터, 디스크 마이크로미터, 포인트 마이크로미터, 깊이 마이크로미터 등 여러 종류가 있다.

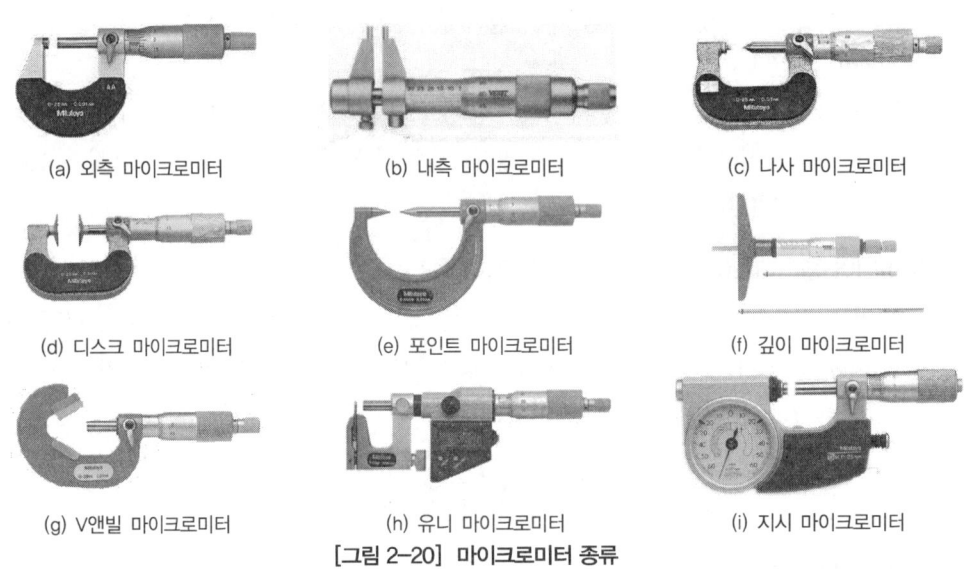

(a) 외측 마이크로미터 (b) 내측 마이크로미터 (c) 나사 마이크로미터
(d) 디스크 마이크로미터 (e) 포인트 마이크로미터 (f) 깊이 마이크로미터
(g) V앤빌 마이크로미터 (h) 유니 마이크로미터 (i) 지시 마이크로미터

[그림 2-20] 마이크로미터 종류

(2) 마이크로미터(micrometer)의 측정

표준마이크로미터는 나사의 피치 0.5mm, 딤블의 원주 눈금이 50등분되어 있기 때문에 딤블의 1회전에 의한 스핀들의 이동량(M)은 0.01mm의 측정이 가능하다.

$$M = 0.5 \times \frac{1}{50} = \frac{1}{100} = 0.01\,\text{mm}$$

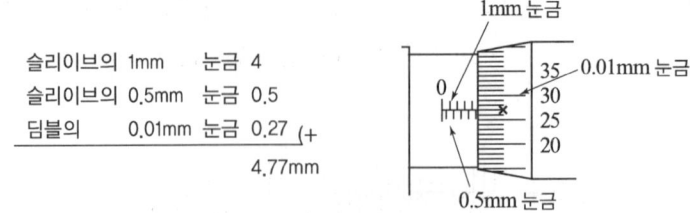

[그림 2-21] 마이크로미터의 눈금

3) 하이트 게이지(height gauge)

대형 부품, 복잡한 모양의 부품 등을 정반 위에 올려놓고 정반면을 기준으로 하여 높이를 측정하거나, 스크라이버(scriber) 끝으로 금 긋기 작업을 하는 데 사용한다. 하이트 게이지의 기본 구조는 스케일과 베이스 및 서피스 게이지를 한데 묶은 것으로, 아베의 원리에 어긋나는 구조이다. 호칭 치수는 300mm, 600mm, 1,000mm가 있다.

(1) 아들자의 눈금 기입 방법

일반적으로 어미자 49mm를 50등분 한 아들자로서, 최소 측정값이 1/50mm로 되어있고, 어미자 양쪽에 눈금을 새긴 것에는 1/20mm의 최소 측정값을 함께 사용하고 있다.

(2) 하이트 게이지의 종류

HT형, HM형, HB형의 세 종류가 있으며, HT형과 HM형의 복합형이 가장 많이 사용하고 있다.

① HT형은 정반으로부터 높이를 측정할 수 있으며, 눈금자가 별도로 스탠드 홈을 따라 상하로 이동하기 때문에 0점 조정을 할 수 있고, 슬라이더를 조금씩 이동시킬 수 있는 장치가 있다.

② HM형은 견고하여 금긋기 작업에 적당하고, 0점을 조정할 수 없으며, 슬라이더를 조금씩 이동시킬 수는 있다.

③ HB형은 슬라이더가 상자 모양으로 되어있으며, 스크라이버의 밑면은 정반면까지 내려갈 수 없으나 슬라이더의 이동 거리가 곧 높이가 된다.

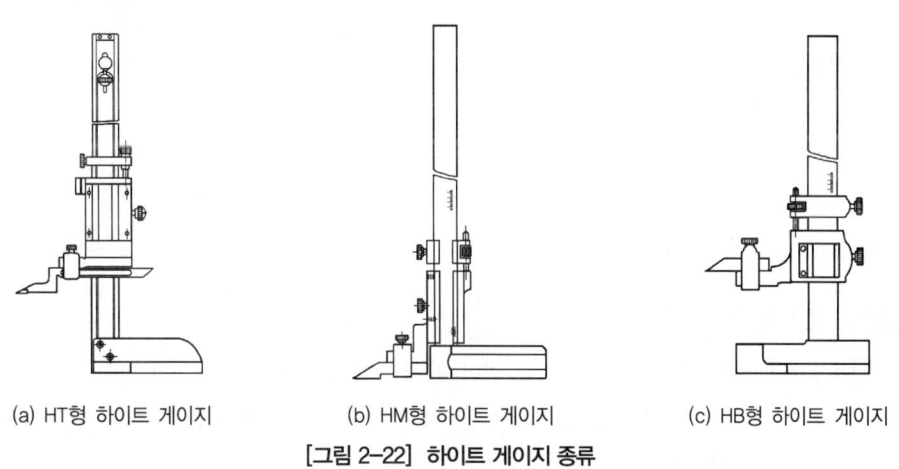

(a) HT형 하이트 게이지　　(b) HM형 하이트 게이지　　(c) HB형 하이트 게이지

[그림 2-22] 하이트 게이지 종류

3) 다이얼 게이지

다이얼 게이지(dial gauge)는 측정자(測定子)의 직선 또는 원호 운동을 기계적으로 확대하여 그 움직임을 지침의 회전 변위로 변환하여 눈금으로 읽을 수 있는 길이 측정기이다.

(1) 다이얼 게이지의 사용범위

평행도, 직각도, 진원도, 두께, 깊이, 축의 굽힘 검사, 공작기계의 정밀도 검사, 회전축의 흔들림 검사, 기계 가공에 있어서 흔들림 검사 등이 있다.

(2) 다이얼 게이지의 특징

① 소형이고 가볍고 취급하기 쉬우며, 측정 범위가 넓다.

② 눈금과 지침으로 읽기 때문에 읽음 오차가 적다.
③ 연속된 변위량을 측정할 수 있다.
④ 많은 개소의 측정을 동시에 할 수 있다.
⑤ 부속 장치의 사용에 따라 광범위하게 측정할 수 있다.

(3) 다이얼 게이지의 응용

① 다이얼 두께게이지
② 다이얼 깊이게이지
③ 진원도 측정 : 지름법, 반지름법, 3점법
④ 내경 측정
⑤ 큰 구면의 지름
⑥ 직각도, 흔들림 측정

(4) 다이얼 게이지의 응용 범위

① 외경, 높이, 두께 측정
② 깊이 측정
③ 진원도 측정
④ 안지름(캠식 실린더 게이지) 측정
⑤ 직각도 측정
⑥ 흔들림 측정
⑦ 공구 및 공작물 세팅

4) 실린더 게이지

2점 접촉식으로 2점 접촉이 자동적으로 지름 위에 오도록 하는 중심장치가 있다.

① 치수의 변화량을 측정자로 캠에 전달하고, 캠의 전도자로 누름핀에 전달되어 다이얼 게이지의 스핀들을 변화시켜 지침으로 표시된다.
② 내경 또는 홈 폭을 측정하는 데 편리하다. 측정할 때는 고정된 측정자를 안쪽으로 붙여 가동식으로 하면 측정 범위가 넓어진다.
③ 측정 길이가 길게 되면 휨이 생겨 오차의 원인이 되므로 주의해야 하며 측정 범위는 6~400mm까지로 되어있다.
④ 측정자 변화량의 운동 방향을 직각으로 바꾸어 다이얼 게이지에 전달하는 기구에는 캠(cam), 레버(lever), 경사판, 쐐기(wedge) 등이 주로 사용된다.

> **0점 조정(setting) 방법**
> ① 내경 치수와 동일한 링 게이지나 게이지 블록을 활용한다.
> ② 외경 마이크로미터(micrometer)를 활용한다.

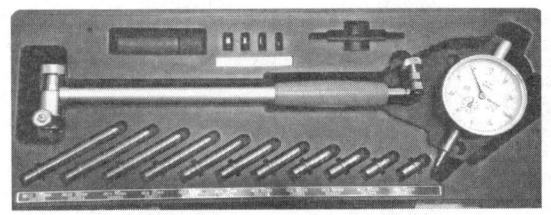

[그림 2-23] 실린더 게이지 세트 예시

5) 텔레스코핑 게이지

텔레스코핑 게이지는 직접 측정이 불가능하므로 측정자를 피측정물의 내경에 삽입한 후 수직인 상태에서 고정 너트로 고정한 다음 꺼내어 마이크로미터 등의 바깥쪽 측정기에 의하여 양측 정자를 직접 측정하여 내측용 마이크로미터로 측정할 수 없는 작은 내경이나 홈 등의 치수를 구하게 된다.

▶ 텔레스코핑 게이지 특징
  ① 게이지 자체에는 눈금이 없고 2~6mm의 슬리브 안에 코일 스프링을 넣어 섭동 플렌저가 고정되어 있다.
  ② 손잡이의 끝에 있는 고정 나사를 돌려 플런저의 움직임을 고정할 수 있게 되어있으며, 보통 여러 개가 한 벌이다.
  ③ 3~80mm의 것과 3~150mm의 두 종류로 나누어진다.
  ④ 숙련 필요 정확한 측정을 위해 시간이 소요된다.

6) 스몰 홀 게이지

스몰 홀 게이지에 의한 측정 가능 범위는 3~13mm이며, 스몰 홀 게이지의 경우도 직접 측정이 불가능하므로 측정 방법은 텔레스코핑 게이지와 동일하며, 주로 작은 구멍을 측정할 때 사용한다.

7) 한계 게이지

(1) 표준 게이지

호환성 있는 측정 방식을 표준 게이지로 만들어 이용하였으며, 표준 게이지로는 [그림 2-24]와 같다.
  ① 와이어 게이지 : 각종 선재의 지름이나 판재의 두께 측정에 사용된다.
  ② 틈새 게이지 : 미소한 틈새 측정에 사용된다.
  ③ 피치 게이지 : 나사의 피치나 산수를 측정
  ④ 센터 게이지 : 나사바이트의 각도 측정
  ⑤ 반지름 게이지 : 곡면의 둥글기를 측정
  ⑥ 드릴 게이지 : 단계적으로 크기 순서대로 만들어 드릴의 지름을 측정

그 외에도 각도 게이지, 기어측정 게이지, 애크미 게이지 등이 있다.

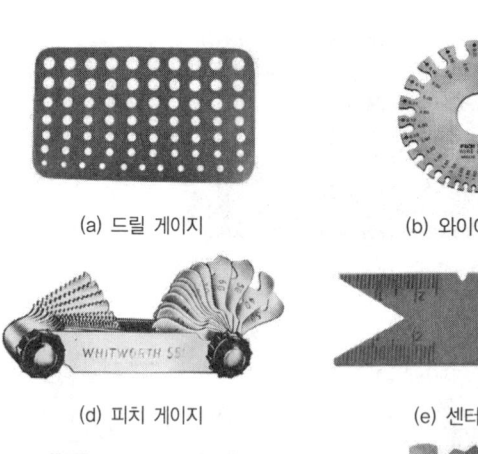
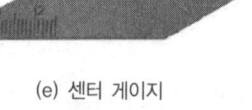
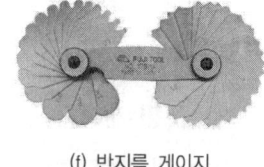

(a) 드릴 게이지   (b) 와이어 게이지   (c) 두께(틈새) 게이지
(d) 피치 게이지   (e) 센터 게이지   (f) 반지름 게이지
(g) 각도 게이지   (h) 기어측정 게이지   (i) 애크미 게이지

[그림 2-24] 여러 가지 표준 게이지

(2) 한계 게이지(limit gauge)

기계 부품의 정해진 실제 치수가 크고 작은 두 개의 한계 사이에 들도록 하는 것이 합리적이다. 이 두 개의 한계를 나타내는 치수를 허용 한계치수라 하고, 큰 쪽을 최대허용치수, 작은 쪽을 최소허용치수라 하고, 두 한계치수의 차를 공차라 한다. 이 부품의 실제 가공된 치수가 두 한계 허용 치수 내에 있는지는 한계 게이지를 이용하여 검사한다. 공차 부호의 방향은 통과 측 플러그 게이지는 +로 하고, 정지 측 게이지는 -로 한다.

① 한계 게이지의 장점
  ㉠ 검사하기가 편하고 합리적이다.
  ㉡ 합·부 판정이 쉽다.
  ㉢ 취급의 단순화 및 미숙련공도 사용 가능
  ㉣ 측정 시간 단축 및 작업의 단순화

② 한계 게이지의 단점
  ㉠ 합격 범위가 좁다.
  ㉡ 특정 제품만 제작되므로 공용 사용이 어렵다.

(3) 테일러(Taylor's)의 원리

한계 게이지로 검사하여 합격한 제품이라 하더라도 축의 약간 구부림 현상이나 구멍의 요철, 타원이 생겼을 때 끼워맞춤이 안 되는 경우가 많았는데, 통과 측은 전 길이에 대한 치수 또는 결정량이 동시에 검사되고 정지 측은 각각의 치수가 따로따로 검사되어야 한다.

(4) 한계 게이지 종류

한계 게이지는 산업현장에서 측정의 목적을 효과적이면서도 경제적으로 달성하는 방법으로 절삭 가공 작업자가 작업 현장에서 직접 사용이 가능하거나, 수량이 많은 경우 이에 알맞은 게이지를 선정한다.

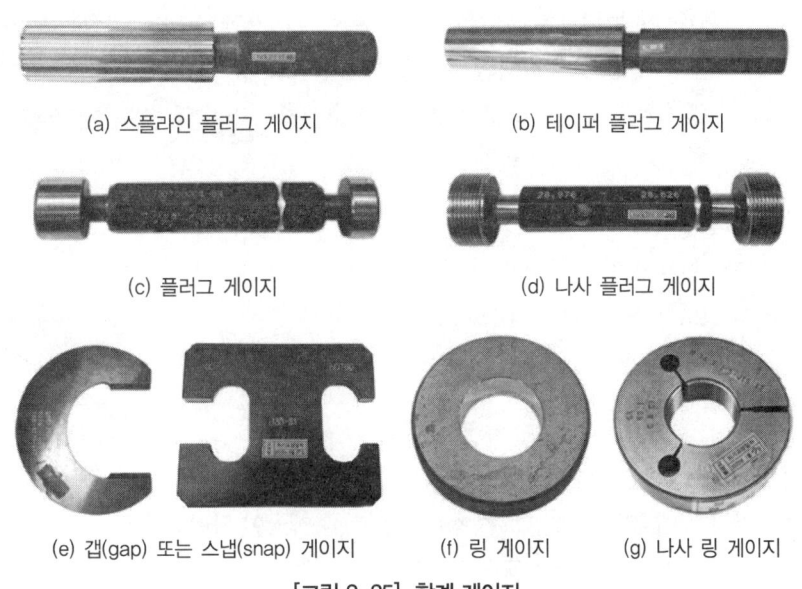

(a) 스플라인 플러그 게이지 (b) 테이퍼 플러그 게이지
(c) 플러그 게이지 (d) 나사 플러그 게이지
(e) 갭(gap) 또는 스냅(snap) 게이지 (f) 링 게이지 (g) 나사 링 게이지

[그림 2-25] 한계 게이지

① **구멍용 한계 게이지** : 구멍의 최소허용치수를 기준으로 한 측정 단면이 있는 부분을 통과(go) 측이라 하고, 구멍의 최대허용치수를 기준으로 한 측정 단면이 있는 부분을 정지(no go) 측이라고 한다.
  ㉠ 플러그 게이지(plug gauge)
  ㉡ 평 게이지(flat gauge)
  ㉢ 판게이지(plate gauge)
  ㉣ 터보 게이지(tebo gauge)
  ㉤ 봉 게이지(bar gauge)

② **축용 한계 게이지** : 축의 최대허용치수를 기준으로 한 측정 단면이 있는 부분을 통과 측이라 하고, 축의 최소허용치수를 기준으로 한 측정 단면이 있는 부분을 정지 측이라 한다.
  ㉠ 링 게이지(ring gauge) : 지름이 작은 것이나 두께나 얇은 공작물의 측정에 사용된다. 링 게이지는 스냅 게이지에 비하여 가격이 비싸지만, 테일러의 원리에 따라 통과 측에는 링 게이지를 사용하는 것이 바람직하다.
  ㉡ 스냅 게이지(snap gauge) : 스냅 게이지를 사용한 방법은 일반적으로 측정 압력이 작용하므로 취급에 주의하여야 한다. 스냅 게이지는 테일러의 원리에 따라 정지 측에만 사용하는 것이 좋으나, 게이지 원가 가격이 싸고 사용상 편리성, 축의 형상 오차가 작다는 것 등을 고려하여 통과 측, 정지 측 모두 사용하고 있다.

8) 게이지 블록

게이지 블록(gauge block)은 길이의 기준으로 사용되고 있는 평행 단도기로서, 요한슨이 처음으로 제작하였다. 103개 이상의 게이지에 의해 1,000mm부터 201mm까지 0.01mm 간격으로 2만 개 정도의 많은 치수를 1개 또는 몇 개를 조합하여 얻을 수 있다. 조합된 게이지 블록의 치수 오차는 측정면이 래핑 가공되어 있으므로, 밀착하여 사용해도 $1\mu m$ 간격으로 조합할 수 있고, 그 정도가 아주 높고 쉽게 임의의 치수를 얻을 수 있다. 내마모성을 높이기 위하여 HRC 65(Hv 800 이상) 정도로 열처리한 후 시효경화처리가 되어있다. 수량에 따라 분류하면 103조, 76조, 47조, 32조, 8조 등으로 나눈다.

(1) 게이지 블록의 특징
① 광 파장으로부터 직접 길이를 측정한다.
② 길이의 정도가 아주 높다($0.01\mu m$).
③ 측정 면이 서로 밀착하는 특징으로 몇 개의 수로 많은 치수의 기준을 얻어진다.
④ 사용이 편리하다.

(2) 밀착 방법
① 밀착하기 전에 깨끗한 천으로 방청유와 먼지를 깨끗이 닦아낸다.
② 측정면의 중앙에서 서로 직교하도록 댄다.
③ 가볍게 누르면서 돌려 붙이면 밀착된다.
④ 두꺼운 것과 얇은 것과의 밀착은 [그림 2-26]의 (a)와 같이 얇은 것을 두꺼운 것의 한쪽에 대고 가볍게 누르면서 밀어 밀착한다.
⑤ 두꺼운 게이지 블록의 밀착은 [그림 2-26]의 (b)와 같이 먼저 밀착면을 직각으로 맞추고 가볍게 누르면서 90°로 회전시키면서 밀착한다.

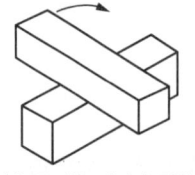 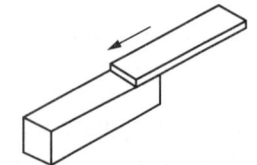

(a) 두꺼운 것끼리 밀착   (b) 두꺼운 것과 얇은 것 밀착

[그림 2-26] 밀착 방법

(3) 게이지 블록의 선택 방법
게이지 블록 표준 조합의 선택은 다음 조건을 고려해서 선택하는 것이 좋다.
① 필요로 하는 최소 치수의 단계
② 필요로 하는 측정 범위
③ 필요로 하는 치수에 대하여 밀착되는 개수를 가능하면 적게 할 것

(4) 게이지 블록의 등급과 용도

사용 목적		등급
참조용	• 표준용 게이지 블록의 정밀도 점검, 학술적 연구 • 검사는 3년, 정밀도(평행도 허용치)는 ±0.05μ	K 또는 00
표준용	• 공작용 게이지 블록의 정밀도 검사 • 검사용 게이지 블록의 정밀도 검사 • 검사는 2년, 정밀도(평행도 허용치)는 ±0.1μ	0
검사용	• 게이지의 정밀도 점검, 측정기류의 정밀도 조정 • 기계 부품, 공구 등의 검사 • 검사는 1년, 정밀도(평행도 허용치)는 ±0.2μ	1
공작용	• 게이지의 제작, 측정기류의 조정 • 공구, 절삭 공구의 설치 및 조정 • 검사는 6개월, 정밀도(평행도 허용치)는 ±0.4μ	2

(5) 게이지 블록의 종류

게이지 블록의 종류는 모양에 따라 직사각형의 단면을 가진 요한슨형, 중앙에 구멍이 뚫린 정사각형의 단면을 가진 호크(Hoke)형과, 원형으로 중앙에 구멍이 뚫린 캐리(Cary)형, 팔각형 단면으로서 2개의 구멍을 가진 것 등이 있다. 일반적으로 KS에서 규정된 요한슨형이 많이 사용하고, 호크형은 주로 미국에서 많이 사용하며, 얇은 치수(0.05~1mm)에는 캐리형이 사용되나 근래에는 거의 생산되지 않는다.

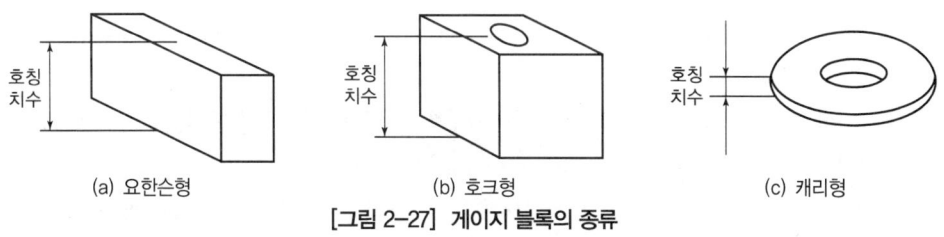

(a) 요한슨형　　(b) 호크형　　(c) 캐리형

[그림 2-27] 게이지 블록의 종류

9) 측장기

① 측장기는 내부에 표준자 또는 기준 편을 가지고 피측정물의 치수와 길이를 직접 구할 수 있는 길이 측정기이다.
② 주로 게이지류, 정밀 공구, 정밀부품 길이 측정에 사용되는 것이므로, 비교적 큰 치수의 것을 높은 정밀도로 직접 측정하는 장치이다.

4 각도 게이지

각도 게이지는 여러 종류의 각도를 갖는 게이지이다. 각도 게이지의 조합으로 다양한 각도를 얻을 수 있는 게이지로, 요한슨식과 NPL식이 있다.

NPL식의 각도 게이지는 측정면이 요한슨식 각도 게이지보다 크고 몇 개의 블록을 조합하여 임의의 각도를 만들 수 있고, 그 위에 밀착할 수 있어 현장에서도 많이 쓰고 있다.

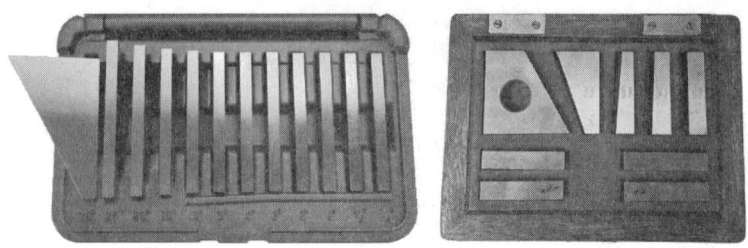

[그림 2-28] 각도 게이지(NPL식) 예시

1) 요한슨식 각도 게이지

① 요한슨(Johansson)에 의해 고안된 게이지로 길이는 약 50mm, 폭은 19mm, 두께는 2mm의 판게이지를 85개 또는 49개를 한 조로 하고 있다.
② 요한슨식 게이지는 긴 방향의 양측면이 서로 평행하여 이 평행한 측면에 대하여 게이지면은 네 귀퉁이에 경사된 짧은 다듬질 가공면으로 되어있고, 여기에 각도가 기입되어 있으며, S자는 그 장소를 표시한 것이다.
③ 홀더(holder)을 이용하여 2개를 조합하여 사용하고 85개조의 측정 범위는 0~10°와 350~360° 사이의 각도는 1° 간격으로, 그 외의 각도는 1′ 간격으로 만들 수 있다.
④ 49개조는 0~10°와 350~360°사이의 각도를 1° 간격으로, 그 외의 각도는 5′ 간격으로 만들 수 있다.

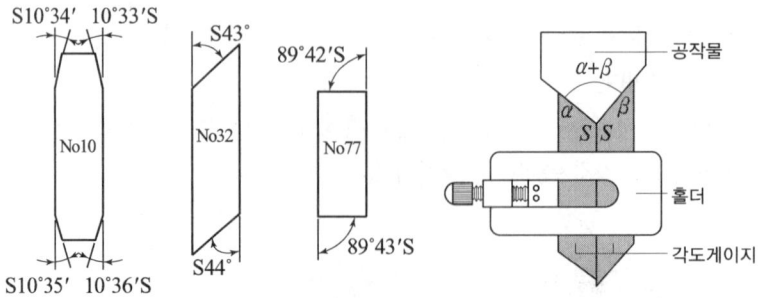

[그림 2-29] 요한슨식 각도 게이지

2) NPL식 각도 게이지

① 영국의 톰린스(Tomlinson)에 의하여 고안된 것으로 100×15mmm의 쐐기형 강철제 블록으로 되어있다.

② NPL식 각도 게이지는 12개 게이지 6″, 18″, 30″, 1′, 3′, 9′, 27′, 1°, 3°, 9°, 27°, 41°를 한 조로 2개 이상 조합해서 0°~81°까지 6″ 간격으로 임의의 각도를 만들 수 있다.

③ 조립 후의 정도는 ±2~3″이다.

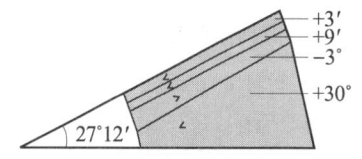

[그림 2-30] NPL식 각도 게이지

3) 베벨 각도기

① 2면 간의 각도를 간단하게 측정하는 데는 베벨 각도기가 많이 쓰이며, 눈금 읽는 방법에 따라서 기계적인 각도기와 광학적인 각도기가 있다.

② 각도의 읽음을 5′ 또는 3′까지 읽을 수 있는 것이 있다.

③ 원주 눈금이 새겨진 자와 읽음용 눈금 혹은 아들자 눈금을 가진 회전체로 되어있다.

④ 기계적 베벨 각도기(bevel protractor)와 광학적 베벨 각도기가 많이 사용된다.

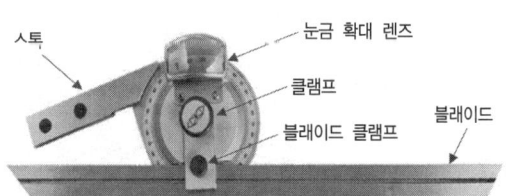

[그림 2-31] 베벨 각도기의 각부 명칭 예시

(1) 만능(베벨) 각도 측정기

두 면 간의 각도를 측정하는 측정기로 눈금 원판은 1눈금이 1′이고, 최소 읽을 눈금은 23′를 12등분한 아들자는 5′이고, 19°를 20등분한 아들자는 3′이다. [그림 2-33]은 눈금 읽는 방법의 예로서 눈금 원판과 버니어 눈금의 일치점이 버니어 눈금에서 25′이므로 측정값은 20°25′이 되겠다.

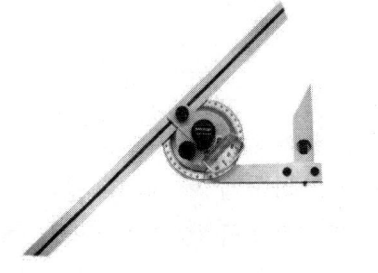

[그림 2-32] 만능(베벨) 각도 측정기

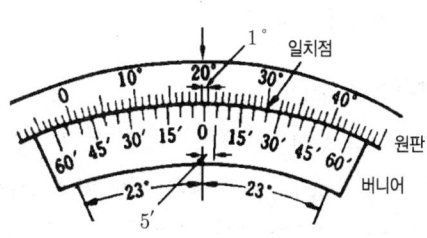

[그림 2-33] 눈금 읽는 방법의 예

(2) 콤비네이션 세트(combination set)

① 강철자에 스퀘어 헤드와 센터 헤드가 있는 것을 콤비네이션 스퀘어(combination square)라 하며, 여기에 각도기가 붙어 있는 것을 콤비네이션 세트라 한다.

② 스퀘어 헤드는 높이 측정에 사용하고, 센터 헤드는 중심을 내는 금긋기 작업에 이용한다. 또한, 각도기에는 수준기가 붙어 있는 것도 있다.

[그림 2-34] 콤비네이션 세트

4) 수준기

① 수준기는 수평 또는 수직을 정하는 데 쓰이며, 그 외에 수평·수직으로부터 약간 경사진 부분을 측정한다.

② 경사각은 눈금을 읽어 각도로 환산하며 경사각을 라디안으로 나타내면 $\theta = \dfrac{L}{R}$ (θ : radian) 수준기의 감도는 KS에서 기포관의 1눈금(2mm)이 변위되는 데 필요한 경사각을 밑면 1m에 대한 높이 또는 각도로 표시된다. 따라서 $\rho = 206265 \times \dfrac{a}{R}$ 가 된다.

5) 투영기

나사, 게이지, 기계 부품 등의 측정물을 광학적으로 정확한 배율로 확대, 투영하여 스크린에서 그 형상, 치수, 각도 등을 측정하는 장치로서, 다음과 같은 측정을 할 수 있는 측정기이다.

▶ 투영기의 측정 범위
  ① 눈금자에 의한 치수 측정
  ② 차트를 이용한 비교측정
  ③ XY 방향 재물대를 이용한 직각 좌표 측정
  ④ 회전 테이블과 XY 방향 재물대를 이용한 극좌표 측정
  ⑤ 각도 측정
  ⑥ 나사의 측정
     ㉠ 바깥지름 및 골 지름 측정
     ㉡ 유효지름 측정
     ㉢ 피치와 각도 측정

6) 사인 바(sine bar)

① 삼각함수의 사인을 이용하여 임의의 각도를 설정 및 측정하는 측정기이다.
② 크기는 롤러 중심 간의 거리로 표시하며 일반적으로 100mm, 200mm를 많이 사용한다.
③ 사인 바를 이용하여 각도 측정 시 $\alpha > 45°$로 되면 오차가 커지므로 기준면에 대하여 45° 이하로 설정한다.

$$\sin\alpha = \frac{H}{L}, \quad H = L \times \sin\alpha, \quad \alpha = \sin^{-1}\frac{H}{L}$$

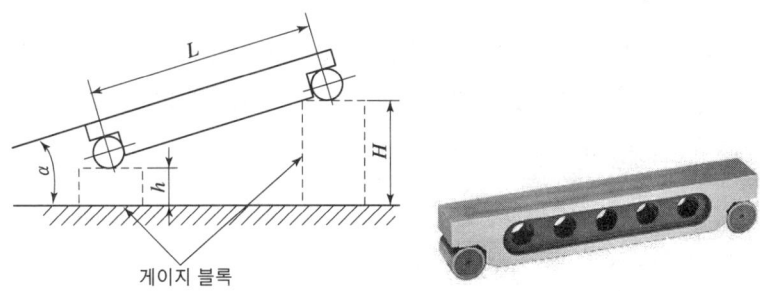

[그림 2-35] 사인 바에 의한 각도 측정

7) 형상 측정기

공작물의 형상을 측정하는 방법은 다음과 같다.
① 게이지(template)에 의한 방법 : 나사산의 형상, 피치, 반지름, 각도와 같은 비교적 단순한 형상에 대하여 게이지와 공작물을 대조하여 그 틈새로서 측정한다.
② 공구 현미경에 의한 방법 : 공작물의 윤곽을 현미경으로 확대하여 기준과 비교 때문에 측정한다.
③ 투영기에 의한 방법 : 확대 투영한 공작물의 윤곽을 X-Y 테이블을 이송하거나, 스크린 회전으로 측정한다.
④ 형상 측정기 : 표면 거칠기 측정의 원리를 이용한 기구적인 측정 방법이다. 정밀도가 높으며 고정식과 휴대용이 있다.

5 표면 거칠기 및 윤곽 측정

1) 표면 거칠기 측정기

표면 거칠기는 표면의 요철로 가공된 표면에 미세한 간격으로 나타나는 미세한 굴곡을 말한다. 절삭 가공 방법이나 다듬질 방법에 따라 모양과 크기가 다르다. 이러한 표면 구조는 표면의 입체적 구조를 형성하는 실측 표면의 공칭 표면에 대한 변위로서, 거칠기(roughness), 파상도(waviness), 결(lay), 흠(flaw) 등으로 이루어진다. 표면 거칠기는 주로 Ra, Rz로 가장 많이 표현된다. 표면의 결에 대한 기본 그림 기호는 '√'로 표기하며, 세부적인 파라미터의 정의 및 표시는 KS B ISO4287을 참조한다.

(1) 표면 거칠기의 측정법
① 비교용 표준 편과의 비교측정 : 사람의 손가락 감각으로 표준편과 가공된 제품과의 표면 거칠기를 비교측정

② 광절단식 표면 거칠기 측정법 : β쪽의 좁은 틈새로 나온 빛을 투사하여 광선으로 표면을 절단하여 γ방향에서 현미경이나 투영기에 의해서 확대하여 관측 또는 사진을 찍어서 요철 상태를 알 수 있다.

③ 광파간섭식 표면 거칠기 측정법 : 빛의 간섭을 이용하여 가공면의 거칠기를 측정하는 방법으로 래핑면과 같이 초점 밑면에 적합하며 $1\mu m$ 이하의 비교적 미세한 표면의 측정에 사용되며, 최대높이 거칠기는 $R_{max} = \frac{b}{a} \times \frac{\lambda}{2}$ 식으로 구한다.

　㉠ 장점 : 분해 능력이 크고, 매우 부드러운 물체의 측정이 가능하며, 직접 측정이 어려운, 기어, 나사면, 구멍 등을 측정할 수 있다.

　㉡ 단점 : 반사면이 좋은 표면에만 사용할 수 있고, 진동에 민감하므로 연구실용으로 적당하다.

④ 촉침식 표면 거칠기 측정법 : 표면 거칠기 측정법의 대표적인 방법으로 측정원리는 피측정면에 수직으로 움직이는 촉침으로 피측정면의 표면을 긁어서 상·하의 움직임 양을 전기적인 신호로 변환하고, 증폭시켜 그래프에 그리거나 meter에 값을 지시한다. 구성 요소는 촉침, 감응기, 증폭기, 기록계(지시계) 등으로 구성된다.

(2) 표면 거칠기의 표현
① 최대높이 거칠기(Ry)
② 산술 평균 거칠기(Ra)
③ 10점 평균 거칠기(Rz)

2) 윤곽 측정

(1) 공구 현미경에 의한 측정
① 공구 현미경의 용도 : 가장 많이 사용되고 있는 측정기의 하나로 현미경에 의해 확대 관측하여 제품의 길이, 각도, 형상, 윤곽을 측정하는 측정기이다. 용도는 각종 정밀부품의 측정, 공작용 치공구류의 측정, 각종 게이지의 측정, 특히 나사게이지, 나사 요소의 측정 등 다방면에 사용되고 있다.

② 공구 현미경의 부속품
　㉠ 대물렌즈 : 대물렌즈의 비율은 ×10배 고정되어 있으며, 초점 맞춤의 다소 오차가 있어도 배율 오차를 줄이기 위하여 텔렉센트릭(telecentric) 광학계로 구성되어 있다.
　㉡ 경사 센터 지지대(중심지지대) : 나사, 기어, 호브 등 원통 부품의 형상 치수 측정에 사용된다.
　㉢ V형 지지대 : 센터대에 지지할 수 없는 제품의 지지에 사용된다.
　㉣ 분할 중심지지대 : 기어, 호브, 캠 분할판, 나사의 비틀림각 측정에 사용
　㉤ 반사 조명 장치 : 제품의 수직 상방에서 조명하여 반사상을 이용하여 측정

ⓑ 접안렌즈 : 접안렌즈는 대물렌즈에 의해 생성된 중간실상을 확대하는 것으로 구조상 형판 접안렌즈, 각도 접안렌즈, 이중상 접안렌즈로 나눈다. 이중상 접안경은 다각 프리즘과 직각프리즘을 조합한 것으로 2개의 상을 합치함으로써 구멍의 중심간 거리 측정에 알맞다.

ⓐ 촉침식(feller) 현미경
ⓞ 형판 접안렌즈
ⓩ 센터링 테이블
ⓒ 나이프에지
ⓚ 심출 테이블

(2) 투영기에 의한 측정 구조

투영기는 광원, 접안렌즈, 투영렌즈, 스크린의 4요소로 구성되어 있으며, 윤곽(관통) 및 표면측정(미관통)을 위하여 광원과 접안렌즈가 있다.

① **스크린** : 평면도 및 평행도가 아주 좋은 우윳빛 유리판으로 유리면에 십자선을 조각해서 사용한다.
② **투영렌즈** : $10\times$, $20\times$, $50\times$, $100\times$가 보통이고, $5\times$, $200\times$ 등은 특수한 경우에 쓰임. 투영상이 찌그러지는 것을 왜곡이라 하고, 선명하게 보이는 정도를 해상력이라 한다.
③ **조명광학계** : 조명광이 광축에 평행한 되는 조명 법을 텔레센트릭 조명이라 하며, 원통이나 구를 관찰하는 데 편리하다.
④ **재물대** : 측정 재료를 얹어 놓는 평평한 부위
⑤ **본체** : X축과 Y축 테이블을 지지하는 부위

6 나사 및 기어측정

1) 나사측정

(1) 나사측정의 개요

나사를 측정할 때에는 바깥지름(outside diameter), 골지름, 유효지름, 피치(pitch), 나사의 각 등 5가지 요소를 측정한다.

(2) 수나사 측정

유효지름을 측정은 나사 마이크로미터, 삼선법, 공구 현미경 등의 광학적 측정기로 하는 방법이 있다. 삼침법 측정 방법은 $d_2 = M - 3d + 0.86603p$이다.

① **삼침법** : 나사 게이지 등과 같이 정밀도가 높은 나사의 유효지름 측정에 3침법(3선법)이 쓰이며, 지름이 같은 3개의 핀 게이지를 나사산의 골에 끼운 상태에서 바깥지름을 마이크로미터 등으로 측정하여 계산하며, 유효지름을 측정하는 가장 정밀한 방법이다.

② 나사 마이크로미터에 의한 방법 : 엔빌 측에 V홈 측정자를 스핀들 측에 원뿔형 측정자를 사용하여 유효지름 값을 직접 읽을 수 있다.

③ 광학적인 방법 : 투영기, 공구현미경 등의 광학적 측정기에서 나사축 선과 직각으로 움직이는 전후이동 마이크로미터 헤드의 읽음값으로 구할 수 있다.

2) 기어측정

주로 동력 전달의 효율성, 이의 강도와 내구성 등에 관하여 고려되었지만, 최근에는 맞물림 시 허용되는 각도 오차, 기어의 뒷틈(백래시), 운전 중 소음이나 진동 등 여러 가지를 요구하기에 이르러 기어의 정밀가공과 더불어 정밀측정이 요구하게 되었다. 기어측정에서는 치형의 정확도, 이두께, 피치, 편심 오차 등을 측정하고 검사하며, 상대 기어와 물려 운전할 때의 마멸 및 소음 등을 시험한다.

(1) 피치 오차의 측정

① 기어의 피치 오차 : 기어의 피치 오차로서 단일피치 오차, 최대피치 오차, 인접피치 오차, 누적피치 오차, 법선피치 오차가 있으며 KS에서는 최대피치 오차는 적용하지 않는다.

② 원주피치 오차의 측정
  ㉠ 직선거리의 측정법
  ㉡ 각도의 측정법
  ㉢ 인접피치 오차의 측정법

③ 법선피치의 측정 : 법선피치는 측정자 및 고정 접촉자를 기초원의 접선과 이에 대응하는 인접한 치면과의 교점에 접촉시켜 그 두 교점 사이의 직선거리에 대하여 그 이론값과의 차를 측정하고, 헬리컬 기어에서는 정면 법선피치를 측정한다. 측정값에서 단일피치 오차, 인접피치 오차, 누적피치 오차, 법선피치 오차의 최댓값을 구한다.
  ㉠ 단일피치 오차 : 인접한 이의 피치원상에서의 실제 피치와 이론적인 피치와의 차
  ㉡ 인접피치 오차 : 피치원상의 인접한 두 피치의 차
  ㉢ 누적피치 오차 : 피치원상에서 임의의 두 이 사이의 실제 피치의 합과 이론적인 값의 차
  ㉣ 법선피치 오차 : 정면 법선피치의 실제 치수와 이론값의 차

(2) 이두께 측정

① 활줄(버니어 캘리퍼스) 이두께 측정 : 피치원상의 활줄 이두께를 측정하기 위해서는 우선, 이높이의 이론값에 이두께 버니어 캘리퍼스를 설정한 다음 이두께를 측정한다.

② 걸치기 이두께 측정 : 이두께 마이크로미터를 사용하여 걸치기 이두께를 측정하는 방법으로 걸치기 이두께는 기어를 몇 개의 이를 걸쳐서 측정하는 것으로 외측 마이크로미터의 앤빌 및 스핀들에 원판형의 디스크를 붙인 디스크 마이크로미터로 측정한다.

$$Sm = Sg + (Zm - 1) \times te$$

③ 오버 핀에 의한 이두께 측정 : 이 측정 방법은 스퍼 기어에서 2개의 핀을 지름 위에서 짝수 이의 경우 또는 π/Z만큼 기울어진 홀수 이의 경우에 넣어 외부 기어에서는 2개의 핀이 바깥쪽 치수를 측정하고, 내부 기어에서는 2개의 핀 안쪽 치수를 측정하여 이두께를 구한다. 또 헬리컬 외부 기어에서는 핀의 바깥쪽 치수를 측정하고, 헬리컬 내부에서는 핀의 안쪽 치수를 측정한다.
㉠ 짝수 이의 경우 : $dm = dp + Zm \times \cos\alpha/\cos\phi$
㉡ 홀수 이의 경우 : $dm = Zm \times \cos\alpha/\cos\phi \times \cos 90°/Z + dp$

7 3차원 측정기

주로 측정점 검출기(PROBE)가 서로 직각인 X, Y, Z축 방향으로 운동하고 피측정물 측정점이 공간 좌푯값을 측정치에 의해 읽어 들여 위치, 거리, 윤곽, 형상 등을 측정하는 만능 측정기를 말한다.

① 3D(coordinate measuring machine)는 피측정물과의 접촉(때로는 비접촉)을 감지하는 프로브(prove)가 장착되어 있다.
② 피측정물의 치수와 기하학적 양을 감지 신호로 받은 시점에서 접촉점의 3차원 공간 좌푯값(X, Y, Z)으로 변환하는 작업을 기본 기능으로 하는 측정기이다.
③ 측정물의 치수, 위치, 기하 편차, 윤곽 형상 등의 측정이 현재의 어느 측정기보다도 신속하고 정확하게 측정이 되는 만능형 측정기이다.
※ 공업규격(KSB 5542)에 따르면 서로 직교하는 안내와 안내의 이송량을 구하는 스케일 및 프로브를 가지고 각각의 이송량에서 프로브의 3차원 좌푯값을 구할 수 있는 측정기라고 정의한다.

1) 3차원(dimension) 별 측정 범위

① 1차원(1-D) : 버니어 캘리퍼스, 마이크로미터 등과 같이 1축(X, Y, Z)을 이용한 측정
② 2차원(2-D) : 공구 현미경, 투영기 등과 같이 2축(XY, YZ, ZX)을 이용한 측정
③ 3차원(3-D) : 레이아웃 머신, 3차원 측정기 등과 같이 3축(XYZ)을 이용한 측정

2) 정반 측정 방식과 3차원 측정기를 사용하는 좌표 측정 방식의 차이점

(1) 정반 측정 방식의 특징

① 직접 측정값을 읽을 수 있다.
② 비교 측정을 통해 정밀한 측정이 가능하다.
③ 신속한 측정이 가능하다.
④ 측정기 취급이 용이하고 가격이 싸다.
⑤ 개인오차가 숙련, 비숙련 정도에 따라 심하다.
⑥ 기계적인 데이텀이 필요하다.
⑦ 데이터 처리가 불편하다.

(2) 좌표 측정 방식의 특징
① 복잡한 형상도 컴퓨터를 이용하기 때문에 간단하게 측정할 수 있다.
② 수학적인 정열이 가능하다.
③ 데이터 통신이 용이하고 응용 범위가 넓다.
④ 데이터 처리가 용이하다.
⑤ 실시간 품질관리가 가능하다.
⑥ 시스템이 복잡하고 활용에 시간이 필요하다.
⑦ 관련 분야의 전문지식이 필요하다.
⑧ 환경변화에 민감하다.

3) 측정점 검출기(PROBE)
프로브 시스템은 피측정물의 좌표 위치를 검출하는 장치로서 크게 접촉식과 비접촉식으로 나누어집니다. 접촉식은 접촉으로 위치 검출이 가능한 것이며 비접촉식은 접촉이 없이도 가능한 것이다.

(1) 접촉식
① **기계식 프로브** : 특정한 것만을 측정하는 데 사용
② **스위칭 프로브** : 일반적으로 사용하는 것
③ **비례식 프로브** : 피측정물과 접촉한 후 변위의 정도에 비례하여 신호를 발생하는 것

(2) 비접촉식
① **CID 카메라** : 픽셀 하나에 비추어진 영상에 밝기 정도를 전기적 신호로 바꾸어 측정
② **CCD 카메라** : 전기적 신호를 전달할 때 개개의 픽셀 단위가 아닌 줄 단위로 나타냄
③ **레이저 프로브** : 레이저를 이용하여 반사되어 도달하는 측정점의 위치 정보를 이용

CHAPTER 3. 선반 가공

01 선반의 크기 표시

선반의 크기는 베드 위에서 스윙(swing), 왕복대 상의 스윙, 양 센터 사이의 거리로 나타낸다.

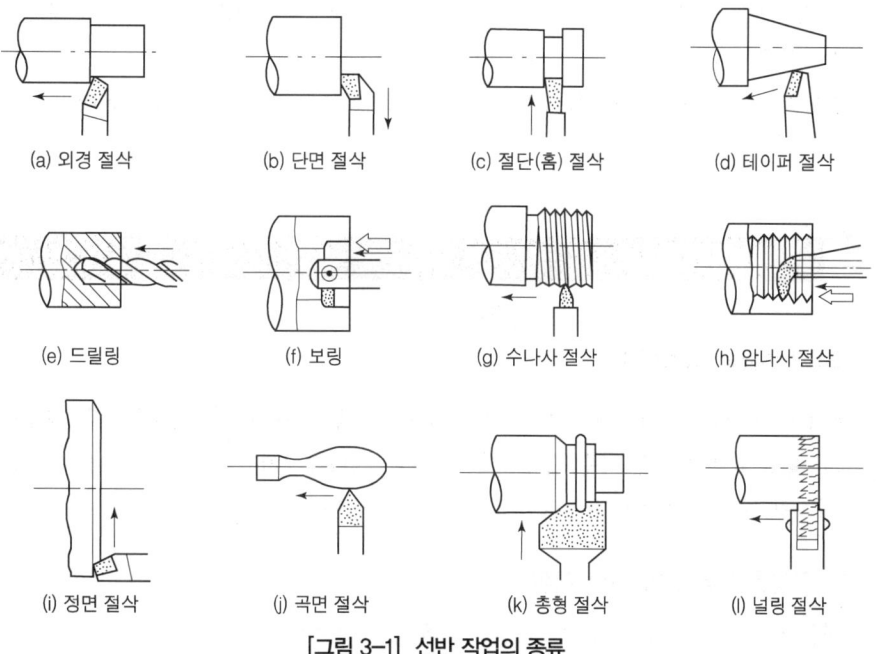

[그림 3-1] 선반 작업의 종류

02 선반의 종류

① **탁상선반** : 정밀 소형기계 및 시계부품 가공
② **보통선반** : 가장 많이 사용
③ **정면선반** : 직경이 크고 길이가 짧은 공작물 가공(대형 풀리, 플라이휠)
④ **수직선반** : 중량이 큰 대형공작물, 직경이 크고, 폭이 좁으며 불균형한 공작물을 가공하며 공작물 고정이 쉽고 안정된 중절삭이 가능하고 비교적 정밀하다.
⑤ **터릿선반** : 터릿으로 불리는 선회 공구대를 가진 것으로 너트, 와셔, 나사, 핀 등 모양이 간단한 제품의 대량생산용 램형, 새들형, 드럼형 등이 있다.

⑥ **공구선반** : 릴리빙 장치(=Back off 장치)를 가진 것으로 절삭 공구(호브, 커터, 탭 등)의 여유각을 가공한다.
⑦ **자동선반** : 캠이나 유압기구를 사용하여 자동화한 것으로 핀, 볼트, 시계, 자동차 생산에 사용된다.
⑧ **모방선반** : 형상이 복잡하거나 곡선형 외경만을 가진 일감을 많이 가공할 때 편리하며 트레이서를 접촉시켜 형판 모양으로 공작물을 가공한다. 자동모방 장치이용, 테이퍼 및 곡면 등을 모방 절삭. 유압식, 전기식, 전기 유압식이 있다.
⑨ **차축선반** : 철도 차량용 차축 가공한다.
⑩ **크랭크축 선반** : 크랭크축의 베어링 저널과 크랭크 핀을 가공한다.
⑪ **갭 선반** : 베드 상의 스윙을 크게 하기 위해서 주축대로부터 베드의 일부가 분해 될 수 있는 선반이다.
⑫ **차륜선반** : 철도차량의 차륜을 깎는 선반으로 정면선반 2개가 서로 마주 본다.

03 선반의 구조

1 주축대(head stock)

주축대에는 공작물을 지지하면서 회전을 주는 주축(spindle)과 이것을 지지하는 베어링(bearing) 및 주축에 회전을 주는 구동 기구인 속도 변환 장치가 내장되어 있으며, Ni-Cr강, 침탄강, 질화강 등으로 제작되어 있다. 2점 또는 3점 지지방식을 사용한다.

1) 주축이 중공축으로 되어 있는 이유
① 무게를 감소하여 주축 베어링에 작용하는 하중을 줄여준다.
② 중공은 실축보다 굽힘과 비틀림 응력에 강하여 강성을 유지한다.
③ 긴 공작물을 고정에 편리하다.
④ 고정된 센터를 쉽게 분리할 수 있으며, 콜릿 척을 사용할 수 있다.

2) 일반적인 단차식 주축대의 특징
① 벨트걸이로 구조가 간단하다.
② 주축 속도 변환이 작으며 고속회전이 어렵다.
③ 백 기어(저속 강력절삭 목적)가 설치되어 있다.
④ 값이 싸나, 운전 시 위험이 따른다.

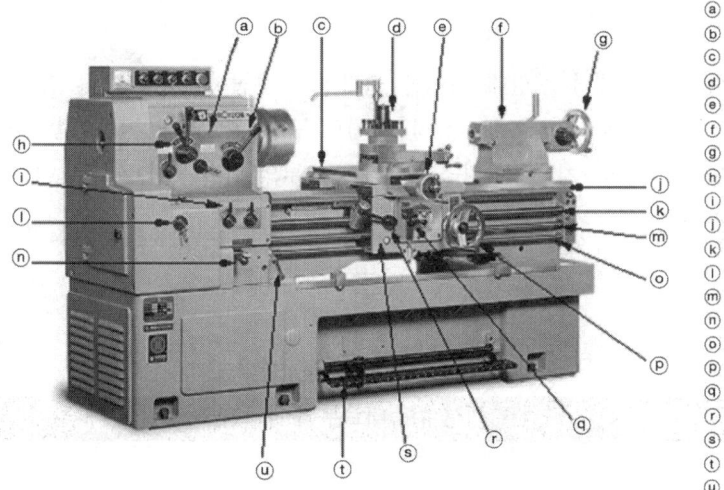

ⓐ 주축대
ⓑ 백기어 레버
ⓒ 새들
ⓓ 공구대
ⓔ 가로이송 핸들
ⓕ 심압대
ⓖ 심압대 핸들
ⓗ 주축속도 변환레버
ⓘ 이송나사 변환레버
ⓙ 베드
ⓚ 리드 스크루
ⓛ 이송속도 변환레버
ⓜ 자동이송 축
ⓝ 노튼 기어
ⓞ 시동 축
ⓟ 왕복대 이송핸들
ⓠ 자동이송 레버
ⓡ 하프너트 레버
ⓢ 왕복대
ⓣ 브레이크
ⓤ 시동 레버

[그림 3-2] 보통선반의 각부 명칭

2 심압대(tail stock)

심압대는 우측 베드 상에 있으며, 작업내용에 따라 좌우로 움직여 위치조정을 할 수 있도록 되어 있다.

1) 심압대에서 할 수 있는 사항
① 축에 정지 센터를 끼워 긴 공작물을 고정하거나 센터 대신 드릴 · 리머 등을 고정할 수 있다.
② 조정나사의 조정으로 심압대를 편위시켜 테이퍼를 절삭할 수 있다.
③ 심압축을 움직일 수 있다.
④ 심압축은 모스 테이퍼(morse taper)로 되어 있다.

2) 심압대의 구비조건
① 심압대는 베드의 어떠한 위치에도 적당히 고정할 수 있을 것
② 센터를 고정하는 심압대의 스핀들은 축 방향으로 이동하여 적당한 위치에 고정할 수 있을 것
③ 축 중심을 편위시켜 테이퍼를 가공할 수 있을 것

3 베드(Bed)

베드의 재질은 40~60%의 강철 파쇄를 넣어 만든 강인주철, 구상흑연주철, 미하나이트(meehanite)주철, 인장강도 30kgf/mm² 이상의 합금주철 등의 고급주철를 사용하고, 주조로 인한 내부응력을 제거하기 위해 시즈닝(seasoning)처리하여 사용한다.

베드에는 절삭작용에 의해 비틀림 작용과 굽힘 작용을 받으므로 리브(rib)를 붙여서 튼튼하게 한다. 이 형식은 평행형, 지그재그형, 십자형, X형 등이 있다.

4 왕복대

왕복대의 베드 윗면에서 주축대와 심압대 사이를 슬라이드 운동하는 부분으로 에이프런(apron), 새들(saddle), 복식공구대(compound tool rest)로 구성되어 있다. 자동이송은 이송축과 에이프런(apron) 내부의 기어장치, 나사 가공은 리드 스크루의 회전을 하프너트(half nut)로 왕복대에 전달해 이송한다.

04 선반의 부속장치

1 센터

1) 회전 센터와 정지 센터

공작물을 지지하는 부속장치이다.
① 회전 센터는 주축에서 사용(모스 테이퍼 사용 약 1/20)
② 정지 센터는 심압대에서 사용(모스 테이퍼 사용 약 1/20)

2) 센터의 각도

① 미국식 : 60° → 정밀가공 중 소형 공작물가공에 사용된다.
② 영국식 : 75° or 90° → 중량이 큰 대형 공작물가공에 사용된다.
③ 센터의 종류
　㉠ 베어링 센터 : 고속 회전 시 사용된다.
　㉡ 하프 센터 : 단(끝)면 가공 시 사용된다.
　㉢ 베벨(파이프) 센터 : 관류나 중량이 큰 공작물에 사용된다.

2 면판(face plate)

① 주축의 나사에 고정, 돌리개를 사용하여 공작물가공에 사용된다.
② 대형 공작물이나 복잡한 형상의 공작물 가공에 사용된다.
　→ 앵글 플레이트, 클램프 등의 고정구와 웨이트 밸런스를 위한 추를 사용한다.

3 돌림판과 돌리개

양 센터 작업 시 사용된다.
① 돌림판 : 주축 끝 나사 부에 고정된다.
② 돌리개 : 돌림판과 공작물에 회전 전달에 쓰인다.

4 방진구

양센터 가공 시 사용된다.
① 가늘고 긴 공작물 가공 시 자중과 절삭력으로 휨이 생겨 균일한 직경을 가진 진원 단면의 절삭 가공이 곤란하기 때문에 방진구가 사용된다.
② 보통 직경의 12배 이상의 길이는 불안전한 절삭 조건일 때 사용하고, 직경의 20배 이상의 길이일 때 방진구를 사용한다.
③ 방진구의 종류
    ㉠ 고정식 방진구 : 베드에 설치, 3개의 조로 구성되어 있다.
    ㉡ 이동식 방진구 : 왕복대의 새들에 설치, 2개의 조로 구성되어 있다.

5 심봉(mandrel)

구멍이 있는 공작물을 고정, 가공 시 심봉 자체는 양센터로 지지하거나 주축의 테이퍼 구멍에 끼워 사용하고, 구멍과 외경을 동심으로 가공 시에 사용된다.
① 단체 심봉(solid) : 정밀한 중심내기용(가장 보통형) 1/100, 1/1000의 테이퍼로 비교적 간단하고 확실하게 공작물을 고정한다.
② 팽창식 맨드릴(expanding) : 공작물 구멍이 심봉보다 클 때, 슬리브(sleeve)를 끼워 이것을 축 방향으로 이동시켜 지름을 조정한다.
③ 테이퍼 맨드릴(taper) : 테이퍼 가공용으로 사용된다.
④ 너트(갱) 맨드릴(gang) : 두께가 얇은 여러 개의 원판형 공작물을 심봉에 끼우고 너트로 고정하여 사용한다.
⑤ 조립(원추) 맨드릴(cone) : 비교적 큰 지름(pipe)의 원통형을 가공 시 사용한다.
⑥ 나사 맨드릴(thread) : 공작물에 나사 구멍이 있을 때 사용한다.

6 척(chuck)

바깥지름으로 크기를 나타낸다.
① 연동척(만능척, 스크롤 척) : 규칙적인 외경을 가진 재료를 가공하며, 단동척보다 고정력이 약하다. 3개의 조(jaw)를 크라운 기어를 사용하여 동시에 이동시킨다.
② 단동척 : 다소 불규칙한 외경의 공작물 가공과 중심을 편심시켜 가공할 수 있다. 4개의 조(jaw)가 있다.
③ 마그네틱 척 : 전자석 설치, 얇은 공작물을 변형시키지 않고 가공한다.
④ 콜릿 척 : 가는 지름의 환봉 재료 고정하며 탁상, 터릿 선반용으로 사용한다.
⑤ 벨 척 : 4, 6, 8개의 볼트로 불규칙한 환봉 재료의 고정한다.
⑥ 공기척 : 공작물의 장탈을 신속·확실하게 하기 위해 압축공기나 유압을 이용하여 조(jaw)를 동작시키며, 다수 가공 시 사용되고, 자동화에 능률적이다.

⑦ 복동척(양용척) : 조(jaw) 4개, 단동척+연동척의 기능으로, 먼저 단동척으로 중심을 맞추고 다음부터는 연동식으로 작업한다. 불규칙한 공작물의 다량 고정시 유용하다. 렌치 장치에 의해 단동과 연동이 양용된다.

05 선반작업

1 테이퍼 절삭 방법

① 복식 공구대 회전 방법 : 길이가 짧고 테이퍼 값이 클 때

$$\theta = \tan^{-1}\frac{D-d}{2l}$$

② 심압대(tail stock)를 편위시키는 방법 : 테이퍼 길이가 길 때 외경테이퍼에서만 적용

㉠ 전체 길이에 대한 심압대 편위량 : $x = \frac{(D-d)L}{2\ l}[\text{mm}]$

㉡ 테이퍼 길이에 대한 편위량 : $x = \frac{D-d}{2}[\text{mm}]$

③ 테이퍼 절삭장치를 이용하는 방법
④ 가로 이송과 세로 이송을 동시에 작업하는 방법
⑤ 총형바이트에 의한 방법

2 나사 절삭작업

1) 나사 절삭 원리

공작물이 1회전할 때 나사의 1pitch만큼 바이트를 이송시키는 것으로 주축회전은 중간축을 거쳐 리드 스크류에 전해지며, 리드 스크류 회전은 에이프런의 하프너트에 의하여 왕복대를 세로 방향으로 이송시키면서 나사를 가공하게 된다.

2) 변환 기어 계산

① 리드 스크류 피치(mm), 나사 피치(mm)로 절삭할 때

예제

$L(p)$ = 6mm, 나사 가공(p) = 2mm 절삭 시

해설 $\dfrac{2}{6} = \dfrac{20\,(\text{주축})}{60\,(\text{리드 스크류})}$

② 리드스크류 피치(inch), 나사 피치(inch)로 절삭할 때

$L(p)$ = 1"당 4산, 나사(p) = 1"당 13산으로 가공

해설 $\dfrac{4\times 5}{13\times 5} = \dfrac{20(\text{주축기어 잇수})}{65(\text{리드스크류기어 잇수})}$

③ 리드스크류 피치(inch), 나사 피치(mm)로 절삭할 때

$L(p)$ = 1"당 4산, 나사(p) = 2mm로 가공

해설 $\dfrac{5\times 4\times 2}{127} = \dfrac{40}{127}$

④ 리드 스크류 피치(mm), 나사 피치(inch)로 절삭할 때

$L(p)$ = 8mm, 나사(p) = 1"당 6산으로 가공

해설 $\dfrac{127}{5\times 8\times 6} = \dfrac{127}{240} = \dfrac{127\times 1}{60\times 4} = \dfrac{127\times 20}{60\times 80}$

⑤ 웜 나사 절삭

원주 피치 $p = \pi m\,[\text{mm}]$, $p = \dfrac{\pi}{D_p}[\text{in}]$

여기서, m : 모듈, D_p : 지름 피치(in)이다.

3 선반의 가공 시간

1) 외경 가공

$T = \dfrac{L}{Nf} i$

여기서, T : 정미시간
N : 회전수 $\left(\dfrac{1000V}{\pi D}\right)$
f : 이송속도
L : 공작물 길이+도입부 여유량+종료부 여유량
i : 회수 = $\dfrac{\text{소재 지름} - \text{가공 후 지름}}{2\times \text{절삭 깊이}}$

CHAPTER 4 CNC 선반

01 CNC 선반 조작 준비

1 CNC 선반의 구조

기계 본체로는 범용선반의 구조와 유사하게 구성되어 있고 주축대(head stock), 척(chuck), 공구대, 심압대(tail stock), 베드(bed), 왕복대, 이송장치, 유압장치 등으로 구성되어 있다.

CNC 선반을 기능별로 표시하면 다음과 같다.
- 본체 : ① 주축대(head stock), ② 공구대(tool post), ③ 척(chuck), ④ 이송장치-Boll Screw
- CNC 장치 : ① 서보모터(servo motor), ② 지령방식, ③ 위치 검출기, ④ 포지션 코더(position coder)

1) 주축대(head stock)

① 주축대는 스핀들 서보모터(spindle servo motor)의 회전을 벨트 및 변환 기어를 통해 스핀들(spindle) 선단에 있는 척(chuck)을 회전시키고, 척에 물린 공작물을 회전시킬 수 있는 시스템이다.

② 주축의 회전은 무단변속으로 회전수를 프로그램으로 지령하고, 변속장치가 없는 소형기계와 변속장치가 있는 중형 이상의 기계가 있다.

③ 벨트 전동으로 슬립이 발생하는 문제를 해결하는 포지션 코더(position coder)가 설치되어 실제 공작물의 회전수를 검출한다.

④ 공작기계용 빌트 인(built in) 모터는 스핀들과 모터가 결합한 형태로 정밀 고속 가공용 공작기계에 많이 적용되고 있다.

[그림 4-1] 주축대

[그림 4-2] 척

2) 척(chuck)

① 주축 선단에 부착되어 공작물을 척킹(chucking)하는 척은 유압으로 작동하는 유압척과 공기압력으로 작동하는 공압척 및 특수척이 사용된다.
② 척 조(chuck jaw)를 작동시키는 실린더는 로터리 실린더를 사용하여 공작물 회전 중에도 공작물 물림 압력이 저하되지 않는다.
③ 공작물의 형상이나 재질에 따라 척의 압력을 조절하여 공작물이 변형되지 않고 이탈하는 것을 방지할 수 있다.
④ 척 조의 종류로는 열처리된 하드 조(hard jaw)와 공작물의 형상에 따라 가공하여 사용할 수 있는 소프트 조(soft jaw)가 있다.

> **참고**
>
> • 유압척 : 주로 CNC 선반에 회전하는 주축에 장착되며 공작물을 클램프하여 고정을 시켜 피절삭을 가능케 한다. 유압척은 제품의 정밀도를 좌우하는 중요한 장치로 다양한 형태의 공작물과 난가공 소재의 가공이 많아지는 추세라서, 다양한 형태의 유압척이 개발되고 있다.
> • 유압실린더 : 척에 동력을 전달해 주는 장치로 척이 공작물을 클램프와 언클램프를 가능하게 하며 공작믈 클램프하는 프레스 압을 조절하여 준다.

3) 공구대

(1) 회전 공구대(turret)

① 회전 공구대는 회전 드럼에 각종 공구를 장착하여 프로그램으로 선택하여 사용한다.
② 회전 드럼의 분할 수는 4~12개이고, 매회 공구 선택의 위치 정밀도는 회전 공구대 내부의 큐빅 커플링(cubic coupling)에 의해 정밀한 위치를 결정하게 구성되어 있다.
③ 회전 드럼의 회전력은 유압 또는 전기모터로 회전시킨다.

(2) 갱(gang) 타입 공구대

① 갱 타입 공구대는 회전 공구대가 없이 테이블 위에 나열식으로 공구를 설치하여 고정한 방식이다.
② 공구 선택 회전 시간을 줄일 수 있어 공정 수가 적은 소형제품의 대량생산에 적합하여 소형 CNC 선반에서 많이 적용되고 있다.
③ 공작물과 공구의 간섭 때문에 공구를 많이 설치할 수 없고, X축의 이동량이 많아 X축의 정밀도 저하가 발생한다.

> **터렛(turret)**
>
> 공작물을 가공하기 위한 공구(바이트)가 장착되는 곳으로 가공 중에 다양한 공구를 필요에 따라 자동으로 공구 교환을 해줌으로써, 가공의 신속성과 연속성을 보장하며 외부 개입을 최소화함으로써 생산성 향상과 정밀가공에 큰 향상을 준다.
>
>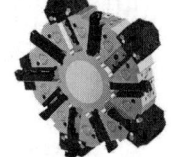

4) 심압대(tail stock)

① 가늘고 긴 공작물이나 척에 고정된 상태가 불안한 축(shaft) 종류의 공작물을 가공할 때 휨 현상이나 떨림 및 이탈되는 것을 방지하기 위하여 공작물 원주 중심을 지지하는 장치이다.
② 심압대 스핀들에 회전센터(live center)를 끼워 공작물을 지지한다. 범용선반과 달리 유압이나 공기압을 사용하여 공작물을 지지하기 때문에 드릴과 같은 공구를 끼워 사용할 수 없다.

5) 조작판

기계를 조작할 수 있는 모든 스위치가 집결된 곳으로 CNC 시스템을 조작할 수 있는 DKU(Display Kebdard Unit) 및 모드 스위치, 기타 조작과 연관 스위치가 있다.

조작판은 같은 컨트롤러(controller)를 사용해도 공작기계 메이커에 따라 스위치(switch) 모양과 종류, 조작 방법 등은 다르다.

6) 서보모터(servo motor)

서보모터(servo motor)는 정보처리회로(CPU)의 명령에 따라 공작기계 테이블(table) 등을 움직이게 하는 모터(motor)이다. 일반 3상 모터와는 달리 저속에서도 큰 토크(torque)와 가속성, 응답성이 우수한 모터로서 속도와 위치를 동시에 제어하며 속도제어와 위치검출은 엔코더(encoder)에 의하며, 일반적으로 모터 뒤쪽에 붙어있다.

7) CNC 공작기계의 주요 구성요소

① 컨트롤러(controller) : 천공테이프에 기록된 언어, 즉 정보를 받아서 펄스(pulse)화 시킨다. 이 펄스화 된 정보는 서보 기구에 전달되어 여러 가지 제어 역할을 한다.
② 서보모터(servo motor) : 펄스에 의한 각각 지령에 따라 대응하는 회전운동을 한다.
③ 서보 기구(servo unit) : 펄스화 된 정보는 서보 기구에 전달되어 정밀도와 아주 관계가 깊은 X, Y, Z 등 각 축을 제어한다.
④ 볼 스크루(ball screw) : 서보모터에 연결되어 있어 서보모터의 회전운동을 직선운동으로 바꾸어 주는 장치
⑤ 리졸버(resolver) : 기계의 움직임을 전기적인 신호로 표시하는 장치
⑥ 엔코더(encoder) : 서보모터 회전운동의 위치검출 및 이송 속도를 검출하는 장치이고 서보모터 뒤쪽에 부착되어 있다.

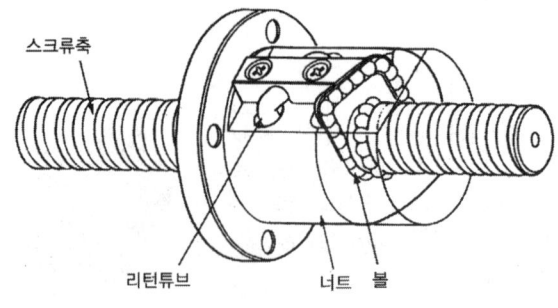

[그림 4-3] 볼 스크루

8) 서보 기구의 종류

(1) 개방회로 제어방식(open loop system)

구동 모터로는 스태핑 모터(stepping motor)가 사용되며, 검출기나 피드백 회로를 가지지 않기 때문에 정밀도가 낮아 오늘날 NC 기계에는 거의 사용하지 않는다.

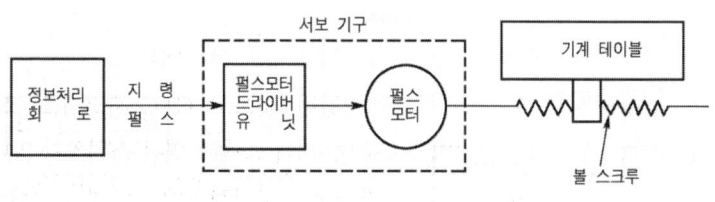

[그림 4-4] 개방회로 제어방식

(2) 반 폐쇄회로 방식(semi-closed loop system)

서보 모터의 축 또는 볼 스크류의 회전 각도를 통하여 위치를 검출하는 방식으로 직선 운동을 회전 운동으로 바꾸어 검출한다. CNC 공작기계에 이 방식을 많이 사용한다.

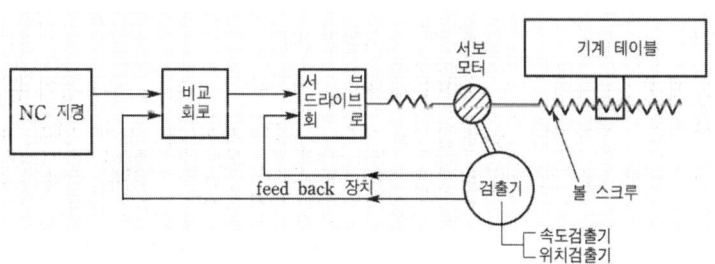

[그림 4-5] 반 폐쇄회로 방식

(3) 폐쇄회로 방식(closed loop system)

기계의 테이블에 직접적으로 스케일(scale)을 부착하여 위치편차를 피드백시키는 방식으로 반 폐쇄회로 제어방식과 제어방식은 같지만 정밀도가 높아 고정밀도의 공작기계나 대형 공작기계 등에 많이 사용한다.

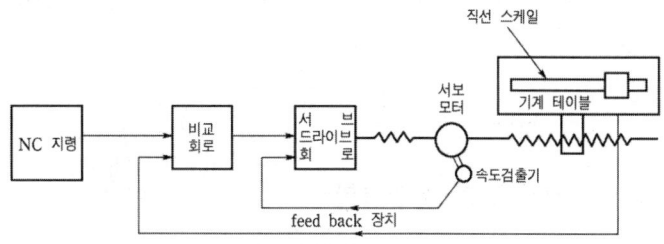

[그림 4-6] 폐쇄회로 방식

(4) 복합회로 제어방식(hybrid loop system)

반 폐쇄회로 제어방식과 폐쇄회로 제어방식을 결합한 제어방식으로 반 폐쇄회로의 높은 게인(gain : 증폭기 등의 입력에 대한 출력의 비율)을 이용하여 제어하며 기계의 오차는 직선형(linear) 스케일에 의한 폐쇄회로로써 보정하여 정밀도를 향상시킨다. 대형 공작기계와 같이 강성을 충분히 높일 수 없는 기계에 적합한 방식이다.

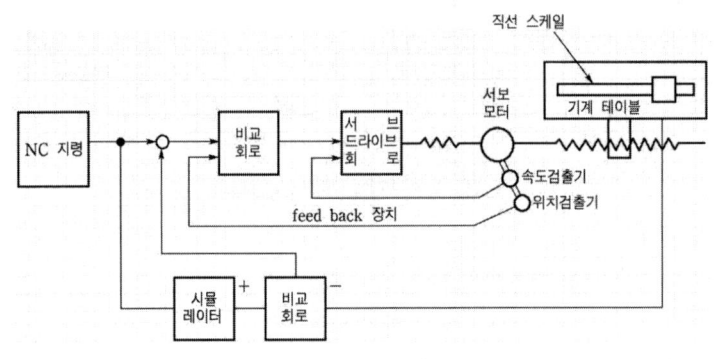

[그림 4-7] 복합회로 제어방식

9) NC 제어방식

① 위치 결정 제어 : 공구의 최후 위치만 제어하는 것(예 : 드릴링, 스폿용접기 등)
② 직선 절삭 제어 : 기계 이동 중에 절삭을 행할 수 있는 제어(예 : 선반, 밀링, 보링 머신 등)
③ 윤곽 제어 : 곡선 등의 복잡한 형상을 연속 제어하는 것(예 : 2차원, 3차원 이상의 제어에 사용)

10) NC의 펄스 분배방식

윤곽 제어를 할 때 펄스를 분배하는 방식에는 MIT 방식, DDA 방식, 대수 연산방식의 3가지가 있다. 초기에는 대수 연산방식이 사용하였으나, 현재는 DDA 방식이 주류를 이루고 있다.

① MIT 방식 : X축, Y축의 이동을 균등하게 하도록 양쪽으로 적당한 시간 간격으로 펄스를 발생시켜 실선으로 움직이도록 근사시키는 방법으로 2차원 2.5차원의 보간은 가능하지만, 3차원의 보간은 불가능하다.
② DDA 방식 : 직선 보간의 경우에 우수한 성능을 가지고 있어 현재 주류를 이루고 있다.
③ 대수 연산방식 : X축과 Y축의 방향을 한정하고 계단식으로 이동하여 접근하는 방식으로 원호보간에 유리하다.

2 CNC 공작기계 안전 운전 준수사항

CNC 공작기계에서의 작업 안전은 범용공작기계의 작업 안전과 같으나 제어부에 의해서 자동적으로 기계가 작동되므로 이에 조심하여야 한다.

1) CNC 작업 안전 사항

① 작동 중에 아무 스위치나 누르지 않는다.
② 공구 마멸에 의한 교환을 할 경우에는 운전을 정지한 후에 한다.
③ 청소할 때 제어부에 습기가 들어가면 오작동을 일으키기 쉬우므로 주의해야 한다.
④ 제어부의 파라미터는 전문가가 취급하도록 한다.
⑤ 강전반 및 CNC 장치는 어떠한 충격도 가하지 말아야 한다.
⑥ 이상한 공구 경로나 위험한 상황이 발생하면 자동정지(feed hold) 버튼을 누른다.
⑦ 기계 주위는 항상 밝게하여 작업하고 건조하게 유지한다.
⑧ 작업 중에는 보안경과 안전화를 착용한다.
⑨ 작업 시 불편하여도 door를 닫고 작업한다.
⑩ 작업 중에 자리를 비울 때에는 프로그램을 수정하지 못하도록 옵션을 걸어준다.
⑪ 칩(chip) 제거 시에는 운전을 정지하고, 손의 보호를 위하여 장갑을 착용하고 한다.

2) 일상 점검

구분	점검 내용	점검 세부내용
매일 점검	1. 외관 점검	• 장비 외관 점검 • 베드면에 습동유가 나오는지 손으로 확인한다.
	2. 유량 점검	• 습동면 및 볼스트류 급유탱크 유량 확인 • air lubricator oil 확인(air에 oil을 혼합하여 실린더를 보호하는 장치) • 절삭유의 유량은 충분한가? • 유압탱크의 유량은 충분한가?
	3. 압력 점검	• 각부의 압력이 명판에 지시된 압력을 가르키는가?
	4. 각부의 작동 검사	• 각축은 원활하게 급속이동 되는가? • ATC 장치는 원활하게 작동되는가? • 주축의 회전은 정상적인가?
매월 점검	1. 각부의 filter 점검	• NC 장치 filter 점검(교환 및 먼지를 제거한다.) • 전기 제어판 filter 점검(교환 및 먼지를 제거한다.)
	2. 각부의 fan 모터 점검	• 각부의 fan 모터 회전 점검 • fan 모터 부의 먼지 및 이물질 제거
	3. grease oil 주입	• 지정된 gear 및 작동부에 grease를 주입한다.
	4. 백래시 보정	• 각축 백래시 점검 및 보정
매년 점검	1. 레벨(수평) 점검	• 기계본체 레벨 점검 및 조정
	2. 기계 정도 검사	• 기계 제작회사에서 작성된 각부 기능 검사 list 확인 및 조정
	3. 절연 상태 점검	• 각부 전선의 절연상태를 점검 및 보수한다.

3 CNC 공작기계 주요 경보 메시지

순	알람 내용	원인	해제방법
1	EMERGENCY STOP SWITCH ON	비상정지 스위치 ON	비상정지 스위치를 화살표 방향으로 돌린다.
2	LUBR TANK LEVEL LOW ALARM	습동유 부족	습동유를 보충한다(기계 제작회사에서 지정하는 규격품을 사용).
3	THERMAL OVERLOAD TRIP ALARM	과부하로 인한 Over Load Trip	원인 조치 후 마그네트와 연결된 Overload를 누른다(2번 이상 계속 발생 시 A/S 연락).
4	P/S __ ALARM	프로그램 알람	알람 일람표를 보고 원인을 찾는다.
5	OT ALARM	금지영역 침범	이송축을 안전한 위치로 이동한다.
6	EMERGENCY L/S ON	비상정지 리미트 스위치 작동	행정오버해제 스위치를 누른 상태에서 이송축을 안전한 위치로 이동시킨다.
7	SPINDLE ALARM	• 주축모터의 과열 • 주축모터의 과부하 • 과전류	다음 순서대로 실행한다. ① 해제 버튼을 누른다. ② 전원을 차단하고 다시 투입한다. ③ A/S 연락
8	TORQUE LIMIT ALARM	충돌로 인한 안전핀 파손	A/S 연락
9	AIR PRESSURE ALARM	공기압 부족	공기압을 높인다($5kg/cm^2$)
10	축 이동이 안 됨	① 머신록스위치 ON ② Intlock 상태	① 머신록스위치를 OFF 시킨다. ② A/S 문의

※ 기계에 따라 알람 내용이 다를 수도 있음.

02 CNC 선반 조작

1 CNC 공작기계 조작 방법

1) 기계 조작판

(1) 모드 스위치(mode switch)

작업(조작)의 종류를 결정한다.

① DNC : DNC 운전을 한다.

② 편집(edit) : 프로그램의 신규 작성 및 메모리에 등록된 프로그램을 수정

③ 자동운전(auto) : 메모리에 등록된 프로그램 자동운전

④ 반자동(MDI : Manual Date Input) : 프로그램을 작성하지 않고 기계를 동작시킨다. 공구회전, 주축회전 간단한 절삭 이송 지령에 사용.

⑤ 핸들(handle) 또는 MPG(Manual Pulse Generator) : 조작판의 핸들을 이용하여 축을 이동시킬 때 사용하며, 핸들의 한 눈금(1 pulse)당 이동량은 0.001mm, 0.01mm, 0.1mm 등이 있다.

⑥ 수동절삭(jog) : 공구이송을 연속적으로 외부 이송속도 조절 스위치의 속도로 이송시키며, 주로 엔드밀(end mill)의 직선 절삭, face mill의 직선 절삭 등 간단한 수동 작업에 쓰인다.
⑦ 급송이동(rpd : rapid) : 공구를 급속으로 이동시킨다.
⑧ 원점복귀(zrn : zero return) : 공구를 기계 원점으로 복귀시키며, 조작판의 원점방향 축 버튼을 누르면 자동으로 기계 원점까지 복귀하고 원점복귀 완료램프가 점등한다.

(2) 급속 오버라이드(rapid override)

자동, 반자동, 급속 이송 mode에서 G00의 급속 위치 결정 속도를 외부에서 변화를 주는 기능이다.

(3) 이송속도 오버라이드(feed override)

자동, 반자동 mode에서 지령된 이송속도(feed)를 외부에서 변화시키는 기능이며, 보통 0~150%까지이고 10%의 간격으로 이동된다.

(4) 주축속도 오버라이드(spindle override)

mode에 관계없이 주축속도를 외부에서 변화시키는 기능

(5) 비상정지 버튼(emergency stop button)

돌발적인 충돌이나 위급한 상황에서 작동시키며, 버튼을 누르면 비상정지(stop)하고 main 전원을 차단한다. 비상정지 해제는 화살표 방향으로 돌리면 버튼이 튀어나오면서 해제된다.

(6) 자동개시(cycle start) 및 이송정지(feed hold)

① 자동개시 : 자동, 반자동, DNC mode에서 프로그램을 실행한다.
② 이송정지 : 자동개시의 실행으로 진행 중인 프로그램을 정지시킨다. 이송 정지 상태에서는 자동개시 버튼을 누르면 현재 위치에서 재개된다.

(7) 핸들(MPG : Manual Pulse Generator)

축(axis)의 이동을 핸들(mpg) mode에서 펄스 단위로 이동시키며, 펄스 단위는 0.001mm, 0.01mm, 0.1mm 등이 있다.

(8) 기타 스위치

① 드라이 런(dry run) : 이 스위치가 ON되면 프로그램에 지령된 이송속도를 무시하고 JOG속도로 이송된다.
② 싱글 블록(sigle block) : 자동개시의 작동으로 프로그램이 연속적으로 실행하지만, 싱글 블록 기능이 ON되면 한 블록씩 실행된다.

③ 옵쇼날 블록 스킵(optional block skip) : 선택적으로 프로그램에 지령된 "/"(슬래시)에서 " ; "(EOB)까지를 건너뛰게 할 수 있다.
④ 절삭유(coolant on, off) : 절삭유의 사용을 제어한다. 프로그램에서 지령한 M08, M09 보다 우선한다.
⑤ 행정오버 해제(emg-limit switch release) : 기계 최대영역의 마지막에 설치되어 있는 limit switch까지 기계가 이동하면 행정오버 알람이 발생된다. 알람을 해제하기 위해서 이 스위치를 누르고 있는 상태에서 행정 오버된 축을 반대로 이동시키면 된다.
⑥ 프로그램 보호 키(program protect key) : 프로그램의 편집(수정, 삽입, 삭제, 변경)이나 파라미터를 key OFF 상태에서 변경할 수 있다.

2) 머시닝센터 조작순서(좌표계 설정 및 공구 보정)

(1) 전원 투입 및 시동
① 기계 우측 강전반에 메인 스위치를 우측으로 돌려 ON
② 조작반 좌측상단에 Power NC ON 버튼을 눌러 조작반 전원을 투입
③ 비상정지 버튼을 오른쪽 시계방향으로 돌려 리셋트(해제)
④ 조작반 우측상단에 있는 운전 준비(MACHINE READY)키를 누른다.

(2) 원점복귀
① 핸들 모드에서 "MPG"를 이용해서 X, Z축을 (-반시계 방향)쪽으로 약간 이동
② 원점복귀(공구 위치 확인 후) ZERO RETURN 누름 → (X+, Z+) 원점복귀

(3) 프로그램 목록 및 찾기
① EDIT → PROGRAM → DIR
② EDIT → PROGRAM → 해당 번호 입력 후 → 검색
③ PROGRAM → 일람 → (프로그램 선택) → 조작 → 메인프로그램

(4) 소재 장착
① 공작물 척에 고정
② 소재(공작물) 장착 → 발판 이용하여

(5) 기준 공구 호출
① MDI → PROG → T0100; → INSERT → CYCLE START
② JOG → 터릿 SELECT 스위치 누름

(6) 가공준비
① MDI → PROG → G97 S1000 M03; → INSERT → CYCLE START 주축회전
② 핸들을 이용하여 X, Z축을 (-)쪽으로 약간 이동하면서 공작물에 근접 이동하여 가공
③ 핸들 모드를 이용하여 공작물 단면 터치(RAPID 속도 조절)

(7) 공작물 한쪽 단면 및 외경 가공

핸들 모드에서 "MPG"를 이용해서 대충하고 돌려 물린다.

※ 주축 정지(스핀들 정지): "MDI" → PROG → M5; → INSERT → CYCLE START

※ FWD 정회전(=M03), RVS 역회전(=M04)

(8) 공작물 좌표계설정(기준 공구 보정값 0 입력)

① 상대좌표 선택 → U, W 상대화면 표시한다.

② 단면 터치하고 → POS → 상대 → W → ORIGEN

③ 전체 길이를 측정하여 도면 치수와 일치시킨다. 최종 가공하고

④ 핸들 모드에서 스핀들 정지(STOP버튼) 단면 절삭 가공면 확인 W → ORIGEN

⑤ OFF/SET → 좌표계(G54부분) 보정 → 형상 → 01 Z축에 커서 → 0.입력 → TOOL MEASURE → 측정

⑥ 핸들 모드에서 스핀들 ON

⑦ 공작물 외경 터치(RAPID 속도 조절)

⑧ 외경(직경) 터치하고 → POS → 상대 → U → ORIGEN

⑨ 0.5mm 정도 입력하고 외경가공, 스핀들 정지(STOP 버튼) 단면 절삭 가공면 확인 U → ORIGEN

⑩ 버니어나 마이크로미터로 외경 측정(예 : 측정값 49.9)

⑪ OFF/SET → 보정 → 형상 → 01 X축에 커서 → (예 : 측정값 49.9) → TOOL MEASURE → 측정

(9) 다른 공구 보정값 입력

① MDI에서 프로그램에서 G28 U0. W0.; 제2 원점복귀하고 공구 교환하면 안전하다.

② 3번 공구 호출 MDI → PROG → T0300; → INSERT → CYCLE START

③ 다시 핸들 모드에서 스핀들 스타트 버튼

④ 3번 공구로 단면 터치 → OFF/SET(공구 보정/형상 확인) 커서로

⑤ 3번 Z에 이동 Z0. 입력 후 → TOOL MEASURE → 측정

※ 공작물 길이가 도면 치수보다 5mm 클 경우 Z5.0 입력 후 → TOOL MEASURE → 측정

⑥ 3번 공구 호출 → 외경 터치 → X49.9(기준공구 외경값 동일) → TOOL MEASURE → 측정

⑦ MDI에서 프로그램에서 G28 U0. W0.; 제2 원점복귀하고 공구 교환

⑧ 5번 공구(홈바이트), 7번 공구(나사바이트) 같은 방법으로 공구 길이를 보정한다.

※ 5번 공구 호출 MDI → PROG → T0500; → INSERT → CYCLE START

※ 7번 공구 호출 MDI → PROG → T0700; → INSERT → CYCLE START

⑨ 나사바이트는 외측 먼저 터치하고 단면은 나사 끝면과 일치한다. 주축을 정지하고 동시 옵셋을 설정한다.
⑩ 원점복귀하고 프로그램으로 뒷면을 가공하고 앞면을 가공한다.

(10) 공구 위치 확인(DRY RUN 선택, 이송은 FEED OVERRIDE 조절)

MDI 모드 PROG G00 X60.0 Z0. T0300;

2 CNC 선반 좌표계

1) 좌표축과 운동기호

좌표축(제어축)은 CNC 공작기계의 각 축에 대하여 제어대상이 되는 축을 의미하며 좌표축과 운동기호 등이 각각의 장비마다 달라지면 프로그램을 작성할 때 혼동을 일으키기 쉬워 이를 ISO 및 KS 규격으로 CNC 공작기계의 좌표축과 운동기호를 오른손 직교좌표계를 표준좌표계로 지정하여 놓았다.

[그림 4-8] 오른손 직교좌표계와 운동기호

2) 좌표계

(1) 기계좌표계

기계 원점, 즉 원점복귀가 되는 위치를 기준으로 기계좌표계가 설정되며, 사용자가 임의로 변경할 수 없게 되어 있다. 기계 원점은 기계가 항상 동일한 위치로 되돌아가는 기준점으로 공작물 원점인 프로그램 원점과 기계 원점을 알려줄 때 기준이 되는 점이며, 각종 파라미터의 값이나 설정치의 기준이 되며, 모든 연산의 기준이 되는 점이다. 이 기계 원점을 잘 이해하여 프로그램에 적용할 경우 기계의 워밍업 후 바로 작업을 시작할 수 있어 편리하다.

(2) 절대좌표계

CNC 기계는 수치제어에 의해서 움직이며 수치, 즉 좌푯값은 대부분 절대좌표계에 의해서 움직이며 절대좌표계의 원점은 도면을 보고 기준을 쉽게 잡을 수 있는 곳의 한 점을 원점으로 정하는데 이 점을 프로그램 원점이라고 하며, 이 점을 원점으로 한 좌표계를 절대좌표계 또는 공작물 좌표계라고도 한다.

(3) 상대좌표계

상대좌표는 현재의 위치에서 이동하고자 하는 거리만큼 쉽게 이동하고자 하거나, 좌표계 설정 또는 공구 보정을 할 때 주로 사용되며, 현 위치가 좌표계의 기준이 되고, 필요에 따라 현 위치를 0점(기준점)으로 지정(setting)할 수 있다.

(4) 잔여좌표계

프로그램을 실행(AUTO)할 때 실행되고 있는 현재의 프로그램 위치가 얼마 남았나를 나타내는 좌표계로, 이 잔여 좌푯값을 확인함으로써 기계의 충돌을 예상하여 미리 안전조치를 취할 수 있다.

3) 프로그램 원점

CNC 공작기계는 절대좌표(absolute)에 의하여 주로 제어가 이루어지고 이 절대좌표의 기준을 원점으로 잡아서 모든 위치의 값을 그 점을 기준으로 프로그램을 작성하는 방식으로 그 점을 프로그램 원점이라고 하며 그 점을 기준으로 부호를 갖는 수치로 좌푯값을 표시하여 프로그램을 입력한다.

프로그램 원점은 바꿀 수 없는 기계좌표와는 달리 프로그램에 의해서 바꿀 수가 있는데 이를 좌표계 설정이라고 하며 CNC 선반은 G50에 의해서 CNC 머시닝센터는 G92에 의해서 바꿀 수 있다.

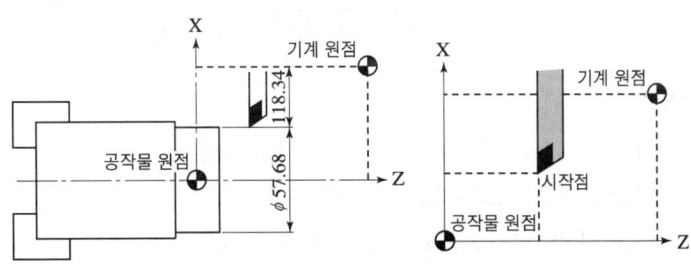

[그림 4-9] 프로그램 원점 설정 방법

4) 시작점과 좌표계 설정

기준공구가 출발하는 위치를 시작점(S/P : Start Point)이라고 하고 프로그램의 원점과 시작점의 위치관계(거리값)를 CNC 기계에 명령을 주어 실행시키는 것을 좌표계 설정을 하였다고 하고 이 결과에 의해서 공작물의 원점이 정해지며 이를 공작물 좌표계 설정이라고 한다.

5) 좌표치와 최소입력단위

좌푯값 단위의 입력방법에는 인치 입력(G20)과 미터법 입력(G21)방식이 있으며, 파라미터에서 선택할 수 있으나 대부분 미터 단위로 설정되어 있다.

어드레스	기능	비고
D	복합반복사이클(G71, G76)에서 1회 절삭값	OT는 G71에서 U, G76은 Q를 사용
I J K	고정 사이클(G90)에서 구배 값 자동 면취에서 면취량 원호가공에서 원호 중심에서 끝점까지의 증분값	
K	나사 가공 사이클(G76)에서 나사산의 높이	OT는 P
R	원호 가공에서 반지름값	

6) 좌표치의 지령방법

축을 좌표축에 대하여 움직이는 방식에는 절대 지령 방식과 증분 지령 방식이 있다. 절대(absolute) 지령 방식은 프로그램 원점을 기준으로 좌표축과 방향(-, +)을 입력하는 방식이고, 증분(incremental)지령 방식은 현재의 위치를 기준으로 좌표축과 방향(-, +)을 입력하는 방식이다. 장비에 따라서 한 블록에 두 가지를 혼합하여 지령할 수도 있다.

(1) 절대 지령 방식

공작물원점을 기준으로 직교 좌표계의 좌푯값을 입력하는 방식

[예] ▷ CNC 선반의 경우 : G00 X60.0 Z80.0 ;
　　　▷ 머시닝센터의 경우 : G00 G90 X100.0 Y100.0 Z50.0 ;
　　　　　　　　　　　　　　G01 G90 X50.0 Y30.0 Z50.0 F200 ;

(2) 증분 지령 방식

현재 공구 위치를 기준으로 다음 위치까지의 거리를 입력하는 방식

[예] ▷ CNC 선반의 경우 : G00 U35.0 W42.0 ;
　　　▷ 머시닝센터의 경우 : G00 G91 X23.0 Y43.0 Z17.0 ;

(3) 혼합 지령 방식

한 블록(줄)에 [절대 지령 방식&증분 지령 방식]을 사용하여 지령하는 방식으로 주로 CNC 선반에서 많이 사용

[예] ▷ CNC 선반의 경우 : G00 X27.0 W23.0 ;

CNC 공작기계는 작동이 대부분 자동적이고 그 작동 지령은 NC 프로그램에 의하여 주어진다. 따라서 NC 프로그램 없이는 NC 기계를 원활하게 사용할 수 없다. 그러므로 NC 공작기계를 사용하기 위해서는 부품 도면으로부터 NC 프로그램을 작성하는 새로운 작업이 필요하게 된다. 이 작업을 프로그래밍(programming)이라 한다.

03 CNC 선반 프로그래밍

1 프로그램의 기초

1) 프로그램의 용어

① 어드레스(address) : 영문 대문자(A~Z) 중 1개로 표시한다.
② 워드(word) : 블록을 구성하는 가장 작은 단위가 워드이며 워드는 어드레스와 데이터의 조합으로 구성된다.

　[예] G 50 X 150.0 Z 200.0 ;
　　　　　　　　└─ 데이터
　　　　　　└──── 어드레스

③ 블록(block) : 한 개의 지령단위를 블록이라 하며 각각의 블록은 기계가 한 번의 동작을 한다.

N	G	X	Y	Z	F	S	T	M	;
전개 번호	준비 기능	좌표치			이송 기능	주축 기능	공구 기능	보조 기능	EOB

2) 어드레스의 기능

기능	어드레스			의미
프로그램 번호	O			프로그램 번호
전개 번호	N			전개 번호
준비 기능	G			이동 형태(직선, 원호보간 등)
좌푯값	X	Y	Z	각 축의 이동 위치(절대 방식)
	U	V	W	각 축의 이동거리와 방향(증분 방식)
	I	J	K	원호 중심의 각 축 성분, 모떼기량 등
	R			원호반지름, 코너 R
이송 기능	F, E			이송속도, 나사 리드
보조 기능	M			기계 작동부위 지령
주축 기능	S			주축속도
공구 기능	T			공구번호 및 공구 보정번호
휴지	P, U, X			휴지시간(dwell)
프로그램 번호 지정	P			보조프로그램 호출번호
전개 번호 지정	P, Q			복합 반복 주기에서 호출, 종료번호
반복 횟수	L			보조프로그램 반복 횟수
매개 변수	D, I, K			주기에서의 파라미터

2 프로그래밍 구성

1) 주축 기능(S)

CNC 선반에서 절삭 속도가 공작물의 가공에 미치는 영향은 매우 크다. 절삭 속도란 공구와 공작물 사이의 상대속도이므로 일정한 절삭 속도는 주축의 회전수를 조절함으로써 가능하다.

$$N = \frac{1{,}000\,V}{\pi D}\,[\text{rpm}]$$

여기서, N : 주축회전수(rpm)
V : 절삭 속도(m/min)

$$V = \frac{\pi DN}{1{,}000}\,[\text{m/min}]$$

여기서, D : 지름(mm)

(1) 절삭 속도 일정제어(G96)

단면이나 테이퍼(taper) 절삭에서는 지름이 절삭과정에 따라 변화하여 절삭 속도도 이에 따라 달라지므로 가공면의 표면 거칠기도 나빠진다. 이러한 문제를 해결하기 위하여 지름 값의 차이에 따라 달라지는 절삭 속도를 일정하게 유지시켜 주는 기능이 절삭 속도 일정제어이며 단이 많은 계단축 가공 및 단면가공에 주로 사용한다.

[예] G96 S180 M03 ;

절삭 속도가 180m/min가 되도록 공작물의 지름에 따라 주축회전수가 변한다. 그리고 G96에서 단면절삭과 같이 공작물의 지름이 작아질 경우 주축의 회전수가 무리하게 높아지는 것을 방지하기 위하여 G50에서 최고회전수를 지령하게 된다.

(2) 절삭 속도 일정제어 취소(G97)

절삭 속도 일정제어 취소 기능은 회전수만을 일정하게 제어하는 기능으로 드릴작업, 나사작업, 공작물 지름의 변화가 심하지 않는 공작물을 가공할 때 사용한다.

[예] G97 S500 M03 ;

주축은 500rpm으로 회전한다.

(3) 주축 최고회전수 설정(G50)

G50에서 S로 지정한 수치는 최고회전수를 나타내며 좌표계 설정에서 최고회전수를 지정하게 되면 전체 프로그램을 통하여 주축의 회전수는 최고회전수를 넘지 않게 된다. 또한 G96에서 최고회전수보다 높은 회전수를 요구하더라도 주축에서는 최고회전수로 대체하게 된다.

[예] G50 S1800 ;

주축의 최고회전수는 1800rpm이다.

2) 공구 기능(T)

공구의 선택과 공구 보정을 하는 기능으로 어드레스 T로 나타내며 T 기능이라고도 한다. 공구 기능은 T에 연속되는 4자리 숫자로 지령하는 데 그 의미는 다음과 같다.

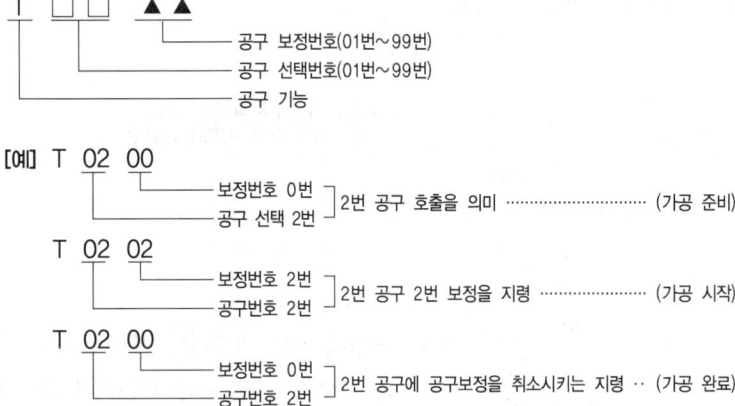

3) 이송 기능(F)

① 공작물에 대하여 공구를 이송시켜주는 기능을 말하며 G98 코드의 분당 이송(mm/min)과 G99 코드의 회전낭 이송(mm/rev)으로 지령할 수 있는데 CNC 선반에서는 G99 코드를 사용한 회전당 이송으로 프로그램한다.

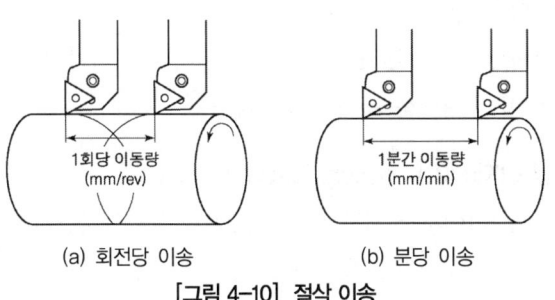

(a) 회전당 이송　　(b) 분당 이송

[그림 4-10] 절삭 이송

② NC 공작 기계에서 가공물과 공구와의 상대속도를 지정하는 것
③ NC 선반에서는 mm/rev 단위로 쓰며 공구를 주축 1회전당 얼마만큼 이동하는가 하는 것으로 F를 사용한다.

　[예] G01 X50. F0.1 ;
　　◎ 주축 1회전당 0.1mm씩 이동하다.
　　◎ 지령 범위 : F0.001~F500.

4) 보조 기능(M 기능)

보조 기능은 어드레스(M : miscellaneous function)는 로마자 M 다음에 2자리 숫자(M00~M99)를 붙여 지령하며, CNC 공작기계가 여러 가지 동작을 행할 수 있도록 하기 위하여 서보모터를 비롯한 여러 가지 보조 장치를 제어하는 ON/OFF의 기능을 수행하며 M 기능이라고 한다.

보조 기능에 대하여는 KS로 규정되어 있다(⟨표 4-1⟩ 참조).

⟨표 4-1⟩ M 기능 일람표

M-CODE	기능	비고
M00	Program Stop	프로그램
M01	Optional Program Stop	
M02	Program End	
M03	주축 정회전(CW)	주축회전
M04	주축 역회전(CCW)	
M05	주축 정지	
M08	절삭유 토출	절삭유
M09	절삭유 정지	
M12	Chuck Clamp	척킹 상태
M13	Chuck Unclamp	
M98	보조 프로그램 호출	보조프로그램
M99	보조 프로그램 종료	

(1) 프로그램 정지(M00) : program stop

프로그램 정지 기능은 자동적으로 기계의 사이클을 정지시킨다. 따라서 가공물을 측정하고 칩을 제거하는 등의 작업을 할 때 사용한다.

(2) 선택적 프로그램 정지(M01) : optional program stop

프로그램 수행 중 M01에서 정지하는 것은 M00과 동일하지만 M01은 기계조작반의 M01 기능을 유효(ON)로 할 것인지 무효(OFF)로 할 것인지는 스위치에 의해서 결정할 수 있다. 즉, 조작반의 스위치를 ON해야만 M00과 동일한 기능을 가진다. 선택적 프로그램 정지 기능은 공구를 점검하고자 할 때, 또는 절삭량이 많아서 칩을 제거해야 할 때, 공작물을 측정하고자 할 때 사용하지만 보통 공정과 공정 사이에 넣어서 제품의 상태를 점검하기 위하여 많이 사용한다.

(3) 프로그램 끝(M02) : end of program

프로그램의 끝을 나타내는 기능으로서 요즈음 생산되는 CNC 선반에서는 M02가 프로그램의 끝을 나타냄과 동시에 프로그램의 첫머리로 커서(cursor)를 되돌리는 기능도 있다.

5) 준비 기능(G 기능)

준비 기능(G : preparation function)은 로마자 G 다음에 2자리 숫자(G00~G99)를 붙여 지령하며, 제어장치의 기능을 동작하기 위한 준비를 하기 때문에 준비 기능(G코드)이라 하며 다음의 2가지로 구분한다.

구분	의미	구별
1회 유효 G코드 (one shot G-code)	지령된 블록에 한해서 유효한 기능	"00" 그룹
연속 유효 G코드 (modal G-code)	동일 그룹의 다른 G-code가 나올 때까지 유효한 기능	"00" 이외의 그룹

〈표 4-2〉 G 기능 일람표

G - CODE	기능	비고
G00	급속 위치 결정(급속 이송)	위치 결정
G01	직선보간(직선 절삭)	절삭 기능
G02	원호보간 CW(시계 방향)	
G03	원호보간 CCW(반시계 방향)	
G04	휴지 · 드웰(DWELL)	잠시 정지
G27	기계 원점복귀 점검	원점복귀
G28	자동 원점복귀(제 1원점)	
G29	원점으로 부터의 귀환	
G30	제2 원점복귀	
G40	인선 R 보정 취소	인선보정
G41	인선 R 보정 좌측	
G42	인선 R 보정 우측	
G50	좌표계 설정, 주축 최고회전수 설정	좌표계 설정
G70	정삭 가공 사이클	복합형 고정 사이클
G71	내 · 외경 황삭 가공 사이클	
G72	단면 가공 사이클	
G73	유형 반복 가공 사이클	
G74	단면 홈가공 사이클(드릴 가공 사이클)	
G75	내 · 외경 홈 가공 사이클	
G76	자동 나사 가공 사이클	
G90	내 · 외경 절삭 사이클	단일형 고정 사이클
G92	나사 절삭 사이클	
G94	단면 절삭 사이클	
G96	주속 일정제어 ON(m/min)	주축속도
G97	주속 일정제어 OFF(rpm)	
G98	분당 이송(mm/min)	이송속도
G99	회전당 이송(mm/rev)	

[One Shot G코드 & Modal G코드 사용법의 예]
G01 X50. F0.1 ;   N01
Z50. ;   N02
X100. Z100. ;   N03
G00 X150. ;   N04
※ N01~N03 ⇒ 이 블록은 G01 유효
   N04 ⇒ G00만 유효

6) G00(급속 이송) G01(직선 절삭)을 이용한 계단가공

(1) G00(급속 이송)

공작물에 지령된 수치만큼 공구 위치만 결정되는 지령(절대, 증분, 혼용 지령 가능)이다.

[사용되는 예]
① 공구가 공작물을 가공하기 위해 공작물에 접근 시
② 일차가공 후 다음 점으로 이동할 때
③ 가공이 끝나고 공구를 교환하기 위해 시작점으로 되돌아갈 때
④ 가공이 완료되었을 때

G00 X (U)   Z (W) ;

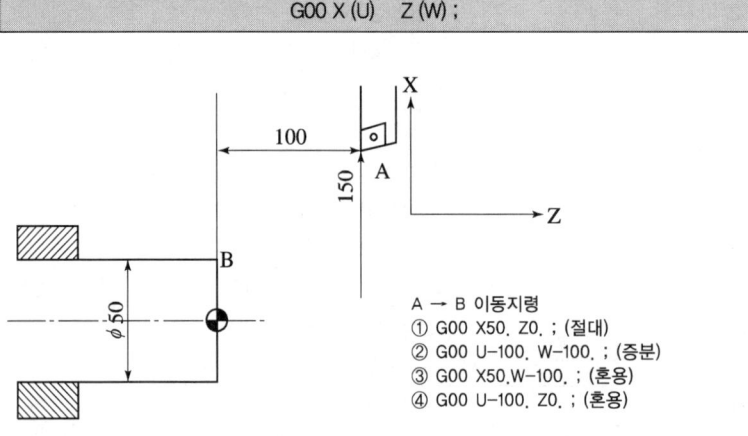

A → B 이동지령
① G00 X50. Z0. ; (절대)
② G00 U-100. W-100. ; (증분)
③ G00 X50.W-100. ; (혼용)
④ G00 U-100. Z0. ; (혼용)

[그림 4-11] 급속 이송

> **참고**
> • 절대 지령 : 공작물 원점에서 이동하고자 하는 위치
> • 증분 지령 : 현재 위치에서 이동하고자 하는 지령까지의 X축 방향 Z축 방향의 거리

(2) G01(직선보간)

공구를 지령한 이송속도로 현재의 위치에서 지령한 위치로 직선 이동시키는 것으로 실제 가공을 하는 기능이다.

G01 X (U)   Z (W)   F ;

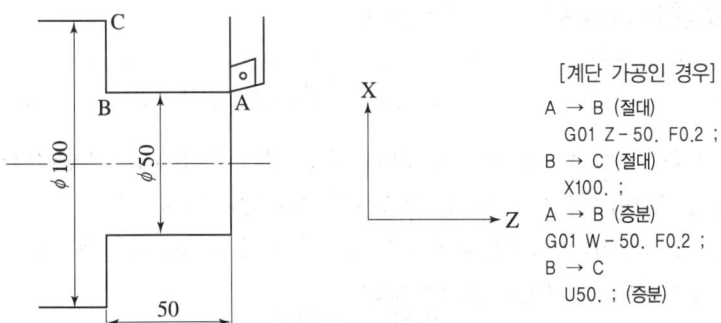

[그림 4-12] 직선보간

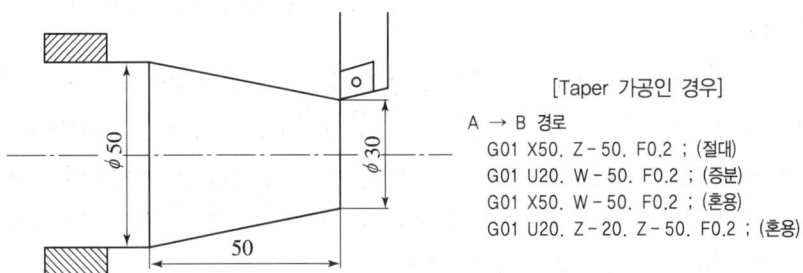

[그림 4-13] 테이퍼 가공

(3) 원호보간(circular interpolation : G02 G03)

다음의 지령에 의해 공구가 원호가공을 할 수 있다.

```
G02 X(U)__Z(W)__I__K__F__ ;
G02 X(U)__Z(W)__R__F__ ;
```

```
G03 X(U)__Z(W)__I__K__F__ ;
G03 X(U)__Z(W)__R__F__ ;
```

〈표 4-3〉 원호보간 좌표어 일람표

조건		지령	의미	
			오른손 좌표계	왼손 좌표계
1	회전방향	G02	시계 방향(CW)	반시계 방향(CCW)
		G03	반시계 방향(CCW)	시계 방향(CW)
2	끝점의 위치	X, Z	좌표계에서 끝점의 위치 X, Z	
	끝점까지의 거리	U, W	시작점에서 끝점까지의 거리	
3	시작점에서 중심까지의 거리	I, K	시작점에서 중심까지의 거리(I는 항상 반경 지정)	
	원호반경(선택기능)	R	원호의 반경(180° 이하의 원호)	

참고
- CW : Clock Wise(시계 방향)
- CCW : Counter Clock Wise(반시계 방향)

(4) G04 기능(휴지 : Dwell)

> G04 X(U, P) ;

① 프로그램에 지정된 시간 동안 공구의 이송을 잠시 중지시키는 기능(적용 : 드릴 가공, 홈가공, 모서리 다듬질 가공 시 양호한 가공면을 얻기 위해 사용)
② 단위는 X, U, P를 사용하는데 X, U는 소수점을 P는 0.001 단위를 사용
   [예] G04 X1.5 G04 U1.5 G04 P1500)

$$정지시간(SEC) = 스핀들(주축) \frac{60}{주축회전수(rpm)} \times 일시정지 회전수$$

7) 사이클 가공

CNC 선반 가공에서 거친 절삭(황삭 가공) 또는 나사 절삭 등은 1회의 절삭으로 불가능하므로 여러 번 반복동작을 해야 한다. 사이클 가공은 이러한 반복되는 동작의 프로그램을 한 블록 또는 두 블록으로 프로그램을 간단히 할 수 있도록 만든 G-코드를 말한다. 사이클에는 변경된 수치만 반복하여 지령하는 단일형 고정 사이클(canne dcycle)과 한 개의 블록으로 지령하는 복합형 반복 사이클(multiple repeative cycle)이 있다.

(1) 안 · 바깥지름 절삭 사이클 (G90) : 단일 고정 사이클

> G90 X(U)____ Z(W)____ F____ ; (직선 절삭)
> G90 X(U)____ Z(W)____ I(R)____ F____ ; (테이퍼 절삭)

여기서, X(U)___ Z(W)___ : 절삭의 끝점 좌표
        I(R)___ : 테이퍼의 경우 절삭의 끝점과 절삭의 시작점의 상대 좌푯값,
                반지름 지령(I=11T에 적용, R=0T에 적용)
        F : 이송속도

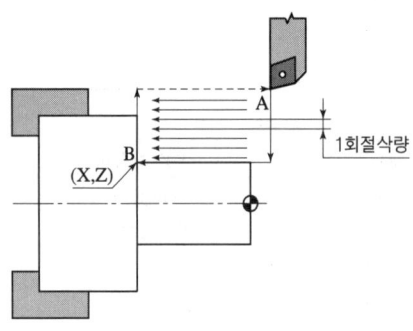
[그림 4-14] 직선 절삭 사이클

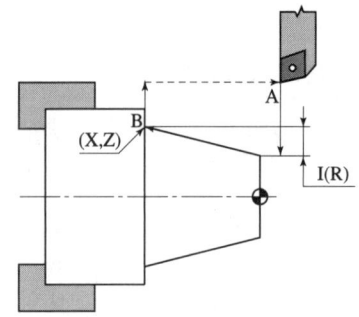
[그림 4-15] 테이퍼 절삭 사이클

(2) 단면 절삭 사이클(G94) : 단일 고정 사이클

주로 직경이 길고 길이가 짧은 공작물 가공에 적합한 가공 방법임

```
G94 X(U)____ Z(W)____ : (평행 절삭)
G94 X(U)____ Z(W)____ : (테이퍼 절삭)
```

여기서, ┌ X(U)____ Z(W)____ : 절삭의 끝점 좌표
       └ K(R)____ : 테이퍼의 경우 절삭의 끝점과 절삭의 시작점의 상대 좌푯값
                  (K=11T에 적용, R=0T에 적용)

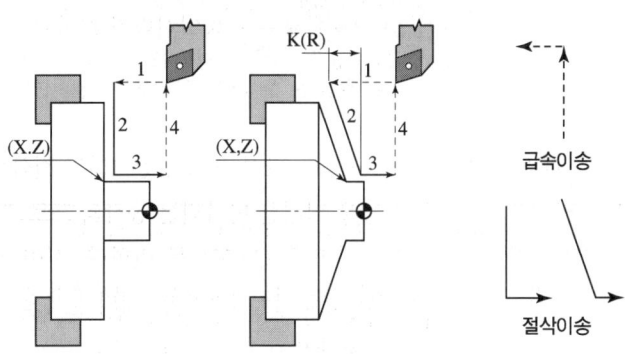

[그림 4-16] 단면 절삭 사이클

G94 고정 사이클을 이용하여 프로그램하시오.

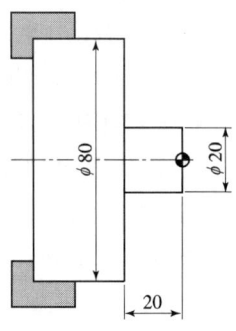

해설. G50 X150.0 Z100.0 S1800 T0100 ;
       G96 S150 M03 ;
       G00 X83.0 Z2.0 T0101 ;
       G94 X20.0 Z-3.0 F0.2 ;
           Z-6.0 ;
           Z-9.0 ;
           Z-12.0 ;
           Z-15.0 ;
           Z-18.0 ;
           Z-20.0 ;
       G00 X150.0 Z100.0 T0100 ;
       M05 ;
       M02 ;
       M30 ;

(3) 안 · 바깥지름 거친 절삭 사이클(G71) : 복합 반복 사이클

① 적용 기계 : FANUC 0T

```
G71 U(Δd') R(e) ;
G71 P(ns) Q(nf) U(Δu) W(Δw) F(f) S(s) T(t) ;
```

여기서,
- U(Δd') : 1회 가공 깊이(절삭 깊이)-(반지름 지령, 소수점 지령 가능)
- R(e) : 도피량(절삭 후 간섭없이 공구가 빠지기 위한 양)
- P(ns) : 다듬 절삭 가공 지령절의 첫 번째 전개 번호
- Q(nf') : 다듬 절삭 가공 지령절의 마지막 전개 번호
- U(ΔU) : X축 방향 다듬 절삭 여유(지름 지령)
- W(ΔW) : Z축 방향 다듬 절삭 여유
- F, S, T : 거친 절삭 가공 시 이송속도, 주축속도, 공구 선택, 즉 P와 Q 사이의 데이터는 무시되고 G71 블록에서 지령된 데이터가 유효

② 적용 기계 : FANUC 11T

```
G71 P(ns) Q(nf') U(Δu) W(Δw) D(Δd) F(f) S(s) T(t) ;
```

여기서,
- P(ns) : 다듬 절삭 가공 지령절의 첫 번째 전개 번호
- Q(nf) : 다듬 절삭 가공 지령적의 마지막 전개 번호
- U(Δu) : X축 방향 다듬 절삭 여유-(지름 지령)
- W(Δw) : Z축 방향 다듬 절삭 여유
- D(Δd) : 1회 가공 깊이(절삭 깊이)-(반지름 지령, 소수점 지령 불가)
- F, S, T : 거친 절삭 가공 시 이송속도, 주축속도, 공구 선택, 즉 P와 Q 사이의 데이터는 무시되고 G71 블록에서 지령된 데이터가 유효

안 · 바깥지름 거친 절삭 사이클(G71) 가공은 아래의 그림과 같은 형식의 제품가공에 적합하며 G71 이전에 미리 G00(급속 이송)으로 그림의 A 위치에 갖다놓은 후 G71 사이클을 사용하고, 이때 전개 번호의 첫 번째 번호 P와 전개 번호 마지막 번호 Q를 사용하는데 이때 P는 G71 사이클을 이용한 절삭 가공 시작 위치이고, Q는 G71 사이클을 이용한 절삭 가공 마지막 위치가 된다.

이는 "[G00 A] → [G71 사이클] → [시작 위치 P] → [끝 위치 Q]"의 형식으로 프로그램에 적용하면 되는데, 그림에서 빗금친 부분과 같은 형식을 띠고 있어야 한다.(거친 절삭= 황삭 작업이라고도 하며 마무리 작업(정삭 작업)이 필요하다.)

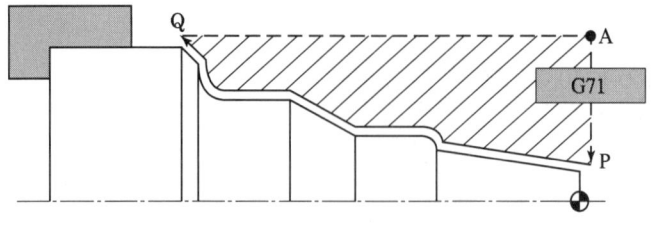

[그림 4-17] 내 · 외경 황삭 사이클

```
G00 A ;     G71 사이클 시작위치
G71 U4.0 R0.5 ;
G71 P10 Q100 U0.4 W0.2 F0.2 ; ················· N10에서 N100까지를 사이클 가공함
N10 G00 P ; ························· P는 G71 사이클을 이용한 절삭 가공 시작 위치
     :      ································ (이때 Z 값이 있으면 알람이 발생함)
     :
     :
N100 Q ;   Q는 G71 사이클을 이용한 절삭 가공 마지막 위치
```

(4) 다듬 절삭 사이클(G70) : 복합 반복 사이클

G70 P(ns) Q(nf) ;

여기서, P(ns) : 다듬 절삭 가공 지령절의 첫 번째 전개 번호
Q(nf) : 다듬 절삭 가공 지령절의 마지막 전개 번호

G71, G72, G73 사이클로 황삭 작업 후 정삭 작업을 하기 위해서 정삭 여유를 주는데, 이때 G70 사이클로 다듬 절삭(정삭 작업)을 한다.

G70에서의 F, S, T는 G71, G72, G73에서 지령된 것은 무시되고 전개 번호 ns와 Nf 사이에서 지령된 값이 유효하다. G70의 사이클이 완료되면 공구는 급속이동으로 시작점으로 오고 G70의 다음 블록을 받아들인다.

이러한 G70, G71, G73의 복합 반복 사이클에서는 ns와 nf 사이에 보조프로그램의 호출이 불가능하며, 거친 절삭에 의해 기억된 어드레스는 G70을 실행한 후 소멸된다.

(5) 단면 거친 절삭 사이클(G72) : 복합 반복 사이클

G72 P(ns) Q(nf) U(Δu) W(Δw) D(Δd) F(f) S(s) T(t) ;

여기서, P(ns) : 다듬 절삭 가공 지령절의 첫 번째 전개 번호
Q(nf) : 다듬 절삭 가공 지령적의 마지막 전개 번호
U(Δu) : X축 방향 다듬 절삭 여유-(지름 지령)
W(Δw) : Z축 방향 다듬 절삭 여유
D(Δd) : 1회 가공 깊이(절삭 깊이)
        (반지름 지령, 소숫점 지령 불가)

8) 나사 가공

(1) 나사 절삭 코드(G32)

G32 X(U)___ Z(W)___ (Q___) F___ ;

여기서, X(U)___ Z(W)___ : 나사 절삭의 끝지점 좌표
Q : 다줄 나사 가공 시 절입각도(1줄 나사의 경우 Q0이므로 생략)
F : 나사의 리드(lead)
    (F 대신 E를 사용할 때 인치계 나사의 경우, 인치로 되어 있는 피치를 밀리미터(mm)로 바꾸어 입력해야 한다.)

G32 지령으로 가공할 수 있는 나사는 평행 나사, 테이퍼 나사, 다줄 나사, 정면(Scroll) 나사 등이다.

나사의 피치 불량을 방지하기 위하여 주축위치 검출기(position coder)에서 1회전 신호를 검출하여 나사 절삭이 진행되므로 공구가 반복되어도 동일한 점에서 시작된다. 나사 가공을 할 때에는 주축의 회전수가 변하면 올바른 나사를 가공할 수 없으므로 주축 회전수 일정제어(G97)로 지령하고, 이송속도 조절 오버라이드는 100%로 고정(변경하지 않는다)하여야 한다. 또한, 나사 가공 중에는 나사의 불량 방지를 위하여 이송정지 기능이 무효화된다. 그러므로 나사 가공 중에 이송정지 버튼을 누르면 그 블록의 나사 가공이 완료된 후에 정지한다.

(2) 단일고정형 나사 절삭 사이클(G92)

① 평행 나사

```
G92 X(U)___ Z(W)___ F
```

② 테이퍼 나사

```
G92 X(U)___ Z(W)___ I___ F___ ; (FANUC 11T의 경우)
G92 X(U)___ Z(W)___ R___ F___ ; (FANUC 0T의 경우)
```

여기서, X(U) : 절삭 시 나사 끝지점 X좌표 (지름 지령)
Z(W) : 절삭 시 나사 끝지점의 Z좌표
F : 나사의 리드(lead)
I or R : 테이퍼 나사 절삭 시 나사 끝지점(X좌표)과 나사 시작(X좌표)의 거리(반지름 지령)와 방향(I-__, R-__는 외경나사, I__, R__는 내경나사)

(3) 복합고정형 나사 절삭 사이클(G76)

① 적용 기계 : FANUC 0T

```
G76 P(m)___ (r)___ (a)___ Q(Δd min)___ R(d)___ :
G76 X(U)___ Z(W)___ P(k)___ Q(Δd)___ R(i)___ F___ ;
```

여기서, p(m) : 다듬질 횟수(01~99까지 입력 가능)
(r) : 면취량(Oo~99까지 입력 가능)
(a) : 나사의 각도
C(Δdmm) : 최소 절입 깊이
R(d) : 다듬절차 여유
X(U), Z(W) : 나사 끝지점 좌표
P(k) : 나사산 높이(반지름 지령)
Q(Δd) : 첫 번째 절입 깊이(반지름 지령) - 소수점 사용 불가
R(i) : 테이퍼 나사에서 나사 끝지점 X값과 나사 시작점 X값의 거리(반지름 지령) - I=0이면 평행 나사이며, 생략할 수 있다.
F : 나사의 리드

② 적용 기계 : FANUC 11T

```
G76 X(U)___ Z(W)___ I___ K___ D___ (R___)F___ A___ P___ ;
```

여기서, X(U) Z(W) : 나사 끝지점 좌표
 I : 나사 절삭 시 나사 끝지점 X값과 나사 시작점 X값의 거리(반지름 지령)
  - I=0이면 평행 나사이며 생략할 수 있다.
 K : 나사산 높이(반지름 지령)
 D : 첫 번째 절입 깊이(반지름 지령) ---소수점 사용 불가
 F : 나사의 리드(L)
 A : 나사의 각도
 P : 절삭 방법(생략하면 절삭량 일정, 한쪽날 가공을 수행)
 R : 면취량

(4) 유형 반복 사이클(G73) : 복합 반복 사이클

① 적용 기계 : FANUC 0T

```
G73 U(Δd') W(Δw') R(e) ;
G73 P(ns) Q(nf) U(Δu) W(Δw) F(f) S(s) T(t) ;
```

여기서, U(Δd') : X축 거친 절삭 가공량(도피량)
 W(Δw') : Z축 거친 절삭 가공량(도피량)
 R(e) : 분할 횟수(거친 절삭 횟수)
 P(ns) : 다듬 절삭 가공 지령절의 첫 번째 전개 번호
 Q(nf) : 다듬 절삭 가공 지령절의 마지막 전개 번호
 U(Δu) : X축 방향 다듬 절삭 여유(지름 지령)
 W(ΔW) : Z축 방향 다듬 절삭 여유
 F, S, T : 거친 절삭 가공 시 이송속도, 주축속도, 공구 선택

② 적용 기계 : FANUC 11T

```
G73 P(ns) Q(nf) I(i) K(k) U(Δu) W(Δw) D(Δd) F(f) S(s) T(t) ;
```

여기서, P(ns) : 다듬 절삭 가공 지령절의 첫 번째 전개 번호
 Q(nf) : 다듬 절삭 가공 지령절의 마지막 전개 번호
 I(i) : X축 거친 절삭 가공량(도피량) : 반지름 지령
 K(k) : Z축 거친 절삭 가공량(도피량)
 U(Δu) : X축 방향 다듬 절삭 여유-(지름 지령)
 W(Δw) : Z축 방향 다듬 절삭 여유
 D(Δd) : 분할 횟수(거친 절삭 횟수)
 F, S, T : 거친 절삭 가공 시 이송속도, 주축속도, 공구 선택

G73은 단조나 주조 제품처럼 가공여유가 포함되어 있으며 일정한 형태를 가지고 있는 부품의 가공에 효과적이다. G73에서 I, K는 단조나 주조에서 가공 여유로 남겨 놓은 치수에서 절삭 가공의 다듬 절삭 여유를 제외한 치수를 의미한다.
참고로 환봉 형태의 소재가공에는 불필요한 시간이 많이 소요되므로 적당하지 못함

9) 가상인선

가공작업은 프로그램작성 후 프로그램 내용에 맞게 공구를 선정하여 작업을 하게 되는데, 이때 [그림 4-18 (a)]와 같이 X축은 외경에, Z축은 단면에 공구를 세팅하고, 이때 모든 공구는 공구의 끝이 날카롭지 않고 그림에서와 같이 로우즈 반경이 주어져 있다. 그러므로 [그림 4-18 (b)]의 확대도와 같이 끝이 없는데도 마치 끝이 있는 경우처럼 가정되어서 가공이 이루어진다.

그런데 이때 Z축에 수평이거나 X축에 수평인 제품의 가공에서는 문제점은 없으나 테이퍼나, 원호가공에서는 프로그램의 요구와는 다른 치수와 형상의 제품이 완성되게 된다. 이를 해결하기 위한 방법은 가상인선을 정해 놓고 이 점을 기준점으로 가상인선 보정을 하면 되는데 이를 "인선반지름보정"이라고 한다.

원리는 인선중심이 가공면에 대하여 항상 수직 방향으로 반지름 벡터(vector)만큼 떨어져 운동하도록 CNC 장치에서 제어하여 자동으로 보정한다.

10) 공구인선 반지름 보정

[인선 반지름 보정 명령 방법]

```
G41 (G00, G01) X(U) Z(W) ; 좌보정
G42 (G00, G01) X(U) Z(W) ; 우보정
G40 (G00, G01) X(U) Z(W) I K ; 취소
```

프로그램을 작성할 때 공구인선이 프로그램 경로의 어느 쪽에 접하여 이동하는가를 지정하여 주어야 하는데, 준비 기능 G41, G42([그림 4-18 (b)] 참조)로 지령하며 터이퍼 절삭이나 원호 절삭 시 반드시 지령하여야 한다.

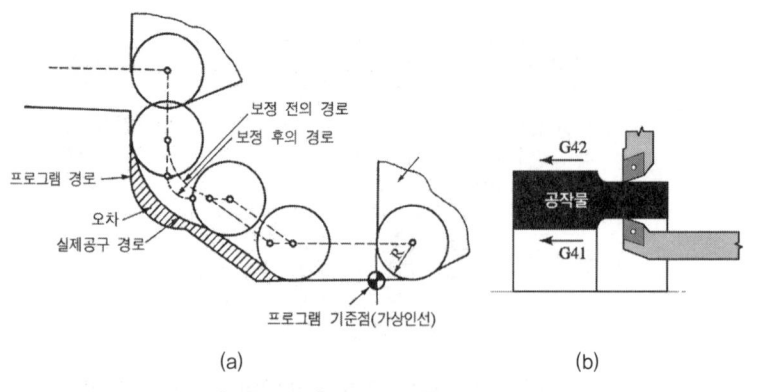

[그림 4-18] 공구인선 반지름 보정

04 CNC 선반 프로그램 작성

1 CNC 선반 프로그램 기본 패턴

공작물 수동 가공 및 원점 셋팅	모재 100mm, 도면 97mm, 수기 가공 3mm
〈뒷면 가공〉	
%	DNC 가공할 때 프로그램의 시작을 의미함
O0804;	프로그램 번호 기입(영문자와 숫자 4자리)
G28 U0. W0.;	기계 자동 원점복귀(현재점 기준 상대좌표)
G00 X150. Z100.;	공구 교환점 급속 이동
G50 S1500;	주축 최고회전수 1500rpm 지정
	(공작물 뒷부분 1번 공구 황삭 가공)
T0100;	1번 황삭 공구 호출
G96 S150 M03;	절삭 속도 150m/min 일정제어 후 주축 정회전 ON
G00 X55. Z5. T0101;	절삭 시작점 급속 이송 및 1번 공구 보정
G71 U1.0 R0.5;	황삭 사이클: U는 1회 절입량, R은 도피량
G71 P10 Q20 U0.4 W0.2 F0.15 M08;	황삭 사이클: P는 최초 블록 번호, Q는 최후 블록 번호, U는 X축 정삭 여유, W는 Z축 정삭 여유, F는 황삭 이송속도(mm/rev) 밀링 F(mm/min), 절삭유 ON
N10 G00 X0.;	(시작은 무조건 X축 0으로 급속 이송을 해줌)
G01 Z0.;	Z축 0으로 절삭 이송
좌푯값 적기	
N20 G01 X55.;	가공 초기점 X값과 일치
M09;	절삭유 OFF
G00 X150. Z100. T0100;	공구교환점(X200. Z100.) 급속 이송, 공구보정 해제
M05;	주축 정지
M00;	프로그램 일시정지
	(공작물 뒷부분 3번 공구 정삭 가공)
T0300;	3번 공구 교환
G96 S150 M03;	절삭 속도 150m/min 일정제어 후 주축 ON
G00 X55. Z5. T0303 ;	절삭 시작점 급속 이송 및 3번 공구보정 후 절삭유 ON
G70 P10 Q100 F0.1 M08;	정삭 사이클 시작 블록 N10에서 마지막 블록 N20까지 정삭 가공
M09;	절삭유 OFF
G00 X150. Z100. T0300;	공구 교환점(X150. Z100.) 급속 이송, 공구보정 해제
M05;	주축 정지
M00;	프로그램 정지

〈공작물 돌려 물린다〉	앞면 가공.(공작물 앞부분 1번 공구 황삭 가공)
T0100;	1번 공구 교환
G96 S150 M03;	절삭 속도 150m/min 일정제어 후 주축 ON
G71 U1.0 R0.5 ;	황삭 사이클: U는 1회 절입량, R은 도피량
G71 P10 Q20 U0.4 W0.2 F0.15 M08;	황삭 사이클: P는 최초 블록 번호, Q는 최후 블록 번호, U는 X축 정삭 여유, W는 Z축 정삭 여유, F는 황삭 이송속도 절삭유 ON
N10 G00 X0.;	(시작은 무조건 X축 0으로 급속 이송을 해줌)
G01 Z0.;	Z축 0으로 절삭 이송
좌푯값 적기	
N20 G01 X55. ;	
M09;	절삭유 OFF
G00 X200. Z100. T0100;	공구 교환점(X200. Z100.) 급속 이송 및 공구보정 해제
M05;	주축 정지
M00;	프로그램 일시 정지
T0300;	3번 공구 교환(공작물 앞부분 3번 공구 정삭 가공)
G96 S150 M03;	절삭 속도 150m/min 일정제어 후 주축 ON
G00 X55. Z5. T0303;	절삭 시작점 급속 이송 및 3번 공구 보정
G70 P30 Q40 F0.1 M08;	정삭 사이클 절삭유 ON
M09;	절삭유 OFF
G00 X200. Z100. T0300	공구 교환점(X200. Z100.) 급속 이송 및 공구보정 해제
M05;	주축 정지
M00;	프로그램 일시 정지
T0500;	5번 공구 교환(공작물 앞부분 5번 공구 홈가공)
G97 S600 M03;	회전수 600rpm 일정 제어 후 주축 ON
G00 X_. Z-_. T0505 ;	절삭 시작점 급속 이송 및 5번 공구 보정
G01 X_. F0.08 M08;	X축 절삭 이송 및 이송속도 지정, 절삭유 ON
G04 P1000;	1초 간 휴지
G00 X55.;	X55. 급속 이송
W2.;	상대좌표 Z축＋2mm 이동, 홈 바이트가 3mm, 홈 폭 5mm 경우
G01 X_.;	홈바이트 깊이까지 절삭
G04 P1000;	1초 간 휴지
G00 X55.;	X55. 급속 이송
M09;	절삭유 OFF
G00 X200. Z100. T0500;	공구 교환점(X200. Z100.) 급속 이송 및 공구보정 해제
M05;	주축 정지
M00;	프로그램 일시 정지

T0700;	7번 공구 교환(공작물 앞부분 7번 공구 나사 가공)
G97 S500 M03;	회전수 500rpm 일정제어 후 주축 ON
G00 X_. Z_. T0707;	절삭 시작점 급속 이송 및 7번 공구 보정
G76 P011060 Q50 R20;	나사 가공 사이클
G76 X_. Z_. P890 Q350 F1.5 M08;	나사 가공 사이클 절삭유 ON
M09;	절삭유 OFF
G00 X200. Z100. T0700;	공구 교환점(X200. Z100.) 급속 이송 및 공구 보정 해제
M05;	주축 정지
M02;	프로그램 종료
%	DNC 가공할 때 프로그램의 끝을 의미함

2 CNC 선반 프로그램 작성

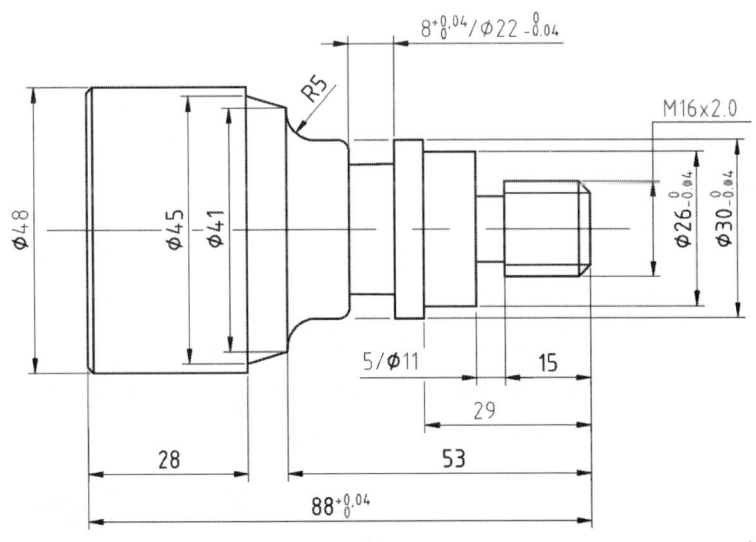

	M16 X 2.0 보통급	
수나사	외경	$15.962_{-0.28}^{0}$
	유효경	$14.663_{-0.16}^{0}$

주서
1. 도시되고 지시없는 모떼기 C1, 필렛 및 라운드 R2
2. 일반 모떼기 C0.2~C0.3

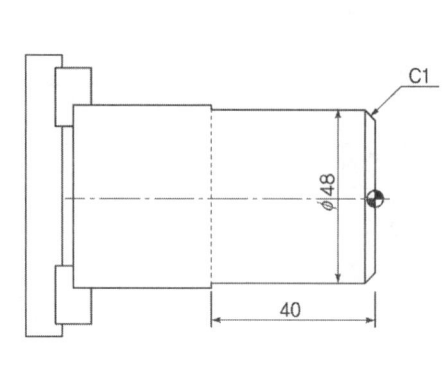

번호	01	과제명	1차 가공
사용재료	SM45C ⌀60×90		

tool setting sheet

공구명	공구번호	절삭속도	이송속도	비고
황삭	T0100	V=130	0.15	u=0.4 w=0.2
정삭	T0300	V=200	0.1	
홈	T0500	S=700	0.07	t=3
나사	T0700	S=500		p2.0

황정삭: G96, 홈, 나사 가공: G97 사용

입력내용	설명
%	데이터 전송
O0101	어드레스인 영문자 "O" 다음에 4자리 숫자
G28 U0. W0. ;	상대좌표 이용 원점복귀
G50 S1800 ;	주축 최고회전수 지정(G50)
T0100 ;	외경 황삭 바이트 공구 교환(T0100)
G96 S130 M03 ;	주축 속도 일정 제어, 주축 정회전
G00 X55. Z0. T0101 M08 ;	가공 시작점으로 이동, 1번 Offset량 보정
G01 X-1.5 F0.15 ;	단면 다듬질 절삭
G00 X46. Z2. ;	
G01 G42 Z0. ;	인선 R 우측 보정
X48. Z-1.0 ;	
Z-40. ;	
X55. ;	
G00 G40 X200. Z150.T0100 M09 ;	공구 교환점 복귀, 공구 보정 취소, 절삭유 off
M05 ;	주축 정지
M02 ;	프로그램 종료
%	

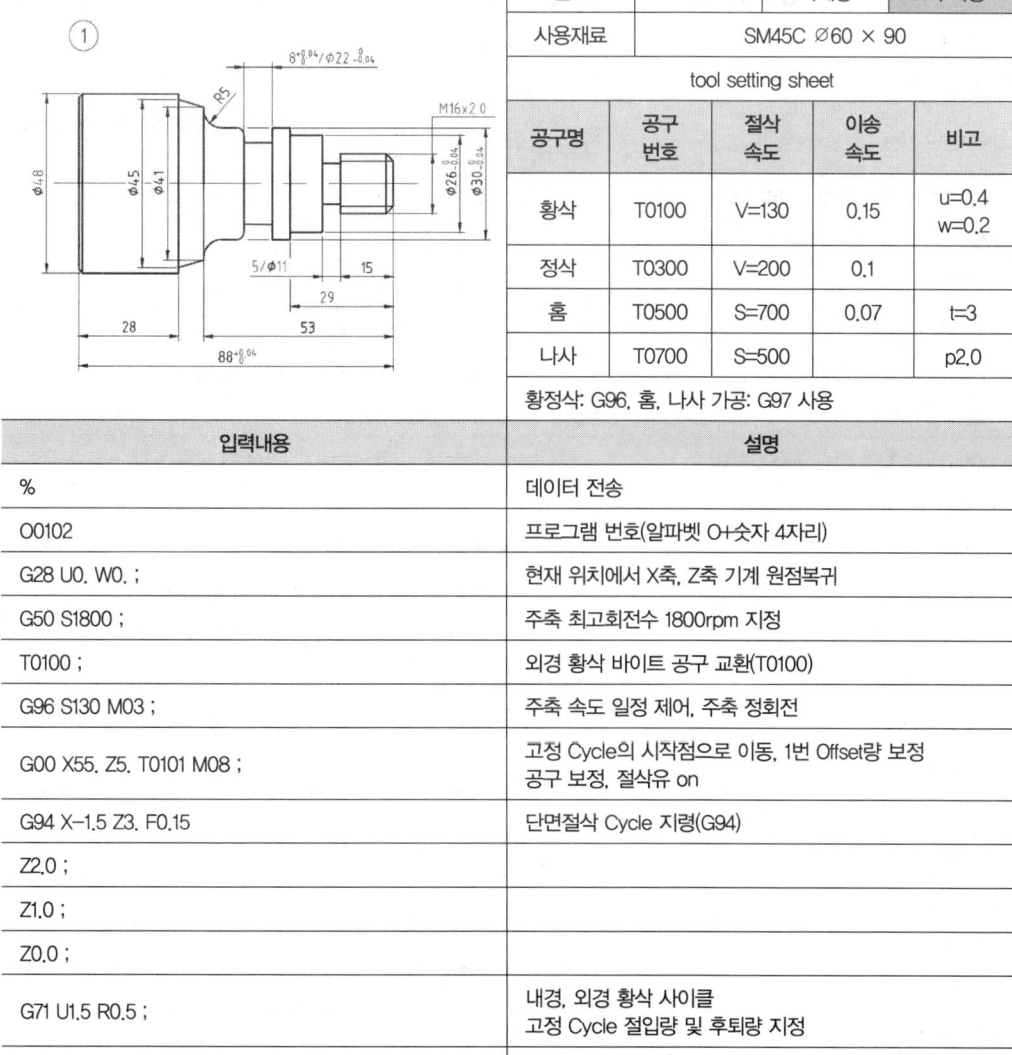

번호	02	과제명	2차 가공
사용재료	SM45C ∅60 × 90		
tool setting sheet				

공구명	공구번호	절삭속도	이송속도	비고
황삭	T0100	V=130	0.15	u=0.4 w=0.2
정삭	T0300	V=200	0.1	
홈	T0500	S=700	0.07	t=3
나사	T0700	S=500		p2.0

황정삭: G96, 홈, 나사 가공: G97 사용

입력내용	설명
%	데이터 전송
O0102	프로그램 번호(알파벳 O+숫자 4자리)
G28 U0. W0. ;	현재 위치에서 X축, Z축 기계 원점복귀
G50 S1800 ;	주축 최고회전수 1800rpm 지정
T0100 ;	외경 황삭 바이트 공구 교환(T0100)
G96 S130 M03 ;	주축 속도 일정 제어, 주축 정회전
G00 X55. Z5. T0101 M08 ;	고정 Cycle의 시작점으로 이동, 1번 Offset량 보정 공구 보정, 절삭유 on
G94 X−1.5 Z3. F0.15	단면절삭 Cycle 지령(G94)
Z2.0 ;	
Z1.0 ;	
Z0.0 ;	
G71 U1.5 R0.5 ;	내경, 외경 황삭 사이클 고정 Cycle 절입량 및 후퇴량 지정
G71 P10 Q20 U0.4 W0.2 F0.25 ;	N10 ~ N20까지 고정 Cycle 지령
N10 G00 X12. ;	
G42 ;	인선 R 우측 보정
G01 Z0. F0.1 ;	
X16.Z−2.0 ;	
Z−20. ;	
X26. ;	
Z−29. ;	
X30. ;	
Z−48. ;	
G02 X40. Z−53. R5. ;	

입력내용	설명
G01 X41. ;	
X45. Z-60. ;	
N20 G01 X55. ;	고정 Cycle의 마지막 Block에서는 자동면취 및 자동코너 R 지령은 할 수 없다.
G00 G40 X200. Z150. T0100 M09 ;	인선 R보정 무시 하면서 공구교환점으로 후퇴
M00 ;	프로그램 정지
T0300 ;	외경 정삭 바이트 공구 교환(T0300)
G96 S200 M03 ;	주속 일정제어 ON(G96)
G00 X50. Z2. T0303 M08 ;	정삭 Cycle 시작점으로 이동, 3번 Offset량 보정
G70 P10 Q20 F0.1 ;	정삭 Cycle 지령
G00 G40 X200. Z150. T0300 M09 ;	공구교환 지점으로 이동, Offset량 보정 무시
M00 ;	
T0500 ;	홈 바이트 공구 교환(T0500)
G97 S700 M03 ;	주속 일정제어 OFF(회전수 일정 정회전)
G00 X30. Z-20. T0505 M08 ;	홈 가공 시작점으로 이동, 5번 Offset량 보정
G01 X11. F0.07 ;	
G04 P1000 ;	Dwell Time 지령(홈 바닥면에서 1초 정지)
G00 X18. ;	
W2.0 ;	
G01 X11. ;	
G04 P1000 ;	
G00 X32. ;	
Z-42. ;	
G01 X22.04 F0.07 ;	
G04 P1000 ;	
G00 X32. ;	
W2. ;	
G01 X22.04 ;	
G04 P1000 ;	
G00 X32. ;	
W2. ;	
G01 X22.04 ;	
G04 P1000 ;	
G00 X32. ;	
W1. ;	

입력내용	설명
G01 X22.04 ;	
G04 P1000 ;	
G00 X32. ;	
G01 X22. ;	홈 가공 정삭 가공
Z-42. ;	
X26. ;	
G03 X30. W-2. R2.0 ;	홈 바이트로 R 가공
G01 X32. ;	
G00 X200. Z150. T0500 M09 ;	공구 교환 지점으로 이동, Offset량 보정 무시
M00 ;	
T0700 ;	외경 나사 바이트 공구 교환(T0700)
G97 S500 M03 ;	주속 일정제어 OFF(G97)
G00 X18. Z2. T0707 M08 ;	나사 가공 시작점으로 이동, 7번 Offset량 보정
G76 P011060 Q50 R20 ;	자동 나사 가공 Cycle(G76) P ○○ □□ △△ → 나사산의 각도 → Chamfering량 지정 → 정삭 반복횟수 지정
G76 X13.62 Z-17. P1190 Q350 F2. ;	X: 나사의 골경 Z: 챔퍼링 끝지점의 나사길이 P: 나사산의 높이(반경지정) Q: 최초 절입량 0.35mm F: 나사의 Lead
G00 X200. Z150. T0700 M09 ;	공구 교환 지점으로 이동, Offset량 보정 무시
M05	주축 정지
M02	프로그램 종료
%	

CHAPTER 5 밀링 가공

01 밀링머신의 가공 분야

밀링머신은 많은 날을 가진 커터를 회전시켜 테이블 위에 고정된 공작물을 절삭 가공하는 공작기계이다. 이 기계에서 가공할 수 있는 작업은 다음과 같다.

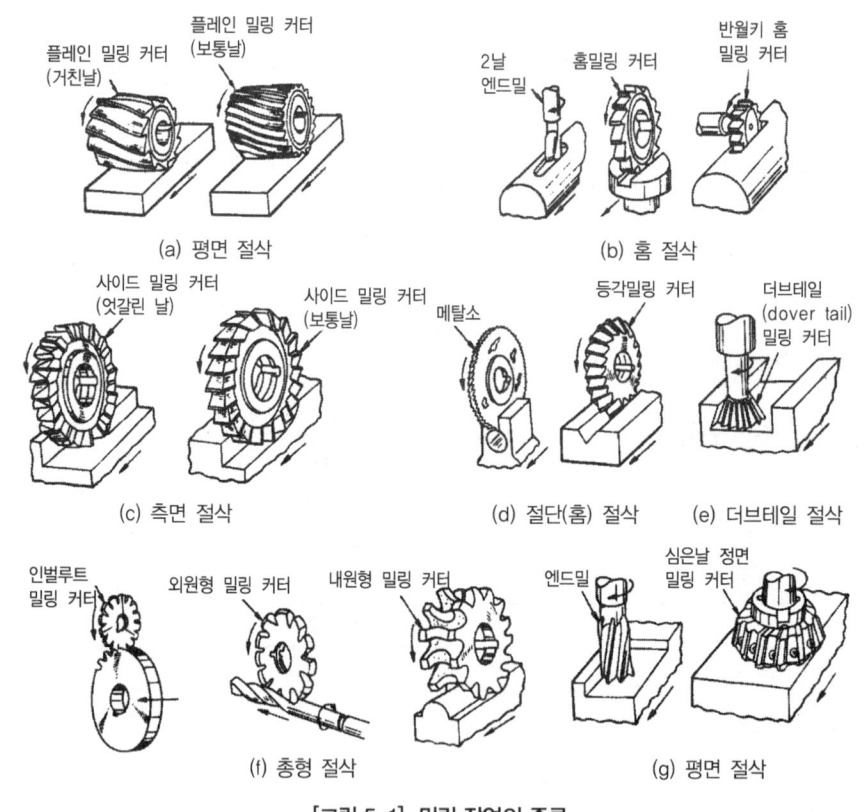

[그림 5-1] 밀링 작업의 종류

02 밀링머신의 크기 표시

① 일반적으로 가공할 수 있는 최대치수 및 번호(0~5번)
② 표준형 : 테이블의 좌우 이송거리
    새들(saddle)의 전후 이송거리
    니(knee)의 상하 이송거리

③ 보통의 크기 표시 : 테이블의 이동량(좌우×전후×상하)

테이블의 작업 면의 크기(길이×폭)

㉠ 만능 및 수평 밀링머신 : 주축 중심선으로부터 테이블 면까지의 최대거리

㉡ 수직 밀링머신 : 주축 끝으로부터 테이블 면까지의 최대거리 및 주축 헤드의 최대 이동거리

④ 보통 호칭 번호의 크기로 표시(0~5번) → 새들의 전후 이송거리(50mm) 간격

번호	No.0	No.1	No.2	No.3	No.4	No.5
이동거리	150	200	250	300	350	400

03 밀링머신의 종류

1) 니형 밀링머신(knee type milling mmachine)

(a) 수평 밀링머신　　　(b) 수직 밀링머신　　　(c) 만능 밀링머신

[그림 5-2] 니형 밀링머신 종류

(1) 수평 밀링머신(horizontal milling machine)

스핀들을 칼럼(column) 상부에 수평 방향으로 장치하고 회전하며, 니는 상하로 이동하고, 새들은 전후 방향, 테이블은 새들 위에서 좌우로 이송하므로 테이블은 칼럼의 앞면을 전후, 좌우, 상하 세 방향으로 이동하게 된다.

아버(arbor)는 스핀들 구멍에 고정하고 여기에 밀링 커터를 고정하여 공작물을 가공한다. 아버의 끝부분은 아버 지지부로 지지되며, 끝부분의 커터를 죄는 나사는 회전함에 따라 너트가 잠기도록 왼나사로 되어 있다.

(2) 수직 밀링머신(vertical milling machine)

스핀들이 수직 방향으로 장치되며, 정면 커터(face cutter)와 엔드밀(end mill) 등을 이용하여 평면 가공, 홈 가공, 측면 가공 등에 적합한 기계이다.

스핀들 헤드는 고정형, 상하 이동형이 있으며, 일명 복합형이라 하여 좌우로 적당한 각도로 경사시킬 수 있고 수평작업도 가능한 형식이 있다.

(3) 만능 밀링머신(universal milling machine)

수평 밀링머신과 거의 같으나 다른 점은 새들 위에 선회대가 있고, 그 위에서 테이블이 수평 선회하는 점이 다르다. 이는 분할대를 이용하여 나선 홈을 가공할 수 있으며, 헬리컬 기어(helical gear), 트위스트 드릴(twist drill)의 홈 등을 절삭할 수 있다.

2) 생산형 밀링머신(production milling machine)

밀링머신의 기능을 대량생산에 적합하도록 단순화 및 자동화된 밀링머신이며, 스핀들 헤드가 1개 있는 단두형, 2개 있는 쌍두형, 2개 이상 있는 다두형이 있다. 테이블은 상하 이송하지 않고 좌우로만 이송하기 때문에 베드형 밀링머신이라고도 한다. 또한 공작물을 고정한 원형 테이블을 연속 회전시키며 가공하는 회전 밀러(rotary miller)인 회전 테이블형 밀링머신이 있고, 2개의 스핀들 헤드를 써서 두 종류의 가공을 동시에 할 수 있는 고성능 밀링머신이다.

3) 플레이너형 밀링머신(planer type milling machine)

플래노 밀러(plano-miller)라고도 하며, 플레이너의 공구대 대신 밀링 헤드가 장치된 형식이다. 대형 공작물과 중량물의 공작물을 강력 절삭에 적합하며, 쌍두형과 단두형이 있다.

4) 특수 밀링머신

특수 밀링머신에는 지그(jig), 게이지(gauge), 다이(die) 등의 공규류를 가공하는 공구 밀링머신, 나사를 전용으로 가공하는 나사 밀링머신, 모방 장치를 이용하여 단조, 프레스, 주조용 금형 등의 복잡한 형상의 공작물을 가공하는 모방 밀링머신과 그 외 탁상 밀링머신, 키이 홈 밀링머신, 조각 밀링머신 등이 있다.

04 밀링머신의 구조

1) 칼럼(column)

밀링머신의 본체로서 앞면은 미끄럼면으로 되어 있으며, 아래는 베이스를 포함하고 있다. 미끄럼면은 니를 상하로 이동할 수 있도록 되어 있으며, 베이스와 니 사이에 잭 스크루를 지지하고 있어 니의 상하 이송이 가능하도록 되어 있다.

2) 오버암(over arm)

칼럼의 상부에 설치되어 있는 것으로 플레인 밀링 커터용 아버를 아버 브레이스가 지지하고 있다. 아버 브레이스는 임의의 위치에 체결하도록 되어 있다.

3) 니(knee)

칼럼에 연결되어 있으며, 위에는 테이블을 지지하고 있다. 또한 니는 테이블을 좌우, 전후, 상하를 조정하는 복잡한 기구가 포함되어 있다.

4) 새들(saddle)

테이블을 지지하며, 니의 상부 미끄럼면 위에 얹혀 있어 그 위를 앞뒤 방향으로 미끄럼 이동하는 것으로서 윤활장치와 테이블의 어미나사 구동기구로 이루어져 있다.

5) 테이블(table)

공작물을 직접 고정하는 부분이며, 새들 상부의 안내면에 장치되어 수평면을 좌우로 이동한다.

05 밀링머신의 부속장치

1) 분할대(indexing head)

밀링머신의 테이블에 설치하고 공작물을 분할대의 스핀들과 심압대 센터 사이에 지지하거나 스핀들에 장치한 척에 공작물을 고정하고, 필요한 각도나 등분으로 분할할 때 사용한다. 또한, 변환기이로 데이블과 연결하여 비틀림 홈, 스파이럴 기어 등을 가공할 수 있다. 종류에는 만능식과 단능식의 2종이 있다.

2) 회전 테이블(circular table)

밀링머신의 테이블에 올려놓고 주로 원형 공작물을 가공할 때 이용한다. 공작물은 회전 테이블 위의 바이스에 고정하고, 수동 또는 테이블 자동이송으로 가공한다. 원판도 가공할 수 있고, 또한 테이블의 좌우 및 전후이송을 사용하면 윤곽 가공도 할 수 있고, 회전 테이블 핸들을 사용하면 간단한 분할 작업도 할 수 있다.

보통 사용되는 테이블 지름은 300mm, 400mm, 500mm 등이 사용된다.

3) 슬로팅 장치(slotting attachment)

수평 밀링머신이나 만능 밀링머신의 칼럼에 설치하여 사용한다. 주축 회전운동을 직선 왕복운동으로 변환시켜 슬로터 작업을 할 수 있도록 한 장치이며, 공작물 안지름에 키홈, 스플라인(spline), 세레이션(serration) 등을 가공한다. 슬로팅 장치는 주축을 중심으로 좌우 90°씩 선회할 수 있다.

4) 수직 밀링 장치(vertical milling attachment)

수직축 장치는 수평 밀링머신의 칼럼(column) 상부의 주축에 고정하고 주축에서 기어로 회전이 전달되며, 수직축의 회전수는 밀링머신의 주축의 회전수와 같다. 수직축은 칼럼과 평행된 면 내에서 임의의 각도로 경사시킬 수 있다.

5) 래크 절삭 장치(rack cutting attachment)

만능 밀링머신의 칼럼에 고정되고, 밀링머신의 주축에 의하여 회전이 전달되어 래크 기어(rack gear)를 절삭할 때 사용한다. 공작물 고정용의 특수 바이스(vice) 및 테이블 단부에 고정된 래크 장치에는 각종 피치(pitch)의 래크 절삭이 가능하도록 기어 변환장치가 있다.

06 밀링머신의 절삭 공구

1) 평면(Plain) 밀링 커터
① 주축과 평행한 평면을 절삭할 때
② 비틀림 날의 나선각(보통 15~30°)
  ㉠ 15° : 경 절삭용
  ㉡ 25~35° : 중 절삭용
  ㉢ 45~70° : 헬리컬 밀링 커터(진동이 적고 가공면이 양호하나, 추력(thrust)이 작용한다.)
  ※ 비틀림날 여유각 3~6°

2) 측면 밀링 커터(side milling cutter)
① 측면 밀링 커터 : 비교적 날 폭이 좁으며 날은 원주와 양측에 있다. 홈 파기, 정면 밀링에 사용한다.
② 엇갈린날 밀링 커터 : 좁은 원통형 커터로 서로 15° 정도 어긋나 반대 방향으로 나선날이 있다.
③ 슬로팅 밀링 커터 : 직경에 비해서 길이가 긴 커터이다.

3) 메탈 슬리팅 소 : 절단과 홈 파기용

4) 각 밀링 커터 : 내부의 홈 가공용으로 편각 커터는 45°, 50°, 60°, 70°, 80°가 있고, 양각 커터는 V형 날로서 45°, 60°, 90°가 있다.

5) 엔드밀 : 일반적으로 가공물의 외측 홈 부 좁은 평면 등의 가공
① 테이퍼 자루와 일체가 되어 주축
② 특히 대형은 자루와 절인이 별개로 되어 셀 엔드밀(대형 공작물가공)이라 함
  ※ 20mm 이상 테이퍼 자루, 20mm 이하 곧은 자루
  ※ 드릴 13mm 이상 테이퍼 자루, 13mm 이하 곧은 자루

6) 정면 밀링 커터(face milling cutter) : 밀링 커터 축에 수직인 평면 가공을 한다.

7) 총형 밀링 커터 : 윤곽을 갖는 커터이며, 기어, 커터, 리머, 탭 등 윤곽을 가공 시 사용한다.

8) **슬래브 밀링 커터** : 절삭량을 크게 하여 평면절삭, 비틀림날에 홈을 내어 절삭 칩이 끊어지게 한다.

9) **플라이 커터** : 단인공구로 요구하는 모양으로 연삭하여 사용. 수량이 적은 공작물의 특수한 형상을 가진 부분을 가공할 경우 총형 밀링 커터로 만들어 경제적, 시간적 여유가 없을 때 사용된다.

10) **홈 밀링 커터** : T홈, 반달키 홈 등을 가공을 한다.

07 밀링 절삭 이론

1) 절삭 속도
밀링 커터의 매분 원주 속도로써 공작물 및 공구의 재질에 따라 따르다.

$$V = \frac{\pi DN}{1000} [\text{m/min}]$$

여기서, D : 커터 지름(mm)
N : 회전수(rpm)
V : 속도(m/min)

2) 이송 속도
밀링 가공 시 이송속도는 밀링 커터의 날 1개마다의 이송을 기준으로 한다.

$$f = f_z \times Z \times N, \quad \text{날 1개당 이송(mm/toolth)}$$

여기서, f : 테이블 이송(mm/min)
N : 커터 회전수(rpm)
Z : 커터날 수(개)

절삭속도를 결정할 때는 다음과 같은 원칙을 고려한다.
① 공구의 수명을 연장하기 위해서는 약간 절삭속도를 낮게 한다.
② 공작물의 강도, 경도 등의 기계적 성질을 고려한다.
③ 황삭 가공할 때에는 저속으로 이송을 크게 하고, 다듬질 가공할 때에는 고속으로 이송을 느리게 한다.
④ 밀링 커터의 마멸과 손상이 클 경우는 절삭속도를 느리게 한다.

3) 절삭 깊이
절삭 깊이가 커지면 절삭속도를 낮게 하고, 절삭 깊이를 작게 하면 절삭속도를 높여 가공하는 것이 일반적이다.

08 상향 절삭과 하향 절삭

구분	상향 절삭	하향 절삭
장점	① 칩이 날을 방해하지 않는다. ② 밀링 커터의 진행 방향과 테이블의 이송 방향이 반대이므로 이송기구의 백래시를 제거한다. ③ 기계에 무리를 주지 않는다. ④ 일반적인 가공에 유리하고 치수정밀도의 변화가 적다. ⑤ 절삭날에는 가공 시작부터 끝까지 절삭저항이 점차 증가하므로 절삭날에 작용하는 충격이 적다.	① 커터가 공작물을 아래로 누르는 것과 같은 작용을 하므로 공작물 고정이 간단하다. ② 커터의 마모가 적고 또한 동력 소비가 적다. ③ 가공면이 깨끗하다. ④ 절단, 홈 가공 등 난점이 있는 대량생산에 유리하고 가공면을 잘 볼 수 있고, 절삭량을 크게 할 수 있다. ⑤ 커터의 절삭 방향과 이송 방향이 같으므로 절삭날 하나하나의 날자리 간격이 짧다.
단점	① 커터가 공작물을 올리는 작용을 하므로 공작물을 견고히 고정해야 한다. ② 커터의 수명이 짧다. ③ 동력 낭비가 많다. ④ 가공면이 깨끗하지 못하다.	① 칩이 커터와 공작물 사이에 끼어 절삭을 방해한다. ② 떨림이 나타나 공작물과 커터를 손상시키며 백래시 제거 장치가 없으면 작업을 할 수 없다.

09 분할 작업(법)

1) 직접 분할법(=면판분할법)

분할대의 면판에 24개의 구멍이 등 간격으로 뚫어져 있음.(면판 위의 24개 구멍을 이용하여 분할)

> **참고**
> • 24의 약수 : 2, 3, 4, 6, 8, 12, 24 ⇒ 7종 분할 가능, $\dfrac{24}{N}$

2) 단식 분할법

웜과 웜(기어) 휠의 기어 비는 1 : 40.(분할 크랭크 1회전은 웜 휠을 1/40 회전시킴)

$$\frac{h}{H} = \frac{R}{N} = \frac{40}{N}$$

여기서, H : 분할대 구멍 수
h : 1회 분할에 필요한 구멍 수
R : 웜과 웜 휠의 회전비(브라운샤프형, 신시네티형)
N : 분할 등분수

단식 분할로 원주 72등분

 $\dfrac{h}{H}=\dfrac{40}{N}=\dfrac{40}{72}=\dfrac{10}{18}$ ⇒ 분할판 18공(열)을 사용하여 매 회전 10공씩 이동시킨다.

> **참고**
> • 1~3판에서 18구멍의 판을 찾아서 정하고 분자의 숫자만큼 이동시킨다.

원주 7등분

 $\dfrac{h}{H}=\dfrac{40}{N}=\dfrac{40}{7}=5\dfrac{5\times3}{7\times3}=5\dfrac{15}{21}$ ⇒ 분할판 21공(열)을 사용하고 5회전과 15공씩 이동시킨다.

원주 15등분

 $\dfrac{h}{H}=\dfrac{40}{15}=2\dfrac{10\times2}{15\times2}=2\dfrac{20}{30}$

3) 각도 분할법

$$\dfrac{h}{H}=\dfrac{\theta°}{9°}=\dfrac{\theta\times60'}{540'}$$

원주에 $7\dfrac{1}{2}$로 분할

 $\dfrac{7\dfrac{1}{2}}{9}=\dfrac{\dfrac{15}{2}}{9}=\dfrac{15}{18}$

CHAPTER 6 CNC 밀링(머시닝센터)

01 머시닝센터 조작 준비

1 머시닝센터 구조

1) 머시닝센터의 특징

밀링머신, 보링머신, 드릴머신 등을 하나로 한 복합 공작기계인 머시닝센터에 따라 자동적으로 바꾸어 주는 자동공구교환장치(ATC : Automatic Tool Changer)를 갖추고 있으므로 직선 또는 원호를 가공하거나 드릴링, 탭핑, 보링 등의 연속된 작업을 일관되게 할 수 있으므로 복잡한 형상의 기계 부품을 손쉽게 가공할 수 있는 공작기계를 말한다. CNC 머시닝센터의 특징은 다음과 같다.

① 소형부품은 테이블에 여러 개 고정하여 연속작업을 할 수 있음
② 면 가공, 드릴링, 태핑, 보링 작업 등을 수동으로 공구 교환 없이 자동 공구 교환을 한다. 공구를 자동교환함으로써 공구 교환 시간이 단축되어 가공 시간을 줄일 수 있음
③ 원호 가공 등의 기능으로 엔드밀을 사용하여도 치수별 보링 작업을 할 수 있어 특수 치공구의 제작이 불필요함
④ 주축회전수의 제어 범위가 크고 무단변속을 할 수 있어서 요구하는 회전수를 빠른 시간 내 정확히 얻을 수 있음
⑤ 컴퓨터를 내장한 NC로서 메모리 작업을 할 수 있으므로 한사람이 여러 대의 기계를 가동할 수 있기 때문에 인건비를 절약할 수 있음
⑥ 프로그램 오류 시 직접 키보드를 사용하여 수정 작업을 할 수 있음

2) 머시닝센터의 구조

① 주축대(spindle head) : 공구를 고정하고 회전력을 주는 부분으로 일반적으로 공압을 이용하여 공구를 고정한다. 공구를 클램핑하였을 때 주축의 중심과 공구의 중심이 정확히 일치하게 되어 있다.
② 베드(bed) : 베드는 고강성을 유지할 수 있도록 되어 있고, 슬라이드면은 마찰 저항이 극히 적은 안내면으로 구성되어 있다.
③ 컬럼(column) : 컬럼은 베드 위에 부착되어 있으며, 스핀들 헤드를 지지하고 안내해 주는 역할을 한다.
④ 베이스(base)와 칼럼(column) : 주축대와 테이블을 지지하는 새들이 부착된 부분을 말한다.
⑤ 테이블(table)과 새들(saddle) : 테이블은 새들 위에 배치되어 있으며, 테이블은 T홈이 가공

되어 있어 바이스 및 각종 고정구를 이용하여 가공물을 고정하기 용이한 구조로 되어 있는 테이블과 서보 기구의 구동으로 테이블을 이송하는 이송기구가 있으며, 이송기구는 일반적으로 볼 스크루를 사용한다.

⑥ 조작반 : CRT 조작판은 기계를 움직이며 프로그램을 입력 및 편집할 수 있는 각종 키로 구성되어 있다.

⑦ 제어장치 및 서보 기구 : 조작반이나 기타 입력 장치에서 입력된 정보를 처리하는 제어장치와 서보 기구 및 스핀들 전동기, 기타 주변장치를 제어하는 컨트롤 장치로 구성되어 있다.

⑧ 전기 회로 장치 : 대부분 기계의 뒷면이나 측면에 부착되어 있으며 전기 회로 및 강전반으로 구성되어 있다.

3) CNC 머시닝센터의 주요 부품

(1) 자동공구 교환장치(ATC)

자동공구 교환장치는 공구 매거진(tool magazine), 공구 교환기(change arm), 서브 체인저(sub changer)로 구성되며 모든 기능은 전기모터와 공압 실린더에 의해 작동된다. 공구 매거진(tool magazine) 종류 : 드럼(drum)형, 체인(chain)형, 공구 선택방식이 있다.

① 순차(sequential) 방식 : 매거진 내의 배열순으로 공구를 주축에 장착

② 랜덤 방식
  ㉠ 배열순과는 관계없이 매거진 포트 번호 또는 공구번호를 지령하는 것에 의해 임의로 공구를 주축에 장착
  ㉡ 순차 방식에 비해 구조가 복잡하고 공구의 배치에 주의를 기울여야 함
  ㉢ 사용 빈도가 높은 공구를 항상 같은 번호로 매거진에 넣어두고 쓰거나 한 개의 공구를 한 작업에서 여러 번 선택하여 사용할 경우에는 공구를 순서대로 배열할 필요가 없기 때문에 프로그램이 간단해지고 사용이 편리하다.

③ 공구교환기(change arm) : 스핀들에 꽂혀있는 공구와 새로 사용될 공구를 교환해주는 장치로 대기 포트에 꽂혀있는 공구와 스핀들에 꽂혀있는 공구를 동시에 뽑아 180° 회전하여 장착시킨다.

④ 서브 체인저(sub-changer) : T 지령에 의하여 공구 매거진에 꽂혀있는 공구를 대기 포트에 M06 지령에 의하여 대기 포트에 꽂혀있는 공구를 공구 매거진에 장착한다. 수동으로 교환시킬 수도 있다.

(2) 자동 팔레트 교환 장치(APC)

공작물의 장착 및 탈착 시간을 단축하기 위하여 2개 이상의 팔레트를 이용하여 1개가 기계 측에서 작업하는 도중에 다른 팔레트는 공작물을 장착 및 탈착한다. 2개의 팔레트는 모양이 동일하며 작동은 수동 조작 및 자동 프로그램에 의한 교환이 가능하다. 테이블을 대용할 수 있는 APC의 교환 장치는 팔레트 유닛, 팔레트 베드, 공압장치로 구성된다.

4) CNC 공작기계의 주요 구성요소

① 컨트롤러(controller) : 천공테이프에 기록된 언어, 즉 정보를 받아서 펄스(pulse) 화 시킨다. 이 펄스 화 된 정보는 서보 기구에 전달되어 여러 가지 제어 역할을 한다.
② 서보모터(servo motor) : 펄스에 의한 각각 지령에 따라 대응하는 회전운동을 한다.
③ 서보 기구(servo unit) : 펄스 화 된 정보는 서보 기구에 전달되어 정밀도와 아주 관계가 깊은 X, Y, Z 등 각 축을 제어한다.
④ 볼 스크루(ball screw) : 서보모터에 연결되어 있어 서보모터의 회전운동을 직선운동으로 바꾸어 주는 장치
⑤ 리졸버(resolver) : 기계의 움직임을 전기적인 신호로 표시하는 장치
⑥ 엔코더(encoder) : 서보모터 회전운동의 위치 검출 및 이송 속도를 검출하는 장치이고 서보모터 뒤쪽에 부착되어 있다.

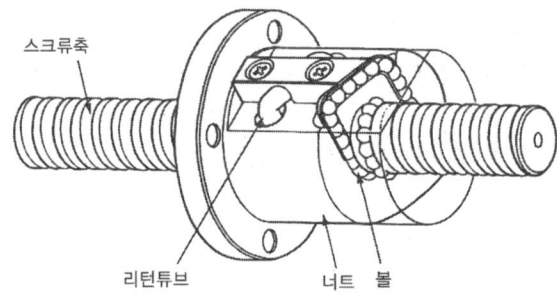

[그림 6-1] 볼 스크루

5) 서보 기구의 종류

(1) 개방회로 제어방식(open loop system)

구동 모터로는 스태핑 모터(stepping motor)가 사용되며, 검출기나 피드백 회로를 가지지 않기 때문에 정밀도가 낮아 오늘날 NC 기계에는 거의 사용하지 않는다.

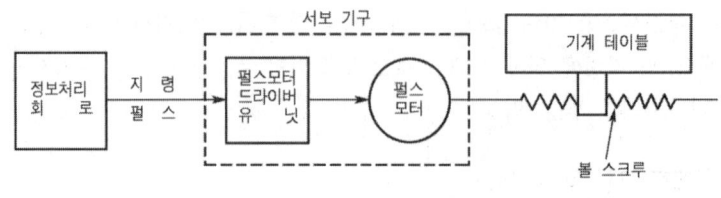

[그림 6-2] 개방회로 제어방식

(2) 반 폐쇄 회로 방식(semi-closed loop system)

서보모터의 축 또는 볼 스크루의 회전 각도를 통하여 위치를 검출하는 방식으로 직선 운동을 회전 운동으로 바꾸어 검출한다. CNC 공작기계에 이 방식을 많이 사용한다.

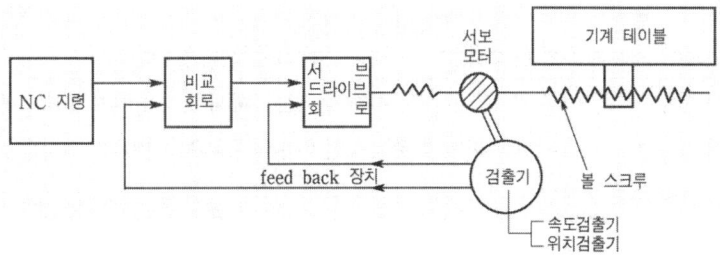

[그림 6-3] 반 폐쇄회로 방식

(3) 폐쇄 회로 방식(closed loop system)

기계의 테이블에 직접적으로 스케일(scale)을 부착하여 위치편차를 피드백 시키는 방식으로 반 폐쇄회로 제어방식과 제어방식은 같지만 정밀도가 높아 고정밀도의 공작기계나 대형 공작기계 등에 많이 사용한다.

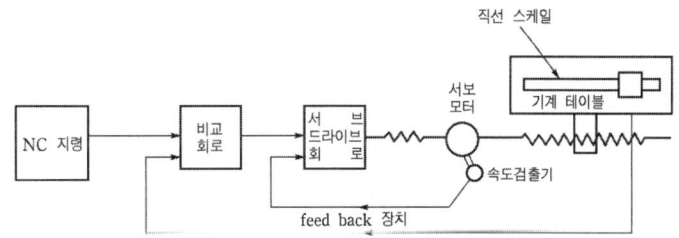

[그림 6-4] 폐쇄 회로 방식

(4) 복합회로 제어방식(hybrid loop system)

반 폐쇄회로 제어방식과 폐쇄회로 제어방식을 결합한 제어방식으로 반 폐쇄회로의 높은 게인(gain : 증폭기 등의 입력에 대한 출력의 비율)을 이용하여 제어하며 기계의 오차는 직선형(linear) 스케일에 의한 폐쇄회로로써 보정하여 정밀도를 향상시킨다. 대형 공작기계와 같이 강성을 충분히 높일 수 없는 기계에 적합한 방식이다.

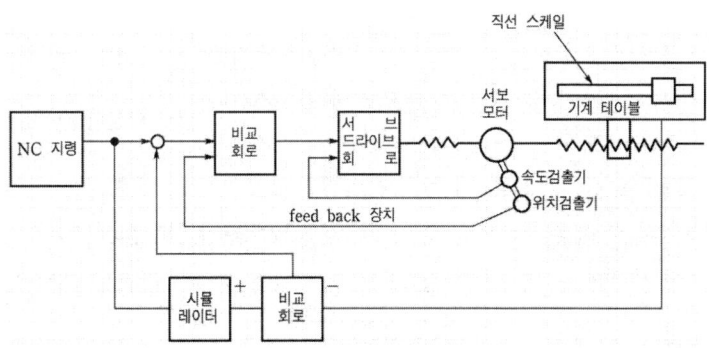

[그림 6-5] 복합회로 제어방식

6) NC 제어방식

① 위치결정제어 : 공구의 최후 위치만 제어하는 것(예 : 드릴링, 스폿용접기 등)
② 직선절삭제어 : 기계 이동 중에 절삭을 행할 수 있는 제어(예 : 선반, 밀링, 보링 머신 등)
③ 윤곽제어 : 곡선 등의 복잡한 형상을 연속 제어하는 것(예 : 2차원, 3차원 이상의 제어에 사용)

7) NC의 펄스 분배방식

윤곽제어를 할 때 펄스를 분배하는 방식에는 MIT 방식, DDA 방식, 대수 연산방식의 3가지가 있다. 초기에는 대수 연산방식이 사용하였으나, 현재는 DDA 방식이 주류를 이루고 있다.

① MIT 방식 : X축, Y축의 이동을 균등하게 하도록 양쪽으로 적당한 시간 간격으로 펄스를 발생시켜 실선으로 움직이도록 근사시키는 방법으로 2차원 2.5차원의 보간은 가능하지만 3차원의 보간은 불가능하다.
② DDA 방식 : 직선 보간의 경우에 우수한 성능을 가지고 있어 현재 주류를 이루고 있다.
③ 대수 연산방식 : X축과 Y축의 방향을 한정하고 계단식으로 이동하여 접근하는 방식으로 원호보간에 유리하다.

2 CNC 공작기계 안전 운전 준수사항

CNC 공작기계에서의 작업 안전은 범용공작기계의 작업 안전과 같으나 제어부에 의해서 자동적으로 기계가 작동되므로 이에 조심하여야 한다.

1) CNC 공작기계 작업 안전 사항

① 작동 중에 아무 스위치나 누르지 않는다.
② 공구 마멸에 의한 교환을 할 경우에는 운전을 정지한 후에 한다.
③ 청소할 때 제어부에 습기가 들어가면 오작동을 일으키기 쉬우므로 주의해야 한다.
④ 제어부의 파라미터는 전문가가 취급하도록 한다.
⑤ 강전반 및 CNC 장치는 어떠한 충격도 가하지 말아야 한다.
⑥ 이상한 공구 경로나 위험한 상황이 발생하면 자동정지(feed hold) 버튼을 누른다.
⑦ 기계 주위는 항상 밝게하여 작업하고 건조하게 유지한다.
⑧ 작업 중에는 보안경과 안전화를 착용한다.
⑨ 작업 시 불편하여도 Door를 닫고 작업한다.
⑩ 작업 중에 자리를 비울 때에는 프로그램을 수정하지 못하도록 옵션을 걸어준다.
⑪ 칩(chip) 제거 시에는 운전을 정지하고, 손의 보호를 위하여 장갑을 착용하고 한다.

2) 일상 점검

구분	점검내용	점검세부내용
매일 점검	1. 외관 점검	• 장비 외관 점검 • 베드면에 습동유가 나오는지 손으로 확인한다.
	2. 유량 점검	• 습동면 및 볼 스크루 급유탱크 유량 확인 • Air Lubricator Oil 확인(Air에 Oil을 혼합하여 실린더를 보호하는 장치) • 절삭유의 유량은 충분한가? • 유압탱크의 유량은 충분한가?
	3. 압력 점검	• 각부의 압력이 명판에 지시된 압력을 가르키는가?
	4. 각부의 작동 검사	• 각 축은 원활하게 급속 이동되는가? • ATC 장치는 원활하게 작동되는가? • 주축의 회전은 정상적인가?
매월 점검	1. 각부의 Filter 점검	• NC 장치 Filter 점검(교환 및 먼지를 제거한다.) • 전기 제어판 Filter 점검(교환 및 먼지를 제거한다.)
	2. 각부의 Fan 모터 점검	• 각부의 Fan 모터 회전 점검 • Fan 모터 부의 먼지 및 이물질 제거
	3. Grease Oil 주입	• 지정된 Gear 및 작동부에 Grease를 주입한다.
	4. 백래시 보정	• 각 축 백래시 점검 및 보정
매년 점검	1. 레벨(수평) 점검	• 기계 본체 레벨 점검 및 조정
	2. 기계 정도 검사	• 기계 제작회사에서 작성된 각부 기능 검사 List 확인 및 조정
	3. 절연 상태 점검	• 각부 전신의 절연상태를 점검 및 보수한다.

3 CNC 공작기계 조작기 주요 경보 메시지

순	알람내용	원인	해제방법
1	EMERGENCY STOP SWITCH ON	비상정지 스위치 ON	비상정지 스위치를 화살표 방향으로 돌린다.
2	LUBR TANK LEVEL LOW ALARM	습동유 부족	습동유를 보충한다. (기계 제작회사에서 지정하는 규격품을 사용)
3	THERMAL OVERLOAD TRIP ALARM	과부하로 인한 Over Load Trip	원인 조치 후 마그네트와 연결된 Overload를 누른다. (2번 이상 계속 발생 시 A/S 연락)
4	P/S __ ALARM	프로그램 알람	알람 일람표를 보고 원인을 찾는다.
5	OT ALARM	금지영역 침범	이송축을 안전한 위치로 이동한다.
6	EMERGENCY L/S ON	비상정지 리미트 스위치 작동	행정오버해제 스위치를 누른 상태에서 이송축을 안전한 위치로 이동시킨다.
7	SPINDLE ALARM	• 주축모터의 과열 • 주축모터의 과부하 • 과전류	다음 순서대로 실행한다. ① 해체 버튼을 누른다. ② 전원을 차단하고 다시 투입한다. ③ A/S 연락
8	TORQUE LIMIT ALARM	충돌로 인한 안전핀 파손	A/S 연락

순	알람내용	원인	해제방법
9	AIR PRESSURE ALARM	공기압 부족	공기압을 높인다(5kg/cm^2).
10	축 이동이 안 됨	① 머신록 스위치 ON ② Intlock 상태	① 머신록 스위치를 OFF 시킨다. ② A/S 문의

* 기계에 따라 알람 내용이 다를 수도 있음.

02 머시닝센터 조작

1 CNC 공작기계 조작 방법

1) 기계 조작판

(1) 모드 스위치(mode switch)

작업(조작)의 종류를 결정한다.
① DNC : DNC 운전을 한다.
② 편집(edit) : 프로그램의 신규 작성 및 메모리에 등록된 프로그램을 수정
③ 자동운전(auto) : 메모리에 등록된 프로그램 자동운전
④ 반자동(MDI : Manual Date Input) : 프로그램을 작성하지 않고 기계를 동작시킨다. 공구 회전, 주축회전 간단한 절삭 이송 지령에 사용
⑤ 핸들(handle) 또는 MPG(Manual Pulse Generator) : 조작판의 핸들을 이용하여 축을 이동시킬 때 사용하며, 핸들의 한 눈금(1 pulse)당 이동량은 0.001mm, 0.01mm, 0.1mm 등이 있다.
⑥ 수동절삭(jog) : 공구이송을 연속적으로 외부 이송속도 조절 스위치의 속도로 이송시키며, 주로 엔드밀(end mill)의 직선절삭, face mill의 직선절삭 등 간단한 수동 작업에 쓰인다.
⑦ 급송이동(rpd : rapid) : 공구를 급속으로 이동시킨다.
⑧ 원점복귀(zrn : zero return) : 공구를 기계 원점으로 복귀시키며, 조작판의 원점 방향 축 버튼을 누르면 자동으로 기계 원점까지 복귀하고 원점복귀 완료 램프가 점등한다.

(2) 급속 오버라이드(rapid override)

자동, 반자동, 급속 이송 mode에서 G00의 급속 위치 결정 속도를 외부에서 변화를 주는 기능이다.

(3) 이송속도 오버라이드(feed override)

자동, 반자동 mode에서 지령된 이송속도(feed)를 외부에서 변화시키는 기능이며, 보통 0~150%까지이고 10%의 간격으로 이동된다.

(4) 주축속도 오버라이드(spindle override)

mode와 관계없이 주축속도를 외부에서 변화시키는 기능

(5) 비상정지 버튼(emergency stop button)

돌발적인 충돌이나 위급한 상황에서 작동시키며, 버튼을 누르면 비상정지(stop)하고 main 전원을 차단한다. 비상정지 해제는 화살표 방향으로 돌리면 버튼이 튀어나오면서 해제된다.

(6) 자동개시(cycle start) 및 이송정지(feed hold)

① 자동개시 : 자동, 반자동, DNC mode에서 프로그램을 실행한다.
② 이송정지 : 자동개시의 실행으로 진행 중인 프로그램을 정지시킨다. 이송 정지 상태에서는 자동개시 버튼을 누르면 현재 위치에서 재개된다.

(7) 핸들(MPG : Manual Pulse Generator)

축(axis)의 이동을 핸들(mpg) mode에서 펄스단위로 이동시키며, 펄스 단위는 0.001mm, 0.01mm, 0.1mm 등이 있다.

(8) 기타 스위치

① 드라이런(dry run) : 이 스위치가 ON되면 프로그램에 지령된 이송속도를 무시하고 JOG 속도로 이송된다.
② 싱글 블록(sigle block) : 자동개시의 작동으로 프로그램이 연속적으로 실행하지만 싱글 블록 기능이 ON되면 한 블록씩 실행된다.
③ 옵쇼날 블록 스킵(optional block skip) : 선택적으로 프로그램에 지령된 "/"(슬래쉬)에서 " ; "(EOB)까지를 건너뛰게 할 수 있다.
④ 절삭유(coolant on, off) : 절삭유의 사용을 제어한다. 프로그램에서 지령한 M08, M09보다 우선한다.
⑤ 행정오버 해제(emg-limit switch release) : 기계 최대영역의 마지막에 설치되어 있는 limit switch까지 기계가 이동하면 행정오버 알람이 발생된다. 알람을 해제하기 위해서 이 스위치를 누르고 있는 상태에서 행정 오버된 축을 반대로 이동시키면 된다.
⑥ 프로그램 보호 키(program protect key) : 프로그램의 편집(수정, 삽입, 삭제, 변경)이나 파라미터를 key OFF 상태에서 변경할 수 있다.

2) 머시닝센터 조작순서(좌표계 설정 및 공구 보정)

① 공압밸브 ON, 기계강전반 전원 ON
② NC ON 상태에서 비상버튼 해제(시계 방향 회전)
③ 노란 reset 버튼을 눌러 유압주입
④ 원점 복귀를 하기 전에 핸들모드로 모두 100mm 정도 움직인다(처음 작동하는 기계의 부담을 덜어주기 위함).
　　ZRT(원점복귀)누르고 Axis select에서 Z, Y, X 순으로 복귀. Jog&Rapid(수동 급속 이송)에 + 버튼을 누른다.
⑤ 바이스에 공작물을 고정한다.
⑥ 페이스커터로 윗면가공을 할 경우에는 MDI 모드에서 페이스커터(T10M06;)를 불러 S700M03;을 입력 후 수동으로 윗면을 친다.
⑦ MDI 모드에서 프로그램 버튼 G91G28Z0.M19;INSERT T01M06;(기준공구 엔드밀 직경 10)을 눌러 자동운전으로 기준공구를 부른다. 핸들운전으로 변경한다.
⑧ X축 좌표계 설정(핸들운전으로 한다.)
　　㉠ X축을 터치하고 위로 올리고 POS에 상대 좌푯값을 0.으로 설정 후 X누르고 ORIGIN을 누른다.
　　㉡ X값 0, X축 5mm 이동 후 다시 X 누르고 ORIGIN을 누른다.
　　㉢ X값 0 확인 후 Z축으로 살짝 들어올려 X축으로 공구의 반지름만큼(5mm) 이동시켜 다시 상대값을 다시 0.으로 ORIGIN을 누른다.
　　㉣ OFSSET을 눌러 좌표계로 들어간다. G54 부분에 X커서를 위치하고 X0.입력하고 측정을 눌러 기계좌표와 G54 좌표를 일치시킨다.
⑨ Y축 좌표계 설정(핸들운전으로 한다.)
　　㉠ Y축도 같은 방식으로 설정. Y축을 터치한 후 위로 올리고 POS에 상대 좌푯값을 0.으로 설정 후 Y를 누르고 ORIGIN을 누른다.
　　㉡ Y값 0, Y축 5mm이동 후 다시 Y를 누르고 ORIGIN을 누른다. Y값 0확인 후 Z축으로 살짝 들어올려 Y축으로 공구의 반지름만큼(5mm) 이동시켜 다시 상대값을 다시 0.으로 만들어준다.
　　㉢ OFSSET을 눌러 좌표계로 들어간다. G54 부분에 Y 커서를 위치하고 Y0.입력 → 측정을 눌러 기계좌표와 G54 좌표를 일치시킨다.
⑩ Z축 좌표계 설정(핸들운전으로 한다. *하이프리셋(100mm) 받침대 블록으로 0점 조정 후)
　　㉠ Z축은 윗면을 살짝 터치해서 POS에 상대좌표 Z값을 0.(*100.)만든다(Z누르고 ORIGIN (*100.)누른다).
　　㉡ OFSSET을 눌러 좌표계로 들어간다. G54부분에 커서를 위치하고 Z0.(*100.)입력 후 측정을 눌러 기계좌표와 G54 좌표를 일치시킨다(예 : *기계좌표가 -414.669이면 G54좌표계 Z100. 측정하면-514.669가 된다).

ⓒ 이후 보정을 눌러보면 기준공구인 1번 공구의 길이 형상이 0으로 되어있는지 확인한다.
　　ⓔ 안 되다면 Z를 누르고 C입력(현재 위치를 자동측정 입력)을 선택한다. 직접 0.을 입력시켜줘도 된다. 형상에도 반지름 값을 넣고 입력을 선택한다.
⑪ MDI 모드에서 프로그램 버튼 T03M6;을 눌러 센터 드릴을 불러온다.
　－ S1000M03;을 입력 후 Z축을 터치한다. OFSSET 모드에서 화면에 옵셋(보정)을 눌러 들어간 후 3번 공구의 형상에 커서를 놓고 Z를 누르고 C 입력을 누르면 된다.
⑫ 드릴(T05-직경 7)도 같은 방법으로 셋팅한다.
　－ 탭(T07_직경 8)은 회전을 시키지 않고 공작물에 닿지 않도록 옆으로 살짝 빼고 Z축을 육안으로 맞춘다.
⑬ 공구 세팅이 잘 됐는지 확인한다.
　　ⓐ MDI-> G54G90G00G43H01Z150.;을 눌러 안전거리에 위치시키고 블록 게이지를 놓고 수동으로 Z값을 내려 게이지 높이와 일치하는지 확인한다.
　　ⓑ Sycle Start를 누를 때 다른 손을 꼭 Feed Hold(stop) 위에서 언제나 정지할 수 있도록 준비한다.
⑭ EDIT → Pro → 일람 → 조작 → 장치변경 → 메모리 카드 선택한다. Page 넘겨가며 파일을 찾고 → F설정 → 번호 → O 설정 → 번호 → 실행하여 불러온다.
⑮ AUTO 모드에서 프로그램 실행. Feed Overad로 속도나 멈춤을 하면서 안전하게 작업한다.
⑯ 주요기능은 활용한다.
　　ⓐ Optional Stop - M01을 만나면 멈춘다.
　　ⓑ Single Block - 한 줄씩 가공한다.
　　ⓒ Flood Coolant - 절삭유(Man: 켜면 나오고, Auto: 프로그램상에서 적용된다.)
　　ⓓ Optional Block Skip - 프로그램상에 / 부분을 생략하고 넘어감
　　ⓔ Dry run: 프로그램이 아닌 NC에 설정된 값으로 Feed가 움직임. 에러가 나면 Reset으로 푼다.
　　ⓕ Shift를 누르고 누르면 키보드 위쪽 문자가 나온다.
　　ⓖ POS 좌표계를 확인. PROG 프로그램, OFFSET 좌표계 공구보정
　　ⓗ SYSTEM 파리미터 수정하지 않는다(건들지 말 것). GRAPE 미리 보기

03 머시닝센터 프로그래밍

1 머시닝센터 좌표어와 제어축

1) 좌표어
① 공구의 이동을 지령
② 이동축을 표시하는 어드레스와 이동 방향과 이동량을 지령하는 수치로 구성

③ 기본축(X, Y, Z) : 서로 직교하는 3축에 대응하는 어드레스로 좌표의 위치나 거리를 지정
④ 부가축(A, B, C, U, V, W) : 부가축의 어드레스로 회전축의 각도와 축의 길이 및 위치를 지정
⑤ 원호보간(I, J, K) : X, Y, Z를 따라가는 원호의 시작점부터 원호 중심까지의 거리를 지정
⑥ 원호보간(R) : 원호 반지름을 지정

2) 제어축

머시닝센터에서 제어축은 좌표어의 X, Y, Z를 사용하여 제어축을 지령하며, 각 축에 대한 회전축에 A, B, C를 사용하기도 하며 이를 부가축이라 한다.

3) 좌표축

① **좌표계** : 프로그램을 작성할 때 혼란을 방지하기 위해서 오른손 좌표계를 사용한다.
② **기준** : 가공 시 테이블과 주축이 움직이지만 공작물은 고정되어 있고 공구가 이동하면서 가공하는 것처럼 프로그램한다.

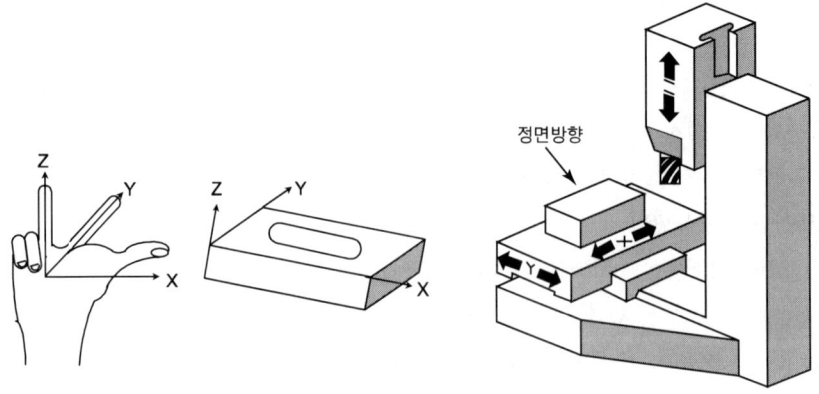

[그림 6-6] 오른손 직교좌표계

2 좌표계의 종류

1) 공작물 좌표계

도면을 보고 가공에 편리한 프로그램을 작성하기 위하여 도면상의 임의의 점을 프로그램 원점으로 지정하며 이 좌표계를 공작물 좌표계라 한다.

2) 좌표계 지령방법

① G92 : 머시닝 센터 좌표계 설정
② G54-G59 : 공작물 좌표계 설정(공구의 시작점 지정)

[형식] G92 X150. Y100. Z150. ;
G54 X100. Y100. Z150. ; 1번 공작물 좌표계
G55 X150. Y100. Z150. ; 2번 공작물 좌표계

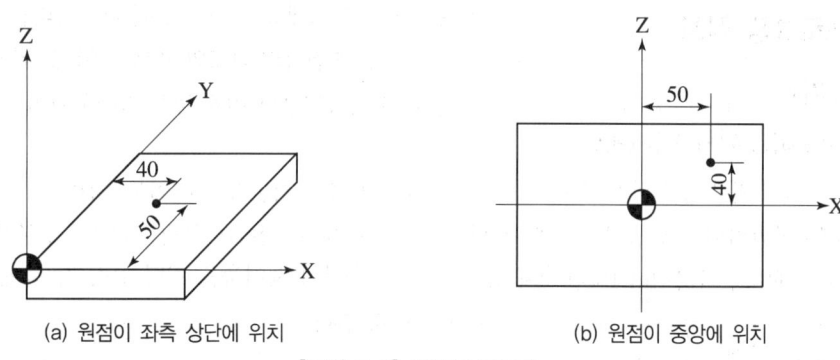

(a) 원점이 좌측 상단에 위치   (b) 원점이 중앙에 위치

[그림 6-7] 공작물 좌표계

3 기타 기능

1) 주축 기능

주축의 회전 속도(rpm)를 지정하는 기능으로 "S" 다음에 4자리 숫자 이내로 지정한다.
(예 : S1000 – 1000rpm)

① 방법 : RPM 일정 제어 – 머시닝센터에서 사용

　　　[형식] G97 S1500 M03 ; (1500 RPM으로 정회전)

② 방법 : 주속 일정제어 – 선반에서 사용

　　　[형식] G96 S150 M03 ; (절삭속도가 150m/min로 정회전)

2) 공구 기능

공구의 선택기능으로 "T" 다음에 2자리 숫자로 지령하여 일반적으로 공구 매거진에 공구 포트 수만큼 지령할 수 있다.

　　　[형식] T12 M06 ; (12번 공구 교환)

3) 보조 기능

기계의 ON/OFF 제어에 사용하는 보조 기능은 "M" 다음에 2자리 숫자로 지령한다.

① P/G에 관련된 M-코드 : M00, M01, M02, M30, M98, M99

② 기계적인 M-코드 : 나머지 M-code

③ M-코드는 한 블록에서 1개의 코드만 유효하며 2개 이상 지령 시 뒤에 지령한 M-코드만 유효

④ 조작판상의 기능이 프로그램상의 지령된 M-코드보다 우선한다.

　　　[형식] M02

4 프로그램 작성

1) 보간 기능

(1) 급속 이송 위치 기능(G00)

공구를 현재의 위치에서 지령된 위치(종점)까지 급속 이송속도로 이동시킨다. 급송 이송속도는 파라미터에 설정되어 있으며 센트롤 시스템에서는 RT0, RT1, RT2 3개 중에서 하나를 선택한다(파라미터 1500~1502).

```
G00  {G90
      G91}  X__Y__Z__;
```

(2) 직선 가공(G01)

지령된 종점으로 F의 이송속도에 따라 직선으로 가공한다.

```
G01  {G90
      G91}  X__Y__Z__F__;
```

여기서, X, Y, Z : X, Y, Z 축 가공 종점의 좌표
F : 이송속도(mm/min)

2) 절대, 증분 지령

(1) 절대 지령(G90)

절대 지령 방식은 미리 설정된 좌표계 내에서 종점의 좌표 위치를 지령한다. 사용하는 워드(Word)는 G90이며, 종점의 좌표 위치가 좌표계 원점을 기준으로 해서 양(+)의 방향이면 '+'를, 음(-)의 방향이면 '-'를 붙여 지령한다.

(2) 증분 지령(G91)

증분 지령 방식은 이동 시작점(공구의 현 위치)에서 종점(지령 위치)까지의 이동량과 이동 방향을 지령한다. 지령 워드는 G91이고, 공구의 이동 방향이 X축상에서 오른쪽으로 이동하였을 경우는 X값은 '+', Y축 상에서 위로 이동하였을 경우 Y값은 '+'가 되고, 반대로 이동하였을 경우는 X, Y값 모두 '-'가 된다.

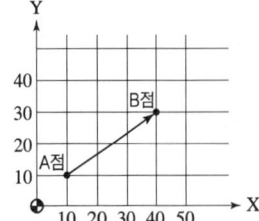

[절대 지령과 증분 지령의 사용 예]
* 그림의 A점에서 B점으로 이동할 때
절대 지령
G00 G90 X40.0 Y30.0 ;
증분 지령
G00 G91 X30.0 Y20.0 ;

3) G01을 이용한 면취 가공 및 코너 R 가공

교차하는 두 직선 사이에 면취(Chamfering)나 코너(Corner) R 가공을 한 블록으로 간단히 지령할 수 있는 기능이다.

직선 가공 지령 형식의 끝에 C___를 지령하면 면취 가공 명령이 되고, R___를 지령하면 코너 R 가공 명령이 된다.

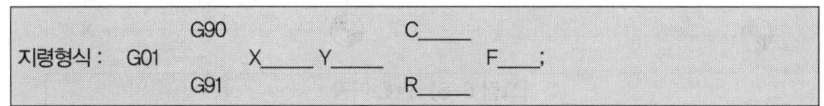

(1) 지령 워드의 의미

① X, Y : 면취나 코너 R 가공이 X, Y, Z의 3축에 걸리는 경우는 차원 높은 어려운 가공에 속한다. 따라서 평면 선택 기능에 따른 기본 2축을 선택하며, 보통의 경우는 G17 평면에서 X, Y 좌표이다. 여기서 좌푯값(수치)은 면취나 라운드 가공이 없을 때 두 직선의 가상 교점의 좌표이다.

② C, R : 면취 C 다음에 이어지는 숫자는 가상 교점에서 면취 개시점 및 종료점까지의 거리이고, 라운드 R 다음의 숫자는 반경 값을 지령한다.

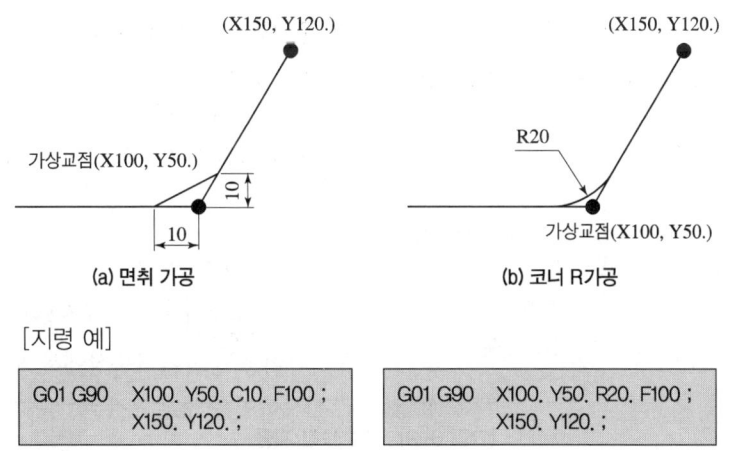

4) 원호 가공하기

지령된 시점에서 종점까지 반경 R 크기로 시계 방향(G02), 반시계 방향(G03)으로 원호가공([그림 6-8] 참조)

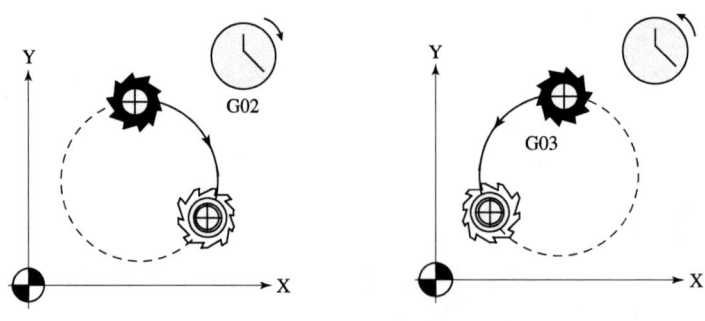

[그림 6-8] 원호 가공

(1) 지령 방법

```
G17   G02   G90   X_ Y_ I_ J_
G18   G03   G91   Z_ X_ I_ K_ F_ ;
G19               Y_ Z_ J_ K_
```

(2) 원호 보간

원호 보간에서 I, J, K의 어드레스는 X축 방향의 값을 I로, Y축 방향을 J로, Z축 방향을 K로 지령한다. 또한, I, J, K의 부호는 시점에서 원호의 중심이 (+) 방향인가 (−) 방향인가에 따라 결정하며, 값은 원호 시점에서 원호 중심까지의 거리값이다.

[A점에서 B점으로 가공하는 프로그램 예(그림 6-9 참조)]

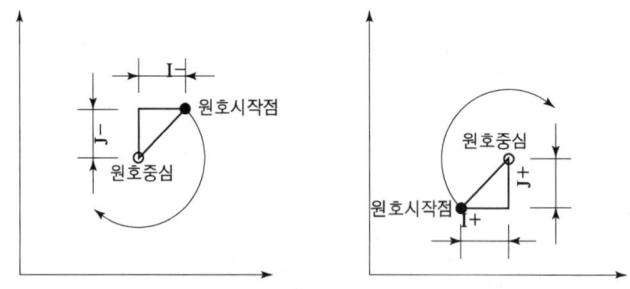

[그림 6-9] 원호 보간 지령

5) 원점복귀

(1) 기계 원점복귀(reference point return)

기계 원점이란 기계상에 고정된 임의의 지점이고, 간단한 조작으로 쉽게 이 지점에 복귀시킬 수 있으며 기계제작시 기계 제조회사에서 위치를 설정한다. 프로그램 및 기계조작 시 기준이 되는 위치이므로 제조회사의 A/S Man, 이외는 위치를 변경하지 않는 것이 좋다. 전원을 투입하고 최초 한번은 기계 원점복귀를 해야만 기계좌표가 성립된다. 최근에 생산되는 기계는 전원을 차단해도 기계 좌표와 절대 좌표를 기억하는 기계도 있다.

(2) 수동 원점복귀

모드 스위치를 "원점복귀"에 위치시키고 JOG 버튼을 이용하여 각 축을 기계 원점으로 복귀시킬 수 있다. 보통 전원 투입 후 제일 먼저 실시하며 비상정지 스위치(emergency stop switch)를 눌렀을 때도(ON, OFF) 후에도 마찬가지로 기계 원점복귀를 해야 한다.

(3) 자동 원점복귀(G28)

모드 스위치를 "자동" 혹은 "반자동"에 위치시키고 G28을 이용하여 각 축을 기계 원점까지 복귀시킬 수 있다 급속 이송으로 중간점을 경유 기계 원점까지 자동복귀한다. 단, machine lock 스위치 ON 상태에서는 기계 원점복귀할 수 없다.

① 지령 방법

```
G28  { G90
       G91   X_ Y_ Z_ ;
```

② 지령 워드의 의미
- X, Y, Z : 기계 원점복귀를 하고자 하는 축을 지령하며, 어드레스 뒤에 지령된 Data는 중간점의 좌표가 된다. G91지령(증분 지령)은 현재 위치에서 이동거리이고 G90지령(절대지령)은 공작물 좌표계 원점으로부터의 위치이므로 절대지령의 방식은 주의를 해야 한다.(G28 G90 X0. Y0. Z0. ; 를 지정하면 공작물 좌표계의 X0. Y0. Z0. 까지 이동하고 기계 원점으로 복귀한다.)

(4) 원점복귀 Check(G27)

기계 원점에 복귀하도록 작성된 프로그램이 정확하게 기계 원점에 복귀했는지를 Check하는 기능이다. 지령된 위치가 원점이 되면 원점복귀 Lamp가 점등하고 지령된 위치가 원점 위치에 있지 않으면 알람이 발생된다.

① 지령 방법

```
G27  { G90
       G91   X_ Y_ Z_ ;
```

② 지령 워드의 의미
- X, Y, Z : 원점복귀를 하고자 하는 축을 지령하면 어드레스 뒤에 지령된 Data는 중간점의 좌표가 된다. G91지령(증분 지령)은 현재 위치에서 이동거리이고 G90지령(절대지령)은 공작물 좌표계 원점에서의 위치이므로 절대지령의 방식은 주의를 해야 한다.

(5) 원점으로부터 자동복귀(G29)

일반적으로 G28 또는 G30 다음에 사용한다.

① 지령 방법

```
G29  { G90
       G91   X_ Y_ Z_ ;
```

② 지령 워드의 의미
- X, Y, Z : G28 또는 G30에서 지령했던 중간점을 기억했다가 그 중간점을 경유한 후 지령된 X, Y, Z 좌푯점으로 이송

(6) 제2, 제3, 제4 원점복귀(G30)

중간점을 경유하여 파라미터에 설정된 제2 원점의 위치로 급속 속도로 복귀한다.

① 지령 방법

```
G30  {G90
      G91}  X_ Y_ Z_ ;
```

② 지령 워드의 의미
- P2, P3, P4 : 제2, 3, 4원점을 선택하고 P를 생략하면 제2원점이 선택된다.
- X, Y, Z : 원점복귀를 하고자 하는 축을 지령하며, 어드레스 뒤에 지령된 Data는 중간점의 좌표가 된다. G91지령(증분 지령)은 현재 위치에서 이동거리이고 G90 지령(절대 지령)은 공작물 좌표계 원점에서의 위치이므로 절대 지령의 방식은 주의해야 한다.

6) 좌표계 설정

(1) 공작물 좌표계 설정(G92)

프로그램 작성시 도면이나 제품의 기준점을 설정하여 그 기준점으로부터 가공위치를 지령함으로써 간단하게 프로그램을 작성할 뿐 아니라 실수를 줄일 수 있다. 그러나 공작물의 기준점이 어느 위치에 있는지 NC 기계는 모르고 있으므로 이 기준점을 NC 기계에 알려주는 기능이 G92이며 이 작업을 공작물 좌표계 설정이라 한다.

① 지령 방법

```
G92 G90 X_ Y_ Z_ ;
```

② 지령 워드의 의미
- X, Y, Z : 설정하고자 하는 절대 좌표계(공작물 좌표계)의 현재 위치

(2) 공작물 좌표계 선택(G54~G59)

이미 설정된 공작물 좌표계(워크보정 화면에 입력한다.)를 선택할 수 있다. 워크 보정 화면에 입력하는 값은 기계 원점에서 공작물 좌표계 원점까지의 거리를 입력한다.

① 지령 방법

② 지령 워드의 의미
- X, Y, Z : 절대 좌표계(공작물 좌표계)의 위치

③ 공작물 좌표계 설정 기능과 공작물 좌표계 선택 기능의 프로그램 비교, 생산성을 향상

하기 위하여 테이블 위에 같은 공작물(다른 종류의 공작물도 가능)을 여러 개 동시에 고정하여 가공할 경우 아래 셋업 값으로 G92 기능과 G54~G59 기능을 이용한 프로그램을 비교한다.

④ 수평형 머시닝센터의 공작물 좌표계 선택 : 수평형 머시닝센터(Horizontal Machining Center)에서 회전 테이블 위에 설치된 공작물을 회전시키면서 공작물을 가공한다. 이때 공구 전면의 공작물 가공면을 G54~G59 기능을 사용하여 프로그램을 작성하고, 각각의 가공면에 대하여 공작물 좌표계를 설정한다.

(3) 로컬(Local) 좌표계 설정(G52)

프로그램을 쉽게 작성하기 위하여 이미 설정된 공작물 좌표계에서 임의의 지점에 로컬 좌표계를 설정할 수 있다.

임의의 지점에 원점을 설정하여 원래의 원점에서 좌푯값을 계산하는 번거로움 없이 쉽게 프로그램을 작성할 수 있다.

① 지령 방법

```
G52 G90 X_ Y_ Z_ ;
G52 X0. Y0. Z0. ; - 로컬 좌표계 무시
```

② 지령 워드의 의미
- X, Y, Z : 현재의 공작물 좌표계에서 설정하고자 하는 로컬(구역좌표) 좌표계의 원점 위치

③ 프로그램

```
↓;
G52 G90 X105.657 Y80.657 ;  ················· 로컬 좌표계 원점 지정
G00 X30.27 Y18. ;  ·················· ⓐ점으로 급속 위치 결정
  ↓
G52 X0. Y0.  ····························· 로컬 좌표계 무시
```

(4) 기계 좌표계 선택(G53)

공작물 좌표계와 관계없이 기계 원점에서 임의 지점으로 급속이동(G00 기능 포함) 시킨다. 자동공구 측정 장치가 설치된 위치까지 이동시킬 때나 기계 원점에서 항상 일정한 지점까지 위치 결정하는 방법으로 많이 사용한다.

① 지령 방법

```
G53 G90 X_ Y_ Z_ ;
```

② 지령 워드의 의미
- X, Y, Z : 기계 원점에서 이동지점까지의 기계좌표를 지령한다. 절대 지령(G90)에서만 실행되고 증분 지령(G91)에서는 무시된다.

(기계 좌표계 선택 지령의 예제 1)

③ 프로그램

```
ⓐ점에 공구 중심을 이동시킨다.(X, Y축)
G53 G90 X-180.123 Y-155.236 ;
(G92 G90 X0. Y0. ;) ; ············· 기계 원점에서 공작물 좌표계 원점까지 이동시키고
                                       공작물 좌표계 설정을 하는 방법이다.
ⓑ점에 공구 중심을 이동시킨다.(X, Y축)
G53 G90 X-225.837 Y-100.653 ;
```

7) 보정 기능

프로그램을 작성할 때 공구의 길이와 형상을 고려하지 않고 프로그램을 작성하게 된다. 그러나 실제 가공할 때는 각각의 공구가 길이와 직경의 크기에 차이가 있으므로 이 차이의 량을 보정화면에 등록하고 공작물을 가공할 때 호출하여 자동으로 위치 보상을 받을 수 있게 하는 기능을 보정 기능이라 한다. 이 각각의 공구 길이의 차이와 직경의 크기 등을 측정하여 미리 보정화면에 등록하여 둔다. 이 량을 측정하는 것을 공구셋팅(Tool Setting)이라 한다.

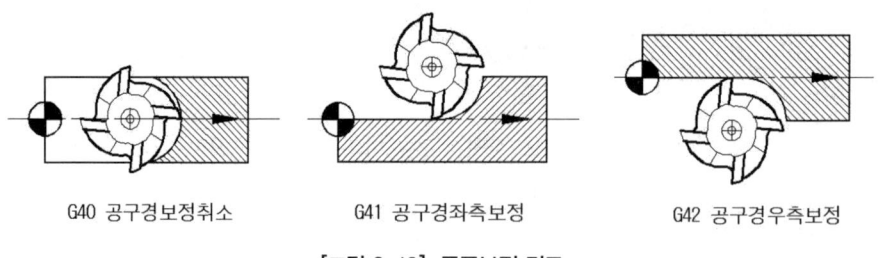

G40 공구경보정취소　　G41 공구경좌측보정　　G42 공구경우측보정

[그림 6-10] 공구보정 경로

(1) 공구경 보정(G40, G41, G42)

공구의 측면 날을 이용하여 가공하는 경우 공구의 직경 때문에 공구중심(주축중심)이 프로그램과 일치하지 않는다. 이와 같이 공구반경 만큼 발생하는 '엔드밀, 페이스 커터'에 많이 사용된다.

① 지령 방법

```
G17 G40 ······································································ 공구경 보정 취소
G18(G00, G01)  G41 α_ β_ D_ ; ········································ 공구경 좌측 보정
G19 G42 α_ β_ D_ ; ························································ 공구경 우측 보정
```

② 지령 워드의 의미
- α, β : 평면선택 기능에 따라 X, Y, Z 중 기준 두 축이 좌표를 지령한다(G17 평면 선택인 경우 X, Y축 방향에 공구경 보정이 적용되고, G18 평면에서는 Z, X축, G19 평면선택은 Y, Z축 방향에 공구경 보정이 적용된다).
- D : 공구경 보정 번호(보정 번호)

③ Start Up 블록

공구경 보정 무시(G40) 상태에서 공구경 보정(G41, G42)을 지령한 블록을 Start Up 블록이라 한다.

```
N01 G41 G01 X0. D01 F100 ; ·············································· Start Up Block
N02 Y50. ;
N03 X55. ;
```

(2) 공구 길이 보정

공작물을 도면대로 가공하기 위해서는 [그림 6-11]과 같이 여러 개의 공구를 교환하면서 가공하게 된다. 이때 그림에서와 같이 공구의 길이가 각각 다르므로 공구의 기준길이에 대하여 각각의 공구가 얼마만큼 길이의 차이가 있는지를 오프셋 량으로 CNC 장치에 설정하여 놓고 그 길이만큼 보정하여 주면 공구 길이 보정을 할 수 있다.

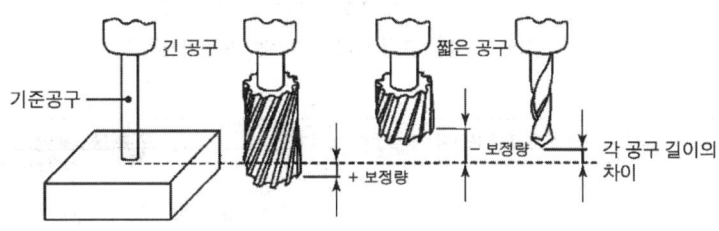

[그림 6-11] 공구 길이 보정

```
G43 : +방향 공구 길이 보정(+방향으로 이동)
G44 : -방향 공구 길이 보정(-방향으로 이동)
```

공구 길이 보정은 G43, G44 지령으로 Z축 이동 지령의 종점 위치를 보정 메모리에 설정한 값만큼 +, -로 보정할 수 있다. 또한, 공구 길이 보정은 Z축에 한하여 가능하며 공구 길이 보정을 취소할 때는 G49로 지령하여 G49를 생략하고 단지 보정 번호를 00 즉, H00으로 지정할 수 있다.

㉠ 지령 방법

| 지령 형식 : G00 G43 Z__ H__ ; |

| 취소 형식 : G00 G49 Z__ ; |

여기서, H : 해당 공구의 보정량을 입력한 공구 번호

8) 고정 사이클

프로그램을 간단하게 하는 기능으로 구멍 가공하는 몇 개의 블록을 하나의 블록으로 프로그램을 작성할 수 있다. 고정 사이클에는 드릴, 탭, 보링 기능 등이 있고, 응용하여 다른 기능으로도 사용할 수 있다. 예를 들면 보링 사이클로 드릴작업도 가능하다.

고정 사이클의 종류는 G73~G89까지 12종류가 있고 G80 기능으로 고정 사이클을 말소시킨다. 고정 사이클 기능을 쉽게 이해하기 위해서는 각 고정 사이클의 공구 경로를 관찰하여 이해하면 된다. 다음의 예에서 일반 프로그램과 고정 사이클 프로그램의 차이를 알 수 있다.

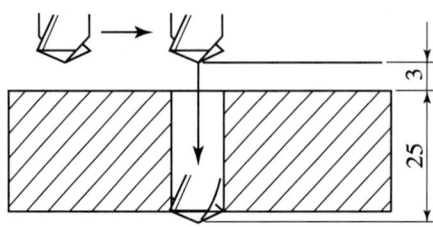

[그림 6-12] 고정 사이클 및 일반 프로그램의 예

고정 사이클 프로그램(1블록)	일반 프로그램(4블록)
↓ G81 G90 G99 X20. Y30. Z-25. R3. F50. ; ↓	↓ G00 G90 X20. Y30. ; Z3. ; G01 Z-25. F50. ; G00 Z3. ; ↓

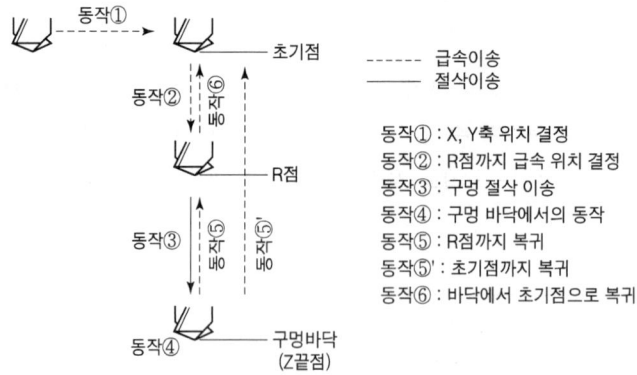

[그림 6-13] 고정 사이클의 기본 동작 구성

(1) 고정 사이클 기본 지령 형식

고정 사이클의 종류에 따라 다소 차이는 있으나, 기본적인 지령 형식은 다음과 같다. 각 어드레스에 대한 설명은(표 참조)

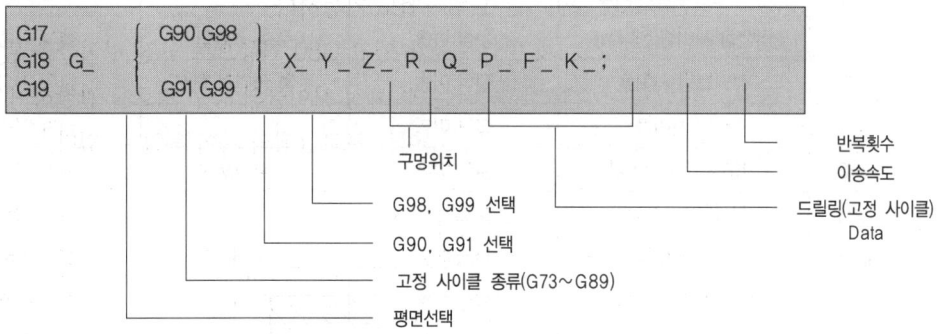

〈표 6-1〉 고정 사이클의 어드레스 설명

지령 내용	어드레스	어드레스 내용설명
G17, G18, G19	G	평면선택 기능(G17, G18, G19) 중 하나를 선택
고정 사이클 종류	G	고정 사이클 일람표 참고
G90, G91 선택	G	절대, 상대지령을 선택한다. 이미 지령된 경우는 생략할 수 있다.
G98, G99 선택	G	초기점 복귀와 R점 복귀를 선택한다.
구멍 위치	X, Y	구멍 가공 위치를 절대, 증분 지령으로 지령한다. 공구 이동은 급속 이송(G00)으로 이동한다.
드릴링 Data	Z	구멍 가공 최종 깊이를 지령한다. R점에서 Z위치까지 절삭 이송(G01)한다. 절대 지령은 공작물 좌표계 Z축 원점에서 절삭 깊이가 되고, 증분 지령인 경우 R점에서 절삭 깊이를 지령한다.
	R	구멍 가공 후 R점(구멍 가공 시작점)을 지령한다. 최종 구멍 가공을 종료하고 공구를 R점까지 복귀한다. 또 초기점에서 R점(가공 시작점)까지 급속 이송(G00)으로 이동하는 지령이다. 절대지령은 공작물 좌표계 Z축 원점에서의 위치가 되고 증분 지령인 경우 초기점에서 이동거리를 지령한다.
	Q	G73, G83 기능에서 매회 절입량 또는 G76, G87 기능에서 Shift량을 지령한다(항상 증분 지령으로 한다).
	P	구멍 바닥에서 드웰(정지) 시간을 지령한다.
	F	구멍 가공 이송속도를 지령한다.
반복횟수 (0 Serise 이외의 시스템은 L 어드레스로 반복횟수를 지령한다)	K	K 지령을 생략하면 K1로 지령한 것으로 간주하고, K0을 지령하면 현재 블록에서 고정 사이클 Data만 기억하고, 구멍 작업은 다음에 구멍 위치 지령이 되면 사이클 기능을 실행한다.

〈표 6-2〉 고정 사이클 일람표

G코드	용도	동작 3번 (절삭 방향 절입 동작)	동작 4번 (구멍 밑에서 동작)	동작 5번 (도피 동작)
G73	고속 심공드릴 사이클	간헐 절삭 이송		급속 이송
G74	역탭핑 사이클(왼나사)	절삭 이송	주축 정회전	절삭 이송
G76	정밀보링 사이클	절삭 이송	주축 정위치 정지	급속 이송
G81	드릴 사이클	절삭 이송		급속 이송
G82	카운트보링 사이클	절삭 이송	드웰(Dwell)	급속 이송
G83	심공드릴 사이클	간헐 절삭 이송		급속 이송
G84	탭핑 사이클	절삭 이송	주축 역회전	절삭 이송
G85	보링 사이클(리머)	절삭 이송		절삭 이송
G86	보링 사이클	절삭 이송	주축 정지	급속 이송
G87	백보링 사이클	절삭 이송	주축 정위치 정지	급속 이송
G88	보링 사이클	절삭 이송	① 드웰(Dwell) ② 주축 정지	급속 이송, 절삭 이송
G89	보링 사이클	절삭 이송	드웰(Dwell)	절삭 이송

9) 보조 프로그램

보조 프로그램은 주 프로그램 또는 다른 보조 프로그램에서 호출하여 실행한다.

```
M 98 P 1004   L2 ;
```

여기서, ┌ M 98 : 주 프로그램에서 보조 프로그램의 호출
├ P : 보조 프로그램 번호
└ L : 반복 호출 횟수(1004를 2회 호출하라는 지령)

04 머시닝센터 프로그래밍 작성

1 머시닝센터 프로그램 기본 패턴

%	DNC를 할 때 프로그램 시작을 의미함.
O2021	프로그램 번호 영문자 O와 알파벳 숫자 4자리
(T3 센터 드릴 작업)	
G40 G49 G80;	경보정 · 길이보정 · 사이클 취소
G30 G91 Z0.;	제2 원점복귀(공구 교환점 복귀) G91(증분 지령)
T3 M6;	3번 공구 교환(센터 드릴)
G00 G90 G54 X_. Y_. S1200;	구멍 위치로 급속 이송 후 S1200(or S1000)
G43 Z50. H03 M01;	Z50 위치로 급속 이동 후, 위치에서 3번 길이 보정 M01 optional block작동, 안전높이 50mm로 이동

Z10. M03;	Z10 위치 주축 회전
G98 G81 Z-3. R3. F100 M08;	센터드릴 작업(드릴링 사이클) 절삭유 작동
G49 G80 G00 Z150. M09;	길이 보정 · 사이클 취소 Z100 위치로 급속 이동 및 절삭유 끔
M05	주축 정지
(T5 드릴 작업)	
G30 G91 Z0.;	공구 교환점 복귀
T5 M6;	5번 공구 교환
G00 G90 G54 X_. Y_. S900 M03;	구멍 위치로 급속 이송 후 S900 주축 회전
G43 Z50. H05 M01;	Z50 위치로 급속 이동 후, 위치에서 5번 길이 보정 M01 optional block 작동, 안전높이 50mm로 이동
Z10. M03;	Z10 위치 주축 회전
G98 G83 X_. Y_. Z-(깊이+5). Q3. R5. F100 M08;	드릴 작업(심공 드릴 사이클) 가공 3, 후퇴 5mm, 절삭유 ON
G49 G80 G00 Z150. M09;	Z100 급속 이동, 절삭유 OFF, 길이 보정 · 사이클 취소
M05;	주축 정지
(T1 엔드밀 작업) 윤곽 가공	(T1 엔드밀 작업) 윤곽 가공
G30 G91 Z0.;	공구 교환점 복귀
T1 M6;	1번 공구 교환
G00 G90 G54 X-10. Y-10. S1500;	시작 위치로 급속 이송 후 S1000 주축 회전
G43 Z50. H01;	Z50 위치로 급속 이동 후, 위치에서 1번 길이 보정
Z10. M03;	Z10 위치 주축 회전
G00 Z-(깊이).;	절삭유 작동
G01 G41 X_. D01 F100 M08;	공구경 좌보정 및 X 가공점 이동
좌푯값 적기(좌푯값대로 절삭)	
G00 G40 Z150. M09;	Z150.점으로 급속 이송 및 경보정 취소, 절삭유 OFF
G90 G54 X_. Y_. F100;	포켓 가공 센터점으로 급속 이송
(T1 엔드밀 작업) 포켓 가공	
Z10.;	Z10. 시작 깊이 급속 이송
G01 Z-3. F80 M08;	포켓 깊이까지 절삭, 절삭유 ON
G41 X_. Y_. D01 F100;	공구경 좌보정 및 포켓 가공 시작점, 절삭유 ON
좌푯값 다 적은 후(좌푯값 가공)	
G40 X_. Y_. M09;	포켓 진입점으로 복귀, 경보정 취소, 절삭유 OFF
G49 G00 Z150. M09	Z150 급속 이동, 절삭유 OFF, 길이 보정 · 사이클 취소
M05	주축 정지
(T7 탭핑 작업) 탭핑 나사 가공	
G30 G91 Z0.	제2 원점복귀 공구 교환점 복귀
T07 M06 ;	7번 공구 교환
G54 G90 G00 X_ Y_ ;	공작물 좌표 계정의 G54는 1번만 지령하면 되나 프로그램 중간부터 작업할 경우를 고려하여 공구 교환할 때마다 적용하면 좋다. F=S×P
G43 Z50. H07 S200 M03 ;	공구 길이 보정 및 스핀들 회전, 안전높이 50
Z10. M08 ;	Z10.까지 접근, 절삭유 ON
G98 G84 X_ Y_ Z-32. R5. F250;	G98(가공 후 초기점 복귀), G84(태핑 사이클) Z-32(가공 최종 깊이), R5(R점으로 Z5.0까지는 급속 이송 그 이후는 절삭가공

G49 G80 G00 Z150. M09 ;	고정 사이클 취소, 공구 길이 보정 취소, Z150.0까지 급속 이송 절삭유 OFF
M05	주축 정지
M02	프로그램 끝
%	DNC를 할 때 프로그램 끝을 의미함

2 머시닝센터 프로그램 작성

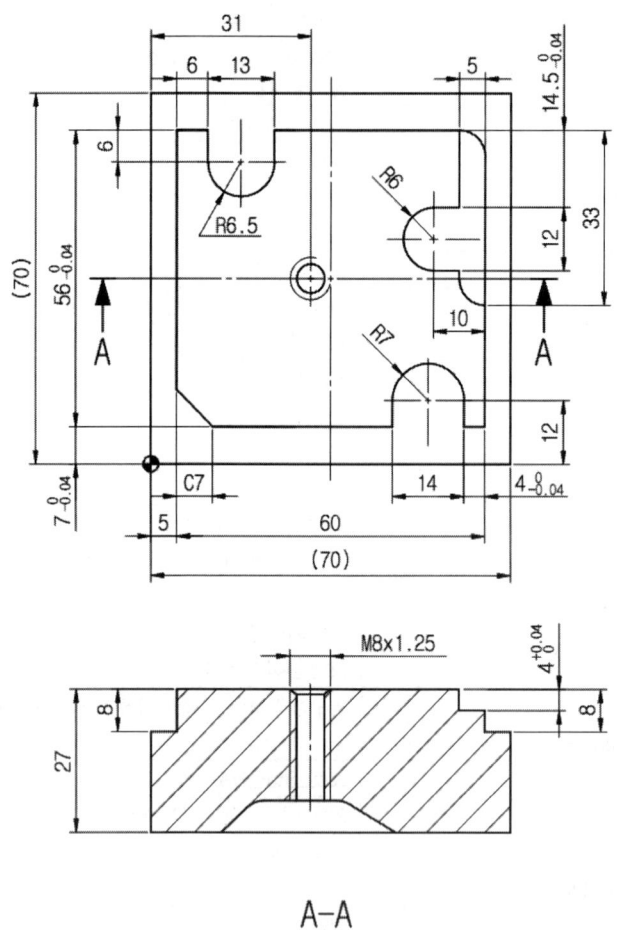

A-A

1. 도시되고 지시없는 모떼기 및 라운드 C5, R5
2. 일반 모떼기 C0.2
3. 상면 형상 1단 모떼기 C0.3 (챔퍼밀 사용)

Z10. M03;	Z10 위치 주축 회전
G98 G81 Z-3. R3. F100 M08;	센터드릴 작업(드릴링 사이클) 절삭유 작동
G49 G80 G00 Z150. M09;	길이 보정 · 사이클 취소 Z100 위치로 급속 이동 및 절삭유 끔
M05	주축 정지
(T5 드릴 작업)	
G30 G91 Z0.;	공구 교환점 복귀
T5 M6;	5번 공구 교환
G00 G90 G54 X_. Y_. S900 M03;	구멍 위치로 급속 이송 후 S900 주축 회전
G43 Z50. H05 M01;	Z50 위치로 급속 이동 후, 위치에서 5번 길이 보정 M01 optional block 작동, 안전높이 50mm로 이동
Z10. M03;	Z10 위치 주축 회전
G98 G83 X_. Y_. Z-(깊이+5). Q3. R5. F100 M08;	드릴 작업(심공 드릴 사이클) 가공 3, 후퇴 5mm, 절삭유 ON
G49 G80 G00 Z150. M09;	Z100 급속 이동, 절삭유 OFF, 길이 보정 · 사이클 취소
M05;	주축 정지
(T1 엔드밀 작업) 윤곽 가공	(T1 엔드밀 작업) 윤곽 가공
G30 G91 Z0.;	공구 교환점 복귀
T1 M6;	1번 공구 교환
G00 G90 G54 X-10. Y-10. S1500;	시작 위치로 급속 이송 후 S1000 주축 회전
G43 Z50. H01;	Z50 위치로 급속 이동 후, 위치에서 1번 길이 보정
Z10. M03;	Z10 위치 주축 회전
G00 Z-(깊이).;	절삭유 작동
G01 G41 X_. D01 F100 M08;	공구경 좌보정 및 X 가공점 이동
좌푯값 적기(좌푯값대로 절삭)	
G00 G40 Z150. M09;	Z150.점으로 급속 이송 및 경보정 취소, 절삭유 OFF
G90 G54 X_. Y_. F100;	포켓 가공 센터점으로 급속 이송
(T1 엔드밀 작업) 포켓 가공	
Z10.;	Z10. 시작 깊이 급속 이송
G01 Z-3. F80 M08;	포켓 깊이까지 절삭, 절삭유 ON
G41 X_. Y_. D01 F100;	공구경 좌보정 및 포켓 가공 시작점, 절삭유 ON
좌푯값 다 적은 후(좌푯값 가공)	
G40 X_. Y_. M09;	포켓 진입점으로 복귀, 경보정 취소, 절삭유 OFF
G49 G00 Z150. M09	Z150 급속 이동, 절삭유 OFF, 길이 보정 · 사이클 취소
M05	주축 정지
(T7 탭핑 작업) 탭핑 나사 가공	
G30 G91 Z0.	제2 원점복귀 공구 교환점 복귀
T07 M06 ;	7번 공구 교환
G54 G90 G00 X_ Y_ ;	공작물 좌표 계정의 G54는 1번만 지령하면 되나 프로그램 중간부터 작업할 경우를 고려하여 공구 교환할 때마다 적용하면 좋다. F=S×P
G43 Z50. H07 S200 M03 ;	공구 길이 보정 및 스핀들 회전, 안전높이 50
Z10. M08 ;	Z10.까지 접근, 절삭유 ON
G98 G84 X_ Y_ Z-32. R5. F250;	G98(가공 후 초기점 복귀), G84(태핑 사이클) Z-32(가공 최종 깊이), R5(R점으로 Z5.0까지는 급속 이송 그 이후는 절삭가공

G49 G80 G00 Z150. M09 ;	고정 사이클 취소, 공구 길이 보정 취소, Z150.0까지 급속 이송 절삭유 OFF
M05	주축 정지
M02	프로그램 끝
%	DNC를 할 때 프로그램 끝을 의미함

2 머시닝센터 프로그램 작성

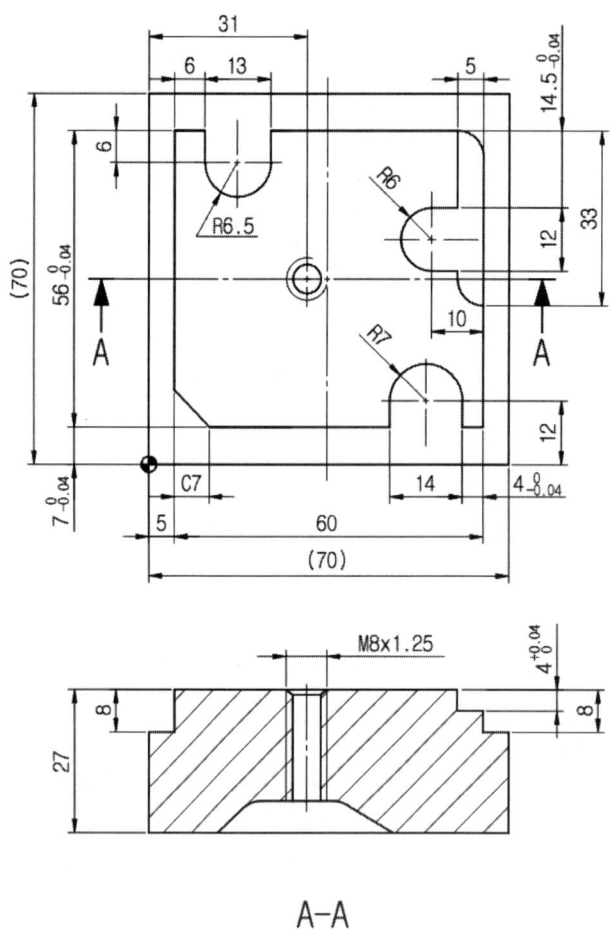

1. 도시되고 지시없는 모떼기 및 라운드 C5, R5
2. 일반 모떼기 C0.2
3. 상면 형상 1단 모떼기 C0.3 (챔퍼밀 사용)

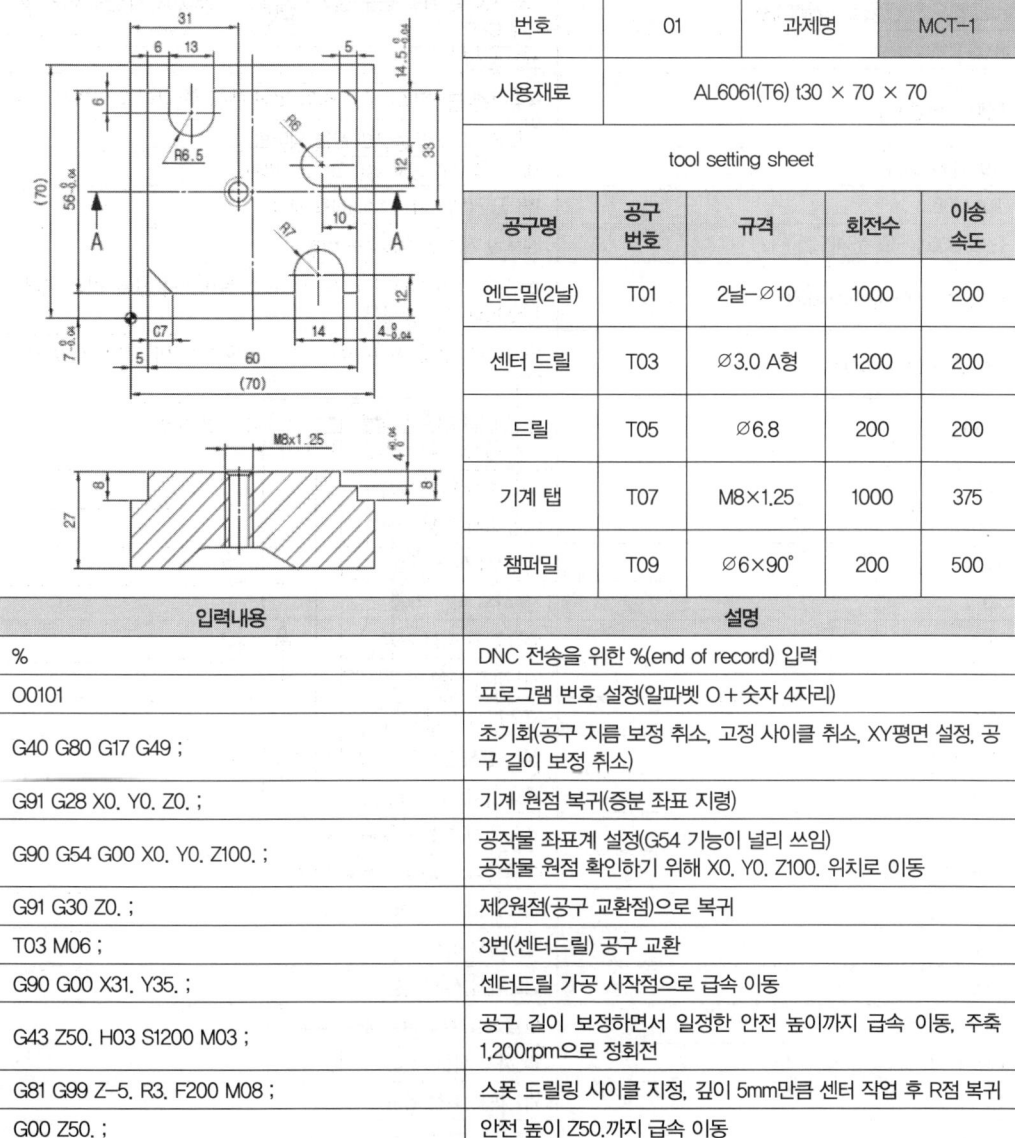

번호	01	과제명	MCT-1
사용재료	AL6061(T6) t30 × 70 × 70		
tool setting sheet			

공구명	공구번호	규격	회전수	이송 속도
엔드밀(2날)	T01	2날-Ø10	1000	200
센터 드릴	T03	Ø3.0 A형	1200	200
드릴	T05	Ø6.8	200	200
기계 탭	T07	M8×1.25	1000	375
챔퍼밀	T09	Ø6×90°	200	500

입력내용	설명
%	DNC 전송을 위한 %(end of record) 입력
O0101	프로그램 번호 설정(알파벳 O + 숫자 4자리)
G40 G80 G17 G49 ;	초기화(공구 지름 보정 취소, 고정 사이클 취소, XY평면 설정, 공구 길이 보정 취소)
G91 G28 X0. Y0. Z0. ;	기계 원점 복귀(증분 좌표 지령)
G90 G54 G00 X0. Y0. Z100. ;	공작물 좌표계 설정(G54 기능이 널리 쓰임) 공작물 원점 확인하기 위해 X0. Y0. Z100. 위치로 이동
G91 G30 Z0. ;	제2원점(공구 교환점)으로 복귀
T03 M06 ;	3번(센터드릴) 공구 교환
G90 G00 X31. Y35. ;	센터드릴 가공 시작점으로 급속 이동
G43 Z50. H03 S1200 M03 ;	공구 길이 보정하면서 일정한 안전 높이까지 급속 이동, 주축 1,200rpm으로 정회전
G81 G99 Z-5. R3. F200 M08 ;	스폿 드릴링 사이클 지정, 깊이 5mm만큼 센터 작업 후 R점 복귀
G00 Z50. ;	안전 높이 Z50.까지 급속 이동
M05 ;	주축 정지
M09 ;	절삭유 OFF
G80 G49 Z200. ;	고정 사이클 해제, 길이 보정 해제, 급속 이송으로 Z200까지 이동
G91 G30 Z0. ;	제2원점(공구 교환점)으로 복귀
T05 M06 ;	5번(Ø6.8 드릴) 공구 교환
G90 G00 X31. Y35. ;	드릴 가공 시작점으로 급속 이동
G43 Z50. H05 S1000 M03 ;	5번 공구 길이 보정 및 주축 회전수 1,000rpm 정회전
G83 G99 Z-32. R3. Q3. F200 M08 ;	팩 드릴링 사이클 지정, 깊이 32mm만큼 드릴 작업 후 R점 복귀, 1회 절입량(Q값) 3mm
G00 X50. ;	안전 높이 Z50.까지 급속 이동
M05 ;	주축 정지

입력내용	설명
M09 ;	절삭유 OFF
G80 G49 Z200. ;	고정 사이클 취소, 공구 길이 보정 해제 후 안전 높이까지 Z축 이동
G91 G30 Z0. ;	제2 원점복귀(공구 교환점으로 이동)
T01 M06 ;	1번 공구(엔드밀 Ø10mm)로 교체
G90 G00 X-10. Y-10. ;	엔드밀 가공 시작점으로 이동
G43 Z50. H01 S1000 M03 ;	공구 길이 보정하면서 일정한 안전 높이까지 급속 이송, 주축 1,200rpm으로 정회전
G01 Z-8. F200 M08 ;	이송 속도 200mm/min으로 Z-8. 깊이까지 이동하면서 절삭유 ON
G41 G01 X5. D01 ;	공구 지름 좌측 보정을 하고 X4.만큼 직선 가공 (공구 보정 OFF-SET 화면의 D값은 5.0)
Y63. ;	Y63.까지 직선 가공
X65. ;	X66.까지 직선 가공
Y7. ;	Y7.까지 직선 가공
X5. ;	X5.까지 직선 가공
Y63. ;	Y63.까지 직선 가공
X11. ;	Y11.까지 직선 가공
Y57. ;	X57.까지 직선 가공
G03 X24. R6.5 ;	G03(반시계 방향) R6.5 원호 가공 시행
G01 Y63. ;	Y63.까지 직선 가공
X60. ;	Y60.까지 직선 가공
G02 X65. Y58. R5. ;	G02 X65. Y58. R5. 원호 가공 시행
G01 Y7. ;	Y7.까지 직선 가공
X61. ;	X61.까지 직선 가공
Y12. ;	Y12.까지 직선 가공
G03 X47. R7. ;	G03 X47. R5. 원호 가공 시행
G01 Y7. ;	Y7.까지 직선 가공
X12. ;	Y12.까지 직선 가공
X5. Y12. ;	X5. Y12. 경사면 직선 가공
Y35. ;	Y35.까지 직선 가공
X-10. ;	X-10.까지 직선 이동
G40 G00 Z50. ;	공구 지름 보정 해제 후 안전 높이 Z50.까지 급속 이동
X85. Y85. ;	X85. Y85. 위치로 급속 이동
G01 Z-4. ;	Z-4.까지 직선 이동
G41 G01 X60. D01 ;	공구 지름 좌측 보정을 하고 X60.까지 직선 이동
Y48.5 ;	Y48.5까지 직선 가공
X55. ;	X55.까지 직선 가공
G03 Y36.5 R6. ;	G03(반시계 방향) R6. 원호 가공 시행
G01 X60. ;	X60.까지 직선 가공
G01 Y35. ;	Y30.까지 직선 가공

입력내용	설명
G03 X65. Y30. R5. ;	G03 X65. Y30. R5. 원호 가공 시행
G01 X75. ;	X75.까지 직선 이동
G00 Z50. ;	안전높이 Z50.까지 급속 이동
M05 ;	주축 정지
M09 ;	절삭유 OFF
G40 G49 Z200. ;	공구 지름 보정 해제, 공구 길이 보정 해제 후 Z200.까지 급속 이송
G91 G30 Z0. ;	제2 원점복귀(공구 교환점으로 이동)
T07 M06 ;	7번 공구(기계탭 M8×1.25)로 교체
G90 G00 X31. Y35. ;	탭 가공 시작점으로 급속 이동
G43 Z50. H07 S300 M03 ;	7번 공구 길이 보정 및 주축 회전수 300rpm 정회전
G84 G99 Z−30. R3. F375 M08 ;	탭 사이클, 깊이 30mm만큼 태핑 작업 후 R점 복귀 *이송 속도 F= S(회전수) × P(피치)
G00 Z50. ;	안전 높이 Z50.까지 급속 이동
M05 ;	주축 정지
M09 ;	절삭유 OFF
G80 G49 Z200. ;	고정 사이클 취소, 공구 길이 보정 해제 후 안전 높이까지 Z축 이동
G91 G30 Z0. ;	제2 원점복귀(공구 교환점으로 이동)
T09 M06 ;	9번 공구(챔퍼밀 ∅6×90°)로 교체
G90 G00 X−10. Y−10. ;	챔퍼밀 가공 시작점으로 이동
G43 Z50. H09 S2000 M03 ;	공구 길이를 보정하면서 일정한 안전 높이까지 급속 이동, 주축 2,000rpm으로 정회전
G01 Z−1.3 F500 M08 ;	이송 속도 500mm/min으로 Z−1.3 깊이까지 이동하면서 절삭유 ON *상면 형상 1단 모떼기 C0.3(챔퍼밀 사용)
G41 G01 X5. D09 ;	공구 지름 좌측 보정을 시키고 X5.만큼 직선 가공 (공구 보정 OFF−SET 화면의 D값은 1.0)
G01 Y63. ;	Y28.까지 직선 가공
X11. ;	X11.까지 직선 가공
Y57. ;	Y57.까지 직선 가공
G03 X24. R6.5 ;	G03(반시계 방향) R6.5 원호 가공 시행
G01 Y63. ;	Y63.까지 직선 가공
X60. ;	X60.까지 직선 가공
Y48.5 ;	Y48.5까지 직선 가공
X55. ;	X55.까지 직선 가공
G03 Y36.5 R6. ;	G03(반시계 방향) R6. 원호 가공 시행
G01 X60. ;	X60.까지 직선 가공
Y35. ;	X35.까지 직선 가공
G03 X65. Y30. R5. ;	G03 X65. Y30. R5. 원호 가공 시행
G01 Y7. ;	Y7.까지 직선 가공
X61. ;	X61.까지 직선 가공

입력내용	설명
Y12. ;	Y12.까지 직선 가공
G03 X47. R7. ;	G03 X47. R7. 원호 가공 시행
G01 Y7. ;	Y7.까지 직선 가공
X12. ;	X12.까지 직선 가공
X5. Y12. ;	X5. Y12. 경사면 직선 가공
Y35. ;	Y35.까지 직선 가공
X-10. ;	X-10.까지 직선 이동
G00 Z50. ;	Z50. 안전 높이까지 급속 이송
M05 ;	주축 정지
M09 ;	절삭유 OFF
G40 G49 Z200. ;	공구 지름 보정 해제, 공구 길이 보정 해제 후 Z200.까지 급속 이송
M02 ;	프로그램 종료
%	

CHAPTER 7 기타 기계 가공

01 공작기계일반

1 공작기계의 분류

1) 일반(범용) 공작기계
절삭 속도 및 이송의 범위가 크고, 부속 장치를 사용하여 다양한 종류의 가공을 할 수 있는 공작기계이며, 여러 가지 소량생산에 적합하지만, 부품을 다량으로 양산하는 데 사용하며 이는 선반, 드릴링 머신, 밀링머신, 연삭기 등의 공작기계가 있다.

2) 단능 공작기계
간단한 공정이나 1종의 공정밖에 할 수 없는 공작기계이며, 다량생산에 적합하나 다른 공정의 가공에 융통성이 없다. 이는 바이트연삭기, 센터리스 연삭기, 타이어 보링 머신 등의 공작기계가 있다.

3) 전용 공작기계
특정한 모양, 치수의 제품을 양산하기에 적합하도록 만든 공작기계이며, 사용 범위에는 좁고, 소량생산에는 적합하지 않는 공작기계로 전용 공작기계에는 모방선반, 자동선반, 생산밀링머신 등이 있으며, 또한 전용 공작기계를 여러 개 조합하여 자동화한 트랜스퍼 머신(transfer machine) 등이 있어서 기계공작에 큰 역할을 한다.

4) 만능 공작기계
여러 가지 종류의 공작기계에서 할 수 있는 가공을 1대의 공작기계에서 가능하도록 제작한 공작기계이다.

2 공작기계의 구비조건

① 제품의 공작 정밀도가 좋을 것
② 절삭 가공능률이 우수할 것
③ 융통성이 풍부할 것
④ 조작이 용이하고, 안전성이 높을 것
⑤ 동력 손실이 적고, 기계 강성이 높을 것

3 공작기계의 기본운동

① 절삭 운동 : 절삭할 때 칩과 절삭 공구가 길이 방향으로 움직이는 운동
② 이송 운동 : 공작물과 절삭 공구가 절삭 방향으로 이송하는 운동
③ 위치 조정운동 : 공구와 공작물 간의 절삭 조건에 따른 절삭 깊이 조정 및 일감, 공구의 설치 및 제거

4 절삭저항의 요소

① 가공물의 재질 : 단단한 재질일수록 절삭저항은 증가한다.
② 공구날끝의 모양 및 공구각 : 경사각이(약 30°까지) 커질수록 감소한다.
③ 절삭 면적(이송×깊이) : 절삭 면적이 커질수록 절삭저항이 증가한다.
④ 절삭 속도 : 절삭 속도가 클수록 절삭저항은 감소한다.
⑤ 절삭제 : 절삭유를 사용하면 절삭저항은 감소한다.

5 절삭저항의 3분력

절삭저항=주분력(P_1) 10 > 배분력(P_3)(2-4) > 이송분력(P_2)(1-2)

① 주분력(P_1 : Principal Cutting Force) : 절삭 방향으로 작용하는 분력
② 이송분력(P_2 : Feed Force) : 이송방향(평행)으로 작용하는 분력
③ 배분력(P_3 : Radial Force) : 공구의 축 방향으로 작용하는 분력

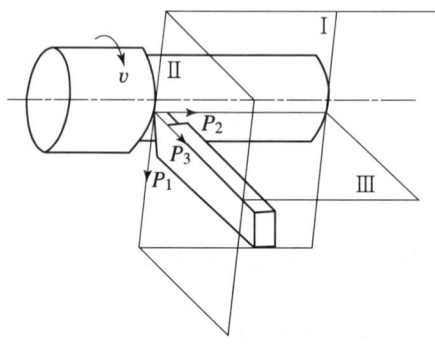

[그림 7-1] 절삭저항의 3분력

6 절삭동력

1) 선반의 절삭동력(PS, KW)

$$PS = \frac{P_1(N) \times V}{75 \times 9.81 \times 60 \times \eta}, \quad KW = \frac{P_1(N) \times V}{102 \times 9.81 \times 60 \times \eta}$$

여기서, V : 절삭 속도
η : 효율
P_1 : 주분력($f \times t \times$비절삭 저항(KS))

2) 절삭률(Q)

$$Q = v \times f \times t (\text{cm}^3/\text{min})$$

7 절삭 조건

작업자가 공작기계를 조작하여 쉽게 조절할 수 있게, 즉 단위 시간당 절삭량에 영향을 끼치는 변수들의 조합을 절삭 조건이라 한다.

실제 가공물을 절삭하는 데 있어서 가장 중요한 절삭 조건은 절삭 공구 재질, 공작물 재질, 절삭 속도, 이송, 절삭 깊이, 절삭유 사용유무 등에 영향을 받는다.

1) 절삭 속도

$$V = \frac{\pi DN}{1000}\,[\text{m/min}], \quad N = \frac{1000\,V}{\pi D}\,[\text{rpm}]$$

2) 절삭 면적

$$F = f \times t$$

여기서, F : 절삭 면적(mm^2)
f : 이송(mm/rev)
t : 절삭 깊이(mm)

3) 절삭 조건과 공구 수명과의 관계

① 절삭 조건의 3요소 : 절삭 속도, 이송, 절삭 깊이
② 공구 수명은 절삭 속도, 이송, 절삭 깊이순으로 영향을 받는다.
→ 경제적 절삭을 위해 절삭 깊이를 크게 하는 것이 유리하다.

8 공구인선과 이송이 표면 거칠기에 미치는 영향

표면 거칠기를 적게 하려면, 일반적으로 공구인선의 반지름을 크게 하고 이송을 적게 하는 것이 좋다. 반면, 인선의 반지름을 너무 크게 하면 절삭저항이 증가하여 바이트와 공작물 간에 떨림이 발생할 수 있다.

$$H = \frac{S^2}{8r}, \quad S = \sqrt{8rH}$$

9 칩의 생성

1) 유동형 칩(flow type chip)

칩이 공구의 경사면 위를 유동하는 것과 같이 원활하게 연속적으로 흘러나가는 형태로서 칩 발생 시 연속적인 미끄럼 파괴에 의하여 절삭되어, 길게 연속적 코일 모양으로 되며, 절삭면의 변동이 없고 진동이 적으며, 가공면이 깨끗하고 절삭작용이 원활하고, 신축성이 크고 소성변형이 쉬운 재료에 적합하다.

① 공작물의 재질이 연하고 인성이 큰 재질일 때
② 윗면 경사각이 클 때
③ 절삭 깊이가 작을 때
④ 고속 절삭할 때(절삭 속도가 높을 때), 절삭제를 사용할 때

2) 전단형 칩(shear type chip)

칩이 원활히 흐르지 못하고, 칩을 밀어내는 압축력이 축적되어야 분자 사이에 전단이 일어나기 때문에 미끄럼 간격이 커진다. 불연속적인 미끄럼에 의하여 나타나므로 유동형과 균열형의 중간에 속하는 형태이며, 절삭저항은 한 개의 칩이 발생할 때마다 변동하여 가공면이 매끄럽지 못하다. 연한 재질의 공작물을 작은 경사각으로 저속 가공할 때 생긴다.

3) 열단형 칩(tear type chip)

공구의 날 끝보다 날의 아래쪽에 균열이 발생되면서 절삭이 되는 형태로서 재료가 공구 전면에 접착하여 공구의 상면을 미끄러져 나가지 못하여, 아래 방향에 균열이 발생하면서 가공면이 나쁘다.
① 공작물의 재질이 공구에 접착하기 쉬울 때
② 점성이 큰 재질을 작은 경사각의 공구로 절삭할 때
③ 절삭 깊이가 클 때

4) 균열형 칩(crack type chip)

균열의 발생은 열단형과 같으나, 순간적으로 공구의 날 끝 앞에서 일감의 표면을 향해 균열이 생기고 이것이 칩이 된다. 칩 발생 시의 진동으로 절삭력의 변동이 크며 가공면이 매우 불량하다. 주철과 같은 메진(취성) 재료를 저속 가공할 때 발생한다.

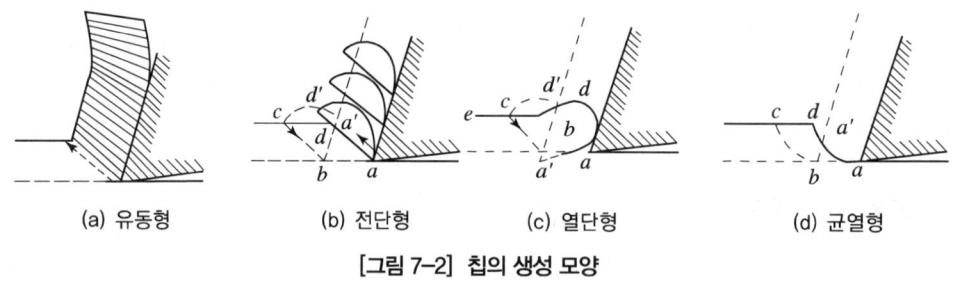

(a) 유동형   (b) 전단형   (c) 열단형   (d) 균열형

[그림 7-2] 칩의 생성 모양

10 구성인선(built-up edge)

1) 구성인선

연강, 동, 알루미늄, 스테인리스강 등과 같이 연한 재료를 저속 절삭할 때, 칩과 공구면 사이의 높은 압력과 고온의 마찰열에 의해 날 끝에 단단하게 경화된 물질이 용착 또는 압착되어 절삭면에 군데군데 흔적이 나타나는 것을 구성인선(built-up edge)이라 한다.

구성인선의 발생 과정은 $\frac{1}{10} \sim \frac{1}{200}$[sec] 시간에 발생 → 성장 → 분열 → 탈락의 주기로 반복하여 작업이 진행된다.

2) 구성인선의 발생
① 알루미늄, 황동, 스테인리스강, 연강 등의 연한 재료
② 절삭 공구의 날끝 온도가 상승
③ 절삭 속도가 늦을 때(고속도강인 경우 10~25m/min)
④ 경사각을 적게 하였을 때
⑤ 절삭 깊이가 깊을 때

3) 방지책
① 절삭 깊이를 적게 한다.
② 상면경사각을 크게 한다.
③ 절삭 속도를 크게 한다(고속도강인 경우, 임계속도 120~150m/min).
④ 윤활성이 있는 절삭유를 사용한다.

11 공구의 수명 판정방법

예리하게 연삭된 공구를 사용하여 동일한 가공물을 일정한 조건으로 절삭하기 시작해서 깎아지지 않을 때까지의 절삭시간이다.
① 표면에 광택 또는 반점이 있는 무늬가 생길 때
② 절삭 공구인선의 마모가 일정량에 달했을 때
③ 가공된 완성 치수의 변화가 일정량에 달하였을 때
④ 주분력에 비해 배분력 또는 이송분력이 급격히 증가할 때
⑤ 칩의 색깔 및 어떤 현상의 변화로 불꽃이 발생할 때

12 공구의 수명식

[Taylor의 식]

$$VT^m = C, \quad V = \frac{C}{T^m}, \quad T^m = \frac{C}{V}$$

여기서, V : 절삭 속도(m/min)
T : 공구 수명(min)
C : 공구 수명 상수(공구, 공작물, 절삭 조건에 따른 값)
n : 공구에 따라 변화하는 지수
 － 고속도강(0.05~0.2), 초경합금(0.4~0.55), 세라믹(0.4~0.55)
T : 1분[min]일 때의 절삭 속도

13 공구인선의 파손

1) 크레이터마모(crater wear)

절삭 공구의 경사면에 칩이 슬라이드(side)할 때 마찰력에 의하여 오목하게 파진 모양의 형태이다.

① 공구 날 위의 압력을 감소시킨다.
② 공구 상면의 칩의 흐름에 대한 저항을 감소시킨다.
③ 절삭 속도 및 이송속도를 감소시킨다.

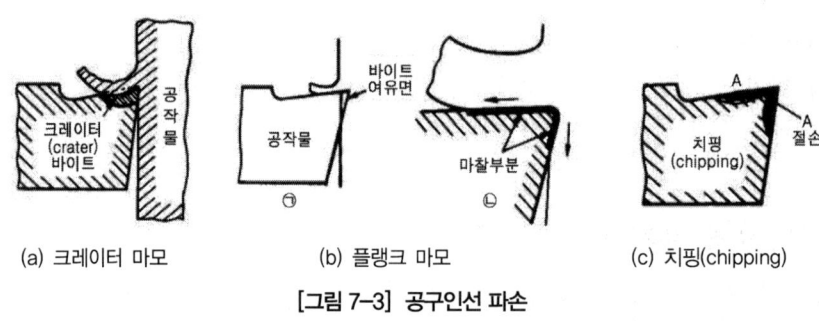

(a) 크레이터 마모   (b) 플랭크 마모   (c) 치핑(chipping)

[그림 7-3] 공구인선 파손

2) 플랭크 마모(flank wear)

절삭 공구의 여유면과 절삭면과의 마찰에 의해서 절삭면에 평행하게 마모되는 형태이며, 주철과 같이 분말상 칩이 생길 때 주로 발생한다.

① 절삭 속도를 저속으로 하고 이송을 크게 한다.
② 절삭 깊이를 적게 하고 여유각과 노즈 반경을 다소 크게 한다.
③ 날 끝을 센터에 맞추고 절삭유를 공급한다.
④ 공구의 팁 재료를 단단한 것으로 사용한다.

3) 치핑(chipping)

공구인선의 일부가 파괴되어 탈락하는 것으로 단속절삭, 공작기계의 진동, 절삭 시 급냉 등으로 공구인선에 crack이 생기고 선단의 일부가 결손되는 현상이다.

① 절삭 날의 각도가 큰 것을 사용한다.
② 노즈 반경이 큰 공구를 사용한다.
③ 윗면 경사각이 작은 칩 브레이크를 만든다.
④ 공구의 팁 재료를 인성이 큰 것으로 사용한다.
⑤ 절삭 깊이를 작게 한다.

14 절삭온도

1) 절삭열

절삭열은 [그림 7-4]와 같이 열이 발생하면 가공물이나 공구에 가열되어 온도가 상승한다. 절삭열의 발생 부분은 다음과 같다.

① 전단면 AB에서 전단면에서 전단 소성변형이 일어날 때 생기는 열(60%)
② 공구경사면 AC에서 칩과 공구 경사면이 마찰할 때 생기는 열(30%)
③ 공구 여유면과 공작물 표면 AO에서 마찰할 때 생기는 열(10%)

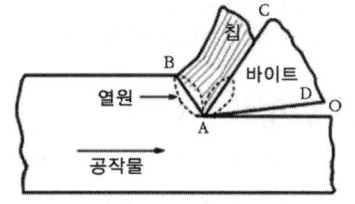

[그림 7-4] 절삭열원

열의 분포 크기는 칩(75%) > 공구(18%) > 공작물(7%) 순이다.

2) 절삭온도 측정법

① 칩의 색깔에 의한 방법
② 칼로리미터(열량계)에 의한 방법
③ 공구에 열전대를 삽입하는 방법
④ 시온 도료를 사용하는 방법
⑤ 공구와 일감을 열전대로 사용하는 방법
⑥ 복사 고온계에 의한 방법

3) 절삭온도의 영향

① 절삭저항의 감소 : 공작물이 연화되어 전단응력이 작아지기 때문
② 공구 수명의 단축 : 절삭 효율은 상승하나 공구의 날끝 온도가 상승하기 때문
③ 치수 정밀도 불량 : 온도 상승에 의한 열팽창 때문

15 절삭유

공작물의 가공면과 공구 사이에는 절삭 및 전단 작용에 의해서 온도가 상승하여 나쁜 영향을 주게 된다.

1) 절삭유의 작용

① 냉각작용 : 절삭 공구와 공작물의 온도상승을 방지한다.
② 윤활작용 : 공구 날과 칩 사이의 마찰저항을 감소한다.
③ 방청 및 세척작용 : 공작물을 산화방지하고 미분 및 칩을 제거한다.

2) 절삭유의 사용 목적

① 절삭저항이 감소하고 공구의 수명을 연장한다.
② 다듬질면의 마찰을 적게 하므로 다듬질 면을 좋게 한다.
③ 공작물의 열팽창 방지로 가공물의 치수 정밀도를 높게 한다.
④ 칩의 흐름이 좋아지기 때문에 절삭 가공을 쉽게 한다.
⑤ 공구인선을 냉각시켜 온도상승에 따른 경도 저하를 막는다.

3) 절삭유의 구비조건

① 냉각성, 방청성, 방식성이 우수하여야 한다.
② 감마성, 윤활성이 좋아야 한다.
③ 유동성이 좋고, 적하가 쉬워야 한다.
④ 인화점, 발화점이 높아야 한다.
⑤ 인체에 무해하며, 변질되지 말아야 한다.
⑥ 기계 도장에 영향이 없어야 한다.

4) 절삭유의 분류

(1) 수용성 절삭유

점성이 낮고 비열이 높으며 냉각작용이 우수하다.

① 에멀션형(유화유) : 광물유에 비눗물을 첨가하여 사용한 것으로 냉각작용이 비교적 크고 윤활성이 좋으며, 원액에 10~20배의 물을 희석해서 사용한다. 일반절삭제로 널리 사용, 값이 싸다.
② 솔류블형 : 침투성, 냉각성이 우수하고 약 50배의 물에 희석하며, 투명 또는 반투명 상태이다.
③ 솔류션형 : 방청력과 냉각성이 우수하고 연삭작업에 주로 사용되며, 50~100배 물에 희석한 투명한 액체이다.

(2) 불수용성 절삭유

물에 희석하지 않고 사용하며 냉각작용보다는 윤활작용을 목적으로 한다.

① 광물성유 : 윤활은 좋으나 냉각은 나쁘고 점성이 낮으며 경절삭에 사용. 경유, 기계유, 스핀들 오일, 석유 등이 있으며 석유는 절삭 속도가 높을 때 사용되고(황동, 경합금), 기계유는 저속절삭(탭가공, 브로우치) 등에 이용된다.
② 동식물유 : 일반적으로 점성이 높으나 냉각작용이 나쁘고 변질되기 쉬우며, 강력한 윤활작용, 완성가공, 저속 중절삭에 사용된다. 돈유, 올리브유, 종자유, 파자마유, 콩기름 등이 있다.
③ 광물유+동식물의 혼합유 : 강력 절삭에 사용

④ 석유 : 5~20배의 석유와 황유를 혼합사용. 고속절삭, 니켈, 스테인리스강, 단조강 절삭에 사용된다.
⑤ 극압유 : 공구가 고온, 고압 상태에서 마찰을 받을 때 사용하며 윤활작용이 주목적이다. 황, 염소, 납, 인 등의 화합물로 절삭 공구의 고온, 고압 상태에서 마찰을 받을 때 윤활 목적으로 첨가

> **참고**
> - 주철 절삭 시에는 절삭유를 사용하지 않고 황동, 청동 등엔 유화유를 사용한다.
> - 윤활제의 목적 : 윤활, 냉각, 밀폐작용, 청정작용(부식방지)

16 윤활제

기계의 접촉 부분에 적당량의 윤활제를 공급하여 마찰저항을 줄이고 슬라이딩을 원활하게 하여 기계적인 마모를 감소시키는 것을 윤활이라 한다. 윤활제는 윤활작용, 냉각작용, 밀폐작용, 청정작용을 목적으로 사용하며, 갖추어야 할 조건은 다음과 같다.

① 사용 상태에서 충분한 점도가 있어야 한다.
② 한계 윤활 상태에서 견딜 수 있는 유성이 있어야 한다.
③ 산화나 열에 대하여 안정성이 높아야 한다.
④ 화학적으로 불활성이며, 균질하여야 한다.

1) 윤활법의 종류

① 적하 급유법(Drop feed oiling) : 비교적 고속회전에 많이 사용. 기름통으로 저장되어 일정한 양만큼씩 떨어지도록 한 방식이다.
② 오일링(Oil ring) 급유법 : 고속 주축의 급유를 균등히 할 목적에 사용된다.
③ 분무 급유법(Oil mist) : 미세한 안개처럼 된 기름을 공기로 베어링에 보내는 것으로 집중급유법의 하나로 고속회전과 이물질 혼입을 방지할 수 있고 수명이 길다. 고속 내면 연삭기, 고속드릴 초고속 베어링에 사용된다.
④ 튀김(비산) 급유법(Splash oil) : 베어링 등을 직접 기름 속에 담그지 않고 옆에 있는 기어나, 회전링(커넥팅로드 끝에 달려있는 국자)에 의해 기름을 튀겨 날려서 윤활하는 방식(보통선반)이다.
⑤ 유욕법(Oil bath method) : 저속 및 중속 축의 급유방식(오일 게이지로 확인)이다.
⑥ 강제 급유법 : 순환펌프를 이용하여 급유하는 방법으로 고속회전 시 베어링의 냉각효과에 효과적이다.
⑦ 담금 급유법 : 윤활유 속에서 마찰부 전체가 잠기도록 하는 방법이다.
⑧ 패드(pad diling) : 무명이나 털 등을 섞어 만든 패드 일부를 오일통에 담가 저널의 아래면에 모세관 현상으로 급유하는 방법이다.
⑨ 그리스(grease) 윤활 : 수동 급유법, 충진 급유법, 컵 급유법, 스핀들 급유법이 많이 사용되며,

그리스는 비산이나 유출되지 않으므로 급유 횟수가 적고, 사용온도 범위가 넓으며, 장시간 사용에 적합하지만 급유, 세정, 교환 등 취급이 까다롭고 이물질이 혼합된 경우 제거가 곤란한 결점이 있으며, 고속회전에는 사용되지 않는다.

17 절삭 공구 재료의 구비조건

① 피 절삭재보다는 경도와 인성이 클 것
② 고온에서 경도가 감소되지 않을 것
③ 내마모성이 클 것
④ 절삭저항을 받으므로 강도가 클 것
⑤ 저마찰성 및 형상을 만들기 용이하고 가격이 쌀 것

18 공구 재료의 종류

1) 탄소공구강(STC)

① 탄소강 : 탄소량 0.6~1.5, 탄소공구강 : 탄소 함유량 0.9~1.3
② 200℃ 이상의 온도에서 뜨임효과 → 경도저하 → 고속절삭에 불리

> **참고**
> • 저온뜨임 : 100~200℃ • 고온뜨임 : 400~650℃

③ 줄, 펀치, 정 등을 제작

2) 합금공구강(STS)

① 재료 : 탄소(0.8~1.5%)공구강에 W-Cr-V-Ni 등 합금원소를 첨가하여 경화능을 개선한 것
② 저속절삭 및 총형 공구용(450℃)까지 사용이 가능하다.

3) 고속도 공구강(SKH)

합금 공구강보다 높은 온도에서 절삭 성능이 있으며, 600℃까지 경도를 유지하고 내열성과 내마모성이 커서 고속절삭이 가능하다. 고속도강의 담금질온도는 1200℃~1350℃, 뜨임온도는 550℃~580℃로 하여 드릴, 밀링 커터, 바이트 등으로 사용한다.

① 재료 : W-Cr-V-Mo-Co
② 대표적인 것으로 W(18%)-Cr(4%)-V(1%)이 있다.
③ 탄소공구강보다 높은 온도에서 절삭 능력이 뛰어나다.
④ 내마모성이 크며 공구 수명이 탄소공구강의 2배 이상이다.

4) 주조 경질 합금

① 대표적인 것으로 스텔라이트가 있으며, 주조로 성형한 것을 연삭으로 다듬질하여 사용하며, 금속절삭에 널리 사용되지 않는다.

② 재료 : W-Cr-Co-C
③ 초경합금과 고속도강의 중간 성능을 갖는다.
④ 단조나 열처리가 되지 않으므로 매우 단단하다.
⑤ 850℃까지 경도가 유지되나 취성이 있고 값이 비싸다.
⑥ 절삭날을 연강 자루에 전기용접이나 경납땜을 하여 사용한다.

5) 초경합금

① W-Ti-Ta 등의 탄화물 분말을 Co 또는 Ni을 결합하여 1400℃ 이상에서 소결시킨 것(주성분 : W, Ti, Co, C 등)이다.
② 경도 및 고온경도가 높다.
③ 내마모성과 취성이 크다.
④ 피복 초경합금은 내열성, 내마모성, 내용착성이 우수하며 일반 초경합금에 비해 2~5배의 공구 수명이 증대되며, 고온, 고속절삭에서 우수한 성능을 갖는다.

> **초경 팁(carbide tip)의 표시**
>
> - P(푸른색) : 일반강, 절삭 시
> - M(노란색) : 스테인리스강, 주강 절삭 시
> - K(붉은색) : 비철금속, 주철 절삭 시
>
> [예] 'P10-01-3'
>   P : 팁 재종, 10 : 인성, 01 : 형태, 3 : 크기
>   (P01-고속절삭, P10-나사 절삭, P20, P30-황삭)

6) 세라믹 합금

① 산화알루미늄 가루(Al_2O_3) 분말에 규소 및 마그네슘 등의 산화물이나 다른 산화물의 첨가물을 넣고 소결한 것
② 고속절삭, 고온에서 경도가 높고, 내마멸성이 좋다.
③ 경질합금보다 인성이 작고 취성이 있어 충격 및 진동에 약하다.
④ 고속절삭 시 구성인선이 생기지 않아 가공면이 좋다.
⑤ 땜이 곤란하여 고정용 홀더나 접착제를 사용한다.
⑥ 절삭열에 의해 냉각제를 사용하지 않는다.
⑦ 칩 브레이커 제작이 곤란하다.

7) 서멧 공구

① Al_2O_3 분말 70%에 탄질화 티탄 TiCN 분말을 30% 정도 혼합하여 수소 분위기에 소결하여 제작
② 초경합금에 비해 고속절삭이 가능하고 마모가 적으며 공구 수명이 길다.

③ 고속, 저속 등 절삭의 속도범위가 적다.
④ TiN은 내 충격성이 우수하다.
⑤ TiC은 고온에서 강도 및 마찰저항이 우수하고, 열의 변화에 내성이 있어 강의 절삭에 매우 우수한 성능을 나타낸다.
⑥ 중절삭 시 인선의 소성변형과 치핑의 우려가 있다.

8) 다이아몬드
① 가장 경도가 높고 1500m/min의 고속절삭이 가능하다.
② 비철금속의 정밀 완성가공 및 경절삭의 초정밀 연속절삭에 적합하다.
③ 취성이 크고 가격이 너무 고가이다.
④ 열팽창이 적고 열전도율이 크다(강의 2배).
⑤ 마찰계수가 대단히 적다.
⑥ 공구 사용 시 인선의 강도 유지를 위해 경사각을 작게 한다.

9) CBN 공구(Cubic Boron Nitride Tool)
① CBN(육방정 질화붕소)의 미소분말을 초고온, 고압(약 2000℃, 7만 기압)으로 소결한 공구이다.
② 초경합금보다 1.5~2배의 경도를 갖으며 열전도율이 높고 열팽창이 작다.
③ 담금질강, 고속도강, 내열강 등의 난삭제의 절삭, 연삭에 우수한 성능을 갖는다.
④ 철과의 반응성이 작다.

10) 피복 초경합금(coated carbide steel)
피복 초경합금은 초경합금의 모재 위에 내마모성이 우수한 물질(TiC, TiN, TiCN, Al_2O_3)을 5~10μm 얇게 피복한 것으로 가스의 플라스마 상태에서 생기는 이온을 이용하여 피복하는 물리적 증착방법(Physical Vapor Deposition, PVD)과 화학 증착법(Chemical Vapor Deposition, CVD)으로 행하여, 이는 고온에서 증착되기 때문에 접착력이 아주 강하여 강, 주강, 주철, 비철 금속절삭에 많이 사용된다.

02 연삭기

1 외경 연삭기
연삭 가공은 공구 대신에 연삭숫돌(grinding wheel)을 고속으로 회전시켜 공작물의 원통이나 평면을 극히 소량씩 절삭하는 정밀 공작기계를 연삭기(grinding machine)라 하며, 이 연삭기를 이용하여 작업하는 것을 연삭 가공이라 한다.

1) 원통 연삭기

공작물을 양 센터로 지지, 테이블 좌우이송, 숫돌대 전후이송 가공이 있으며 원통연삭방식은 다음과 같다.

(1) 트레버스 컷(treverse cut) 방식

공작물 회전과 숫돌이송을 동시에 좌우로 운동하여 연삭
① 테이블 왕복형 : 공작물을 고정한 테이블을 왕복시키는 형식으로 소형 공작물의 연삭에 적합하다.
② 숫돌대 왕복형 : 숫돌대를 왕복 운동시키는 형식으로 대형 중량 공작물의 연삭에 적합하다.

(2) 플런지 컷(plunged cut) 방식

숫돌 절입 방식으로 공작물과 숫돌에 이송을 주지 않고 전후(가로) 이송으로 연삭한다. 공작물은 회전만하고 숫돌대의 연삭숫돌을 테이블과 직각으로 전후 이송을 주어 연삭하는 형식이다.

2) 만능 연삭기

구조는 원통연삭기와 같으나 테이블, 숫돌대, 주축대를 각각 선회시킬 수 있으며, 주축대에는 척을 고정할 수 있고, 내면 연식장치가 부착되어 있어 내면연삭노 할 수 있어 작업할 수 있는 범위가 넓다.

2 내경 연삭기

1) 공작물 회전형

공작물에 회전 운동을 주어 연삭하는 방식으로 일반적으로 공작물이 작고 균형이 잡혀 있는 공작물 연삭에 적합하다.

2) 공작물 고정형

공작물은 정지시키고 숫돌축이 회전 운동과 동시에 공전 운동을 하는 방식으로 플래니터리(planetary)형 또는 유성형이라고 한다.
내연기관의 실린더와 같이 대형이고 균형이 잡히지 않은 것에 적합하며, 원통 연삭도 가능하다.

> **참고**
> • 플래너터리(Planetary : 유성형) 방식 : 공작물은 정지 숫돌축이 회전 연삭운동과 동시에 공전운동을 하는 방식

3) 센터리스 연삭기

가공물은 센터로 지지하지 않는다.

(1) 센터리스 연삭기의 장점

① 가늘고 긴 핀, 원통, 중공축 등을 연삭하기 쉽다.
② 연속 작업할 수 있으며, 대량생산에 적합하다.
③ 기계의 조정이 끝나면 초보자도 작업을 할 수 있다.
④ 고정에 따른 변형이 없고 연삭 여유가 작아도 된다.
⑤ 연삭숫돌의 나비가 크므로 지름의 마멸이 적고 수명이 길다.

(2) 센터리스 연삭기의 단점

① 긴 홈이 있는 공작물은 연삭할 수 없다.
② 대형 중량물은 연삭할 수 없다.
③ 연삭숫돌의 나비보다 긴 공작물은 전후 이송법으로 연삭할 수 없다.

(3) 연삭 작업의 종류

센터리스 연삭의 연삭 방식에는 통과이송법과 전후이송방법이 있다.

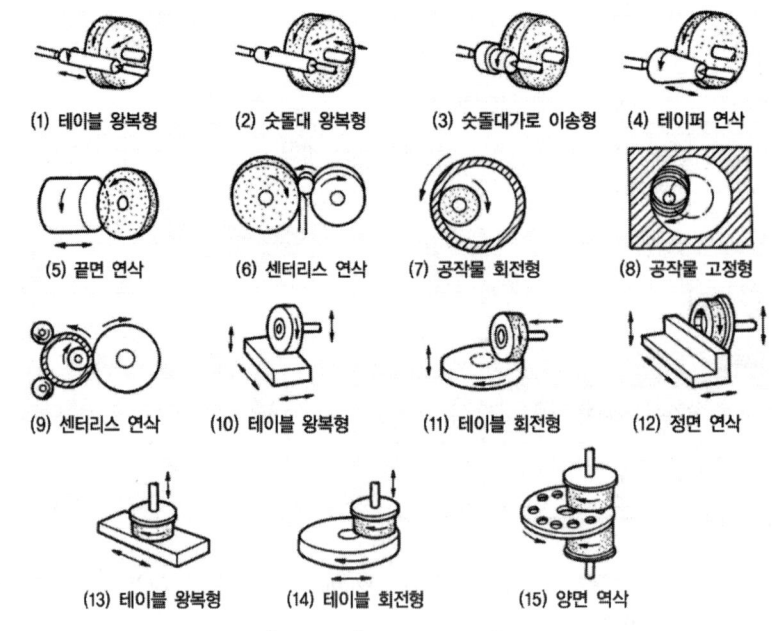

[그림 7-5] 연삭 작업의 종류

3 연삭숫돌

연삭숫돌의 3요소	연삭숫돌의 5인자
입자(절삭날) 결합제(절삭날지지) 기공(칩의 저장, 배출)	입자의 종류 : 절삭날의 종류 조직 : 숫돌 입자율 입도 : 절삭날의 크기 결합제의 종류 : 결합제의 특성 결합도 : 절삭날 발생속도의 조정

4 숫돌 입자의 용도(대책)

기호	KS	종 류	상품명	용 도	비고
A	1A 2A	갈색 용융알루미나질 95%	Alundum Alexide	일반강재 보통탄소강	
WA	3A 4A	백색 용융알루미나질 99.5%	38Alundum AA Aloxide	담금질강 내열강 고속도강 합금강	
C	1C 2C	암자색(회색) 탄화규소질 97%	37 Crystlon Carborundum	주철, 석재, 유리,비철, 비금속	
GC	3C 4C	흑색(녹색) 탄화규소질 98%	39 crystlon Carborundum	초경합금, 다이스강, 특수강, 세라믹	
D			D(ND) : 천연산 SD(MD) : 합성다이아몬드 SDC : 금속 합성다이아몬드	보석절단 석재 및 콘크리트	

[기타] SDC : 금속 합성다이아몬드
       CBN : 입방 정형 질화붕소(6방형 질화붕소) 상품명-borazon
[인조입자] 탄화규소(SiC) : 인장강도가 낮은 재료, 단단한 재료에 적합
           산화알루미늄(Al_2O_3) : 주로 인장강도가 큰 재료에 적합
           탄화붕소

5 입도

숫돌 입자는 메시(mesh : 체인 길이 1평방 inch 안의 체 눈의 수)로써 선별하며 입자의 크기를 입도라 한다.

1) 거친 입도

① 거친 연삭, 절삭 깊이와 이송을 많이 줄 때
② 접촉 면적이 넓을(클) 때
③ 공작물이 연하고 연성, 점성, 질긴 성질일 때

2) 가는 입도

① 다듬 연삭, 공구 연삭
② 접촉 면적이 적을 때
③ 공작물이 단단(경도가 높고)하고 취성(메진)인 재료

> **참고**
> 연삭숫돌과 가공물의 접촉면이 적을 때에는 미세한 입자를, 접촉면이 클 땐 거친 입자를 사용

6 숫돌의 결합도(경도)

경도란 접착제의 세기, 즉 연삭 입자를 고착시키는 접착력이다. 따라서 경도가 크다는 것은 접착력이 세다는 걸 말한다.

결합도가 높은 숫돌(굳은 숫돌)	결합도가 낮은 숫돌(연한 숫돌)
연한 재료의 연삭 숫돌차의 원주 속도가 느릴 때 연삭 깊이가 얕을 때 접촉면이 작을 때 재료 표면이 거칠 때	단단한(경한) 재료의 연삭 숫돌차의 원주 속도가 빠를 때 연삭 깊이가 깊을 때 접촉면이 클 때 재료 표면이 치밀할 때

7 연삭숫돌의 조직

연삭숫돌의 단위 체적당의 입자 수를 밀도라고 한다. 숫돌의 전체 용적 중에 어느 정도의 비율로 입자가 들어 있는가를 말한다. 입자가 차지하는 비율이 크면 조밀, 비율이 낮으면 조직이 치밀하다(거칠다).

1) 거친 숫돌 조직
① 연질, 점성이 높은 재료
② 거친 연삭 및 접촉 면적이 크다.

2) 치밀 조직 숫돌
① 경질(굳고)이고 메짐(취성)이 있는 재료
② 다듬질, 총형 연삭 및 접촉면이 적다.

> **참고**
> 일반적으로 조직이 조밀해지면 기공이 적고, 거칠면 기공이 많다.

8 결합제

결합제가 구비하여야 할 조건은 다음과 같다.
① 결합력의 조절 범위가 넓을 것
② 열이나 연삭액에 대해 안정할 것
③ 원심력, 충격에 대한 기계적 강도가 있을 것
④ 성형이 좋을 것

결합제	기호	원호	주성분	용도
무기질	V	Vitrified	점토, 장석(자기질)	일반 연삭용(90% 사용) 지름이 크거나 얇은 숫돌에 부적합(충격에 약함)
	S	Silicate	물, 유리(규산소다)	대형 숫돌에 사용(중연삭에 부적합) (고속도강), 균열 발생 쉬운 재료
유기질	E	Shellai	천연수지(셀락)	결합력 제일 약함, 거울면 연삭절단용 및 다듬질면의 정밀도가 높은 것에 사용
	R	Rubber	합성(천연)고무	매우 얇은 숫돌 사용 센터리스 조정 숫돌용
	B	Resinoid	베클라이트(Bakilite)	절단 숫돌용에 적합 주물 덧쇠자르기에 사용
금속	PVA	Polyvingl	비닐결합제	비철금속 연삭용
	M	Metal	천연다이아몬드+ 황동, 니켈, 은	초경합금 연삭용, 세라믹, 보석, 유리

연삭숫돌의 표시

```
WA - 60 - K - 7 - V - 1 - A - 225 × 20 × 51 × rpm
 ↓    ↓    ↓   ↓   ↓    ↓   ↓    ↓
입자  입도 결합도 조직 결합제 형상 모서리(외경 × 폭 × 내경)
                            모양
              (1~3호) (A~L)
```

9 숫돌의 원주 속도

$$n = \frac{1000v}{\pi d}[\text{rpm}]$$

여기서, n : 숫돌의 회전수(rpm)
v : 원주 속도(m/min)
d : 숫돌의 지름(mm)

10 연삭숫돌의 수정

1) 무딤(glazing)

숫돌의 입자가 탈락되지 않고 마모에 의해서 납작하게 둔화된 상태

(1) 원인

① 결합도가 높다.
② 원주 속도가 크다.
③ 숫돌 재료가 공작물에 부적합

(2) 결과

① 연삭성 불량, 연삭열 발열
② 연삭 손실이 생긴다.

2) 눈메움(loading)

숫돌 입자의 표면이나 기공에 칩이 차 있는 상태

(1) 원인
① 숫돌 입자가 너무 가늘고 조직이 치밀하다.
② 연삭 깊이가 깊고 원주 속도가 느리다.

(2) 결과
① 연삭성이 불량하고 다듬질 면이 거칠다.
② 숫돌 입자가 마모되기 쉽다.
③ 공작물 표면에 상처가 생긴다.

3) 드레싱(재생작업)

숫돌 입자를 무딤이나 눈 메움으로 절삭성이 나빠진 숫돌 면에 날카로운 입자를 발생시켜주는 작업

4) 트루잉(성형, 모양 고치기)

연삭숫돌의 외형을 수정하여 규격에 맞는 제품을 만드는 과정

5) 입자탈락(spilling)

결합제의 힘이 약해서 작은 절삭력이나 충격에 쉽게 입자가 탈락하는 것

03 기타 기계가공

1 드릴링 머신(drilling machine)

1) 드릴링(drilling)
공작물 고정, 공구 회전과 주축 방향 이송, 리밍, 보링, 카운터 보링, 스폿페이싱, 카운터 싱킹, 태핑 등을 공구에 따라 할 수 있다.

2) 리머(reaming)
구멍의 정밀도를 높이기 위한 작업. 리머의 여유는 직경 10mm일 때 0.2mm 정도이며, 드릴 작업 rpm의 2/3~3/4, 이송은 같거나 빠르게 한다.

3) 탭핑(tapping)
공작물 내부에 암나사 가공, 태핑을 위한 드릴 가공은 나사의 외경 − 피치로 한다.
[예] M12의 탭 작업 시 드릴 구멍은 12−1.75=10.25mm로 한다.

4) 보링(boring)
뚫린 구멍을 다시 절삭, 구멍을 넓히고 다듬질하는 것, 보링 바에 바이트를 사용한다.

5) 스폿 페이싱(spot facing)
볼트 또는 너트 등의 구멍과 직각이 되게 머리부가 접촉되는 부분을 깎아서 만드는 작업

6) 카운터 싱킹(counter sinking)
접시머리 나사의 머리가 묻히게 하기 위해 원뿔자리를 만드는 작업

7) 카운터 보링(counter boring)
작은 나사, 볼트의 머리부가 돌출되지 않도록 머리부가 들어갈 자리부분을 단이 있게 구멍 뚫는 작업

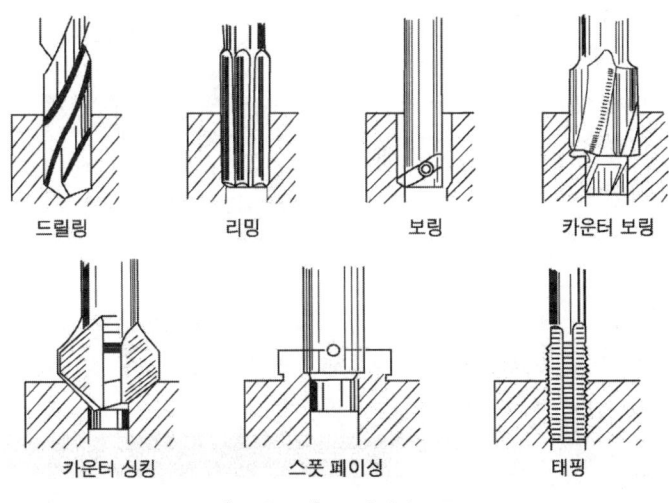

[그림 7-6] 드릴링의 종류

2 드릴링 머신의 크기

① 스윙, 즉 스핀들 중심부터 기둥까지 거리의 2배 정도가 된다.
② 뚫을 수 있는 구멍의 최대지름으로 나타낸다.
③ 스핀들 끝부터 테이블 뒷면까지의 최대거리로 표시한다.

1) 탁상 드릴링 머신
① 작은 구멍(13mm) 이하 작업용
② 크기는 뚫을 수 있는 구멍지름, 스윙 및 테이블의 크기

2) 직립 드릴링 머신
① $\phi 13$ 이상 ~$\phi 50$ 이하 가공

② 구조 : spindle, head, colum, table, base
③ 크기
 ㉠ 스윙(주축 중심부터 컬럼 표면까지 거리의 2배)
 ㉡ 테이블의 크기
 ㉢ 드릴 가공을 할 수 있는 최대지름
 ㉣ 주축 구멍의 모스 테이퍼 번호
 ㉤ 주축 끝과 테이블 윗면과의 최대거리

3) 레이디얼 드릴링 머신
① 가장 주로 쓰이며 공작물을 고정시켜 놓고 주축의 위치를 이동시켜서 구멍의 중심 맞추어 작업
② 비교적 대형이며 무거운 공작물의 구멍 뚫기, 주축이동
③ 암에는 새들이 있고 이동은 피니언과 래크로 작동
④ 크기
 ㉠ 뚫을 수 있는 구멍지름
 ㉡ 주축 끝과 테이블 윗면과의 최대거리
 ㉢ Base의 작업면적
 ㉣ 주축 테이퍼 번호

4) 다축 드릴링 머신
1대의 기계에 많은 수의 스핀들이 있으며 1회에 많은 구멍을 뚫을 때 능률적이고 한 번에 여러 개의 구멍을 작업한다.

5) 다두 드릴링 머신
직립 드릴링 머신의 상부 기구를 같은 베드 위에 여러 개 나란히 장치한 것으로 각각의 스핀들에 드릴, 그밖에 여러 가지 공구를 꽂아 드릴, 리머, 탭 등을 여러 공구를 작업 순서대로 고정 후 연속사용. 황삭 및 완성 가공을 연속적으로 한다.

6) 심공 드릴링
각종 내연기관의 크랭크축에 있는 오일구멍과 같이 머신지름에 비해 비교적 깊은 구멍을 가공한다(오일 주입구가 있음).

3 절삭 공구와 절삭 조건

1) 드릴의 각도
트위스트 드릴의 인선각은 연강용에 대해 118°로 일반적으로 가공 재료가 단단할수록 인선각이 커진다(여유각 : 10~15°, 웨브각 : 135°, 나선각 : 20~32°).

2) 디이닝(Thinning)

무디어진 웨브를 연삭하는 것으로 드릴의 생크 쪽으로 갈수록 웨브의 두께가 증가하여 절삭성이 나빠진다. 이 웨브는 드릴 가공이 이송을 줄 때 추력이 일어나는 원인이 되며, 드릴 연삭 시 웨브의 두께를 처음 두께 상태로 얇게 연삭하는 것이다.

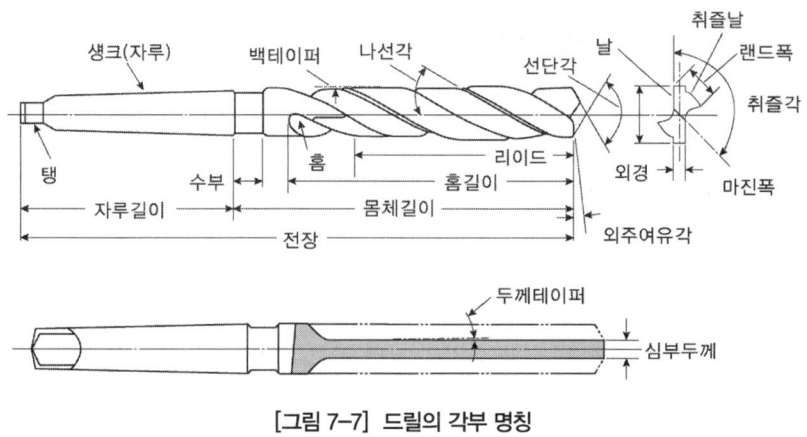

[그림 7-7] 드릴의 각부 명칭

3) 웨브

드릴 끝의 홈과 홈 사이의 두께로 자루 쪽으로 갈수록 커진다.

4) 마진

드릴의 홈을 따라서 나타나는 좁은 면으로 드릴의 크기를 정하며 예비적 날의 역할과 날의 강도 보강하며 드릴의 위치를 잡아준다.

5) 몸 여유

① 드릴과 구멍 내면이 마찰하는 것을 방지(백 테이퍼로 만듦)
② 몸체 여유(body clearance)는 드릴 지름 5mm 이상으로 날 길이 100mm에 대하여 보통 0.025~0.15mm로 한다.

6) 절삭 조건

$$v = \frac{\pi d n}{1000} [\text{m/min}], \ n = \frac{1000v}{\pi d} [\text{mm}]$$

4 보링 머신(boring machine)

보링 머신은 기능이나 구조 등에 따라 수평 보링 머신, 정밀 보링 머신, 지그 보링 머신 등이 있다.

> **보링 머신의 크기**
> ① 주축지름 및 주축 이동거리
> ② 테이블의 크기
> ③ 주축거리의 상하 이동거리 및 테이블의 이동거리

1) 수평식 보링 머신 – 대표적인 보링 머신
① 테이블형 : 보링 및 기계 가공 병행 중형 이하 가공물
② 플레이너형 : 중량이 큰 일감의 정밀가공
③ 플로어형 : 테이블형에서 곤란한 대형 일감
④ 이동형 : 이동작업, 기계수리형

2) 지그 보링 머신
구멍을 대단히 정확한 좌표 위치(구멍 간의 거리 공차 ±0.02~0.005 사이)에 정밀 가공하기 위한 것으로(보통 항온실 온도 20℃±1℃, 습도 55% 유지) 나사식 보정장치, 현미경을 이용한 광학적 장치 등을 가지고 있다.

3) 정밀 보링 머신
① 다이아몬드 공구, 초경질 공구를 사용, 고속 경절삭과 미세한 이동으로 정밀한 구멍 가공이 가능하다.
② 실린더, 피스톤 핀, 베어링 부시, 라이너의 가공에 사용된다.

4) 심공 보링 머신
① 구멍의 깊이가 10~20배 이상의 것을 뚫을 때 사용된다.
② 특수 드릴을 사용하여 자동적으로 축 중심을 유지하면서 구멍 절삭이 된다.

5) 보링공구와 부속 장치
보링의 3대 부속 장치 : 보링 바이트, 보링 바, 보링 공구대

5 슬로터(slotter)

슬로터는 세이퍼를 수직으로 놓은 것 같은 기계로 바이트를 설치한 램이 수직으로 왕복 운동한다. 키홈, 평면, 구멍의 내면, 내접 기어, 스플라인 구멍, 기타 특수한 형상, 곡면의 절삭 가공에 적합하며, 슬로터 크기는 램의 최대 행정, 테이블의 크기, 테이블의 이동거리, 회전테이블의 직경으로 표시한다.

04 기어 가공기

1 기어 절삭법

1) 형판에 의한 방법
가공 방법은 기어 치형과 같은 형판을 사용하여 공구대를 형판에 따라 미끄럼 안내하여 가공하는 모방절삭이며 특징은 다음과 같다.
① 기어 가공면이 거칠다.
② 생산 능률이 낮다.
③ 특수 용도의 기어제작에 한정이용(저속형 대형 스퍼 기어, 직선 베벨 기어)

2) 총형 공구에 의한 절삭법
가공 방법은 기어 이홈의 모양과 같은 커터를 사용하여 기어 소재 1피치만큼씩 회전시켜서 차례로 기어를 절삭이며 특징은 다음과 같다.
① 치형 곡선과 피치의 정밀도가 나쁘다.
② 생산 능률이 낮아 소량생산에 사용
③ 사용 기계 : 밀링, 세이퍼, 슬로터

3) 창성에 의한 절삭
인벌류트 곡선의 성질을 응용한 정확한 기어절삭 공구를 기어의 소재와 함께 회전운동을 주며 축 방향으로 왕복 운동을 시켜 절삭한다. 가공 방법은 다음과 같다.
① 래크 커터에 의한 방법
② 피니언 커터에 의한 방법
③ 호브에 의한 절삭

2 호빙 머신

호브(Hob)라는 기어 절삭 공구와 기어 소재에 서로 상대적인 운동을 주어 창성법으로 기어를 가공하는 공작기계이며, 종류는 다음과 같다.
① 수직형(직립) : 대형 기어 가공
② 수평형 : 소형 기어 가공
③ 기어 표시
  ㉠ 가공할 수 있는 기어의 최대 지름
  ㉡ 기어의 폭 및 피치
    ⓐ 지름 피치 $P = \dfrac{\pi D}{Z}$
    ⓑ 피치원 지름 $D = M \cdot Z$

④ 구동 기구(4대 기구)
  ㉠ 호브의 회전기구
  ㉡ 호브의 이송기구
  ㉢ 테이블 회전기구
  ㉣ 차동 기어장치(헬리컬 기어 절삭)

3 브로칭 머신

다수의 절삭날을 일직선상에 가진 브로치(broach)라는 공구를 사용해서 공작물의 구멍 내면 및 표면을 필요한 형상으로 가공을 위해 인발 또는 압입하여 절삭한다. 단, 브로치 제작이 어렵고 고가이므로 사용상 주의가 요구된다.

1) 브로칭 특징
① 호환성을 필요로 하는 부품의 대량생산에 효과적
② 자동차, 전기부품의 소형기재의 정밀가공에 적합
③ 급속 귀환 장치가 있다.
④ 브로칭 머신의 크기 : 최대 인장 응력과 행정

2) 브로치 피치
① 치수가 적고 절삭 깊이가 짧을수록 날 끝수를 적게 하고 치수 크고 절삭 깊이가 길 때는 날 끝수를 많이 한다.
② 막깎기 날부에서 필요한 치수와 형상으로 가깝게 만들어지며, 다듬질 날부를 향할수록 절삭량은 적고 다듬질 날부에서 완전한 치수와 형상으로 다듬질 된다.
③ 1회 통과로 완성 제품 생산되며 가공 시간이 짧고 호환성이 있다.
④ 브로치의 테이퍼 좁은 쪽이 가공면에 먼저 닿는다.
⑤ 공작물 모양에 따라 브로치를 만들어야 하고 브로치 설계제작에 시간이 걸린다. 공구값이 비싸므로 일정량 이상의 대량생산에 이용된다.

3) 작업조건
① 절삭 속도(m/min) : 대체로 5~10m/min, 중탄소강(18), 공구강(6~14), 황동(34), 주철(16~18)
② 브로치의 랜드가 커지면 마찰력이 증가하고 여유각이 작아지면 마찰력이 감소한다.
③ 일반적으로 절삭부를 결정할 때 중요시되는 것은 피드(feed)

$$P = C\sqrt{L}$$

여기서, P : 피치
L : 절삭부 길이
C : 1.5~2(피삭재 재질에 따른 값)

05 정밀입자가공 및 특수가공

1 래핑

마모(마멸) 현상을 가공에 응용한 것으로 래핑은 랩이라는 공구와 공작물 사이에 랩제를 넣고, 공작물을 누르면서 상대 운동으로 공작물을 매끈하고 정밀하게 다듬질하는 가공 방법으로 게이지류(블록, 스냅, 리미트, 프러그 등) 볼, 롤러, 내연 기관용 연료 분사펌프 등 정밀 기계부품 및 렌즈프리즘, 광학 기계용 유리 기구를 다듬질에 사용된다.

1) 래핑의 장점
① 가공면이 매끈한 거울면
② 높은 정밀도(평면도, 진원도, 진직도 등)
③ 가공된 면의 내식성, 내마모성 상승
④ 작업 방법이 간단하고 대량생산 가능

2) 래핑의 단점
① 가공면에 랩제 잔유가 쉽고 제품의 마멸 촉진
② 아주 높은 정밀도를 위해선 숙련 필요
③ 가공면에 랩제가 잔류하기 쉽고, 제품 사용 시 마멸을 촉진한다.
④ 작업이 깨끗하지 못하고 작업자의 손과 옷을 더럽힌다.

3) 습식 래핑법
건식에 비해 가공면이 거칠다(거친 래핑).
① 랩제와 기름혼합
② 억센 랩으로 비교적 고압력, 고속도 가공
③ 작은 구멍, 유리, 보석 등의 다듬질 가공
④ 압력 $4.9N/cm^2$, 속도는 건식법의 5~6배

4) 건식 래핑법 : 다듬 래핑
① 건조상태에서 작업. 주로 습식 래핑 후 더욱 매끈한 표면 가공
② 블록 게이지 제작에 사용
③ 압력 $9.8~14.7N/cm^2$, 속도 30~50m/min

5) 랩
① 원칙적으로 가공물보다 연한 재질(강철은 주철제) : 동합금, 납, 연강 등
② 조직이 치밀할 것
③ 형상을 오래 유지할 수 있도록 내마모성이 좋을 것

6) 랩제

① 강철 : Al_2O_3(산화알루미늄)

② 연한금속 : SiC(탄화규소)

③ 다듬질용 : Cr_2O_3(산화크롬), C입자(Cr_2O_3(산화크롬)), 산화철(Fe_2O_3)-연한금속(유리, 수정), 산화크롬(Cr_2O_3)

④ A, WA입자 : 강철

⑤ 석류석 : 목제, 반도체 재료

2 호닝(마찰작업)

보링, 리밍, 연삭 가공 등에서 가공이 끝난 원통의 내면에 정밀도를 더욱 높이기 위하여 직사각형 단면의 가는 숫돌을 방사 방향으로 배치한 혼(hone)으로 구멍에 넣고 회전운동과 축 방향의 운동을 동시에 시켜 정밀 다듬질하는 방법을 호닝이라 한다.

호닝은 실린더, 고속 베어링면 등의 내면에 대한 진원도, 진직도, 표면 거칠기 등을 개선하고, 다듬질하는 데 널리 이용한다.

① 호닝의 특징
  ㉠ 발열이 적고 경제적인 정밀가공이 가능하다.
  ㉡ 전(前) 가공에서 발생한 진직도, 진원도, 테이퍼 등에 발생한 오차를 수정할 수 있다.
  ㉢ 표면 거칠기를 좋게 할 수 있다.
  ㉣ 정밀한 치수로 가공할 수 있다.

② 혼의 구성 : 손잡이부, 숫돌 유지부, 가압 장치(유압 or 스프링), 자재 연결장치 등

③ 혼의 크기 : 지름($\phi 6 \sim \phi 106$), 길이(1600mm)

④ 혼의 재질 ─ Al_2O_3(A, WA 입자) : 다듬질용
           └ SiC(G, GC 입자) : 거친 작업용

⑤ 원주 속도(연삭의 1/4) : 40~70m/min
  연강 30~50m/min, 주철 60~70m/min(왕복속도는 원주 속도의 1/2~1/4)

⑥ 가공압력 ─ 보통(거친)가공 : $9.81N/cm^2$
           └ 정밀가공 : $39.2 \sim 58.7N/cm^2$

⑦ 혼의 운동 : 회전운동과 동시에 왕복운동 방향의 각도 -40~60°(무늬 교차각)
              (표준 : 10~30°, 정밀 : 10~40°, 거침 : 40~60°)

⑧ 연삭액 : 등유+돼지기름+황, 주철(등유), 강(등유+황화유), 청동(라아드유)

> **참고**
> • 숫돌의 길이 : 공작물 길이(구멍 깊이)의 1/2 이하
> • 왕복운동 : 양끝에서 숫돌 길이의 1/4 정도 구멍에서 나올 때 정지

3 액체호닝(분사가공)

가공액과 혼합된 연마제를 압축 공기와 함께 노즐로 공작물인 경금속, 플라스틱, 고무, 유리 등의 표면에 분출시켜 다듬면을 얻는 가공 방법이다. 액체호닝은 광택이 적지만 피닝 효과(peening effect)가 크고, 복잡한 모양의 공작물도 다듬질이 가능하며 공작물 표면에 액체(물)와 미세 연삭 입자와의 보통 혼합비 1 : 2로 혼합액을 압축, 공기로 분사한다. 액체호닝은 습식 다듬질 가공(샌드 블라스팅과 비슷)이다.

액체호닝의 분사 각도는 40~50°(45°)이며 노즐(12.5mm)과 표면 사이의 거리 60~80mm, 분사량 5~7N이다. 액체호닝의 용도는 주조품, 스케일 및 산화막 제거 피로강도 및 인장강도 (5~10%) 증가시킨다. 유리, 프라스틱, 고무, 다이케스팅 제품, 다이의 귀따기 및 표면가공에 응용된다. 연마제는 Al_2O_3, SiC, 규사가 사용되며 액체호닝의 특징은 다음과 같다.

① 가공면에 방향성이 존재하지 않으며 가공 시간이 짧다.
② 공작물 표면의 산화막이나 도료, 거스러미 등을 제거할 수 있어, 도장이나 도금의 바탕을 깨끗이 다듬는 데 좋다.
③ 가공물의 피로 강도를 10%정도 향상시킨다.
④ 형상이 복잡한 것도 쉽게 가공한다.

4 슈퍼 피니싱 : 연삭 여유 0.002 ~ 0.01mm

연삭숫돌을 공작물 표면에 가압(스프링, 유압)하면서 공작물 이송과 진동을 주고 공작물을 회전시켜 균일한 표면을 얻는 법으로 저압, 저속도의 가공이므로 발열이 적고 가공 변질층을 제거할 수 있으며 내마모성, 내식성이 우수하고 다듬질 시간이 짧다(방향성이 없는 다듬질 면을 얻는다).

① 용도 : 평면, 원통(외, 내면), 곡면, 베어링 접촉부, 각종 롤러, 게이지, 엔진 등
② 원주(상대)속도 : 15~18m/min ⇒ 초기(거친) 5~10m/min
후기(다듬) 15~30m/min
③ 숫돌 압력 : 0.98~29.4N/cm^2
④ 숫돌의 진동폭 : 보통 2~3mm ⇒ 초기(거친) 1~3, 후기(다듬) 3~5

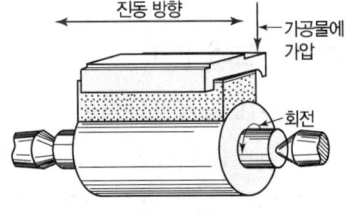

[그림 7-8] 슈퍼 피니싱

5 초음파 가공 : 충돌가공

전기적 에너지를 기계적 에너지로 변화시키며 초음파(16kc/sec 이상), 주파수의 진동(20~30kc/sec)을 주고 공작물과 공구 사이에 연삭입자와 연삭액을 넣고 펌프로 순환시켜 입자와 공작물에 대한 충돌로 인한 다듬질(진동자의 자기변형으로 초경합금, 보석류를 다듬질)하며, 공구 재료는 연강, 피아노선이 쓰인다.

① 용도 : 담금질강, 초경합금, 보석, 수정 등을 다듬질 가공한다.
② 연삭입자 : Al_2O_3, SiC, 다이아몬드+공작액(물+석유)
③ 특징
  ㉠ 초경질이며, 메짐성이 큰 재료에 사용된다.
  ㉡ 구멍 가공, 절단, 평면, 표면 가공 등을 할 수 있다.
  ㉢ 연삭 가공에 비하여 가공면의 변질 및 스트레인(변형)이 적다.
  ㉣ 전기적으로 불량도체일지라도 보통금속과 동일하게 가공이 된다.

6 전해 가공 : E.C.M

공작물과 전극 사이 0.1~0.4mm 정도 띄우고 그 사이로 전해액을 강제 유동. 공작물이 전극 모양을 따라 가공(용해작용)되며 전기의 용해작용 이용(전기 분해법칙 이용)한다. 보통 전기 도금장치와 반대 작용이고 공작물을 (+)극으로 하고 모형이나 공구 (-)극과 함께 알카리성을 전해액 속에 넣어 통전 가공된다(주로 구멍, 홈, 형조각 등을 가공).

1) 특징(효과)
① 전력은 소모되지 않고 단위 시간당 가공량이 많다.
② 높은 열이 발생하지 않고 기계적인 힘이 작용하지 않는다.
③ 내열강, 고장력강 등을 가공

7 전해 연마

전기도금과 반대적인 작업이며 전해 가공의 일종으로 전기 화학적 방법으로 전해 현상을 이용. 표면을 다듬질. 공작물을 (+)극으로 하고 구리, 아연, 납 등을 (-)로 하여 전해액 혹에 넣고 직류전류를 짧은 시간 동안에 강하게 흐르게 하여 전기적으로 그 표면을 매끈하게 다듬질하며, 금속표면의 미소돌기 부분을 용해하여 거울면 상태로 가공된다.

1) 용도
드릴의 홈이나 바늘 및 주사침 구멍을 깨끗하게 다듬질

2) 특징
① 가공변질층이 나타나지 않으므로 평활한 면을 얻을 수 있다.
② 가공면에 방향성이 없다.
③ 내마멸성 및 내부식성이 좋아진다.
④ 복잡한 형상의 공작물 연마도 가능하다.
⑤ 면이 깨끗하고 도금이 잘 된다.
⑥ 연마량이 적어 깊은 홈은 제거가 되지 않으며, 모서리가 라운드 된다.
⑦ 연질의 금속도 용이하게 연마할 수 있다.

8 전해 연삭

전해 연마에서 나타난 양극(+)의 생성물을 전해 작용으로 제거하는 작업으로 전해 연삭은 작업속도가 빠르고 숫돌의 소모가 적으며, 가공면이 연삭다듬질보다 우수하다.
가공조건으로 접촉 압력은 2~3kg/cm³가 쓰이며 가공속도는 증가하나 전극소모가 크다.
① 경도가 높은 재료일수록 연삭능률이 기계연삭보다 높다.
② 박판이나 형상이 복잡한 공작물을 변형 없이 연삭할 수 있다.
③ 연삭저항이 적으므로 연삭열 발생이 적고, 숫돌 수명이 길다.
④ 설비비와 숫돌 가격이 비싸다.
⑤ 필요로 하는 다양한 전류를 얻기가 힘들다.
⑥ 다듬질 면은 광택이 나지 않는다.
⑦ 정밀도는 기계연삭보다 낮다.

9 화학 연마

산 용액 중에 가공물을 담고 가열하며 화학반응을 촉진시켜 금속 표면에 광택을 얻는 방법(열에너지 이용)으로 재료의 강도나 경도와 관계없이 가공이 되고 변형이나 가공 거스러미가 없다. 가공경화나 표면의 변질층이 없다. 공구가 필요 없고 대량생산이 가능하다.

10 화학 밀링

가공하지 않을 공작물 부분에 내식성 피막으로 피복해 부식하는 방법으로 화학 밀링(화학절삭)이라고도 한다. 가공형상은 기계적 밀링과 거의 같으나 가공 원리는 전혀 다르다. 특징으로는 다량생산, 넓은 면 가공, 복잡한 형상 및 얇은 단면 가공이 가능하며, 공구비가 절감되고 가공면의 변질층이 적은 장점이 있지만, 가공 속도와 가공 깊이에 제한을 받고 부식성 및 다듬질면의 거칠기가 떨어지는 단점이 있다.

11 화학 연삭

공작물 표면에 작은 요철부의 볼록부를 용삭할 때, 기계적 마찰로 더욱 능률적인 가공을 하는 방법이다. 공작물과 공구 사이에 고운 연삭 입자를 넣으면 효과적이다.

12 방전 가공(E.D.M)

방전 현상을 인공적으로 설정하여 그 에너지를 이용하는 가공 방법이다(전기 접점에 의한 직류 콘덴서법). 공작물과 공구가 직접 접촉함이 없이 상호 간에 어느 간격을 유지하면서 그 사이에서 물리적으로 가공하는 방법(공작물 (+)극 가공전극 (-)이며 극과의 간격은 5~10mm)이며, 종류로는 콘덴서형, 크리스탈형, 다이오드형이 있으며, 기본적인 회로 형식은 RC 회로이다.

1) 용도
담금질강, 고속도강, 내열강, 다이아몬드, 수정 등을 가공한다.

2) 장점
① 공작물 경도와 관계없이 전기도체이면 쉽게 가공된다.
② 숙련된 작업이 필요하지 않는다(무인가공 가능).
③ 전극 형상 그대로 정밀도가 높은 가공이 된다.
④ 가공조건의 선택과 변경이 쉽다.
⑤ 비 접촉성으로 기계적인 힘이 가해지지 않는다.
⑥ 다듬질 면은 방향성이 없고 균일하다.
⑦ 복잡한 표면형상이나 미세한 가공이 가능하다.
⑧ 가공표면의 열 변질층 두께가 균일하여 마무리 가공이 쉽다.
⑨ 가공변형이 적어 박판가공이 용이하다.

3) 단점
① 공구 전극이 필요하며 전극가공의 어려움과 공구의 소모가 크다.
② 가공부분에 변질층이 남으며 다소 가공속도가 느리다.
③ 비전도체인 경우 가공이 어렵고 가전도(저부형, 금형)에 제한 받음

4) 전극 재료
구리, 은, 텅스텐 합금, 황동, 인청동, 텅스텐, 흑연(가장 좋으나 소모가 빠르다.)

5) 전극 재료의 조건
① 방전이 안정하고 가공속도 및 정밀도가 높을 것
② 전극 소모가 적고 가공이 쉬울 것
③ 가격이 저렴할 것

6) 가공액
① 절연도가 높은 유전체액 사용(높은 점도액은 부적절)
② 일반적으로 경유 사용(와이어 컷은 물(탈이온수) 사용)

13 레이저 가공

레이저(laser)는 광 레이저라고 하며, 가시광선이나 적외선의 영역에 파장을 가진 전자파에 공명하여 빛을 발하는 물질의 총칭이다. 레이저 광원의 빛은 대단히 밀도 높은 단색성과 평행도가 높은 지향성을 이용하여 렌즈나 반사경을 통해 파장을 집중시켜 공작물에 빛을 쏘면 전자 빔 가공과 같이 순간적으로 국부에 가열하여 용해 또는 증발시킴으로써 가공이 된다. 이와 같이

대기 중에서 비접촉으로 가공하는 것을 레이저 가공이라 하며 특징은 다음과 같다.
① 비접촉 가공으로 공구마모가 거의 없다.
② 임의의 위치 가공이 가능(원격조정이 가능하고 진공이 불필요)하다.
③ 열에 의한 변형이 적으므로 열, 충격을 받기 쉬운 재료가공에 적합하다.
④ 비금속(세라믹, 가죽)의 가공이 가능하다.
⑤ 미세 가공과 난삭제 가공이 용이하다.
⑥ 투명체를 통해 가공할 수 있다.

06 손 다듬질 가공

1 줄의 종류

1) 단면 모양에 따른 종류
삼각줄, 평줄, 반원줄, 사각줄, 둥근줄 등 5종류가 있다.

2) 줄눈의 형상에 따른 종류

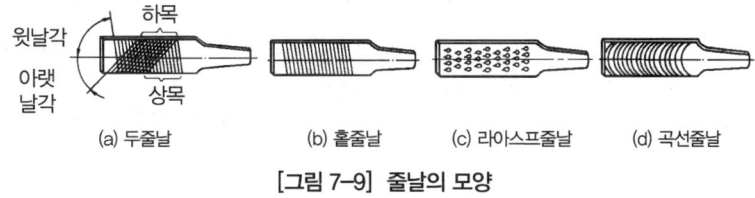

[그림 7-9] 줄날의 모양

① 단목(홑눈줄, single cut) : 한쪽 방향(70~80°)으로만 눈을 만든 것으로, Pb, Sn, Al과 같이 연질재료 및 얇은 판금의 가장자리 절삭에 사용한다.
② 복목(겹눈줄, double cut) : 일반적으로 다듬질용이며 두 개의 상하 날이 교차하도록 만든 것으로 상날(절삭)은 70~80°로 하부날(칩배출)은 40~45°로 되어 있으며 강과 주철과 같은 다듬 절삭에 사용하며 연한 금속, 일반 철공용으로 쓰인다.
③ 귀목(라스프줄, rasp cut) : 줄날이 돌기 형식이며 목재, 가죽, 베크라이트 등 비금속재료의 거친 절삭에 사용한다.
④ 파목(곡선줄, curved cut) : 줄날이 곡선으로 칩 배출이 용이하고 절삭 능력이 강력해서 납, Al, 플라스틱, 목재 등과 같은 재질 절삭에 사용한다.

3) 줄눈의 크기에 따른 분류
대황목(아주 거친 눈)줄, 황목, 중목(중간 눈)줄, 세목(가는 눈)줄, 유목줄 등이 있으며 같은 가는눈 줄이라도 줄의 크기가 작은 쪽이 줄눈이 곱다.

4) 조줄(set file)

단면 모양이나 다른 줄 5~12개를 1개조로 조합한 줄로서 금형이나 정밀가공에 사용된다. 줄 자루가 없는 것이 특징이다.

2 줄 작업의 종류

1) 직진법
줄을 길이 방향으로 직진시켜 절삭하는 방법으로 황삭 및 최종 다듬질 작업에 사용한다.

2) 사진법
넓은 면 절삭에 적합하며, 절삭량이 많아 황삭 및 모따기에 적합하다.

3) 횡진법(병진법)
줄을 길이 방향과 직각 방향으로 움직여 절삭하는 방법으로 폭이 좁고 길이가 긴 공작물의 줄 작업에 좋다.

3 리머 가공(reaming)

드릴로 뚫은 구멍은 보통 진원도 및 내면이 다듬질 정도가 양호하지 못하므로 리머를 사용하여 구멍의 내면을 매끈하고 정확하게 가공하는 작업을 리머 작업 또는 리밍(reaming)이라고 한다. 리머의 여유는 0.2~0.3mm 정도가 주로 사용된다.

리머 재질은 고속도강으로 만든다.

1) 리머의 종류
① 핸드 리머
② 기계 리머 : 채킹 리머, 조버스 리머, 브리지 리머
③ 테이퍼 리머 : 모스 테이퍼 리머, 테이퍼핀 리머, 파이프 리머
④ 조정 리머 : 조정 리머, 팽창 리머
⑤ 셸 리머 : 자루와 날부가 별개로 되어있는 리머
⑥ 솔리드 리머 : 자루와 날부가 같은 소재로 된 리머

2) 리머 작업 시 유의사항
① 다듬 여유를 작게 하고 낮은 절삭 속도로써 이송을 크게 하면 좋은 가공면이 된다.
② 리머를 뺄 때 역회전시켜서는 안 된다.
③ 기름을 충분히 주어 칩이 잘 배출되도록 해야 한다.
④ 채터링(떨림)을 방지하기 위해 절삭날의 수는 홀수날이고 부등 간격으로 배치한다.

4 탭 및 다이스 가공

나사는 원통의 외면과 내면에 나선 모양으로 절삭한 것이며, 탭 작업(tapping)이란 드릴로 뚫은 구멍에 탭과 탭 핸들에 의해 암나사를 내는 작업이다.

다이스 작업(dies working)이란 둥근봉 또는 관 바깥지름 다이스(dies)를 사용하여 수나사를 내는 작업이다.

1) 탭 작업(tapping)

탭(tap)은 나사부와 자루 부분으로 되어 있으며 암나사를 만드는 공구이다.

① 핸드 탭 : 1번, 2번, 3번 탭의 3개가 1개조로 되어 있고, 탭의 가공률은 1번 : 55%, 2번 탭 : 25%, 3번 탭 : 20% 가공을 한다. 현장에서는 보통 2번, 3번 탭만으로 태핑을 한다.

② 기계 탭 : 작업능률을 향상시키기 위해 기계에 장치하여 나사를 내는 탭
  ㉠ 테이퍼 탭(taper tap) : 자루 부분의 지름을 너트의 구멍 지름보다도 가늘고 길게 만들고 챔퍼 부분의 테이퍼도 완만하게 한 것으로 대량생산에 사용한다.
  ㉡ 마스터 탭(master tap) : 다이스나 체이서 등을 만드는 탭이다.
  ㉢ 건 탭(gun tap) : 탭에 비틀림 홈이 있는 것으로(15°) 고속 절삭용이다.
  ㉣ 파이프 탭(pipe tap) : 가스 탭이라고도 하며, 가스관 또는 조인트에 암나사를 깎는 탭이다.
  ㉤ 스파이럴 탭(spiral tap) : 인성이 강한 강재에 대하여 절삭성이 좋고 절삭면이 매끈하게 다듬질된다. 나사부가 나선형으로 되어있다.

③ 탭 작업 시 탭이 부러지는 이유
  ㉠ 구멍이 너무 작거나 구부러진 경우
  ㉡ 탭이 경사지게 들어간 경우
  ㉢ 탭의 지름에 적합한 핸들을 사용하지 않는 경우
  ㉣ 너무 무리하게 힘을 가하거나 빨리 절삭할 경우
  ㉤ 막힌 구멍의 밑바닥에 탭의 선단이 닿았을 경우

④ 탭 구멍 : 탭 구멍의 지름은 다음과 같은 식으로 구할 수 있다.
  ㉠ 미터나사 : $d = D - p$
  ㉡ 인치 나사 : $d = 25.4 \times D - \dfrac{25.4}{N}$

여기서, d : 탭 구멍의 지름(mm)
D : 나사의 바깥지름(mm)
p : 나사의 피치(mm)
N : 1인치(25.4mm) 사이의 산 수

2) 다이스 가공

다이스는 수나사를 만드는 공구로서 내면은 나사로 되어 있고 칩이 빠져나올 수 있는 홈이 있다. 앞면에 2~2.5산, 뒷면에 1~1.5산 정도가 모따기로 되어있고 앞면을 공작물에 접촉시켜서

작업을 한다. 나사 지름을 조절할 수 있는 분할 다이스와 나사 지름을 조절할 수 없는 단체 다이스로 나눈다.

07 기계 재료

1 철강 재료

1) 금속의 특성과 합금

(1) 금속의 공통적 성질

① 실온에서 고체이며, 결정체이다(단, Hg제외).
② 가공이 용이하고, 연성과 전성이 풍부하고 강도, 경도, 비중이 비교적 크다.
③ 불투명하고 고유의 색상이 있으며, 빛을 반사한다.
④ 전자, 중성자의 배열에 의하여 결정되는 내부구조이고 결정의 내부 구조를 변경할 수 있다.
⑤ 비중이 크고, 경도 및 용융점이 높으며 순금속 융점은 그 금속의 고유의 온도이다.
⑥ 열 및 전기의 양도체이다.
⑦ 생성된 결정핵이 성장하여 수지상 결정을 만든다.

(2) 금속의 분류

비중 4.5를 기준으로 경금속과 중금속을 구분한다.
① 경금속 : Al(2.7), Mg(1.74), Na(0.97), Si(2.33), Li(0.53)
② 중금속 : Fe(7.87), Cu(8.96), Ni(8.85), Au(19.32), Ag(10.5), Sn(7.3), Pb(11.34), Ir(22.5)

(3) 합금의 특성

① 강도와 경도가 커지고 전성과 연성이 작아진다.
② 전기전도율 및 열전도율, 융해점이 낮아진다.
③ 두 종류 이상의 결정 입자가 혼합할 때는 내식성이 나빠진다.
④ 담금질 효과가 크다.

2) 금속재료의 성질

(1) 기계적 성질

① 연성 : 길고 가늘게 늘어나는 성질(연성순서 : Au 〉 Ag 〉 Al 〉 Cu 〉 Pt)
② 전성 : 얇은 판을 넓게 펼칠 수 있는 성질(전성순서 : Au 〉 Ag 〉 Pt 〉 Al 〉 Fe)
③ 인성 : 외력(굽힘, 비틀림, 인장, 압축 등)에 저항하는 질긴 성질
④ 취성(메짐) : 잘 깨지고 부서지는 성질로 인성의 반대

⑤ 소성 : 외력을 가한 후 제거해도 변형이 그대로 유지되는 성질
⑥ 탄성 : 외력을 제거해도 원래대로 돌아오는 성질
⑦ 경도 : 재료의 단단한(무르고 굳은) 정도
⑧ 강도 : 단위 면적당 작용하는 힘. 외력(굽힘, 비틀림, 인장, 압축 등)에 견디는 힘
⑨ 피로 : 작은 힘의 반복 작용에 의해 재료가 파괴되는 현상
⑩ 크리프(creep) : 재료를 고온으로 가열했을 때 인장강도, 경도 등을 말한다.
⑪ 인장강도 : 재료의 인장 시험에 있어서 시험편이 파단할 때까지의 최대 인장 하중을, 시험 전 시험편의 단면적(A_o)으로 나눈 값(σ_B). 극한 강도라고도 불리며 재료의 강도 기준의 하나이다.

$$\sigma_B = \frac{W_{\max}}{A_o}[\text{N/mm}^2, \text{MPa}]$$

여기서, σ_B : 인장강도
$W_{\max}$: 최대하중(N)
A_o : 원래의 단면적(mm^2)

⑫ 연신율 : 재료는 인장 하중을 걸면 늘어난다. 이 늘어난 길이의 최초의 길이에 대한 백분율을 연신율이라고 한다.

$$\epsilon = \frac{L_1 - L}{L} \times 100(\%)$$

여기서, L : 처음의 표점 거리(mm)
L_1 : 파단되었을 때의 표점 거리(mm)

⑬ 단면수축률 : 인장 시험에 있어서 시험편 절단 후에 생기는 최소 단면적(S_1)과 그의 원 단면적(S)과의 차와 원 단면적에 대한 백분율을 말한다.

$$\Psi = \frac{S - S_1}{S} \times 100(\%)$$

여기서, S : 처음 단면적(mm^2)
S_1 : 파단되었을 때의 수축된 최소 단면적(mm^2)

(2) 물리적 성질

① 비열 : 어떤 물질 1g의 온도를 1℃만큼 올리는 데 필요한 열량이다.
② 용융점 : 금속을 가열하면 녹아서 액체로 되는데, 액체로 되는 온도점을 말한다.
③ 비중 : 물(4℃)과 똑같은 부피를 갖는 물체와의 무게의 비를 말한다.
　㉠ 실용 금속 중 가장 가벼운 금속 : Mg(1.74)
　㉡ 비중이 가장 무거운 금속 : Ir(22.5)
　㉢ 비중이 가장 가벼운 금속 : Li(0.53)
④ 선팽창 계수 : 어느 길이의 물체가 1℃ 상승할 때 그 길이의 증가와 늘어나기 전 길이와의 비를 말한다.

㉠ 선팽창 계수가 큰 것 : Pb, Mg, Sn
㉡ 선팽창 계수가 작은 것 : Ir, Mo, W
⑤ 열전도율 및 전기전도율 : Ag-Cu-Au-Pt-Al-Mg-Zn-Ni-Fe-Pb-Sb
⑥ 금속의 탈색 : Sn-Ni-Al-Mg-Fe-Cu-Zn-Pt-Ag
⑦ 자성
㉠ 강자성체 : Fe, Ni, Co
㉡ 상자성체 : Al, Pt, Sn, Mn
㉢ 반자성체 : Cu, Zn, Sb, Ag, Au
⑧ 융해잠열 : 어떤 금속 1g을 용해시키는 데 필요한 열량을 융해잠열이라 한다.

(3) 화학적 성질
① 부식 : 금속은 접하고 있는 주위 환경의 화학적, 전기화학적인 작용에 의해 비금속성 화합물을 만들어 점차적으로 손실되어가는데 이 현상을 부식이라 한다.
② 내식성 : 금속의 부식에 대한 저항력으로 견디는 성질이다. Cr, Ni 등이 우수하다.
③ 내산성 : 기타 산에 견디는 성질, 염기에 견디는 성질로 내염기성이라 한다.
④ 내열성 : 금속의 열에 대한 저항력으로 견디는 성질이다.

(4) 가공상의 성질
① 주조성 : 금속이나 합금을 녹여 기계 부품인 주물을 만들 수 있는 성질
② 소성 가공성 : 재료에 외력을 가하여 원하는 모양으로 만드는 작업
③ 적합성 : 재료의 용융성을 이용하여 두 부품을 접합하는 성질
④ 절삭성 : 절삭 공구에 의해서 금속재료가 절삭되는 성질

3) 금속의 결정

(1) 금속 원자 결정
① 체심입방격자(BCC)
㉠ 융점이 높고 강도가 크다(소속 원자수 : 2개, 배위수〈인접 원자수〉: 8개).
㉡ Cr, W, Mo, V, Li, Na, Ta, K, α-Fe, δ-Fe
② 면심입방격자(FCC)
㉠ 전연성, 전기전도율 크다. 가공성 우수(소속 원자수 : 4개, 배위수 : 12개)
㉡ Al, Ag, Au, Cu, Ni, Pb, Ca, Co, γ-Fe
③ 조밀 육방 격자(HCP)
㉠ 전연성, 접착성, 가공성 불량(소속 원자수 : 2개, 배위수 : 12개)
㉡ Mg, Zn, Cd, Ti, Be, Zr, Ce

(2) 금속의 변태
- 변태(Transformation) : 고체 → 액체(액체 → 고체)로 결정격자의 변화가 생기는 것

- 변태점 측정법 : 열분석법, 시차열분석법, 비열법, 전기저항법, 열팽창법, 자기분석법, X선분석법
- 동소체(allotropy) : 모양(相)이 같은 물질이지만 결정격자가 다른 것(α, γ, δ 고용체)

① 동소변태
  ㉠ 고체 내에서 원자 배열이 변화로 생긴 것(결정격자 모양이 바뀜)
  ㉡ 성질이 일정한 온도에서 급격히 비연속적으로 변화가 생긴 것
  ㉢ 동소변태 금속은 Fe(A3 : 912℃, A4 : 1400℃), Co(480℃), Ti(883℃), Sn(18℃)
  ㉣ α-Fe(BCC) : 910℃ 이하에서 체심입방격자 γ-Fe(FCC)
  ㉤ 910~1400℃에서 면심입방격자
  ㉥ δ-Fe(BCC) : 1400~1538℃에서 체심입방격자
  ㉦ A3 변태 : α-Fe $\Leftrightarrow$ γ-Fe
  ㉧ A4 변태 : γ-Fe $\Leftrightarrow$ δ-Fe

② 자기변태(curie point)
  ㉠ 원자 배열에 변화가 생기지 않고 원자 내부에 어떤 변화를 일으킨 것이다.
  ㉡ 점진적이고 연속적으로 변화가 생기며, 자기의 세기가 768℃(A2점) 부근에서 급격히 변화한다.
  ㉢ 자기변태를 일으키는 금속으로 Fe : 768℃, Ni : 360℃, Co : 1120℃ 등이 있다.

(3) 합금의 상태도

① **상률** : 계(系) 중의 상(相)이 평형을 유지하기 위한 자유도를 규정한 법칙이다.
  ㉠ 상(相) : 어느 부분이나 균일하고 불연속적이며, 명확히 경계된 부분으로 되어있는 분자와 원자의 집합 상태를 말한다.
  ㉡ 계(系) : 집합의 물체를 외계와 차단하여 그 물질 이외의 것은 물리적 교섭이 없는 상태로 있다고 생각할 때 계라고 한다.

> **참고**
> $F = n + 2 - P$ (F : 자유도, n : 성분수, P : 상의 수)
> 압력을 무시하면(응고계 상률) : $F = n + 1 - P$

② **공정(eutectic)** : 2개 성분(成分)의 금속이 용해된 상태에서는 균일한 용액으로 되나 응고 후에는 금속 성분이 각각 결정이 되어 분리되며 전연 고용체를 만들지 않고 기계적으로 혼합된 조직으로 되는 반응을 말하며, 이때의 결정을 공정(eutectic)이라 한다.

$$액체 \leftrightarrow 고체\ A + 고체\ B(기계적\ 혼합)$$

③ **고용체** : 금속원자가 서로 녹아서 고체를 이룬 것으로서 용매금속의 결정 중에 용질금속의 원자나 분자가 녹아 들어가 응고된 고용체라 한다.

$$고체\ A + 고체\ B \leftrightarrow 고체\ C(기계적\ 방법\ 구분\ 불가)$$

㉠ 침입형 고용체 : Fe-C
㉡ 치환형 고용체 : Ag-Cu, Cu-Zn
㉢ 규칙격자형 : Ni_3-Fe, Cu_3-Au, Fe_3-Al

④ 포정 : 하나의 고체에 다른 융체가 작용하여 다른 고체를 형성하는 반응을 말하며, 이때의 고체를 포정(peritectic)이라 한다.

$$고체\ A + 액체 \leftrightarrow 고체\ B$$

⑤ 편정 : 일종의 융액에서 고상과 다른 종류의 융액을 동시에 생성하는 반응을 말하며, 이때의 결정을 편정(monotectic)이라 한다.

$$고체 + 액체\ A \leftrightarrow 액체\ B$$

⑥ 공석 : 하나의 고용체로부터 2종의 고체가 일정한 비율로 동시에 석출하는 반응이다.

$$\alpha(페라이트) + Fe_3C(시멘타이트) = \alpha + Fe_3C(펄라이트)$$

⑦ 금속 간 화합물 : 2종 이상의 금속 원소가 간단한 원자비로 결합되어 본래의 성분 금속과는 다른 새로운 성질을 가진 물질이 형성되며 그 원자도 규칙적으로 결정 격자점을 보유하는 화합물을 금속 간 화합물(예 : Fe_3C, WC, $CuAl_2$)이라 한다.

4) 금속 가공

(1) 소성변형

금속에 외력을 가하였다가 외력을 제거하여도 원상태로 되돌아오지 않고 영구변형을 일으키는 것을 말한다.

(2) 단결정과 소성변형

① 미끄럼(slip) : 재료에 외력이 작용할 때 어떤 방향으로 미끄러져 이동하는 현상
② 쌍정(twin) : 변형 전과 후의 위치가 경계로 하여 대칭의 관계를 가진 원자배열의 결정 부분
③ 전위(dislocation) : 금속의 결정격자가 불안전하거나 결함이 있을 때 외력을 작용하면 이곳으로 이동이 생기는 현상

(3) 가공경화

① 재료에 외력을 가하여 변형시키면 굳어지는 현상
② 보통 냉간 가공으로 경도가 크고 강해진 현상

(4) 냉간(상온) 가공 시 기계적 성질

- 냉간(상온) 가공의 장점 : 제품의 치수 정확, 가공 면이 아름답고, 기계적 성질 개선, 강도 및 경도 증가, 연신율 감소
- 냉간(상온) 가공의 단점 : 가공 방향으로 섬유조직이 되어 방향에 따라 강도가 다르다.

① 시효 경화(Age hardening) : 냉간 가공 시 시간 경과로 경화되는 현상으로 기계적 성질은 변화하나 나중에는 일정한 값을 나타내는 현상으로 황동, 두랄루민, 강철 등이 잘 일어나며, 인공적으로 100~200℃ 높여 시효경화를 촉진시키는 것을 인공시효라 한다.
② 바우싱거 효과 : 동일방향에서의 소성변형에 대하여 전에 받던 방향과 반대의 변형을 부여하면 탄성한도가 낮아지는 현상을 말한다.
③ 회복 : 냉간(상온) 가공에 의해서 내부응력을 일으킨 결정입자가 가열에 의해서 그 모양은 바뀌지 않고 내부응력이 감소하는 현상이다.
④ 재결정 : 가공 경화된 재료를 가열시 결정 핵이 성장하여 전체가 새로운 결정으로 변화
  ㉠ 가공도 작을수록 크고, 가열시간은 길수록 크고, 가열온도가 높을수록 크다.
  ㉡ 재결정 온도 : 열간(고온) 가공과 냉간(상온) 가공이 구분되는 온도
    • Fe : 350~500℃   • W : 1200℃   • Mo : 900℃
    • Ni : 600℃   • Pt : 450℃   • Au, Ag, Cu : 200℃

5) 철강 재료의 개요

(1) 철강의 분류

① 철강 재료는 일반적으로 순철, 강 주철의 세 종류로 구분한다. 이 중에서 순철은 공업용으로 사용 빈도가 적으며, 탄소가 적당히 함유된 강과 주철이 주로 사용된다.
② 보통 강과 주철은 탄소 함유량으로 구분하는데, 학술성 분류는 강은 아공석강(0.025~0.77%C), 공석강(0.77%C), 과공석강(0.77~2.11%C)으로 되어 있고, 주철은 아공정 주철(2.11~4.3%C), 공정 주철(4.3%C), 과공정 주철(4.3~6.68%C)로 되어 있다.
③ 강을 탄소강과 합금강으로 분류하는 경우도 있는데, 탄소강은 탄소(C) 이외에 규소(Si), 망간(Mn), 인(P), 황(S) 등의 5대 원소가 분순물의 성격으로 약간 포함한 것이고, 합금강은 탄소강에 특수한 성질을 부여하기 위해 니켈(Ni), 크롬(Cr), 망간(Mn), 규소(Si), 몰리브덴(MO), 텅스텐(W), 바나듐(V) 등의 합금 원소를 한 가지 또는 그 이상 첨가한 것이다.

(2) 철강 재료의 5대 원소

C(강에 가장 큰 영향), S〈0.05%, P〈0.04%, Si〈0.1~0.4%, Mn〈0.2~0.8%

(3) 제철법

① 철광석 : 적 · 자 · 갈 · 능철광 → Fe 40~60% 이상
② 선철(pig iron) : 철광석을 용광로에 넣어서 정련하여 만든 철
③ 용제 : 석회석, 형석, 백운석 등이 있으며, 철과 불순물을 분리시킨다.

(4) 제강법

① 평로 제강법 : 바닥이 낮고 넓은 반사로
  ㉠ 산성법 : 규소 내화물(저 P, 고 Si)

ⓒ 염기성법 : 돌로마이트 또는 마그네시아(고 P, 저 Si)
② 전로 제강법 : 노안에 용선 장입 후 공기를 불어넣어 불순물을 산화시켜 제강
  ㉠ 베세머법(산성법) : 규소 내화물(저 P, 고 Si)
  ㉡ 토머스법(염기성법) : 돌로마이트 또는 마그네시아(고 P, 저 Si)
③ 전기로 제강법 : 전열을 이용하여 강을 제련한다. 온도조절이 용이, 제품이 고가
  ㉠ 종류 : 아아크식, 유도식, 저항식

> **참고**
> • 용량 : 1회에 생산되는 용강의 무게

6) 강괴의 종류 및 특징

(1) 킬드강
완전히 탈산한 강으로 강괴의 중앙 상부에 큰 수축관이 생긴다.

(2) 세미 킬드강
킬드강과 림드강의 중간 정도로 탈산한 강

(3) 림드강
탈산 및 기타 가스 처리가 불충분한 상태의 강으로 주형의 외벽으로 림(rim)을 형성한다.

(4) 캡드강
림드강을 변형시킨 강으로 비등을 억제시켜 림 부분을 얇게 한 강이며 탈산제로 Fe-Si, Al, Fe-Mn 등이 쓰인다.

(5) 강괴의 결함
① 비등작용 : 산소(O_2)와 탄소(C)가 반응한 코발트(Co)의 생성 가스가 대기 중으로 빠져나가는 현상으로 끓는 것처럼 보인다. 림드강에서 발생한다.
② 헤어크랙(Hair Crack) : 수소(H_2) 가스에 의해 머리칼 모양으로 미세하게 갈라지는 균열하는 것으로 킬드강에서 발생한다.
③ 백점 : 수소의 압력이나 열응력, 변태응력 등에 의해 생긴 균열이 생긴다. 이 외에 수축관, 수축공, 기포, 편석 등이 있으며 킬드강에서 발생한다.

7) 순철

(1) 순철의 용도
탄소의 함유량이 0~0.025% 정도이므로 연하고 전연성이 풍부하고, 기계 재료로는 거의 쓰이지 않으나 항장력이 낮고 투자율이 높기 때문에 변압기 및 발전기용 발 철판의 전기 재료로 많이 사용된다.

(2) 순철의 변태

① 순철의 변태점에는 동소변태 A2(768℃), A3(910℃)이고, 자기변태 A4(1400℃)점이 있다.
② 순철에는 α철, γ철, δ철의 3개 동소체가 있으며 910℃ 이하에서는 α철로 체심입방격자, 910~1400℃에서는 γ철로 안정한 면심입방격자로 되며, 1400℃ 이상에서는 δ철로 체심입방격자이다.
③ 강은 강자성체이나 가열하면 자성이 점점 약해져서 768℃ 부근에서는 급격히 상자성체가 되는데 이러한 변태를 자기변태(A2)라 하고, 앞에서 말한 격자 변화를 동소변태(A3, A4)라 한다. 또한, 변태가 일어나는 온도를 변태점이라 한다.
④ 동소변태는 원자배열의 변화가 생기므로 상당한 시간을 요한다.
⑤ 자기변태는 원자배열의 변화가 없으므로 가열, 냉각시 온도변화가 없다.

(3) 순철의 성질

① 순철의 종류로는 아암코철, 전해철, 카보닐철 등이 있으며 카보닐철이 가장 순수하다.
② 항자력이 낮고 투자율이 높아 전기재료(변압기, 발전기용 박판)로 사용
③ 단접성, 용접성 양호하나 유동성 및 열처리성 불량
④ 상온에서 전연성 풍부하며 항복점 · 인장강도 낮고, 연신율 · 단면수축률 · 충격값 · 인성은 높다.
⑤ 순철의 물리적 성질은 비중(7.87), 용융점(1,538℃), 열전도율이 0.18, 인장강도 177~245MPa(18~25N/mm^2), 브리넬경도 586~687MPa(60~70N/mm^2)

8) Fe-C계 평형상태도

720℃에서 A1 변태, 768℃에서 A2 변태, 910℃에서 A3 변태, 1400℃에서 A4 변태가 일어난다. A2 변태점 이하의 온도의 것을 α철, A2 변태점에서 A3 변태점까지의 온도의 것을 β철이라 한다. 또 A3 변태점 온도에서 A4 변태점 온도까지의 것을 γ철이라 하고 A4로부터 용융점에 1536.5℃까지의 것을 δ철이라 한다.

(1) 변태점

① A0(210℃) : 시멘타이트의 자기 변태점
② A1(723℃) : 순철에는 없고 강에서만 일어나는 특유한 변태
③ A2(768℃) : 자기변태(Fe, Ni, Co)
④ A3(912℃) : 동소변태
⑤ A4(1,400℃) : 동소변태

(2) 강의 표준조직(Normal Structure)

① α 고용체 : Ferrite(강자성체로 극히 연하고 전성과 연성이 크다. H_B=90)
② γ 고용체 : Austenite(A1 점에서 안정된 조직으로 상자성체이고 인성이 크다. H_B=155)

③ Fe₃C : Cementite(경도가 높고 취성이 크며 백색으로 상온에서 강자성체. H_B=820)
④ α+Fe₃C : Pearlite(오스테나이트가 페라이트와 시멘타이트의 층상으로 된 조직. 강도는 크고 어느 정도 연성이 있다. H_B=225)
⑤ γ+Fe₃C : Ledeburite(상온에서 불안정하고 Fe₃C는 흑연과 지철(地鐵)로 분해한다.)

(3) 탄소 함량에 따른 분류

① 강
  ㉠ 공석강 : 0.77%C(펄라이트)
  ㉡ 아공석강 : 0.025~0.77%C(페라이트+펄라이트)
  ㉢ 과공석강 : 0.77~2.0%C(펄라이트+시멘타이트)

② 주철
  ㉠ 공정주철 : 4.3%C(레데뷰라이트)
  ㉡ 아공정주철 : 2.0~4.3%C(오스테나이트+레데뷰라이트)
  ㉢ 과공정주철 : 4.3~6.67%C(레데뷰라이트+시멘타이트)
    ⓐ 포정점 : 0.18%C, 1,492℃
    ⓑ 공석점 : 0.77%C, 723℃
    ⓒ 공정점 : 4.3%C, 1,147℃(상온 표준조직 : 퍼얼라이트)

9) 탄소강의 표준조직

강을 단련하여 불림(normalizing) 처리, 즉 표준화 처리한 것을 말하며 조직에는 다음과 같은 용어가 있다.

(1) 오스테나이트(austenite)

γ철에 탄소가 1.7% 이하로 고용된 고용체로서 페라이트보다 굳고 인성이 크다. 그러나 이것은 비자성이다. A1 점(723℃) 이상에서 안정된 조직을 갖는다.

(2) 페라이트(ferrite)

α(BCC)철에 극히 소량(상온에서 0.006%, 721℃에서 최대 0.03%)까지 탄소가 고용된 고용체이며, α 고용체라고도 한다. 이것은 극히 연하고 연성이 크나 인장 강도는 작고 상온에서 강자성체이다. 파면의 백색을 띠며 순철의 바탕 조직이다.

(3) 펄라이트(pearlite)

A1 변태점에서 오스테나이트의 분열에 의하여 생기는 것으로 탄소 0.85%C의 함유하며 γ 고용체가 723℃에서 분열하여 생긴 페라이트와 시멘타이트의 공석정으로 페라이트와 시멘타이트가 층으로 나타나며 앞에서 설명한 페라이트보다 경도가 크고 강하며 자성이 있다. 탄소강의 기본조직이다.

(4) 시멘타이트(cementite)

시멘타이트는 철(Fe)과 탄소(C)의 화합물인 탄화철(Fe_3C)로서 탄소를 6.68%의 탄소를 함유한 탄화철로 경도와 취성이 커서 잘 부스러지는 성질, 즉 메짐성이 크며 백색이다. 상온에서 강자성체이며, 담금질을 해도 경화되지 않고 화학식으로는 Fe_3C로 표시한다.

(5) 레데부라이트(ledeburite)

γ고용체와 시멘타이트의 공정조직으로 주철에 나타난다.

> **조직의 경도 순서**
>
> 시멘타이트 〉 마텐자이트 〉 트루스타이트 〉 베이나이트 〉 솔바이트 〉 펄라이트 〉 오스테나이트 〉 페라이트

10) 탄소강의 온도에 따른 여러 가지 취성

(1) 청열 취성

강은 온도가 높아지면 전연성이 커지나, 200~300℃에서는 강도는 크지만, 연신율은 대단히 작아져서 결국 메짐성을 증가한다. 이 때의 강은 청색의 산화피막을 형성하는데, 이것을 청열 취성(메짐성)이라고 한다.

(2) 적열 취성

강이 900℃ 이상에서 황이나 산소가 철과 화합하여 산화철이나 황화철을 만든다. 황(S)이 많은 강은 고온에 있어서 여린 성질을 나타내는데 이것을 적열 취성이라고 한다.

(3) 상온 취성

인(P)은 강의 결정 입자를 조대화시켜서 강을 여리게 만들며, 특히 상온 또는 그 이하의 저온에 있어서는 특별히 현저해 진다. 인(P)은 상온 메짐성 또는 냉간 메짐성의 원인이 된다.

(4) 고온 취성

강은 구리(Cu)의 함유량이 0.2% 이상(일반적으로 Cu 1.0% 이하)으로 되면 고온에 있어서 현저히 여리게 되며, 결국 고온 메짐성을 일으킨다.

(5) 냉간(저온) 취성

강은 일반적으로 충격값은 100℃ 부근에서 최대이며, 상온 이하에 있어서는 현저히 여리게 된다. 이것을 냉간 메짐성이라고 한다.

11) 탄소강 중의 타 원소의 영향

(1) 규소(Si)

강의 경도, 탄성 한계, 인장 강도를 증가시키며, 연신율, 충격값, 전성, 가공성은 감소시키

고 단접성을 해치고 주조성(유동성)을 좋게 하며 결정입자의 크기를 증대시켜 거칠어진다. 탄소함량은 0.10~0.35%이다.

(2) 망간(Mn)

황과 화합하여 적열취성을 방지(MnS)하게 되어 황의 해를 제거하며, 고온 가공을 용이하게 한다. 강도, 경도, 인성을 증가시키며, 고온에 있어서는 결정 입자의 성장을 방해한다. 소성을 증가시키고 주조성을 좋게 한다. 담금질 효과를 크게 하며 탈산제로도 사용되며, 강중의 탄소함량은 0.20~0.80%이다.

(3) 인(P)

경도와 강도를 증가시키고, 연신율이 감소하며 가공 시 편석 및 균열을 일으킨다. 상온메짐성의 원인이 된다. 기포가 없는 주물을 만들 수 있고, 절삭성이 좋아진다.

(4) 황(S)

적열 상태에서는 메짐성이 커 적열취성의 원인이 되며, 인장강도, 연신율, 충격값을 감소시킨다. 강의 용접성을 나쁘게 하며, 강의 유동성을 해치고 기포를 발생시킨다. 망간과 화합하여 절삭성이 좋아진다.

(5) 구리(Cu)

인장 강도, 탄성 한도를 증가시키고 내식성을 증가시킨다. 압연 시 균열의 원인이 된다.

(6) 가스(O_2, N_2, H_2)

산소는 적열 메짐성의 원인이 되며, 질소는 경도와 강도를 증가시키고, 수소는 백점(flake)이나 헤어 크랙(hair crack)의 원인이 된다.

12) 탄소강과 그 용도

(1) 0.15%C 이하의 저탄소강

탄소량이 적어 담금질 뜨임에 의한 개선이 어려워 냉간 가공을 하여 강도를 높여 사용할 때가 많다. 대상강, 박강판, 강선 등에는 냉간 가공성이 좋으며 규소 함유량이 적은 저탄소강이 사용된다. 보일러용 강판 및 강관은 냉간 가공성, 용접성, 내식성이 좋아야 하므로 저탄소강이 가장 적당하다.

(2) 0.16~0.25%C 탄소강

강도에 대한 요구보다도 절삭 가공성을 중요시하는 것으로 0.15%C 부근의 것은 침탄용강 또는 냉간 가공용 강으로 널리 사용된다. 0.25%C 부근의 것은 볼트, 너트, 핀, 등 용도는 극히 넓다. 엷은 탄소강 관재로는 0.15~0.25%C 정도가 많이 사용된다. 강주물도 이 범위의 탄소량의 것이 주조가 가장 쉽다.

(3) 0.25~0.35%C 탄소강

이 범위의 탄소강은 단조, 주조, 절삭 가공, 용접 등 어떠한 경우에도 쉽다. 또한, 조질에 의해서 재질을 개선할 수도 있다. 담금질, 뜨임을 실시하면 대단히 강인해 지며 차축 등 기타 일반 기계 부품에서는 압연 또는 단조 후 풀림이나 불림을 행하므로 열간 가공에 의해서 조대화 또는 불균일하게 된 결정입자를 균일 미세화해서 그대로 절삭 가공만을 하여 사용한다.

(4) 0.35~0.60%C 탄소강

취성이 있고 담금질성은 크나 담금질 균열이 생기기 쉽다. 열균열이 생기기 쉽고 인성도 불충분하기 때문에 크랭크축, 기어 등에 사용할 때는 설계상 충분히 주의해야 하며, 이 범위의 탄소강은 비교적 용도가 적다.

(5) 0.65%C 이상의 고탄소강

구조용재로서 0.6%C 이상의 고탄소강을 사용하는 일은 거의 없으나 공구강, 핀, 차륜, 레일(rail), 스프링 등과 같은 내마모성, 고항복점을 요구하는 물품에 사용된다.

13) 탄소 함량에 따른 분류

① 가공성만을 요구하는 경우 : 0.05~0.3% C
② 가공성과 강인성을 동시에 요구하는 경우 : 0.3~0.45% C
③ 가공성과 내마모성을 동시에 요구하는 경우 : 0.45~0.65% C
④ 내마모성과 경도를 동시에 요구하는 경우 : 0.65~1.2% C

14) 주강과 단강

주철은 주물을 만들기 쉽지만 종래의 편상 흑연 주철로는 강도가 부족하고 취성이 있는 결점이 있어 보다 강인한 주물이 필요한 시에 주강 주물이 사용된다.

(1) 주강의 성질

① 주강은 단조강 보다 가공 공정을 줄일 수 있고 균일한 재질을 얻을 수 있다.
② 대량생산에도 적합하다. 하지만 용융점이 높이 주조하기가 힘든 단점이 있다.
③ 수축률은 주철의 2배이며 주조 시 응력이 크고 기포가 발생되기 쉽다.
④ 주조 시에는 조직이 억세고 메지기 때문에 주조 후 반드시 열처리해야 한다.

(2) 주강의 종류

종류에는 0.3%C 이하의 저탄소 주조강, 0.2~0.5%C의 중탄소강 0.5%C 이상의 고탄소 주강이 있으며, C, Si, Mn의 %는 규정하지 않고 P, S만 규정하고 있다. 또 강도, 내식, 내열, 내마모성 등이 요구되는 경우 Ni, Mn, Cu, Mo 등이 첨가 된 특수 주강을 사용한다.

(3) 단강의 성질

일반적으로 단강은 주강과 연성의 압연재에 비해 강도 및 인성이 우수하기 때문에 소형품은 물론 대형품까지 공업재료의 중요한 부분을 차지한다.
① **자유단조** : 개방형의 단조기를 이용해 만드는 방법으로 소량생산에 이용되는 경우가 많고 대형 발전기 축 또는 터빈 축, 선박용 추진기용 축류, 압연용 롤을 비롯한 각종 롤(roll), 원자력이나 화학 반응용의 고압 및 저온 압력용기벽 등의 중요 공업 부품의 제조에 적용된다.
② **형단조법(CDF)** : 제품의 형상과 동일한 형을 이용해 단조하는 방법으로 제품의 정도가 좋고 재료의 낭비가 적은 점 등의 우수한 특징이 있다. 자동차 엔진의 소형 크랭크 샤프트, 각종 부품, 차축, 기어 등의 제조에 적용되고 있다.

15) 합금강(특수강)
(1) 강에서 합금원소의 영향
탄소강에서 얻을 수 없는 특별한 성질을 얻기 위해서 양질의 강괴를 선정하여 여기에 탄소 이외의 Mn, Si, Ni, Cr, Mo, V 등의 합금원소를 첨가하면 목적하는 강도가 증가됨에 따라 인성도 좋아져서 경량화에 유리한 특수 재료를 얻을 수 있다. 이러한 강을 합금강 또는 특수강이라 한다. 합금강은 용도에 따라 구조용, 공구용, 특수 용도용으로 구분한다.

가. 합금강의 목적
① 강의 경화능 증가로 기계적 성질의 향상(강도, 경도, 인성, 내피로성)
② 고온 및 저온에서의 기계적 성질의 저하 방지
③ 높은 뜨임온도에서 강도 및 연성유지
④ 담금질성의 향상
⑤ 단접 및 용접의 용이
⑥ 전자기적 성질의 개선
⑦ 결정 입도의 성장방지

나. 일반적인 합금 원소의 영향
① 탄소 : 주된 경화 원소
② 유황 : 기계가공성 향상
③ 인 : 기계가공성 향상
④ 망간 : 경도의 증대, 내마멸성 증가, 황의 메짐 방지, 탈황제
⑤ 니켈 : 강인성, 내식성, 내마멸성의 증대, 저온 충격 저항 증가
⑥ 크롬 : 내식성(15% 크롬보다 많은 경우), 경도 깊이(15% 크롬보다 낮은 경우), 내마모성 증가
⑦ 규소 : 전자기 특성, 내식성, 내열성 우수
⑧ 몰리브덴 : 경도 깊이증가, 고온에서의 강도, 인성 증대, 뜨임 메짐 방지, 텅스텐 효과의 2배

⑨ 바나듐, 티탄, 이리듐 : 입자 미세화, 결정 입자의 조절, 경화성은 증가하나 단독사용 안 됨
⑩ 텅스텐 : 경화능, 고온에 있어서의 경도와 인장 강도 증가
⑪ 실리콘 : 유동성, 탈산제
⑫ 실리콘과 망간 : 작업 경화능력 향상
⑬ 알미늄 : 탈산제
⑭ 붕소(boron) : 경화능력 향상
⑮ 납 : 기계가공성 향상
⑯ 구리 : 공기 중 내산화성 증가
⑰ 코발트 : 고온경도 및 인장 강도 증대, 단독사용 불가
⑱ 티탄 : 입자사이의 부식에 대한 저항을 증가시켜 탄화물을 만들기 쉽다.

다. 합금원소의 공통된 특성
① P, Si, Mo, Ni, Cr, W, Mn : 페라이트 강화성
② V, Mo, Mn, Cr, Ni, W, Cu, Si : 담금질 효과, 침투성 향상
③ Al, V, Ti, Zr, Mo, Cr, Si, Mn : 오스테나이트 결정 입자의 성장 방지
④ V, Mo, W, Cr, Si, Mn, Ni : 뜨임 저항성 향상
⑤ Ti, V, Cr, Mo, W : 탄화물 생성성 향상

라. 보통 특수강의 탄소함유량은 0.25~0.55%가 많이 사용되며 다음과 같은 성질의 개선을 위하여 제조한다.
① 기계적 성질의 개선 및 고온에서 저하방지
② 내식성, 내마멸성의 증가
③ 담금질성의 향상과 단조 및 용접의 용이 등

(2) 구조용 합금강

가. 강인강

탄소강으로 얻기 어려운 강인성을 가져야 하기 때문에 탄소강에 Ni, Cr, Mo, W, V, Ti, Zr, Co, B, Si 등을 적당량 첨가한 것으로서 Ni-Cr강, Ni-Cr-Mo강, Ni-Mo강, Cr강, Cr-Mo강, Mn강(저망간강, 고망간강), 고장력강 등이 있다.

① Ni강(1.5~5% Ni첨가) : 표준상태에서 펄라이트 조직, 질량효과가 적고 자경성, 강인성이 목적
② Cr강(1~2% Cr첨가) : 상온에서 펄라이트 조직, 자경성, 내마모성이 목적
③ Ni-Cr강(SNC)
㉠ 수지상 조직이 피기 쉽고 냉각 중 헤어크랙, 백점 등을 발생시키며 뜨임 메짐이 있다.
㉡ 강인하고 점성이 크며 담금질성이 높다.

ⓒ 850℃ 담금질, 550~680℃에서 뜨임하여 소르바이트 조직을 얻는다.
　　　ⓔ 가장 널리 쓰이는 구조용강으로 Ni강에 Cr 1% 이하의 첨가로 경도 보충한 강
　② Ni-Cr-Mo강(SNCM)
　　　㉠ Mo 첨가로 뜨임 취성이 방지
　　　ⓒ 고급내연기관의 크랭크축, 기어, 축 등에 쓰인다.
　③ Cr-Mo강(SCM)
　　　㉠ 펄라이트 조직의 강으로 뜨임 취성이 없고 용접선 우수
　　　ⓒ 인장강도 충격저항이 증가하고 Ni-Cr강의 대용으로 사용
　④ Mn강
　　　㉠ 저망간강(듀콜강) : 펄라이트 조직의 Mn 1~2% 함유한 강
　　　ⓒ 고망간강(하드필드강) : 오스테나이트 조직의 Mn 10~14% 함유한 강. 고온취성이 생기므로 1000~1100℃에서 수중 담금질(수인법)하여 인성을 부여한다.

> **수인법**
>
> 고 Mn강이나 18-8 스테인리스강 등과 같이 첨가 원소량이 많은 것은 변태온도가 있으므로 서냉하여도 오스테나이트 조직으로 된다. 이것은 1,000~1,200℃에서 수중에 급랭시켜 완전히 오스테나이트로 만든 것이 오히려 연하고 인성이 증가되어 가공이 용이한 방법을 말한다.

　⑤ 고장력강 : 인장강도 491MPa(50kgf/mm^2) 이상, 항복강도 314MPa(32kgf/mm^2) 이상의 강으로 인장강도 1962MPa(200kgf/mm^2) 이상의 것은 초고장력강이라 한다.
　⑥ Cr-Mn-Si강 : 구조용 강으로 값이 싸고 기계적 성질이 좋아 차축 등에 널리 쓰인다. 대표적으로 크로만실이 있다.

나. 표면 경화강
　① 침탄강 : 침탄용강으로는 보통 저탄소강(0.25% 이하)이 사용되나 보다 우수한 성능이 요구될 때는 Ni, Cr, Mo, W, V 등을 함유하는 특수강이 쓰인다.
　② 질화강 : 질화강은 Al, Cr, Mo, Ti, V 등의 원소 중에 두가지 이상의 원소를 함유한 것이 사용되고 있는데 최근에는 질화강 중에서 Al 1~2%, Cr 1.5~1.8%, Mo 0.3~0.5%를 함유하는 것이 널리 사용되고 있다.
　③ 스프링 강 : 탄성한도, 항복점이 높은 Si-Mn강이 사용되며, 정밀고급품에는 Cr-V강을 사용한다.

(3) 공구용 합금강
공구란 금속을 가공할 때 절삭, 전단 등에 사용되는 날 류 또는 측정에 사용되는 기구를 말하는 것으로서 공구 재료로서 구비해야 할 조건은 다음과 같다.
　① 상온 및 고온 경도가 높을 것
　② 내마모성이 클 것

③ 강인성이 있을 것
④ 열처리 및 가공이 용이해야 할 것
⑤ 제조취급이 쉽고 가격이 저렴할 것

따라서 각종 공구 재료로서 사용되는 특수강은 탄소 공구강보다 강도, 인성, 내마모성이 우수해야 한다. 그러므로 공구용 특수강은 높은 탄소 함유량 외에 Cr, W, Mn, Ni, V 등이 하나 이상 첨가되며, 고급 특수강에서는 성질 개선을 위하여 Mo, V, Co 등이 더 첨가된다.

가. 합금 공구강(STS)

경도를 크게 하고 절삭성을 개선하기 위하여 탄소 공구강에 Cr, W, V, Mo 등을 첨가한 강으로서 바이트(bite), 탭(tap), 드릴(drill), 절단기(cutter), 줄 등에 쓰인다.

나. 고속도강(SKH)

절삭 공구강의 대표적인 특수강으로서 W, Cr, V 이외의 Co, Mo 등을 다량 함유하고 있는 고 합금강으로 500~600℃까지 가열하여도 뜨임에 의해서 연화되지 않고 고온에서도 경도 감소가 적은 것이 특징이다. 대표적인 것으로는 W 18%, Cr 4%, V 1%를 함유한 18-4-1형이 있다.

① 고속도강의 열처리 : 1250~1350℃에서 담금질하고 550~600℃에서 뜨임하여 2차 경화시킨다. 풀림은 820~860℃에서 행한다.

② 고속도강의 종류

㉠ W계 고속도강(SKH2~10) : 18-4-1이 대표적으로 선삭 공구, 센터 드릴 등에 주로 일반 절삭용에 적용

㉡ Mo계 고속도강(SKH51~57) : W계에 비해 가격이 싸고, 인성이 높으며 담금질 온도가 낮아 열처리가 용이하다. 인성이 강해 드릴, 엔드밀 등에 주로 사용된다. 일반적으로 사용되는 드릴과 엔드밀은 거의 모두 위의 규격이다.

㉢ Co계 고속도강(SKH59) : 고온 경도와 내마모성 증가 등의 성능 개선을 위해 고속도강에 12% 정도의 코발트를 첨가한 고속도강을 말한다(주로 Mo계 고속도강에 적용). 일반 고속도강의 경우 HRC63~65 정도까지만 경화되지만, 코발트 고속도강은 HRC70 정도까지도 경화가 가능하다. 그러나 취성이 따라서 증가하고 공구 연마가 어려워지므로 취성과 치핑의 영향을 줄이기 위해 67~68HRC까지만 경화시켜 사용하는 것이 일반적이다. 기어 절삭 호브, 난삭재 가공 등에 주로 사용된다.

> **공구강의 경도 순서**
>
> 탄소 공구강 < 합금 공구강 < 스텔라이트 < 고속도강 < 초경합금 < 세라믹 < 다이아몬드 < CBN

다. 주조경질 합금

주조한 강을 연마하여 사용하는 공구 재료로서 충분한 강도를 가지고 있으므로 열처리가 필요 없고 단조가 불가능하다. 대표적인 것으로는 Co를 주성분으로 하는 Co-Cr-W-C계의 스텔라이트(stellite)가 있으며 절삭용 공구, 다이스(dies), 드릴(drill), 의료용 기구, 착암기의 비트(bit) 등에 사용된다.

라. 소결 초경합금

고속도강보다 더욱 훌륭한 공구 재료로서 Co, W, C 등의 분말형 탄화물을 프레스로 성형하여 소결시킨 것으로 소결 경질 합금이라고도 한다. 상품명으로는 독일의 비디아(Widia), 미국의 카아볼로아(Carboloy), 영국의 미디아(Midia), 일본의 탕갈로이(Tungaloy) 등이 있다. 초경합금은 사용 목적, 용도에 따라 재질의 종류와 형상이 다양한데, 절삭 공구용 P, M, K종과 내마모성 공구용으로 D종 그리고 광산공구용으로 E종이 있다.

마. 세라믹 공구(ceramictool)

Al_2O_3 외 99% 이상의 분말을 산화물, 탄화물 등을 배합하여 1600℃ 이상에서 소결한 공구로 1000℃ 이상에서 경도를 유지할 수 있다. 하지만, 초경합금보다 취약하고 열충격에 약한 단점이 있다. Al_2O_3-Tic계 세라믹은 이 결점을 개선한 것이다.

(4) 특수용도용 합금강

가. 쾌삭강

탄소강에 S, Pb, 흑연을 첨가시켜 절삭성을 향상시킨 것을 말하며, S을 0.16% 정도 첨가시킨 황 쾌삭강, 0.10~0.30% 정도의 Pb을 첨가시킨 납 쾌삭강, 탄화물을 흑연화시킨 흑연 쾌삭강이 있다.

나. 게이지(gauge)강

게이지 블록(gauge block), 와이어 게이지(wire gauge) 등 정밀 기계 기구 등에 사용된다. 조성은 W-Cr-Mn이고 소입 후 장시간 저온뜨임 또는 영하 처리(심냉 처리)한다. 게이지강은 다음과 같은 성질이 필요하다.
① 내마모성이 크고 경도가 높을 것
② 담금질에 의한 변형 및 담금질 균열이 적을 것
③ 오랜 시간 경과하여도 치수의 변화가 적을 것
④ 열팽창계수는 강과 유사하며 내식성이 좋을 것

다. 스프링용 특수강

보통 냉간 가공의 것과 열간 가공의 것이 있다. 철사, 스프링, 얇은 판스프링 등은 냉간 가공, 판스프링, 코일 스프링은 열간 가공에 속하는데 열간 가공용의 스프링으로서는 0.5~1.0%C의 탄소강 외에 Mn강, Si-Mn강, Si-Cr강, Cr-V강 등의 특수강이 사용된다.

라. 베어링강

0.95~1.10%의 고탄소 크롬강이 사용되는데 고급용은 V, Mo 등을 첨가해서 사용된다. 고탄소 크롬강은 내구성이 크고 담금질 후 140~160℃에서 반드시 뜨임한다.

마. 스테인리스강

Cr, Ni을 다량 첨가하여 내식성을 현저히 향상시킨 강으로서 녹이 슬지 않는다 하여 불수강이라고도 한다. 일반적으로 Cr의 함량이 12% 이상인 강을 스테인리스강이라 하고, 그 이하의 강은 그대로 내식성 강이라 하며, 금속 조직학상 마텐자이트계와 페라이트계 및 오스테나이트계로 분류되는데, 그 대표적인 것은 18-8형 스테인리스강인 오스테나이트계 스테인리스강이다.

18-8스테인리스강이라 함은 그 성분이 18% Cr, 8% Ni인 것으로 그 특징은 다음과 같다.
① 내산 및 내식성이 13% Cr 스테인리스강보다 우수하다.
② 비자성이다.
③ 인성이 좋으므로 가공이 용이하다.
④ 산과 알칼리에 강하다.
⑤ 용접하기 쉽다.
⑥ 탄화물(Cr_4C)이 결정립계에 석출하기 쉽다. 즉, 결정입계부식이 발생하는데 이를 강의 예민화(sensitize)라 한다.

> **입계부식방지법**
> ① Cr탄화물(Cr_4C)을 오스테나이트 조직 중에 용체화하여 급랭시킨다.
> ② 탄소량을 감소시켜 Cr_4C의 발생 억제
> ③ Ti, V, Nb 등을 첨가하여 Cr_4C의 발생 억제

바. 내열강과 내열 합금(STR)

① 공업의 발달에 따라서 기계나 설비의 중요한 부분이 고온을 받아야 할 경우가 많다. 따라서 재료도 고온에 견딜 수 있는 것이 요구되는데 그 고온에 견딜 수 있는 내열 재료의 구비 조건은 다음과 같다.
  ㉠ 고온에서 화학적으로 안정해야 한다.
  ㉡ 고온에서 기계적 성질이 우수해야 한다(경도, 크리프한도, 전연성).
  ㉢ 고온에서 조직이 변하지 않아야 한다.
  ㉣ 열 팽창 및 열 변형이 적어야 한다.
  ㉤ 소성 가공, 절삭 가공, 용접 등이 쉬워야 한다.
② 내열강의 종류에는 Fe-Cr계를 기본으로 하여 이것에 Cr을 비롯한 여러 원소를 첨가한 페라이트계 내열강, 이 중에는 특히 Cr량을 적게 하여 고온취성을 피하고 Si를 첨가하여 내산성의 저하를 보충한 내열강(0.1% C, 6.5% Cr, 2.5% Si), 18-8계 스

테인리스강을 주체로 하고 이것에 Ti, Mo, Ta, W 등을 첨가하여 만든 오스테나이트계 내열강, 초내열 합금(super heat resisting alloy) 등이 있다.

사. 전자기용 특수강

① 규소강(Si) : 저 탄소(0.08% 이하)강에 0.5~4.5%의 Si를 첨가한 규소강(silicon steel)은 잔류 자속밀도가 적다. 따라서 히스테리시스 손실이 적으므로 발전기, 전동기, 변압기 등의 철심 재료에 적합하다.

② 자석강 : 강한 영구자석 재료로는 결정입자가 극히 미세하고 결정 입계가 많은 것이 좋다. 잔류 자기와 항자력이 크고, 온도, 진동 등에 의해 자기를 상실하지 않는 것으로 텅스텐, 코발트, 크롬이 함유된 강이다. KS 자석강은 Fe-Co-Cr-W계 합금이다.

③ 비자성강 : 변압기, 차단기, 반전기의 커버 및 배전판에 자성재를 사용하면 맴돌이 전류가 유도 발생되어 온도가 상승되므로 이것을 피하기 위하여 비자성재료를 사용하는데, Ni의 일부를 Mn으로 대치한 Ni-Mn강 또는 Ni-Cr-Mn강 등이 사용된다.

아. 불변강

불변강(invariable steel)이라 함은 온도가 변화하더라도 어떤 특정의 성질(열팽창 계수, 탄성 계수 등)이 변화하지 않는 강을 말하며, 그 종류에는 다음과 같은 것들이 있다.

① 인바(invar) : Ni 36%를 함유하는 Fe-Ni 합금으로서 상온에서 열팽창계수가 매우 적고 내식성이 대단히 좋으므로 줄자, 시계의 진자, 바이메탈 등에 쓰인다.

② 초인바(super invar) : 인바보다도 열팽창계수가 한층 더 작은 Fe-Ni-Co합금이다.

③ 엘린바(elinvar) : 상온에 있어서 실용상 탄성 계수가 거의 변화하지 않는 30% Ni-12% Cr 합금으로 고급 시계, 정밀 저울 등의 스프링 및 기타 정밀 계기의 재료에 적합하다.

④ 플래티나이트(platinite) : Ni 40~50%, 나머지 Fe이고, 전구의 도입선과 같은 유리와 금속의 봉착용으로 쓰이는 Fe-Ni계 합금으로 페르니코(Fe 54%, Ni 28%, Co 18%), 코바르(Fe 54%, Ni 29%, Co 17%)라는 것도 있다.

⑤ 코엘린바(coelinvar) : Cr 10~11%, Co 26~58%, Ni 10~16% 함유하는 철 합금으로 온도변화에 대한 탄성율의 변화가 극히 적고 공기 중이나 수중에서 부식되지 않고, 스프링, 태엽, 기상관측용 기구의 부품에 사용된다.

⑥ 퍼멀로이(permalloy) : Ni 75~80%, Co 0.5% 함유, 약한 자장으로 큰 투자율을 가지므로 해저전선의 장하 코일용으로 사용되고 있다.

16) 주철

(1) 주철의 특징

주철은 탄소(C)의 함유량이 2.11~6.68%(보통 2.5~4.5% 정도)인 철(Fe)-탄소(C)의 합금을 말한다. 인장강도가 강에 비하여 작고 메짐성이 크며, 고온에서도 소성변형이 되지 않는 결점이 있으나 주조성이 우수하여 복잡한 형상으로도 쉽게 주조되고 값이 저렴하므로 널리 이용되고 있다.

주철의 특징은 탄소량 또는 같은 탄소량이라 하더라도 그 때의 성분, 용해(溶解) 조건 등에 따라 달라질 수 있으나 일반적인 주철의 성질은 다음과 같다.

장점	단점
㉠ 주조성이 우수하고 복잡한 부품의 성형이 가능하다. ㉡ 가격이 저렴하다. ㉢ 잘 녹슬지 않고 칠(도색)이 좋다. ㉣ 마찰저항이 우수하고 절삭 가공이 쉽다. ㉤ 압축 강도가 인장강도에 비하여 3~4배정도 좋다. ㉥ 내마모성이 우수하고, 알카리나 물에 대한 내식성(부식)이 우수하다. ㉦ 용융점이 낮고 유동성이 좋다.	㉠ 인장강도, 휨 강도가 작고 충격에 대해 약하다. ㉡ 충격값, 연신율이 작고 취성이 크다. ㉢ 소성 가공(고온가공)이 불가능하다. ㉣ 내열성은 400℃까지는 좋으나 이상온도에서는 나빠진다. ㉤ 산(질산, 염산)에 대한 내식성이 나쁘다. ㉥ 단조, 담금질, 뜨임이 불가능하다.

(2) 주철의 조직

가. 주철 중에 함유되는 탄소량

① 탄소의 상태와 파단면의 색에 따른 분류

㉠ 회주철 : 유리탄소 또는 흑연이며, 다른 일부분은 지금 중에 화합 상태로 펄라이트(pearlite) 또는 시멘타이트(cementite)로서 존재하는 화합 탄소(combined carbon)로 되어 있다. 따라서 주철에 함유하는 탄소량은 보통 2가지 합한 전탄소(total carbon)로 나타낸다. 즉 흑연+화합탄소=전탄소이다. 주철은 같은 탄소량이라 하더라도 여러 조건(성분, 용해 조건, 주입 조건) 등에 의하여 흑연과 화합탄소(Fe_3C)의 비율이 뚜렷하게 달라지는데 흑연이 많을 경우에는 그 파면이 흰색을 띠는 회주철(gray cast iron)로 된다.

㉡ 백주철 : 흑연의 양이 적고 대부분의 탄소가 화합탄소로 존재할 경우에는 그 파면이 흰색을 띠는 백주철(white cast iron)로 되는 것이다. 일반적으로 주철이라 함은 회주철을 말한다.

㉢ 반주철 : 회주철과 백주철의 혼합된 조직으로 되어 있을 경우에는 반주철(mottledcast iron)이라 한다.

② 탄소 함유량에 따른 분류

㉠ 아공정 주철 : 2.0~4.3%C이며 조직은 오스테나이트+레데부라이트이다.

㉡ 공정 주철 : 4.3%C이며 조직은 레데부라이트(오스테나이트+시멘타이트)이다.

㉢ 과공정 주철 : 4.3~6.68%C이며 조직은 레데부라이트+시멘타이트이다.

나. 마우러의 조직도(Maurer's diagram)

탄소(C)량과 규소(Si)량에 의해 마우러가 주철의 조직도를 만든 것으로 냉각속도에 따른 조직의 변화를 표시한 것으로 규소(Si)는 강력한 흑연화 촉진 요소로 함유량이 많아질수록 회주철화 된다.

(3) 주철의 성질

가. 주철의 주조성

① 주철의 용해온도 : 주철은 보통 큐폴라 또는 전기로 등에서 용해하며 용융점은 대개 1200℃ 정도이다. 용해온도는 약 1400℃~1500℃

② 유동성 : 주철에 Si량이 증가되면 수축이 적어지며 다량 첨가되면 팽창된다. 유동성이란 용융금속이 주형 내로 흘러 들어가는 성질을 말하며 주조성을 이루는 중요한 요인이 된다.

나. 주철의 성장

주철은 보통 Ar점(723℃) 상하의 고온으로 가열과 냉각을 반복하면 부피는 더욱 팽창하고 강도나 수명을 저하시키는데 이것을 주철의 성장(growth of cast iron)이라 한다.

① 주철의 성장 원인

㉠ 펄라이트 조직 중의 Fe_3C 분해에 따른 흑연화에 의한 팽창

㉡ 페라이트 조직 중의 규소의 산화에 의한 팽창

㉢ A1 변태의 반복 과정에서 오는 체적 변화에 따른 미세한 균열이 형성되어 생기는 팽창

㉣ 흡수된 가스에 의한 팽창

㉤ 불균일한 가열로 생기는 균열에 의한 팽창

㉥ 시멘타이트의 흑연화에 의한 팽창

② 주철의 성장 방지법

㉠ 흑연의 미세화로 조직을 치밀하게 한다.

㉡ C, Si는 적게 하고 Ni 첨가

㉢ 편상 흑연을 구상화시킨다.

㉣ 탄화물 안정원소 망간, 크롬, 몰리브덴, 바나듐 등을 첨가하여 Fe_3C 분해 방지

③ 주철의 성장에 도움되는 원소 : 규소, 알루미늄, 니켈, 티탄이다. 이중 티탄은 강탈산제이면서 흑연화를 촉진하나 오히려 많이 첨가하면 흑연화를 방해하는 요소가 된다.

④ 주철의 성장에 방해되는 원소 : 크롬, 망간, 황, 몰리브덴

다. 주철에 미치는 원소의 영향

① C : 주철에 가장 큰 영향을 미치며, 탄소함유량이 적으면 백선화 된다. 반대로 증가하면 용융점이 저해되고 주조성이 좋아진다.

② Si : 주철의 질을 연하게 하고 냉각시 수축을 적게 한다. 규소가 많으면 공정점이 저탄소강 쪽으로 이동하며, 흑연화를 촉진시킨다.

③ Mn : 적당한 양의 망간은 강인성과 내열성을 크게 한다.

④ P : 쇳물의 유동성을 좋게 하고, 주물의 수축을 적게 하나 너무 많으면 단단해지고 균열이 생기기 쉽다.

⑤ S : 쇳물의 유동성을 나쁘게 하며 기공이 생기기 쉽고 수축율이 증가한다.

라. 시즈닝(자연시효)

주철을 급냉하면 서냉시키는 것보다 수축이 크고 수축 응력이 많이 생기므로 주물에 균열이 생긴다. 그러므로 정밀가공을 요하는 주물에는 응력을 제거하여야 하는데 응력을 제거하는 방법이 시즈닝이라 한다. 응력 제거는 주조 후 1년 이상 장시간 자연 중에 방치하는 자연시효와 인공시효가 있다. 자연균열을 일으키는 주된 원인은 상온취성이다.

(4) 주철의 종류

주철의 종류는 분류하는 방법에 따라 여러 가지가 있겠으나 가장 일반적인 방법으로 다음과 같이 나눌 수 있다.

가. 보통 주철

① 조직 : 편상 흑연과 페라이트(ferrite)로 되어 있으며, 다소의 펄라이트(pearlite)를 함유하는데 보통 회주철중의 1~3종을 말한다(보통 주철의 KS 규격 : GC).

〈표 7-1〉 보통 주철의 조성(단위 : %)

C	Si	Mn	P	S
3.0~3.6	1.0~2.0	0.5~1.0	0.3~1.0	0.06~0.1

② 성질 : 흑연의 모양, 분포 등에 따라 좌우되나 강인성이 적고 단조가 되지 않으며, 용융점이 낮아 유동성이 좋은 편이므로 기계 구조 부분 등에 사용된다.
  ㉠ 기계적 성질 : 인장강도, 하중, 경도 등으로 표시한다. 회주철의 인장강도는 100~350MPa 이하의 회주철을 보통 주철이라 한다.
  ㉡ 내마모성 : Ni, Cr, Mo 등을 알맞게 가하여 기타의 조직을 베이나이트(bainite)로 한 특수주철은 내마모성이 우수, 특히 이를 애시쿨러 주철(aciculer carst iron)이라 한다.
  ㉢ 피삭성 : 강에 비해 우수하다.
  ㉣ 내열성 : 주철의 성장현상, 고온산화, 고온 강도 크리프(creep) 열충격 등에 대한 저항성을 정리하여 주철의 내열성이라 한다.
  ㉤ 내식성 : 주철은 대기 또는 물이나 바닷물에 대해서는 내식성이 우수하다. 그러나 알카리(수류)에는 강하게 산(묽은 황산, 질산, 염산)에는 약하다. 이 같은 현상을 에로젼(errosion)이라 한다. Ni을 다량으로 포함한 주철은 내연과 오스테나이트 조직으로 되고 이것은 내식성, 내열성, 무수하고 비자성체가 된다.

나. 고급 주철

C 2.5~3.2%, Si 1~2%이고 현미경 조직은 펄라이트와 미세한 흑연으로 된 것으로 인장강도 245MPa(25kgf/mm^2) 이상인 것을 말한다. 회주철 4~6종이 이에 속한다. 고강도, 내마멸성을 요구하는 기계 부품(피스톤 링)에 많이 사용된다.

(5) 특수주철

가. 합금주철

몇 가지를 들어보면 내열성인 Al주철, 내식성인 Cr주철, 내마모성인 Ni주철과 내마모주철로서 침상주철, 애시큘러 주철(acicular cast iron)이 있다. 합금 주철에서 가장 많이 사용되는 원소는 대개 7종(Al, Cr, Mo, Ni, Si, B, Cu)인데 그 영향을 보면 대략 다음과 같다.

① Al : 강력한 흑연화 원소의 하나로 Al_2O_3을 만들어 고온산화 저항성을 향상시키고, 10% 이상 되면 내열성을 증대시킨다.
② Cr : 흑연화를 방지하고 탄화물을 안정시킨다. 탄화물을 안정화시키며, 내식성, 내열성을 증대시키고 내부식성이 좋아진다.
③ Mo : 강도, 경도, 내마모성을 증가시키며 0.25%~1.25% 정도 첨가시킨다. 두꺼운 주물(鑄物)의 조직을 균일하게 한다.
④ Ni : 흑연화를 촉진하며, 내열, 내산화성이 증가한다. 내알칼리성을 갖게 하며, 내마모성도 좋아진다.
⑤ Cu : 보통 0.25~2.5% 첨가하면 경도가 증가하고 내마모성이 개선되며, 내식성이 좋아진다.
⑥ Si : 내열성이 좋아진다.
⑦ Ti : 강탈산제이고, 흑연을 미세화시켜 강도를 높인다.
⑧ V : 흑연을 방지하고 펄라이트를 미세화시킨다.

나. 미하나이트 주철(meehanite cast iron)

미하나이트 주철은 약 3%C, 1.5%Si인 쇳물에 칼슘 실리케이트(Ca-Si)나 페로실리콘(Fe-Si)을 접종시켜 미세한 흑연을 균일하게 분포시킨 펄라이트 주철이다. 이 주철은 주물의 두께 차나 내외에 상관없이 균일한 조직을 얻을 수 있고, 강인하나 칠화 할 위험성이 있다. 인장강도는 255~340MPa이고, 용도는 브레이크 드럼, 크랭크 축, 기어 등에 내마모성이 요구되는 공작기계의 안내면과 강도를 요하는 내연기관의 실린더 등에 사용한다. 접종(inoculation)은 백선화 억제 및 양호한 흑연을 얻기 위하여 첨가물을 용탕 속에 넣는 것이다.

다. 칠드 주철(chilled casting : 냉경 주물)

① 적당한 성분의 주철을 금형이 붙어 있는 사형에 주입해서 응고할 때 필요한 부분만을 급랭시키면 급랭된 부분은 단단하게 되어 연하고 강인한 성질을 갖게 되는 데 이와 같은 조작을 칠(chill)이라고 하며, 칠층의 두께는 10~25mm 정도이다. 이와 같이 해서 만들어진 주물을 냉경주물(chill casting)이라 한다.
② 칠드(chilled) 주철이란 표면은 백주철로 하고, 내부는 연한 회주철로 만든 것으로 압연용 칠드 롤러, 차륜 등과 같은 것에 사용된다.

라. 구상 흑연 주철

① 주철은 보통 주방 상태에서 흑연이 편상으로 된다. 그러나 특수한 처리(특수 원소 첨가, 열처리)를 하면 흑연이 구상으로 되는데 이것을 구상 흑연 주철이라 한다.
② 인장강도는 주조상태가 370~800MPa, 풀림 상태가 230~480MPa이다.
③ 구상 흑연 주철은 조직에 따라 페라이트형, 펄라이트형, 시멘타이트형을 분류되다. 페라이트형은 그 모양이 마치 황소의 눈과 같다고 하여 소눈 조직(bull's eye structure)이라고 한다.
④ 주철을 구상화하기 위하여 Mg, Ca, Ce 등을 첨가하며, 구상화 촉진원소 Cu 〉Al 〉Sn 〉Zr 〉B 〉Sb 〉Pb 〉Bi 〉Te이다.
⑤ 소형자동차의 크랭크축, 캠축, 브레이크드럼 등 재료로 광범위하게 사용된다.

〈표 7-2〉 구상 흑연 주철의 분류와 성질

명칭	발생원인	성질
시멘타이트형 (시멘타이트가 석출)	① Mg의 첨가량이 많을 때 ② C, Si 특히 Si가 적을 때 ③ 냉각 속도가 빠를 때 ④ 접종이 부족할 때	① 경도가 HB220 이상이 된다. ② 연성이 없다.
펄라이트형 (바탕조직이 펄라이트)	시멘타이트형과 페라이트형의 중간의 발생 원인	① 강인하고 인장강도 400~800 MPa ② 연신율 2% 정도 ③ 경도 HB-150~240
페라이트형 (페라이트가 석출한 것)	① C, Si 특히 Si가 많을 때 ② Mg의 양이 적당할 때 ③ 냉각속도가 느리고 풀림을 했을 때 ④ 접종이 양호한 경우	① 연신율 6~20 ② 경도 HB=150~200 ③ Si가 3% 이상이 되면 연해(물러)진다.

마. 가단주철

주철의 취약성을 개량하기 위해서 백주철을 열처리하여 제조하기 쉽고 강인성을 부여시킨 주철로서 다음과 같이 분류할 수 있다.

① 백심 가단주철(WMC) : 백주철을 철광석 밀 스케일(mill scale)과 같은 산화철과 함께 풀림 상자 안에 넣고 약 950~1000℃로 가열하여 표면에서 상당한 깊이까지 탈탄시킨 것이다. 이로써 표면은 탈탄하여 페라이트로 되어 연하며 내부로 들어갈수록 강인한 조직이 된다.
② 흑심 가단주철(BMC) : 저탄소, 저규소의 백주철을 풀림 처리하여 Fe_3C를 분해시켜 흑연을 입상으로 석출시킨 것이다.
  ㉠ 제1단계 흑연화 : 백주철을 700~950℃로 가열 풀림 처리한다. 기지조직은 펄라이트 조직을 가지는데 이를 불스아이 조직이라 한다.
  ㉡ 제2단계 흑연화 : 펄라이트 조직 중의 공석 Fe_3C의 분해로 뜨임탄소와 페라이트 조직이 된다.

③ 펄라이트 가단주철(pearlite, PMC) : 흑심 가단주철의 흑연화를 완전히 하지 않고 제 2단의 흑연화를 막기 위하여 제 1단의 흑연화가 끝난 후에 약 800℃에서 일정한 시간 동안 유지하고 급랭하면 펄라이트가 남게 되는데 이와 같은 처리를 한 것을 말한다. 가단주철은 그 용도가 많아 자동차 부속품, 방직기 부속품, 캠, 농기구, 기어, 밸브, 공구류, 차량의 프레임 등에 쓰인다. 각 주철의 인장강도 순서는 구상흑연 〉 펄라이트가단 〉 백심가단 〉 흑심가단 〉 미하나이트 〉 칠드순서이다.

2 비철금속 재료

1) 알루미늄과 그 합금

(1) 알루미늄 합금의 성질
① 마그네슘, 베릴륨 다음으로 가벼운 금속으로 비중이 2.7, 용융점 660℃, 변태점이 없다.
② 열 및 전기의 양도체이다(구리 다음).
③ 대기 중에서 산소와 화학 작용을 하여 산화알루미늄이라는 얇은 보호 피막을 형성하여 내식성이 우수하고, 전연성이 풍부하며, 400~500℃에서 연신율이 최대이다.
④ 표면이 산화막이 형성되어 있어 내식성이 우수하다. 그러나 유동성이 불량하고, 수축률이 커서 순수 알루미늄은 주조가 불가능하므로 구리, 규소, 마그네슘, 아연 등을 합금하여 기계적 성질을 개선한다.
⑤ 알루미늄 합금의 열처리는 탄소강과는 달리 시효경화를 이용한다.

> **시효경화**
> 시간이 경과함에 따라 고용물질이 석출되면서 강도가 증가하는 현상을 말하며 인공적으로 시효경화를 일으키는 인공 시효와 대기 중에서 진행하는 자연 시효가 있다. 자연 시효를 이용할 경우 열처리 과정을 생략할 수 있어 시간과 경비를 절감할 수 있다.

(2) 알루미늄 합금의 특성과 용도
① 알루미늄 합금은 용접 및 기계적인 조립을 할 수 있다.
② 주조용 합금과 가공용 합금이 있으므로 특성에 맞는 재료를 선택해야 하며, 알루미늄은 비철 공구 재료로써 가장 광범위하게 사용되고 있다.
③ 가공성, 적응성 좋고 무게가 가볍다.
④ 알루미늄은 광범위하게 각종 형상을 만들 수 있다.
⑤ 경도나 안정성을 증가시키기 위한 공정이나 열처리를 병행할 수 있다는 점이다.
⑥ 알루미늄은 보통 필요한 조건에 따라 주문하며 그 후의 처리는 불필요하다. 이는 시간과 경비를 절감하는 것이다.
⑦ 알루미늄은 용접도 할 수 있으며 기계적인 클램핑력에 의해 결합될 수 있다.

(3) 알루미늄의 열처리

Al 합금의 대부분은 시효경화성이 있으며 용체화 처리와 뜨임에 의해 경화한다.

① **고용체화 처리** : 완전한 고용체가 되는 온도까지 가열하였다가 급냉해 과포화 상태로 만든 방법
② **시효처리** : 과포화 고용체를 120~200℃로 가열 10~14일간 뜨임해 과포화 성분을 석출시켜 경화시키는 방법
③ **풀림** : 과포화 처리온도와 시효처리온도의 중간 정도로 가열, 잔류응력 제거와 연화시키는 방법

> **석출 경화**
> 급랭에 의해 과포화로 고용된 탄화물, 화합물이 그 뒤의 시효에 의해 석출되어 경화하는 현상을 말한다.

(4) 알루미늄의 방식법

알루미늄표면을 적당한 전해액 중에서 양극산화 처리하여 산화물계 피막을 형성시킨 방법이며 수산법, 황산법, 크롬산법 등이 있다.

(5) 알루미늄 합금의 종류

① 가공용 알루미늄 합금

분류	합금계	대표 합금	특징	용도
내식용 Al 합금	Al – Mn계	알민(almin)	Mn 2% 미만 함유	차량, 선반, 창, 송전선
	Al – Mg – Si계	알드레이(aldrey)	시효경화 처리 가능	
	Al – Mg계	하이드로날륨 (hydronalium)	대표적인 내식성 합금 비열처리형 합금	
고강도 Al 합금	Al – Cu – Mg계	듀랄루민 (dralumin)	Al – Cu – Mg – Mn의 합금으로 시효경화 처리한 대표적인 합금, 이외에도 인장강도 50kgf/mm² 이상의 초듀랄루민이 있다.	항공기, 자동차, 리벳, 기계
	Al – Zn – Mg계	초듀랄루민	Al – Cu – Zn – Mg의 합금으로 인장강도 54kgf/mm² 이상으로 알코아 75S 등이 이에 속한다.	
내열용 Al 합금	Al – Cu – Ni계	Y-합금	Al – Cu – Ni – Mg의 합금으로 대표적인 내열용 합금이다. Al₅Cu₂Mg₂가 석출 경화되며 시효 처리한다.	내연 기관의 피스톤, 실린더
	Al – Cu – Ni계	코비탈륨 (cobitalium)	Y-합금의 일종으로 Ti와 Cu를 0.2% 정도씩 첨가한다.	
	Al – Ni – Si계	로우엑스 합금 (lo–Ex)	Al – Si계에 Cu, Mg, Ni을 첨가한 특수 실루민으로 Na으로 개질 처리한다.	

※ Al의 내식성을 해치지 않고 강도를 개선하는 요소로는 Mn, Mg, Si 등이 있다.

② 주조용 알루미늄 합금

　㉠ Al-Cu계 : 담금질과 시효경화에 의해 강도 증가, 내열성, 연율, 절삭성이 좋으나 고온취성이 크며 수축균열이 있다. 실용합금으로는 4% Cu 합금인 알코아 195(Alcoa)가 있다.

　㉡ Al-Si계 : 이 합금의 주조조직의 Si는 육각판상의 거친 조직이므로 실용화할 수 있도록 개량(개질) 처리한다. 대표 합금으로 실루민(Silumin) 알펙스(Alpax) 등이 있다.

　㉢ Al-Cu-Si계 : Si에 의해 주조성 개선 Cu로 피삭성을 좋게 한 합금으로 대표적인 합금으로 라우탈이 있다.

> **개량 처리(개질 처리: modification)**
> Si의 거친 육각판상조직을 금속니코륨, 가성소다, 알칼리염 등을 접종시켜 조직을 미세화시키고 강도를 개선하기 위한 처리

　㉣ Al-Mg 합금 : 내식성이 크고 절삭성도 좋은 합금이지만 용해될 때 용탕 표면에 생기는 산화피막 때문에 주조가 곤란하고 내압 주물로서 부적당하다.

2) 구리와 그 합금

(1) 구리의 성질

비중이 8.9 정도이며, 용융점이 1083℃ 정도이다.

① 전기 및 열전도성이 우수하다.
② 전연성이 좋아 가공이 용이하다.
③ 내식성이 강해 부식이 안 된다.
④ 아름다운 광택과 귀금속적 성질이 우수하다.
⑤ Zn, Sn, Ni, Ag 등과 용이하게 합금을 만든다.

구리는 철과 같은 동소변태가 없고 재결정온도는 약 200℃ 정도이다. 또 상온 중 크리프 현상이 일어난다.

3) 황동(brass)

(1) 황동의 성질

① 전기(열)전도도가 Zn 40%까지 감소 그 이상에서는 50%에서 최대이고, 연신율은 Zn 30% 최대이다.
② 주조성, 가공성, 내식성, 기계적 성질이 좋다. 압연과 단조가 가능하다.
③ 인장강도는 Zn 45% 최대가 되며 그 이상에서는 급감한다. 따라서 Zn 50% 이상의 황동은 취약해진다.
④ 경년변화(시효경화) : 황동의 가공재를 상온에서 방치하거나 저온풀림 경화시킨 스프링재가

사용 도중 시간의 경과에 따라 경도 등 여러 가지 성질이 악화되는 현상으로 가공도가 낮을수록 심해진다.
⑤ 화학적 성질
　㉠ 탈아연 부식(dezincification) : 불순한 물 및 부식성 물질이 녹아있는 수용액의 작용에 의해 황동의 표면에는 내부까지 탈아연 되는 현상으로 방지책은 Zn 30% 이하의 α황동사용, 또는 0.1~0.5%, As, Sb 1% 정도의 Sn 첨가한다.
　㉡ 자연 균열(Season Cracking) : 일종의 응력부식균열(stress corrosion cracking)로 잔류 응력에 기인하는 현상으로 방지책은 도료 및 Zn 도금, 180~260℃에서 응력 제거 풀림 등으로 잔류응력을 제거된다.
　㉢ 고온 탈아연(dezincing) : 고온에서 탈아연 되는 현상으로 표면이 깨끗할수록 심하다. 방지책은 표면에 산화물 피막 형성된다.

(2) 황동의 종류

① 단련 황동
　㉠ 톰백(tombac) : 5~20%의 저 아연합금으로 전연성이 좋고 색이 금에 가까우므로 모조 금박 대용으로 사용하고 있다.
　㉡ 7-3 황동(cartridage brass) : Cu 70%, Zn 30%의 α+β 황동이며 인장강도가 크며 고온가공이 용이하다. 탈아연 부식이 일어나기 쉽다. 열교환기나, 열간 단조용으로 사용된다.
② 주석황동 : 황동에 소량의 Sn을 첨가하면 인장강도, 내식성이 증가하고 연율이 감소하며 황동의 내식성을 개선하기 위하여 1%의 Sn을 첨가하면 탈아연 부식억제, 내식성 증가, 경도 및 강도가 증가한다.
　㉠ 애드미럴티황동(admiralty brass) : 7-3 황동에 1% Sn 첨가 관, 판으로 증발기, 열교환기에 사용
　㉡ 네이벌황동(naval brass) : 6-4 황동에 0.75% Sn 첨가 파이프, 용접봉, 선박 기계 부품으로 사용
　㉢ 델타메탈(delta metal) : 6-4 황동에 1~2% Fe 함유 강도, 내식성 증가, 광신기계, 선박, 화학기계용으로 사용된다.
　㉣ 두라나메탈(durana metal) : 7-3 황동에 2% Fe, 그리고 소량의 Sn, Al을 첨가한다.
③ 연황동 : 황동에 Pb을 1.5~3.0% 첨가하여 절삭성을 좋게 한다.
④ Al황동 : 황동에 Al을 1.5~2.0% 첨가하여 결정립자의 미세화, 내식성을 증가한다.
⑤ 철황동 : 6 : 4 황동에 Fe을 1~2% 첨가하여 강도가 크고 내식성을 좋게 한다.
⑥ 양은, 양백(nickel silver 또는 germem silver) : 7-3 황동에 10~20% Ni을 첨가하여 전기저항이 높고, 내열, 내식성 우수, Ag 대용으로 사용한다. 이 외에도 1.5~2% Al을 첨가한 Al황동(알브렉 : Albrac), 1.5~3% pb을 첨가하여 절삭성을 좋게 한 연황동, 그리고 고강도 황동으로는 6-4 황동에 8% Mn을 첨가한 망간황동이 있다.

4) 청동(bronze)

넓은 의미에서 황동 이외의 구리합금을 모두 청동이라고 하지만 좁은 의미에선 Cu-Sn 합금을 말한다. Sn이 증가할수록 전기전도율과 비중이 감소된다. Sn 17~20%에서 최대 인장강도 값을 가지며 연율은 Sn 4%에서 최대치가 된다. 부식률은 실용금속 중 가장 낮다.

(1) 청동의 종류 및 용도

① **압연용 청동** : 3.5~7.0% Sn청동으로 단련 및 가공성용이. 화폐, 메달, 선, 봉 등에 사용
② **포금(Gun metal)** : 8~12% Sn, 1% Zn 첨가, 내해수성이 좋고 수압, 증기압에도 잘 견딘다. 선박용 재료로 사용된다.
③ **화폐용 청동(coining bronze)** : 3~10% Sn에 1% Zn 첨가 이외에도 미술용 청동과 13~18% Sn을 첨가한 베어링 청동 등이 있다.
④ **베어링용 청동** : Sn 10~14%의 함유로 베어링과 차축에 사용된다.

> **참고**
> • 켈밋(kelmet) : Cu+Pb(30~40%) : 고하중 · 고속도 운전에 사용된다.

(2) 특수청동

① **인청동(phosphor bronze)** : 청동에 탈산제 P를 첨가한 합금으로 경도, 강도 증가하며 내마모성 탄성이 개선된다. 고탄성을 요구하는 판, 선의 가공재로써 내식성, 내마모성이 요구되는 밸브, 베어링, 선박용품, 고급 스프링재료로 사용된다.
② **연청동(lead bronze)** : 청동에 3.0~26% pb를 첨가한 것으로, 그 조직 중에 Pb이 거의 고용되지 않고 입계에 점재하여 윤활성이 좋아지므로 베어링, 패킹재료 등에 널리 쓰인다.
③ **Al청동** : 8~12%의 Al을 첨가하여 강도, 경도, 인성, 내마모성, 내식성, 내피로성이 황동, 청동보다 좋지만, 주조성, 가공성, 용접성이 나쁘다.
④ **규소청동** : Cu에 탈탄을 목적으로 Si를 첨가한 청동으로 4.7% Si까지 Cu 중에 고용되어 인장강도를 증가시키고 내식성, 내열성을 좋게 한다.
⑤ **니켈청동** : 니켈청동은 105Kg/mm^{2}의 높은 인장강도와 통신선, 전화선으로 사용되는 Cu-Ni-Si의 콜슨(corson) 합금, 뜨임경화성이 큰 쿠니알 청동, 열전대용 및 전기저항선에 사용되는 Cu-Ni 45%의 콘스탄탄이 있다.
⑥ **망간청동** : 전기저항재료로 사용되는 Cu-Mn-Ni의 망가닌(Manganin) 등이 있다. Cu-Cd계 합금은 1%의 Cd 함유 합금으로 큰 인장강도와 우수한 전도도로 송전선, 안테나용으로 쓰인다.
⑦ **베릴륨 청동** : Cu에 2~3%의 Be를 첨가한 시효 경화성 합금으로 구리합금 중 최고 강도(약 100Kg/mm^2)를 가진다.
⑧ **오일리스베어링** : 구리, 주석, 흑연의 분말을 혼합시켜 성형한 후 가열하여 소결한 것으로 주유가 곤란한 곳에 사용된다. 큰 하중이나 고속회전에는 부적합하다.

⑨ 양은 : 니켈 15~20%, 아연 20~30%에 구리를 함유한 합금으로 주로 기계부품, 식기, 가구, 온도조절용 바이메탈, 스프링 재료에 쓰인다.

3 비금속 재료

1) 합성수지

(1) 합성수지의 개요 및 분류

합성수지는 어떤 온도에서 가소성(可塑性)을 가진 성질이란 의미를 나타내는 플라스틱 (plastics)이다. 가소성이란 유동체와 탄성체도 아닌 물질로서 인장, 굽힘, 압축 등의 외력을 가하면 어느 정도의 저항력으로 그 형태를 유지하는 성질을 말한다. 합성수지는 천연수지의 대용품으로서 개발된 것으로 석유, 석탄 등에서 얻어지며 특히 원유를 정제할 때의 부산물로 제조한다. 합성수지는 인조수지로서 다음과 같은 공통적인 성질을 나타낸다.

① 가볍고 강하다. 유리섬유 강화 플라스틱, 폴리아세탈, 나일론, 폴리카보네이트 등은 중량당 강도가 강철과 비슷하고, FRP는 강철보다 강력하다.
② 가공성이 크고 성형이 간단하다. 또 철분을 혼합하면 전도성(電導性)이 좋은 플라스틱을 제조할 수 있고, 표면에 쉽게 도금(鍍金)이 될 수 있으므로 내열성과 강도 등을 크게 개선할 수 있다.
③ 전기절연성이 좋다.
④ 산, 알카리, 유류, 약품 등에 강하다.
⑤ 단단하나 열에는 약하다. 가열하면 연소되어 사용할 수 없고, 열전도율(熱傳導率)이 낮아 부분적으로 과열(過熱)되기 쉬우므로 주의해야 한다.
⑥ 투명한 것이 많으며 착색이 자유롭다.
⑦ 비강도는 비교적 높고, 표면의 강도가 약하다. 표면경도가 가한 것으로서 멜라민수지가 있으나, 그 경도는 금속재료에 미치지 못하며 폴리스티렌, 폴리에틸렌 등 일반용 수지는 표면경도가 크게 낮고 흠이 나기 쉬우므로 주의해야 한다.
⑧ 가격이 저렴하다. 일반적으로 제품의 제조원가는 금속보다 높은 경우도 있으나, 비중(比重)이 낮고 대량생산이 가능하므로 가격이 저렴하다.

(2) 합성수지의 종류 및 특징

합성수지는 가열하면서 가압 및 성형하여 굳어지면 다시 가열해도 연화하거나 용융되지 않고 연소하는 열경화성 수지와 성형 후에도 가열하면 연화 및 용융되었다가 냉각하면 다시 굳어지는 성질을 가진 열가소성 수지로 분류된다. 열경화성 수지에는 페놀계수지, 요소수지, 멜라민수지, 실리콘수지, 푸란수지, 폴리에스테르수지 및 에폭시수지 등이 있고 열가소성 수지에는 스티렌수지, 염화비닐수지, 폴리에틸렌수지, 초산비닐수지, 아크릴수지, 폴리아미드수지, 불소수지 및 쿠마론인덴수지 등이 있다.

원료별로 분류하면 석탄에서는 아세틸렌계의 염화 및 초산비닐, 석회질소계의 멜라민수지, 코크스계의 요소수지, 콜타르계의 페놀수지, 폴리아미드 등이 있고, 석유에서는 에틸렌계의 폴리에틸렌, 폴리스티렌, 염화비닐리덴, 프로필렌계의 아크릴수지 등이 있으며 목재에서는 질산 및 초산셀룰로즈가 있다.

열경화성(熱硬化性) 수지는 기계적 강도가 크고, 내열성(耐熱性)이 좋아서 기계재료 및 치공구 재료로서 기어, 베어링 케이스, 핸들, 소형기구의 프레임 등에 쓰인다.

〈표 7-3〉 합성수지의 특징 및 용도

	종류	특징	용도
열경화성수지	페놀수지	경질, 내열성	전기 기구, 식기, 판재, 무음기어
	요소수지	착색 자유, 광택이 있음	건축 재료, 문방구 일반, 성형품
	멜라민수지	내수성, 내열성	테이블판 가공
	규소수지	전기 절연성, 내열성, 내한성	전기 절연재료, 도표, 그리스
열가소성수지	스티렌수지	성형이 용이함, 투명도가 큼	고주파 절연재료, 잡화
	염화비닐수지	가공이 용이함	관, 판재, 마루, 건축재료
	폴리에틸렌수지	유연성 있음	판, 피름
	초산비닐수지	접착성이 좋음	접착제, 껌
	아크릴수지	강도가 큼, 투명도가 특히 좋음	방풍, 광학 렌즈

① 에폭시(Epoxy resin : EP) 및 플라스틱

수지의 특성은 가볍고 가공이 쉬우며 내식성이 우수한 장점을 갖고 있으나 열에 매우 약하며 강도가 부족한 것이 일반적인 단점이다. 그러나 최근에는 탄소계 수지 등 재질에 따라 강도, 인성, 내열성 등이 충분한 것도 많이 개발되어 그 상용 가치는 대단히 크게 향상되었다. 특히 플라스틱은 고분자 재료로서 가볍고 내식성, 내마멸성, 내충격성이 좋은 반면에 내열성이 나쁘고 무른 것이 흠이다. 이러한 단점을 보완한 강화 플라스틱이 기계재료로 쓰이는데, F.R.P.(Fiber Reinforced Plastics)로서 강도가 높아 이용 가치가 크다.

> **섬유강화플라스틱(Fiber Reinforced Plastics)이란?**
> 섬유 같은 강화재로 복합시켜, 기계적 강도와 내열성을 좋게 한 플라스틱이다.

② 페놀수지(Phenol Formaldehyde : PF)

페놀, 크레졸 등과 포르말린을 반응시켜 제조한 것으로서 베이클라이트라는 상품명으로 널리 사용된다. 수지에 나무조각, 솜, 석면 등을 혼합하여 전기기구, 가정용품 등으로 제조하여 활용한다. 액체상태로는 페인트, 접착제로도 쓰이며 기계적 성질이 우수하고 가격이 싸며 전기절연성, 내후성도 좋다. 0℃ 이하에서는 파괴되고, 60℃ 이상에서는

강도가 저하되며, 갈색이므로 착색성은 보통이고, 성형가공성도 일반적이다. 주요용도는 전기절연체, 전화기, 핸들, 가재도구, 기어, 프로펠러, 선체부품, 장식품대, 라디오상자, 광고간판 등에 사용되며 접착제, 포장재, 단연재로도 쓰인다.

③ 요소(우레아)수지(Urea Formaldehyde : UF)

요소와 포름알데히드와의 축합에 의해 얻어지는 플라스틱으로 원래는 무색 투명하다. 강도, 내수, 내열성 및 전기절연성은 다소 떨어지나 가공성 및 아름답게 착색할 수 있기 때문에 착색 성형품이 많다. 우레아수지도 전기관계에 사용되지만 그 외에 철기 손잡이 등 일용 잡화품에도 많이 사용하고 있다. 무색이므로 착색이 자유로우나 열탕에 접하면 광택이 감소되고 균열이 생기기 쉬우며, 100℃ 이하에서는 연속사용도 가능하다.

④ 멜라민수지(Melamine Formaldehyde : MF)

무색의 가벼운 침상결정체로서 요소수지보다 강도, 내수성, 내열성이 우수하다. 딱딱하고 물, 기름, 약품에 강하고, 또 열에도 강하다. 위생적이고 착색광택도 좋아서 고급 식기류로 사용하고 있다. 포르말린, 석탄산, 요소 등과 합성하여 각종 성형품(일용품, 식기, 전기기기부품, 라디오상자, 천장재료, 실내장식용), 접착제, 페인트, 섬유제조 등에 사용된다. 150℃에도 잘 견딘다. 결점으로는 약간 가격이 비싸다는 것이다.

⑤ 실리콘수지(Silicone Formaldehyde : SF)

수지상, 고무상, 유상, 그리스상 등이 있으며 내열, 내수성이 우수하고 전기절연성도 좋다. 150~177℃에서 장시간 사용 가능하고, 그 이상의 온도에서도 쓰이며, 기계가공성도 우수하다. 농기구, 가구, 전기절연체, 섬유물 등의 방수제로 쓰이며, 내열 및 방처도료, 접착제, 전기절연체, 탄성체 등의 제품으로 생산된다. 실리콘오일계는 절연유, 윤활유 등으로 사용되고 있다.

⑥ 푸란수지(Furan Formaldehyde : FF)

130~170℃에 견디고 내약품, 내알칼리성, 접착성 등이 우수하여 저장탱크, 화학장치, 화학약품, 부식성 가스 등에 접하는 부분의 보호 및 도장에 쓰인다. 석재, 목재, 콘크리트 등에 침투시켜 기계적 강도, 내식성을 증가시키기도 한다.

⑦ 아크릴수지(Acrylic : Poly(Metly) Methacrylate : PMMA)

아크릴(Acrylic)수지는 투명성이 우수하고, 탄성이 크면 햇볕에 변색되지 않으므로 안전유리의 중간층 재료, 케이블의 피복재료, 도료 등에 쓰인다. 벤젠, 아세톤, 유기산 등에는 녹으나 알콜, 물, 사연화탄소, 식물유에는 녹지 않는다. 광학특성이 우수하여 렌즈 제조에도 사용되며 각종 장식품, 식기류, 밸브, 테이블 항공기 방풍유리, 치과재료, 시계부속품, 도료 등에 사용된다. 주로 판재, 조명기구, 렌즈(Lens) 등 고급부품에 사용된다. 아크릴수지는 흡습성이 있으므로 성형할 때는 수분을 충분히 건조시키는데, 일반적으로 80~100℃의 열풍(熱風)으로 2~3시간 정도 하면 된다.

⑧ 폴리에스테르수지(polyethylene resins)

유리섬유를 넣어 섬유보강 플라스틱으로 제조하여 가볍고 큰 강도를 용하는 항공기, 선박, 차량 등의 구조재로 쓰이며, 100~150℃에서 사용한계이고 -90℃에서도 견딘다. 알칼리나 산에 침식되나, 내후성이 우수하여 건축내장재나 벽 재료로 쓰이고, 액상수지는 도료로도 사용된다.

⑨ 폴리염화비닐수지(polyvinyl chioride resins : PVC)

석회석, 석탄, 소금 등을 원료로 하므로 원자재가 풍부하며 내산, 내알카리성이 우수하다. 황산, 염산, 수산화나트륨 등의 약품이나 바닷물에 용해하거나 부식되지 않으며 기름, 흙속에 묻혀도 침식되지 않는다. 전기, 열의 불량도체이므로 전선관이나 수도관제조에 적합하고 제품의 내외면이 매끄러우므로 마찰계수가 적다. 비중 1.4로서 가벼우며, 부서지지 않고, 가공이 쉬우나 열에 약하다. -20℃ 이하에서는 취약하고 80℃에서 연화된다. 연질제품은 커튼, 포장재, 모사, 전기피복, 가스관 등으로 제조하며 경질제품은 판재, 상하수도관, 전선배선과, 레코드판 등에 사용된다.

⑩ 폴리에틸렌수지(polyethylene resins)

무색투명하고 내수성, 전기절연서, 내산, 내알칼리성이 우수하다. 120~180℃에서 사출성형이 용이하고 염화비닐보다 가볍고 -60℃에서 경화되지 않는다. 충격에도 잘 견디며 내화성도 우수하여 석유상자, 브러쉬, 장난감, 농공용배관, 수도관, 전선피복재, 필름(비닐하수우스용) 등으로 제조 사용한다.

⑪ 초산비닐수지(polyvinyl acetate resins)

상온에서 고무와 비슷한 탄성을 나타내며 무취, 무색, 무미, 무독하고 접착성, 투명성이 있어 접착제, 도료, 성형재, 껌원료 등에 쓰인다. 생산품은 레코드판, 레인코트, 에어프론, 밴드, 전기기구, 타일, 필름, 식탁용 커버, 합성섬유 원료 등이 있다.

4 신소재

1) 형상 기억 합금

문자 그대로 어떠한 모양을 기억할 수 있는 합금을 말한다. 즉, 고온 상태에서 기억한 형상을 언제까지라도 기억하고 있는 것으로, 저온에서 작은 가열만으로도 다른 형상으로 변화시켜 곧 원래의 형상으로 되돌아가는 현상을 형상 기억 효과라 하며, 이 효과를 나타내는 합금을 형상 기억 합금(shape memory alloy)이라고 한다.

현재 실용화된 대표적인 형상 기억 합금은 니켈-티탄(Ni-Ti)계, 구리-알루미늄-니켈, 구리-아연-알루미늄 합금의 세 종류이며, 회복력은 30kgf/cm2이고 반복 동작을 많이 하여도 회복 성능이 거의 저하되지 않는다.

(1) 니켈-티탄(Ni-Ti) 합금

내식성 및 내 피로성이 우수하지만, 가격이 비싸고 소성가공이 어렵다. 센서와 액추에이터를 겸비한 기능재료로 기계, 전기 분야에 널리 사용된다.

(2) 구리계 합금

구리-알루미늄-니켈, 구리-아연-알루미늄 합금으로 니켈-티탄(Ni-Ti) 합금에 비하여 내식성 및 내 피로성이 떨어지지만, 가격이 싸고 소성가공이 용이하다. 반복사용하지 않은 이음쇠 등에 이용된다. 특히 Cu-Zn-Al 합금은 결정 입자의 미세화가 곤란하기 때문에 피로회복 특성이 좋지 않다.

(3) 형상 기억 합금의 응용 분야

군사용으로 우주선의 안테나, 전투기의 파이프 이음쇠에 사용되며 일반용으로 기계장치 고정 핀, 냉난방 겸용 에어컨, 커피 메이커에 사용되며 의료용으로는 정형외과, 외과, 치과 인플랜트 교정기, 여성의 브래지어 와이어, 안경테 프레임, 전기커넥터 등에 사용된다.

2) 제진 재료

"두드려도 소리가 나지 않는 재료"라는 뜻으로, 기계 장치나 차량 등에 접착되어 진동과 소음을 제어하기 위한 재료를 말한다.

제진 합금으로는 Mg-Zr, Mn-Cu, Cu-Al-Ni, Ti-Ni, Al-Zn, Fe-Cr-Al 등이 있으며, 내부 마찰이 크므로 고유 진동 계수가 작게 되어 금속음이 발생되지 않는다.

3) 초전도 재료

금속은 전기저항이 있기 때문에 전류를 흐르면 전류가 소모된다. 보통 금속은 온도가 내려 갈수록 전기저항이 감소하지만, 절대온도 근방으로 냉각하여도 금속 고유의 전기저항은 남는다. 그러나 초전도 재료는 일정 온도에서 전기저항이 0이 되는 현상이 나타나는 재료를 말한다. 초전도를 나타내는 재료는 순금속계, 합금계, 세라믹스계로 나눠진다.

> **초전도체로 구비해야 하는 조건**
> ① 초전도 전이온도가 가능한 높고 물리화학적으로 안전할 것
> ② 요구되는 전자기 특성을 만족할 것
> ③ 자원이 많고 가공이 쉽고 경제성이 있을 것
> ④ 독성이 없을 것

(1) 합금계 초전도 재료

① Nb-Zr 합금 : 가공성이 풍부하고 인발가공으로 선재를 만든다.
② Nb-Ti 합금 : 일반적으로 많이 사용되고 있으며, 가격 저렴하고 가공성 및 기계적 성질이 좋고 취급이 용이하다.

③ Nb-Ti심 둘레에 Cu-Ni 합금층 삽입 또는 Nb-Ti-Ta(3원 합금) : 강자성, 초전도 마그네트의 유망한 재료로 사용

(2) 초전도 재료의 응용

전기 저항이 0으로 에너지 손실이 전혀 없으므로 전자석용 선재의 개발 및 초고속 스위칭 시간을 이용한 논리 회로 및 미세한 전자기장 변화도 감지할 수 있는 감지기 및 기억 소자 등에 응용할 수 있다. 또한, 전력 시스템의 초전도화, 핵융합, MHD(magnetic hydrodynamic generator), 자기부상열차, 핵자기 공명 단층 영상 장치, 컴퓨터 및 계측기 등의 여러 분야에 응용할 수 있다.

5 열처리

1) 담금질(quenching)

강을 강도 및 경도를 증가시킬 목적으로 아공석강인 경우 A3+50℃, 공석강과 과공석강인 경우는 A1+50℃의 높은 온도로 일정 시간 가열한 후 물 또는 기름과 같은 담금질제 중에서 급랭시키는 조작이다. 즉 오스테나이트 조직에서 급랭함에 따라 강의 변태를 정지시키고 마텐자이트 조직을 얻는 방법이다.

① 담금질 조직의 경한 순으로 나열하면 다음과 같다.
시멘타이트(HB850) 〉 마텐자이트(HB650) 〉 트루스타이트(HB430) 〉 소르바이트(HB270) 〉 펄라이트(HB200) 〉 오스테나이트(HB130) 〉 페라이트(HB100)

② 냉각 방법
㉠ 급랭 : 소금물, 물, 기름에서 급속히 냉각
㉡ 노냉 : 노내에서 서서히 냉각
㉢ 공랭 : 공기 중에서 자연냉각
㉣ 항온냉각 : 급랭 후 일정 온도 유지한 다음 냉각

③ 질량 효과(mass effect) : 재료를 담금질할 때 질량이 작은 재료는 내·외부에 온도차가 없으나 질량이 큰 재료는 열의 전도에 시간이 길게 소요되어 내·외부에 온도차가 생겨 외부는 경화되어도 내부는 경화되지 않는 현상이다. 질량이 큰 재료일수록 질량효과가 크며 담금질 효과는 감소한다.

2) 뜨임(tempering)

담금질한 강은 경도는 크나 반면 취성을 가지게 되므로 경도는 약간 낮추고 인성을 증가시키기 위해 재가열하여 서냉하는 열처리이며, 불안정한 조직을 안정화하는 것으로 재결정온도 이하에서 행한다. 재결정온도 이상으로 가열 유지시키면 담금질 전의 상태로 되돌아가게 된다.
담금질한 강을 재가열하면 마텐자이트 → 트루스타이트 → 소르바이트 → 펄라이트로 변화한다.

(1) 뜨임 방법

① 저온뜨임 : 주로 150~200℃ 가열 후 공랭시키며 내부응력을 제거하고 경도를 유지하면서 변형 방지, 내마모성 향상과 고속도강, 합금강 등의 잔류 오스테나이트를 안정화시키기 위해서 한다. 주로 절삭 공구, 게이지, 공구 등이 뜨임에 사용한다.

② 고온뜨임 : 주로 500~600℃ 가열 후 급랭시키며 뜨임 취성이 발생한다. 솔바이트 조직을 얻기 위해서 강도와 인성이 풍부한 조직으로 만들기 위해서는 고온에서 뜨임을 하는데 이것을 고온뜨임이라 한다. 따라서 구조용 강과 같이 높은 강도와 풍부한 인성이 요구되고 좋은 절삭성이 요구되는 것은 열처리를 한 후 고온뜨임을 하여 사용한다.

③ 뜨임 : 담금질 후 뜨임처리를 실시하는데 이와 같이 담금질과 뜨임을 같이 실시하는 조작을 조질이라 하며, 상온가공한 강을 탄성한계를 향상시키기 위해 250~370℃로 가열하는 작업을 블루잉(bluing)이라 한다.

(2) 뜨임 균열

① 발생 원인 : 탈탄층이 있을 때, 급히 가열하였을 때, 급히 냉각하였을 때
② 방지책 : 뜨임 전에 탈탄층을 제거하고, 급가열을 피하며 서냉한다.

3) 불림(normalizing)

내부응력을 제거하면서 기계적, 물리적 성질을 표준화하는 것으로 단조, 압연 등의 소성가공이나 주조로 거칠어진 조직을 미세화하고, 변석이나 산류응력을 제거하기 위해 A3 변태점보다 약 30~50℃ 높게 가열하여 대기 중에서 공랭하는 조작을 불림이라 한다.

불림처리한 강의 성질은 결정입자와 조직이 미세하게 되어 경도, 강도가 크게 증가하고 연신율과 인성도 다소 증가한다.

4) 풀림(annealing)

재료를 단조, 주조 및 기계 가공을 하면 조직이 불균일하며 거칠어지고 가공경화나 내부응력이 생기게 되는데 이를 제거하기 위해 변태점 이상의 적당한 온도로 가열하여 서서히 냉각시키는 작업을 풀림이라 한다.

(1) 풀림의 목적

① 기계적 성질 및 피절삭성의 개선이 개선되며 조직이 균일화된다.
② 내부응력 및 재료의 불균일을 제거시킨다.
③ 인성의 증가 및 조직을 개선하고 담금질 효과를 향상시킨다.

(2) 풀림의 종류

① 완전풀림 : 일반적으로 풀림이라면 완전풀림을 말하며, 탄소강을 고온으로 가열하면 결정입자가 커지고, 재질이 약해진다. 이 결점을 제거하기 위하여 A3~A1 변태점보다 30~50℃ 높은 온도에서 풀림을 한다.

② 구상화 풀림 : 펄라이트 중에 시멘타이트가 망상으로 존재하면 가공성이 나쁘고 여리고 약해지며 담금질할 때 변형이나 균열이 생기기 쉽다. 이것을 방지하기 위해 AC3~Acm ±(20~30℃)에서 가열과 냉각을 반복하든가 장시간 가열 후 서냉하여 망상조직을 구상화시킨다. 공구강과 같은 고탄소강은 담금질하기 전에 반드시 시멘타이트를 구상화하여야 한다.

③ 저온풀림 : 응력을 제거하는 목적으로 500~600℃로 가열 후 서냉하는 응력제거풀림이다.

5) 심냉 처리(sub zero-treatment)

담금질 후 경도 증가, 시효변형 방지하기 위하여 0℃ 이하의 온도로 냉각하면 잔류 오스테나이트를 마텐자이트로 만드는 처리를 심냉 처리라 한다. 특히, 스테인리스강에서의 기계적 성질 개선과 조직 안정화와 게이지강에서의 자연시효 및 경도 증대를 위해 실시한다.

> **심냉 처리의 목적**
> ① 공구강의 경도 증대 및 성능이 향상되고 강을 강인하게 만든다.
> ② 게이지 등 정밀기계부품의 조직을 안정화시키고, 형상 및 치수의 변형을 방지한다.
> ③ 스테인리스강에서의 기계적 성질을 개선시킨다.

6) 항온 열처리(isothermal heat treatment)

변태점 이상으로 가열한 강을 보통의 열처리와 같이 연속적으로 냉각하지 않고 염욕 중에 담금질하여 그 온도로 일정한 시간 동안 항온 유지하였다가 냉각하는 열처리를 항온 열처리라 한다. 담금질과 뜨임을 같이 할 수 있고, 담금질의 균열을 방지할 수 있어 경도와 인성이 동시에 요구되는 공구강, 합금강의 열처리에 사용된다.

(1) 강의 항온 냉각 변태곡선

강을 오스테나이트 상태에서 A1 점 이하의 항온까지 급랭하여 이 온도에 그대로 항온 유지했을 때 일어나는 변태를 항온변태(isothermaltrans-formation)라 하고, 이 항온변태 및 조직의 변화를 시간에 대하여 그림으로 나타낸 것을 항온변태곡선(Time-Temperatrue Transformation ; TTT curve) 또는 그 모양이 S자이므로 S 곡선이라고도 한다. 베이나이트(bainite)는 마텐자이트와 트루스타이트의 중간 상태의 조직이다.

(2) 연속 냉각 변태곡선

강재를 오스테나이트 상태에서 급랭 또는 서냉할 때의 냉각곡선을 연속냉각변태 곡선(Continuous Cooling Transformationcurve ; CCT curve)이라 한다.

(3) 항온 열처리 종류

① 등온풀림(Isothermal annealing)

풀림온도로 가열한 강재를 S 곡선의 코(nose) 부근의 온도(600~650℃)에서 항온변태시킨 후 공랭한다. 공구강, 특수강, 기타 자경성이 강한 특수강의 풀림에 적합하다.

② 항온 담금질(Isothermal quenching)

㉠ 오스템퍼(austemper) : 오스테나이트 상태에서 Ar'와 Ar"(Ms점) 변태점 사이의 온도에서 염욕에 담금질한 후 과냉한 오스테나이트가 변태 완료할 때까지 항온으로 유지하여 베이나이트를 충분히 석출시킨 후 공랭하는 열처리로서 베이나이트 조직이 되며 뜨임이 필요 없고 담금질 균열이나 변형이 잘 생기지 않는다.

㉡ 마템퍼(martemper) : 담금질 온도로 가열한 강재를 Ms와 Mf점 사이의 열욕(100~200℃)에 담금질하여 과냉 오스테나이트의 변태가 거의 완료할 때까지 항온 유지한 후에 꺼내어 공랭하는 열처리로서 마텐자이트와 베이나이트의 혼합조직이며, 경도와 인성이 크다.

㉢ 마퀜칭(marquenching) : 담금질 온도까지 가열된 강을 Ar"(Ms)점보다 다소 높은 온도의 열욕에 담금질한 후 마텐자이트로 변태를 시켜서 담금질 균열과 변형을 방지하는 방법으로 복잡하고, 변형이 많은 강재에 적합하다.

㉣ MS 퀜칭(MS quenching) : 담금질 온도로 가열한 강재를 MS점보다 약간 낮은 온도의 얼욕에 넣어 상의 내외부가 농일 온도로 될 때까지 항온 유지한 후 꺼내어 물 또는 기름 중에 급랭하는 방법이다.

㉤ 패턴팅 : 패턴팅은 시간 담금질을 응용한 방법이며 피아노선 등을 냉간 가공할 때 이 방법이 쓰인다. 패턴팅은 재료의 조직을 소르바이트 모양의 펄라이트 조직으로 만들어 인장강도를 부여하기 위한 것으로서 냉간 가공 전에 한다. 고탄소강의 경우에는 900~950℃의 오스테나이트 조직으로 만든 후 400~550℃의 염욕 속에 넣어 담금질한다.

③ 항온 뜨임(isothermal tempering)

MS점(약 250℃) 부근의 열욕에 넣어 유지시킨 후 공냉하여 마텐자이트와 베이나이트의 혼합된 조직을 얻는다. 고속도강이나 다이스(dies)강 등의 뜨임에 이용되는 방법으로 뜨임온도로부터 항온 유지시켜 2차 베이나이트가 생기지 않는다.

CHAPTER 8 안전 규정 준수

01 안전 수칙 확인

1 안전 수칙 확인

1) 기계 작업의 안전

(1) 일반 공구류 작업의 안전 수칙

① 공구는 작업 종류에 적합한 것을 사용하고, 용도 이외에 사용해서는 안 되며, 사용 전에 점검하여 불안전한 것은 절대로 사용해서는 안 된다.
② 불량 공구는 되도록 반납하고, 함부로 수리해서는 안 된다.
③ 공구나 손에 기름이 묻어 있을 때는 깨끗이 닦아낸 다음 사용하여야 한다.
④ 공구는 항상 일정한 장소에 비치하여 두고 질서 있게 보관되어야 한다.
⑤ 공구는 절대로 던지면 안 되며, 무리하게 조작해서는 안 된다.
⑥ 공구는 기계, 재료, 발판, 난간 등 떨어지기 쉬운 곳에 놓지 않도록 한다.
⑦ 작업이 완료되었을 때는 수량, 훼손, 여부 및 이상 유무를 확인하여야 한다.

(2) 해머 작업의 안전

① 손잡이가 금이 갔거나, 머리가 손상된 것, 쐐기가 없는 것, 모양이 찌그러진 것은 사용하지 않는다.
② 공동 작업을 할 때는 호흡을 잘 맞추고 신호에 유의하고 주위를 잘 살펴야 한다.
③ 기름이 묻은 손이나 장갑을 끼고 작업하지 않으며, 처음부터 큰 힘을 주어 작업하지 않는다.
④ 녹이 슨 재료를 작업할 때는 보호안경을 착용하여야 하며, 열처리된 재료는 해머로 때리지 않도록 주의한다.
⑤ 좁은 곳이나 발판이 불안한 곳에서는 해머 작업을 하지 않는다.

(3) 정 작업의 안전

① 항상 날 끝에 주의하고, 따내기 작업 및 칩이 튀는 작업에는 보호안경을 착용하도록 한다.
② 정을 잡은 손의 힘은 빼고, 처음에는 가볍게 때리고 점차 힘을 가하도록 한다.
③ 철재의 절단된 끝이 튕길 경우가 있으므로 특히 주의하도록 한다.

(4) 스패너 작업의 안전

① 스패너의 입은 너트에 꼭 맞는 것을 사용하며, 너트에 스패너를 깊이 물려서 약간씩 앞으로 당기는 식으로 풀고 조이는 작업을 한다.
② 작업 자세는 양발을 적당하게 벌리고 몸의 균형을 잡은 다음 작업을 하여야 하며, 높은 곳이나 균형을 잡기 힘든 장소에서는 각별히 주의하여야 한다.
③ 스패너는 될 수 있으면 손잡이가 긴 것을 사용하는 것이 좋으며 스패너의 자루에 파이프 등을 연결하거나 해머로 두들겨서 사용하는 일이 없도록 한다.
④ 스패너를 사용 용도 이외에 사용하면 안 되며 스패너를 해머 대용으로 사용해서도 안 된다.
⑤ 스패너와 너트 사이에 쐐기를 절대 넣어서는 안 된다.

(5) 줄 작업의 안전

① 줄은 작업 전에 자루 부분을 점검하고, 줄은 두들기지 않는다.
② 줄 작업은 되도록 마주 보고 작업을 하지 않으며, 절삭 가루를 입으로 불지 않는다.
③ 줄의 균열 여부를 확인하며 용접작업을 하여 사용해서는 안 된다.
④ 줄은 다른 용도에 사용치 않도록 하며, 사용 중에 바이스가 풀어지는 경우가 있으므로 자주 확인하고 죄어 가면서 작업을 한다.

(6) 쇠톱 작업의 안전

① 톱날은 틀에 끼워 두세 번 사용한 후 다시 한번 조정하고서 본 작업에 들어간다.
② 쇠톱의 손잡이와 틀의 선단을 손으로 확실하게 잡고 좌우로 흔들리지 않게 침착하게 작업을 하도록 한다.
③ 모가 난 쇠붙이를 자를 때는 톱날을 기울이고 모서리부터 자르기 시작하며, 둥근 강이나 파이프는 삼각 줄로 안내 홈을 판 다음 그 위를 자르기 시작하도록 한다.
④ 절단이 끝날 무렵에는 알맞게 힘을 줄여야 한다.

(7) 다듬질용 바이스의 취급

① 수평 바이스에 물리는 조(jaw)의 완전 상태를 확인하고, 조에 기름이 묻었으면 닦아내고 작업을 한다.
② 둥근 봉이나 얇은 판 등을 물릴 때는 알루미늄판, 구리판 등으로 싸서 확실하게 고정하고 작업을 한다.
③ 공작물을 바이스로부터 제거할 때 몸은 반드시 바이스 중앙 위치에 자세를 잡고, 손으로 공작물을 잡으며 오른손으로 핸들을 돌린다.

(8) 드라이버의 작업 안전

① 드라이버의 날 끝이 홈의 나비와 길이에 맞는 것을 사용토록 한다.
② 드라이버의 날 끝은 평편한 것이어야 하며, 이가 빠지거나 둥글게 된 것은 사용하지 않는다.

③ 나사를 조일 때 날 끝이 미끄러지지 않게 나사 탭 구멍에 수직으로 대고 한 손으로 가볍게 잡고서 작업을 한다.
④ 용도 이외의 다른 목적으로 사용하지 않는다.

2) 공작기계의 안전

일반 공작기계의 기계 점검은 작업 전에 기계의 주요 부분, 안전장치 또는 방호 장치를 확인 점검하며, 기계의 기능을 충분히 발휘할 수 있는지 확인하는 마음의 자세가 더욱 중요하다. 기계의 점검은 일반적으로 정지 상태와 운전상태로 분류하여 점검하도록 한다.

기계 정지 상태의 점검	운전상태로 점검하는 부분
① 급유 상태 ② 주행 기타의 섭동 부분 ③ 전도기와 개폐기 ④ 나사, 볼트 너트의 풀림 상태 ⑤ 안전장치와 동력전달장치 ⑥ 힘이 작용하는 부분의 손상 여부 및 기타	① 시동 정지 장치의 기능 ② 기어의 결합 상태 ③ 클러치의 상태 ④ 베어링의 온도 상승 상태 ⑤ 섭동부의 상태 ⑥ 이상 음향의 유무 및 기타

(1) 선반 작업의 안전

① 회전 중인 공작물의 가공면에 손을 대지 말아야 하며, 치수를 측정할 때는 기계를 정지시키고 측정을 한다.
② 선반의 베드 위나 공구대 위에 직접 측정기나 공구를 올려놓지 말아야 하고, 심압대 스핀들이 지나치게 앞으로 나와서는 안 된다.
③ 작업복의 소매 자락이 회전 공작물에 말려들지 않도록 복장을 단정하게 한다.
④ 기어를 변속할 때, 바이트 및 기타 공구 장치를 교환, 제거할 때는 기계를 정지시킨 후 작업을 하여야 한다.
⑤ 칩(chip)이 발산될 때는 보안경을 쓰고, 맨손으로 칩을 제거하지 않고, 갈고리를 사용하도록 한다.
⑥ 내경 작업 중에 구멍 속에 손가락을 넣어 청소하거나 점검하려고 하면 안 된다.
⑦ 양 센터 작업에는 공작물의 크기에 알맞은 돌리개를 사용하고, 가늘고 긴 공작물을 가공할 때는 방진구를 사용한다.
⑧ 선반의 운전 중 이송 작동을 시켜놓고 자리를 이탈하지 않도록 한다.
⑨ 선반 가동 전에 척 핸들을 빼었는지 확인하고 기계의 윤활 부분을 점검한다.
⑩ 긴 공작물이 기계 밖으로 돌출되었을 때는 빨간 천을 부착하여 위험 표시를 한다.
⑪ 작업 중 진동으로 인하여 공작물의 고정 나사 및 조가 풀어질 우려가 있으므로 수시로 점검하며 확인한다.
⑫ 센터 작업 중에는 심압대 센터에 자루 윤활유를 주어 센터가 타지 않도록 하며, 센터가 일감에서 빠져나오지 않도록 조심한다.
⑬ 사고가 있거나 부상을 입었을 때는 즉시 남의 도움을 청하고 관계 직원에게 보고한다.

(2) 드릴 머신의 작업 안전

① 회전하고 있는 주축이나 드릴에 옷자락이나 머리카락이 말려들지 않도록 주의한다.
② 드릴을 회전시킨 후 머신 테이블은 조정하지 않으며, 공작물은 완전하고 고정한다.
③ 드릴을 고정하거나 풀 때는 주축이 완전히 정지된 후에 확인하여야 한다.
④ 시동 전 드릴이 바른 위치에 안전하게 고정되었는가를 확인하여야 한다.
⑤ 드릴이나 드릴 소켓 등을 뽑을 때는 드릴 뽑기를 사용하며 해머 등으로 두들겨 뽑지 않는다.
⑥ 얇은 판의 구멍 뚫기에는 보조판 나무를 사용하는 것이 좋다.
⑦ 구멍 뚫기가 끝날 무렵은 이송을 천천히 하며 장갑을 끼고 작업을 하지 않는다.

(3) 밀링 작업의 안전

① 공작물과 공구는 정확히 장착하고, 공작물 및 공구 제거할 때 시동 레버를 주의를 요한다.
② 정면 커터 작업할 때는 칩이 튀어나오므로 칩 커버를 설치하고 커터 날 끝과 같은 높이에서 절삭 상태를 관찰하여서는 안 된다.
③ 가공 중에 기계에 얼굴을 가까이 대지 말고, 주축 회전 중 밀링 커터 주위에 손을 대거나 브러시를 사용하여 칩을 제거해서는 안 된다.
④ 테이블 위에 측정기나 공구류를 올려놓지 않으며, 절삭 공구나 공작물을 설치할 때 시동 레버가 접촉되기 쉬우므로 전원을 끄고 작업한다.

(4) 연삭 작업의 안전

① 작업 시작 전 숫돌은 3분 이상 공회전하며, 연삭기의 외부를 점검하고 안전장치가 제자리에 있으며, 이상 유무 관계를 확인한다.
② 숫돌은 각 연삭기 종류에 규정된 것을 사용하여야 하며, 갈아 끼울 때는 나무망치 등으로 가볍게 두드려서 소리(청음 양호)를 들어보고 균열이 없는가를 확인하고, 숫돌의 균형을 맞춘 다음 사용토록 한다.
③ 플런지의 지름은 숫돌 지름의 1/3~1/2의 것을 사용한다.
④ 숫돌의 설치가 안전한가를 확인하고 패킹이 없는 숫돌은 미리 플런지와 숫돌 사이에 플런지와 같은 지름의 패킹을 끼운다.
⑤ 숫돌의 설치가 끝나면 최소한 3분 이상은 공회전시켜야 하며, 작업자는 숫돌의 회전 방향에서 몸을 비키도록 한다.
⑥ 플런지의 조임 볼트는 정확하게 대각선 방향으로 렌치를 사용하여 조이고, 해머 등으로 볼트를 두드려서 조이지 않는다.
⑦ 공작물의 받침대가 설치된 연삭기는 공작물 받침대와 연삭숫돌 사이의 틈새가 3mm(1~5가 적당) 이내가 되도록 조정 작업을 한다.
⑧ 연삭 작업은 반드시 시동 전에 보안경을 착용하도록 하고, 흡진 장치가 되지 않은 연삭 작업은 방진 마스크를 쓰고 작업한다.

⑨ 평형 숫돌은 측면에 작용하는 힘에 약하므로 될 수 있으면 측면은 사용하지 않도록 한다.
⑩ 연삭숫돌은 항상 드레싱 하여 사용하고 작업할 때 진동이 심하면 작업을 곧 중지시킨다.
⑪ 공작물과 숫돌의 접촉은 조심성 있게 가볍게 하고 적당한 압력으로 연삭한다. 갑자기 힘을 주어서 밀어붙이지 않도록 한다.
⑫ 숫돌 커버가 규정에 맞고, 안전하게 설치되어 있는지 확인 점검하고, 작업할 때 덮개를 벗겨놓지 않는다.
⑬ 정지하고 있는 숫돌에 연삭액을 주지 않도록 한다.

(5) 세이퍼, 플레이너 작업의 안전

① 테이블 행정 내에 장애물이 없는가를 확인하고, 바이스의 조는 정밀도와 관계되므로 상처가 나지 않도록 보호판을 사용하도록 한다.
② 시동하기 전에 기계의 미끄럼 면을 깨끗이 하고 윤활유를 치며, 램의 운동 범위 내에 충돌할 것이 없는지를 확인한 후에 운전한다.
③ 바이트는 될 수 있는 대로 짧게 고정하고 공작물을 받치는 평행대의 직각도와 평행도가 양호하여야 한다.
④ 공작물을 바이스에 물릴 때는 공작물의 평행대, 조(Jaw) 등에 거스러미나 칩을 제거하고 물리며, 바이스를 세게 쳐서는 안 되고 평행대가 움직이지 않을 정도로 친다.
⑤ 운전 중에는 손으로 다듬질면의 점검이나 치수 측정도 하지 않는다.
⑥ 절삭 중에는 바이스의 핸들, 이송용 핸들 등은 반드시 떼어놓도록 한다.

3) 기계의 안전 점검 검사

기계의 안전사고가 발생하기 전에 적절한 예방책을 강구하기 위해서 모든 생산 작업장에서는 불안전한 작업 방법 및 행동과 불안전한 물체 및 기계의 상태를 조사하여 위험성을 없애는 수단을 일반적으로 안전 점검 검사라 한다.

(1) 일상 안전 점검 검사

일상 점검은 주로 과거의 실적 데이터와 기술적 검토를 기초로 하여 작성된 일상 점검 기준서에 의해서 일상 운전 중에 실시한다. 이 점검 기준서는 기계 장치의 종류에 따라서 점검 개소, 점검 기간, 점검 방법 및 내용 등이 다르다.

(2) 정기 안전 점검 검사

정기 점검은 점검표(check list)를 만들어서 이에 실행하는 것이 일반적이고 편리하다. 이 점검표는 생산 공정 및 작업 형태에 따라 알맞도록 작성하며 보통 정기 점검을 할 때는 설비의 노후화 속도가 크고 위험성이 현저한 것부터 중심적으로 다루어야 한다.

(3) 예방 보전

산업 재해의 가능성을 조기에 발견하기 위해서는 작업 현장의 기계, 장치의 효율적인 관리를 위해서도 손상되기 쉬운 곳에 대해서는 지난날의 실적으로 미루어 보아 그 부품에 대한 수명을 미리 예상하여서, 수명이 다 되었다고 생각되면 미리 교체하여야 한다.

이와 같이 고장을 일으키기 전에 합리적인 기계 설비 관리에 의해서 항상 정상적으로 유지할 수 있도록 정비하는 것을 예방 보전이라 하며 매우 중요한 일이다. 기계나 장치는 예방 보전에 의해서 고장 발생의 기회가 줄어들므로 안전성이 더욱 유지될 수 있게 된다.

02 안전 수칙 준수

1 안전 보호구 착용

1) 보호구의 정의

보호구란 근로자의 신체 일부 또는 전체에 착용해 외부의 유해·위험요인을 차단하거나 그 영향을 감소시켜 산업 재해를 예방하거나 피해의 정도와 크기를 줄여주는 기구다. 보호구의 필요성은 다음과 같다.

① 유해·위험요인으로부터 근로자 보호가 불가능하거나 불충분한 경우가 존재한다.
② 근로자 보호가 부족한 경우에 대비해 보호구를 지급하고 착용한다.
③ 보호구의 특성, 성능, 착용법을 잘 알고 착용해야 생명과 재산을 보호한다.

(1) 보호구의 구비 요건

① 착용하여 작업하기 쉬울 것
② 유해·위험물로부터 보호 성능이 충분할 것
③ 사용되는 재료는 작업자에게 해로운 영향을 주지 않을 것
④ 마무리가 양호할 것
⑤ 외관이나 디자인이 양호할 것

(2) 보호구 관리

① 목적 및 적용 범위를 명시한다.
② 관리부서를 지정하되 통상적으로 안전·보건관리자가 소속되어 있는 부서로 한다.
③ 지급 대상을 정한다. 이때 작업환경 측정 결과는 위생 보호구 지급 대상의 참고 자료가 될 수 있다.
④ 지급 수량과 지급 주기를 정하되 지급 수량은 해당 근로자 수에 맞게 지급하여 전용으로 사용하게 하며, 지급 주기는 작업 특성과 실태, 작업환경의 정도, 보호구별 특성에 따라 사업장 실정에 적합하게 정한다.
⑤ 관리부서는 보호구의 지급 및 교체에 관한 관리대장을 작성하여야 하고 관리 대장에는 작업 공정과 사용 유해·위험 요소도 병기하면 좋다.

⑥ 사용자가 지켜야 할 준수사항을 명시하도록 한다.
⑦ 취급 책임자를 지정하도록 한다.

2) 안전모

종류(기호)	사용 구분	모체의 재질
낙하 방지용(A)	물체의 낙하 및 비래에 의한 위험을 방지 또는 경감시키기 위한 것	합성수지 금속
낙하. 추락 방지용 (AB)	물체의 낙하 또는 비래 및 추락에 의한 위험을 방지 또는 경감시키기 위한 것	합성수지
낙하. 감전 방지용(AE)	물체의 낙하 및 비래에 의한 위험을 방지 또는 경감하고, 머리 부위 감전에 의한 위험을 방지하기 위한 것	합성수지
다목적용(ABE)	물체의 낙하 또는 비래 및 추락에 의한 위험을 방지 또는 경감하고, 머리 부위 감전에 의한 위험을 방지하기 위한 것	합성수지

※ 추락이란 높이 2미터 이상의 고소작업, 굴착작업 및 하역작업 등에 있어서의 추락을 의미한다.

(1) 안전모 사용 및 관리 방법
① 작업내용에 적합한 안전모 종류 지급 및 착용한다.
② 옥외 작업자에게는 흰색의 FRP 또는 PC 수지로 된 것을 지급한다.
③ 디자인과 색상이 미려한 것을 지급한다.
④ 중량이 가벼운 것을 지급한다.
⑤ 안전모 착용 시 반드시 턱끈을 바르게 하고 위반자에 대한 지도 감독을 철저히 한다.
⑥ 자신의 머리 크기에 맞도록 착장체의 머리 고정대를 조절한다.
⑦ 충격을 받은 안전모나 변형된 것은 폐기한다.
⑧ 모체에 구멍을 내지 않도록 한다.
⑨ 착장제는 최소한 1개월에 한 번 60℃의 물에 비누나 세척제를 사용하여 세탁하여야 하며, 합성수지의 안전모는 스팀과 뜨거운 물을 사용해서는 안 된다.
⑩ 모체가 페인트. 기름 등으로 오염된 경우는 유기용제를 사용해야 하지만 강도에 영향이 없어야 한다.
⑪ 플라스틱 등 합성수지는 자외선 등에 의해 균열 및 강도저하 등 노화가 진행되므로 안전모의 탄성감소, 색상변화, 균열 발생 시 교체해 주어야 한다. 또한, 노화를 방지하기 위하여 자동차 뒷 창문 등에 보관을 피하여야 한다.

(2) 안전모 착용 방법
① 모체, 착장제, 충격흡수제 및 턱끈의 이상 유무를 확인한다.
② 자신의 머리 크기에 맞도록 착장제의 머리 고정대를 조절한다.
③ 귀의 양쪽에 턱끈이 위치하도록 착용한다.
④ 안전모가 벗겨지지 않도록 턱끈을 견고히 조여서 고정한다.

3) 안전화의 종류

(1) 안전화의 종류

종류	기능	등급
가죽제 안전화	물체의 낙하·충격에 의한 위험방지 및 날카로운 것에 대한 찔림 방지	중작업용, 보통작업용, 경작업용
고무체 안전화	기본기능 및 방수, 내화학성	
정전화	기본기능 및 정진기의 인체 대전방지	
절연화 및 절연장화	기본기능 및 감전방지	

① **경작업용** : 금속선별, 전기제품조립, 화학품선별, 반응장치 운전, 식품가공업 등 비교적 경량의 물체를 취급하는 작업장에서 사용한다.
② **보통작업용** : 일반적으로 기계공업, 금속가공업, 운반, 건축업 등 공구가공품을 손으로 취급하는 작업 및 차량사업장, 기계 등을 운전 조작하는 일반작업장에서 사용한다.
③ **중작업용** : 광산에서 채광, 철강업에서 원료취급, 가공, 강재취급 및 강재운반, 건설업 등에서 중량물 운반작업, 가공 대상물의 중량이 큰 물체를 취급하는 작업장에서 사용한다.

(2) 안전화의 사용 및 관리 방법

① 작업내용이나 목적에 적합한 것 선정 지급
② 가벼운 것
③ 땀 발산 효과가 있는 것
④ 디자인이나 색상이 좋은 것
⑤ 목이 긴 안전화는 신고 벗는 데 편한 구조로 된 것(예 : 지퍼 등)
⑥ 바닥이 미끄러운 곳에는 창의 마찰력이 큰 것
⑦ 우레탄 소재(Pu) 안전화는 고무에 비해 열과 기름에 약하므로 기름을 취급하거나 고열 등 화기 취급 작업자에서는 사용을 피할 것
⑧ 정전화를 신고 충전부에 접촉 금지
⑨ 끈을 단단히 매고 꺾어 신지 말 것
⑩ 발에 맞는 것을 착용

4) 눈 및 안면보호구(보안경, 보안면)

(1) 차광보안경

눈에 해로운 자외선, 가시광선, 적외선이 발생하는 장소에서 유해광선으로 부터 눈을 보호하기 위한 수단으로 사용되어지는 차광보안경은 아크용접, 가스용접, 열절단, 용광로, 주변 작업 및 기타 유해광선이 발생하는 작업에 사용하는 것으로 사용 목적에 따라 다음 세 가지 예를 들 수 있다.
① 유해한 자외선(ultraviolet)을 차단하여야 한다.
② 강렬한 가시광선(visible)을 약하게 하여 광원의 상태를 관측 가능하게 하여야 한다.
③ 열 작업에서 발생하는 적외선(infrared)을 차단하여야 한다.

(2) 용접보안면

일반적으로 안면보호구로 분류하고 있으나, 구조상 눈을 보호하는 기능도 갖는다. 사용 구분은 아크 및 가스용접, 절단 작업 시에 발생하는 유해 광선으로 부터 눈을 보호하고 용접 시 발생하는 열에 의한 얼굴 및 목 부분의 열상이나 가열된 용재 등의 파편에 의한 화상의 위험으로부터 근로자를 보호하기 위해 사용한다.

(3) 일반보안면

용접보안면과 달리 면체 전체가 전부 투시 가능한 것으로 주로 일반작업 및 점용접 작업 시에 발생하는 각종 비산물과 유해한 액체로부터 안면, 목 부위를 보호하기 위한 것이다. 또한, 유해한 광선으로부터 눈을 보호하기 위해 단독으로 착용하거나 보안경 위에 겹쳐 착용한다.

(4) 눈 및 안면보호구(보안경, 보안면) 구비조건

① 보안경은 그 모양에 따라 특정한 위험에 대해서 적절한 보호를 할 수 있어야 한다.
② 가볍고 시야가 넓어 착용했을 때 편안해야 한다.
③ 보안경은 안경테의 각도와 길이를 조절할 수 있는 것이면 더욱 좋다.
④ 견고하게 고정되어 착용자가 움직이더라도 쉽게 벗겨지거나 움직이지 않아야 한다.
⑤ 내구성이 있어야 한다.
⑥ 차광보안경과 보안면은 용접작업의 차광번호에 적합해야 한다.
⑦ 착용자가 시력이 나쁠 경우 시력에 맞는 도수 렌즈를 지급한다.
⑧ 필요시 복합 기능을 갖춘 보안경을 지급한다(일반 안경 위에 고글착용, 안전모와 보안면을 병행 착용하는 것이 그 일례임).

(5) 눈 및 안면보호구(보안경, 보안면) 사용 및 관리 방법

① 차광보안경은 용접, 용단작업 등에 적합한 차광번호를 선정 지급해야 한다.
② 가볍고 시야가 넓은 것이어야 한다.
③ 착용이 편안하고 내구성이 있는 것이어야 한다.
④ 측사광 등이 있는 경우 측판이 부착되었거나 고글형 사용해야 한다.
⑤ 시력이 정상이 아닌 경우 도수 렌즈를 지급해야 한다.
⑥ 사용 중 렌즈에 흠, 더러움, 깨짐이 있는지 점검하여 교체해야 한다.
⑦ 기존 안경이나 안전모에 착용하여 사용할 수 있는 것도 있다.

5) 방음보호구(귀마개, 귀덮개)

(1) 방음보호구(귀마개, 귀덮개) 사용 방법 및 관리

① 사용설명서에 안전 인증과 차음 성능을 확인한다.
② 귀마개가 자신의 귀에 맞는지 확인한다.
③ 귀마개는 반대쪽 손으로 귀를 잡고 위로 당기며 압축해 밀어넣는다.

④ 귀마개는 귀 내부로 충분히 들어가게 착용한다.
⑤ 귀덮개가 귀보다 커서 귀를 짓누르지 않는지 살핀다.
⑥ 귀마개는 오염되거나 더러워지면 교체한다.

(2) 귀마개의 종류

종류	구분	기호	성능
귀마개	1종	EP-1	저음부터 고음까지 차음
	2종	EP-2	주로 고음을 차음하고, 저음은 차음하지 않음
귀덮개	-	EM	-

① 폼 타입 귀마개의 종류

② 재사용 귀마개의 종류

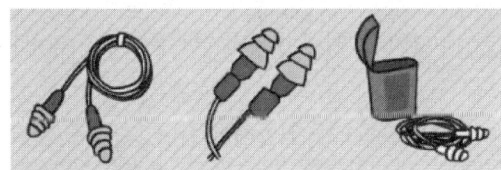

③ 귀덮개의 종류

(3) 귀마개 착용 방법

① 폼 타입 귀마개 깨끗한 손으로, 엄지와 검지를 이용하여 귀마개를 굴려 가능한 한 가늘게 만든다.
② 반대쪽 손으로 귓바퀴를 잡아당기면서 귀마개를 귓속 끝까지 완전히 밀어 넣는다.
③ 귀마개가 충분히 부풀어 오르는 동안 손가락을 약 15초 정도 떼지 말고 유지시킨다.
④ 최상의 착용은, 적어도 귀마개의 1/2에서 3/4 정도가 귓구멍 안으로 삽입되어야 한다.
⑤ 재사용 귀마개 귀마개의 손잡이 부분을 잡는다.
⑥ 반대쪽 손으로 귓바퀴를 잡아당긴 후 귀마개를 약간 비틀면서 부드럽게 귓속 끝까지 넣는다.
⑦ 가능한 한 깊이 삽입할수록 소음 감소치가 증가한다.

(4) 귀덮개 착용 방법

① 귀덮개 파손 이상 유무를 확인한다.
② 머리 크기에 맞도록 귀덮개의 좌우측 조절대를 조절한다.
③ 귀 전체를 완전히 덮도록 착용한다.

2 안전 수칙 준수

1) 산업안전

(1) 구조 부분의 안전화

① 설계의 안전화(충분한 강도)

기계 설비를 구성하는 요소들은 그 요소에 작용하는 최대하중, 응력집중, 하중의 종류(정하중, 동하중, 충격하중, 반복하중)를 예측하여 안전율을 고려한 강도계산에 의하여 구조 및 치수를 결정해야 한다.

안전율의 계산은 다음 식에 의한다.

$$안전율 = \frac{극한강도}{최대응력} = \frac{파단하중}{허용하중}$$

② 적합한 재질
③ 가공 시의 안전성

(2) 산업 재해율

① 천인율

재해발생 빈도를 나타내는 것으로 다음 식에 의한다.

$$천인율 = \frac{근로재해건수}{평균근로자수} \times 1,000$$

② 도수율

재해발생 빈도를 나타내는 것으로 다음 식에 의한다.

$$도수율 = \frac{근로재해건수}{근로연시간수} \times 1,000,000$$

③ 강도율

재해 발생에 의한 손실 정도를 나타내는 것으로 다음 식에 의한다.

$$강도율 = \frac{근로총손실일수}{근로연시간수} \times 1,000$$

④ 사고발생이 많이 일어나는 것에서 점차로 적게 일어나는 것에 대한 순서

불안전한 행위 → 불안전한 조건 → 불가항력

(3) 안전표지와 색채 사용도

① 빨강(적색) : 고도의 위험, 방화금지, 방향 표시, 규제 등에 사용
② 주황색(오렌지색) : 항공의 보안시설, 위험 표지
③ 황색 : 피난, 주의 표시
④ 자주색 : 방사능 위험 표시
⑤ 녹색 : 안전지도 표시
⑥ 청색 : 지시, 주의, 수리 중, 송전 중 표시
⑦ 백색 : 주의 표시, 정리 정돈, 통로
⑧ 흑색 : 방향 표시
⑨ 파랑 : 출입 금지

(4) 작업별 조명도

① 초정밀 작업 : 750Lux
② 정밀 작업 : 300Lux
③ 보통 작업 : 150Lux
④ 기타 작업 : 75Lux

(5) 소음

① 안락 한계 : 45~65dB
② 불쾌 한계 : 65~120dB
③ 허용 한계 : 85~95dB

(6) 화상

① 1도 화상 : 홍반성으로 피부가 붉게 되고 따끔따끔 아프다. 냉찜질 또는 습포질을 한다.
② 2도 화상 : 수포성으로 피부가 붉게 되고 물집이 생긴다. 냉찜질을 하고 물집은 터트리지 않는다.
③ 3도 화상 : 괴사성으로 피하조직이 죽어서 회백색, 흑갈색으로 변한다. 전문 의사에게 치료를 받아야 한다.

(7) 감전

일반적으로 1.2mA 전후의 전기가 인체에 흐르면 무감각하고 정도를 넘으면 근육에 경련을 일으켜 심신이 자유를 잃어 호흡곤란, 호흡정지, 인사불성, 심장 장애를 일으킨다.

[응급조치]
① 전원을 끊는다.
② 환자를 안정시킨다.
③ 전신 마사지를 한다.
④ 체온을 보호시킨다.

(8) 소화기의 용도
① 보통 화재(A급) : 포말 소화기(가장 적합), 분말 소화기, CO_2 소화기
② 기름 화재(B급) : 포말 소화기(적합), 분말 소화기(적합), CO_2 소화기
③ 전기 화재(C급) : CO_2 소화기(가장 적합), 분말 소화기

week 1

컴퓨터응용선반・밀링기능사

CBT 모의고사

- **01회** 컴퓨터응용선반기능사
- **02회** 컴퓨터응용선반기능사
- **03회** 컴퓨터응용선반기능사
- **04회** 컴퓨터응용밀링기능사
- **05회** 컴퓨터응용밀링기능사
- **06회** 컴퓨터응용밀링기능사

01회 CBT 모의고사

01 전동축에 큰 휨(deflection)을 주어서 축의 방향을 자유롭게 바꾸거나 충격을 완화시키기 위하여 사용하는 축은?
① 크랭크 축
② 플렉시블 축
③ 차 축
④ 직선 축

> **해설** 플렉시블 축(flexible shaft) : 강선을 2중, 3중으로 감은 나사 모양의 축으로 축 방향이 수시로 변하는 작은 동력 전달 축으로 공간상의 제한으로 일직선 형태의 축을 사용할 수 없을 때 사용된다. 비틀림 강도는 크나 굽힘 강도는 작다.

02 변압기용 박판에 사용하는 강으로 가장 적합한 것은?
① 크롬강
② 망간강
③ 니켈강
④ 규소강

> **해설** 규소강(Si) : 저탄소강(0.08% 이하)에 0.5~4.5%의 Si를 첨가한 규소강(silicon steel)은 잔류 자속밀도가 적다. 따라서 히스테리시스 손실이 적으므로 발전기, 전동기, 변압기 등의 철심 재료에 적합하다.

03 축과 보스 사이에 2~3곳을 축 방향으로 쪼갠 원뿔을 때려 축과 보스를 헐거움 없이 고정할 수 있는 키는?
① 안장 키
② 접선 키
③ 둥근 키
④ 원뿔 키

> **해설** 원뿔 키(cone key) : 축과 보스에 키를 파지 않고 보스 구멍을 테이퍼 구멍으로 하여 속이 빈 원뿔을 끼워 마찰력만으로 밀착시키는 키로서 바퀴가 편심되지 않고 축의 어느 위치에나 설치가 가능

04 볼 베어링에서 볼을 적당한 간격으로 유지시켜 주는 베어링 부품은?
① 리테이너
② 레이스
③ 하우징
④ 부시

> **해설** 리테이너 : 롤링(볼) 베어링에서 전동체가 접촉되지 않고 일정한 간격을 유지할 수 있게 한다.

05 피치 4mm인 3줄 나사를 1회전 시켰을 때의 리드는?
① 6mm
② 12mm
③ 16mm
④ 18mm

정답 01.② 02.④ 03.④ 04.① 05.②

해설 4mm×3줄=12mm

06 냉간 가공에 대한 설명으로 올바른 것은?

① 어느 금속이나 모두 상온(20℃) 이하에서 가공함을 말한다.
② 그 금속의 재결정 온도 이하에서 가공함을 말한다.
③ 그 금속의 공정점보다 10~20℃ 낮은 온도에서 가공함을 말한다.
④ 빙점(0℃) 이하의 낮은 온도에서 가공함을 말한다.

해설
① 냉간(상온) 가공 시 기계적 성질
  • 냉간(상온) 가공의 장점 : 제품의 치수 정확, 가공 면이 아름답고, 기계적 성질 개선, 강도 및 경도 증가, 연신율 감소
  • 냉간(상온) 가공의 단점 : 가공 방향으로 섬유조직이 되어 방향에 따라 강도가 다르다.
② 재결정 온도 : 열간(고온) 가공과 냉간(상온) 가공이 구분되는 온도
  • Fe : 350–500℃   • W : 1200℃
  • Mo : 900℃   • Ni : 600℃
  • Pt : 450℃   • Au, Ag, Cu : 200℃
③ 재결정 온도 이하에서 가공하는 것을 냉간 가공이라 하고 재결정 온도 이상에서 가공하는 것을 열간 가공이라 한다.

07 인장 코일 스프링에 3kgf의 하중을 걸었을 때 변위가 30mm이었다면 스프링 상수는 얼마인가?

① 0.1 kgf/mm   ② 0.2 kgf/mm
③ 5 kgf/mm   ④ 10 kgf/mm

해설 $k = \dfrac{w(하중)}{\delta} = k = \dfrac{3}{30} = 0.1$

08 황(S)이 적은 선철을 용해하여 주입 전에 Mg, Ce, Ca 등을 첨가하여 제조한 주철은?

① 펄라이트 주철   ② 구상 흑연 주철
③ 가단 주철   ④ 강력 주철

해설
• **구상 흑연 주철** : 니켈, 크롬, 몰리브덴, 구리 등을 첨가하여 재질을 개선한 것으로 노듈러 주철, 덕타일 주철 등으로 불리는 이 주철은 내마멸성, 내열성, 내식성 등이 대단히 우수하여 자동차용 주물이나 주조용 재료로 가장 많이 사용한다.
주철을 구상화하기 위하여 Mg, Ce, Ca 등을 첨가하며, 구상화 촉진원소 Cu 〉 Al 〉 Sn 〉 Zr 〉 B 〉 Sb 〉 Pb 〉 Bi 〉 Te이다.
• **가단 주철** : 주철의 취약성을 개량하기 위해서 백주철을 열처리하여 제조하기 쉽고 강인성을 부여시킨 주철
• **펄라이트 가단 주철(Pearlite ; PMC)** : 흑심 가단 주철의 흑연화를 완전히 하지 않고 제2단의 흑연화를 막기 위하여 제 1단의 흑연화가 끝난 후에 약 800℃에서 일정한 시간 동안 유지하고 급랭하면 펄라이트가 남게 되는데 이와 같은 처리를 한 것을 말한다.

> **재결정**
> 가공 경화된 재료를 가열시 결정핵이 성장하여 전체가 새로운 결정으로 변화
> • 가공도 작을수록 크고, 가열시간은 길수록 크고, 가열온도가 높을수록 크다.

[정답] 06. ② 07. ① 08. ②

01회 CBT 모의고사

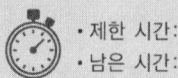

09 비금속 재료에 속하지 않는 것은?
① 합성수지 ② 네오프렌
③ 도료   ④ 고속도강

> **해설** **고속도강(SKH)** : 절삭 공구강의 대표적인 특수강으로서 W, Cr, V 이외의 Co, Mo 등을 다량 함유하고 있는 고합금강으로 500~600℃까지 가열하여도 뜨임에 의해서 연화되지 않고 고온에서도 경도 감소가 적은 것이 특징이다. 대표적인 것으로는 W 18%, Cr 4%, V 1%를 함유한 18-4-1형이 있다.

10 고정 원판식 코일에 전류를 통하면, 전자력에 의하여 회전원판이 잡아 당겨져 브레이크가 걸리고, 전류를 끊으면 스프링 작용으로 원판이 떨어져 회전을 계속하는 브레이크는?
① 밴드 브레이크   ② 디스크 브레이크
③ 전자 브레이크   ④ 블록 브레이크

> **해설** **전자 브레이크** : 고정 원판식 코일에 전류를 통하면 전자력에 의하여 회전원판이 잡아 당겨져 제동이 되는 작동원리로 공작 기계, 승강기 등에 사용된다.

11 평 벨트 전동에 비하여 V벨트 전동의 특징이 아닌 것은?
① 고속운전이 가능하다.
② 바로걸기와 엇걸기 모두 가능하다.
③ 미끄럼이 적고 속도비가 크다.
④ 접촉 면적이 넓으므로 큰 동력을 전달한다.

> **해설** **V벨트 전동**
> ① 고속운전이 가능하며 속도비가 크다(i=7~10).
> ② 짧은 거리의 운전이 가능, 2~5m까지 전동 가능하다.
> ③ 미끄럼이 적고 능률이 높다. 효율은 보통 90~95% 정도
> ④ 운전이 원활하고 정숙하며, 충격이 아주 작다.
> ⑤ V벨트 단면의 형상은 M, A, B, C, D, E형의 6종류가 있으며 M에서 E쪽으로 가면 단면이 커진다.

12 담금질 시 재료의 두께에 따른 내·외부의 냉각속도가 다르기 때문에 경화된 깊이가 달라져 경도 차이가 생기는데 이를 무엇이라 하나?
① 질량 효과   ② 담금질 균열
③ 담금질 시효 ④ 변형 시효

답안 표기란
09 ① ② ③ ④
10 ① ② ③ ④
11 ① ② ③ ④
12 ① ② ③ ④

[정답] 09. ④ 10. ③ 11. ② 12. ①

해설 질량 효과(mass effect) : 재료를 담금질할 때 질량이 작은 재료는 내·외부에 온도 차가 없으나 질량이 큰 재료는 열의 전도에 시간이 길게 소요되어 내·외부에 온도차가 생겨 외부는 경화되어도 내부는 경화되지 않는 현상이다. 질량이 큰 재료일수록 질량 효과가 크며 담금질 효과는 감소한다.

13 구리에 아연을 8~20% 첨가한 합금으로 α 고용체만으로 구성되어 있으므로 냉간 가공이 쉽게 되어 단추, 금박, 금, 모조품 등으로 사용되는 재료는?

① 톰백(tombac)
② 델타 메탈(delta metal)
③ 니켈 실버(nickel silver)
④ 문쯔 메탈(Muntz metal)

해설
- **톰백(tombac)** : 8~20%의 저 아연합금으로 전연성이 좋고 색이 금에 가까우므로 모조 금박 대용으로 사용한다.
- **델타 메탈(delta metal)** : 6 : 4 황동에 1~2% Fe 함유 강도, 내식성 증가, 광산기계, 선박, 화학기계용으로 사용된다.
- **문쯔 메탈** : 60% Cu – 40% Zn 합금으로 상온조직이 $\alpha+\beta$ 상이고 탈아연 부식을 일으키기 쉬우나 강도를 요하는 볼트, 너트, 열간 단조품 등에 쓰이며, 상온에서 전연성이 낮은 합금

14 내연기관의 피스톤 등 자동차 부품으로 많이 쓰이는 Al 합금은?

① 실루민
② 화이트메탈
③ Y합금
④ 두랄루민

해설 Y-합금 : Al–Cu–Ni–Mg의 합금으로 대표적인 내열용 합금이다. $Al_5Cu_2Mg_2$가 석출 경화되며 시효 처리한다.

15 파이프의 연결에서 신축이음을 하는 것은 온도변화에 의해 파이프 내부에 생기는 무엇을 방지하기 위해서인가?

① 열응력
② 전단응력
③ 응력집중
④ 피로

해설 열응력 : 파이프의 연결에서 신축이음을 하는 것은 온도변화에 의해 파이프 내부에 생기는 열응력을 방지하기 위해서다.

16 가공 방법 기호 중 선삭 가공을 표시한 기호는?

① B
② D
③ L
④ P

해설
- 선반 가공 : L
- 밀링가공 : M
- 드릴 가공 : D
- 플레이너 가공 : P
- 보링 머신 가공 : B

답안 표기란
13 ① ② ③ ④
14 ① ② ③ ④
15 ① ② ③ ④
16 ① ② ③ ④

정답 13. ① 14. ③ 15. ① 16. ③

17. 축의 도시 방법 중 옳은 것은?

① 축은 길이 방향으로 온단면 도시한다.
② 축의 끝에는 모따기를 하지 않는다.
③ 길이가 긴 축은 중간을 파단하여 짧게 그릴 수 있다.
④ 축의 키 홈을 나타낼 경우 국부 투상도로 나타내어서는 안 된다.

해설 축의 도시 방법
① 축은 길이 방향으로 단면도시를 하지 않는다. 단, 부분단면은 허용한다.
② 긴 축은 중간을 파단하여 짧게 그릴 수 있으며 실제 치수를 기입한다.
③ 축 끝에는 모따기 및 라운딩을 할 수 있다.
④ 널링을 도시할 때 빗줄인 경우 축선에 대하여 30°로 엇갈리게 그린다.

18. 절단된 면을 다른 부분과 구분하기 위하여 가는 실선으로 규칙적으로 줄을 늘어놓은 선들의 명칭은?

① 해칭선   ② 피치선
③ 파단선   ④ 기준선

해설
- **피치선** : 대가는 1점 쇄선으로 도시
- **파단선** : 대상물의 일부를 파단한 경계 또는 일부를 떼어낸 경계를 표시하는 데 사용한다.(가는 실선으로 불규칙하게 도시)
- **해칭선** : 가는 실선으로 도시, 절단면 등을 명시

19. 보기와 같은 단면도의 명칭은?

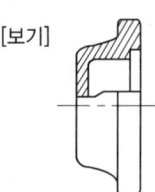
[보기]

① 온 단면도   ② 한쪽 단면도
③ 부분 단면도   ④ 회전 단면도

해설
- **회전도시 단면도** : 도형 내의 절단한 곳에 겹쳐서 90° 회전시켜 도시한다.
- **한쪽 단면도(반 단면도)** : 물체의 1/4을 절단하여 1/2은 단면, 1/2은 외형을 동시에 도시한다.
- **전 단면도(온 단면도)** : 물체의 반을 절단하여 투상면 전체를 단면으로 도시한다.
- **부분 단면도** : 외형도에서 필요한 일부분만 단면으로 도시한다.

정답 17. ③ 18. ①
19. ③

20 보기와 같은 기하공차에 대하여 올바르게 설명된 것은?

[보기]

//	0.1
	0.05/200

① 구분 구간 200mm에 대하여 0.05mm, 전체 길이에 대하여는 0.1mm의 평행도
② 전체 길이 200mm에 대하여 0.05mm, 구분 구간은 0.1mm의 평행도
③ 구분 구간 200mm에 대하여 0.1mm, 전체 길이에 대하여는 0.05mm의 평행도
④ 구분 구간 200mm에 대하여 0.05mm/0.1mm, 구분구간에 대하여는 0.05mm의 평행도

해설 구분 구간 200mm에 대하여 0.05mm, 전체 길이에 대하여는 0.1mm의 평행도

21 보기와 같은 맞춤핀의 설명으로 올바른 것은?

[보기]
맞춤핀 KS B 1310 − 6×30 − A − St

① 호칭 지름 6mm   ② 호칭 길이 10mm
③ 호칭 지름 30mm ④ 호칭 길이 13mm

해설 KS B 1308(규격번호 또는 명칭) − A(등급) − 6×30(호칭 지름×길이) − St(재료)

22 φ80에 대한 H6, H7, h8, h9의 공차가 있을 때, 치수 공차 값이 가장 큰 것은?

① H6   ② H7
③ h8   ④ h9

해설 치수 공차 값이 가장 작은 것은 H6이고 치수 공차 값이 가장 큰 것은 h9이다.

23 보기의 등각 투상도를 화살표 방향으로 투상한 정면도는?

[보기]

①    ②
③    ④

[정답] 20.① 21.① 22.④ 23.①

01회 CBT 모의고사

24 실제 길이가 120mm인 것을 척도가 1 : 2인 도면에 나타내었을 때 치수를 얼마로 기입해야 하는가?

① 30
② 60
③ 120
④ 240

해설 척도와 관계없이 도면에는 실제 치수를 기입한다.

25 관용 테이퍼 수나사를 나타내는 것은?

① M3
② UNC3/8
③ R3/4
④ TM18

해설

관용 테이퍼 나사	테이퍼 수나사	R
	테이퍼 암나사	Rc
	평행 암나사	Rp
관용 평행 나사		G

26 다듬질 절삭할 때의 절삭조건으로 적당한 것은?

① 절삭깊이와 이송을 크게 하고 절삭속도를 줄인다.
② 절삭깊이와 이송을 작게 하고 절삭속도를 높인다.
③ 절삭깊이와 이송을 작게 하고 절삭속도를 줄인다.
④ 절삭깊이와 이송을 크게 하고 절삭속도를 높인다.

해설 다듬질 절삭은 절삭깊이와 이송을 작게 하고 절삭속도를 높인다.

27 다품종 소량생산이나 간단한 부품의 수리 및 가공에 사용하는 가장 보편적인 선반은?

① 자동 선반
② 모방 선반
③ 터릿 선반
④ 보통 선반

해설 **보통 선반** : 가장 많이 사용하며 다품종 소량생산에 적합하다.

28 미세하고 비교적 연한 숫돌 입자를 공작물의 표면에 적은 압력으로 접촉시키면서 매끈하고 고정밀도의 표면으로 일감을 다듬는 가공 방법은?

정답 24. ③ 25. ③
26. ② 27. ④
28. ②

① 호닝　　　　　② 슈퍼피니싱
③ 래핑　　　　　④ 전해 연삭

해설 **슈퍼피니싱** : 연삭숫돌을 공작물 표면에 가압(스프링, 유압)하면서 공작물 이송과 진동을 주고 공작물을 회전시켜 균일한 표면을 얻는 법으로 저압, 저속도의 가공이므로 발열이 적고 가공 변질층을 제거할 수 있으며 내마모성, 내식성이 우수하고 다듬질 시간이 짧다(방향성이 없는 다듬질 면을 얻는다).

29 내면 연삭기의 내면 연삭 방식이 아닌 것은?
① 보통형　　　　② 센터리스형
③ 유성형　　　　④ 지지판 위치형

해설 **내면 연삭 방식** : 보통형, 센터리스형, 유성형이 있다.

30 기계공작은 가공 방법에 따라 절삭 가공과 비절삭 가공으로 나눈다. 다음 중 절삭 가공 방법이 아닌 것은?
① 선삭　　　　　② 밀링
③ 용접　　　　　④ 드릴링

해설 용접은 비절삭 가공이다.

31 밀링 가공에서 하향 절삭의 장점에 대한 설명으로 틀린 것은?
① 커터 날이 공작물을 향하여 누르므로 공작물의 고정이 간편하다.
② 날의 마멸이 적고 수명이 길다.
③ 커터의 절삭 방향과 이송 방향이 같으므로 가공면이 깨끗하다.
④ 칩이 가공된 면 위에 쌓이지 않으므로 정밀도가 좋다.

해설 **하향 절삭 단점**
• 칩이 커터와 공작물 사이에 끼어 절삭을 방해한다.
• 떨림이 나타나 공작물과 커터를 손상시키며 백래시 제거 장치가 없으면 작업을 할 수 없다.

32 공구의 마멸 형태 중 플랭크 마멸이라고 하며 주철과 같이 메짐이 있는 재료를 절삭할 때 생기는 것은?
① 경사면 마멸　　② 여유면 마멸
③ 치핑(chipping)　　④ 공구의 시효 변형

해설 **플랭크 마모(여유면 마모 : flank wear)** : 공구의 플랭크가 절삭면에 평행하게 마모, 주철같이 균열형 칩이 생길 때 발생하는 경우, 크레이터 마멸은 생기지 않으나, 여유면의 인선이 마찰에 의해 마모된다.

답안 표기란				
29	①	②	③	④
30	①	②	③	④
31	①	②	③	④
32	①	②	③	④

정답　29. ④　30. ③
　　　31. ④　32. ②

01회 CBT 모의고사

33 납, 주석, 알루미늄 등의 연한 금속이나 얇은 판금의 가장자리를 다듬질할 때 가장 적합한 줄눈의 모양은?

① 단목   ② 귀목
③ 복목   ④ 파목

해설 줄눈의 형상에 따른 종류
① 단목(홑눈 줄 ; single cut) : 한쪽 방향(70∼80°)으로만 눈을 만든 것으로, Pb, Sn, Al과 같이 연질재료 및 얇은 판금의 가장자리 절삭에 사용한다.
② 귀목(라스프 줄 ; rasp cut) : 줄날이 돌기 형식이며 목재, 가죽, 베크라이트 등 비금속재료의 거친 절삭에 사용한다.
③ 복목(겹눈 줄 ; double cut) : 일반적으로 다듬질용이며 두 개의 상하 날이 교차하도록 만든 것으로 상날(절삭)은 70∼80°로 하부날(칩 배출)은 40∼45°로 되어 있으며 강과 주철과 같은 다듬 절삭에 사용하며 연한 금속, 일반 철공용으로 쓰인다.
④ 파목(곡선 줄 ; curved cut) : 줄날이 곡선으로 칩 배출이 용이하고 절삭 능력이 강력해서 납, Al, 플라스틱, 목재 등과 같은 재질 절삭에 사용한다.

34 절삭공구 선단부에서 전단 응력을 받으며, 항상 미끄럼이 생기면서 절삭작용이 이루어지며 진동이 적고, 가공표면이 매끄러운 면을 얻을 수 있는 가장 이상적인 칩의 형태는?

① 유동형 칩   ② 전단형 칩
③ 열단형 칩   ④ 균열형 칩

해설
① **유동형 칩**(flow type chip) : 칩이 공구의 경사면 위를 유동하는 것과 같이 원활하게 연속적으로 흘러나가는 형태로서 가공 면이 깨끗하다.
② **전단형 칩**(shear type chip) : 연한 재질의 공작물을 작은 경사각으로 저속 가공할 때 생긴다.
③ **열단형 칩**(tear type chip) : 점성이 큰 재질을 작은 경사각의 공구로 절삭할 때
④ **균열형 칩**(crack type chip) : 주철과 같은 메진(취성) 재료를 저속 가공할 때

35 비교 측정용 측정기기에 해당하는 측정기는?

① 측장기
② 투영기
③ 마이크로미터
④ 다이얼 테스트 인디케이터

해설 **비교 측정** : 기준이 되는 일정한 치수와 피측정물을 비교하여 그 측정치의 차이를 읽는 방법으로 비교측정은 다이얼 게이지, 미니미터, 공기 마이크로미터(공기의 흐름을 확대 기구를 이용하여 길이를 측정하는 방식), 전기 마이크로미터, 다이얼 테스트 인디케이터, 마이크로 스코프, 오토테스터 등이 있다.

[정답] 33. ① 34. ① 35. ④

36 수직 밀링머신에 관한 설명으로 틀린 것은?

① 공구는 주로 정면 밀링 커터와 엔드밀을 사용한다.
② 평면가공이나 홈 가공, T홈 가공, 더브테일 등을 주로 가공한다.
③ 주축헤드는 고정형, 상하이동형, 경사형 등이 있다.
④ 공구는 아버를 이용하여 고정한다.

해설 공구는 콜렛과 콜렛 척(밀링 척)에 의해서 고정한다.
- 주축 : 아버를 삽입 및 아버 고정봉을 통하게 할 목적으로 사용하며 중공축임
- 아버 : 아버 지지구의 브래킷 등으로 고정되고 이것에 커터를 고정
- 아버를 이용하여 공구를 고정하는 밀링은 수평 밀링이다.

37 각도 측정에 주로 사용되는 측정기는?

① 사인 바(sine bar)
② 광선 정반(optical flat)
③ 하이트 게이지(height gauge)
④ 다이얼 게이지(dial gauge)

해설 각도 측정에 사용되는 것은 사인 바, 각도 게이지, 수준기, 오토 콜리미터 등이 있다.

38 기어 절삭 방법에 해당하지 않는 것은?

① 형판을 이용한 방법
② 총형 커터를 이용한 방법
③ 복식 공구대를 이용한 방법
④ 창성법을 이용한 방법

해설 기어 절삭법
(1) 형판에 의한 방법
(2) 총형 공구에 의한 절삭법
(3) 창성에 의한 절삭
  ① 래크 커터에 의한 방법
  ② 피니언 커터에 의한 방법
  ③ 호브에 의한 절삭

39 공작물 연삭면의 모양에 따라 연삭 가공의 종류를 분류할 경우 해당하지 않는 것은?

① 원통 연삭
② 평면 연삭
③ 공구 연삭
④ 공작물 연삭

해설 연삭 가공의 종류 : 원통 연삭, 평면 연삭, 공구 연삭, 내면 연삭, 센터리스 연삭, 성형 연삭 등

정답 36. ④ 37. ①
      38. ③ 39. ④

01회 CBT 모의고사

40 윤활제가 갖추어야 할 조건에 해당하지 않은 것은?
① 한계 윤활 상태에서 견딜 수 있는 유성이 있어야 한다.
② 사용 상태에서 충분한 점도를 유지하여야 한다.
③ 산화나 열에 대한 안정성이 낮아야 한다.
④ 화학적으로 불활성이며 균질하여야 한다.

해설 윤활제는 윤활작용, 냉각작용, 밀폐작용, 청정작용을 목적으로 사용하며, 갖추어야 할 조건은 다음과 같다.
① 사용 상태에서 충분한 점도가 있어야 한다.
② 한계 윤활 상태에서 견딜 수 있는 유성이 있어야 한다.
③ 산화나 열에 대하여 안정성이 높아야 한다.
④ 화학적으로 불활성이며, 균질하여야 한다.

41 선반 바이트의 윗면 경사각에 대한 설명으로 틀린 것은?
① 직접 절삭력에 영향을 준다.
② 공구의 끝과 일감의 마찰을 줄이기 위한 것이다.
③ 이 각이 크면 절삭성이 좋다.
④ 이 각이 크면 일감 표면이 깨끗하게 다듬어지지만 날 끝은 약하게 된다.

42 CNC 프로그램의 구성에 대한 설명 중 틀린 것은?
① 한 블록(Block)에서 워드(Word)의 개수는 제한이 없다.
② 시퀀스(Sequence) 번호는 생략 가능하며 순서에 제한이 없다.
③ 한 블록(Block) 내에서 동일 그룹의 워드(Word)를 2개 이상 지령하면 앞에 지령된 워드(Word)가 실행된다.
④ 하나의 프로그램은 어드레스(Address) "O____"부터 "M02"까지 이며 블록(Block)의 개수는 제한이 없다.

해설 한 블록(Block) 내에서 동일 그룹의 워드(Word)를 2개 이상 지령하면 뒤에 지령된 워드(Word)가 실행된다.

43 범용 공작기계에서 사람의 손, 발이 하는 일을 CNC 공작기계에서는 무엇이 대신 하는가?
① 정보처리회로
② 서보 기구
③ 제어부
④ 기계 본체

정답 40. ③ 41. ② 42. ③ 43. ②

해설 인간에 비유했을 때 손과 발에 해당하는 서보기구는 머리에 해당되는 정보처리회로의 명령에 따라 공작기계의 테이블 등을 움직이는 역할을 담당한다.

44 A점에서 B점으로 그림과 같이 원호가공하는 프로그램으로 맞는 것은?

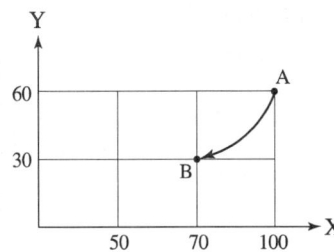

① G90 G02 X70.0 Y30.0 R30.0 ;
② G90 G03 X70.0 Y30.0 R30.0 ;
③ G91 G02 X70.0 Y30.0 R30.0 ;
④ G91 G03 X70.0 Y30.0 R30.0 ;

해설 도면에서 G90 G02 X70.0 Y30.0 R30.0 ; 이다.

45 다음과 같은 CNC 선반 프로그램에서 S200의 가장 올바른 의미는?

```
G50 X150. Z150. S2000 T0100 ;
G96 S200 M03
```

① 주축 회전수 200rpm
② 절삭 속도 200m/min
③ 절삭 속도 200mm/rev
④ 주축 최소 회전수 200rpm

해설 G96 S200 M03; 절삭 속도가 200m/min이 되도록 공작물의 지름에 따라 주축회전수가 변한다.

46 CNC 선반 프로그래밍에서 매분 당 150mm씩 공구의 이송을 나타내는 지령으로 알맞은 것은?

① G98 F150
② G99 F0.15
③ G98 F0.15
④ G99 F150

해설
- **G98** : 매분당 이송(mm/min) – 머시닝 센터 가공에서 사용
- **G99** : 회전당 이송(mm/rev) – CNC 선반 가공에서 사용
- F값은 공구의 이송속도를 나타낸다.

01회 CBT 모의고사

47 CNC 공작기계를 도입함으로써 얻어지는 장점이 아닌 것은?
① 리드 타임의 연장
② 치공구 비용 절감
③ 기계가동률과 생산성 향상
④ 사용 기계 대수의 절감

해설 리드 타임의 단축된다.

48 보조 기능(M 기능) 중 주축 정회전을 의미하는 것은?
① M00
② M01
③ M02
④ M03

해설

M00	프로그램 정지
M01	선택적 프로그램 정지
M03	주축 정회전
M04	주축 역회전
M05	주축 정지

49 CNC 기계가공 중에 지켜야 할 안전 및 유의사항으로 틀린 것은?
① CNC 선반 작업 중에는 문을 닫는다.
② 머시닝센터에서 공작물은 가능한 깊게 고정한다.
③ 머시닝센터에서 엔드밀은 되도록 길게 나오도록 고정한다.
④ 항상 비상 정지 버튼의 위치를 확인한다.

해설 머시닝센터에서 엔드밀은 되도록 짧게 나오도록 고정한다.

50 CNC 공작기계에서 사용되는 좌표치의 기준으로 사용하는 좌표계가 아닌 것은?
① 기계 좌표계
② 공작물 좌표계
③ 구역 좌표계
④ 원통 좌표계

해설
- **공작물 좌표계** : 절대 좌표계의 기준인 프로그램 원점
- **기계 좌표계** : 기계의 기준점으로 메이커에서 파라미터에 의해 정하며 기계 원점에서 제로 원점
- **구역(Local) 좌표계 설정(G52)** : 프로그램을 쉽게 작성하기 위하여 이미 설정된 공작물 좌표계에서 임의의 지점에 로컬 좌표계를 설정할 수 있다. 임의의 지점에 원점을 설정하여 원래의 원점에서 좌푯값을 계산하는 번거로움 없이 쉽게 프로그램을 작성할 수 있다.

정답 47.① 48.④ 49.③ 50.④

51 CNC 선반의 반자동(MDI) 모드에서 실행하였을 경우 경보(alarm)가 발생하는 블록은?

```
N01 G00 U20. W-20. ;
N02 G03 U20. W-10. R10. F0.1 ;
N03 T0100 S2000 M03 ;
N04 G70 P01 Q02 F0.1 ;
```

① N01　　② N02
③ N03　　④ N04

해설 다듬 절삭 사이클(G70) : 복합 반복 사이클로서 자동모드에서 실행하여야 한다.

$$G70\ P(ns)\ Q(nf)\ ;$$

- P(ns) : 다듬 절삭 가공 지령절의 첫 번째 전개 번호
- Q(nf) : 다듬 절삭 가공 지령절의 마지막 전개 번호

52 600rpm으로 회전하는 스핀들에서 5회전 일시정지(dwell)를 주려고 한다. CNC 프로그램으로 맞는 것은?

① G04 P0.5 ;　　② G04 X1.0 ;
③ G04 X5.0 ;　　④ G04 X0.5 ;

해설 정지시간(sec) = $\dfrac{60}{\text{드릴 회전수(rpm)}} \times \text{드웰 회전수} = \dfrac{60}{600} \times 5 = 0.5[\text{sec}]$
(예 : G04 X0.5, G04 U0.5, G04 P500)

53 선반 외경용 ISO 툴 홀더의 규격이다. 밑줄 친 S가 의미하는 것은?

$$P\underline{S}KNR\ 2525 - M12$$

① 인서트 형상　　② 클램핑 방식
③ 인서트 여유각　　④ 홀더의 형상

해설
- P : 클램핑 방식　• S : 인서트팁 형상　• K : 절입각
- N : 인서트 여유각　• R : 승수　• 25 : 생크 높이
- 25 : 생크 폭　• M : 생크 길이　• 12 : 절삭날 길이

54 선반 작업 시 안전 사항으로 올바르지 못한 것은?

① 칩이나 절삭유의 비산 방지를 위하여 플라스틱 덮개를 부착한다.
② 절삭 가공을 할 때에는 반드시 보호안경을 착용하여 눈을 보호한다.
③ 절삭 작업을 할 때에는 칩에 손을 베이지 않도록 장갑을 착용한다.
④ 척이 회전하는 도중에 일감이 튀어나오지 않도록 확실히 고정한다.

해설 절삭 작업을 할 때에는 장갑을 착용하지 않는다.

정답 51. ④　52. ④　53. ①　54. ③

55 다음 그림에서 ㉠에서 ㉡까지 직선 가공하는 CNC 선반 프로그램으로 맞는 것은?

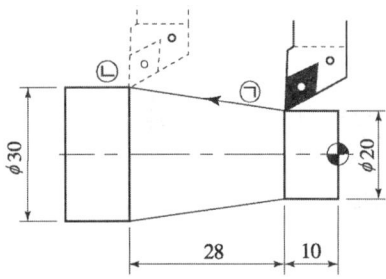

① G01 X10. Z-28. F0.2 ;
② G01 U5. W-28. F0.2 ;
③ G01 X30. Z-38. F0.2 ;
④ G01 U10. W-38. F0.2 ;

해설 G01 X30. Z-38. F0.2 ; 또는 G01 U10. W-28. F0.2 ;

56 CNC 선반 프로그래밍에서 G76 기능을 다음과 같이 한 블록으로 지령할 때 "K"의 의미는?

G76 X_ Z_ I_ K_ D_ F_ A_ P_ ;

① 나사산 높이로 직경 지령이다.
② 나사산 높이로 반지름 지령이다.
③ 첫 번째 절입량으로 직경 지령이다.
④ 첫 번째 절입량으로 반지름 지령이다.

해설 복합고정형 나사절삭 사이클(G76)

G76 P_ Q_ R_ :
G76 X(U)_ Z(W)_ P(k)_ Q_ R_ F_ ;

여기서, P : 다듬질 횟수(01~99까지 입력가능)
  Q : 최소 절입 깊이
  R : 다듬절삭 여유
  X(U), Z(W) : 나사 끝지점 좌표
  P(k) : 나사산 높이(반지름 지령)
  Q(Δd) : 첫 번째 절입 깊이(반지름 지령) - 소숫점 사용 불가
  R(i) : 테이퍼 나사에서 나사 끝지점 X값과 나사 시작점 X값의 거리(반지름지령)-I=0이면 평행나사이며, 생략할 수 있다.
  F : 나사의 리드

정답 55. ③ 56. ②

57 측정 제품 형상의 특성을 고려하여 원형 제품의 고정이나 원주 흔들림 등과 같이 비교적 간단한 측정이나 고정할 때 선정하는 장치는?
① 게이지 블록 고정 장치
② V-블록과 고정 장치
③ 표면 거칠기 고정 장치
④ 형상 측정기의 제품 고정 장치

58 길이 측정의 경우 측정 오차를 피할 수 있는 사용 방법은?
① 치환법　　② 편위법
③ 영위법　　④ 보상법

> **해설**
> ① **치환법** : 길이 측정의 경우 치환법을 사용하면 측정 오차를 피할 수 있는 방법이 된다.
> ② **편위법** : 정밀도를 높이기에는 곤란하지만, 조작이 간단하므로 널리 쓰이고 있다.
> ③ **영위법** : 기준량을 준비하여 측정량에 평행 시켜 계측기의 지시가 0 위치를 나타낼 때의 크기로부터 측정량의 크기를 간접으로 아는 방식이다.
> ④ **보상법** : 측정량과 크기가 거의 같은 미리 알고 있는 양의 분동을 준비하여, 분동과 측정량의 차이로부터 알아내는 방법을 보상법이라 한다.

59 다음 중 아베의 원리에 맞는 측정기는?
① 하이드 게이지
② 버니어 캘리퍼스
③ 3차원 좌표 측정기
④ 단체형 내측 마이크로미터

> **해설**
> 아베의 원리는 "측정하려는 길이를 표준자로 사용되는 눈금의 연장선상에 놓는다"라는 것인데 이는 피측정물과 표준자와는 측정방향에 있어서 동일 직선상에 배치하여야 한다.

60 내측마이크로미터의 0점 조정 방법이 아닌 것은?
① 링 게이지를 이용하는 방법
② 게이지 블록 부속품을 이용하는 방법
③ 외측 마이크로미터를 이용하는 방법
④ 버니어 캘리퍼스를 이용하는 방법

> **해설**
> 내측 마이크로미터의 0점 조정 방법에는 링 게이지를 이용하는 방법, 게이지 블록 부속품을 이용하는 방법, 외측 마이크로미터를 이용하는 방법 등이 있다.

정답　57. ②　58. ①
　　　59. ④　60. ④

02회 CBT 모의고사

01 니켈, 크롬, 모리브덴, 구리 등을 첨가하여 재질을 개선한 것으로 노듈러 주철, 덕타일 주철 등으로 불리는 이 주철은 내마멸성, 내열성, 내식성 등이 대단히 우수하여 자동차용 주물이나 주조용 재료로 가장 많이 쓰이는 것은?

① 칠드 주철
② 구상 흑연 주철
③ 보통 주철
④ 펄라이트 가단 주철

해설 구상 흑연 주철 : 니켈, 크롬, 몰리브덴, 구리 등을 첨가하여 재질을 개선한 것으로 노듈러 주철, 덕타일 주철 등으로 불리는 이 주철은 내마멸성, 내열성, 내식성 등이 대단히 우수하여 자동차용 주물이나 주조용 재료로 가장 많이 사용한다.

02 벨트 전동장치의 특성에 관한 설명으로 틀린 것은?

① 회전비가 부정확하여 강력 고속전동이 곤란하다.
② 전동 효율이 작아 각종 기계장치의 운전에 널리 사용하기에는 부적합하다.
③ 종동축에 과대하중이 작용할 때에는 벨트와 풀리 부분이 미끄러져서 전동장치의 파손을 방지할 수 있다.
④ 전동장치가 조작이 간단하고 비용이 싸다.

해설 벨트의 전동 효율은 96~98%이며, 충격하중에 대한 안전장치의 역할을 하므로 원활한 전동이 가능

03 42500kgf·mm의 굽힘 모멘트가 작용하는 연강 축 지름은 약 몇 mm인가? (단, 허용 굽힘 응력은 5kgf/mm²이다.)

① 21
② 36
③ 92
④ 44

해설 $d = \sqrt[3]{\dfrac{32M}{\pi\sigma_b}} = \sqrt[3]{\dfrac{10.2M}{\sigma_b}} = \sqrt[3]{\dfrac{10.2 \times 42500}{5}} = 44.26\text{mm}$

04 축에 키 홈을 가공하지 않고 사용하는 키(key)는?

① 성크 키
② 새들 키
③ 반달 키
④ 스플라인

해설 안장 키(saddle key) : 축에는 홈을 파지 않고 축과 키 사이의 마찰력으로 회전력을 전달. 축의 강도를 감소시키지 않고 고정할 수 있으나, 큰 동력을 전달시킬 수 없으므로 경하중 소직경에 사용

정답 01.② 02.② 03.④ 04.②

05 정지상태의 냉각수의 냉각속도를 1로 했을 때 냉각속도가 가장 빠른 것은?

① 물
② 공기
③ 기름
④ 소금물

해설 소금물 > 물 > 기름 순서이다.

06 제동장치에 대한 설명으로 틀린 것은?

① 제동장치는 기계 운동부의 이탈방지 기구이다.
② 제동장치에서 가장 널리 사용되고 있는 것은 마찰 브레이크이다.
③ 용도는 일반 기계, 자동차, 철도 차량 등에 널리 사용된다.
④ 운전 중인 기계의 운동에너지를 흡수하여 운동 속도를 감소 및 정지시키는 장치이다.

해설 제동장치는 브레이크 장치이다.

07 일반적으로 리벳 작업을 하기 위한 구멍은 리벳 지름보다 몇 mm 정도 커야 하는가?

① 0.5~1.0
② 1.0~1.5
③ 2.5~5.0
④ 5.0~10.0

해설 리벳 작업은 리벳 지름보다 1.0~1.5mm 정도 크게 작업한다.

08 니들 롤러 베어링의 설명으로 틀린 것은?

① 지름은 바늘 모양의 롤러를 사용한다.
② 좁은 장소나 충격하중이 있는 곳에 사용할 수 없다.
③ 내륜붙이 베어링과 내륜 없는 베어링이 있다.
④ 축지름에 비하여 바깥지름이 작다.

해설 좁은 장소나 충격하중이 있는 내연기관의 피스톤의 핀 베어링에 주로 사용

09 구리의 특성 설명으로 틀린 것은?

① 비중이 8.9 정도이며, 용융점이 1083℃ 정도이다.
② 전연성이 좋으나 가공이 용이하지 않다.
③ 전기 및 열의 전도성이 우수하다.
④ 아름다운 광택과 귀금속적 성질이 우수하다.

해설 전연성이 좋아 가공이 용이하다.

[정답] 05. ④ 06. ①
07. ② 08. ②
09. ②

02회 CBT 모의고사

10 특수강 중에서 자경성(self-hardening)이 있어 담금질성과 뜨임효과를 좋게 하며, 탄소와 결합하여 탄화물을 만들어 강에 내마멸성을 좋게 하고 내식성, 내산화성을 향상시켜 강인한 강을 만드는 것은?

① Co강
② Cr강
③ Ni강
④ Si강

해설 Cr강(1~2% Cr 첨가) : 상온에서 펄라이트 조직, 자경성, 내마모성이 목적

11 주로 나비가 좁고 얇은 긴 보로서 하중을 지지하는 스프링은?

① 원판 스프링
② 겹판 스프링
③ 인장 코일 스프링
④ 압축 코일 스프링

해설 겹판 스프링 : 너비가 좁고 얇은 긴 보로서 하중을 지지한다. 여러 장 겹쳐서 사용하는 것을 겹판 스프링이라 한다. 자동차의 현가장치로 널리 사용한다.

12 한 변의 길이 12mm인 정사각형 단면 봉에 축선 방향으로 144kgf의 압축하중이 작용할 때 생기는 압축응력 값은 몇 kgf/mm²인가?

① 4.75
② 1.0
③ 0.75
④ 12.1

해설 압축응력(σ_c)

$\sigma_c = \dfrac{P}{A}$, $\sigma_c = \dfrac{144}{12^2} = 1$

13 면심 입방 격자 구조로서 전성과 연성이 우수한 금속으로 짝지어진 것은?

① 금, 크롬, 카드뮴
② 금, 알루미늄, 구리
③ 금, 은, 카드뮴
④ 금, 몰리브덴, 코발트

해설
- 체심 입방 격자(BCC) : Cr, W, Mo, V, Li, Na, Ta, K, α-Fe, δ-Fe
- 면심 입방 격자(FCC) : Al, Ag, Au, Cu, Ni, Pb, Ca, Co, γ-Fe
- 조밀 육방 격자(HCP) : Mg, Zn, Cd, Ti, Be, Zr, Ce

14 주조용 알루미늄 합금이 아닌 것은?

① Al - Cu계 합금
② Al - Si계 합금
③ Al - Mg계 합금
④ 두랄루민

[정답] 10. ② 11. ②
12. ② 13. ②
14. ④

📝**해설** 주조용 알루미늄 합금
- Al-Cu계 : 실용 합금으로는 4% Cu 합금인 알코아 195(alcoa)가 있다.
- Al-Si계 : 대표 합금으로 실루민(silumin) 알펙스(alpax) 등이 있다.
- Al-Cu-Si계 : 대표적인 합금으로 라우탈이 있다.
- Al-Mg 합금 : 하이드로 날륨(hydronalium)
- 두랄루민 : 단조용으로 Al-Cu-Mg-Mn의 합금으로 시효경화 처리한 대표적인 합금. 이외에도 인장강도 186MPa 이상의 초두랄루민이 있다.

15 금속은 전류를 흘리면 전류가 소모되는데 어떤 종류의 금속에서는 어느 일정 온도에서 갑자기 전기저항이 '0'이 되는 현상은?

① 초전도 현상   ② 임계 현상
③ 전기장 현상   ④ 자기장 현상

📝**해설** **초전도 현상** : 금속은 전류를 흘리면 전류가 소모되는데 어떤 종류의 금속에서는 어느 일정 온도에서 갑자기 전기저항이 '0'이 되는 현상

16 보기와 같이 대상물의 구멍, 홈 등 일부분의 모양을 도시하는 것으로 충분한 경우 사용되는 투상도는?

① 보조 투상도
② 국부 투상도
③ 회전 투상도
④ 부분 투상도

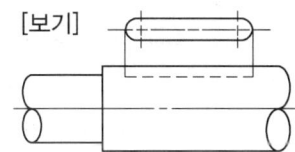
[보기]

📝**해설** **국부 투상도** : 대상물의 구멍, 홈 등 한 국부만의 모양을 도시하는 것으로 충분한 경우에는 그 필요한 부분만을 국부 투상도로서 나타낸다.

17 조립 전 축이 $\phi 100^{+0.05}_{0}$이고, 구멍은 $\phi 100^{-0.02}_{-0.07}$인 끼워맞춤에서 최소 죔새는?

① 0.02   ② 0.05
③ 0.07   ④ 0.12

📝**해설** 최소 죔새=축의 최소허용치수-구멍의 최대허용치수=100.0-98.98=0.02

18 표면 거칠기 지시 방법에서 '제거 가공을 허용하지 않는다'는 것을 지시하는 것은?

① ∨   ②
③ 6.3∨   ④ 6.3

📝**해설**
∨ : 제거 가공의 필요 여부를 문제 삼지 않는다.
 : 제거 가공을 해서는 안 된다.
∨ : 제거 가공을 필요로 한다.

[정답] 15. ① 16. ②
17. ① 18. ②

19 구름 볼 베어링의 호칭 번호 6305의 안지름은 몇 mm인가?
   ① 5
   ② 10
   ③ 20
   ④ 25

   해설) 00은 10mm, 01은 12mm, 02는 15mm, 03은 17mm, 04부터 ×5를 하면 된다.
   따라서 05×5=25이다.

20 기하공차의 종류 중 선의 윤곽도를 나타내는 기호는?
   ① ⌒
   ② ⌀(기울어진)
   ③ ▱
   ④ ⌓

   해설)
▱	평면도 공차	⌒	선의 윤곽도 공차
○	진원도 공차	⌓	면의 윤곽도 공차
⌀	원통도 공차		

21 스퍼 기어의 요목표가 보기와 같을 때, 비어 있는 모듈은 얼마인가?
   ① 1.5
   ② 2
   ③ 3
   ④ 6

   [보기]
스퍼 기어		
기어 모양		표준
공구	치형	보통이
	모듈	
	압력각	20°
잇수		36
피치원 지름		108

   해설) $M = \dfrac{D}{Z} = \dfrac{108}{36} = 3$

22 구의 지름을 나타내는 치수 보조 기호는?
   ① C
   ② ϕ
   ③ Sϕ
   ④ t

   해설)
ϕ	지름 치수의 수치 앞에 붙인다.
R	반지름 치수의 수치 앞에 붙인다.
Sϕ	구의 지름 치수 수치 앞에 붙인다.
SR	구의 반지름 치수 수치 앞에 붙인다.
□	정사각형의 한 변의 치수 수치 앞에 붙인다.

[정답] 19. ④ 20. ① 21. ③ 22. ③

23 보기와 같은 제3각 정 투상도에서 누락된 우측면도로 가장 적합한 것은?

24 가공에 의한 커터의 줄무늬 방향 모양이 보기와 같을 때 그 줄무늬 방향의 기호에 해당하는 것은?

① =
② X
③ R
④ C

[보기]

해설

X	—	C	R
가공으로 생긴 선이 2방향으로 교차	가공으로 생긴 앞줄의 방향이 기호를 기입한 그림의 투상 면에 평행	가공으로 생긴 선이 거의 동심원	가공으로 생긴 선이 거의 방사상

25 좌우 대칭인 보기 입체도의 화살표 방향 정면도로 가장 적합한 것은?

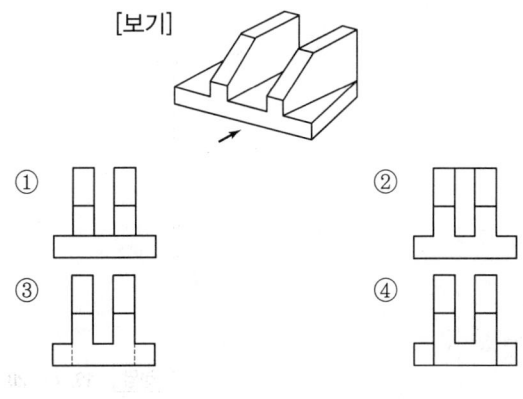

정답 23. ② 24. ④ 25. ③

26 공작물의 회전운동과 절삭공구의 직선운동에 의하여 내·외경 및 나사 가공 등을 하는 가공 방법은?

① 밀링 작업   ② 연삭 작업
③ 선반 작업   ④ 드릴 작업

해설 **선반 작업** : 내, 외경 및 나사 가공 등을 한다.

27 일반적으로 유동형 칩이 발생되는 경우가 아닌 것은?

① 절삭 깊이가 클 때
② 절삭 속도가 빠를 때
③ 윗면 경사각이 클 때
④ 일감의 재질이 연하고 인성이 많을 때

해설 절삭 깊이가 작을 때

28 다음 중 센터리스 연삭기의 장점이 아닌 것은?

① 중공의 원통을 연삭하는데 편리하다.
② 연속 작업을 할 수 있어 대량생산에 적합하다.
③ 대형 중량물도 연삭할 수 있다.
④ 연삭 여유가 작아도 된다.

해설
- 센터리스 연삭기의 장점
  ① 가늘고 긴 핀, 원통, 중공축 등을 연삭하기 쉽다.
  ② 연속 작업할 수 있으며, 대량생산에 적합하다.
  ③ 기계의 조정이 끝나면 초보자도 작업을 할 수 있다.
  ④ 고정에 따른 변형이 없고 연삭 여유가 작아도 된다
  ⑤ 연삭숫돌의 나비가 크므로 지름의 마멸이 적고 수명이 길다.
- 센터리스 연삭기의 단점
  ① 긴 홈이 있는 공작물은 연삭할 수 없다.
  ② 대형 중량물은 연삭할 수 없다.
  ③ 연삭숫돌의 나비보다 긴 공작물은 전후 이송법으로 연삭할 수 없다.

29 리머의 특징 중 옳지 않은 것은?

① 절삭날의 수는 많은 것이 좋다.
② 절삭날은 홀수보다 짝수가 유리하다.
③ 떨림을 방지하기 위하여 부등 간격으로 한다.
④ 자루의 테이퍼는 모스 테이퍼이다.

정답 26. ③ 27. ①
      28. ③ 29. ②

해설 리머의 날은 끝에 약간 테이퍼를 주어 구멍에 잘 들어가도록 하고 날은 홀수로 하며 여유각은 3~5°, 표준 윗면 경사각은 0°로 한다. 또한, 리머 가공 때에 떨림을 없애기 위하여 날의 간격은 같지 않게 한다.

30 선반 가공에서 벨트 풀리나 기어 등과 같은 구멍이 뚫린 원통형 소재를 가공할 때 필요한 부속장치는?

① 센터(center)
② 심봉(mandrel)
③ 방진구(work rest)
④ 돌리개(lathe dog)

해설
① **센터(center)** : 주축에 삽입하는 회전센터(live center)와 심압대 축에 삽입하는 정지센터(dead center)가 있는데 회전센터는 지지부분의 마찰이 적으나 정지센터는 마찰열로 인한 손상이 많으므로 센터 끝에 초경합금을 경납 땜한 것을 사용한다. 또한, 공작물과 함께 회전하는 베어링센터(bearing center)가 있는데 이는 구름 베어링을 사용한 것으로 공작물이 중량물이든가 고속회전을 시킬 필요가 있을 때 사용한다.
② **심봉(mandrel)** : 구멍이 있는 공작물을 고정, 가공 시 심봉 자체는 양 센터로 지지하거나 주축의 테이퍼 구멍에 끼워 사용하고, 구멍과 외경을 동심으로 가공 시에 사용한다.
③ **방진구(work rest)** : 가늘고 긴 일감이 휘는 것을 방지
④ **돌리개(lathe dog)** : 돌림판과 공작물에 회전 전달에 쓰인다.

31 선반에서 다음 설명에 해당하는 부분은?

> 주축 맞은편에 설치하여 공작물을 지지하거나 드릴 등의 공구를 고정할 때 사용한다.

① 심압대
② 주축대
③ 베드
④ 왕복대

해설 **심압대(tail stock)**
- 축에 정지 센터를 끼워 긴 공작물을 고정하거나 센터 대신 드릴·리머 등을 고정할 수 있다.
- 조정나사의 조정으로 심압대를 편위시켜 테이퍼를 절삭을 한다.
- 심압축을 움직일 수 있다.
- 심압축은 모스 테이퍼(morse taper)로 되어 있다.

32 숫돌바퀴에서 눈 메움이나 무딤이 일어나면 절삭 상태가 나빠진다. 이와 같은 숫돌 입자를 제거하고 새로운 숫돌 입자를 생성하는 작업을 무엇이라고 하는가?

① 래핑
② 드레싱
③ 트루잉
④ 채터링

해설
- **드레싱(재생작업)** : 숫돌 입자를 무딤이나 눈 메움으로 절삭성이 나빠진 숫돌 면에 날카로운 입자를 발생시켜주는 작업
- **트루잉(성형, 모양 고치기)** : 연삭숫돌의 외형을 수정하여 규격에 맞는 제품을 만드는 과정

정답 30. ② 31. ① 32. ②

33. 드릴링 머신에서 작업할 수 없는 것은?

① 리밍 ② 태핑
③ 카운터 싱킹 ④ 연삭

해설 드릴링(drilling) : 공작물고정, 공구회전과 주축방향 이송, 리밍, 보링, 카운터 보링, 스폿 페이싱, 카운터 싱킹, 태핑 등을 공구에 따라 할 수 있다.
① 스폿 페이싱(spot facing) : 볼트 또는 너트 등의 구멍과 직각이 되게 머리부가 접촉되는 부분을 깎아서 만드는 작업
② 카운터 싱킹(counter sinking) : 접시머리 나사의 머리가 묻히게 하기 위해 원뿔자리를 만드는 작업
③ 탭핑(tapping) : 공작물 내부에 암나사 가공, 태핑을 위한 드릴 가공은 나사의 외경-피치로 한다.
④ 보링(boring) : 뚫린 구멍을 다시 절삭, 구멍을 넓히고 다듬질하는 것. 보링바에 바이트를 사용한다.
⑤ 리머(reaming) : 구멍의 정밀도를 높이기 위한 작업. 리머의 여유는 직경 10mm일 때 0.2mm 정도이며, 드릴작업 rpm의 2/3~3/4, 이송은 같거나 빠르게 한다.

34. 버니어 캘리퍼스의 측정 시 주의사항 중 잘못된 것은?

① 측정 시 측정면을 검사하고 본척과 부척의 0점이 일치하는가를 확인한다.
② 깨끗한 헝겊으로 닦아서 버니어가 매끄럽게 이동되도록 한다.
③ 측정 시 공작물을 가능한 힘있게 밀어붙여 측정한다.
④ 눈금을 읽을 때는 시차를 없애기 위해 눈금으로부터 직각의 위치에서 읽는다.

해설 측정 시 공작물을 자연스럽게 밀어붙여 측정한다.

35. 산화알루미늄(Al_2O_3) 분말을 주성분으로 마그네슘(Mg), 규소(Si) 등의 산화물과 소량의 다른 원소를 첨가하여 소결한 공구 재료는?

① 서멧
② 다이아몬드
③ 스텔라이트
④ 세라믹

해설 세라믹 합금
① 산화알루미늄 가루(Al_2O_3) 분말에 규소 및 마그네슘 등의 산화물이나 다른 산화물의 첨가물을 넣고 소결한 것
② 고속절삭, 고온에서 경도가 높고, 내마멸성이 좋다.
③ 경질합금보다 인성이 적고 취성이 있어 충격 및 진동에 약하다.

[정답] 33. ④ 34. ③
35. ④

36 선반에서 나사 가공 시 주축 1회전당 공구 이동량의 기준이 되는 것은?
① 리드
② 나사산의 높이
③ 나사 유효경
④ 나사골 높이

해설 리드=피치×나사의 줄 수

37 나사의 유효지름 측정방법에 해당하지 않는 것은?
① 나사 마이크로미터에 의한 유효지름 측정 방법
② 삼침법에 의한 유효지름 측정 방법
③ 공구현미경에 의한 유효지름 측정 방법
④ 사인 바에 의한 유효지름 측정 방법

해설 **유효지름의 측정**
① 삼침법 : 나사 게이지 등과 같이 정밀도가 높은 나사의 유효지름 측정에 3침법(3선법)이 쓰이며, 지름이 같은 3개의 핀 게이지를 나사산의 골에 끼운 상태에서 바깥지름을 마이크로미터 등으로 측정하여 계산하며, 유효지름을 측정하는 가장 정밀한 방법이다.
② 나사 마이크로미터에 의한 방법 : 엔빌 측에 V홈 측정자를 스핀들 측에 원뿔형 측정자를 사용하여 유효지름 값을 직접 읽을 수 있다.
③ 광학적인 방법 : 투영기, 공구현미경 등의 광학적 측정기에서 나사축 선과 직각으로 움직이는 전후 이동 마이크로미터 헤드의 읽음 값으로 구할 수 있다.

38 밀링머신에서 육면체 공작물의 고정 방법으로 가장 널리 사용되는 것은?
① 척 사용
② 바이스 사용
③ 콜릿 사용
④ 어댑터 사용

해설 밀링머신에서 육면체 공작물의 고정 방법은 바이스를 사용한다.

39 밀링 가공에서 일감의 절삭 속도가 62.8m/min이고 일감의 지름이 20mm이면 회전수는 몇 rpm인가? (단, 원주율 $\pi = 3.14$로 한다.)
① 100
② 500
③ 1000
④ 2000

해설 $N = \dfrac{1000V}{\pi D} = \dfrac{1000 \times 62.8}{3.14 \times 20} = 1000$

[정답] 36.① 37.④ 38.② 39.③

40 기계가공에서 절삭성능을 높이기 위하여 절삭유를 사용한다. 절삭유의 사용 목적으로 틀린 것은?

① 절삭공구의 절삭온도를 저하시켜 공구의 경도를 유지시킨다.
② 절삭속도를 높일 수 있어 공구 수명을 연장시키는 효과가 있다.
③ 절삭 열을 제거하여 가공물의 변형을 감소시키고, 치수 정밀도를 높여 준다.
④ 냉각성과 윤활성이 좋고, 기계적 마모를 크게 한다.

해설 냉각성과 윤활성이 좋고, 기계적 마모를 작게 한다.

41 연마제를 가공액과 혼합한 것을 압축공기를 이용하여 가공물의 표면에 분사시켜 매끈한 다듬면을 얻는 가공법은?

① 슈퍼피니싱　　② 액체호닝
③ 습식 래핑　　　④ 전해 연마

해설 **액체호닝(분사가공)** : 공작물 표면에 액체(물)와 미세 연삭 입자와의 보통 혼합비 1 : 2로 혼합액을 압축, 공기로 분사하며 습식 다듬질 가공(샌드 블라스팅과 비슷)

42 다음 그림을 보고 판단할 수 있는 안전사고의 형태는 무엇인가?

① 비례
② 얽힘
③ 전기화재
④ 감전

해설 +극, -극 사이에 있으므로 감전사고이다.

43 기계의 기준점인 기계 원점을 기준으로 정한 좌표계이며, 기계제작자가 파라미터에 의해 정하는 좌표계는?

① 공작물 좌표계　　② 상대 좌표계
③ 기계 좌표계　　　④ 증분 좌표계

해설
- **공작물 좌표계** : 절대 좌표계의 기준인 프로그램 원점
- **기계 좌표계** : 기계의 기준점으로 메이커에서 파라미터에 의해 정하며 기계 원점에서 제로원점
- **극 좌표계** : 이동거리와 각도로 주어진 좌표
- **상대 좌표계** : 상대값을 가지는 좌표

[정답] 40. ④　41. ②　42. ④　43. ③

44 주축의 속도가 500rpm으로 회전을 하고 있다. 바이트가 홈 가공을 하고 5회전을 드웰(G04)하려고 한다면 프로그램에서 몇 초간 바이트의 이동을 멈추게 해야 하는가?

① 0.3초 ② 0.4초
③ 0.5초 ④ 0.6초

해설 정지시간(sec) = $\dfrac{60}{\text{드릴 회전수(rpm)}} \times \text{드웰회전수}$
= $\dfrac{60}{500} \times 5 = 0.6(\text{sec})$

(예 : G04 X0.6, G04 U0.6, G04 P600)

45 다음 도면을 보고 CNC 프로그램을 완성시키고자 한다. ( ) 속에 들어갈 값으로 옳은 것은?

```
O4567;
N010 G50 X300.0 Z20.0 S1600 T0100;
N020 G96 S180 M03 ;
N030 G00 ( ) Z3.0 T0101 M08 ;
N040 G01 X80.0 Z-3.0 F0.15 ;
 ⁞
N090 G00 X300.0 Z20.0 T0100 M09;
N100 M05 ;
N110 M02 ;
```

① X68.0 ② X74.0
③ X77.0 ④ X80.0

해설 G96 S180 M03; 절삭속도가 180m/min이 되도록 공작물의 지름에 따라 주축회전수가 변한다. 80-12=68mm가 된다.

46 수치 제어방식 중 공구의 위치만 이동시키는 제어 방식으로 정보처리 회로가 매우 간단하여 펀치 프레스, 스폿용접 등에 사용되는 제어는?

① 위치 결정 제어 ② 윤곽절삭 제어
③ 위치 결정 직선절삭 제어 ④ 직선절삭 제어

해설 NC 제어방식
- 위치 결정 제어 : 공구의 최후 위치만 제어하는 것
  [예] 드릴링, 스폿 용접기 등
- 직선절삭 제어 : 기계 이동 중에 절삭을 행할 수 있는 제어
  [예] 선반, 밀링, 보링 머신 등
- 윤곽 제어 : 곡선 등의 복잡한 형상을 연속 제어하는 것
  [예] 2차원, 3차원 이상의 제어에 사용

47 공구보정(OFFSET) 화면에서 가상 인선반경 보정을 수행하기 위하여 노즈 반경을 입력하는 곳은?

① X ② Z
③ R ④ T

48 다음 중 위급할 때 사용하는 비상 정지 스위치는?

① Optional Stop ② Cycle Start
③ Emergency Stop ④ Reset

해설 Emergency Stop : 위급할 때 사용하는 비상 정지 스위치

49 아래 도면에서 P1에서 P2까지 가공하는 머시닝센터 프로그램은?

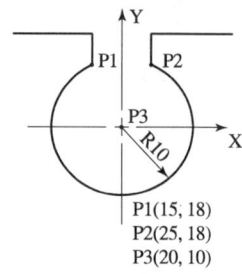

P1(15, 18)
P2(25, 18)
P3(20, 10)

① G90 G03 X25.0 Y18.0 R-10.0 F100;
② G90 G03 X25.0 Y18.0 R10.0 F100;
③ G90 G03 X25.0 Y18.0 I8.0 J5.0 F100;
④ G90 G03 X25.0 Y18.0 I-5.0 J-8.0 F100;

해설 180도가 넘으므로 R에 (-)를 붙이므로 G90 G03 X25.0 Y18.0 R-10.0 F100; 이다.

50 다음 중 CNC 선반의 가공 프로그램에서 보조 프로그램의 종료를 나타내는 보조 기능은?

① M02 ② M30
③ M98 ④ M99

해설

M98	보조 프로그램 호출
M99	주프로그램 호출
M02	프로그램 끝
M30	프로그램 끝 & Rewind
M99	주 프로그램 호출(보조 프로그램 종료)

정답 47. ③ 48. ③
      49. ① 50. ④

51 다음 CNC 선반의 어드레스 중 소숫점을 사용할 수 있는 것만으로 짝지어진 것은?

① X, Z, R, I, K
② X, Z, P, D, K
③ I, K, P, Z, M
④ Z, K, R, P, U

해설 NC에서 소숫점이 가능한 주소는 X, Y, Z, R, I, J, K, R, F

52 CNC 선반의 가공 프로그램 작성에 있어서 복합형 고정 사이클을 사용한다면 그 복합형 고정 사이클 중 G70 기능을 이용하여 정삭 가공을 할 수 없는 것은?

① G71
② G72
③ G73
④ G74

해설
- G70 : 정삭 사이클
- G71 : 내외경 황삭 사이클
- G72 : 단면 황삭 사이클
- G73 : 모방 사이클
- G74 : 단면 홈 가공 사이클

53 CAD/CAM의 필요성이 증대되는 요인으로서 적절치 않은 것은?

① 소비자 요구의 다양화
② 신제품 개발 경쟁 치열
③ 제품 라이프 사이클(Life Cycle)의 단축
④ 소품종 다량생산

해설 CAD/CAM은 다품종 소량생산 체계이다.

54 CNC 선반에서 나사 가공 시 이송속도(F속도)에 무엇을 지령해야 하는가?

① 줄 수
② 피치
③ 리드
④ 호칭

해설 리드＝피치×나사의 줄 수

55 CNC 선반에서 원호가공을 하는 데 적합하지 않은 WORD는?

① R8.
② I-3. K-5.
③ G02
④ R-8.

해설 CNC 선반에서는 180도보다 큰 원호가공은 어렵다. 그러므로 R-8로 원호가공은 적합하지 않다.

정답
51. ① 52. ④
53. ④ 54. ③
55. ④

02회 CBT 모의고사

56. 도면상의 프로그램 원점에 대한 설명으로 틀린 것은?
① 일감에서 임의 위치를 기준점으로 설정한 것이다.
② 일감에서는 기계 원점이라고도 한다.
③ 중심선상의 편리한 위치에 설정할 수 있다.
④ 보통 X축은 주축의 중심에 Z축은 일감의 끝단에 위치시킬 수 있다.

해설 공작물 좌표계
절대 좌표계의 기준인 프로그램 원점이고 도면상의 프로그램 원점은 일감에서는 가공 원점이라고도 한다.

57. 정반을 기준으로 정반 면에 접촉시킨 후 0점을 점검하는 마이크로미터는?
① 깊이 마이크로미터
② 외경 마이크로미터
③ 나사 마이크로미터
④ 디스크 마이크로미터

58. 측정기의 측정 압력, 측정기나 소재의 탄성 변형, 측정 방법 등으로 발생하는 오차는?
① 측정기에 의한 오차
② 사람에 의한 오차
③ 환경에 의한 오차
④ 복잡한 요소가 중복된 오차

59. 측정 시 측정자의 자세에 의한 눈금 읽음, 측정 결과의 기록 오류와 같이 사람의 습관, 심리적인 요인 등으로 발생하는 오차는?
① 측정기에 의한 오차
② 사람에 의한 오차
③ 환경에 의한 오차
④ 복잡한 요소가 중복된 오차

정답 56. ② 57. ① 58. ③ 59. ②

60 측정 오차에 관한 설명으로 틀린 것은?

① 계통 오차는 측정값에 일정한 영향을 주는 원인에 의해 생기는 오차이다.
② 우연 오차는 측정자와 관계없이 발생하고, 반복적이고 정확한 측정으로 오차 보정이 가능하다.
③ 개인 오차는 측정자의 부주의로 생기는 오차이며, 주의해서 측정하고 결과를 보정하면 줄일 수 있다.
④ 계기 오차는 측정 압력, 측정온도, 측정기 마모 등으로 생기는 오차이다.

해설 우연 오차는 측정하는 과정에서 우발적으로 발생하는 오차를 말하며, 발생 원인으로는 측정자의 심리적 변화, 측정기의 성능, 필연적이나 우발적으로 발생하는 사항 등이 있으며, 오차를 최소화하기 위하여 반복측정에 의한 산술 평균으로 측정치를 결정한다.

정답 **60.** ②

03회 CBT 모의고사

01 축심의 어긋남을 자동적으로 조정하고, 큰 반지름 하중 이외에 양 방향의 트러스트 하중도 받치며, 충격하중에 강하므로 산업기계용으로 널리 사용되는 베어링은?

① 자동조심 롤러 베어링
② 니들 롤러 베어링
③ 원뿔 롤러 베어링
④ 원통 롤러 베어링

해설 자동조심 롤러 베어링 : 축심의 어긋남을 자동적으로 조정하고, 큰 반지름 하중 이외에 양 방향의 트러스트 하중도 받치며, 충격하중에 강하므로 산업기계용으로 널리 사용한다.(복렬 베어링)

02 구리의 원자기호와 비중으로 옳은 것은?

① Cu − 8.96
② Ag − 8.96
③ Cu − 9.86
④ Ag − 9.86

해설 구리는 비중이 8.9 정도이며, 용융점은 1083℃ 정도이다.

03 경금속에 속하지 않는 것은?

① 알루미늄
② 마그네슘
③ 베릴륨
④ 주석

해설 비중
- 알루미늄 : 2.7
- 마그네슘 : 1.7
- 베릴륨 : 1.84
- 주석 : 7.29

04 다음 그림 "A"는 반시계 방향으로 회전하는 롤러를 고정시키기 위한 나사축이다. 이 나사의 종류와 역할로 가장 적합한 것은?

① 오른나사 − 회전 원활
② 오른나사 − 풀림방지
③ 왼나사 − 회전 원활
④ 왼나사 − 풀림방지

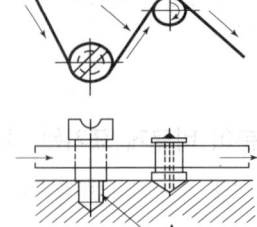

해설 이동 테이프가 왼쪽으로 회전하므로 A 부분은 왼나사를 사용하여 풀림방지 역할을 한다.

정답 01. ① 02. ① 03. ④ 04. ④

05 강철 줄자를 쭉 뺏다가 집어넣을 때 자동으로 빨려 들어간다. 내부에 어떤 스프링을 사용하였는가?

① 코일 스프링   ② 판 스프링
③ 와이어 스프링 ④ 태엽 스프링

해설 태엽 스프링(spiral spring) : 시계나 강철 줄자 등의 변형 에너지를 저장하여 동력용으로 사용한다.

06 두께가 3.2mm 강판에 지름 4cm인 구멍을 펀칭하려면 펀치에 약 몇 kg의 힘을 가해야 하는가? (단, 판의 전단하중은 36kg/mm²이다.)

① 1810   ② 3620
③ 7240   ④ 14480

해설 $P = \pi \times d \times t \times \tau$
$P = \pi \times 40 \times 3.2 \times 36 = 14476 \, \text{kg/mm}^2$

07 피치원 지름이 250mm인 표준 스퍼 기어에서 잇수가 50개일 때 모듈은?

① 2   ② 3
③ 5   ④ 7

해설 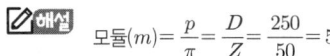 모듈$(m) = \dfrac{p}{\pi} = \dfrac{D}{Z} = \dfrac{250}{50} = 5$

08 바탕이 펄라이트로써 인장강도가 350~450MPa인 이 주철은 담금질이 가능하고 연성과 인성이 대단히 크며, 두께 차이에 의한 성질의 변화가 매우 적어 내연기관의 실린더 등에 사용되는 주철은?

① 펄라이트 주철   ② 칠드 주철
③ 보통 주철   ④ 미하나이트 주철

해설 미하나이트 주철 : 펄라이트로서 인장강도가 350~450MPa인 이 주철은 담금질이 가능하고 연성과 인성이 대단히 크며, 두께 차이에 의한 성질의 변화가 매우 적어 내연기관의 실린더 등에 사용된다.

09 표준형 고속도강의 성분이 바르게 표기된 것은?

① 18% W – 4% Cr – 1% V   ② 14% W – 4% Cr – 1% V
③ 18% Cr – 8% Ni   ④ 14% Cr – 8% Ni

해설 표준형 고속도강 : 18% W – 4% Cr – 1% V

[정답] 05. ④ 06. ④
07. ③ 08. ④
09. ①

03회 CBT 모의고사

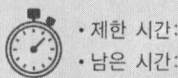

10 평 벨트 풀리에서 동력을 전달하는 운전 중인 벨트에 작용하는 유효 장력은? (단, Tt는 긴장 측 장력, Ts는 이완 측 장력이다.)

① Tt−Ts
② Ts−Tt
③ Tt/Ts
④ Ts/Tt

해설 유효 장력=긴장 측 장력−이완 측 장력

11 자동하중 브레이크의 종류에 해당하지 않는 것은?

① 나사 브레이크
② 웜 브레이크
③ 원심 브레이크
④ 원판 브레이크

해설 자동하중 브레이크 종류 : 웜, 나사, 캠, 코일, 체인, 원심

12 결정구조를 가지지 않는 아몰포스 구조를 하고 있어 경도와 강도가 높고 인성 또한 우수하며, 자기적 특성이 우수하여 변압기용 철심 등에 활용되는 것은?

① 비정질 합금
② 초소성 합금
③ 제진 합금
④ 초전도 합금

해설 비정질 합금
결정구조를 가지지 않는 아몰포스 구조를 하고 있어 경도와 강도가 높고 인성 또한 우수하며, 자기적 특성이 우수하여 변압기용 철심 등에 활용된다.

13 내식성 알루미늄(Al) 합금이 아닌 것은?

① 알민(almin)
② 알드레이(aldrey)
③ 하이드로날륨(hydronalium)
④ 라우탈(lautal)

해설 라우탈은 주조용 알루미늄(Al) 합금으로 Al+Si+Cu이다.

14 열처리에 대한 설명으로 틀린 것은?

① 금속 재료에 필요한 성질을 주기 위한 것이다.
② 가열 및 냉각의 조작으로 처리한다.

[정답] 10. ① 11. ④ 12. ① 13. ④ 14. ④

③ 금속의 기계적 성질을 변화시키는 처리이다.
④ 결정립을 조대화하는 처리이다.

해설 금속 재료를 적당히 가열하여 일정한 시간을 유지한 다음 냉각하면은 재료의 조직이 변화되어 기계적 성질, 물리적 성질 등을 변화시킬 수 있다. 이와 같이 금속 재료의 성질을 이용하여 특별한 성질을 부여하는 조작을 열처리라 한다.

15 회전력의 전달과 동시에 보스를 축 방향으로 이동시킬 때 가장 적합한 키는?

① 새들 키 ② 반달 키
③ 미끄럼 키 ④ 접선 키

해설 미끄럼 키(sliding key)
안내키, 페더키(feather key)라고도 하며 보스와 축이 상대적으로 축 방향으로만 이동이 가능한 키로서 키를 작은 나사로 고정한다.

16 기하 공차의 종류별 표시 기호가 모두 올바르게 표시된 것은?

① 평면도 : ——, 진직도 : ⊥, 동심도 : ◎, 진원도 : ⊕
② 평면도 : ——, 진직도 : ∠, 동심도 : ○, 진원도 : ⊕
③ 평면도 : ▱, 진직도 : ⊥, 동심도 : ⊕, 진원도 : ○
④ 평면도 : ▱, 진직도 : ——, 동심도 : ◎, 진원도 : ○

해설

기호	공차
——	진직도 공차
▱	평면도 공차
○	진원도 공차
◎	동심도 공차

17 기계제도에서 최대 실체 공차 방식의 기호는?

① Ⓒ ② Ⓚ
③ Ⓜ ④ Ⓧ

해설

돌출 공차역	돌출된 부분까지 포함하는 공차 표시	Ⓟ
최대 실체 공차 방식	최대질량의 실체를 갖는 조건	Ⓜ
형체 치수 무관계	규제기호로 표시되지 않음	Ⓢ

답안 표기란
15 ① ② ③ ④
16 ① ② ③ ④
17 ① ② ③ ④

정답 15. ③ 16. ④ 17. ③

18 표면의 줄무늬 방향의 기호 중 "R"의 설명으로 맞는 것은?

① 가공에 의한 커터의 줄무늬 방향이 기호를 기입한 그림의 투상면에 직각
② 가공에 의한 커터의 줄무늬 방향이 기호를 기입한 그림의 투상면에 평행
③ 가공에 의한 커터의 줄무늬 방향이 여러 방향으로 교차 또는 무방향
④ 가공에 의한 커터의 줄무늬 방향이 기호를 기입한 면의 중심에 대하여 거의 방사 모양

해설

=	가공으로 생긴 앞줄의 방향이 기호를 기입한 그림의 투영면에 평행
⊥	가공으로 생긴 앞줄의 방향이 기호를 기입한 그림의 투영면에 수직
X	가공으로 생긴 선이 두 방향으로 교차
M	가공으로 생긴 선이 다방면으로 교차 또는 무방향
C	가공으로 생긴 선이 거의 동심원
R	가공으로 생긴 선이 거의 방사상(레이디얼형)

19 부품의 면 일부분에 열처리 등 특수한 가공부분을 표시하는 데 사용하는 선은?

① 굵은 실선   ② 굵은 1점 쇄선
③ 굵은 파선   ④ 가는 2점 쇄선

해설 굵은 1점 쇄선 : 특수한 가공을 하는 부분 등 특별한 요구사항을 적용할 수 있는 범위를 표시하는 데 사용

20 나사 표시 기호 중 ISO 규격에 있는 유니파이 보통 나사를 표시하는 기호는?

① M   ② UNC
③ PT   ④ E

해설

유니파이 보통 나사	UNC
유니파이 가는 나사	UNF
미터 사다리꼴 나사	Tr

[정답] 18. ④ 19. ②
20. ②

21 기계가공 도면에 치수 50±0.2로 표시되어 있는 경우의 해독이 틀린 것은?

① 기준 치수는 50mm이다.
② 치수 공차는 0.4mm이다.
③ 49.8~50.2mm 이내로 가공해야 한다.
④ 가공 후의 치수가 50.15mm이면 불합격품이다.

해설 49.8~50.2mm 이내로 가공하면 합격이다.

22 그림과 같은 제3각 정투상법에 의한 정면도와 평면도에 가장 적합한 우측면도는?

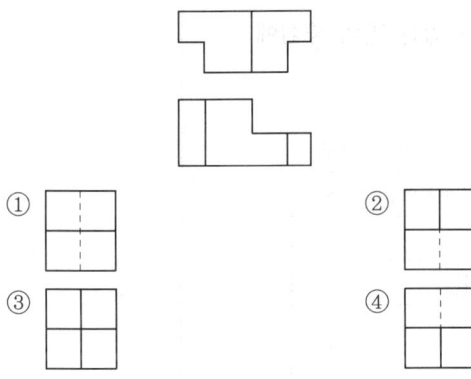

23 스퍼 기어의 도면에서 항목표에 기입해야 하는 사항으로 가장 거리가 먼 것은?

① 치형   ② 모듈
③ 압력각 ④ 리드

해설

[예] 스퍼 기어의 요목표		
스퍼 기어 요목표		
기어 치형		표준
공구	치형	보통이
	모듈	3
	압력각	20°
잇 수		40
피치원 지름		PCDφ120
전체 이높이		4.5
다듬질 방법		호브 절삭
정밀도		KS B1405, 5급

정답 21. ④ 22. ④
23. ④

24 기준 치수 20, 아래 치수허용차 +0.020, 위 치수허용차 +0.033일 때의 표시로 적합한 것은?

① $20^{+\,0.020}_{+\,0.033}$
② $20^{0.020}_{+\,0.033}$
③ $20^{-\,0.020}_{-\,0.033}$
④ $20^{+\,0.033}_{+\,0.020}$

해설 $20^{+\,0.033}_{+\,0.020}$일 때 아래 치수허용차 +0.020, 위 치수허용차 +0.033이다.

25 바퀴의 암, 리브 등을 단면할 때 가장 적합한 단면도로 그림과 같은 단면도의 명칭은?

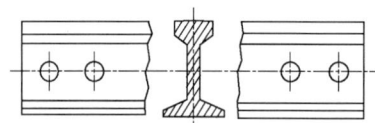

① 부분 단면도
② 한쪽 단면도
③ 회전도시 단면도
④ 계단 단면도

해설
- **회전도시 단면도** : 도형 내의 절단한 곳에 겹쳐서 90° 회전시켜 도시한다.
- **한쪽 단면도(반 단면도)** : 물체의 1/4을 전단하여 1/2은 단면, 1/2은 외형을 동시에 도시한다.
- **전 단면도(온 단면도)** : 물체의 반을 절단하여 투상면 전체를 단면으로 도시한다.
- **부분 단면도** : 외형도에서 필요한 일부분만 단면으로 도시한다.
- **계단상 단면도** : 1개의 물체에 있어서 동일 평면상에 없는 2개 이상인 부분의 단면을 나타내고자 하는 경우 이를 별도로 그림으로 하지 말고 2개 이상의 평행한 평면을 계단상으로 짝 맞춘 합성 면으로 절단하면 하나의 그림에 필요한 단면을 한 번에 나타낼 수 있다.

26 슈퍼피니싱 가공에서 일반적으로 사용하는 가공액은?
① 올리브유
② 스핀들 유
③ 경유
④ 알콜

해설 슈퍼피니싱은 일반 절삭과는 달리 발열이 없으므로 절삭제의 역할은 칩의 흐름을 원활히 하는 것이 주목적이므로 석유나 경유 등이 주로 사용되고 있다.

27 지름이 50mm인 연강을 선반에서 절삭할 때, 주축을 200rpm으로 회전시키면 절삭 속도는 약 몇 m/min인가?
① 21.4
② 31.4
④ 51.4
③ 41.4

[정답] 24. ④ 25. ③
26. ③ 27. ②

해설 $V = \dfrac{\pi DN}{1000} = \dfrac{\pi \times 50 \times 200}{1000} = 31.4 \, \text{m/min}$

28 주로 각도 측정에 사용되는 측정기는?
① 측장기
② 사인 바
③ 직선자
④ 지침 측미기

해설 각도 측정에 사용되는 것은 사인 바, 각도 게이지, 수준기, 오토 콜리미터 등이 있다.

29 구성인선(built-up edge)을 감소시키는 방법으로 옳은 것은?
① 절삭 속도를 크게 한다.
② 윗면 경사각을 작게 한다.
③ 절삭 깊이를 깊게 한다.
④ 마찰저항이 큰 공구를 사용한다.

해설 구성인선 방지책
① 절삭 깊이를 적게 한다.
② 상면 경사각을 크게 한다.
③ 절삭 속도를 크게 한다.
④ 윤활성이 있는 절삭유 사용한다.

30 측정 대상 부품은 측정기의 측정 축과 일직선 위에 놓여 있으면 측정 오차가 적어지는 원리는?
① 월라스톤의 원리
② 아베의 원리
③ 아보트 부하곡선의 원리
④ 히스테리시스차의 원리

해설 아베의 원리는 측정하려는 길이를 표준자로 사용되는 눈금의 연장선상에 놓는다라는 것인데 이는 피측정물과 표준자와는 측정 방향에 있어서 동일 직선상에 배치하여야 한다(독일의 아베).
• 만족 : 외측 마이크로, 측장기
• 불만족 : 버니어 캘리퍼스

31 드릴로 뚫은 구멍을 정밀 치수로 가공하기 위해 다듬는 작업은?
① 태핑
② 리밍
③ 카운터 싱킹
④ 스폿 페이싱

해설
• **스폿 페이싱(spot facing)** : 볼트 또는 너트 등의 구멍과 직각이 되게 머리부가 접촉되는 부분을 깎아서 만드는 작업
• **카운터 싱킹(counter sinking)** : 접시머리 나사의 머리가 묻히게 하기 위해 원뿔자리를 만드는 작업
• **태핑(tapping)** : 공작물 내부에 암나사 가공, 태핑을 위한 드릴 가공은 나사의 외경-피치로 한다.
• **보링(boring)** : 뚫린 구멍을 다시 절삭, 구멍을 넓히고 다듬질하는 것. 보링 바에 바이트를 사용한다.

정답 28. ② 29. ①
30. ② 31. ②

32. 연삭조건에 따른 입도의 선정 방법에서 고운 입도의 연삭숫돌을 선정하는 경우는?

① 절삭 깊이와 이송량이 클 때
② 다듬질 연삭, 공구 연삭할 때
③ 숫돌과 가공물의 접촉 면적이 클 때
④ 연하고 연성이 있는 재료를 연삭할 때

해설 입도에 따른 숫돌의 선택
- **거친 입도의 숫돌**
  ① 거친 연삭, 절삭 깊이와 이송을 크게 할 때
  ② 숫돌과 공작물의 접촉 면적이 클 때
  ③ 연하고 연성이 있는 재료 연삭할 때
- **고운 입도의 숫돌**
  ① 다듬 연삭, 공구 연삭할 때
  ② 숫돌과 공작물의 접촉 면적이 작을 때
  ③ 경도가 높고, 메짐 재료의 연삭할 때

33. 선반의 주요부로 짝지어진 것은?

① 주축대, 심압대, 왕복대, 베드
② 회전센터, 면판, 심압축, 정지센터
③ 복식공구대, 공구대, 새들, 에이프런
④ 리드스크루, 이송축, 기어상자, 다리

해설 선반의 4대 주요부 : 주축대, 심압대, 왕복대, 베드

34. 공구의 수명 판정 기준에서 수명이 종료된 상태에 해당하지 않는 것은?

① 가공면에 광택이 있는 색조 또는 반점이 생길 때
② 공구인선의 마모가 전혀 없을 때
③ 완성 치수의 변화량이 일정량에 달했을 때
④ 절삭저항의 주분력에는 변화가 적어도 이송분력이나 배분력이 급격히 증가할 때

해설 공구의 수명 판정
① 가공 후 표면에 광택이 있는 색조, 무늬, 반점이 있을 때
② 공구 인선의 마모가 일정량에 달했을 때
③ 완성 가공된 치수의 변화가 일정량에 달했을 때
④ 주분력에는 변화가 없더라도 이송분력, 배분력이 급격히 증가할 때

정답 32. ② 33. ① 34. ②

35 선반 가공에서 방진구의 사용 목적은?

① 척에 소재의 고정을 단단히 하기 위해 사용한다.
② 소재의 회전을 원활하게 하기 위해 사용한다.
③ 소재의 중심을 잡기 위해 사용한다.
④ 지름이 작고 길이가 긴 소재의 가공 시 소재의 휨이나 떨림을 방지하기 위해 사용한다.

해설 방진구 : 보통 직경의 12배 이상의 길이는 불안전한 절삭 조건일 때 사용하고 직경의 20배 이상의 길이일 때 방진구를 사용한다. 사용 목적은 선반 가공 중에 가공물의 휨이나 떨림 방지이다.

36 줄 작업 방법에 해당하지 않는 것은?

① 직진법
② 사진법
③ 귀목법
④ 병진법

해설 줄 작업의 종류
- **직진법** : 줄을 길이 방향으로 직진시켜 절삭하는 방법으로 황삭 및 최종 다듬질 작업에 사용한다.
- **사진법** : 넓은 면 절삭에 적합하며, 절삭량이 많아 황삭 및 모따기에 적합하다.
- **횡진법(병진법)** : 줄을 길이 방향과 직각 방향으로 움직여 절삭하는 방법으로 폭이 좁고 길이가 긴 공작물의 줄 작업에 좋다.

37 공작물을 가공할 때 절삭열이 발생하면 공구의 경도가 낮아지고 수명이 짧아지게 된다. 다음 중 절삭 가공을 할 때 고온의 열이 발생하는 원인이 아닌 것은?

① 절삭 유제를 사용하여 가공할 때
② 전단면에서 전단 소성 변형이 일어날 때
③ 칩과 공구 경사면이 마찰할 때
④ 공구 여유 면과 공작물 표면이 마찰할 때

해설 절삭열 발생 원인
절삭열은 열이 발생하면 가공물이나 공구에 가열되어 온도가 상승한다. 절삭열의 발생부분은 다음과 같다.
① 전단면에서 전단 소성 변형이 일어날 때 생기는 열(60%)
② 칩과 공구 경사면이 마찰할 때 생기는 열(30%)
③ 공구 여유면과 공작물 표면에서 마찰할 때 생기는 열(10%)

38 CNC 선반에서 공구 보정번호 4번을 선택하여, 2번 공구를 사용하려고 할 때 공구지령으로 옳은 것은?

① T0402
② T4020
③ T0204
④ T2040

해설 • T02 : 공구 선택번호   • 04 : 공구 보정번호

정답 35. ④ 36. ③ 37. ① 38. ③

39 바깥지름 연삭 방식 중에서 숫돌을 숫돌의 반지름 방향으로 이송하면서 공작물을 연삭하는 방식으로 원통면, 단이 있는 면, 테이퍼형, 곡선 윤곽 등의 전체 길이를 동시에 연삭할 때 가장 적합한 방식은?

① 테이블 왕복형
② 숫돌대 왕복형
③ 플런지 컷형
④ 유성형

해설 플런지 컷트(plunge cut) 연삭
공작물은 회전만하고 숫돌대의 연삭숫돌을 테이블과 직각으로 전후 이송을 주어 연삭하는 형식이다. 원통면, 단 있는 면, 테이퍼형. 곡선 윤곽 등의 전체 길이를 동시에 연삭할 수 있는 생산형 연삭기이다. 따라서, 숫돌의 나비는 공작물의 연삭 길이보다 커야한다.

40 다음 중 공작기계의 구비 조건으로 옳은 것은?

① 높은 정밀도를 갖고, 절삭 능력이 작을 것
② 내구력은 작고, 사용은 간편할 것
③ 가격은 저렴하고, 운전비용은 많이 들 것
④ 고장이 적고, 기계 효율이 좋을 것

해설 공작 기계의 구비 조건
① 높은 정밀도를 갖고, 절삭 능력이 클 것
② 내구력은 크고, 사용은 간편할 것
③ 가격은 저렴하고, 운전비용은 적게 들 것
④ 고장이 적고, 기계 효율이 좋을 것

41 CNC 선반 가공에서 그림과 같이 ㉠~㉣ 가공하는 단일 고정 사이클 프로그램으로 적합한 것은?

① G92 X20. Z-28. F0.25
② G94 X20. Z28 F0.25
③ G90 X20. Z-28. F0.25
④ G72 X20. W-28. F0.25

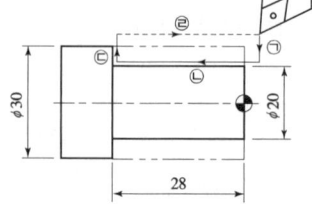

해설 안, 바깥지름 절삭 사이클(G90)
: 단일 고정 사이클

G90 X(U)_Z(W)_ F_ ; (직선 절삭)
G90 X(U)_Z(W)_ I(R)_ F_ ; (테이퍼 절삭)

정답 39. ③ 40. ④
41. ③

42 다음 CNC 선반 프로그램에서 지름이 50mm일 때 주축의 회전수는 약 몇 rpm인가?

```
G50 S2000;
G96 S150;
```

① 850
② 955
③ 1025
④ 2000

해설 $n = \dfrac{1000V}{\pi d} = \dfrac{1000 \times 150}{\pi \times 50} = 955$

43 다음과 같은 그림에서 A점에서 B점까지 이동하는 CNC 선반 가공 프로그램에서 ( ) 안에 알맞은 준비 기능은?

```
G03 X40.0 Z20.0 R20.0 F0.25;
G01 Z-25.0;
( ) X60.0 Z35.0 R10.0;
G01 Z-45.0;
```

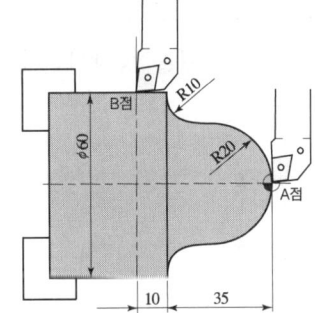

① G00
② G01
③ G02
④ G03

해설 G02 : 시계 방향 원호 180도보다 작은 원호는 (+)이다.

44 CNC 공작기계의 일상 점검 중 매일 점검 내용에 해당하지 않는 것은?

① 베드면에 습동유가 나오는지 손으로 확인한다.
② 유압 탱크의 유량은 충분한가 확인한다.
③ 각축은 원활하게 급속이송 되는지 확인한다.
④ NC 장치 필터 상태를 확인한다.

해설

매일 점검	매월 점검	매년 점검
1. 외관 점검	1. 각부의 필터 점검	1. 수평 레벨 점검
2. 유량 점검	2. 각부의 팬 모터 점검	2. 기계 정도 검사
3. 압력 점검	3. 그리스 오일 주입	3. 절연상태 점검
4. 각부의 작동 검사	4. 백래시 보정	

정답 42.② 43.③ 44.④

45 CNC 선반에서 선택적 프로그램 정지(M01) 기능을 사용하는 경우와 가장 거리가 먼 것은?

① 작업 도중에 가공물을 측정하고자 할 경우
② 작업 도중에 칩의 제거를 요하는 경우
③ 작업 도중에 절삭유의 차단을 요하는 경우
④ 공구 교환 후에 공구를 점검하고자 할 경우

해설 M09 : 절삭유 차단

46 고속가공의 특징에 해당하지 않는 것은?

① 가공 시간을 단축시켜 가공능률을 향상시킨다.
② 표면 조도를 향상시킨다.
③ 칩 처리가 용이하다.
④ 버(Burr) 생성이 증가한다.

해설 고속가공은 버(Burr) 생성이 감소한다.

47 CNC 선반 프로그램에서 사용되는 공구 보정 중 주로 외경에 사용되는 우측 보정 준비 기능(G코드)은?

① G40   ② G41
③ G42   ④ G43

해설 ① G40 : 공구지름 보정 취소   ② G41 : 공구지름 좌측 보정
④ G42 : 공구지름 우측 보정   ⑤ G43 : (+) 방향 공구 길이 보정

48 CNC 선반 프로그래밍에서 지령된 블록에서만 유효한 G코드(one shot G-code)에 해당하는 것은?

① G03   ② G04
③ G41   ④ G96

해설

구 분	의 미	구 별
1회 유효 G코드 (one shot G-code)	지령된 블록에 한해서 유효한 기능	"00" 그룹
연속 유효 G코드 (modal G-code)	동일 그룹의 다른 G-code가 나올 때까지 유효한 기능	"00" 이외의 그룹

G04는 지령된 블록에서만 유효한 기능이다.

정답 45. ③ 46. ④ 47. ③ 48. ②

49 CNC 공작기계에서 백래시의 오차를 줄이기 위해 사용하는 NC 기구는?

① 리드 스크루 ② 세트 스크루
③ 볼 스크루 ④ 유니파이 스크루

해설 CNC 공작기계에서 백래시의 오차를 줄이기 위해 사용하는 NC 기구는 볼 스크루이다.

50 선반용 툴 홀더 ISO 규격 C S K P R 25 25 M 12에서 밑줄 친 P가 나타내는 것은?

① 클램핑 방식 ② 인서트 형상
③ 인서트 여유각 ④ 공구 방향

해설 ISO를 홀더의 규격 표시

C	S	K	P	R	25	25	M	12
①	②	③	④	⑤	⑥	⑦	⑧	⑨

① C : 클램프 ② S : 인서트 형상 ③ K : 홀더 유형
④ P : 인서트 여유각 ⑤ R : 공구 방향 ⑥ 25 : 생크 높이
⑦ 25 : 생크 폭 ⑧ M : 공구 길이 ⑨ 12 : 절삭날 길이

51 CNC 프로그램을 작성할 때 소숫점 사용이 가능한 것만으로 이루어진 어드레스는?

① S, P, X ② N, Y, Z
③ X, U, I ④ O, X, Y, T

해설 NC에서 소숫점이 가능한 주소는 X, Y, Z, R, I, J, K, R, F, U

52 선반 작업 시 유의사항으로 틀린 것은?

① 안전을 고려하여 장갑을 착용한다.
② 칩은 손으로 제거하지 말고 갈고리를 사용한다.
③ 나사를 절삭할 때는 주축속도를 저속으로 하여 충돌을 예방한다.
④ 작업 시 눈을 보호하기 위해 보안경을 착용한다.

해설 안전을 고려하여 장갑을 착용하지 않는다.

53 다음 중 공구 지름 보정 취소와 공구 길이 보정 취소를 나타내는 G코드는?

① G10, G40 ② G40, G49
③ G49, G80 ④ G49, G80

해설 ① G40 : 공구 지름 보정 취소 ② G41 : 공구 지름 좌측 보정
④ G42 : 공구 지름 우측 보정 ⑤ G49 : 공구 길이 보정 취소

답안 표기란

49	①	②	③	④
50	①	②	③	④
51	①	②	③	④
52	①	②	③	④
53	①	②	③	④

[정답] 49. ③ 50. ③ 51. ③ 52. ① 53. ②

54 CNC 선반 프로그래밍에서 다음 지령에 대한 설명으로 틀린 것은?

G92 X(U)__ Z(W)__ R__ F__ ;

① F는 나사의 리드 값과 같게 지정한다.
② X(U)는 1회 절입할 때 나사의 골 지름을 지정한다.
③ Z(W)는 나사 가공 길이를 지정한다.
④ R은 자동모서리 코너값을 지정한다.

해설 나사절삭 사이클(G92)
지령 방법
G92 X(U)__ Z(W)__ F__ ; 평행 나사
G92 X(U)__ Z(W)__ R__ F__ ; 테이퍼 나사
여기서, X(U) : 1회 절입 시 나사의 골경지정(직경치)
X(U), Z(W) : 나사 가공 길이
R : 테이퍼 나사절삭의 종점과 시작점의 상대 좌표치
F : 나사의 리드

55 CNC 선반 프로그래밍에서 기계 원점으로 자동복귀하는 기능은?

① G27
② G28
③ G29
④ G30

해설 ① G28 : 기계 원점복귀   ② G27 : 원점복귀 체크
④ G29 : 원점으로부터 자동복귀   ⑤ G30 : 제2 원점복귀

56 측정기, 피측정물, 자연환경 등 측정자가 파악할 수 없는 변화에 의하여 발생하는 오차는?

① 시차
② 우연 오차
③ 계통 오차
④ 후퇴 오차

해설 ① **시차** : 측정자의 부주의 즉, 읽음에 있어서 시선의 방향에 따라 생기는 오차이다.
② **우연 오차** : 측정기, 측정물 및 환경 등의 원인을 파악할 수 없어 측정자가 보정할 수 없는 오차이다. 이럴 경우에는 여러 번 반복 측정하여 그 평균값을 구하는 것이 좋다.
③ **계통 오차** : 측정기로 동일한 측정 조건하에서 피측정물를 측정할 때에 같은 크기와 부호가 발생되는 오차로서 이는 보정하여 측정값을 수정할 수 있다.
④ **후퇴 오차** : 주위 환경이 변화되지 않는 상태에서 읽음 값에 대해서 지침의 측정량이 증가하는 상태에서의 읽음값과 감소상태에서의 읽음값의 차

답안 표기란
54 ① ② ③ ④
55 ① ② ③ ④
56 ① ② ③ ④

정답 54. ④ 55. ②
56. ②

57 동일 조건 상태에서 항상 같은 크기와 같은 부호를 가지는 오차는?

① 절대 오차 ② 측정 오차
③ 계통적 오차 ④ 우연 오차

58 다음 중 내경 측정용 측정기의 0점 조정용인 것은?

① 실린더 게이지(Cylinder gauge)
② 텔레스코핑 게이지(Telesooping gauge)
③ 마스터 링 게이지(Masterring gauge)
④ 스몰 홀 게이지(Small hole gauge)

해설 마스터 링 게이지는 블록 게이지를 이용 외경 마이크로미터와 함께 실린더 게이지의 0점 조정을 한다.

59 최소 눈금 1mm, 어미자 39mm를 20등분한 버니어 캘리퍼스의 최소 측정값은?

① 0.01 ② 0.02
③ 0.05 ④ 0.5

해설 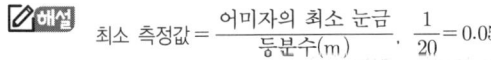 최소 측정값 = $\dfrac{\text{어미자의 최소 눈금}}{\text{등분수(m)}} \cdot \dfrac{1}{20} = 0.05$

60 호칭 치수가 200mm인 사인 바로 20°30′의 각도를 측정할 때 낮은 쪽 게이지 블록의 높이가 5mm라면 높은 쪽은 얼마인가?
(단, sin20°30′=0.3665이다.)

① 73.3mm ② 78.3mm
③ 83.3mm ④ 88.3mm

해설 $\sin\theta = \dfrac{H-h}{L} = 0.3665 = \dfrac{H-5}{200} = H = 78.3\,\mathrm{mm}$

정답 57. ③ 58. ③
59. ③ 60. ②

04회 CBT 모의고사

01 피치가 2mm인 2줄 나사 180° 회전시키면 나사가 축 방향으로 움직인 거리는 몇 mm인가?

① 1　　　② 2
③ 3　　　④ 4

해설 이동거리＝줄 수×피치×회전수＝2×2×0.5＝2mm

02 강의 잔류 응력 제거를 주목적으로, 탄소강을 적당한 온도까지 가열한 후, 그 온도를 어느 정도 유지한 다음 열처리로 내에서 서서히 냉각시켜 열처리하는 방법은?

① 담금질　　　② 풀림
③ 뜨임　　　　④ 심랭처리

해설 • 열처리 방법
　① 담금질 : 경화가 주목적　　② 뜨임 : 담금질 후 인성을 부여
　③ 풀림 : 내부 응력 제거가 주목적　④ 불림 : 조직의 표준화
• 심랭처리의 주목적 : 시효에 의한 치수 변화를 방지

03 재료의 인장실험 결과 얻어진 응력-변형률 선도에서 응력을 증가시키지 않아도 변형이 연속적으로 갑자기 커지는 것을 무엇이라 하는가?

① 비례한도　　② 탄성변형
③ 항복현상　　④ 극한강도

해설 항복현상 : 응력-변형률 선도에서 응력을 증가시키지 않아도 변형이 연속적으로 갑자기 커지는 현상

04 그림과 같은 스프링 조합에서, 스프링 상수는 몇 kgf/cm인가? (단, 스프링상수 K_1 ＝50kgf/cm, K_2 ＝50kgf/cm, K_3 ＝100kgf/cm 이다.)

① 300
② 200
③ 150
④ 50

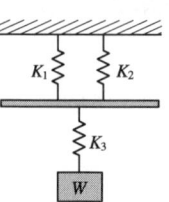

정답 01. ②　02. ②
　　　03. ③　04. ④

해설
- 병렬연결: $K = K_1 + K_2$
- 직렬연결: $\dfrac{1}{K} = \dfrac{1}{K_1} + \dfrac{1}{K_2}$

$$K = \dfrac{1}{\left(\dfrac{1}{K_1+K_2} + \dfrac{1}{K_3}\right)} = \dfrac{1}{\left(\dfrac{1}{50+50} + \dfrac{1}{100}\right)} = \dfrac{1}{\dfrac{2}{100}} = 50$$

05 두 축이 같은 평면 내에 있으면서 그 중심선이 어느 각도로 교차하고 있을 때 사용하는 축 이음으로 자동차, 공작기계 등에 사용되는 것은?

① 플렉시블 커플링   ② 플런지 커플링
③ 유니버설 조인트   ④ 셀러 커플링

해설 유니버설 조인트(훅 조인트)
① 두 축이 동일 평면 내에 있고 그 중심선이 α각도(α ≤ 30°)로 교차하는 경우의 전동 장치
② 교각 α는 30° 이하에서 사용하고 특히 5° 이하가 바람직하며, 45° 이상은 사용이 불가능하다.
③ 두 축단의 요크 사이에 십자형 핀을 넣어서 연결한다.
④ 자동차, 공작기계, 압연롤러, 전달기구 등에 많이 사용한다.

06 우드러프 키라고도 하며, 일반적으로 60mm 이하의 작은 축에 사용되고, 특히 테이퍼 축에 편리한 키는?

① 원뿔 키   ② 성크 키
③ 반달 키   ④ 평 키

해설 반달 키(wooddruff key): 반월상의 키로서 축의 홈이 깊게 되어 축의 강도가 약하게 되기는 하나 축과 키 홈의 가공이 쉽고, 키가 자동적으로 축과 보스 사이에 자리를 잡을 수 있어 자동차, 공작기계 등의 60mm 이하의 작은 축이나 테이퍼 축에 사용한다.

07 베어링의 호칭번호 6203의 안지름 치수는 몇 mm인가?

① 10   ② 12
③ 15   ④ 17

해설 00은 10mm, 01은 12mm, 02는 15mm, 03은 17mm, 04부터 ×5를 하면 된다.

08 벨트를 걸었을 때 이완 측에 설치하여 벨트와 벨트풀리의 접촉각을 크게 해주는 것은?

① 긴장차   ② 안내차
③ 공전차   ④ 단차

해설 긴장차: 이완 측에 설치하여 벨트와 벨트풀리의 접촉각을 크게 해준다.

정답 05. ③ 06. ③ 07. ④ 08. ①

09 브레이크, 재료로 사용 시 마찰계수가 가장 큰 것은? (단, 마찰 조건은 건조 상태이다.)
① 주철
② 가죽
③ 연강
④ 석면

해설 마찰계수가 가장 큰 것은 석면이며 브레이크 재질로 많이 사용된다.

10 다이캐스팅 합금으로 요구되는 성질이 아닌 것은?
① 유동성이 좋을 것
② 금형에 대한 점착성이 좋을 것
③ 응고수축에 대한 용탕 보급성이 좋을 것
④ 열간취성이 적을 것

해설 금형에 대한 점착성이 작아야 한다.

11 다른 구리합금에 비하여 강도, 경도, 인성, 내마멸성, 내열성 및 내식성 등의 기계적 성질 및 내피로성이 우수하여 선박용 추진기 재료로 활용되며, 자기풀림 현상이 나타나는 청동은?
① 베릴륨 청동
② 인 청동
③ 납 청동
④ 알루미늄 청동

해설 **알루미늄 청동**
기계적 성질 및 내피로성이 우수하여 선박용 추진기 재료로 활용되며 자기풀림 현상이 나타나는 청동이다.

12 비중이 10.497, 용융점이 960℃인 금속으로 열전도도 및 전기 전도도가 양호한 것은?
① 은(Ag)
② 구리(Cu)
③ 금(Au)
④ 마그네슘(Mg)

해설 **은(Ag)**
비중이 10.497, 용융점이 960℃인 금속으로 열전도도 및 전기 전도도가 양호하다.

정답 09. ④ 10. ② 11. ④ 12. ①

13 펄라이트 주철이며 흑연을 미세화시켜 인장강도를 245MPa 이상으로 강화시킨 주철로서 피스톤에 가장 적합한 주철은?

① 보통 주철
② 고급 주철
③ 구상 흑연 주철
④ 가단 주철

해설 **고급 주철**
C 2.5~3.2%, Si 1~2%이고 현미경 조직은 펄라이트와 미세한 흑연으로 된 것으로 인장강도 245MPa 이상인 것을 말한다. 회주철 4~6종이 이에 속한다. 고강도, 내마멸성을 요구하는 기계 부품에 많이 사용된다.

14 탄성 한도 및 피로 한도가 높아 스프링을 만드는 재료로 가장 적합한 것은?

① SPS6
② SKH4
③ STC4
④ SS330

해설 **SPS6**
탄성 한도 및 피로 한도가 높아 스프링 재료로 가장 적합하다.

15 금속 및 경질의 금속 간 화합물로 이루어지고, 그 경질상 중의 주성분이 WC인 것으로 독일의 워디아 제품을 시작으로 미국의 카아볼로이, 영국의 미디아, 일본이 텅갈로이 등 제품이 소개된 이것을 무엇이라 하는가?

① 탄화물 합금
② 고속도강
③ 초경합금
④ 주조 경질 합금

해설 **초경합금**
① W-Ti-Ta 등의 탄화물 분말을 Co 또는 Ni을 결합하여 1400℃ 이상에서 소결시킨 것이다(주성분 : W, Ti, Co, C 등).
② 경도 및 고온경도가 높다.
③ 내마모성과 취성이 크다.

16 분할 핀의 호칭법으로 알맞은 것은?

① 분할 핀 KS B 1321 - 등급 - 형식
② 분할 핀 KS B 1321 - 호칭지름×길이, 지정사항
③ 분할 핀 KS B 1321 - 호칭지름×길이 - 재료
④ 분할 핀 KS B 1321 - 길이 - 재료

해설 **분할 핀의 호칭법**
분할 핀 KS B 1321 - 호칭지름×길이 - 재료

[정답] 13. ② 14. ① 15. ③ 16. ③

17 보기와 같은 표면의 결 도시기호 해독으로 틀린 것은?

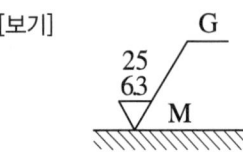

① G는 연삭 가공을 의미
② M은 커터의 줄무늬 방향 기호
③ 최대 높이 거칠기 값을 $25\mu m$
④ 표면 거칠기 구분 값의 하한은 $6.3\mu m$

해설 표면 거칠기 구분 값의 상한은 $25\mu m$

18 보기 도면에서 ⓐ 부분은 표시되어야 할 기하 공차의 기호로 가장 적합한 것은?

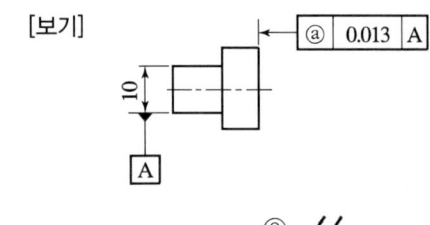

① ═ ② //
③ ⊥ ④ ▱

해설 ⓐ 부분은 기준면 A면에 대하여 직각도가 0.013mm 평면 안에 있어야 한다.

19 구멍이 $50^{+0.049}_{+0.010}$이고, 축이 $50^{-0.011}_{-0.030}$일 때 최대 틈새는?

① 0.021　　② 0.040
③ 0.060　　④ 0.079

해설 최대 틈새＝구멍의 최대－축의 최소＝50.049－49.97＝0.079

정답 17. ③　18. ③
　　　 19. ④

20 보기의 입체도에서 화살표 방향이 정면도일 경우 평면도로 가장 적합한 것은?

[보기]

① 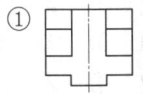 ②

③  ④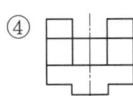

21 실물길이가 100mm인 형상을 1 : 2로 축척하여 제도한 경우 다음 설명 중 올바른 것은?

① 도면에 그려지는 길이는 50mm이고, 치수는 100mm로 기입한다.
② 도면에 그려지는 길이는 100mm이고, 치수는 50mm로 기입한다.
③ 도면에 그려지는 길이는 50mm이고, 치수는 50mm로 기입한다.
④ 도면에 그려지는 길이는 100mm이고, 치수는 100mm로 기입한다.

해설 척도와 관계 도면에는 실제 치수를 기입한다.

22 KS 나사 표시법에서 "왼 2줄 M20×1.5-6H"로 표시된 경우 "1.5"는 나사의 무엇을 나타낸 것인가?

① 피치   ② 1인치당 나사 산수
③ 등급   ④ 산의 높이

해설 왼 2줄 M20(외경)×1.5(피치)-6H(나사의 등급)

23 투상도법 중 제1각법과 제3각법이 속하는 투상도법은?

① 정 투상법   ② 등각 투상법
③ 경사 투상법   ④ 다이메트릭 투상법

해설 정 투상법
물체를 네모진 유리상자 안에 넣고 바깥쪽에서 들여다보면 물체를 유리판에 투상하여 보고 있는 것 같다. 투상선이 투상면에 대하여 수직으로 되어있는 것, 즉 시점이 물체로부터 무한대의 거리에 있는 것으로 생각한 투상법이다.

[정답] 20. ① 21. ① 22. ① 23. ①

24 보기 입체도에서 화살표 방향을 정면도로 할 경우 제3각법에 의한 투상도로 가장 적합한 것은?

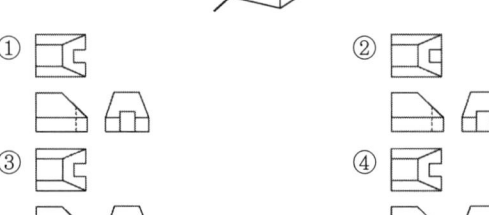

25 기계제도에서 물체의 보이는 부분의 형상을 나타내는 외형선으로 사용하는 선은?

① 가는 실선
② 굵은 1점 쇄선
③ 굵은 실선
④ 가는 1점 쇄선

해설 외형선(굵은 실선) : 물체의 보이는 부분의 모양을 표시하는 선

26 밀링 커터의 공구각 중 날의 윗면과 날끝을 지나는 중심선 사이의 각으로 크게 하면 절삭 저항은 감소하나 날이 약해지는 단점을 갖는 것은?

① 랜드
② 경사각
③ 날끝각
④ 여유각

해설
① **랜드** : 여유각에 의해서 만드는 절인날의 여유면의 일부이다.
② **절인각** : 경사면과 여유면이 이루는 각 절인각이 크면 절삭 저항 감소(작으면 절인이 약해짐)
③ **경사각** : 밀링 커터의 중심선과 경사면이 이루는 각 경사각이 크면 절삭 저항 감소, 초경 커터에서는 치핑을 감소하기 위하여 0도 혹은 부각(-)으로 연삭한다.
④ **여유각** : 인선의 뒷면과 공작물이 마찰하지 않도록 만든 각

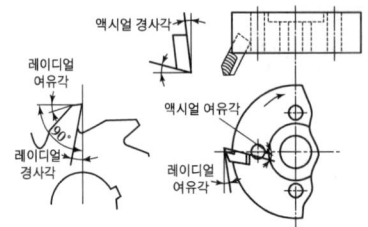

[정답] 24. ① 25. ③ 26. ②

27 탭의 파손 원인으로 관계가 먼 것은?

① 탭이 경사지게 들어간 경우
② 막힌 구멍의 밑바닥에 탭의 선단이 닿았을 경우
③ 나사 구멍이 너무 크게 가공된 경우
④ 탭의 지름에 적합한 핸들을 사용하지 않는 경우

해설 탭 작업 시 탭이 부러지는 이유
① 구멍이 너무 작거나 구부러진 경우
② 탭이 경사지게 들어간 경우
③ 탭의 지름에 적합한 핸들을 사용하지 않는 경우
④ 너무 무리하게 힘을 가하거나 빨리 절삭할 경우
⑤ 막힌 구멍의 밑바닥에 탭의 선단이 닿았을 경우

28 길이 측정 시 오차를 최소로 줄이기 위해서 "표준자와 피 측정물은 동일 축선상에 위치하여야 한다"는 원리는?

① 아베의 원리
② 테일러의 원리
③ 요한슨의 원리
④ NPL식 원리

해설 아베의 원리는 측정하려는 길이를 표준자로 사용되는 눈금의 연장선상에 놓는다. 라는 것인데 이는 피 측정물과 표준자와는 측정 방향에 있어서 동일 직선상에 배치하여야 한다.(독일의 아베)
① 만족 : 외측 마이크로, 측장기
② 불만족 : 버니어 캘리퍼스

29 밀링머신의 부속장치가 아닌 것은?

① 면판
② 분할대
③ 슬로팅 장치
④ 래크 절삭장치

해설 밀링 부속장치
① 분할대 : 원주 및 각도 분할시 사용. 주축대와 심압대 한 쌍으로 테이블 위에 설치
② 회전 테이블 장치 : 가공물에 회전 운동이 필요할 때 사용
③ 슬로팅(slotting) 장치 : 니형 밀링머신의 컬럼 앞면에 주축과 연결하여 사용
④ 래크(Rack) 절삭장치 : 만능 밀링머신에서 컬럼면에 고정하여 각종 피치의 랙을 가공할 수 있도록 변환 기어를 이용

30 일반적으로 요구되는 절삭 공구의 조건으로 틀린 것은?

① 가공재료보다 경도가 클 것
② 인성과 내마모성이 작을 것
③ 고온에서도 경도를 유지할 것
④ 성형성이 좋을 것

해설 인성과 내마모성이 클 것

정답 27. ③ 28. ①
29. ① 30. ②

31. 수평 밀링머신의 플레인 커터 작업에서 상향 절삭과 비교한 하향 절삭(내려깎기)의 장점으로 옳은 것은?

① 날 자리 간격이 짧고, 가공면이 깨끗하다.
② 기계에 무리를 주지 않는다.
③ 이송 기구의 백래시가 자연히 제거된다.
④ 절삭열에 의한 치수 정밀도의 변화가 작다.

해설 하향 절삭
① 커터가 공작물을 아래로 누르는 것과 같은 작용을 하므로 공작물 고정이 간단하다.
② 커터의 마모가 적고 또한 동력 소비가 적다.
③ 가공 면이 깨끗하다.
④ 절단, 홈 가공 등 난점이 있는 대량생산에 유리하고 가공 면을 잘 볼 수 있고, 절삭량을 크게 할 수 있다.
⑤ 커터의 절삭 방향과 이송 방향이 같으므로 절삭날 하나하나의 날 자리 간격이 짧다.

32. 정밀도가 매우 높은 공작기계로 항온실에 설치하며 주로 공구나 지그 가공을 목적으로 사용되는 보링 머신은?

① 수평형 보링 머신
② 수직형 보링 머신
③ 지그 보링 머신
④ 정밀 보링 머신

해설 지그 보링 머신
정밀도가 매우 높은 공작기계로 항온실에 설치하며 주로 공구나 지그 가공을 목적으로 사용되는 보링 머신이다.

33. 공구의 회전운동과 공작물의 직선운동에 의하여 일감을 가공하는 공작기계는?

① 선반
② 셰이퍼
③ 슬로터
④ 밀링머신

해설
- **밀링**: 공구의 회전운동과 공작물의 직선운동
- **선반**: 공작물 회전과 공구 직선운동
- **셰이퍼**: 공작물과 공구 직선운동
- **슬로터**: 공작물 고정하고 공구 상하운동

정답 31. ① 32. ③ 33. ④

34 다음 중 나사의 유효지름을 측정할 때 가장 정밀도가 높은 측정법은?

① 공구 현미경에 의한 측정
② 투영기에 의한 측정
③ 나사 마이크로미터에 의한 측정
④ 삼침법에 의한 측정

📝해설 **삼침법** : 나사의 유효지름을 측정할 때 가장 정밀도가 높은 측정법

35 센터리스 연삭의 장점이 아닌 것은?

① 센터 구멍을 뚫을 필요가 없다.
② 지름이 크고 무거운 공작물에 적합하다.
③ 속이 빈 원통을 연삭할 때 적합하다.
④ 연속가공이 가능하며 대량생산에 적합하다.

📝해설

센터리스 연삭기의 장점	센터리스 연삭기의 단점
① 가늘고 긴 핀, 원통, 중공축 등을 연삭하기 쉽다. ② 연속 작업할 수 있으며, 대량생산에 적합하다. ③ 기계의 조정이 끝나면 초보자도 작업을 할 수 있다. ④ 고정에 따른 변형이 없고 연삭 여유가 적어도 된다. ⑤ 연삭숫돌의 나비가 크므로 지름의 마멸이 적고 수명이 길다.	① 긴 홈이 있는 공작물은 연삭할 수 없다. ② 대형 중량물은 연삭할 수 없다. ③ 연삭숫돌의 나비보다 긴 공작물은 전후 이송법으로 연삭할 수 없다.

36 절삭 가공을 할 때 열이 발생하는 이유와 가장 관계가 적은 것은?

① 칩과 공구의 경사면이 마찰할 때
② 공구의 여유면을 따라 칩이 일어날 때
③ 전단면에서 전단 소성 변형이 일어날 때
④ 공구 여유면과 공작물 표면이 마찰할 때

📝해설 절삭열의 발생은 ① 30%, ③ 60%, ④ 10% 발생하며, 공구의 여유면을 따라 칩이 발생할 때는 절삭열이 발생하지 않는다.

37 일반적으로 연삭숫돌의 표시는 WA · 48 · H · m · S와 같은 방법으로 표시한다. 여기서 S가 의미하는 것은?

① 입도
② 결합제
③ 조직
④ 연삭숫돌 입자

📝해설 WA(입자), 48(입도), H(결합도), m(조직), S(결합제)

[정답] 34. ④ 35. ②
36. ② 37. ②

38 방전 가공용 전극 재료의 조건으로 틀린 것은?
① 방전이 안전하고 가공속도가 클 것
② 가공 전극의 소모가 많을 것
③ 가공 정밀도가 높을 것
④ 구하기 쉽고 값이 저렴할 것

해설 가공 전극의 소모가 적을 것

39 머시닝센터에서 직경 25mm 인 앤드밀로 주철을 가공하려고 할 때 주축의 회전수는 약 몇 rpm인가? (단, 주철의 추천 절삭속도는 50m/min이다.)
① 393
② 593
③ 637
④ 897

해설 $N = \dfrac{1000\,V}{\pi D} = \dfrac{1000 \times 50}{\pi \times 25} = 637$

40 다음의 CNC 프로그램 시트에서 F300의 의미는?

N	G	X	Y	Z	I	J	F
N1	G90						
N2	G00	X30.	Y20.	Z2			
N3	G01			Z–5.			F300
N4	G01	X30.	Y70.				
N5	G01	X50.	Y70.				
N6	G03	X90.	Y70.		I20.	J0.	

① 주축 회전수
② 공구 선택번호
③ 공구 보정번호
④ 절입 시 이송속도

해설 F300 : 절입 시 이송속도

41 날 수가 4개인 밀링 커터로 공작물을 1날당 0.1mm로 이송하여 절삭하는 경우 이송속도는 몇 mm/min인가? (단, 주축 회전수는 500rpm이다.)
① 80
② 150
③ 200
④ 250

정답 38.② 39.③ 40.④ 41.③

해설 $f = f_z \times Z \times n = 0.1 \times 4 \times 500 = 200$mm

42 머시닝센터 프로그램에서 그림과 같은 증분좌표 지령으로 맞는 것은?

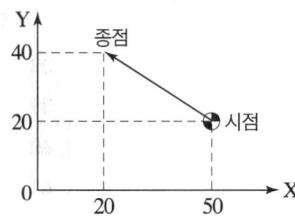

① G90 X20. Y40. ;
② G91 X-30. Y20. ;
③ G90 X50. Y20. ;
④ G91 X30. Y-20. ;

해설 G90(절대 좌표), G91(증분 좌표)
그림에 증분 지령이므로 G91 X-30. Y20. ;이 된다.

43 공구 보정에 대한 설명으로 틀린 것은?
① G49는 공구 길이 보정 취소를 의미한다.
② G41, G42는 중복하여 지령할 수 있다.
③ 공구인선 반경 보정을 시작하는 block을 Start-Up block이라 한다.
④ G40은 공구지름 보정 취소를 의미한다.

해설 공구인선의 지름은 우측과 좌측 보정을 동시에 지령할 수는 없다.
① G40 : 공구지름 보정 취소
② G41 : 공구지름 좌측 보정
④ G42 : 공구지름 우측 보정
⑤ G44 : (-) 방향 공구 길이 보정

44 공작기계의 안전 수칙에 대한 설명으로 틀린 것은?
① 공작기계 작업 시 항상 보안경을 착용한다.
② 칩을 제거할 때는 회전 중에 장갑을 끼고 제거한다.
③ 절삭중이나 회전 중에는 일감을 측정하지 않는다.
④ 기계의 회전을 손이나 공구로 멈추지 않는다.

해설 회전 중에 장갑을 끼지 않는다.

정답 42.② 43.② 44.②

45. 다음 도면에서 A점에서 B점으로 가공하는 CNC 선반 프로그램으로 맞는 것은?

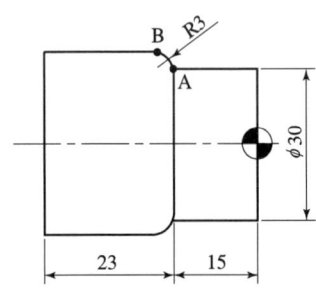

① G02 X33.0 Z-18.0 R3.0
② G03 X33.0 Z-18.0 R3.0
③ G02 X36.0 Z-18.0 R3.0
④ G03 X36.0 Z-18.0 R3.0

해설 G03 X36.0 Z-18.0 R3.0

46. 머시닝센터의 기계 일상 점검 중 매일 점검 항목으로 볼 수 없는 것은?

① 기계 정도 검사
② 외관 검사
③ 유량 검사
④ 압력 검사

해설

매일 점검	1. 외관 점검
	2. 유량 점검
	3. 압력 점검
	4. 각부의 작동 검사

47. CNC 공작기계의 절삭가공에 따른 안전사항으로 틀린 것은?

① 운전 중 비상시에는 비상정지 버튼을 누른다.
② 충돌 사고에 유의한다.
③ 공작물은 견고하게 고정하고 절삭을 하여야 한다.
④ 자동 운전 중에 칩을 손으로 제거해도 된다.

해설 칩 제거는 운전 정지 후 제거한다.

정답 45. ④ 46. ① 47. ④

48 CNC 공작기계의 제어방식이 아닌 것은?
① 위치결정 제어
② 모방 제어
③ 직선절삭 제어
④ 윤곽절삭 제어

해설 제어방식으로는 위치결정 제어(급속위치 결정), 직선절삭 제어(직선가공), 윤곽절삭 제어(직선 또는 곡면가공)가 있다.

49 CNC 밀링에서 나선 홈 절삭에 필요한 부가축(A, B, C)에 해당하는 범용 밀링머신의 부속장치는?
① 아버
② 수직축 장치
③ 분할대
④ 밀링 바이스

해설 분할대 : 부가축(A, B, C)에 해당하는 범용 밀링머신의 부속장치는 분할대이다.

50 여러 대의 CNC 공작기계를 한 대의 컴퓨터에 연결해 데이터를 분배하여 전송함으로써 동시에 운전할 수 있는 방식은?
① NC
② CNC
③ DNC
④ CAD

해설 DNC : 여러 대의 CNC 공작기계를 한 대의 컴퓨터에 연결해 데이터를 분배하여 전송함으로써 동시에 운전할 수 있는 방식

51 CNC 프로그램에서 보조 프로그램에 대한 설명으로 틀린 것은?
① 보조 프로그램의 마지막에는 M99가 필요하다.
② 보조 프로그램은 다른 보조 프로그램을 가질 수 있다.
③ 보조 프로그램을 호출할 때는 M98을 사용한다.
④ 주프로그램은 오직 하나의 보조 프로그램만 가질 수 있다.

해설 보조 프로그램 안에서 또 다른 보조 프로그램을 호출할 수 있다.

52 하이트 게이지에 대한 설명으로 틀린 것은?
① 종류로는 HM형, HB형, HT형의 3가지가 대표적이다.
② 기본 구조는 스케일과 베이스 및 서피스 게이지로 구성된다.
③ 정반면을 기준으로 높이를 측정하거나 금긋기 작업을 할 수 있다.
④ 아베의 원리에 맞는 구조로 스크라이버를 길게 고정하여 사용한다.

해설 하이트 게이지 : 지그, 대형부품, 복잡한 형상의 부품 등을 정반 위에 놓고 정반의 표면을 기준으로 해서 높이를 측정하는 측정기이며, 또 스크라이버의 선단으로 금긋기 작업을 할 때 사용한다. 종류로는 HB형, HM형, HT형의 세 종류가 대표적이다.

정답 48. ② 49. ③ 50. ③ 51. ④ 52. ④

04회 CBT 모의고사

53 프로그램 작성자가 프로그램을 쉽게 작성하기 위하여 공작물 임의의 점을 원점으로 정해 명령의 기준점이 되도록 한 좌표계는?

① 기계 좌표계 ② 절대 좌표계
③ 상대 좌표계 ④ 잔여 좌표계

해설
① 잔여 좌표계 : 프로그램을 실행(AUTO)할 때 실행되고 있는 현재의 프로그램 위치가 얼마 남았나를 나타내는 좌표계
② 기계 좌표계 : 기계의 기준점으로 메이커에서 파라미터에 의해 정하며 기계 원점에서 제로원점
③ 절대 좌표계 : 절대 좌표계의 원점은 도면을 보고 기준을 쉽게 잡을 수 있는 곳의 한 점을 원점으로 정하는데 이 점을 프로그램 원점이라고 하며, 이 점을 원점으로 한 좌표계를 절대 좌표계 또는 공작물 좌표계라고도 한다.
④ 상대 좌표계 : 상대값을 가지는 좌표

54 각도를 측정하는 측정기기가 아닌 것은?

① 오토콜리미터 ② 플러그 게이지
③ 사인 바 ④ 수준기

해설 플러그 게이지는 구멍용 한계 게이지이다.

55 대형 가공물의 구멍 뚫기 작업에 적합한 기계로서 드릴링 헤드를 수평 방향으로 이동하는 암(arm)과 암을 지지하는 직립 칼럼(vertical column)으로 구성되어 있는 것은?

① 레이디얼 드릴링 머신 ② 이동식 드릴링 머신
③ 다축 드릴링 머신 ④ 탁상 드릴링 머신

해설 레이디얼 드릴링 머신
형 가공물의 구멍 뚫기 작업에 적합한 기계로서 드릴링 헤드를 수평 방향으로 이동하는 암(arm)과 암을 지지하는 직립 칼럼(vertical column)으로 구성되어 있다.

56 절삭날과 자루가 분리되고, 엔드밀의 지름이 큰 경우에 사용하는 엔드밀은?

① 평 엔드밀 ② 라프 엔드밀
③ 볼 엔드밀 ④ 셸 엔드밀

해설 셸 엔드밀 : 엔드밀은 날과 자루가 별개로 되어 있다.

정답 53. ② 54. ② 55. ① 56. ④

57 호닝 작업에서 원통 형태의 숫돌 공구인 혼(hone)의 운동방법으로 가장 적합한 것은?

① 회전운동
② 곡선 왕복운동
③ 회전운동과 곡선 왕복운동의 교대운동
④ 회전운동과 축 방향의 직선 왕복운동의 합성운동

해설 혼(hone)의 운동방법 : 회전운동과 축 방향의 직선 왕복운동의 합성운동

58 마이크로미터의 원리에 대한 설명으로 옳은 것은?

① 어떤 길이의 변화를 나사의 회전각과 지름에 의해 확대시켜 만든 것이다.
② 어떤 길이의 변화를 롤러 및 게이지 블록을 이용하여 만든 것이다.
③ 어떤 길이의 변화를 기포관 내의 기포 위치를 확대시켜 만든 것이다.
④ 어떤 길이의 변화를 광 파장에 의해 확대시켜 만든 것이다.

해설 마이크로미터의 원리
길이의 변화를 나사의 회전각과 직경에 의해 확대하여 그 확대된 길이에 눈금을 붙여 미소의 길이 변화를 읽도록 한 측정기이다.

59 보통 보링 머신의 보링 작업 시 주로 사용되는 절삭 공구는?

① 다이스   ② 탭
③ 혼   ④ 바이트

해설 보링 작업 시 주로 바이트를 사용한다.

60 머시닝센터 가공에서 공구경 보정 취소 시 사용되는 G코드(code)는?

① G40   ② G30
③ G20   ④ G10

해설
① G40 : 공구경 보정 취소
② G30 : 제 2원점복귀
③ G20 : inch 데이터 입력

정답 57. ④ 58. ①
      59. ④ 60. ①

05회 CBT 모의고사

01 6:4 황동에 주석을 0.75%~1% 정도 첨가하여 판, 봉 등으로 가공되어 용접봉, 파이프, 선박용 기계에 주로 사용되는 것은?

① 애드미럴티 황동
② 네이벌 황동
③ 델타 메탈
④ 듀라나 메탈

해설
① 애드미럴티 황동(admiralty brass) : 7-3 황동에 1% Sn 첨가 관·판으로 증발기, 열교환기에 사용
② 네이벌 황동(naval brass) : 6-4 황동에 0.75% Sn 첨가 파이프, 용접봉, 선박 기계부품으로 사용
③ 델타 메탈(delta metal) : 6-4 황동에 1~2% Fe 함유 강도, 내식성 증가, 광신기계, 선박, 화학기계용으로 사용된다.
④ 듀라나 메탈(durana metal) : 7-3 황동에 2% Fe, 그리고 소량의 Sn, Al 첨가

02 표준 평기어의 잇수가 48개, 모듈이 4일 때 피치원 지름은 몇 mm인가?

① 12mm
② 200mm
③ 162mm
④ 192mm

해설 $D = M \times Z = 4 \times 48 = 192$mm

03 전단력 1000kgf가 작용하는 볼트를 설계 시 허용 볼트 최소 호칭 지름은? (단, 미터 보통 나사로 허용 전단 응력은 6 kgf/mm²이다.)

① M10
② M12
③ M16
④ M20

해설 $d = \sqrt{\dfrac{4W}{\pi\tau}} = \sqrt{\dfrac{4 \times 1000}{\pi \times 6}} = 14.5 = $ M16

04 플라스틱 재료 중 연신율이 가장 큰 재료는?

① 페놀수지(일반용)
② 나일론
③ 에폭시 수지
④ 폴리에스테르(유리섬유)

해설 나일론은 열가소성으로 연신율이 열경화성 재료보다 크다.

답안 표기란
01 ① ② ③ ④
02 ① ② ③ ④
03 ① ② ③ ④
04 ① ② ③ ④

정답 01.② 02.④ 03.③ 04.②

05 호칭 번호가 6204인 구름 베어링의 설명으로 틀린 것은?

① 6은 형식번호이다.   ② 2는 계열번호이다.
③ 0은 틈새기호이다.   ④ 04는 안지름번호이다.

해설 6(형식번호), 2(계열번호), 04(안지름번호)

06 원뿔 키에 대한 설명으로 틀린 것은?

① 축과 보스의 편심이 적다.
② 마찰력만으로 밀착시키는 키이다.
③ 축의 어느 위치에나 설치할 수 있다.
④ 축에는 키 홈을 파고 보스에는 키 홈을 파지 않는다.

해설 원뿔 키(Cone Key) : 축과 보스에 키를 파지 않고 보스 구멍을 테이퍼 구멍으로 하여 속이 빈 원뿔을 끼워 마찰력만으로 밀착시키는 키로서 바퀴가 편심되지 않고 축의 어느 위치에나 설치가 가능하다.

07 침탄법과 질화법의 비교설명으로 틀린 것은?

① 경도가 침탄법이 질화법보다 낮다.
② 침탄법은 침탄 후 열처리가 필요하나 질화법은 필요 없다.
③ 침탄 후는 수정이 불가능하나 질화 후 수정이 가능하다.
④ 질화층은 여리나 침탄층은 여리지 않다.

해설 침탄 후는 수정이 가능하나 질화 후 수정이 불가능하다.

08 주철의 기계적 성질 중 강도가 보통 550~1080MPa 정도로 인장강도의 3~5배에 달하는 것은?

① 압축 강도   ② 굽힘 강도
③ 전단 강도   ④ 충격 강도

해설 주철은 압축 강도가 보통 550~1080MPa 정도로 압축 강도가 인장강도에 비하여 3~4배 정도 좋다.

09 탄소강에 S, Pb 및 흑연 등을 첨가하여 가공재료의 피절삭성을 높이고 제품의 정밀도와 절삭 공구의 수명을 길게 개선한 강은?

① 스프링강   ② 베어링강
③ 쾌삭강   ④ 고속도강

해설 쾌삭강 : S, Pb 등의 특수원소를 첨가하여 절삭할 때 칩을 잘게 하고 피삭성을 좋게 만든 특수강

[정답] 05. ③ 06. ④
07. ③ 08. ①
09. ③

10. 벨트가 회전하기 시작하여 동력을 전달하게 되면 인장 측의 장력은 커지고, 이완 측의 장력은 작아지게 되는데 이 차이를 무엇이라 하는가?

① 이완 장력
② 허용 장력
③ 초기 장력
④ 유효 장력

해설 유효 장력＝긴장 측 장력－이완 측 장력

11. 절삭 공구 중 비금속 재료에 해당하는 것은?

① 고속도강
② 탄소공구강
③ 합금공구강
④ 세라믹

해설 세라믹: 비금속 재료이다.
① 산화알루미늄(Al_2O_3) 가루분말에 규소 및 마그네슘 등의 산화물이나 다른 산화물의 첨가물을 넣고 소결한 것
② 고속절삭, 고온에서 경도가 높고, 내마멸성이 좋다.
③ 경질합금보다 인성이 적고 취성이 있어 충격 및 진동에 약하다.

12. 일반적인 제동장치의 제동부 조작에 이용되는 에너지가 아닌 것은?

① 유압
② 전자력
③ 압축 공기
④ 빛 에너지

해설 제동장치에 사용되는 에너지는 유압, 공압, 전자력이다.

13. 주조용 알루미늄 합금 종류가 아닌 것은?

① 라우탈
② 실루민
③ 하이드로날륨
④ 델타 메탈

해설
• 주조용 알루미늄 합금
① Al-Cu계: 실용합금으로는 4% Cu합금인 알코아 195(Alcoa)가 있다.
② Al-Si계: 대표 합금으로 실루민(Silumin) 알펙스(Alpax) 등이 있다.
③ Al-Cu-Si계: 대표적인 합금으로 라우탈이 있다.
④ Al-Mg 합금: 하이드로날륨(hydronalium)

• 델타 메탈(delta metal)
6:4 황동에 1～2% Fe 함유 강도, 내식성 증가, 광신기계, 선박, 화학기계용으로 사용된다.

[정답] 10. ④ 11. ④ 12. ④ 13. ④

14 태엽 스프링을 축 방향으로 감아올려 사용하는 것으로 압축용, 오토바이 차체 완충용으로 가장 많이 쓰이는 것은?

① 벌류트 스프링　　② 접시 스프링
③ 고무 스프링　　　④ 공기 스프링

> **해설** **벌류트 스프링** : 태엽 스프링을 축 방향으로 감아 올려 사용하는 것으로 압축용으로 사용한다. 오토바이 차체 완충용으로 사용된다.

15 하중의 크기와 방향이 충격 없이 주기적으로 변화하는 하중은?

① 변동 하중　　② 교번 하중
③ 충격 하중　　④ 이동 하중

> **해설** **교번 하중** : 하중의 크기와 방향이 충격 없이 주기적으로 변화하는 하중으로, 피스톤 로드와 같이 인장과 압축을 교대로 반복하는 하중

16 선의 종류에 따른 용도 중 기술 또는 기호 등을 표시하기 위하여 끌어내는 데 쓰이는 선은?

① 치수선　　　② 치수보조선
③ 지시선　　　④ 가상선

> **해설** **지시선** : 기술 또는 기호 등을 표시하기 위하여 끌어내는 데 쓰이는 선

17 구멍의 지름 치수가 $50^{+0.035}_{-0.012}$mm일 때 공차는?

① 0.023mm　　② 0.035mm
③ 0.047mm　　④ −0.012mm

> **해설** 0.035+0.012=0.047mm

18 맞물리는 1쌍의 기어의 간략도에서 보기의 기호는 어느 기어에 해당하는가?

[보기]

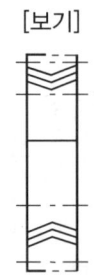

① 하이포이드 기어
② 이중 헬리컬 기어
③ 스파이럴 베벨기어
④ 스크루 기어

> **해설** 보기와 같은 맞물리는 1쌍의 기어의 간략도는 이중 헬리컬 기어이다.

정답 14. ①　15. ②
16. ③　17. ③
18. ②

19 물체의 모서리를 비스듬히 잘라내는 것을 모따기라 한다. 모따기의 각도가 45°일 때 치수 앞에 넣는 모따기 기호는?

① D ② C
③ R ④ φ

해설

구 분	기 호	사용 예
지름	φ	φ60
반지름	R	R20
구의 지름	Sφ	Sφ40
구의 반지름	SR	SR30
정사각형의 변	□	□12
관의 두께	t	t5
45°의 모따기	C	C3
원호의 길이	⌒	⌒40
참고 치수	( )	(50)
이론적으로 정확한 치수	☐	40

20 보기 도면에서 φ34mm 부분의 외경 가공은 표면 거칠기 값을 얼마로 해야 하는가?

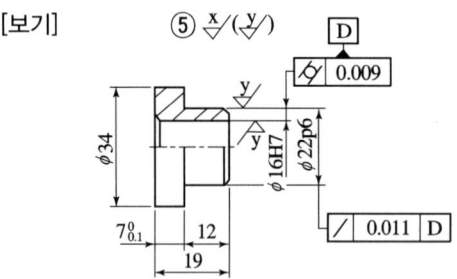

① 부품번호 옆에는 없는 ⱳ/급
② 부품번호 옆의 ( ) 밖에 있는 ˣ/급
③ 부품번호 옆의 ( )에 있는 ʸ/급
④ 가공하지 않은 상태 그대로

해설 도면에서 φ34mm 부분의 외경 가공은 부품번호 옆의 ( ) 밖에 있는 ˣ/급 가공이다.

정답 19. ② 20. ②

21 M10 − 6H/6g로 표시된 나사의 설명으로 틀린 것은?
① M : 미터 보통 나사
② 10 : 나사의 호칭 지름
③ 6H : 암나사의 등급
④ 6g : 나사의 줄 수

해설 6g : 수나사의 등급

22 보기와 같은 정면도와 평면도에 가장 적합한 우측면도는?

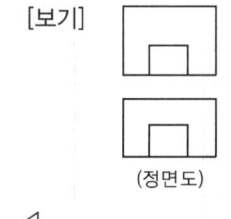

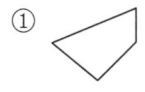 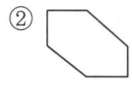

 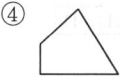

23 제3각법으로 투상한 정면도와 평면도가 보기와 같을 때 우측면도가 될 수 없는 것은?

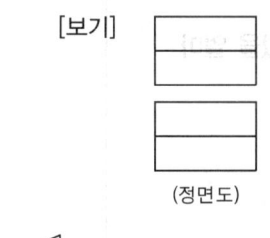

24 절삭 공구의 구비조건으로 틀린 것은?
① 충격에 견딜 수 있는 강인성이 있을 것
② 고온에서도 경도가 감소하지 않을 것
③ 인장강도와 내마모성이 작을 것
④ 쉽게 원하는 모양으로 제작이 가능할 것

해설 인장강도와 내마모성이 클 것

[정답] 21. ④ 22. ① 23. ① 24. ③

25. 보기의 3각법으로 그린 도면에서 평면도와 우측면도가 올바르고, 정면도가 틀린 경우 정면도에 누락된 선을 보완한 것으로 가장 적합한 것은?

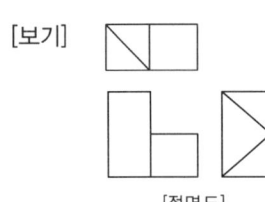

① ② ③ ④

26. 기하 공차 중 평행도를 나타내는 것은?

① ② ◎
③ // ④ =

해설

자세 공차	//	평행도 공차	최대 실체 공차 적용 (MMC)
	⊥	직각도 공차	
	∠	경사도 공차	
위치 공차	⊕	위치도 공차	최대 실체 공차 적용 (MMC)
	◎	동축도 공차 또는 동심도 공차	
	=	대칭도 공차	

27. 밀링머신에서 ϕ10mm인 밀링 커터로 공작물을 가공할 때 커터의 회전수는 약 몇 rpm인가? (단, 절삭 속도는 100m/min이다.)

① 185   ② 1390
③ 2185 ④ 3183

해설 $N = \dfrac{1000V}{\pi D} = \dfrac{1000 \times 100}{\pi \times 10} = 3183$

정답 25. ④ 26. ③ 27. ④

28 볼트 또는 너트의 머리 부분이 가공물 안으로 묻히게 하기 위해 드릴로 뚫은 구멍과 동심으로 2단 구멍을 절삭하는 방법은?

① 리밍
② 보링
③ 카운터 보링
④ 태핑

해설 카운터 보링 : 드릴 구멍의 입구에 볼트 머리가 들어갈 수 있도록 하는 작업

29 각도 측정용 게이지들로 묶은 것은?

① 오토콜리미터, 사인 바, 콤비네이션 세트
② 사인 바, 오토콜리미터, 옵티컬 플랫
③ 직각자, 만능 분도기, 옵티컬 패러렐
④ 만능분도기, 옵티컬 플랫, 콤비네이션 세트

해설 각도 측정에 사용되는 것은 사인 바, 각도 게이지, 수준기, 오토콜리미터, 콤비네이션 세트 등이 있다.

30 평면은 물론 각종 공구, 부속장치를 이용하여 불규칙하고 복잡한 면, 드릴의 홈, 기어의 치형 등도 가공할 수 있는 공작기계는?

① 선반
② 플레이너
③ 호빙머신
④ 밀링머신

해설 밀링머신 : 평면은 물론 각종 공구, 부속장치를 이용하여 불규칙하고 복잡한 면, 드릴의 홈, 기어의 치형 등도 가공할 수 있다.

31 WA, 60, K, m, V로 표시한 숫돌의 각 기호 중 K가 뜻하는 것은?

① 숫돌 입자
② 결합도
③ 입도
④ 조직

해설 WA(입자), 60(입도), K(결합도), m(조직), V(결합제)

32 측정자의 직선 또는 원호 운동을 기계적으로 확대하여 그 움직임을 지침의 회전 변위로 변환시켜 눈금으로 읽는 게이지는?

① 한계 게이지
② 게이지 블록
③ 하이트 게이지
④ 다이얼 게이지

해설 다이얼 게이지
측정자의 직선 또는 원호 운동을 기계적으로 확대하여 그 움직임을 지침의 회전 변위로 변환시켜 눈금으로 읽는 게이지

[정답] 28. ③ 29. ①
30. ④ 31. ②
32. ④

33 절삭 가공에서 구성인선의 방지 대책이 아닌 것은?

① 절삭 깊이를 크게 한다.
② 경사각을 크게 한다.
③ 윤활성이 좋은 절삭유제를 사용한다.
④ 절삭속도를 크게 한다.

> **해설** 구성인선 방지책
> ① 절삭 깊이를 적게 한다.
> ② 상면경사각을 크게 한다.
> ③ 절삭속도를 크게 한다.
> ④ 윤활성이 있는 절삭유 사용한다.

34 가공물을 화학 가공액 속에 넣고 화학반응을 일으켜 가공물의 표면을 필요한 형상으로 가공하는 것을 화학적 가공이라 한다. 화학적 가공의 특징 중 틀린 것은?

① 강도나 경도에 관계없이 가공할 수 있다.
② 변형이나 거스러미가 발생하지 않는다.
③ 가공경화 또는 표면변질 층이 발생한다.
④ 복잡한 형상과 관계없이 표면 전체를 한 번에 가공할 수 있다.

> **해설** 화학적 가공
> 기계적, 전기적 방법으로는 가공할 수 없는 재료를 부식이나 용해 등의 화학 반으로 금속과 비금속 공작물 표면을 복잡한 여러 가지 형상으로 파내거나 잘라내며, 깨끗이 다듬는 방법이다. 재료의 경도나 강도에 관계없이 가공할 수 있으며, 곡면, 평면, 복잡한 모양 등에 관계없이 표면 전체를 동시에 가공할 수 있고, 넓은 면적이나 여러 개를 동시에 가공할 수도 있으므로 매우 편리하게 가공할 수 있다. 또한, 변형이나 거스러미 없이 가공이 되며, 가공경화나 표면의 변질층이 생기지 않으므로 최근에는 높은 정밀도의 자눈판, 진공관의 격자, 반도체, 프린트 회로 등의 가공에 이용되고 있다.

35 손 다듬질 가공에서 수나사는 무엇으로 가공하는가?

① 탭
② 스크레이퍼
③ 다이스
④ 리머

> **해설**
> ① **리머(Reaming)** : 구멍의 정밀도를 높이기 위한 작업. 리머의 여유는 직경 10mm일 때 0.2mm 정도이며, 드릴작업 rpm의 2/3~3/4, 이송은 같거나 빠르게 한다.
> ② **탭핑(Tapping)** : 공작물 내부에 암나사 가공, 태핑을 위한 드릴 가공은 나사의 외경-피치로 한다.
> ③ **다이스** : 수나사 가공을 말한다.

[정답] 33. ① 34. ③ 35. ③

④ **스크레이퍼** : 정반 등의 평면을 최종 다듬질하는 작업으로 공작물의 높은 곳에 광명단이 묻어 빨갛게 되므로 이곳을 스크레이퍼로 긁어낸다. 이를 되풀이하여 빨갛게 묻은 곳이 증가하면 정반의 광명단을 씻어 낸 다음, 공작물 쪽에 광명단을 바르고 정반에 비비면 공작물의 높은 광명단이 벗겨져 검게 되고 이곳을 긁어 낸다. 이와 같이 되풀이하면 차차 정확한 평면이 된다.

36 절삭 가공 시 제품의 정밀도에 영향을 주는 요인과 가장 관련이 적은 것은?

① 공작기계의 정밀도
② 절삭조건
③ 작업자의 숙련도
④ 제품의 크기

해설 절삭 가공 시 제품의 정밀도에 영향을 주는 요인은 공작기계의 정밀도, 절삭조건, 작업자의 숙련도 등이다.

37 절삭온도를 측정하는 방법에 해당하지 않은 것은?

① 칩의 색깔에 의한 방법
② 열전대에 의한 방법
③ 칼로리미터에 의한 방법
④ 초음파 탐지에 의한 방법

해설 절삭온도 측정법
① 칩의 색깔에 의한 방법
② 칼로리미터(열량계)에 의한 방법
③ 공구에 열전대를 삽입하는 방법
④ 시온 도료를 사용하는 방법
⑤ 공구와 일감을 열전대로 사용하는 방법
⑥ 복사 고온계에 의한 방법

38 센터리스 연삭기의 통과 이송법에서 조정숫돌은 연삭숫돌 축에 대하여 일반적으로 몇 도 경사 시키는가?

① 1~1.5°
② 2~8°
③ 9~10°
④ 10~15°

해설 조정숫돌은 연삭숫돌 축에 대해 2~8°(보통 3~4°를 많이 쓴다) 경사 시킨다.

39 수직 밀링머신에서 평면가공에 주로 사용하는 커터로 외주와 정면에 절삭 날이 있는 커터는?

① 정면 밀링 커터
② 더브테일 커터
③ 엔드밀
④ 메탈 스리팅 소

해설 **정면 밀링 커터** : 수직 밀링머신에서 평면가공에 주로 사용하는 커터이다.

정답 36. ④ 37. ④ 38. ② 39. ①

05회 CBT 모의고사

40 밀링 작업에서 떨림(chattering)이 발생할 경우 나타나는 현상으로 틀린 것은?

① 공작물의 가공면을 거칠게 한다.
② 공구 수명을 단축시킨다.
③ 생산 능률을 저하시킨다.
④ 치수 정밀도를 향상시킨다.

해설 밀링 작업에서 떨림(chattering)이 발생할 경우 치수 정밀도가 떨어진다.

41 CNC 프로그램에서 부(보조) 프로그램의 호출하는 보조 기능은?

① M00
② M30
③ M98
④ M99

해설

M98	보조프로그램 호출
M99	주프로그램 호출
M00	프로그램 정지
M30	프로그램 정지 & Rewind

42 연삭 작업 시 안전사항으로 틀린 것은?

① 작업의 능률을 고려해 안전 커버(cover)를 떼고 작업한다.
② 연삭 작업을 할 때에는 보안경을 착용한다.
③ 연삭숫돌의 교환은 지정된 공구를 사용한다.
④ 연삭숫돌을 설치 후 3분 정도 공회전 시켜 이상 유무를 확인한다.

해설 작업의 안전을 고려해 안전 커버(cover)는 떼고 작업하지 않는다.

43 CNC 공작기계 운전 전에 주의해야 할 사항과 거리가 먼 것은?

① 공작물을 견고하게 고정한다.
② 모든 기능 버튼이 올바른 위치에 있는지 확인한다.
③ 자주 사용하는 공구와 재료는 기계 위에 놓는다.
④ 습동유 등의 윤활 상태를 확인한다.

해설 공구와 재료는 기계 위에 놓지 않는다.

정답 40. ④ 41. ③ 42. ① 43. ③

44 CNC 기계의 움직임을 전기적 신호로 변환하여 속도 제어와 위치 검출을 하는 일종의 피드백 장치는?

① 서보모터　　② 컨트롤러
③ 엔코더　　　④ 볼 스크루

해설 엔코더(encoder) : CNC 공작기계의 검출장치 중에서 광원, 감광판, 유리판 등을 사용

45 CNC 프로그램 작성 시 시간을 단축하고 프로그램을 간단하게 하기 위해 사용할 기계가 채택하고 있는 사항들을 알아두어야 하는데 틀린 것은?

① 계속 유효기능과 1회 유효기능
② 부 프로그램의 작성법과 용도
③ 고정 사이클의 종류와 사용용도
④ 볼 스크루의 종류와 사양

해설 프로그램 작성과 볼 스크루의 종류와 사양은 관계가 없다.

46 다음 도면의 점 B점에서 점 A로 절삭하려 할 때의 프로그램 좌푯값 중 틀린 것은?

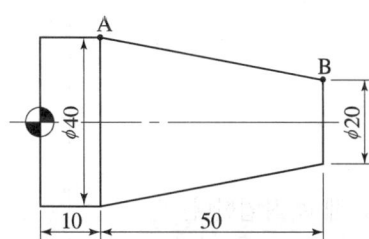

① G01 X40. Z50. F0.2;　② G01 U20. W-50. F0.2;
③ G01 U20. Z10. F0.2;　④ G01 X40. W-50. F0.2;

해설 ①은 도면에서 B점에서 A점으로 G01 X40. Z10. F0.2로 하여야 한다.

47 머시닝센터 작업에서 같은 지름의 구멍이 동일 평면상에 여러 개 있을 때 공구를 R점 복귀 후 이동하여 가공하는 것은?

① G99　　② G49
③ G97　　④ G96

해설
① G99 : 고정 사이클 R점 복귀
② G49 : 공구 길이 보정 무시
③ G97 : 주속 일정제어 무시
④ G96 : 주속 일정제어

정답 44. ③　45. ④
46. ①　47. ①

48 다음 그림에서 A(10, 20)에서 시계 방향으로 360° 원호 가공을 하려고 할 때 맞게 명령한 것은?

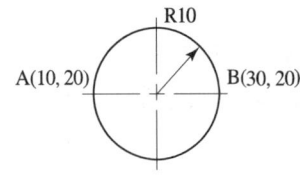

① G02 X10. R10. ;
② G03 X10. R10. ;
③ G02 I10. ;
④ G03 I10. ;

해설 A점에서는 G02 X10.; 이고 B점에서는 G02 I-10; 이 된다.

49 CAM 시스템의 가공 과정 흐름도로 올바른 것은?

① 공구경로 생성 → 곡면 모델링 → NC 데이터 생성 → DNC 전송
② 곡면 모델링 → 공구경로 생성 → NC 데이터 생성 → DNC 전송
③ 곡면 모델링 → NC 데이터 생성 → 공구경로 생성 → DNC 전송
④ 공구경로 생성 → NC 데이터 생성 → 곡면 모델링 → DNC 전송

해설 CAM의 가공 과정
곡면 모델링 → 공구경로 생성 → NC 데이터 생성 → DNC 전송이다.

50 CNC 작업 중 기계에 이상이 발생하였을 때 조치사항으로 가장 적당하지 않은 것은?

① 알람 내용을 확인한다.
② 경보 등이 점등되었는지 확인한다.
③ 간단한 내용은 조작설명서에 따라 조치하고, 안 되면 전문가에게 의뢰한다.
④ 기계가공이 안 되기 때문에 무조건 전원을 끈다.

해설 CNC 작업 중 기계에 이상이 발생하였을 때 원인을 파악하여 조치를 취한다.

51 1.5초 동안 일시정지(G04) 기능의 명령이다. 틀린 것은?

① G04 U1.5 ;
② G04 X1.5 ;
③ G04 P1.5 ;
④ G04 P1500 ;

해설 G04 X1.5, G04 U1.5, G04 P1500

정답 48. ③ 49. ②
    50. ④ 51. ③

52 밀링 절삭방법에서 하향 절삭과 비교한 상향 절삭의 특징은?

① 마찰 저항이 커진다.
② 백래시를 제거해야 한다.
③ 인선의 수명이 길어진다.
④ 가공 시 충격이 있어 높은 강성을 필요로 한다.

해설 상향 절삭과 하향 절삭의 비교

구분	상향 절삭	하향 절삭
칩에 영향	• 절삭에 방해 없다.	• 절삭에 방해 있다.
백래시 제거	• 백래시 제거장치가 필요 없다.	• 백래시 제거장치가 필요하다.
공작물 고정	• 불안하므로 확실히 고정해야 한다.	• 안정된 고정이 된다.
공구 수명	• 수명이 짧다. • 날 파손은 적으나 마멸이 심하다.	• 수명이 길다. • 날 파손은 생길 수 있으나 마모가 적다.
소비 동력	• 소비가 크다.	• 소비가 적다.
가공면	• 거칠다.	• 깨끗하다.

53 연삭숫돌의 검사방법으로 고무 해머를 사용하여 음향의 둔탁함·울림 등으로 균열이나 결함을 검사하는 방법은?

① 육안검사
② 음향검사
③ 회전시험
④ 가공시험

54 주로 수직 밀링머신에서 사용되는 절삭 공구로 넓은 평면을 가공하기에 가장 적당한 것은?

① 더브테일 밀링 커터
② 정면 밀링 커터
③ 메탈 쏘
④ 엔드밀

해설 정면 밀링 커터로 수직 밀링머신에서 사용되는 절삭 공구로 넓은 평면을 가공한다.

55 열에 민감한 가공물, 연질 가공물, 두께가 얇은 판 등을 변형 없이 가공하는 데 적합한 가공법은?

① 전주 가공
② 전해 연삭
③ 전해 연마
④ 초음파 가공

해설 전해연삭의 특성
① 경도가 높은 재료일수록 연삭능률이 기계 연삭보다 높다.
② 박판이나 형상이 복잡한 공작물을 변형 없이 연삭할 수 있다.
③ 연삭 저항이 적으므로 연삭열 발생이 적고, 숫돌 수명이 길다.

[정답] 52. ① 53. ②
54. ② 55. ②

05회 CBT 모의고사

56 브로칭 머신의 크기를 나타내는 것은?

① 테이블 크기
② 분당 행정 수
③ 스윙 및 양 센터 간 거리
④ 최대 인장력과 최대 행정길이

해설 브로칭 머신의 크기 : 최대 인장 응력과 행정길이

57 호빙 머신에서 절삭할 수 있는 기어로 거리가 먼 것은?

① 스퍼 기어
② 헬리컬 기어
③ 웜 기어
④ 랙 기어

해설 랙 기어는 기어 세이퍼에서 작업한다.

58 한계 게이지를 형태별로 분류한 것 중 틀린 것은?

① 링(ring)형 한계 게이지
② 스냅(snap)형 한계 게이지
③ 플러그(plug)형 한계 게이지
④ 직각(square)형 한계 게이지

해설
① 링(ring)형 한계 게이지
축용으로 지름이 작은 것이나 두께나 얇은 공작물의 측정에 사용되며 테일러의 원리에 따라 통과 측에는 링 게이지를 사용하는 것이 바람직하다.
② 스냅(snap)형 한계 게이지
축용으로 테일러의 원리에 따라 정지 측에만 사용하는 것이 좋으나, 게이지 원가 가격이 싸고 사용상 편리성, 축의 형상오차가 작다는 것 등을 고려하여 통과 측, 정지 측 모두 사용하고 있다.
③ 플러그(plug)형 한계 게이지
구멍용으로 호칭 치수가 비교적 작은 것에 주로 사용된다.

59 절삭유를 사용하는 목적으로 거리가 먼 것은?

① 공구 상면과 칩(chip) 사이의 마찰을 줄여 절삭을 원활히 한다.
② 가공물과 공구를 냉각시켜 열에 의한 정밀도 저하를 방지하고 공구의 수명을 증대시킨다.
③ 구성인선의 발생을 촉진하여 표면 거칠기를 향상시킨다.
④ 칩을 씻어주어 절삭을 원활히 한다.

답안 표기란

56	①	②	③	④
57	①	②	③	④
58	①	②	③	④
59	①	②	③	④

정답 56.④ 57.④ 58.④ 59.③

📝**해설** 절삭유는 구성인선의 발생을 억제하여 표면 거칠기를 향상시킨다.

60 줄의 길이 방향으로 이송시켜 작업하는 방법으로 황삭 및 다듬질 작업에 적합한 줄 작업방법은?
① 직진법
② 병진법
③ 사진법
④ 황진법

📝**해설** 줄 작업의 종류
① 직진법: 줄을 길이 방향으로 직진시켜 절삭하는 방법으로 황삭 및 최종 다듬질 작업에 사용한다.
② 사진법: 넓은 면 절삭에 적합하며, 절삭량이 많아 황삭 및 모따기에 적합하다.
③ 횡진법(병진법): 줄을 길이 방향과 직각 방향으로 움직여 절삭하는 방법으로 폭이 좁고 길이가 긴 공작물의 줄 작업에 좋다.

정답 60. ①

06회 CBT 모의고사

01 훅의 법칙에서 "재료의 비례한도 내에서 (㉠)과 (㉡)은 비례한다." ( ) 안에 알맞은 용어는?

① ㉠ 응력, ㉡ 탄성
② ㉠ 안전율, ㉡ 변형률
③ ㉠ 응력, ㉡ 변형률
④ ㉠ 안전율, ㉡ 탄성

해설 훅의 법칙에서 "재료의 비례한도 내에서 (응력)과 (변형률)은 비례한다."

02 속도비가 1 : 5, 모듈이 3, 피니언의 잇수가 60인 한 쌍의 외접 표준 평 기어의 중심거리는?

① 270mm
② 540mm
③ 1080mm
④ 2160mm

해설
$$i = \frac{N_1}{N_2} = \frac{Z_2}{Z_1} = \frac{1}{5} = \frac{60}{Z_1} = Z_1 = 300$$
$$C = \frac{M(Z_1 + Z_2)}{2} = \frac{3 \times (300 + 60)}{2} = 540\text{mm}$$

03 하드필드 망간강이라고도 하며 내마멸성이 우수하고 경도가 커서 각종 광산기계의 파쇄장치, 기차 레일의 교차점, 칠드롤러 등 내마멸성이 요구되는 곳에 이용되는 강은?

① 듀콜
② 림드강
③ 고망간강
④ 고력강도강

04 나사의 풀림을 방지하는 것으로 사용되지 않는 것은?

① 스프링 와셔
② 캡 너트
③ 철사
④ 로크 너트

05 탄소강을 변태점 이상으로 가열한 후에 수중 담금질 속도를 대단히 빠르게 냉각시킬 때 생성되는 조직은?

① 솔바이트
② 펄라이트
③ 트루스타이트
④ 마텐자이트

정답 01. ③ 02. ② 03. ③ 04. ② 05. ④

06 우드러프 키라고 부르기도 하며, 키와 키의 홈 가공이 쉬워 테이퍼 축에 편리하게 사용하는 것은?
① 반달 키
② 접선 키
③ 원뿔 키
④ 성크 키

07 1600℃ 이상에서는 점토를 소결하여 만들어진 공구로 성분의 대부분은 산화알루미늄으로 절삭 중에는 열을 흡수하지 않아 공구를 과열시키지 않으므로 고속 정밀가공에 적합한 것은?
① 탄소 공구강
② 합금 공구강
③ 고속도강
④ 세라믹 공구강

해설 세라믹 합금
① 산화알루미늄(Al_2O_3) 가루분말에 규소 및 마그네슘 등의 산화물이나 다른 산화물의 첨가물을 넣고 소결한 것
② 고속절삭, 고온에서 경도가 높고, 내마멸성이 좋다.
③ 경질합금보다 인성이 적고 취성이 있어 충격 및 진동에 약하다.

08 전동용 기계요소가 아닌 것은?
① 벨트
② 로프
③ 코터
④ 마찰차

해설 코터는 결합용 기계요소이다.

09 표준 성분이 Cu 4%, Ni 2%, Mg 1.5%, 나머지가 알루미늄인 내열용 알루미늄 합금의 한 종류로 열간 단조 및 압출 가공이 쉬워 단조품 및 피스톤에 이용되는 것은?
① Y합금
② 하이드로날륨
③ 두랄루민
④ 알클래드(alclad)

해설 Y합금 : Al-Cu-Ni계, Al-Cu-Ni-Mg의 합금으로 대표적인 내열용 합금이다. $Al_5Cu_2Mg_2$가 석출 경화되며 시효 처리한다.

10 브레이크 드럼을 브레이크 블록으로 누르게 한 것으로 단식, 복식으로 나누며 차량 기중기 등에 많이 사용되는 것은?
① 가죽 브레이크
② 블록 브레이크
③ 축압 브레이크
④ 밴드 브레이크

해설 블록 브레이크 : 브레이크 드럼을 브레이크 블록으로 누르게 한 것으로 단식, 복식으로 나누며 차량 기중기 등에 많이 사용한다.

[정답] 06. ① 07. ④ 08. ③ 09. ① 10. ②

11 알루미늄 청동에 관한 설명으로 맞는 것은?

① 알루미늄 8~12%를 함유하는 구리-알루미늄 합금이다.
② 구리, 주석 등이 주성분으로 주조, 단조, 용접성이 좋다.
③ 청동에 탈산제로 인을 첨가한 후 알루미늄을 첨가한 것으로 상온에서 α+β의 공정조직을 갖고 있다.
④ 자기풀림 현상이 없어 딱딱하고 매우 강한 성질로 된다.

해설 **알루미늄 청동** : 알루미늄 8~12%를 함유하는 구리-알루미늄 합금으로 내식성, 내마멸성이 좋아 대형 프로펠러, 압연기, 각종 기어, 펌프, 밸브, 터빈부품 등에 많이 사용된다.

12 주강과 비교한 주철의 장점을 열거한 것 중 틀린 것은?

① 주조성이 우수하다.
② 마찰저항은 우수하나 절삭 가공이 어렵다.
③ 인장강도, 굽힘강도는 작으나 압축강도가 크다.
④ 주물의 표면이 굳고 녹이 잘 쓸지 않는다.

해설 **주철의 장점**
① 주조성이 우수하고 복잡한 부품의 성형이 가능하다.
② 용융점이 낮고 유동성이 좋다.
③ 잘 녹슬지 않고 칠(도색)이 좋다.
④ 마찰저항이 우수하고 절삭가공이 쉽다.
⑤ 압축강도가 인장강도에 비하여 3~4배 정도 좋다.
⑥ 내마모성이 우수하고, 알칼리나 물에 대한 내식성(부식)이 우수하다.

13 길이가 100mm인 스프링의 한 끝을 고정하고, 다른 끝에 무게 40N의 추를 달았더니 스프링의 전체 길이가 120mm로 늘어났다. 이때의 스프링 상수(N/mm)는?

① 0.5
② 1
③ 2
④ 4

해설
• 변형량(δ) = 120 - 100 = 20mm
• 스프링 상수(k) = $\dfrac{W}{\delta}$ = $\dfrac{40}{20}$ = 2N/mm

14 치차의 표면만 경화하고자 할 경우 적당한 열처리 방법은?

① 고주파 경화법
② 풀림
③ 불림
④ 뜨임

[정답] 11. ① 12. ②
13. ③ 14. ①

해설 표면경화 열처리 : 고주파 경화법, 화염 경화법, 침탄법, 질화법 등이 있다.

15 베어링 호칭번호가 6205인 레이디얼 볼 베어링의 안지름은 얼마인가?

① 5mm
② 25mm
③ 62mm
④ 205mm

해설 6205 : 안지름 번호(세 번째, 네 번째 숫자)
00 : 10mm, 01 : 12mm, 02 : 15mm, 03 : 17mm, 04부터 ×5를 하면 된다.
따라서 05×5=25

16 치수 공차의 용어 정의로 가장 적합한 것은?

① 최대 허용치수−기준치수
② 기준치수−최소 허용치수
③ 최대 허용치수−최소 허용치수
④ 최대 허용치수−아래치수 허용차

해설 치수 공차=최대 허용치수−최소 허용치수

17 기하 공차 중에서 온 흔들림 공차를 나타내는 것은?

① —
② =
③ ↗
④ ↗↗

해설 ① 진직도, ② 대칭도, ③ 원주흔들림, ④ 온 흔들림이다.

18 그림과 같은 KS 구름 베어링 제도(상세한 간략 도시 방법)법으로 제도되어 있는 경우 베어링의 종류는?

① 단열 깊은 홈 볼 베어링
② 복열 깊은 홈 볼 베어링
③ 복열 자동 조심 볼 베어링
④ 단열 앵글러 콘택트 분리형 볼 베어링

해설 보기의 그림은 복열 자동 조심 볼 베어링이다.

정답 15. ② 16. ③ 17. ④ 18. ③

답안 표기란				
19	①	②	③	④
20	①	②	③	④
21	①	②	③	④

19 그림과 같이 경사면부가 있는 대상물에서 그 경사면의 실형을 나타낼 필요가 있는 경우에 그리는 투상도로 가장 적합한 것은?

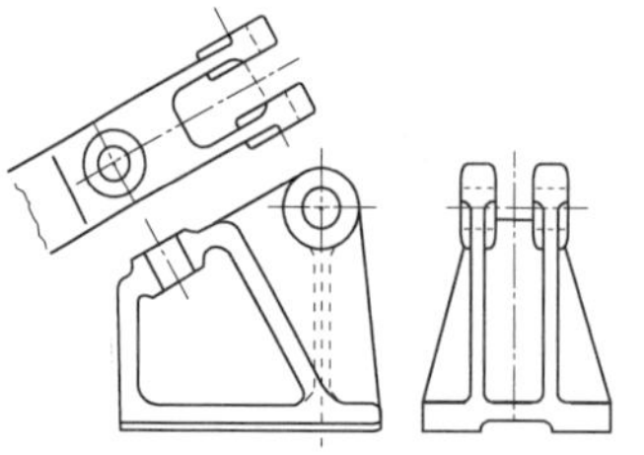

① 보조 투상도 ② 부분 투상도
③ 국부 투상도 ④ 회전 투상도

해설 **보조 투상도** : 경사면부가 있는 대상물에서 그 경사면의 실제 길이를 표시할 필요가 있는 경우에는 다음에 의하여 보조 투상도로 표시한다.

20 코일 스프링 제도에 관한 내용이다. 틀린 것은?

① 코일 스프링은 일반적으로 무하중인 상태로 그린다.
② 그림에 기입하기 힘든 사항은 요목표에 일괄하여 표시한다.
③ 코일 부분의 중간을 생략할 때는 생략한 부분의 소선지름의 중심선을 가는 1점 쇄선으로 나타낸다.
④ 스프링의 종류 및 모양만을 간략도로 도시할 때는 재료의 중심선만을 가는 2점 쇄선으로 도시한다.

해설 ① 코일 부분의 중간 부분을 생략할 때에는 생략한 부분을 가는 1점 쇄선으로 표시하거나, 또는 가는 2점 쇄선으로 표시해도 좋다.
② 스프링의 종류와 모양만을 도시할 때에는 재료의 중심선만을 굵은 실선으로 그린다.

21 스퍼 기어의 피치원은 무슨 선으로 도시하는가?

① 굵은 실선
② 가는 실선
③ 가는 파선
④ 가는 1점 쇄선

해설 스퍼 기어의 축 방향에서 본 이끝원은 굵은 실선으로 그리고 피치원은 가는 1점 쇄선으로 그린다.

정답 19. ① 20. ④ 21. ④

22 ISO 규격에 있는 미터 사다리꼴 나사의 표시기호는?
① M ② Tr
③ UNC ④ R

📝해설

미터 보통 나사	M
미터 가는 나사	
미니추어 나사	S
유니파이 보통 나사	UNC
유니파이 가는 나사	UNF
미터 사다리꼴 나사	Tr
관용 테이퍼 나사	테이퍼 수나사	R
	테이퍼 암나사	Rc
	평행 암나사	Rp

23 그림과 같은 입체도의 화살표 방향이 정면일 때 정면도로 가장 적합한 것은?

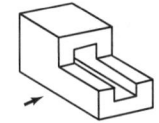

① 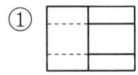 ②

③ 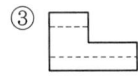 ④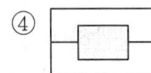

24 기계제도에서 가는 2점 쇄선을 사용하여 도면에 표시하는 경우인 것은?
① 대상물의 일부를 파단한 경계를 표시할 경우
② 인접하는 부분이나 공구, 지그 등의 위치를 참고로 표시할 경우
③ 특수한 가공 부분 등 특별한 요구사항을 적용할 범위를 표시할 경우
④ 회전도시 단면도를 절단한 곳의 전 후를 판단하여 그 사이에 그릴 경우

📝해설 가상선(가는 2점 쇄선)의 용도
① 인접 부분을 참고로 표시
② 공구, 지그의 위치를 참고로 표시
③ 가동 부분을 이동 중의 특정한 위치 또는 이동 한계의 위치를 표시
④ 가공 전 또는 가공 후의 형상을 표시
⑤ 되풀이 하는 것을 표시
⑥ 도시된 단면의 앞쪽에 있는 부분을 표시

[정답] 22.② 23.③ 24.②

25. KS 나사 표시 방법에서 G 1/2 A로 기입된 기호의 올바른 해독은?

① 가스용 암나사로 인치 단위이다.
② 관용 평행 암나사로 등급이 A급이다.
③ 관용 평행 수나사로 등급이 A급이다.
④ 가스용 수나사로 인치 단위이다.

해설 G(관용 평행 수나사), 1/2(외경 1/2인치), A(A급)

26. 수직 밀링머신에서 공작물을 전후로 이송시키는 부위는?

① 테이블　　② 새들
③ 니　　　　④ 컬럼

해설 수직 밀링머신에서 공작물을 전후로 이송시키는 부위는 새들이다.

27. 주어진 절삭속도가 4m/min이고, 주축 회전수가 70rpm이면 절삭되는 일감의 지름은 약 몇 mm인가?

① 82　　　② 182
③ 282　　④ 382

해설 $V = \dfrac{\pi DN}{1000} = d = \dfrac{1000\,V}{\pi n} = \dfrac{1000 \times 40}{\pi \times 70} = 181.9$

28. 공작물이 회전하면 바깥지름, 안지름, 절단, 나사, 테이퍼 가공 등을 주로 할 수 있는 대표적인 공작기계는?

① 선반　　　② 플레이너
③ 밀링머신　④ 드릴링 머신

해설 **선반** : 공작물이 회전하면 바깥지름, 안지름, 절단, 나사, 테이퍼 가공 등을 주로 할 수 있다.

29. 센터리스 연삭의 장점으로 옳은 것은?

① 공작물이 무거운 경우에도 연삭이 용이하다.
② 공작물의 지름이 큰 경우에도 연삭할 수 있다.
③ 공작물에 별도로 센터 구멍을 뚫을 필요가 없다.
④ 긴 홈이 있는 공작물도 연삭할 수 있다.

[정답] 25. ③　26. ②　27. ②　28. ①　29. ③

센터리스 연삭기의 장점	센터리스 연삭기의 단점
① 가늘고 긴 편, 원통, 중공축 등을 연삭하기 쉽다. ② 연속 작업할 수 있으며, 대량생산에 적합하다. ③ 기계의 조정이 끝나면 초보자도 작업을 할 수 있다. ④ 고정에 따른 변형이 없고 연삭 여유가 작아도 된다. ⑤ 연삭숫돌의 나비가 크므로 지름의 마멸이 적고 수명이 길다.	① 긴 홈이 있는 공작물은 연삭할 수 없다. ② 대형 중량물은 연삭할 수 없다. ③ 연삭숫돌의 나비보다 긴 공작물은 전후 이송법으로 연삭할 수 없다.

30 다음은 연삭숫돌의 표시법이다. 각 항에 대한 설명 중 틀린 것은?

WA 46 H 8 V

① WA : 연삭숫돌 입자
② 46 : 조직
③ H : 결합도
④ V : 결합제

해설 WA(입자), 46(입도), H(결합도), 8(조직), V(결합제)

31 래핑(lapping)의 특징 설명으로 틀린 것은?

① 가공면은 윤활성이 좋다.
② 가공면은 내마모성이 좋다.
③ 정밀도가 높은 제품을 가공할 수 있다.
④ 가공이 복잡하여 소량생산을 한다.

래핑의 장점	래핑의 단점
① 가공면이 매끈한 거울면 ② 높은 정밀도(평면도, 진원도, 진직도 등) ③ 가공된 면의 내식성, 내마모성 상승 ④ 작업 방법이 간단하고 대량생산 가능	① 가공면에 랩제 잔유가 쉽고 제품의 마찰 촉진 ② 아주 높은 정밀도를 위해선 숙련 필요 ③ 가공면에 랩제가 잔류하기 쉽고, 제품 사용시 마찰을 촉진한다. ④ 작업이 깨끗하지 못하고 작업자의 손과 옷을 더럽힌다.

32 마이크로미터 측정면의 평면도를 검사하는 데 사용하는 것은?

① 옵티 미터
② 오토콜리미터
③ 옵티컬 플랫
④ 사인 바

해설 옵티컬 플랫
마이크로미터 측정면의 평면도를 검사하는 데 사용한다.

정답 30. ② 31. ④ 32. ③

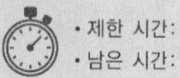

33 수평 밀링머신의 플레인 커터 작업에서 상향 절삭과 하향 절삭에 대한 설명 중 틀린 것은?

① 상향 절삭은 절삭 방향과 공작물의 이송 방향이 같다.
② 상향 절삭에서는 이송 기구의 백래시가 자연스럽게 없어진다.
③ 하향 절삭은 절삭된 칩이 이미 가공된 면 위에 쌓이므로 가공할 면을 잘 볼 수 있다.
④ 하향 절삭은 커터 날이 공작물을 누르며 절삭하므로 일감의 고정이 간편하다.

해설 상향 절삭은 절삭 방향과 공작물의 이송 방향이 다르다.

34 공구의 마모를 나타내는 것 중 공구인선의 일부가 미세하게 탈락하는 것은?

① 플랭크 마모(flank wear)
② 크레이터 마모(crater wear)
③ 치핑(chipping)
④ 글레이징(glazing)

해설 치핑(chipping)
공구인선의 일부가 파괴되어 탈락하는 것으로 단속절삭, 공작기계의 진동, 절삭 시 급랭 등으로 공구인선에 crack이 생기고 선단의 일부가 결손되는 현상이다.

35 밀링 절삭 공구가 아닌 것은?

① 엔드밀(endmill)
② 맨드릴(mandrel)
③ 메탈 쏘(metal saw)
④ 슬래브 밀(slab mill)

해설 심봉(mandrel)
선반 작업에서 구멍이 있는 공작물을 고정, 가공 시 심봉 자체는 양 센터로 지지하거나 주축의 테이퍼 구멍에 끼워 사용하고, 구멍과 외경을 동심으로 가공 시에 사용된다.

36 리머를 모양에 따라 분류할 때 날을 교환할 수 있고 날을 조정할 수 있으므로 수리공장에서 많이 사용하는 리머는?

① 솔리드 리머
② 셀 리머
③ 조정 리머
④ 랜드 리머

해설 조정 리머
날을 교환할 수 있고 날을 조정할 수 있으므로 수리공장에서 많이 사용한다.

정답 33.① 34.③ 35.② 36.③

37 절삭 가공에서 공작물을 깎아 낼 때 매우 중요한 절삭 조건의 3대 요소에 해당하지 않은 것은?

① 절삭 속도 ② 표면 거칠기
③ 절삭 깊이 ④ 이송량

해설 절삭 조건의 3대 요소 : 절삭 속도, 절삭 깊이, 이송량

38 일감을 테이블 위에 고정시키고 수평왕복 운동시켜서 큰 공작물의 평면부를 가공하는 공작기계로서 선반의 베드, 대형 정반 등의 가공에 편리한 공작기계는?

① 셰이퍼 ② 플레이너
③ 슬로터 ④ 밀링머신

해설 플레이너 : 일감을 테이블 위에 고정시키고 수평왕복 운동시켜서 큰 공작물의 평면부를 가공하는 공작기계로서 선반의 베드, 대형 정반 등의 가공에 편리하다.

39 서로 다른 직교하는 3개의 축을 가지고 공간에서 한 점의 위치를 직각좌표계의 X, Y, Z축의 좌푯값으로 표시하여 측정물의 치수, 위치, 윤곽, 형상 등을 입체적으로 측정하는 측정기는?

① 투영기 ② 콤퍼레이터
③ 측장기 ④ 3차원 측정기

해설 3차원 측정기 : 서로 다른 직교하는 3개의 축을 가지고 공간에서 한 점의 위치를 직각좌표계의 X, Y, Z축의 좌푯값으로 표시하여 측정물의 치수, 위치, 윤곽, 형상 등을 입체적으로 측정한다.

40 휴지(dwll) 시간 지정을 의미하는 어드레스가 아닌 것은?

① P ② Q
③ U ④ X

해설 G04 예 : G04 X0.5, G04 U0.5, G04 P500

41 최소 설정 단위가 0.001mm인 CNC 공작기계에서 12mm를 이동시키려면 얼마로 이송지령을 하여야 하는가?

① 120 ② 1200
③ 12000 ④ 120000

해설 최소 설정 단위가 0.001mm인 경우 1mm를 이송하려면 좌표어에 1000을 입력하고 12mm를 움직이려면 좌표어에 12000을 입력하면 된다.

정답 37. ② 38. ② 39. ④ 40. ② 41. ③

06회 CBT 모의고사

42 다음 머시닝센터 가공용 CNC 프로그램에서 G80의 의미는?

N10 G80 G40 G49

① 공구경 보정 취소
② 고정 사이클 취소
③ 공구 길이 보정 취소
④ 위치 결정 취소

해설
① G40 : 공구 지름 보정 취소
② G49 : 공구 길이 보정 취소
④ G80 : 고정 사이클 무시

43 다음 중 고속가공의 일반적인 특징으로 틀린 것은?

① 가공시간을 단축시켜 가공능률을 향상시킨다.
② 표면조도를 향상시킨다.
③ 버(Burr)의 생성이 감소한다.
④ 절삭저항이 증가되고 공구수명이 단축된다.

해설 고속가공은 절삭저항이 저하되고 공구수명이 길어진다.

44 머시닝센터의 기계 일상점검 중 매일 점검사항이 아닌 것은?

① 유량 점검
② 압력 점검
③ 수평 점검
④ 외관 점검

해설

매일 점검	1. 외관 점검
	2. 유량 점검
	3. 압력 점검
	4. 각부의 작동 검사

45 CNC 공작기계의 여러 가지 동작을 위한 각종 모터를 제어하며 주로 ON/OFF 기능을 수행하는 기능으로 옳은 것은?

① 주축기능
② 준비기능
③ 보조기능
④ 공구기능

해설

이송기능	F, E	이송속도, 나사 리드
보조기능	M	기계 작동 부위 지령
주축기능	S	주축속도
공구기능	T	공구번호 및 공구보정번호

[정답] 42. ② 43. ④ 44. ③ 45. ③

46 급속 이송으로 중간점을 경유 기계 원점까지 자동복귀하게 되는 준비기능은?

① G27　　　　　　　　② G28
③ G32　　　　　　　　④ G96

해설

G27	원점복귀 확인
G28	자동 원점복귀
G32	나사 절삭
G96	주축 절삭속도 일정제어

47 CNC 프로그램에서 단어(Word)의 구성은 어떻게 되어 있는가?

① 어드레스(address)+어드레스(address)
② 수치(data)+수치(data)
③ 블록(block)+수치(data)
④ 어드레스(address)+수치(data)

해설 단어(Word)=어드레스(address)+수치(data)

48 CAM 시스템의 곡면 가공 방법에서 Z축 방향의 높이가 같은 부분을 연결하여 가공하는 방법은?

① 주사선 가공　　　　② 등고선 가공
③ 펜슬 가공　　　　　④ 방사형 가공

해설 등고선 가공
곡면 가공 방법에서 Z축 방향의 높이가 같은 부분을 연결하여 가공하는 방법이다.

49 다음은 공구 길이 보정 프로그램이다. 빈칸에 알맞은 것은?

```
      :
G90 G00 G43 Z100. __ ;
      :
```

① D01　　　　　　　② H01
③ S01　　　　　　　④ M01

해설 G90 G00 G43 Z100. H01;
G43 : +방향 공구 길이 보정(+방향으로 이동)
G44 : −방향 공구 길이 보정(−방향으로 이동)

정답　46. ②　47. ④
　　　48. ②　49. ②

06회 CBT 모의고사

50 분할대에서 직접 분할판을 이용하여 원주를 8등분할 때, 몇 구멍씩 회전하면 되는가?

① 3구멍씩 회전
② 4구멍씩 회전
③ 6구멍씩 회전
④ 8구멍씩 회전

해설 **직접 분할법(=면판분할법)**: 분할대의 면판에 24개의 구멍이 등 간격으로 뚫어져 있음(면판 위 24개의 구멍을 이용하여 분할)
$$\frac{24}{N} = \frac{24}{8} = 3$$

51 입도가 작고 연한 숫돌에 적은 압력으로 가압하면서 가공물에 이송을 주고, 동시에 숫돌에 진동을 주어 표면 거칠기를 향상시키는 가공법은?

① 이온가공
② 숏 피닝
③ 슈퍼피니싱
④ 배럴가공

해설 **슈퍼피니싱**
입도가 작고 연한 숫돌에 적은 압력으로 가압하면서 가공물에 이송을 주고, 동시에 숫돌에 진동을 주어 표면 거칠기를 향상시키는 가공법이다.

52 철-탄소계 상태도에서 공정 주철은?

① 4.3%C
② 2.1%C
③ 1.3%C
④ 0.86%C

해설 ① **공정주철**: 4.3%C(레데뷰라이트)
② **아공정주철**: 2.0~4.3%C(오스테나이트+레데뷰라이트)
③ **과공정주철**: 4.3~6.67%C(레데뷰라이트+시멘타이트)

53 다음 비철 재료 중 비중이 가장 가벼운 것은?

① Cu
② Ni
③ Al
④ Mg

해설 비중
① Cu : 8.9
② Ni : 8.9
③ Al : 2.7
④ Mg : 1.74

정답 50. ① 51. ③ 52. ① 53. ④

54 일반적인 합성수지의 공통된 성질로 가장 거리가 먼 것은?
① 가볍다.
② 착색이 자유롭다.
③ 전기절연성이 좋다.
④ 열에 강하다.

해설
- 합성수지는 단단하나 열에는 약하다.
- 가열하면 연소되어 사용할 수 없고, 열전도율이 낮아 부분적으로 과열되기 쉬우므로 주의해야 한다.

55 탄소공구강의 단점을 보강하기 위해 Cr, W, Mn, Ni, V 등을 첨가하여 경도, 절삭성, 주조성을 개선한 강은?
① 주조경질합금
② 초경합금
③ 합금공구강
④ 스테인리스강

해설 합금공구강(STS)
경도를 크게 하고 절삭성을 개선하기 위하여 탄소 공구강에 Cr, W, V, Mo 등을 첨가한 강으로서 바이트(bite), 탭(tap), 드릴(drill), 절단기(cutter), 줄 등에 쓰인다.

56 수기가공에서 사용하는 줄, 쇠톱날, 정 등의 절삭가공용 공구에 가장 적합한 금속재료는?
① 주강
② 스프링강
③ 탄소공구강
④ 쾌삭강

해설 탄소공구강(STC)
① 탄소강 : 탄소량 0.6~1.5
  탄소공구강 : 탄소 함유량 0.9~1.3
② 200℃ 이상의 온도에서 뜨임효과 → 경도저하 → 고속절삭에 불리
  ※ 저온뜨임(100~200℃), 고온뜨임(400~650℃)
③ 줄, 펀치, 정, 쇠톱날 등을 제작

57 탄소강에 첨가하는 합금원소와 특성과의 관계가 틀린 것은?
① Ni - 인성 증가
② Cr - 내식성 향상
③ Si - 전자기적 특성 개선
④ Mo - 뜨임취성 촉진

해설 몰리브덴(Mo)
경도 깊이증가, 고온에서의 강도, 인성 증대, 뜨임취성 방지, 텅스텐 효과의 2배이다.

정답 54.④ 55.③ 56.③ 57.④

58 다음 중 청동의 합금 원소는?

① Cu+Fe ② Cu+Sn
③ Cu+Zn ④ Cu+Mg

해설 청동(bronze)
넓은 의미에서 황동 이외의 구리합금을 모두 청동이라고 하지만 좁은 의미에서는 Cu–Sn 합금을 말한다.

59 나사의 피치가 일정할 때 리드(lead)가 가장 큰 것은?

① 4줄 나사 ② 3줄 나사
③ 2줄 나사 ④ 1줄 나사

해설 리드(lead)
- 나사산이 원통을 한 바퀴 회전하여 축 방향으로 나아가는 거리
- 리드와 피치 사이의 관계 $l = n \times p$

60 직접전동 기계요소인 홈 마찰차에서 홈의 각도(2α)는?

① $2\alpha = 10 \sim 20°$ ② $2\alpha = 20 \sim 30°$
③ $2\alpha = 30 \sim 40°$ ④ $2\alpha = 40 \sim 50°$

해설 홈 마찰차에서 홈의 각도 : $2\alpha = 30 \sim 40°$

정답 58. ② 59. ① 60. ③

CBT 모의고사

week 2

컴퓨터응용선반·밀링기능사

- **01회** 컴퓨터응용선반기능사
- **02회** 컴퓨터응용선반기능사
- **03회** 컴퓨터응용선반기능사
- **04회** 컴퓨터응용밀링기능사
- **05회** 컴퓨터응용밀링기능사
- **06회** 컴퓨터응용밀링기능사

01회 CBT 모의고사

01 델타메탈(delta metal)의 성분으로 올바른 것은?
① 6 : 4 황동에 철을 1~2%로 첨가
② 7 : 3 황동에 주석을 3% 내외 첨가
③ 6 : 4 황동에 망간을 1~2% 첨가
④ 7 : 3 황동에 니켈을 3% 내외 첨가

해설 델타메탈 : 6 : 4 황동에 철을 1~2% 첨가

02 핀 이음에서 한쪽 포크(fork)에 아이(eye) 부분을 연결하여 구멍에 수직으로 평행 핀을 끼워 두 부분이 상대적으로 각운동을 할 수 있도록 연결한 것은?
① 코터
② 너클 핀
③ 분할 핀
④ 스플라인

해설 너클 핀 : 핀 이음에서 한쪽 포크(fork)에 아이(eye) 부분을 연결하여 구멍에 수직으로 평행 핀을 끼워 두 부분이 상대적으로 각운동을 할 수 있도록 연결한 것

03 다음 금속 중 비중이 가장 큰 것은?
① 철
② 구리
③ 납
④ 크롬

해설
- 철 : 7.87
- 구리 : 8.96
- 납 : 11.34
- 크롬 : 7.09

04 두 축이 교차하는 경우에 동력을 전달하려면 어떤 기어를 사용하여야 하는가?
① 스퍼 기어
② 헬리컬 기어
③ 래크
④ 베벨 기어

해설 두 축이 교차하는 경우에 베벨 기어 사용

정답 01. ① 02. ②
03. ③ 04. ④

05 양끝을 고정한 단면적 2cm²인 사각봉이 온도 −10℃에서 가열되어 50℃가 되었을 때 재료에 발생하는 열응력은? (단, 사각봉의 세로 탄성 계수는 21000 N/mm², 선팽창 계수는 0.000012℃이다.)

① 25.20N/mm² ② 15.12N/mm²
③ 35.80N/mm² ④ 29.90N/mm²

해설
$$\sigma = E\varepsilon = E\frac{\lambda}{l}$$
$$\sigma = E\alpha\Delta t = E\alpha(t_2 - t_1) = 21000 \times 0.000012 \times (50-(-10)) = 15.12\text{N/mm}^2$$

06 동력전달용 V벨트의 규격(형)이 아닌 것은?

① B ② A
③ F ④ E

해설 V벨트의 종류에는 M형 및 A, B, C, D, E형 등의 6종류가 있으며, M형이 가장 작고 E형이 가장 크다.

07 합성수지의 공통된 성질 중 틀린 것은?

① 가볍고 튼튼하다.
② 전기 전열성이 좋다.
③ 단단하여 열에 강하다.
④ 가공성이 크고 성형이 간단하다.

해설 단단하나 열에는 약하다. 가열하면 연소되어 사용할 수 없고, 열전도율(熱傳導率)이 낮아 부분적으로 과열(過熱)되기 쉬우므로 주의해야 한다.

08 나사 종류의 표시기호 중 틀린 것은?

① 미터 보통 나사 – M   ② 유니파이 가는 나사 – UNC
③ 미터 사다리꼴 나사 – Tr   ④ 관용 평행 나사 – G

해설
- 유니파이 가는 나사 – UNF
- 유니파이 보통 나사 – UNC

09 하중을 감아 올릴 때는 제동 작용은 하지 않고 클러치 작용을 하며, 내릴 때는 하물 자중에 의해 브레이크 작용을 하는 것은?

① 블록 브레이크   ② 밴드 브레이크
③ 자동하중 브레이크   ④ 축압 브레이크

해설 **자동하중 브레이크** : 하물(荷物)을 감아올릴 때는 제동 작용은 하지 않고 클러치 작용을 하며, 내릴 때는 하물 자중에 의해 브레이크 작용을 한다.

[정답] 05. ② 06. ③ 07. ③ 08. ② 09. ③

10 외경이 500mm, 내경이 490mm인 얇은 원통의 내부에 3MPa의 압력이 작용할 때 원주 방향의 응력은 몇 N/mm²인가?

① 75
② 147
③ 222
④ 294

해설 $\sigma = \dfrac{Dp}{2t} = \dfrac{490 \times 3}{2 \times 5} = 147$
$t = 500 - 490 = 10mm$이므로 $t = 5$

11 비중이 8.90이고 용융온도가 1453℃인 은백색의 금속으로 도금으로도 널리 이용되는 것은?

① Cu
② W
③ Ni
④ Si

해설 Ni : 비중이 8.90이고 용융온도가 1453℃인 은백색의 금속으로 도금으로도 널리 이용되며 인성 및 내식성이 좋다.

12 스프링 소재를 기준에 따라 금속 스프링과 비금속 스프링으로 분류할 때 비금속 스프링에 속하지 않는 것은?

① 고무 스프링
② 합성수지 스프링
③ 비철 스프링
④ 공기 스프링

해설 재료에 의한 분류
- 금속 스프링 : 비철, 강철, 인청동, 황동 등
- 비금속 스프링 : 고무, 나무, 합성수지 등
- 유체 스프링 : 공기, 물, 기름 등

13 베어링의 호칭 번호 6304에서 6은?

① 형식 기호
② 치수 기호
③ 지름 번호
④ 등급 기준

해설 6(형식 기호) 3(치수 기호) 04(안지름 번호)

14 일반적으로 탄소강과 주철로 구분되는 가장 적절한 탄소(C) 함량(%) 한계는?

① 0.15
② 0.77
③ 2.11
④ 4.3

정답 10. ② 11. ③ 12. ③ 13. ① 14. ③

해설 보통강과 주철은 탄소 함유량으로 구분하는데, 학술상 분류는 강은 아공석강(0.025~0.77%C), 공석강(0.77%C), 과공석강(0.77~2.11%C)으로 되어 있고, 주철은 아공정 주철(2.11~4.3%C), 공정 주철(4.3%C), 과공정 주철(4.3~6.68%C)으로 되어 있다.

15 주조용 알루미늄(Al) 합금 중에서 Al-Si계에 속하는 것은?
① 실루민
② 하이드로날륨
③ 라우탈
④ 와이(Y)합금

해설 주조용 알루미늄 합금
- Al-Cu계(알코아)
- Al-Si계(실루민)
- Al-Cu-Si계(라우탈)
- Al-Mg 합금(하이드로날륨)

16 치수 기입에서 $\phi 50^{+0.009}_{+0.005}$의 표시에서 최대허용치수는?
① 50.009
② 0.009
③ 0.004
④ 49.995

해설 최대허용치수 = 기준치수 + 위 치수 공차 = 50 + 0.009 = 50.009

17 나사 표시가 "Tr40×14(P7)"로 표시된 경우 "P7"은 무엇을 뜻하는가?
① 피치
② 등급
③ 리드
④ 호칭 지름

해설 Tr40(외경)×14(P7)(피치)

18 스프링의 제도에 관한 설명으로 틀린 것은?
① 코일 스프링의 종류와 모양만을 간략도로 나타내는 경우에는 재료의 중심선만을 굵은 실선으로 도시한다.
② 코일 부분의 양끝을 제외한 동일 모양 부분의 일부를 생략할 때는 생략한 부분의 선지름의 중심선을 굵은 2점 쇄선으로 도시한다.
③ 코일 스프링은 일반적으로 무하중인 상태로 그린다.
④ 그림 안에 기입하기 힘든 사항은 요목표에 표시한다.

해설 ① 코일 부분의 중간 부분을 생략할 때에는 생략한 부분을 가는 1점 쇄선으로 표시하거나, 또는 가는 2점 쇄선으로 표시해도 좋다.
② 스프링의 종류와 모양만을 도시할 때에는 재료의 중심선만을 굵은 실선으로 그린다.

정답 15.① 16.① 17.① 18.②

19 도면에서 특수한 가공을 하는 부분 등 특별한 요구사항을 적용할 범위를 표시하는 특수 지정선은?

① 가는 1점 쇄선 ② 가는 2점 쇄선
③ 굵은 1점 쇄선 ④ 굵은 실선

해설 특수한 가공(열처리, 도금)을 지시하는 선은 굵은 1점 쇄선이다.

20 그림과 같이 필요한 키 홈 부분만을 투상한 투상도의 명칭으로 가장 적합한 것은?

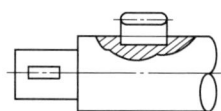

① 보조 투상도 ② 가상 투상도
③ 회전 투상도 ④ 국부 투상도

해설 **국부 투상도** : 물체의 구멍이나 홈 등의 한 국부만의 모양을 도시하는 것으로 충분한 경우에는 필요한 부분을 국부 투상도로 나타낸다. 투상관계를 나타내기 위해서는 원칙적으로 주된 그림에 중심선, 기준선, 치수 보조선 등을 연결한다.

21 기하 공차를 모양 공차, 자세 공차, 위치 공차, 흔들림 공차로 구분할 때 위치 공차에 해당하는 것은?

① ○   ② ◎
③ ▱   ④ ∠

해설

위치 공차	⊕	위치도 공차
	◎	동축도 또는 동심도 공차
	═	대칭도 공차

22 그림에서 d의 위치는 무슨 지시 사항을 나타내는가?

① 가공 방법
② 컷오프 값
③ 기준 길이
④ 줄무늬 방향 기호

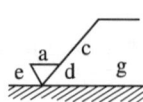

정답 19. ③ 20. ④
21. ② 22. ④

해설 면의 지시 기호에 대한 각 지시 사항의 기입 위치

a : 산술 평균 거칠기 값
b : 가공 방법
c : 컷오프 값
c' : 기준 길이
d : 줄무늬 방향 기호
e : 다듬질 여유 기입
f : 산술 평균 거칠기 이외의 표면 거칠기 값
g : 표면 파상도

23 그림과 같은 입체도에서 화살표 방향이 정면도일 경우 평면도로 가장 적합한 것은?

[보기]

① 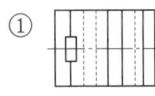   ②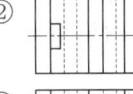
③ 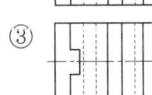   ④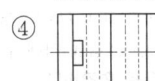

24 기계 가공용 표준 스퍼 기어 가공도면 요목표에 모듈이 3, 기준 피치원 지름이 $\phi 63$으로 표기되어 있다면 잇수는?

① 12
② 21
③ 32
④ 63

해설 피치원 지름 $D = M \times Z = \dfrac{D}{M} = \dfrac{63}{3} = 21$

25 재질이 구상 흑연 주철품인 재료기호의 표시인 것은?

① SC
② KC
③ GC
④ GCD

해설
① SC360~SC480 : 탄소 주강품
② GC100~GC350 : 회주철품
③ GCD370~GCD800 : 구상 흑연 주철품
④ BMC270~BMC360 : 흑심 가단 주철품
⑤ WMC330~WMC540 : 백심 가단 주철품

[정답] 23. ② 24. ② 25. ④

01회 CBT 모의고사

26. 일반적으로 나사 마이크로미터로 측정하는 것은?
① 나사의 유효지름
② 나사의 피치
③ 나사산의 각도
④ 나사의 바깥지름

해설 나사 유효지름의 측정은 나사 마이크로미터, 삼선법, 공구 현미경 등의 광학적 측정기로 하는 방법이 있다.

27. 공작기계를 구성하는 중요한 구비조건이 아닌 것은?
① 가공능력이 클 것
② 높은 정밀도를 가질 것
③ 내구력이 클 것
④ 기계효율이 적을 것

해설 공작기계의 구비조건
① 제품의 공작 정밀도가 좋을 것
② 절삭 가공능률이 우수할 것
③ 융통성이 풍부하고 기계효율이 클 것
④ 조작이 용이하고, 안전성이 높을 것
⑤ 동력 손실이 적고, 기계 강성이 높을 것

28. 외측 마이크로미터에서 측정력을 주는 장치로 맞는 것은?
① 앤빌
② 딤블
③ 래칫 스톱
④ 클램프

해설 스핀들에는 딤블(shimble)과 측정력을 일정하게 하는 래칫 스톱이 붙어 있는데, 측정물은 스핀들과 앤빌 사이에 끼워 측정한다. 일반적으로 마이크로미터는 딤블을 1회전시키면 스핀들은 0.5mm 이송하고, 딤블의 원주는 50등분 되어 있으므로, 원주 눈금 면의 1눈금 회전한 경우 스핀들의 이동량 $M = 0.5 \times \dfrac{1}{50} = \dfrac{1}{100}$ mm이다.

즉, 딤블의 1눈금은 0.01mm를 나타내게 된다.

29. 줄 작업 방법에 해당하지 않는 것은?
① 후진법
② 직진법
③ 병진법
④ 사진법

해설 줄 작업의 종류
① 직진법 : 줄을 길이 방향으로 직진시켜 절삭하는 방법으로 황삭 및 최종 다듬질 작업에 사용한다.
② 사진법 : 넓은 면 절삭에 적합하며, 절삭량이 많아 황삭 및 모따기에 적합하다.
③ 횡진법(병진법) : 줄을 길이 방향과 직각 방향으로 움직여 절삭하는 방법으로 폭이 좁고 길이가 긴 공작물의 줄 작업에 좋다.

정답 26. ① 27. ④ 28. ③ 29. ①

30 원통 연삭기의 주요 구성부분이 아닌 것은?
① 주축대 ② 연삭숫돌대
③ 테이블과 테이블 이송장치 ④ 공구대

> 해설 공구대는 선반에서 바이트를 설치하는 곳이다.

31 래크를 절삭 공구로 하고 피니언을 기어 소재로 하여 미끄러지지 않도록 고정하여 서로 상대운동을 시켜 절삭하는 방법은?
① 총형 커터에 의한 방법 ② 창성에 의한 방법
③ 형판에 의한 방법 ④ 기어 셰이빙에 의한 방법

> 해설 **창성에 의한 절삭** : 인벌류트 곡선의 성질을 응용한 정확한 기어절삭 공구를 기어의 소재와 함께 회전운동을 주며 축 방향으로 왕복 운동을 시켜 절삭한다. 가공 방법은 다음과 같다.
> ① 래크 커터에 의한 방법
> ② 피니언 커터에 의한 방법
> ③ 호브에 의한 절삭

32 다음과 같은 테이퍼를 절삭하고자 할 때 심압대의 편위량으로 적당한 것은?

[보기]
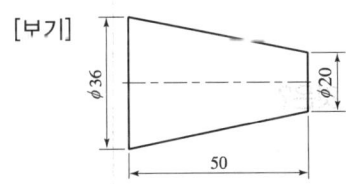

① 8mm ② 10mm
③ 16mm ④ 18mm

> 해설 테이퍼 길이에 대한 편위량
> $$x = \frac{D-d}{2} = \frac{36-20}{2} = 8\,\text{mm}$$

33 회전하는 상자에 공작물과 숫돌 입자, 공작액, 콤파운드 등을 함께 넣어 공작물이 입자와 충돌하여 요철을 제거하고 매끈한 가공면을 얻는 가공법은?
① 숏 피닝 ② 배럴 가공
③ 슈퍼피니싱 ④ 폴리싱

> 해설 **배럴 다듬질** : 충돌가공(주물귀, 돌기 부분, 스케일 제거) 회전하는 상자 속에 공작물과 미디어, 콤파운드(유지+직물), 공작액 등을 넣고 회전과 진동을 주어 표면을 다듬질(회전형, 진동형)

정답 30. ④ 31. ② 32. ① 33. ②

01회 CBT 모의고사

34 원통 연삭의 종류 중 가늘고 긴 공작물을 센터나 척을 사용하여 지지하지 않고 원통형 공작물의 바깥지름을 연삭하는 것은?
① 척 연삭
② 공구 연삭
③ 수직 평면 연삭
④ 센터리스 연삭

해설 **센터리스 연삭** : 가늘고 긴 공작물을 센터나 척을 사용하여 지지하지 않고 원통형 공작물의 바깥지름을 연삭

35 선반의 조작을 캠(cam)이나 유압기구를 이용하여 자동화 한 것으로 대량생산에 적합하고, 능률적인 선반으로 주로 핀(pin) 볼트(bolt), 및 시계 부품, 자동차 부품을 생산하는 데 사용되는 것은?
① 공구선반
② 자동선반
③ 터릿선반
④ 정면선반

해설 **자동선반** : 주로 핀(pin) 볼트(bolt) 및 시계 부품, 자동차 부품을 생산하는 데 사용

36 절삭저항에 관련된 설명으로 맞는 것은?
① 일반적으로 공구의 윗면 경사각이 커지면 절삭저항도 커진다.
② 절삭저항은 주분력, 배분력, 이송분력으로 나눌 수 있다.
③ 절삭저항은 공작물의 재질이 연할수록 크게 나타난다.
④ 배분력이 절삭에 가장 큰 영향을 미치며 주절삭력이라고도 한다.

해설 **절삭저항의 3분력**
절삭저항=주분력(P1) 10 〉 배분력(P3)(2-4) 〉 이송분력(P2)(1-2)
• 주분력(P1) : 절삭 방향으로 작용하는 분력
• 이송분력(P2) : 이송방향(평행)으로 작용하는 분력
• 배분력(P3) : 공구의 축 방향으로 작용하는 분력

37 일감의 재질이 연성이고, 공구의 경사각이 크며, 절삭속도가 빠를 때 주로 발생하는 칩(chip)의 형태는?
① 유동형 칩
② 전단형 칩
③ 경작형 칩
④ 균열형 칩

해설
• **유동형 칩**(flow type chip) : 칩이 공구의 경사면 위를 유동하는 것과 같이 원활하게 연속적으로 흘러 나가는 형태로서 가공면이 깨끗하다.
• **전단형 칩**(shear type chip) : 연한 재질의 공작물을 작은 경사각으로 저속 가공할 때 생긴다.

[정답] 34. ④ 35. ②
36. ② 37. ①

- **열단형 칩(tear type chip)** : 점성이 큰 재질을 작은 경사각의 공구로 절삭할 때
- **균열형 칩(Crack type chip)** : 주철과 같은 메진(취성) 재료를 저속 가공할 때

38 가늘고 긴 공작물을 가공할 경우 자중 및 절삭력으로 인한 휨을 방지하기 위해 이용되는 선반 부속장치는?

① 분할대 ② 심봉
③ 방진구 ④ 면판

해설
- **심봉(mandrel)** : 구멍이 있는 공작물을 고정, 가공 시 심봉 자체는 양 센터로 지지하거나 주축의 테이퍼 구멍에 끼워 사용하고, 구멍과 외경을 동심으로 가공 시에 사용
- **방진구** : 가늘고 긴 일감이 휘는 것을 방지
- **면판** : 대형 공작물이나 복잡한 형상의 공작물 가공에 사용된다.

39 절삭공구 재료의 구비조건으로 틀린 것은?

① 일감보다 단단하고 인성이 있을 것
② 높은 온도에서 경도 저하가 클 것
③ 내마멸성이 클 것
④ 쉽게 원하는 모양으로 만들 수 있을 것

해설 높은 온도에서 경도 저하가 되지 않을 것

40 직경 지령으로 설정된 최소 지령 단위가 0.001mm인 CNC 선반에서 U30으로 지령한 경우 X축의 이동량은 몇 mm인가?

① 10 ② 15
③ 30 ④ 60

해설 CNC 선반에서 U30이면, X15이다.

41 다음 도면의 (a)→(b)→(c)로 가공하는 CNC 선반 가공프로그램에서 (①), (②)에 차례로 들어갈 내용으로 맞는 것은?

[보기]

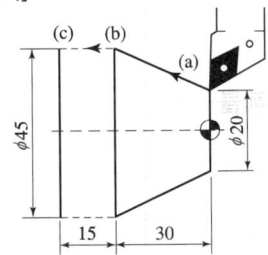

(a)→(b) : G01 (①) Z-30.0 F0.2 ;
(b)→(c) : (②) ;

① X45.0, W-15.0 ② X45.0, W-45.0
③ X15.0, Z-30.0 ④ U15.0, Z-15.0

해설
(a)→(b) : G01 (X45.0) Z-30.0 F0.2 ;
(b)→(c) : (W-15.0) ;

[정답] 38.③ 39.②
40.② 41.①

42. 고속가공기의 장점을 설명한 것으로 틀린 것은?

① 절삭저항이 저하되고, 공구 수명이 길어진다.
② 공구지름이 큰 것을 사용하므로, 효과적 가공이 가능하고 공구가 부러지지 않는다.
③ 칩이 가공열을 가지고 제거되기 때문에 공작물에 열이 남지 않는다.
④ 난삭재의 가공이 가능하다.

해설 특히 엔드밀의 경우에는 절삭저항이 저하됨으로써 매우 얇은 가공물도 변형을 주지 않고 정밀도를 유지하면서 가공할 수 있다.

43. CNC 프로그램에서 선택적 프로그램(program) 정지를 나타내는 보조 기능은?

① M00
② M01
③ M02
④ M03

해설

M00	프로그램 정지
M01	선택적 프로그램 정지
M03	주축 정회전
M04	주축 역회전
M05	주축 정지

44. CNC 선반에서 스핀들 알람(SPINDLE ALARM)의 원인이 아닌 것은?

① 금지영역 침범
② 주축 모터의 과열
③ 주축 모터의 과부하
④ 과전류

해설

알람 내용	원인
EMERGENCY STOP SWITCH ON	비상정지 스위치 ON
LUBR TANK LEVEL LOW ALARM	습동유 부족
THERMAL OVERLOAD TRIP ALARM	과부하로 인한 Over Load Trip
P/S ALARM	프로그램 알람
OT ALARM	금지영역 침범
EMERGENCY L/S ON	비상정지 리미트 스위치 작동
SPINDLE ALARM	• 주축모터의 과열 • 주축모터의 과부하 • 과전류

정답 42. ② 43. ② 44. ①

45 CNC 선반에서 제2 원점으로 복귀하는 준비 기능은?

① G27
② G28
③ G29
④ G30

해설

G27	원점복귀 확인
G28	자동 원점복귀(제1 원점)
G29	원점으로부터 자동복귀
G30	제2 원점복귀

46 연삭 작업할 때의 유의 사항으로 틀린 것은?

① 연삭숫돌은 사용하기 전에 반드시 결함 유무를 확인해야 한다.
② 테이퍼부는 수시로 고정상태를 확인한다.
③ 정밀연삭을 하기 위해서는 기계의 열팽창을 막기 위해 전원투입 후 곧바로 연삭한다.
④ 작업을 할 때에는 분진이 심하므로 마스크와 보안경을 착용한다.

해설 정밀연삭을 하기 위해서는 전원투입 후 3분 정도 공회전하고 연삭한다.

47 CNC의 서보기구(Servo system)의 형식이 아닌 것은?

① 개방회로 방식
② 반폐쇄회로 방식
③ 대수연산 방식
④ 폐쇄회로 방식

해설 서보기구 종류
① 개방회로 제어방식(Open Loop System)
② 반폐쇄회로 방식(Semi-Closed Loop System)
③ 폐쇄회로 방식(Closed Loop System)
④ 복합회로 제어방식(Hybrid Loop System)

48 CNC 공작기계 프로그램에서 소숫점의 사용이 잘못되어 경보(alarm)가 발생하는 것은?

① G90 G00 Z200.0 ;
② G97 S200.0 ;
③ G01 X100.0 F200.0 ;
④ G04 X1.5 ;

해설 회전수는 소숫점 사용하지 않는다.

G97 S200 M03 ;

주축은 200rpm으로 회전한다.

정답 45.④ 46.③ 47.③ 48.②

49. CNC 공작기계 작업 시 안전사항에 위배되는 것은?

① 공작물 설치 시 절삭공구를 회전시킨 상태에서 해도 무관하다.
② 가공 중에는 얼굴을 기계에 가까이 대지 않도록 한다.
③ 칩이 비산하는 재료는 칩 커버를 하든가 보안경을 착용한다.
④ 칩의 제거는 브러시를 사용한다.

해설 공작물 설치 시 절삭공구를 정지 상태에서 한다.

50. CNC 가공에서 홈 가공이나 드릴 가공을 할 때 일시적으로 이송을 정지시키는 기능의 NC 용어는?

① 프로그램 스톱
② 드웰
③ 옵셔널 브록 스킵
④ 옵셔널 스톱

해설 G04 기능(휴지 : Dwell)

G04 X (U, P) ;

① 프로그램에 지정된 시간 동안 공구의 이송을 잠시 중지시키는 기능(적용 : 드릴 가공, 홈 가공, 모서리 다듬질 가공 시 양호한 가공면을 얻기 위해 사용)
② 단위는 X, U, P를 사용하는 데 X, U는 소숫점을 P는 0.001 단위를 사용
[예] G04 X1.5 G04 U1.5 G04 P1500

정지시간(SEC) = 스핀들(주축) $\dfrac{60}{\text{주축회전수(rpm)}} \times$ 일시정지 회전수

51. $\phi 44$ 드릴 가공에서 절삭속도 150m/min, 이송 0.08mm/rev일 때, 회전수와 이송 속도는?

① 1085rpm, 86.8mm/min
② 320rpm, 3.52mm/min
③ 200rpm, 3.41mm/min
④ 170rpm, 34.1mm/min

해설 $n = \dfrac{1000V}{\pi d} = \dfrac{1000 \times 150}{\pi \times 44} = 1085 \text{rpm}$

이송속도 $F = 0.08 \times 1085 = 86.8 \text{mm/min}$

정답 49. ① 50. ② 51. ①

52 그림의 프로그램 경로에 대한 공구경 보정 지령절로 맞는 것은?

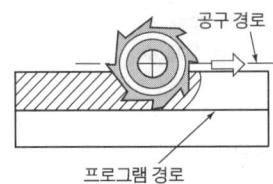

① G40 G01 X_Y_D12 ;
② G41 G01 X_Y_D12 ;
③ G42 G01 X_Y_D12 ;
④ G43 G01 X_Y_D12 ;

해설 G41 : 공구경 보정 좌측

53 그림과 같은 원호보간 지령을 I, J를 사용하여 표현하면?

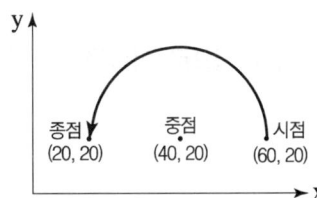

① G03 X20.0 Y20.0 I-20.0 ;
② G03 X20.0 Y20.0 I-20.0 J-20.0 ;
③ G03 X20.0 Y20.0 J-20.0 ;
④ G03 X20.0 Y20.0 I20.0 ;

해설 시계 반대 방향이므로 G03 X20.0 Y20.0 I-20.0 ;

54 CNC 선반의 준비 기능에서 G71이 뜻하는 것은?
① 내외경 황삭 사이클
② 드릴링 사이클
③ 나사 절삭 사이클
④ 단면 절삭 사이클

해설
① G70 : 정삭 사이클
② G71 : 내외경 황삭 사이클
③ G72 : 단면 황삭 사이클
④ G74 : 단면 홈 가공 사이클
⑤ G92 : 나사 절삭 사이클

55 범용 공작기계와 비교하여 CNC 공작기계의 일반적인 특징이 아닌 것은?
① 가공제품이 균일하다.
② 특수공구의 제작이 불필요하다.
③ 유지 보수비가 싸다.
④ 복잡한 일감의 가공이 용이하다.

해설 수치제어 공작기계의 가장 큰 단점은 유지보수비가 범용 공작기계보다 비싸다는 것이다.

[정답] 52. ② 53. ① 54. ① 55. ③

56. CNC 공작기계의 편집 모드(EDIT Mode)에 대한 설명 중 틀린 것은?

① 프로그램을 입력한다.
② 프로그램의 내용을 삽입, 수정, 삭제한다.
③ 메모리된 프로그램 및 워드를 찾을 수 있다.
④ 프로그램을 실행하여 기계가공을 한다.

해설 편집 모드(EDIT Mode)
① 프로그램을 입력한다.
② 프로그램의 내용을 삽입, 수정, 삭제한다.
③ 메모리된 프로그램 및 워드를 찾을 수 있다.

57. 게이지 블록 부속품이 아닌 것은?

① 둥근형 조(jaw)와 평행 조(jaw)
② 스크라이버 포인트(scriber point)
③ 홀더(holder)
④ 센터 게이지(center gauge)

해설 게이지 블록 부속품
① 둥근형 조(jaw)와 평행 조(jaw)
② 스크라이버 포인트(scriber point)
③ 홀더(holder)
④ 센터 포인트(center point)
⑤ 베이스 블록(base block)
⑥ 삼각 스트레이트 에지(triangle straight edge)

58. 게이지 블록의 부속 부품이 아닌 것은?

① 홀더
② 스크레이퍼
③ 스크라이버 포인트
④ 베이스 블록

해설 스크레이퍼 : 기계 가공한 면을 다시 정밀하게 가공하는 작업을 스크레이핑이라고 하며, 이때 사용하는 공구를 스크레이퍼라 한다. 공작기계의 베드, 미끄러면, 측정용 정밀정반 등의 최종마무리 가공에 사용된다.

정답 56. ④ 57. ④
58. ②

59 NPL식 각도 게이지가 요한슨식 각도 게이지와 다른 점은?

① 쐐기(wedge) 형상
② 밀착(wringing)하는 성질
③ 홀더(Holder) 사용
④ 재질은 고탄소강, 또는 초경합금

해설 NPL식 각도 게이지는 측정면이 요한슨식 각도 게이지보다 크고 몇 개의 블록을 조합해서 임의의 각도를 만들 수 있고 그 위에 밀착이 가능하며(홀더 불필요) 현장에서도 많이 쓰이고 있다.

60 수준기에서 1 눈금의 길이를 2mm로 하고, 1 눈금이 각도 5″(초)를 나타내는 기포관의 곡률 반경은?

① 7.26m ② 8.23m
③ 72.6m ④ 82.5m

해설 $\rho = 206265 \times \dfrac{a}{R} = R = \dfrac{206265 \times 2}{5초} = 82506 \div 1000 = 82.5\,\mathrm{m}$

정답 59. ③ 60. ④

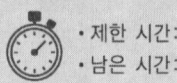

01 순수 비중이 2.7인 이 금속은 주조가 쉽고 가벼울 뿐만 아니라 대기 중에서 내식력이 강하고 전기와 열의 양도체로 다른 금속과 합금하여 쓰이는 것은?

① 구리(Cu) ② 알루미늄(Al)
③ 마그네슘(Mg) ④ 텅스텐(W)

해설 알루미늄(Al) : 순수 비중이 2.7인 이 금속은 주조가 쉽고 가벼울 뿐만 아니라 대기 중에서 내식력이 강하고 전기와 열의 양도체이다.

02 스테인리스강의 종류에 해당하지 않는 것은?

① 페라이트계 스테인리스강
② 펄라이트계 스테인리스강
③ 마텐자이트계 스테인리스강
④ 오스테나이트계 스테인리스강

해설 스테인리스강 : Cr, Ni을 다량 첨가하여 내식성을 현저히 향상시킨 강으로서 마텐자이트계와 페라이트계 및 오스테나이트계로 분류되는데, 그 대표적인 것은 18-8형 스테인리스강인 오스테나이트계 스테인리스강이다.

03 탄소강의 성질을 설명한 것 중 옳지 않은 것은?

① 소량의 구리를 첨가하면 내식성이 좋아진다.
② 인장강도와 경도는 공석점 부근에서 최대가 된다.
③ 탄소강의 내식성은 탄소량이 감소할수록 증가한다.
④ 표준상태에서는 탄소가 많을수록 강도나 경도가 증가한다.

해설 탄소강의 내식성은 탄소량이 증가할수록 감소한다.

04 길이가 50mm인 표준시험편으로 인장 시험하여 늘어난 길이가 65mm이었다. 이 시험편의 연신율은?

① 20% ② 25%
③ 30% ④ 35%

해설 연신율(ε) : $\varepsilon = \dfrac{65-50}{50} \times 100(\%) = 30\%$

정답 01. ② 02. ②
03. ③ 04. ③

05 유체의 유량이 30m³/s이고, 평균속도가 1.5m/s일 때 관의 안지름은 약 몇 mm인가?

① 2059 ② 3089
③ 4119 ④ 5045

해설 $d = 1128\sqrt{\dfrac{Q}{V_m}} = 1128\sqrt{\dfrac{30}{1.5}} = 5044.6\text{mm}$

06 주철의 일반적 설명으로 틀린 것은?

① 강에 비하여 취성이 작고 강도가 비교적 높다.
② 주철은 파면적으로 분류하면 회주철, 백주철, 반주철로 구분할 수 있다.
③ 주철 중 탄소의 흑연화를 위해서는 탄소량 및 규소의 함량이 중요하다.
④ 고온에서 소성변형이 곤란하나 주조성이 우수하여 복잡한 형상을 쉽게 생산할 수 있다.

해설 주철의 단점
• 인장강도, 휨강도가 작고 충격에 대해 약하다.
• 충격값, 연신율이 작고 취성이 크다.

07 제동장치를 작동부분의 구조에 따라 분류할 때 이에 해당하지 않는 것은?

① 유압 브레이크
② 밴드 브레이크
③ 디스크 브레이크
④ 블록 브레이크

해설 작동 부분의 구조에 따라 블록 브레이크, 밴드 브레이크, 디스크 브레이크, 축압 브레이크, 자동 브레이크로 분류한다.

08 수나사의 크기는 무엇을 기준으로 표시하는가?

① 유효지름
② 수나사의 안지름
③ 수나사의 바깥지름
④ 수나사의 골지름

해설 수나사의 크기는 수나사의 바깥지름이 기준이다.

[정답] 05. ④ 06. ① 07. ① 08. ③

02회 CBT 모의고사

09 구리에 아연을 5~20%를 첨가한 것으로 색깔이 아름답고 장식품에 많이 쓰이는 황동은?

① 톰백 ② 포금
③ 문쯔메탈 ④ 커머셜 브론즈

해설 톰백
구리에 아연을 5~20%를 첨가한 것으로 색깔이 아름답고 장식품에 많이 쓰이는 황동

10 가장 널리 쓰이는 키(key)로 축과 보스 양쪽에 모두 키 홈을 파서 동력을 전달하는 것은?

① 성크 키 ② 반달 키
③ 접선 키 ④ 원뿔 키

해설 묻힘 키(Sunk Key)
축과 보스 양쪽에 모두 키 홈을 파서 비틀림 모멘트를 전달하는 키로서 가장 많이 사용된다.

11 스프링을 사용하는 목적으로 볼 수 없는 것은?

① 힘 축적 ② 진동 흡수
③ 동력 전달 ④ 충격의 완화

해설 스프링의 용도
① 완충용(충격 에너지 흡수, 방진) : 차량용 현가장치, 승강기 완충 스프링
② 에너지 축적 이용 : 계기용 스프링, 시계의 태엽, 완구용 스프링, 축음기, 총포의 격심용 스프링
③ 측정용 : 힘의 변형 원리를 이용하여 압축력(또는 인장력)에 의한 변형 길이로 힘을 측정한다. 저울 등이 이에 해당한다.
④ 동력용 : 안전밸브, 조속기, 스프링 와셔

12 금속재료 중 주석, 아연, 납, 안티몬의 합금으로 주성분인 주석과 구리, 안티몬을 함유한 것은 베빗 메탈이라고도 하는 것은?

① 켈밋 ② 합성수지
③ 틀리 메탈 ④ 화이트 메탈

해설 화이트 메탈
주석, 아연, 납, 안티몬의 합금으로 주성분인 주석과 구리, 안티몬을 함유한 것은 베빗 메탈이라고도 한다.

정답 09. ① 10. ①
11. ③ 12. ④

13 기준 랙 공구의 기준 피치선이 기어의 기준 피치원에 접하지 않는 기어는?

① 웜 기어
② 표준 기어
③ 전위 기어
④ 베벨 기어

해설 전위 기어 : 기준 랙 공구의 기준 피치선이 기어의 기준 피치원에 접하지 않는 기어

14 신소재인 초전도 재료의 초전도 상태에 대한 설명으로 옳은 것은?

① 상온에서 자화시켜 강한 자기장을 얻을 수 있는 금속이다.
② 알루미나가 주가 되는 재료로 높은 온도에서 잘 견디어 낸다.
③ 비금속의 무기 재료(classical ceramics)를 고온에서 소결처리하여 만든 것이다.
④ 어떤 종류의 순금속이나 합금을 극저온으로 냉각하면 특정 온도에서 갑자기 전기저항이 영(0)이 된다.

해설 초전도 재료 : 금속은 전기저항이 있기 때문에 전류를 흐르면 전류가 소모된다. 보통 금속은 온도가 내려갈수록 전기저항이 감소하지만, 절대온도 근방으로 냉각하여도 금속 고유의 전기저항은 남는다. 그러나 초전도 재료는 일정 온도에서 전기저항이 0이 되는 현상이 나타나는 재료를 말한다.

15 평 벨트를 벨트 풀리에 걸 때 벨트와 벨트 풀리의 접촉각을 크게 하기 위해 이완 측에 설치하는 것은?

① 림
② 단차
③ 균형추
④ 긴장 풀리

해설 평 벨트를 벨트 풀리에 걸 때 벨트와 벨트 풀리의 접촉각을 크게 하기 위해 이완 측에 긴장 풀리를 설치한다.

16 치수를 표현하는 기호 중 치수와 병용되어 특수한 의미를 나타내는 기호를 적용할 때가 있다. 이 기호에 해당하지 않는 것은?

① $S\phi7$
② C3
③ □5
④ SR15

해설

구분	기호	사용 예
지름	ϕ	$\phi60$
반지름	R	R20
구의 지름	$S\phi$	$S\phi40$
구의 반지름	SR	SR30
정사각형의 변	□	□12
관의 두께	t	t5
45°의 모따기	C	C3

[정답] 13. ③ 14. ④ 15. ④ 16. ③

17 그림과 같이 표면을 도시할 때의 지시 기호 설명으로 가장 적합한 것은?

① 제거 가공해서는 안 된다는 것을 지시하는 경우
② 제거 가공을 필요로 한다는 것을 지시하는 경우
③ 제거 가공의 필요 여부를 문제 삼지 않는 경우
④ 정밀연삭 가공을 할 필요가 없다고 지시하는 경우

해설
∇ : 제거 가공의 필요 여부를 문제 삼지 않는다.
∀ : 제거 가공을 해서는 안 된다.
▽ : 제거 가공을 필요로 한다.

18 도면에서 특수한 가공(고주파 담금질 등)을 실시하는 부분을 표시할 때 사용하는 선의 종류는?

① 굵은 실선
② 가는 1점 쇄선
③ 가는 실선
④ 굵은 1점 쇄선

해설 **굵은 1점 쇄선** : 특수한 가공을 하는 부분 등 특별한 요구사항을 적용할 수 있는 범위를 표시하는 데 사용

19 스퍼 기어의 도시에서 피치원을 나타낼 때 사용되는 선은?

① 굵은 실선
② 가는 실선
③ 가는 1점 쇄선
④ 가는 2점 쇄선

해설
① 바깥지름 : 굵은 실선
② 피치원 : 가는 1점 쇄선
③ 이뿌리원 : 가는 실선
④ 축 직각 단면으로 도시할 때 이뿌리선 : 굵은 실선

정답 17. ② 18. ④ 19. ③

20 그림과 같은 도면에서 대각선으로 교차한 가는 실선 부분은 무엇을 나타내는가?

① 취급 시 주의 표시
② 다이아몬드 형상을 표시
③ 사각형 구멍 관통
④ 평면이란 것을 표시

해설 그림의 대각선은 평면을 의미하며 가는 실선으로 표시한다.

21 회주철품의 KS 재료기호에 해당하는 것은?

① STD3
② PMC540
③ WMC330
④ GC100

해설
① STD3 : 합금 공구 강재
② PMC540 : 펄라이트 가단주철품
③ WMC330 : 백심 가단주철품
④ GC100 : 회주철품

22 그림과 같은 투상도의 기하공차 기호가 의미하는 것은?

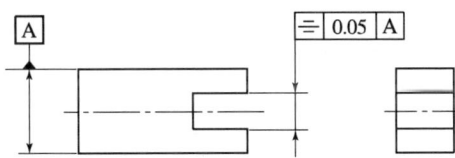

① 대칭도
② 위치도
③ 중심도
④ 직각도

해설 위의 그림의 해석은 A면에 대하여 대칭도가 0.05mm의 간격을 갖는 평행한 두 개의 평면 사이에 있어야 한다.

23 그림과 같이 제3각법으로 투상한 투상도의 입체도로 가장 적합한 것은?

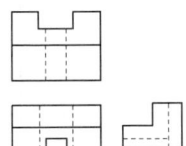

①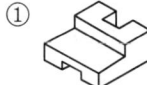
②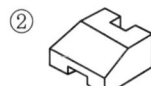
③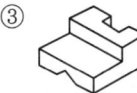
④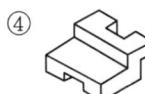

정답 20. ④ 21. ④
     22. ① 23. ①

24. 도면에 표시된 나사 표시기호의 일반적인 해석으로 틀린 것은?

① 나사의 감긴 방향은 나사방향을 나타내는 표시기호가 특별히 없으면 오른나사이다.
② 나사의 줄 수는 2줄, 3줄 등의 표시가 특별히 없으면 한줄 나사이다.
③ 미터나사에서 수나사와 암나사를 조합하여 등급을 표시할 때는 암나사, 수나사의 순서대로 나열하고 그 사이에 사선을 넣어 표기한다.
④ "나사의 종류 호칭 지름×피치×나사산 수"로 나사 호칭을 표시해야 한다.

해설 나사의 호칭은 나사의 종류, 나사의 지름×피치로 나타낸다.

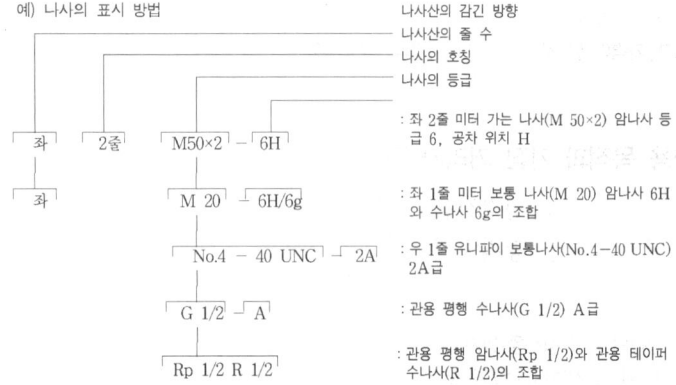

25. 분할 핀의 호칭 방법으로 맞는 것은?

① 종류-형식-호칭 지름×길이-재료-명칭
② 명칭-등급-호칭 지름×길이×재료
③ 명칭×호칭 지름×길이-재료-지정사항
④ 명칭-호칭 지름×길이-재료

해설 분할 핀의 호칭 방법
규격번호 또는 명칭-호칭 지름×길이-재료

정답 24. ④ 25. ④

26 드릴로 뚫은 구멍에 암나사를 내는 가공은?

① 태핑 ② 리밍
③ 스폿 페이싱 ④ 카운터 싱킹

해설 태핑 : 구멍에 암나사를 내는 가공

27 절삭 공구 재료의 구비조건으로 틀린 것은?

① 가공 재료보다 경도가 커야 한다.
② 가공성이 좋아야 한다.
③ 고온에서 경도를 유지해야 한다.
④ 가공 재료와 밀접한 관계가 있어야 하므로 친화력이 있어야 한다.

해설 절삭 공구 재료의 구비조건
① 피 절삭재보다는 경도와 인성이 클 것
② 고온에서 경도가 감소되지 않을 것
③ 내마모성, 내충격성이 클 것
④ 절삭저항을 받으므로 강도가 클 것
⑤ 형상을 만들기 용이하고 가격이 쌀 것

28 다음 중 절삭유제의 사용 목적과 가장 거리가 먼 것은?

① 윤활작용 ② 냉각작용
③ 세척작용 ④ 충격방지작용

해설 절삭유의 작용
① 냉각작용 : 절삭공구와 일감의 온도 상승을 방지
② 윤활작용 : 공구 날의 원면과 칩 사이의 마찰을 감소
③ 세척작용 : 칩을 씻어 버린다.

29 연삭 작업에 대한 설명으로 틀린 것은?

① 원통 연삭을 할 때 일감의 원주 속도는 숫돌바퀴 원주 속도의 1/100 정도가 보통이다.
② 연삭 여유는 공작물의 재질, 모양, 크기, 상태 등에 따라 결정하며 가능한 작을수록 좋다.
③ 일반적으로 다듬질 연삭에서 이송속도는 1~2m/min의 범위가 적당하다.
④ 성형연삭은 금형 제품과 같은 복잡한 형상을 연삭하는 것이다.

해설 일반적으로 거친 연삭에서 이송속도는 1~2m/min의 범위가 적당하고, 다듬 연삭에서 이송속도는 0.2~0.4m/min의 범위가 적당하다.

[정답] 26. ① 27. ④ 28. ④ 29. ③

30. 절삭에서 구성인선의 발생 방지대책으로 틀린 것은?

① 절삭 깊이를 작게 한다.
② 윤활성이 좋은 절삭 유제를 사용한다.
③ 경사각을 작게 한다.
④ 절삭 속도를 크게 한다.

해설 구성인선 방지책
① 절삭 깊이를 적게 한다. ② 상면 경사각을 크게 한다.
③ 절삭 속도를 크게 한다. ④ 윤활성이 있는 절삭유를 사용한다.

31. 가늘고, 긴 가공물의 연삭에 가장 적합한 연삭기는?

① 캠 연삭기   ② 공구 연삭기
③ 평면 연삭기   ④ 센터리스 연삭기

해설 가늘고, 긴 가공물의 연삭에 가장 적합한 연삭기는 센터리스 연삭기이다.

32. 볼트, 작은 나사 및 핀과 같은 다수 공정의 일감을 대량생산하거나 능률적으로 가공할 때 가장 적합한 선반은?

① 모방 선반   ② 범용 선반
③ 터릿 선반   ④ 차축 선반

해설 터릿 선반 : 볼트, 작은 나사 및 핀과 같은 다수 공정의 일감을 대량생산할 때 사용한다.

33. 다음 중 선반 가공에서 테이퍼 절삭방법이 아닌 것은?

① 심압대의 편위에 의한 방법
② 단동 척의 편심을 이용한 방법
③ 복식 공구대의 경사에 의한 방법
④ 테이퍼 절삭 장치에 의한 방법

해설 테이퍼 절삭 작업
① 복식 공구대를 경사시키는 방법 : 길이가 짧고 테이퍼 값이 클 때 사용된다.
$$\theta = \tan^{-1}\frac{D-d}{2\,l}$$
② 심압대를 편위시키는 방법(Set over) : 비교적 길이가 길고 테이퍼 값이 작을 때 사용된다.
$$x = \frac{(D-d)L}{2\,l}[\text{mm}]$$

정답 30. ③ 31. ④ 32. ③ 33. ②

③ 테이퍼 절삭 장치를 사용하는 방법
④ 가로, 세로 이송핸들을 사용하는 방법
⑤ 총형 공구를 사용하는 방법

34 선반에서 4개의 조가 각각 단독으로 이동하며, 불규칙한 모양의 일감을 고정하는 데 편리하게 되어있는 것은?

① 연동 척
② 단동 척
③ 콜릿 척
④ 만능 척

해설 척 : 바깥지름으로 크기를 나타낸다.
① 연동 척(만능척, 스크롤 척) : 규칙적인 외경을 가진 재료를 가공. 단동척보다 고정력이 약하다. 3개의 조를 크라운 기어를 사용, 동시에 이동시킨다.
② 단동 척 : 다소 불규칙한 외경의 공작물 가공과 중심을 편심시켜 가공할 수 있다. 4개의 조가 있다.
③ 마그네틱 척 : 전자석 설치, 얇은 공작물을 변형시키지 않고 가공된다.
④ 콜릿 척 : 가는 지름의 환봉 재료 고정. 탁상, 터릿 선반용으로 사용된다.

35 보링 작업에서 가장 많이 쓰이는 절삭 공구는?

① 바이트
② 드릴
③ 정면 커터
④ 탭

해설 바이트 : 보링 작업에서 가장 많이 쓰이는 절삭 공구이다.

36 아베의 원리에 맞지 않는 측정기는?

① 외경 마이크로미터
② 내경 마이크로미터
③ 나사 마이크로미터
④ V홈 마이크로미터

해설 아베의 원리는 측정하려는 길이를 표준자로 사용되는 눈금의 연장선상에 놓는다라는 것인데 이는 피측정물과 표준자와는 측정 방향에 있어서 동일 직선상에 배치하여야 한다(독일의 아베).
• **만족** : 외측 마이크로, 측장기
• **불만족** : 버니어 캘리퍼스

37 정밀입자 가공법에 대한 설명으로 틀린 것은?

① 호닝 : 내연기관이나 액압 장치의 실린더 등의 내면을 다듬질한다.
② 슈퍼피니싱 : 다듬질 면은 평활하고 방향성이 없다.
③ 래핑 : 랩의 재질은 일감보다 약간 강한 재질을 사용한다.
④ 액체호닝 : 복잡한 모양의 일감도 다듬질이 가능하다.

해설 래핑 : 랩의 재질은 일감보다 약간 약한 재질을 사용한다.

정답 34. ② 35. ①
36. ② 37. ③

38 공작기계와 구비해야 할 강성(rigidity)과 관계가 가장 관계가 가장 적은 것은?

① 정적 강성(static rigidity)
② 동적 강성(dynamic rigidity)
③ 열적 강성(thermal rigidity)
④ 마찰 강성(friction rigidity)

해설 공작기계와 구비해야 할 강성은 정적, 동적, 열적 강성 등이다.

39 나사의 광학적 측정 시 측정 대상이 아닌 것은?

① 유효 지름
② 피치
③ 산의 각도
④ 리드각

해설 나사의 광학적 측정 시 측정 대상은 유효 지름, 피치, 산의 각도 등이다.

40 다음 CNC 선반의 프로그램에서 설정된 주축 최고회전수는 몇 rpm 인가?

```
G28 U0. W0. ;
G50 X150. Z150. S2800 T0100 ;
G96 S180 M03 ;
G00 X62. Z2. T0101 M08 ;
```

① 150
② 180
③ 1800
④ 2800

해설 G50의 최고회전수 지정에서 S2800이다.

41 다음 그림과 같이 프로그램 경로의 왼쪽에서 공구가 이동하는 공구 인선 반지름 보정을 할 때 맞는 준비 기능은?

① G40
② G41
③ G42
④ G43

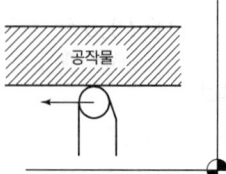

정답 38. ④ 39. ④ 40. ④ 41. ②

해설 ① G40 : 공구지름 보정 취소　② G43 : 공구길이 보정(+)
④ G41 : 공구경 보정 좌측　⑤ G42 : 공구경 보정 우측

42 다음은 원호 보간 지령 방법이다. ㉠에 들어갈 어드레스 중 가장 적합한 것은?

G02 X(U)__ Z(W)__ ㉠__ F__ ;

① F
② S
③ T
④ R

해설 원호 보간(circular interpolation : G02 G03)
다음의 지령에 의해 공구가 원호가공을 할 수 있다.

G02 X(U)_ Z(W)_ I_ K_ F_ ;
G02 X(U)_ Z(W)_ R_ F_ ;

G03 X(U)_ Z(W)_ I_ K_ F_ ;
G03 X(U)_ Z(W)_ R_ F_ ;

43 공작기계 작업에서 안전에 관한 사항으로 틀린 것은?

① 기계 위에 공구나 작업복 등을 올려놓지 않는다.
② 회전하는 기계를 손이나 공구로 멈추지 않는다.
③ 칩이 비산할 때는 손으로 받아서 처리한다.
④ 절삭 중이나 회전 중에는 공작물을 측정하지 않는다.

해설 칩이 비산할 때는 절대 손으로 처리하지 않는다.

44 다음과 같은 CNC 선반 프로그램에서 2회전의 휴지(Dwell) 시간을 주려고 할 때 ( ) 속에 적합한 단어(Word)는?

G50 S1500 T0100 ;
G96 S80 M03 ;
G00 X60.0 Z50.0 T0101 ;
G01 X30.0 F0.1 ;
G04 ( ) ;

① X0.14
② P0.14
③ X1.5
④ P1.5

해설 60초 : 정지시간(초)=80rpm : 2회전
정지시간 : $x = \dfrac{60 \times 2}{80} = 1.5\,\text{sec}$
CNC 선반에서 1.5초 휴지(dwell)하는 프로그래밍 : G04 X1.5, G04 U1.5, G04 P1500

45 CNC 선반에서 안지름과 바깥지름의 거친 가공 사이클을 나타내는 반복 사이클 기능은?

① G70   ② G71
③ G74   ④ G76

해설
① G70 : 정삭 사이클
② G71 : 내외경 황삭 사이클
③ G72 : 단면 황삭 사이클
④ G73 : 모방 사이클
⑤ G74 : 단면 홈 가공 사이클

46 CNC 선반에서 가공하기 어려운 작업은?

① 테이퍼 작업   ② 나사 작업
③ 드릴 작업   ④ 편심 작업

해설 CNC 선반에서 편심 작업은 가공하기 어렵다.

47 CNC 기계 가공 시 수동운전이 되지 않는 경우의 원인과 대책으로 알맞지 않는 것은?

① 경보가 표시되어 있다. → 경보 리스트 참조
② 모드 스위치가 수동의 위치로 되어 있지 않다. → 모드 전환
③ 머신 록(machine Lock)으로 되어 있다. → ON 한다.
④ 피드 홀드(feed hold)로 되어 있다. → OFF 한다.

해설 머신 록(machine Lock)으로 되어 있다. → ON하면 자동운전이다.

48 움직인 양을 모터에서 간접적으로 속도 및 위치를 검출하여 피드백(feed back)시키는 것으로 비교적 제작이 용이하기 때문에 일반 CNC 공작기계에 많이 사용되는 서보기구는?

① 개방 회로   ② 반폐쇄 회로
③ 폐쇄 회로   ④ 반개방 회로

해설 서보기구 종류
① 개방회로 제어방식(Open Loop System) : 검출기나 피드백 회로를 가지지 않기 때문에 정밀도가 낮아 오늘날 NC 기계에는 거의 사용하지 않는다.

정답 45. ② 46. ④
      47. ③ 48. ②

② 반폐쇄회로 방식(Semi-Closed Loop System) : 서보 모터의 축 또는 볼 스크루의 회전 각도를 통하여 위치를 검출하는 방식으로 CNC 공작기계에 이 방식을 많이 사용한다.
③ 폐쇄회로 방식(Closed Loop System) : 기계의 테이블에 직접적으로 스케일(Scale)을 부착하여 위치편차를 피드백시키는 방식으로 정밀도가 높아 고정밀도의 공작기계나 대형 공작기계 등에 많이 사용
④ 복합회로 제어방식(Hybrid Loop System) : 반폐쇄회로 제어방식과 폐쇄회로 제어방식을 결합한 제어방식으로 대형 공작기계와 같이 강성을 충분히 높일 수 없는 기계에 적합한 방식이다.

49 CNC 선반 가공 시 안전사항에 대한 내용 중 옳은 것은?

① 재료나 측정기를 컨트롤러의 윗면에 올려놓는다.
② 컨트롤러는 여러 사람이 동시에 조작한다.
③ 절삭공구는 안전상 짧게 장착한다.
④ 칩은 버니어 캘리퍼스를 이용하여 제거한다.

해설 CNC 선반 가공 시 안전사항
① 재료나 측정기를 컨트롤러의 윗면에 올려놓지 않는다.
② 컨트롤러는 여러 사람이 동시에 조작하지 않는다.
③ 칩은 갈고리 등을 이용하여 제거한다.

50 CNC 선반에서 지령값 X58.0으로 프로그램하여 외경을 가공한 후 측정한 결과 ϕ 57.96mm이었다. 기존의 X축 보정값이 0.005라 하면 보정값을 얼마로 수정해야 하는가?

① 0.075
② 0.065
③ 0.055
④ 0.045

해설 가공에 따른 X축 보정값 = 58−57.96 = 0.04
기존의 보정값 = 0.005
공구의 보정값 = 0.04 + 0.005 = 0.045

51 CNC 선반에서 통상적인 제2 원점복귀에 관한 내용으로 틀린 것은?

① 제2 원점복귀는 기계 원점복귀 후 사용 가능하다.
② 일반적으로 기계 원점과 제2 원점은 같은 위치이다.
③ 제2 원점은 통상 공구 교환 지점으로 활용한다.
④ 제2 원점 위치의 수정은 파라미터의 값을 고쳐 수정한다.

해설 기계 원점(G28)과 제2 원점(G30)은 같은 위치가 아니다.

정답 49. ③ 50. ④ 51. ②

52. CNC 선반에서 G92를 이용하여 나사 가공할 때, 다음 그림에서 나사를 절삭하는 부분에 해당하는 것은?

① ㉠
② ㉡
③ ㉢
④ ㉣

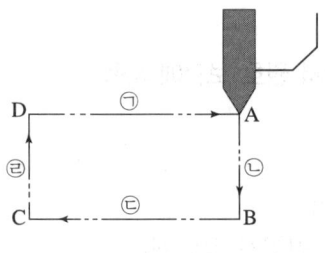

해설 그림에서 G92를 이용하여 나사 가공은 ㉢이다.

53. CNC 선반 프로그램에서 T0101의 설명 중 틀린 것은?

① T0101에서 T는 공구 기능을 나타낸다.
② T0101에서 앞부분 01은 공구 교환에 필요하다.
③ T0101에서 뒷부분 01은 공구 보정에 필요하다.
④ T0101은 1번 공구로 공구 보정 없이 가공한다.

해설 T01(1번 공구의 보정번호)
01(1번 보정값 수행)

54. 기차 바퀴처럼 지름이 크고, 길이가 짧은 가공물을 깎는 데 가장 적당한 선반은?

① 터릿 선반
② 모방 선반
③ 공구 선반
④ 정면 선반

해설
① **정면 선반** : 직경이 크고 길이가 짧은 공작물 가공(대형 풀리, 플라이휠)
② **터릿 선반** : 보통 선반의 심압대 대신 여러 개의 공구를 방사상으로 설치하여 공정 순서대로 공구의 차례대로 사용할 수 있도록 되어 있는 선반
③ **모방 선반** : 제품과 동일한 모양의 형판에 의해 공구대가 자동으로 이동하며 형판과 같은 윤곽으로 절삭하는 선반
④ **공구 선반** : 릴리빙 장치(=Back off 장치)를 가진 것으로 절삭공구(호브, 커터, 탭 등)의 여유각을 가공한다.

55. 선반에서 공작물의 편심 가공과 불규칙한 모양의 공작물을 고정하는 데 편리한 척(chuck)은?

① 단동 척
② 연동 척
③ 콜릿 척
④ 유압 척

정답 52. ③ 53. ④ 54. ④ 55. ①

 척 : 바깥지름으로 크기를 나타낸다.
① 연동 척(만능척, 스크롤 척) : 규칙적인 외경을 가진 재료를 가공. 단동 척보다 고정력이 약하다. 3개의 조를 크라운 기어를 사용, 동시에 이동시킨다.
② 단동 척 : 다소 불규칙한 외경의 공작물 가공과 중심을 편심시켜 가공할 수 있다. 4개의 조가 있다.
③ 콜릿 척 : 가는 지름의 환봉 재료 고정. 탁상, 터릿 선반용으로 사용된다.

56 CNC 선반 프로그램에서 원호 보간에 사용하는 좌표에 I, K는 무엇을 뜻하는가?

① 원호 끝점의 위치
② 원호 시작점의 위치
③ 원호의 시작점에서 끝점까지의 벡터량
④ 원호의 시작점에서 중심점까지의 벡터량

시작점에서 중심까지의 거리	I, K	시작점에서 중심까지의 거리 (I는 항상 반경지정)
원호반경(선택기능)	R	원호의 반경 (180° 이하의 원호)

57 지름값으로 지령하는 CNC 선반에서 X축을 0.004로 보정하고 X60.을 지령하여 가공하였더니 59.94mm이었다. 보정값을 얼마로 수정해야 하는가?

① 0.056
② 0.06
③ 0.064
④ 0.0064

가공에 따른 X축 보정값 = 60 − 59.94 = 0.06
기존의 보정값 = 0.004
공구의 보정값 = 0.06 + 0.004 = 0.064

58 CNC 선반 프로그래밍에서 G99에 설명으로 맞는 것은?

① G99는 분당 회전(rev/min)을 의미한다.
② G99는 회전당 분(min/rev)을 의미한다.
③ G99는 회전당 이송거리(mm/rev)를 의미한다.
④ G99는 이송거리당 회전(rev/mm)을 의미한다.

G99는 회전당 이송거리(mm/rev)를 의미한다.

정답 56. ④ 57. ③ 58. ③

59 내측 및 외측을 측정할 때 사용하는 게이지 블록 부속품은?

① 둥근형 조(jaw)와 평행 조(jaw)
② 스크라이버 포인트(scriber point)
③ 베이스 블록(base block)
④ 센터 포인트(center point)

60 실린더 게이지, 버니어 캘리퍼스, 마이크로미터를 교정할 때 사용하는 게이지 블록 부속품은?

① 홀더(holder)
② 스크라이버 포인트(scriber point)
③ 베이스 블록(base block)
④ 센터 포인트(center point)

03회 CBT 모의고사

01 다음 중 가장 큰 하중이 걸리는 데 사용되는 키(key)는?

① 새들 키
② 묻힘 키
③ 둥근 키
④ 평 키

해설 하중의 크기 순서
세레이션 > 스플라인 > 접선 키 > 묻힘(성크) 키 > 평 키 > 새들(안장) 키 > 둥근 키

02 벨트 전동에 관한 설명으로 틀린 것은?

① 벨트풀리에 벨트를 감는 방식은 크로스벨트 방식과 오픈벨트 방식이 있다.
② 오픈벨트 방식에서는 양 벨트 풀리가 반대 방향으로 회전한다.
③ 벨트가 원동차에 들어가는 측을 인장(긴장) 측이라 한다.
④ 벨트가 원동차로부터 풀려 나오는 측을 이완 측이라 한다.

해설 바로 걸기(오픈벨트 방식) 방법에서는 원동차와 종동차의 회전방향이 같으며, 엇걸기(크로스벨트 방식) 방법에서는 회전방향이 반대이다.

03 알루미늄과 양은의 차이점은?

① 알루미늄은 단일원소이고 양은은 구리-아연-니켈의 합금이다.
② 알루미늄은 단일원소이고 양은은 구리-주석-니켈의 합금이다.
③ 알루미늄은 구리-아연-니켈의 합금이고 양은은 단일 원소이다.
④ 알루미늄은 구리-주석-니켈의 합금이고 양은은 단일 원소이다.

해설 알루미늄은 단일원소이고 양은은 구리-아연-니켈의 합금이다.

04 순간적으로 짧은 시간에 작용하는 하중은?

① 정하중
② 교번하중
③ 충격하중
④ 분포하중

해설
① **충격하중** : 비교적 단시간에 충격적으로 작용하는 하중으로, 못을 박을 때와 같이 순간적으로 작용하는 하중
② **교번하중** : 하중의 크기와 방향이 충격 없이 주기적으로 변화하는 하중으로, 피스톤 로드와 같이 인장과 압축을 교대로 반복하는 하중
③ **정하중** : 일정한 크기의 힘이 가해진 상태에서 정지하고 있는 하중 또는 일정한 속도로 매우 느리게 가해지는 하중
④ **분포하중** : 재료의 어느 범위 내에 분포되어 작용하는 하중으로 분포 상태에 따라 균일 분포하중과 불균일 분포하중이 있다.

[정답] 01. ② 02. ② 03. ① 04. ③

03회 CBT 모의고사

05 복식 블록 브레이크의 설명 중 틀린 것은?
① 큰 회전력의 제동에 적당하다.
② 브레이크 드럼을 양쪽에서 누른다.
③ 축에 구부림이 작용하지 않는다.
④ 축의 역전 방지 기구로 사용된다.

해설 축의 역전 방지 기구로 사용되는 것은 래칫 휠이다.

06 모듈이 3이고, 잇수가 각각 30과 60인 한 쌍의 표준 평 기어의 중심거리는?
① 114mm ② 126mm
③ 135mm ④ 148mm

해설 $C = \dfrac{M(Z_1 + Z_2)}{2} = \dfrac{3 \times (30+60)}{2} = 135mm$

07 TTT 곡선도에서 TTT가 의미하는 것 중 틀린 것은?
① 시간(Time) ② 뜨임(Tempering)
③ 온도(Temperature) ④ 변태(Transformation)

해설 TTT의 의미 : 시간, 온도, 변태

08 열경화성 수지에서 높은 전기 절연성이 있어 전기부품재료를 많이 쓰고 있는 베크라이트(bakelite)라고 불리는 수지는?
① 요소 수지 ② 페놀 수지
③ 멜라민 수지 ④ 에폭시 수지

해설 **페놀 수지** : 열경화성 수지에서 높은 전기 절연성이 있어 전기부품 재료를 많이 쓰고 있는 베크라이트(bakelite)라고 불리는 수지이다.

09 탄소 공구강의 구비조건이 아닌 것은?
① 내마모성이 클 것 ② 내충격성이 우수할 것
③ 열처리성이 양호할 것 ④ 상온 및 고온경도가 작을 것

해설 상온 및 고온경도가 클 것

정답 05. ④ 06. ③
07. ② 08. ②
09. ④

10 표면 경도를 필요로 하는 부분만을 급랭하여 경화시키고 내부는 본래의 연한 조직으로 남게 하는 주철은?

① 칠드 주철
② 가단 주철
③ 구상 흑연 주철
④ 내열 주철

해설 칠드 주철 : 표면 경도를 필요로 하는 부분만을 급랭하여 경화시키고 내부는 본래의 연한 조직으로 남게 하는 주철

11 철강재 스프링 재료가 갖추어야 할 조건이 아닌 것은?

① 가공하기 쉬운 재료이어야 한다.
② 높은 응력에 견딜 수 있고, 영구변형이 적어야 한다.
③ 피로강도와 파괴인성치가 낮아야 한다.
④ 부식에 강해야 한다.

해설 피로강도와 파괴인성치가 높아야 한다.

12 18-4-1형의 고속도강에서 18-4-1에 해당하는 원소로 맞는 것은?

① W-Cr-Co
② W-Ni-V
③ W-Cr-V
④ W-Si-Co

해설 W-Cr-V : 18-4-1형의 고속도강

13 레이디얼 볼 베어링의 안지름이 20mm인 것은?

① 6204
② 6201
③ 6200
④ 6310

해설 00은 10mm, 01은 12mm, 02는 15mm, 03은 17mm, 04부터 ×5를 하면 된다. 따라서 04×5=20이다.

14 재료의 인장시험에서 시험편의 표점 거리가 50mm이고, 인장시험 후 파괴 직전의 표점 거리가 55mm이었을 때 재료의 연신율은 몇 %인가?

① 5
② 10
③ 50
④ 55

해설 연신율 $\varepsilon = \dfrac{55-50}{50} \times 100(\%) = 10\%$

답안 표기란			
10	① ② ③ ④
11	① ② ③ ④
12	① ② ③ ④
13	① ② ③ ④
14	① ② ③ ④

정답 10. ① 11. ③ 12. ③ 13. ① 14. ②

15. 구리(Cu)에 관한 내용으로 틀린 것은?

① 비중이 1.7이다.
② 용융점이 1083℃ 정도이다.
③ 비자성으로 내식성이 철강보다 우수하다.
④ 전기 및 열의 양도체이다.

해설 구리의 비중이 8.96이다.

16. 그림과 같은 기계가공 도면에서 대각선 방향으로 가는 실선으로 교차하여 표시된 ⊠ 부분의 설명으로 맞는 것은?

① 현장 끼워맞춤 표시한 곳
② 정밀하게 가공해야 할 곳
③ 평면으로 가공해야 할 곳
④ 사각구멍을 뚫어야 할 곳

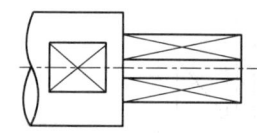

해설 그림에서 ⊠는 정사각형의 평면을 표시하는 기호

17. KS 기계제도에서의 치수 배치에서 한 개의 연속된 치수선으로 간편하게 표시하는 것으로 치수의 기점의 위치는 기점 기호(○)로 나타내는 치수 기입법은?

① 직렬 치수 기입법   ② 좌표 치수 기입법
③ 병렬 치수 기입법   ④ 누진 치수 기입법

해설 누진 치수 기입법
이 방법에 따르면 치수 공차에 관하여 병렬 치수 기입법과 완전히 동등한 의미를 가지면서, 한 개의 연속된 치수선으로 간편하게 표시할 수 있다. 기점기호(○)와 치수선의 다른 끝은 화살표로 표시한다.

18. 재료기호가 "GC200"으로 표시된 경우 재료명은?

① 탄소공구강   ② 고속도강
③ 회주철   ④ 알루미늄 합금

해설
① SKH : 고속도강
② STC1~STC7 : 탄소 공구강재
③ SM10C~SM58C, SM9CK : 기계구조용 탄소강재
④ SC360~SC480 : 탄소 주강품
⑤ GC100~GC350 : 회주철품

정답 15. ① 16. ③ 17. ④ 18. ③

19 그림과 같은 축과 구멍의 끼워맞춤에서 최대 틈새가 0.1mm, 최대 죔새가 0.1mm일 때 축의 치수는?

① $30^{+0.10}_{0}$
② $30^{+0.10}_{-0.05}$
③ $30^{+0.05}_{-0.05}$
④ $30^{-0.05}_{-0.10}$

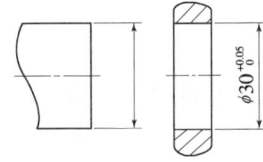

해설 끼워맞춤 종류
① 최소 틈새=구멍의 최소허용치수-축의 최대허용치수
② 최대 틈새=구멍의 최대허용치수-축의 최소허용치수=30.05-29.95=0.1
③ 최소 죔새=축의 최소허용치수-구멍의 최대허용치수
④ 최대 죔새=축의 최대허용치수-구멍의 최소허용치수=30.10-30=0.1
따라서 축의 최소 치수는 29.95, 축의 최대 치수는 30.01이다.

20 3각법으로 투상한 그림의 도면에 적합한 입체도의 형상은?

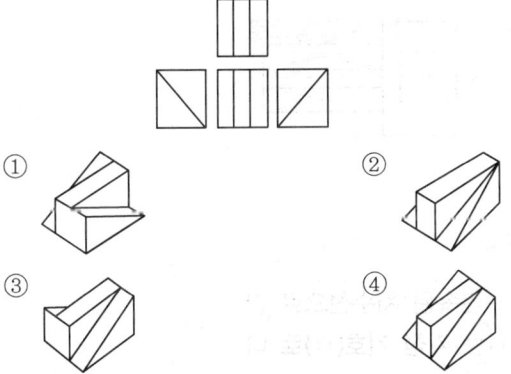

21 그림과 같이 키 홈, 구멍 등 해당 부분 모양만을 도시하는 것으로 충분한 경우 사용하는 투상도로 투상 관계를 나타내기 위하여 주된 그림에 중심선, 기준선, 치수 보조선 등을 연결하여 나타내는 투상도는?

① 가상 투상도
② 요점 투상도
③ 회전 투상도
④ 국부 투상도

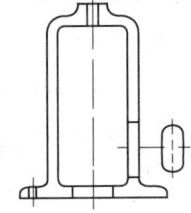

해설 ① **요점 투상도**: 보조적인 투상도에 보이는 부분을 모두 표시하면 도면이 복잡해져서 오히려 알아보기가 어려운 경우가 있다. 이때에는 요점 부분만 투상도로 표시한다.
② **부분 투상도**: 그림의 일부를 도시하는 것으로 충분한 경우에는 그 필요 부분만을 부분 투상도로서 표시한다.
③ **국부 투상도**: 대상물의 구멍, 홈 등 한 국부만의 모양을 도시하는 것으로 충분한 경우에는 그 필요한 부분만을 국부 투상도로서 나타낸다.

[정답] 19. ② 20. ④ 21. ④

22. 부품의 면 일부분에 열처리를 할 때에 사용되는 선의 종류로 옳은 것은?

① 가는 2점 쇄선
② 굵은 2점 쇄선
③ 굵은 1점 쇄선
④ 가는 1점 쇄선

해설 굵은 1점 쇄선
특수한 가공을 하는 부분 등 특별한 요구사항을 적용할 수 있는 범위를 표시하는 데 사용한다.

23. 가공에 의한 컷의 줄무늬가 여러 방향으로 교차 또는 무방향으로 나타나는 가공 모양의 기호는?

① C
② M
③ R
④ X

해설

=	가공으로 생긴 앞줄의 방향이 기호를 기입한 그림의 투영면에 평행
⊥	가공으로 생긴 앞줄의 방향이 기호를 기입한 그림의 투영면에 수직
X	가공으로 생긴 선이 두 방향으로 교차
M	가공으로 생긴 선이 다방면으로 교차 또는 무방향
C	가공으로 생긴 선이 거의 동심원
R	가공으로 생긴 선이 거의 방사상(레이디얼형)

24. 나사의 표시를 "M12"로만 표기되었을 경우 설명으로 틀린 것은?

① 오른나사인데 표시하지 않고 생략되었다.
② 두 줄나사인데 표시하지 않고 생략되었다.
③ 미터 보통나사이고 피치는 생략되었다.
④ 나사의 등급이 생략되었다.

해설 나사산의 줄 수
여러 줄 나사의 경우에는 '2줄', '3줄' 등과 같이 표시하고, 한 줄 나사인 경우에는 표시하지 않는다. 또한, '줄' 대신에 'N'도 사용할 수도 있다.

정답 22. ③ 23. ② 24. ②

25 다음과 같이 표시된 기하공차의 올바른 해독은?

| // | 0.05/100 | B |

① 기준 B의 100mm에 대한 평면도 허용값이 지정길이 100mm에 대하여 0.05mm의 허용값을 나타낸다.
② 평행도가 기준 B에 대하여 지정길이 100mm에 대하여 0.05mm의 허용값을 나타낸다.
③ 직각도가 기준 B에 대하여 지정길이 100mm에 대하여 0.05mm의 허용값을 나타낸다.
④ 원통도가 기준 B에 대하여 지정길이 100mm에 대하여 0.05mm의 허용값을 나타낸다.

해설 평행도가 기준 B에 대하여 지정길이 100mm에 대하여 0.05mm의 허용값을 나타낸다.

26 절삭면적을 나타낼 때 절삭깊이와 이송량과의 관계는?

① 절삭면적 = 이송량/절삭깊이
② 절삭면적 = 절삭깊이/이송량
③ 절삭면적 = $\dfrac{이송량 \times 절삭깊이}{2}$
④ 절삭면적 = 절삭깊이 × 이송량

해설 절삭면적 = 절삭깊이×이송량

27 외경 연삭기에 대한 일반적인 설명으로 틀린 것은?

① 외경 연삭기는 원통의 바깥지름을 연삭하는 연삭기이다.
② 외경 연삭기의 구조는 선반(lathe)과 유사하다.
③ 일반적으로 가공물을 양 센터로 지지한다.
④ 테이블을 전후로, 숫돌대를 좌우로 이송한다.

해설 외경 연삭기는 테이블을 좌우로, 숫돌대를 전후로 이송한다.

28 공작기계를 가공 방법에 따라 분류할 때, 연삭숫돌이나 숫돌 입자 등의 연삭 작용으로 공작물을 가공하는 연삭 가공 기계는?

① 전해 연마기
② 방전 가공기
③ 숏 피닝 머신
④ 슈퍼피니싱 머신

해설 **슈퍼피니싱**: 연삭숫돌을 공작물 표면에 가압(스프링, 유압)하면서 공작물 이송과 진동을 주고 공작물을 회전시켜 균일한 표면을 얻는 법으로 저압, 저속도의 가공이므로 발열이 적고 가공 변질층을 제거할 수 있으며 내마모성, 내식성이 우수하고 다듬질 시간이 짧다(방향성이 없는 다듬질 면을 얻는다).

정답 25. ② 26. ④ 27. ④ 28. ④

29. 연삭이 진행됨에 따라 둔하게 된 입자가 새로운 입자로 바뀌는 숫돌바퀴의 특징을 무엇이라고 하는가?

① 드레싱
② 트루잉
③ 글레이징
④ 자생 작용

해설
① 드레싱(재생 작업) : 숫돌 입자를 무딤이나 눈 메움으로 절삭성이 나빠진 숫돌 면에 날카로운 입자를 발생시켜주는 작업
② 트루잉(성형, 모양 고치기) : 연삭숫돌의 외형을 수정하여 규격에 맞는 제품을 만드는 과정
③ 무딤(glazing) : 숫돌의 입자가 탈락되지 않고 마모에 의해서 납작하게 둔화된 상태
④ 눈 메움(Loading) : 숫돌 입자의 표면이나 기공에 칩이 차 있는 상태
⑤ 자생 작용 : 무디어진 입자가 탈락하고 새로운 입자가 생성되는 현상

30. 다음 절삭 공구 중 밀링 커터와 같은 회전 공구로 래크를 나선 모양으로 감고, 스파이럴에 직각이 되도록 축 방향으로 여러 개의 홈을 파서 절삭날을 형성한 것은?

① 호브
② 래크 커터
③ 피니언 커터
④ 총형 커터

해설 호브(Hob)
밀링 커터와 같은 회전 공구로 래크를 나선 모양으로 감고, 스파이럴에 직각이 되도록 축 방향으로 여러 개의 홈을 파서 절삭날을 형성한다.

31. 선반 가공에서 심압대의 페이퍼 구멍 안에 부속품을 설치하여 가공이 가능한 것은?

① 드릴 가공
② T홈 가공
③ 외경 가공
④ 더브테일 가공

해설 심압대는 축에 정지 센터를 끼워 긴 공작물을 고정하거나 센터 대신 드릴·리머 등을 고정할 수 있다.

32. 레이저 가공은 가공물에 레이저 빛을 쏘이면 순간적으로 일부분이 가열되어, 용해되거나 증발되는 원리이다. 가공에 사용되는 레이저 종류가 아닌 것은?

① 기체 레이저
② 반도체 레이저
③ 고체 레이저
④ 지그 레이저

정답 29. ④ 30. ①
31. ① 32. ④

해설 레이저 종류
① 기체 레이저
② 반도체 레이저
③ 고체 레이저

33 직선이어야 할 기계 부분 또는 운동이 이상적인 직선(기하학적 직선)으로부터 벗어난 정도의 크기를 알아보는 것은 무슨 측정에 해당하는가?
① 평면도 측정
② 진직도 측정
③ 진원도 측정
④ 원통도 측정

해설 **진직도 측정** : 기계의 직선부분이 이상평면으로부터 어긋남의 크기를 말함.

34 다음 중 절삭유제가 갖춰야 할 조건이 아닌 것은?
① 마찰계수가 높을 것
② 표면장력이 작을 것
③ 냉각성이 우수할 것
④ 유막의 내압력이 높을 것

해설 **절삭유의 구비 조건**
① 냉각성, 방청성, 방식성이 우수하여야 한다.
② 감마성, 윤활성이 좋아야 한다.
③ 유동성이 좋고, 적하가 쉬워야 한다.
④ 인화점, 발화점이 높아야 한다.
⑤ 인체에 무해하며, 변질되지 말아야 한다.
⑥ 기계 도장에 영향이 없어야 한다.

35 선반 가공에서 공작물의 길이가 길어서 이동 방진구를 사용하였다. 어느 부분에 설치하는가?
① 심압대
② 에이프런
③ 왕복대의 새들
④ 베드

해설 ① **이동 방진구** : 왕복대의 새들
② **고정 방진구** : 베드

36 비교 측정에 사용되는 측정기기는?
① 투영기
② 마이크로미터
③ 다이얼 게이지
④ 버니어 캘리퍼스

해설 **비교 측정**
기준이 되는 일정한 치수와 피측정물을 비교하여 그 측정치의 차이를 읽는 방법으로 비교측정은 다이얼 게이지, 미니미터, 공기 마이크로미터(공기의 흐름을 확대 기구를 이용하여 길이를 측정하는 방식), 전기마이크로미터 등이 있다.

답안 표기란

33	①	②	③	④
34	①	②	③	④
35	①	②	③	④
36	①	②	③	④

정답 33. ② 34. ①
35. ③ 36. ③

37 드릴로 뚫은 구멍의 내면을 매끈하고 정밀하게 하는 가공은?

① 슈퍼 드릴링 ② 래핑
③ 숏 피닝 ④ 리밍

해설 리밍 : 드릴로 뚫은 구멍의 내면을 매끈하고 정밀하게 하는 가공

38 세라믹 절삭공구의 일반적인 설명으로 틀린 것은?

① 주성분은 산화알루미늄(Al_2O_3)이다.
② 충격에 매우 강하다.
③ 고속 다듬질에서 우수한 성능을 나타낸다.
④ 고온에서 경도가 높다.

해설 세라믹 합금
① 산화알루미늄(Al_2O_3) 분말가루에 규소 및 마그네슘 등의 산화물이나 다른 산화물의 첨가물을 넣고 소결한 것
② 고속절삭, 고온에서 경도가 높고, 내마멸성이 좋다.
③ 경질합금보다 인성이 적고 취성이 있어 충격 및 진동에 약하다.

39 다음 그림과 같은 형태의 유동형 칩에 대한 설명으로 틀린 것은?

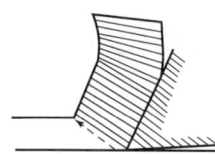

① 가공면이 깨끗하고 절삭력의 변동도 적다.
② 점성이 큰 재질을 작은 경사각의 공구로 절삭할 때 발생한다.
③ 절삭 깊이를 작게 하고 높은 절삭 속도에서 절삭유제를 사용하여 가공할 때 발생한다.
④ 칩이 공구의 윗면을 원활하게 연속적으로 흘러 나간다.

해설 열단형 : 점성이 큰 재질을 작은 경사각의 공구로 절삭할 때 발생한다.

40 CNC 선반 프로그램에서 "G96 S250 M03;"을 실행하여 공작물 직경 $\phi46$ 부분을 가공할 때 주축의 회전수는 약 몇 rpm인가?

① 58 ② 250
③ 1730 ④ 2500

정답 37.④ 38.② 39.② 40.③

해설 $n = \dfrac{1000V}{\pi d} = \dfrac{1000 \times 250}{\pi \times 46} = 1730$

41 다음 CNC 선반 프로그램의 복합형 고정 사이클의 지령워드에 대한 설명으로 틀린 것은?

```
G71 U(d) R(r) ;
G71 P(p) Q(q) U(u) W(w) F(f) ;
```

① U(d) : 1회 절삭 깊이(반경 지령 값)
② R(r) : 도피량(X축 후퇴량)
③ U(u) : X축 다듬질 여유
④ Q(q) : Z축 다듬질 여유

해설 **안, 바깥지름 거친절삭 사이클(G71)** : 복합 반복 사이클

```
G71 U2.0 R0.5 ;
G71 P10 Q20 U0.1 W0.2 F0.3 ;
```

여기서, U : 1회 가공깊이(절삭깊이)-(반지름 지령, 소숫점 지령 가능)
R : 도피량(절삭 후 간섭 없이 공구가 빠지기 위한 양)
P : 다듬절삭 가공 지령절의 첫 번째 전개번호
Q : 다듬절삭 가공 지령절의 마지막 전개번호
U : X축 방향 다듬절삭 여유(지름지령)
W : Z축 방향 다듬절삭 여유
F, S, T : 거친절삭 가공 시 이송속도, 주축속도, 공구선택. 즉, P와 Q 사이의 데이터는 무시되고 G71 블록에서 지령된 데이터가 유효

42 선반작업에서 측정 및 공구 사용 시 안전사항으로 틀린 것은?

① 측정을 할 때는 반드시 기계를 정지한다.
② 척 핸들은 사용 후 반드시 제거한다.
③ 바이트는 가능한 짧고 단단하게 고정한다.
④ 절삭 칩은 반드시 손으로 제거한다.

해설 절삭 칩은 반드시 갈고리로 제거한다.

43 CNC 선반의 기계 일상 점검 중 매일 점검 사항이 아닌 것은?

① 각부의 작동 검사
② 유량 점검
③ 압력 점검
④ 기계 정도 검사

해설
매일 점검	1. 외관 점검
	2. 유량 점검
	3. 압력 점검
	4. 각부의 작동 검사

정답 41. ④ 42. ④ 43. ④

44 CNC 공작기계의 좌표계 중에서 기계 좌표계에 대한 설명으로 가장 알맞은 것은?

① 기계의 기준점으로 기계 제작자가 파라미터에 의해 정한다.
② 도면을 보고 프로그램을 작성할 때 기준이 되는 점이다.
③ 일감측정, 정확한 거리이동, 공기보정 등에 사용된다.
④ 현 위치가 좌표계의 기준이 되고 필요에 따라 위치를 0으로 지정한다.

해설 기계 좌표계 : 기계의 기준점으로 기계 제작자가 파라미터에 의해 정한다.

45 다음 중 CNC의 서보기구 제어방식이 아닌 것은?

① 위치 결정 제어
② 디지털 제어
③ 직선 절삭 제어
④ 윤곽 절삭 제어

해설 제어방식으로는 위치 결정 제어(급속 위치 결정), 직선 절삭 제어(직선 가공), 윤곽 절삭 제어(직선 또는 곡면 가공)가 있다.

46 절삭공구의 날끝 선단을 프로그램 원점에 맞추어 공작 좌표계를 설정하였다. 옳은 것은?

① G50 U60. W100. ;
② G50 U60. W-100. ;
③ G50 X120. Z100. ;
④ G50 X120. Z-100. ;

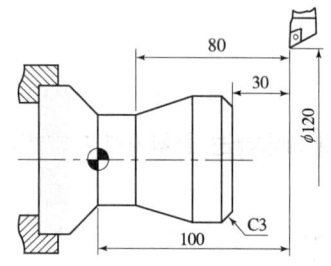

해설 그림의 프로그램은 G50 X120. Z100. ;

47 다음과 같이 지령된 CNC 선반 프로그램이 있다. NO2 블록에서 F0.3의 의미는?

```
N01 G00 G99 X-1.5 ;
N02 G42 G01 Z0 F0.3 M08 ;
N03 X0 ;
N04 G40 U10. W-5 ;
```

① 0.3m/min
② 0.3mm/rev
③ 30mm/min
④ 300mm/rev

정답 44. ① 45. ② 46. ③ 47. ②

해설 이송 기능(F)
공작물에 대하여 공구를 이송시켜주는 기능을 말하며 G98 코드의 분당 이송(mm/min)과 G99 코드의 회전당 이송(mm/rev)으로 지령할 수 있는데 CNC 선반에서는 G99 코드를 사용한 회전당 이송으로 프로그램 한다. 그러므로 0.3mm/rev이다.

48 다음은 선반용 인서트 팁의 ISO 표시법이다. M의 의미 무엇인가?

CNMG12

① 인서트 형상
② 인서트 단면 형상
③ 공차
④ 여유각

해설
- C : 인서트 형상
- M : 공차
- 12 : 절삭날 길이
- N : 여유각
- G : 인서트 단면 형상

49 CNC 선반에서 지령값 X70.0으로 소재를 가공한 후 측정 결과 ϕ69.95이었다. 기존의 X축 보정값이 1.235이었다면 보정값을 얼마로 수정해야 하는가?

① 0.05
② 1.238
③ 1.235
④ 1.285

해설 가공에 따른 X축 보정값=70−69.95=0.05
기존의 보정값=1.135
공구의 보정값=0.05+1.235=1.285

50 그림의 (A), (B), (C)에 해당하는 공작기계로 적당한 것은?

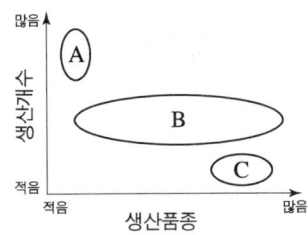

① (A) : 범용기계, (B) : 전용기계, (C) : CNC 공작기계
② (A) : 범용기계, (B) : CNC 공작기계, (C) : 전용기계
③ (A) : 전용기계, (B) : 범용기계, (C) : CNC 공작기계
④ (A) : 전용기계, (B) : CNC 공작기계, (C) : 범용기계

해설 그림에서 (A) : 전용기계, (B) : CNC 공작기계, (C) : 범용기계

정답 48. ③ 49. ④ 50. ④

03회 CBT 모의고사

51 다음의 공구 보정 화면 설명으로 옳은 것은?

공구 보정번호	X축	Z축	R	T
01	0.000	0.000	0.8	3
02	2.456	4.321	0.2	2
03	5.765	7.987	0.4	3
04	2.256	-1.234	.	8
05	.	.	.	.

① 공구 보정번호 01번에서의 Z축 보정은 4.321이다.
② 공구 보정번호 02번에서의 X축 보정은 0.2이다.
③ T는 가상인선 번호로서 공구번호와 반드시 일치하도록 하여 사용한다.
④ R은 공구의 날끝 반경으로 공구 인성반경 보정에 사용한다.

해설
① 공구 보정번호 01번에서의 Z축 보정은 0.000이다.
② 공구 보정번호 02번에서의 X축 보정은 2.456이다.
④ T는 가상인선 번호로서 공구번호와 반드시 일치할 필요가 없다.
④ R은 공구의 날끝 반경으로 공구 인성반경 보정에 사용한다.

52 CNC 선반에서 다음과 같은 복합형 나사 가공 사이클에 대한 설명으로 틀린 것은?

```
G76 X30.0 Z-32.0 K0.89 D350 F1.5 A60 ;
```

① 나사의 시작점 좌표는 X30.0 Z-32.0이다.
② 나사산의 높이는 0.89이다.
③ 나사의 리드는 1.5이다.
④ 나사산의 각도는 60도이다.

해설 복합 고정형 나사절삭 사이클(G76)

```
G76 P_ Q_ R_ ;
G76 X(U)_ Z(W)_ P(k)_ Q_ R_ F_ ;
```

여기서, P : 다듬질 횟수(01~99까지 입력가능)
Q : 최소 절입 깊이
R : 다듬절차 여유
X(U), Z(W) : 나사 끝지점 좌표
P(k) : 나사산 높이(반지름 지령)
Q(Δd) : 첫 번째 절입 깊이(반지름 지령) - 소숫점 사용 불가
R(i) : 테이퍼 나사에서 나사 끝지점 X값과 나사 시작점 X값의 거리(반지름지령) - I=0이면 평행나사이며, 생략할 수 있다.
F : 나사의 리드

정답 51. ④ 52. ①

53 보통 선반에서 테이퍼 절삭방법이 아닌 것은?

① 심압대 편위에 의한 방법
② 복식 공구대에 의한 방법
③ 테이퍼 절삭장치에 의한 방법
④ 차동 분할법에 의한 방법

해설 테이퍼 절삭작업
① 복식 공구대를 경사시키는 방법 : 길이가 짧고 테이퍼값이 클 때 사용된다.
$$\theta = \tan^{-1}\frac{D-d}{2l}$$
② 심압대를 편위시키는 방법(Set over) : 비교적 길이가 길고 테이퍼 값이 작을 때 사용된다. $x = \frac{(D-d)L}{2l}[\text{mm}]$
③ 테이퍼 절삭 장치를 사용하는 방법
④ 가로, 세로 이송핸들 사용하는 방법
⑤ 총형 공구를 사용하는 방법

54 여러 가지 절삭공구를 방사형으로 공정에 맞게 설치하여 볼트, 작은 나사 및 핀과 같이 작은 일감을 대량생산하거나 능률적으로 가공할 때 주로 사용하는 선반은?

① 터릿선반
② 자동선반
③ 모방선반
④ 공구선반

해설 터릿선반 : 여러 가지 절삭공구를 방사형으로 공정에 맞게 설치하여 볼트, 작은 나사 및 핀과 같이 작은 일감을 대량생산에 사용된다.

55 CNC 선반 프로그램 중에서 사이클 가공에 대한 설명으로 옳은 것은?

① 반복 절삭하는 과정을 몇 개의 지령절로 명령하므로 프로그램을 간단히 할 수 있는 기능이다.
② 사이클 가공에서 이송속도는 기계에서 정해진다.
③ 나사 절삭 시에는 사용할 수 없다.
④ 테이퍼를 가공할 때만 사용한다.

해설 CNC 선반에서 사이클 가공은 반복 절삭하는 과정을 몇 개의 지령절로 명령하므로 프로그램을 간단히 할 수 있는 기능이다.

56 CNC 선반 프로그램에서 나사 가공 준비 기능이 아닌 것은?

① G32
② G42
③ G76
④ G92

해설 ① G32 : 나사 절삭
② G42 : 인선 R 보정 우측
③ G76 : 자동 나사 가공 사이클
④ G92 : 나사 절삭 사이클

정답 53. ④ 54. ① 55. ① 56. ②

57 CNC 선반에서 나사 절삭 사이클을 이용하여 그림과 같은 나사를 가공하려고 한다. ( )에 알맞은 것은?

G92 X15.3 Z-32. ( ) ;

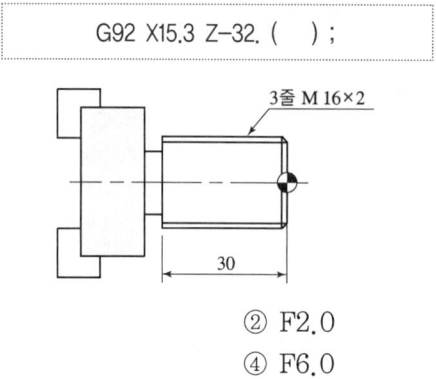

① F1.6
② F2.0
③ F4.0
④ F6.0

해설 나사 가공에서 F로 지령된 값은 나사의 리드이다.
리드=피치×줄 수=2×3=6.0

58 다음 CNC 프로그램의 N1004 블록에서 주축 회전수는?

N001 G50 X150. Z150. S2000 T0100 ;
N002 G96 S200 M03 ;
N002 G00 X-2. ;
N003 G01 Z0 ;
N004 X30. ;

① 200rpm
② 212rpm
③ 2000rpm
④ 2123rpm

해설 $n = \dfrac{1000\,V}{\pi d} = \dfrac{1000 \times 200}{\pi \times 30} = 2122$
여기서, G50 S2000이므로 최고회전수 2000rpm이다.

59 CNC 프로그램에서 G96 S200 M03; 지령에서 S200이 뜻하는 것은?

① 1분당 공구의 이송량이 200mm로 일정 제어된다.
② 1회전당 공구의 이송량이 200mm로 일정 제어된다.
③ 주축의 원주 속도가 200m/min로 일정 제어된다.
④ 주축 회전수가 200rpm으로 일정 제어된다.

정답 57. ④ 58. ③
59. ③

해설 G96 S200 M03;
주축의 원주 속도가 200m/min로 일정 제어된다.

60 측정하려는 면에 대고 반대쪽에서 새어 나오는 빛으로 틈새를 판단하여 면의 진직도와 평면도를 검사하는 데 사용하는 게이지 블록 부속품은?

① 삼각 스트레이트 에지(triangle straight edge)
② 스크라이버 포인트(scriber point)
③ 베이스 블록(base block)
④ 센터 포인트(center point)

정답 60. ④

04회 CBT 모의고사

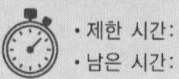

01 탄소 공구강 및 일반 공구재료의 구비조건으로 아닌 것은?
① 열처리성이 양호할 것
② 내마모성이 클 것
③ 고온 경도가 클 것
④ 부식성이 클 것

해설 절삭 공구재료의 구비조건
① 피 절삭재보다는 경도와 인성이 클 것
② 고온에서 경도가 감소되지 않을 것
③ 내마모성, 내충격성이 클 것
④ 절삭저항을 받으므로 강도가 클 것
⑤ 형상을 만들기 용이하고 가격이 쌀 것

02 단위를 단면적에 대한 힘의 크기로 나타내는 것은?
① 응력   ② 변형률
③ 연신율   ④ 단면 수축

해설 응력은 내부에 생기는 저항력으로 단위 면적당 크기로 표시한다.

03 스테인리스강을 조직성으로 분류한 것 중 틀린 것은?
① 마텐자이트계   ② 오스테나이트계
③ 시멘타이트계   ④ 페라이트계

해설 스테인리스강
Cr, Ni을 다량 첨가하여 내식성을 현저히 향상시킨 강으로서 녹이 슬지 않는다 하여 불수강이라고도 한다. 일반적으로 Cr의 함량이 12% 이상인 강을 스테인리스강이라 하고, 그 이하의 강은 그대로 내식성 강이라 하며, 금속 조직학상 마텐자이트계와 페라이트계 및 오스테나이트계로 분류되는데 그 대표적인 것은 18-8형 스테인리스강인 오스테나이트계 스테인리스강이다.

04 피치×나사의 줄 수=( )의 공식에서 ( )에 들어갈 적합한 용어는?
① 리드   ② 유효 지름
③ 호칭   ④ 지름 피치

해설 리드=피치×나사의 줄 수

정답 01. ④ 02. ① 03. ③ 04. ①

05 다음 그림과 같은 스프링에서 스프링 상수는? (단, k_1 =3kgf/cm, k_2 =2kgf/cm, k_3 =5kgf/cm이다.)

① 8.5kgf/cm
② 5kgf/cm
③ 6.2kgf/cm
④ 5.83kgf/cm

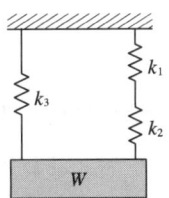

해설 k_1, k_2 : 직렬연결

$$\frac{1}{k_0} = \frac{1}{k_1} + \frac{1}{k_2} = \frac{1}{3} + \frac{1}{2} = \frac{1}{0.83} = k_0 = 1.2\text{kgf/cm}$$

k_3, k_0 : 병렬연결
$k = k_3 + k_0 = 5 + 1.2 = 6.2\text{kgf/cm}$

06 베어링 합금으로서 구비조건으로 틀린 것은?

① 녹아 붙지 않아야 한다.
② 열전도율이 커야 한다.
③ 내식성이 있고 충분한 인성이 있어야 한다.
④ 마찰계수가 크고 저항력이 작아야 한다.

해설 마찰계수가 적고 저항력이 커야 한다.

07 핀의 용도 중 틀린 것은?

① 2개 이상의 부품을 결합하는 데 사용
② 나사 및 너트의 이완 방지
③ 분해 조립할 부품의 위치 결정
④ 핸들을 축에 고정하는 등 큰 힘이 걸리는 부품을 설치할 때

해설 핸들을 축에 고정하는 등 작은 힘이 걸리는 부품을 설치할 때

08 알루미늄(Al)에 특성에 관한 설명으로 틀린 것은?

① 내식성은 우수하다.
② 합금이 어려운 재료의 특성이 있다.
③ 압접이나 단접이 비교적 용이하다.
④ 전연성이 우수하고 복잡한 형상의 제품을 만들기 쉽다.

해설 **알루미늄 합금의 특성과 용도**
① 내식성은 우수하다.
② 주조용 합금과 가공용 합금이 있으므로 특성에 맞는 재료를 선택해야 하며, 알루미늄은 비철 공구 재료로써 가장 광범위하게 사용되고 있다.
③ 가공성, 적응성 좋고 무게가 가볍다.
④ 알루미늄은 광범위하게 각종 형상을 만들 수 있다.

09. 평 벨트의 이음 방법 중 이음 효율이 가장 좋은 것은?

① 이음쇠 이음 ② 가죽끈 이음
③ 철사 이음   ④ 접착제 이음

해설 평 벨트의 이음 방법 중 이음 효율이 가장 좋은 것은 접착제 이음이다.

10. 청동에 탈산제인 P을 1% 이하로 첨가하여 용탕의 유동성을 좋게 하고 합금의 경도, 강도가 증가하며, 또 내마멸성과 탄성을 개선시킨 것은?

① 망간 청동   ② 인 청동
③ 알루미늄 청동 ④ 규소 청동

해설 인 청동(phosphor bronze)
청동에 탈산제 P를 첨가한 합금으로 경도, 강도 증가하며 내마모성 탄성이 개선된다. 고탄성을 요구하는 판, 선의 가공재로서 내식성, 내마모성이 요구되는 밸브, 베어링, 선박용품, 고급 스프링 재료로 사용된다.

11. 동력전달을 직접 전동법과 간접 전동법으로 구분할 때, 직접 전동으로 분류되는 것은?

① 체인 전동   ② 벨트 전동
③ 마찰차 전동 ④ 로프 전동

해설 벨트, 로프, 체인 등은 간접 전동용 기계요소이다. 기어, 마찰차 등은 직접 전동용 기계요소이다.

12. 브레이크의 용량을 결정하는 인자와 관계가 가장 먼 것은?

① 브레이크의 형상 ② 브레이크 압력
③ 마찰계수   ④ 드럼의 원주 속도

해설 브레이크의 용량을 결정하는 인자는 브레이크 압력, 마찰계수, 드럼의 원주 속도 등이다.

13. 주철의 특성에 대한 설명으로 틀린 것은?

① 주조성이 우수하다.
② 내마모성이 우수하다.

[정답] 09. ④ 10. ②
11. ③ 12. ①
13. ③

③ 강보다 탄소함유량이 적다.
④ 인장강도보다 압축강도가 크다.

해설 주철의 특성(장·단점)

주철의 장점	주철의 단점
① 주조성이 우수하고 복잡한 부품의 성형이 가능하다. ② 가격이 저렴하다. ③ 잘 녹슬지 않고 칠(도색)이 좋다. ④ 마찰저항이 우수하고 절삭가공이 쉽다. ⑤ 압축 강도가 인장강도에 비하여 3~4 배정도 좋다. ⑥ 내마모성이 우수하고, 알칼리나 물에 대한 내식성(부식)이 우수하다. ⑦ 용융점이 낮고 유동성이 좋다.	① 인장강도, 휨 강도가 작고 충격에 대해 약하다. ② 충격값, 연신율이 작고 취성이 크다. ③ 소성가공(고온가공)이 불가능하다. ④ 내열성은 400℃까지는 좋으나 이 상온도에서는 나빠진다. ⑤ 산(질산, 염산)에 대한 내식성이 나쁘다. ⑥ 단조, 담금질, 뜨임이 불가능하다.

14 철강을 열처리하는 목적에 해당하지 않는 것은?

① 일반적으로 조직을 미세화시킨다.
② 내부 응력을 증가시킨다.
③ 표면을 경화시킨다.
④ 기계적 성질을 향상시킨다.

해설
① **담금질** : 경화가 주목적
② **뜨임** : 담금질 후 인성을 부여
③ **풀림** : 내부 응력 제거가 주목적
④ **불림** : 조직의 표준화

15 열가소성 수지가 아닌 것은?

① 멜라민 수지
② 폴리에틸렌 수지
③ 초산비닐 수지
④ 폴리염화비닐 수지

해설 열가소성 수지
① 염화비닐 수지
② 폴리에틸렌 수지
③ 초산비닐 수지
④ 아크릴 수지
⑤ 스티렌 수지

16 기계제도 도면에 사용되는 가는 실선의 용도로 틀린 것은?

① 치수보조선
② 치수선
③ 지시선
④ 피치선

해설

가는 실선	치수선
	치수보조선
	지시선
	해칭
	파단선

정답 14. ② 15. ① 16. ④

17 실제 길이가 50mm인 것을 "1 : 2"로 축척하여 그린 도면에서 치수 기입은 얼마로 해야 하는가?

① 25
② 50
③ 100
④ 150

해설 척도와 관계없이 도면에는 실제 치수를 기입한다.

18 30° 사다리꼴 나사의 종류를 표시하는 기호는?

① Rc
② Rp
③ TW
④ TM

해설

관용 테이퍼 나사	테이퍼 수나사	R
	테이퍼 암나사	Rc
	평행 암나사	Rp
관용 평행 나사		G
30° 사다리꼴 나사		TM
29° 사다리꼴 나사		TW

19 그림과 같은 입체의 투상도를 제3각법으로 그린다면 정면도로 맞는 것은?

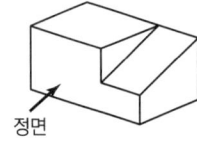
정면

20 도면의 표현방법 중에서 스머징(smudging)을 하는 이유는 어떤 경우인가?

① 물체의 표면이 거친 경우
② 물체의 표면을 열처리하고자 하는 경우
③ 물체의 단면을 나타내는 경우
④ 물체의 특정 부위를 비파괴 검사하고자 하는 경우

정답 17. ② 18. ④ 19. ① 20. ③

해설 스머징(smudging)을 하는 이유는 물체의 단면을 나타내기 위해서

21 형상 공차 중 데이텀 기호가 필요 없는 것은?
① 경사도   ② 평행도
③ 평면도   ④ 직각도

해설

단독 형체	모양 공차	—
		⌒
		○
		⌓
단독 형체 또는 관련 형체		⌒
		⌓
관련 형체 (데이텀 기호가 필요)	자세 공차	//
		⊥
		∠
	위치 공차	⊕
		◎
		=
	흔들림 공차	↗
		↗↗

22 헐거운 끼워맞춤인 경우 구멍의 최소 허용치수에서 축의 최대 허용치수를 뺀 값은?
① 최소 틈새   ② 최대 틈새
③ 최소 죔새   ④ 최대 죔새

해설 **최소 틈새** : 구멍의 최소 허용 치수 – 축의 최대 허용 치수

23 그림과 같이 축에 가공되어 있는 키 홈의 형상을 투상한 투상도의 명칭으로 가장 적합한 것은?

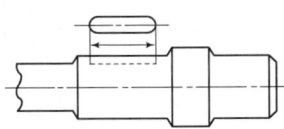

① 회전 투상도   ② 국부 투상도
③ 부분 확대도   ④ 대칭 투상도

해설 **국부 투상도** : 물체의 구멍이나 홈 등의 한 국부만의 모양을 도시하는 것으로 충분한 경우에는 필요한 부분을 국부 투상도로 나타낸다. 투상 관계를 나타내기 위해서는 원칙적으로 주된 그림에 중심선, 기준선, 치수보조선 등을 연결한다.

정답 21. ③ 22. ①
23. ②

24. 기어의 도시법으로 옳은 것은?

① 잇봉우리원 – 굵은 실선
② 피치원 – 가는 2점 쇄선
③ 이골원 – 가는 1점 쇄선
④ 잇줄 방향 – 파단선

해설
① 잇줄 방향은 보통 3개의 가는 실선으로 그린다.
② 이끝원은 굵은 실선으로 그린다.
③ 이뿌리원은 가는 실선으로 그린다.
④ 잇봉우리원 – 굵은 실선
⑤ 피치원 – 가는 1점 쇄선

25. 가공으로 생긴 줄무늬 방향 기호의 설명으로 틀린 것은?

① = : 가공으로 생긴 컷의 줄무늬 방향이 기호를 기입한 그림의 투영면에 평행
② C : 가공으로 생긴 컷의 줄무늬 방향이 기호를 기입한 그림의 투영면에 직각
③ X : 가공으로 생긴 컷의 줄무늬 방향이 기호를 기입한 그림의 투영면에 비스듬하게 두 방향으로 교차
④ M : 가공으로 생긴 컷의 줄무늬가 여러 방향으로 교차 또는 무방향

해설

기호	설명
=	가공으로 생긴 앞줄의 방향이 기호를 기입한 그림의 투영면에 평행
⊥	가공으로 생긴 앞줄의 방향이 기호를 기입한 그림의 투영면에 수직
X	가공으로 생긴 선이 두 방향으로 교차
M	가공으로 생긴 선이 다방면으로 교차 또는 무방향
C	가공으로 생긴 선이 거의 동심원
R	가공으로 생긴 선이 거의 방사상(레이디얼형)

26. 공작물 통과방식 센터리스 연삭의 특징으로 틀린 것은?

① 긴 홈이 있는 공작물은 연삭할 수 없다.
② 가늘고 긴 공작물은 연삭할 수 없다.
③ 공작물의 지름이 크거나 무거운 경우 연삭이 어렵다.
④ 연속가공이 가능하며 대량생산에 적합하다.

해설 가늘고 긴 공작물은 연삭할 수 있다.

정답 24. ① 25. ② 26. ②

27 아베의 원리에 어긋나는 측정 게이지는?

① 외측 마이크로미터
② 버니어 캘리퍼스
③ 다이얼 게이지
④ 나사 마이크로미터

해설 아베의 원리
측정하려는 길이를 표준자로 사용되는 눈금의 연장선상에 놓는다. 라는 것인데 이는 피 측정물과 표준자와는 측정 방향에 있어서 동일 직선상에 배치하여야 한다. (독일의 아베)
① 만족 : 외측 마이크로, 측장기
② 불만족 : 버니어 캘리퍼스

28 다음 중 래핑(lapping)에 대한 설명으로 틀린 것은?

① 가공면은 윤활성 및 내마모성이 좋다.
② 랩은 원칙적으로 가공물의 경도보다 재질이 강한 것을 사용한다.
③ 게이지 블록, 한계 게이지 등의 게이지류 가공에 이용되고 있다.
④ 일반적인 작업 방법은 습식 가공 후 건식 가공을 한다.

해설 랩은 원칙적으로 가공물의 경도보다 재질이 약한 것을 사용한다.

29 연삭숫돌에 "WA · 46 · L · 6 · V"라고 되어 있다면 "L"이 뜻하는 것은?

① 결합도
② 결합제
③ 조직
④ 입자

해설 WA(입자), 46(입도), L(결합도), 6(조직), V(결합제)

30 줄 작업 방법에 대한 설명 중 잘못된 것은?

① 줄 작업 자세는 오른발은 75° 정도, 왼발은 30° 정도 바이스 중심을 향해 반우향 한다.
② 오른손 팔꿈치를 옆구리에 밀착시키고 팔꿈치가 줄과 수평이 되게 한다.
③ 눈은 항상 가공물을 보며 작업한다.
④ 줄을 당길 때 체중을 가하여 압력을 준다.

해설 줄을 밀 때 체중을 가하여 압력을 준다.

답안 표기란				
27	①	②	③	④
28	①	②	③	④
29	①	②	③	④
30	①	②	③	④

정답 27. ② 28. ②
29. ① 30. ④

31. 다음 설명에 해당하는 공구 재료는?

① 산화알루미늄(Al₂O₃) 분말에 규소(Si) 및 마그네슘(Mg) 등의 산화물과 그 밖에 다른 원소를 첨가하여 소결한 절삭 공구이다.
② 고온에서도 경도가 높고, 내마멸성이 좋으며, 다듬질 가공에는 적합하나 충격에는 약하다.

① 탄소 공구강 ② 초경합금
③ 다이아몬드 ④ 세라믹

해설 세라믹 합금
① 산화알루미늄(Al₂O₃) 가루분말에 규소 및 마그네슘 등의 산화물이나 다른 산화물의 첨가물을 넣고 소결한 것
② 고속절삭, 고온에서 경도가 높고, 내마멸성이 좋다.
③ 경질합금보다 인성이 적고 취성이 있어 충격 및 진동에 약하다.

32. 일반적으로 절삭온도를 측정하는 방법이 아닌 것은?

① 칩의 색깔에 의한 방법
② 열전대에 의한 방법
③ 칼로리미터에 의한 방법
④ 방사능에 의한 방법

해설 절삭온도 측정법
① 칩의 색깔에 의한 방법
② 칼로리미터(열량계)에 의한 방법
③ 공구에 열전대를 삽입하는 방법
④ 시온 도료를 사용하는 방법
⑤ 공구와 일감을 열전대로 사용하는 방법
⑥ 복사 고온계에 의한 방법

33. 시준기와 망원경을 조합한 것으로 미소 각도를 측정하는 광학적 측정기는?

① 오토콜리미터 ② 사인 바
③ 콤비네이션 세트 ④ 측장기

해설 오토콜리미터 : 미소 각도 측정, 진직도 측정, 평면도 측정 등

정답 31. ④ 32. ④
33. ①

34 밀링 작업에서 분할법 종류가 아닌 것은?
① 직접 분할법　② 간접 분할법
③ 단식 분할법　④ 차동 분할법

해설 분할법의 종류 : 직접 분할법, 단식 분할법, 차동 분할법, 각도 분할법이 있다.

35 밀링머신에서 절삭량 Q(cm³/min)를 나타내는 식은? (단, 절삭폭 : b[mm], 절삭 깊이 : t[mm], 이송 : f[mm/min])
① $Q = \dfrac{b \times t \times f}{10}$
② $Q = \dfrac{b \times t \times f}{100}$
③ $Q = \dfrac{b \times t \times f}{1000}$
④ $Q = \dfrac{b \times t \times f}{10000}$

해설 밀링 칩 체적(Q) 및 평균 칩 두께
칩 체적 : 단위 시간에 절삭되는 칩(매분 절삭량) cm³/min
$Q = b \cdot t \cdot f (\text{mm}^3/\text{min}) = \dfrac{btf}{1000}(\text{cm}^3/\text{min})$
(b=커터 폭, t=절삭 깊이, f=이송량)

36 밀링머신의 부속품에 해당하는 것은?
① 면판　② 방진구
③ 맨드릴　④ 분할대

해설 면판, 방진구, 맨드릴은 선반 부속품이다.

37 공구가 회전운동과 직선운동을 함께 하면서 절삭하는 공작기계는?
① 선반　② 셰이퍼
③ 브로칭 머신　④ 드릴링 머신

해설 드릴링 머신은 공구가 회전운동과 직선운동을 함께 하면서 절삭 가공한다.

38 드릴을 시닝(thinning)하는 주된 목적은?
① 절삭 저항을 증대시킨다.　② 날의 강도를 보강해 준다.
③ 절삭 효율을 증대시킨다.　④ 드릴의 굽힘을 증대시킨다.

해설 시닝(Thinning)
무디어진 웨브를 연삭하는 것으로 드릴의 섕크 쪽으로 갈수록 웨브의 두께가 증가하여 절삭성이 나빠진다. 이 웨브는 드릴 가공이 이송을 줄 때 추력이 일어나는 원인이 되며, 드릴 연삭 시 웨브의 두께를 처음 두께 상태로 얇게 연삭하는 것. 시닝(thinning)하는 주된 목적은 절삭 효율을 증대시키기 위한 것이다.

정답　34. ②　35. ③　36. ④　37. ④　38. ③

39 재질이 연한 금속의 공작물을 가공할 때, 칩과 공구의 윗면 경사면 사이에는 높은 압력과 마찰저항이 크게 생긴다. 이러한 압력과 마찰 저항으로 높은 절삭열이 발생하고, 칩의 일부가 매우 단단하게 변질된다. 이 칩이 공구의 날끝 앞에 달라붙어 절삭날과 같은 작용을 하면서 공작물을 절삭하는 것을 무엇이라 하는가?

① 빌트 업 에지
② 가공경화
③ 재료의 소성 가공성
④ 청열 메짐

해설 구성인선(built-up edge)
보통 연강, 스테인리스강 및 알루미늄과 같은 연한 재료를 절삭할 때 절삭 공구의 날 끝에 공작물의 미분이 압착 또는 용착되어 날 끝을 싸버려 날 끝의 일부와 같은 상태로 절삭하는 수가 있다. 날 끝에 쌓인 것을 구성인선이라 한다. 이 구성인선 때문에 절삭된 가공면이 군데군데 흔적이 나타나고 진동을 일으켜 가공면을 나쁘게 만든다.
구성인선의 발생과정은 $\frac{1}{10} \sim \frac{1}{200}$[sec] 시간에 발생 → 성장 → 분열 → 탈락의 주기로 반복하여 작업이 진행된다.

40 머시닝센터에서 공구를 교환할 때 자동 공구 교환 위치인 제2 원점으로 복귀할 때 사용되는 G코드는?

① G27
② G28
③ G29
④ G30

해설

G27	원점복귀 확인
G28	자동 원점복귀
G29	원점으로부터 자동복귀
G30	제2 원점복귀

41 CNC 공작기계의 일반적인 특징이 아닌 것은?

① 제품의 균일성을 유지할 수 있다.
② 작업자의 피로를 줄일 수 있다.
③ 특수공구비가 많이 들어간다.
④ 생산성을 향상시킬 수 있다.

해설 특수공구비가 적게 들어간다.

정답 39. ① 40. ④
41. ③

42 다음은 머시닝센터의 고정 사이클 프로그램이다. 내용설명으로 올바른 것은?

> G90 G83 G98 Z-25. R3. Q6. F100. M08 ;

① R3. : 일감의 절삭 깊이
② G98 : 공구의 이송 속도
③ G83 : 초기점 복귀 동작
④ Q6. : 일감의 1회 절삭 깊이

해설
① G98 : 고정 사이클 초기점 복귀
② G83 : 심공 드릴 사이클
③ R3. : 구멍가공 후 R점(구멍 가공 시작점)을 지령
④ Q6. : 일감의 1회 절삭 깊이

43 CNC 조작판에서 새로운 프로그램을 작성하고 메모리에 등록된 프로그램을 편집(삽입, 수정, 삭제)할 때 선택하는 모드는?

① MDI(반자동)
② AUTO(자동)
③ EDIT(편집)
④ MPG(수동펄스 발생기)

해설 편집모드(EDIT Mode)
① 프로그램을 입력한다.
② 프로그램의 내용을 삽입, 수정, 삭제한다.
③ 메모리된 프로그램 및 워드를 찾을 수 있다.

44 일반 CNC 공작기계에서 많이 사용되는 그림과 같은 NC 서보 기구의 종류는?

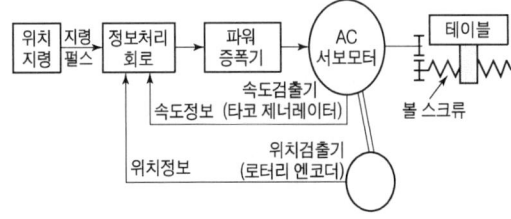

① 개방회로 방식
② 반폐쇄회로 방식
③ 폐쇄회로 방식
④ 반개방회로 방식

해설 서보 기구 종류
① 개방회로 제어방식(Open Loop System) : 검출기나 피드백 회로를 가지지 않기 때문에 정밀도가 낮아 오늘날 NC 기계에는 거의 사용하지 않는다.
② 반폐쇄회로 방식(Semi-Closed Loop System) : 서보모터의 축 또는 볼 스크루의 회전 각도를 통하여 위치를 검출하는 방식으로 CNC 공작기계에 이 방식을 많이 사용한다.
③ 폐쇄회로 방식(Closed Loop System) : 기계의 테이블에 직접적으로 스케일(Scale)을 부착하여 위치편차를 피드백 시키는 방식으로 정밀도가 높아 고정밀도의 공작기계나 대형 공작기계 등에 많이 사용
④ 복합회로 제어방식(Hybrid Loop System) : 반폐쇄회로 제어방식과 폐쇄회로 제어방식을 결합한 제어방식으로 대형 공작기계와 같이 강성을 충분히 높일 수 없는 기계에 적합한 방식이다.

정답 42. ④ 43. ③ 44. ②

45 머시닝센터의 공구 길이 보정과 관련이 없는 것은?
① G40
② G43
③ G44
④ G49

해설 ① G40 : 공구 지름 보정 취소 ② G43 : 공구 길이 보정(+)
③ G44 : 공구 길이 보정(−) ④ G49 : 공구 길이

46 CAD/CAM 시스템의 입력장치에 해당하는 것은?
① 스캐너
② 플로터
③ 프린터
④ 모니터(CRT)

해설 플로터, 프린터, 모니터는 출력장치이다.

47 CNC 기계의 일상점검 중 매일 점검해야 할 사항은?
① 유량 점검
② 각부의 필터(Filter) 점검
③ 기계 정도 검사
④ 기계 레벨(수평) 점검

해설

매일 점검	1. 외관 점검
	2. 유량 점검
	3. 압력 점검
	4. 각부의 작동 검사

48 밀링머신에서 분할대는 어디에 설치하는가?
① 주축대
② 테이블 위
③ 컬럼(기둥)
④ 오버암

해설 분할대는 테이블 위에 설치한다.

49 100rpm으로 회전하는 주축에서 2회전 일시 정지 프로그램을 할 때 틀린 것은?
① G04 X1.2 ;
② G04 W120 ;
③ G04 U1.2 ;
④ G04 P1200 ;

정답 45. ① 46. ①
47. ① 48. ②
49. ②

해설 G04 기능(휴지 : Dwell)

$$G04\ X\ (U,\ P)\ ;$$

① 프로그램에 지정된 시간 동안 공구의 이송을 잠시 중지시키는 기능(적용 : 드릴 가공, 홈 가공, 모서리 다듬질 가공 시 양호한 가공면을 얻기 위해 사용)
② 단위는 X, U, P,를 사용하는데 X, U는 소수점을, P는 0.001 단위를 사용

정지 시간＝스핀들(주축) $\dfrac{60}{100} \times 2 = 1.2\text{sec}$

[예] G04 X1.2 G04 U1.2 G04 P1200

50 수평 밀링머신의 플레인 커터 작업에서 상향 절삭에 대한 특징으로 맞는 것은?

① 날 자리 간격이 짧고, 가공면이 깨끗하다.
② 기계에 무리를 주지만 공작물 고정이 쉽다.
③ 가공할 면을 잘 볼 수 있어 시야 확보가 좋다.
④ 커터의 절삭 방향과 공작물의 이송 방향이 서로 반대로 백래시가 없어진다.

해설 상향 절삭
① 칩이 날을 방해하지 않는다.
② 밀링 커터의 진행 방향과 테이블의 이송 방향이 반대이므로 이송 기구의 백래시 제거
③ 기계에 무리를 주지 않는다(절삭동력이 적게 소비된다).
④ 일반적인 가공에 유리하고 치수정밀도의 변화가 적다.
⑤ 절삭날에는 가공 시작부터 끝까지 절삭 저항이 점차 증가하므로 설삭날에 작용하는 충격이 적다.

51 밀링머신에서 주축의 회전운동을 공구대의 직선 왕복운동으로 변화시켜 직선운동 절삭가공을 할 수 있게 하는 부속장치는?

① 슬로팅 장치   ② 수직축 장치
③ 래크 절삭 장치   ④ 회전 테이블 장치

해설 슬로팅(slotting) 장치 : 니형 밀링머신의 컬럼 앞면에 주축과 연결하여 사용하며 주축의 회전운동을 공구대 램의 직선 왕복운동으로 변화시켜 바이트로써 직선 절삭 가능(키, 스플라인, 세레이션, 기어 가공 등)

52 머시닝센터 프로그래밍에서 고정 사이클의 용도로 부적절한 것은?

① 드릴 가공   ② 탭 가공
③ 윤곽 가공   ④ 보링 가공

해설 고정 사이클
프로그램을 간단하게 하는 기능으로 구멍 가공하는 몇 개의 블록을 하나의 블록으로 프로그램을 작성할 수 있다. 고정 사이클에는 드릴, 탭, 보링 기능 등이 있고, 응용하여 다른 기능으로도 사용할 수 있다.

[정답] 50. ④ 51. ①
52. ③

53 회전하는 상자에 공작물과 숫돌 입자, 공작액, 콤파운드 등을 함께 넣어 공작물이 입자와 충돌하여 요철을 제거하고 매끈한 가공면을 얻는 가공법은?

① 숏 피닝
② 배럴 가공
③ 슈퍼피니싱
④ 폴리싱

해설 배럴 다듬질
충돌가공(주물귀, 돌기 부분, 스케일 제거) 회전하는 상자 속에 공작물과 미디어, 콤파운드(유지+직물), 공작액 등을 넣고 회전과 진동을 주어 표면을 다듬질(회전형, 진동형)

54 고속가공기의 장점을 설명한 것으로 틀린 것은?

① 절삭저항이 저하되고, 공구 수명이 길어진다.
② 공구지름이 큰 것을 사용하므로, 효과적 가공이 가능하고 공구가 부러지지 않는다.
③ 칩이 가공열을 가지고 제거되기 때문에 공작물에 열이 남지 않는다.
④ 난삭재의 가공이 가능하다.

해설 특히 엔드밀의 경우에는 절삭저항이 저하됨으로써 매우 얇은 가공물도 변형을 주지 않고 정밀도를 유지하면서 가공할 수 있다.

55 CNC의 서보 기구(Servo system)의 형식이 아닌 것은?

① 개방회로 방식
② 반폐쇄회로 방식
③ 대수연산 방식
④ 폐쇄회로 방식

해설 서보 기구 종류
① 개방회로 제어방식(Open Loop System)
② 반폐쇄회로 방식(Semi-Closed Loop System)
③ 폐쇄회로 방식(Closed Loop System)
④ 복합회로 제어방식(Hybrid Loop System)

56 $\phi 44$ 드릴 가공에서 절삭속도 150m/min, 이송 0.08 mm/rev일 때, 회전수와 이송 속도는?

① 1085rpm, 86.8mm/min
② 320rpm, 3.52mm/min
③ 200rpm, 3.41mm/min
④ 170rpm, 34.1mm/min

정답 53. ② 54. ④ 55. ③ 56. ①

해설 $n = \dfrac{1000V}{\pi d} = \dfrac{1000 \times 150}{\pi \times 44} = 1085$

이송속도 $F = 0.08 \times 1085 = 86.8$

57 CNC 공작기계의 편집모드(EDIT Mode)에 대한 설명 중 틀린 것은?
① 프로그램을 입력한다.
② 프로그램의 내용을 삽입, 수정, 삭제한다.
③ 메모리된 프로그램 및 워드를 찾을 수 있다.
④ 프로그램을 실행하여 기계 가공을 한다.

해설 편집모드(EDIT Mode)
① 프로그램을 입력한다.
② 프로그램의 내용을 삽입, 수정, 삭제한다.
③ 메모리된 프로그램 및 워드를 찾을 수 있다.

58 하이트 게이지는 다음과 같은 것들의 조합이다. 관계가 없는 것은?
① 스케일(scale)
② 베이스(base)
③ 스퀘어(square)
④ 서피스 게이지(surface gauge)

59 게이지 블록 부속품이 아닌 것은?
① 둥근형 조(jaw)와 평행 조(jaw)
② 스크라이버 포인트(scriber point)
③ 홀더(holder)
④ 센터 게이지(center gauge)

해설 게이지 블록 부속품
① 둥근형 조(jaw)와 평행 조(jaw)　② 스크라이버 포인트(scriber point)
③ 홀더(holder)　④ 센터 포인트(center point)
⑤ 베이스 블록(base block)　⑥ 삼각 스트레이트 에지(triangle straight edge)

60 게이지 블록의 부속 부품이 아닌 것은?
① 홀더　　　　　　　② 스크레이퍼
③ 스크라이버 포인트　④ 베이스 블록

해설 스크레이퍼
기계 가공한 면을 다시 정밀하게 가공하는 작업을 스크레이핑이라고 하며 이때 사용하는 공구를 스크레이퍼라 한다. 공작기계의 베드, 미끄럼면, 측정용 정밀정반 등의 최종마무리 가공에 사용된다.

정답　57. ④　58. ④
　　　59. ④　60. ②

05회 CBT 모의고사

01 Sn 8~12%에 1~2% Zn을 넣어 만든 합금으로 내수성이 좋아 선박용 재료로 널리 사용되는 것은?

① 포금
② 연청동
③ 규소 청동
④ 알루미늄 청동

해설 포금 : Sn 8~12%에 1~2% Zn을 넣어 만든 합금으로 내수성이 좋아 선박용 재료로 널리 사용한다.

02 원주 피치를 p라 하고, 원주율을 π라 할 때, 모듈 m을 구하는 식으로 옳은 것은?

① $m = \dfrac{\pi}{p}$
② $m = \dfrac{p}{\pi}$
③ $m = \pi p$
④ $m = 2\pi p$

해설
① 원주 피치(p) : 피치 원주를 잇수로 나눈 수치
$p = \dfrac{\pi D}{Z} = \pi m$
② 모듈(m) : 미터 방식으로 나타낸 이의 크기, 모듈값이 클수록 이의 크기는 커진다.
$m = \dfrac{p}{\pi} = \dfrac{D}{Z}$

03 고망간강에 대한 설명 중 틀린 것은?

① 내마모성이 나쁘다.
② 하드필드 망간강이라고 한다.
③ 오스테나이트 조직의 Mn강이다.
④ 망간을 10~14% 정도 함유하고 있다.

해설 Mn강
① 제망간강(듀콜강) : 펄라이트 조직의 Mn 1~2% 함유한 강
② 고망간강(하드필드강) : 오스테나이트 조직의 Mn 10~14% 함유한 강. 고온취성이 생기므로 1000~1100°C에서 수중 담금질(수인법)하여 인성을 부여하며 내마모성이 우수하다.

04 담금질한 강에 뜨임을 하는 주된 목적은?

① 재질을 더욱더 단단하게 하려고
② 강의 재질에 화학성분을 보충하려 주려고
③ 응력을 제거하고 강도와 인성을 증가하려고
④ 기계적 성질을 개선하여 경도를 증가시켜 균일화하려고

정답 01. ① 02. ② 03. ① 04. ③

해설 ① 담금질 : 경화가 주목적
② 뜨임 : 담금질 후 인성을 부여
③ 풀림 : 내부 응력 제거가 주목적
④ 불림 : 조직의 표준화

05 고급 주철의 한 종류로 저 C, 저 Si의 주철을 용해하여 주입하기 전에 Fe-Si 분말을 첨가하여 흑연의 Ca-Si 분말을 첨가하여 흑연의 핵 형성을 촉진시켜 만든 것은?

① 에멜 주철   ② 피워키 주철
③ 미하나이트 주철   ④ 라이안쯔 주철

해설 미하나이트 주철
약 3% C, 1.5% Si인 쇳물에 칼슘 실리케이트(Ca-Si)나 페로실리콘(Fe-Si)을 접종시켜 미세한 흑연을 균일하게 분포시킨 펄라이트 주철이다. 인장강도는 255~340MPa이고, 용도는 브레이크 드럼, 크랭크축, 기어 등에 내마모성이 요구되는 공작기계의 안내면과 강도를 요하는 내연기관의 실린더 등에 사용한다.

06 아공석강 영역에서의 탄소강은 탄소량의 증가에 따라 기계적 성질이 변한다. 이에 대한 설명으로 옳지 않은 것은?

① 경도가 증가한다.   ② 항복점이 증가한다.
③ 충격치가 증가한다.   ④ 인장강도가 증가한다.

해설 충격치가 감소한다.

07 반도체 재료의 정제에서 고순도의 실리콘(Si)을 얻을 수 있는 정제법은?

① 인상법   ② 대역정제법
③ 존 레벨링법   ④ 플로팅 존법

해설 플로팅 존법
반도체 재료의 정제에서 고순도의 실리콘(Si)을 얻을 수 있는 정제법이다.

08 벨트 풀리의 설계에서 림(rim)의 중앙부를 약간 높게 만드는 이유는?

① 제작이 용이하기 때문에
② 풀리의 강도 증대와 마모를 고려하여
③ 벨트가 벗겨지는 것을 방지하기 위하여
④ 벨트의 착·탈이 용이하도록 하기 위하여

해설 벨트가 벗겨지는 것을 방지하기 위하여 풀리의 설계에서 림(rim)의 중앙부를 약간 높게 만든다.

[정답] 05. ③   06. ③
07. ④   08. ③

09 절구 베어링이라고도 하며, 세워져 있는 축에 의하여 추력을 받을 때 사용되는 것은?

① 피벗 베어링
② 컬러 베어링
③ 단일체 베어링
④ 분할 베어링

해설 피벗 베어링
절구 베어링이라고도 하며, 세워져 있는 축에 의하여 추력을 받을 때 사용한다.

10 소선의 지름이 8mm, 스프링 전체의 평균 지름이 80mm인 압축 코일 스프링이 있다. 이 스프링의 스프링 지수는?

① 10
② 40
③ 64
④ 72

해설 스프링 지수(C)는 코일의 평균 지름(D)과 재료의 지름(d)의 비이다.
$C = \dfrac{D}{d} = \dfrac{80}{8} = 10$

11 길이가 200mm인 스프링의 한 끝을 천장에 고정하고, 다른 한 끝에 무게 100N의 물체를 달았더니 스프링의 길이가 240mm로 늘어났다. 스프링 상수(N/mm)는?

① 1
② 2
③ 2.5
④ 4

해설
• 변형량(δ) = 240 − 200 = 40mm
• 스프링 상수(k) = $\dfrac{W}{\delta} = \dfrac{100}{40} = 2.5$N/mm

12 핀에 대한 설명으로 잘못된 것은?

① 테이퍼 핀의 기울기는 1/50이다.
② 분할 핀은 너트의 풀림방지에 사용된다.
③ 테이퍼 핀은 굵은 쪽의 지름으로 크기를 표시한다.
④ 핀의 재질은 보통 강재이고 황동, 구리, 알루미늄 등으로 만든다.

해설 테이퍼 핀은 작은 쪽의 지름으로 크기를 표시한다.

[정답] 09. ① 10. ① 11. ③ 12. ③

13 기계운동을 정지 또는 감속 조절하여 위험을 방지하는 장치는?
① 기어 ② 커플링
③ 마찰차 ④ 브레이크

해설 브레이크 : 기계운동을 정지 또는 감속 조절하여 위험을 방지하는 장치이다.

14 리베팅이 끝난 뒤에 리벳머리의 주위 또는 강판의 가장자리를 정으로 때려 그 부분을 밀착시켜 틈을 없애는 작업은?
① 시밍 ② 코킹
③ 커플링 ④ 해머링

해설 코킹(Caulking)과 플러링(Fullering)
① 코킹 : 고압 탱크, 보일러와 같이 기밀을 필요로 할 때에는 리베팅이 끝난 후 리벳머리의 주위와 강판의 가장자리를 정(Chisel)으로 때려 그 부분을 밀착시켜서 틈을 없애는 작업
② 플러링 : 코킹과 같은 목적의 작업으로 판재의 끝 부를 때리는 작업

15 분말합금으로 제작된 소결 마찰부품 중 브레이크 마찰재료의 구비 조건으로 틀린 것은?
① 가격이 저렴할 것
② 내마모성, 내열성이 클 것
③ 열전도성, 내유성이 좋을 것
④ 마찰계수가 적고 안정적일 것

해설 마찰계수가 크고 안정적일 것

16 도면에서 2종류 이상의 선이 같은 장소에 겹치게 될 경우 선의 우선순위로 맞는 것은?
① 외형선, 숨은선, 절단선, 중심선, 무게중심선
② 외형선, 중심선, 절단선, 숨은선, 무게중심선
③ 외형선, 중심선, 숨은선, 무게중심선, 절단선
④ 외형선, 절단선, 숨은선, 무게중심선, 중심선

해설 겹치게 될 경우 선의 우선 순위 : 외형선, 숨은선, 절단선, 중심선, 무게중심선

17 KS 기하 공차 기호 중 원통도의 표시 기호는?
① ○ ② ⌀
③ ⊕ ④ ∅

해설 ① 진원도, ② 원통도, ③ 위치도이다.

정답 13. ④ 14. ②
15. ④ 16. ①
17. ②

18 기계제도 도면에서 치수가 50 H7/p6라 표시되어 있을 때의 설명으로 올바른 것은?

① 구멍기준식 헐거운 끼워맞춤
② 축기준식 중간 끼워맞춤
③ 구멍기준식 억지 끼워맞춤
④ 축기준식 억지 끼워맞춤

해설 H7/p6 : 구멍기준식 억지 끼워맞춤

19 제3각법으로 정 투상한 그림과 같은 정면도와 평면도에 가장 적합한 우측면도는?

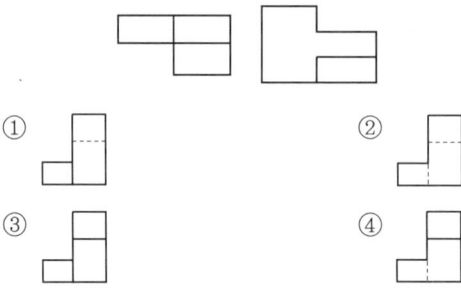

20 세 줄 나사의 피치가 3mm일 때 리드는 얼마인가?

① 1mm ② 3mm
③ 6mm ④ 9mm

해설 리드=피치×나사의 줄 수=3×3=9

21 롤러 베어링의 호칭번호 6302에서 베어링 안지름 호칭을 표시하는 것은?

① 6   ② 63
③ 0   ④ 02

해설 6(형식 기호), 3(치수 기호), 02(안지름 번호)
00 안지름 10mm, 01 안지름 12mm, 02 안지름 15m, 03 안지름 17mm

정답 18. ③ 19. ④ 20. ④ 21. ④

22 그림과 같은 도면에서 괄호 안에 들어갈 치수는?

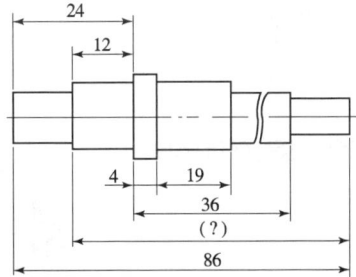

① 74
② 70
③ 62
④ 60

해설 86−24+12=74mm

23 다음의 도시된 단면도의 명칭은?

① 전단면도
② 한쪽 단면도
③ 부분 단면도
④ 회전도시 단면도

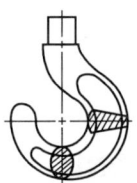

해설 **회전도시 단면도** : 핸들이나 바퀴 등의 암 및 림, 리브, 훅, 축, 구조물의 부재 등의 절단면은 90° 회전하여 표시하여도 좋다.
① 절단할 곳의 전후를 끊어 그 사이에 그린다.
② 절단선의 연장선 위에 그린다.
③ 도형 내의 절단한 곳에 겹쳐서 가는 실선을 사용하여 그린다.

24 기계제도 도면에서 파단선에 관한 설명으로 가장 적합한 것은?

① 되풀이 하는 것을 나타내는 선
② 전단면도를 그릴 경우 그 절단 위치를 나타내는 선
③ 물체의 보이지 않는 부분을 가정해서 나타내는 선
④ 물체의 일부를 떼어낸 경계를 표시하는 선

해설 **파단선** : 대상물의 일부를 파단한 경계 또는 일부를 떼어낸 경계를 표시하는 데 사용한다.

25 밀링 커터의 주요 공구각 중에서 공구와 공작물이 서로 접촉하여 마찰이 일어나는 것을 방지하는 역할을 하는 것은?

① 여유각
② 경사각
③ 날끝각
④ 비틀림각

해설 **여유각** : 공구와 공작물이 서로 접촉하여 마찰이 일어나는 것을 방지하는 역할이다.

[정답] 22. ① 23. ④ 24. ④ 25. ①

26 가공에 의한 커터의 줄무늬가 기호를 기입한 면의 중심에 대하여 거의 방사 모양을 표시하는 것은?

① ▽⊥   ② ▽X
③ ▽R   ④ ▽C

해설

=	그림의 투영면에 평행
⊥	그림의 투영면에 수직
X	두 방향으로 교차
M	다방면으로 교차 또는 무방향
C	거의 동심원
R	거의 방사상(레이디얼형)

27 일반적인 버니어 캘리퍼스로 측정할 수 없는 것은?
① 나사의 유효지름
② 지름이 30mm인 둥근 봉의 바깥지름
③ 안지름이 35mm인 파이프의 안지름
④ 두께가 10mm인 철판의 두께

해설 나사 유효지름의 측정은 나사 마이크로미터, 삼선법, 공구 현미경 등의 광학적 측정기로 하는 방법이 있다.

28 절삭 저항의 3분력 중 절삭 깊이 방향(절삭 공구 축 방향)의 분력에 해당하는 것은?
① 종분력   ② 배분력
③ 이송분력   ④ 주분력

해설 절삭 저항의 3분력
절삭 저항 = 주분력(P1) 10 〉 배분력(P3) (2~4) 〉 이송분력(P2) (1~2)
① 주분력(P1) : 절삭 방향으로 작용하는 분력
② 이송분력(P2) : 이송 방향(평행)으로 작용하는 분력
③ 배분력(P3) : 공구의 축 방향으로 작용하는 분력

29 절삭유제의 사용 목적이 아닌 것은?
① 공작물의 냉각   ② 공구의 냉각
③ 절삭 저항의 감소   ④ 공작물의 부식

정답 26. ③ 27. ① 28. ② 29. ④

해설 절삭유의 사용 목적
① 절삭 저항이 감소하고 공작물 냉각 및 공구를 냉각한다.
② 다듬질 면의 마찰을 적게 하므로 다듬질 면을 좋게 한다.
③ 공작물의 열팽창 방지로 가공물의 치수 정밀도를 높게 한다.
④ 칩의 흐름이 좋아지기 때문에 절삭가공을 쉽게 한다.
⑤ 공구인선을 냉각시켜 온도상승에 따른 경도 저하를 막는다.

30 연삭숫돌 바퀴에 대한 설명으로 옳은 것은?
① 숫돌바퀴는 자생작용을 하지 못하므로 사용 후 재연삭하여야 한다.
② 접촉 면적이 작을 때 결합도가 낮은 숫돌을 선택한다.
③ 숫돌 입자는 알루미나계와 탄화규소계가 널리 사용되고 있다.
④ 숫돌 입자의 결합도가 크면 숫돌 입자가 쉽게 탈락하여 눈메움이 일어나지 않는다.

해설
① 연삭이 진행됨에 따라 새로운 날로 바뀌는 연삭숫돌의 특징이 있으며, 이것을 절삭날의 자생작용이라 한다.
② 숫돌과 공작물의 접촉 면적이 클 때 거친 입도의 숫돌을 사용한다.
③ 눈메움(loading) : 숫돌 입자의 표면이나 기공에 칩이 끼어지고 용착되어 절삭 성능이 떨어지고 연삭성이 나빠지는 현상으로 다듬질 면에 떨림 자리가 나타난다.
④ 인조 숫돌 입자는 원료를 전기로에서 고온으로 용융하여 천천히 냉각시켜 만든 잉곳(ingot)을 기계적으로 분쇄해 만든 것으로 알루미나(alumina, Al_2O_3)계와 탄화규소(SiC)계가 있다.

31 연한 재질의 일감을 고속 회전하면서 가공할 때 생기는 칩으로 가공면이 가장 깨끗한 칩의 형태는?
① 전단형 ② 경작형
③ 균열형 ④ 유동형

해설
① 유동형 칩(flow type chip) : 칩이 공구의 경사면 위를 유동하는 것과 같이 원활하게 연속적으로 흘러 나가는 형태로서 가공면이 깨끗하다.
② 전단형 칩(shear type chip) : 연한 재질의 공작물을 작은 경사각으로 저속 가공할 때 생긴다.
③ 열단형 칩(tear type chip, 경작형) : 점성이 큰 재질을 작은 경사각의 공구로 절삭할 때
④ 균열형 칩(Crack type chip) : 주철과 같은 메진(취성) 재료를 저속 가공할 때

32 밀링머신에서 둥근 단면의 공작물을 사각, 육각 등으로 가공할 때에 편리하게 사용되는 부속장치는?
① 분할대 ② 릴리빙 장치
③ 슬로팅 장치 ④ 래크 절삭장치

해설 분할대(Indexing head) : 원주 및 각도 분할 시 사용. 주축대와 심압대 한 쌍으로 테이블 위에 설치

[정답] 30. ③ 31. ④
32. ①

33 수평 밀링머신의 플레인 커터 작업에서 상향 절삭을 설명한 것 중 잘못된 것은?

① 커터의 날이 공작물을 들어 올리는 방향으로 작용한다.
② 칩이 날을 방해하지 않고 절삭된 칩이 가공된 면에 쌓이지 않는다.
③ 커터의 절삭 방향과 공작물의 이송 방향이 같다.
④ 절삭열에 의한 치수 정밀도의 변화가 적다.

해설 커터의 절삭 방향과 공작물의 이송 방향이 반대 방향이다.

34 다음 측정기기의 명칭 중 각도 측정에 사용되는 것은?

① 스트레이트 에지　② 마이크로미터
③ 사인 바　④ 버니어 캘리퍼스

해설 각도 측정에 사용되는 것은 사인 바, 각도 게이지, 수준기, 오토콜리미터 등이 있다.

35 방전 가공에 대한 설명 중 잘못된 것은?

① 방전 가공 때 음극보다는 양극의 소모가 크다.
② 재료가 전기 부도체이면 쉽게 방전 가공할 수 있다.
③ 얇은 판, 가는 선, 미세한 구멍 가공에 사용된다.
④ 와이어 컷 방전 가공의 와이어는 황동, 구리, 텅스텐 등을 사용한다.

해설 재료가 전기 부도체이면 어렵게 방전 가공할 수 있다.

36 납, 주석, 알루미늄 등의 연한 금속이나 판금 제품의 가장자리를 다듬질 작업할 때 주로 사용하는 줄은?

① 귀목　② 단목
③ 파목　④ 복목

해설 줄눈의 형상에 따른 종류
① 단목(홑눈줄 : single cut) : 한쪽 방향(70~80°)으로만 눈을 만든 것으로, Pb, Sn, Al과 같이 연질재료 및 얇은 판금의 가장자리 절삭에 사용한다.
② 복목(겹눈줄 : double cut) : 일반적으로 다듬질용이며 두 개의 상하 날이 교차하도록 만든 것으로 상날(절삭)은 70~80°로 하부날(칩배출)은 40~45°로 되어 있으며 강과 주철과 같은 다듬 절삭에 사용하며 연한 금속, 일반 철공용으로 쓰인다.

정답 33. ③　34. ③
35. ②　36. ②

③ 귀목(라스프줄 : rasp cut) : 줄날이 돌기 형식이며 목재, 가죽, 베크라이트 등 비금속재료의 거친 절삭에 사용한다.
④ 파목(곡선줄 : curved cut) : 줄날이 곡선으로 칩 배출이 용이하고 절삭 능력이 강력해서 납, Al, 플라스틱, 목재 등과 같은 재질 절삭에 사용한다.

37 세라믹의 취성을 보완하기 위해 개발된 내화물과 금속복합체의 총칭으로 고속절삭에서 저속절삭까지 사용 범위가 넓고 크레이터 마모, 플랭크 마모 등이 적으며, 구성인선이 거의 발생하지 않아 공구수명이 긴 공구 재료는?

① 서멧
② 다이아몬드
③ 소결 초경합금
④ 합금 공구강

해설 서멧 공구
① Al_2O_3 분말 70%에 탄질화 티탄 TiCN 분말을 30% 정도 혼합하여 수소 분위기에 소결하여 제작
② 초경합금에 비해 고속절삭이 가능하고 마모가 적으며 공구 수명이 길다.
③ 고속, 저속 등 절삭의 속도범위가 적다.
④ TiN은 내충격성이 우수하다.
⑤ TiC은 고온에서 강도 및 마찰저항이 우수하고, 열의 변화에 내성이 있어 강의 절삭에 매우 우수한 성능을 나타낸다.

38 센터리스 연삭기에서 통과 이송법으로 연삭하려고 한다. 조정숫돌바퀴의 바깥지름이 400mm, 회전수가 40rpm, 경사각이 4°일 때 가공물의 이송속도는 약 몇 m/min인가? (단, $\pi=3.14$, $\sin 4°=0.0698$)

① 540.4
② 37.7
③ 15.6
④ 3.5

해설 $F = \pi DN \sin\alpha (\text{mm/min}) = \pi \times 400 \times 40 \times \sin 4 / 1000 = 3.5 \text{m/min}$

39 접시머리 나사의 머리 부분을 묻히게 하기 위해 원뿔 모양의 자리를 깎아서 만드는 작업은?

① 스폿 페이싱
② 카운터 보링
③ 탭핑
④ 카운터 싱킹

해설
① 스폿 페이싱(Spot Facing) : 볼트 또는 너트 등의 구멍과 직각이 되게 머리부가 접촉되는 부분을 깎아서 만드는 작업
② 카운터 싱킹(Counter Sinking) : 접시머리 나사의 머리가 묻히게 하기 위해 원뿔 자리를 만드는 작업
③ 탭핑(Tapping) : 공작물 내부에 암나사 가공. 탭핑을 위한 드릴 가공은 나사의 외경-피치로 한다.
④ 보링(Boring) : 뚫린 구멍을 다시 절삭, 구멍을 넓히고 다듬질하는 것. 보링 바에 바이트를 사용한다.

정답 37. ① 38. ④ 39. ④

05회 CBT 모의고사

40 공작기계가 갖춰야 할 구비조건으로 틀린 것은?

① 높은 정밀도를 가질 것
② 가공능력이 클 것
③ 내구력이 작을 것
④ 기계효율이 좋을 것

해설 공작기계의 구비조건
① 제품의 공작 정밀도 및 내구력이 좋을 것
② 절삭 가공능률이 우수할 것
③ 융통성이 풍부하고 기계효율이 클 것
④ 조작이 용이하고, 안전성이 높을 것
⑤ 동력 손실이 적고, 기계 강성이 높을 것

41 CNC 공작기계의 안전에 관한 사항으로 틀린 것은?

① MDI로 프로그램을 입력할 때 입력이 끝나면 반드시 확인하여야 한다.
② 강전반 및 CNC 장치는 압축 공기를 사용하여 항상 깨끗이 청소한다.
③ 강전반 및 CNC 장치는 어떠한 충격도 주지 말아야 한다.
④ 항상 비상 정지 버튼을 누를 수 있는 마음가짐으로 작업한다.

해설 강전반 및 CNC 장치는 압축 공기를 사용하지 않는다.

42 그림과 같이 이동하는 머시닝센터 프로그램에서 증분방식으로 지령할 경우 올바른 지령은?

① G00 G90 X20. Y20. ;
② G00 G90 X-20. Y10. ;
③ G00 G91 X-20. Y10. ;
④ G00 G91 X20. Y20. ;

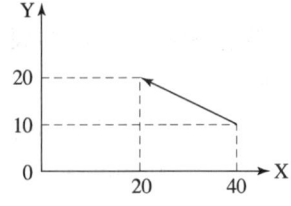

해설 그림에서 증분 지령은 G00 G91 X-20. Y10. ;

43 CNC 공작기계가 자동 운전 도중에 갑자기 멈추었을 때의 조치사항으로 잘못된 것은?

① 비상 정지 버튼을 누른 후 원인을 찾는다.
② 프로그램의 이상 유무를 하나씩 확인하며 원인을 찾는다.

정답 40. ③ 41. ② 42. ③ 43. ③

③ 강제로 모터를 구동시켜 프로그램을 실행시킨다.
④ 화면상의 경보(alarm) 내용을 확인한 후 원인을 찾는다.

해설 모터를 강제로 구동시키지 않는다.

44 다음은 CNC 프로그램에서 일반적인 명령절의 구성순서를 나타낸 것이다. M 기능에 해당하는 것은?

> N_ G_ X_ Z_ F_ S_ T_ M_ ;

① 준비기능 ② 보조기능
③ 이송기능 ④ 주축기능

해설
① G : 준비기능   ② T : 공구기능
③ F : 이송기능   ④ S : 주축기능
⑤ M : 보조기능

45 일반적인 CAM 시스템의 정보 처리 흐름의 순서로 맞는 것은?
① 곡선 정의 → 곡면 정의 → 공구 경로 생성 → NC 코드 생성
② 곡면 정의 → 곡선 정의 → NC 코드 생성 → 공구 경로 생성
③ 곡선 정의 → 공구 경로 생성 → NC 코드 생성 → 곡면 정의
④ 공구 경로 생성 → 곡선 정의 → 곡면 정의 → NC 코드 생성

해설 곡선 정의 후 곡면 정의를 하며 마지막으로 NC 데이터를 생성한다.

46 머시닝센터 프로그래밍에서 G73, G83 코드에서 매회 절입량을 G76, G87 지령에서는 후퇴(시프트)량을 지정하는 어드레스는?
① R   ② O
③ Q   ④ P

해설

Z	구멍 가공 최종 깊이를 지령한다. R 점에서 Z 위치까지 절삭 이송(G01)한다. 절대지령은 공작물 좌표계 Z축 원점에서 절삭 깊이가 되고, 증분지령인 경우 R 점에서 절삭 깊이를 지령한다.
R	구멍 가공 후 R점(구멍가공 시작점)을 지령한다. 최종 구멍가공을 종료하고 공구를 R점까지 복귀한다. 또 초기점에서 R점(가공 시작점)까지 급속 이송(G00)으로 이동하는 지령이다. 절대지령은 공작물 좌표계 Z축 원점에서의 위치가 되고 증분 지령인 경우 초기점에서 이동거리를 지령한다.
Q	G73, G83 기능에서 매회 절입량 또는 G76, G87 기능에서 후퇴량을 지령한다.(항상 증분 지령으로 한다.)
P	구멍 바닥에서 드웰(정지) 시간을 지령한다.
F	구멍 가공 이송속도를 지령한다.

정답 44. ② 45. ①
46. ③

05회 CBT 모의고사

47 밀링 작업 시 안전 및 유의사항이 잘못된 것은?
① 기계를 가동하기 전에 각 부분의 작동상태를 점검한다.
② 유창을 통하여 기름의 양을 확인하고 부족시 보충한다.
③ 주축회전수의 변환은 주축이 완전히 정지된 후에 실시한다.
④ 절삭되어 나온 칩은 손으로 털어서 제거해야 한다.

해설 절삭되어 나온 칩은 손으로 제거하지 않는다.

48 범용 공작기계와 CNC 공작기계를 비교하였을 때 CNC 공작기계가 유리한 점이 아닌 것은?
① 복잡한 형상의 부품가공에 성능을 발휘한다.
② 품질이 균일화되어 제품의 호환성을 유지할 수 있다.
③ 장시간 자동운전이 가능하다.
④ 숙련에 오랜 시간과 경험이 필요하다.

해설 범용 공작기계는 오랜 시간과 경험이 필요하다.

49 NC의 서보(servo) 기구를 위치 검출방식에 따라 분류할 때 해당하지 않는 것은?
① 폐쇄회로 방식(closed loop system)
② 반폐쇄회로 방식(semi-closed loop system)
③ 반개방회로 방식(semi-open loop system)
④ 복합회로 방식(hybrid servo system)

해설 서보 기구 종류
① 개방회로 제어방식(Open Loop System)
② 반폐쇄회로 방식(Semi-Closed Loop System)
③ 폐쇄회로 방식(Closed Loop System)
④ 복합회로 제어방식(Hybrid Loop System)

50 머시닝센터 프로그램에서 공구 길이 보정 취소 G코드로 맞는 것은?
① G43
② G44
③ G49
④ G30

해설 ① G43 : 공구 길이 보정(+) ② G44 : 공구 길이 보정(-)
③ G49 : 공구 길이 보정 무시 ④ G30 : 제2, 3, 4 원점복귀

정답 47. ④ 48. ④ 49. ③ 50. ③

51 밀링머신에 의한 작업에서 분할법의 종류가 아닌 것은? (단, 브라운 샤프 분할대를 기준으로 함)

① 직접 분할법 ② 단식 분할법
③ 차동 분할법 ④ 복식 분할법

해설 분할법의 종류 : 직접 분할법, 단식 분할법, 차동 분할법, 각도 분할법이 있다.

52 밀링 커터의 절삭속도 45m/min, 커터의 지름 30mm, 커터의 날 수 4개, 밀링 커터의 날당 이송량이 0.1mm일 때 테이블의 이송속도(mm/min)는 얼마인가?

① 122 ② 191
③ 322 ④ 391

해설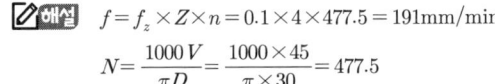
$f = f_z \times Z \times n = 0.1 \times 4 \times 477.5 = 191 \text{mm/min}$
$N = \dfrac{1000V}{\pi D} = \dfrac{1000 \times 45}{\pi \times 30} = 477.5$

53 머시닝센터 프로그램에서 공작물 좌표계를 설정하는 G코드가 아닌 것은?

① G57 ② G58
③ G59 ④ G60

해설
① G57 : 공작물 좌표계 4번 ② G58 : 공작물 좌표계 5번
③ G59 : 공작물 좌표계 6번 ④ G60 : 한 방향 위치 결정

54 머시닝센터의 고정 사이클 중 G코드와 용도가 서로 맞지 않는 것은?

① G76 - 정밀 보링 사이클 ② G81 - 드릴링 사이클
③ G83 - 보링 사이클 ④ G84 - 태핑 사이클

해설
① G76 : 정밀 보링 사이클 ② G81 : 드릴링 사이클
③ G83 : 심공 드릴 사이클 ④ G84 : 탭 사이클

55 일반적으로 머시닝센터에서 사용하지 않는 공구는?

① 홈 바이트 ② 센터드릴
③ 엔드밀 ④ 페이스 커터

해설 홈 바이트는 선반에서 사용되는 공구이다.

정답 51. ④ 52. ② 53. ④ 54. ③ 55. ①

56 다음 중 CAD/CAM의 출력장치가 아닌 것은?

① 모니터 ② 프린터
③ 플로터 ④ 스캐너

해설 스캐너는 입력장치이다.

57 움직인 양을 모터에서 간접적으로 속도 및 위치를 검출하여 피드백(feed back)시키는 것으로 비교적 제작이 용이하기 때문에 일반 CNC 공작기계에 많이 사용되는 서보 기구는?

① 개방 회로 ② 반폐쇄 회로
③ 폐쇄 회로 ④ 반개방 회로

해설 서보 기구 종류
① 개방회로 제어방식(Open Loop System) : 검출기나 피드백 회로를 가지지 않기 때문에 정밀도가 낮아 오늘날 NC 기계에는 거의 사용하지 않는다.
② 반폐쇄회로 방식(Semi-Closed Loop System) : 서보모터의 축 또는 볼 스크루의 회전 각도를 통하여 위치를 검출하는 방식으로 CNC 공작기계에 이 방식을 많이 사용한다.
③ 폐쇄회로 방식(Closed Loop System) : 기계의 테이블에 직접적으로 스케일(Scale)을 부착하여 위치편차를 피드백 시키는 방식으로 정밀도가 높아 고정밀도의 공작기계나 대형 공작기계 등에 많이 사용
④ 복합회로 제어방식(Hybrid Loop System) : 반폐쇄회로 제어방식과 폐쇄회로 제어방식을 결합한 제어방식으로 대형 공작기계와 같이 강성을 충분히 높일 수 없는 기계에 적합한 방식이다.

58 절삭에서 구성인선의 발생 방지 대책으로 틀린 것은?

① 절삭 깊이를 작게 한다.
② 윤활성이 좋은 절삭 유제를 사용한다.
③ 경사각을 작게 한다.
④ 절삭 속도를 크게 한다.

해설 구성인선 방지책
① 절삭 깊이를 적게 한다.
② 상면 경사각을 크게 한다.
③ 절삭 속도를 크게 한다.
④ 윤활성이 있는 절삭유 사용한다.

정답 56. ④ 57. ②
58. ③

59 내측 및 외측을 측정할 때 사용하는 게이지 블록 부속품은?

① 둥근형 조(jaw)와 평행 조(jaw)
② 스크라이버 포인트(scriber point)
③ 베이스 블록(base block)
④ 센터 포인트(center point)

60 실린더 게이지, 버니어 캘리퍼스, 마이크로미터를 교정할 때 사용하는 게이지 블록 부속품은?

① 홀더(holder)
② 스크라이버 포인트(scriber point)
③ 베이스 블록(base block)
④ 센터 포인트(center point)

정답 59. ① 60. ①

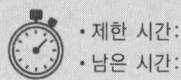

01 황동의 내식성을 개량하기 위하여 7:3 황동에 1% 정도의 주석을 넣은 것은?

① 톰백
② 네이벌 황동
③ 애드미럴티 황동
④ 델타 메탈

해설
① **톰백**(tombac) : 5~20%의 저 아연합금으로 전연성이 좋고 색깔이 아름다워 장식품에 많이 쓰이거나, 색이 금에 가까우므로 모조 금박 대용으로 사용
② **애드미럴티 황동**(admiralty brass) : 7-3 황동에 1% Sn 첨가 관·판으로 증발기, 열교환기에 사용
③ **네이벌 황동**(naval brass) : 6-4 황동에 0.75% Sn 첨가 파이프, 용접봉, 선박 기계부품으로 사용
④ **델타 메탈**(delta metal) : 6-4 황동에 1~2% Fe 함유 강도, 내식성 증가, 광신기계, 선박, 화학기계용으로 사용

02 회전수가 250rpm인 원동축에 모듈이 4, 잇수가 30인 기어가 있다. 속도비가 1/3인 경우 중심거리는?

① 80mm
② 240mm
③ 480mm
④ 600mm

해설
$$i = \frac{N_1}{N_2} = \frac{Z_2}{Z_1} = \frac{1}{3} = \frac{250}{N_2} = \frac{Z_2}{30} = Z_2 = 3 \times 30 = 90$$
$$C = \frac{M(Z_1 + Z_2)}{2} = \frac{4 \times (30+90)}{2} = 240\text{mm}$$

03 탄소강이 200~300°C의 온도에서 취성이 발생되는 현상을 무엇이라 하는가?

① 청열 취성
② 적열 취성
③ 고온 취성
④ 상온 취성

해설
① **청열 취성** : 강은 온도가 높아지면 전연성이 커지나, 200~300°C에서는 강도는 크지만, 연신율은 대단히 작아져서 결국 메짐성을 증가한다. 이때의 강은 청색의 산화피막을 형성하는데, 이것을 청열 취성(메짐성)이라고 한다.
② **적열 취성** : 강이 900°C 이상에서 황이나 산소가 철과 화합하여 산화철이나 황화철을 만든다. 황(S)이 많은 강은 고온에 있어서 여린 성질을 나타내는데 이것을 적열 취성이라고 한다.
③ **상온 취성** : 인(P)은 강의 결정 입자를 조대화시켜서 강을 여리게 만들며, 특히 상온 또는 그 이하의 저온에 있어서는 특별히 현저해진다. 인(P)은 상온 메짐성 또는 냉간 메짐성의 원인이 된다.

정답 01. ③ 02. ②
03. ①

04 미하나이트 주철에 대한 설명 중 틀린 것은?

① 담금질이 가능하다.
② 흑연의 형상을 미세화한다.
③ 연성과 인성이 아주 크다.
④ 두께의 차에 의한 감수성이 아주 크다.

해설 미하나이트 주철(Meehanite cast iron)
이 주철은 주물의 두께 차나 내외에 상관없이 균일한 조직을 얻을 수 있고, 강인하나 칠화 할 위험성이 있다. 인장강도는 255~340MPa이고, 용도는 브레이크 드럼, 크랭크 축, 기어, 등에 내마모성이 요구되는 공작기계의 안내면과 강도를 요하는 내연기관의 실린더 등에 사용한다. 접종(inoculation)은 백선화 억제 및 양호한 흑연을 얻기 위하여 첨가물을 용탕 속에 넣는 것이다.

05 비금속 스프링에 속하지 않는 것은?

① 고무 스프링
② 공기 스프링
③ 액체 스프링
④ 동합금 스프링

해설 재료에 의한 분류
금속 스프링(비철, 강철, 인청동, 황동 등), 비금속 스프링(고무, 나무, 합성수지 등), 유체 스프링(공기, 물, 기름 등)

06 캠을 입체 캠과 평면 캠으로 분류했을 때 입체 캠에 속하는 것은?

① 판 캠
② 정면 캠
③ 직선 운동 캠
④ 구면 캠

해설 입체 캠
① 원통 캠(cylindrical cam)
② 원추 캠(conical cam)
③ 구면 캠(spherical cam)
④ 단면 캠(end cam)
⑤ 경사판 캠(swash plate cam)

07 역지 밸브라고도 하며 유체를 한 방향으로만 흘러가게 하고 역류하지 않도록 하게 하는 밸브는?

① 스톱 밸브
② 슬루스 밸브
③ 첵 밸브
④ 안전 밸브

해설 첵 밸브
역지 밸브라고도 하며 유체를 한 방향으로만 흘러가게 하고 역류하지 않도록 하게 하는 밸브

정답 04.④ 05.④ 06.④ 07.③

06회 CBT 모의고사

08 너트(Nut)의 풀림을 방지하기 위하여 주로 사용되는 핀은?

① 평행 핀
② 분할 핀
③ 테이퍼 핀
④ 스프링 핀

해설 핀의 종류
① 평행 핀(dowel pin) : 기계 부품을 조립할 경우나 안내 위치를 결정할 때 사용
② 테이퍼 핀(taper pin) : $T = \dfrac{1}{50}$, 호칭지름은 작은 축 지름으로 주축을 보스에 고정할 때 사용
③ 분할 핀(split pin) : 너트의 풀림 방지나 바퀴가 축에서 빠지는 것을 방지하기 위하여 사용
④ 스프링 핀 : 탄성을 이용하여 물체를 고정시키는 데 사용되며, 해머로 때려 박을 수 있는 핀

09 알루미늄 합금을 주조용과 가공용으로 분류했을 때 가공용 알루미늄 합금에 속하는 것은?

① 실루민
② 라우탈
③ 알코아
④ 두랄루민

해설 두랄루민 : Al-Cu-Mg-Mn의 합금으로 시효경화 처리한 대표적인 합금. 이외에도 인장강도 186MPa 이상의 초두랄루민이 있다.

10 합금강의 재질과 KS 규격기호의 명칭이 알맞게 짝지어진 것은?

① SNC – 니켈 코발트강
② STS – 고속도강
③ SKH – 쾌삭강
④ SPS – 스프링강

해설
① SNC – 니켈 크롬강
② STS – 합금공구강
③ SKH – 고속도강
④ SPS – 스프링강

11 구름베어링의 구성요소로서 회전체 사이의 일정한 간격을 유지해 주는 것은?

① 스러스트
② 리테이너
③ 내륜
④ 외륜

해설 리테이너 : 롤링(볼) 베어링에서 전동체가 접촉되지 않고 일정한 간격을 유지할 수 있게 한다.

정답 08. ② 09. ④ 10. ④ 11. ②

12 브레이크 블록의 길이와 나비가 60mm×20mm이고 브레이크 블록을 미는 힘이 900N일 때 제동압력은?

① 0.75 N/mm² ② 7.5 N/mm²
③ 75 N/mm² ④ 750 N/mm²

 제동압력 = $\dfrac{\text{힘}}{\text{면적}}$

$q = \dfrac{Q}{bt} = \dfrac{900}{60 \times 20} = 0.75$

13 풀림의 목적이 아닌 것은?

① 잔류응력 제거 ② 경도의 저하
③ 절삭성 저하 ④ 냉간 가공성의 개선

 풀림의 목적
① 잔류응력 제거 ② 경도의 저하
③ 절삭성 향상 ④ 냉간 가공성의 개선

14 백 래시(bcak lash)가 적어 정밀 이송 장치에 많이 쓰이는 나사는?

① 너클 나사 ② 볼 나사
③ 톱니 나사 ④ 미터 나사

 볼 나사 : 백 래시(bcak lash)가 적어 정밀 이송 장치에 사용된다.

15 초경 절삭 공구용 코팅 인서트의 특징이 아닌 것은?

① 내마모성이 우수하다.
② 내크레이터성이 우수하다.
③ 내산화성이 우수하다.
④ 비철금속은 절삭이 불가능하다.

 코팅 인서트의 특징 : 피복 초경합금은 내열성, 내마모성, 내용착성, 내산화성, 내크레이터성이 우수하며 일반 초경합금에 비해 2-5배의 공구수명이 증대되며, 고온, 고속절삭에서 우수한 성능을 갖는다.

16 베어링 번호표시가 6815일 때 안지름 치수는 몇 mm인가?

① 15mm ② 65mm
③ 75mm ④ 315mm

 68<u>15</u> : 안지름 번호(세 번째, 네 번째 숫자)
00은 10mm, 01은 12mm, 02는 15mm, 03은 17mm, 04부터 ×5를 하면 된다.
따라서 15×5=75

답안 표기란				
12	①	②	③	④
13	①	②	③	④
14	①	②	③	④
15	①	②	③	④
16	①	②	③	④

[정답] 12. ① 13. ③
14. ② 15. ④
16. ③

17 대상물의 보이지 않는 부분의 모양을 표시하는 용도로 사용하는 선의 종류는?

① 가는 파선 또는 굵은 파선
② 굵은 실선
③ 가는 실선
④ 굵은 2점 쇄선

해설 가는 파선 또는 굵은 파선(숨은선) : 물체의 보이지 않는 부분의 모양을 표시하는 데 사용한다.

18 치수에 사용되는 치수보조 기호 설명으로 틀린 것은?

① S∅ : 원의 지름
② R : 반지름
③ □ : 정사각형의 변
④ C : 45° 모따기

해설

구 분	기 호	사용 예
지름	∅	∅60
반지름	R	R20
구의 지름	S∅	S∅40
구의 반지름	SR	SR30
정사각형의 변	□	□12
관의 두께	t	t5
45°의 모따기	C	C3

19 표면거칠기의 표시 중 그림과 같은 면의 지시기호가 나타내는 의미는?

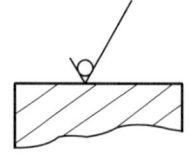

① 제거 가공을 허락하지 않는 것을 지시
② 제거 가공을 필요로 한다는 것을 지시
③ 절삭 등 제거 가공의 필요 여부를 문제 삼지 않는 지시
④ 가공면을 정밀 연삭해야 하는 지시

해설
∨ : 제거 가공의 필요 여부를 문제 삼지 않는다.
⌀∨ : 제거 가공을 해서는 안 된다.
∨ : 제거 가공을 필요로 한다.

정답 17. ① 18. ① 19. ①

20 다음 보기의 설명을 만족하기 위하여 그림의 빈칸에 들어갈 것으로 옳은 것은?

[보기]
지시선의 화살표로 나타낸 측선은 데이텀 중심 평면 A-B에 대칭으로 0.08mm의 간격을 갖는 평행한 두 개의 평면 사이에 있어야 한다.

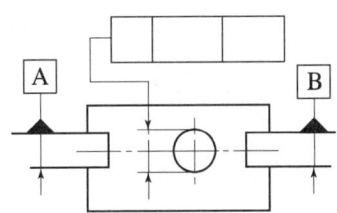

① | 0.08 | A-B | = |
② | ⊥ | 0.08 | A-B |
③ | = | 0.08 | A-B |
④ | = | A-B | 0.08 |

해설 | = | 0.08 | A-B |

측선은 데이텀 중심 평면 A-B에 대칭으로 0.08mm의 간격을 갖는 평행한 두 개의 평면 사이에 있어야 한다.

21 제3각법으로 정투상도를 직도할 때 보기와 같은 정면도와 평면도를 보고 누락된 우측면도로 가장 적합한 것은?

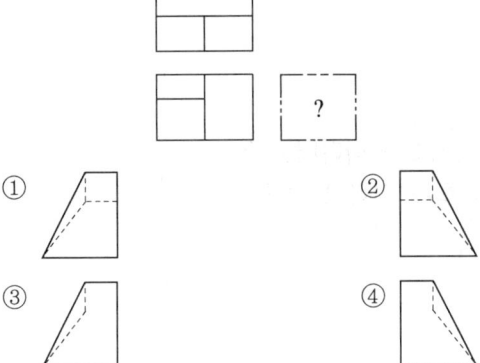

22 감속기 하우징의 기름 주입구 나사가 PF 1/2-A로 표시되어 있었다. 올바르게 설명한 것은?

① 관용 평행나사 A급
② 관용 평행나사 호칭경 "1"
③ 관용 테이퍼 나사 A급
④ 관용 가는 나사 호칭경 "1"

정답 20. ③ 21. ③
22. ①

23 그림과 같은 도면의 단면도 명칭으로 가장 적합한 것은?

① 한쪽 단면도
② 회전 도시 단면도
③ 부분 단면도
④ 조합에 의한 단면도

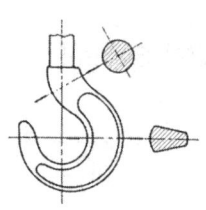

해설 회전 도시 단면도
핸들이나 바퀴 등의 암 및 림, 리브, 훅, 축, 구조물의 부재 등의 절단면은 90° 회전하여 표시하여도 좋다.

24 용접 기호 중 현장 용접의 의미를 나타내는 것은?

① ○
② ↙
③ ∨
④ ⚑

해설

현장 용접	⚑
온 둘레 용접	○
온 둘레 현장 용접	⚑ (○)

25 끼워맞춤 기호의 치수 기입에 관한 것이다. 바르게 기입된 것은?

① h730∅
② 30h7∅
③ 30∅h7
④ ∅30h7

26 탭 작업 중 탭의 파손 원인으로 가장 관계가 먼 것은?

① 구멍이 너무 작거나 구부러진 경우
② 탭이 소재보다 경도가 높은 경우
③ 탭이 구멍 바닥에 부딪혔을 경우
④ 탭이 경사지게 들어간 경우

정답 23.② 24.④ 25.④ 26.②

[해설] **탭 작업 시 탭이 부러지는 이유**
① 구멍이 너무 작거나 구부러진 경우
② 탭이 경사지게 들어간 경우
③ 탭의 지름에 적합한 핸들을 사용하지 않는 경우
④ 너무 무리하게 힘을 가하거나 빨리 절삭할 경우
⑤ 막힌 구멍의 밑바닥에 탭의 선단이 닿았을 경우

27 밀링 머신의 부속품과 부속 장치 중 원주를 분할하는 데 사용되는 것은?
① 슬로팅 장치
② 분할대
③ 수직축 장치
④ 래크 절삭 장치

[해설] **분할대(Indexing head)**
원주 및 각도 분할 시 사용. 주축대와 심압대 한 쌍으로 테이블 위에 설치

28 다음 바이트에 관한 설명 중 틀린 것은?
① 윗면 경사각이 크면 절삭성이 좋다.
② 여유각은 공구의 앞면이나 옆면이 공작물과 마찰을 줄이기 위한 각이다.
③ 칩(chip)을 연속적으로 길게 흐르게 하기 위해 칩브레이커를 붙인다.
④ 바이트의 종류에는 단체 바이트와 클램프 바이트 등이 있다.

29 연삭 가공의 일반적인 특징으로 적합하지 않은 것은?
① 치수 정밀도가 높다.
② 칩의 크기가 매우 작다.
③ 가공면의 표면 거칠기가 불량하다.
④ 경화된 강과 같은 단단한 재료를 가공할 수 있다.

30 수평 밀링머신의 플레인 커터 작업에서 하향 절삭의 장점이 아닌 것은?
① 공작물의 고정이 쉽다.
② 날의 마멸이 적고 수명이 길다.
③ 날 자리 간격이 짧고 가공면이 깨끗하다.
④ 백래시 제거장치가 필요 없다.

[해설] 하향 절삭은 백래시 제거장치가 반드시 필요하다.

[정답] 27. ② 28. ③ 29. ③ 30. ④

31. 다음 중 각도 측정용 게이지가 아닌 것은?
① 옵티컬 플랫
② 사인 바
③ 콤비네이션 세트
④ 오토콜리미터

해설 각도 측정에 사용되는 것은 사인 바, 각도 게이지, 수준기, 오토콜리미터, 콤비네이션 세트 등이 있다.

32. 밀링 커터를 매분 220rpm으로 회전시켜 절삭속도 110m/min로 공작물을 절삭하려 할 때 밀링 커터의 직경은 약 몇 mm인가?
① 150
② 160
③ 170
④ 180

해설 $D = \dfrac{1000V}{\pi N} = \dfrac{1000 \times 110}{\pi \times 220} = 159.2 \text{rpm}$

33. 절삭 가공할 때 절삭온도를 측정하는 방법이 아닌 것은?
① 손으로 측정
② 열전대로 측정
③ 칩의 색깔로 측정
④ 칼로리미터로 측정

해설 절삭온도 측정법
① 칩의 색깔에 의한 방법
② 칼로리미터(열량계)에 의한 방법
③ 공구에 열전대를 삽입하는 방법
④ 시온 도료를 사용하는 방법
⑤ 공구와 일감을 열전대로 사용하는 방법
⑥ 복사 고온계에 의한 방법

34. 연삭가공 중 숫돌바퀴의 질이 균일하지 못하거나, 일감의 영향을 받아 숫돌바퀴의 모양이 점차 변한다. 이렇게 변형된 숫돌을 정확한 모양으로 바르게 고치는 작업을 무엇이라 하는가?
① 드레싱
② 밸런싱
③ 채터링
④ 트루잉

해설
① **드레싱(재생작업)** : 숫돌 입자를 무딤이나 눈 메움으로 절삭성이 나빠진 숫돌 면에 날카로운 입자를 발생시켜주는 작업
② **트루잉(성형, 모양 고치기)** : 연삭숫돌의 외형을 수정하여 규격에 맞는 제품을 만드는 과정

[정답] 31. ① 32. ② 33. ① 34. ④

③ **밸런싱** : 연삭숫돌이 두께나 조직형상의 불 균일로 인하여 회전 중에 떨림이 발생하여 밸런싱 머신 또는 밸런싱 웨이트로 숫돌균형을 조절하는 것을 말한다.
④ **채터링** : 연삭 중에 떨림이 발생하는 현상으로 표면거칠기가 나빠지고 정밀도가 저하된다.

35 일반적으로 드릴링 머신에서 가공하기 곤란한 작업은?

① 카운터 싱킹
② 스플라인 홈
③ 스폿 페이싱
④ 리밍

해설 스플라인 홈 가공은 브로칭 머신에서 작업이 가능하다.

36 절삭 공구의 옆면과 가공물의 마찰에 의하여 절삭 공구의 옆면이 평행하게 마모되는 것은?

① 크레이터 마모
② 치핑
③ 플랭크 마모
④ 온도 파손

해설 플랭크 마모(여유면 마모 : Flank wear)
공구의 플랭크가 절삭면에 평행하게 마모, 주철같이 균열형 칩이 생길 때 발생하는 경우, 크레이터 마멸은 생기지 않으나, 여유면의 인선이 마찰에 의해 마모된다.

37 구성인선(built-up edge) 방지를 위한 것이 아닌 것은?

① 절삭 깊이를 작게 한다.
② 경사각을 작게 한다.
③ 윤활성이 좋은 절삭 유제를 사용한다.
④ 절삭 속도를 크게 한다.

해설 구성인선 방지책
① 절삭 깊이를 적게 한다.
② 상면 경사각을 크게 한다.
③ 절삭 속도를 크게 한다.
④ 윤활성이 있는 절삭유 사용한다.

38 측정량이 증가 또는 감소하는 방향이 다름으로써 생기는 동일치수에 대한 지시량의 차를 무엇이라 하는가?

① 개인 오차
② 우연 오차
③ 후퇴 오차
④ 접촉 오차

해설 후퇴 오차
측정량이 증가 또는 감소하는 방향이 다름으로써 생기는 동일치수에 대한 지시량의 차를 말한다.

정답 35. ② 36. ③ 37. ② 38. ③

39. 화학적 가공의 일반적인 특징 설명으로 틀린 것은?

① 가공 경화나 표면에 변질 층이 생긴다.
② 재료의 표면 전체를 동시에 가공할 수 있다.
③ 재료의 경도나 강도와 관계없이 가공할 수 있다.
④ 변형이나 거스러미가 발생하지 않는다.

해설 가공 경화나 표면에 변질 층이 생기지 않는다.

40. 소재의 불필요한 부분을 칩(chip)의 형태로 제거하여 원하는 최종 형상을 만드는 가공법은?

① 소성 가공법
② 접합 가공법
③ 절삭 가공법
④ 분말 야금법

해설 절삭 가공법
소재의 불필요한 부분을 칩(chip)의 형태로 제거하여 원하는 최종 형상을 만드는 가공법이다.

41. 머시닝센터에서 공구교환을 지령하는 기능은?

① G 기능
② S 기능
③ F 기능
④ M 기능

해설
① G : 준비기능
② T : 공구기능
③ F : 이송기능
④ S : 주축기능
⑤ M : 보조기능

42. 1000rpm으로 회전하는 스핀들에서 2회전 동안 일시정지(dwell)를 주려고 한다. 정지 시간을 구하고, NC 프로그램으로 올바른 것은?

① 정지 시간 : 0.22초, NC 프로그램 : G04×0.22
② 정지 시간 : 0.12초, NC 프로그램 : G03×0.12
③ 정지 시간 : 0.12초, NC 프로그램 : G04×0.12
④ 정지 시간 : 0.22초, NC 프로그램 : G03×0.22

해설 정지 시간(sec)

$$\frac{60}{\text{드릴 회전수(rpm)}} \times \text{드웰 회전수} = \frac{60}{1000} \times 2 = 0.12 \text{sec}$$

(예 : G04 X0.12, G04 U0.12, G04 P120)

정답 39. ① 40. ③
41. ④ 42. ③

43 CNC 공작기계 좌표계의 이동 위치를 지령하는 방식에 해당하지 않는 것은?

① 절대 지령 방식
② 증분 지령 방식
③ 잔여 지령 방식
④ 혼합 지령 방식

해설 CNC 공작기계 좌표계의 이동 위치를 지령하는 방식은 절대 지령, 증분 지령, 혼합 지령이 있다.

44 CAD/CAM 시스템에서 입력장치가 아닌 것은?

① 라이트 펜(light pen)
② 마우스(mouse)
③ 태블릿(tablet)
④ 플로터(plotter)

해설 플로터(plotter)는 출력장치이다.

45 일감을 측정하거나 정확한 거리의 이동 또는 공구 보정할 때 사용하여 현 위치가 좌표계의 원점이 되고 필요에 따라 그 위치를 기준점으로 지정할 수 있는 좌표계는?

① 상대 좌표계
② 기계 좌표계
③ 공구 좌표계
④ 임시 좌표계

해설
① **공작물 좌표계** : 절대 좌표계의 기준인 프로그램 원점
② **기계 좌표계** : 기계의 기준점으로 메이커에서 파라미터에 의해 정하며 기계 원점에서 제로원점
③ **극 좌표계** : 이동거리와 각도로 주어진 좌표
④ **상대 좌표계** : 상대값을 가지는 좌표

46 다음 그림에서 시작점에서 종점으로 가공하는 머시닝센터 프로그램으로 틀린 것은?

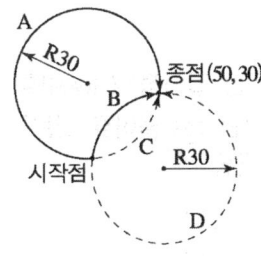

① A → G90 G02 X50. Y30. R30. F80;
② B → G90 G02 X50. Y30. R30. F80;
③ C → G90 G03 X50. Y30. R30. F80;
④ D → G90 G03 X50. Y30. R-30. F80;

해설 180도를 넘는 원호의 경우에는 원호의 반지름에 (-)을 입력한다.

47 CNC 공작기계에 이용되고 있는 서보 기구의 제어방식이 아닌 것은?

① 개방회로 방식
② 반개방회로 방식
③ 폐쇄회로 방식
④ 반폐쇄회로 방식

해설 서보 기구 종류
① 개방회로 제어방식(Open Loop System)
② 반폐쇄회로 방식(Semi-Closed Loop System)
③ 폐쇄회로 방식(Closed Loop System)
④ 복합회로 제어방식(Hybrid Loop System)

48 CNC 공작기계의 운전 시 일상 점검사항이 아닌 것은?

① 공구의 파손이나 마모상태 확인
② 가공할 재료의 성분분석
③ 공기압이나 유압상태 확인
④ 각종 계기의 상태확인

49 보조기능을 프로그램을 제어하는 보조기능과 기계 보조 장치를 제어하는 보조기능으로 나눌 때 프로그램을 제어하는 보조기능은?

① M03
② M05
③ M08
④ M30

해설

M03	주축 정회전
M05	주축정지
M30	프로그램정지 & Rewind
M08	절삭유 시작

50 오른손 직교좌표를 나타낸 것 중 표기가 잘못된 것은?

①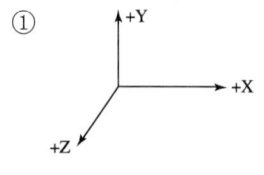
②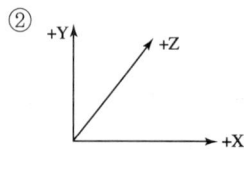
③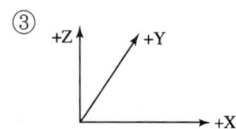
④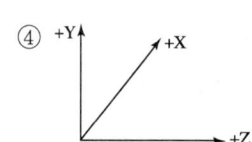

정답 47. ② 48. ② 49. ④ 50. ②

해설 ISO 및 KS 규격으로 CNC 공작기계의 좌표축과 운동기호를 오른손 직교 좌표계를 표준 좌표계로 지정하였다.

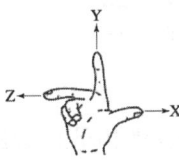

51 사업장에서 사업주가 지켜야 할 질병 예방 대책이 아닌 것은?

① 건강에 관한 정기 교육을 실시한다.
② 근로자의 건강진단을 빠짐없이 실시한다.
③ 사업장 환경개선을 통한 쾌적한 작업환경을 조성한다.
④ 작업복을 청결히 하는 등 개인위생을 철저히 지킨다.

해설 작업복을 청결히 하는 등 개인위생을 철저히 하는 것은 작업자 본인이 할 일이다.

52 CNC 프로그램에서 공구 길이 보정과 관계없는 준비기능은?

① G42
② G43
③ G44
④ G49

해설
① G42 : 공구경 우측 보정
② G43 : 공구 길이 보정(+)
③ G44 : 공구 길이 보정(-)
④ G49 : 공구 길이 보정 무시

53 밀링머신에서 둥근 단면의 공작물을 사각, 육각 등으로 가공할 때 사용하면 편리하며, 변환 기어를 테이블과 연결하여 비틀림 홈 가공에 사용하는 부속품은?

① 밀링 바이스
② 슬로팅 장치
③ 회전 테이블
④ 분할대

해설 분할대(Indexing head)
원주 및 각도 분할시 사용. 주축대와 심압대 한 쌍으로 테이블 위에 설치하며 변환기어를 테이블과 연결하면 비틀림 홈 등을 가공할 수 있다.

54 1날 당 이송량 0.12mm, 밀링 커터의 날 수 12개, 회전수가 800rpm일 때 이송속도는 몇 mm/min인가?

① 1050
② 1100
③ 1152
④ 1200

해설 $f = f_z \times Z \times n = 0.12 \times 12 \times 800 = 1152$mm

[정답] 51. ④ 52. ① 53. ④ 54. ③

55. 수평 밀링머신의 플레인 커터 작업에서 상향 절삭과 비교한 하향 절삭의 장점이 아닌 것은?

① 날의 마멸이 적고 수명이 길다.
② 일감의 고정이 간편하다.
③ 절삭된 칩의 절삭열에 의한 치수 정밀도의 변화가 적다.
④ 가공면이 깨끗하다.

해설 하향 절삭
① 커터가 공작물을 아래로 누르는 것과 같은 작용을 하므로 공작물 고정이 간단하다.
② 커터의 마모가 적고 또한 동력 소비가 적다.
③ 가공면이 깨끗하다.
④ 절단, 홈 가공 등 난점이 있는 대량생산에 유리하고 가공면을 잘 볼 수 있고, 절삭량을 크게 할 수 있다.
⑤ 커터의 절삭 방향과 이송 방향이 같으므로 절삭날 하나하나의 날자리 간격이 짧다.

56. CAD/CAM 시스템의 입력장치가 아닌 것은?

① 조이스틱(Joy stick)
② 라이트 펜(Light Pen)
③ 트랙 볼(Track Ball)
④ 하드 카피 기기(Hard Copy Unit)

해설 하드 카피 기기는 출력장치이다.

57. 다음 그림의 A→B→C 이동지령 머시닝센터 프로그램에서 ㉠, ㉡에 들어갈 내용으로 맞는 것은?

A→B : N01 G01 G91 ㉠ Y10. F120 ;
B→C : N02 G90 X40. ㉡ ;

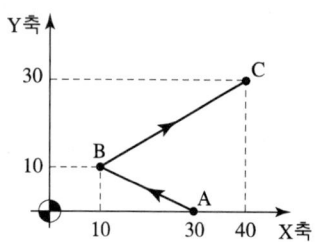

① ㉠ X-20. ㉡ Y30.
② ㉠ X20. ㉡ Y20.
③ ㉠ X20. ㉡ Y30.
④ ㉠ X-20. ㉡ Y20.

정답 55. ③ 56. ④
57. ①

해설 A→B : N01 G01 G91 (X-20) Y10. F120 ;
      B→C : N02 G90 X40. (Y30) ;

58 머시닝센터 고정 사이클에서 태핑 사이클로 적당한 G기능은?

① G81 ② G82
③ G83 ④ G84

해설
① G82 : 카운터 보링 사이클
② G81 : 드릴링 사이클
③ G83 : 심공 드릴 사이클
④ G84 : 탭 사이클

59 다음은 머시닝센터 가공 도면을 나타낸 것이다. B에서 C로 진행하는 프로그램으로 올바른 것은?

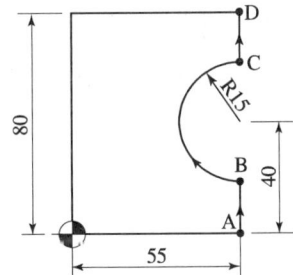

① G02 X55. Y55. R15. ; ② G03 X55. Y55. R15. ;
③ G02 X55. Y55. I-15. ; ④ G03 X55. Y55. J-15. ;

해설 그림에서 B에서 C로 진행하는 프로그램은 시계방향으로 G02 X55. Y55. R15. ; 이다.

60 측정하려는 면에 대고 반대쪽에서 새어 나오는 빛으로 틈새를 판단하여 면의 진직도와 평면도를 검사하는 데 사용하는 게이지 블록 부속품은?

① 삼각 스트레이트 에지(triangle straight edge)
② 스크라이버 포인트(scriber point)
③ 베이스 블록(base block)
④ 센터 포인트(center point)

정답 58. ④ 59. ① 60. ④

week 3

컴퓨터응용선반·밀링기능사

CBT 모의고사

- **01회** 컴퓨터응용선반기능사
- **02회** 컴퓨터응용선반기능사
- **03회** 컴퓨터응용선반기능사
- **04회** 컴퓨터응용밀링기능사
- **05회** 컴퓨터응용밀링기능사
- **06회** 컴퓨터응용밀링기능사

CBT 모의고사

01 강의 표면 경화법에 해당하지 않는 것은?
① 질화법　　② 침탄법
③ 항온풀림　④ 시멘테이션

해설 강의 표면 경화법의 종류는 질화법, 침탄법, 시멘테이션 등이 있다.

02 지름 4cm의 연강봉에 5000N의 인장력이 걸려 있을 때 재료에 생기는 응력은?
① 410 N/cm²　② 498 N/cm²
③ 300 N/cm²　④ 398 N/cm²

해설 $\alpha = \dfrac{W}{A} = \dfrac{5000}{\dfrac{\pi \times 4^2}{4}} = 398\,\text{N/cm}^2$

03 두 축이 나란하지도 교차하지도 않는 기어는?
① 베벨 기어　② 헬리컬 기어
③ 스퍼 기어　④ 하이포이드 기어

해설 두 축이 평행하지도 만나지도 않는 경우(엇갈림 축 기어)
① 웜 기어(worm gear)
② 하이포이드 기어(hypoid gear)
③ 나사 기어(screw gear)
④ 스큐 기어(skew gear)

04 재료를 상온에서 다른 형상으로 변형시킨 후 원래 모양으로 회복되는 온도로 가열하면 원래 모양으로 돌아오는 합금은?
① 제진 합금　② 형상 기억 합금
③ 비정질 합금　④ 초전도 합금

해설 형상 기억 합금
재료를 상온에서 다른 형상으로 변형시킨 후 원래 모양으로 회복되는 온도로 가열하면 원래 모양으로 돌아오는 합금

정답　01. ③　02. ④
　　　03. ④　04. ②

05 그림과 같이 접속된 스프링에 100N의 하중이 작용할 때 처짐량은 약 몇 mm인가? (단, 스프링 상수 K_1은 10 N/mm, K_2는 50N/mm 이다.)

① 1.7
② 12
③ 15
④ 18

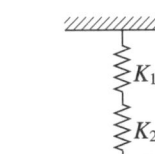

해설
$$k = \frac{1}{\frac{1}{10} + \frac{1}{50}} = \frac{50}{6}$$

$k = \frac{W}{\delta}$ 에서 $\delta = \frac{6 \times 100}{50} = 12mm$

06 물체가 변형에 견디지 못하고 파괴되는 성질로 인성에 반대되는 성질은?

① 탄성
② 전성
③ 소성
④ 취성

해설 취성 : 물체가 변형에 견디지 못하고 파괴되는 성질로 인성(질긴 성질)에 반대되는 성질

07 강판 또는 형강 등을 영구적으로 결합하는 데 사용되는 것은?

① 핀
② 키
③ 용접
④ 볼트와 너트

해설 강판 또는 형강 등을 영구적으로 결합은 용접이다.

08 오스테나이트계 18-8형 스테인리스강의 성분은?

① 크롬 18%, 니켈 8%
② 니켈 18%, 크롬 8%
③ 티탄 18%, 니켈 8%
④ 크롬 18%, 티탄 8%

해설 18-8 스테인리스강이라 함은 그 성분이 18% Cr, 8% Ni인 것으로 그 특징은 다음과 같다.
① 내산 및 내식성이 13% Cr 스테인리스강보다 우수하다.
② 비자성이다.
③ 인성이 좋으므로 가공이 용이하다.
④ 산과 알칼리에 강하다.
⑤ 용접하기 쉽다.

정답 05. ② 06. ④ 07. ③ 08. ①

09 보통 주철의 특징이 아닌 것은?

① 주조가 쉽고 가격이 저렴하다.
② 고온에서 기계적 성질이 우수하다.
③ 압축 강도가 크다.
④ 경도가 높다.

해설
- 주철의 장점
  ① 주조성이 우수하고 복잡한 부품의 성형이 가능하다.
  ② 가격이 저렴하다.
  ③ 잘 녹슬지 않고 칠(도색)이 좋다.
  ④ 마찰저항이 우수하고 절삭 가공이 쉽다.
  ⑤ 압축 강도가 인장강도에 비하여 3~4배 정도 좋다.
- 주철의 단점
  ① 인장강도, 휨강도가 작고 충격에 대해 약하다.
  ② 충격값, 연신율이 작고 취성이 크다.
  ③ 소성가공(고온가공)이 불가능하다.
  ④ 단조, 담금질, 뜨임이 불가능하다.

10 주조성이 좋으며 열처리에 의하여 기계적 성질을 개량할 수 있는 라우탈(Lautal)의 대표적인 합금은?

① Al-Cu계 합금
② Al-Si계 합금
③ Al-Cu-Si계 합금
④ Al-Mg-Si계 합금

해설 주조용 알루미늄 합금
① Al-Cu계 : 담금질과 시효경화에 의해 강도 증가, 내열성, 연율, 절삭성이 좋으나 고온취성이 크며 수축균열이 있다. 실용합금으로는 4% Cu합금인 알코아 195(Alcoa)가 있다.
② Al-Si계 : 이 합금의 주조조직의 Si는 육각판상의 거친 조직이므로 실용화할 수 있도록 개량(개질) 처리한다. 대표합금으로 실루민(Silumin) 알펙스(Alpax) 등이 있다.
③ Al-Cu-Si계 : Si에 의해 주조성 개선 Cu로 피삭성을 좋게 한 합금으로 대표적인 합금으로 라우탈이 있다.
④ Al-Mg합금 : 내식성이 크고 절삭성도 좋은 합금이지만 용해될 때 용탕 표면에 생기는 산화피막 때문에 주조가 곤란하고 내압 주물로서 부적당하다.

11 2개의 기계요소가 점접촉으로 이루어지는 것은?

① 실린더와 피스톤
② 볼트와 너트
③ 스퍼 기어
④ 볼 베어링

해설 볼 베어링은 2개의 기계요소가 점접촉으로 이루어져 있다.

정답 09. ② 10. ③ 11. ④

12 전자력을 이용하여 제동력을 가해 주는 브레이크는?

① 블록 브레이크 ② 밴드 브레이크
③ 디스크 브레이크 ④ 전자 브레이크

해설 **전자 브레이크** : 고정 원판식 코일에 전류를 통하면 전자력에 의하여 회전원판이 잡아 당겨져 제동이 되는 작동원리로 공작 기계, 승강기 등에 사용된다.

13 축과 보스의 둘레에 4개에서 수십 개의 턱을 만들어 회전력의 전달과 동시에 보스를 축 방향으로 이동시킬 필요가 있을 때 사용되는 것은?

① 반달 키 ② 접선 키
③ 원뿔 키 ④ 스플라인

해설 **스플라인 키(Spline Key)** : 축의 원주에 수많은 키를 깎은 것으로 큰 토크를 전달시키고, 내구력이 크며 축과 보스의 중심축을 정확하게 맞출 수 있고 축 방향으로 이동도 가능

14 단조용 알루미늄 합금으로 Al-Cu-Mg-Mn계 합금이며 기계적 성질이 우수하여 항공기, 차량부품 등에 많이 쓰이는 재료는?

① Y합금 ② 실루민
③ 두랄루민 ④ 켈렛합금

해설

두랄루민 (dralumin)	Al-Cu-Mg-Mn의 합금으로 시효경화 처리한 대표적인 합금. 이 외에도 인장강도 186MPa 이상의 초두랄루민이 있다.
초강 두랄루민	Al-Cu-Zn-Mg의 합금으로 인장강도 227MPa이상으로 알코아 75S 등이 이에 속한다.

15 V벨트 전동의 특징에 대한 설명으로 틀린 것은?

① 평 벨트보다 잘 벗겨진다.
② 이음매가 없어 운전이 정숙하다.
③ 평 벨트보다 비교적 작은 장력으로 큰 회전력을 전달할 수 있다.
④ 지름이 작은 풀리에도 사용할 수 있다.

해설 평 벨트보다 잘 벗겨지지 않는다.

16 다음 중 헐거운 끼워맞춤에 해당하는 것은?

① ϕ100 H7/p6 ② ϕ100 H7/m6
③ ϕ50 H7/js7 ④ ϕ50 H7/f6

해설 ① 억지 끼워맞춤, ② 중간 끼워맞춤, ③ 중간 끼워맞춤, ④ 헐거운 끼워맞춤

17. 그림과 같은 면의 지시 기호에서 B 기호 위치가 표시하는 것은?

① 가공 모양
② 가공 방법
③ 파상도
④ 표면 거칠기

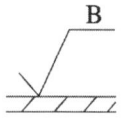

해설

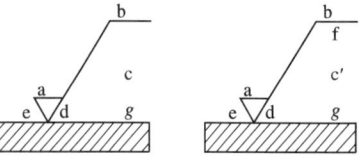

a : 산술 평균 거칠기 값   b : 가공 방법   c : 컷오프 값
c' : 기준 길이   d : 줄무늬 방향 기호   e : 다듬질 여유 기입
f : 산술 평균 거칠기 이외의 표면 거칠기 값   g : 표면 파상도

18. 대칭인 도형을 대칭 중심선에 대하여 한쪽만 나타낼 때 사용하는 대칭선 끝부분 표시 기호는?

① ≡
② ◎
③ ↔
④ =

해설 대칭 중심선의 한쪽 도형만을 그리고, 그 대칭 중심선의 양끝 부분에 짧은 2개의 나란한 가는 선(대칭 도시기호라 한다)을 그린다.

19. 그림과 같은 3각법에 의한 정투상도에 가장 알맞은 입체도는?

①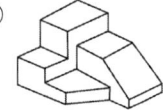
②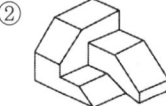
③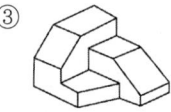
④

정답 17. ② 18. ④
19. ③

20 나사의 도시법에 대한 설명으로 틀린 것은?

① 수나사의 바깥지름, 암나사의 안지름은 굵은 실선으로 한다.
② 완전 나사부와 불완전 나사부의 경계선은 굵은 실선으로 한다.
③ 수나사, 암나사의 골 및 불완전 나사부의 골을 표시하는 선은 굵은 실선으로 한다.
④ 수나사와 암나사가 조립된 부분은 항상 수나사가 암나사를 감춘 상태에서 표시한다.

해설 나사 도시 방법
① 수나사의 바깥지름과 암나사의 안지름을 표시하는 선은 굵은 실선으로 그린다.
② 수나사와 암나사의 골을 표시하는 선은 가는 실선으로 그린다.
③ 완전 나사부와 불완전 나사부의 경계선은 굵은 실선으로 그린다.
④ 불완전 나사부의 골을 나타내는 선은 축선에 대하여 30°의 가는 실선으로 그리고 필요에 따라 불완전 나사부의 길이를 기입한다.

21 구름 베어링의 호칭 번호가 6405일 때, 베어링 안지름은 몇 mm 인가?

① 20
② 25
③ 30
④ 405

해설 00은 10mm, 01은 12mm, 02는 15mm, 03은 17mm, 04부터 ×5를 하면 된다. 따라서 05×5=25이다.

22 테이퍼 핀의 호칭 지름을 나타내는 부분은?

① 가장 가는 쪽의 지름
② 가장 굵은 쪽의 지름
③ 중간 부분의 지름
④ 핀 구멍 지름

해설

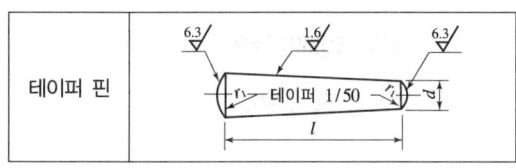

23 단면도로 표시하는 이유의 설명으로 가장 적합한 것은?

① 물체의 내부를 분명하게 도시할 필요가 있을 경우
② 물체의 외부를 분명하게 도시할 필요가 있을 경우
③ 물체의 측면을 도시할 필요가 있을 경우
④ 입체를 분명히 도시할 필요가 있을 경우

해설 단면도로 표시하는 이유는 물체의 내부를 분명하게 도시할 필요가 있을 경우이다.

정답 20. ③ 21. ② 22. ① 23. ①

24. 체인 스프로킷의 재질이 재료기호로 "SC410"으로 표기되었을 때 재질 명은?

① 탄소강 단조품
② 회주철품
③ 탄소강 주강품
④ 크롬강재

해설
① 탄소강 단조품 : SF340A~SF640B
② 회주철품 : GC100~GC350
③ 탄소강 주강품 : SC360~SC480
④ 크롬강재 : SCr415~SCr420

25. 기계제도 도면에서 치수 앞에 표시하여 치수의 의미를 정확하게 나타내는 데 사용하는 기호가 아닌 것은?

① t
② C
③ □
④ ◇

해설

구분	기호	사용 예
지름	φ	φ60
반지름	R	R20
구의 지름	Sφ	Sφ40
구의 반지름	SR	SR30
정사각형의 변	□	□12
관의 두께	t	t5
45°의 모따기	C	C3

26. 공구와 일감의 상대적인 운동 관계에 따른 분류 방법 중 선반의 운동 방법은?

① 직선 운동과 직선 운동
② 회전 운동과 회전 운동
③ 회전 운동과 직선 운동
④ 전기적인 방전 작용

해설
• 선반 : 공작물은 회전 운동과 공구는 직선 운동
• 밀링 : 공구는 회전 운동과 공작물은 직선 운동

정답 24. ③ 25. ④
26. ③

27 지름 50mm의 봉재를 절삭속도 15.7m/min으로 절삭하려면 회전수는 약 몇 rpm으로 해야 되는가?

① 75
② 100
③ 125
④ 150

해설 $n = \dfrac{1000V}{\pi d} = \dfrac{1000 \times 15.7}{\pi \times 50} = 100$

28 연삭 가공의 특징이 아닌 것은?

① 경화된 강을 연삭할 수 있다.
② 연삭점의 온도가 낮다.
③ 가공 표면이 매우 매끈하다.
④ 연삭 압력 및 저항이 적다.

해설 연삭점의 온도가 높다.

29 탭 가공 시 탭이 파손되는 원인 중 틀린 것은?

① 구멍이 너무 작을 경우
② 탭이 경사지게 들어갔을 경우
③ 탭 크기에 맞는 핸들을 사용했을 경우
④ 막힌 구멍의 밑바닥에 탭이 닿았을 경우

해설 탭 크기에 맞는 핸들을 사용했을 경우 탭이 파손될 우려가 없다.

30 연삭하려는 부품의 형상으로 연삭숫돌을 성형하거나, 성형연삭으로 인하여 숫돌 형상이 변화된 것을 부품의 형상으로 바르게 고치는 가공은?

① 트루잉(truing)
② 무딤(glazing)
③ 눈 메움(loading)
④ 떨림(chattering)

해설
① **떨림(chattering)**
연삭작업 중에 숫돌이 떨림이 발생하는 현상으로 표면 거칠기가 나빠지고 정밀도가 저하된다.
② **트루잉(성형, 모양 고치기)**
연삭숫돌의 외형을 수정하여 규격에 맞는 제품을 만드는 과정
③ **무딤(glazing)**
숫돌의 입자가 탈락되지 않고 마모에 의해서 납작하게 둔화된 상태
④ **눈 메움(Loading)**
숫돌 입자의 표면이나 기공에 칩이 차 있는 상태

정답 27.② 28.② 29.③ 30.①

01회 CBT 모의고사

31 보통 선반에서 왕복대의 구성 부분이 아닌 것은?
① 에이프런 ② 새들
③ 공구대 ④ 베드

해설 베드 : 선반의 정밀도와 가장 관계가 있다.
① 안전성, 칩의 자동제거, 제작이 용이 및 가격 저렴할 것
② 마멸에 대한 조절 가능, 윤활이 원활할 것, 정확한 운동이 될 것

32 주로 플레이너에서 가공하지 않는 작업은?
① 원통면 절삭 ② 수평면 절삭
③ 수직면 절삭 ④ 홈 절삭

해설 원통면 절삭은 선반에서 작업한다.

33 금속으로 만든 작은 덩어리를 공작물 표면에 고속으로 분사하여 피로 강도를 증가시키기 위한 냉간 가공법으로 반복 하중을 받는 스프링, 기어, 축에 사용하는 가공법은?
① 래핑 ② 호닝
③ 숏 피닝 ④ 슈퍼피니싱

해설 숏 피닝 : 표면을 타격하는 일종의 냉간가공
철강의 작은 볼(shot)을 공작물 표면에 분사하여 강재의 화학조성을 변화시키지 않고 표면을 매끈하게 하여 피로 강도 기계적 성질 향상이 된다.

34 범용 선반에서 주축에 주로 사용하는 테이퍼의 종류는?
① 자콥스 테이퍼 ② 내셔널 테이퍼
③ 모스 테이퍼 ④ 브라운샤프 테이퍼

해설 회전센터는 주축에서 사용(모스 테이퍼 사용 약 1/20)하고 정지센터는 심압대에서 사용(모스 테이퍼 사용 약 1/20)

35 게이지 블록 형상의 종류에 해당하지 않는 것은?
① 요한슨형 ② 블록형
③ 호크형 ④ 캐리형

답안 표기란				
31	①	②	③	④
32	①	②	③	④
33	①	②	③	④
34	①	②	③	④
35	①	②	③	④

[정답] 31. ④ 32. ①
33. ③ 34. ③
35. ②

해설 게이지 블록 형상의 종류는 요한슨형, 호크형, 캐리형 3가지가 있다.

36 탄화텅스텐(WC), 티탄(Ti), 탄탈(Ta) 등의 분말을 코발트(Co) 또는 니켈(Ni) 분말과 섞어서 프레스로 성형 후 약 1400°C 이상의 고온에서 소결한 공구 재료는?
① 주조 경질합금　② 초경합금
③ 고속도강　　　　④ 시효경화 합금

해설 초경합금 : W-Ti-Ta 등의 탄화물 분말을 Co 또는 Ni을 결합하여 1400°C 이상에서 소결시킨 것(주성분 : W, Ti, Co, C 등이다).

37 빌트 업 에지(built-up edge)의 발생을 감소시키기 위한 방법으로 틀린 것은?
① 절삭 깊이를 줄인다.
② 절삭 속도를 높인다.
③ 공구의 윗면 경사각을 작게 한다.
④ 윤활성이 좋은 절삭유제를 사용한다.

해설 공구의 윗면 경사각을 크게 한다.

38 일반적으로 나사의 측정 부위에 해당하지 않는 것은?
① 수나사의 외경　② 유효지름
③ 암나사의 골지름　④ 나사산의 피치

해설 나사의 측정 부위는 수나사의 외경, 유효지름, 나사산의 피치 등이다.

39 절삭유제로서 갖추어야 할 조건으로 옳은 것은?
① 유막의 내압력이 낮을 것
② 마찰계수가 높을 것
③ 표면장력이 클 것
④ 냉각성이 우수할 것

해설 절삭유의 구비 조건
① 냉각성, 방청성, 방식성이 우수하여야 한다.
② 감마성, 윤활성이 좋아야 한다.
③ 유동성이 좋고, 적하가 쉬워야 한다.
④ 인화점, 발화점이 높아야 한다.
⑤ 인체에 무해하며, 변질되지 말아야 한다.
⑥ 기계 도장에 영향이 없어야 한다.

[정답] 36. ② 37. ③ 38. ③ 39. ④

40 CNC 선반 프로그램 G50 X150.0 Z150.0 S1200 ; 에서 S1200의 설명으로 옳은 것은?

① 주축의 절삭속도는 120 m/min
② 분당 이송지정이 1200 mm/min
③ 회전수 이송지정이 1200 mm/rev
④ 주축의 최고회전수는 1200 rpm

해설 여기서 G50은 주축의 최고회전수를 의미한다.

41 선반용 툴 홀더(tool holder)로 PCLNR 2525 M12를 사용할 때 P가 의미하는 것은?

① 클램핑 방식
② 인서트의 형상
③ 인서트의 절입각
④ 인서트의 여유각

해설
- P : 클램핑 방식
- L : 스타일
- R : 승수
- 25 : 생크 폭
- C : 인서트 형상
- N : 인서트 여유각
- 25 : 생크 높이
- M12 : 절삭날 길이

42 CNC 선반 준비 기능 중 원점복귀와 관계가 없는 것은?

① G27
② G28
③ G30
④ G31

해설

G27	원점복귀 확인
G28	자동 원점복귀(제1 원점)
G29	원점으로부터 자동복귀
G30	제2 원점복귀

43 CNC 선반 작업 시 안전 및 유의 사항으로 틀린 것은?

① 주축이 회전할 때 제품에 손을 대지 않는다.
② 가공 중에는 문을 반드시 닫아야 한다.
③ 바이트는 공구대에 정확하게 고정한다.
④ 가공 중에 칩을 제거한다.

해설 가공 정지 후에 칩을 제거한다.

정답 40. ④ 41. ①
42. ④ 43. ④

44 CNC 공작기계에서 백래시(Back lash)가 적고 정밀도가 높아 가장 많이 사용하는 기계 부품은?

① 사각 나사
② 삼각 나사
③ 리드 스크루
④ 볼 스크루

해설 볼 스크루
마찰이 적고 또 너트를 조정함으로써 백래시(Backlash)를 "0"에 가깝도록 할 수 있다.

45 다음 그림은 절대 좌표계를 사용하여 A(10, 20)에서 B(25, 5)으로 시계방향 270° 원호가공을 하려고 한다. 머시닝센터 가공 프로그램으로 맞게 명령한 것은?

① G02 X25. Y5. R15 ;
② G03 X25. Y5. R15 ;
③ G02 X25. Y5. R-15 ;
④ G03 X25. Y5. R-15 ;

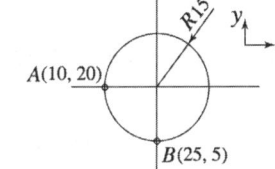

해설 시계방향으로 180°를 넘으므로 (-)를 기입한다.
G02 X25. Y5. R-15 ;

46 CNC 선반 프로그램에서 G96 S150 M03 ; 의 설명으로 옳은 것은?

① 회전수가 150rpm으로 일정
② 절삭속도가 150m/min으로 일정
③ 회전수가 150rpm로 일정
④ 절삭속도가 150m/s로 일정

해설 G96 S150 M03; 절삭속도가 150m/min가 되도록 공작물의 지름에 따라 주축회전수가 변한다.

47 CNC 선반으로 나사절삭을 할 경우의 설명으로 틀린 것은?

① 주축 회전수 일정제어(G97)로 지령해야 한다.
② 이송속도 조절 오버라이드를 100%로 고정해야 한다.
③ 이송(F)값은 피치×줄 수의 값을 입력한다.
④ 대표적인 나사절삭 기능으로 G22를 사용한다.

해설 대표적인 나사절삭 기능으로 G32를 사용한다.

정답 44. ④ 45. ③ 46. ② 47. ④

48 CNC 기계 운전 중 이상 발생 시 응급처치 사항과 가장 관련이 없는 것은?

① 경고등이 점등되었는지를 확인한다.
② 작업을 멈추고 원인을 확인한다.
③ 비상스위치를 누르고 작업을 중단한다.
④ 강전반 내의 회로 기판을 흔들어 본다.

해설 강전반 내의 회로 기판은 전문가가 점검한다.

49 다음 중 소수점 입력이 가능한 어드레스로 구성된 것은?

① X, I, R, F
② Y, J, G, F
③ Z, K, T, S
④ X, Y, Z, M

해설 소수점 입력이 가능한 어드레스는 X, Y, Z, I, J, K, R, F 등이 있다.

50 복합 반복 사이클 기능 중 정삭(다듬질)가공을 나타내는 G-코드는?

① G70
② G71
③ G72
④ G73

해설
① G70 : 정삭 사이클
② G71 : 내외경 황삭 사이클
③ G72 : 단면 황삭 사이클
④ G73 : 모방 사이클
⑤ G74 : 단면 홈 가공 사이클

51 CNC 선반에서 공구 기능을 표시할 때 T□□△△에서 □□의 의미는 무엇인가?

① 공구선택번호
② 공구보정번호
③ 공구선택번호 취소
④ 공구보정번호 취소

해설 T□□△△
① □□ : 공구선택번호
② △△ : 공구보정번호

[정답] 48. ④ 49. ①
50. ① 51. ①

52 선반 작업에서 유의해야 할 사항으로 옳은 것은?

① 센터 구멍을 뚫을 때는 외경 가공 시보다 공작물 회전수를 느리게 한다.
② 양 센터 작업을 할 때는 심압대 센터 끝이 공작물과 마찰이 일어나지 않도록 그리스를 칠한다.
③ 홈깎기 바이트는 가능한 길게 물려야 한다.
④ 홈깎기 바이트의 길이 방향의 여유각과 옆면 여유각은 양쪽이 다르게 연삭한다.

해설 ① 센터 구멍을 뚫을 때는 외경 가공 시보다 공작물 회전수를 빠르게 한다.
② 홈깎기 바이트는 가능한 짧게 물려야 한다.
③ 홈깎기 바이트의 길이 방향의 여유각과 옆면 여유각은 양쪽이 같게 연삭한다.

53 지령값 X=58mm로 소재 외경을 가공한 후 측정한 결과 $\phi 57.96$이었다. 기존의 X축 보정값이 0.005라 하면 보정값을 얼마로 수정해야 하는가?

① 0.04
② 0.035
③ 0.045
④ 0.005

해설 가공에 따른 X축 보정값=58−57.96=0.04
기존의 보정값=0.005
공구의 보정값=0.04+0.005=0.045

54 선반에서 다음과 같은 테이퍼를 절삭하려고 할 때 심압대의 편위량은 몇 mm인가?

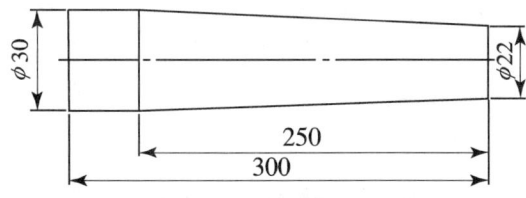

① 4.8mm
② 5.6mm
③ 6.8mm
④ 7.2mm

해설 $\dfrac{(D-d)L}{2l} = \dfrac{(30-22)\times 300}{2\times 250} = 4.8$

01회 CBT 모의고사

55 선반용 ISO 툴 홀더 규격이다. 밑줄 친 S가 나타내는 의미는?

P <u>S</u> K N R 25 25 M 12

① 인서트의 형상 ② 클램핑 방식
③ 인서트의 여유각 ④ 홀더의 형상

해설

P	S	K	N	R	25	25	M	12
클램핑 방식	인서트 형상	홀더 유형	인서트 여유각	승수	생크 높이	생크 높이	길이	절삭날 길이

56 다음과 같은 CNC 선반 외경 황삭 사이클 프로그램에서 e는 무엇을 의미하는가?

G71 U(△d) R(e) ;
G71 P(ns) Q(nf) U(△u) W(△w) F(f) ;

① Z축 방향의 정삭 여유 ② X축 방향의 정삭 여유
③ 도피량 ④ 절삭 깊이

해설 안, 바깥지름 거친절삭 사이클(G71) : 복합 반복 사이클

G71 U2.0 R0.5 ;
G71 P10 Q20 U0.1 W0.2 F0.3 ;

여기서, U : 1회 가공 깊이(절삭 깊이) – (반지름 지령, 소수점 지령 가능)
R(e) : 도피량(절삭 후 간섭 없이 공구가 빠지기 위한 양)
P : 다듬 절삭 가공 지령절의 첫 번째 전개 번호
Q : 다듬 절삭 가공 지령절의 마지막 전개 번호
U : X축 방향 다듬 절삭 여유(지름지령)
W : Z축 방향 다듬 절삭 여유
F, S, T : 거친절삭 가공 시 이송속도, 주축속도, 공구 선택. 즉, P와 Q 사이의 데이터는 무시되고 G71 블록에서 지령된 데이터가 유효

57 CNC 선반 프로그램에서 밑줄 친 S1500의 의미를 바르게 설명한 것은?

G50 X100. Z100. <u>S1500</u> T0100 ;
G96 S180 M03 ;

① 주축의 회전수를 1500rpm 이상으로 한다.
② 주축의 최고회전수를 1500rpm으로 제한한다.

정답 55. ① 56. ③ 57. ②

③ 주축의 최고 절삭속도를 1500m/min으로 제한한다.
④ 주축의 절삭속도를 1500m/min으로 유지한다.

해설 ① G50 S1500 ; 　　주축의 최고회전수는 1500rpm이다.
② G96 S180 M03 ; 　절삭속도가 180m/min로 정회전이다.

58 일반적으로 CNC 선반의 구성요소가 아닌 것은?
① 주축대　　　　　② 분할대
③ 공구대　　　　　④ 심압대

해설 분할대는 밀링머신 부속장치이다.

59 CNC 선반에서 나사절삭 기능과 관계가 없는 준비 기능은?
① G28　　　　　② G32
③ G76　　　　　④ G92

해설 ① **G28** : 자동 원점복귀
② **G32** : 나사절삭
③ **G92** : 나사절삭 사이클
④ **G76** : 자동 나사 가공 사이클

60 미세 조정 핸들 등이 부착된 하이트 게이지 또는 전용 거치대를 측정 보조 도구로 선정하여 사용하는 장치는?
① 게이지 블록 고정 장치
② V-블록과 고정 장치
③ 표면 거칠기 고정 장치
④ 형상 측정기의 제품 고정 장치

답안 표기란
58　① ② ③ ④
59　① ② ③ ④
60　① ② ③ ④

정답　58. ②　59. ①
60. ③

02회 CBT 모의고사

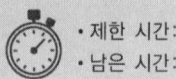

01 주조성이 우수한 백선 주물을 만들고, 열처리하여 강인한 조직으로 단조를 가능하게 한 주철은?

① 가단 주철
② 칠드 주철
③ 구상 흑연 주철
④ 보통 주철

해설
① **구상 흑연 주철** : 니켈, 크롬, 몰리브덴, 구리 등을 첨가하여 재질을 개선한 것으로 노듈러 주철, 덕타일 주철 등으로 불리는 이 주철은 내마멸성, 내열성, 내식성 등이 대단히 우수하여 자동차용 주물이나 주조용 재료로 가장 많이 사용한다.
② **가단 주철** : 주철의 취약성을 개량하기 위해서 백주철을 열처리하여 제조하기 쉽고 강인성을 부여시킨 주철
③ **칠드 주철** : 용융상태에서 금형에 주입하여 표면은 백주철로 하고, 내부는 연한 회주철로 만든 것으로 압연용 칠드 롤러, 차륜 등과 같은 것에 사용된다.

02 강을 Ms점과 Mf점 사이에서 항온유지 후 꺼내어 공기 중에서 냉각하여 마텐자이트와 베이나이트의 혼합조직으로 만드는 열처리는?

① 풀림
② 담금질
③ 침탄법
④ 마템퍼

해설 항온 담금질(Isothermal quenching)
① 오스템퍼(austemper) : 오스테나이트 상태에서 Ar'와 Ar"(Ms점) 변태점 사이의 온도에서 염욕에 담금질한 후 과냉한 오스테나이트가 변태 완료할 때까지 항온으로 유지하여 베이나이트를 충분히 석출시킨 후 공랭하는 열처리로서 베이나이트 조직이 되며 뜨임이 필요 없고 담금질 균열이나 변형이 잘 생기지 않는다.
② 마템퍼(martemper) : 담금질 온도로 가열한 강재를 Ms와 Mf점 사이의 열욕(100∼200℃)에 담금질하여 과냉 오스테나이트의 변태가 거의 완료할 때까지 항온 유지한 후에 꺼내어 공랭하는 열처리로서 마텐자이트와 베이나이트의 혼합조직이며, 경도와 인성이 크다.
③ 마퀜칭(marquenching) : 담금질 온도까지 가열된 강을 Ar"(Ms)점보다 다소 높은 온도의 열욕에 담금질한 후 마텐자이트로 변태를 시켜서 담금질 균열과 변형을 방지하는 방법으로 복잡하고, 변형이 많은 강재에 적합하다.

03 산화물계 세라믹의 주재료는?

① SiO_2
② SiC
③ TiC
④ TiN

해설 세라믹 공구(Ceramictool)
Al_2O_3 외 99% 이상의 분말을 산화물(SiO_2), 탄화물(TiC) 등을 배합하여 1600℃ 이상에서 소결한 공구로 1000℃ 이상에서 경도를 유지할 수 있다. 하지만, 초경합금보다 취약하고 열충격에 약한 단점이 있다. Al_2O_3-Tic계 세라믹은 이 결점을 개선한 것이다.

정답 01. ① 02. ④ 03. ①

04 고강도 알루미늄 합금강으로 항공기용 재료 등에 사용되는 것은?
① 두랄루민
② 인바
③ 콘스탄탄
④ 서멧

해설 **두랄루민(dralumin)** : Al–Cu–Mg계로 Al– Cu–Mg–Mn의 구리 4%, 마그네슘 0.5%, 망간 0.5%, 나머지가 알루미늄인 고강도 알루미늄합금으로 시효경화 처리한 대표적인 합금. 이외에도 인장강도 186MPa 이상의 초두랄루민이 있다. 항공기, 자동차, 리벳, 기계재료 등에 사용된다.

05 18-8계 스테인리스강의 설명으로 틀린 것은?
① 오스테나이트계 스테인리스강이라고도 하며 담금질로서 경화되지 않는다.
② 내식, 내산성이 우수하며, 상온 가공하면 경화되어 다소 자성을 갖게 된다.
③ 가공된 제품은 수중 또는 유중 담금질하여 해수용 펌프 및 밸브 등의 재료로 많이 사용된다.
④ 가공성 및 용접성과 내식성이 좋다.

해설 18–8 스테인리스강이라 함은 그 성분이 18% Cr, 8% Ni인 것으로 그 특징은
① 내산 및 내식성이 13% Cr 스테인리스강보다 우수하다.
② 비자성이다.
③ 인성이 좋으므로 가공이 용이하다.
④ 산과 알칼리에 강하다.
⑤ 용접하기 쉽다.
⑥ 탄화물(Cr_4C)이 결정립계에 석출하기 쉽다.

06 짝(pair)을 선짝과 면짝으로 구분할 때 선짝의 예에 속하는 것은?
① 선반의 베드와 왕복대
② 축과 미끄럼 베어링
③ 암나사와 수나사
④ 한 쌍의 맞물리는 기어

해설
• **면대우(짝)의 종류** : 회전, 미끄럼, 나사, 면 운동의 선반의 베드와 왕복대, 축과 미끄럼 베어링, 암나사와 수나사 등
• **선대우(짝)의 종류** : 구름운동, 미끄럼운동의 한 쌍의 맞물리는 기어 등

07 나사에서 리드(L), 피치(P), 나사줄 수(n)와의 관계식으로 바르게 나타낸 것은?
① $L=P$
② $L=2P$
③ $L=nP$
④ $L=n$

해설 리드(L)=줄 수(n)×피치(P)

정답 04.① 05.③ 06.④ 07.③

02회 CBT 모의고사

08 축에는 키 홈을 가공하지 않고 보스에만 테이퍼 키 홈을 만들어서 홈 속에 키를 끼우는 것은?

① 묻힘 키(성크 키)　② 새들 키(안장 키)
③ 반달 키　　　　　④ 둥근 키

해설
① 묻힘 키(Sunk Key) : 축과 보스 양쪽에 모두 키 홈을 파서 비틀림 모멘트를 전달하는 키로서 가장 많이 사용된다.
② 안장 키(Saddle Key) : 축에는 홈을 파지 않고 축과 키 사이의 마찰력으로 회전력을 전달. 축의 강도를 감소시키지 않고 고정할 수 있으나, 큰 동력을 전달시킬 수 없으므로 경하중 소직경에 사용
③ 반달 키(Woddruff Key) : 반월상의 키로서 축의 홈이 깊게 되어 축의 강도가 약하게 되기는 하나 축과 키 홈의 가공이 쉽고, 키가 자동적으로 축과 보스 사이에 자리를 잡을 수 있어 자동차, 공작기계 등의 60mm 이하의 작은 축이나 테이퍼 축에 사용한다.
④ 둥근 키(Round Key) : 핀 키라고도 하며, 핸들과 같이 작은 것의 고정에 사용되고 단면은 원형이고 하중이 작을 때만 사용된다.

09 황동에 첨가하면 강도와 연신율은 감소하나 절삭성을 좋게 하는 것은?

① 납　　　　② 알루미늄
③ 주석　　　④ 철

해설 일반적인 합금 원소의 영향
① 탄소-주된 경화 원소　② 유황-기계가공성 향상
③ 인-기계가공성 향상　　④ 알루미늄-탈산제
⑤ 납-기계가공성 향상

10 스프링 상수의 단위로 옳은 것은?

① N · mm　　　② N/mm
③ N · mm^2　　④ N/mm^2

해설 스프링 상수의 단위는 N/mm이다.

11 피치원 지름 165mm이고 잇수 55인 표준 평 기어의 모듈은?

① 2　　② 3
③ 4　　④ 6

해설 $m = \dfrac{D}{Z} = \dfrac{165}{55} = 3$

정답 08. ② 09. ①
　　　 10. ② 11. ②

12 강자성체에 속하지 않는 성분은?
① Co   ② Fe
③ Ni   ④ Sb

 자성
① 강자성체 : Fe, Ni, Co
② 상자성체 : Al, Pt, Sn, Mn
③ 반자성체 : Cu, Zn, Sb, Ag, Au

13 연신율이 20%이고, 파괴되기 직전의 늘어난 시편의 전체 길이가 30cm일 때 이 시편의 본래 길이는?
① 20cm   ② 25cm
③ 30cm   ④ 35cm

연신율$(\varepsilon) = \dfrac{L_1 - L}{L} \times 100(\%)$

$\varepsilon = \dfrac{30 - x}{x} \times 100(\%) = 20\%$

$x = 25$

14 브레이크 재료 중 마찰계수가 가장 큰 것은?
① 주철   ② 석면직물
③ 청동   ④ 황동

브레이크 재료 중 마찰계수가 가장 큰 것은 석면직물이다. 나무 조각, 가죽 등도 함께 사용한다.

15 외부로부터 작용하는 힘이 재료를 구부려 휘어지게 하는 형태의 하중은?
① 인장하중   ② 압축하중
③ 전단하중   ④ 굽힘하중

굽힘하중 : 외부로부터 작용하는 힘이 재료를 구부려 휘어지게 하는 형태의 하중

16 끼워맞춤 공차 중 G7/h6는 어떤 끼워맞춤에 해당하는가?
① 구멍 기준식에서 헐거운 끼워맞춤
② 축 기준식에서 헐거운 끼워맞춤
③ 구멍 기준식에서 억지 끼워맞춤
④ 축 기준식에서 억지 끼워맞춤

G7/h6 : 축 기준식에서 헐거운 끼워맞춤이다.

L : 처음의 표점 거리(mm)
L_1 : 파단되었을 때의 표점 거리(mm)

[정답] 12. ④ 13. ②
14. ② 15. ④
16. ②

17 KS 나사의 도시법에서 도시 대상과 사용하는 선의 관계가 틀린 것은?

① 수나사의 골 밑은 굵은 실선으로 표시한다.
② 불완전 나사부는 경사된 가는 실선으로 표시한다.
③ 완전 나사부와 불완전 나사부의 경계는 굵은 실선으로 표시한다.
④ 암나사를 단면한 경우 암나사의 골 밑은 가는 실선으로 표시한다.

> **해설** 나사 도시 방법
> ① 수나사의 바깥지름과 암나사의 안지름을 표시하는 선은 굵은 실선으로 그린다.
> ② 수나사와 암나사의 골을 표시하는 선은 가는 실선으로 그린다.
> ③ 완전 나사부와 불완전 나사부의 경계선은 굵은 실선으로 그린다.
> ④ 불완전 나사부의 골을 나타내는 선은 축선에 대하여 30°의 가는 실선으로 그리고 필요에 따라 불완전 나사부의 길이를 기입한다.
> ⑤ 암나사의 단면 도시에서 드릴 구멍이 나타날 때에는 굵은 실선으로 120°가 되게 그린다.
> ⑥ 보이지 않는 나사부의 산마루는 보통의 파선으로 골을 가는 파선으로 그린다.
> ⑦ 수나사와 암나사의 결합부의 단면은 수나사로 나타낸다.
> ⑧ 수나사와 암나사의 측면 도시에서 각각의 골지름은 가는 실선으로 약 3/4원으로 그린다.

18 다음 중 가는 2점 쇄선을 사용하여 도시하는 경우는?

① 도시된 물체의 단면 앞쪽 형상을 표시
② 다듬질한 형상이 평면임을 표시
③ 수면, 유면 등의 위치를 표시
④ 중심이 이동한 중심 궤적을 표시

> **해설** 가는 2점 쇄선의 용도
> ① 절단면의 앞쪽에 있는 부분을 도시할 필요가 있는 경우에는 가는 2점 쇄선으로 도시한다.
> ② 가공에 사용하는 공구·지그 등의 모양을 참고로 하여 도시할 필요가 있는 경우에는 가는 2점 쇄선으로 도시한다.
> ③ 가공 전의 모양을 표시하는 경우에는 가는 2점 쇄선으로 도시한다.
> ④ 대상물을 인접하는 부분을 참고로 도시할 필요가 있을 경우에는 가는 2점 쇄선으로 도시한다.

정답 17. ① 18. ①

19 그림과 같은 3각법에 의한 투상도에 가장 적합한 입체도는? (단, 화살표 방향이 정면이다.)

① 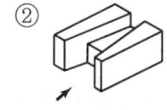　②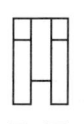

③ 　④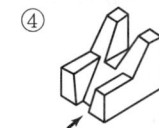

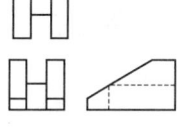

20 아래 도시된 내용은 리벳 작업을 위한 도면 내용이다. 바르게 설명한 것은?

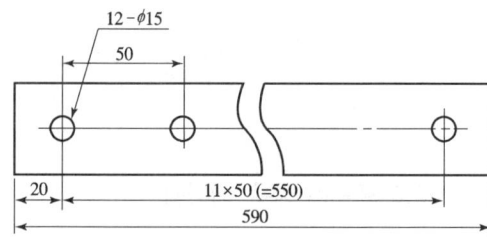

① 양끝 20mm 띄워서 50mm의 피치로 지름 15mm의 구멍을 12개 뚫는다.
② 양끝 20mm 띄워서 50mm의 피치로 지름 12mm의 구멍을 15개 뚫는다.
③ 양끝 20mm 띄워서 12mm의 피치로 지름 15mm의 구멍을 50개 뚫는다.
④ 양끝 20mm 띄워서 15mm의 피치로 지름 50mm의 구멍을 12개 뚫는다.

해설 그림의 해석은 양끝 20mm 띄워서 50mm의 피치로 지름 15mm의 구멍을 12개 뚫는다.

21 도면에서 두 종류 이상의 선이 같은 장소에서 겹칠 경우 우선순위가 높은 순서대로 외형선부터 치수보조선까지 옳게 나타낸 것은?

① 외형선 - 무게중심선 - 중심선 - 절단선 - 숨은선 - 치수보조선
② 외형선 - 숨은선 - 절단선 - 중심선 - 무게중심선 - 치수보조선
③ 외형선 - 중심선 - 무게중심선 - 숨은선 - 절단선 - 치수보조선
④ 외형선 - 절단선 - 무게중심선 - 숨은선 - 중심선 - 치수보조선

해설 겹치게 될 경우 선의 우선순위 : 외형선, 숨은선, 절단선, 중심선, 무게중심선

답안 표기란

19	①	②	③	④
20	①	②	③	④
21	①	②	③	④

정답 19. ① 20. ① 21. ②

22. 가공 모양의 기호 중 가공으로 생긴 컷의 줄무늬가 거의 동심원 모양을 표시하는 기호는?

① ∀M   ② ∀⊥
③ ∀C   ④ ∀R

해설

=	그림의 투영면에 평행
⊥	그림의 투영면에 수직
X	두 방향으로 교차
M	다방면으로 교차 또는 무방향
C	거의 동심원
R	거의 방사상(레이디얼형)

23. 구름 베어링의 호칭 번호가 6420 C2 P6으로 표시된 경우 베어링 내경은 몇 mm인가?

① 20   ② 64
③ 100   ④ 420

해설 안지름 번호가 20번이므로 04번부터는 ×5가 되므로 20×5=100이다.

64	20	C2	P6
계열번호	안지름 번호	접촉틈새 기호	보조기호

24. 기하 공차의 종류 중 모양 공차인 것은?

① 원통도 공차   ② 위치도 공차
③ 동심도 공차   ④ 대칭도 공차

해설 기하 공차의 종류 중 모양 공차

구분	기호	공차의 종류
모양 공차	—	진직도 공차
	▱	평면도 공차
	○	진원도 공차
	⌭	원통도 공차
	⌒	선의 윤곽도 공차
	⌓	면의 윤곽도 공차

정답 22. ③ 23. ③ 24. ①

25 치수 표시에 쓰이는 기호 중 45° 모떼기를 의미하는 뜻을 나타낼 때 사용하는 문자기호는?

① R ② P
③ C ④ t

해설 치수 보조기호

기호	사용법
φ	지름 치수의 수치 앞에 붙인다.
R	반지름 치수의 수치 앞에 붙인다.
Sφ	구의 지름 치수 수치 앞에 붙인다.
SR	구의 반지름 치수 수치 앞에 붙인다.
□	정사각형의 한 변의 치수 수치 앞에 붙인다.
t	판 두께의 치수 수치 앞에 붙인다.
C	모떼기 치수 수치 앞에 붙인다.

26 다음 중 절삭 공구용 재료가 가져야 할 기계적 성질 중 맞는 것을 모두 고르면?

  ㉠ 고온 경도(hot hardness)
  ㉡ 취성(brittleness)
  ㉢ 내마멸성(resistance to wear)
  ㉣ 강인성(toughness)

① ㉠, ㉡, ㉢ ② ㉠, ㉡, ㉣
③ ㉠, ㉢, ㉣ ④ ㉡, ㉢, ㉣

해설 절삭 공구 재료의 구비조건
① 피 절삭재보다는 경도와 인성이 클 것
② 고온에서 경도가 감소되지 않을 것
③ 내마모성이 클 것
④ 절삭저항을 받으므로 강도가 클 것
⑤ 형상을 만들기 용이하고 가격이 쌀 것

27 어느 공작물에 일정한 간격으로 동시에 5개 구멍을 가공 후 탭 가공을 하려고 한다. 적합한 드릴링 머신은?

① 다두 드릴링 머신 ② 레이디얼 드릴링 머신
③ 다축 드릴링 머신 ④ 직립 드릴링 머신

해설
① **레이디얼 드릴링 머신**: 비교적 큰 공작물의 구멍을 뚫을 때 사용된다.
② **다두 드릴링 머신**: 나란히 있는 여러 개의 스핀들에 여러 가지 공구를 꽂아 드릴링, 리밍, 태핑 등을 연속적으로 가공한다.
③ **다축 드릴링 머신**: 한 대의 드릴링 머신에 다수의 스핀들을 설치하고 여러 개의 드릴을 동시에 드릴링 가공한다.

정답 25. ③ 26. ③
    27. ③

28. 절삭 가공을 할 때에 절삭열의 분표를 나타낸 것이다. 절삭열이 가장 큰 곳은?

① A
② B
③ C
④ D

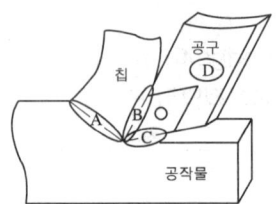

해설 절삭열 분산 비율 : 고속 절삭 가공일 경우

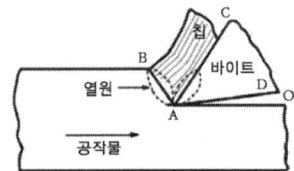

① AB면 : 전단면에서 전단 소성 변형이 일어날 때 생기는 열(60%)
② AC면 : 칩과 공구 경사면이 마찰할 때 생기는 열(30%)
③ AO면 : 공구 여유면과 공작물 표면이 마찰할 때 생기는 열(10%)

29. 다음이 설명하는 센터리스 연삭 방법은?

> 지름이 같은 일감을 한쪽에서 밀어 넣으면 연삭되면서 자동으로 이송되는 방식

① 직립 이송 방식
② 전후 이송 방식
③ 좌우 이송 방식
④ 통과 이송 방식

해설
① **통과 이송법** : 공작물을 연삭숫돌과 조정숫돌 사이로 통과시켜 숫돌 한쪽에서 반대쪽으로 빠져나가는 동안에 연삭한다. 가장 많이 사용됨. 조정숫돌은 연삭숫돌 축에 대해 2~8°(보통 3~4°를 많이 쓴다.) 경사시킨다.
② **전후 이송법(수직 통과)** : 연삭 숫돌바퀴의 나비보다 짧은 공작물, 턱붙이, 끝면 플런지붙이 테이퍼가 있는 것, 곡선 윤곽들이 있는 것 등을 받침판 위에 올려놓고 조정숫돌바퀴를 접근시키거나 수평으로 이송하여 연삭하는 방법 ⇒ 일감을 한쪽으로 가볍게 눌러대기 위해 0.5~1.5도 경사시킨다.

30. 다이얼 게이지의 일반적인 특징으로 틀린 것은?

① 눈금과 지침에 의해서 읽기 때문에 오차가 적다.
② 소형, 경량으로 취급이 용이하다.
③ 연속된 변위량의 측정이 불가능하다.
④ 많은 개소의 측정을 동시에 할 수 있다.

정답 28. ① 29. ④ 30. ③

해설 다이얼 게이지의 특징
① 측정 범위가 넓다.
② 연속된 변위량의 측정이 가능하다.
③ 소형, 경량으로 취급이 용이하다.
④ 어태치먼트의 사용방법에 따라 측정이 광범위하다.
⑤ 다이얼 눈금과 지침에 의해서 읽기 때문에 읽기 오차가 적다.
⑥ 다원측정(동시에 많은 개소의 측정이 가능)의 검출기로서 이용할 수 있다.

31 다음 중 구성인선(built up edge)이 잘 생기지 않고 능률적으로 가공할 수 있는 방법으로 가장 적당한 것은?

① 절삭 깊이를 작게 한다.
② 절삭 속도는 작게 한다.
③ 재결정 온도 이하에서 가공한다.
④ 공구의 윗면 경사각을 작게 한다.

해설 구성인선(built up edge)의 방지책
① 절삭 깊이를 적게 한다.
② 상면 경사각을 크게 한다.
③ 절삭 속도를 크게 한다(고속도강인 경우, 임계속도 120~150m/min).
④ 윤활성이 있는 절삭유 사용한다.

32 연삭하려는 부품의 형상으로 연삭숫돌을 성형하거나 성형연삭으로 인하여 숫돌 형상이 변화된 것을 부품의 형상으로 바르게 고치는 작업을 무엇이라고 하는가?

① 무딤
② 눈메움
③ 트루잉
④ 입자탈락

해설
① **무딤(glazing)** : 숫돌의 입자가 탈락되지 않고 마모에 의해서 납작하게 둔화된 상태
② **눈메움(Loading)** : 숫돌 입자의 표면이나 기공에 칩이 차 있는 상태
③ **트루잉(성형, 모양 고치기)** : 연삭숫돌의 외형을 수정하여 규격에 맞는 제품을 만드는 과정
④ **입자탈락(spilling)** : 결합제의 힘이 약해서 작은 절삭력이나 충격에 쉽게 입자가 탈락하는 것

33 일반적으로 드릴 작업 후 리머 가공을 할 때 리머 가공의 절삭 여유로 가장 적합한 것은?

① 0.02~0.03mm 정도
② 0.2~0.3mm 정도
③ 0.8~1.2mm 정도
④ 1.5~2.5mm 정도

해설 리머 가공의 절삭 여유는 0.2~0.3mm 정도이다.

정답 31. ① 32. ③ 33. ②

34. 재료를 원하는 모양으로 변형하거나 성형시켜 제품을 만드는 기계공작법의 종류가 아닌 것은?

① 소성 가공법
② 탄성 가공법
③ 접합 가공법
④ 절삭 가공법

해설 기계공작법의 종류는 소성 가공법, 절삭 가공법, 접합(용접) 가공법이 있다.

35. 수나사 측정법 중 유효지름을 측정하는 방법이 아닌 것은?

① 나사 마이크로미터에 의한 방법
② 삼침법에 의한 방법
③ 스크린에 의한 방법
④ 공구 현미경에 의한 방법

해설 유효지름의 측정
① **삼침법** : 나사 게이지 등과 같이 정밀도가 높은 나사의 유효지름 측정에 3침법(3선법)이 쓰이며, 지름이 같은 3개의 핀 게이지를 나사산의 골에 끼운 상태에서 바깥지름을 마이크로미터 등으로 측정하여 계산하며, 유효지름을 측정하는 가장 정밀한 방법이다.
② **나사 마이크로미터에 의한 방법** : 엔빌 측에 V홈 측정자를 스핀들 측에 원뿔형 측정자를 사용하여 유효지름 값을 직접 읽을 수 있다.
③ **광학적인 방법** : 투영기, 공구현미경 등의 광학적 측정기에서 나사축 선과 직각으로 움직이는 전후이동 마이크로미터 헤드의 읽음 값으로 구할 수 있다.

36. 선반에서 가늘고 긴 가공물을 절삭할 때 사용하는 부속장치로 적합한 것은?

① 방진구
② 돌리개
③ 공구대
④ 주축대

해설 방진구 → 양 센터 가공 시 사용된다.
① 가늘고 긴 공작물 가공 시 자중과 절삭력으로 휨이 생겨 균일한 직경을 가진 진원단면의 절삭 가공이 곤란하기 때문에 방진구 사용된다.
② 보통 직경의 12배 이상의 길이는 불안전한 절삭조건일 때 사용하고 직경의 20배 이상의 길이일 때 방진구를 사용한다.
③ 고정식 방진구 : 베드에 설치, 3개의 조로 구성되어 있다.
④ 이동식 방진구 : 왕복대의 새들에 설치, 2개의 조로 구성되어 있다.

정답 34. ② 35. ③ 36. ①

37 선반 가공에서 절삭 깊이를 1.5mm로 원통 깎기를 할 때 공작물의 지름이 작아지는 양은 몇 mm인가?

① 1.5
② 3.0
③ 0.75
④ 1.55

해설 선반 가공에서 절삭 깊이를 1.5mm는 양쪽이므로 3.0mm가 된다.

38 모형이나 형판을 따라 바이트를 안내하고 테이퍼나 곡면 등을 절삭하며 유압식, 전기식, 전기 유압식 등의 종류를 갖는 선반은?

① 공구선반
② 자동선반
③ 모방선반
④ 터릿선반

해설
① **터릿선반** : 터릿으로 불리는 선회 공구대를 가진 것으로 너트, 와셔, 나사, 핀 등 모양이 간단한 제품의 대량생산용. 램형, 새들형, 드럼형 등이 있다
② **공구선반** : 릴리빙 장치(=Back off 장치)를 가진 것으로 절삭 공구(호브, 커터, 탭 등)의 여유각을 가공한다.
③ **자동선반** : 캠이나 유압기구를 사용하여 자동화한 것으로 핀, 볼트, 시계, 자동차 생산에 사용된다.
④ **모방선반** : 형상이 복잡하거나 곡선형 외경만을 가진 일감을 많이 가공할 때 편리하며 트레이서를 접촉시켜 형판 모양으로 공작물을 가공한다. 자동모방 장치 이용. 테이퍼 및 곡면 등을 모방 절삭. 유압식, 전기식, 전기 유압식이 있다.

39 입도가 작고 연한 숫돌을 작은 압력으로 가공물의 표면에 가압하면서 가공물에 피드를 주고, 숫돌을 진동시켜 가공하는 것은?

① 호닝(honing)
② 슈퍼피니싱(superfinishing)
③ 숏 피닝(shot-peening)
④ 버니싱(burnishing)

해설 **슈퍼피니싱** : 일감 표면에 약한 압력으로 숫돌을 눌러대고 일감에 회전운동과 이송을 주며 숫돌을 다듬질할 면에 따라 매우 작고 빠른 진동을 주는 가공법

40 아래 보기에서 N11 블록을 실행하여 공구가 이동 시 걸린 시간은?

[보기] N10 G97 S1000 ;
       N11 G99 G01 W-100. F0.2 ;

① 30초
② 40초
③ 50초
④ 60초

해설 $t = \dfrac{1}{nf} = \dfrac{100}{1000 \times 0.2} = 0.5분 \times 60초 = 30초$

[정답] 37. ② 38. ③ 39. ② 40. ①

41 CNC 선반의 서보 기구에 대한 설명으로 맞는 것은?

① 컨트롤러에서 가공 데이터를 저장하는 곳이다.
② 디스켓이나 테이프에 기록된 정보를 받아서 펄스화 시키는 것이다.
③ CNC 컨트롤러를 작동시키는 기구이다.
④ 공작기계의 테이블 등을 움직이게 하는 기구이다.

해설 인간에 비유했을 때 손과 발에 해당하는 서보 기구는 머리에 해당하는 정보처리회로의 명령에 따라 공작기계의 테이블 등을 움직이는 역할을 담당한다.

42 프로그램을 편리하게 하기 위하여 도면상에 있는 임의의 점을 프로그램상의 절대좌표 기준점으로 정한 점을 무엇이라 하는가?

① 제2 원점
② 제3 원점
③ 기계 원점
④ 프로그램 원점

해설 프로그램 원점
CNC 공작기계는 절대좌표(absolute)에 의하여 주로 제어가 이루어지고 이 절대좌표의 기준을 원점으로 잡아서 모든 위치의 값을 그 점을 기준으로 프로그램을 작성하는 방식으로 그 점을 프로그램원점이라고 하며 그 점을 기준으로 부호를 갖는 수치로 좌푯값을 표시하여 프로그램을 입력한다.
프로그램 원점은 바꿀 수 없는 기계좌표와는 달리 프로그램에 의해서 바꿀 수가 있는데 이를 좌표계 설정이라고 하며 CNC 선반은 G50에 의해서 CNC 머시닝센터는 G92에 의해서 바꿀 수 있다.

43 다음 나사 가공 프로그램에서 [ ] 안에 알맞은 것은?

```
G76 P010060 Q50 R30 ;
G76 X13.62 Z-32.5 P1190 Q350 F[ ] ;
```

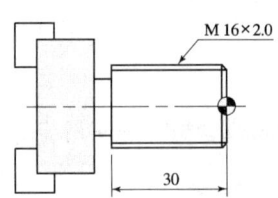

① 1.0
② 1.5
③ 2.0
④ 2.5

해설 나사 가공에서 F로 지령된 값은 나사의 리드이다. 리드=피치×줄 수=2×1=2.0

정답 41. ④ 42. ④
43. ③

44 CNC 기계 가공 시 안전 및 유의사항으로 틀린 것은?
① 가공할 때 절삭 조건을 알맞게 설정한다.
② 가공 시작 전에 비상스위치의 위치를 확인한다.
③ 가공 중에는 칩 커버나 문을 반드시 닫아야 한다.
④ 공정도와 공구세팅 시트는 가능한 한 작성하지 않는다.

해설 공정도와 공구세팅 시트는 가능한 한 작성한다.

45 선반 가공의 작업 안전으로 거리가 먼 것은?
① 절삭 가공을 할 때에는 반드시 보안경을 착용하여 눈을 보호한다.
② 겨울에 절삭 작업을 할 때에는 면장갑을 착용해도 무방하다.
③ 척이 회전하는 도중에 일감이 튀어나오지 않도록 확실히 고정한다.
④ 절삭유가 실습장 바닥으로 누출되지 않도록 한다.

해설 선반 가공에서 면장갑을 착용하지 않는다.

46 일반적으로 CNC 프로그램의 준비 기능(G 기능)에 속하지 않은 것은?
① 원호 보간
② 직선 보간
③ 기어속도 변환
④ 급속 이송

해설 기어속도 변환은 보조기능(M 기능)이다.

47 단일형 고정 사이클에서 안쪽과 바깥지름 절삭 사이클로 테이퍼를 가공할 때 옳게 지령한 것은?
① G90 X_ Z_ W_ F_ ;
② G90 X_ Z_ U_ F_ ;
③ G90 X_ Z_ K_ F_ ;
④ G90 X_ Z_ I_ F_ ;

해설 **안, 바깥지름 절삭 사이클(G90)** : 단일 고정 사이클

```
G90 X(U)___ Z(W)___ F___ ; (직선 절삭)
G90 X(U)___ Z(W)___ I(R)___ F___ ; (테이퍼 절삭)
```

여기서, X(U)___ Z(W)___ : 절삭의 끝점 좌표
I(R)___ : 테이퍼의 경우 절삭의 끝점과 절삭의 시작점의 상대 좌푯값, 반지름 지령(I=11T에 적용, R=0T에 적용)
F : 이송속도

정답 44. ④ 45. ② 46. ③ 47. ④

48 CNC 프로그램의 주요 주소(address) 기능에서 T의 기능은?

① 주축 기능　　② 공구 기능
③ 보조 기능　　④ 이송 기능

해설
① G 기능 : 준비 기능
② P 기능 : 프로그램 번호 지정
③ S 기능 : 주축 기능
④ T 기능 : 공구 기능
⑤ F 기능 : 이송 기능
⑥ M 기능 : 보조 기능

49 프로그램 에러(error) 경보가 발생하는 경우는?

① G04 P0.5 ;
② G00 X50000 Z2. ;
③ G01 X12.0 Z-30. F0.2 ;
④ G96 S120 ;

해설 단위는 X, U, P를 사용하는데 X, U는 소수점 P는 0.001 단위를 사용
[예] G04 X0.5　G04 U0.5　G04 P500

50 일반적으로 CNC 선반에서 가공하기 어려운 작업은?

① 원호 가공　　② 테이퍼 가공
③ 편심 가공　　④ 나사 가공

해설 CNC 선반에서 편심 가공은 어렵다.

51 CAD/CAM 시스템의 적용 시 장점과 가장 거리가 먼 것은?

① 생산성 향상　　② 품질 관리의 강화
③ 비효율적인 생산 체계　　④ 설계 및 제조시간 단축

해설 효율적인 생산 체계이다.

52 CNC 프로그램에서 "G96 S200 ;"에 대한 설명으로 맞는 것은?

① 주축은 200rpm으로 회전한다.
② 주축속도가 200m/min이다.

정답　48. ②　49. ①
　　　　50. ③　51. ③
　　　　52. ②

③ 주축의 최고회전수는 200rpm이다.
④ 주축의 최저회전수는 200rpm이다.

해설 G96 S200 M03 ;
절삭속도가 200m/min가 되도록 공작물의 지름에 따라 주축회전수가 변한다. 그리고 G96에서 단면절삭과 같이 공작물의 지름이 작아질 경우 주축의 회전수가 무리하게 높아지는 것을 방지하기 위하여 G50에서 최고회전수를 지령하게 된다.

53
기어나 벨트 풀리의 소재와 같이 구멍이 뚫린 일감의 바깥 원통면이나 옆면을 가공할 때 구멍이 끼워 센터로 지지하기 위한 선반용 부속품은?

① 면판　　　　　　　② 맨드릴
③ 방진구　　　　　　④ 센터

해설 심봉(mandrel)
기어, 벨트 풀리(pulley) 등과 같이 소재를 척으로 물릴 수 없을 경우 뚫린 구멍에 심봉을 넣어 센터작업으로 외경과 구멍이 동심원이 되도록 가공하거나 직각 단면을 깎을 때 사용한다.

54
선반의 주요 부분이 아닌 것은?

① 컬럼　　　　　　　② 왕복대
③ 심압대　　　　　　④ 주축대

해설 선반의 주요 부분은 왕복대, 심압대, 주축대, 베드이다.

55
CNC 선반에서 원호 가공을 할 때 반지름 값을 R값이나 I, K값으로 명령하게 되는데 Z축 방향의 원호 가공값에 해당하는 것은?

① I　　　　　　　　② U
③ W　　　　　　　　④ K

해설 원호보간 좌표어 일람표

조건		지령	의미	
			오른손 좌표계	왼손좌표계
1	회전방향	G02	시계방향 (CW)	반시계방향 (CCW)
		G03	반시계방향 (CCW)	시계방향 (CW)
2	끝점의 위치	X, Z	좌표계에서 끝점의 위치 X, Z	
	끝점까지의 거리	U, W	시작점에서 끝점까지의 거리	
3	시작점에서 중심까지의 거리	I, K	시작점에서 중심까지의 거리 (I는 항상 반경지정)	
	원호반경(선택기능)	R	원호의 반경(180° 이하의 원호)	

답안 표기란
53 ① ② ③ ④
54 ① ② ③ ④
55 ① ② ③ ④

정답 53. ② 54. ① 55. ④

56. CNC 선반에서 NC 프로그램을 작성할 때 소수점을 사용할 수 있는 어드레스만으로 구성된 것은?

① X, U, R, F
② W, I, K, P
③ Z, G, D, Q
④ P, X, N, E

해설 X, Z, U, W, I, K, R 및 E, F에는 소수점을 사용할 수 있다.

57. CNC 선반의 원점복귀 기능 중 자동 원점복귀를 나타내는 것은?

① G27
② G28
③ G29
④ G30

해설
① G27 : 원점복귀 체크
② G28 : 자동 원점복귀
③ G29 : 원점으로부터 자동복귀
④ G30 : 제2 원점복귀

58. 다음 CNC 선반의 안·바깥지름 거친 절삭 사이클(G71)의 내용을 설명한 것 중 틀린 것은?

```
G71 P100 Q200 U0.6 W0.3 D2000 F0.25
```

① P100 Q200은 다듬 절삭 가공 지령절의 첫 번째 전개 번호와 마지막 전개 번호이다.
② U0.6은 X축 방향 다듬 절삭 여유(지름 지령)이다.
③ W0.3은 Z축 방향 다듬 절삭 여유이다.
④ D2000은 가공 길이(지름 지령)이다.

해설
G71 P(ns) Q(nf) U(△u) W(△w) D(△d) F(f), S(s), T(t) ;

여기서, P(ns) : 다듬 절삭 가공 지령절의 첫 번째 전개 번호
Q(nf) : 다듬 절삭 가공 지령적의 마지막 전개 번호
U(△u) : X축 방향 다듬 절삭 여유 - (지름 지령)
W(△w) : Z축 방향 다듬 절삭 여유
D(△d) : 1회 가공 깊이(절삭 깊이) - (반지름 지령, 소수점 지령 불가)
F, S, T : 거친 절삭 가공 시 이송 속도, 주축 속도, 공구 선택 즉, P와 Q 사이의 데이터는 무시되고, G71 블록에서 지령된 데이터가 유효

정답 56. ① 57. ② 58. ④

59 CNC 선반에서의 나사 가공(G32)에 대한 설명으로 틀린 것은?

① 이송속도 조절 오버라이드는 100%로 고정하여야 한다.
② 주축 회전수 일정제어(G97)로 지령하여야 한다.
③ 가공 도중에 이송정지(Feed hold) 스위치를 ON하면 자동으로 정지한다.
④ 나사 가공이 완료되면 자동으로 시작점으로 복귀한다.

 나사의 피치 불량을 방지하기 위하여 주축위치 검출기(Position coder)에서 1회전 신호를 검출하여 나사절삭이 진행되므로 공구가 반복되어도 동일한 점에서 시작된다. 나사 가공을 할 때에는 주축의 회전수가 변하면 올바른 나사를 가공할 수 없으므로 주축 회전수 일정제어(G97)로 지령하고, 이송속도 조절 오버라이드는 100%로 고정(변경하지 않는다)하여야 한다. 또한, 나사 가공 중에는 나사의 불량방지를 위하여 이송정지 기능이 무효화된다. 그러므로 나사 가공 중에 이송정지 버튼을 누르면 그 블록의 나사 가공이 완료된 후에 정지한다.

60 다음 CNC 선반 프로그램에서 공작물 직경이 10mm일 때의 주축의 회전수는 몇 rpm인가?

```
G50 X150.0 Z200.0 S2000 T0100 ;
G96 S120 M03 ;
```

① 382
② 1000
③ 2000
④ 3820

 G50 S2000; 주축 최고회전수 : 2000rpm
G96 S120 M03; 주속 일정제어 v=120m/min
$n = \dfrac{1000v}{\pi d} = \dfrac{1000 \times 120}{\pi \times 10} = 3820 \text{rpm}$
∴ 주축 최고회전수를 넘을 수 없으므로 주축은 2000rpm으로 회전한다.

정답 59. ③ 60. ③

03회 CBT 모의고사

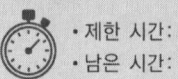

01 나사산과 골이 같은 반지름의 원호로 이은 모양이 둥글게 되어 있는 나사는?

① 볼나사
② 톱나사
③ 너클나사
④ 사다리꼴 나사

해설 **너클나사** : 나사산과 골이 같은 반지름의 원호로 이은 모양이 둥글게 되어 있는 나사로 나사산의 각은 30°로 용도는 급격한 충격을 받는 부분, 전구, 먼지와 모래 등이 많이 끼는 경우와 오염된 액체의 밸브 또는 호스 이음나사 등에 사용

02 에너지 흡수 능력이 크고, 스프링 작용 외에 구조용 부재기능을 겸하고 있으며, 재료 가공이 용이하여 자동차 현가용으로 많이 사용하는 스프링은?

① 공기 스프링
② 겹판 스프링
③ 코일 스프링
④ 태엽 스프링

해설
① **코일 스프링(coil spring)** : 인장용과 압축용이 있고, 제작비가 저렴하며 기능이 확실 유효하여 경량소형으로 제조할 수 있다.
② **겹판 스프링(leaf spring)** : 너비가 좁고 얇은 긴 보로서 하중을 지지한다. 여러 장 겹쳐서 사용하는 것을 겹판 스프링이라 한다. 자동차의 현가장치로 널리 사용한다.
③ **태엽 스프링(spiral spring)** : 시계나 계기류의 등의 변형 에너지를 저장하여 동력용으로 사용한다.

03 주조 시 주형에 냉금을 삽입하여 주물 표면을 급랭시키므로 백선화하고 경도를 증가시킨 내마모성 주철은?

① 보통주철
② 고급주철
③ 합금주철
④ 칠드주철

해설
① **보통주철** : 강인성이 적고 단조가 되지 않으며, 용융점이 낮아 유동성이 좋은 편이므로 기계 구조 부분 등에 사용된다.
② **고급주철** : C 2.5~3.2%, Si 1~2%이고 현미경 조직은 펄라이트와 미세한 흑연으로 된 것으로 인장강도 245MPa 이상인 것을 말한다. 고강도, 내마멸성을 요구하는 기계 부품(피스톤 링)에 많이 사용된다.
③ **합금주철** : 내열성인 Al주철, 내식성인 Cr주철, 내마모성인 Ni주철과 내마모주철
④ **칠드주철** : 주조 시 주형에 냉금을 삽입하여 주물 표면을 급랭시키므로 백선화하고 경도를 증가시킨 내마모성 주철

정답 01. ③ 02. ② 03. ④

04 증기나 기름 등이 누출되는 것을 방지하는 부위 또는 외부로부터 먼지 등의 오염물 침입을 막는 데 주로 사용하는 너트는?

① 캡 너트(cap nut)
② 와셔붙이 너트(washer based nut)
③ 둥근 너트(circular nut)
④ 육각 너트(hexagon nut)

해설 캡 너트(cap nut) : 증기나 기름 등이 누출되는 것을 방지하는 부위 또는 외부로부터 먼지 등의 오염물 침입을 막는 데 주로 사용한다.

05 나사의 피치가 일정할 때 리드(lead)가 가장 큰 것은?

① 4줄 나사　　　　② 3줄 나사
③ 2줄 나사　　　　④ 1줄 나사

해설
- 리드(lead) : 나사산이 원통을 한 바퀴 회전하여 축 방향으로 나아가는 거리
- 리드와 피치 사이의 관계 : $l = np$

l : 리드(mm)
n : 줄 수
p : 피치(mm)

06 단면적이 20mm²인 어떤 봉에 100kgf의 인장하중이 작용할 때 발생하는 응력은?

① 2kgf/mm^2　　② 5kgf/mm^2
③ 20kgf/mm^2　　④ 50kgf/mm^2

해설 응력$(\tau) = \dfrac{\text{하중}(P)}{\text{단면적}(A)} = \dfrac{100}{20} = 5\text{kgf/mm}^2$

07 자동차용 신소재인 파인세라믹스(fine ceramics)에 대한 설명 중 틀린 것은?

① 가볍다.　　　　② 강도가 강하다.
③ 내화학성이 우수하다.　　④ 내마모성 및 내열성이 우수하다.

해설 자동차용 신소재인 파인세라믹스는 강도가 약한 편이다.

08 탄소강 중 함유되어 헤어크랙(hair crack)이나 백점을 발생하게 하는 원소는?

① 규소(Si)　　　　② 망간(Mn)
③ 인(P)　　　　　④ 수소(H)

해설 헤어크랙(Hair Crack) : 수소(H_2)가스에 의해 머리칼 모양으로 미세하게 갈라지는 균열하는 것으로 킬드강에서 발생한다.

[정답] 04. ① 05. ①
06. ② 07. ②
08. ④

03회 CBT 모의고사

09 내열강에서 내열성, 내마모성, 내식성 등을 증가시키기 위해 첨가되는 대표적인 원소는?

① 크롬(Cr) ② 니켈(Ni)
③ 티탄(Ti) ④ 망간(Mn)

해설 크롬(Cr) : 내열강에서 내열성, 내마모성, 내식성 등을 증가시키기 위해 첨가되는 대표적인 원소이다.

10 항온 열처리 방법에 포함되지 않는 것은?

① 오스템퍼 ② 시안화법
③ 마퀜칭   ④ 마템퍼

해설 항온 담금질(Isothermal quenching)
① 오스템퍼(austemper) : 오스테나이트 상태에서 Ar'와 Ar"(Ms점) 변태점 사이의 온도에서 염욕에 담금질한 후 과냉한 오스테나이트가 변태 완료할 때까지 항온으로 유지하여 베이나이트를 충분히 석출시킨 후 공랭하는 열처리
② 마템퍼(martemper) : 담금질 온도로 가열한 강재를 Ms와 Mf점 사이의 열욕(100~200℃)에 담금질하여 과냉 오스테나이트의 변태가 거의 완료할 때까지 항온 유지한 후에 꺼내어 공랭하는 열처리로서 마텐자이트와 베이나이트의 혼합조직이며, 경도와 인성이 크다.
③ 마퀜칭(marquenching) : 담금질 온도까지 가열된 강을 Ar"(Ms) 점보다 다소 높은 온도의 열욕에 담금질한 후 마텐자이트로 변태를 시켜서 담금질 균열과 변형을 방지하는 방법으로 복잡하고, 변형이 많은 강재에 적합하다.

11 에너지를 소멸시키고 충격, 진동 등의 진폭을 경감시키기 위해 사용하는 장치는?

① 차음재   ② 로프(rope)
③ 댐퍼(damper) ④ 스프링(spring)

해설 댐퍼(damper) : 에너지를 소멸시키고 충격, 진동 등의 진폭을 경감시키기 위해 사용하는 장치이다.

12 베어링의 재료가 구비할 성질이 아닌 것은?

① 가공이 쉬울 것   ② 부식에 강할 것
③ 충격하중에 강할 것 ④ 피로강도가 작을 것

해설 베어링의 재료
① 녹아 붙지 않을 것(내융착성) ② 길들림이 좋은 것(친숙성)
③ 부식에 강할 것(내식성)   ④ 피로강도가 클 것(내피로성)

정답 09. ① 10. ② 11. ③ 12. ④

13 가스 질화법으로 강의 표면을 경화하고자 할 때 질화효과를 크게 하는 원소는?

① 코발트
② 니켈
③ 마그네슘
④ 알루미늄

해설 알루미늄 : 가스 질화법으로 강의 표면을 경화하고자 할 때 질화효과를 크게 하는 원소이다.

14 접촉면의 압력을 p, 속도를 v, 마찰계수가 μ일 때 브레이크 용량(brake capacity)을 표시하는 것은?

① $\mu p v$
② $\dfrac{1}{\mu p v}$
③ $\dfrac{p v}{\mu}$
④ $\dfrac{\mu}{p v}$

해설 브레이크 용량(brake capacity)을 표시하는 것은 $\mu p v$이다.

15 묻힘 키(sunk key)에 관한 설명으로 틀린 것은?

① 기울기가 없는 평행 성크 키도 있다.
② 머리 달린 경사 키도 성크 키의 일종이다.
③ 축과 보스의 양쪽에 모두 키 홈을 파서 토크를 전달시킨다.
④ 대개 윗면에 1/5 정도의 기울기를 가지고 있는 수가 많다.

해설 묻힘 키(Sunk Key) : 축과 보스 양쪽에 모두 키 홈을 파서 비틀림 모멘트를 전달하는 키로서 가장 많이 사용되며 윗면에 1/100 정도의 기울기를 가지고 있는 경사키가 있다.

16 치수허용한계의 기준이 되는 치수로 도면상에는 구멍, 축 등의 호칭 치수와 같은 것은?

① 치수 공차
② 치수허용차
③ 허용한계치수
④ 기준치수

해설 호칭 치수와 같은 것은 기준치수이다.

17 평 벨트 풀리의 호칭 방법으로 옳은 것은?

① 종류 · 명칭 · 재료 · 호칭 지름
② 종류×명칭 · 호칭 지름 · 호칭 나비 · 재료
③ 명칭 · 종류 · 재료 · 호칭 지름
④ 명칭 · 종류 · 호칭 지름×호칭 나비 · 재료

해설 평 벨트 풀리의 호칭 방법 : 명칭 · 종류 · 호칭 지름×호칭 나비 · 재료

정답 13. ④ 14. ① 15. ④ 16. ④ 17. ④

03회 CBT 모의고사

18 면의 지시 기호에 대한 각 지시 기호의 위치에서 가공 방법을 표시하는 위치로 맞는 것은?

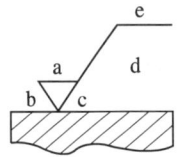

① a ② c
③ d ④ e

해설 면의 지시 기호에 대한 각 지시 사항의 기입 위치

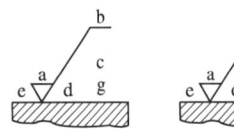

a : 산술 평균 거칠기 값
c : 컷오프 값
d : 줄무늬 방향 기호
f : 산술 평균 거칠기 이외의 표면 거칠기 값
b : 가공 방법
c' : 기준 길이
e : 다듬질 여유 기입
g : 표면 파상도

19 다음 그림의 도면에서 A 부분의 대각선이 뜻하는 것은?

① 평면
② 상관선
③ 원형
④ 결 모양

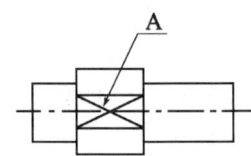

해설 그림에서 A 부분은 평면을 의미함

20 그림과 같은 입체도의 화살표 방향 정면도로 가장 적합한 것은?

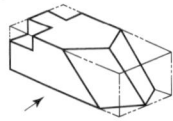

① ② ③ ④

정답 18. ④ 19. ①
20. ④

21 기계가공 도면에서 특수하게 가공하는 부분을 표시하는 특수 지정선으로 사용되는 선의 종류는?

① 가는 2점 쇄선
② 가는 실선
③ 굵은 1점 쇄선
④ 가는 1점 쇄선

해설 굵은 1점 쇄선
특수하게 가공하는 부분을 표시하는 특수 지정선으로 사용되는 선이다.

22 키의 호칭에 대한 표시로 맞는 것은?

① 규격번호 종류(또는 그 기호) 호칭 치수×길이
② 규격번호 종류(또는 그 기호) 길이×호칭 치수
③ 종류(또는 그 기호) 규격번호 호칭 치수×길이
④ 종류(또는 그 기호) 규격번호 길이×호칭 치수

해설 키의 호칭 : 규격번호 종류(또는 그 기호) 호칭 치수×길이

23 도면의 형상공차 기호가 나타내는 뜻으로 가장 적합한 것은?

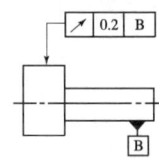

① 지시선의 화살표가 나타내는 원통면의 반지름 방향의 흔들림은 B의 축직선을 기준으로 1회전 하였을 경우 0.2mm보다 커서는 안 된다.
② 지시선의 화살표가 나타내는 원통면의 반지름 방향의 흔들림은 B의 축직선을 기준으로 1회전 하였을 경우 0.2mm보다 작아서는 안 된다.
③ 지시선의 화살표가 나타내는 원통면의 중심축의 축방향 흔들림은 B의 축직선을 기준으로 1회전 하였을 경우 0.2mm보다 커서는 안 된다.
④ 지시선의 화살표가 나타내는 원통면의 중심축의 축방향 흔들림은 B의 축직선을 기준으로 1회전 하였을 경우 0.2mm보다 작아서는 안 된다.

해설 도면의 형상공차 기호가 나타내는 뜻은 지시선의 화살표가 나타내는 원통면의 반지름 방향의 흔들림은 B의 축직선을 기준으로 1회전 하였을 경우 0.2mm보다 커서는 안 된다.

정답 21. ③ 22. ①
23. ①

24 KS 기계제도에서 도면에 기입된 길이 치수는 단위를 표기하지 않으나 실제 단위는?

① μm   ② cm
③ mm   ④ m

해설 치수 실제 단위 : mm

25 KS 나사 표시법에서 유니 파이 가는 나사의 기호는?

① TM   ② PS
③ UNF ④ UNC

해설
- TM : 30° 사다리꼴 나사
- PS : 평행 암나사
- UNF : 유니 파이 가는 나사
- UNC : 유니 파이 보통 나사

26 다음 중 철도차량의 바퀴를 주로 가공하는 전용 공작기계는?

① 드릴링 머신   ② 셰이퍼
③ 차륜선반   ④ 플레이너

해설
- 차축선반 : 철도 차량용 차축 가공한다.
- 차륜선반 : 철도차량의 차륜을 깎는 선반으로 정면선반 2개을 서로 마주 본다.

27 센터리스 연삭의 통과 이송 · 방법에서 공작물을 이송시키는 역할을 하는 구성 요소는?

① 연삭 숫돌바퀴   ② 조정 숫돌바퀴
③ 지지롤   ④ 받침판

해설 조정 숫돌바퀴 : 센터리스 연삭의 통과 이송 · 방법에서 공작물을 이송시키는 역할을 하는 구성 요소이다.

28 선반의 주축에 주로 사용되는 테이퍼는?

① 내셔널 테이퍼   ② 모스 테이퍼
③ 관용 테이퍼   ④ 쟈콥스 테이퍼

해설 선반의 주축 및 심압축은 모스 테이퍼(morse taper)로 되어 있다.

정답
24. ③ 25. ③
26. ③ 27. ②
28. ②

29 두께 20mm의 탄소 강판에 절삭 속도 20m/min, 드릴의 지름 10mm, 이송 0.2mm/rev로 구멍을 뚫는 데 소요되는 시간은 약 몇 초인가? (단, 드릴의 원추 높이는 7mm이고 다음 식을 이용한다.)

$$T = \frac{t+h}{ns}$$

(T : 소요 시간, n : 드릴의 회전수, s : 이송, t : 구멍 깊이, h : 원추 높이)

① 8 ② 10
③ 13 ④ 20

해설
$n = \frac{1000V}{\pi D} = \frac{1000 \times 20}{\pi \times 10} = 637$

$T = \frac{t+h}{ns} = \frac{20+7}{637 \times 0.2} = 0.21\text{min} = 12.7\text{sec}$

30 선반 가공에서 지름이 작고 긴 공작물의 처짐을 방지하기 위하여 사용하는 부속품은?

① 방진구 ② 마그네틱 척
③ 단동척 ④ 심봉

해설 방진구(work rest) : 가늘고 긴 공작물을 가공할 경우 자중 및 절삭력으로 인하여 휨이 생기므로 이를 방지하기 위하여 방진구를 사용한다. 보통 길이가 직경의 12배 이상이면 불안전상태가 되며, 직경의 20배 이상이면 방진구를 설치하여 절삭 가공하여야 진원의 공작물을 얻을 수 있다.

31 다음 절삭 유제에 대한 설명 중 틀린 것은?

① 공구와 칩 사이의 마찰을 줄여준다.
② 절삭열을 냉각시켜 준다.
③ 공구와 공작물을 씻어준다.
④ 공구와 공작물 사이의 친화력을 크게 한다.

해설 절삭유의 작용
① 냉각작용 : 절삭 공구와 공작물의 온도상승을 방지한다.
② 윤활작용 : 공구 날과 칩 사이의 마찰저항을 감소한다.
③ 방청 및 세척작용 : 공작물을 산화방지하고 미분 및 칩을 제거한다.

32 수나사의 유효지름 측정 방법이 아닌 것은?

① 삼침법에 의한 방법 ② 사인 바에 의한 방법
③ 공구 현미경에 의한 방법 ④ 나사 마이크로미터에 의한 방법

해설 유효지름을 측정은 나사 마이크로미터, 삼선(삼침)법, 공구 현미경 등의 광학적 측정기로 하는 방법이 있다.

답안 표기란				
29	①	②	③	④
30	①	②	③	④
31	①	②	③	④
32	①	②	③	④

정답 29. ③ 30. ① 31. ④ 32. ②

33 연성의 재료를 절삭 깊이를 적게 하고, 절삭속도를 빠르게 가공할 때 일반적으로 발생되는 칩의 형태는?

① 유동형 칩 ② 전단형 칩
③ 경작형 칩 ④ 균열형 칩

> **해설** 유동형 칩 : 연성의 재료를 절삭 깊이를 적게 하고, 절삭속도를 빠르게 가공할 때 일반적으로 발생되는 칩의 형태이다.

34 버니어 캘리퍼스, 마이크로미터 등이 대표적인 측정기로 측정 대상물을 측정기의 눈금을 이용하여 직접 읽는 측정 방법은?

① 직접 측정 ② 간접 측정
③ 비교 측정 ④ 형상 측정

> **해설** 직접 측정(Direct Measurement) : 일정한 길이나 각도로 표시되어있는 측정기를 사용하여 피 측정물에 직접 접촉하여 눈금을 읽는 방식(절대 측정)

35 칩의 마찰에 의해 바이트의 상면 경사면이 오목하게 파이는 현상은?

① 크레이터 마모 ② 플랭크 마모
③ 온도파손 ④ 치핑

> **해설** 크레이터 마모(crater wear) : 절삭 공구의 경사면에 칩이 슬라이드(side)할 때 마찰력에 의하여 오목하게 파진 모양의 형태이다.
> crater의 깊이가 0.05~0.1mm에 달하였을 때 공구 수명이 다 되었다고 한다. 크레이터 마모는 주로 유동형 칩일 경우 발생한다.

36 절삭 속도와 가공물의 지름 및 회전수와의 관계를 설명한 것으로 옳은 것은?

① 절삭 작업이 진행됨에 따라 가공물 지름이 감소하면 경제적인 표준 절삭 속도를 얻기 위하여 회전수를 증가시킨다.
② 절삭 속도가 너무 빠르면 절삭 온도가 낮아져, 공구 선단의 경도가 저하되고 공구의 마모가 생긴다.
③ 절삭 속도가 감소하면 가공물의 표면 거칠기가 좋아지고 절삭 공구 수명이 단축된다.
④ 절삭 속도의 단위는 분당 회전수(rpm)로 한다.

> **해설** 절삭 작업이 진행됨에 따라 가공물 지름이 감소하면 경제적인 표준 절삭 속도를 얻기 위하여 회전수를 증가시킨다.

답안 표기란

33	①	②	③	④
34	①	②	③	④
35	①	②	③	④
36	①	②	③	④

정답 33. ① 34. ① 35. ① 36. ①

37 드릴의 각부 명칭 중 드릴의 홈을 따라서 만들어진 좁은 날이며, 드릴을 안내하는 역할을 하는 것은?
① 웨브(web) ② 마진(margin)
③ 자루(shank) ④ 탱(tang)

해설
- 웨브 : 드릴 끝의 홈과 홈 사이의 두께로 자루 쪽으로 갈수록 커진다.
- 마진 : 드릴의 홈을 따라서 나타나는 좁은 면으로 드릴의 크기를 정하며 예비적 날의 역할과 날의 강도 보강하며 드릴의 위치를 잡아준다.

38 숫돌바퀴의 구성 3요소는?
① 숫돌 입자, 결합제, 기공
② 숫돌 입자, 입도, 성분
③ 숫돌 입자, 결합도, 입도
④ 숫돌 입자, 결합제, 성분

해설 숫돌바퀴의 구성 3요소 : 숫돌 입자, 결합제, 기공

39 그림과 같이 작은 압력으로 숫돌을 진동시키며 압력을 가하여 가공하며 방향성이 없고 표면 변질부가 대단히 적은 가공법은?
① 호닝(honing)
② 슈퍼피니싱(superfinishing)
③ 래핑(lapping)
④ 버니싱(burnishing)

해설 슈퍼피니싱(superfinishing)
연삭숫돌을 공작물 표면에 가압(스프링, 유압)하면서 공작물 이송과 진동을 주고 공작물을 회전시켜 균일한 표면을 얻는 법으로 저압, 저속도의 가공이므로 발열이 적고 가공 변질층을 제거 할 수 있으며 내마모성, 내식성이 우수하고 다듬질 시간이 짧다(방향성이 없는 다듬질 면을 얻는다).

40 CNC 공작기계에서 정보가 흐르는 과정으로 옳은 것은?
① 도면 → CNC 프로그램 → 서보 기구 구동 → 정보처리 회로 → 기계본체 → 가공물
② 도면 → 정보처리 회로 → CNC 프로그램 → 서보 기구 구동 → 기계본체 → 가공물
③ 도면 → CNC 프로그램 → 정보처리 회로 → 서보 기구 구동 → 기계본체 → 가공물
④ 도면 → CNC 프로그램 → 정보처리 회로 → 기계본체 → 서보 기구 구동 → 가공물

해설 NC 정보가 흐르는 과정
도면 → CNC 프로그램 → 정보처리 회로 → 서보 기구 구동 → 기계본체 → 가공물

정답 37.② 38.① 39.② 40.③

41. CNC 선반에서 그림과 같이 A → B로 원호 가공하는 프로그램으로 옳은 것은?

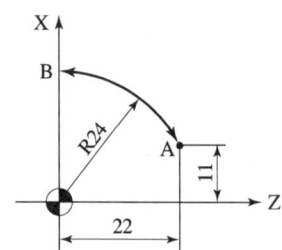

① G02 U24. W-22. R24. F0.2 ;
② G02 U26. Z-22. R24. F0.2 ;
③ G03 U24. Z-22. R24. F0.2 ;
④ G03 U26. W-22. R24. F0.2 ;

해설 그림과 같이 A → B로 원호 가공
G03 U26. W-22. R24. F0.2 ;

42. CNC 선반의 좌표계에 대한 설명으로 틀린 것은?

① 좌표계를 설정하는 명령어로 G50을 사용한다.
② 일반적으로 좌표계는 X, Z축의 직교 좌표계를 사용한다.
③ 주축 방향과 평행한 축을 X축으로 하여 좌표계를 설정한다.
④ 프로그램을 작성할 때 도면 또는 일감의 기준점을 나타낸다.

해설 CNC 공작기계는 기계와 공작물의 위치에 따라 오른손 직교 좌표계와 왼손 직교 좌표계가 사용된다. 일반적으로 오른손 직교 좌표계가 많이 사용된다. CNC 선반의 경우의 축의 구분은 주축 방향과 평행한 축을 Z축으로 하고 Z축과 직교한 축을 X축으로 한다.

43. CNC 공작기계에서 작업 전 일상적인 점검이 아닌 것은?

① 적정 유압압력 확인
② 공작물 고정 및 공구 클램핑 확인
③ 서보모터 구동 확인
④ 습동유 잔유량 확인

정답 41. ④ 42. ③
      43. ③

해설

작업 전 일상적인 점검 세부 내용
• 장비 외관 점검
• 베드면에 습동유가 나오는지 손으로 확인한다.
• 습동면 및 볼스크류 급유탱크 유량 확인
• Air Lubricator Oil 확인(Air에 Oil을 혼합하여 실린더를 보호하는 장치)
• 절삭유의 유량은 충분한가?
• 유압탱크의 유량은 충분한가?
• 각부의 압력이 명판에 지시된 압력을 가리키는가?
• 각축은 원활하게 급속이동 되는가?
• ATC 장치는 원활하게 작동되는가?
• 주축의 회전은 정상적인가?

44 준비 기능의 그룹(group)에 대한 설명으로 맞는 것은?

① 그룹에 관계없이 준비 기능(G 코드)은 같은 명령절(block)에 한 개만을 사용할 수 있다.
② 그룹에 관계없이 준비 기능(G 코드)을 같은 명령절(block)에 2개 이상 사용하면 사용한 것 전부가 유효하다.
③ 그룹이 같은 준비 기능(G 코드)을 같은 명령절(block)에 2개 이상 사용하면 사용한 것 전부가 유효하다.
④ 그룹이 다른 준비 기능(G 코드)을 같은 명령절(block)에 2개 이상 사용하면 사용한 것 전부가 유효하다.

해설 준비 기능(G 기능)은 공구의 가공이나 실제가공, 공구번호, 주축회진 등 기계가 움직이는 제어 기능을 준비시키기 위한 기능으로 Address "G" 2자리의 수치로서 구성되어 그 블록(Block)의 명령이나 어떤 의미를 지시하며 명령절(block)에 2개 이상 사용하면 사용한 것 전부가 유효하다.

45 다음 CNC 선반 프로그램에서 N04 블록을 수행할 때의 회전수는 얼마나 되겠는가?

```
N01 G50 X200.0 Z160.0 S2000 T0100 ;
N02 G96 S150 M03 ;
N03 G00 X120.0 Z24.0 ;
N04 G01 X10. F0.2 ;
```

① 4775rpm　　② 2000rpm
③ 2500rpm　　④ 150rpm

해설 G50 S2000 ; 주축 최고회전수 : 2000rpm
G96 S150 M03 ; 주속일정제어 v=150m/min
$$n = \frac{1000v}{\pi d} = \frac{1000 \times 150}{\pi \times 10} = 4775 \text{rpm}$$
∴ 주축 최고회전수를 넘을 수 없으므로 주축은 2000rpm으로 회전한다.

정답 44. ④ 45. ②

46. CNC 선반 단일 고정 사이클 프로그램에서 I(R)는 어떠한 절삭 기능인가?

G90__ X__ I(R)__ F__ ;

① 원호 가공 ② 직선 절삭
③ 테이퍼 절삭 ④ 나사 가공

해설 I(R)___ : 테이퍼의 경우 절삭의 끝점과 절삭의 시작점의 상대 좌푯값, 반지름지령(I=11T에 적용, R=0T에 적용)

47. 공작기계 가공 시에 착용하는 안전 장구류의 종류가 아닌 것은?

① 보안경 ② 안전화
③ 작업복 ④ 면장갑

해설 면장갑은 안전 장구류가 아니다.

48. CNC 선반 프로그램에 사용되는 보조기능에 대한 설명으로 맞는 것은?

① M04 : 주축 정지
② M05 : 주축 정회전
③ M98 : 보조(부)프로그램 호출
④ M09 : 절삭유 공급 시작

해설
① M04 : 주축 역회전
② M05 : 주축 정지
③ M98 : 보조(부)프로그램 호출
④ M09 : 절삭유 공급 종료

49. 다음 CNC 선반 프로그램에서 N03 블록의 가공 예상 시간은?

N01 G00 X50. Z0.;
N02 G97 S1000 M03;
N03 G01 X50. Z-50. F0.2;

① 10초 ② 15초
③ 20초 ④ 25초

정답 46. ③ 47. ④ 48. ③ 49. ②

해설 $T = \dfrac{l}{nf} = \dfrac{50}{1000 \times 0.2} = 0.25\min \times 60 = 15\sec$

50 CNC 선반에서 지령값 X70.0으로 프로그램하여 소재를 시험 가공한 후에 측정한 결과 ∅69.95이었다. 기존의 X축 보정값을 0.005라 하면 공구 보정값을 얼마로 수정해야 하는가?

① 0.045 ② 0.055
③ 0.005 ④ 0.01

해설   가공 시 X축 보정값 = 70.0 − 69.95 = 0.05mm
기존 X축 보정값 : 0.005mm
∴ 공구 보정값 = 0.05 − 0.005 = 0.055mm

51 위치와 속도를 서보모터의 축이나 볼나사의 회전각도로 검출하여 피드백(feedback)시키는 서보 기구로 일반 CNC 공작기계에서 주로 사용되는 그림과 같은 제어 방식은?

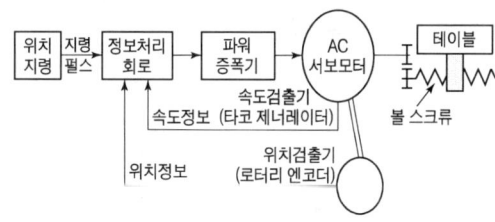

① 개방회로 방식 ② 폐쇄회로 방식
③ 반폐쇄회로 방식 ④ 반개방회로 방식

해설   **반폐쇄회로**
위치와 속도를 서보모터의 축이나 볼나사의 회전각도로 검출하여 피드백(feedback)시키는 서보 기구 제어 방식

52 다음 도면을 CNC 선반에서 가공할 때 나사부의 외경치수는?

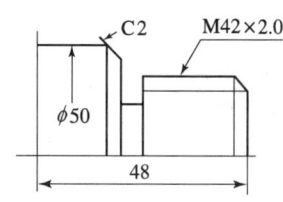

① ∅38 ② ∅42
③ ∅46 ④ ∅50

해설   M42이므로 외경치수는 ∅42이다.

[정답] 50. ② 51. ③
52. ②

53. CNC 선반 프로그램에서 G96 S120 M03;의 의미로 옳은 것은?

① 절삭속도 120rpm으로 주축 역회전한다.
② 절삭속도 120m/min으로 주축 역회전한다.
③ 절삭속도 120rpm으로 주축 정회전한다.
④ 절삭속도 120m/min으로 주축 정회전한다.

해설 주속 일정 제어(G96)
공구가 회전하는 밀링계에서는 공구의 직경이 클수록, 회전속도가 빠를수록 주속(원주 속도)이 커진다. 그러므로 G96을 지령하면 다음의 S값으로 일정하게 유지되도록 회전수를 무단으로 변속 시켜서 절삭속도를 일정하게 유지시킨다. 머시닝센터에서 잘 사용되지 않는다.
G96 S120 M03; 절삭속도 120m/min으로 주축 정회전한다.

54. 다음 CNC 선반 나사 가공 프로그램에서 Q의 주소기능은?

G32 X29.3 Z-31.5 Q180 F3.0;

① 미터 나사
② 나사의 리드
③ 나사의 각도
④ 다줄나사 가공 시 절입각도

해설 나사절삭(G32) : 나사 절삭 시 일정한 리드의 직선, 테이퍼, 정면 나사 등을 가공

지령방법: G32 X(U)__ Z(W)__ Q__ F__ ;

X(U) : X축 나사의 종점 좌표
Z(W) : Z축 나사의 종점 좌표
Q : 다줄나사 가공 시 절입각도
F : 나사의 리드 값
* 나사의 리드는 나사를 한 바퀴 회전하였을 때 진행한 거리
  리드(L)=나사의 피치(P)×나사의 줄 수

55. CNC 선반에서 바깥지름 가공을 하고자 한다. 날 끝 반지름 보정(G41)을 사용하지 않아도 올바른 가공이 되는 것은?

①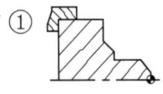
②
③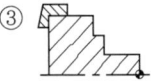
④

정답 53. ④ 54. ④
55. ③

> **해설** 인선 반지름 보정 명령 방법
>
> G41 (G00, G01) X(U) Z(W) ; 좌보정
> G42 (G00, G01) X(U) Z(W) ; 우보정
> G40 (G00, G01) X(U) Z(W) I K ; 취소
>
> 프로그램을 작성할 때 공구인선이 프로그램경로의 어느 쪽에 접하여 이동하는가를 지정하여 주어야 하는데, 준비 기능 G41, G42로 지령하며 테이퍼 절삭이나 원호절삭시 반드시 지령하여야 한다.

56 다음 도면은 CNC 선반에서 내외경 절삭 사이클(G90)을 이용하여 프로그램한 것이다. ( ) 안에 알맞은 것은?

```
G00 X65.0 Z100. T0101 ;
G90 X58.0 Z30. F0.2 M08 ;
    X56.0 ;
    X55.0 ;
    X53.0 ( ) ;
G00 X200. Z200. T0100 M09 ;
M02 ;
```

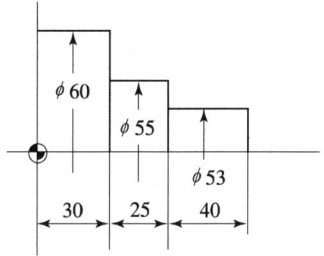

① Z30.0
② G90
③ Z-65.0
④ Z55.0

> **해설**
> G90 X58.0 Z30. F0.2 M08 ;
>   X50.0 ;
>   X55.0 ;
>   X53.0 (Z55.0) ;

57 CNC 선반 프로그램에서 기계 원점으로 자동복귀하는 기능은?

① G27
② G28
③ G29
④ G30

> **해설**
>
> | G27 | 원점복귀 확인 |
> |---|---|
> | G28 | 자동 원점복귀(제1 원점) |
> | G29 | 원점으로부터 자동복귀 |
> | G30 | 제2 원점복귀 |

58 다음 중 실제 치수와 표준 치수와의 차를 측정하는 데 사용되는 측정기는?

① 게이지 블록
② 실린더 게이지
③ 캘리퍼스
④ 마이크로미터

[정답] 56. ④ 57. ②
58. ①

59. 다음 CNC 선반 프로그램에서 분당이송(mm/min)의 값은?

```
G30 U0. W0. ;
G50 X150. Z100. T0200 ;
G97 S1000 M03 ;
G00 G42 X60. Z0. T0202 M08 ;
G01 Z-20. F0.2 ;
```

① 100　　② 200
③ 300　　④ 400

해설 분당이송(G98)
공구를 1분당 이송하는 양을 지령한다. 주축이 정지된 상태에서도 이송이 가능하다.
$F = f \times N = 0.2 \times 1000 = 200$

F : 분당이송(mm/min)
f : 회전당이송(mm/rev)
N : 회전수(rpm)

60. 다음 설명에 해당하는 좌표계의 종류는?

「상대값을 가지는 좌표로 정확한 거리의 이동이나 공구 보정 시에 사용되며 현재의 위치가 좌표계의 원점이 되고 필요에 따라 그 위치를 0(zero)으로 설정할 수 있다.」

① 공작물 좌표계　　② 극 좌표계
③ 상대 좌표계　　　④ 기계 좌표계

해설 상대 좌표계
상대값을 가지는 좌표로 정확한 거리의 이동이나 공구 보정 시에 사용되며 현재의 위치가 좌표계의 원점이 되고 필요에 따라 그 위치를 0(zero)으로 설정할 수 있다.

정답 59. ② 60. ③

04회 CBT 모의고사

01 다이캐스팅용 알루미늄 합금으로 피삭성과 주조성이 좋고, 용도별 기호 중 Al-Si-Cu계인 것은?

① ALDC 1　　② ALDC 3
③ ALDC 4　　④ ALDC 7

해설 ALDC 7
Al-Si-Cu계 다이캐스팅용 알루미늄 합금으로 피삭성과 주조성이 좋다.

02 훅의 법칙을 표현한 식으로 맞는 것은? (단, σ : 응력, E : 영률, ε : 변형률이다.)

① $\sigma = \dfrac{2E}{\varepsilon}$　　② $E = \dfrac{\sigma}{\varepsilon}$
③ $E = \dfrac{\varepsilon}{\sigma}$　　④ $\varepsilon = \dfrac{E}{2\sigma}$

해설 훅(Hooke)의 법칙
재료에 힘을 가하면 응력과 변형률이 발생하게 되는데, 응력이 어느 한도까지는 그 응력과 변형률 사이에 비례관계가 있다. 이것을 훅의 법칙(Hooke's law)이라 한다. 즉, 탄성한도 내에서 신장량 α는 힘 W와 길이에 비례하고, 단면적 A에 반비례한다.

$\sigma = E\varepsilon = \dfrac{W}{A} = E\dfrac{\lambda}{l}$

$E = \dfrac{\sigma}{\varepsilon}$

03 구리의 일반적 특성에 관한 설명으로 틀린 것은?

① 전연성이 좋아 가공이 용이하다.
② 전기 및 열의 전도성이 우수하다.
③ 화학적 저항력이 작아 부식이 잘된다.
④ Zn, Sn, Ni, Ag 등과는 합금이 잘된다.

해설 구리의 비중은 8.96이며 용융점은 1083℃로 변태점이 없다.
① 전기 및 열전도성이 우수하다.
② 전연성이 좋아 가공이 용이하다.
③ 내식성이 강해 부식이 안 된다.
④ 아름다운 광택과 귀금속적 성질이 우수하다.
⑤ Zn, Sn, Ni, Ag 등과 용이하게 합금을 만든다.

정답 01. ④　02. ②
03. ③

04 회 CBT 모의고사

04 공업 분야에서 가장 광범위하게 사용되는 강재로 KS 규격에서 SS 기호로 나타내는 재료는?

① 고장력 강재
② 용접구조용 압연강재
③ 일반구조용 압연강재
④ 기계구조용 합금강재

해설 ① SWS400A : 용접구조용 압연강재
② SS330 : 일반구조용 압연강재
③ SM10C : 기계구조용 탄소강재

05 브레이크 드럼의 바깥 둘레에 강철 밴드를 감아 놓고, 레버로 밴드를 잡아당겨 밴드와 드럼 사이에 마찰력을 발생시켜 제동하는 브레이크는?

① 블록 브레이크
② 밴드 브레이크
③ 전자 브레이크
④ 디스크 브레이크

해설 밴드 브레이크
브레이크 드럼의 둘레에 강철 밴드를 감아 놓고 레버로 밴드를 잡아당겼을 때 생기는 접촉면 사이의 마찰력에 의하여 제동하는 장치.

06 강을 담금질(quenching)하는 주목적은?

① 연성을 낮춘다.
② 취성을 높인다.
③ 재질을 균일하게 한다.
④ 강도와 경도를 증가시킨다.

해설 ① 담금질 : 경화가 주목적
② 뜨임 : 담금질 후 인성을 부여
③ 풀림 : 내부 응력 제거가 주목적
④ 불림 : 조직의 표준화

07 볼트 머리부의 링(ring)으로 물건을 달아 올리기 위하여 훅(hook)을 걸 수 있는 고리가 있는 볼트는?

① 아이 볼트
② 나비 볼트
③ 리머 볼트
④ 스테이 볼트

해설 ① 아이 볼트 : 무거운 기계와 전동기 등을 들어올릴 때 로프, 체인 또는 훅을 거는 데 사용한다.
② 스테이 볼트 : 부품을 일정한 간격으로 유지하고, 구조자체를 보강하는 데 사용한다.
③ 리머 볼트 : 리머로 다듬질한 구멍에 꼭 끼워 미끄럼을 방지하는 볼트이다.
④ 나비 볼트 : 손으로 돌려 죌 수 있는 볼트이다.

정답 04. ③ 05. ②
06. ④ 07. ①

08 기계요소 부품 중에서 직접 전동용 기계요소에 속하는 것은?

① 벨트
② 기어
③ 로프
④ 체인

해설 벨트, 로프, 체인 등은 간접 전동용 기계요소이다.

09 하중이 축 방향에 수직으로 작용하며 저널베어링이라고도 하는 것은?

① 레이디얼 베어링(radial bearing)
② 스러스트 베어링(thrust bearing)
③ 원뿔 베어링(cone bearing)
④ 피벗 베어링(pivot bearing)

해설
① **레이디얼 베어링(Radial Bearing)** : 레이디얼 하중, 즉 축에 직각 방향의 하중을 지지할 때 사용. 미끄럼 베어링에선 저널 베어링이라고도 한다.
② **스러스트 베어링(Thrust Bearing)** : 스러스트 하중, 즉 축단이나 축의 중간에 단을 만들어 축 방향의 하중을 받을 때 사용한다(피벗 베어링, 칼라 스러스트 베어링).
③ **테이퍼 베어링(Taper Bearing)** : 레이디얼 하중과 스러스트 하중이 동시에 작용하는 하중을 지지한다.

10 성분 조성이 Ni 10~16%, Cr 10~11%, Co 26~58%와 Fe의 합금으로, 온도 변화에 대하여 열팽창계수, 탄성계수가 거의 변하지 않고 내부식성이 우수하여 스프링, 태엽, 기상 관측용 기구 부품에 사용되는 불변강은?

① 인바(invar)
② 수퍼인바(superinvar)
③ 코엘린바(coelinvar)
④ 플레티나이트(platinite)

해설
① **인바(invar)** : Ni 36%를 함유하는 Fe-Ni 합금으로서 상온에서 열팽창계수가 매우 적고 내식성이 대단히 좋으므로 줄자, 시계의 진자, 바이메탈 등에 쓰인다.
② **초인바(super invar)** : 인바보다도 열팽창계수가 한층 더 작은 Fe-Ni-Co 합금이다.
③ **엘린바(elinvar)** : 상온에 있어서 실용상 탄성 계수가 거의 변화하지 않는 30%Ni-12% Cr 합금으로 고급 시계, 정밀 저울 등의 스프링 및 기타 정밀 계기의 재료에 적합하다.
④ **플래티나이트(platinite)** : Ni 40~50%, 나머지 Fe이고, 전구의 도입선과 같은 유리와 금속의 봉착용으로 쓰이는 Fe-Ni계 합금으로 페르니코(Fe 54%, Ni 28%, Co 18%), 코바르(Fe 54%, Ni 29%, Co 17%)라는 것도 있다.
⑤ **코엘린바(Coelinvar)** : Cr 10~11%, Co 26~58%, Ni 10~16% 함유하는 철 합금으로 온도변화에 대한 탄성율의 변화가 극히 적고 공기 중이나 수중에서 부식되지 않고, 스프링, 태엽, 기상관측용 기구의 부품에 사용된다.

정답 08. ② 09. ① 10. ③

11 탄소강에 어떤 원소가 함유되면 강도, 연신율, 충격치를 감소시키며 적열취성의 원인이 되는가?

① Mn
② Si
③ P
④ S

해설 황(S)
적열 상태에서는 메짐성이 커 적열취성의 원인이 되며, 인장강도, 연신율, 충격값을 감소시킨다. 강의 용접성을 나쁘게 하며, 강의 유동성을 해치고 기포를 발생시킨다. 망간과 화합하여 절삭성이 좋아진다.

12 주철을 A_1 변태점 이상의 온도에서 가열, 냉각을 반복할 때 점차로 체적이 증가하여 변형이나 균열이 일어나 강도나 수명을 저하시키는 현상은?

① 주철의 성장
② 주철의 백선화
③ 주철의 시효경화
④ 주철의 적열 메짐

해설 주철은 보통 Ar점(723℃) 상하의 고온으로 가열과 냉각을 반복하면 강도나 수명을 저하시키는 데 이것을 주철의 성장(growth of cast iron)이라 한다.

13 코일 스프링의 전체의 평균 지름이 20mm, 소선의 지름이 2mm라면 스프링 지수는?

① 0.1
② 6
③ 8
④ 10

해설 스프링 지수$(C) = \dfrac{D}{d} = \dfrac{20}{2} = 10$

14 초경질 공구 재료에 속하지 않는 것은?

① 서멧
② 초경합금
③ 비정질합금
④ 피복 초경합금

해설
① **비정질합금** : 결정구조를 가지지 않는 아몰포스 구조를 하고 있어 경도와 강도가 높고 인성 또한 우수하며, 자기적 특성이 우수하여 변압기용 철심 등에 활용된다.
② **초경합금** : W-Ti-Ta 등의 탄화물 분말을 Co 또는 Ni를 결합하여 1400℃ 이상에서 소결시킨 것이다(주성분 : W, Ti, Co, C 등).
③ **피복 초경합금** : 내열성, 내마모성, 내 용착성이 우수하며 일반 초경합금에 비해 2~5배의 공구 수명이 증대되며, 고온, 고속절삭에서 우수한 성능을 갖는다.

답안 표기란				
11	①	②	③	④
12	①	②	③	④
13	①	②	③	④
14	①	②	③	④

정답 11. ④ 12. ① 13. ④ 14. ③

④ 세라믹합금 : 산화알루미늄(Al_2O_3) 가루분말에 규소 및 마그네슘 등의 산화물이나 다른 산화물의 첨가물을 넣고 소결한 것.
⑤ 세멧 공구 : Al_2O_3 분말 70%에 탄질화 티탄 TiCN 분말을 30% 정도 혼합하여 수소 분위기에 소결하여 제작

15 둥근 축 또는 원뿔 축과 보스의 둘레에 같은 간격으로 가공된 나사산 모양을 갖는 수많은 작은 삼각형의 스플라인은?

① 코터
② 반달키
③ 묻힘키
④ 세레이션

해설 세레이션(Serration)
축과 보스의 상대각 위치를 되도록 가늘게 조절해서 고정하려 할 때 사용. 이의 높이가 낮고 잇수가 많으므로, 축의 강도가 높다. 삼각치형, 인벌류트 치형, 삼각치형의 맞대기 세레이션이 있다.

16 KS 기계제도에 의하여 투상된 도면의 기어나 체인의 피치원은 어느 선으로 표시되어 있는가?

① 굵은 1점 쇄선
② 가는 1점 쇄선
③ 굵은 실선
④ 가는 2점 쇄선

해설 기어 및 체인 제도법
① 바깥지름(이끝원)은 굵은 실선으로 그린다.
② 피치원은 가는 1점 쇄선으로 그린다.
③ 이뿌리원은 가는 실선으로 그린다.
④ 정면도를 단면으로 도시할 경우 이뿌리는 굵은 실선으로 그린다.

17 가공에 의한 줄무늬 방향의 기호 중 거의 동심원인 것을 나타내는 것은?

①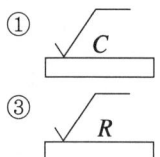
②
③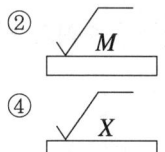
④

해설

X	M	C	R
가공으로 생긴 선이 2방향으로 교차	가공으로 생긴 선이 다방면으로 교차 또는 무방향	가공으로 생긴 선이 거의 동심원	가공으로 생긴 선이 거의 방사상

정답 15. ④ 16. ② 17. ①

18 보기와 같은 기하 공차 ╱ 기호에서 기호의 의미로 가장 적합한 것은?

[보기]

| ╱ | 0.02 | A |

① 원주 흔들림 공차 ② 진원도 공차
③ 온 흔들림 공차 ④ 경사도 공차

 해설

| ╱ | 원주 흔들림 공차 |
| ╱╱ | 온 흔들림 공차 |

19 그림과 같은 등각투상도를 화살표 방향으로 투상한 정면도는?

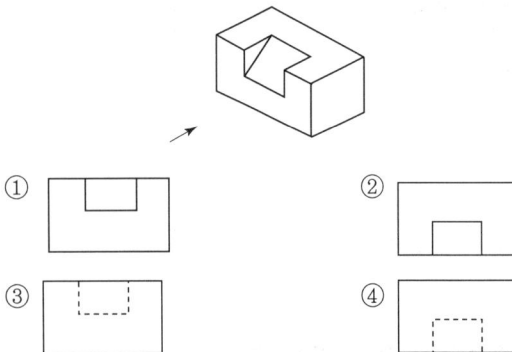

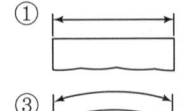 ①  ②

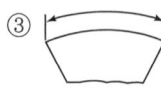 ③ 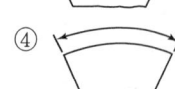 ④

20 다음 중 기계제도에서 각도 치수를 나타내는 치수선과 치수 보조선의 사용 방법으로 올바른 것은?

① ②
③ ④

해설

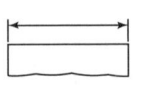 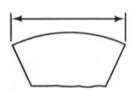 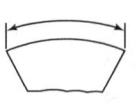 
(a) 변의 길이 치수 (b) 현의 길이 치수 (c) 호의 길이 치수 (d) 각도 치수

정답 18. ① 19. ①
20. ④

21 그림과 같이 도면에 표시된 평행 키 홈의 4개 치수 중 치수 기입이 잘못된 것은?

① 10
② $2_0^{+0.2}$
③ $\phi 7JS9$
④ $\phi 20H7$

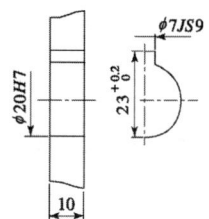

해설 ③은 7H9이다.

22 나사 중 리드가 가장 큰 것은?

① 피치가 2.5mm인 2줄 나사 ② 피치가 2.0mm인 3줄 나사
③ 피치가 3.5mm인 2줄 나사 ④ 피치가 6.5mm인 1줄 나사

해설 ① 2.5×2=5, ② 2.0×3=6, ③ 3.5×2=7, ④ 6.5×1=6.5

23 헐거운 끼워맞춤에서 구멍의 최소 허용 치수와 축의 최대 허용치수와의 차를 무엇이라 하는가?

① 최소 틈새   ② 최대 틈새
③ 최소 죔새   ④ 최대 죔새

해설 **최소 틈새** : 구멍의 최소 허용치수 – 축의 최대 허용치수

24 그림과 같은 도면에서 가는 실선으로 대각선을 제도한 면은 무엇을 나타낸 것인가?

① 평면
② 곡면
③ 구멍
④ 열처리

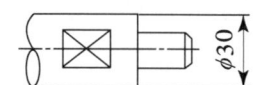

해설 도면에서 가는 실선으로 대각선을 제도한 면은 평면을 의미한다.

25 물체의 일부분의 생략 또는 단면의 경계를 나타내는 선으로 불규칙한 파형의 가는 실선의 명칭은?

① 파단선   ② 지시선
③ 가상선   ④ 절단선

해설 **파단선** : 대상물의 일부를 파단한 경계 또는 일부를 떼어낸 경계를 표시하는 데 사용한다.

정답 21. ③ 22. ③
23. ① 24. ①
25. ①

04회 CBT 모의고사

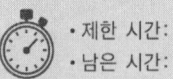

26. 슬로팅 절삭 장치를 설치하는 곳으로 가장 적당한 것은?
① 니(knee)형 밀링머신의 테이블
② 니(knee)형 밀링머신의 새들
③ 니(knee)형 밀링머신의 주축
④ 니(knee)형 밀링머신의 컬럼면

해설 슬로팅(slotting) 장치
니형 밀링머신의 컬럼 앞면에 주축과 연결하여 사용하며 주축의 회전운동을 공구대 램의 직선 왕복 운동으로 변화시켜 바이트로써 직선 절삭 가능하다(키이, 스플라인, 세레이션, 기어 가공 등).

27. 산화알루미늄(Al_2O_3) 분말에 규소(Si) 및 마그네슘(Mg) 등의 산화물이나 그 밖의 다른 첨가물을 넣고 소결한 절삭 공구 재료는?
① 합금 공구강
② 초경 합금
③ 세라믹
④ 다이아몬드

해설 세라믹 합금
① 산화알루미늄(Al_2O_3) 가루분말에 규소 및 마그네슘 등의 산화물이나 다른 산화물의 첨가물을 넣고 소결한 것.
② 고속절삭, 고온에서 경도가 높고, 내마멸성이 좋다.
③ 경질합금보다 인성이 적고 취성이 있어 충격 및 진동에 약하다.
④ 고속절삭 시 구성인선이 생기지 않아 가공면이 좋다.

28. 다음 중 수나사를 가공하는 공구는?
① 탭
② 줄
③ 리머
④ 다이스

해설
① **리머(Reaming)** : 구멍의 정밀도를 높이기 위한 작업. 리머의 여유는 직경 10mm일 때 0.2mm 정도이며, 드릴 작업 rpm의 2/3~3/4, 이송은 같거나 빠르게 한다.
② **탭핑(Tapping)** : 공작물 내부에 암나사 가공, 태핑을 위한 드릴 가공은 나사의 외경-피치로 한다.
③ **보링(Boring)** : 뚫린 구멍을 다시 절삭, 구멍을 넓히고 다듬질하는 것. 보링 바에 바이트를 사용한다.
④ **다이스** : 수나사 가공을 말한다.

정답 26. ④ 27. ③
28. ④

29 센터리스 연삭기의 장점이 아닌 것은?
① 연삭 여유가 작아도 된다.
② 대형 중량물의 연삭에 적합하다.
③ 대량생산에 적합하다.
④ 긴 축 재료의 연삭이 가능하다.

해설

센터리스 연삭기의 장점	센터리스 연삭기의 단점
① 가늘고 긴 핀, 원통, 중공축 등을 연삭하기 쉽다. ② 연속 작업할 수 있으며, 대량생산에 적합하다. ③ 기계의 조정이 끝나면 초보자도 작업을 할 수 있다. ④ 고정에 따른 변형이 없고 연삭 여유가 작아도 된다. ⑤ 연삭숫돌의 나비가 크므로 지름의 마멸이 적고 수명이 길다.	① 긴 홈이 있는 공작물은 연삭할 수 없다. ② 대형 중량물은 연삭할 수 없다. ③ 연삭숫돌의 나비보다 긴 공작물은 전후 이송법으로 연삭할 수 없다.

30 윤활제의 사용 목적이 아닌 것은?
① 냉각작용   ② 마모작용
③ 방청작용   ④ 청정작용

해설 윤활제는 윤활작용, 냉각작용, 밀폐작용, 청정작용을 목적으로 사용하며, 갖추어야 할 조건은 다음과 같다.
① 사용상태에서 충분한 점도가 있어야 한다.
② 한계 윤활 상태에서 견딜 수 있는 유성이 있어야 한다.
③ 산화나 열에 대하여 안정성이 높아야 한다.
④ 화학적으로 불활성이며, 균질하여야 한다.

31 피 측정물을 측정한 후 그 측정량을 기준 게이지와 비교한 후 차이 값을 계산하여 실제 치수를 인식할 수 있는 측정법은?
① 직접 측정   ② 간접 측정
③ 비교 측정   ④ 합계 측정

해설 ① **비교 측정** : 기준이 되는 일정한 치수와 피 측정물을 비교하여 그 측정치의 차이를 읽는 방법으로 비교 측정은 다이얼 게이지, 미니미터, 공기 마이크로미터(공기의 흐름을 확대 기구를 이용하여 길이를 측정하는 방식), 전기 마이크로미터 등이 있다.
② **간접 측정** : 피 측정물의 모양이 기하학적으로 간단하지 않는 경우 측정부의 치수를 수학적이나 기하학적인 관계에서 얻을 수 있는 경우에 이용되며, 간접 측정은 사인 바에 의한 각도 측정, 롤러와 블록 게이지에 의한 테이퍼 측정, 삼침법에 의한 나사의 유효지름 측정 등이 있다.
③ **직접 측정** : 일정한 길이나 각도로 표시되어 있는 측정기를 사용하여 피 측정물에 직접 접촉하여 눈금을 읽는 방식(절대 측정)

정답 29. ② 30. ② 31. ③

32. 다음 재질 중 밀링 커터의 절삭 속도를 가장 빠르게 할 수 있는 것은?

① 주철
② 황동
③ 저탄소강
④ 고탄소강

해설 밀링 커터의 절삭 속도를 가장 빠르게 할 수 있는 것은 황동, 주철, 저탄소강, 고탄소강 순이다.

33. 수평 밀링머신의 플레인 커터 작업에서 하향 절삭과 비교하여 상향 절삭의 장점이 아닌 것은?

① 칩이 절삭날을 방해하지 않는다.
② 날의 마멸이 작고 수명이 길다.
③ 이송기구의 백래시가 절삭에 별 지장이 없다.
④ 절삭열에 의한 치수 정밀도의 변화가 작다.

해설 ②는 하향 절삭의 장점이다.

34. 래핑(lapping)에 대한 설명으로 틀린 것은?

① 표면을 매끄럽게 하는 가공법이다.
② 가공 방식은 건식 래핑과 습식 래핑이 있다.
③ 건식 래핑은 랩제만을 사용하고, 습식 래핑은 랩제와 래핑액을 사용한다.
④ 일반적인 작업 방법은 건식으로 거친 가공 후 습식으로 다듬질한다.

해설 일반적인 작업 방법은 습식으로 거친 가공 후 건식으로 다듬질한다.

35. 주 물품에서 볼트, 너트 등이 닿는 부분을 가공하여 자리를 만드는 작업은?

① 보링
② 스폿 페이싱
③ 카운터 싱킹
④ 리밍

해설
① 스폿 페이싱(Spot Facing) : 볼트 또는 너트 등의 구멍과 직각이 되게 머리부가 접촉되는 부분을 깎아서 만드는 작업이다.
② 카운터 싱킹(Counter Sinking) : 접시머리 나사의 머리가 묻히게 하기 위해 원뿔 자리를 만드는 작업이다.

정답 32. ② 33. ② 34. ④ 35. ②

③ **탭핑(Tapping)** : 공작물 내부에 암나사 가공, 태핑을 위한 드릴 가공은 나사의 외경-피치로 한다.
④ **보링(Boring)** : 뚫린 구멍을 다시 절삭, 구멍을 넓히고 다듬질하는 것. 보링 바에 바이트를 사용한다.

36 다음 중 구성인선(built up edge)의 발생을 줄이는 방법으로 틀린 것은?

① 공구의 경사각을 크게 한다.
② 절삭 속도를 크게 한다.
③ 윤활성이 좋은 절삭 유제를 사용한다.
④ 공구의 날끝각을 크게 한다.

해설 구성인선의 방지책
① 절삭 깊이를 적게 한다.   ② 상면 경사각을 크게 한다.
③ 절삭 속도를 크게 한다.   ④ 윤활성이 있는 절삭유 사용한다.

37 연삭숫돌의 결합도 선정 기준으로 틀린 것은?

① 숫돌의 원주 속도가 빠를 때는 연한 숫돌을 사용한다.
② 연삭 깊이가 얕을 때는 경한 숫돌을 사용한다.
③ 공작물의 재질이 연하면 연한 숫돌을 사용한다.
④ 공작물과 숫돌의 접촉 면적이 작으면 경한 숫돌을 사용한다.

해설 공작물의 재질이 연하면 경한 숫돌을 사용한다.

38 다음 중 각도 측정기가 아닌 것은?

① 수준기   ② 사인 바
③ 오토콜리미터   ④ 실린더 게이지

해설 각도 측정에 사용되는 것은 사인 바, 각도 게이지, 수준기, 오토콜리미터 등이 있다.

39 머시닝센터 프로그램에서 그림과 같은 운동 경로의 원호 보간은?

① G16 G02
② G17 G02
③ G18 G02
④ G19 G02

해설

G17	X-Y 평면
G18	Z-X 평면
G19	Y-Z 평면

[정답] 36. ④ 37. ③
       38. ④ 39. ④

40 회전하는 스핀들에 2초 동안 휴지(dwell) 기능을 수행하는 CNC 프로그램이 아닌 것은?

① G04 X2.0;
② G04 U2.0;
③ G04 P2000;
④ G04 D200;

해설 CNC에서 2초 휴지(dwell)하는 프로그래밍
G04 X2.0, G04 U2.0, G04 P2000

41 다음 표는 머시닝센터의 공구를 나타낸 것이다. CNC 프로그램에서 H02 보정값으로 알맞은 것은?

공구번호	공구 길이	보정번호	비고
T01	90mm	H01	기준공구
T02	60mm	H02	
T03	110mm	H03	

```
G91 G30 Z0 T02 M06 ;
G43 G00 Z100. S990 M03 H02 F118;
```

① −30mm
② 20mm
③ 30mm
④ 50mm

해설 G43 : (+) 보정이므로 60−90=−30mm이다.

42 다음 중 CAD/CAM 시스템의 하드웨어에 해당하는 것은?

① 운영 체제(OS)
② 입·출력 장치
③ 응용 소프트웨어
④ 데이터베이스 시스템

해설 ① 하드웨어(Hardware) : 컴퓨터를 구성하고 있는 물리적인 기계장치를 말하며 하드웨어의 구성은 입력장치(Input), 제어장치(Control), 기억장치(Memory), 연산장치(Arithmetic), 출력장치(Output)이다.
② 소프트웨어(Software) : 소프트웨어는 시스템소프트웨어와 응용소프트웨어로 구성되며 컴퓨터와 관련 장치들을 작동시키는 데 필요한 프로그램들을 말한다.

43 다음은 머시닝센터의 고정 사이클 지령 방법이다. G_ X_ Y_ Z_ R_ Q_ P_ F_ K_ 또는 L_ ; 여기에서 "K 또는 L"의 의미는?

① 고정 사이클 반복 횟수를 지정
② 절삭 이송속도를 지정

정답 40.④ 41.①
42.② 43.①

③ 구멍 바닥에서 드웰 시간을 지정
④ 초기점의 위치 지정

해설 K 또는 L의 의미는 고정 사이클의 반복 횟수

44 CNC 프로그램의 끝과 관련이 없는 보조 기능은?

① M99
② M02
③ M30
④ M98

해설

M98	보조프로그램 호출
M99	보조프로그램 종료, 주프로그램 호출
M02	Program End
M30	Program End & Rewind

45 다음 중 NC의 서보 기구를 가장 잘 설명한 것은?

① NC 기계의 움직임을 전기적 신호로 표시하는 회전 피드백 장치
② NC Tape에 기록된 언어(정보)를 받아서 펄스화시키는 기구
③ 구동모터의 회전속도와 위치를 피드백시켜 입력량과 출력량이 같아지도록 제어할 수 있는 구동기구
④ 여러 대의 NC 공작기계를 한 대의 컴퓨터에 결합시켜 제어하는 시스템

해설 서보 기구 : 구동모터의 회전속도와 위치를 피드백시켜 입력량과 출력량이 같아지도록 제어할 수 있는 구동 기구이다.

46 기계 가공을 하고자 할 때 유의사항으로 틀린 것은?

① 복장을 단정히 한다.
② 공작물은 기계에 단단히 고정한다.
③ 정밀 가공은 도어를 열고 해야 한다.
④ 기계를 사용하기 전에 이상 유무를 확인한다.

해설 가공 중에는 도어를 열지 않는다.

47 CNC 공작기계의 기계 일상 점검 중 매일 점검 내용이 아닌 것은?

① 외관 점검
② 유량 점검
③ 압력 점검
④ 백래시 점검

해설

매일 점검	1. 외관 점검
	2. 유량 점검
	3. 압력 점검
	4. 각부의 작동 검사

정답 44. ④ 45. ③ 46. ③ 47. ④

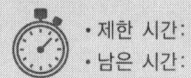

48 CNC 공작기계에서 이송 기능에 사용되는 주소(address)는?

① M ② G
③ T ④ F

해설
① G : 준비기능
② T : 공구기능
③ F : 이송기능
④ S : 주축기능
⑤ M : 보조기능

49 G-코드에 대한 설명 중 틀린 것은?

① G-코드가 다른 그룹(group)이면 몇 개라도 동일 블록에 지령하여 실행시킬 수 있다.
② 동일 그룹에 속하는 G-코드는 같은 블록에 2개 이상 지령하면 나중에 지령한 G-코드만 유효하거나, 경보가 발생한다.
③ 00그룹의 G-코드는 연속 유효(Modal) G-코드이다.
④ G-코드 일람표에 없는 G-코드를 지령하면 경보가 발생한다.

해설 "00" 이외의 그룹의 G-코드는 연속 유효(Modal) G-코드이다.

50 CNC 공작기계의 안전에 관한 사항으로 틀린 것은?

① 절삭 가공 시 절삭 조건을 알맞게 설정한다.
② 공정도와 공구 세팅 시트를 작성 후 검토하고 입력한다.
③ 공구 경로 확인은 보조기능(M 기능)이 작동(ON)상태에서 한다.
④ 기계 가동 전에 비상 정지 버튼의 위치를 반드시 확인한다.

해설 공구 경로 확인은 보조기능(M 기능)이 정지(OFF)상태에서 한다.

51 수평 밀링머신에서 밀링 커터는 어느 곳에 고정하는가?

① 테이블 ② 바이스
③ 아버   ④ 컬럼

해설 아버 : 밀링 커터를 고정하는 곳이다.

정답 48. ④ 49. ③
      50. ③ 51. ③

52 밀링머신의 용도에 해당하지 않는 것은?
① 평면 가공 ② 홈 가공
③ 더브테일 가공 ④ 래핑 가공

해설 래핑 가공은 래핑머신에서 작업한다.

53 밀링 작업 시 공작물을 고정할 때 사용되는 부속 장치가 아닌 것은?
① 마그네트 척 ② 수평 바이스
③ 앵글 플레이트 ④ 공구대

해설 공구대는 선반에서 바이트를 고정하는 부속 장치이다.

54 자동공구 교환 장치(ATC) 및 자동 팰릿 교환 장치(APC)가 있는 공작기계는?
① 보통 선반 ② 드릴링 머신
③ CNC 밀링 ④ 머시닝센터

해설 머시닝센터 : 자동공구 교환 장치(ATC) 및 자동 팰릿 교환 장치(APC)가 있다.

55 CAD/CAM 시스템에서 입력장치에 해당하는 것은?
① 프린터 ② 플로터
③ 모니터 ④ 스캐너

해설 프린터, 플로터, 모니터는 출력장치이다.

56 다음은 그림과 같은 구멍을 가공하는 머시닝센터 프로그램의 일부이다. ( ) 안의 ㉠과 ㉡에 알맞은 내용은?

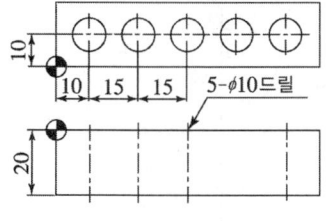

```
G97 S1200 M03
G00 G90 X10.0 Y10.0 Z10.0 G43 H05 ;
G73 G90 Z-25.0 R3.0 Q3.0 F120 ;
G91 X( ㉠ ) L( ㉡ ) ;
```

① ㉠ 15.0 ㉡ 4
② ㉠ 15.0 ㉡ 5
③ ㉠ 10.0 ㉡ 4
④ ㉠ 10.0 ㉡ 5

해설 상대 지령 및 반복 횟수 G91 X(15.0) L(4) ;

정답 52. ④ 53. ④ 54. ④ 55. ④ 56. ①

57 지름 40mm 2날 엔드밀을 사용하여 절삭속도 20m/min로 카운터 보링 작업을 할 때 구멍 바닥에서 2회전 일시정지(Dwell)를 하려고 한다. 정지 시간으로 맞는 것은?

① 0.75초 ② 0.75분
③ 0.75시간 ④ 1.75초

해설
$$n = \frac{1000V}{\pi d} = \frac{1000 \times 20}{\pi \times 40} = 159.2$$
정지시간(sec) = $\frac{60}{드릴\ 회전수(rpm)} \times 드웰회전수 = \frac{60}{159} \times 2 = 0.75(sec)$
(예 : G04 X0.75, G04 U0.75, G04 P750)

58 머시닝센터에서 공구경 보정 및 공구 길이 보정에 대한 G코드의 설명 중 틀린 것은?

① G40 : 공구지름 우측 보정
② G41 : 공구지름 좌측 보정
③ G43 : 공구 길이 보정(+)
④ G49 : 공구 길이 보정 취소

해설 G40 : 공구지름 보정 취소

59 CNC 공작기계에서 백래시(Back lash)가 적고 정밀도가 높아 가장 많이 사용하는 기계 부품은?

① 사각 나사 ② 삼각 나사
③ 리드 스크루 ④ 볼 스크루

해설 볼 스크루
마찰이 적고 또 너트를 조정함으로써 백래시(Backlash)를 "0"에 가깝도록 할 수 있다.

60 게이지 블록 형상의 종류에 해당하지 않는 것은?

① 요한슨형 ② 블록형
③ 호크형 ④ 캐리형

해설 게이지 블록 형상의 종류는 요한슨형, 호크형, 캐리형 3가지 있다.

정답 57. ① 58. ①
59. ④ 60. ②

05회 CBT 모의고사

01 금속 침투법(cementation) 중 크롬을 확산 침투시키는 표면경화법은?

① 세라다이징(sheradizing)
② 크로마이징(chromizing)
③ 칼로라이징(calorizing)
④ 패턴팅(patenting)

해설 금속 침투법(Cementation)
① 세라다이징(Zn의 침투처리) : Zn을 침투 확산시키는 법
② 크로마이징(Cr 침투처리) : 재료의 표면에 Cr을 침투 확산시키는 법
③ 칼로라이징(Al 침투처리) : 주로 철강의 표면에 Al을 침투 확산시키는 방법
④ 보로나이징(boronizing ; B 침투처리) : 철강에 붕소를 확산 침투
⑤ 실리코나이징(Siliconizing ; Si 침투처리) : 철강에 Si를 확산 침투

02 구리 4%, 마그네슘 0.5%, 망간 0.5%, 나머지가 알루미늄인 고강도 알루미늄합금은?

① 실루민
② 두랄루민
③ 라우탈
④ 로우엑스

해설 두랄루민(dralumin)
Al–Cu–Mg계로 Al–Cu–Mg–Mn의 구리 4%, 마그네슘 0.5%, 망간 0.5%, 나머지가 알루미늄인 고강도 알루미늄합금으로 시효경화 처리한 대표적인 합금. 이외에도 인장강도 186MPa 이상의 초두랄루민이 있다.

03 절삭 공구로 사용되는 재료가 아닌 것은?

① 페놀
② 서멧
③ 세라믹
④ 초경합금

해설
① **초경합금** : W–Ti–Ta 등의 탄화물 분말을 Co 또는 Ni를 결합하여 1400℃ 이상에서 소결시킨 것이다(주성분 : W, Ti, Co, C 등).
② **세라믹 합금** : 산화알루미늄(Al_2O_3) 가루분말에 규소 및 마그네슘 등의 산화물이나 다른 산화물의 첨가물을 넣고 소결한 것이다.
③ **서멧 공구** : Al_2O_3 분말 70%에 탄질화 티탄 TiCN 분말을 30% 정도 혼합하여 수소 분위기에 소결하여 제작하며 초경합금에 비해 고속절삭이 가능하고 마모가 적으며 공구수명이 길며 고속, 저속 등 절삭의 속도 범위가 적다.

정답 01. ② 02. ② 03. ①

04 다음은 무엇에 대한 설명인가?

> 2개의 축이 평행하지만 축석의 위치가 어긋나 있을 때 사용하며, 한 개의 원판 앞뒤에 서로 직각 방향으로 키 모양의 돌기를 만들어 이것을 양 축 사이의 플런지 사이에 끼워 놓아, 한쪽의 축을 회전시키면 중앙의 원판이 홈에 따라서 미끄러지며 다른 쪽의 축에 회전력을 전달시키는 축이음 방법이다.

① 플렉시블 커플링
② 유니버설 커플링
③ 올덤 커플링
④ 마찰 클러치

해설
① **플랙시블 커플링**
원칙적으로 동일선상에 있는 두 축의 연결에 사용하나, 양 축간 약간의 상호 이동을 허용. 온도의 변화에 따른 축의 신축 또는 탄성 변형 등에 의한 축심의 불일치를 완화하여 원활히 운전할 수 있는 커플링이다. 기어 형 축이음, 체인 축이음, 그리드형 축이음, 고무 축이음 등이 있다.
② **올덤 커플링**
두 축이 평행하고 축의 중심선이 약간 어긋났을 때 각 속도의 변동없이 토크를 전달하는데 사용하는 축이음이다.
③ **유니버설 커플링(자재 이음)**
두 축의 축선이 어느 각도로 교차되고, 그 사이의 각도가 운전 중 다소 변하여도 자유로이 운동을 전달할 수 있도록 구조가 되어 있는 커플링이다.

05 그림과 같은 스프링에서 스프링 상수가 $k_1=10[\text{N/mm}]$, $k_2=15[\text{N/mm}]$라면 합성 스프링 상숫값은 얼마인가?

① 3[N/mm]
② 6[N/mm]
③ 9[N/mm]
④ 12[N/mm]

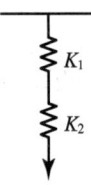

해설 스프링의 상수

$$\therefore K = \frac{W}{\delta}[\text{N/mm}] = \frac{W}{\delta} \ (K: \text{비례정수 또는 스프링 상수})$$

직렬연결 : $\dfrac{1}{K} = \dfrac{1}{K_1} + \dfrac{1}{K_2} + \cdots$

$W = k \times \delta = \dfrac{1}{\dfrac{1}{10}+\dfrac{1}{15}} = 5.99\text{N/mm}$

정답 04. ③ 05. ②

06 아이볼트에 로프를 걸어 20KN의 물체를 들어 올릴 때 아이볼트 나사의 크기로 가장 적당한 것은? (단, 나사는 미터 보통나사를 사용하며, 허용 인장응력은 48N/mm²이다.)

① M26
② M30
③ M36
④ M42

해설 $d = \sqrt{\dfrac{2W}{\sigma}} = \sqrt{\dfrac{2 \times 20000}{48}} = 28.9$이므로 M30이다.

07 "밀링에 사용하는 엔드밀의 재료는 일반적으로 SKH2를 사용한다."에서 SKH는 어떤 재료를 나타내는 KS 기호인가?

① 일반 구조용 압연강재
② 고속도 공구강재
③ 기계 구조용 탄소강재
④ 탄소 공구강재

해설
① SKH : 고속도 공구강재
② SS330, SS400, SS490, SS540 : 일반구조용 압연강판
③ SM10C~SM58C, SM9CK, SM15CK, SM20CK : 기계구조용 탄소강재
④ STC1~STC7 : 탄소공구강재

08 일반적으로 축과 보스에 자동적으로 조정되어 테이퍼 축의 회전체를 결합할 때 사용되는 키(key)는?

① 원뿔 키
② 패더 키
③ 반달 키
④ 평 키

해설
① 평 키(Flat Key)
축을 키의 폭만큼 납작하게 깎아서 보스의 키 홈과의 사이에 밀어 넣는다. 1/100의 기울기를 붙이기도 하고 새들 키보다 약간 큰 힘을 전달시킬 수 있다.
② 반달 키(Wooddruff Key)
반월상의 키로서 축의 홈이 깊게 되어 축의 강도가 약하게 되기는 하나 축과 키 홈의 가공이 쉽고, 키가 자동적으로 축과 보스 사이에 자리를 잡을 수 있어 자동차, 공작기계 등의 60mm 이하의 작은 축이나 테이퍼 축에 사용한다.
③ 미끄럼 키(Sliding Key)
안내키, 페더 키(Feather Key)라고도 하며 보스와 축이 상대적으로 축 방향으로만 이동이 가능한 키로서 키를 작은 나사로 고정한다.
④ 원뿔 키(Cone Key)
축과 보스에 키를 파지 않고 보스 구멍을 테이퍼 구멍으로 하여 속이 빈 원뿔을 끼워 마찰력만으로 밀착시키는 키로서 바퀴가 편심되지 않고 축의 어느 위치에나 설치가 가능하다.

정답 06. ② 07. ②
08. ③

09 구리의 특성에 대한 설명으로 틀린 것은?
① 전연성이 좋아 가공이 용이하다.
② 전기 및 열의 전도성이 우수하다.
③ 화학적 저항력이 커서 부식이 잘되지 않는다.
④ 비중이 작아 경금속에 속한다.

> **해설** **구리의 성질** : 비중이 8.9 정도이며, 용융점이 1083℃ 정도이다.
> ① 전기 및 열전도성이 우수하다.
> ② 전연성이 좋아 가공이 용이하다.
> ③ 내식성이 강해 부식이 안 된다.
> ④ 아름다운 광택과 귀금속적 성질이 우수하다.
> ⑤ Zn, Sn, Ni, Ag 등과 용이하게 합금을 만든다.
> 구리는 철과 같은 동소변태가 없고 재결정 온도는 약 200℃ 정도이다. 또 상온 중 크리프 현상이 일어난다.

10 원통형 코일 스프링의 지수가 9이고, 코일의 평균 지름이 180mm 이면 소선의 지름은 몇 mm인가?
① 9
② 18
③ 20
④ 27

> **해설** 스프링 지수(C)는 코일의 평균 지름(D)과 재료의 지름(d)의 비이다.
> $d = \dfrac{D}{C} = \dfrac{180}{9} = 20$

11 주철의 성질에 관한 설명으로 틀린 것은?
① 절삭가공이 쉽다.
② 내마모성이 우수하다.
③ 압축 강도는 적으나 인장강도 및 굽힘 강도가 크다.
④ 주조성이 우수하며, 크고 복잡한 것도 제작이 용이하다.

> **해설** **주철의 장점**
> ① 주조성이 우수하고 복잡한 부품의 성형이 가능하다.
> ② 가격이 저렴하다.
> ③ 잘 녹슬지 않고 칠(도색)이 좋다.
> ④ 마찰저항이 우수하고 절삭가공이 쉽다.
> ⑤ 압축 강도가 인장강도에 비하여 3~4배 정도 좋다.
> ⑥ 내마모성이 우수하고, 알칼리나 물에 대한 내식성(부식)이 우수하다.
> ⑦ 용융점이 낮고 유동성이 좋다.

정답 09. ④ 10. ③
11. ③

12 원주 피치(P)와 모듈(m)과의 관계를 올바르게 표시한 것은?

① $P=\pi m$
② $P=\pi/m$
③ $P=2\pi m$
④ $P=m/\pi$

해설 $P=\dfrac{\pi D}{Z}$, $m=\dfrac{D}{Z}$ 이므로 $P=\pi m$

13 탄소강의 경도를 높이기 위하여 실시하는 열처리는?

① 불림
② 풀림
③ 담금질
④ 뜨임

해설
① **담금질** : 경도가 주목적
② **뜨임** : 담금질 후 인성을 부여
③ **풀림** : 내부응력제거가 주목적
④ **불림** : 조직의 표준화

14 다음 기계요소를 사용기능에 따라 분류한 내용 중 틀린 것은?

① 결합용 기계요소 : 나사, 볼트, 너트, 키, 핀, 코터
② 축계 기계요소 : 축, 커플링, 베어링
③ 전동용 기계요소 : 벨트, 로프, 체인, 마찰차, 기어
④ 제동 및 완충용 기계요소 : 관 이음쇠, 밸브와 콕

해설 기계요소의 종류
① 체결용 기계요소 : 나사, 키, 핀, 코터, 리벳, 용접 수축확대 및 테이퍼 이음
② 축계 기계요소 : 축, 축이음 및 베어링
③ 완충 및 제동용 기계요소 : 브레이크, 스프링 및 플라이휠 등
④ 전동용 기계요소 : 벨트, 로프, 체인, 링크 마찰차 및 캠 기어 등
⑤ 관용 기계요소 : 압력용기, 파이프, 파이프 이음, 밸브와 콕 등

15 베어링 재료의 구비조건이 아닌 것은?

① 융착성이 좋을 것
② 피로강도가 클 것
③ 내식성이 강할 것
④ 내열성을 가질 것

해설 베어링 재료의 구비조건
① 충격하중 및 내식성이 강할 것
② 가공이 쉽고 내열성을 가질 것
③ 부식 및 내식성이 강할 것
④ 마모가 적고 피로강도가 클 것
⑤ 융착성이 좋지 않을 것

[정답] 12. ① 13. ③ 14. ④ 15. ①

16 다음 중 치수 입력 시 숫자와 병기해서 사용하지 않는 기호는?

① C
② R
③ S∅
④

해설 치수 보조 기호

구분	기호
지름	∅
반지름	R
구의 지름	S∅
구의 반지름	SR
정사각형의 변	□
판의 두께	t
45°의 모떼기	C

17 그림과 같이 선반으로 가공한 단면의 커터의 줄무늬 방향 기호로 가장 적합한 것은?

① =
② C
③ M
④ R

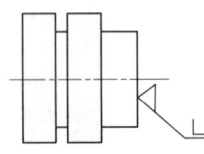

해설

=	가공으로 생긴 앞줄의 방향이 기호를 기입한 그림의 투영면에 평행
⊥	가공으로 생긴 앞줄의 방향이 기호를 기입한 그림의 투영면에 수직
X	가공으로 생긴 선이 두 방향으로 교차
M	가공으로 생긴 선이 다방면으로 교차 또는 무방향
C	가공으로 생긴 선이 거의 동심원
R	가공으로 생긴 선이 거의 방사상(레이디얼형)

18 기어를 제도할 때 굵은 실선으로 나타내야 하는 것은?

① 잇봉우리원
② 주 투영도를 단면으로 도시할 때 외접 헬리컬 기어의 잇줄 방향
③ 피치원
④ 잇줄 방향선

해설 기어 제도법
① 바깥지름(이끝원), 잇봉우리원은 굵은 실선으로 그린다.
② 피치원은 가는 일점 쇄선으로 그린다.

정답 16. ④ 17. ②
18. ①

③ 이뿌리원은 가는 실선으로 그린다.
④ 정면도를 단면으로 도시할 경우 이뿌리는 굵은 실선으로 그린다.

19 그림과 같은 입체도에서 화살표 방향이 정면일 경우 제3각법으로 제도한 것으로 가장 올바른 것은?

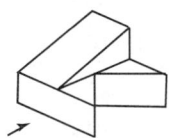

① 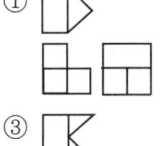   ②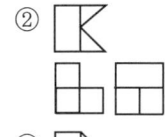

③ 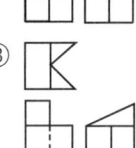   ④

20 그림과 같은 나사 도면에서 M12×16/φ10.2×20으로 표시된 치수 기입의 도면해독으로 올바른 것은?

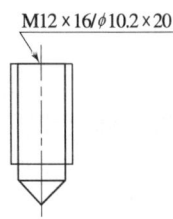

① 암나사를 가공하기 위한 구멍가공 드릴 지름은 φ12mm
② 암나사를 가공하기 위한 구멍가공 드릴 지름은 φ16mm
③ 암나사를 가공하기 위한 구멍가공 드릴 지름은 φ10.2mm
④ 암나사를 가공하기 위한 구멍가공 드릴 지름은 φ20mm

해설 암나사를 가공하기 위한 구멍가공 드릴 지름은 φ10.2mm이고, 깊이 20mm이다.
M12탭 깊이는 16mm이다.

21 대칭형인 대상물을 외형도의 절반과 온단면도의 절반을 조합하여 나타낸 단면도는?

① 계단 단면도   ② 한쪽 단면도
③ 부분 단면도   ④ 회전 단면도

해설 한쪽 단면도
대칭형인 대상물을 외형도의 절반과 온단면도의 절반을 조합하여 나타낸 단면도이다.

정답 19. ③ 20. ③
21. ②

22. 기계제도에서 굵은 1점 쇄선을 사용하는 경우로 가장 적합한 것은?

① 대상물의 보이는 부분의 겉모양을 표시하기 위하여 사용한다.
② 치수를 기입하기 위하여 사용한다.
③ 도형의 중심을 표시하기 위하여 사용한다.
④ 특수한 가공 부위를 표시하기 위하여 사용한다.

해설 굵은 1점 쇄선 : 특수한 가공 부분의 표시에 사용한다.

23. KS 재료 기호 중에서 회주철의 기호는?

① SBC
② GC
③ SC
④ GCD

해설
① SC360~SC480 : 탄소 주강품
② GC100~GC350 : 회주철품
③ GCD370~GCD800 : 구상 흑연 주철품
④ BMC270~BMC360 : 흑심 가단 주철품
⑤ WMC330~WMC540 : 백심 가단 주철품

24. 도면과 같은 제품을 드릴 지름 18mm로 구멍을 뚫을 때, 관통 구멍 부인 플런지의 두께 치수는?

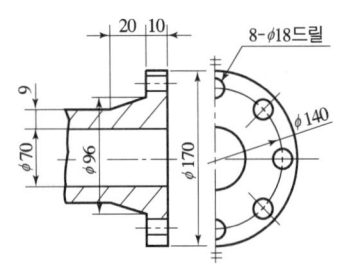

① 8
② 9
③ 10
④ 18

해설 그림에서 플런지의 두께는 10mm이다.

25. 구멍의 최대치수가 축의 최소치수보다 작은 경우이며 항상 죔새가 생기는 끼워맞춤을 무엇이라 하는가?

① 헐거운 끼워맞춤
② 억지 끼워맞춤
③ 중간 끼워맞춤
④ 조립 끼워맞춤

[정답] 22. ④ 23. ②
24. ③ 25. ②

해설 항상 죔새가 생기는 끼워맞춤은 억지 끼워맞춤이다.

26 밀링 가공 시 분할대를 사용하여 분할하는 방법이 아닌 것은?

① 직접 분할법 ② 간접 분할법
③ 차동 분할법 ④ 단식 분할법

해설 분할법의 종류

직접 분할법, 단식 분할법, 차동 분할법, 각도 분할법이 있다.
① 직접 분할법 : 분할대 주축의 앞면에 있는 24 구멍의 직접 분할 구멍을 이용하여 2, 3, 4, 6, 8, 12, 24의 등분을 간단히 할 수 있는 방법이다.
② 단식 분할법 : 직접 분할 방법으로 분할할 수 없는 수 또는 분할이 정확해야 할 때 이용하며, 분할 크랭크와 분할판을 사용하여 분할하는 방법이다.
③ 차동 분할법 : 직접 분할법이나 단식 분할법으로 분할할 수 없는 67, 97, 121 등의 소수나 특수한 수의 분할을 하는 방법이다.
④ 각도 분할법 : 분할에 의해서 공작물의 원둘레를 어느 각도로 분할할 때에는 단식 분할법과 마찬가지로 분할판과 크랭크 핸들에 의해서 분할한다.

27 니형 밀링머신의 컬럼면에 설치하는 것으로 주축의 회전 운동을 수직 왕복 운동으로 변환시켜 주는 장치는?

① 원형테이블 ② 분할대
③ 래크 절삭 장치 ④ 슬로팅 장치

해설 슬로팅(slotting) 장치

니형 밀링머신의 컬럼 앞면에 주축과 연결하여 사용하며 주축의 회전 운동을 공구대 램의 직선 왕복 운동으로 변화시켜 바이트로써 직선 절삭 가능하다(키, 스플라인, 세레이션, 기어가공 등).

28 날 눈의 세워진 방식에 따라서 분류한 줄의 종류에 해당하지 않는 것은?

① 단목 ② 복목
③ 귀목 ④ 유목

해설 줄눈의 형상에 따른 종류

① 단목(홑눈줄 ; single cut) : 한쪽 방향(70~80°)으로만 눈을 만든 것으로, Pb, Sn, Al과 같이 연질재료 및 얇은 판금의 가장자리 절삭에 사용한다.
② 복목(겹눈줄 ; double cut) : 일반적으로 다듬질용이며 두 개의 상하 날이 교차하도록 만든 것으로 상날(절삭)은 70~80°로 하부 날(칩 배출)은 40~45°로 되어 있으며 강과 주철과 같은 다듬 절삭에 사용하며 연한 금속, 일반 철공용으로 쓰인다.
③ 귀목(라스프줄 ; rasp cut) : 줄날이 돌기 형식이며 목재, 가죽, 베크라이트 등 비금속 재료의 거친 절삭에 사용한다.
④ 파목(곡선줄 ; curved cut) : 줄날이 곡선으로 칩 배출이 용이하고 절삭 능력이 강력해서 납, Al, 플라스틱, 목재 등과 같은 재질 절삭에 사용한다.

[정답] 26. ② 27. ④ 28. ④

29 공작물을 절삭 공구로 절삭할 때 발생하는 절삭열은 다음 세 가지 때문이다.

> A : 칩과 공구 경사면이 마찰할 때 생기는 열
> B : 전단면에서 전단 소성 변형이 일어날 때 생기는 열
> C : 공구 여유면과 공작물 표면이 마찰할 때 생기는 열

이들의 절삭열 분산 비율로 가장 적당한 것은?

① A : 33%, B : 33%, C : 33%
② A : 10%, B : 30%, C : 60%
③ A : 60%, B : 30%, C : 10%
④ A : 30%, B : 60%, C : 10%

해설 절삭열 분산 비율 : 고속절삭가공일 경우
① AB면 : 전단면에서 전단 소성 변형이 일어날 때 생기는 열(60%)
② AC면 : 칩과 공구 경사면이 마찰할 때 생기는 열(30%)
③ AO면 : 공구 여유면과 공작물 표면이 마찰할 때 생기는 열(10%)

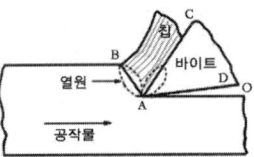

30 다음 숫돌 입자의 기호 중 경도가 가장 높은 것은?

① A   ② C
③ WA   ④ GC

해설 GC : 경도가 최대이고 인성이 떨어진다. 경도가 매우 높고 발열하면 안 되는 재료에 연삭한다.(경연삭, 특수주철, 초경합금, 특수강 등)

31 합금 공구강을 설명한 내용 중 옳지 않은 것은?

① 탄소 공구강에 Cr, W, Ni, V 등의 성분을 첨가하여 만든다.
② 탄소 공구강보다 절삭 성능이 좋고 내마열성과 고온 경도가 높다.
③ 450℃ 정도까지는 경도를 유지할 수 있다.
④ 합금 공구강의 대표적인 것은 스텔라이트이다.

해설 합금 공구강(STS)
① 재료 : 탄소(0.8~1.5%) 공구강에 W-Cr-V-Ni 등 합금원소를 첨가하여 경화능을 개선한 것이다.
② 저속절삭 및 총형 공구용(450℃까지) 사용이 가능하다.
③ 탄소 공구강보다 절삭 성능이 좋고 내마열성과 고온 경도가 높다.

정답 29. ④ 30. ④
31. ④

32 센터리스 연삭기의 특징 설명으로 틀린 것은?

① 긴 홈이 있는 가공물의 연삭에 적합하다.
② 중공(中空)의 가공물 원통 연삭이 가능하다.
③ 가늘고 긴 가공물 연삭에 적합하다.
④ 대형이나 중량물의 연삭은 불가능하다.

해설

센터리스 연삭기의 장점	센터리스 연삭기의 단점
① 가늘고 긴 핀, 원통, 중공축 등을 연삭하기 쉽다. ② 연속 작업할 수 있으며, 대량생산에 적합하다. ③ 기계의 조정이 끝나면 초보자도 작업을 할 수 있다. ④ 고정에 따른 변형이 없고 연삭 여유가 작아도 된다. ⑤ 연삭숫돌의 나비가 크므로 지름의 마멸이 적고 수명이 길다.	① 긴 홈이 있는 공작물은 연삭할 수 없다. ② 대형 중량물은 연삭할 수 없다. ③ 연삭숫돌의 나비보다 긴 공작물은 전후 이송법으로 연삭할 수 없다.

※ 또한, 센터리스 연삭의 연삭 방식에는 통과 이송법과 전후 이송 방법이 있다.

33 각도 측정 방법에 해당하지 않는 것은?

① 각도 게이지를 이용한 각도 측정
② 사인 바를 이용한 각도 측정
③ 나이프 에지를 이용한 각도 측정
④ 만능 베벨 각도기를 이용한 각도 측정

해설 각도 측정에 사용되는 것은 사인 바, 각도 게이지, 수준기, 오토콜리미터, 만능 베벨 각도기 등이 있다. 나이프 에지는 진직도 측정기이다.

34 기계공작은 가공 방법에 따라 절삭 가공과 비절삭 가공으로 나눈다. 다음 중 절삭 가공 방법이 아닌 것은?

① 선삭   ② 밀링
③ 용접   ④ 드릴링

해설 용접은 비절삭 가공이다.

35 기어 절삭 방법에 해당하지 않는 것은?

① 형판을 이용한 방법   ② 총형 커터를 이용한 방법
③ 복식 공구대를 이용한 방법   ④ 창성법을 이용한 방법

해설 기어 절삭법
① 형판에 의한 방법
② 총형 공구에 의한 절삭법
③ 창성에 의한 절삭

정답 32. ① 33. ③ 34. ③ 35. ③

36. 절삭가공에서 구성인선(built-up edge)의 방지 대책으로 옳은 것은?

① 절삭 속도를 낮춘다.
② 절삭 깊이를 크게 한다.
③ 윤활성이 좋은 절삭 유제를 사용한다.
④ 바이트의 윗면 경사각을 작게 한다.

해설 구성인선(built-up edge)의 방지책
① 절삭 깊이를 적게 한다.
② 상면 경사각을 크게 한다.
③ 절삭 속도를 크게 한다(고속도강인 경우, 임계속도 120~150m/min).
④ 윤활성이 있는 절삭유 사용한다.

37. 래핑의 일반적인 특징 설명으로 틀린 것은?

① 가공면이 매끈한 거울면을 얻을 수 있다.
② 정밀도가 높은 제품을 가공할 수 있다.
③ 가공이 복잡하고 대량생산이 불가능하다.
④ 작업이 지저분하고 먼지가 많다.

해설 랩(lap)은 가공물의 재질보다 약한 것을 사용하며 래핑의 장점은 다음과 같다.
① 가공면이 매끈한 거울면을 얻는다.
② 높은 정밀도(평면도, 진원도, 진직도 등)가 높은 제품을 가공할 수 있다.
③ 가공된 면의 내식성, 내마모성이 상승한다.
④ 작업 방법이 간단하고 대량생산 가능하다.

38. 스핀들과 앤빌의 측정면이 원추형으로 드릴의 홈이나 나사의 골지름 등을 측정하는 데 주로 사용되는 마이크로미터는?

① 그루브 마이크로미터
② 포인트 마이크로미터
③ 지시 마이크로미터
④ 기어 마이크로미터

해설
- **포인트 마이크로미터** : 스핀들과 앤빌의 측정면이 원추형으로 드릴의 홈이나 나사의 골지름 등을 측정하는 데 주로 사용되는 마이크로미터이다.
- **나사 마이크로미터에 의한 방법** : 엔빌 측에 V홈 측정자를 스핀들 측에 원뿔형 측정자를 사용하여 유효지름 값을 직접 읽을 수 있다.

정답 36. ③ 37. ③ 38. ②

39 수직형 밀링머신에서 사용하는 절삭 공구가 아닌 것은?
① 엔드밀
② T홈 커터
③ 더브테일 커터
④ 플레인 밀링 커터

해설 플레인 밀링 커터는 수평형 밀링머신에서 사용된다.

40 아래의 프로그램으로 머시닝센터 작업 시 공구의 길이가 그림과 같을 때 H03에 적합한 공구 길이 보정 값은?

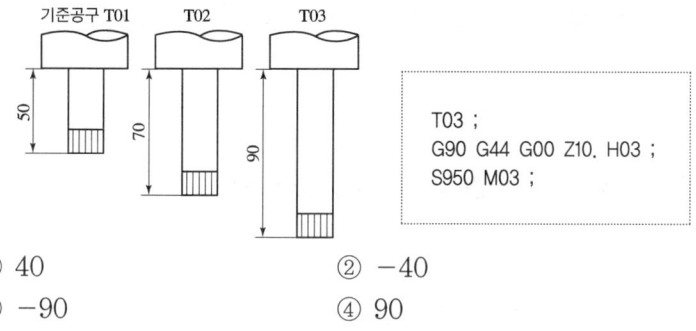

```
T03 ;
G90 G44 G00 Z10. H03 ;
S950 M03 ;
```

① 40
② −40
③ −90
④ 90

해설 G44를 사용하면 공구 길이 보정은 −방향이므로 기준 공구보다 긴 길이를 −로 보정하면 50−90=−40이 된다.

41 CNC 공작기계의 조작판에서 선택적 프로그램 정지(optional program stop)를 나타내는 M 기능은?
① M00
② M01
③ M02
④ M05

해설

M00	프로그램 정지
M01	선택적 프로그램 정지
M03	주축 정회전
M04	주축 역회전
M05	주축 정지

42 밀링 작업에서 안전 및 유의사항으로 틀린 것은?
① 정면 밀링 커터 작업 시 칩 커버를 설치한다.
② 측정기와 공구는 기계 테이블 위에 놓고 작업한다.
③ 공작물 설치 시는 반드시 주축을 정지시킨다.
④ 주축 회전 중에는 칩을 제거하지 않는다.

해설 측정기와 공구는 기계 테이블 위에 놓지 않는다.

정답 39. ④ 40. ②
41. ② 42. ②

05회 CBT 모의고사

43 CNC 공작기계의 특징에 해당하지 않는 것은?
① 제품의 균일성을 유지할 수 없다.
② 생산성을 향상시킬 수 있다.
③ 제조원가 및 인건비를 절감할 수 있다.
④ 특수 공구제작의 불필요로 공구 관리비를 절감할 수 있다.

해설 제품의 균일성을 유지할 수 있다.

44 CNC 공작기계에서 전원을 투입한 후 일반적으로 제일 처음하는 것은?
① 좌표계 설정
② 기계 원점복귀
③ 제2 원점복귀
④ 자동 공구 교환

해설 CNC 공작기계에서 전원을 투입한 후 일반적으로 제일 처음하는 것은 기계 원점복귀이다. 기계 원점(Reference Point)은 CNC 공작기계에는 각 축마다 고유의 기계 원점을 가지고 있으며, 이 점을 기계기준점으로 공구의 교환 위치 및 공작물의 상대 위치를 결정하는 기준이 된다. 기계 원점은 기계제작 시 기계제조회사에서 위치를 설정한다.

45 CNC 기계 조작반의 모드 선택 스위치 중 새로운 프로그램을 작성하고 등록된 프로그램을 삽입, 수정, 삭제할 수 있는 모드는 무엇인가?
① JOG
② AUTO
③ MDI
④ EDIT

해설 EDIT : 새로운 프로그램을 작성하고 등록된 프로그램을 삽입, 수정, 삭제할 수 있는 모드이다.

46 머시닝센터에서 이송이 정지되는 휴지(dwell) 시간이 나머지 셋과 다른 것은?
① G04 X2.5 ;
② G04 U2.5 ;
③ G04 X250 ;
④ G04 P2500 ;

해설 G04 기능(휴지 : Dwell)

G04 X (U, P) ;

① 프로그램에 지정된 시간 동안 공구의 이송을 잠시 중지시키는 기능(적용 : 드릴 가공, 홈가공, 모서리 다듬질 가공 시 양호한 가공면을 얻기 위해 사용)

[정답] 43.① 44.② 45.④ 46.③

② 단위는 X, U, P,를 사용하는데 X, U는 소수점을 P는 0.001 단위를 사용
[예] G04 X2.5   G04 U2.5   G04 P2500

47 머시닝센터 프로그램에 관한 다음 설명 중 틀린 것은?

① 절대 명령은 G90으로 지령한다.
② 증분 명령은 G92로 지령한다.
③ 증분 명령은 공구 이동 시작점부터 끝점까지의 이동량(거리)으로 명령하는 방법이다.
④ 절대 명령은 공구 이동 끝점의 위치를 공작물 좌표계 원점을 기준으로 명령하는 방법이다.

해설 증분 명령은 G91로 지령한다.

48 CNC 기계 가공 중 충돌사고가 발생할 위험이 있을 때, 응급 처리 내용으로 가장 알맞은 것은?

① 선택적 정지(optional stop) 버튼을 누른다.
② 원상 복귀(reset) 버튼을 누른다.
③ 가공 시작(cycle start) 버튼을 누른다.
④ 비상 정지(emergency stop) 버튼을 누른다.

해설 충돌 사고가 발생할 위험이 있을 때는 비상정지(emergency stop) 버튼을 누른다.

49 CNC 기계의 동력 전달 방법에 속하지 않는 것은?

① 기어(gear)   ② 타이밍 벨트(timing belt)
③ 커플링(coupling)   ④ 로프(lope)

해설 CNC 기계의 동력 전달 방법은 기어, 타이밍 벨트, 커플링, 볼 스크루 등이다.

50 머시닝센터에서 $\phi 12$-2날 초경합금, 엔드밀을 이용하여 절삭속도 35m/min, 이송 0.05mm/날, 절삭 깊이 7mm의 절삭 조건으로 가공하고자 할 때 다음 프로그램의 (   )에 적합한 데이터는?

G01 G91 X200.0 F(   ) ;

① 12.25   ② 35.0
③ 92.8   ④ 928.0

해설 $f = fz \times z \times n = 0.05 \times 2 \times \dfrac{1000 \times 35}{\pi \times 12} = 92.8 \text{mm/min}$

정답 47. ② 48. ④
49. ④ 50. ③

51 DNC 시스템의 구성요소가 아닌 것은?

① CNC 공작기계　② 중앙 컴퓨터
③ 통신선　　　　④ 디지타이저

해설 DNC 시스템의 구성요소 : CNC 공작기계, 중앙 컴퓨터, 통신선(RS232C)이다.

52 절삭속도 75m/min, 밀링 커터의 날 수 8, 지름 95mm, 1날당 이송을 0.04mm라 하면 테이블의 이송 속도는 몇 mm/min인가?

① 129.1　② 80.4
③ 13.4　　④ 10.1

해설
$$N = \frac{1000\,V}{\pi D} = \frac{1000 \times 75}{\pi \times 95} = 251.3$$
$$f = f_z \times Z \times n = 0.04 \times 8 \times 251.3 = 80.4\,\text{mm/min}$$

53 수평 밀링머신의 플레인 커터 작업에서 하향 절삭과 비교한 상향 절삭의 특징은?

① 가공물 고정이 유리하다.
② 절삭날에 작용하는 충격이 적다.
③ 절삭날의 마멸이 적고 수명이 길다.
④ 백래시 제거 장치가 필요하다.

해설 하향 절삭과 비교한 상향 절삭의 특징

구분	상향 절삭	하향 절삭
칩에 영향	절삭에 방해 없다.	절삭에 방해 있다.
백래시 제거	백래시 제거장치가 필요 없다.	백래시 제거장치가 필요하다.
공작물 고정	불안하므로 확실히 고정해야 한다.	안정된 고정이 된다.

54 다음 그림의 ⓐ점에서 화살표 방향으로 360° 원호 가공하는 머시닝 센터 프로그램으로 맞는 것은?

① G17 G02 G90 I30. F100 ;
② G17 G02 G90 J-30. F100 ;
③ G17 G03 G90 I30. F100 ;
④ G17 G03 G90 J-30. F100 ;

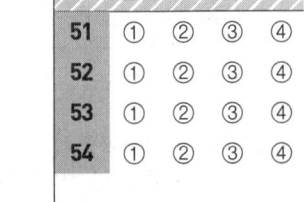

정답 51. ④　52. ②
53. ②　54. ②

원호 보간에서 I, J, K의 어드레스는 X축 방향의 값을 I로, Y축 방향을 J로, Z축 방향을 K로 지령한다. 또한, I, J, K의 부호는 시점에서 원호의 중심이 (+) 방향인가 (−) 방향인가에 따라 결정하며, 값은 원호 시점에서 원호 중심까지의 거리 값이다.
∴ G17 G02 G90 J−30. F100 ; 이다.

55 자동 공구 교환장치(ATC)가 부착된 CNC 공작기계는?

① 머시닝센터 ② CNC 성형연삭기
③ CNC 와이어컷 방전 가공기 ④ CNC 밀링

 • **자동 공구 교환장치(ATC)** : 머시닝센터에 부착된 자동 공구 교환 장치는 공구 매거진(tool magazine), 공구 교환기(change arm), 서브 체인저(sub changer)로 구성되며 모든 기능은 전기모터와 공압 실린더에 의해 작동된다.
• **공구 매거진(TOOL MAGAZINE) 종류** : 드럼(drum)형, 체인(chain)형, 공구 선택방식이 있다.

56 머시닝센터 프로그램에서 G코드의 기능이 틀린 것은?

① G90 − 절대 명령
② G91 − 증분 명령
③ G94 − 회전당 이송
④ G98 − 고정 사이클 초기점 복귀

머시닝센터	
지령 방법	의미
G94 F ;	분당 이송(mm/min)
G95 F ;	회전당 이송(mm/rev)

57 머시닝센터 프로그램에서 공구와 가공물의 위치가 그림과 같을 때 공작물 좌표계 설정으로 맞는 것은?

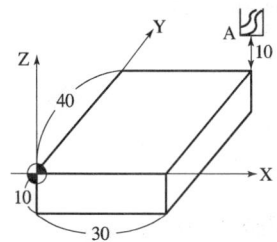

① G92 G90 X40. Y30. Z20. ;
② G92 G90 X30. Y40. Z10. ;
③ G92 G90 X−30. Y−40. Z10. ;
④ G92 G90 X−40. Y−30. Z10. ;

그림에서 공작물 좌표계 설정은 G92 G90 X30. Y40. Z10. ; 이다.

답안 표기란

55	①	②	③	④
56	①	②	③	④
57	①	②	③	④

정답 55. ① 56. ③
57. ②

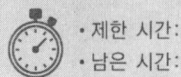

58 머시닝센터에서 공구 길이 보정 준비기능과 관계없는 것은?
① G42 ② G43
③ G44 ④ G49

> 해설
> ① G42 : 공구경 보정 우측
> ② G43 : 공구 길이 보정(+)
> ③ G44 : 공구 길이 보정(-)
> ④ G49 : 공구 길이 보정 무시
> ⑤ G40 : 공구경 보정 취소
> ⑥ G41 : 공구경 보정 좌측

59 일반적으로 CNC 프로그램의 준비기능(G 기능)에 속하지 않은 것은?
① 원호 보간 ② 직선 보간
③ 기어속도 변환 ④ 급속 이송

> 해설
> 기어속도 변환은 보조기능(M 기능)이다.

60 내측 마이크로미터의 0점 조정 방법이 아닌 것은?
① 링 게이지를 이용하는 방법
② 게이지 블록 부속품을 이용하는 방법
③ 외측 마이크로미터를 이용하는 방법
④ 버니어 캘리퍼스를 이용하는 방법

> 해설
> 내측 마이크로미터의 0점 조정 방법에는 링 게이지를 이용하는 방법, 게이지 블록 부속품을 이용하는 방법, 외측 마이크로미터를 이용하는 방법 등이 있다.

답안 표기란				
58	①	②	③	④
59	①	②	③	④
60	①	②	③	④

정답 58. ① 59. ③ 60. ④

06회 CBT 모의고사

- 수험번호:
- 수험자명:
- 제한 시간:
- 남은 시간:

01 알루미늄 합금인 Y 합금은 어떤 성질이 가장 우수한가?
① 취성
② 부식성
③ 마멸성
④ 내열성

해설 Y 합금은 Al-Cu-Ni-Mg 합금으로 대표적인 내열성 Al 합금이다.

02 항공기, 자동차, 정밀기계, 공작기계 등의 진동이 심한 곳, 세밀한 위치조정 등의 이완방지용으로 사용되는 체결용 나사는?
① 유니파이 나사
② 휘트워드 나사
③ 관용 나사
④ 미터 가는 나사

해설 미터 가는 나사
항공기, 자동차, 정밀기계, 공작기계 등의 진동이 심한 곳, 세밀한 위치조정 등의 이완방지용으로 사용되는 체결용 나사이다.

03 하중이 걸리는 속도에 의한 분류 중 동하중이 아닌 것은?
① 정하중
② 충격하중
③ 반복하중
④ 교번하중

해설 동하중은 하중의 크기가 시간과 더불어 변화하는 하중으로 반복하중, 교번하중, 충격하중이 있다.

04 주철의 기지 조직을 펄라이트로 하고 흑연을 미세화시켜 인장강도를 294MPa 이상으로 강화시킨 주철은?
① 보통주철
② 합금주철
③ 가단주철
④ 고급주철

해설 고급주철은 GC 4~6종을 말하며 펄라이트 주철이라고도 하며, 인장강도는 294MPa 이상이다.

05 고주파 경화법에서 경화 깊이가 1mm일 때 주파수는 몇 kHz인가?
① 60
② 600
③ 6000
④ 60000

해설 고주파 경화법에서 경화 깊이가 1mm일 때 주파수는 60kHz이다.

답안 표기란

01	①	②	③	④
02	①	②	③	④
03	①	②	③	④
04	①	②	③	④
05	①	②	③	④

정답 01. ④ 02. ④
03. ① 04. ④
05. ①

06 순철은 910℃ 부근에서 변태가 일어나는데 이때 α철이 γ철로 변하는 것을 무엇이라 하는가?

① A_0 자기변태
② A_2 자기변태
③ A_3 동소변태
④ A_4 동소변태

해설 변태점
① A_0(210℃) : 시멘타이트의 자기 변태점
② A_1(723℃) : 순철에는 없고 강에서만 일어나는 특유한 변태
③ A_2(768℃) : 자기변태(Fe, Ni, Co)
④ A_3(912℃) : 동소변태
⑤ A_4(1,400℃) : 동소변태

07 보통 합금보다 회복력과 회복량이 우수하여 센서(sensor)와 액추에이터(actuator)를 겸비한 기능성 재료로 사용되는 합금은?

① 비정질 합금
② 초소성 합금
③ 수소 저장 합금
④ 형상 기억 합금

해설 **형상 기억 합금** : 보통 합금보다 회복력과 회복량이 우수하여 센서(sensor)와 액추에이터(actuator)를 겸비한 기능성 재료로 사용되는 합금이다.

08 기어 전동의 특징에 대한 설명으로 틀린 것은?

① 큰 동력을 전달한다.
② 큰 감속을 할 수 있다.
③ 넓은 설치장소가 필요하다.
④ 소음과 진동이 발생한다.

해설 기어 전동의 특징
① 전동이 확실하고 큰 동력을 일정한 속도비로 전달할 수 있다.
② 축압력이 작으며 사용 범위가 넓다.
③ 회전비가 정확하고, 전동 효율이 좋고 감속비가 크다.
④ 충격음을 흡수하는 성질이 약하고 소음과 진동이 발생한다.

09 코일스프링에서 코일의 평균지름과 소선지름과의 비를 무엇이라 하는가?

① 스프링 상수
② 스프링 지수
③ 스프링의 종횡비
④ 스프링 피치

해설 스프링 지수(C) : $C = \dfrac{D}{d} = \dfrac{R}{r}$

정답 06. ③ 07. ④ 08. ③ 09. ②

10 황동의 화학적 성질이 아닌 것은?

① 탈아연 부식
② 자연균열
③ 인공균열
④ 고온 탈아연

해설 황동의 화학적 성질
① 탈아연 부식 : 불순한 물 및 부식성 물질이 녹아있는 수용액의 작용에 의해 황동의 표면에는 내부까지 탈아연 되는 현상
② 자연 균열 : 일종의 응력부식균열로 잔류 응력에 기인하는 현상
③ 고온 탈아연 : 고온에서 탈아연 되는 현상

11 불변강의 종류에 해당하지 않는 것은?

① 인바
② 엘린바
③ 코엘린바
④ 베어링강

해설 불변강
① 인바(invar) : Ni 36%를 함유하는 Fe-Ni 합금으로서 상온에서 열팽창계수가 매우 적고 내식성이 대단히 좋으므로 줄자, 시계의 진자, 바이메탈 등에 쓰인다.
② 엘린바(elinvar) : 상온에 있어서 실용상 탄성 계수가 거의 변화하지 않는 30% Ni-12% Cr 합금으로 고급 시계, 정밀 저울 등의 스프링 및 기타 정밀 계기의 재료에 적합하다.
③ 코엘린바(Coelinvar) : Cr10~11%, Co26~58%, Ni10~16% 함유하는 철 합금으로 온도변화에 대한 탄성률의 변화가 극히 적고 공기 중이나 수중에서 부식되지 않고, 스프링, 태엽, 기상관측용 기구의 부품에 사용된다.

12 화물을 아래로 내릴 때 화물 자중에 의한 제동 작용으로 화물의 속도를 조절하거나 정지시키는 것은?

① 블록 브레이크
② 밴드 브레이크
③ 자동하중 브레이크
④ 축압 브레이크

해설 자동하중 브레이크
하물을 감아올릴 때는 제동 작용은 하지 않고 클러치 작용을 하며, 내릴 때는 하물 자중에 의해 브레이크 작용을 한다.

13 베어링 호칭 번호가 6208로 표시되어 있을 때 내경치수로 옳은 것은?

① 40mm
② 60mm
③ 62mm
④ 80mm

해설 안지름을 나타내는 숫자는 끝에서 3자리이며, 00 : 안지름 10mm, 01 : 12mm, 02 : 15mm, 03 : 17mm를 나타내며 04부터는 숫자×5=안지름(mm)이다.

정답 10. ③ 11. ④ 12. ③ 13. ①

14 축에는 키 홈을 파지 않고 보스(boss)에만 키 홈을 파는 키는?
① 성크 키
② 스플라인 키
③ 평 키
④ 새들 키

해설
① 새들 키 : 보스에만 키 홈을 판다.
② 평 키 (Flat Key) : 축을 키의 폭만큼 납작하게 깎아서 보스의 키 홈과의 사이에 밀어 넣는다. 1/100의 기울기를 붙이기도 하고 새들 키보다 약간 큰 힘을 전달시킬 수 있다.
③ 성크 키 : 축과 보스에 다 같이 홈을 만들어 사용
④ 스플라인 키 : 축의 둘레에 4~20개 턱을 만들어 큰 회전력을 전달할 때 사용

15 3kN의 짐을 들어 올리는데 필요한 볼트의 바깥지름은 약 몇 mm 이상이어야 하는가?(단, 볼트 재료의 허용인장응력은 4MPa이다.)
① 32.24mm ② 38.73mm
③ 42.43mm ④ 48.45mm

해설
$$d = \sqrt{\frac{2W}{\sigma_a}} = \sqrt{\frac{2 \times 3,000}{4}} = 38.729\text{mm}$$

16 다음 중 최대 틈새가 가장 큰 끼워 맞춤은? (단, 기준치수는 동일하다.)
① H6/h6 ② H6/g6
③ H6/f6 ④ H6/m6

해설 최대 틈새가 가장 큰 끼워 맞춤 순서
H6/f6 〉 H6/g6 〉 H6/h6 〉 H6/m6

17 다음 중 회전 도시 단면도로 나타내기에 가장 적합한 물체는?
① 바퀴의 암 ② 리벳
③ 테이퍼 핀 ④ 너트

해설 회전도시 단면도
핸들이나 바퀴 등의 암 및 림, 리브, 훅, 축, 구조물의 부재 등의 절단면은 90° 회전하여 표시하여도 좋다.

정답 14. ④ 15. ②
      16. ③ 17. ①

18 도면에서 가공방법을 지정할 때 표시하는 KS 약호 중 틀린 것은?

① 드릴 가공 : D
② 밀링 가공 : M
③ 연삭 가공 : G
④ 선반 가공 : S

해설 선반 가공 : L

19 도면에 나사 표시가 M50×2-6H로 표시되었을 때 해석으로 틀린 것은?

① 오른나사이다.
② 한 줄 나사이다.
③ 피치는 6mm이다.
④ 호칭지름은 50mm이다.

해설 피치는 2mm이고 나사의 등급이 6H이다.

20 다음과 같은 기하 공차에 대한 설명으로 틀린 것은?

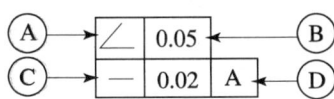

① A : 경사도 공차
② B : 공차값
③ C : 평행도 공차
④ D : 데이텀을 지시하는 문자기호

해설 C : 진직도 공차

21 스퍼 기어의 요목표가 다음과 같을 때, 빈 칸의 모듈값은 얼마인가?

스퍼 기어		
기어 모양		표준
공구	치형	보통이
	모듈	
	압력각	20°
잇수		36
피치원 지름		108

① 1.5
② 2
③ 3
④ 6

해설 피치원 지름=M×Z
모듈=피치원의 지름(108)÷잇수(36)=3

정답 18. ④ 19. ③
20. ③ 21. ③

22 치수와 병기하여 사용되는 다음 치수기호 중 KS 제도통칙으로 올바르게 기입된 것은?

① 25□　　② 25C
③ SR25　　④ 25φ

> **해설** 올바른 치수와 병기하여 사용되는 다음 치수기호
> φ25, R25, Sφ25, SR25, □25, t25, C25

23 그림과 같이 제3각법으로 정 투상도를 작도할 때 정면도와 우측면도에 가장 적합한 평면도는?

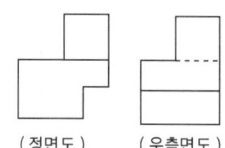
(정면도)　(우측면도)

① 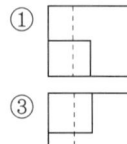　②
③ 　④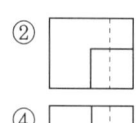

24 그림과 같은 도면에서 A, B, C, D 선과 선의 용도에 의한 명칭이 틀린 것은?

① A : 외형선
② B : 중심선
③ C : 숨은선
④ D : 치수 보조선

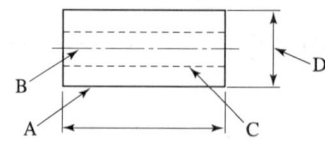

> **해설** D : 치수선

25 스프링을 도시할 경우 그림 안에 기입하기 힘든 사항은 일괄하여 스프링 요목표에 기입한다. 압축 코일 스프링의 경우 스프링 요목표에 기입되지 않는 내용은?

① 재료의 지름　　② 감김 방향
③ 자유 길이　　　④ 초기 장력

정답 22. ③　23. ④　24. ④　25. ④

해설 압축 코일 스프링의 경우 스프링 요목표에 기입 사항 : 재료의 지름, 감김 방향, 자유 길이, 코일의 평균지름, 총 감긴 수, 유효감긴 수 등이다.

26 밀링의 절삭 방법 중 하향 절삭의 설명에 해당하지 않는 것은?
① 백래시를 제거하여야 한다.
② 절삭된 칩이 가공된 면 위에 쌓이므로 가공할 면을 잘 볼 수 있다.
③ 절삭력이 하향으로 작용하여, 가공물 고정이 유리하다.
④ 상향 절삭에 비해 날의 마멸이 많고 수명이 짧다.

해설 상향 절삭과 하향 절삭의 비교

구분	상향 절삭	하향 절삭
칩에 영향	• 절삭에 방해 없다.	• 절삭에 방해 있다.
백래시 제거	• 백래시 제거장치가 필요 없다.	• 백래시 제거장치가 필요하다.
공작물 고정	• 불안하므로 확실히 고정해야 한다.	• 안정된 고정이 된다.
공구 수명	• 수명이 짧다. • 날 파손은 적으나 마멸이 심하다.	• 수명이 길다. • 날 파손은 생길 수 있으나 마모가 적다.
소비 동력	• 소비가 크다.	• 소비가 적다.
가공면	• 거칠다.	• 깨끗하다.

27 다음 중 특별한 모양이나 같은 치수의 제품을 대량생산하는 데 적합한 공작기계는?
① 전용 공작기계　② 범용 공작기계
③ 단능 공작기계　④ 만능 공작기계

해설 공작기계의 분류
① 일반(범용) 공작기계 : 절삭속도 및 이송의 범위가 크고, 부속 장치를 사용하여 다양한 종류의 가공을 할 수 있는 공작기계이다.
② 단능 공작기계 : 간단한 공정밖에 할 수 없는 공작기계이며, 다량생산에 적합하나 다른 공정의 가공에 융통성이 없다.
③ 전용 공작기계 : 특정한 모양, 치수의 제품을 양산하기에 적합하도록 만든 공작기계이다.
④ 만능 공작기계 : 여러 가지 종류의 공작기계에서 할 수 있는 가공을 1대의 공작기계에서 가능하도록 제작한 공작기계이다.

28 선반에서 가공된 롤러(Roller)의 외면을 정밀하게 다듬질하여 치수 정밀도와 원통도 및 진직도를 향상시키려고 할 때 어떤 가공법을 택하는 것이 가장 좋은가?
① 숏 피닝(shot peening)　② 하드 페이싱(hard facing)
③ 버니싱(burnishing)　④ 슈퍼피니싱(super finishing)

해설 슈퍼피니싱(super finishing) : 선반에서 가공된 롤러(Roller)의 외면을 정밀하게 다듬질하여 치수 정밀도와 원통도 및 진직도를 향상시키려고 할 때 적합하다.

답안 표기란				
26	①	②	③	④
27	①	②	③	④
28	①	②	③	④

[정답] 26. ④　27. ①　28. ④

06회 CBT 모의고사

29 연삭 가공의 특징이 아닌 것은?
① 재료가 열처리되어 단단해진 공작물의 가공에 적합하다.
② 작은 충격으로 파괴되는 기계적 성질이 있는 공작물의 가공에 적합하다.
③ 높은 치수 정밀도가 요구되는 부품의 가공에 적합하다.
④ 경도가 높은 재료와 부드러운 고무류의 재료는 가공이 불가능하다.

해설 연삭 가공의 특징은 경도가 높은 재료에 적합하다.

30 쇠톱 작업 시 누르는 힘에 대하여 바르게 설명한 것은?
① 밀 때는 힘을 주지 않고, 당길 때 힘을 준다.
② 밀 때는 힘을 주고, 당길 때는 힘을 주지 않는다.
③ 밀 때와 당길 때 모두 힘을 준다.
④ 밀 때와 당길 때 모두 힘을 주지 않는다.

해설 쇠톱 작업은 밀 때는 힘을 주고, 당길 때는 힘을 주지 않는다.

31 니(knee)형 밀링머신의 종류에 해당하지 않는 것은?
① 수직 밀링머신
② 수평 밀링머신
③ 만능 밀링머신
④ 호빙 밀링머신

해설 니형 밀링머신 : 수평 밀링머신, 수직 밀링머신, 만능 밀링머신

32 시준기와 망원경을 조합한 것으로 미소 각도를 측정하는 광학적 측정기로서 정밀정반의 평면도, 마이크로미터의 측정면 직각도, 평행도, 공작기계 안내면의 진직도, 직각도, 안내면의 평행도, 그 밖에 작은 각도의 변화 차이 및 흔들림 등의 측정에 사용되는 것은?
① 콤비네이션 세트(combination set)
② 광학식 클리노미터(optical clinometer)
③ 광학식 각도기(optical protractor)
④ 오토콜리미터(autocollimator)

해설 오토콜리미터는 평면경, 프리즘 등을 이용하여 미소한 각도의 변화 또는 평면의 기울기 등을 측정하고, 정밀한 정반의 평면도, 마이크로미터의 측정면의 직각도, 평행도,

[정답] 29. ④ 30. ② 31. ④ 32. ④

공작기계 안내면의 진직도, 직각도, 평행도, 그 밖의 작은 각도 차의 변화나 흔들림 등을 측정하며, 검사하는데 널리 사용되는 광학적 각도 측정기이다.

33 다음 중 급속 귀환 기구를 갖는 공작기계로만 올바르게 짝지어진 것은?

① 셰이퍼, 플레이너
② 호빙머신, 기어 셰이퍼
③ 드릴링 머신, 태핑 머신
④ 밀링머신, 성형 연삭기

해설 급속 귀환 기구를 갖는 공작기계 : 셰이퍼, 플레이너, 슬로터

34 절삭공구가 갖추어야 할 조건으로 틀린 것은?

① 고온경도를 가지고 있어야 한다.
② 내마멸성이 커야 한다.
③ 충격에 잘 견디어야 한다.
④ 공구보호를 위해 인성이 적어야 한다.

해설 절삭공구 재료의 구비조건
① 피 절삭재보다는 경도와 인성이 클 것
② 고온에서 경도가 감소되지 않을 것
③ 내마모성이 클 것
④ 절삭저항을 받으므로 강도가 클 것

35 버니어 캘리퍼스의 측정 시 주의사항 중 잘못된 것은?

① 측정 시 측정면을 검사하고 본척과 부척의 0점이 일치하는가를 확인한다.
② 깨끗한 헝겊으로 닦아서 버니어가 매끄럽게 이동되도록 한다.
③ 측정 시 공작물을 가능한 힘있게 밀어붙여 측정한다.
④ 눈금을 읽을 때는 시차를 없애기 위해 눈금면의 직각 방향에서 읽는다.

해설 버니어 캘리퍼스의 측정 시 공작물을 가볍게 밀어붙여 측정한다.

36 절삭유에 높은 윤활효과를 얻도록 첨가제를 사용하는 데 동식물유에 사용하는 첨가제가 아닌 것은?

① 유황
② 흑연
③ 아연
④ 질소

해설 첨가제로 동식물성계는 유황, 흑연, 아연분 등을 첨가하고, 수용성 절삭은 인산염, 규산염 등을 첨가한다. 일반적으로 저속 절삭할 때에는 극압 첨가제를 사용하지 않는다.

답안 표기란

33	①	②	③	④
34	①	②	③	④
35	①	②	③	④
36	①	②	③	④

[정답] 33. ① 34. ④
35. ③ 36. ④

37 연삭숫돌에 눈 메움이나 무딤 현상이 일어나면 연삭성이 저하되므로, 숫돌 표면에서 칩을 제거하여 본래의 형태로 숫돌을 수정하는 작업은?

① 시닝   ② 크리닝
③ 드레싱 ④ 클램핑

해설 드레싱 : 연삭숫돌에 눈 메움이나 무딤 현상이 일어나면 연삭성이 저하되므로, 숫돌 표면에서 칩을 제거하여 본래의 형태로 숫돌을 수정하는 작업이다.

38 연한 재질의 일감을 고속 절삭할 때 주로 생기는 칩의 형태는?

① 전단형 ② 균열형
③ 유동형 ④ 열단형

해설
① **유동형 칩(flow type chip)** : 칩이 공구의 경사면 위를 유동하는 것과 같이 원활하게 연속적으로 흘러나가는 형태로서 칩 발생 시 연속적인 미끄럼 파괴에 의하여 절삭되며, 가공면이 깨끗하고 절삭작용이 원활하다.
② **전단형 칩(shear type chip)** : 칩이 원활히 흐르지 못하고, 가공면이 매끄럽지 못하다. 연한 재질의 공작물을 작은 경사각으로 저속 가공할 때 생긴다.
③ **열단형(경작형) 칩(tear type chip)** : 비교적 점성이 있는 재료의 절삭에 있어서 생겨 나오는 것으로 칩이 인선의 경사면에 쌓이는 형식이다.
④ **균열형 칩(Crack type chip)** : 균열의 발생은 열단형과 같으나, 주철과 같은 메진(취성) 재료를 저속 가공할 때 발생한다.

39 머시닝센터 프로그램에서 고정 사이클을 취소하는 준비기능은?

① G76   ② G80
③ G83   ④ G87

해설

G73	고속 심공 드릴 사이클
G74	왼나사 태핑 사이클
G76	정밀 보링 사이클
G80	고정 사이클 취소
G81	드릴링 사이클
G82	카운터 보링 사이클
G83	심공 드릴 사이클
G84	태핑 사이클
G85	보링 사이클
G86	보링 사이클
G87	백 보링 사이클
G88	보링 사이클
G89	보링 사이클

정답 37. ③ 38. ③ 39. ②

40 평면 밀링 커터(plane milling cutter)의 설명으로 틀린 것은?
① 원통의 원주에 절삭날이 있다.
② 비틀림 날의 나선각은 보통 1~3° 정도 경사져 있다.
③ 직선인 절삭날과 비틀림 형상의 절삭날이 있다.
④ 밀링 커터 축과 평행한 평면을 절삭한다.

해설 평면 밀링 커터
모두 비틀림 날로 만들어져 있고, 경절삭용은 15°, 중절삭용 거친 날은 날의 수가 적고 비틀림각은 25° 이상으로 되어 있다. 비틀림각이 45~60°로 된 것은 헬리컬(helical) 커터라고 한다.

41 기계의 테이블에 직접 스케일을 부착하여 위치를 검출하고, 서보모터에서 속도를 검출하는 그림과 같은 서보 기구는?

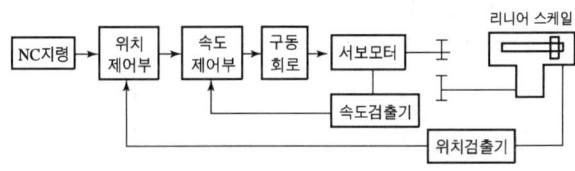

① 개방회로 방식
② 반폐쇄회로 방식
③ 폐쇄회로 방식
④ 반개방회로 방식

해설 서보 기구 종류
① 개방회로 : 검출기나 피드백 회로를 가지지 않기 때문에 정밀도가 낮아 오늘날 NC 기계에는 거의 사용하지 않는다.
② 반폐쇄회로 : 서보 모터의 축 또는 볼 스크류의 회전 각도를 통하여 위치를 검출하는 방식으로 CNC 공작기계에 이 방식을 많이 사용
③ 폐쇄회로 : 기계의 테이블에 직접적으로 스케일(Scale)을 부착하여 위치 편차를 피드백시키는 방식으로 정밀도가 높아 고정밀도의 공작기계나 대형 공작기계 등에 많이 사용
④ 복합회로 : 반 폐쇄회로 제어방식과 폐쇄회로 제어방식을 결합한 제어방식으로 대형 공작기계와 같이 강성을 충분히 높일 수 없는 기계에 적합한 방식이다.

42 CAD/CAM 시스템의 입·출력 장치가 아닌 것은?
① 프린터
② 마우스
③ 키보드
④ 중앙처리장치

해설 중앙처리장치(CPU : Central Processing Unit)
컴퓨터 시스템에서 가장 핵심이 되는 장치로 인간의 뇌에 해당하며 시스템 전체 상태를 총괄하고 제어 및 처리 데이터에 대해 연산(논리연산과 산술연산)을 수행하는 장치
중앙처리장치의 구성은 크게 제어장치와 논리 연산장치(ALU)로 되어 있음

[정답] 40. ② 41. ③ 42. ④

06회 CBT 모의고사

43 CNC 프로그램에서 EOB의 뜻은?
① 블록의 종료
② 프로그램의 종료
③ 주축의 정지
④ 보조기능의 정지

해설 EOB : 블록의 종료

44 다음 설명에 해당하는 좌표계의 종류는?

「상대 값을 가지는 좌표로 정확한 거리의 이동이나 공구 보정시에 사용되며 현재의 위치가 좌표계의 원점이 되고 필요에 따라 그 위치를 0(zero)으로 설정할 수 있다.」

① 공작물 좌표계
② 극 좌표계
③ 상대 좌표계
④ 기계 좌표계

해설 상대 좌표계
상대 값을 가지는 좌표로 정확한 거리의 이동이나 공구 보정 시에 사용되며 현재의 위치가 좌표계의 원점이 되고 필요에 따라 그 위치를 0(zero)으로 설정할 수 있다.

45 머시닝센터에 전원을 투입하고 각 축의 기계 좌푯값을 "0"으로 하기 위하여 행하는 조작은?
① 원점복귀
② 수동운전
③ 좌표계 설정
④ 핸들운전

해설 원점복귀
전원을 투입하고 각 축의 기계 좌푯값을 "0"으로 하기 위하여 행하는 조작이다.

46 다음 그림에서 a에서 b로 가공할 때 원호보간 머시닝센터 프로그램으로 맞는 것은?

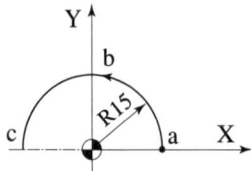

① G02 G90 X0. Y15. R15. F100. ;
② G03 G91 X-15. Y15. R15. F100. ;

[정답] 43.① 44.③ 45.① 46.②

③ G03 G90 X15. Y15. R15. F100. ;
④ G03 G91 X0. Y15. R-15. F100. ;

해설 그림에서 a에서 b로 가공할 때
G03 G91 X-15. Y15. R15. F100. ;

47 보조 프로그램이 종료되면 보조 프로그램에서 주 프로그램으로 돌아가는 M-코드는?
① M98
② M99
③ M30
④ M00

해설

M98	보조 프로그램 호출
M99	보조 프로그램 종료

48 CNC 장비의 점검내용 중 매일 점검사항이 아닌 것은?
① 외관 점검
② 유량 점검
③ 압력 점검
④ 기계 본체 수평점검

해설

매년 점검	레벨(수평) 점검
	기계정도 검사
	절연 상태 점검

49 공작기계 작업 안전에 대한 설명 중 잘못된 것은?
① 표면 거칠기는 가공 중에 손으로 검사한다.
② 회전 중에는 측정하지 않는다.
③ 칩이 비산할 때는 보안경을 사용한다.
④ 칩은 솔로 제거한다.

해설 표면 거칠기는 가공을 정지하고 간단하게 육안이나 손톱으로 검사할 수 있다.

50 다음 G코드 중 공구의 최후 위치만을 제어하는 것으로 도중의 경로는 무시되는 것은?
① G00
② G01
③ G02
④ G03

해설 G00(위치결정)은 구의 최후 위치만을 제어하는 것으로 도중의 경로는 무시된다.

답안 표기란				
47	①	②	③	④
48	①	②	③	④
49	①	②	③	④
50	①	②	③	④

정답 47. ② 48. ④
49. ① 50. ①

51. 밀링머신의 구성 요소로 틀린 것은?
① 니(knee) ② 컬럼(column)
③ 테이블(table) ④ 심압대(tail stock)

해설 심압대(tail stock)는 선반의 구성요소이다.

52. 엔드밀에 의한 가공에 관한 설명 중 틀린 것은?
① 엔드밀은 홈이나 좁은 평면 등의 절삭에 많이 이용된다.
② 엔드밀은 가능한 한 길게 고정하고 사용한다.
③ 휨을 방지하기 위해 가능한 절삭량을 적게 한다.
④ 엔드밀은 가능한 지름이 큰 것을 사용한다.

해설 엔드밀은 가능한 한 짧게 고정하고 사용한다.

53. 주로 수직 밀링에서 사용하며 평면 가공에 주로 이용되는 커터는?
① 슬래브 밀링 커터 ② 정면 밀링 커터
③ T홈 밀링 커터 ④ 더브테일 밀링 커터

해설 정면 밀링 커터는 주로 수직 밀링에서 사용하며 평면 가공에 주로 이용된다.

54. 머시닝센터에서 XY 평면을 지정하는 G코드는?
① G17 ② G18
③ G19 ④ G20

해설 G17(XY 평면), G18(ZX 평면), G19(YZ 평면), G20(인치 입력)

55. 머시닝센터 프로그램에서 공구 길이 보정에 대한 설명으로 잘못된 것은?
① G43 : 공구 길이 보정 "+" 방향
② G44 : 공구 길이 보정 "−" 방향
③ G45 : 공구 길이 보정 취소
④ H05 : 공구 길이 보정 번호

정답 51. ④ 52. ② 53. ② 54. ① 55. ③

G43	공구 길이 보정 +
G44	공구 길이 보정 −
G49	공구 길이 보정 취소

56 머시닝센터에서 모서리 치수를 정확히 가공하거나 드릴 작업, 카운터 싱킹 등에서 목표점에 도달한 후 진원도 향상 및 깨끗한 표면을 얻기 위하여 사용하는 기능은?

① G33
② G24
③ G10
④ G04

해설 G04
머시닝센터에서 모서리 치수를 정확히 가공하거나 드릴 작업, 카운터 싱킹 등에서 목표점에 도달한 후 진원도 향상 및 깨끗한 표면을 얻기 위하여 사용하는 기능이다.

57 CAM 시스템의 곡면 가공방법에서 Z축 방향의 높이가 같은 부분을 연결하여 가공하는 방법은?

① 주사선 가공
② 등고선 가공
③ 펜슬 가공
④ 방사형 가공

해설
- **등고선 가공** : CAM 시스템의 곡면 가공방법에서 Z축 방향의 높이가 같은 부분을 연결하여 가공하는 방법
- **펜슬 가공** : 모서리가 있는 제품인 경우에 모서리까지 가공을 하기 위하여 작은 직경의 엔드밀로 가공하는 방법

58 위치와 속도를 서보모터의 축이나 볼나사의 회전각도로 검출하여 피드백(feedback)시키는 서보 기구로 일반 CNC 공작기계에서 주로 사용되는 그림과 같은 제어방식은?

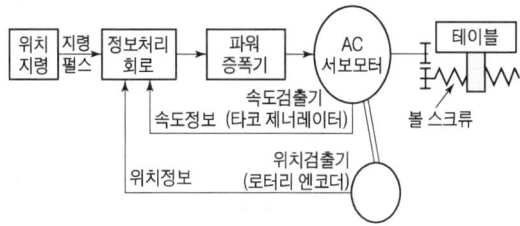

① 개방회로 방식
② 폐쇄회로 방식
③ 반폐쇄회로 방식
④ 반개방회로 방식

해설 반폐쇄회로 방식
위치와 속도를 서보모터의 축이나 볼나사의 회전각도로 검출하여 피드백(feedback)시키는 서보 기구 제어방식

정답 56. ④ 57. ②
58. ③

59. CNC 공작기계에서 작업 전 일상적인 점검이 아닌 것은?

① 적정 유압압력 확인
② 공작물 고정 및 공구 클램핑 확인
③ 서보모터 구동 확인
④ 습동유 잔유량 확인

해설

작업 전 일상적인 점검세부내용
• 장비 외관 점검
• 베드면에 습동유가 나오는지 손으로 확인한다.
• 습동면 및 볼스트류 급유탱크 유량 확인
• Air Lubricator Oil 확인(Air에 Oil을 혼합하여 실린더를 보호하는 장치)
• 절삭유의 유량은 충분한가?
• 유압탱크의 유량은 충분한가?
• 각부의 압력이 명판에 지시된 압력을 가리키는가?
• 각 축은 원활하게 급속 이동되는가?
• ATC 장치는 원활하게 작동되는가?
• 주축의 회전은 정상적인가?

60. 다음 중 실제 치수와 표준 치수와의 차를 측정하는 데 사용되는 측정기는?

① 게이지 블록
② 실린더 게이지
③ 캘리퍼스
④ 마이크로미터

정답 59. ③ 60. ①

CBT 모의고사

week 4

컴퓨터응용선반·밀링기능사

- 01회 컴퓨터응용선반기능사
- 02회 컴퓨터응용선반기능사
- 03회 컴퓨터응용선반기능사
- 04회 컴퓨터응용밀링기능사
- 05회 컴퓨터응용밀링기능사
- 06회 컴퓨터응용밀링기능사

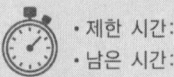

01 나사의 호칭 지름은 무엇으로 나타내는가?
① 피치
② 암나사의 안지름
③ 유효지름
④ 수나사의 바깥지름

> 해설 수나사의 크기는 수나사의 바깥지름이 기준이다.

02 전달토크가 큰 축에 주로 사용되며 회전방향이 양쪽 방향일 때 일반적으로 중심각이 120° 되도록 한 쌍을 설치하여 사용하는 키(Key)는?
① 드라이빙 키
② 스플라인
③ 원뿔 키
④ 접선 키

> 해설 접선 키 : 전달토크가 큰 축에 주로 사용되며 회전방향이 양쪽 방향일 때 일반적으로 중심각이 120° 되도록 한 쌍을 설치하여 사용하는 키이다.

03 특수강에 첨가되는 합금원소의 특성을 나타낸 것 중 틀린 것은?
① Ni : 내식성 및 내산성을 증가
② Co : 보통 Cu와 함께 사용되며 고온 강도 및 고온 경도를 저하
③ Ti : Si나 V과 비슷하고 부식에 대한 저항이 매우 큼
④ Mo : 담금질 깊이를 깊게 하고 내식성 증가

> 해설 Co : 고온 경도와 고온 강도를 증가시키나 단독으로는 사용하지 않는다.

04 한 변의 길이가 2cm인 정사각형 단면의 주철제 각봉에 4000N의 중량을 가진 물체를 올려놓았을 때 생기는 압축응력(N/mm²)은?
① 10
② 20
③ 30
④ 40

> 해설 압축응력 $= \dfrac{하중}{단면적} = \dfrac{4,000}{20 \times 20} = 10 \text{N/mm}^2$

05 조성은 Al에 Cu와 Mg이 각각 1%, Si가 12%, Ni이 1.8%인 Al 합금으로 열팽창 계수가 적어 내연기관 피스톤용으로 이용되는 것은?
① Y 합금
② 라우탈
③ 실루민
④ Lo-Ex 합금

정답 01. ④ 02. ④
03. ② 04. ①
05. ④

해설 **Lo-Ex 합금** : 조성은 Al에 Cu와 Mg이 각각 1%, Si가 12%, Ni이 1.8%인 Al합금으로 열팽창 계수가 적어 내연기관 피스톤용으로 사용된다.

06 탄소강의 열처리 종류에 대한 설명으로 틀린 것은?

① 노멀라이징 : 소재를 일정 온도에서 가열 후 유냉시켜 표준화한다.
② 풀림 : 재질을 연하고 균일하게 한다.
③ 담금질 : 급냉시켜 재질을 경화시킨다.
④ 뜨임 : 담금질된 것에 인성을 부여한다.

해설 **불림(normalizing)** : 불림은 내부응력을 제거하면서 기계적, 물리적 성질을 표준화한다.

07 니켈-구리합금 중 Ni의 일부를 Zn으로 치환한 것으로, Ni 8~20%, Zn 20~35%, 나머지가 Cu인 단일 고용체로 식기, 악기 등에 사용되는 합금은?

① 베니딕트메탈(Benedict Metal)
② 큐프로니켈(Cupro-Nickel)
③ 양백(Nickel Silver)
④ 콘스탄탄(Constantan)

해설 **양백(Nickel Silver)** : 니켈-구리합금 중 Ni의 일부를 Zn으로 치환한 것으로, Ni 8~20%, Zn 20~35%, 나머지가 Cu인 단일 고용체로 식기, 악기 등에 사용되는 합금이다.

08 다음 중 회주철의 재료 기호는?

① GC
② SC
③ SS
④ SM

해설
- **GC** : 회주철
- **SC** : 탄소 주강품
- **SF** : 탄소강 단강품
- **SS** : 일반구조용 압연강판
- **SM10C** : 기계구조용 탄소강재

09 주철의 풀림처리(500~600℃, 6~10시간)의 목적과 가장 관계가 깊은 것은?

① 잔류응력 제거
② 전·연성 향상
③ 부피 팽창 방지
④ 흑연의 구상화

해설 주철의 잔류응력 제거 : 풀림처리(500~600℃, 6~10시간)한다.

답안 표기란

06	①	②	③	④
07	①	②	③	④
08	①	②	③	④
09	①	②	③	④

정답 06. ① 07. ③ 08. ① 09. ①

10 축 방향에 하중이 작용하면 피스톤이 이동하여 작은 구멍인 오리피스(orifice)로 기름이 유출되면서 진동을 감소시키는 완충 장치는?

① 토션 바
② 쇽업소버
③ 고무 완충기
④ 링 스프링 완충기

해설 쇽업소버
축 방향에 하중이 작용하면 피스톤이 이동하여 작은 구멍인 오리피스(orifice)로 기름이 유출되면서 진동을 감소시키는 완충 장치을 한다.

11 일반적으로 합성수지의 장점이 아닌 것은?

① 가공성이 뛰어나다.
② 절연성이 우수하다.
③ 가벼우며 비교적 충격에 강하다.
④ 임의의 색깔로 착색할 수 있다.

해설 비강도는 비교적 높고, 충격 및 표면의 강도가 약하다.

12 원동차의 지름이 160mm 종동차의 반지름이 50mm인 경우 원동차의 회전수가 300rpm이라면 종동차의 회전수는 몇 rpm인가?

① 150
② 200
③ 360
④ 480

해설 $160 \times 300 = 100 \times x$
$x = \dfrac{160 \times 300}{100} = 480$

13 물체의 단면에 따라 평행하게 생기는 접선응력에 해당하는 것은?

① 전단응력
② 인장응력
③ 압축응력
④ 변형응력

해설 전단응력
물체의 단면에 따라 평행하게 생기는 접선응력이다.

정답 10. ② 11. ③ 12. ④ 13. ①

14 회전에 의한 동력 전달 장치에서 인장 측 장력과 이완 측 장력의 차이는?

① 초기 장력
② 인장 측 장력
③ 이완 측 장력
④ 유효 장력

해설 유효 장력=인장(긴장) 측 장력-이완 측 장력

15 금속의 재결정온도에 대한 설명으로 맞는 것은?

① 가열시간이 길수록 낮다.
② 가공도가 작을수록 낮다.
③ 가공 전 결정입자 크기가 클수록 낮다.
④ 납(Pb)보다 구리(Cu)가 낮다.

해설 가열시간이 길수록 낮다.

16 다음 중 허용 한계 치수에서 기준 치수를 뺀 값을 의미하는 용어로 가장 적합한 것은?

① 치수 공차
② 공차역
③ 치수허용차
④ 실치수

해설 치수허용차 : 허용 한계 치수에서 기준 치수를 뺀 값을 의미한다.

17 치수 보조 기호 중에서 45°의 모떼기를 나타내는 기호는?

① C
② t
③ R
④ S∅

해설

반지름	R	정사각형의 변	□
구의 지름	S∅	판의 두께	t
구의 반지름	SR	45°의 모떼기	C

18 기계제도에서 가동 부분을 이동 중의 특정한 위치 또는 이동 한계의 위치로 표시하는 데 사용하는 선은?

① 지시선
② 중심선
③ 파단선
④ 가상선

해설 가상선 : 가동 부분을 이동 중의 특정한 위치 또는 이동 한계의 위치로 표시하는 데 사용하는 선이다.

답안 표기란				
14	①	②	③	④
15	①	②	③	④
16	①	②	③	④
17	①	②	③	④
18	①	②	③	④

정답 14. ④ 15. ①
16. ③ 17. ①
18. ④

19 보기와 같은 도면에서 C 부의 치수는?

① 43
② 47
③ 50
④ 53

[보기]
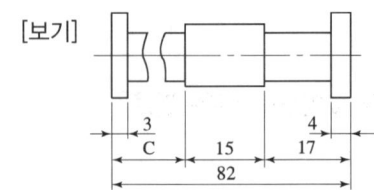

해설 15+17=32, 82-32=50

20 그림과 같은 입체를 제3각 정투상법으로 가장 올바르게 투상한 것은? (단, 화살표 방향이 정면이다.)

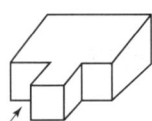

① 정면도

② 우측면도

③ 평면도
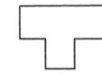

④ 좌측면도

21 도면에 보기와 같은 형상공차가 기입되어 있을 때 올바르게 설명한 것은?

[보기]
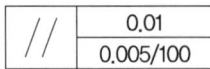

① 소정의 길이 100mm에 대하여 0.005mm, 전체길이에 대하여 0.01mm의 평행도
② 소정의 길이 100mm에 대하여 0.005mm, 전체길이에 대하여 0.01mm의 대칭도
③ 소정길이 100mm에 대하여 0.005mm, 전체길이에 대하여 0.01mm의 직각도
④ 소정길이 100mm에 대하여 0.005mm, 전체길이에 대하여 0.01mm의 경사도

답안 표기란
19 ① ② ③ ④
20 ① ② ③ ④
21 ① ② ③ ④

정답 19. ③   20. ③
21. ①

해설 보기의 올바른 설명 : 소정의 길이 100mm에 대하여 0.005mm, 전체길이에 대하여 0.01mm의 평행도

22 그림과 같이 키 홈만의 모양을 도시하는 것으로 충분할 경우 사용하는 투상법의 명칭은?

① 국부 투상도
② 부분 확대도
③ 보조 투상도
④ 회전 투상도

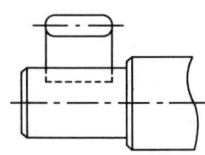

해설 국부 투상도 : 대상물의 구멍, 홈 등 한 국부만의 모양을 도시하는 것으로 충분한 경우에는 그 필요한 부분만을 국부 투상도로서 나타낸다.

23 그림과 같은 표면의 결에 관한 면의 지시 기호에서 위치 a가 나타내는 것은?

① 가공 방법
② 컷오프 값
③ 표면 거칠기 지시 값
④ 결무늬 모양

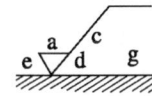

해설 면의 지시 기호에 대한 각 지시 사항의 기입 위치

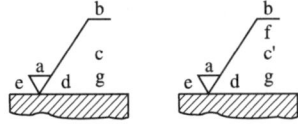

a : 산술 평균 거칠기 값
b : 가공 방법
c : 컷오프 값
c' : 기준 길이
d : 줄무늬 방향 기호
e : 다듬질 여유 기입
f : 산술 평균 거칠기 이외의 표면 거칠기 값
g : 표면 파상도

24 기어의 도시 방법으로 틀린 것은?

① 잇봉우리원은 굵은 실선으로 그린다.
② 피치원은 가는 1점 쇄선으로 그린다.
③ 이끝원은 가는 파선으로 그린다.
④ 잇줄 방향은 통상 3개의 가는 실선으로 그린다.

해설 이끝원은 굵은 실선으로 그린다.

[정답] 22. ① 23. ③ 24. ③

25. 분할 핀의 호칭법으로 알맞은 것은?

① 분할 핀 KS B 1321 - 등급 - 형식
② 분할 핀 KS B 1321 - 호칭 지름×길이 -재료
③ 분할 핀 KS B 1321, 호칭 지름×길이, 지정사항
④ 분할 핀 KS B 1321 - 길이 - 재료

해설 분할 핀의 호칭법 : 분할 핀 KS B 1321-호칭 지름×길이 - 재료

26. 연성재료를 절삭할 때 전단형 칩이 발생하는 조건으로 가장 알맞은 것은?

① 윤활성이 좋은 절삭유제를 사용할 때
② 저속절삭으로 절삭 깊이가 클 때
③ 절삭 깊이가 작고, 절삭속도가 빠를 때
④ 절삭 깊이가 작고, 경사각이 클 때

해설 전단형
불연속적인 미끄럼에 의하여 나타나므로 유동형과 균열형의 중간에 속하는 형태이며 절삭저항은 한 개의 칩이 발생할 때마다 변동하여, 가공면이 매끄럽지 못하다. 연한 재질의 공작물을 작은 경사각으로 저속 가공할 때 생긴다.

27. 래핑 작업에 쓰이는 랩제의 종류가 아닌 것은?

① 탄화규소
② 알루미나
③ 산화철
④ 주철가루

해설 랩제는 래핑 분말로서 탄화규소(SiC), 산화알루미늄(Al_2O_3)이 주로 쓰이며, 그 밖에 산화크롬, 산화철 등이 있고, 다이아몬드가 있는데 다이아몬드는 경도가 가장 큰 랩제로서 초경합금이나 보석 등에 쓰인다. 또한, 연한 금속이나 유리, 수정 등에는 탄화규소계나 산화철이, 강에는 산화알루미늄계가, 그리고 마무리 다듬질에서는 산화크롬 등이 쓰이고 있다.

28. 표준 드릴의 여유각으로 가장 적합한 것은?

① 3~5°
② 5~8°
③ 12~15°
④ 15~18°

해설 드릴의 각도
트위스트 드릴의 인선각은 연강용에 대해 118°로 일반적으로 가공 재료가 단단할수록 인선각이 커진다(여유각 : 10~15°, 웨브각 : 135°, 나선각 : 20~32°).

정답 25. ② 26. ②
27. ④ 28. ③

29 연삭숫돌의 자생 작용이 일어나는 순서로 올바른 것은?

① 입자의 마멸 → 파쇄 → 탈락 → 생성
② 입자의 탈락 → 마멸 → 파쇄 → 생성
③ 입자의 파쇄 → 마멸 → 생성 → 탈락
④ 입자의 마멸 → 생성 → 파쇄 → 탈락

해설 자생 작용
연삭할 때 숫돌의 마모된 입자가 파쇄된 후에 탈락되고, 새로운 입자가 나타나는 현상을 말하며, 입자의 마멸 → 파쇄 → 탈락 → 생성된다.

30 보통 선반의 이송 단위로 가장 올바른 것은?

① 1분당 이송(mm/min)
② 1회전당 이송(mm/rev)
③ 1왕복당 이송(mm/stroke)
④ 1회전당 왕복(stroke/rev)

해설 선반의 이송 단위는 1회전당 이송(mm/rev)이다.

31 다음은 2차원 절삭을 나타낸 그림이다. 절삭각은 어느 것인가?

① α
② β
③ γ
④ θ

해설 그림에서 절삭각은 γ이다.

32 평면 연삭 가공의 일반적인 특징으로 틀린 것은?

① 경화된 강과 같은 단단한 재료를 가공할 수 있다.
② 치수 정밀도가 높고, 표면 거칠기가 우수한 다듬질면 가공에 이용된다.
③ 부품 생산의 마무리 공정에 이용되는 것이 일반적이다.
④ 바이트로 가공하는 것보다 절삭속도가 매우 느리다.

해설 바이트로 가공하는 것보다 절삭속도가 매우 빠르다.

33 둥근 봉의 단면에 금긋기를 할 때 사용되는 공구와 가장 거리가 먼 것은?

① 다이스　　　　② 정반
③ 서피스 게이지　④ V-블록

해설 다이스는 수나사 가공용 공구이다.

34 마이크로미터에서 나사의 피치가 0.5mm, 딤블의 원주 눈금이 100 등분 되어 있다면 최소 측정값은 얼마가 되겠는가?

① 0.05mm　　　② 0.01mm
③ 0.005mm　　 ④ 0.001mm

해설 원주 눈금면의 1눈금 회전한 경우 스핀들의 이동량(M)은 $M = 0.5 \times \dfrac{1}{100} = 0.005mm$
즉, 딤블의 1눈금은 0.005mm를 나타내게 된다.

35 선반에서 가늘고 긴 공작물을 가공할 때 발생하는 떨림 현상이 일어나지 않도록 하기 위하여 사용하는 장치는?

① 돌림판　　　② 맨드릴
③ 센터　　　　④ 방진구

해설 **방진구** : 선반에서 가늘고 긴 공작물을 가공할 때 발생하는 떨림 현상이 일어나지 않도록 하기 위하여 사용하는 장치이다.

36 다음 중 눈금이 없는 측정 공구는?

① 마이크로미터　② 버니어 캘리퍼스
③ 다이얼 게이지　④ 게이지 블록

해설 게이지 블록은 눈금이 없는 측정 공구이다.

37 절삭 시 발생하는 절삭 온도에 대한 설명으로 옳은 것은?

① 절삭 온도가 높아지면 절삭성이 향상된다.
② 가공물의 경도가 낮을수록 절삭 온도는 높아진다.
③ 절삭 온도가 높아지면 절삭 공구의 마모가 증가된다.
④ 절삭 온도가 높아지면 절삭 공구 인선의 온도는 하강한다.

정답　33. ①　34. ③
　　　35. ④　36. ④
　　　37. ③

[해설] 절삭 온도가 높아지면 절삭 공구의 마모가 증가된다. 절삭 온도가 높아지면 날끝 온도가 상승하여 공구는 빨리 마멸되고 공구 수명이 짧아질 뿐만 아니라, 공작물도 온도 상승에 의한 열팽창으로 가공치수가 달라지는 나쁜 영향을 받게 된다.

38 다음이 설명하고 있는 공작기계 정밀도의 원리는?

> 공작기계의 정밀도가 가공되는 제품의 정밀도에 영향을 미치는 것

① 모성 원리(copying principle)
② 정밀 원리(accurate principle)
③ 아베의 원리(Abbe's principle)
④ 파스칼의 원리(Pascal's principle)

[해설] 모성 원리(copying principle)
공작기계의 정밀도가 가공되는 제품의 정밀도에 영향을 미치는 것

39 CNC 공작기계에서 기계상에 고정된 임의의 지점으로 기계제작 시 기계 제조회사에서 위치를 정하는 고정 위치를 무엇이라고 하는가?

① 프로그램 원점
② 기계 원점
③ 좌표계 원점
④ 공구의 출발점

[해설] 기계 원점 : CNC 공작기계에서 기계 상에 고정된 임의의 지점으로 기계제작 시 기계 제조회사에서 위치를 정하는 고정 위치

40 CNC 선반에서 축 방향에 비해 단면 방향의 가공 길이가 긴 경우에 사용되는 단면 절삭 사이클은?

① G76
② G90
③ G92
④ G94

[해설] G94 : CNC 선반에서 축 방향에 비해 단면 방향의 가공 길이가 긴 경우에 사용되는 단면 절삭 사이클

41 보조 프로그램에 대한 설명 중 틀린 것은?

① 종료는 M99로 지령한다.
② 반드시 증분값으로 지령한다.
③ 호출은 M98로 지령한다.
④ 보조 프로그램은 주 프로그램과 같은 메모리에 등록되어 있어야 한다.

[해설] 반드시 증분값으로 지령할 필요는 없다.

[정답] 38. ① 39. ② 40. ④ 41. ②

42 CNC 공작기계 작업 시 안전 및 유의사항이 틀린 것은?

① 습동부에 윤활유가 충분히 공급되고 있는지 확인한다.
② 절삭 가공은 드라이 런 스위치를 ON으로 하고 운전한다.
③ 전원을 투입하고 기계 원점복귀를 한다.
④ 안전을 위해 칩 커버와 문을 닫고 가공한다.

해설 절삭 가공은 드라이 런 스위치를 Off로 하고 운전한다.

43 CNC 선반에서 공구가 B점을 출발하여 C점까지 가공하는 프로그램으로 바른 것은?

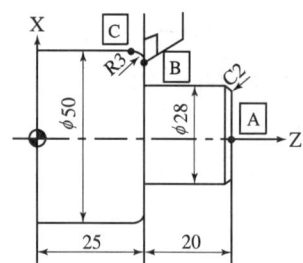

① G03 X50. Z-22. R3. ;
② G02 X50. Z-23. R3. ;
③ G02 X50. Z-22. R3. ;
④ G03 X50. Z22. R3. ;

해설 B점을 출발하여 C점
G03 X50. Z22. R3. ;

44 CNC 선반 프로그램에서 공구의 현재 위치가 시작점일 경우 공작물 좌표계 설정으로 올바른 것은?

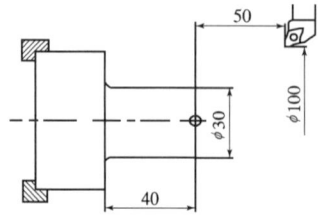

① G50 X50. Z100. ;
② G50 X100. Z50. ;
③ G50 X30. Z40. ;
④ G50 X100. Z-50. ;

해설 위 그림에서 좌표계 설정은 G50 X100. Z50. ;

정답 42.② 43.④ 44.②

45 CNC 선반 프로그램에서 다음 지령에 대한 설명으로 틀린 것은?

G92 X(U)__ Z(W)__ R__ F__ ;

① F는 나사의 리드 값과 같게 지정한다.
② X(U)는 1회 절입할 때 나사의 골 지름을 지정한다.
③ Z(W)는 나사 가공 길이를 지정한다.
④ R은 자동모서리 코너 값을 지정한다.

해설
- X(U), Z(W) : 나사 가공의 종점 좌표치
- R : 테이퍼 나사 가공 시의 기울기량
- F : 나사의 리드 값(리드(L)=나사의 피치(P)×나사의 줄 수)

46 CNC 서보 기구 중에서 기계의 테이블에 직선자(Scale)를 부착하여 위치를 검출한 후 위치 편차를 피드 백(feed back)하여 사용하는 그림과 같은 서보 기구는?

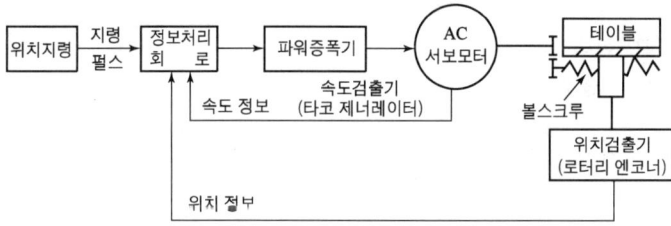

① 개방 회로
② 반폐쇄 회로
③ 폐쇄 회로
④ 반개방 회로

해설 폐쇄 회로 : 기계의 테이블에 직선자(Scale)를 부착하여 위치를 검출한 후 위치 편차를 피드 백(feed back)하여 사용한다.

47 휴지(Dwell)를 나타내는 주소(Address) 중 소수점을 사용할 수 없는 것은?

① P
② Q
③ U
④ X

해설 G04 기능(휴지 : Dwell)

G04 X (U, P) ;

① 프로그램에 지정된 시간 동안 공구의 이송을 잠시 중지시키는 기능(적용 : 드릴 가공, 홈가공, 모서리 다듬질 가공 시 양호한 가공면을 얻기 위해 사용)
② 단위는 X, U, P를 사용하는데 X, U는 소수점 P는 0.001 단위를 사용
  [예] G04 X1.5 G04 U1.5 G04 P1500
- 정지시간(SEC)=스핀들(주축) $\dfrac{60}{\text{주축회전수}(rpm)}$×일시정지 회전수

정답 45. ④ 46. ③
47. ①

48 CNC 선반에서 G01 Z10.0 F0.15 ; 으로 프로그램한 것을 조작 판넬에서 이송속도 조절장치(feedrate override)를 80%로 했을 경우 실제 이송속도는?

① 0.1
② 0.12
③ 0.15
④ 0.18

해설 F0.15×80% = 0.12

49 CNC 공작기계 사용 시 안전 사항으로 틀린 것은?

① 비상 정지 스위치의 위치를 확인한다.
② 칩으로부터 눈을 보호하기 위해 보안경을 착용한다.
③ 그래픽으로 공구 경로를 확인한다.
④ 손의 보호를 위해 면장값을 착용한다.

해설 기계가공에서는 안전을 위해 면장갑을 착용하지 않는다.

50 선반 작업에서 방호장치로 부적합한 것은?

① 칩이 짧게 끊어지도록 칩브레이커를 둔 바이트를 사용한다.
② 칩이나 절삭유 등의 비산으로부터 보호를 위해 이동용 실드를 설치한다.
③ 작업 중 급정지를 위해 역회전 스위치를 설치한다.
④ 긴 일감 가공 시 덮개를 부착한다.

해설 작업 중 급정지는 브레이크를 작동한다.

51 기차 바퀴처럼 지름이 크고, 길이가 짧은 가공물을 절삭하기 편리한 선반으로 베드의 길이가 짧은 선반은?

① 탁상선반
② 정면선반
③ 터릿선반
④ 공구선반

해설
① **정면선반** : 직경이 크고 길이가 짧은 공작물 가공(대형 풀리, 플라이휠)
② **터릿선반** : 보통 선반의 심압대 대신 여러 개의 공구를 방사상으로 설치하여 공정 순서대로 공구의 차례대로 사용할 수 있도록 되어 있는 선반
③ **모방선반** : 제품과 동일한 모양의 형판에 의해 공구대가 자동으로 이동하며 형판과 같은 윤곽으로 절삭하는 선반
④ **탁상선반** : 정밀 소형기계 및 시계부품 가공

답안 표기란

48	①	②	③	④
49	①	②	③	④
50	①	②	③	④
51	①	②	③	④

[정답] 48. ② 49. ④
50. ③ 51. ②

52 CNC 선반에서 프로그램 원점과 시작점의 위치 관계를 기계에 알려주어 프로그램 원점을 절대좌표의 원점(X0, Z0)으로 설정하여 주는 것을 무엇이라 하는가?

① 공작물 설정
② 좌표계 설정
③ 프로그램 설정
④ 파라미터 설정

해설 좌표계 설정
프로그램 원점과 시작점의 위치 관계를 기계에 알려주어 프로그램 원점을 절대좌표의 원점(X0, Z0)으로 설정하여 주는 것이다.

53 다음 중 CNC 선반에서 원호 보간을 지령하는 코드는?

① G02, G03
② G20, G21
③ G41, G42
④ G98, G99

해설
① G02, G03 : 원호보간(시계, 반시계방향)
② G20, G21 : inch, mm 설정
③ G41, G42 : 공구경 좌측, 우측 보정
④ G98, G99 : 분장, 회전당 이송

54 다음과 같은 CNC 선반 프로그램에서 알 수 없는 정보는?

```
G50 X150.0 Z150.0 S2000 T0100 ;
G96 S120 M03 ;
G00 X80.0 Z2.0 ;
G01 X0.0 F0.1 ;
```

① 스핀들은 2000rpm으로 일정하게 회전하고 있다.
② 절삭속도를 120m/min로 유지하려고 스핀들의 회전수가 변한다.
③ 스핀들이 1회전 할 때 공구는 0.1mm 이송한다.
④ 스핀들이 최고 2000rpm까지 회전할 수 있다.

해설
① G96 S120 M03 ;
절삭속도가 120m/min가 되도록 공작물의 지름에 따라 주축회전수가 변한다. 그리고 G96에서 단면절삭과 같이 공작물의 지름이 작아질 경우 주축의 회전수가 무리하게 높아지는 것을 방지하기 위하여 G50에서 최고회전수를 지령하게 된다.

② 주축 최고회전수 설정(G50)
G50에서 S로 지정한 수치는 최고회전수를 나타내며 좌표계 설정에서 최고회전수를 지정하게 되면 전체 프로그램을 통하여 주축의 회전수는 최고회전수를 넘지 않게 된다. 또한, G96에서 최고회전수보다 높은 회전수를 요구하더라도 주축에서는 최고회전수로 대체하게 된다.
[예] G50 S2000 ; 주축의 최고회전수는 2000rpm이다.

55 CNC 선반에서 G90 사이클을 이용한 테이퍼 부분의 가공 프로그램이다. ( )에 들어갈 내용으로 올바른 것은?

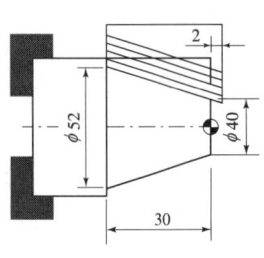

```
G00 X70. Z2. T0101 M08 ;
G90 X68. Z-30. I-6.4 F0.2 ;
    X64. ;
    X60. ;
    X56. ;
    (   ) ;
G00 X100. Z100. T0100 M09 ;
```

① X50. ② X52.
③ Z50. ④ Z52.

해설 테이퍼 가공의 X축 최종값, 즉 지름이 ϕ52이므로 X52.0이다.

56 CNC 선반에서 지령값 X45.0으로 프로그램하여 내경을 가공한 후 측정한 결과 ϕ45.16mm이었다. 기존의 X축 보정값이 0.025라 하면 보정값을 얼마로 수정해야 하는가?

① 0.145 ② 0.135
③ −0.135 ④ −0.145

해설 가공에 따른 X축 보정값=45−45.16=−0.16
기존의 보정값=0.025
공구의 보정값=0.025−0.16=−0.135

57 다음 CNC 선반 프로그램 중 경보(ALARM)가 발생하는 블록의 시퀀스 번호는?

```
        :
N05 G01 X10. F0.3 ;
N10 G04 P1. ;
N15 G00 X30. ;
N20 X100. Z100. ;
```

① N05 ② N10
③ N15 ④ N20

해설 N10 G04 P1. ; 을 → N10 G04 P1000 ; 으로 수정

답안 표기란
55 ① ② ③ ④
56 ① ② ③ ④
57 ① ② ③ ④

정답 55. ② 56. ③ 57. ②

58 다음 그림과 같은 CNC 선반의 좌표계 설정으로 맞는 것은?

① G50 X100. Z100. ;
② G50 X50. Z110. ;
③ G50 X100. Z110. ;
④ G50 X110. Z100. ;

해설 그림에서 CNC 선반의 좌표계 설정
G50 X100. Z110. ;

59 다음 CNC 선반 프로그램에 대한 설명으로 틀린 것은?

```
         :
  G71 Ud Re ;
  G71 Pa Qb Uu Ww Ff ;
Na
    중간 생략
Nb
         :
```

① Ud는 X축 방향의 1회 절입량으로 반지름 값으로 지령한다.
② Re는 X축 방향의 후퇴량이다.
③ Na는 고정 사이클의 구역을 지정하는 첫 번째 블록의 전개 번호이다.
④ Uu에서 u값은 X축 방향의 다듬질 여유를 지정하며 반지름 값으로 지령한다.

해설
• U(Δu) : X축 방향 다듬 절삭 여유(지름지령)
• W(Δw) : Z축 방향 다듬 절삭 여유

60 준비한 측정기(링 게이지, 마이크로미터 등)에 기준 치수를 맞춘 후 외경 마이크로미터(Micrometer)를 활용하여 0점을 조정하는 측정기는?

① 마이크로미터
② 인디케이터
③ 실린더 게이지
④ 하이트 게이지

정답 58. ③ 59. ④ 60. ③

02회 CBT 모의고사

01 표준 평 기어에서 피치원 지름이 600mm, 모듈이 10인 경우 기어의 잇수는 몇 개인가?

① 50 ② 60
③ 100 ④ 120

해설 $Z = \dfrac{D}{M} = \dfrac{600}{10} = 60\text{mm}$

02 다음 금속재료 중 고유저항이 가장 작은 것은 어느 것인가?

① 은(Ag) ② 구리(Cu)
③ 금(Au) ④ 알루미늄(Al)

해설 고유저항
① 은(Ag) : 14.7 ② 구리(Cu) : 16.73
③ 금(Au) : 20.1 ④ 알루미늄(Al) : 26.2

03 너비가 5mm이고 단면의 높이가 8mm, 길이가 40mm인 키에 작용하는 전단력은? (단, 키의 허용전단응력은 2MPa이다.)

① 200N ② 400N
③ 800N ④ 4000N

해설 $P = \tau b l = 2 \times 5 \times 40 = 400\text{N}$

04 6각의 대각선 거리보다 큰 지름의 자리면이 달린 너트로서 볼트 구멍이 클 때, 접촉면을 거칠게 다듬질했을 때 또는 큰 면압을 피하려고 할 때 쓰이는 너트(Nut)는?

① 둥근 너트 ② 플런지 너트
③ 아이 너트 ④ 홈붙이 너트

해설 플런지 너트 : 6각의 대각선 거리보다 큰 지름의 자리면이 달린 너트로서 볼트 구멍이 클 때, 접촉면을 거칠게 다듬질했을 때 또는 큰 면압을 피하려고 할 때 사용된다.

05 강도와 경도를 높이는 열처리 방법은?

① 뜨임 ② 담금질
③ 풀림 ④ 불림

정답 01. ② 02. ① 03. ② 04. ② 05. ②

해설
① 담금질 : 강도와 경도 부여
② 뜨임 : 담금질 후 인성을 부여
③ 풀림 : 내부응력 제거
④ 불림 : 조직의 표준화

06 다음 체인전동의 특성 중 틀린 것은?

① 정확한 속도비를 얻을 수 있다.
② 벨트에 비해 소음과 진동이 심하다.
③ 2축이 평행한 경우에만 전동이 가능하다.
④ 축간 거리는 10~15m가 적합하다.

해설 체인전동의 특징
① 미끄럼 없이 일정한 속도비를 얻을 수 있다.
② 초장력이 필요 없으므로 베어링의 마찰손실이 작다.
③ 접촉각이 90° 이상이면 전동 가능하다.
④ 내열, 내유, 내수성이 크며, 유지 및 수리가 쉽다.
⑤ 큰 동력 전달 효율이 95% 이상이다.
⑥ 체인의 탄성으로 어느 정도 충격하중을 흡수한다.
⑦ 진동, 소음이 생기기 쉽고 축간 거리는 짧을 때 적합하다.
⑧ 고속회전에 부적당하고 저속, 대마력에 적당하며, 윤활이 필요하다.

07 테이퍼핀에 대한 설명으로 옳은 것은?

① 보통 1/50의 데이피를 가지며 호칭 지름은 작은 쪽의 지름으로 표시한다.
② 보통 1/200의 테이퍼를 가지며 호칭 지름은 작은 쪽의 지름으로 표시한다.
③ 보통 1/50의 테이퍼를 가지며 호칭 지름은 큰 쪽의 지름으로 표시한다.
④ 보통 1/100의 테이퍼를 가지며 호칭 지름은 가운데 부분의 지름으로 표시한다.

해설 테이퍼핀은 보통 1/50의 테이퍼를 가지며 호칭 지름은 작은 쪽의 지름으로 표시한다.

08 원형 봉에 비틀림 모멘트를 가하면 비틀림이 생기는 원리를 이용한 스프링은?

① 코일 스프링
② 벌류트 스프링
③ 접시 스프링
④ 토션 바

해설 토션 바
원형 봉에 비틀림 모멘트를 가하면 비틀림이 생기는 원리를 이용한 스프링이다.

[정답] 06. ④ 07. ①
08. ④

09. 마우러 조직도를 바르게 설명한 것은?

① 탄소와 규소량에 따른 주철의 조직 관계를 표시한 것
② 탄소와 흑연량에 따른 주철의 조직 관계를 표시한 것
③ 규소와 망간량에 따른 주철의 조직 관계를 표시한 것
④ 규소와 Fe_3C량에 따른 주철의 조직 관계를 표시한 것

해설 마우러의 조직도(Maurer's diagram)
탄소(C)량과 규소(Si)량에 의해 마우러가 주철의 조직도를 만든 것으로 냉각속도에 따른 조직의 변화를 표시한 것으로 규소(Si)는 강력한 흑연화 촉진 요소로 함유량이 많아질수록 회주철화 된다.

10. 관의 양단이 고정되어 있으면 온도에 의하여 관의 길이가 변화되어 열응력이 생기고 관이 길 때에는 늘어난 양도 커져 관뿐만 아니라 부속장치에도 악영향을 주게 되는데 이를 개선하기 위해 사용하는 관이음은?

① 소켓 및 니플 이음
② 신축 이음
③ 플랜지 이음
④ 용접 및 납땜 이음

해설 신축 이음
관의 양단이 고정되어 있으면 온도에 의하여 관의 길이가 변화되어 열응력이 생기고 관이 길 때에는 늘어난 양도 커져 관뿐만 아니라 부속장치에도 악영향을 주게 되는데 이를 개선하기 위해 사용하는 관이음이다.

11. 기계구조용 탄소강의 기호가 SM 40 C라 표현되어 있다. 여기에서 40이란 숫자가 나타내는 뜻은?

① 인장강도의 평균치
② 탄소함유량의 평균치
③ 가공도의 평균치
④ 경도의 평균치

해설 기계구조용 탄소강의 기호가 SM 40 C라 표현되어 있다. 여기에서 40이란 숫자의 의미는 탄소함유량의 평균치를 의미한다.

12. 스프링용 강의 조직으로 적합한 것은?

① 페라이트
② 시멘타이트
③ 소르바이트
④ 레데부라이트

해설 스프링용 강의 조직은 소르바이트이다.

정답 09. ① 10. ② 11. ② 12. ③

13 재료시험에서 인성 또는 취성을 측정하기 위한 시험방법은?

① 경도시험
② 압축시험
③ 충격시험
④ 비틀림시험

해설 **충격시험** : 재료시험에서 인성 또는 취성을 측정하기 위한 시험방법

14 고탄소 주철로서 회주철과 같이 주조성이 우수한 백선주물을 만들고 열처리함으로써 강인한 조직으로 하여 단조를 가능하게 한 주철은?

① 회주철
② 가단주철
③ 칠드주철
④ 합금주철

해설
① **회주철** : 유리탄소 또는 흑연이며, 다른 일부분은 화합 상태로 펄라이트(pearlite) 또는 시멘타이트(cementite)로서 존재하는 화합 탄소(combined carbon)로 되어 있다.
② **가단주철** : 주철의 취약성을 개량하기 위해서 백주철을 열처리하여 제조하기 쉽고 강인성을 부여시킨 주철
③ **칠드주철** : 응용상태에서 금형에 주입하여 표면은 백주철로 하고, 내부는 연한 회주철로 만든 것으로 압연용 칠드 롤러, 차륜 등과 같은 것에 사용된다.
④ **합금주철** : 내열성인 Al주철, 내식성인 Cr주철, 내마모성인 Ni주철과 내마모 주철로서 침상주철, 애시큘러 주철(acicular cast iron)이 있다.

15 구름 베어링의 호칭번호가 6208일 때 안지름(d)은 얼마인가?

① 10mm
② 20mm
③ 30mm
④ 40mm

해설 안지름을 나타내는 숫자는 끝에서 3자리이며, 00 : 안지름 10mm, 01 : 12mm, 02 : 15mm, 03 : 17mm를 나타내며 04부터는 숫자×5=안지름(mm)이다.

16 다음 중 회전도시 단면도로 나타내기에 적합한 것으로만 되어 있는 것은?

① 바퀴의 암(arm), 와셔, 축
② 바퀴의 암(arm), 기어의 이, 축
③ 기어의 이, 작은 나사, 리벳
④ 리브, 훅, 바퀴의 암(arm)

해설 회전도시 단면도
핸들이나 바퀴 등의 암 및 림, 리브, 훅, 축, 구조물의 부재 등의 절단면은 90° 회전하여 표시하여도 좋다.

정답 13. ③ 14. ②
15. ④ 16. ④

17 축과 구멍의 실제 치수에 따라 죔새가 생길 수도 있고 틈새가 생길 수도 있는 끼워맞춤은?

① 이중 끼워맞춤
② 중간 끼워맞춤
③ 헐거운 끼워맞춤
④ 억지 끼워맞춤

해설 중간 끼워맞춤(정밀 끼워맞춤)
구멍과 축의 실제 치수에 따라 죔새와 틈새가 생기는 끼워맞춤으로 베어링 조립에 주로 쓰인다.

18 다음 도면에서 치수 기입을 가장 올바르게 나타낸 것은?

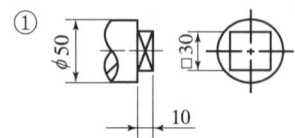
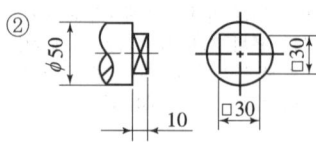
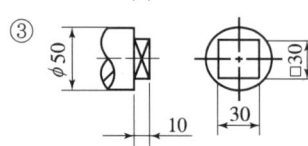
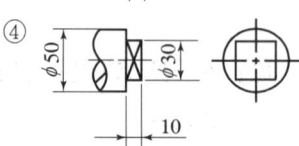

해설 그림에서 ①이 올바른 치수 기입이다.

19 베어링 기호가 "F684C2P6"으로 나타나 있을 때 "C2"가 나타내는 뜻은?

① 안지름 번호
② 레이디얼 내부 틈새
③ 궤도륜 모양
④ 정밀도 등급

해설
- C2 : 레이디얼 내부 틈새
- P6 : 등급기호

20 다음 기하공차의 기호 중 단독형체에 적용하는 공차가 아닌 것은?

① —
② ▱
③ ○
④ //

정답 17. ② 18. ①
19. ② 20. ④

해설 단독형체

—	진직도 공차
▱	평면도 공차
○	진원도 공차
⌭	원통도 공차

21 가동 부분을 이동 중의 특정한 위치 혹은 이동한계의 위치로 표시하는 데 사용하는 선은?

① 치수선 ② 지시선
③ 해칭선 ④ 가상선

해설 가상선(가는 2점 쇄선) : 가동 부분을 이동 중의 특정한 위치 혹은 이동한계의 위치로 표시하는 데 사용하는 선이다.

22 가공에 의한 컷의 줄무늬가 그림과 같은 동심원 모양의 줄무늬로 나타날 경우 이 줄무늬 방향의 기호는?

① C
② L
③ M
④ R

해설

M	가공으로 생긴 선이 다방면으로 교차 또는 무방향	
C	가공으로 생긴 선이 거의 동심원	
R	가공으로 생긴 선이 거의 방사상(레이디얼형)	

23 드릴링 머신에서 작업할 수 없는 것은?

① 리밍 ② 태핑
③ 카운터싱킹 ④ 버니싱

해설 드릴링 머신에서 버니싱 작업은 할 수가 없다.

정답 21. ④ 22. ①
23. ④

24 나사붙이 테이퍼 핀 규격이 아래와 같을 때 테이퍼 핀의 호칭 지름은?

KS B 1308 - A - 6 × 30 - St

① 6mm
② 8mm
③ 13mm
④ 30mm

해설

핀의 종류	평행 핀	테이퍼 핀
그림		
호칭 지름	핀의 지름	작은 쪽의 지름
호칭방법	규격 번호 또는 명칭, 형식, 호칭, 지름×길이, 재료	명칭, 등급 $d \times l$, 재료

25 나사 표시 기호 중 유니파이 보통나사를 표시하는 기호는?

① M
② UNC
③ PT
④ G

해설

미터 보통 나사	M
미터 가는 나사	M
미니추어 나사	S
유니파이 보통 나사	UNC
유니파이 가는 나사	UNF
미터 사다리꼴 나사	Tr
관용 테이퍼 나사	테이퍼 수나사	R
	테이퍼 암나사	Rc
	평행 암나사	Rp
관용 평행 나사	G

26 외측 마이크로미터에서 나사의 피치가 0.5mm, 딤블의 원주 눈금이 50등분 되어 있다면 최소 측정값은?

① 0.1mm
② 0.5mm
③ 0.01mm
④ 0.02mm

해설 원주 눈금면의 1눈금 회전한 경우 스핀들의 이동량(M)은 $M = 0.5 \times \frac{1}{50} = \frac{1}{100}$mm
즉, 딤블의 1눈금은 0.01mm를 나타내게 된다.

정답 24. ① 25. ②
26. ③

27 그림은 제3각법으로 나타낸 정투상도이다. 입체도로 가장 적합한 것은?

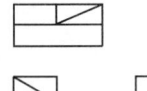

①    ②

③    ④

28 탄화텅스텐(WC), 티탄(Ti), 탄탈(Ta) 등의 분말을 코발트(Co) 또는 니켈(Ni) 분말과 혼합하여 프레스로 성형한 다음 약 1400℃ 이상의 고온에서 소결한 것으로 고온, 고속 절삭에서도 높은 경도를 유지하지만 진동이나 충격을 받으면 부서지기 쉬운 절삭 공구 재료는?

① 탄소 공구강
② 합금 공구강
③ 고속도강
④ 초경합금

해설 소결 초경합금(sintered carbide steel) : 텅스텐 광석(순도 1~0.5μ)에 탄소 분말을 첨가한 탄화텅스텐을 수소전기로 1400~1500℃의 고온에서 코발트나 니켈분말과 혼합하여 프레스로 가압 성형하여 소결한 것이다.

29 지름이 같은 3개의 와이어를 나사산에 대고 와이어의 바깥쪽을 마이크로미터로 측정하여 계산식에 의해 나사의 유효 지름을 구하는 측정 방법은?

① 나사 마이크로미터에 의한 방법
② 삼침법에 의한 방법
③ 공구 현미경에 의한 방법
④ 3차원 측정기에 의한 방법

해설 삼선법(삼침법) : 나사의 골에 3개의 침(wire)을 끼우고 침의 외측을 외측 마이크로미터 등으로 측정하여 수나사의 유효지름을 계산하는 방법이다.

30 치수를 변화시키는 것보다 고정도의 표면 거칠기를 얻기 위한 정밀 입자 가공은?

① 보링
② 리밍
③ 슈퍼피니싱
④ 숏 피닝

해설 슈퍼피니싱 : 치수를 변화시키는 것보다 고정도의 표면 거칠기를 얻기 위한 정밀입자 가공이다.

정답 27. ① 28. ④ 29. ② 30. ③

02회 CBT 모의고사

31 구성인선(built-up edge)의 영향으로 틀린 것은?
  ① 절삭 공구에 진동이 발생한다.
  ② 절삭 공구 날 끝이 마멸된다.
  ③ 공작물 가공면이 거칠어진다.
  ④ 공작물 가공 치수가 정확해진다.

  해설 구성인선(built-up edge)의 영향으로 공작물 가공 치수가 부정확해진다.

32 줄 작업 방법에 해당하지 않는 것은?
  ① 후진법   ② 직진법
  ③ 병진법   ④ 사진법

  해설 줄 작업의 종류
  ① 직진법 : 줄을 길이 방향으로 직진시켜 절삭하는 방법으로 황삭 및 최종 다듬질 작업에 사용한다.
  ② 사진법 : 넓은 면 절삭에 적합하며, 절삭량이 많아 황삭 및 모따기에 적합하다.
  ③ 횡진법(병진법) : 줄을 길이 방향과 직각 방향으로 움직여 절삭하는 방법으로 폭이 좁고 길이가 긴 공작물의 줄 작업에 좋다.

33 선반의 구조에 대한 설명으로 틀린 것은?
  ① 베드는 가공 정밀도가 높고 내마모성이 커야 한다.
  ② 베드는 강력한 절삭에 쉽게 변형되도록 설계되어 있다.
  ③ 공구대에 바이트를 고정하여 공작물 가공할 수 있다.
  ④ 심압대는 공작물을 지지하거나 드릴 등의 공구를 고정할 때 사용한다.

  해설 베드는 강력한 절삭에 쉽게 변형되지 않도록 설계되어야 한다.

34 일반적으로 초경합금의 정면 밀링 커터의 레이디얼 경사각이 가장 커야 하는 공작물 재질은?
  ① 알루미늄   ② 황동
  ③ 주철   ④ 탄소강

  해설 일반적으로 초경합금의 정면 밀링 커터의 레이디얼 경사각이 가장 커야 하는 공작물 재질은 알루미늄이다.

정답 31. ④ 32. ①
      33. ② 34. ①

35 선반 작업에서 가늘고 긴 일감의 절삭력과 자중에 의한 휨과 처짐을 방지하기 위하여 사용하는 부속품은?

① 면판 ② 맨드릴
③ 방진구 ④ 콜릿척

해설 **방진구** : 선반 작업에서 가늘고 긴 일감의 절삭력과 자중에 의한 휨과 처짐을 방지하기 위하여 사용하는 부속품이다.

36 기계공작법을 크게 절삭 가공과 비절삭 가공으로 구분하여 분류할 때 절삭 가공에 해당하는 것은?

① 주조 ② 용접
③ 형삭 ④ 단조

해설 주조, 용접, 단조는 비절삭 가공이다.

37 광유에 비눗물을 첨가한 것으로 냉각작용이 비교적 크고, 윤활성도 있으며 값이 저렴한 절삭유는?

① 수용성 절삭유 ② 유화유
③ 지방질유 ④ 석유

해설 **유화유** : 광유에 비눗물을 첨가한 것으로 냉각작용이 비교적 크고, 윤활성도 있으며 값이 저렴하다.

38 다음 중 보통 선반에서 할 수 없는 작업은?

① 드릴링 작업 ② 보링 작업
③ 인덱싱 작업 ④ 널링 작업

해설 인덱싱 작업은 밀링머신에서 작업한다.

39 센터리스 연삭에서 공작물의 이송속도와 관계없는 것은?

① 조정 숫돌바퀴의 지름
② 조정 숫돌바퀴의 회전수
③ 연삭 숫돌바퀴에 대한 조정 숫돌바퀴의 경사각
④ 연삭 숫돌바퀴의 지름

해설 센터리스 연삭에서 공작물의 이송속도는 조정 숫돌 지름, 회전수, 경사각과 관계가 있다.

이송속도 $v = \dfrac{\pi d n \sin \alpha}{1000}$(m/min)

여기서, d : 조정 숫돌의 지름(mm)
α : 연삭 숫돌에 대한 조정 숫돌의 경사각(1~5°)
n : 조정 숫돌의 회전수(rpm)

정답 35. ③ 36. ③
37. ② 38. ③
39. ④

40 결합도에 따른 숫돌바퀴의 선정 기준에서 결합도가 높은 숫돌을 사용하는 경우가 아닌 것은?

① 접촉 면적이 클 때
② 가공면의 표면이 거칠 때
③ 연삭 깊이가 작을 때
④ 숫돌바퀴의 원주 속도가 느릴 때

해설 결합도에 따른 숫돌의 선택

결합도가 높은 숫돌(단단한 숫돌)	결합도가 낮은 숫돌(연한 숫돌)
① 연한 재료의 연삭할 때 ② 숫돌의 원주 속도가 느릴 때 ③ 연삭 깊이가 얕을 때 ④ 접촉 면적이 작을 때 ⑤ 재료 표면이 거칠 때	① 단단한 재료의 연삭할 때 ② 숫돌의 원주 속도가 빠를 때 ③ 연삭 깊이가 깊을 때 ④ 접촉 면적이 클 때 ⑤ 재료 표면이 치밀할 때

41 다음 CNC 선반 프로그램에 대한 설명으로 틀린 것은?

```
G28 U0 W0 ;
      Ⓐ
G50 X150. Z150. S2000 T0100 ;
      Ⓑ         Ⓒ
G96 S180 M03 ;
      Ⓓ
```

① Ⓐ : 기계 원점복귀 시의 경유점 지정
② Ⓑ : X축과 Z축의 좌표계 치수
③ Ⓒ : 주축회전수 2000rpm으로 일정하게 유지
④ Ⓓ : 원주 속도를 180m/min로 일정하게 제어

해설 G50 S2000 ;
⇒ 주축 최고회전수 2000rpm
G96 S180 M03 ;
⇒ 주축속도 일정제어 180m/min, 정회전

42 CNC 공작기계에서 사람의 손과 발에 해당하는 것은?

① 정보처리 회로
② 볼 스크루
③ 서보 기구
④ 조작반

정답 40. ① 41. ③ 42. ③

해설
① 서보 기구 : 사람의 손과 발
② 정보처리회로 : 사람의 두뇌

43 CNC 선반에서 단일형 고정 사이클 준비 기능이 아닌 것은?
① G74
② G90
③ G92
④ G94

해설
① G90 : 내외경 절삭 Cycle
② G92 : 나사 절삭 Cycle
③ G94 : 단면 절삭 Cycle
④ G74 : 단면 홈 가공 사이클

44 CNC 프로그램에서 G04 X2.0을 바르게 설명한 것은?
① 가공 후 2/100 만큼 후퇴
② 가공 후 2/100 만큼 전진
③ 가공 후 2분간 정지
④ 가공 후 2초간 정지

해설 G04 X2.0 : 가공 후 2초간 정지

45 선반용 툴 홀더 ISO 규격 C S K P R 25 25 M 12에서 밑줄 친 P가 나타내는 것은?
① 클램핑 방식
② 인서트 형상
③ 인서트 여유각
④ 공구 방향

해설

C	S	K	P	R	25	25	M	12
클램핑 방식	인서트 형상	홀더 유형	인서트 여유각	승수	생크 높이	생크 높이	길이	절삭날 길이

46 CNC 선반의 공구 기능 중 T□□△△에서 △△의 의미는?
① 공구 보정번호
② 공구 선택번호
③ 공구 교환번호
④ 공구 호출번호

해설 T□□△△
T : 공구 기능
□□ : 공구번호
△△ : 공구 보정번호

정답 43. ① 44. ④ 45. ③ 46. ①

47 CNC 선반의 반자동(MDI) 모드에서 실행하였을 경우 경보(alarm)가 발생하는 블록은?

```
N01 G00 U20. W-20. ;
N02 G03 U20. W-10. R10. F0.1 ;
N03 T0100 S2000 M03 ;
N04 G70 P01 Q02 F0.1 ;
```

① N01 ② N02
③ N03 ④ N04

해설 G70은 자동운전에서만 운전이 가능하므로 경보가 발생한다.

48 CNC 선반에서 M30×1.5인 한 줄 나사를 가공하려고 할 때, 회전당 이송속도(F) 값은?

① 0.35 ② 0.7
③ 1.5   ④ 3.0

해설 M30×1.5일 때 회전당 이송속도(F) 값 F1.5이다.

49 CNC 선반 프로그램에서 시계방향(CW)의 원호를 가공할 때 올바른 G-코드는?

① G02 ② G03
③ G04 ④ G05

해설
① G02 : 원호가공원호보간(CW)
② G03 : 원호보간(CCW)
③ G04 : 일시 정지(Dwell time)

50 다음 CNC 선반 프로그램에서 N40 블록에서의 절삭속도는?

```
N10 G50 X150. Z150. S1000 T0100;
N20 G96 S100 M03;
N30 G00 X80. Z5. T0101;
N40 G01 Z-150. F0.1 M08;
```

① 100 m/min ② 398 m/min
③ 100 rpm   ④ 398 rpm

[정답] 47. ④ 48. ③
       49. ① 50. ①

해설
G50 S1000; 주축 최고회전수 : 1000rpm
G96 S100 M03; 주속일정제어 $v=100$m/min
N30 블록에서 $n=\dfrac{1000v}{\pi d}=\dfrac{1000\times 100}{\pi \times 80}=398$rpm
N40 블록에서 절삭속도 $v=100$m/min이다.

51 CNC 선반에서 나사를 가공하기 위해 주축의 회전수를 일정하게 제어하는 G코드는?
① G94
② G95
③ G96
④ G97

해설 G97 : 주축속도 일정제어 취소로 나사를 가공하기 위해 주축의 회전수를 일정하게 제어한다(주축회전수 : $n=$rpm).

52 CNC 선반 가공 전에 육안으로 점검할 사항으로 적합하지 않은 것은?
① 척 압력의 적정 유지 상태
② 전자 회로 기판의 작동 상태
③ 윤활유 탱크에 있는 윤활유의 양
④ 절삭유의 유량과 작업 조명등의 밝기

해설 전자 회로 기판의 작동 상태는 가공 전에 육안으로 점검할 사항이 아니다.

53 기계가공 전 매일 안전 점검할 사항이 아닌 것은?
① 공작물의 고정 상태 점검
② 작업장의 조명 상태 점검
③ 기계의 수평 상태 점검
④ 공구의 장착 및 파손 상태 점검

해설

매년 점검	레벨(수평) 점검
	기계 정도 검사
	절연 상태 점검

54 일반적으로 CNC 공작기계에 사용되는 좌표축에서 절삭동력이 전달되는 스핀들 축은?
① X축
② Y축
③ Z축
④ A축

해설 CNC 공작기계에서 절삭동력이 전달되는 스핀들 축은 Z축이다.

정답 51. ④ 52. ② 53. ③ 54. ③

55. 보통 선반에서 사용하는 센터(center)에 관한 설명으로 틀린 것은?

① 공작물을 지지하는 부속 장치로 탄소강, 고속도강, 특수 공구강으로 제작 후 열처리하여 사용한다.
② 주축에 삽입하여 사용하는 회전 센터와 심압대 축에 삽입하여 사용하는 정지 센터가 있다.
③ 주축이나 심압축 구멍, 센터 자루 부분은 쟈르노 테이퍼로 되어 있다.
④ 선단의 각도는 주로 60°이나 대형 공작물에는 75°나 90°가 사용된다.

해설 주축이나 심압축 구멍, 센터 자루 부분은 모스 테이퍼로 되어 있다.

56. 길이가 짧고 테이퍼 각이 큰 공작물을 테이퍼 가공하는데 가장 적합한 방법은?

① 심압대를 편위시키는 방법
② 테이퍼 절삭장치를 사용하는 방법
③ 복식 공구대를 경사시키는 방법
④ 총형 바이트를 이용하는 방법

해설
- **복식 공구대를 이용하는 방법**
  선반 센터의 선단 또는 베벨기어의 소재 등과 같이 테이퍼 각이 크고 비교적 길이가 짧은 공작물의 테이퍼 절삭에 이용되는 방법
- **심압대를 편위시키는 방법**
  양 센터 사이에 공작물을 설치하여 절삭하는 방법으로 심압대를 편위시키는 방법이다. 비교적 길이가 길고 각도가 작은 공작물을 가공할 때 사용

57. 선반의 종류별 용도에 대한 설명 중 틀린 것은?

① 정면 선반 – 길이가 짧고 지름이 큰 공작물 절삭에 사용
② 보통 선반 – 공작 기계 중에서 가장 많이 사용되는 범용선반
③ 탁상 선반 – 대형 공작물의 절삭에 사용
④ 수직 선반 – 주축이 수직으로 되어 있으며 중량이 큰 공작물 가공에 사용

해설 탁상 선반 – 소형 공작물의 절삭에 사용

정답 55. ③ 56. ③ 57. ③

58 G96 S200 M03; 프로그램의 내용을 바르게 설명한 것은?

① 주축회전수 200rpm으로 주축 역회전
② 절삭속도 200m/min로 일정하게 주축 역회전
③ 절삭속도 200m/min로 일정하게 주축 정회전
④ 주축회전수 200rpm으로 주축 정회전

해설 주속 일정제어(G96)에서 절삭속도 200m/min로 일정하게 주축 정회전

59 CNC 선반에서 지름(외경) 30mm를 가공 후 측정하였더니 29.7mm였다. 이때 공구 보정값을 얼마로 수정하여야 하는가? (단, 기존 보정량은 X4.3 Z5.4이다.)

① X4.0 Z5.4
② X4.0 Z6.0
③ X4.6 Z5.4
④ X4.6 Z6.0

해설 완성 치수는 ϕ30이고 가공된 치수는 ϕ29.7이다. 30−29.7=0.3 기존 보정량에 더하여 보정값은 X=4.6 Z축은 변동이 없으므로 그대로 Z=5.4로 한다.

60 회전 눈금판(베젤)을 돌려 0점을 조정하는 측정기는?

① 마이크로미터
② 인디케이터
③ 버니어 캘리퍼스
④ 하이트 게이지

[정답] 58. ③ 59. ③
60. ②

03회 CBT 모의고사

01 공구강의 구비조건 중 틀린 것은?

① 강인성이 클 것 ② 내마모성이 작을 것
③ 고온에서 경도가 클 것 ④ 열처리가 쉬울 것

해설 공구강의 구비조건
① 가공 재료보다 경도가 클 것
② 고온에서 경도가 감소되지 않아야 한다.
③ 인성, 강도와 내마모성이 클 것
④ 마찰계수가 적을 것
⑤ 열처리가 쉽고 원하는 모양으로 쉽게 만들 수 있어야 한다.
⑥ 취급이 편리하고 가격이 싸고 경제적이어야 한다.

02 Al-Si계 합금인 실루민의 주조 조직에 나타나는 Si의 거친 결정을 미세화시키고 강도를 개선하기 위하여 개량처리를 하는데 사용되는 것은?

① Na ② Mg
③ Al ④ Mn

해설 로엑스 합금(Lo-Ex) : Al-Si계에 Cu, Mg, Ni을 첨가한 특수 실루민으로 Na으로 개량처리하며 AC₃A계 합금은 실루민이라 부른다.

03 스텔라이트계 주조경질합금에 대한 설명으로 틀린 것은?

① 주성분이 Co이다.
② 단조품이 많이 쓰인다.
③ 800℃까지의 고온에서도 경도가 유지된다.
④ 열처리가 불필요하다.

해설 주조경질합금 : 주조한 강을 연마하여 사용하는 공구 재료로서 충분한 강도를 가지고 있으므로 열처리가 필요 없고 단조가 불가능하다. 대표적인 것으로는 Co를 주성분으로 하는 Co-Cr-W-C계의 스텔라이트(stellite)가 있으며 800℃까지의 고온에서도 경도가 유지된다.

04 다음 합성수지 중 일명 EP라고 하며, 현재 이용되고 있는 수지 중 가장 우수한 특성을 지닌 것으로 널리 이용되는 것은?

① 페놀 수지 ② 폴리에스테르 수지
③ 에폭시 수지 ④ 멜라민 수지

정답 01. ② 02. ① 03. ② 04. ③

> **해설** 에폭시(Epoxy resin : EP) : 수지의 특성은 가볍고 가공이 쉬우며 내식성이 우수한 장점을 갖고 있으나 열에 매우 약하며 강도가 부족한 것이 일반적인 단점이다. 현재 이용되고 있는 수지 중 가장 우수한 특성을 지닌 것으로 널리 사용된다.

05 금속을 상온에서 소성변형 시켰을 때, 재질이 경화되고 연신율이 감소하는 현상은?

① 재결정 ② 가공경화
③ 고용강화 ④ 열변형

> **해설** **가공경화** : 재료에 외력을 가하여 변형시키면 굳어지는 현상으로 금속을 상온에서 소성변형 시켰을 때, 재질이 경화되고 연신율이 감소하며 보통 냉간 가공으로 경도가 크고 강해지는 현상이다.

06 황동의 자연균열 방지책이 아닌 것은?

① 수은 ② 아연도금
③ 도료 ④ 저온풀림

> **해설** 황동의 자연균열은 응력부식 균열로 잔류응력에 기인되는 현상이며 방지책은 아연도금, 도료, 저온풀림 등으로 잔류응력 제거이다.

07 강을 충분히 가열한 후 물이나 기름 속에 급랭시켜 조직변태에 의한 재질의 경화 주목적으로 하는 것은?

① 담금질 ② 뜨임
③ 풀림 ④ 불림

> **해설** ① **담금질** : 강의 경화
> ② **뜨임** : 인성증가
> ③ **풀림** : 강의 연화 및 내부응력 제거
> ④ **불림** : 강의 표준화

08 다음 중 핀(Pin)의 용도가 아닌 것은?

① 핸들과 축의 고정
② 너트의 풀림 방지
③ 볼트의 마모 방지
④ 분해 조립할 때 조립할 부품의 위치 결정

> **해설** **핀(Pin)의 용도**
> ① 핸들과 축의 고정
> ② 너트의 풀림 방지
> ③ 분해 조립할 때 조립할 부품의 위치 결정
> ④ 고정물체의 탈락방지 및 기타 키 대용으로 사용

[정답] 05. ② 06. ①
07. ① 08. ③

09 기계요소 부품 중에서 직접 전동용 기계요소에 속하는 것은?

① 벨트　　② 기어
③ 로프　　④ 체인

해설 전동용 기계요소 : 벨트, 로프, 체인, 링크 마찰차 및 캠은 간접 전동용 기계요소이고, 기어는 직접 전동용 기계요소이다.

10 지름이 6cm인 원형 단면의 봉에 500kN의 인장하중이 작용할 때 이 봉에 발생되는 응력은 약 몇 N/mm²인가?

① 170.8　　② 176.8
③ 180.8　　④ 200.8

해설 $\alpha = \dfrac{W}{A} = \dfrac{W}{\dfrac{\pi d^2}{4}} = \dfrac{500000N}{\dfrac{\pi \times 60^2}{4}} = 176.8$

11 회전하고 있는 원동 마찰차의 지름이 250mm이고 전동차의 지름이 400mm일 때 최대 토크는 몇 N/m인가? (단, 마찰차의 마찰계수는 0.2이고 서로 밀어붙이는 힘은 2kN이다.)

① 20　　② 40
③ 80　　④ 160

해설 $T = \dfrac{\mu P D_b}{2} = \dfrac{0.2 \times 2 \times 400}{2} = 80$

12 수나사의 호칭 치수는 무엇을 표시하는가?

① 골지름　　② 바깥지름
③ 평균지름　　④ 유효지름

해설 나사의 호칭 치수는 수나사의 바깥지름으로 표시한다.

13 다음 스프링 중 나비가 좁고 얇은 긴 보의 형태로 하중을 지지하는 것은?

① 원판 스프링　　② 겹판 스프링
③ 인장 코일 스프링　　④ 압축 코일 스프링

정답 09. ②　10. ②　11. ③　12. ②　13. ②

해설 겹판 스프링(leaf spring) : 너비가 좁고 얇은 긴 보로서 하중을 지지한다. 여러 장 겹쳐서 사용하는 것을 겹판 스프링이라 한다. 자동차의 현가장치로 널리 사용한다.

14 다음 나사 중 백래시를 작게 할 수 있는 높은 정밀도를 오래 유지할 수 있으며 효율이 가장 좋은 것은?
① 사각 나사　　② 톱니 나사
③ 볼 나사　　　④ 둥근 나사

해설 ① **사각 나사** : 축 방향에 큰 하중을 받아 운동 전달에 적합
② **톱니 나사** : 한쪽 방향으로 집중하중이 작용하여 압착기, 바이스, 나사 잭 등과 같이 압력의 방향이 항상 일정할 때 사용
③ **둥근 나사** : 급격한 충격을 받는 부분, 전구, 먼지와 모래 등이 많이 끼는 경우와 오염된 액체의 밸브 또는 호스 이음나사 등에 사용
④ **볼 나사** : 백래시를 작게 할 수 있는 높은 정밀도를 오래 유지할 수 있으며 효율이 가장 높음

15 평벨트 폴리의 구조에서 벨트와 직접 접촉하여 동력을 전달하는 부분은?
① 림　　　　　② 암
③ 보스　　　　④ 리브

해설 **림** · 평벨트와 직접 접촉하여 동력을 전달하는 부분이다.

16 그림과 같이 코일 스프링의 간략도를 그릴 때 A 부분에 나타내야 할 선으로 옳은 것은?

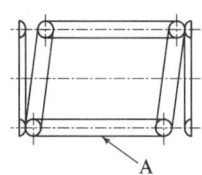

① 굵은 실선　　　② 가는 실선
③ 굵은 파선　　　④ 가는 2점 쇄선

해설 코일 부분의 중간 부분을 생략할 때에는 생략한 부분을 가는 1점 쇄선으로 표시하거나, 또는 가는 2점 쇄선으로 표시해도 좋다.

17 도면에 사용되는 가공 방법의 약호로 틀린 것은?
① 선반 가공 : L　　② 드릴 가공 : D
③ 연삭 가동 : G　　④ 리머 가공 : R

해설 리머 가공은 FR이다.

정답 14. ③　15. ①　16. ④　17. ④

18. 그림과 같은 단면도의 명칭으로 올바른 것은?

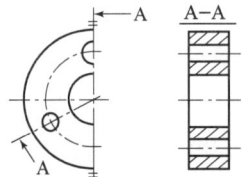

① 온 단면도
② 회전 도시 단면도
③ 한쪽 단면도
④ 조합에 의한 단면도

해설 조합에 의한 단면도 : 2개 이상의 절단면에 의한 단면도를 조합하여 행하는 단면 도시는 다음에 따른다. 또한, 이와 같은 경우 필요에 따라서 단면을 보는 방향을 나타내는 화살표와 문자기호를 붙인다.

19. 기계제도에서 가는 1점 쇄선이 사용되지 않는 것은?

① 중심선
② 피치선
③ 기준선
④ 숨은선

해설 숨은선은 가는 파선 또는 굵은 파선이다.

20. 기계제도에서 (A)의 치수는 얼마인가?

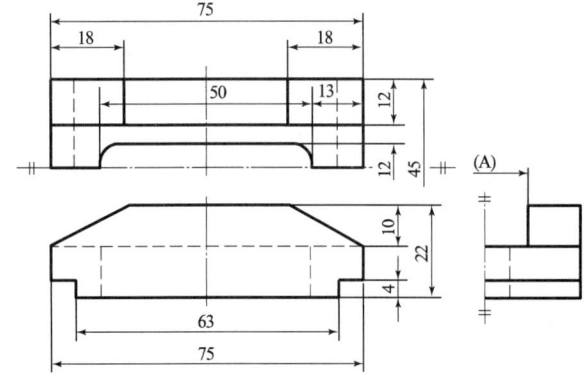

① 10.5
② 12
③ 21
④ 22

해설 그림에서 (A)의 치수는 45−(12+12)=21

정답 18. ④ 19. ④ 20. ③

21 그림과 같은 입체도에서 화살표 방향에서 본 것을 정면도로 할 때 가장 적합한 정면도는?

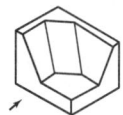

① ② ③ ④

해설 위 그림에서 입체도의 화살표 방향에서 본 것의 정면도는 ④이다.

22 축의 도시 방법에 관한 설명으로 옳은 것은?
① 축은 길이 방향으로 온단면 도시한다.
② 길이가 긴 축은 중간을 파단하여 짧게 그릴 수 있다.
③ 축의 끝에는 모떼기를 하지 않는다.
④ 축의 키 홈을 나타낼 경우 국부 투상도로 나타내어서는 안 된다.

해설 축의 도시 방법
① 축은 길이 방향으로 단면도시를 하지 않는다. 단, 부분단면은 허용한다.
② 긴축은 중간을 파단하여 짧게 그릴 수 있으며 실제 치수를 기입한다.
③ 축 끝에는 모따기 및 라운딩을 할 수 있다.
④ 축에 있는 널링(knurling)의 도시는 빗줄인 경우는 축선에 대하여 30°로 엇갈리게 그린다.

23 치수보조(표시) 기호와 그 의미 연결이 틀린 것은?
① R : 반지름
② SR : 구의 반지름
③ t : 판의 두께
④ ( ) : 이론적으로 정확한 치수

해설 ( ) : 참고 치수
□ : 이론적으로 정확한 치수

24 다음 기하 공차 기입 틀에서 ⊕가 의미하는 것은?

| ⊕ | ∅0.02Ⓜ | C |

① 진원도
② 동축도
③ 진직도
④ 위치도

해설

| — | 진직도 공차 | ○ | 진원도 공차 |
| ◎ | 동축도 공차 | ⊕ | 위치도 공차 |

정답 21. ④ 22. ②
23. ④ 24. ④

25. 치수 ∅40H7에 대한 설명으로 틀린 것은?

① 기준 치수는 40mm
② 7은 IT 공차의 등급
③ 아래 치수허용차는 +0.25mm
④ 대문자 H는 구멍 기준의 의미

해설 ∅40H7는 아래 치수허용차는 0, 위 치수허용차는 +0.025이다.

26. 다음 리머 중 자루와 날 부위가 별개로 되어 있는 리머는?

① 솔리드 리머(solid reamer)
② 조정 리머(adjustable reamer)
③ 팽창 리머(expansion reamer)
④ 셀 리머(shell reamer)

해설
① **솔리드 리머** : 자루와 날부가 같은 소재로 된 리머
② **조정 리머** : 조정 리머, 팽창 리머
③ **팽창 리머** : 몸통을 팽창시켜 지름을 약간 조정할 수 있는 리머
④ **셀 리머** : 자루와 날부가 별개로 되어있는 리머

27. 선반에서 면판이 설치되는 곳은?

① 주축 선단
② 왕복대
③ 새들
④ 심압대

해설 면판은 주축 선단에 척을 떼어내고 그 자리에 설치한다.

28. 외경 연삭기의 이송방법에 해당하지 않는 것은?

① 연삭숫돌대 양식
② 테이블 왕복식
③ 플런지 컷 방식
④ 새들 방식

해설
① **테이블 왕복형** : 공작물을 고정한 테이블을 왕복시키는 형식으로 소형 공작물의 연삭에 적합하다.
② **숫돌대 왕복형** : 숫돌대를 왕복 운동시키는 형식으로 대형 중량 공작물의 연삭에 적합하다.
③ **플런지 컷 연삭** : 공작물은 회전만하고 숫돌대의 연삭숫돌을 테이블과 직각으로 전후 이송을 주어 연삭하는 형식이다.

정답 25. ③ 26. ④
27. ① 28. ④

29 수용성 절삭유에 대한 설명 중 틀린 것은?

① 원액과 물을 혼합하여 사용한다.
② 표면활성제와 부식방지제를 첨가하여 사용한다.
③ 점성이 높고 비열이 작아 냉각 효과가 작다.
④ 고속절삭 및 연식 가공액으로 많이 사용한다.

해설 **수용성 절삭유(soluble oil)**
알칼리성 수용액이나 광물유를 화학적으로 처리하여 물에 용해한 유화제 등으로 다량의 물을 포함하기 때문에 냉각효과가 크고 고속 절삭 연식용 등에 적합하며 점성이 낮고 비열이 높으며 냉각작용이 우수하다.

30 둥근봉 외경을 고속으로 가공할 수 있는 공작기계로 가장 적합한 것은?

① 수평 밀링
② 직립 드릴머신
③ 선반
④ 플레이너

해설
① **선반** : 공작물의 회전운동과 바이트의 직선운동으로 원통형의 제품을 주로 가공한다.
② **수평 밀링** : 주축의 중심선이 테이블 면에 수평으로 고정, 수평축에 아버를 설치하고 커터를 고정시켜 평면, 홈, 절단 작업 등을 한다.
③ **직립 드릴머신** : 드릴을 회전운동과 직선운동으로 공작물의 구멍을 뚫는다.
④ **플레이너** : 큰 공작물인 경우 공작물이 왕복 운동하여 평면을 가공한다.

31 바이트로 재료를 절삭할 때 칩의 일부가 공구의 날 끝에 달라붙어 절삭날과 같은 작용을 하는 구성 인선(built-up edge)의 방지법으로 틀린 것은?

① 재료의 절삭 깊이를 크게 한다.
② 절삭 속도를 크게 한다.
③ 공구의 윗면 경사각을 크게 한다.
④ 가공 중에 절삭유제를 사용한다.

해설 **구성 인선의 방지(억제)법**
① 공구의 윗면 경사각을 크게 한다.
② 절삭 깊이를 작게 한다.
③ 절삭 속도 크게(구성 인선의 임계속도 : 120m/min)한다.
④ 이송을 작게(저속회전일 때 이송을 크게) 한다.
⑤ 칩의 절삭저항을 작게 한다.

정답 29. ③ 30. ③ 31. ①

03회 CBT 모의고사

32 원통 연삭기에서 숫돌 크기의 표시 방법의 순서로 올바른 것은?

① 바깥 반지름×안지름
② 바깥지름×두께×안지름
③ 바깥지름×둘레길이×안지름
④ 바깥지름×두께×안반지름

해설 숫돌 크기의 표시 방법: 바깥지름×두께×안지름

33 나사의 피치 측정에 사용되는 측정기기는?

① 오토콜리미터　② 옵티컬 플랫
③ 사인 바　④ 공구 현미경

해설 **공구 현미경**: 가장 많이 사용되고 있는 측정기의 하나로 현미경에 의해 확대 관측하여 제품의 길이, 각도, 형상, 윤곽을 측정하는 측정기이다.
용도는 각종 정밀부품의 측정, 공작용 치공구류의 측정, 각종 게이지의 측정, 특히 나사 피치게이지, 나사요소의 측정 등 다방면에 사용되고 있다.

34 이미 뚫어져 있는 구멍을 좀 더 크게 확대하거나, 정밀도가 높은 제품으로 가공하는 기계는?

① 보링 머신　② 플레이너
③ 브로칭 머신　④ 호빙 머신

해설 **보링(Boring)**: 뚫린 구멍을 다시 절삭, 구멍을 넓히고 다듬질하는 것으로 보링 바에 바이트를 사용한다.

35 마이크로미터 측정면의 평면도를 검사하는 데 사용하는 것은?

① 옵티미터　② 오토콜리미터
③ 옵티컬 플랫　④ 사인 바

해설
① **옵티미터**: 측정자의 미소한 움직임을 확대하는 기구이며, 광학적 장치를 사용한 것이다.
② **오토콜리미터**: 오토콜리미터는 평면경, 프리즘 등을 이용하여 미소한 각도의 변화 또는 평면의 기울기 등을 측정한다.
③ **옵티컬 플랫**: 측정 면의 평면도 측정, 옵티컬 파라렐은 측정 면의 평행도 측정
④ **사인 바**: 사인 바는 블록 게이지와 같이 사용하며, 삼각함수의 사인(sine)을 이용하여 임의의 각도를 길이로 계산하여 간접적으로 각도를 구하는 방법이다.

정답　32. ②　33. ④　34. ①　35. ③

36 물이나 경유 등에 연삭 입자를 혼합한 가공액을 공구의 진동면과 일감 사이에 주입시켜 가며 초음파에 의한 상하진동으로 표면을 다듬는 가공 방법은?

① 방전 가공
② 초음파 가공
③ 전자빔 가공
④ 화학적 가공

해설
① **방전 가공**: 방전 현상을 인공적으로 설정하여 그 에너지를 이용하는 가공 방법이다.(전기 접점에 의한 직류 콘덴서법)
② **초음파 가공**: 물이나 경유 등에 연삭 입자를 혼합한 가공액을 공구의 진동면과 일감 사이에 주입시켜 가며 초음파에 의한 상하진동으로 표면을 다듬질한다.
③ **전자빔 가공**: 전자렌즈로 가공물 위에 접속시켜 공작물을 용해, 분출 또는 증발시켜 가공한다. 용접, 표면 담금질, 구멍 뚫기 등에 이용된다.
④ **화학적 가공**: 기계적, 전기적 방법으로는 가공할 수 없는 재료를 부식이나 용해 등의 화학 반응으로 금속과 비금속 공작물 표면을 복잡한 여러 가지 형상으로 파내거나 잘라내며, 깨끗이 다듬질한다.

37 선반 가공에서 외경을 절삭할 경우 절삭 가공 길이 200mm를 1회 가공하려고 한다. 회전수 1000rpm, 이송속도 0.15mm/rev이면 가공 시간은 약 몇 분인가?

① 0.5
② 0.91
③ 1.33
④ 1.48

해설 가공 = $\dfrac{L}{Nf} i = \dfrac{200}{1000 \times 0.15} \times 1 = 1.33분 = 80초$

38 공작물에 회전을 주고 바이트에는 절입량과 이송을 주어 원통형의 공작물을 주로 가공하는 공작기계는?

① 셰이퍼
② 밀링
③ 선반
④ 플레이너

해설 선반
공작물에 회전을 주고 바이트에는 절입량과 이송을 주어 원통형의 공작물을 주로 가공하는 공작기계이다.

39 다음 중 일반적으로 선반에서 가공하지 않는 것은?

① 키홈 가공
② 보링 가공
③ 나사 가공
④ 총형 가공

해설 키홈은 밀링에서 가공한다.

정답 36.② 37.③ 38.③ 39.①

40 CNC 작업 중 기계에 이상이 발생하였을 때 조치사항으로 적당하지 않은 것은?

① 알람 내용을 확인한다.
② 경보등이 점등되었는지 확인한다.
③ 간단한 내용은 조작설명서에 따라 조치하고 안 되면 전문가에게 의뢰한다.
④ 기계가공이 안 되기 때문에 무조건 전원을 끈다.

해설 기계가공이 안 되면 원인을 점검하고 안 되면 전문가에게 의뢰한다.

41 CNC 공작기계 좌표계의 이동 위치를 지령하는 방식에 해당하지 않는 것은?

① 절대지령 방식
② 증분지령 방식
③ 잔여지령 방식
④ 혼합지령 방식

해설 CNC 공작기계 지령 방식
① 절대지령 방식 : 공작물 원점을 기준으로 직교 좌표계의 좌푯값을 입력하는 방식
② 증분지령 방식 : 현재 공구 위치를 기준으로 다음 위치까지의 거리를 입력하는 방식
③ 혼합지령 방식 : 한 블록(줄)에 [절대지령방식&증분지령방식]을 사용하여 지령하는 방식으로 주로 CNC 선반에서 많이 사용

42 CNC 공작기계의 안전에 관한 설명 중 틀린 것은?

① 그래픽 화면만 실행할 때에는 머신 록(machine lock) 상태에서 실행한다.
② CNC 선반에서 자동 원점복귀는 G28 U0 W0로 지령한다.
③ 머시닝센터에 자동 원점복귀는 G91 G28 Z0로 지령한다.
④ 머시닝센터에서 G49 지령은 어느 위치에서나 실행한다.

해설 공구길이 보정을 취소할 때는 G49로 지령한다.

43 다음 중 CNC 프로그램 구성에서 단어(word)에 해당하는 것은?

① S
② G01
③ 42
④ S500 M03;

해설 워드(Word) : 블록을 구성하는 가장 작은 단위가 워드이며 워드는 어드레스와 데이터의 조합으로 구성된다.
[예] G(어드레스) 50(데이터) X 150.0 Z 200.0 ;

정답 40. ④ 41. ③
42. ④ 43. ②

44 CNC 선반에서 외경 절삭을 하는 단일형 고정 사이클은?

① G89 ② G90
③ G91 ④ G92

해설 안·바깥지름 절삭 사이클(G90) : 단일 고정 사이클
G90 X(U)___ Z(W)___ F___ ; (직선 절삭)
G90 X(U)___ Z(W)___ I(R)___ F___ ; (테이퍼 절삭)

45 CNC 공작기계에서 각 축을 제어하는 역할을 하는 부분은?

① ATC ② 공압장치
③ 서보 기구 ④ 칩 처리장치

해설 서보 기구(Servo Unit)
펄스화된 정보는 서보 기구에 전달되어 정밀도와 아주 관계가 깊은 X, Y, Z 등 각 축을 제어한다.

46 1000rpm으로 회전하는 스핀들에서 3회전 휴지(dwell : 일시정지)를 주려고 한다. 정지시간과 CNC 프로그램이 옳은 것은?

① 정지시간 : 0.18초, CNC 프로그램 : G03 X0.18 ;
② 정지시간 : 0.18초, CNC 프로그램 : G04 X0.18 ;
③ 정지시간 : 0.12초, CNC 프로그램 : G03 X0.18 ;
④ 정지시간 : 0.12초, CNC 프로그램 : G04 X0.18 ;

해설 정지시간(SEC)=(스핀들 : 주축)

$\dfrac{60}{주축회전수(rpm)} \times 일시정지회전수$

$\dfrac{60}{1000} \times 3 = 0.18\text{sec}$

(예 : G04 X1.8, G04 U1.8, G04 P1800)

47 연삭 작업할 때의 유의사항으로 틀린 것은?

① 연삭숫돌은 사용하기 전에 반드시 결함 유무를 확인해야 한다.
② 테이퍼부는 수시로 고정상태를 확인한다.
③ 정밀연삭을 하기 위해서는 기계의 열팽창을 막기 위해 전원투입 후 곧바로 연삭한다.
④ 작업을 할 때에는 분진이 심하므로 마스크와 보안경을 착용한다.

해설 정밀연삭을 하기 위해서는 숫돌을 드레싱하여 사용하고 작업시작 전 숫돌은 1분 이상 공회전한다.

정답 44. ② 45. ③
      46. ② 47. ③

03회 CBT 모의고사

48 그림과 같이 프로그램의 원점이 주어져 있을 경우 A점의 올바른 좌표는?

① X40. Z10.
② X10. Z50.
③ X30. Z0.
④ X50. Z-10.

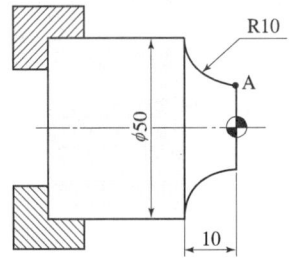

해설 위 그림에서 A점은 X30. Z0.

49 CNC 선반에서 전원투입 후 CNC 선반의 초기 상태의 기능으로 볼 수 없는 것은?

① 공구 인선반경 보정기능 취소(G40)
② 회전당 이송(G99)
③ 회전수 일정제어 모드(G97)
④ 절삭속도 일정제어 모드(G96)

해설 전원 공급 시 유효 초기 상태의 모달지령
G00, G22, G25, G40, G69, G97, G99

50 나사 가공 프로그램에 관한 설명으로 적당하지 않은 것은?

① 주축의 회전은 G96으로 지령한다.
② 이송속도는 나사의 리드 값으로 지령한다.
③ 나사의 절입 회수는 절입표를 참조하여 여러 번 나누어 가공한다.
④ 복합 고정형 나사절삭 사이클은 G76이다.

해설 나사 가공을 할 때에는 주축의 회전수가 변하면 올바른 나사를 가공할 수 없으므로 주축 회전수 일정제어(G97)로 지령하고, 이송속도 조절 오버 라이드는 100%로 고정(변경하지 않는다)하여야 한다. 또한 나사 가공 중에는 나사의 불량방지를 위하여 이송정지 기능이 무효화된다. 그러므로, 나사 가공 중에 이송정지 버튼을 누르면 그 블록의 나사 가공이 완료된 후에 정지한다.

51 CNC 선반에서 일감과 공구의 상대 속도를 지정하는 기능은?

① 준비 기능(G)   ② 주축 기능(S)
③ 이송 기능(F)   ④ 보조 기능(M)

[정답] 48. ③ 49. ④
50. ① 51. ③

> **해설** **이송 기능(F)** 공작물에 대하여 공구를 이송시켜주는 기능을 말하며 G98 코드의 분당 이송(mm/min)과 G99 코드의 회전당 이송(mm/rev)으로 지령할 수 있는데 CNC 선반에서는 G99 코드를 사용한 회전당 이송으로 프로그램한다. CNC 공작 기계에서 가공물과 공구와의 상대속도를 지정하는 것으로 mm/rev 단위로 쓰며 공구를 주축 1회 전당 얼마만큼 이동하는가 하는 것으로 F를 사용한다.

52 CNC 선반에서 a에서 b까지 가공하기 위한 원호보간 프로그램으로 틀린 것은?

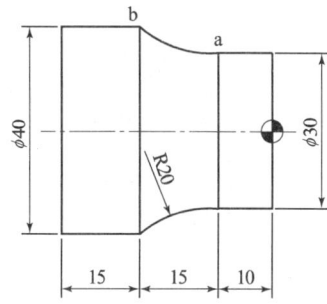

① G02 X40. Z-25. R20. ;   ② G02 U10. W-15. R20. ;
③ G02 U40. W-15. R20. ;   ④ G02 X40. W-15. R20. ;

> **해설** 위 그림에서 a에서 b까지
> G02 U40. W-15. R20. ;

53 선반의 베드에 대한 설명으로 맞지 않는 것은?

① 베드의 재질은 특수강으로 경도와 인성이 커야 한다.
② 베드는 강성이 크고, 방진성이 있어야 한다.
③ 내마모성이 커야 한다.
④ 정밀도와 진직도가 좋아야 한다.

> **해설** 베드의 재질은 미하나이트 주철, 합금주철, 구상화흑연주철을 사용한다.

54 선반에서 테이퍼(taper) 가공을 하는 방법으로 옳지 않은 것은?

① 심암대의 편위에 의한 방법
② 주축을 편위시키는 방법
③ 복식 공구대의 회전에 의한 방법
④ 테이퍼 절삭장치에 의한 방법

> **해설** **테이퍼 절삭작업**
> ① 복식 공구대를 경사시키는 방법 : 길이가 짧고 테이퍼 값이 클 때 사용된다.
> ② 심압대를 편위시키는 방법(Set over) : 비교적 길이가 길고 테이퍼 값이 작을 때 사용된다.
> ③ 테이퍼 절삭 장치를 사용하는 방법
> ④ 가로, 세로 이송핸들 사용하는 방법
> ⑤ 총형 공구를 사용하는 방법

정답 52. ③ 53. ① 54. ②

55. 캠(CAM)이나 유압 기구 등을 이용하여 부품가공을 자동화한 선반은?

① 공구선반 ② 자동선반
③ 모방선반 ④ 터릿선반

해설
① **공구선반** : 릴리빙 장치(=Back off 장치)를 가진 것으로 절삭 공구(호브, 커터, 탭 등)의 여유각을 가공
② **자동선반** : 캠이나 유압기구를 사용하여 자동화한 것으로 핀, 볼트, 시계, 자동차 생산에 사용
③ **모방선반** : 형상이 복잡하거나 곡선형 외경만을 가진 일감을 많이 가공할 때 편리하며 트레이서를 접촉시켜 형판 모양으로 공작물을 가공한다. 자동모방 장치이용, 테이퍼 및 곡면 등을 모방 절삭
④ **터릿선반** : 터릿으로 불리는 선회 공구대를 가진 것으로 너트, 와셔, 나사, 핀 등 모양이 간단한 제품의 대량생산용

56. 가공 공구와 가공물의 운동 관계를 설명한 것이다. 다음 내용과 관계없는 가공 방법은?

> 가공물을 고정하고 이송시키며 공구를 회전시키는 공구 운동 방식의 절삭운동

① 밀링 ② 보링
③ 선삭 ④ 호닝

해설
- **선반** : 공작물의 회전운동과 바이트의 직선운동으로 원통형의 제품을 주로 가공한다.
- **고정공구** : 선삭, 평삭, 형삭, 슬로터, 브로칭
- **회전공구** : 밀링, 드릴링, 보링, 태핑, 호빙

57. 복합형 고정 사이클(G70, G71)에서 사이클이 종료되면 공구가 복귀하는 지점은?

① 프로그램 원점 ② 기계 원점
③ 사이클 시작점 ④ 제2 원점

해설
- **안·바깥지름 거친절삭 사이클(G71)** : 복합 반복 사이클
- **다듬 절삭 사이클(G70)** : 복합 반복 사이클
  P는 G71, G70사이클을 이용한 절삭 가공 시작위치이고, Q는 G71, G70사이클을 이용한 절삭 가공 마지막 위치가 된다. 이는 "[G00 A]→[G71, G70 사이클]→[시작위치 P]→[끝 위치 Q]"의 형식으로 프로그램에 적용하면 된다.

정답 55. ② 56. ③ 57. ③

58 CNC 선반 프로그램 G32 X50. Z-30. F1.5 ; 에서 1.5가 뜻하는 것은?

① 나사의 길이
② 이송
③ 나사의 각도
④ 나사의 리드

해설 나사절삭 코드(G32)

G32 X(U)___ Z(W)___ (Q___) F___ ;

여기서, X(U)__ Z(W)__ : 나사 절삭의 끝 지점 좌표
  Q : 다줄 나사 가공 시 절입 각도(1줄 나사의 경우 Q0 이므로 생략)
  F : 나사의 리드(lead)
    (F 대신 E를 사용할 때 인치계 나사의 경우, 인치로 되어 있는 피치를 밀리미터(mm)로 바꾸어 입력해야 한다.)

G32 지령으로 가공할 수 있는 나사는 평행나사, 테이퍼 나사, 다줄나사, 정면(Scroll)나사 등이다. 나사의 피치 불량을 방지하기 위하여 주축위치 검출기(Position coder)에서 1회전 신호를 검출하여 나사 절삭이 진행되므로 공구가 반복되어도 동일한 점에서 시작된다. 나사 가공을 할 때에는 주축의 회전수가 변하면 올바른 나사를 가공할 수 없으므로 주축 회전수 일정 제어(G97)로 지령하고, 이송속도 조절 오버라이드는 100%로 고정(변경하지 않는다)하여야 한다.

59 다음의 공구 보정 화면 설명으로 틀린 것은?

공구 보정번호	X축	Z축	R	T
01	0.000	0.000	0.8	3
02	0.457	1.321	0.2	2
03	2.765	2.987	0.4	3
04	1.256	-1.234	?	8
05	.	.	.	.
.	.	.	.	.

① X축 : X축 보정량
② Z축 : Z축 보정량
③ R : 공구 날끝 반경
④ T : 공구 선택번호

해설 T에서 공구번호가 중복되어 있으면 안 된다.

60 마이크로미터 0점 조정 시 슬리브의 기선과 딤블의 눈금이 하나 이하의 차이가 있을 때는 무엇을 돌려 수정해야 하는가?

① 슬리브
② 딤블
③ 래칫스톱
④ 클램프

정답 58. ④ 59. ④
60. ①

04회 CBT 모의고사

01 다음 중 기어의 잇면, 크랭크축의 머리부, 고급 내연기관의 실린더 내면, 게이지 블록 등에 0.3~0.7mm 정도의 깊이로 질소를 강중에 침입시키는 표면 경화법은?

① 액체 침탄법　　② 질화법
③ 고주파 경화법　④ 화염 경화법

해설 **질화법**
기어의 잇면, 크랭크축의 머리부, 고급 내연기관의 실린더 내면, 게이지 블록 등에 0.3~0.7mm 정도의 깊이로 질소를 강중에 침입시키는 표면 경화법이다.

02 다음 키(key) 중 구배가 없는 것은?

① 성크 키(sunk key)　　② 평 키(flat key)
③ 페더 키(feather key)　④ 접선 키(tangential key)

해설 구배(기울기)가 없는 것은 페더 키(feather key)이다.

03 탄소강의 기계적 성질로 맞지 않는 사항은?

① 표준상태에서 탄소가 많을수록 경도가 증가한다.
② 인장강도는 과공석강에서 최대가 된다.
③ 탄소량이 많을수록 냉간가공이 어렵다.
④ 탄소강은 200~300℃에서 청열메짐이 일어난다.

해설 공석강에서 강도가 최대가 되고 연율, 단면수축율은 감소한다.

04 강의 표면경화법 중 침탄 처리에 가장 적당한 강은?

① 고탄소강　② 고속도강
③ 저탄소강　④ 합금공구강

해설 **저탄소강** : 침탄 처리에 가장 적당하다.

05 일반적인 도료(paint)의 사용 목적이 아닌 것은?

① 전기절연성 향상　　② 산성물질 등에 대한 부식 방지
③ 철강재료의 녹 발생 방지　④ 외적 충격 방지

정답 01. ② 02. ③
03. ② 04. ③
05. ④

해설 도료의 사용 목적
① 전기절연성, 방온, 방화 향상
② 산성물질 등에 대한 부식 방지
③ 철강재료의 녹 발생 방지
④ 표면에 내구력을 늘리고 아름답게 한다.

06 인장시험으로 측정할 수 없는 것은?

① 비례한도　　② 항복점
③ 탄성한도　　④ 피로한도

해설 인장시험에서 재료의 항복점, 탄성한도, 인장 강도, 연신율 등을 측정할 수 있다. 만능 재료 시험기로는 인장 시험뿐만 아니라 압축, 굽힘 항복 등의 시험을 할 수 있다.

07 구리에 아연이 5~20% 첨가되어 전연성이 좋고 색깔이 아름다워 장식품에 많이 쓰이는 황동은?

① 포금　　② 문쯔메탈
③ 톰백　　④ 7 : 3 황동

해설 톰백(tombac)
구리에 아연이 5~20% 첨가되어 전연성이 좋고 금색과 비슷하여 모조 금박 대용으로 사용하거나, 색깔이 아름다워 장식품에 많이 쓰이는 황동이다.

08 일명 우드러프 키(woodruff key)라고도 하며, 키와 키 홈 등이 모두 가공하기 쉽고, 키와 보스를 결합하는 과정에서 자동적으로 키가 자리를 잡을 수 있는 장점을 가지고 있는 키는?

① 성크 키　　② 접선 키
③ 반달 키　　④ 스플라인

해설 반달 키
일명 우드러프 키(woodruff key)라고도 하며, 키와 키 홈 등이 모두 가공하기 쉽고, 키와 보스를 결합하는 과정에서 자동적으로 키가 자리를 잡을 수 있는 장점이 있다.

09 주철의 일반적인 성질에 대한 설명으로 틀린 것은?

① 취성이 크다.
② 경도가 높다.
③ 연신율이 크다.
④ 용융점이 낮아 주조에 적합하다.

해설 충격값 및 연신율이 작다.

[정답] 06. ④　07. ③
08. ③　09. ③

10. 알루미늄합금은 가공용과 주조용으로 나누어진다. 다음 중 가공용 알루미늄합금에 속하는 것은?
① 알루미늄 – 구리계 합금
② 다이캐스팅용 알루미늄합금
③ 알루미늄 – 규소계 합금
④ 내식성 알루미늄합금

해설 가공용 알루미늄합금 : 내식용 Al 합금, 고강도 Al 합금, 내열용 Al 합금

11. 스프링을 용도에 따라 분류할 때 진동이나 충격을 흡수하는 목적으로 사용되는 것은?
① 자동차의 현가장치용 스프링
② 시계 태엽용 스프링
③ 압력 게이지용 스프링
④ 총의 방아쇠용 스프링

해설 자동차의 현가장치용 스프링 : 진동이나 충격을 흡수하는 목적으로 사용된다.

12. 공구강이 구비해야 할 조건 중 틀린 것은?
① 내 마멸성이 클 것
② 강인성이 클 것
③ 경도가 작을 것
④ 가격이 쌀 것

해설 경도가 클 것

13. 피치가 1.5mm인 2줄(중) 나사의 리드는 몇 mm인가?
① 1.5
② 2
③ 3
④ 4

해설 리드=피치×나사의 줄 수=1.5×2=3

14. 회전수가 4000rpm일 때 20kW를 전달하는 둥근 축의 비틀림 모멘트는 약 몇 kgf·cm인가?
① 487
② 358
③ 3581
④ 4870

정답 10. ④ 11. ① 12. ③ 13. ③ 14. ①

해설 $T = 97400 \times \dfrac{H'}{N} = 97400 \times \dfrac{20}{4000} = 487 \text{kgf} \cdot \text{cm}$

15 합금의 일반적인 성질에 해당하지 않는 것은?
① 강도 및 경도가 커진다.
② 전기 및 열의 전도도가 낮아진다.
③ 용융점이 올라간다.
④ 전성 및 연성이 낮아진다.

해설 합금은 용융점이 내려간다.

16 연필 등을 사용하여 단면한 부분을 표시하기 위해 해칭 대신하여 색칠하는 것을 의미하는 용어는?
① 도색   ② 스머징
③ 착색   ④ 드레싱

해설 스머징
연필 등을 사용하여 단면한 부분을 표시하기 위해 해칭을 대신하여 색칠하는 것이다.

17 나사의 도시에서 굵은 실선으로 도시되는 부분이 아닌 것은?
① 수나사의 바깥지름
② 암나사의 안지름
③ 암나사의 골지름
④ 완전 나사부와 불완전 나사부의 경계선

해설 수나사와 암나사의 골을 표시하는 선은 가는 실선으로 그린다.

18 다음 중 분할 핀의 호칭 지름에 해당하는 것은?
① 분할 핀 구멍의 지름
② 분할 상태의 핀의 단면지름
③ 분할 핀의 길이
④ 분할 상태의 두께

해설 분할 핀(스플릿 핀)의 호칭 지름 : 분할 핀 구멍의 지름

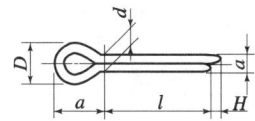

답안 표기란
15	①	②	③	④
16	①	②	③	④
17	①	②	③	④
18	①	②	③	④

정답 15. ③ 16. ② 17. ③ 18. ①

19 축과 구멍의 끼워맞춤에서 축의 치수는 $\phi 50^{-0.012}_{-0.028}$, 구멍의 치수는 $\phi 50^{+0.025}_{0}$일 경우 최대 틈새는 몇 mm인가?

① 0.053mm ② 0.037mm
③ 0.028mm ④ 0.025mm

해설 ① 최소 틈새=구멍의 최소 허용치수-축의 최대 허용치수
　　　　50-49.988=0.012
　　② 최대 틈새=구멍의 최대 허용치수-축의 최소 허용치수
　　　　50.025-49.972=0.053

20 물체의 일부를 파단한 곳을 표시하는 선 또는 끊어낸 부분을 표시하는 데 사용하는 선에 해당하는 것은?

① 가는 파선 ② 가는 2점 쇄선
③ 가는 1점 쇄선 ④ 가는 실선

해설 **가는 실선** : 물체의 일부를 파단한 곳을 표시하는 선 또는 끊어낸 부분을 표시하는 데 사용하는 선이다.

21 다음 입체도를 화살표 방향을 정면도로 선택했을 때 제3각법에서 평면도로 가장 올바른 것은?

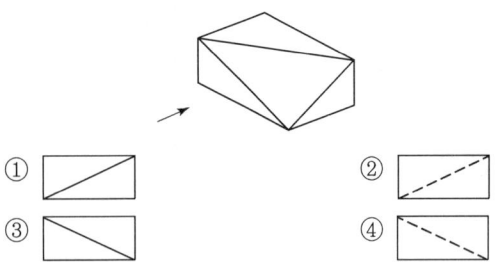

22 스프로킷 휠의 도시방법에 관한 내용으로 틀린 것은?

① 바깥지름은 굵은 실선으로 그린다.
② 이뿌리원은 가는 실선으로 그린다.
③ 피치원은 파선으로 그린다.
④ 항목표에는 톱니의 특성을 기입한다.

해설 피치원은 가는 일점쇄선으로 그린다.

정답 19. ① 20. ④
　　　21. ① 22. ③

23 도면에 사용하는 치수보조기호를 설명한 것으로 틀린 것은?

① : 정사각형의 한 변의 길이
② SØ : 구의 지름
③ R : 반지름
④ C : 30° 모떼기

해설 C : 45°의 모떼기

24 "SS 400(일반구조용 압연강재)" 재료에 대한 정보는 KS 부문별 분류기호 어디를 찾아보아야 하는가?

① KS A
② KS B
③ KS C
④ KS D

해설

KS A	KS B	KS C	KS D
기본	기계	전기	금속

25 아래 그림에서 표면 거칠기 기호 표시가 잘못된 곳은?

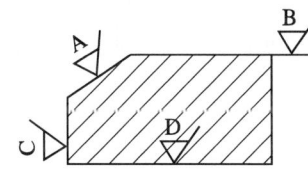

① A
② B
③ C
④ D

해설 올바른 표기방식

26 측정 오차의 종류에 해당하지 않는 것은?

① 측정기의 오차
② 자동 오차
③ 개인 오차
④ 우연 오차

해설 측정오차의 종류
① 개인 오차 : 측정하는 사람의 습관이나 부주의 때문에 생기는 오차로서, 숙련도에 따라 어느 정도 줄일 수 있다.
② 계통 오차 : 측정기로 동일한 측정 조건하에서 피 측정물을 측정할 때에 같은 크기와 부호가 발생되는 오차로서 이는 보정하여 측정값을 수정할 수 있다.
③ 우연 오차 : 측정기, 측정물 및 환경 등의 원인을 파악할 수 없어 측정자가 보정할 수 없는 오차이다.

정답 23. ④ 24. ④ 25. ④ 26. ②

27. 밀링머신에서 테이블의 이송속도를 나타내는 식은? (단, f : 테이블의 이송속도(mm/min), f_z : 커터 날 1개마다의 이송(mm), z : 커터의 날 수, n : 커터의 회전수(rpm))

① $f = \dfrac{f_z \times z}{n}$
② $f = \dfrac{f_z \times z \times n}{1000}$
③ $f = f_z \times z \times n$
④ $f = \dfrac{1000}{f_z \times z \times n}$

해설 이송속도 : $F = f_z \times z \times n$ (mm/min)
여기서, F : 테이블의 이송속도(mm/min), f_z : 커터의 날 1개마다 이송(mm/날)
z : 커터의 날 수, n : 커터의 회전수(rpm)

28. 숫돌바퀴 표면에서 눈 메움이나 무딤이 발생하면 절삭 상태가 불량해진다. 이때 숫돌바퀴 표면에서 이러한 숫돌 입자를 제거하여 절삭능력을 좋게 하는 작업을 무엇이라 하는가?

① 드레싱
② 글레이징
③ 로딩
④ 채터링

해설 드레싱(재생작업)
숫돌 입자를 무딤이나 눈 메움으로 절삭성이 나빠진 숫돌 면에 날카로운 입자를 발생시켜주는 작업

29. 빌트 업 에지(built up edge)의 발생을 감소시키기 위한 내용 중 틀린 것은?

① 공구의 윗면 경사각을 크게 한다.
② 절삭 속도를 크게 한다.
③ 절삭 깊이를 크게 한다.
④ 윤활성이 좋은 절삭유제를 사용한다.

해설 빌트 업 에지의 발생을 감소시키기 위해서는 절삭 깊이를 작게 한다.

30. 밀링머신에서 가공물의 절단 및 좁은 홈부 절삭에 가장 적합한 공구는?

① T 홈 밀링 커터
② 메탈 소
③ 더브테일 커터
④ 정면 밀링 커터

답안 표기란
27 ① ② ③ ④
28 ① ② ③ ④
29 ① ② ③ ④
30 ① ② ③ ④

정답 27. ③ 28. ① 29. ③ 30. ②

> **해설** 메탈 소 : 가공물의 절단 및 좁은 홈부 절삭에 가장 적합한 공구이다.

31 절삭 공구의 구비조건으로 잘못 설명된 것은?
① 일감보다 단단하고 적당한 인성이 있을 것
② 높은 온도에서 경도가 떨어지지 않을 것
③ 내마멸성이 작고 마찰계수가 높을 것
④ 형상을 만들기가 쉽고 가격이 쌀 것

> **해설** 내마멸성이 크고 마찰계수가 작을 것

32 가늘고 긴 공작물을 센터나 척을 사용하여 지지하지 않고 원통형 공작물의 바깥지름을 연삭하는 데 편리한 연삭기는?
① 모방 연삭기
② 유성형 연삭기
③ 센터리스 연삭기
④ 회전 테이블 연삭기

> **해설** 센터리스 연삭기
> 가늘고 긴 공작물을 센터나 척을 사용하여 지지하지 않고 원통형 공작물의 바깥지름을 연삭하는 데 편리한 연삭기이다.

33 래크를 절삭 공구로 하고 피니언을 기어 소재로 하여 미끄러지지 않도록 고정한 후 서로 상대운동을 시켜 기어를 절삭하는 방법은?
① 총형 커터에 의한 방법
② 창성에 의한 방법
③ 형판에 의한 방법
④ 브로칭에 의한 방법

> **해설** 창성에 의한 방법
> 래크를 절삭 공구로 하고 피니언을 기어 소재로 하여 미끄러지지 않도록 고정한 후 서로 상대운동을 시켜 기어를 절삭하는 방법이다.

34 줄(file)에 관한 설명으로 맞지 않는 것은?
① 줄의 크기 표시는 탱(tang)을 포함한 전체 길이로 호칭한다.
② 줄눈의 거친 순서에 따라 황목, 중목, 세목, 유목으로 구분한다.
③ 황목은 눈이 거칠어 한 번에 많은 양을 절삭할 때 사용한다.
④ 세목과 유목은 다듬질 작업에 사용한다.

> **해설** 줄의 크기는 자루 부분을 제외한 줄의 전체 길이

[정답] 31. ③ 32. ③
33. ② 34. ①

35. 일반적인 절삭가공에서 절삭 시 공급되는 에너지는 대부분 열로 변환된다. 이때 발생한 절삭 열은 다음 중 어느 곳으로 가장 많이 전달되는가?

① 절삭 공구
② 가공 재료
③ 칩
④ 공작 기계

해설 열의 분포 크기는 칩(75%) > 공구(18%) > 공작물(7%) 순이다.

36. 밀링머신의 부속장치 중 주축의 회전운동을 공구대의 직선 왕복운동으로 변환시키는 장치는?

① 슬로팅 장치
② 래크 절삭 장치
③ 분할대
④ 회전 테이블

해설 슬로팅 장치
수평 밀링머신이나 만능 밀링머신의 컬럼에 설치하여 사용한다. 주축 회전운동을 직선 왕복운동으로 변환시켜 슬로터 작업을 할 수 있도록 한 장치이며, 공작물 안지름에 키홈, 스플라인(spline), 세레이션(serrattion) 등을 가공한다. 슬로팅 장치는 주축을 중심으로 좌우 90°씩 선회할 수 있다.

37. 각도 측정용 게이지들로 조합된 것은?

① 오토콜리미터, 사인 바, 콤비네이션 세트
② 사인 바, 오토콜리미터, 옵티컬 플랫
③ 직각자, 만능 분도기, 옵티컬 패러렐
④ 만능 분도기, 옵티컬 플랫, 콤비네이션 세트

해설 각도 측정용 게이지 : 오토콜리미터, 사인 바, 콤비네이션 세트 등

38. 연질의 일감을 고속 절삭할 때에 칩이 연속적으로 흘러나오게 되어 위험하므로 칩을 짧게 끊기 위해 사용되는 것은?

① 칩 브레이커(chip breaker)
② 툴 브레이커(tool breaker)
③ 홀더 브레이커(holder breaker)
④ 콜릿 브레이커(collet breaker)

해설 칩 브레이커
연질의 일감을 고속 절삭할 때에 칩이 연속적으로 흘러나오게 되어 위험하므로 칩을 짧게 끊기 위해 사용된다.

정답 35. ③ 36. ① 37. ① 38. ①

39 래핑(lapping)의 특징에 대한 설명으로 틀린 것은?

① 가공면은 윤활성이 좋다.
② 가공면은 내마모성이 좋다.
③ 정밀도가 높은 제품을 가공할 수 있다.
④ 가공이 복잡하여 소량생산을 한다.

해설 작업 방법이 간단하고 대량생산 가능

40 일반 공구 사용법에서 안전관리에 적합하지 않은 것은?

① 불안전한 공구는 사용하지 않는다.
② 공구에 기름이 묻었을 때 완전히 닦고 사용한다.
③ 공구는 사전에 이상이 없는지 확인하고 사용한다.
④ 공구는 되도록 길게 물려서 사용한다.

해설 공구는 되도록 짧게 물려서 사용한다.

41 머시닝센터 가공 중 공작물과 공구의 충돌이 예상될 때의 조치내용으로 잘못된 것은?

① 비상정지 스위치를 누른다.
② Feed Hold 버튼을 누른다.
③ 주축의 회전을 정지시킨다.
④ 전원을 OFF시킨다.

해설 주축의 회전을 정지시켜도 공구는 이송이 되어 충돌하므로 공구이송을 정지시킨다. 즉, Feed Hold 버튼이나 비상정지 스위치를 누른다.

42 머시닝센터 조작판에서 'DRY RUN' 기능에 대한 설명으로 올바른 것은?

① 'DRY RUN' 스위치가 ON 되면 회전당 이송속도로 변한다.
② 'DRY RUN' 스위치가 ON 되면 이송속도가 약간 빨라진다.
③ 'DRY RUN' 스위치가 ON 되면 프로그램의 이송속도를 무시하고 조작판의 이송속도로 이송한다.
④ 'DRY RUN' 스위치가 ON 되면 이송속도가 최고 속도로 변한다.

해설 'DRY RUN' 스위치가 ON 되면 프로그램의 이송속도를 무시하고 조작판의 이송속도로 이송한다.

[정답] 39. ④ 40. ④ 41. ③ 42. ③

43 CAD/CAM의 필요성이 증대되는 요인으로서 적절치 않은 것은?
① 소비자 요구의 다양화
② 신제품 개발 경쟁 치열
③ 제품 라이프 사이클(Life Cycle)의 단축
④ 소품종 대량생산

해설 다품종 소량생산이다.

44 CNC 공작기계가 기계의 각종 기능을 수행하는 데 필요한 보조 장치(각종 스위치)의 ON-OFF를 주로 수행하는 기능은?
① M 기능
② S 기능
③ G 기능
④ T 기능

해설 M 기능 : 보조 장치(각종 스위치)의 ON-OFF를 주로 수행하는 기능

45 머시닝센터 프로그램에서 고정 사이클의 용도로 부적절한 것은?
① 드릴 가공
② 탭 가공
③ 윤곽 가공
④ 보링 가공

해설 윤곽 가공은 고정 사이클 기능으로 작업하지 않는다.

46 서보 구동부 제어방식 중 서보 모터에 속도 검출기와 위치 검출기를 부착하고 기계의 테이블에도 스케일을 부착하여 위치를 검출해 피드백을 하는 그림과 같은 제어방식은?

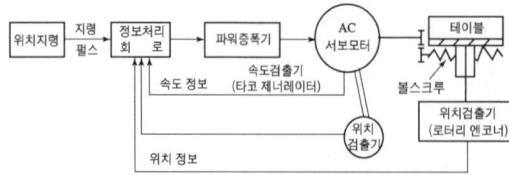

① 개방회로 방식
② 반폐쇄회로 방식
③ 폐쇄회로 방식
④ 하이브리드 서보방식

해설 하이브리드 서보방식
반 폐쇄회로 방식과 폐쇄회로 방식을 혼합한 방식으로 반 폐쇄회로의 움직인 결과에 오차가 있으면 그 오차 값을 폐쇄회로 방식으로 검출하여 보정을 행하는 방식으로 조건이 좋지 않은 기계에 고정밀도를 요구하는 경우에 사용되는 제어방식이다.

정답 43. ④ 44. ① 45. ③ 46. ④

47 CNC 공작기계에서 정보 흐름의 순서가 맞는 것은?

① 지령펄스열 → 서보구동 → 수치정보 → 가공물
② 지령펄스열 → 수치정보 → 서보구동 → 가공물
③ 수치정보 → 지령펄스열 → 서보구동 → 가공물
④ 수치정보 → 서보구동 → 지령펄스열 → 가공물

해설 정보 흐름의 순서 : 수치정보 → 지령펄스열 → 서보구동 → 가공물

48 선삭용 인서트 형번 표기법(ISO)에서 인서트의 형상이 정사각형에 해당하는 것은?

① C
② D
③ S
④ V

해설 C(60° 마름모 형태), D(55° 마름모 형태), S(정사각 형태), V(35° 마름모 형태)

49 주로 수직 밀링에서 사용하는 커터로 바깥지름과 정면에 절삭날이 있으며 밀링 커터 축에 수직인 평면을 가공할 때 편리한 커터는?

① 정면 밀링 커터
② 슬래브 밀링 커터
③ 평면 밀링 커터
④ 측면 밀링 커터

해설 정면 밀링 커터(face milling cutter)
외주와 정면에 절삭날이 있으며 밀링 커터 축에 수직인 평면을 가공에 쓰인다. 본체는 탄소강으로 팁을 납땜식, 심은날식, 스로어웨이(throw away)식으로 고정하여 사용하고 있으나, 최근에는 스로어웨이 밀링 커터를 널리 사용한다.

50 밀링의 절삭방식 중 하향 절삭과 비교한 상향 절삭의 장점으로 올바른 것은?

① 커터 날의 마멸이 작고 수명이 길다.
② 일감의 고정이 간편하다.
③ 날 자리 간격이 짧고, 가공면이 깨끗하다.
④ 이송기구의 백래시가 자연히 제거된다.

해설 상향 절삭과 하향 절삭의 비교

구분	상향 절삭	하향 절삭
칩에 영향	• 절삭에 방해 없다.	• 절삭에 방해 있다.
백래시 제거	• 백래시 제거장치가 필요 없다.	• 백래시 제거장치가 필요하다.
공작물 고정	• 불안하므로 확실히 고정해야 한다.	• 안정된 고정이 된다.
공구 수명	• 수명이 짧다. • 날 파손은 적으나 마멸이 심하다.	• 수명이 길다. • 날 파손은 생길 수 있으나 마모가 적다.
소비 동력	• 소비가 크다.	• 소비가 적다.
가공면	• 거칠다.	• 깨끗하다.

정답 47. ③ 48. ③ 49. ① 50. ④

51. 수직 밀링머신에 사용되는 부속장치로 수동 또는 자동 이송에 의하여 회전시킬 수 있으며, 간단한 각도분할 작업도 할 수 있는 밀링머신 부속장치는?

① 밀링바이스
② 원형 테이블
③ 슬로팅 장치
④ 아버

해설 원형 테이블 : 수직 밀링머신에 사용되는 부속장치로 수동 또는 자동 이송에 의하여 회전시킬 수 있으며, 간단한 각도분할 작업도 할 수 있는 밀링머신 부속장치이다.

52. 머시닝센터에서 프로그램 원점을 기준으로 직교 좌표계의 좌푯값을 입력하는 절대 지령의 준비 기능은?

① G90
② G91
③ G92
④ G89

해설 G90 : 머시닝센터에서 프로그램 원점을 기준으로 직교 좌표계의 좌푯값을 입력하는 절대 지령의 준비 기능

53. 머시닝센터에서 지름 10mm인 엔드밀을 사용하여 외측 가공 후 측정값이 ⌀62.04mm가 되었다. 가공 치수를 ⌀61.98mm로 가공하려면 보정값을 얼마로 수정하여야 하는가? (단, 최초 보정은 5.0으로 반지름 값을 사용하는 머시닝 센터이다.)

① 4.90
② 4.97
③ 5.00
④ 5.03

해설 가공 시 X축 보정값 = ⌀62.04 − ⌀61.98 = 0.06mm
반경값은 0.03mm이므로 5mm − 0.03mm = 4.97mm
반지름 보정값 만큼 지령 위치를 기준에서 5mm가 시프트되어 가공한 것으로 안지름이 작게 가공되었으므로 보정값을 작게 해야 한다.

54. 머시닝센터 프로그램에서 원호 보간에 대한 설명으로 틀린 것은?

① R은 원호 반지름 값이다.
② I, J는 원호 시작점에서 중심점까지 벡터 값이다.
③ R과 I, J는 함께 명령할 수 있다.
④ I, J의 값 중 0인 값은 생략할 수 있다.

해설 R과 I, J는 함께 명령할 수 없다.

정답 51. ② 52. ① 53. ② 54. ③

55 머시닝센터에서 테이블에 고정된 공작물의 높이를 측정하고자 할 때 가장 적당한 것은?
① 다이얼 게이지
② 한계 게이지
③ 하이트 게이지
④ 사인 바

해설 하이트 게이지
머시닝센터에서 테이블에 고정된 공작물의 높이를 측정하고자 할 때 사용한다.

56 CAD/CAM 시스템의 입출력 장치에서 출력장치에 해당하는 것은?
① 프린터
② 조이스틱
③ 라이트 펜
④ 마우스

해설 입력장치 : 조이스틱, 라이트 펜, 마우스 등

57 머시닝센터에서 주축의 회전수를 일정하게 제어하기 위하여 지령하는 준비기능은?
① G96
② G97
③ G98
④ G99

해설
① G96 : 주축속도 일정제어(절삭속도 : v = m/min)
② G97 : 주축속도 일정제어 취소(주축회전수 : n = rpm)

58 CNC 서보 기구 중에서 기계의 테이블에 직선자(Scale)를 부착하여 위치를 검출한 후 위치 편차를 피드 백(feed back)하여 사용하는 그림과 같은 서보 기구는?

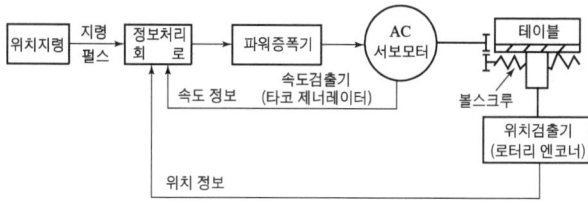

① 개방 회로
② 반폐쇄 회로
③ 폐쇄 회로
④ 반개방 회로

해설 폐쇄 회로
기계의 테이블에 직선자(Scale)를 부착하여 위치를 검출한 후 위치 편차를 피드 백(feed back)하여 사용한다.

정답 55. ③ 56. ①
57. ② 58. ③

59 CNC 공작기계에서 기계상에 고정된 임의의 지점으로 기계제작시 기계 제조회사에서 위치를 정하는 고정 위치를 무엇이라고 하는가?

① 프로그램 원점　② 기계 원점
③ 좌표계 원점　④ 공구의 출발점

해설 기계 원점
CNC 공작기계에서 기계 상에 고정된 임의의 지점으로 기계제작시 기계 제조회사에서 위치를 정하는 고정 위치

60 준비한 측정기(링 게이지, 마이크로미터 등)에 기준 치수를 맞춘 후 외경 마이크로미터(Micrometer)를 활용하여 0점을 조정하는 측정기는?

① 마이크로미터　② 인디케이터
③ 실린더 게이지　④ 하이트 게이지

정답　59. ②　60. ③

05회 CBT 모의고사

01 강의 담금질에서 나타나는 조직 중 경도가 가장 높은 조직은?
① 트루스타이트 ② 마텐자이트
③ 소르바이트 ④ 오스테나이트

📝**해설** 담금질 조직의 경도 순서
시멘타이트 〉 마텐자이트 〉 트루스타이트 〉 베이나이트 〉 솔바이트 〉 펄라이트 〉 오스테나이트 〉 페라이트

02 탄소강에 대한 설명으로 틀린 것은?
① 탄소강은 Fe와 Cu의 합금이다.
② 공석강, 아공석강, 과공석강으로 분류된다.
③ Fe와 C의 합금으로 가단성을 가지고 있는 2원 합금이다.
④ 모든 강의 기본이 되는 것으로 보통 탄소강으로 부른다.

📝**해설** 탄소강은 Fe와 C의 합금이다.

03 아래 그림의 기어 열에서 이수가 $Z_A = 30$, $Z_B = 50$, $Z_C = 20$, $Z_D = 40$일 때 I축을 1000rpm으로 회전시키면 III축의 회전수는 몇 rpm 인가?
① 150
② 300
③ 600
④ 1200

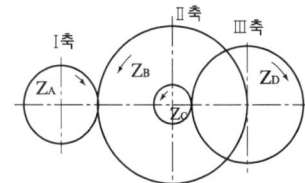

📝**해설** $i = N_A Z_A = N_B Z_B$
$N_B = \dfrac{N_A Z_A}{Z_B} = \dfrac{1000 \times 30}{50} = 600 = N_3$
$N_D = \dfrac{N_C Z_C}{Z_D} = \dfrac{600 \times 20}{40} = 300$

04 하중을 가했을 때 단위면적에 작용하는 힘의 크기를 무엇이라 하는가?
① 응력 ② 변형률
③ 탄성 ④ 소성

📝**해설** 응력 : 하중을 가했을 때 단위면적에 작용하는 힘의 크기

답안 표기란
01 ① ② ③ ④
02 ① ② ③ ④
03 ① ② ③ ④
04 ① ② ③ ④

[정답] 01. ② 02. ① 03. ② 04. ①

05 플라스틱 재료의 공통된 성질로서 옳지 못한 것은?
① 열에 약하다.
② 내식성 및 보온성이 있다.
③ 표면 경도가 금속재료에 비해 강하다.
④ 가공 및 성형이 용이하고 대량생산이 가능하다.

해설 표면 경도가 금속재료에 비해 약하다.

06 다음 스프링 중에서 볼트의 머리와 중간재 사이 또는 너트와 중간재 사이에 사용하며 충격을 흡수하는 역할을 하는 것은?
① 와이어 스프링
② 토션바
③ 와셔 스프링
④ 벌류트 스프링

해설 와셔 스프링 : 볼트의 머리와 중간재 사이 또는 너트와 중간재 사이에 사용하며 충격을 흡수하는 역할을 하는 스프링이다.

07 결합용 기계요소가 아닌 것은?
① 축
② 핀
③ 리벳
④ 볼트

해설 기계요소의 종류
① 결합용 기계요소 : 나사, 키, 핀, 코터, 리벳, 용접 수축확대 및 테이퍼 이음
② 축계 기계요소 : 축, 축이음 및 베어링
③ 완충 및 제동용 기계요소 : 브레이크, 스프링 및 플라이휠 등
④ 전동용 기계요소 : 벨트, 로프, 체인, 링크 마찰차 및 캠 기어 등

08 88%의 Cu, 10%의 Sn, 2%의 Zn이 함유된 합금으로 기계적 특성이나 내식성이 우수한 청동 합금은?
① 네이벌 황동(Naval brass)
② 애드미럴티 포금(Admiralty gun)
③ 델타 메탈(Delta metal)
④ 레드 브레스(Red brass)

해설 ① 애드미럴티 포금(Admiralty gun) : 88%의 Cu, 10%의 Sn, 2%의 Zn이 함유된 합금으로 기계적 특성이나 내식성이 우수한 청동 합금이다.
② 네이벌황동(naval brass) : 6-4 황동에 0.75% Sn 첨가 파이프, 용접봉, 선박 기계부품으로 사용

정답 05. ③ 06. ③ 07. ① 08. ②

③ **델타메탈(delta metal)** : 6-4 황동에 1~2% Fe 함유 강도, 내식성 증가, 광신기계, 선박, 화학기계용으로 사용된다.

09 용융상태의 주철에 마그네슘, 세륨, 칼슘 등을 첨가시켜 만든 주철은?

① 합금주철　　　　② 구상흑연주철
③ 칠드주철　　　　④ 가단주철

해설　**구상흑연주철** : 용융상태의 주철에 마그네슘, 세륨, 칼슘 등을 첨가시켜 만든 주철

10 웜 기어의 특징이 아닌 것은?

① 큰 감속비를 얻을 수 있다.
② 역회전을 방지하는 기능이 있다.
③ 물림이 조용하다.
④ 전동 효율이 높다.

해설　웜 기어는 전동 효율이 낮다.

11 특수강에 일반적으로 사용되고 있는 중요한 합금 원소가 아닌 것은?

① Ni, Cr　　　　② Cu, Hg
③ W, Mo　　　　④ V, Co

해설　**일반적인 합금 원소의 영향**
- 니켈 – 강인성, 내식성, 내마멸성의 증대, 저온 충격 저항 증가
- 크롬 – 내식성(15% 크롬보다 많은 경우), 경도 깊이(15% 크롬보다 낮은 경우), 내마모성 증가
- 몰리브덴 – 경도 깊이 증가, 고온에서의 강도, 인성 증대, 뜨임 메짐 방지, 텅스텐 효과의 2배
- 바나듐, 티탄, 이리듐 – 입자 미세화, 결정 입자의 조절, 경화성은 증가하나 단독 사용 안 됨
- 텅스텐 – 경화능, 고온에 있어서의 경도와 인장 강도 증가
- 코발트 – 고온경도 및 인장 강도 증대, 단독사용 불가

12 다음 중 Al에 1~1.5%의 Mn을 함유하는 Al-Mn계 합금으로 가공성, 용접성이 좋으므로 저장탱크, 기름탱크 등에 쓰이는 것은?

① 라우탈　　　　② 두랄루민
③ 알민　　　　　④ Y합금

해설　① **알민** : Al에 1~1.5%의 Mn을 함유하는 Al-Mn계 합금으로 가공성, 용접성이 좋으므로 저장탱크, 기름탱크 등에 사용된다.
② **두랄루민** : Al-Cu-Mg-Mn의 합금으로 시효경화 처리된 대표적인 합금. 이외에도 인장강도 186MPa 이상의 초두랄루민이 있다.

[정답]　09. ②　10. ④
　　　　11. ②　12. ③

05회 CBT 모의고사

13 내연기관과 같이 전달 토크의 변동이 많은 원동기에서 다른 기계로 동력을 전달하는 경우 또는 고속 회전으로 진동을 일으키는 경우에 베어링이나 축에 무리를 적게 하고 진동이나 충격을 완화시키기 위한 축이음은?

① 고정 커플링(fixed coupling)
② 플렉시블 커플링(flexible coupling)
③ 올덤 커플링(oldham's coupling)
④ 자재이음(universal joint)

해설
① **플렉시블 커플링(flexible coupling)** : 내연기관과 같이 전달 토크의 변동이 많은 원동기에서 다른 기계로 동력을 전달하는 경우 또는 고속 회전으로 진동을 일으키는 경우에 베어링이나 축에 무리를 적게 하고 진동이나 충격을 완화시키기 위한 축이음이다.
② **올덤 커플링** : 두 축이 평행하고 축의 중심선이 약간 어긋났을 때 각 속도의 변동 없이 토크를 전달하는 데 사용하는 축이음이다.
③ **고정 커플링** : 일직선상에 있는 두 축을 연결한 것으로, 볼트 또는 키를 사용하여 접합하고 양축 사이의 상호이동이 전혀 허용되지 않는 구조이다.
④ **유니버설 커플링(자재이음)** : 두 축의 축선이 어느 각도로 교차되고, 그 사이의 각도가 운전 중 다소 변하여도 자유로이 운동을 전달할 수 있도록 구조가 되어 있는 커플링이다.

14 그림과 같이 두께 4mm인 강판을 한쪽 길이가 25mm인 정사각형 구멍을 뚫기 위한 펀치의 전단 하중은 몇 kN인가? (단, 강판은 전단 응력이 300N/mm² 이상이면 전단된다.)

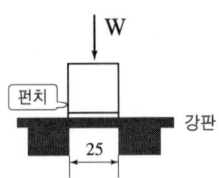

① 3
② 12
③ 30
④ 120

해설 $P = lt\tau = 2 \times (25+25) \times 4 \times 300 = 120000\text{N} = 120\text{kN}$

15 초경합금에 대한 설명으로 맞는 것은?
① 대표적인 절삭용 공구 재료로서 일명 HSS(high speed steel)라 함

정답 13. ② 14. ④ 15. ④

② 알루미나(Al_2O_3)를 주성분으로 소결시킨 일종의 도기
③ Co – Cr – W을 금형에 주조 연마한 합금
④ 금속탄화물을 고압으로 성형, 소결시킨 분말 야금 합금

해설 초경합금은 W, Ti, Ta 등의 탄화물 분말을 Co나 Ni 분말과 혼합하여 프레스로 성형한 다음 1400℃ 이상의 고온에서 소결하여 만든 합금이다.

답안 표기란
16 ① ② ③ ④
17 ① ② ③ ④
18 ① ② ③ ④

16 스프링의 제도에 관한 설명으로 틀린 것은?
① 코일 스프링의 종류와 모양만을 간략도로 나타내는 경우에는 재료의 중심선만을 굵은 실선으로 도시한다.
② 코일 부분의 양끝을 제외한 동일 모양 부분의 일부를 생략할 때는 생략한 부분의 선지름의 중심선을 굵은 2점 쇄선으로 도시한다.
③ 코일 스프링은 일반적으로 무하중인 상태로 그린다.
④ 그림 안에 기입하기 힘든 사항은 요목표에 표시한다.

해설 코일 부분의 중간 부분을 생략할 때에는 생략한 부분을 가는 1점 쇄선으로 표시하거나 또는 가는 2점 쇄선으로 표시해도 좋다.

17 기하 공차의 종류 중에서 데이텀 없이 단독 형체로 기입할 수 있는 공차는?
① 위치 공차
② 자세 공차
③ 모양 공차
④ 흔들림 공차

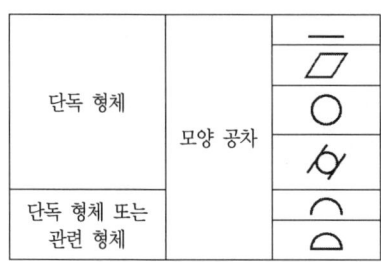

18 표면 거칠기 기호를 기입할 때 가공방법의 지시 기호가 바르게 연결된 것은?
① D : 밀링 가공
② S : 선반 가공
③ M : 연삭 가공
④ B : 보링 가공

해설
• M : 밀링 가공
• L : 선반 가공
• G : 연삭 가공

정답 16. ② 17. ③ 18. ④

19 맞물리는 1쌍의 기어의 간략도에서 보기의 기호는 어느 기어에 해당하는가?

[보기]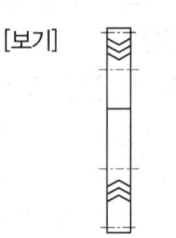

① 하이포이드 기어
② 이중 헬리컬 기어
③ 스파이럴 베벨 기어
④ 스크루 기어

해설 보기의 그림은 이중 헬리컬 기어이다.

20 상용하는 구멍 기준 끼워 맞춤에서 다음 중 중간 끼워 맞춤에 해당하는 것은?

① H7/e7
② H7/k6
③ H7/t6
④ H7/r6

해설
- **헐거움** : H7/e7
- **중간** : H7/k6
- **억지** : H7/t6, H7/r6

21 다음의 입체도에서 화살표 방향으로 보았을 때 투상한 도면으로 가장 적합한 것은?

①    ②
③    ④

22 기계제도에서 선의 굵기가 굵은 실선인 것은?

① 숨은선
② 지시선
③ 외형선
④ 해칭선

[정답] 19. ② 20. ②
21. ① 22. ③

> **해설**
> • 숨은선 : 파선
> • 지시선 : 가는 실선
> • 외형선 : 굵은 실선
> • 해칭선 : 가는 실선

23 보기 그림에서 대각선으로 나타낸 도면 중앙의 가는 실선 X 부분 (⊠)의 설명으로 올바른 것은?

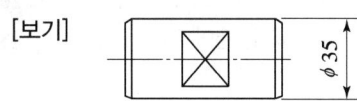

① 사각형의 관통된 구멍임을 뜻한다.
② 가공 완료 후의 열처리를 뜻한다.
③ 가공 전의 모양이 다이아몬드형을 뜻한다.
④ 가공 후의 모양이 평면임을 뜻한다.

> **해설** ⊠ : 평면을 의미함

24 다음 공유압 기호 중 누름-당김 버튼 조작방식을 나타낸 것은?

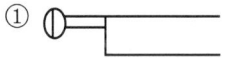 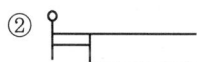
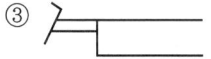 

> **해설**
> ① 누름-당김 버튼
> ② 레버
> ③ 페달
> ④ 2방향 페달

25 기계 조립 도면에서 투상도의 일부분과 그 부분에 기입된 치수가 비례하지 않는 경우 이를 표시할 필요가 있을 때는 어떻게 표시하는가?

① 치수 위에 굵은 실선을 긋는다.
② 치수 아래쪽에 굵은 실선을 긋는다.
③ 다른 치수보다 더 굵게 기입한다.
④ 다른 치수보다 더 크게 기입한다.

> **해설** 치수가 비례하지 않는 경우 치수 아래쪽에 굵은 실선을 긋는다.

정답 23. ④ 24. ① 25. ②

26. 구성인선(built-up edge)에 대한 설명으로 틀린 것은?

① 발생 시 표면 거칠기가 불량하게 된다.
② 발생과정은 발생 → 성장 → 최대성장 → 분열 → 탈락 순서이다.
③ 공구의 윗면 경사각을 작게 하고 절삭속도를 크게 하여 방지할 수 있다.
④ 연성의 재료를 가공할 때 칩이 공구 선단에 융착되어 실제 절삭날의 역할을 하는 퇴적물이다.

해설 구성인선 방지책
① 절삭 깊이를 적게 한다.
② 상면경사각을 크게 한다.
③ 절삭속도를 크게 한다.
④ 윤활성이 있는 절삭유 사용한다.

27. 수평 밀링머신의 플레인 커터 작업에서 하향 절삭의 장점을 바르게 설명한 내용은?

① 커터 날이 일감을 밀어 올리므로 기계에 무리를 주지 않는다.
② 커터 날의 절삭 방향과 공작물의 이송 방향이 서로 반대이므로 백래시가 자연스럽게 없어진다.
③ 커터 날에 마찰 작용이 적으므로 날의 마멸이 적고 수명이 길다.
④ 절삭 칩이 가공된 면에 쌓이지 않으므로 치수 정밀도가 좋다.

해설 상향 절삭과 하향 절삭의 비교

구분	상향 절삭	하향 절삭
칩에 영향	절삭에 방해 없다.	절삭에 방해 있다.
백래시 제거	백래시 제거장치가 필요 없다.	백래시 제거장치가 필요하다.
공작물 고정	불안하므로 확실히 고정해야 한다.	안정된 고정이 된다.
공구 수명	• 수명이 짧다. • 날 파손은 적으나 마멸이 심하다.	• 수명이 길다. • 날 파손은 생길 수 있으나 마모가 적다.
소비 동력	소비가 크다.	소비가 적다.
가공면	거칠다.	깨끗하다.

28. 래핑에서 마무리 다듬질에 사용되는 가장 적합한 랩제는?

① 알루미나
② 산화크롬
③ 탄화규소
④ 산화철

정답 26. ③ 27. ③ 28. ②

📝해설 **랩제**
래핑 분말로서 탄화규소(SiC), 산화알루미늄(Al_2O_3)이 주로 쓰이며, 그 밖에 산화크롬, 산화철 등이 있고, 다이아몬드가 있는데 다이아몬드는 경도가 가장 큰 랩제로서 초경합금이나 보석 등에 쓰인다. 또한, 연한 금속이나 유리, 수정 등에는 탄화규소계나 산화철이, 강에는 산화알루미늄계가, 그리고 마무리 다듬질에서는 산화크롬 등이 쓰이고 있다.

29 다음은 어떤 측정기의 특징들에 대한 설명인가?

> ① 소형, 경량으로 취급이 용이하다.
> ② 다이얼 테스트인디케이터와 비교할 때, 측정 범위가 넓다.
> ③ 눈금과 지침에 의해서 읽기 때문에 읽음 오차가 적다.
> ④ 연속된 변위량의 측정이 가능하다.

① 버니어 캘리퍼스　　② 마이크로미터
③ 한계 게이지　　　　④ 다이얼 게이지

📝해설 **다이얼 게이지**
기준 게이지와 비교 측정하는 것과 가공면(원통 면, 평면)측정, 회전축의 흔들림, 기계 정도 검사, 이동량 등을 확인하는 데 사용된다.

30 밀링머신에서 정면커터로 공작물을 가공할 때, 절삭저항을 변화시키는 요소 중 가장 관련이 적은 것은?

① 가공물의 재질
② 절삭면적
③ 절삭속도
④ 밀링머신의 성능

📝해설 **절삭저항의 요소**
① 가공물의 재질 : 단단한 재질일수록 절삭저항은 증가한다.
② 공구날 끝의 모양 및 공구각 : 경사각이(약 30℃까지) 커질수록 감소한다.
③ 절삭면적(이송×깊이) : 절삭면적이 커질수록 절삭저항이 증가한다.
④ 절삭속도 : 절삭속도가 클수록 절삭저항은 감소한다.
⑤ 절삭제 : 절삭유를 사용하면 절삭저항은 감소한다.

31 머시닝센터에서 지름이 100mm인 밀링 커터로 가공물을 절삭하려 할 때, 커터의 회전수는 몇 rpm으로 하여야 하는가? (단, 절삭속도는 100m/min이다.)

① 259.5　　　　② 256
③ 318.3　　　　④ 312

📝해설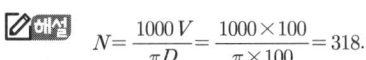
$N = \dfrac{1000V}{\pi D} = \dfrac{1000 \times 100}{\pi \times 100} = 318.3$

정답 29. ④　30. ④
31. ③

32 공구 마멸의 형태에서 윗면 경사각과 가장 밀접한 관계를 가지고 있는 것은?

① 플랭크 마멸(flank wear)
② 크레이터 마멸(crater wear)
③ 치핑(chipping)
④ 섕크 마멸(shank wear)

해설 크레이터 마모(crater wear)
절삭 공구의 경사면에 칩이 슬라이드(side)할 때 마찰력에 의하여 오목하게 파진 모양의 형태이다.
① 공구 날 위의 압력을 감소시킨다.
② 공구 상면의 칩의 흐름에 대한 저항을 감소시킨다.
③ 절삭속도 및 이송속도를 감소시킨다.

33 다음 중 구동 방법에 의한 3차원 측정기의 분류가 아닌 것은?

① 수동형　　② 자동형
③ 기어형　　④ 조이스틱형

해설 3차원 측정기의 분류 : 수동형, 자동형, 조이스틱형 등이 있다.

34 성형 연삭 작업을 할 때 숫돌바퀴의 질이 균일하지 못하거나 일감의 영향을 받아 숫돌바퀴의 형상이 변화되는데 이것을 정확한 형상으로 가공하는 작업을 무엇이라 하는가?

① 드레싱　　② 로딩
③ 트루잉　　④ 그라인딩

해설 트루잉(성형, 모양 고치기)
연삭숫돌의 외형을 수정하여 규격에 맞는 제품을 만드는 과정이다.

35 평면 연삭기의 크기를 나타내는 방법으로 틀린 것은?

① 테이블의 길이×폭　　② 숫돌의 최대지름×폭
③ 테이블의 무게×높이　　④ 테이블의 최대 이송거리

해설 평면 연삭기의 크기는 테이블의 최대 이동거리와 테이블의 크기(길이×폭), 숫돌의 최대 크기(바깥지름×두께)로 표시한다.

정답　32. ②　33. ③
　　　34. ③　35. ③

36 드릴링 머신의 가공 방법 중에서 접시머리 나사의 머리부를 묻히게 하기 위해 원뿔자리를 만드는 작업은?

① 태핑
② 스폿 페이싱
③ 카운터 싱킹
④ 카운터 보링

해설
① **탭핑(Tapping)** : 공작물 내부에 암나사 가공
② **스폿 페이싱(Spot Facing)** : 볼트 또는 너트 등의 구멍과 직각이 되게 머리부가 접촉되는 부분을 깎아서 만드는 작업
③ **카운터 싱킹(Counter Sinking)** : 접시머리 나사의 머리가 묻히게 하기 위해 원뿔자리를 만드는 작업
④ **카운터 보링(Counter Boring)** : 작은 나사, 볼트의 머리부가 돌출되지 않도록 머리부가 들어갈 자리부분을 단이 있게 구멍 뚫는 작업

37 탭으로 암나사를 가공하기 위해서는 먼저 드릴로 구멍을 뚫고 탭 작업을 해야 한다. M6×1.0의 탭을 가공하기 위한 드릴 지름을 구하는 식으로 맞는 것은? (단, d=드릴 지름, M=수나사의 바깥 지름, P=나사의 피치이다.)

① $d=M×P$
② $d=M-P$
③ $d=P-M$
④ $d=M-2P$

해설 태핑을 위한 드릴 가공은 나사의 외경-피치로 한다.

38 다음 중 공작기계의 일반적인 구비조건에 해당하지 않는 것은?

① 가공된 제품의 정밀도가 높아야 한다.
② 강성이 있고 가공 능률이 좋아야 한다.
③ 융통성과 안전성이 있어야 한다.
④ 동력손실과 유동성이 좋아야 한다.

해설 동력 손실이 적어야 한다.

39 다음 중 절삭유제의 사용 목적이 아닌 것은?

① 공작물의 열팽창 방지로 가공물의 치수 정밀도가 좋아진다.
② 절삭유와 공작물의 마찰에 의한 칩의 흐름을 방해한다.
③ 절삭저항이 감소하고 공구의 수명을 연장한다.
④ 다듬질 면의 상처를 방지하므로 다듬질 면이 좋아진다.

해설 다듬질 면의 마찰을 적게 하므로 다듬질 면을 좋게 하고 칩의 흐름이 좋아지기 때문에 절삭가공을 쉽게 한다.

정답 36. ③ 37. ②
38. ④ 39. ②

40 머시닝센터의 절대 좌표계를 나타낸 화면이다. 다음과 같은 설정화면의 좌푯값으로 공구의 좌푯값을 변경하고자 할 때 반자동(MDI)모드에 입력할 내용으로 적당한 것은?

```
(ABSOLUTE)           (ABSOLUTE)
 X 57.632             X  0.000
 Y 75.432      →      Y  0.000
 Z 55.235             Z 10.000
 (초기 화면)           (설정 화면)
```

① G89 X0. Y0. Z10. ;
② G90 X0. Y0. Z10. ;
③ G91 X0. Y0. Z10. ;
④ G92 X0. Y0. Z10. ;

해설 위 그림에서 좌푯값을 변경하고자 할 때 반자동(MDI)모드에서 G92 X0. Y0. Z10. ;으로 입력한다.

41 다음 중 주물 제품과 같이 가공 여유가 주어지고 모양이 형성되어 있는 부품을 가공하기에 가장 적합한 사이클은?

① G70
② G71
③ G72
④ G73

해설 반복 유형 Cycle(G73) – 모방 Cycle
단조품이나 주조품 등 가공 여유가 일정한 경우 사용되며 똑같은 형태로 반복적으로 이동하면서 효율적인 가공을 한다. 프로그램하는 방법은 G71, G72와 동일하다.

42 다음 중 CAM(computer aided manufacturing)의 정보 처리 흐름으로 올바른 것은?

① 도형 정의 → 곡선 및 곡면 정의 → NC 코드 생성 → 공구경로 생성 → DNC 전송
② 도형 정의 → 공구경로 생성 → NC 코드 생성 → 곡선 및 곡면 정의 → DNC 전송
③ 도형 정의 → 곡선 및 곡면 정의 → 공구경로 생성 → NC 코드 생성 → DNC 전송
④ 곡선 및 곡면 정의 → 도형 정의 → NC 코드 생성 → 공구경로 생성 → DNC 전송

정답 40. ④ 41. ④ 42. ③

📝**해설** CAM의 정보 처리 흐름
도형 정의 → 곡선 및 곡면 정의 → 공구경로 생성 → NC 코드 생성 → DNC 전송

43 다음 CNC 프로그램에서 ①부분에 생략된 모달 G 코드는?

```
N01 G01 X20. F0.25 ;
N02  ①  Z-50. ;
N03 G00 X150. Z100. ;
```

① G01
② G00
③ G40
④ G32

📝**해설** Model G-code(연속 유효 G 코드)
한번 지령된 G 코드는 동일 그룹의 다른 G 코드가 나올 때까지 유효한 기능으로 ① 부분에 G01이다.

44 지령 펄스의 주파수에 해당하는 속도와 위치까지 기계를 움직일 수 있으며, 현재는 정밀도가 낮아 CNC 공작기계에서는 거의 사용하지 않는 다음과 같은 서보 기구는?

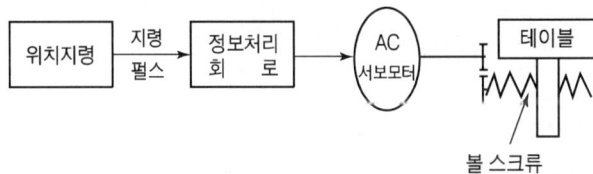

① 폐쇄 회로방식
② 반폐쇄 회로방식
③ 개방 회로방식
④ 하이브리드 서보방식

📝**해설** 개방 회로방식
속도검출기와 위치검출기가 부착되어 있지 않은 방식으로 스탭핑 모터에서 지령한 펄스가 직접 전달되는 제어로 감지기에서 위치를 검출하여 비교하는 장치가 없는 방식으로 정밀도가 다소 떨어지는 단점이 있다.

45 드릴 작업 시 주의할 사항을 잘못 설명한 것은?

① 얇은 일감의 드릴 작업 시 일감 밑에 나무 등을 놓고 작업한다.
② 드릴 작업 시 면장갑을 끼지 않는다.
③ 회전을 정지시킨 후 드릴을 고정한다.
④ 작은 일감은 손으로 단단히 붙잡고 작업한다.

📝**해설** 작은 일감이라도 손으로 잡고 작업하지 않고 패드에 의한 고정 장치로 안전하게 작업한다.

[정답] 43. ① 44. ③ 45. ④

46 날 수가 4개인 밀링 커터로 공작물을 1날당 0.1mm로 이송하여 절삭하는 경우 이송 속도는 몇 mm/min인가? (단, 주축회전수는 500rpm이다.)

① 80 ② 150
③ 200 ④ 250

해설 이송 속도
밀링 가공 시 이송속도는 밀링 커터의 날 1개마다의 이송을 기준으로 한다.
$f = f_z \times Z \times N = 0.1 \times 4 \times 500 = 200$

47 기계 원점(reference point)의 설명으로 틀린 것은?

① 기계 원점은 기계상에 고정된 임의의 지점으로 프로그램 및 기계를 조작할 때 기준이 되는 위치이다.
② 모드 스위치를 자동 또는 반자동에 위치시키고 G28을 이용하여 각 축을 자동으로 기계 원점까지 복귀시킬 수 있다.
③ 수동 원점복귀를 할 때는 모드 스위치를 급송에 위치시키고 조그(jog) 버튼을 이용하여 기계 원점으로 복귀시킨다.
④ CNC 선반에서 전원을 켰을 때 기계 원점복귀를 가장 먼저 실행하는 것이 좋다.

해설 기계 좌표계
CNC 공작기계의 좌표 원점은 기계의 기준점으로 기계제작사에 파라미터에 의하여 정하여진다. 기계 원점은 사용자가 원점 위치를 변경할 수 없으며 기계의 기준 점은 기준점 복귀지령에 의하여 공구대가 항상 일정한 위치로 복귀하는 고정 점으로서, 공구가 원점에 복귀함으로써 기계좌표 원점이 설정되며, 기계 원점을 좌표 원점(X0, Z0,)으로 해서 설정되는 좌표계를 기계 좌표계라 한다.

48 그림에서 공구지름 보정이 틀린 것은?

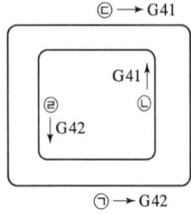

① ㉠ ② ㉡
③ ㉢ ④ ㉣

답안 표기란
46 ① ② ③ ④
47 ① ② ③ ④
48 ① ② ③ ④

정답 46. ③ 47. ③
48. ④

해설 공구경 보정(G40, G41, G42)
공작물의 형상 가공 시 공구의 중심 위치에 따라서 프로그램이 되기 때문에 실제는 공구의 반경만큼 과대 절삭이 발생한다. 이러한 오차를 보정하는 것이 공구경 보정이라 한다.

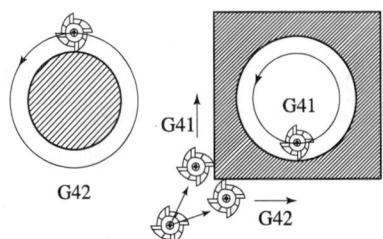

49 다음은 머시닝센터에서 구멍 가공 모드를 설명한 것이다. 잘못 연결된 것은?

G_ X_ Y_ Z_ R_ Q_ P_ F_ L_ ;

① Y - 구멍 위치 데이터
② R - 가공 시작점 데이터
③ P - 구멍 수량 데이터
④ L - 반복 횟수 데이터

해설 고정 사이클 기본 형식
- G73~G89 : 고정 사이클의 종류
- G90, G91 : 절대 지령, 증분 지령
- G98 : 초기점 복귀
- G99 : R점 복귀
- X, Y : 구멍 위치 좌푯값
- Z : 구멍가공 최종깊이를 지령한다.
- R : 구멍가공 후 R점(구멍가공 시작점)을 지령
- Q : 1회 절입량 또는 Shift량을 지령
- P : 구멍바닥에서의 드웰(Dwell, 정지) 시간
- F : 이송속도(구멍가공 이송 속도)
- K : 고정 사이클의 반복 횟수를 지령
- L : 반복 횟수 데이터

50 다음 NC 기계의 안전에 관한 사항 중 틀린 것은?

① 절삭 칩의 제거는 브러시나 청소용 솔을 사용한다.
② 항상 비상 버튼을 누를 수 있도록 염두해 두어야 한다.
③ 먼지나 칩 등 불순물을 제거하기 위해 강전반 및 NC유닛은 압축공기로 깨끗이 청소해야 한다.
④ 강전반 및 NC유닛문은 충격을 주지 말아야 한다.

해설 강전반 및 NC유닛을 압축공기는 사용하지 말아야 한다.

정답 49. ③ 50. ③

51. CNC 기계의 일상 점검 중 매일 점검해야 할 사항은?

① 유량 점검
② 각부의 필터(Filter) 점검
③ 기계정도 검사
④ 기계 레벨(수평) 점검

해설

매월 점검	각부의 Filter 점검
	각부의 Fan 모터 점검
	Grease Oil 주입
	백래시 보정

52. CAD/CAM 시스템의 이용 효과를 잘못 설명한 것은?

① 작업의 효율화와 합리화
② 생산성 향상 및 품질 향상
③ 분석 능력 저하와 편집 능력의 증대
④ 표준화 데이터의 구축과 표현력 증대

해설 분석 능력 향상과 편집 능력의 증대

53. 수직 밀링머신의 장치 중 일반적인 운동 관계가 옳지 않은 것은?

① 주축 스핀들 – 회전
② 테이블 – 수직 이동
③ 니 – 상하 이동
④ 새들 – 전후 이동

해설 수직 밀링머신에서 테이퍼 절삭은 헤드를 각도로 회전하여 작업하며 테이블은 좌우 이동을 한다.

54. 구성인선(built-up edge)의 영향으로 틀린 것은?

① 절삭 공구에 진동이 발생한다.
② 절삭 공구 날 끝이 마멸된다.
③ 공작물 가공면이 거칠어진다.
④ 공작물 가공 치수가 정확해 진다.

해설 구성인선(built-up edge)의 영향으로 공작물 가공 치수가 부정확해 진다.

정답 51. ① 52. ③ 53. ② 54. ④

55 외측 마이크로미터에서 나사의 피치가 0.5mm, 딤블의 원주 눈금이 50등분 되어 있다면 최소 측정값은?

① 0.1mm ② 0.5mm
③ 0.01mm ④ 0.02mm

해설 원주 눈금면의 1눈금 회전한 경우 스핀들의 이동량(M)$= 0.5 \times \frac{1}{50} = \frac{1}{100}$mm
즉, 딤블의 1눈금은 0.01mm를 나타내게 된다.

56 수평 밀링머신의 플레인 커터 작업에서 상향 절삭과 하향 절삭에 대한 설명 중 틀린 것은?

① 상향 절삭은 절삭 방향과 공작물의 이송 방향이 같다.
② 상향 절삭에서는 이송 기구의 백래시가 자연스럽게 없어진다.
③ 하향 절삭은 절삭된 칩이 이미 가공된 면 위에 쌓이므로 가공할 면을 잘 볼 수 있다.
④ 하향 절삭은 커터 날이 공작물을 누르며 절삭하므로 일감의 고정이 간편하다.

해설 상향 절삭은 밀링 커터의 회전방향과 반대 방향으로 공작물을 이송하는 경우이고, 하향 절삭은 밀링 커터의 회전방향과 공작물의 이송 방향이 같은 방향인 경우이다.

57 다음 머시닝센터 프로그램에서 경보(alarm)가 발생할 수 있는 블록의 전개 번호는?

```
N001 G91 G01 X20. Y20. ;
N002 G01 Z-5. F85 M08 ;
N003 G02 X20. Y0 R10. ;
N004 Y-20. ;
N005 G90 G00 Z10. ;
```

① N002 ② N003
③ N004 ④ N005

해설 Y-20. ; 앞에 직선가공인 G01이 있어야 한다. 그러므로 경보가 발생한다.

58 회전 눈금판(베젤)을 돌려 0점을 조정하는 측정기는?

① 마이크로미터 ② 인디케이터
③ 버니어 캘리퍼스 ④ 하이트 게이지

정답 55. ③ 56. ① 57. ③ 58. ②

59 다음 머시닝센터 프로그램에서 공구지름 보정에 사용된 보정 번호는?

```
G17 G40 G49 G80 ;
G91 G28 Z0. ;
G28 X0. Y0. ;
G90 G92 X400. Y250. Z500. T01 M06 ;
G00 X-15. Y-15. S1000 M03 ;
G43 Z50. H01 ;
    Z3. ;
G01 Z-5. F100 M08 ;
G41 X0. D11 ;
```

① D11   ② T01
③ M06   ④ H01

해설 공구지름 보정에 사용된 보정 번호 : D11

60 CAM 시스템에서 정보의 흐름을 단계별로 나타낸 것 중 가장 타당한 것은?

① 도형 정의 → CL 데이터 생성 → NC 코드 생성 → DNC
② CL 데이터 생성 → 도형 정의 → NC 코드 생성 → DNC
③ 도형 정의 → NC 코드 생성 → CL 데이터 생성 → DNC
④ CL 데이터 생성 → NC 코드 생성 → 도형 정의 → DNC

해설 CAM 시스템에서 정보의 흐름을 단계
도형 정의 → CL 데이터 생성 → NC 코드 생성 → DNC

정답 59. ① 60. ①

01 공구용 재료에 요구되는 성질이 아닌 것은?

① 내마멸성과 내충격성이 클 것
② 열처리에 의한 변형이 클 것
③ 가열에 의한 변형이 클 것
④ 제조·취급이 쉽고 가격이 쌀 것

해설 공구용 재료는 열처리에 의한 변형이 작아야 한다.

02 알루미늄의 특성에 대한 설명으로 틀린 것은?

① 합금재질로 많이 사용한다.
② 내식성이 우수하다.
③ 용접이나 납접이 비교적 어렵다.
④ 전연성이 우수하고 복잡한 형상의 제품을 만들기 쉽다.

해설 알루미늄의 특성
마그네슘, 베릴륨 다음으로 가벼운 금속으로 비중이 2.7, 용융점 660℃, 변태점이 없으며 열 및 전기의 양도체이고(구리 다음) 알루미늄은 용접도 할 수 있으며 기계적인 클램핑력에 의해 결합될 수 있다.

03 특정한 모양의 것을 인장하여 탄성한도를 넘어서 소성 변형시킨 경우에도 하중을 제거하면 원상태로 돌아가는 현상은?

① 취성
② 초탄성
③ 연성
④ 소성

해설 초탄성
특정한 모양의 것을 인장하여 탄성한도를 넘어서 소성 변형시킨 경우에도 하중을 제거하면 원상태로 돌아가는 현상이다.

04 합성수지의 일반적인 특성으로 옳지 않은 것은?

① 가볍고 튼튼하다.
② 전기 절연성이 좋다.
③ 열에 약하다.
④ 산, 알칼리에 약하다.

해설 산, 알카리, 유류, 약품 등에 강하다.

정답 01. ② 02. ③ 03. ② 04. ④

05. 다음 중 Al-Cu-Si계 합금으로 주조성과 절삭성이 우수하고 시효경화가 되는 것은?

① 실루민
② 라우탈
③ Y합금
④ 로엑스

해설 Al – Cu – Si계 : Si에 의해 주조성 개선 Cu로 절삭성을 좋게 한 합금으로 대표적인 합금으로 라우탈이 있다.

06. 다음 중 소결초경합금을 만들 때 사용하는 원소가 아닌 것은?

① Ti
② Mn
③ W
④ Ta

해설 소결초경합금 : W – Ti – Ta 등의 탄화물 분말을 Co 또는 Ni를 결합하여 1400℃ 이상에서 소결시킨 것이다(주성분 : W, Ti, Co, C 등).

07. 풀림을 하는 주된 목적과 거리가 먼 것은?

① 잔류응력의 제거
② 경도의 증가
③ 절삭성의 향상
④ 조직의 균일화

해설 풀림을 하는 주된 목적
① 잔류응력의 제거
② 재질의 연화로 절삭성의 향상
③ 조직의 균일화, 미세화, 표준화

08. 마찰전동장치의 특성에 대한 설명으로 틀린 것은?

① 구름접촉이다.
② 무단변속이 쉽게 이루어진다.
③ 미끄럼이 전혀 없는 동력전달이다.
④ 동력전달에서 운전이 조용하다.

해설 마찰차의 특성
① 접촉하고 있는 표면은 구름접촉이므로 접촉선상의 한 점에 있어서 양쪽의 표면속도는 항상 같다.
② 약간의 미끄럼이 생기므로 확실한 전동과 강력한 동력의 전달은 곤란하다.
③ 전동의 단속이 무리 없이 행해진다.
④ 무단 변속하기 쉬운 구조로 할 수 있다.
⑤ 운전이 정숙하며, 효율은 그다지 좋지 못하다.
⑥ 과부하의 경우 미끄럼에 의한 다른 부분의 손상을 막을 수 있다.

정답 05. ② 06. ② 07. ② 08. ③

09 단면적이 25mm²인 어떤 봉에 10kN의 인장하중이 작용할 때 응력은 몇 MPa인가?

① 0.4
② 4
③ 40
④ 400

해설 전단응력$(\tau) = \dfrac{\text{하중}(P)}{\text{단면적}(A)} = \dfrac{10000N}{25} = 400\,\text{MPa}$

10 다공질 재료에 윤활유를 함유하게 하여 급유할 필요가 없게 하는 베어링은?

① 미끄럼 베어링
② 구름 베어링
③ 오리리스 베어링
④ 스러스트 베어링

해설 오리리스 베어링 : 다공질 재료에 윤활유를 함유하게 하여 급유할 필요가 없게 하는 베어링이다.

11 축 방향의 하중과 비틀림을 동시에 받는 죔용 나사에 600N의 하중이 작용하고 있다. 허용 인장응력이 5MPa일 때 나사의 호칭 지름으로 가장 적합한 것은?

① M12
② M14
③ M16
④ M18

해설 $d = \sqrt{\dfrac{8W}{3\sigma_a}} = \sqrt{\dfrac{8 \times 600}{3 \times 5}} = 17.9 = \text{M18}$

12 기어의 이 물림을 순조롭게 하기 위하여 이(teeth)를 축에 경사시켜 축 방향으로 하중을 받는 기어는?

① 스퍼 기어
② 헬리컬 기어
③ 내접 기어
④ 랙과 작은 기어

해설 헬리컬 기어 : 기어의 이 물림을 순조롭게 하기 위하여 이(teeth)를 축에 경사시켜 축 방향으로 하중을 받는 기어이다.

13 인치계 사다리꼴 나사산의 각도는?

① 29°
② 30°
③ 55°
④ 60°

해설 사다리꼴 나사(Trapezoidal screw thread)
애크미 나사라고도 하고, 나사산의 각도는 미터계(TM)에서는 30°, 인치계(TW)에서는 29°이다. 용도는 스러스트(thrust)를 전달시키는 운동용 나사이다.

정답 09. ④ 10. ③ 11. ④ 12. ② 13. ①

06회 CBT 모의고사

14 스프링의 사용 범위에 속하지 않은 것은?
① 제동 작용　　② 충격흡수
③ 하중측정　　④ 에너지 축척

해설 스프링의 용도
① 완충용(충격 에너지 흡수, 방진) : 차량용 현가장치, 승강기 완충 스프링
② 에너지 축적 이용 : 계기용 스프링, 시계의 태엽, 완구용 스프링, 축음기, 총포의 격심용 스프링
③ 측정용 : 힘의 변형원리를 이용하여 압축(또는 인장력)에 의한 변형 길이로 힘을 측정한다. 저울 등이 이에 해당한다.
④ 동력용 : 안전밸브, 조속기, 스프링 와셔

15 축에 키(key) 홈을 가공하지 않고 사용하는 것은?
① 묻힘(sunk) 키　　② 안장(saddle) 키
③ 반달 키　　④ 스플라인

해설 안장 키(Saddle Key)
축에는 홈을 파지 않고 축과 키 사이의 마찰력으로 회전력을 전달. 축의 강도를 감소시키지 않고 고정할 수 있으나, 큰 동력을 전달시킬 수 없으므로 경하중소직경에 사용된다.

16 도면의 표제란에 제 3각법의 투상을 나타내는 기호로 옳은 것은?

① 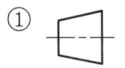 　　②

③ 　　④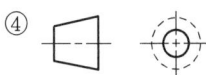

해설 투상법의 기호

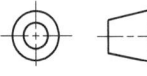　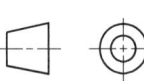
　3각법 기호　　　1각법 기호

17 코일 스프링 제도하는 방법을 설명한 것으로 틀린 것은?
① 스프링은 일반적으로 하중이 걸린 상태로 도시한다.
② 종류와 모양만을 도시할 때에는 재료의 중심선만을 굵은 실선으로 그린다.

정답 14. ①　15. ②
16. ③　17. ①

③ 요목표에 단서가 없는 코일 스프링은 오른쪽으로 감는 것을 가리킨다.
④ 코일 부분의 양끝을 제외한 동일 모양 부분의 일부를 생략할 때에는 생략하는 부분의 선지름의 중심선을 가는 1점 쇄선으로 표시한다.

해설 코일 스프링은 원칙적으로 하중이 걸리지 않은 상태로 그린다. 만약, 하중이 걸린 상태인 경우에는 선도 또는 그때의 치수와 하중을 기입한다.

18 파단선의 용도를 설명한 것으로 가장 적합한 것은?
① 단면도를 그릴 경우 그 절단 위치를 표시하는 선
② 대상물의 일부를 떼어낸 경계를 표시하는 선
③ 물체의 보이지 않는 부분의 형상을 표시하는 선
④ 도형의 중심을 표시하는 선

해설 파단선은 대형물의 일부를 파단한 경계 또는 일부를 떼어낸 경계를 표시한다.

19 그림과 같은 제 3각법 정투상도에서 우측면도로 가장 적합한 것은?

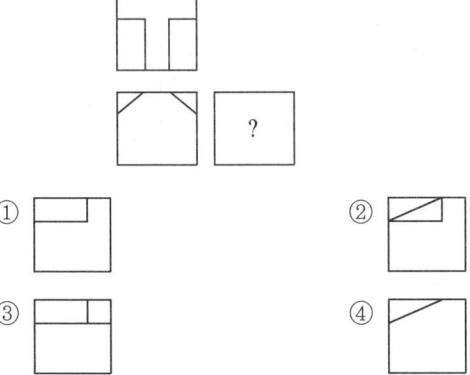

해설 위 그림에서 우측면도는 ①이다.

20 기계제도에서 구의 지름을 표시하는 치수 보조기호는?
① Ø
② R
③ SØ
④ SR

해설

지름	Ø
반지름	R
구의 지름	SØ
구의 반지름	SR

정답 18. ② 19. ① 20. ③

21. 단면도의 표시방법에서 그림과 같은 단면도의 종류는?

① 온 단면도
② 한쪽 단면도
③ 부분 단면도
④ 회전 도시 단면도

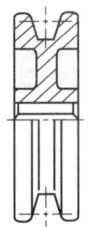

해설 한쪽 단면도
상하 또는 좌우 대칭형의 물체는 기본 중심선을 경계로 1/2은 외형도로, 나머지 1/2은 단면도로 동시에 나타낸다. 대칭 중심선의 우측 또는 위쪽을 단면으로 한다.

22. 다음 도면에서 표면의 결 도시 기호가 잘못 기입된 곳은?

① A
② B
③ C
④ D

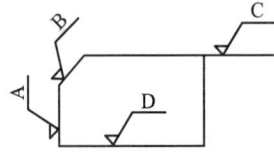

해설 아래 그림처럼 표기하여야 한다.

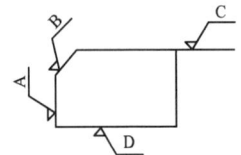

23. 데이텀 표적이 영역일 때 표시하는 기호는 어느 것인가?

① ✕
② ✕—✕
③ ▲
④ ▨

해설 ① 점, ② 선, ④ 영역을 나타내는 데이텀 표적기호이다.

24. KS 기어제도의 도시방법 설명으로 올바른 것은?

① 잇봉우리원은 가는 실선으로 그린다.
② 피치원은 가는 1점 쇄선으로 그린다.
③ 이골원은 굵은 1점 쇄선으로 그린다.
④ 잇줄 방향은 보통 2개의 가는 1점 쇄선으로 그린다.

정답 21. ② 22. ④ 23. ④ 24. ②

해설 KS 기어제도의 도시방법
① 이끝원은 굵은 실선으로 그리고 피치원은 가는 1점 쇄선으로 그린다.
② 이뿌리원은 가는 실선으로 그린다.
③ 잇줄 방향은 보통 3개의 가는 실선으로 그린다.

25 도면에 ∅100H6/m6로 표시된 끼워 맞춤의 종류는?
① 구멍 기준식 억지끼워맞춤
② 구멍 기준식 중간끼워맞춤
③ 축 기준식 중간끼워맞춤
④ 축 기준식 억지끼워맞춤

해설 중간 끼워 맞춤은 축, 구멍의 치수에 따라 틈새 또는 죔새가 생기는 끼워 맞춤으로, 헐거운 끼워 맞춤이나 억지 끼워 맞춤으로 얻을 수 없는 더욱 작은 틈새나 죔새를 얻는 데 적용한다.

중간끼워맞춤		
js5	k5	m5
js6	k6	m6
js6	k6	m6

26 입도가 작은 연한 숫돌을 작은 압력으로 가공물의 표면에 가압하면서 가공물에 이송을 주고 동시에 숫돌에 진동을 주어 표면 거칠기를 높이는 가공 방법은?
① 래핑
② 호닝
③ 슈퍼피니싱
④ 배럴 가공

해설
① **래핑** : 마모(마멸) 현상을 가공에 응용되며 공작물과 랩 공구사이에 미분말 상태의 랩제와 윤활제를 넣고 상대운동으로 표면을 매끈하게 가공하는 방법
② **호닝** : 마찰작업으로 직사각형 단면의 긴 숫돌을 여러 개 붙여 회전 공구로 사용되며 진직도, 진원도, 테이퍼 등을 바로 잡고 발열이 적은 경제적인 작업(실린더 내면 가공용)
③ **슈퍼피니싱** : 입도가 작은 연한 숫돌을 작은 압력으로 가공물의 표면에 가압하면서 가공물에 이송을 주고 동시에 숫돌에 진동을 주어 표면 거칠기를 높이는 가공 방법
④ **배럴 가공** : 충돌가공(주물귀, 돌기 부분, 스케일 제거)으로 회전하는 상자 속에 공작물과 미디어, 콤파운드(유지+직물), 공작액 등을 넣고 회전과 진동을 주어 표면을 다듬질(회전형, 진동형)

27 사인 바의 사용 용도로 가장 적합한 것은?
① 게이지 블록을 이용하여 각도 측정
② 게이지 블록을 이용하여 진원도 측정
③ 게이지 블록을 이용하여 유효경 측정
④ 표면 거칠기 측정

해설 사인 바는 게이지 블록을 이용하여 각도 측정에 이용된다.

[정답] 25. ② 26. ③
27. ①

28 수평 밀링머신의 플레인 커터 작업에서 하향 절삭과 비교한 상향 절삭의 특징이 아닌 것은?

① 커터의 수명이 짧다.
② 절삭된 칩이 이미 가공된 면 위에 쌓인다.
③ 절삭열에 의한 치수 정밀도의 변화가 적다.
④ 표면 거칠기가 나쁘다.

해설 상향 절삭
① 칩이 날을 방해하지 않는다.
② 밀링 커터의 진행 방향과 테이블의 이송 방향이 반대이므로 이송기구의 백래시 제거
③ 기계에 무리를 주지 않는다.(절삭동력이 적게 소비된다).
④ 일반적인 가공에 유리하고 치수정밀도의 변화가 적다.
⑤ 절삭날에는 가공 시작부터 끝까지 절삭저항이 점차 증가하므로 절삭날에 작용하는 충격이 적다.
⑥ 커터가 공작물을 올리는 작용을 하므로 공작물을 견고히 고정해야 한다.
⑦ 커터의 수명이 짧다.
⑧ 동력 낭비가 많다.
⑨ 가공면이 깨끗하지 못하다.

29 자생작용을 하는 공구로 가공하는 것은?

① 스피닝 가공 ② 연삭 가공
③ 선반 가공   ④ 레이저 가공

해설 연삭작업은 절삭날은 자생작용(마모 → 파쇄→ 탈락 → 생성)을 반복한다.

30 초경합금 모재에 TiC, TiCN, TiN, Al_2O_3 등을 2~15 μm의 두께로 증착하여 내마모성과 내열성을 향상시킨 절삭 공구는?

① 세라믹(ceramic)   ② 입방정 질화붕소(CBN)
③ 피복 초경합금   ④ 서멧(cermet)

해설
① **세라믹(ceramic)** : 산화알루미늄(Al_2O_3) 가루분말에 규소 및 마그네슘 등의 산화물이나 다른 산화물의 첨가물을 넣고 소결한 것
② **입방정 질화붕소(CBN)** : CBN(육방정 질화붕소)의 미소분말을 초고온, 고압(약 2000℃, 7만 기압)으로 소결한 공구로 초경합금보다 1.5~2배의 경도를 갖으며 열전도율이 높고 열팽창이 작다.
③ **피복 초경합금** : 초경합금 모재에 TiC, TiCN, TiN, Al_2O_3 등을 2~15 μm의 두께로 증착하여 내열성, 내마모성, 내용착성이 우수하며 일반 초경합금에 비해 2~5배의 공구수명이 증대되며, 고온, 고속절삭에서 우수한 성능을 갖는다.

[정답] 28. ② 29. ②
30. ③

④ **서멧(cermet)** : Al₂O₃ 분말 70%에 탄질화 티탄 TiCN 분말을 30% 정도 혼합하여 수소 분위기에 소결하여 제작하며 초경합금에 비해 고속절삭이 가능하고 마모가 적으며 공구 수명이 길고 고속, 저속 등 절삭의 속도 범위가 적다. TiN은 내 충격성이 우수하고 TiC은 고온에서 강도 및 마찰저항이 우수하고, 열의 변화에 내성이 있어 강의 절삭에 매우 우수한 성능을 나타낸다.

31 다음 중 한계 게이지의 특징이 아닌 것은?

① 제품 사이의 호환성이 있다.
② 조작이 다소 복잡하므로 숙련된 경험이 필요하다.
③ 제품의 실제 치수를 읽을 수 없다.
④ 대량생산 시 측정이 간편하다.

해설 한계 게이지는 조작이 간단하므로 숙련된 경험이 필요하지 않다.

32 다음 가공의 종류 중 구멍의 내면에 암나사를 내는 작업은?

① 리밍(reaming)
② 보링(boring)
③ 태핑(tapping)
④ 스폿 페이싱(spot facing)

해설
① **리밍** : 구멍의 정밀도를 높이기 위한 작업
② **보링** : 뚫린 구멍을 다시 절삭, 구멍을 넓히고 다듬질하는 것
③ **태핑** : 공작물 내부에 암나사 가공
④ **스폿 페이싱** : 볼트 또는 너트 등의 구멍과 직각이 되게 머리부가 접촉되는 부분을 깎아서 만드는 작업

33 탁상 드릴링 머신에서 일반적으로 가장 많이 사용되는 주축 회전 변속장치는?

① V벨트와 단차
② 원추형 풀리와 벨트
③ 기어 변속장치
④ 평벨트와 단차

해설 탁상 드릴링 머신에서 일반적으로 가장 많이 사용되는 주축 회전 변속장치는 V벨트와 단차이다.

34 유동형 칩이 발생하기 쉬운 조건에 맞지 않는 것은?

① 윗면 경사각이 큰 경우
② 절삭속도가 낮은 경우
③ 절삭 깊이가 작은 경우
④ 윗면의 마찰이 작은 경우

해설 유동형 칩이 발생하기 쉬운 조건은 절삭속도가 높은 경우이다.

정답 31. ② 32. ③ 33. ① 34. ②

35. 절삭유제를 사용하는 목적이 아닌 것은?

① 세척작용 ② 윤활작용
③ 냉각작용 ④ 마찰작용

해설 절삭제의 역할(사용 목적)
냉각작용, 윤활작용, 세척작용, 방청작용

36. 밀링머신 중 공구를 수직 이동시켜 공구와 공작물의 상대 높이를 조절하여, 구조가 단순하고 튼튼하여 중절삭이 가능하고, 주로 동일 제품의 대량생산에 적합한 밀링머신은?

① 생산형 밀링머신 ② 만능 밀링머신
③ 수평 밀링머신 ④ 램형 밀링머신

해설
① **생산형 밀링머신** : 공구를 수직 이동시켜 공구와 공작물의 상대 높이를 조절하여, 구조가 단순하고 튼튼하여 중절삭이 가능하고, 주로 동일 제품의 대량생산에 적합하다.
② **만능 밀링머신** : 수평 밀링머신과 거의 같으나 다른 점은 새들 위에 선회대가 있고, 그 위에서 테이블이 수평 선회하는 점이 다르다.
③ **수평 밀링머신** : 주축의 중심선이 테이블 면에 수평으로 고정, 수평축에 아버를 설치하고 커터를 고정시켜 평면, 홈, 절단 작업 등을 한다.
④ **수직 밀링머신** : 밀링 주축이 테이블에 대하여 수직으로 고정되고 평면, 윤곽, 홈 및 주로 완성 가공용이다.

37. 연삭숫돌의 입자가 탈락되지 않고 마모에 의해서 납작하게 둔화된 상태를 글레이징(glazing)이라고 한다. 어떤 경우에 글레이징이 많이 발생하는가?

① 숫돌의 원주 속도가 너무 작다.
② 숫돌의 결합도가 너무 높다.
③ 숫돌 재료가 공작물 재료에 적합하다.
④ 공작물의 재질이 너무 연질이다.

해설 글레이징(무딤) 원인
① 숫돌의 결합도가 클 경우
② 원주 속도가 너무 클 경우
③ 공작물과 숫돌의 재질이 맞지 않을 경우

정답 35. ④ 36. ①
37. ②

38 밀링머신의 테이블 이송속도를 구하는 공식은? (단, f : 테이블의 이송속도, fr : 커터의 리드, fz : 밀링 커터의 날 1개 마디의 이송 (mm), z : 밀링 커터의 날 수, n : 밀링 커터의 회전수, p : 밀링 커터의 피치이다.)

① f = fz × z × n
② f = fz × fr × p
③ f = fz × n × p
④ f = fr × z × n

해설 이송속도
밀링 가공에서 테이블의 이송속도는 밀링 커터의 날 1개 마디의 이송을 기준으로 하여 다음과 같이 구할 수 있다.
f = fz × z × n (mm/min)
여기서, f : 테이블의 이송속도(mm/min), fz : 밀링 커터의 날 1개 마디의 이송(mm/날), z : 밀링 커터의 날 수, n : 밀링 커터의 회전수(rpm)

39 CNC용 DC 모터로 요구되는 특성이 아닌 것은?

① 가감속 특성 및 응답성이 우수해야 한다.
② 좁은 속도범위에서만 안정된 속도제어가 이루어져야 한다.
③ 진동이 적고 소형이며 견고해야 한다.
④ 높은 회전각 정도를 얻을 수 있어야 한다.

해설 넓은 속도 범위에서도 안정된 속도제어가 이루어져야 한다.

40 다음 중 주축의 회전 방향 지정이나 주축 정지에 해당하는 보조기능이 아닌 것은?

① M02
② M03
③ M04
④ M05

해설 보조기능 중에서 기계부의 ON/OFF 기능 : M03, M04, M05, M08, M09
① M03 : 주축 정회전
② M04 : 주축 역회전
③ M05 : 주축 정지
④ M02 : 프로그램 종료

41 인서트 팁에서 노즈 반지름(Nose radius) R에 대한 설명으로 옳은 것은?

① 절입량이 작은 다듬질 절삭에는 큰 노즈 반지름 R을 사용한다.
② 노즈 반지름 R이 클수록 표면조도는 불량해진다.
③ 노즈 반지름 R이 클수록 공구의 수명은 단축된다.
④ 노즈 반지름 R이 너무 커지면 저항이 증가하여 떨림이 발생한다.

해설 표면 거칠기를 작게 하려면, 일반적으로 공구인선의 반지름을 크게 하고 이송을 적게 하는 것이 좋다. 반면, 인선의 반지름을 너무 크게 하면 절삭저항이 증가하여 바이트와 공작물 간에 떨림이 발생할 수 있다.

정답 38.① 39.② 40.① 41.④

42 CNC 공작기계가 작동 중 경보(alarm)가 발생한 경우 조치사항으로 옳지 않은 것은?

① 비상 스위치를 누르고 작업을 중지
② 알람(Alarm) 메시지를 확인하고 경보를 해제
③ 중대한 결함이 발생한 경우 전문가와 협의
④ 아무런 조치를 하지 않고 작업을 계속 진행

해설 경보(alarm)가 발생하면 일단 정지하고 알람(Alarm) 메시지를 확인하여 원인 파악 후 경보를 해제한다.

43 머시닝센터에서 작업 전에 육안 검사사항이 아닌 것은?

① 전기회로는 정상 상태인가?
② 공작물을 정확히 고정되어 있는가?
③ 윤활유 탱크에 윤활유 량은 적당한가?
④ 공기압은 충분히 유지하고 있는가?

해설 전기회로는 육안 검사가 불가능하며 이상이 발생하면 전문가에게 점검을 받는다.

44 머시닝센터에서 X-Y 평면을 지정하는 G 코드는 무엇인가?

① G17
② G18
③ G19
④ G20

해설
- G17 : XY 평면
- G18 : ZX 평면
- G19 : YZ 평면
- G20 : 인치 입력

45 밀링 작업 시 안전사항 중 잘못된 것은?

① 칩을 제거할 때에는 브러시를 사용한다.
② 가공을 할 때에는 보안경을 착용하여 눈을 보호한다.
③ 회전하는 커터에 손을 대지 않는다.
④ 절삭 중에는 면장갑을 착용하고, 측정할 때에는 착용하지 않는다.

해설 절삭 중에는 면장갑을 착용하지 않는다.

정답 42. ④ 43. ① 44. ① 45. ④

46 공작물의 직경이 ∅40mm에서 절삭속도가 150m/min인 경우 주축 회전수는 몇 rpm인가?

① 1884
② 1910
③ 1256
④ 1194

해설 $n = \dfrac{1000 \times 150}{\pi \times 40} = 1194 \text{rpm}$

47 머시닝센터로 가공할 경우 고정 사이클을 취소하고 다음 블록부터 정상적인 동작을 하도록 하는 것은?

① G80
② G81
③ G98
④ G99

해설 고정 사이클의 종류는 G73~G89까지 12종류가 있고 G80 기능으로 고정 사이클을 말소시킨다. 고정 사이클 기능을 쉽게 이해하기 위해서는 각 고정 사이클의 공구 경로를 관찰하여 이해하면 된다. G81(드릴 사이클), G98(초기점 복귀), G99(R점 복귀)

48 다음 중 CAD/CAM 시스템의 하드웨어에 해당하는 것은?

① 운영 체제(OS)
② 입·출력장치
③ 응용 소프트웨어
④ 데이터베이스 시스템

해설 입·출력장치는 하드웨어이고 나머지는 소프트웨어이다.

49 다음 그림에서 절대 좌표계를 사용하여 점 A(10, 20)에서 점 B(30, 20)로, 기계 방향 원호를 가공할 때 올바른 프로그램은?

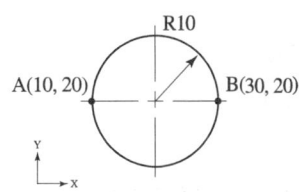

① G02 X30. R10. ;
② G03 X30. R10. ;
③ G02 I-10. ;
④ G03 I-10. ;

해설 점 A(10,20)에서 점 B(30,20)로, 시계 방향 원호를 가공할 때 프로그램은 G02 X30. R10. ;

정답 46.④ 47.① 48.② 49.①

50. CNC 공작기계에서 자동 원점복귀 시 중간 경유점을 지정하는 이유 중 가장 적합한 것은?

① 원점복귀를 빨리 하기 위하여
② 공구의 충돌을 방지하기 위하여
③ 기계에 무리를 가하지 않기 위하여
④ 작업자의 안전을 위해서

해설 자동 원점복귀 시 중간 경유점을 지정하는 이유는 공구의 충돌을 방지하기 위해서이다.

51. 바이트로 재료를 절삭할 때 칩의 일부가 공구의 날 끝에 달라붙어 절삭날과 같은 작용을 하는 구성 인선(built-up edge)의 방지법으로 틀린 것은?

① 재료의 절삭 깊이를 크게 한다.
② 절삭 속도를 크게 한다.
③ 공구의 윗면 경사각을 크게 한다.
④ 가공 중에 절삭유제를 사용한다.

해설 구성 인선의 방지(억제)법
① 공구의 윗면 경사각을 크게 한다.
② 절삭 깊이를 작게 한다.
③ 절삭속도를 크게(구성 인선의 임계속도 : 120m/min)한다.
④ 이송을 작게 한다.(저속회전일 때 이송을 크게 한다)
⑤ 칩의 절삭저항을 작게 한다.

52. 나사의 피치 측정에 사용되는 측정기기는?

① 오토콜리미터
② 옵티컬 플랫
③ 사인 바
④ 공구 현미경

해설 공구 현미경
• 가장 많이 사용되고 있는 측정기의 하나로 현미경에 의해 확대 관측하여 제품의 길이, 각도, 형상, 윤곽을 측정하는 측정기이다.
• 용도는 각종 정밀부품의 측정, 공작용 치공구류의 측정, 각종 게이지의 측정, 특히 나사 피치 게이지, 나사 요소의 측정 등 다방면에 사용되고 있다.

53. 마이크로미터 측정면의 평면도를 검사하는 데 사용하는 것은?

① 옵티미터
② 오토콜리미터
③ 옵티컬 플랫
④ 사인 바

정답 50. ② 51. ① 52. ④ 53. ③

해설
① **옵티미터** : 측정자의 미소한 움직임을 확대하는 기구이며, 광학적 장치를 사용한 것이다.
② **오토콜리미터** : 평면경, 프리즘 등을 이용하여 미소한 각도의 변화 또는 평면의 기울기 등을 측정한다.
③ **옵티컬 플랫** : 측정 면의 평면도 측정, 옵티컬 파라렐은 측정 면의 평행도 측정
④ **사인 바** : 사인 바는 블록 게이지와 같이 사용하며, 삼각함수의 사인(sine)을 이용하여 임의의 각도를 길이로 계산하여 간접적으로 각도를 구하는 방법이다.

54 공작기계의 부품과 같이 직선 슬라이딩 장치의 제작에 사용되는 공구로 측면과 바닥면이 60°가 되도록 동시에 가공하는 절삭 공구는?
① 엔드밀
② T홈 밀링 커터
③ 더브테일 밀링 커터
④ 정면 밀링 커터

해설
① **엔드밀** : 일반적으로 가공물의 외측 홈 부 좁은 평면 등의 가공한다.
② **T홈 밀링 커터** : T홈, 반달 키홈 등을 가공한다.
③ **더브테일 밀링 커터** : 공작기계의 부품과 같이 직선 슬라이딩 장치의 제작에 사용되는 공구로 측면과 바닥면이 60°가 되도록 동시에 가공한다.
④ **정면 밀링 커터** : 밀링 커터 축에 수직인 평면을 가공하며 스로우 어웨이 밀링 커터를 널리 사용한다.

55 머시닝센터에서 주축의 회전수가 1500rpm이며 지름이 80mm인 초경합금의 밀링 커터로 가공할 때 절삭속도는?
① 38.2m/min
② 167.5m/min
③ 376.8m/min
④ 421.2m/min

$V = \dfrac{\pi DN}{1000}$ [m/min]

$V = \dfrac{\pi \times 80 \times 1500}{1000} = 376.8$

56 다음 중 머시닝센터 작업 시 프로그램에서 경보(alarm)가 발생하는 블록은?
① G01 X10. Y15. F150;
② G00 X10. Y15. ;
③ G02 T15. F150. ;
④ G03 X10. Y15. s150. ;

해설 원호 보간(circular interpolation : G02 G03)
다음의 지령에 의해 공구가 원호가공을 할 수 있다.

G03 X(U)___Z(W)___I___K___F___;
G03 X(U)___Z(W)___R___F___;

[정답] 54. ③ 55. ③
56. ④

57. 머시닝센터 프로그램에서 공구 길이 보정에 대한 설명으로 틀린 것은?

① Y축에 명령하여야 한다.
② 여러 개의 공구를 사용할 때 한다.
③ G49는 공구 길이 보정 취소 명령이다.
④ G43은 (+)방향 공구 길이 보정이다.

해설 공구 길이 보정은 Z축에 명령하여야 한다.

58. CAD/CAM 시스템의 주변기기 중 출력장치에 해당하는 것은?

① 조이스틱　　　② 프린터
③ 트랙볼　　　　④ 하드디스크

해설 조이스틱, 트랙볼, 하드디스크는 입력장치이다.

59. 머시닝센터에서 많이 사용하지만, CNC 밀링에서는 기능이 수행되지 않는 M 기능은?

① M03　　　　　② M04
③ M05　　　　　④ M06

해설 서브 체인저(SUB-CHANGER)
T 지령에 의하여 공구 매거진에 꽂혀있는 공구를 대기 포트에 M06 지령에 의하여 대기 포트에 꽂혀있는 공구를 공구 매거진에 장착한다. 수동으로 교환시킬 수도 있다. CNC 밀링에서는 M06 기능이 수행되지 않는다.

60. 마이크로미터 0점 조정 시 슬리브의 기선과 딤블의 눈금이 하나 이하의 차이가 있을 때는 무엇을 돌려 수정해야 하는가?

① 슬리브　　　　② 딤블
③ 래칫스톱　　　④ 클램프

정답 57. ① 58. ②
　　 59. ④ 60. ①

week 5

CBT 모의고사

컴퓨터응용선반·밀링기능사

- 01회 컴퓨터응용선반기능사
- 02회 컴퓨터응용선반기능사
- 03회 컴퓨터응용선반기능사
- 04회 컴퓨터응용밀링기능사
- 05회 컴퓨터응용밀링기능사
- 06회 컴퓨터응용밀링기능사

01회 CBT 모의고사

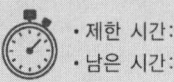

01 황(S)이 함유된 탄소강의 적열취성을 감소시키기 위해 첨가하는 원소는?

① 망간 ② 규소
③ 구리 ④ 인

해설 탄소강 중의 타 원소의 영향
① 규소(Si) : 단접성을 해치고 주조성(유동성)을 좋게 한다.
② 망간(Mn) : 황과 화합하여 적열취성방지(MnS)하게 되어 황의 해를 제거하며, 고온 가공을 용이하게 한다. 주조성을 좋게 하고 담금질 효과를 크게 한다.
③ 인(P) : 가공 시 편석 및 균열을 일으킨다. 상온메짐성의 원인이 된다. 기포가 없는 주물을 만들 수 있고, 절삭성이 좋아진다.
④ 구리(Cu) : 인장 강도, 탄성 한도를 증가시키고 내식성을 증가시킨다.

02 다음 중 내식용 알루미늄 합금이 아닌 것은?

① 알민 ② 알드레이
③ 하이드로날륨 ④ 라우탈

해설

내식용 Al 합금	Al–Mn계	알민(Almin)
	Al–Mg–Si계	알드레이(Aldrey)
	Al–Mg계	하이드로날륨(hydronalium)

03 불스 아이(bull's eye) 조직은 어느 주철에 나타나는가?

① 가단주철 ② 미하나이트주철
③ 칠드주철 ④ 구상흑연주철

해설 구상흑연주철
① 주철은 보통 주방 상태에서 흑연이 편상으로 된다. 그러나 특수한 처리(특수 원소 첨가, 열처리)를 하면 흑연이 구상으로 되는데 이것을 구상흑연주철이라 한다.
② 인장강도는 주조상태가 370~800MPa, 풀림 상태가 230~480MPa이다.
③ 구상흑연주철은 조직에 따라 페라이트형, 펄라이트형, 시멘타이트형을 분류된다. 페라이트형은 그 모양이 마치 황소의 눈과 같다고 하여 소눈(bull's eye)조직이라고 한다.

04 다음 중 황동에 납(Pb)을 첨가한 합금은?

① 델타메탈 ② 쾌삭황동
③ 문쯔메탈 ④ 고강도 황동

해설 쾌삭황동 : 황동에 납(Pb)을 첨가한 합금이다.

정답 01. ① 02. ④
03. ④ 04. ②

05 스프링강의 특성에 대한 설명으로 틀린 것은?

① 항복강도와 크리프 저항이 커야 한다.
② 반복하중에 잘 견딜 수 있는 성질이 요구된다.
③ 냉간 가공 방법으로만 제조된다.
④ 일반적으로 열처리를 하여 사용한다.

해설 스프링강은 보통 냉간 가공의 것과 열간 가공의 것이 있다. 철사, 스프링, 얇은 판 스프링 등은 냉간 가공, 판 스프링, 코일 스프링은 열간 가공된다.

06 자기 감응도가 크고, 잔류자기 및 항자력이 작아 변압기 철심이나 교류기계의 철심 등에 쓰이는 강은?

① 자석강
② 규소강
③ 고 니켈강
④ 고 크롬강

해설 규소강 : 자기 감응도가 크고, 잔류자기 및 항자력이 작아 변압기 철심이나 교류기계의 철심 등에 쓰이는 강이다.

07 다음 중 청동의 주성분 구성은?

① Cu-Zn 합금
② Cu-Pb 합금
③ Cu-Sn 합금
④ Cu-Ni 합금

해설 청동의 주성분은 Cu(구리)-Sn(주석) 합금이다.

08 베어링의 호칭번호가 608일 때, 이 베어링의 안지름은 몇 mm인가?

① 8
② 12
③ 15
④ 40

해설 안지름 번호(내륜 안지름)
뒷자리가 10mm 미만은 뒷자리 정수가 안지름이다. 따라서 608은 안지름이 8mm이다.
00 : 10mm, 01 : 12mm, 02 : 15mm, 03 : 17mm
04×5=20mm ~ 495mm까지

09 표준 스퍼 기어의 잇수가 40개, 모듈이 3인 소재의 바깥지름(mm)은?

① 120
② 126
③ 184
④ 204

해설 $D = M \times (Z+2) = 3 \times (40+2) = 126$

정답 05. ③ 06. ② 07. ③ 08. ① 09. ②

01회 CBT 모의고사

10 다음 나사 중 먼지, 모래 등이 들어가기 쉬운 곳에 사용되는 것은?
① 둥근 나사
② 사다리꼴 나사
③ 톱니 나사
④ 볼 나사

해설
① 사다리꼴 나사 : 스러스트를 전달시키는 운동용 나사이다.
② 톱니 나사 : 한쪽 방향으로 집중하중이 작용하여 압착기, 바이스, 나사 잭 등과 같이 압력의 방향이 항상 일정할 때 사용
③ 둥근 나사 : 급격한 충격을 받는 부분, 전구, 먼지와 모래 등이 많이 끼는 경우와 오염된 액체의 밸브 또는 호스 이음나사 등에 사용
④ 볼 나사 : 백래시를 작게 할 수 있는 높은 정밀도를 오래 유지할 수 있으며 효율이 가장 높음

11 기계 부분의 운동에너지를 열에너지나 전기에너지 등으로 바꾸어 흡수함으로써 운동속도를 감소시키거나 정지시키는 장치는?
① 브레이크
② 커플링
③ 캠
④ 마찰차

해설
브레이크 : 기계 부분의 운동에너지를 열에너지나 전기에너지 등으로 바꾸어 흡수함으로써 운동속도를 감소시키거나 정지시키는 장치이다.

12 코터이음에서 코터의 너비가 10mm, 평균 높이가 50mm인 코터의 허용전단응력이 20N/mm²일 때, 이 코터이음에 가할 수 있는 최대 하중(kN)은?
① 10
② 20
③ 100
④ 200

해설
$\tau = \dfrac{W}{2bh}$
$W = 2bh\tau = 2 \times 10 \times 50 \times 20 = 20000\,\text{N} = 20\,\text{kN}$

13 다음 마찰차를 활용하기에 적합하지 않은 것은?
① 속도비가 중요하지 않을 때
② 전달할 힘이 클 때
③ 회전속도가 클 때
④ 두 축 사이를 단속할 필요가 있을 때

정답 10. ① 11. ① 12. ② 13. ②

해설 마찰차의 응용 범위
① 전달하여야 할 힘이 크지 않고 속도비를 중요시하지 않을 때
② 회전속도가 커서 보통의 기어를 사용할 수 없는 경우
③ 양축 사이를 빈번히 단속할 필요가 있을 때
④ 무단 변속을 시키는 경우와 안전장치의 역할이 필요한 경우

14 다음 중 나사의 피치가 일정할 때 리드(lead)가 가장 큰 것은?
① 4줄 나사
② 3줄 나사
③ 2줄 나사
④ 1줄 나사

해설 리드(L)=줄 수(n)×피치(p)이므로 이 문제에서 4줄 나사의 리드(lead)가 가장 크다.

15 가위로 물체를 자르거나 전단기로 철판을 절단할 때 생기는 가장 큰 응력은?
① 인장응력
② 압축응력
③ 전단응력
④ 집중응력

해설
① **인장응력** : 재료를 잡아당겨 늘어나게 하려는 하중
② **압축응력** : 재료를 누르는 하중
③ **전단응력** : 재료를 자르려는 것과 같은 하중
④ **집중응력** : 재료의 한 점에 집중하여 작용하는 하중

16 그림과 같이 나타낸 단면도의 명칭으로 옳은 것은?

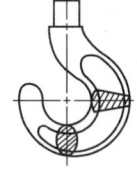

① 한쪽 단면도
② 부분 단면도
③ 회전도시 단면도
④ 조합에 의한 단면도

해설
① **부분 단면도** : 외형도에서 필요로 하는 일부분만을 부분 단면도로 도시할 수 있다. 파단선(가는실선)으로 단면의 경계를 표시하고 프리핸드로 외형선의 1/2 굵기로 그린다.
② **한쪽 단면도** : 상하 또는 좌우 대칭형의 물체는 기본 중심선을 경계로 1/2은 외형도로, 나머지 1/2은 단면도로 동시에 나타낸다. 대칭 중심선의 우측 또는 위쪽을 단면으로 한다.
③ **조합에 의한 단면도** : 2개 이상의 절단면에 의한 단면도를 조합하여 행하는 단면 도시는 다음에 따른다. 또한, 이와 같은 경우 필요에 따라서 단면을 보는 방향을 나타내는 화살표와 문자기호를 붙인다.
④ **회전 단면도** : 단면의 모양이 여러 개로 표시되어 도면 내에 회전 단면을 그릴 여유가 없는 경우에 절단선과 연장선상이나 임의의 위치에 단면을 빼내어 그린다.

정답 14. ① 15. ③ 16. ③

17 가공에 의한 커터의 줄무늬가 기호를 기입한 면의 중심에 대하여 거의 방사 모양을 표시하는 것은?

① ⊥   ② X
③ R   ④ C

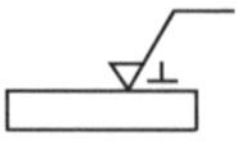

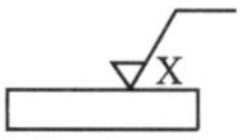

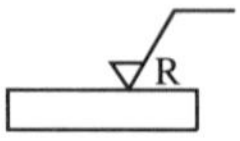

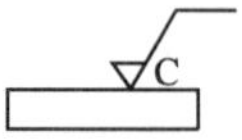

해설

의미	설명도
가공으로 생긴 앞줄의 방향이 기호를 기입한 그림의 투영면에 수직	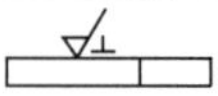 ⊥
가공으로 생긴 선이 두 방향으로 교차	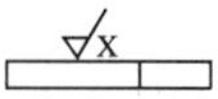 X
가공으로 생긴 선이 거의 동심원	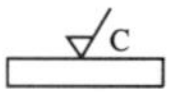 C
가공으로 생긴 선이 거의 방사상(레이디얼형)	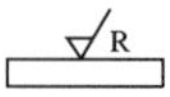 R

18 그림과 같은 정면도와 우측면도에 가장 적합한 평면도는?

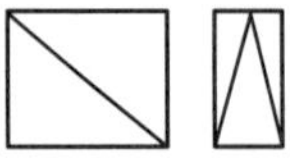

(정면도)

① 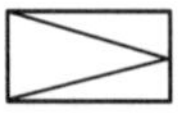 ② 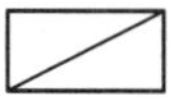 ③ 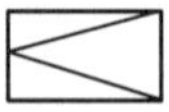 ④

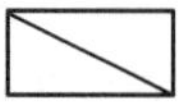

해설 위 그림에서 평면도는 ①항이다.

19 구멍의 치수가 $\phi 50^{+0.05}_{+0.02}$ 이고 축의 치수가 $\phi 50^{-0.03}_{-0.05}$ 인 경우의 끼워맞춤은?

① 헐거운 끼워맞춤
② 중간 끼워맞춤
③ 억지 끼워맞춤
④ 고정 끼워맞춤

해설 ① **헐거운 끼워맞춤** : 구멍의 최소 치수가 축의 최대 치수보다 큰 경우이며, 항상 틈새가 생기는 끼워맞춤

정답 17. ③ 18. ① 19. ①

② **억지 끼워맞춤** : 구멍의 최대 치수가 축의 최소 치수보다 작은 경우이며, 항상 죔새가 생기는 끼워맞춤
③ **중간 끼워맞춤** : 축, 구멍의 치수에 따라 틈새 또는 죔새가 생기는 끼워맞춤

20 모떼기의 각도가 45°일 때의 치수 기입 방법으로 틀린 것은?

① 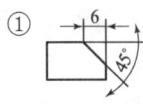   ②

③ 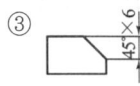   ④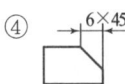

해설 45° 모떼기의 경우에는 모떼기의 치수 수치×45 또는 모떼기 기호 C를 치수 수치 앞에 치수 숫자와 같은 크기로 기입하여 표시한다.

21 최대 실체 공차 방식에서 외측 형체에 대한 실효 치수의 식으로 옳은 것은?

① 최대 실체 치수-기하 공차
② 최대 실체 치수+기하 공차
③ 최소 실체 치수-기하 공차
④ 최소 실체 치수+기하 공차

해설 실효 치수(외측)=최대 실체 치수+기하 공차
실효 치수(내측)=최대 실체 치수-기하 공차

22 기어의 도시 방법에 관한 설명으로 틀린 것은?

① 잇봉우리원은 굵은 실선으로 표시한다.
② 피치원은 가는 1점 쇄선으로 표시한다.
③ 이골원은 가는 실선으로 표시한다.
④ 잇줄 방향은 통상 3개의 굵은 실선으로 표시한다.

해설 잇줄 방향은 보통 3개의 가는 실선으로 그린다. 단, 외접 헬리컬 기어의 주투상도를 단면으로 도시할 때에는 잇줄 방향 도시는 3개와 가는 2점 쇄선으로 그린다.

23 ISO 규격에 있는 미터 사다리꼴 나사의 표시 기호는?

① M   ② Tr
③ UNC   ④ R

해설

미터 보통 나사, 미터 가는 나사	M	유니파이 가는 나사	UNF
미니추어 나사	S	미터 사다리꼴 나사	Tr
유니파이 보통 나사	UNC	테이퍼 수나사	R

[정답] 20. ③ 21. ②
22. ④ 23. ②

24 다음 그림에서 A~D에 관한 설명으로 가장 타당한 것은?

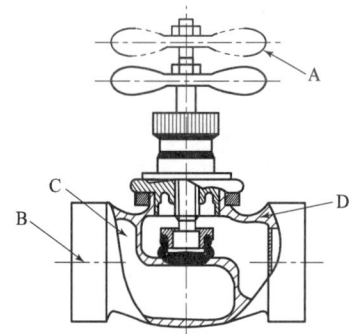

① 선 A는 물체의 이동 한계의 위치를 나타낸다.
② 선 B는 도형의 숨은 부분을 나타낸다.
③ 선 C는 대상의 앞쪽 형상을 가상으로 나타낸다.
④ 선 D는 대상이 평면임을 나타낸다.

해설 ① 선 B는 밸브 도형의 중심을 나타낸다.
② 선 C는 대형물의 일부를 파단한 경계를 나타낸다.
③ 선 D는 도형의 정된 특정부분을 다른 부분과 구별하여 단면 부분을 나타낸다.

25 스프링의 도시 방법에 관한 설명으로 틀린 것은?
① 그림에 기입하기 힘든 사항은 요목표에 일괄하여 표시한다.
② 조립도, 설명도 등에서 코일 스프링을 도시하는 경우에는 그 단면만을 나타내어도 좋다.
③ 요목표에 단서가 없는 코일 스프링 및 벌류트 스프링은 모두 오른쪽 감는 것을 나타낸다.
④ 코일 스프링, 벌류트 스프링 및 접시 스프링은 일반적으로 무하중 상태에서 그리며, 겹판 스프링 역시 일반적으로 무하중 상태(스프링 판이 휘어진 상태)에서 그린다.

해설 스프링은 원칙적으로 무하중인 상태로 그리며 겹판 스프링은 원칙적으로 판이 수평인 상태에서 그린다. 하중이 걸린 상태에서 그릴 때에는 하중을 명기한다.

정답 24. ① 25. ④

26 점성이 큰 재질을 작은 경사각의 공구로 절삭할 때, 절삭 깊이가 클 때 생기기 쉬운 그림과 같은 칩의 형태는?

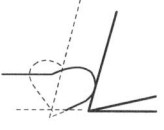

① 유동형 칩
② 전단형 칩
③ 경작형 칩
④ 균열형 칩

해설
- 열단형 칩(경작형)(tear type chip)
  ① 공작물의 재질이 공구에 접착하기 쉬울 때
  ② 점성이 큰 재질을 작은 경사각의 공구로 절삭할 때
  ③ 절삭 깊이가 클 때
- 유동형 칩(flow type chip)
  ① 연신율이 크고 소성변형이 잘되는 재료
  ② 바이트 상면경사각이 클 때
  ③ 절삭속도가 큰 경우
  ④ 절삭 깊이가 적을 때
  ⑤ 윤활성이 좋은 절삭유를 사용하는 경우
- 전단형 칩(shear type chip)
  ① 가공재료가 비교적 연하면서 취약한 재료
  ② 바이트 인선의 경사각이 적은 경우
  ③ 절삭속도가 적게 했을 때
  ④ 절삭 깊이가 크고, 절삭각이 클 때
- 균열형 칩(crack type chip)
  ① 메진(취성)이 있는 재료
  ② 경사각이 현저하게 적은 경우
  ③ 절삭속도가 매우 느린 경우
  ④ 절삭 깊이를 크게 할 때

27 센터리스 연삭기의 특징에 대한 설명으로 틀린 것은?

① 긴 홈이 있는 공작물도 연삭이 가능하다.
② 속이 빈 원통을 연삭할 때 적합하다.
③ 연삭 여유가 작아도 된다.
④ 대량생산에 적합하다.

해설 센터리스 연삭기의 특징
① 가늘고 긴 핀, 원통, 중공축 등을 연삭하기 쉽다.
② 연속 작업할 수 있으며, 대량생산에 적합하다.
③ 기계의 조정이 끝나면 초보자도 작업을 할 수 있다.
④ 고정에 따른 변형이 없고 연삭 여유가 작아도 된다
⑤ 연삭숫돌의 나비가 크므로 지름의 마멸이 적고 수명이 길다.
⑥ 긴 홈이 있는 공작물은 연삭할 수 없다.
⑦ 대형 중량물은 연삭할 수 없다.
⑧ 연삭숫돌의 나비보다 긴 공작물은 전후 이송법으로 연삭할 수 없다.

정답 26. ③ 27. ①

28. 연삭 가공을 할 때 숫돌에 눈메움, 무딤 등이 발생하여 절삭상태가 나빠진다. 이때 예리한 절삭날을 숫돌 표면에 생성하여 절삭성을 회복시키는 작업은?

① 드레싱 ② 리밍
③ 보링 ④ 호빙

해설 드레싱(dressing)
글레이징, 로우딩 현상이 생길 때 강판 드레서와 다이아몬드 드레서로 숫돌 표면을 성형하거나 칩을 제거하는 작업을 드레싱이라고 하며, 절삭성이 나빠진 숫돌 면에 새롭고 날카롭게 입자를 발생시키는 것이다.

29. 드릴로 뚫은 구멍의 내면을 매끈하고 정밀하게 하는 가공은?

① 전자 빔 가공 ② 래핑
③ 숏 피닝 ④ 리밍

해설 리밍 : 드릴로 뚫은 구멍의 내면을 매끈하고 정밀하게 가공한다.

30. 다음 설명을 만족하는 결합제는?

> 규산나트륨(물유리)을 입자와 혼합, 성형하여 제작할 숫돌로 대형 숫돌에 적합하며, 고속도강과 같이 연삭할 때 균열이 발생하기 쉬운 가공물의 연삭이나 연삭할 때 발열이 적어야 하는 경우에 적합하다.

① 비트리파이드 결합제 ② 실리케이트 결합제
③ 셀락 결합제 ④ 고무 결합제

해설
① **비트리파이드(Vitrified, V)** : 점토, 장석 등을 주성분으로 하며 연삭력이 강한 숫돌을 제작할 수 있지만 충격에 파괴되기 쉽고, 탄성이 적어 얇은 절단 숫돌의 생산에는 부적합하다.
② **실리케이트(Silicate, S)** : 규산나트륨(Na_2SiO_3, 물유리)을 주성분으로 하며 대형 연삭숫돌 제작이 용이하고, 경도가 크고 얇은 판상 가공물 고속도강과 같은 발열로 인하여 균열이 생기기 쉬운 가공물의 작업에 좋다.
③ **셀락 결합제(shellac, E)** : 천연수지인 셀락이 주성분으로 강하고 탄성이 크며, 내열성이 적어 얇은 숫돌 제작에 적합하고 큰 톱, 절단용 숫돌, 리머 인선 가공에 사용된다.
④ **고무 결합제(rubber, R)** : 생고무를 주성분으로 탄성이 크므로 판상, 절단용 숫돌, 센터리스 연삭기의 조정 숫돌에 사용한다.

정답 28. ① 29. ④ 30. ②

31 공작물을 가공액이 담긴 탱크 속에 넣고, 가공할 모양과 같게 만든 전극을 접근시켜 아크(Arc) 발생으로 형상을 가공하는 것은?

① 방전 가공
② 초음파 가공
③ 레이저 가공
④ 화학적 가공

해설
① **방전 가공** : 공작물을 가공액이 담긴 탱크 속에 넣고, 가공할 모양과 같게 만든 전극을 접근시켜 아크(Arc) 발생으로 형상을 가공한다.
② **초음파 가공** : 전기적 에너지를 기계적 에너지로 변화시키며 초음파 주파수의 진동을 주고 공작물과 공구 사이에 연삭입자와 연삭액을 넣고 입자와 공작물에 대한 충돌로 인한 다듬질 가공이다.
③ **레이저 가공** : 렌즈, 반사경 등으로 한곳에 모아 빛의 흡수로 인해 국부적, 순간적으로 가열로 증발, 용해되어 가공한다.
④ **화학적 가공** : 기계적, 전기적 방법으로는 가공할 수 없는 재료를 부식이나 용해 등의 화학 반응으로 금속과 비금속 공작물 표면을 복잡한 여러 가지 형상으로 파내거나 잘라내며, 깨끗이 다듬는 가공법이다.

32 수용성 절삭유제의 특성 및 설명으로 옳은 것은?

① 점성이 낮고 비열이 커서 냉각효과가 크다.
② 윤활성과 냉각성이 떨어져 잘 사용되지 않고 있다.
③ 윤활성은 좋으나 냉각성이 적어 경절삭용으로 사용한다.
④ 광유에 비눗물을 첨가하여 사용하며 비교적 냉각효과가 크다.

해설 점성이 낮고 비열이 높으며 냉각작용이 우수하다.

33 선반의 가로 이송대 리드가 4mm이고, 핸들 둘레에 200등분한 눈금이 매겨져 있을 때, 직경 40mm의 공작물을 직경 36mm로 가공하려면 핸들의 몇 눈금을 돌리면 되는가?

① 50눈금
② 100눈금
③ 150눈금
④ 200눈금

해설
$\dfrac{4}{200} = 0.02 \leftarrow$ 한눈금 치수
$\dfrac{40-36}{0.02} = 200 \div 2 = 100$눈금

34 절삭 공구를 전후 좌우로 이송하여 절삭 깊이와 이송을 주고 공작물을 회전시키면서 절삭하는 공작기계는?

① 셰이퍼
② 드릴링 머신
③ 밀링머신
④ 선반

해설 절삭 공구를 전후 좌우로 이송하여 절삭 깊이와 이송을 주고 공작물을 회전시키면서 절삭하는 공작기계는 선반이다.

정답 31. ① 32. ① 33. ② 34. ④

35. 측정기로 가공물을 측정할 때 발생할 수 있는 측정 오차가 아닌 것은?

① 측정기의 오차　② 시차
③ 우연 오차　　　④ 편차

해설 측정 오차
① 측정기 자체에 의한 오차(기기 오차) : 측정기의 구조상의 오차가 발생되거나, 측정기 0점 조정 및 교정의 잘못으로 인하여 발생되는 오차로서, 정확하게 교정하여 사용함으로서 오차를 줄일 수 있다.
② 시차 : 측정자의 부주의 즉, 읽음에 있어서 시선의 방향에 따라 생기는 오차이다.
③ 우연 오차 : 측정기, 측정물 및 환경 등의 원인을 파악할 수 없어 측정자가 보정할 수 없는 오차이다. 이럴 경우에는 여러 번 반복 측정하여 그 평균값을 구하는 것이 좋다.

36. 탄화텅스텐(WC), 티탄(Ti), 탄탈(Ta) 등의 탄화물 분말을 코발트(Co)나 니켈(Ni) 분말과 혼합하여 고온에서 소결하여 만든 절삭 공구는?

① 고속도강　　② 주조 합금
③ 세라믹　　　④ 초경 합금

해설
① **고속도강(SKH)** : 대표적인 것은 W(18%)+Cr(4%)+V(1%)으로 18-4-1 표준 고속도강이며, 우수한 절삭 성능을 얻기 위해 코발트를 첨가한 특수 고속도강 등도 있다.
② **주조 경질합금** : 대표적인 것으로 스텔라이트(stellite)가 있으며, 이 합금은 주조에 의하여 만들어지는 Co(40~55%)+Cr(25~35%)+W(12~30%)+C(1.5~3%)합금으로 강철 공구와는 다르게 단조 및 열처리 하지 않으면서도 매우 단단한 특징이 있다.
③ **세라믹** : 산화알루미늄(Al_2O_3) 분말에 규소(Si) 및 마그네슘(Mg) 등의 산화물이나 그밖에 다른 산화물의 첨가물을 넣고 소결한 것으로 고온에서 경도가 높고 내마멸성이 좋으며, 인성이 적고 취성이 있어 충격 및 진동에 약하다.
④ **초경 합금** : 탄화텅스텐(WC), 티탄(Ti), 탄탈(Ta) 등의 탄화물 분말을 코발트(Co)나 니켈(Ni) 분말과 혼합하여 고온에서 소결하여 만든 절삭 공구이다.

37. 선반 가공에서 가공면의 표면 거칠기를 양호하게 하는 방법은?

① 바이트 노즈 반지름은 크게, 이송은 작게 한다.
② 바이트 노즈 반지름은 작게, 이송은 크게 한다.
③ 바이트 노즈 반지름은 작게, 이송은 작게 한다.
④ 바이트 노즈 반지름은 크게, 이송은 크게 한다.

해설 표면 거칠기를 적게 하려면, 일반적으로 공구인선의 반지름을 크게 하고 이송을 작게 하는 것이 좋다. 반면, 인선의 반지름을 너무 크게 하면 절삭저항이 증가하여 바이트와 공작물 간에 떨림이 발생할 수 있다.

정답 35. ④　36. ④
37. ①

38 다음 각각의 게이지와 그 용도에 대한 설명이 틀린 것은?
① 와이어 게이지는 와이어의 길이를 측정하는 것이다.
② 센터 게이지는 나사절삭 시 나사바이트의 각도를 측정하는 것이다.
③ 드릴 게이지는 드릴의 지름을 측정하는 것이다.
④ R 게이지는 원호 등의 반지름을 측정하는 것이다.

해설 와이어 게이지는 선재의 지름이나 판재의 두께를 측정한다.

39 선반의 주축에 주로 사용되는 테이퍼의 종류는?
① 모스 테이퍼
② 내셔널 테이퍼
③ 자르노 테이퍼
④ 브라운 엔드 샤프 테이퍼

해설 선반의 주축 모스 테이퍼로 되어 있다.

40 CNC 공작기계의 프로그램에서 기능 설명으로 잘못된 것은?
① T 기능 – 공구 기능
② M 기능 – 보조 기능
③ S 기능 – 이송 기능
④ G 기능 – 준비 기능

해설 S 기능 – 주축 기능, F 기능 – 이송 기능

41 일반적으로 NC 가공계획에 포함되지 않는 것은?
① 사용 기계 선정
② 가공순서 결정
③ 자동프로그래밍
④ 공구 선정

해설 가공계획
① CNC 가공 범위와 사용 기계 선정
② 가공물 척킹 방법 및 치공구 선정
③ 가공순서 결정
④ 가공할 공구 선정

42 CNC 공작기계가 작동 중 이상이 생겼을 경우의 응급처치 사항으로 잘못된 것은?
① 비상 스위치를 누르고 작업을 중지한다.
② 강전반 내의 회로도를 조작하여 점검한다.
③ 경고등이 점등되었는지 확인한다.
④ 작업을 멈추고 이상 부위를 확인한다.

해설 강전반 내의 회로도는 전문가에 의해서 점검하도록 한다.

[정답] 38. ① 39. ① 40. ③ 41. ③ 42. ②

43 CNC 선반의 안지름 및 바깥지름 막깎기 사이클 프로그램에서 (경우1)의 "D(Δd)", (경우2)의 "U(Δd)"가 의미하는 것은?

(경우1) G71 P_ Q_ U_ W_ D(Δd) F_ ;
(경우2) G71 U(Δd) R_ ;
G71 P_ Q_ U_ W_ F_ ;

① 도피량
② 1회 절삭량
③ X축 방향의 다듬질 여유
④ 사이클 시작 블록의 전개 번호

해설

P(ns)	다듬 절삭 가공 지령절의 첫 번째 전개 번호
Q(nf)	다듬 절삭 가공 지령적의 마지막 전개 번호
U(Δu)	X축 방향 다듬절삭 여유 – (지름 지령)
R(e)	도피량(절삭 후 간섭 없이 공구가 빠지기 위한 양)
W	Z축 방향 다듬절삭 여유
D(Δd)	1회 가공 깊이(절삭 깊이) – (반지름 지령, 소수점 지령 불가)
F, S, T	거친절삭 가공 시 이송속도, 주축속도, 공구 선택 즉, P와 Q 사이의 데이터는 무시되고 G71 블록에서 지령된 데이터가 유효

44 다음 CNC 프로그램에서 T0505의 의미는?

G00 X20.0 Z12.0 T0505 ;

① 5번 공구의 날끝 반경이 0.5mm임을 뜻한다.
② 5번 공구의 선택이 5번째임을 뜻한다.
③ 5번 공구를 5번 선택한다는 뜻이다.
④ 5번 공구 선택과 5번 공구의 보정번호를 뜻한다.

해설 T0505 : 5번 공구 선택과 5번 공구의 보정번호를 뜻한다.

45 복합형 고정 사이클에서 다듬질 가공 사이클 G70을 사용할 수 없는 준비 기능(G-코드)은?

① G71   ② G72
③ G73   ④ G76

정답 43.② 44.④ 45.④

해설

G70	정삭 가공 사이클
G71	내·외경 황삭 가공 사이클
G72	단면 가공 사이클
G73	유형 반복 가공 사이클
G76	자동 나사 가공 사이클

46 다음 프로그램에서 공작물의 지름이 ∅60mm일 때, 주축의 회전수는 얼마인가?

```
G50 S1300 ;
G96 S130 ;
```

① 147rpm
② 345rpm
③ 690rpm
④ 1470rpm

해설 $n = \dfrac{1000v}{\pi d} = \dfrac{1000 \times 130}{\pi \times 60} = 690\,\mathrm{rpm}$

47 선반 작업 시 안전사항으로 틀린 것은?

① 칩이나 절삭유의 비산을 방지하기 위해 플라스틱 덮개를 부착한다.
② 절삭 가공을 할 때에는 보안경을 착용하여 눈을 보호한다.
③ 절삭 작업을 할 때에는 면장갑을 착용하고 작업한다.
④ 척이 회전하는 동안에 일감이 튀어나오지 않도록 확실히 고정한다.

해설 절삭 작업을 할 때에는 면장갑을 착용하지 않는다.

48 다음 중 CNC 선반 프로그램에서 G04(휴지, Dwell) 지령으로 틀린 것은?

① G04 X1.5 ;
② G04 S1.5 ;
③ G04 U1.5 ;
④ G04 P1500

해설 단위는 X, U, P를 사용하는데 X, U는 소수점을 P는 0.001 단위를 사용
(예 : G04 X1.5 ;, G04 U1.5 ;, G04 P1500 ;)

정지시간(SEC) = (스핀들 : 주축)

$\dfrac{60}{\text{주축회전수(rpm)}} \times$ 일시정지회전수

정답 46. ③ 47. ③ 48. ②

49 기계의 일상 점검 내용 중에서 매일 점검하지 않아도 되는 사항은?

① 절삭유의 유량이 충분한지 여부
② 각 축이 원활하게 움직이는지 여부
③ 주축의 회전이 올바르게 되는지 여부
④ 기계의 정밀도를 검사하여 정확한지의 여부

해설

매일 점검	매년 점검
① 외관 점검 ② 유량 점검 ③ 압력 점검 ④ 각부의 작동 검사	① 레벨(수평) 점검 ② 기계 정도 검사 ③ 절연 상태 점검

50 다음 CNC 선반 도면에서 P점에서 원호 R3을 가공하는 프로그램으로 맞는 것은?

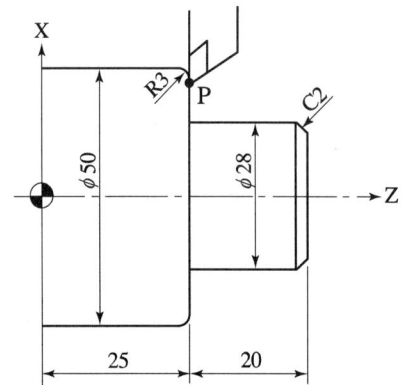

① G02 X44. Z25. R3. F0.2 ;
② G03 X50. Z25. R3. F0.2 ;
③ G02 X47. Z22. R3. F0.2 ;
④ G03 X50. Z22. R3. F0.2 ;

해설 P점에서 원호 R3을 가공하는 프로그램
G03 X50. Z22. R3. F0.2 ;

정답 49. ④ 50. ④

51 CNC 선반의 공구 날끝 보정에 관한 설명으로 틀린 것은?

① 날끝 R에 의한 가공 경로 오차량을 보상하는 기능이다.
② G40 명령은 공구 날끝 보정 취소 기능이다.
③ G41과 G42 명령은 모달 명령이다.
④ 공구 날끝 보정은 가공이 시작된 다음 이루어져야 한다.

해설 공구 날끝 보정은 가공 시작 전에 이루어져야 한다.

52 다음 중 기계 좌표계에 대한 설명으로 틀린 것은?

① 기계 원점을 기준으로 정한 좌표계이다.
② 공작물 좌표계 및 각종 파라미터 설정값의 기준이 된다.
③ 금지영역 설정의 기준이 된다.
④ 기계 원점복귀 준비 기능은 G50 이다.

해설 **기계 원점(Reference Point)복귀**
기계 원점이란 기계상에 고정된 임의의 지점이고, 간단한 조작으로 쉽게 이 지점에 복귀시킬 수 있으며 기계제작 시 기계 제조회사에서 위치를 설정한다. 프로그램 및 기계조작 시 기준이 되는 위치이므로 제조회사의 A/S Man 이외는 위치를 변경하지 않는 것이 좋다. 전원을 투입하고 최초 한번은 기계 원점복귀를 해야만 기계좌표가 성립된다. 모드 스위치를 "자동" 혹은 "반자동"에 위치시키고 G28을 이용하여 각축을 기계 원점까지 복귀시킬 수 있다. 급속 이송으로 중간점을 경유 기계 원점까지 자동복귀 한다.

53 CNC 공작기계의 제어 방식이 아닌 것은?

① 시스템 제어
② 위치 결정 제어
③ 직선 절삭 제어
④ 윤곽 절삭 제어

해설 **CNC 제어방식**
① 위치 결정 제어 : 공구의 최후 위치만 제어하는 것
　[예] 드릴링, 스폿 용접기 등
② 직선 절삭 제어 : 기계 이동 중에 절삭을 행할 수 있는 제어
　[예] 선반, 밀링, 보링 머신 등
③ 윤곽 제어 : 곡선 등의 복잡한 형상을 연속 제어하는 것
　[예] 2차원, 3차원 이상의 제어에 사용

54 선반 작업에서 방진구를 사용하는 가장 큰 이유는?

① 센터를 쉽게 잡기 위해
② 공작물의 이탈을 방지하기 위해
③ 공작물 이송을 부드럽게 하기 위해
④ 가늘고 긴 공작물을 가공 시 떨림을 방지하기 위해

해설 방진구를 사용하는 가장 큰 이유는 가늘고 긴 공작물을 가공 시 떨림을 방지하기 위해서 사용된다.

정답 51. ④ 52. ④ 53. ① 54. ④

55. CNC 선반의 홈 가공 프로그램에서 회전하는 주축에 홈 바이트를 2회전 일시정지 하고자 한다. [ ]에 알맞은 것은?

```
G50 X100. Z100. S2000 T0100 ;
G97 S1200 M03 ;
G00 X62. Z-25. T0101 ;
G01 X50. F0.05 ;
G04 [     ] ;
```

① P1200
② P100
③ P60
④ P600

해설 60초 : 정지시간(초) : 1200rpm : 2회전

정지시간 : $x = \dfrac{60 \times 2}{1200} = 0.1\text{sec}$

CNC 선반에서 0.1초, 휴지(dwell)하는 프로그래밍 : G04 X0.1, G04 U0.1, G04 P100

56. 보통 선반의 크기를 나타내는 것으로만 조합된 것은?

a) 가공할 수 있는 공작물의 최대 직경
b) 뚫을 수 있는 최대 구멍 직경
c) 테이블의 세로 방향 최대 이송거리
d) 베이스의 작업 면적
e) 니의 최대 상하 이송거리
f) 가공할 수 있는 공작물의 최대 길이

① b), c)
② d), e)
③ b), f)
④ a), f)

해설 선반의 크기
베드 위에서 스윙(가공할 수 있는 공작물의 최대 직경), 왕복대상의 스윙, 양 센터 사이의 거리(가공할 수 있는 공작물의 최대 길이)로 나타낸다.

57. 마이크로미터에서 0점 오차가 약 ±0.01mm 이내일 때 조정 방법은?

① 슬리브
② 딤블
③ 링 게이지
④ 게이지 블록

해설
① 0점 오차가 약 ±0.01mm 이내일 때(슬리브에 의한 0점 조정)
② 0점 오차가 약 ±0.01mm 이상일 때(딤블에 의한 0점 조정)

정답 55. ② 56. ④ 57. ①

58 다음 그림에서 테이퍼(Taper)값이 1/8일 때 A 부분의 직경 값은 얼마인가?

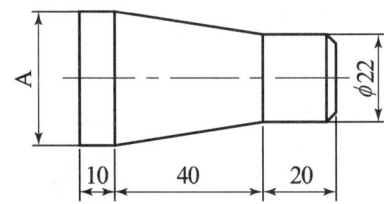

① 25
② 27
③ 30
④ 32

해설 $\dfrac{D-d}{l} = \dfrac{A-22}{40} = \dfrac{1}{8}$ (40×0.125)=5
22+5=27

59 다음은 CNC 선반 프로그램의 일부이다. 설명으로 틀린 것은?

```
G50 X150.0 Z100.0 T0300 S2000 ;
G96 S150 M03 ;
```

① G50은 좌표계 설정을 뜻한다.
② X150.0 Z100.0은 기계 원점부터 바이트 끝까지의 거리이다.
③ S2000은 주축 최고회전수이다.
④ S150은 절삭속도가 150m/min이다.

해설 X150.0 Z100.0은 공작물 원점부터 바이트 끝까지의 거리이다.

60 3차원 측정기를 이용한 측정의 사용효과로 거리가 먼 것은?
① 피측정물의 설치 변경에 따른 시간이 절약된다.
② 보조 측정기구가 거의 필요하지 않다.
③ 측정점의 데이터는 컴퓨터에 의해 처리가 신속 정확하다.
④ 단순한 부품의 길이 측정으로 생산성이 향상된다.

해설 3차원 측정기는 복잡한 부품측정에 효과적이다.

정답 58. ② 59. ② 60. ④

02회 CBT 모의고사

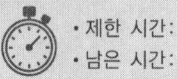

01 탄소 공구강의 구비 조건으로 틀린 것은?

① 내마모성이 클 것
② 가공 및 열처리성이 양호할 것
③ 저온에서의 경도가 클 것
④ 강인성 및 내충격성이 우수할 것

해설 고온에서 경도가 감소되지 않아야 한다.

02 인장강도가 255~340MPa로 Ca-Si나 Fe-Si 등의 접종제로 접종 처리한 것으로 바탕조직은 펄라이트이며 내마멸성이 요구되는 공작기계의 안내면이나 강도를 요하는 기관의 실린더 등에 사용되는 주철은?

① 칠드 주철
② 미하나이트 주철
③ 흑심가단 주철
④ 구상흑연 주철

해설 미하나이트 주철
인장강도가 255~340MPa로 Ca-Si나 Fe-Si 등의 접종제로 접종 처리한 것으로 바탕조직은 펄라이트이며 내마멸성이 요구되는 공작기계의 안내면이나 강도를 요하는 기관의 실린더 등에 사용되는 주철이다.

03 구리의 원자기호와 비중과의 관계가 옳은 것은? (단, 비중은 20℃, 무산소동이다.)

① Al – 6.86
② Ag – 6.96
③ Mg – 9.86
④ Cu – 8.96

해설 구리(Cu)의 비중이 8.9정도이며, 용융점이 1083℃ 정도이다.

04 황동은 어떤 원소의 2원 합금인가?

① 구리와 주석
② 구리와 망간
③ 구리와 납
④ 구리와 아연

해설 황동은 구리와 아연 합금이다.

정답 01. ③ 02. ② 03. ④ 04. ④

05 담금질 응력 제거, 치수의 경년변화 방지, 내마모성 향상 등을 목적으로 100~200°C에서 마텐자이트 조직을 얻도록 조작을 하는 열처리 방법은?

① 저온뜨임
② 고온뜨임
③ 항온풀림
④ 저온풀림

해설 **저온뜨임**: 담금질 응력 제거, 치수의 경년변화 방지, 내마모성 향상 등을 목적으로 100~200°C에서 마텐자이트 조직을 얻도록 조작을 하는 열처리 방법이다.

06 강재의 KS 규격 기호 중 틀린 것은?

① SKH – 고속도 공구강 강재
② SM – 기계 구조용 탄소 강재
③ SS – 일반 구조용 압연 강재
④ STS – 탄소 공구강 강재

해설
- STC – 탄소 공구강 강재
- STS – 합금 공구강 강재

07 길이가 긴 게이지 블록의 양 단면이 항상 평행하게 하기 위한 지지점은? (단, L은 게이지 블록의 길이이다.)

① 0.2113L
② 0.2203L
③ 0.2232L
④ 0.2386L

해설
① 0.2113L: 에어리 점(Airy Point)
눈금이 중립면에 없는 경우 및 게이지 블록과 단도기를 수평으로 지지할 때 사용되는 방법으로서, 처음 평행한 2개의 단면이 지지에 의하여 굽힘이 발생한 후에도 양단면이 평행을 유지할 수 있는 지지 방법으로서 길이의 오차도 최소화할 수 있다.
② 0.2203L: 베셀점(Bessel Point)
중립면에 눈금을 만든 표준자를 지지할 때 사용되는 방법이며, 눈금 면의 직선거리와의 차이를 최소화하는 데 사용되는 방법으로 중립축 또는 중립면의 변위를 최소화할 수 있다.
③ 0.2232L: 전장에 걸쳐 변형이 가장 작으며, 양단과 중앙의 처짐이 동일하게 된다.
④ 0.2386L: 지지점 사이, 즉 중앙부의 처짐을 최소화(0점)할 수 있으므로 중앙부의 직선의 유지가 필요한 경우에 사용된다.

08 기어, 풀리, 커플링 등의 회전체를 축에 고정시켜서 회전운동을 전달시키는 기계요소는?

① 나사
② 리벳
③ 핀
④ 키

해설 **키**: 기어, 풀리, 커플링 등의 회전체를 축에 고정시켜서 회전운동을 전달시키는 기계요소이다.

[정답] 05. ① 06. ④ 07. ① 08. ④

09 코일 스프링의 전체 평균직경이 50mm, 소선의 직경이 6mm일 때 스프링 지수는 약 얼마인가?

① 1.4
② 2.5
③ 4.3
④ 8.3

해설 스프링 지수$(C) = \dfrac{\text{코일의 평균지름}(D)}{\text{소선의 지름}(d)} = \dfrac{50}{6} = 8.33$

10 다음 중 후크의 법칙에서 늘어난 길이를 구하는 공식은? (단, λ : 변형량, W : 인장하중, A : 단면적, E : 탄성계수, l : 길이 이다.)

① $\lambda = \dfrac{Wl}{AE}$
② $\lambda = \dfrac{AE}{W}$
③ $\lambda = \dfrac{AE}{Wl}$
④ $\lambda = \dfrac{Al}{WE}$

해설 후크(Hooke)의 법칙
$\sigma = E\epsilon = \dfrac{W}{A} = E\dfrac{\lambda}{l}$
$\therefore \lambda = \dfrac{Wl}{AE}$ [cm]

11 직선운동을 회전운동으로 변환하거나, 회전운동을 직선운동으로 변환하는 데 사용되는 기어는?

① 스퍼 기어
② 베벨 기어
③ 헬리컬 기어
④ 랙과 피니언

해설 랙과 피니언
직선운동을 회전운동으로 변환하거나, 회전운동을 직선운동으로 변환하는 데 사용되는 기어이다.

12 엔드 저널로서 지름이 50mm의 전동축을 받치고, 허용 최대 베어링 압력을 6N/mm², 저널 길이를 80mm라 할 때 최대 베어링 하중은 몇 kN인가?

① 3.64kN
② 6.4kN
③ 24kN
④ 30kN

정답 09. ④ 10. ① 11. ④ 12. ③

해설 베어링의 압력

$$p = \frac{W}{dl}$$

$$W = p \times dl = 6 \times 50 \times 80 = 24000N = 24kN$$

13 볼트를 결합시킬 때 너트를 2회전 하면 축 방향으로 10mm, 나사산 수는 4산이 진행한다. 이와 같은 나사의 조건은?

① 피치 2.5mm, 리드 5mm
② 피치 5mm, 리드 5mm
③ 피치 5mm, 리드 10mm
④ 피치 2.5mm, 리드 10mm

해설 리드(lead) $L = np$[mm]에서 2회전 하면 4산이 전진하므로 2줄 나사이다.
따라서 피치 $p = \frac{L}{n}$[mm]에서 $p = \frac{10}{2 \times 2} = 2.5$mm
리드(lead) $L = np = 2 \times 2.5 = 5$mm

14 축 이음 중 두 축이 평행하고 각 속도의 변동 없이 토크를 전달하는데 가장 적합한 것은?

① 올덤 커플링
② 플렉시블 커플링
③ 유니버설 커플링
④ 플런지 커플링

해설 올덤 커플링
축 이음 중 두 축이 평행하고 각 속도의 변동 없이 토크를 전달한다.

15 나사의 끝을 이용하여 축에 바퀴를 고정시키거나 위치를 조정할 때 사용되는 나사는?

① 태핑 나사
② 사각 나사
③ 볼 나사
④ 멈춤 나사

해설 멈춤 나사
나사의 끝을 이용하여 축에 바퀴를 고정시키거나 위치를 조정할 때 사용되는 나사이다.

16 세 줄 나사의 피치가 3mm일 때 리드는 얼마인가?

① 1mm
② 3mm
③ 6mm
④ 9mm

해설 리드 $l = $ 줄수 $\times$ 피치 $= 3 \times 3 = 9$

정답 13. ① 14. ①
15. ④ 16. ④

17 스프로킷 휠의 도시 방법 중 가는 1점 쇄선으로 그려야 할 곳은?

① 바깥지름
② 이뿌리원
③ 키홈
④ 피치원

해설 스프로킷 휠 제도법
① 바깥지름(이끝원)은 굵은 실선으로 그린다.
② 피치원은 가는 1점 쇄선으로 그린다.
③ 이뿌리원은 가는 실선으로 그린다.

18 기계제도에서 가공 방법 기호와 그 관계가 서로 맞지 않는 것은?

① M - 밀링 가공
② V - 보링 가공
③ D - 드릴 가공
④ L - 선반 가공

해설 B - 보링 가공

19 기계 가공면을 모떼기할 때 그림과 같이 "C5"라고 표시하였다. 어느 부분의 길이가 5인 것을 나타내는가?

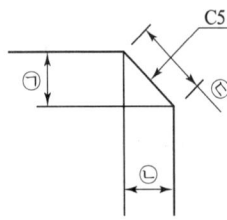

① ㉢이 5
② ㉠과 ㉡이 모두 5
③ ㉠+㉡이 5
④ ㉠+㉡+㉢이 5

해설 그림에서 "C5"는 ㉠과 ㉡가 모두 5이다.

20 베어링 기호 "6203ZZ"에서 "ZZ" 부분이 의미하는 것은?

① 실드 기호
② 궤도륜 모양 기호
③ 정밀도 등급 기호
④ 레이디얼 내부 틈새 기호

해설 6203(안지름 17, 바깥지름 40, 폭 12)
ZZ(양쪽 실드붙이)

[정답] 17. ④ 18. ②
19. ② 20. ①

21. 다음 중 용접구조용 압연강재에 속하는 재료기호는?

① SM 35C
② SM 400C
③ SS 400
④ STKM 13C

해설
- SM 400C(용접구조용 압연강재)
- STKM 13C(기계구조용 탄소강 강판)
- SS 400(일반 구조용 압연 강재)
- SM 35C(기계 구조용 탄소 강재)

22. 제3각법으로 나타낸 그림과 같은 투상도에 적합한 입체도는?

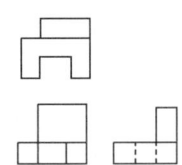

①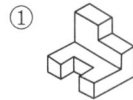
②
③
④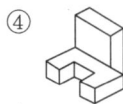

해설 위 그림에서 입체도는 ③항이다.

23. 조립 부품에 대해 치수허용차를 기입할 경우 다음 중 잘못 기입한 것은?

①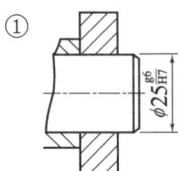
②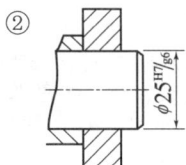
③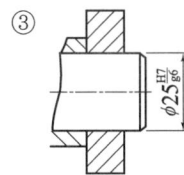
④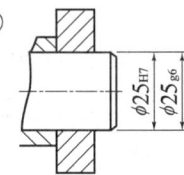

해설 ①항의 올바른 치수 표시는 $\varnothing 25^{H7}_{g6}$ 이다.

정답 21. ② 22. ③ 23. ①

24. 기준치수가 60, 최대허용치수가 59.96이고 치수 공차가 0.02일 때 아래 치수허용차는?

① −0.06　　② +0.06
③ −0.04　　④ +0.04

해설
① 위 치수허용차=최대허용치수−기준치수
　(59.96)−(60)=(−0.04)
② 아래 치수허용차=최소허용치수−기준치수
　(59.94)−(60)=(−0.06)
③ 치수공차=59.96−59.94=0.02

25. 제도 용지에서 A0 용지의 가로길이 : 세로길이의 비와 그 면적으로 옳은 것은?

① $\sqrt{3}$: 1, 약 $1m^2$　　② $\sqrt{2}$: 1, 약 $1m^2$
③ $\sqrt{3}$: 1, 약 $2m^2$　　④ $\sqrt{2}$: 1, 약 $2m^2$

해설 제도 용지의 세로와 가로의 길이 비는 1:$\sqrt{2}$ 이고, A0의 넓이는 약 $1m^2$이다.

26. 다음 중 절삭 가공 기계에 해당하지 않은 것은?

① 선반　　② 밀링머신
③ 호빙 머신　　④ 프레스

해설 프레스 가공(press work)은 넓은 의미로 보면 소성가공 대부분에 해당하지만, 좁은 의미로 보면 프레스 기계에 의한 판금가공이라 말할 수 있다. 즉, 펀치(punch) 및 다이(die)로 소재인 판재에 압축력을 가하여 정확한 치수 및 형상으로 전단 또는 압축하여 성형하는 것을 말한다.

27. 선반에서 주축의 회전수는 1000rpm이고 외경 50mm를 절삭할 때 절삭속도는 약 몇 m/min인가?

① 1.571　　② 15.71
③ 157.1　　④ 1571

해설 $V = \dfrac{\pi DN}{1000} = \dfrac{\pi \times 50 \times 1000}{1000} = 157.1 m/min$

정답 24.① 25.② 26.④ 27.③

28 측정 대상 부품은 측정기의 측정 축과 일직선 위에 놓여 있으면 측정 오차가 적어진다는 원리는?

① 윌라스톤의 원리　　② 아베의 원리
③ 아보트 부하곡선의 원리　　④ 히스테리시스차의 원리

해설　**아베의 원리** : Abbe에 의하면 "표준자와 피측정물은 같은 축 선상에 있어야 한다."는 원리이다. 이것을 컴퍼레이터의 원리라고도 한다.

29 드릴에 대한 설명으로 틀린 것은?

① 표준 드릴의 날끝각은 120° 이다.
② 웨브는 트위스트 드릴 홈 사이의 좁은 단면 부분이다.
③ 드릴의 지름이 13mm 이하인 것은 곧은 자루이다.
④ 드릴의 몸통은 백 테이퍼(back taper)로 만든다.

해설　표준 드릴의 날끝각은 118° 이다.

30 선반 작업에서 단면가공이 가능하도록 보통 센터의 원추형 부분을 축방향으로 반을 제거하여 제작한 센터는?

① 하프 센터　　② 파이프 센터
③ 베어링 센터　　④ 평 센터

해설　**센터의 종류**
① 베어링 센터 : 고속 회전 시 사용된다.
② 하프 센터 : 단(끝)면 가공 시 사용된다.
③ 파이프 센터(베벨 센터) : 관류나 중량이 큰 공작물에 사용된다.

31 선반에서 심압대에 고정하여 사용하는 것은?

① 바이트　　② 드릴
③ 이동형 방진구　　④ 면판

해설　드릴은 선반에서 심압대에 고정하여 사용한다.

32 다음 중 연삭숫돌의 구성 3요소가 아닌 것은?

① 입자　　② 결합제
③ 형상　　④ 기공

해설

연삭숫돌의 3요소	연삭숫돌의 5인자
입자(절삭날) 결합제(절삭날 지지) 기공(칩의 저장, 배출)	입자의 종류 – 절삭날의 종류 조직 – 숫돌 입자율 입도 – 절삭날의 크기 결합제의 종류 – 결합제의 특성 결합도 – 절삭날 발생 속도의 조정

정답 28. ②　29. ①
30. ①　31. ②
32. ③

02회 CBT 모의고사

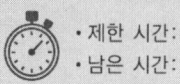

33 단조나 주조품에 볼트 또는 너트를 체결할 때 접촉부가 밀착되게 하기 위하여 구멍 주위를 평탄하게 하는 가공 방법은?

① 스폿 페이싱
② 카운터 싱킹
③ 카운터 보링
④ 보링

해설
① **보링** : 뚫린 구멍을 다시 절삭, 구멍을 넓히고 다듬질하는 것. 보링 바에 바이트를 사용
② **스폿 페이싱** : 볼트 또는 너트 등의 구멍과 직각이 되게 머리부가 접촉되는 부분을 깎아서 만드는 작업
③ **카운터 싱킹** : 접시머리 나사의 머리가 묻히게 하기 위해 원뿔자리를 만드는 작업
④ **카운터 보링** : 작은 나사, 볼트의 머리부가 돌출되지 않도록 머리부가 들어갈 자리부분을 단이 있게 구멍 뚫는 작업

34 내면 연삭기에서 내면 연삭 방식이 아닌 것은?

① 유성형
② 보통형
③ 고정형
④ 센터리스형

해설 내면 연삭 방식에는 보통형, 공작물 회전형, 유성형, 센터리스형이 있다.

35 축보다 큰 링이 축에 걸쳐 회전하며 고속 주축에 급유를 균등하게 할 목적으로 사용하는 윤활제 급유법으로 가장 적합한 것은?

① 적하 급유
② 오일링 급유
③ 분무 급유
④ 핸드 급유

해설 **윤활제 급유법**
① **적하 급유** : 비교적 고속회전에 많이 사용. 기름통으로 저장되어 일정한 양만큼씩 떨어지도록 한 방식이다.
② **오일링(Oil ring) 급유법** : 고속 주축의 급유를 균등히 할 목적에 사용된다.
③ **분무 급유법(Oil mist)** : 미세한 안개처럼 된 기름을 공기로 베어링에 보내는 것으로 집중 급유법으로 고속 내면 연삭기, 고속드릴 초고속 베어링 사용된다.
④ **핸드 급유** : 오일 컵 등을 이용하여 손으로 직접 급유하는 방법으로 급유가 불완전하고 윤활유의 소모가 많으며, 간단한 전동장치에 사용한다.

36 다음 중 정밀도가 가장 높은 가공면을 얻을 수 있는 가공법은?

① 호닝
② 래핑
③ 평삭
④ 브로칭

해설 정밀도가 가장 높은 가공면을 얻을 수 있는 가공순서는 래핑 > 호닝 > 브로칭 > 평삭이다.

정답 33. ① 34. ③ 35. ② 36. ②

37 부품 측정의 일반적인 사항을 설명한 것으로 틀린 것은?

① 제품의 평면도는 정반과 다이얼 게이지나 다이얼 테스트 인디케이터를 이용하여 측정할 수 있다.
② 제품의 진원도는 V블록 위나 또는 양 센터 사이에 설치한 후 회전시켜 다이얼 테스트 인디케이터를 이용하여 측정할 수 있다.
③ 3차원 측정기는 몸체 및 스케일, 측정침, 구동장치, 컴퓨터 등으로 구성되어 있다.
④ 우연 오차는 측정기의 구조, 측정압력, 측정온도 등에 의하여 생기는 오차이다.

해설 우연 오차는 측정기, 측정물 및 환경 등의 원인을 파악할 수 없어 측정자가 보정할 수 없는 오차로 측정하는 과정에서 우발적으로 발생하는 오차를 말하며, 발생 원인으로는 측정자의 심리적 변화, 측정기의 성능, 필연적이나 우발적으로 발생된다.

38 다음 중 공구 재료의 구비조건 중 맞지 않는 것은?

① 마찰계수가 작을 것
② 높은 온도에서는 경도가 낮을 것
③ 내 마멸성이 클 것
④ 형상을 만들기 쉽고 가격이 저렴할 것

해설 공구 재료는 높은 온도에서는 경도가 높을 것

39 구성인선(built-up edge)의 방지 대책으로 틀린 것은?

① 절삭 깊이를 작게 할 것
② 경사각을 크게 할 것
③ 윤활성이 좋은 절삭 유제를 사용할 것
④ 마찰계수가 큰 절삭 공구를 사용할 것

해설 구성인선의 방지(억제)법
① 공구의 윗면 경사각을 크게 한다.
② 절삭 깊이를 작게 한다.
③ 절삭 속도 크게 한다.
④ 이송을 작게 한다.(저속회전일 때 이송을 크게 한다)
⑤ 칩의 절삭저항을 작게 한다.

40 다음의 보조 기능(M 기능) 중 주축의 회전 방향과 관계되는 것은?

① M02
② M04
③ M08
④ M09

해설 보조 기능(M 기능)
① M02 : 프로그램 종료
② M04 : 주축 역회전
③ M08 : 절삭유 On
④ M09 : 절삭유 Off

[정답] 37. ④ 38. ②
39. ④ 40. ②

41 CNC 선반에서 일감의 외경을 지령치 X55.0으로 가공한 후 측정한 결과 ϕ54.96이었다. 기존의 X축 보정값을 0.004라고 하면 보정값을 얼마로 수정해야 하는가?

① 0.036
② 0.044
③ 0.04
④ 0.08

해설 가공에 따른 X축 보정값=55−54.96=0.04
기존의 보정값=0.004
공구의 보정값=0.04+0.004=0.044

42 다음 그림에서 B→A로 절삭할 때의 CNC 선반 프로그램으로 맞는 것은?

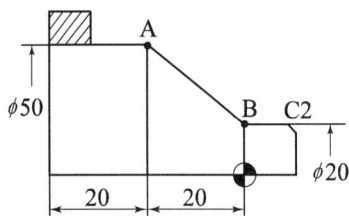

① G01 U30. W−20. ;
② G01 X50. Z20. ;
③ G01 U50. Z−20. ;
④ G01 U30. W20. ;

해설 그림에서 B → A로 절삭할 때 프로그램은 G01 U30. W−20. ; 또는 G01 X50. Z−20. ; 이다.

43 CNC 공작기계 작업 시 안전 사항 중 틀린 것은?

① 전원은 순서대로 공급하고 차단한다.
② 칩 제거는 기계를 정지 후에 한다.
③ CNC 방전 가공기에서 작업 시 가공액을 채운 후 작업을 한다.
④ 작업을 빨리하기 위하여 안전문을 열고 작업한다.

해설 안전문을 무조건 닫고 작업한다.

정답 41. ② 42. ①
      43. ④

44 CNC 공작기계에서 일시적으로 운전을 중지하고자 할 때 보조 기능, 주축 기능, 공구 기능은 그대로 수행되면서 프로그램 진행이 중지되는 버튼은?

① 사이클 스타트(cycle start)
② 취소(cancel)
③ 머신 레디(machine ready)
④ 이송 정지(feed hold)

해설 이송 정지(feed hold) : 일시적으로 운전을 중지하고자 할 때 사용한다.

45 선반 작업에서 안전 및 유의사항에 대한 설명으로 틀린 것은?

① 일감을 측정할 때는 주축을 정지시킨다.
② 바이트를 연삭할 때는 보안경을 착용한다.
③ 홈 바이트는 가능한 길게 고정한다.
④ 바이트는 주축을 정지시킨 다음 설치한다.

해설 홈 바이트는 가능한 짧게 고정한다.

46 서보 기구에서 위치와 속도의 검출을 서보 모터에 내장된 엔코더(encoder)에 의해서 검출되는 그림과 같은 방식은?

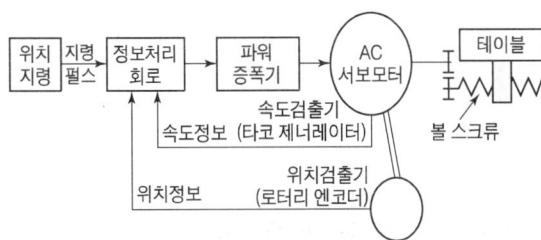

① 반폐쇄 회로 방식
② 개방 회로 방식
③ 폐쇄 회로 방식
④ 반개방 회로 방식

해설 위 그림은 반폐쇄 회로 방식이다.

47 다음 중 명령된 블록에 한해서만 유효한 1회 유효 G-코드(One shot G-code)는?

① G90
② G40
③ G04
④ G01

해설 블록에 한해서만 유효한 1회 유효 G-코드는 G04, G28, G30, G50, G65, G70, G71

정답 44. ④ 45. ③ 46. ① 47. ③

48 다음 CNC 선반 프로그램에서 지름이 30mm인 지점에서의 주축 회전수는 몇 rpm인가?

```
G50 X100. Z100. S1500 T0100 ;
G96 S160 M03 ;
G00 X30. Z3. T0303 ;
```

① 1698 ② 1500
③ 1000 ④ 160

해설 $n = \dfrac{1000v}{\pi d} = \dfrac{1000 \times 160}{\pi \times 30} = 1698 \text{rpm}$

CNC 선반 프로그램에서 주축 최고회전수는 1500rpm이므로 정답은 1500rpm이다.

49 CNC 선반에서 G99 명령을 사용하여 F0.15로 이송 지령하였다. 이 때, F값의 설명으로 맞는 것은?

① 주축 1회전당 0.15mm의 속도로 이송
② 주축 1회전당 0.15m의 속도로 이송
③ 1분당 15mm의 속도로 이송
④ 1분당 15m의 속도로 이송

해설 G99(회전당 이송(mm/rev))는 주축 1회전당 0.15mm의 속도로 이송이다.

50 간단한 프로그램을 편집과 동시에 시험적으로 실행할 때 사용하는 모드 선택 스위치는?

① 반자동 운전(MDI)
② 자동운전(AUTO)
③ 수동 이송(JOG)
④ DNC 운전

해설 반자동 운전(MDI)
간단한 프로그램을 편집과 동시에 시험적으로 실행할 때 사용하는 모드이다.

정답 48. ② 49. ①
      50. ①

51 CNC 선반의 단일형 고정 사이클(G90)에서 테이퍼(기울기)값을 지령하는 어드레스(Address)는?

① O ② P
③ Q ④ R

해설 내·외경 절삭 Cycle(G90) : 절삭 공구가 4개의 실행과정을 하나의 사이클 가공으로 내경과 외경을 절삭하는 기능이다.

> 지령방법 : G90 X(U)__Z(W)__F__ ;
> G90 X(U)__Z(W)__R__F__ ;

여기서, X(U), Z(W) : 가공 종점 좌푯값(C점)
F : 이송량
R : 테이퍼량(반경값)

52 일반적으로 CNC 선반에서 절삭동력이 전달되는 스핀들 축으로 주축과 평행한 축은?

① X축 ② Y축
③ Z축 ④ A축

해설 CNC 선반에서 주축과 평행한 축은 Z축이다.

53 다음 CNC 선반의 나사 가공 프로그램 (a), (b)에서 F2.0은 무엇을 지령한 것인가?

> (a) G92 X29.3 Z-26.0 F2.0 ;
> (b) G76 X27.62 Z-26.0 K1.19 D350 F2.0 A60 ;

① 첫 번째 절입량   ② 나사부 반경치
③ 나사산의 높이   ④ 나사의 리드

해설 나사 가공에서 F2.0은 나사의 리드이다.

54 선반 가공에서 테이퍼의 각이 크고 길이가 짧은 가공물의 테이퍼 절삭 방법으로 가장 알맞은 가공 방법은?

① 왕복대를 조정하여 테이퍼형으로 가공한다.
② 복식공구대를 경사시켜 테이퍼형으로 가공한다.
③ 각도계를 이용하여 테이퍼형으로 가공한다.
④ 심압대를 편위시켜 테이퍼형으로 가공한다.

해설 선반 가공에서 테이퍼의 각이 크고 길이가 짧은 가공물의 테이퍼 절삭 방법은 복식공구대를 경사시켜 테이퍼형으로 가공한다.

정답 51. ④ 52. ③
      53. ④ 54. ②

02회 CBT 모의고사

55 선반에서 앵글 플레이트와 함께 불규칙한 형상의 공작물을 고정하기에 가장 적합한 것은?

① 연동척 ② 면판
③ 벨척 ④ 방진구

해설
- **벨척**: 앵글 플레이트와 함께 4, 6, 8개의 볼트로 불규칙한 환봉 재료를 고정하는 데 적합하다.
- **면판**: 앵글 플레이트와 함께 불규칙한 형상의 공작물을 고정하는 데 사용된다.

56 다음 도면의 (a) → (b) → (c)로 가공하는 CNC 선반 가공 프로그램에서 (①), (②)에 차례로 들어갈 내용으로 맞는 것은?

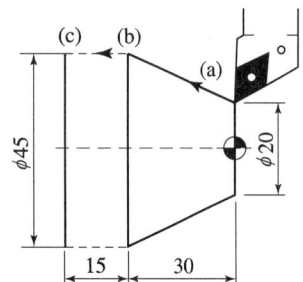

(a) → (b) : G01 (①) Z-30.0 F0.2 ;
(b) → (c) : (②) ;

① X45.0, W-15.0
② X45.0, W-45.0
③ X15.0, Z-30.0
④ U15.0, Z-15.0

해설 (a) → (b) : G01 (X45.0 또는 U25.0) Z-30.0 F0.2 ;
(b) → (c) : (W-15.0 또는 Z-45.0) ;

57 CNC 선반에서 단일형 고정 사이클 G90에 대한 설명으로 틀린 것은?

① 한 블록에 X, Z축을 동시에 명령하면 테이퍼 절삭이 이루어진다.
② 고정 사이클의 가공은 가공이 완료되면 초기점으로 복귀한다.
③ 작업자는 고정 사이클의 공구 경로를 변경할 수 없기 때문에 일반 프로그램보다 가공 시간이 길다.
④ 계속 유효명령(modal)이므로 반복 절삭할 때 X축의 절입량만 지정하면 된다.

[정답] 55. ② 56. ① 57. ①

해설 **안·바깥지름 절삭 사이클(G90)** : 단일 고정 사이클

```
G90 X(U)__ Z(W)__ F__ ; (직선 절삭)
G90 X(U)__ Z(W)__ I(R)__ F__ ; (테이퍼 절삭)
```

여기서, X(U)__ Z(W)__ : 절삭의 끝점 좌표
 I(R)__ : 테이퍼의 경우 절삭의 끝점과 절삭의 시작점의 상대 좌푯값
 F : 이송속도

58 CNC 선반에서 일반적으로 기계 원점복귀(reference point return)를 실시하여야 하는 경우가 아닌 것은?

① CNC 선반의 전원을 켰을 때
② 비상 정지 버튼을 눌렀을 때
③ 정전 후 전원을 다시 공급하였을 때
④ 이송 정지 버튼을 눌렀다가 다시 가공을 할 때

해설 이송 정지 버튼을 눌렀다가 다시 가공을 할 때는 원점복귀를 하지 않는다.

59 버니어 캘리퍼스의 0점을 설정하는 방법으로 틀린 것은?

① 조의 상태가 양호한지 0점에 위치하도록 밀착해서 밝은 빛에서 서로 다른 조 사이로 고르게 미세한 빛이 들어오는지 확인한다.
② 깊이 바의 무딘 상태와 휨의 발생은 없는지 확인한다.
③ 슬라이드를 이송했을 때 빽빽하도록 조정한다.
④ 0점에서 눈금 정확도를 확인한다.

해설 슬라이드를 이송했을 때 지나치게 헐겁거나 빽빽한 느낌은 없는지 확인한다.

60 우연 오차는 측정 횟수가 매우 많아지면 다음과 같은 특성이 나타난다. 틀린 것은?

① 작은 오차는 큰 오차보다 많이 나온다.
② 같은 크기의 음(-), 양(+)의 오차는 다르게 나온다.
③ 매우 큰 오차는 나오지 않는다.
④ 측정값에는 산포가 따르는 것이 보통이다.

해설 같은 크기의 음(-), 양(+)의 오차는 같은 횟수로 나온다.

정답 58. ④ 59. ③
60. ②

03회 CBT 모의고사

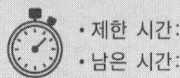

01 탄소강에 함유된 원소 중 백점이나 헤어크랙의 원인이 되는 원소는?

① 황(S) ② 인(P)
③ 수소(H) ④ 구리(Cu)

해설
① 헤어크랙(Hair Crack) : 수소(H_2)가스에 의해 머리칼 모양으로 미세하게 갈라지는 균열하는 것으로 킬드강에서 발생한다.
② 백점 : 수소의 압력이나 열응력, 변태응력 등에 의해 생긴 균열이 생긴다. 이외에 수축관, 수축공, 기포, 편석 등이 있으며 킬드강에서 발생한다.

02 베어링으로 사용되는 구리계 합금이 아닌 것은?

① 문쯔 메탈(muntz metal)
② 켈밋(kelmet)
③ 연 청동(lead bronze)
④ 알루미늄 청동(Al bronze)

해설 베어링으로 사용되는 구리계 합금
켈밋(구리-납 합금), 연 청동, 알루미늄 청동, 납 청동, 인 청동, 주석 청동, 포금 등이 있다.

03 초경합금의 특성에 대한 설명 중 올바른 것은?

① 고온경도 및 내마멸성이 우수하다.
② 내마모성 및 압축강도가 낮다.
③ 고온에서 변형이 많다.
④ 상온의 경도가 고온에서 크게 저하된다.

해설 초경합금의 특성
① 고온경도 및 내마멸성이 우수하다.
② 내마모성 및 압축강도가 높다.
③ 고온에서 변형이 거의 없다.
④ 상온의 경도가 고온에서 저하되지 않는다.

04 비중이 2.7로서 가볍고 은백색의 금속으로 내식성이 좋으며, 전기전도율이 구리의 60% 이상인 금속은?

① 알루미늄(Al) ② 마그네슘(Mg)
③ 바나듐(V) ④ 안티몬(Sb)

정답 01. ③ 02. ① 03. ① 04. ①

해설 알루미늄 합금의 성질
① 마그네슘, 베릴륨 다음으로 가벼운 금속으로 비중이 2.7, 용융점 660℃, 변태점이 없다.
② 열 및 전기의 양도체이며 은백색의 금속으로 내식성이 좋으며, 전기전도율이 구리의 60% 이상이다.
③ 대기 중에서 산소와 화학 작용을 하여 산화알루미늄이라는 얇은 보호 피막을 형성하여 전연성이 풍부하며, 400~500℃에서 연신율이 최대이다.
④ 유동성이 불량하고, 수출율이 커서 순수 알루미늄은 주조가 불가능하므로 구리, 규소, 마그네슘, 아연 등을 합금하여 기계적 성질을 개선한다.

05 주철에 대한 설명 중 틀린 것은?

① 강에 비하여 인장강도가 작다.
② 강에 비하여 연신율이 작고, 메짐이 있어서 충격에 약하다.
③ 상온에서 소성 변형이 잘된다.
④ 절삭가공이 가능하며 주조성이 우수하다.

해설 주철은 상온에서 소성 변형이 되지 않는다.

06 WC를 주성분으로 TiC 등의 고융점 경질탄화물 분말과 Co, Ni 등의 인성이 우수한 분말을 결합재로 하여 소결 성형한 절삭 공구는?

① 세라믹　　　　　　② 서멧
③ 주조경질합금　　　④ 소결초경합금

해설 **소결초경합금** : WC를 주성분으로 TiC 등의 고융점 경질탄화물 분말과 Co, Ni 등의 인성이 우수한 분말을 프레스로 결합하여 소결 성형한 절삭 공구이다.

07 특수강을 제조하는 목적으로 적합하지 않은 것은?

① 기계적 성질을 향상시키기 위하여
② 내마멸성을 증대시키기 위하여
③ 취성을 증가시키기 위하여
④ 내식성을 증대시키기 위하여

해설 ③항은 취성을 감소시키기 위해서이다.

08 축 방향으로만 정하중을 받는 경우 50kN을 지탱할 수 있는 훅 나사부의 바깥지름은 약 몇 mm인가? (단, 허용응력은 50N/mm²이다.)

① 40mm　　　　　　② 45mm
③ 50mm　　　　　　④ 55mm

해설 $d = \sqrt{\dfrac{2W}{\sigma}} = \sqrt{\dfrac{2 \times 50000N}{50}} = 44.7 = 45\text{mm}$

[정답] 05. ③　06. ④　07. ③　08. ②

09 전위 기어의 사용 목적으로 가장 옳은 것은?

① 베어링 압력을 증대시키기 위함
② 속도비를 크게 하기 위함
③ 언더컷을 방지하기 위함
④ 전동 효율을 높이기 위함

해설 전위 기어의 사용 목적
① 중심거리를 자유로 변화시키려고 할 때
② 언더컷을 방지하고 싶을 때
③ 이의 강도를 증대하려고 할 때

10 전단하중 $W[\text{N}]$를 받는 볼트에 생기는 전단응력 $\tau[\text{N}/\text{mm}^2]$를 구하는 식으로 옳은 것은? (단, 볼트 전단면적을 $A[\text{mm}^2]$이라고 한다.)

① $\tau = \dfrac{\pi A^2/4}{W}$ ② $\tau = \dfrac{A}{W}$

③ $\tau = \dfrac{W}{\pi A^2/4}$ ④ $\tau = \dfrac{W}{A}$

해설 전단응력 $\tau[\text{N}/\text{mm}^2]$를 구하는 식
$\tau = \dfrac{W}{A}$

11 홈붙이 육각너트의 윗면에 파여진 홈의 개수는?

① 2개   ② 4개
③ 6개   ④ 8개

해설 홈붙이 육각너트의 윗면에 파여진 홈의 개수는 6개이다.

12 모듈이 3이고 잇수가 30과 90인 한쌍의 표준 평 기어의 중심거리는?

① 150mm   ② 180mm
③ 200mm   ④ 250mm

해설 $C = \dfrac{m(Z_A + Z_B)}{2} = \dfrac{3(30+90)}{2} = 180\text{mm}$

정답 09. ③ 10. ④
11. ③ 12. ②

13 지름 5mm 이하의 바늘 모양의 롤러를 사용하는 베어링은?

① 니들 롤러 베어링
② 원통 롤러 베어링
③ 자동 조심형 롤러 베어링
④ 테이퍼 롤러 베어링

해설 **니들 롤러 베어링** : 지름 5mm 이하의 바늘 모양의 롤러를 사용하는 베어링이다.

14 다음 제동장치 중 회전하는 브레이크 드럼을 브레이크 블록으로 누르게 한 것은?

① 밴드 브레이크   ② 원판 브레이크
③ 블록 브레이크   ④ 원추 브레이크

해설 **블록 브레이크** : 회전하는 브레이크 블록을 브레이크 레버로 밀어 붙여 마찰에 의해 제동 작동을 한다.

15 보스와 축의 둘레에 여러 개의 같은 키(key)를 깎아 붙인 모양으로 큰 동력을 전달할 수 있고 내구력이 크며, 축과 보스의 중심을 정확하게 맞출 수 있는 특징을 가지는 것은?

① 반달 키   ② 새들 키
③ 원뿔 키   ④ 스플라인

해설 ① **반달 키** : 반월상의 키로서 축의 홈이 깊게 되어 축의 강도가 약하게 되기는 하나 축과 키 홈의 가공이 쉽고, 키가 자동적으로 축과 보스 사이에 자리를 잡을 수 있고 60mm 이하의 작은 축이나 테이퍼 축에 사용한다.
② **새들 키** : 축에는 홈을 파지 않고 축과 키 사이의 마찰력으로 회전력을 전달, 축의 강도를 감소시키지 않고 고정할 수 있으나, 경하중 소직경에 사용한다.
③ **원뿔 키** : 축과 보스에 키를 파지 않고 보스 구멍을 테이퍼 구멍으로 하여 속이 빈 원뿔을 끼워 마찰력만으로 밀착시키는 키이다.
④ **스플라인** : 보스와 축의 둘레에 여러 개의 같은 키(key)를 깎아 붙인 모양으로 큰 동력을 전달할 수 있고 내구력이 크며, 축과 보스의 중심을 정확하게 맞출 수 있는 특징이 있다.

16 미터나사에서 나사의 호칭 지름인 것은?

① 수나사의 골지름
② 수나사의 유효지름
③ 암나사의 유효지름
④ 수나사의 바깥지름

해설 미터나사에서 나사의 호칭 지름은 수나사의 바깥지름이다.

정답 13. ① 14. ③
15. ④ 16. ④

17 가동하는 부분의 이동 중의 특정위치 또는 이동 한계를 표시하는 선으로 사용되는 것은?

① 가상선　　　　② 해칭선
③ 기준선　　　　④ 중심선

해설
① **가상선** : 가동하는 부분의 이동 중의 특정위치 또는 이동 한계를 표시 등
② **해칭선** : 도형의 한정된 특정 부분을 다른 부분과 구별하는 데 사용
③ **기준선** : 위치 결정의 근거가 된다는 것을 명시할 때 사용
④ **중심선** : 도형의 중심을 표시 등

18 다음 중 기준치수가 동일한 경우 죔새가 가장 큰 것은?

① H7/f6　　　　② H7/js6
③ H7/m6　　　　④ H7/p6

해설 기준치수가 동일한 경우 죔새가 가장 큰 순서는 H7/p6 〉 H7/m6 〉 H7/js6 이다.

19 실제 길이가 90mm인 것을 척도가 1 : 2인 도면에 나타내었을 때 치수를 얼마로 기입해야 하는가?

① 20　　　　② 45
③ 90　　　　④ 180

해설 실제 길이가 90mm인 것을 척도에 관계없이 도면에도 90으로 기입한다.

20 기하 공차의 기호 중 모양 공차에 해당하는 것은?

① ○　　　　② ∠
③ ⊥　　　　④ //

해설

모양 공차	—	진직도 공차
	▱	평면도 공차
	○	진원도 공차
	⌭	원통도 공차
	⌒	선의 윤곽도 공차
	⌓	면의 윤곽도 공차

정답 17. ① 18. ④ 19. ③ 20. ①

21 그림과 같이 구멍, 홈 등을 투상한 투상도의 명칭은?

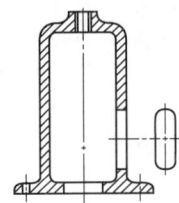

① 보조 투상도 ② 부분 투상도
③ 국부 투상도 ④ 회전 투상도

해설
① **보조 투상도** : 물체의 경사면을 실형으로 그려서 바꾸기할 필요가 있을 경우에는 그 경사면과 위치에 필요 부분만을 표시한다.
② **부분 투상도** : 그림의 일부를 도시하는 것으로 충분한 경우에는 필요한 부분만 투상도로서 나타낸다.
③ **국부 투상도** : 물체의 구멍이나 홈 등의 한 국부만의 모양을 도시하는 것으로 충분한 경우에는 필요한 부분을 나타낸다.
④ **회전 투상도** : 투상면이 어느 각도를 가지고 있기 때문에 그 물체의 실제 모형을 표시하지 못할 때에는 그 부분을 회전해서 물체의 실제 모형을 도시할 수 있다.

22 면의 지시 기호에서 가공 방법의 기호 중 "B"가 나타내는 것은?
① 보링 머신 가공   ② 브로칭 가공
③ 리머 가공   ④ 블라스팅 가공

해설
① **보링 머신 가공** : B
② **브로칭 가공** : BR
③ **리머 가공** : FR
④ **블라스팅 가공** : SB

23 그림과 같이 제3각법으로 정투상도를 작도할 때 평면도로 가장 적합한 형상은?

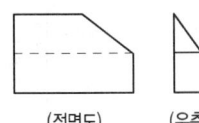
(정면도)   (우측면도)

① 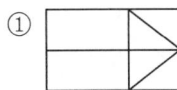   ②
③ 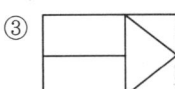   ④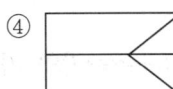

해설 위 그림에서 평면도는 ②이다.

정답 21. ③ 22. ①
23. ②

03회 CBT 모의고사

24. 다음 베어링의 호칭에 대한 각각의 기호 해석으로 틀린 것은?

> 7206 C DB

① 72 : 단열 앵귤러 볼 베어링
② 06 : 베어링 안지름 30mm
③ C : 틈새 기호로 보통 틈새보다 작음
④ DB : 보조기호로 베어링의 조합이 뒷면조합

해설 ③항의 C는 보조기호로서 접촉각이며 A-22~32°, B-32~45°, C-10~22°이다.

25. 보기 도면에서 품번 3의 부품명칭으로 알맞은 것은?

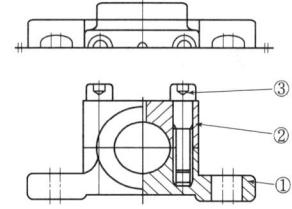

① 육각 볼트
② 육각 구멍붙이 볼트
③ 둥근머리 나사
④ 둥근머리 작은 나사

해설 위 그림에서 ①은 베어링 본체, ②는 베어링 커버, ③은 육각 구멍붙이 볼트이다.

26. 선반 가공에서 절삭저항이 가장 큰 것은?

① 주분력
② 이송분력
③ 배분력
④ 횡분력

해설 절삭저항의 3분력
절삭저항은 서로 직각인 3개의 분력으로 작용하는데, 주분력이 가장 크고, 다음에 배분력, 이송분력이 가장 작게 나타난다. 주분력은 절삭 방향에 평행한 분력으로 보통 절삭저항이라 한다. 일반적으로 절삭면적이 크면 증가하고, 절삭속도가 빨라지면 감소한다.

27. 절삭 공구의 수명에 영향을 미치는 요소(element)와 가장 관계가 없는 것은?

① 재료 무게
② 절삭 속도
③ 가공 재료
④ 절삭 유제

[정답] 24. ③ 25. ② 26. ① 27. ①

[해설] 절삭 공구의 수명에 영향을 미치는 요소는 절삭 속도, 가공 재료, 절삭 유제, 공구각, 절삭 면적 등이다.

28 연마제를 가공액과 혼합하여 압축공기와 함께 노즐로 고속 분사시켜 가공물 표면과 충돌시켜 표면을 가공하는 가공법은?

① 래핑(lapping)
② 슈퍼 피니싱(super finishing)
③ 액체호닝(liquid honing)
④ 버니싱(burnishing)

[해설] **액체호닝(liquid honing)**
가공액과 혼합된 연마제를 압축 공기와 함께 노즐로 공작물인 경금속, 플라스틱, 고무, 유리 등의 표면에 분출시켜 다듬면을 얻는 가공 방법이다. 액체호닝은 광택이 적지만 피닝 효과(peening effect)가 크고, 복잡한 모양의 공작물도 다듬질이 가능하다. 또한, 공작물 표면의 산화막이나 도료, 거스러미 등을 제거할 수 있는 이점이 있어, 도장이나 도금의 바탕을 깨끗이 다듬는 데 좋다.

29 선반의 부속장치 중 3개의 조가 방사형으로 같은 거리를 동시에 움직이므로 원형, 정삼각형, 정육각형의 단면을 가진 공작물을 고정하는 데 편리한 척은?

① 단동척
② 마그네틱척
③ 연동척
④ 콜릿척

[해설] **연동척(universal chuck ; 만능척)**
일반적으로 3개의 조가 120°로 배치하여 3개의 조가 동시에 움직이며, 3본척 또는 스크롤(scroll)척이라고도 한다. 연동척은 원형, 정다각형의 공작물을 고정하는 데 편리하나 고정력은 단동척보다 약하고 조가 마멸하면 척의 정밀도가 저하하는 결점이 있다.

30 측정기 선택 조건으로 가장 적합하지 않은 것은?

① 제품 공차
② 제품 수량
③ 측정 범위
④ 제작 회사

[해설] **측정기 선택 조건** : 제품 공차, 제품 수량, 측정 범위, 측정 환경, 측정 대상 등이다.

31 리머를 모양에 따라 분류할 때 날을 교환할 수 있고 날을 조정할 수 있으므로 수리공장에서 많이 사용하는 리머는?

① 솔리드 리머
② 셀 리머
③ 조정 리머
④ 랜드 리머

[해설] **조정 리머** : 팽창 리머로 교환할 수 있고 날을 조정할 수 있으므로 수리공장에서 많이 사용하는 리머이다.

[정답] 28. ③ 29. ③
30. ④ 31. ③

32. 절삭 가공에서 절삭 유제 사용 목적으로 틀린 것은?
① 가공면에 녹이 쉽게 발생되도록 한다.
② 공구의 경도 저하를 방지한다.
③ 절삭열에 의한 공작물의 정밀도 저하를 방지한다.
④ 가공물의 가공표면을 양호하게 한다.

해설 절삭유의 사용 목적
① 절삭저항이 감소하고 공구의 수명을 연장한다.
② 다듬질면의 마찰을 적게 하므로 다듬질 면을 좋게 한다.
③ 공작물의 열팽창 방지로 가공물의 치수 정밀도를 높게 한다.
④ 칩의 흐름이 좋아지기 때문에 절삭 가공을 쉽게 한다.
⑤ 공구인선을 냉각시켜 온도상승에 따른 경도 저하를 막는다.

33. 일반적으로 연성 재료를 저속 절삭으로 절삭할 때, 절삭 깊이가 클 때 많이 발생하며 칩의 두께가 수시로 변하게 되어 진동이 발생하기 쉽고 표면 거칠기도 나빠지는 칩의 형태는?
① 전단형 칩
② 경작형 칩
③ 유동형 칩
④ 균열형 칩

해설
① **전단형 칩** : 일반적으로 연성 재료를 저속 절삭으로 절삭할 때, 절삭 깊이가 클 때 많이 발생하며 칩의 두께가 수시로 변하게 되어 진동이 발생하기 쉽고 표면 거칠기도 나빠진다.
② **열단형 칩(경작형)** : 재료가 공구전면에 접착하여 공구의 상면을 미끄러져 나가지 못하여, 아래 방향에 균열이 발생하여 가공면이 나쁘다.
③ **유동형 칩** : 연속적으로 흘러 나가는 형태로서 칩 발생 시 연속적인 미끄럼 파괴에 의하여 절삭되어, 길게 연속적 코일 모양으로 되며, 절삭면의 변동이 없고 진동이 적으며, 가공면이 깨끗하다.
④ **균열형 칩** : 순간적으로 공구의 날 끝 앞에서 일감의 표면을 향해 균열이 생기고 이것이 칩이 된다. 칩 발생 시의 진동으로 절삭력의 변동이 크며 가공면이 매우 불량하다.

34. 선반에서 주축회전수를 1500rpm, 이송속도 0.3mm/rev으로 절삭하고자 한다. 실제 가공 길이가 562.5mm라면 가공에 소요되는 시간은 얼마인가?
① 1분 25초
② 1분 15초
③ 48초
④ 40초

해설 $T = \dfrac{l}{Nf} = \dfrac{562.5}{1500 \times 0.3} = 1.25$에서 초로 환산하면 25×60분=15초
∴ 1분 15초

정답 32. ① 33. ① 34. ②

35 일반적으로 고속 가공기(high speed machining)의 주축에 사용하는 베어링으로 적합하지 않은 것은?

① 마그네틱 베어링(magnetic bearing)
② 에어 베어링(air bearing)
③ 니들 롤러 베어링(needle roller bearing)
④ 세라믹 볼 베어링(ceramic ball bearing)

해설 일반적으로 고속 가공기(high speed machining)의 주축에 니들 롤러 베어링(needle roller bearing)을 사용하지 않는다. 니들 롤러 베어링은 지름 5mm 이하의 바늘 모양의 롤러를 사용하는 베어링이다.

36 선반의 구조는 크게 4부분으로 구분하는 데 이에 해당하지 않는 것은?

① 공구대
② 심압대
③ 주축대
④ 베드

해설 선반의 구조는 크게 주축대, 베드, 심압대, 왕복대로 구분한다.

37 다음 중 주로 각도 측정에 사용되는 측정기구는?

① 게이지 블록
② 하이트 게이지
③ 공기 마이크로미터
④ 사인 바

해설 **사인 바** : 블록 게이지와 같이 사용하며, 삼각함수의 사인(sine)을 이용하여 임의의 각도를 길이로 계산하여 간접적으로 각도를 구하는 방법으로 크기는 롤러와 롤러 중심 간의 거리로 표시한다.

38 센터리스 연삭기에 대한 설명 중 틀린 것은?

① 가늘고 긴 가공물의 연삭에 적합하다.
② 가공물을 연속적으로 가공할 수 있다.
③ 조정 숫돌과 지지대를 이용하여 가공물을 연삭한다.
④ 가공물 조정은 센터, 척, 자석 척 등을 이용한다.

해설 **센터리스 연삭기** : 가공물은 센터로 지지하지 않으며 가공물 조정은 조정 숫돌을 이용한다.

39 CNC 선반의 좌표계 설정에 대한 설명으로 틀린 것은?

① 좌표계를 설정하는 명령어로 G50을 사용한다.
② 일반적으로 좌표계는 X, Z축의 직교 좌표계를 사용한다.
③ 주축 방향과 직각인 축을 Z축으로 설정한다.
④ 프로그램을 작성할 때 도면 또는 일감의 기준점을 나타낸다.

해설 주축과 직각인 축을 X축으로 설정한다.

[정답] 35. ③ 36. ①
37. ④ 38. ④
39. ③

40 프로그램 원점을 기준으로 직교 좌표계의 좌푯값을 입력하는 방식은?

① 혼합지령 방식　　② 증분지령 방식
③ 절대지령 방식　　④ 구역지령 방식

> **해설** 공작물 좌표계의 원점을 기준으로 절대지령값을 사용한다.

41 CNC 선반에서 원호가공의 범위는 얼마인가?

① $\theta \leq 180°$　　② $\theta \geq 180°$
③ $\theta \leq 90°$　　④ $\theta \geq 90°$

> **해설** 일반적으로 180° 이하의 원호가공을 하고, 180° 이상의 원호가공은 I, K로 지령한다.

42 CNC 선반 가공에서 그림과 같이 ㉠~㉣ 가공하는 단일형 내·외경 절삭 사이클 프로그램으로 적합한 것은?

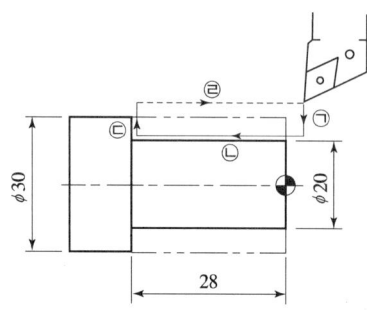

① G92 X20. Z-28. F0.25 ;
② G94 X20. Z28. F0.25 ;
③ G90 X20. Z-28. F0.25 ;
④ G72 X20. W-28. F0.25 ;

> **해설** 단일형 고정 Cycle : 내·외경(G90), 나사(G92), 단면(G94). 따라서 위 그림에서 G90 X20. Z-28. F0.25 ; 이다.

43 CNC 제어에 사용하는 기능 중 주로 ON/OFF 기능을 수행하는 것은?

① G 기능　　② S 기능
③ T 기능　　④ M 기능

> **해설** ON/OFF 기능은 보조 기능(M 기능)이 수행을 한다.

정답　40. ③　41. ①　42. ③　43. ④

44 CNC 공작기계의 안전 운전을 위한 점검 사항과 관계가 먼 것은?
① 기계의 동작 부위에 방해물질이 있는가를 점검한다.
② 공구대의 정상 작동 상태를 점검한다.
③ 이상 소음의 발생 개소가 있는지를 점검한다.
④ 볼 스크루의 정밀도를 점검한다.

해설 ④에서 볼 스크루의 정밀도는 정기점검 사항이고 나머지 항목은 수시점검 사항이다.

45 다음 CNC 선반 프로그램에서 지름 40mm일 때의 주축 회전수는?

```
G50 S1800 ;
G96 S280 ;
```

① 280rpm ② 1800rpm
③ 2229rpm ④ 3516rpm

해설 $N = \dfrac{1000V}{\pi D} = \dfrac{1000 \times 280}{\pi \times 40} = 2229.2(\text{rpm})$이나 주축 최고회전수가 지령되어 1800rpm으로 회전을 한다.

46 CNC 선반에서 나사절삭 시 나사 바이트가 시작점이 동일한 점에서 시작되도록 하여 주는 기구를 무엇이라고 하는가?
① 엔코더(encoder) ② 위치 검출기(position coder)
③ 리졸버(resolver) ④ 볼 스크루(ball screw)

해설 위 문제에서 설명은 위치 검출기이며, 위치 검출기(position coder)는 주축 뒤쪽 서보 모터에 부착되어 있으며, 미 부착 시 나사 가공이 불가능하다.

47 컴퓨터 통합 생산(CIMS) 방식의 특징으로 틀린 것은?
① Life cycle time이 긴 경우에 유리하다.
② 품질의 균일성을 향상시킨다.
③ 재고를 줄임으로써 비용이 절감된다.
④ 생산과 경영관리를 효율적으로 하여 제품비용을 낮출 수 있다.

해설 ①에서 Life cycle time이 짧은 경우에 유리하다.

48 다음 중 휴지기능의 시간설정 어드레스만으로 바르게 구성된 것은?
① P, Q, K ② G, Q, U
③ A, P, Q ④ P, U, X

해설 P는 소수점을 사용할 수 없고, U와 X는 소수점 지령으로 한다.

[정답] 44. ④ 45. ②
46. ② 47. ①
48. ④

49 CNC 공작기계는 프로그램의 오류가 생기면 충돌 사고를 유발한다. 프로그램의 오류를 검사하는 방법으로 적절하지 않은 것은?

① 수동으로 프로그램을 검사하는 방법
② 프로그램 조작기를 이용한 모의 가공 방법
③ 드라이 런 기능을 이용하여 모의 가공하는 방법
④ 자동 가공 기능을 이용하여 가공 중 검사하는 방법

해설 자동운전은 기계 가공할 때만 사용하는 기능으로 프로그램 오류를 검사할 수 없다.

50 기계 설비의 산업재해 예방 중 가장 바람직한 것은?

① 위험 상태의 제거
② 위험 상태의 삭감
③ 위험에의 적응
④ 보호구의 착용

해설 기계 설비의 산업재해 예방 중 가장 바람직한 것은 위험 상태의 제거이다.

51 다음 도면에서 M40×1.5로 나타낸 부분을 CNC 프로그램할 때 [ ] 속에 알맞은 것은?

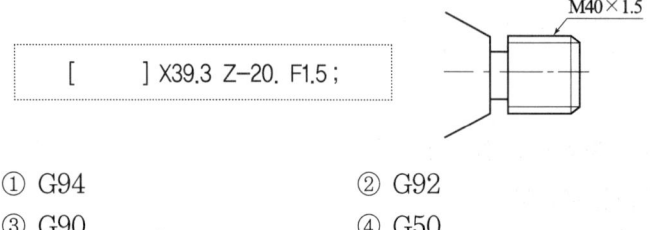

① G94
② G92
③ G90
④ G50

해설
① G92 : 단순나사 고정 Cycle 가공
② G72 : 복합나사 고정 Cycle 가공

52 선삭 인서트 팁의 규격이 다음과 같을 때 날 끝의 반지름(nose R)은 얼마인가?

DNMG120408

① 0.12mm
② 1.2mm
③ 0.4mm
④ 0.8mm

[정답] 49. ④ 50. ①
51. ② 52. ④

해설
- D(인서트 형상)
- M(공차)
- 12(인서트 길이 내접원 직경)
- 08(노즈 반지름)
- N(주절인 여유각)
- G(단면형상)
- 04(인선 높이)

53 마이크로미터는 어떤 측정 방식에 속하는가?
① 영위법
② 진위법
③ 회의법
④ 진행법

해설 **영위법** : 기준량을 준비하여 측정량에 평행시켜 계측기의 지시가 0 위치를 나타낼 때의 크기로부터 측정량의 크기를 간접으로 아는 방식
[예] 마이크로미터, 휘스톤 브리지, 전위차계 등
[특징] 0 위치로부터 불 평형을 검출하여 기준량에 피드백시켜 평행이 되도록 기준량의 크기를 조정하는 것

54 다음 중 아베의 원리에 맞는 것은?
① 버니어 캘리퍼스
② 옵티컬 플렛
③ 측장기
④ 하이트 게이지

55 곧은자의 좌측에 스퀘어 헤드가 있고, 우측에는 센터 헤드가 있으며, 2면이 이루는 각도 측정 및 부품의 중심을 내는 금긋기에 사용하는 각도 게이지는 어느 것인가?
① 콤비네이션 세트
② 베벨 각도기
③ 광학식 클리노미터
④ 광학식 각도기

해설 콤비네이션 세트는 곧은자의 좌측에 스퀘어 헤드가 있고, 우측에는 센터 헤드가 있으며, 높이 측정에 사용하거나 중심을 내는 데 사용한 각도 게이지이다.

56 다음 중 다이얼 게이지에 의한 진원도 측정 방법이 아닌 것은?
① 촉침법
② 3점법
③ 직경법
④ 반경법

해설 진원도 측정에는 직경법, 3점법, 반경법이 있다.

57 CNC 선반에서 나사의 호칭 지름이 30mm이고, 피치가 2mm인 3줄 나사를 가공할 때의 이송량(F값)으로 옳은 것은?
① 2.0
② 3.0
③ 4.0
④ 6.0

해설 피치가 2mm×3줄 나사=6.0

정답 53.① 54.③ 55.① 56.① 57.④

58 다음 중 다이얼 게이지를 이용한 측정에 적합하지 않은 것은?

① 평행도의 측정
② 진원도의 측정
③ 평면도의 측정
④ 나사산의 각도 측정

해설 다이얼 게이지는 길이의 비교측정에 사용되며 평면이나 원통형의 평활도, 원통의 진원도, 축의 흔들림 정도 등의 검사나 측정에 쓰이고 시계형, 부채꼴 형 등이 있다.

59 길이 측정 시 오차를 최소로 줄이기 위해서 [표준자와 피측정물은 동일 축선상에 위치하여야 한다]는 원리는?

① 아베의 원리
② 테일러의 원리
③ 요한슨의 원리
④ NPL식 원리

해설 아베의 원리는 표준자와 피측정물은 동일 축선상에 위치하여야 한다.

60 다음 중 나사의 유효지름 측정 방법에 해당하지 않는 것은?

① 나사 마이크로미터에 의한 유효지름 측정 방법
② 삼침법에 의한 유효지름 측정 방법
③ 공구현미경에 의한 유효지름 측정 방법
④ 사인 바에 의한 유효지름 측정 방법

해설 **유효지름의 측정**
① 삼침법 : 나사 게이지 등과 같이 정밀도가 높은 나사의 유효지름 측정에 3침법(3선법)이 쓰이며, 지름이 같은 3개의 핀 게이지를 나사산의 골에 끼운 상태에서 바깥지름을 마이크로미터 등으로 측정하여 계산하며, 유효지름을 측정하는 가장 정밀한 방법이다.
② 나사 마이크로미터에 의한 방법 : 엔빌 측에 V홈 측정자를 스핀들 측에 원뿔형 측정자를 사용하여 유효지름 값을 직접 읽을 수 있다.
③ 광학적인 방법 : 투영기, 공구현미경 등의 광학적 측정기에서 나사축 선과 직각으로 움직이는 전후 이동 마이크로미터 헤드의 읽음 값으로 구할 수 있다.

정답 58. ④ 59. ①
60. ④

01. 표준 성분이 Cu 4%, Ni 2%, Mg 1.5%, 나머지가 알루미늄인 내열용 알루미늄 합금의 한 종류로서 열간 단조 및 압출가공이 쉬워 단조품 및 피스톤에 이용되는 것은?

① Y합금
② 하이드로날륨
③ 두랄루민
④ 알클래드

해설 Y합금
표준 성분이 Cu 4%, Ni 2%, Mg 1.5%, 나머지가 알루미늄인 내열용 알루미늄 합금의 한 종류로서 열간 단조 및 압출가공이 쉬워 단조품 및 피스톤에 이용된다.

02. 공구용으로 사용되는 비금속 재료로 초내열성 재료, 내마멸성 및 내열성이 높은 세라믹과 강한 금속의 분말을 배열 소결하여 만든 것은?

① 다이아몬드
② 서멧
③ 석영
④ 고속도강

해설 서멧
Al_2O_3 분말 70%에 초내열성 재료, 내마멸성 및 내열성이 높은 세라믹과 강한 금속의 분말을 배열 소결하여 제작하며 초경합금에 비해 고속절삭이 가능하고 마모가 적으며 공구 수명이 길고 고속, 저속 등 절삭의 속도 범위가 적다.

03. 순철의 개략적인 비중과 용융온도를 각각 나타낸 것은?

① 8.96, 1083℃
② 7.87, 1538℃
③ 8.85, 1455℃
④ 19.26, 3410℃

해설 순철의 물리적 성질은 비중(7.87), 용융점(1,538℃), 열전도율(0.18), 인장강도(118~137MPa)이다.

04. 강의 표면 경화법에서 화학적 방법이 아닌 것은?

① 침탄법
② 질화법
③ 침탄 질화법
④ 고주파 경화법

해설 고주파 경화법
고주파 전류를 이용하여 일정한 두께의 표면만을 가열한 후 급랭시켜 표면층만을 담금질하는 분사 냉각의 물리적 방법으로 기어 또는 복잡한 모양의 부품들을 부분적으로 담금질할 수 있으며, 주로 대량생산에 많이 쓰인다.

정답 01. ① 02. ② 03. ② 04. ④

05. 알루미나(Al₂O₃)를 주성분으로 하여 거의 결합재를 사용하지 않고 소결한 공구로서 고속도 및 고온절삭에 사용되는 공구강은?

① 다이아몬드 공구
② 세라믹 공구
③ 스텔라이트 공구
④ 초경합금 공구

해설 세라믹 합금
① 산화알루미늄(Al₂O₃) 가루분말에 규소 및 마그네슘 등의 산화물이나 다른 산화물의 첨가물을 넣고 소결한 것
② 고속절삭, 고온에서 경도가 높고, 내마멸성이 좋다.
③ 경질합금보다 인성이 적고 취성이 있어 충격 및 진동에 약하다.

06. 구리에 대한 설명 중 옳지 않은 것은?

① 전연성이 좋아 가공이 쉽다.
② 화학적 저항력이 작아 부식이 잘 된다.
③ 전기 및 열의 전도성이 우수하다.
④ 광택이 아름답고 귀금속적 성질이 우수하다.

해설 구리의 성질 : 비중이 8.9 정도이며, 용융점이 1083°C 정도이며 구리는 철과 같은 동소변태가 없고 재결정 온도는 약 200°C 정도이다. 또 상온 중 크리프 현상이 일어나고 내식성이 강해 부식이 안 된다.

07. 탄소 2~2.6%, 규소 1.1~1.6% 범위의 것으로 백주철을 열처리로에 넣어 가열해서 탈탄 또는 흑연화 방법으로 제조한 주철은?

① 칠드주철
② 가단주철
③ 합금주철
④ 회주철

해설 가단주철 : 탄소 2~2.6%, 규소 1.1~1.6% 범위의 것으로 주철의 취약성을 개량하기 위해서 백주철을 열처리로에 넣어 가열해서 탈탄 또는 흑연화 방법으로 제조하기 쉽고 강인성을 부여시킨 주철이다.

08. 볼트 너트의 풀림 방지 방법 중 틀린 것은?

① 로크 너트에 의한 방법
② 스프링 와셔에 의한 방법
③ 플라스틱 플러그에 의한 방법
④ 아이 볼트에 의한 방법

정답 05. ② 06. ②
      07. ② 08. ④

해설 나사의 풀림 방지법
① 와셔를 사용하는 방법 ② 로크 너트를 사용하는 방법
③ 자동죔 너트에 의한 방법 ④ 플라스틱 플러그에 의한 방법
⑤ 핀, 작은나사, 멈춤나사에 의한 방법

09 볼나사에 대한 설명으로 틀린 것은?

① 자동체결이 자유롭다.
② 백래시를 적게 할 수 있다.
③ 나사의 효율이 90% 이상이다.
④ 금속과 금속의 마찰작용에 의한 구름접촉을 이용한다.

해설 볼나사(Ball screw)는 자동체결이 곤란하다.

10 두 축이 같은 평면 내에 있으면서 그 중심선이 어느 각도로 교차하고 있을 때 사용하는 축 이음으로 자동차, 공작기계 등에 사용되는 것은?

① 플렉시블 커플링 ② 플런지 커플링
③ 유니버설 커플링 ④ 셀러 커플링

해설 유니버설 커플링 : 두 축이 같은 평면 내에 있으면서 그 중심선이 어느 각도로 교차하고 있을 때 사용하는 축 이음으로 자동차, 공작기계 등에 사용된다.

11 키의 전단응력이 35N/mm²이고, 키의 유효 길이가 40mm, 축과 보스의 경계면에 작용하고 접선력은 3000N일 때 키의 너비는 약 몇 mm인가?

① 1.6mm ② 1.8mm
③ 2.2mm ④ 2.8mm

해설
$\tau = \dfrac{W}{bl}$

$b = \dfrac{W}{l\tau} = \dfrac{3000}{40 \times 35} = 2.14\text{mm}$

12 기어의 원주 피치를 구할 때 필요 없는 요소는?

① 원주율(π) ② 지름 피치
③ 잇수 ④ 피치원의 지름

해설 원주 피치(p)

$p = \dfrac{\pi \times D(\text{피치원의 지름})}{Z(\text{잇수})} = \pi m$

답안 표기란

09	①	②	③	④
10	①	②	③	④
11	①	②	③	④
12	①	②	③	④

정답 09. ① 10. ③
11. ③ 12. ②

13 소선의 지름 8mm, 스프링의 지름 80mm인 압축코일 스프링에서 하중이 200N 작용하였을 때 처짐이 10mm가 되었다. 이때 스프링상수(K)는 몇 N/mm인가?

① 5
② 10
③ 15
④ 20

해설 $K = \dfrac{w(하중)}{\delta(처짐)} = \dfrac{200}{10} = 20$

14 엔드 저널에서 지름 40mm의 전동축을 받치고 있는 베어링의 압력은 5N/mm²이고 저널 길이를 100mm라고 할 때 베어링의 하중은 몇 kN인가?

① 15kN
② 20kN
③ 25kN
④ 30kN

해설 $q = \dfrac{W}{dl}$
$W = qdl = 5 \times 40 \times 100 = 20000\text{N} = 20\text{kN}$

15 원통 마찰차의 접선력을 F(kgf), 원주속도를 v(m/s)라 할 때, 전달동력 H(kW)를 구하는 식은? (단, 마찰계수는 μ이다.)

① $H = \dfrac{\mu F v}{102}$
② $H = \dfrac{F v}{102\mu}$
③ $H = \dfrac{\mu F v}{75}$
④ $H = \dfrac{F v}{75\mu}$

해설 원통 마찰차의 전달동력
$H = \dfrac{\mu F v}{102}$

16 KS 재료기호에서 용접 구조용 압연강재의 기호는?

① SPPS 380
② SM 570
③ STC 140
④ SC 360

해설
① SPS1~SPS6 : 스프링강재
② SM400A~SM570 : 용접구조용 압연강재
③ STC1~STC7 : 탄소공구강재
④ SC360~SC480 : 탄소 주강품

정답 13. ④ 14. ②
     15. ① 16. ②

17 사용자에게 물품의 구조, 기능, 성능 등을 설명하기 위한 도면으로 주로 카탈로그에 사용하는 도면은?

① 조립도 ② 설명도
③ 승인도 ④ 주문도

해설
① **조립도** : 2개 이상의 부품이나 부분 조립품을 조립한 상태에서 조립에 필요한 치수 등을 나타낸 도면으로 도면 내에 부품란을 포함하는 것과 별도의 부품표를 갖는 것이 있다.
② **설명도** : 사용자에게 물품의 구조·기능·성능 등을 설명하기 위한 도면으로 주로 카탈로그에 사용한다.
③ **승인도** : 주문자 또는 기타 관계자의 승인을 얻은 도면이다.
④ **주문도** : 주문하는 사람이 주문하는 물건의 크기, 형태, 정밀도, 정보 등의 주문 내용을 나타낸 도면으로 주문서에 첨부한다.

18 끼워맞춤 기호의 치수 기입에 관한 것이다. 바르게 기입된 것은?

① 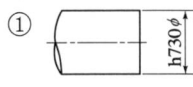 ②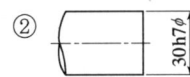

③  ④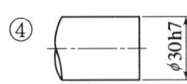

해설 단면이 원형일 때, 지름의 기호를 치수 수치의 앞에 치수숫자와 같은 크기로 기입하여 표시하며 공차 기호는 치수 뒤에 표시한다.

19 기하 공차 기호에서 자세 공차에 해당하는 것은?

① ⌀ ② ⊕
③ // ④ ↗

해설

자세 공차	//	평행도 공차
	⊥	직각도 공차
	∠	경사도 공차
위치 공차	⊕	위치도 공차
	◎	동축도 또는 동심도 공차
	═	대칭도 공차

20 다음 동력원의 기호 중 공압을 나타내는 것은?

① ▷ ② ▶
③ Ⓜ━ ④ Ⓜ═

해설 ① 공기압원, ② 유압원, ③ 전동기, ④ 원동기를 나타내는 기호이다.

정답 17. ② 18. ④ 19. ③ 20. ①

04회 CBT 모의고사

21 치수보조 기호로 사용되는 "C"에 대한 설명으로 맞는 것은?

① 45° 모떼기 치수의 치수 수치 앞에 붙인다.
② 이론적으로 정확한 치수를 의미한다.
③ 각의 꼭지점에서 가로, 세로 길이가 서로 다를 때에도 사용한다.
④ 참고 치수임을 의미한다.

해설

45°의 모따기	C	C3
원호의 길이	⌒	⌒40
참고 치수	( )	(50)
이론적으로 정확한 치수	□	40

22 대칭형인 대상물을 외형도의 절반과 온단면도의 절반을 조합하여 표시한 단면도는?

① 계단 단면도   ② 한쪽 단면도
③ 부분 단면도   ④ 회전 단면도

해설
① **계단 단면도** : 1개의 물체에 있어서 동일 평면상에 없는 2개 이상인 부분의 단면을 나타내고자 하는 경우 하나의 그림에 필요한 단면을 한 번에 나타낼 수 있다.
② **한쪽 단면도** : 대칭형인 대상물을 외형도의 절반과 온단면도의 절반을 조합하여 표시한 단면도이다.
③ **부분 단면도** : 외형도에서 필요로 하는 일부분만을 도시할 수 있다.
④ **회전 단면도** : 핸들이나 바퀴 등의 암 및 림, 리브, 훅, 축, 구조물의 부재 등의 절단면은 90° 회전하여 표시하여도 좋다.

23 표면 거칠기의 지시 기호 중 가공에 의한 줄무늬 방향이 지시된 것은?

①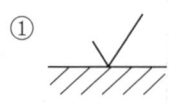
②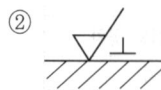
③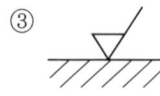
④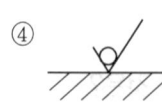

해설 ①, ③, ④는 표면 거칠기의 기호 및 가공 방법이며 ②는 줄무늬 방향을 지시하는 것으로 기호를 면의 지시 기호의 오른쪽에 부기한다.

정답 21. ① 22. ② 23. ②

24 다음 중 밀링머신의 부속장치가 아닌 것은?
① 아버
② 회전 테이블 장치
③ 수직축 장치
④ 왕복대

해설 왕복대는 선반의 주요부분에 해당한다.

25 다음 도면에서 (A)의 치수값은 얼마인가?

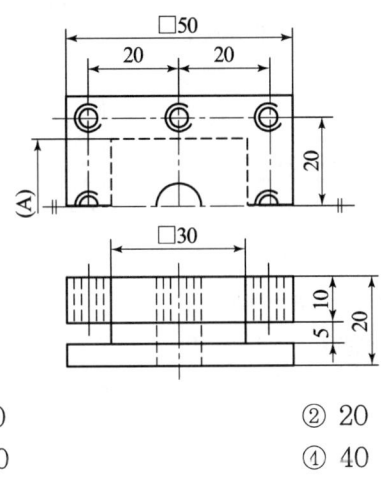

① 10 ② 20
③ 30 ④ 40

해설 (A)의 치수값은 □30을 의미한다.

26 그림과 같은 V-벨트 풀리의 호칭 지름(피치원 지름) 값은?

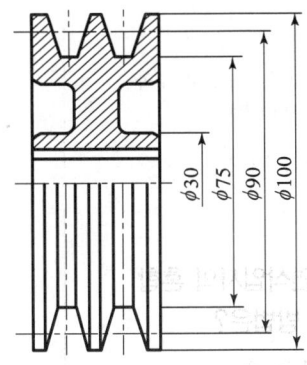

① ∅30 ② ∅75
③ ∅90 ④ ∅100

해설 풀리의 호칭 지름(피치원 지름) 값은 위 그림에서 ∅90이 해당한다.

정답 24. ④ 25. ③
      26. ③

27. 완전윤활 또는 후막윤활이라고 하며, 슬라이딩 면이 유막에 의해 완전히 분리되어 균형을 이루게 되는 윤활 방법은?

① 경계 윤활　　　② 유체 윤활
③ 극압 윤활　　　④ 고체 윤활

해설 유체 윤활
완전윤활 또는 후막윤활이라고 하며, 슬라이딩 면이 유막에 의해 완전히 분리되어 균형을 이루게 되는 윤활 방법이다.

28. 3차원 측정기를 이용한 측정의 사용효과로 거리가 먼 것은?

① 피 측정물의 설치 변경에 따른 시간이 절약된다.
② 보조 측정기구가 거의 필요하지 않다.
③ 측정점의 데이터는 컴퓨터에 의해 처리가 신속 정확하다.
④ 단순한 부품의 길이 측정으로 생산성이 향상된다.

해설 3차원 측정기는 복잡한 부품측정에 효과적이다.

29. 축을 가공한 후 일정한 치수 내에 들어있는지를 검사하고자 한다. 가장 적당한 게이지는?

① 스냅 게이지　　　② 플러그 게이지
③ 테보 게이지　　　④ 센터 게이지

해설 축용 한계 게이지
축의 최대 허용치수를 기준으로 한 측정 단면이 있는 부분을 통과 측이라 하고, 축의 최소 허용치수를 기준으로 한 측정 단면이 있는 부분을 정지 측이라 한다.
① 링 게이지(ring gauge)
② 스냅 게이지(snap gauge)

30. 다음 특수가공법 중 가공물 표면에 공작액과 미세 연삭입자의 혼합물을 고속으로 분사하여 매끈한 다듬질 면을 얻는 방법은?

① 액체 호닝(liquid honing)　　② 버니싱(burnishing)
③ 버핑(buffing)　　　　　　　④ 숏 피닝(shot peening)

해설 액체 호닝
가공물 표면에 공작액과 미세 연삭입자의 혼합물을 고속으로 분사하여 매끈한 다듬질 면을 얻는다.

정답 27. ②　28. ④　29. ①　30. ①

31 일반적으로 줄(file)의 재질은 어떤 것을 사용하는가?
① 탄소 공구강
② 고속도강
③ 다이스강
④ 초경질 합금

> **해설** 줄(file)의 재질은 탄소 공구강(STC)이다.

32 밀링머신에서 일반적으로 평면을 절삭할 때 주로 사용하는 공구가 아닌 것은?
① 정면커터
② 엔드밀
③ 메탈 쏘
④ 셸 엔드밀

> **해설** 메탈 쏘는 절단과 홈 파기용이다.

33 절삭 공구의 절삭면과 평행한 여유면에 가공물의 마찰에 의해 발생하는 마모는?
① 크레이터 마모
② 플랭크 마모
③ 온도 파손
④ 치핑

> **해설**
> ① **크레이터 마모** : 절삭 공구의 경사면에 칩이 슬라이드(side)할 때 마찰력에 의하여 오목하게 파진 모양의 형태이다.
> ② **플랭크 마모** : 절삭 공구의 여유면과 절삭면과의 마찰에 의해서 절삭면에 평행하게 마모되는 형태이며, 주철과 같이 분밀싱 칩이 생길 때 주로 발생한다.
> ③ **온도 파손** : 절삭 공구와 경도와 강도는 절삭온도에 따라 변화한다. 절삭속도가 증가하며 절삭온도가 상승하고 마모가 증가한다. 마모가 증가하면 절삭 공구가 약해져 파손이 된다.
> ④ **치핑** : 공구인선의 일부가 파괴되어 탈락하는 것으로 단속절삭, 공작기계의 진동, 절삭 시 급랭 등으로 공구인선에 crack이 생기고 선단의 일부가 결손되는 현상이다.

34 원통연삭에서 바깥지름 연삭방식에 해당하지 않는 것은?
① 유성형
② 플런지 컷형
③ 숫돌대 왕복형
④ 테이블 왕복형

> **해설** **유성형(플레너터리 ; planetary type)** : 내경 연삭기로 공작물은 정지, 숫돌축이 회전 연삭 운동과 동시에 공전운동을 하는 방식으로 공작물의 형상이 복잡하거나, 대형이어서 회전시킬 수 없을 때 사용한다.

35 밀링 절삭조건을 맞추는 데 고려할 사항이 아닌 것은?
① 밀링의 성능
② 커터의 재질
③ 공작물의 재질
④ 고정구의 크기

> **해설** 밀링 절삭조건에서 절삭속도, 이송, 절삭 깊이는 가공 능률과 생산성 향상에 영향이 있으므로 기계의 성능, 밀링 커터와 공작물이 재질 및 가공면의 정밀도 등을 고려하여 결정되어야 한다. 고정구의 크기는 관계가 없다.

[정답] 31. ① 32. ③ 33. ② 34. ① 35. ④

04회 CBT 모의고사

36 다수의 절삭날을 일직선 상에 배치한 공구를 사용해서 공작물 구멍의 내면이나 표면을 여러 가지 모양으로 절삭하는 공작기계로 적당한 것은?

① 브로칭 머신
② 슈퍼 피니싱
③ 호빙 머신
④ 슬로터

해설 브로칭 머신 : 다수의 절삭날을 일직선 상에 배치한 공구를 사용해서 공작물 구멍의 내면이나 표면을 여러 가지 모양으로 절삭하는 공작기계이다.

37 공작기계의 구비조건이 아닌 것은?

① 높은 정밀도를 가질 것
② 가공능력이 클 것
③ 내구력이 작을 것
④ 고장이 적고, 기계 효율이 좋을 것

해설 공작기계는 내구력이 커야 한다.

38 다음과 같은 숫돌바퀴의 표시에서 숫돌 입자의 종류와 결합도를 표시한 것은?

WA 60 K M V

① WA, 60
② WA, K
③ M, 60
④ M, V

해설 WA(입자), 60(입도), K(결합도), M(조직), V(결합제)

39 저탄소 강재를 선반에서 가공할 때 절삭저항 3분력 중 가장 큰 것은?

① 주분력
② 배분력
③ 이송분력
④ 횡분력

해설 절삭저항의 분력
절삭저항 = 주분력(P1) 10 〉 배분력(P3)(2-4) 〉 이송분력(P2)(1-2)
① 주분력(P1 : Principal Culting Force) : 절삭 방향으로 작용하는 분력
② 이송분력(P2 : Feed Force) : 이송 방향(평행)으로 작용하는 분력
③ 배분력(P3 : Radial Force) : 공구의 축 방향으로 작용하는 분력

정답 36. ① 37. ③ 38. ② 39. ①

40 CNC 공작기계가 자동 운전 도중에 갑자기 멈추었을 때의 조치사항으로 잘못된 것은?

① 비상 정지 버튼을 누른 후 원인을 찾는다.
② 프로그램의 이상 유무를 하나씩 확인하며 원인을 찾는다.
③ 강제로 모터를 구동시켜 프로그램을 실행시킨다.
④ 화면상의 경보(alarm) 내용을 확인한 후 원인을 찾는다.

해설 자동 운전 도중에 갑자기 멈추었을 때는 알람을 확인하고 원인을 파악 후 전문가에게 의뢰한다.

41 CNC 공작기계를 사용하여 제품을 생산할 때 경제성이 가장 좋은 경우는?

① 부품형상이 복잡하고 다품종 소량생산인 경우
② 부품형상이 복잡하고 다품종 대량생산인 경우
③ 부품형상이 단순하고 단품종 소량생산인 경우
④ 부품형상이 단순하고 단품종 대량생산인 경우

해설 CNC 공작기계는 부품형상이 복잡하고 다품종 소량생산인 경우 경제성이 가장 좋다.

42 CNC의 서보 기구 형식이 아닌 것은?

① 개방형(Open loop system)
② 반개방형(Semi-open loop system)
③ 폐쇄형(Closed loop system)
④ 반폐쇄형(Semi-closed loop system)

해설 서보 기구의 종류
① 개방회로(open loop system) : 피드백 장치가 없고 정밀도가 낮아 NC에서 거의 사용하지 않는 방식이다.
② 폐쇄회로(closed loop system) : 기계의 테이블로부터 위치 검출을 행하여 피드백을 행하는 방식이다..
③ 반폐쇄회로(semi closed loop system) : 위치 검출하여 지령한 펄스와 비교하여 그 편차량을 보정해주는 시스템으로 CNC 공작기계에서 가장 널리 사용된다.
④ 하이브리드 서보 방식(hybrid servo system) : 폐쇄회로와 반폐쇄회로의 장점을 살린 시스템으로 고강성 정밀도가 높은 NC 공작기계에 사용된다.

43 다음 머시닝센터 프로그램에서 F200 이 의미하는 것은?

G94 G91 G01 X100. F200 ;

① 0.2mm/rev
② 200mm/rev
③ 200mm/min
④ 200m/min

해설 F : 이송속도 200mm/min

정답 40. ③ 41. ① 42. ② 43. ③

44 다음과 같은 CNC 선반 프로그램의 설명으로 틀린 것은?

```
N31 G90 X50. Z-100. R10. F0.2 ;
M32      X54. ;
```

① G90은 내·외경 절삭 사이클이다.
② 테이퍼 절삭을 한다.
③ N32 블록에서도 사이클이 계속된다.
④ 외경(바깥지름) 절삭 작업을 하는 프로그램이다.

해설 안·바깥지름 절삭 사이클(G90) : 단일 고정 사이클
G90 X(U)___ Z(W)___ R___ F___ ; (테이퍼 절삭)
여기서, X(U)___ Z(W)___ : 절삭의 끝점 좌표
R___ : 테이퍼의 경우 절삭의 끝점과 절삭의 시작점의 상대 좌푯값, 반지름 지령
F : 이송속도

45 밀링 가공할 때 유의해야 할 사항으로 틀린 것은?

① 기계를 사용하기 전에 윤활 부분에 적당량의 윤활유를 주입한다.
② 측정기 및 공구를 작업자가 쉽게 찾을 수 있도록 밀링머신 테이블 위에 올려놓아야 한다.
③ 밀링 칩은 예리하므로 직접 손을 대지 말고 청소용 솔 등으로 제거한다.
④ 정면 커터로 가공할 때는 칩이 작업자의 반대쪽으로 날아가도록 공작물을 이송한다.

해설 테이블 위에 측정기나 공구류를 올려놓지 않으며, 절삭 공구나 공작물을 설치할 때 시동 레버가 접촉되기 쉬우므로 전원을 끄고 작업한다.

46 CNC 지령 중 기계 원점복귀 후 중간 경유점을 거쳐 지정된 위치로 이동하는 준비 기능은?

① G27   ② G28
③ G29   ④ G32

해설 ① G27 : 원점복귀 점검
② G28 : 자동 원점복귀
③ G29 : 원점으로부터 자동복귀
④ G30 : 제2의 원점복귀

정답 44. ④ 45. ②
      46. ③

47 CNC 공작기계 가공에서 유의사항으로 틀린 것은?

① 소숫점 입력 여부를 확인한다.
② 좌표계 설정이 맞는가 확인한다.
③ 보안경을 착용한다.
④ 작업복을 착용하지 않아도 된다.

해설 작업복은 반드시 착용한다.

48 정확한 거리의 이동이나 공구 보정 시에 사용되며 현 위치가 좌표계의 기준이 되는 좌표계는?

① 상대 좌표계
② 기계 좌표계
③ 공작물 좌표계
④ 기계 원점 좌표계

해설 상대 좌표계
정확한 거리의 이동이나 공구 보정 시에 사용되며 현 위치가 좌표계의 기준이 되는 좌표계이다.

49 CNC 프로그램에서 보조기능에 대한 설명 중 맞는 것은?

① M05는 주축의 정회전을 의미한다.
② M03은 주축의 역회전을 의미한다.
③ M02는 프로그램의 시작을 의미한다.
④ M00은 프로그램의 정지를 의미한다.

해설

M00	Program Stop
M02	Program End
M03	주축 정회전(CW)
M04	주축 역회전(CCW)
M05	주축 정지

50 다음 중 CAD/CAM 시스템의 출력장치로 볼 수 없는 것은?

① 모니터
② 라이트 펜
③ 프린터
④ 플로터

해설 라이트 펜은 입력장치이다.

정답 47. ④ 48. ①
     49. ④ 50. ②

51 머시닝센터 프로그램에서 그림의 A(15,5)에서 B(5,15)로 가공할 때의 프로그램으로 바르지 못한 내용은?

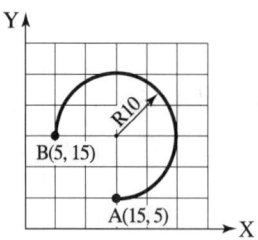

① G90 G03 X5. Y15. J-10. ;
② G90 G03 X5. Y15. R-10. ;
③ G91 G03 X-10. Y10. J10. ;
④ G91 G03 X-10. Y10. R-10. ;

해설 그림의 A(15,5)에서 B(5,15)로 가공할 때의 프로그램 : G90 G03 X5. Y15. J-10. ;

52 머시닝센터에서 그림과 같이 1번 공구를 기준공구로 하고 G43을 이용하여 길이보정을 하였을 때 옳은 것은?

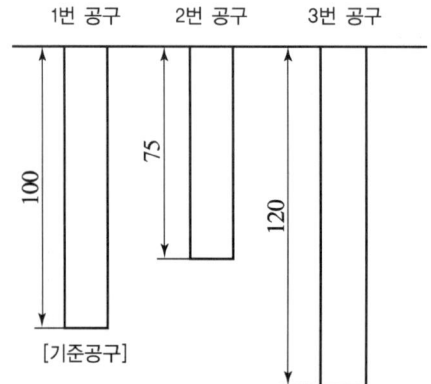

① 2번 공구의 길이 보정값은 75이다.
② 2번 공구의 길이 보정값은 -25이다.
③ 3번 공구의 길이 보정값은 120이다.
④ 3번 공구의 길이 보정값은 -45이다.

해설 G43을 이용할 경우 2번 공구의 길이 보정값은 -25이고, 3번 공구의 길이 보정값은 20이다.

정답 51. ① 52. ②

53 측정기로 가공물을 측정할 때 발생할 수 있는 측정 오차가 아닌 것은?

① 측정기의 오차
② 시차
③ 우연 오차
④ 편차

해설 측정 오차
① 측정기 자체에 의한 오차(기기 오차) : 측정기의 구조상의 오차가 발생되거나, 측정기 0점 조정 및 교정의 잘못으로 인하여 발생되는 오차로서, 정확하게 교정하여 사용함으로써 오차를 줄일 수 있다.
② 시차 : 측정자의 부주의 즉, 읽음에 있어서 시선의 방향에 따라 생기는 오차이다.
③ 우연 오차 : 측정기, 측정물 및 환경 등의 원인을 파악할 수 없어 측정자가 보정할 수 없는 오차이다. 이럴 경우에는 여러 번 반복 측정하여 그 평균값을 구하는 것이 좋다.

54 그림과 같이 M10 탭 가공을 위한 프로그램을 완성시키고자 한다. ( ) 속에 차례로 들어갈 값으로 옳은 것은? (단, M10 탭의 피치는 1.5)

```
N10 G90 G92 X0. Y0. Z100. ;
N20 (   ) M03 ;
N30 G00 G43 H01 Z30. ;
N40 G90 G99 (   ) X20. Y 30.
       Z-25. R10. F450 ;
N50 G91 X30. ;
N60 G00 G49 G80 Z300. M05 ;
N70 M0.2 ;
```

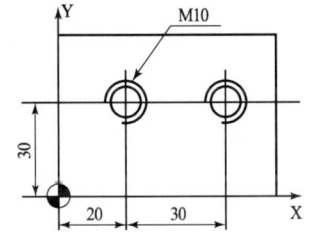

① S200, G74
② S300, G84
③ S400, G85
④ S500, G76

해설 이송속도(F450)=피치 1.5×회전수(S300)
G84 : 탭핑 사이클
G74 : 역탭핑 사이클(왼나사)
G85 : 보링 사이클(리머)
G76 : 정밀보링 사이클

55 밀링의 상향 절삭으로 맞는 것은?

① 커터의 회전 방향과 공작물의 이송 방향이 같다.
② 커터의 회전 방향과 공작물의 이송 방향이 직각이다.
③ 커터의 회전 방향과 공작물의 이송 방향이 45°이다.
④ 커터의 회전 방향과 공작물의 이송 방향이 반대이다.

해설 상향 절삭은 밀링 커터의 회전 방향과 반대 방향으로 공작물을 이송하는 경우이고, 하향 절삭은 밀링 커터의 회전 방향과 공작물의 이송 방향이 같은 방향인 경우이다.

정답 53. ④ 54. ② 55. ④

56. 엔드밀에 대한 설명 중 맞는 것은?

① 일반적으로 넓은 면, T 홈을 가공할 때 사용한다.
② 지름이 작은 경우에는 날과 자루가 분리된 것을 사용한다.
③ 거친 절삭에는 볼 엔드밀, R 가공에는 라프 엔드밀을 사용한다.
④ 엔드밀의 재질은 주로 고속도강이나 초경합금을 사용한다.

해설 엔드밀의 재질은 주로 고속도강이나 초경합금을 사용하며 일반적으로 가공물의 외측 홈 부 좁은 평면 등의 가공한다.

57. 정면 밀링 커터와 엔드밀을 사용하여 평면 가공, 홈 가공 등을 하는 작업에 가장 적합한 밀링머신은?

① 공구 밀링머신
② 특수 밀링머신
③ 수직 밀링머신
④ 모방 밀링머신

해설
① **공구 밀링머신**: 지그(jig), 게이지(gauge), 다이(die) 등의 공구류를 가공한다.
② **특수 밀링머신**: 나사를 전용으로 가공하는 나사 밀링머신, 키이 홈 밀링머신, 조각 밀링머신, 공구 밀링머신, 탁상 밀링머신 등이 있다.
③ **수직 밀링머신**: 정면 밀링 커터와 엔드밀을 사용하여 평면 가공, 홈 가공 등을 하는 작업에 가장 적합하다.
④ **모방 밀링머신**: 모방 장치를 이용하여 단조, 프레스, 주조용 금형 등의 복잡한 형상의 공작물을 가공한다.

58. 머시닝센터 프로그램에서 XY 평면 지령을 위한 G 코드는?

① G17
② G18
③ G19
④ G20

해설
① **G17** : XY 평면 지정
② **G18** : ZY 평면 지정
③ **G19** : YZ 평면 지정

59. CAD/CAM 작업의 흐름을 바르게 나타낸 것은?

① 파트 프로그램 → 포스트 프로세싱 → CL 데이터 → DNC 가공
② 파트 프로그램 → CL 데이터 → 포스트 프로세싱 → DNC 가공
③ 포스트 프로세싱 → CL 데이터 → 파트 프로그램 → DNC 가공
④ 포스트 프로세싱 → 파트 프로그램 → CL 데이터 → DNC 가공

정답 56. ④ 57. ③ 58. ① 59. ②

> **해설** CAD/CAM 작업의 흐름
> 파트 프로그램 → CL 데이터 → 포스트 프로세싱 → DNC 가공

60 마이크로미터에서 0점 오차가 약 ±0.01mm 이내일 때 조정 방법은?
① 슬리브
② 딤블
③ 링 게이지
④ 게이지 블록

> **해설** ① 0점 오차가 약 ±0.01mm 이내일 때(슬리브에 의한 0점 조정)
> ② 0점 오차가 약 ±0.01mm 이상일 때(딤블에 의한 0점 조정)

정답 60. ①

01. 델타메탈(delta metal)의 성분으로 올바른 것은?

① 6 : 4 황동에 철을 1~2% 첨가
② 7 : 3 황동에 주석을 1% 내외 첨가
③ 6 : 4 황동에 망간을 1~2% 첨가
④ 7 : 3 황동에 니켈을 10~20% 내외 첨가

해설 특수황동
① 애드미럴티황동 : 7-3 황동에 1% Sn 첨가
② 네이벌황동 : 6-4 황동에 0.75% Sn 첨가
③ 델타메탈 : 6-4 황동에 1~2% Fe 첨가
④ 두라나메탈(durana metal) : 7-3 황동에 2% Fe, 그리고 소량의 Sn, Al 첨가
⑤ 양은, 양백 : 7-3 황동에 10~20% Ni 첨가

02. 열처리 방법 및 목적이 잘못된 것은?

① 노멀라이징 – 소재를 일정 온도에 가열 후 공냉시켜 표준화한다.
② 풀림 – 재질을 단단하고 균일하게 한다.
③ 담금질 – 급냉시켜 재질을 경화시킨다.
④ 뜨임 – 담금질된 것에 인성(toughness)을 부여한다.

해설 풀림 – 단단한 재질을 연하게 한다.

03. 흑연 구상화 처리 후 용탕 상태로 방치하면 구상화 효과가 소멸하는 현상은?

① 페이딩   ② 패턴팅
③ 바우싱거   ④ 전위

해설 페이딩 : 흑연 구상화 처리 후 용탕 상태로 방치하면 구상화 효과가 소멸하는 현상이다.

04. 주철의 성질을 설명한 것으로 틀린 것은?

① 주조성이 우수하여 복잡한 것도 제작할 수 있다.
② 인장강도와 충격치가 작아서 단조하기 쉽다.
③ 비교적 절삭 가공이 쉽다.
④ 주물표면은 단단하고, 녹이 잘 슬지 않는다.

정답 01. ① 02. ②
03. ① 04. ②

해설 주철의 단점
① 인장강도, 휨 강도가 작고 충격에 대해 약하다.
② 충격값, 연신율이 작고 취성이 크다.
③ 소성가공(고온가공)이 불가능하다.
④ 단조, 담금질, 뜨임이 불가능하다.

05 금속 중 항공기 계통에 가장 많이 사용하는 금속은 어느 것인가?
① 고속도강
② 두랄루민
③ 스테인리스강
④ 인청동

해설 두랄루민은 Al-Cu-Mg-Mn의 합금으로 시효경화 처리한 대표적인 합금으로 항공기 계통에 가장 많이 사용한다.

06 청동에 탈산제인 P을 0.05~0.5% 정도 첨가하여 용탕의 유동성을 좋게 하고 합금의 경도, 강도가 증가하며 또 내마멸성과 탄성을 개선시킨 것은?
① 연 청동
② 인 청동
③ 알루미늄 청동
④ 주석 청동

해설 특수청동
① 인 청동
청동에 탈산제인 P을 0.05~0.5% 정도 첨가하여 용탕의 유동성을 좋게 하고 합금의 경도, 강도가 증가하며 또 내마멸성과 탄성을 개선시킨 것으로 내식성, 내마모성이 요구되는 밸브, 베어링, 선박용품, 고급 스프링 재료로 사용된다.
② 연 청동
청동에 3.0~26% Pb를 첨가한 것으로, 그 조직 중에 Pb이 거의 고용되지 않고 입계에 점재하여 윤활성이 좋아지므로 베어링, 패킹재료 등에 널리 쓰인다.
③ Al 청동
8-12%의 Al을 첨가하여 강도, 경도, 인성, 내마모성, 내식성, 내피로성이 황동, 청동보다 좋지만, 주조성, 가공성, 용접성이 나쁘다.
④ 규소 청동
Cu에 탈탄을 목적으로 Si를 첨가한 청동으로 4.7% Si까지 Cu 중에 고용되어 인장강도를 증가시키고 내식성, 내열성을 좋게 한다.

07 황동의 가공재를 상온에서 방치하거나 저온 풀림 경화시킨 스프링재가 사용도중 시간의 경과에 따라 경도 등 스프링 특성을 잃는 현상을 무엇이라고 하는가?
① 탈아연부식
② 인공균열
③ 경년변화
④ 고온탈아연

해설 경년변화
황동의 가공재를 상온에서 방치하거나 저온 풀림 경화시킨 스프링재가 사용도중 시간의 경과에 따라 경도 등 스프링 특성을 잃는 현상이다.

[정답] 05. ② 06. ② 07. ③

08 2줄 웜이 잇수 30개의 웜 기어와 물릴 때의 속도비는?

① 1/10
② 1/15
③ 1/45
④ 1/30

해설 $i = \dfrac{Z_n}{Z} = \dfrac{2}{30} = \dfrac{1}{15}$

09 다음 스프링의 스프링 상수가 각각 5kgf/mm, 10kgf/mm일 때 스프링 상수는?

① 1.5kgf/mm
② 15kgf/mm
③ 3.33kgf/mm
④ 33.3kgf/mm

해설 직렬 방식의 스프링 상수 $= \dfrac{1}{\dfrac{1}{5} + \dfrac{1}{10}} = 3.33 \, kgf/mm$

10 포아송의 비(Poisson's ratio)에 대한 설명으로 맞는 것은?

① 재료에 압축하중과 인장하중이 작용할 때 생기는 가로변형률과 세로변형률의 비
② 재료에 전단하중과 인장하중이 작용할 때 생기는 가로변형률과 세로변형률의 비
③ 재료의 비례한도 내에서 응력과 변형률의 비
④ 재료의 탄성한도 내에서 응력과 변형률의 비

해설 포아송 의 비
$\dfrac{1}{m} = \dfrac{가로변형률}{세로변형률} = \dfrac{\varepsilon'}{\varepsilon} = \dfrac{\delta l}{\lambda d}$

여기서, $\dfrac{1}{m}$의 역수 m은 포아송의 수이며 포아송의 비는 재료에 압축하중과 인장하중이 작용할 때 생기는 가로변형률과 세로변형률의 비이다.

11 너트의 풀림 방지법이 아닌 것은?

① 턴 버클에 의한 방법
② 자동 쥠너트에 의한 방법
③ 분할 핀에 의한 방법
④ 로크 너트에 의한 방법

정답 08. ② 09. ③ 10. ① 11. ①

해설 너트의 풀림 방지법
① 스프링와셔를 사용하는 방법
② 홈붙이너트, 로크 너트를 사용하는 방법
③ 캡 너트, 자동 죔너트에 의한 방법
④ 분할 핀, 작은 나사, 멈춤 나사에 의한 방법
⑤ 철사에 의한 방법
⑥ 플라스틱 플러그에 의한 방법

12 둥근 축 또는 원뿔 축과 보스의 둘레에 같은 간격으로 가공된 나사산 모양을 갖는 수많은 작은 삼각형의 스플라인은?

① 코터   ② 반달키
③ 묻힘키   ④ 세레이션

해설 세레이션
둥근 축 또는 원뿔 축과 보스의 둘레에 같은 간격으로 가공된 나사산 모양을 갖는 수많은 작은 삼각형의 스플라인이다.

13 베어링 호칭번호가 6205인 레이디얼 볼 베어링의 안지름은?

① 5mm   ② 25mm
③ 62mm   ④ 205mm

해설 안지름 05×5=25mm

14 축 방향에 큰 하중을 받아 운동을 전달하는데 적합하도록 나사산을 사각모양으로 만들었으며 하중의 방향이 일정하지 않고, 교번하중을 받는 곳에 사용하기에 적합한 나사는?

① 볼나사   ② 사각나사
③ 톱니나사   ④ 너클나사

해설 사각나사
축 방향에 큰 하중을 받아 운동을 전달하는 데 적합하도록 나사산을 사각 모양으로 만들었으며 하중의 방향이 일정하지 않고, 교번하중을 받는 곳에 사용한다.

15 강선을 나사 모양으로 2중, 3중 감아 만든 축으로써 자유로이 휠 수 있는 축은?

① 직선 축   ② 테이퍼 축
③ 크랭크 축   ④ 플렉시블 축

해설 플렉시블 축
강선을 나사 모양으로 2중, 3중 감아 만든 축으로써 자유로이 휠 수 있는 축이다.

정답 12. ④ 13. ② 14. ② 15. ④

16 다음 중 연삭 가공을 나타내는 약호는?

① L
② D
③ M
④ G

해설 L(선반), D(드릴), M(밀링), G(연삭)

17 기계가공 도면에 치수 50±0.2로 표시되어 있는 경우의 해독이 틀린 것은?

① 기준 치수는 50mm이다.
② 치수 공차는 0.4mm이다.
③ 49.8~50.2mm 이내로 가공해야 한다.
④ 가공 후의 치수가 50.15mm이면 불합격품이다.

해설 가공 후의 치수가 49.8~50.2mm 이내이면 합격품이다.

18 다음 기하 공차 중에서 데이텀이 필요 없는 것은?

① ⊥
② ∠
③ //
④ ▱

해설 모양공차는 데이텀이 필요 없다.

모양 공차	―	진직도 공차
	▱	평면도 공차
	○	진원도 공차
	⌀	원통도 공차
	⌒	선의 윤곽도 공차
	⌓	면의 윤곽도 공차

19 투상선이 투상면에 대하여 63° 26′인 경사를 갖는 사투상도로 3개의 축 중 Y축 및 Z축에서는 실제 길이를 나타내고, X축에서는 보통 실제 길이의 1/2를 나타내는 투상도는?

① 캐비닛도
② 카발리에도
③ 2등각 투상도
④ 투시 투상도

[정답] 16. ④ 17. ④
18. ④ 19. ①

해설 사투상도

① 카발리에도
   - 투상선이 투상면에 대하여 45°인 경사를 가진 사투상도
   - 3축 모두 실제의 길이를 나타낸다.
   - X축을 수평축에 45°기울여 그린다.
② 사 투상도
   - 투상선이 투상면에 대하여 30°인 경사를 가진 사투상도
③ 캐비닛도
   - 투상선이 투상면에 대하여 63° 26′인 경사를 가진 사투상도
   - 3축 중 Y, Z 축은 실제 길이를 나타내므로 정면도는 실제 크기이다.
   - X축은 보통 크기의 1/2을 나타낸다.

20 물체의 일부분의 생략 또는 단면의 경계를 나타내는 선으로 불규칙한 파형의 가는 실선의 명칭은?

① 파단선 ② 지시선
③ 가상선 ④ 절단선

해설
① **파단선** : 물체의 일부분의 생략 또는 단면의 경계를 나타내는 선으로 불규칙한 파형의 가는 실선
② **지시선** : 기술, 기호 등을 표시하기 위하여 끌어내는 데 사용의 가는 실선
③ **가상선** : 가공 전 또는 가공 후의 형상을 표시, 되풀이 하는 것을 표시 등의 가는 2점 쇄선
④ **절단선** : 단면도를 그리는 경우 그 절단 위치를 대응하는 도면에 표시하는 데 사용의 가는 1점 쇄선

21 "50±0.01" 공차 표시에서 아래 치수허용차는 얼마인가?

① 50   ② 49.99
③ 0.02   ④ −0.01

해설
- 아래 치수허용차 : −0.01
- 위 치수허용차 : 0.01
- 치수 공차 : 0.02

22 그림과 같이 축에 가공되어 있는 키 홈의 형상을 투상한 투상도의 명칭으로 가장 적합한 것은?

① 회전 투상도
② 국부 투상도
③ 부분 확대도
④ 대칭 투상도

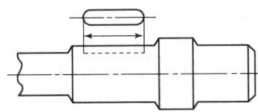

해설
① **회전 투상도** : 투상면이 어느 각도를 가지고 있기 때문에 그 물체의 실제 모형을 표시하지 못할 때에는 그 부분을 회전해서 물체의 실제 모형을 도시할 수 있다.
② **국부 투상도** : 물체의 구멍이나 홈 등의 한 국부만의 모양을 도시하는 것으로 충분한 경우에는 필요한 부분을 국부투상도로 나타낸다.
③ **부분 확대도** : 그림의 일부를 도시하는 것으로 충분한 경우에는 필요한 부분만 투상도로서 나타낸다.

[정답] 20. ① 21. ④ 22. ②

23 나사의 도시법 중 측면에서 본 그림 및 그 단면도에서 보이는 상태에서 나사의 골 밑(골지름)은 어떤 선으로 도시하는가?

① 굵은 실선
② 가는 2점 쇄선
③ 가는 실선
④ 가는 1점 쇄선

해설 수나사와 암나사의 골을 표시하는 선은 가는 실선으로 그린다.

24 끼워맞춤에서 최대 틈새를 구하는 식으로 옳은 것은?

① 축의 최대 허용 치수 – 구멍의 최소 허용 치수
② 구멍의 최소 허용 치수 – 축의 최대 허용 치수
③ 구멍의 최대 허용 치수 – 축의 최소 허용 치수
④ 축의 최대 허용 치수 – 구멍의 최대 허용 치수

해설

틈새	최소 틈새	구멍의 최소 허용 치수 – 축의 최대 허용 치수
	최대 틈새	구멍의 최대 허용 치수 – 축의 최소 허용 치수
죔새	최소 죔새	축의 최소 허용 치수 – 구멍의 최대 허용 치수
	최대 죔새	축의 최대 허용 치수 – 구멍의 최소 허용 치수

25 그림의 도면은 제3각법으로 그려진 평면도와 우측면도이다. 누락된 정면도로 가장 적합한 것은?

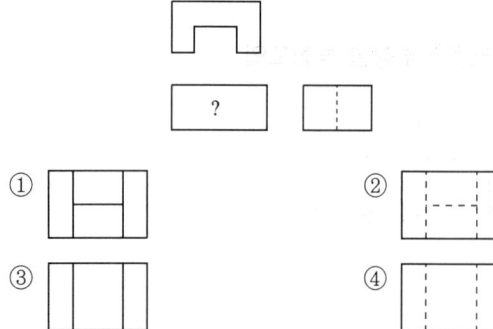

해설 위 그림에서 누락된 정면도는 ③항이다.

정답 23. ③ 24. ③ 25. ③

26 주조된 구멍이나 이미 뚫은 구멍을 필요한 크기나 정밀한 크기로 넓히는 작업을 무엇이라고 하는가?
① 보링 ② 스폿 페이싱
③ 태핑 ④ 카운터 보링

 보링 : 이미 뚫은 구멍을 정밀하게 넓히는 작업

27 연삭숫돌의 구성 3요소에 해당하지 않는 것은?
① 입자 ② 결합제
③ 기공 ④ 크기

해설 연삭숫돌의 구성 3요소
① 입자(절삭날)
② 결합제(절삭날 지지)
③ 기공(칩의 저장, 배출)

28 밀링 작업에서 절삭속도 90m/min, 커터의 날 수 12, 커터의 지름 80mm, 1날당 이송을 0.2mm로 하면 테이블의 1분간 이송량은 약 몇 mm/min인가?
① 72   ② 358
③ 860   ④ 950

해설
$N = \dfrac{1000 V}{\pi d} = \dfrac{1000 \times 90}{\pi \times 80} = 358.1 \, \mathrm{rpm}$
$f = f_z \cdot Z \cdot N = 0.2 \times 12 \times 358 = 859.44 \, \mathrm{mm/min}$

29 마이크로미터에서 측정압을 일정하게 하기 위한 장치는?
① 스핀들 ② 프레임
③ 딤블   ④ 래칫스톱

해설 래칫스톱 : 마이크로미터에서 측정압을 일정하게 하기 위한 장치이다.

30 불수용성 절삭 유제 중 광물성 절삭유가 아닌 것은?
① 스핀들유 ② 경유
③ 라드유   ④ 등유

해설 라드유는 식물성 절삭유이다.

답안 표기란				
26	①	②	③	④
27	①	②	③	④
28	①	②	③	④
29	①	②	③	④
30	①	②	③	④

정답 26.① 27.④ 28.③ 29.④ 30.③

31 공작기계를 가공 능률에 따라 분류할 때 전용공작기계에 해당하는 것은?

① 가공하려는 공작물이 소량인 경우에는 능률적이지만, 동일 부품의 대량생산에는 적당하지 않다.
② 특정한 모양이나 같은 치수의 제품을 대량생산하는 데 적합하도록 만든 공작기계이다.
③ 단순한 기능의 공작기계로서, 한 가지의 가공만을 할 수 있는 기계를 말한다.
④ 여러 가지 작업을 작업 순서대로 할 수 있지만, 대량생산 체제에서는 적합하지 않다.

해설 전용공작기계
특정한 모양, 치수의 제품을 양산하기에 적합하도록 만든 공작기계이며, 사용 범위에는 좁고, 소량생산에는 적합하지 않는 공작기계이다.

32 일반적으로 요구되는 절삭 공구의 조건으로 틀린 것은?

① 가공 재료보다 경도가 클 것
② 인성과 내마모성이 작을 것
③ 고온에서도 경도를 유지할 것
④ 성형성이 좋을 것

해설 절삭 공구는 인성과 내마모성이 커야 한다.

33 M10×1.0의 탭(tap)의 가공 시 드릴 구멍의 직경으로 적당한 것은?

① ∅7.0　　② ∅9.0
③ ∅10　　④ ∅11

해설 탭(tap)의 가공 시 드릴 구멍의 직경은 10−1.0=9mm이다.

34 밀링 가공 시 발생하는 떨림(chattering)에 관한 설명으로 틀린 것은?

① 가공면을 거칠게 한다.　② 커터의 수명을 단축시킨다.
③ 생산능률을 저하시킨다.　④ 가공면이 광택이 난다.

해설 밀링 가공 시 발생하는 떨림(chattering)이 발생하면 가공면이 회전 무늬가 생긴다.

정답　31. ②　32. ②
　　　33. ②　34. ④

35 밀링 커터, 엔드밀, 드릴 등의 공구를 높은 정밀도로 연삭하는데 가장 적합한 연삭기는?

① 평면 연삭기
② 외경 연삭기
③ 센터리스 연삭기
④ 만능 공구 연삭기

해설 **만능 공구 연삭기**
밀링 커터, 엔드밀, 드릴 등의 공구를 높은 정밀도로 연삭하는 데 사용된다.

36 공작물을 가공액이 담긴 탱크 속에 넣고 가공할 모양과 같게 만든 공구인 전극봉을 이용하여 공작물을 양극으로 하고 공구를 음극으로 하여 가공하는 것은?

① 방전 가공
② 초음파 가공
③ 레이저 가공
④ 화학적 가공

해설
① **방전 가공** : 방전 현상을 인공적으로 설정하여 그 에너지를 이용하는 가공 방법으로 공작물을 가공액이 담긴 탱크 속에 넣고 가공할 모양과 같게 만든 공구인 전극봉을 이용하여 공작물을 양극으로 하고 공구를 음극으로 하여 가공한다.
② **초음파 가공** : 전기적 에너지를 기계적 에너지로 변화시키며 초음파, 주파수의 진동을 주고 공작물과 공구 사이에 연삭입자와 연삭액을 넣고 펌프로 순환시켜 입자와 공작물에 대한 충돌로 인한 다듬질 가공을 한다.
③ **레이저 가공** : 렌즈, 반사경 등으로 한곳에 모아 빛의 흡수로 인해 국부적, 순간적으로 가열로 증발, 용해되어 가공한다.
④ **화학적 가공** : 기계적, 전기적 방법으로는 가공할 수 없는 재류를 부식이나 용해 등의 화학 반으로 금속과 비금속 공작물 표면을 복잡한 여러 가지 형상으로 파내거나 잘라내며, 깨끗이 다듬는 가공 방법이다.

37 구성인선의 방지대책이 아닌 것은?

① 절삭 깊이를 적게 할 것
② 경사각을 작게 할 것
③ 절삭속도를 크게 할 것
④ 절삭 공구의 인선을 예리하게 할 것

해설 구성인선의 방지대책은 경사각을 크게 한다.

38 다음 중 나사의 피치를 측정할 수 있는 것은?

① 탄젠트 바
② 게이지 블록
③ 공구 현미경
④ 서피스 게이지

해설 **공구 현미경**
가장 많이 사용되고 있는 측정기의 하나로 현미경에 의해 확대 관측하여 제품의 길이, 각도, 형상, 윤곽을 측정하는 측정기이다. 용도는 각종 정밀부품의 측정, 공작용 치공구류의 측정, 각종 게이지의 측정, 특히 나사 게이지, 나사의 피치 측정 등 다방면에 사용되고 있다.

정답 35. ④ 36. ①
37. ② 38. ③

39. 주축의 회전 운동을 직선 왕복 운동으로 변화시키고, 바이트를 사용하여 가공물의 안지름에 키(key) 홈, 스플라인(spline), 세레이션(serration) 등을 가공할 수 있는 밀링 부속 장치는?

① 분할대
② 수직 밀링 장치
③ 슬로팅 장치
④ 랙크 절삭 장치

해설 슬로팅 장치
주축의 회전 운동을 직선 왕복 운동으로 변화시키고, 바이트를 사용하여 가공물의 안지름에 키(key) 홈, 스플라인(spline), 세레이션(serration) 등을 가공할 수 있는 밀링 부속 장치이다.

40. CNC 공작기계에서 피드백 장치의 유무와 검출 위치에 따라 서보 기구 형식이 아닌 것은?

① 반폐쇄회로 제어방식
② 개방회로 제어방식
③ 하이브리드회로 제어방식
④ 다이오드회로 제어방식

해설 서보 기구의 종류
① 반폐쇄회로 : 위치 검출을 서보모터에서 행하기 때문에 정밀도가 폐쇄회로 방식에 비하여 조금 떨어지기는 하나 정밀도가 높은 볼 스크루(Ball Screw)를 이용하여 정밀도의 문제가 거의 해결되므로 대부분의 NC 공작기계에서 널리 사용
② 개방회로 : 속도검출기와 위치검출기가 부착되어 있지 않은 방식으로 스탭핑 모터에서 지령한 펄스가 직접 전달되는 제어로 감지기에서 위치를 검출하여 비교하는 장치가 없는 방식
③ 하이브리드회로 : 반폐쇄회로의 움직인 결과에 오차가 있으면 그 오차 값을 폐쇄회로 방식으로 검출하여 보정을 행하는 방식
④ 폐쇄회로 : NC 공작기계의 테이블에서 이동량을 직접 검출하여 제어하는 방식으로 정밀도가 높아 고정밀도의 공작기계나 대형 공작기계에 많이 사용

41. 다음 밀링 작업의 안전 및 유의사항 중 틀린 것은?

① 기계를 사용하기 전에 윤활 부분에 적당량의 윤활유를 주입한다.
② 측정기 및 공구 등을 밀링머신 테이블 위에 올려놓고 가공한다.
③ 밀링 칩은 예리하여 위험하므로 손을 대지 말고 청소 솔 등으로 제거한다.
④ 정면 커터로 평면을 가공할 때 칩이 작업자 반대쪽으로 날아가도록 공작물을 이송시킨다.

해설 측정기 및 공구 등을 밀링머신 테이블 위에 올려놓고 가공하지 않는다.

정답 39. ③ 40. ④ 41. ②

42 막대를 수직이나 수평으로 움직여서 포인터를 이동시키는 장치로 컴퓨터 게임의 시뮬레이터에 많이 사용하는 CAD/CAM 시스템의 입력장치는?

① 키보드   ② 조이스틱
③ 스캐너   ④ 디지타이저

해설 조이스틱
막대를 수직이나 수평으로 움직여서 포인터를 이동시키는 장치로 컴퓨터 게임의 시뮬레이터에 많이 사용한다.

43 CNC 기계 운전 시 안전에 관한 사항 중 틀린 것은?

① 전원 공급은 공급 순서에 의한다.
② 충돌 사고에 유의하여 좌표계 설정을 확인한다.
③ 그래픽 기능으로 공구 경로를 확인한다.
④ 기능을 알지 못하는 버튼은 눌러서 알아본다.

해설 기능을 알지 못하는 버튼은 매뉴얼이나 도움말을 통해서 알아본다.

44 머시닝센터에서 M5×0.8의 탭을 이용하여 암나사를 가공할 때 이송속도 F(mm/min)는? (단, 주축회전수는 300rpm이다.)

① 400   ② 300
③ 240   ④ 180

해설 탭 사이클의 이송속도 : 회전수×피치=300×0.8=240

45 다음 그림에서 시작점에서 종점까지 각 경로(A~D)를 따라 가공하는 머시닝센터 프로그램으로 틀린 것은?

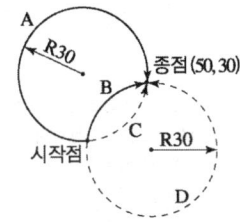

① A → G90 G02 X50. Y30. R30. F80 ;
② B → G90 G02 X50. Y30. R30. F80 ;
③ C → G90 G03 X50. Y30. R30. F80 ;
④ D → G90 G03 X50. Y30. R-30. F80 ;

해설 180° 이상의 원호는 -R 지령, 180° 이하의 원호는 R지령 이므로 그림에서
A → G90 G02 X50. Y30. R-30. F80 ; 이다.

정답 42. ② 43. ④ 44. ③ 45. ①

46 다음은 머시닝센터 프로그램의 일부를 나타낸 것이다. ( ) 안에 알맞은 것은?

```
G90 G92 X0. Y0. Z100. ;
( ① ) 1500 M03 ;
G00 Z3. ;
G42 X25.0 Y20. ( ② )07 M08 ;
G01 Z-10. ( ③ )50 ;
X90. F160 ;
( ④ ) X110. Y40. R20. ;
X75. Y89.749 R50. ;
G01 X30. Y55. ;
Y18. ;
G00 Z100. M09 ;
```

① F, M, S, G02
② S, D, F, G01
③ S, H, F, G00
④ S, D, F, G03

해설
(S) 1500 M03 ;
G42 X25.0 Y20. (D)07 M08 ;
G01 Z-10. (F)50 ;
(G03) X110. Y40. R20. ;

47 CNC 공작기계의 여러가지 동작을 위한 각종 모터를 제어하며 주로 ON/OFF 기능을 수행하는 기능으로 옳은 것은?

① 주축기능
② 준비기능
③ 보조기능
④ 공구기능

해설 보조기능
프로그램 작성 시 주로 제어하거나 보조장치들의 스위치를 On/Off 역할을 하며 어드레스(Address) M에 연속되는 2행의 숫자에 의해 지령한다. M 코드는 한 블록에 1개씩만 유효하며, 2개 이상 지령하면 마지막에 지령한 M 기능이 유효하다.

48 CAD/CAM에서 경로 간 간격에 의하여 형성되는 공구의 흔적으로 공구 경로 사이 간격에 의해 생기는 조개껍질 형상의 최고점과 최저점의 높이차는?

① 피치(pitch)
② 커습(cusp)
③ 블랜딩(blending)
④ 피드(feed)

정답 46. ④ 47. ③ 48. ②

> **해설** 커습(cusp)
> 경로 간 간격에 의하여 형성되는 공구의 흔적으로 공구 경로 사이 간격에 의해 생기는 조개껍질 형상의 최고점과 최저점의 높이차

49 머시닝센터 프로그램에서 공구 지름 보정에 관한 설명 중 맞는 것은?

① 일반적으로 공구의 지름만큼 보정한다.
② 공구의 진행 방향을 기준으로 오른쪽 보정은 G41을 사용한다.
③ 공구를 교환하기 전에 공구 지름 보정을 취소해야 한다.
④ 공구 지름 보정 취소에는 G42를 사용한다.

> **해설** 공구경 보정(G40, G41, G42)
> ① 일반적으로 공구의 반경만큼 보정한다.
> ② 공구의 진행 방향을 기준으로 오른쪽 보정은 G42를 사용한다.
> ③ 공구를 교환하기 전에 공구 지름 보정을 취소해야 한다.
> ④ 공구 지름 보정 취소에는 G40를 사용한다.

50 ∅44 드릴 가공에서 절삭 속도 150m/min, 이송 0.08mm/rev일 때, 회전수와 이송 속도(feed rate)는?

① 1085rpm, 86.8mm/min
② 320rpm, 3.52mm/min
③ 200rpm, 3.41mm/min
④ 170rpm, 34.1mm/min

> **해설** $n = \dfrac{1000v}{\pi d} = \dfrac{1000 \times 150}{\pi \times 44} = 1085 \text{rpm}$
> 이송속도 = 회전수 × 이송 = 1085 × 0.08 = 86.8mm/min

51 도면을 보고 프로그램을 작성할 때 절대 좌표계의 기준이 되는 점으로서 프로그램 원점 또는 공작물 원점이라고도 하는 좌표계는?

① 기계 좌표계
② 공작물 좌표계
③ 상대 좌표계
④ 공구보정 좌표계

> **해설** 공작물 좌표계
> 도면을 보고 프로그램을 작성할 때 절대 좌표계의 기준이 되는 점으로서 프로그램 원점 또는 공작물 원점이라고도 한다.

52 CNC 공작기계에서 전원 투입 후 기계운전의 안전을 위하여 일반적으로 첫 번째로 하는 조작은?

① 기계 원점복귀
② 공구 보정값 설정
③ 공구 교환
④ 공작물 좌표계 설정

> **해설** CNC 공작기계에서 전원 투입 후 일반적으로 첫 번째로 하는 조작은 기계 원점복귀이다.

[정답] 49. ③ 50. ① 51. ② 52. ①

53 밀링 작업에서 떨림(chattering)이 발생할 경우 나타나는 현상으로 틀린 것은?

① 공작물의 가공면을 거칠게 한다.
② 공구 수명을 단축시킨다.
③ 생산 능률을 저하시킨다.
④ 치수 정밀도를 향상시킨다.

해설 밀링 작업에서 떨림(chattering)이 발생할 경우 치수 정밀도가 떨어진다.

54 부품 측정의 일반적인 사항을 설명한 것으로 틀린 것은?

① 제품의 평면도는 정반과 다이얼 게이지나 다이얼 테스트 인디케이터를 이용하여 측정할 수 있다.
② 제품의 진원도는 V블록 위나 또는 양 센터 사이에 설치한 후 회전시켜 다이얼 테스트 인디케이터를 이용하여 측정할 수 있다.
③ 3차원 측정기는 몸체 및 스케일, 측정침, 구동장치, 컴퓨터 등으로 구성되어 있다.
④ 우연 오차는 측정기의 구조, 측정압력, 측정온도 등에 의하여 생기는 오차이다.

해설 우연 오차는 측정기, 측정물 및 환경 등의 원인을 파악할 수 없어 측정자가 보정할 수 없는 오차로 측정하는 과정에서 우발적으로 발생하는 오차를 말하며, 발생 원인으로는 측정자의 심리적 변화, 측정기의 성능, 필연적이나 우발적으로 발생된다.

55 머시닝센터에서 공구지름 보정 취소와 공구길이 보정 취소를 의미하는 준비기능으로 맞는 것은?

① G40, G49
② G41, G49
③ G40, G43
④ G41, G80

해설
• G40 : 공구지름 보정 취소
• G49 : 공구길이 보정 취소
• G41 : 공구지름 보정 좌측
• G42 : 공구지름 보정 우측
• G80 : 드릴 사이클 취소

56 머시닝센터에서 원호 보간 시 사용되는 I, J의 의미로 올바른 것은?

① I는 Y축 보간에 사용된다.
② J는 X축 보간에 사용된다.

[정답] 53. ④ 54. ④
       55. ① 56. ④

③ 원호의 시작점에서 원호 끝점까지의 벡터 값이다.
④ 원호의 시작점에서 원호 중심까지의 벡터 값이다.

해설 I, J의 의미 : 원호의 시작점에서 원호 중심까지의 벡터 값이다.

57 머시닝센터에서 M10×1.5의 탭 가공을 위하여 주축 회전수를 200rpm으로 지령할 경우 탭 사이클의 이송속도로 맞는 것은?
① F300
② F250
③ F200
④ F150

해설 탭 사이클의 이송속도는 회전수×피치=200×1.5=300

58 CAD/CAM 시스템에서 입력장치로 볼 수 없는 것은?
① 키보드(keyboard)
② 스캐너(scanner)
③ CRT 디스플레이
④ 3차원 측정기

해설 CRT 디스플레이는 출력장치이다.

59 버니어 캘리퍼스의 0점을 설정하는 방법으로 틀린 것은?
① 조의 상태기 양호한지 0점에 위치하도록 밀착해서 밝은 빛에서 서로 다른 조 사이로 고르게 미세한 빛이 들어오는지 확인한다.
② 깊이 바의 무딘 상태와 휨의 발생은 없는지 확인한다.
③ 슬라이드를 이송했을 때 빡빡하도록 조정한다.
④ 0점에서 눈금 정확도를 확인한다.

해설 슬라이드를 이송했을 때 지나치게 헐겁거나 빡빡한 느낌은 없는지 확인한다.

60 우연 오차는 측정 횟수가 매우 많아지면 다음과 같은 특성이 나타난다. 틀린 것은?
① 작은 오차는 큰 오차보다 많이 나온다.
② 같은 크기의 음(-), 양(+)의 오차는 다르게 나온다.
③ 매우 큰 오차는 나오지 않는다.
④ 측정값에는 산포가 따르는 것이 보통이다.

해설 같은 크기의 음(-), 양(+)의 오차는 같은 횟수로 나온다.

정답 57. ① 58. ③ 59. ③ 60. ②

06회 CBT 모의고사

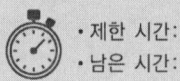

01 일반적인 풀림 방법의 종류에 해당하지 않는 것은?
① 완전 풀림
② 응력 제거 풀림
③ 수지상 풀림
④ 구상화 풀림

해설 일반적인 풀림 방법
완전 풀림, 연화 풀림, 응력 제거 풀림, 구상화 풀림, 항온 풀림, 재결정 풀림, 확산 풀림이 있다.

02 보통 주철(회주철)의 성분 중 탄소(C) 다음으로 함유하고 있는 원서로 주철조직에 가장 많은 영향을 주는 것은?
① 황
② 규소
③ 망간
④ 인

해설 주철에 미치는 원소의 영향
① 탄소(C) : 주철에 가장 큰 영향을 미치며, 탄소함유량이 적으면 백선화 된다. 반대로 증가하면 용융점이 저해되고 주조성이 좋아진다.
② 규소(Si) : 탄소(C) 다음으로 함유하고 있고 주철의 질을 연하게 하고 냉각 시 수축을 적게 한다. 규소가 많으면 공정점이 저탄소강 쪽으로 이동하며, 흑연화를 촉진시킨다.
③ 망간(Mn) : 적당한 양의 망간은 강인성과 내열성을 크게 한다.
④ 인(P) : 쇳물의 유동성을 좋게 하고, 주물의 수축을 적게 하나 너무 많으면 단단해지고 균열이 생기기 쉽다.
⑤ 황(S) : 쇳물의 유동성을 나쁘게 하며 기공이 생기기 쉽고 수축률이 증가한다.

03 심랭처리(subzero cooling treatment)를 하는 주목적은?
① 시효에 의한 치수 변화를 방지한다.
② 조직을 안정하게 하여 취성을 높인다.
③ 마르텐사이트를 오스테나이트화하여 경도를 높인다.
④ 오스테나이트를 잔류하도록 한다.

해설 심랭처리의 주목적은 시효에 의한 치수 변화를 방지하며
① 공구강의 경도 증대 및 성능이 향상되고 강을 강인하게 만든다.
② 게이지 등 정밀기계부품의 조직을 안정화시키고, 형상 및 치수의 변형을 방지한다.
③ 스테인리스강에서의 기계적 성질을 개선시킨다.

04 다음 7-3 황동에 대한 설명으로 맞는 것은?
① 구리 70%, 주석 30%의 합금이다.
② 구리 70%, 아연 30%의 합금이다.

정답 01. ③ 02. ② 03. ① 04. ②

③ 구리 70%, 니켈 30%의 합금이다.
④ 구리 70%, 규소 30%의 합금이다.

해설 7-3 황동 : 구리 70%, 아연 30%의 합금이다.

05 주철은 고온에서 가열과 냉각을 반복하면 부피가 붙고 변형이나 균열이 일어나 주철의 강도나 수명을 저하시키게 되는데 이러한 현상을 무엇이라 하는가?
① 주철의 자연 시효
② 주철의 자기 풀림
③ 주철의 성장
④ 주철의 시효 경화

해설 주철의 성장 : 주철은 고온에서 가열과 냉각을 반복하면 부피가 붙고 변형이나 균열이 일어나 주철의 강도나 수명을 저하시키게 되는 현상을 말한다.
〈주철의 성장원인〉
① 펄라이트 조직 중의 Fe_3C 분해에 따른 흑연화에 의한 팽창
② 페라이트 조직 중의 규소의 산화에 의한 팽창
③ A_1 변태의 반복 과정에서 오는 체적 변화에 따른 미세한 균열이 형성되어 생기는 팽창
④ 흡수된 가스에 의한 팽창
⑤ 불균일한 가열로 생기는 균열에 의한 팽창
⑥ 시멘타이트의 흑연화에 의한 팽창

06 전기저항체, 밸브, 콕크, 광학기계 부품 등에 사용되는 7 : 3 황동에 7~30% Ni을 첨가하여 Ag 대용으로 쓰이는 것은?
① 켈멧합금
② 양은 또는 양백
③ 델타메탈
④ 애드미럴티 황동

해설 양은 또는 양백 : 전기저항체, 밸브, 콕크, 광학기계 부품 등에 사용되는 7 : 3 황동에 7~30% Ni을 첨가하여 전기저항이 높고, 내열, 내식성이 우수하며 은(Ag) 대용으로 쓰인다.

07 다음 중 고강도 Al 합금으로 Al-Cu-Mg-Mn의 합금은?
① 두랄루민
② 라우탈
③ 실루민
④ Y합금

해설 두랄루민 : 고강도 Al 합금으로 Al-Cu-Mg-Mn의 합금으로 시효경화 처리한 대표적인 합금. 이외에도 인장강도 186MPa 이상의 초두랄루민이 있다.

08 나사의 리드가 피치의 2배이면 몇 줄 나사인가?
① 1줄 나사
② 2줄 나사
③ 3줄 나사
④ 4줄 나사

해설 나사 리드(lead) : 나사산이 원통을 한 바퀴 회전하여 축 방향으로 나아가는 거리 리드와 피치 사이의 관계 $l = np$
따라서 나사의 리드가 피치의 2배이면 2줄 나사이다.

정답 05. ③ 06. ②
07. ① 08. ②

09 레이디얼 엔드 저널 베어링에서 저널의 지름이 d(mm)이고 레이디얼 하중이 W(N)일 때, 저널의 길이 l(mm)을 구하는 식으로 옳은 것은? (단, 베어링 압력은 p(N/mm²)이다.)

① $l = \dfrac{pd}{2W}$ ② $l = \dfrac{pd}{W}$

③ $l = \dfrac{2W}{pd}$ ④ $l = \dfrac{W}{pd}$

해설 레이디얼 엔드 저널 베어링에서 저널의 길이를 구하는 식
$l = \dfrac{W}{pd}$

10 스프링 상수 6N/mm인 코일 스프링에 30N의 하중을 걸면 처짐은 몇 mm인가?

① 3   ② 4
③ 5   ④ 6

해설 스프링의 처짐
$\delta = \dfrac{\text{작용하중}}{\text{스프링 상수}} = \dfrac{30}{6} = 5\text{mm}$

11 다음 동력전달용 기계요소 중 간접전동요소가 아닌 것은?

① 체인   ② 로프
③ 벨트   ④ 기어

해설 ① 간접전동요소 : 벨트, 로프, 체인 등
② 직접전동요소 : 링크 마찰차, 캠, 기어 등

12 체결용 요소 중 볼나사(ball screw)의 장점을 설명한 것 중 올바르지 않는 것은?

① 나사의 효율이 좋다.
② 백래시를 작게 할 수 있다.
③ 먼지에 의한 마모가 적다.
④ 자동 체결용으로 좋다.

답안 표기란
09 ① ② ③ ④
10 ① ② ③ ④
11 ① ② ③ ④
12 ① ② ③ ④

정답 09. ④ 10. ③ 11. ④ 12. ④

해설 볼나사(ball screw)

장점	단점
① 나사의 효율이 좋다.(약 90% 이상)	① 자동 체결이 곤란하다.
② 백래시를 작게 할 수 있다.	② 가격이 비싸다.
③ 윤활에 그다지 주의하지 않아도 좋다.	③ 피치를 그다지 작게 할 수 없다.
④ 먼지에 의한 마모가 적다.	④ 너트의 크기가 크게 된다.
⑤ 높은 정밀도를 오래 유지할 수가 있다.	⑤ 고속으로 회전하면 소음이 발생한다.

13 테이퍼 축에 회전체를 결합하기에 가장 적합한 키는?

① 접선 키
② 반달 키
③ 스플라인 키
④ 납작 키

해설
① **접선 키** : 접선 방향에 설치하는 키로서 1/100의 기울기를 가진 2개의 키를 한 쌍으로 하여 사용. 회전 방향이 양방향일 경우 중심각이 120° 되는 위치에 2조 설치한다.
② **반달 키** : 반월상의 키로서 축의 홈이 깊게 되어 축의 강도가 약하게 되기는 하나 축과 키 홈의 가공이 쉽고, 테이퍼 축에 회전체를 결합하기에 가장 적합하다.
③ **스플라인 키** : 축의 원주에 수많은 키를 깎은 것으로 큰 토크를 전달시키고, 내구력이 크며 축과 보스의 중심축을 정확하게 맞출 수 있고 축 방향으로 이동도 가능
④ **납작 키(평 키)** : 축을 키의 폭만큼 납작하게 깎아서 보스의 키 홈과의 사이에 밀어 넣는다. 1/100의 기울기를 붙이기도 하고 새들 키보다 약간 큰 힘을 전달시킬 수 있다

14 너트의 풀림방지를 위해 주로 사용하는 핀은?

① 테이퍼 핀
② 스프링 핀
③ 평행 핀
④ 분할 핀

해설 핀의 종류
① 평행 핀(dowel pin) : 기계 부품을 조립할 경우나 안내 위치를 결정할 때 사용
② 테이퍼 핀(taper pin) : $T=\dfrac{1}{50}$, 호칭 지름은 작은 축 지름으로 주축을 보스에 고정할 때 사용
③ 분할 핀(split pin) : 너트의 풀림방지나 바퀴가 축에서 빠지는 것을 방지하기 위하여 사용
④ 스프링 핀 : 탄성을 이용하여 물체를 고정시키는 데 사용되며, 해머로 때려 박을 수 있는 핀

15 너클 핀 이음에서 축에 발생하는 인장력이 120kN이고, 두 축을 연결한 너클 핀의 허용전단응력이 100N/mm²이라할 때 핀의 지름은 약 몇 mm인가?

① 17.6mm
② 23.6mm
③ 27.6mm
④ 33.6mm

해설 $d=\sqrt{\dfrac{2W}{\pi\tau}}=\sqrt{\dfrac{2\times 120000N}{\pi\times 100}}=27.64\text{mm}$

[정답] 13. ② 14. ④ 15. ③

16 그림과 같은 정면도와 평면도에 가장 알맞은 우측면도는?

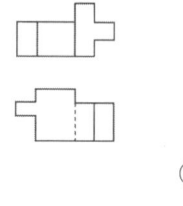

① ② ③ ④

> **해설** 위 그림에서 우측면도는 ④이다.

17 대칭도를 나타내는 기호는 어느 것인가?

① ⌖ ② //
③ ∥ ④ =

> **해설** ① 원통도, ② 평행도, ③ 온 흔들림, ④ 대칭도이다.

18 구름베어링의 안지름이 140mm일 때, 구름베어링의 호칭번호에서 안지름 번호로 가장 적합한 것은?

① 14   ② 28
③ 70   ④ 140

> **해설** 안지름 번호(세 번, 네 번째 숫자)
> 안지름번호 1~9까지는 안지름 번호와 안지름이 같고 안지름 번호의 안지름 20mm 이상 480mm 미만에서는 안지름을 5로 나눈 수가 안지름 번호이다. 따라서 140/5=28mm이다.

19 선형치수에 대한 공차 적용 시 그 표기방법이 잘못된 것은?

① ⌀30f7
② ⌀30f7 $\left(\substack{-0.02 \\ -0.041}\right)$
③ ⌀30f7 $\left(\substack{29.980 \\ 29.959}\right)$
④ ⌀30 $\substack{-0.020 \\ -0.041}$

> **해설** 선형치수에 대한 공차 적용 시 그 표기방법이 잘못된 것은 ②이다.

정답 16. ④ 17. ④
18. ② 19. ②

20 불규칙한 파형의 가는 실선 또는 지그재그 선을 사용하는 것은?
① 파단선
② 절단선
③ 해칭선
④ 수준면선

해설
① **파단선**: 불규칙한 파형의 가는 실선 또는 지그재그 선을 사용
② **절단선**: 단면도를 그리는 경우 그 절단 위치를 대응하는 도면에 표시하는 데 사용
③ **해칭선**: 도형의 한정된 특정 부분을 다른 부분과 구별하는 데 사용
④ **수준면선**: 수면, 유면 등의 위치를 표시

21 바퀴의 암, 리브 등을 단면할 때 가장 적합한 단면도로 그림과 같은 단면도의 명칭은?

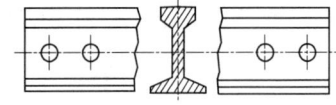

① 부분 단면도
② 한쪽 단면도
③ 회전도시 단면도
④ 계단 단면도

해설
① **부분 단면도**: 외형도에서 필요로 하는 일부분만을 부분 단면도로 도시할 수 있다.
② **한쪽 단면도**: 상하 또는 좌우 대칭형의 물체는 기본 중심선을 경계로 1/2은 외형도로, 나머지 1/2은 단면도로 동시에 나타낸다.
③ **회전도시 단면도**: 핸들이나 바퀴 등의 암이나 리브, 훅, 축, 구조물의 부재 등의 절단면은 90° 회전하여 도시하거나 절단할 곳의 전후를 끊어서 그 사이에 그린다.
④ **계단 단면도**: 1개의 물체에 있어서 동일 평면상에 없는 2개 이상인 부분의 단면을 나타내고자 할 때 단면을 한 번에 나타낼 수 있다.

22 다음 표면의 결 도시기호 중 주로 호닝 가공에 의해 나타나는 모양으로 가공에 의한 컷의 줄무늬 방향이 기호를 기입한 그림의 투영면에 비스듬하게 2방향으로 교차하는 것은?

①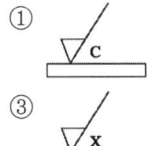
②
③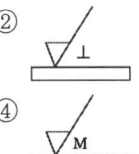
④

해설

⊥	가공으로 생긴 앞줄의 방향이 기호를 기입한 그림의 투영면에 수직	
X	가공으로 생긴 선이 두 방향으로 교차	
M	가공으로 생긴 선이 다방면으로 교차 또는 무방향	
C	가공으로 생긴 선이 거의 동심원	

정답 20. ① 21. ③ 22. ③

23 나사를 그릴 때 가려서 보이지 않는 나사부를 표시하는 선의 종류는?
① 가는 파선
② 가는 2점 쇄선
③ 가는 1점 쇄선
④ 굵은 1점 쇄선

해설 나사를 그릴 때 가려서 보이지 않는 나사부를 표시하는 선은 가는 파선으로 그린다.

24 공·유압 기기에서 그림과 같은 기호의 동력원의 명칭은?
① 유압
② 원동기
③ 공기압
④ 전기

해설 위 그림은 공기압 기호이다.

25 기하학적 허용공차에서 최대실체상태(MMC)에 대한 설명으로 가장 옳은 것은?
① 부품의 길이가 가장 짧은 상태
② 부품의 길이가 가장 긴 상태
③ 재료의 형태가 최소 크기인 상태
④ 재료의 형태가 최대 크기인 상태

해설

돌출 공차역	돌출된 부분까지 포함하는 공차 표시	ⓟ
최대실체상태	재료의 형태가 최대 크기인 상태	Ⓜ
형체 치수 무관계	규제기호로 표시되지 않음	Ⓢ

26 디스크(disk) 형상으로 원주면에 절삭날이 있어 공작물의 좁은 홈이나 절단가공에 사용되는 밀링 커터는?
① 정면 밀링 커터
② 메탈 슬리팅 소
③ 엔드밀
④ 평면 밀링 커터

해설 ① 정면 밀링 커터 : 외주와 정면에 절삭날이 있으며 밀링 커터축에 수직인 평면을 가공에 쓰인다.
② 메탈 슬리팅 소 : 디스크(disk) 형상으로 원주면에 절삭날이 있어 공작물의 좁은 홈이나 절단가공에 사용되는 밀링 커터이다.

정답 23. ① 24. ③
      25. ④ 26. ②

③ **엔드밀** : 일반적으로 가공물의 외측 홈 부 좁은 평면 등의 가공에 사용된다.
④ **평면 밀링 커터** : 원통의 원주에 절삭 날을 가진 것으로 밀링 커터 축과 평행한 평면을 절삭하는 데 쓰이며, 아버를 꽂아 사용하는 것과 일체로 된 것이 있다.

27 평행 나사 측정 방법이 아닌 것은?

① 공구 현미경에 의한 유효 지름 측정
② 사인 바에 의한 피치 측정
③ 삼선법에 의한 유효 지름 측정
④ 나사 마이크로미터에 의한 유효 지름 측정

해설 평행 나사 측정 방법
① 공구 현미경에 의한 유효 지름 측정
② 투영기에 의한 유효 지름 측정
③ 삼선법에 의한 유효 지름 측정
④ 나사 마이크로미터에 의한 유효 지름 측정

28 슈퍼 피니싱에 대한 특징 설명으로 틀린 것은?

① 다듬질 면은 평활하고 방향성이 없다.
② 숫돌은 진동을 하면서 왕복 운동을 한다.
③ 가공에 따른 변질층의 두께가 매우 크다.
④ 공작물은 전 표면이 균일하고 매끈하게 다듬질 된다.

해설 슈퍼 피니싱을 한 다듬질 면은 평활하고 방향성이 없으며, 가공에 의한 변질층이 매우 작으므로 원통의 외면은 물론 내면, 평면을 다듬질 하는데 이용하고, 정밀 롤러, 저널, 볼 베어링의 레이스 및 게이지 등의 정밀 다듬질에 이용한다.

29 지름이 다른 여러 종류의 환봉에 중심선을 긋고자 한다. 다음 중 가장 적합한 공구는?

① 사인 바   ② 직각자
③ 조절 각도기   ④ 콤비네이션 세트

해설 **콤비네이션 세트(combination set)** : 강철자에 스퀘어 헤드와 센터 헤드가 있는 것을 콤비네이션 스퀘어라 하며, 여기에 각도기가 붙어 있는 것을 콤비네이션 세트라 한다. 스퀘어 헤드는 높이 측정에 사용하고, 센터 헤드는 중심을 내는 금긋기 작업에 이용한다. 또한, 각도기에는 수준기가 붙어 있는 것도 있다.

30 공작기계의 기본운동에 속하지 않는 것은?

① 절삭 운동   ② 분사 운동
③ 이송 운동   ④ 위치조정 운동

해설 **공작기계의 기본운동** : 공작기계가 목적하는 절삭 가공을 수행하기 위해서는 절삭 운동 및 이송 운동, 위치조정 운동을 하여야 한다.

정답 27. ② 28. ③
29. ④ 30. ②

31. 기어 절삭기로 가공된 기어의 면을 매끄럽고 정밀하게 다듬질하는 가공은?

① 기어 셰이빙
② 호닝
③ 슬로팅
④ 브로칭

해설 기어 셰이빙
기어 절삭기로 가공된 기어의 면을 매끄럽고 정밀하게 다듬질하는 가공기이다.

32. 한계 게이지에 속하지 않는 것은?

① 플러그 게이지
② 테보 게이지
③ 스냅 게이지
④ 하이트 게이지

해설
• 한계 게이지의 종류
  ① 구멍용 : 플러그 게이지, 테보 게이지, 봉 게이지 등
  ② 축용 : 스냅 게이지, 링 게이지 등
• 다이얼 게이지 고정 장치의 종류
  하이트 게이지, 다이얼 게이지 스탠드, 마그네틱 스탠드 등이 있다.

33. 수평 밀링머신의 플레인 커터 작업에서 하향 절삭과 비교하여 상향 절삭에 대한 설명으로 올바른 것은?

① 일감 고정이 불안정하고 떨림이 일어나기 쉽다.
② 날의 마멸이 적고 수명이 길다.
③ 커터 날의 회전 방향과 일감의 진행 방향이 같다.
④ 가공 표면에 광택은 적으나 표면 거칠기가 좋다.

해설 상향 절삭

장점	단점
① 칩이 날을 방해하지 않는다. ② 밀링 커터의 진행 방향과 테이블의 이송 방향이 반대이므로 이송기구의 백래시 제거 ③ 기계에 무리를 주지 않는다.(절삭동력이 적게 소비된다). ④ 일반적인 가공에 유리하고 치수정밀도의 변화가 적다. ⑤ 절삭날에는 가공 시작부터 끝까지 절삭저항이 점차 증가하므로 절삭날에 작용하는 충격이 적다.	① 커터가 공작물을 올리는 작용을 하므로 공작물을 견고히 고정해야 한다. ② 커터의 수명이 짧다. ③ 동력 낭비가 많다. ④ 가공면이 깨끗하지 못하다.

정답 31. ① 32. ④ 33. ①

34 구성인선(built-up edge)에 관한 설명 중 틀린 것은?

① 구성인선은 공구각을 변화시키고 가공면의 표면거칠기를 나쁘게 한다.
② 공구와 공작물의 마찰 저항으로 칩의 일부가 단단하게 변질되어 공구에 달라붙어 절삭날과 같은 작용을 한다.
③ 공구의 윗면 경사각을 크게 하여 방지한다.
④ 칩 두께가 얇고 절삭속도가 임계속도 이상으로 높을 때 주로 발생한다.

해설 구성인선의 발생
① 알루미늄, 황동, 스테인리스강, 연강 등의 연한 재료일 때
② 절삭 공구의 날끝 온도가 상승할 때
③ 절삭속도가 늦을 때(임계속도 이하일 때)
④ 경사각을 적게 하였을 때
⑤ 절삭 깊이(칩 두께)가 깊을 때

35 센터리스 연삭기로 가공하기 가장 적합한 공작물은?

① 직경이 불규칙한 공작물
② 척에 고정하기 어려운 가늘고 긴 공작물
③ 단면이 사각형인 공작물
④ 일반적으로 평면인 공작물

해설 센터리스 연삭기는 척에 고정하기 어려운 가늘고 긴 공작물 가공에 적합하다.

36 연삭숫돌 입자에 요구되는 요건 중 해당하지 않는 것은?

① 공작물에 용이하게 절입할 수 있는 경도
② 예리한 절삭날을 자생시키는 적당한 파생성
③ 고온에서의 화학적 안정성 및 내마멸성
④ 인성이 작아 숫돌 입자의 빠른 교환성

해설 연삭숫돌 입자 : 연삭제의 입자로서 연삭숫돌의 날을 구성하는 부분이므로 공작물보다 굳고 적당한 인성을 구비하여야 한다.

37 다음 중 원주에 많은 절삭 날(인선)을 가진 공구를 회전 운동시키면서 가공물에는 직선 이송 운동을 시켜 평면을 깎는 작업은?

① 선삭
② 태핑
③ 드릴링
④ 밀링

해설 밀링머신 : 원주에 많은 절삭 날(인선)을 가진 공구를 회전 운동시키면서 가공물에는 직선 이송 운동을 시켜 평면을 깎는 작업이다.

[정답] 34. ④ 35. ②
36. ④ 37. ④

38 절삭 면적을 식으로 나타낸 것으로 올바른 것은? (단, F : 절삭 면적(mm²), s : 이송(mm/rev), t : 절삭 깊이(mm) 이다.)

① $F = s \times t$
② $F = s \div t$
③ $F = s + t$
④ $F = s - t$

해설 절삭 면적 : $F = s(\text{이송}) \times t(\text{절삭 깊이})$

39 밀링에서 지름 80mm인 밀링 커터로 가공물을 절삭할 때 이론적인 회전수는 약 몇 rpm인가? (단, 절삭속도 100m/min이다.)

① 398
② 415
③ 423
④ 435

해설 $\eta = \dfrac{1000V}{\pi \cdot D} = \dfrac{1000 \times 100}{\pi \times 80} = 398 \text{rpm}$

40 일반적인 절삭 공구의 수명 판정 기준이 아닌 것은?

① 공작물의 온도가 일정량에 달했을 때
② 공구 인선의 마모가 일정량에 달했을 때
③ 완성치수의 변화량이 일정량에 달했을 때
④ 가공면에 광택이 있는 색조 또는 반점이 생길 때

해설 **공구의 수명 판정 방법**
① 표면에 광택 또는 반점이 있는 무늬가 생길 때
② 절삭 공구인선의 마모가 일정량에 달했을 때
③ 가공된 완성 치수의 변화가 일정량에 달하였을 때
④ 주분력에 비해 배분력 또는 이송분력이 급격히 증가할 때
⑤ 칩의 색깔 및 어떤 현상의 변화로 불꽃이 발생할 때

41 머시닝센터에서 M8×1.25 탭 가공 시 초기 구멍가공에 필요한 드릴의 직경은 약 몇 mm가 적당한가?

① 6.5
② 6.75
③ 8
④ 9.25

해설 드릴 직경 = Tap 직경 − 나사 피치
따라서 8 − 1.25 = 6.75 이다.

정답 38. ① 39. ① 40. ① 41. ②

42 머시닝센터에서 4날 − ∅20 엔드밀을 사용하여 절삭속도 80m/min, 공구의 날당 이송량 0.05mm/tooth로 SM25C를 가공할 때 이송속도는 약 몇 mm/min인가?

① 255
② 265
③ 275
④ 285

해설
$$n = \frac{1000\,V}{\pi \cdot D} = \frac{1000 \times 80}{\pi \times 20} = 1274\,\text{rpm}$$
$$f = f_z \times n \times Z = 0.05 \times 1274 \times 4 = 254.8\,\text{mm/min}$$

43 CNC 선반에서 나사를 가공하는 준비 기능이 아닌 것은?

① G32
② G92
③ G76
④ G74

해설
① G32 : 나사절삭 사이클
② G92 : 단일고정형 나사절삭 사이클
③ G76 : 복합고정형(자동) 나사절삭 사이클
④ G74 : 단면 홈 가공 사이클

44 복합형 고정 사이클에 대한 설명으로 맞는 것은?

① 단일형 고정 사이클보다 프로그램이 더욱 길고 프로그램 작성 시간이 많이 소요된다.
② 메모리(자동) 운전이 아니어도 사용 가능하다.
③ 매번 절입량을 계산하여 입력하므로 프로그램 작성에 많은 노력과 시간이 필요하다.
④ 최종 형상과 절삭 조건을 지정해 주면 공구 경로는 자동적으로 결정된다.

해설 복합형 고정 사이클은 최종 형상과 절삭 조건을 지정해 주면 공구 경로는 자동적으로 결정되며 지령절은 복잡하지만 파라미터 값에 의해 자동가공 된다.

45 1대의 컴퓨터에 여러 대의 CNC 공작기계를 연결하고 가공데이터를 분배 전송하여 동시에 운전하는 방식은?

① FMS
② FMC
③ DNC
④ CIMS

해설
① FMS : 유연한 생산시스템
② DNC : 군관리시스템(1대의 pc에 여러 대의 CNC 공작기계를 연결하여 사용)
③ CIMS : 컴퓨터 통합 가공시스템

정답 42. ① 43. ④ 44. ④ 45. ③

46 PMC(Programmable Machine Control) 기능과 관계가 없는 것은?

① 공구의 교환　　② 절삭유의 ON, OFF
③ 공구의 이동　　④ 주축의 정지

해설　기계의 각종 스위치를 제어하는 것으로 공구의 교환, 절삭유의 ON, OFF, 주축의 정지 등의 기능이 있다.

47 다음과 같은 재해를 예방하기 위한 대책으로 거리가 가장 먼 것은?

> 금형가공 작업장에서 자동차 수리금형의 측면가공을 위해 CNC 수평 보링기로 절삭 가공 후 가공면을 확인하기 위해 가공작업부에 들어가 에어건으로 스크랩을 제거하고 검사하던 중 회전 중인 보링기의 엔드밀에 협착되어 중상을 입는 사고가 발생하였다.

① 공작기계에 협착되거나 말릴 위험이 높은 주축 가공부에 접근 시에는 공작기계를 정지한다.
② 불시 오·조작에 의한 위험을 방지하기 위해 기동장치에 잠금 장치 등의 방호조치를 설치한다.
③ 공작기계 주변에 방책 등을 설치하여 근로자 출입 시 기계의 작동이 정지하는 연동구조로 설치한다.
④ 회전하는 주축 가공부에 가공 공작물의 면을 검사하고자 할 때는 안전 보호구를 착용 후 검사한다.

해설　④항에서 주축은 반드시 정지 상태에서 검사하여야 한다.

48 CNC 서보 기구 중 그림과 같이 펄스 신호를 모터에서 검출하여 피드백 시키므로 비교적 정밀도가 높고 CNC 공작기계에 많이 사용하고 있는 서보 기구는?

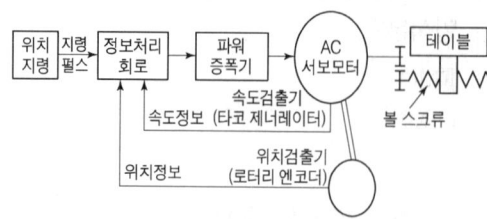

① 개방회로 방식　　② 폐쇄회로 방식
③ 반폐쇄회로 방식　④ 하이브리드 방식

정답　46. ③　47. ④　48. ③

해설 반폐쇄회로 방식(Semi-Closed Loop System)
서보모터의 축 또는 볼 스크루의 회전 각도를 통하여 위치를 검출하는 방식으로 직선 운동을 회전 운동으로 바꾸어 검출한다. CNC 공작기계에 이 방식을 많이 사용한다.

49 머시닝센터의 작업 전에 육안 점검사항이 아닌 것은?

① 윤활유의 충만 상태
② 공기압 유지 상태
③ 절삭유 충만 상태
④ 전기적 회로 연결 상태

해설 전기적 회로 연결 상태는 육안 점검사항이 아니며 전문가에 의해서 점검한다.

50 CNC 프로그램은 여러 개의 지령절(Block)이 모여 구성된다. 지령절과 지령절의 구분은 무엇으로 표시하는가?

① 블록(Block)
② 워드(Word)
③ 어드레스(Address)
④ EOB(End Of Block)

해설
① **어드레스(Address)** : 영문 대문자(A~Z) 중 1개로 표시한다.
② **워드(Word)** : 블록을 구성하는 가장 작은 단위가 워드이며 워드는 어드레스와 데이터의 조합으로 구성된다.
③ **블록(Block)** : 한 개의 지령단위를 블록이라 하며 각각의 블록은 기계가 한 번의 동작을 한다.
④ **EOB(End Of Block)** : 지령절과 지령절을 구분한다.

51 CNC 공작기계 작업 시 공구에 관한 안전사항으로서 틀린 것은?

① 공구는 기계나 재료 등의 위에 올려놓고 사용한다.
② 공구는 공구 상자 내에 잘 정리 정돈하여 놓는다.
③ 공구는 항상 작업에 맞도록 점검과 보수를 한다.
④ 주위 환경에 주의해서 작업을 시작한다.

해설 공구는 공구함에 보관한다.

52 일반적으로 고속 가공기(high speed machining)의 주축에 사용하는 베어링으로 적합하지 않은 것은?

① 마그네틱 베어링(magnetic bearing)
② 에어 베어링(air bearing)
③ 니들 롤러 베어링(needle roller bearing)
④ 세라믹 볼 베어링(ceramic ball bearing)

해설 니들 롤러 베어링(needle roller bearing)
지름 5mm 이하의 바늘 모양 롤러를 사용하는 베어링으로서 단위면적당 부하용량이 커서 협소한 장소에서 고속의 강한 하중이 작용하는 곳에 주로 사용된다.

정답 49. ④ 50. ④ 51. ① 52. ③

53. 마이크로미터는 어떤 측정 방식에 속하는가?

① 영위법
② 진위법
③ 회의법
④ 진행법

해설 영위법
- 기준량을 준비하여 측정량에 평행시켜 계측기의 지시가 0위치를 나타낼 때의 크기로부터 측정량의 크기를 간접으로 아는 방식이다(예 : 마이크로미터, 휘스톤 브리지, 전위차계 등).
- 특징은 0 위치로부터 불 평형을 검출하여 기준량에 피드백시켜 평형이 되도록 기준량의 크기를 조정하는 것이다.

54. 다음 중 아베의 원리에 맞는 것은?

① 버니어 캘리퍼스
② 옵티컬 플렛
③ 측장기
④ 하이트 게이지

55. 길이가 긴 게이지 블록의 양 단면이 항상 평행하게 하기 위한 지지점은? (단, L은 게이지 블록의 길이이다.)

① 0.2113L
② 0.2203L
③ 0.2232L
④ 0.2386L

해설
① 0.2113L: 에어리 점(Airy Point)
눈금이 중립면에 없는 경우 및 게이지 블록과 단도기를 수평으로 지지할 때 사용되는 방법으로서, 처음 평행한 2개의 단면이 지지에 의하여 굽힘이 발생한 후에도 양단면이 평행을 유지할 수 있는 지지 방법으로서 길이의 오차도 최소화할 수 있다.
② 0.2203L: 베셀점(Bessel Point)
중립면에 눈금을 만든 표준자를 지지할 때 사용되는 방법이며, 눈금 면의 직선거리와의 차이를 최소화하는데 사용되는 방법으로 중립축 또는 중립면의 변위를 최소화할 수 있다.
③ 0.2232L: 전장에 걸쳐 변형이 가장 작으며, 양단과 중앙의 처짐이 동일하게 된다.
④ 0.2386L: 지지점 사이, 즉 중앙부의 처짐을 최소화(0점)할 수 있으므로 중앙부의 직선의 유지가 필요한 경우에 사용된다.

56. 동일 조건 상태에서 항상 같은 크기와 같은 부호를 가지는 오차는?

① 절대 오차
② 측정 오차
③ 계통적 오차
④ 우연 오차

[정답] 53. ① 54. ③
55. ① 56. ③

57 측정기, 피 측정물, 자연환경 등 측정자가 파악할 수 없는 변화에 의하여 발생하는 오차는?

① 시차
② 우연 오차
③ 계통 오차
④ 후퇴 오차

해설
① **시차** : 측정자의 부주의 즉, 읽음에 있어서 시선의 방향에 따라 생기는 오차이다.
② **우연 오차** : 측정기, 측정물 및 환경 등의 원인을 파악할 수 없어 측정자가 보정할 수 없는 오차이다. 이럴 경우에는 여러 번 반복 측정하여 그 평균값을 구하는 것이 좋다.
③ **계통 오차** : 측정기로 동일한 측정 조건하에서 피 측정물을 측정할 때에 같은 크기와 부호가 발생되는 오차로서 이는 보정하여 측정값을 수정할 수 있다.
④ **후퇴 오차** : 주위 환경이 변화되지 않는 상태에서 읽음 값에 대해서 지침의 측정량이 증가하는 상태에서의 읽음값과 감소상태에서의 읽음값의 차이다.

58 2kN의 짐을 들어 올리는 데 필요한 볼트의 바깥지름은 몇 mm 이상이어야 하는가? (단, 볼트 재료의 허용인장응력은 400N/cm²이다.)

① 20.2
② 31.6
③ 36.5
④ 42.2

해설
$$d = \sqrt{\frac{2W}{\sigma_a}} = \sqrt{\frac{2 \times 2000}{400}} = 3.16\text{cm} = 31.6\text{mm}$$

59 베어링의 호칭번호가 6308일 때 베어링의 안지름은 몇 mm인가?

① 35
② 40
③ 45
④ 50

해설 안지름 번호(내륜 안지름)
00 : 10mm, 01 : 12mm, 02 : 15mm, 03 : 17mm
08×5=40mm

60 표면의 결 도시방법에서 가공으로 생긴 커터의 줄무늬가 여러 방향일 때 사용되는 기호는?

① X
② R
③ C
④ M

해설

X	가공으로 생긴 선이 두 방향으로 교차
M	가공으로 생긴 선이 다방면으로 교차 또는 무방향
C	가공으로 생긴 선이 거의 동심원
R	가공으로 생긴 선이 거의 방사상(레이디얼형)

정답 57. ② 58. ② 59. ② 60. ①

컴퓨터응용선반·밀링기능사 필기
5개년 과년도 1800제

정가 | 30,000원

지은이 | 정 연 택
펴낸이 | 차 승 녀
펴낸곳 | 도서출판 건기원

2024년 12월 27일 제1판 제1인쇄
2024년 12월 30일 제1판 제1발행

주소 | 경기도 파주시 연다산길 244(연다산동 186-16)
전화 | (02)2662-1874~5
팩스 | (02)2665-8281
등록 | 제11-162호, 1998. 11. 24

- 건기원은 여러분을 책의 주인공으로 만들어 드리며 출판 윤리 강령을 준수합니다.
- 본 수험서를 복제·변형하여 판매·배포·전송하는 일체의 행위를 금하며, 이를 위반할 경우 저작권법 등에 따라 처벌받을 수 있습니다.

ISBN 979-11-5767-866-2 13550